W0263680

Handbibliothek für Bauingenieure

Ein Hand- und Nachschlagebuch für Studium und Praxis

Herausgegeben von

Robert Otzen

Geheimer Regierungsrat,
Professor an der Technischen Hochschule zu Hannover

<table>
<tr><td>I.</td><td>Teil: Hilfswissenschaften</td><td>5 Bände</td></tr>
<tr><td>II.</td><td>Teil: Eisenbahnwesen und Städtebau</td><td>9 Bände</td></tr>
<tr><td>III.</td><td>Teil: Wasserbau</td><td>8 Bände</td></tr>
<tr><td>IV.</td><td>Teil: Brücken- und Ingenieur-Hochbau</td><td>4 Bände</td></tr>
</table>

Inhaltsverzeichnis.

Springer-Verlag Berlin Heidelberg GmbH

Handbibliothek für Bauingenieure

Ein Hand- und Nachschlagebuch für Studium und Praxis

Herausgegeben

von

Robert Otzen

Geh. Regierungsrat, Professor an der Technischen Hochschule
zu Hannover

II. Teil. Eisenbahnwesen und Städtebau. 8. Band:

Verkehr und Betrieb der Eisenbahnen

von

Otto Blum, G. Jacobi
und **Kurt Risch**

Springer-Verlag Berlin Heidelberg GmbH
1925

Verkehr und Betrieb der Eisenbahnen

Von

Otto Blum

Dr.-Ing., ord. Professor an der
Techn. Hochschule zu Hannover

G. Jacobi

Dr.-Ing., Oberregierungsbaurat der
Reichsbahndirektion Erfurt

und

Kurt Risch

Dr.-Ing., ord. Professor an der
Techn. Hochschule zu Hannover

Mit 86 Textabbildungen

Springer-Verlag Berlin Heidelberg GmbH
1925

Additional material to this book can be downloaded from http://extras.springer.com

ISBN 978-3-662-39066-5   ISBN 978-3-662-40045-6 (eBook)
DOI 10.1007/978-3-662-40045-6

Vorwort.

Der vorliegende Band besteht aus verschiedenen Teilen, die von den
einzelnen Verfassern nicht zu gleicher Zeit bearbeitet worden sind; außerdem
hat sich die Fertigstellung durch den Krieg stark verzögert. Es erscheint
daher angezeigt, dem Band kein einheitliches Vorwort voranzustellen. Für
die von Prof. Blum bearbeiteten Teile erübrigt sich ein Vorwort, weil den
einzelnen Abschnitten besondere Vorbemerkungen vorausgeschickt sind. Zu
den anderen Teilen äußern sich die Verfasser wie folgt:

Vorwort zu Abschnitt II.

Der Begriff „Eisenbahnbetrieb" steht nicht fest; ja selbst die Wort-
bezeichnung dafür ist im deutschen Sprachgebiet nicht einheitlich, denn in
Österreich wird z. B. das, was im Deutschen Reiche als „Betrieb" bezeichnet
wird, mit dem Worte „Verkehr" gekennzeichnet. Der Österreicher Stockert
— siehe dessen Buch „Eisenbahn-Unfälle" (Leipzig 1913) — hält dafür, daß
„der Begriff ‚Betrieb‘ der weitere und der Begriff ‚Verkehr‘ der engere und
dieser ein Ausführungsteil des ersteren" sei.

Man unterscheidet aber auch oft den „Betrieb im weiteren Sinne",
der dann z. B. auch die Bahnunterhaltung und oft auch den Verkehr (im reichs-
deutschen Sinne) umfaßt und den „Betrieb im engeren Sinne", der sich
allein auf die technischen Vorgänge bei der Bewegung von Zügen, Zugteilen und
einzelnen Wagen auf der Eisenbahn bezieht.

Auch die Eisenbahn selbst zeigt im Bau, in der Ausrüstung und Betriebsweise
scharf abgegrenzte Abstufungen, was zur Einteilung der Eisenbahnen in Klassen
geführt hat. In Deutschland unterscheidet man Haupt-, Neben- und Kleinbahnen.
Mit Rücksicht auf die bewegende Kraft spricht man von Dampf- und elektrisch
betriebenen Bahnen. Die folgende Abhandlung befaßt sich im wesentlichen mit
den mittelbaren und unmittelbaren Vorgängen bei der Bewegung von Fahrzeugen auf den mit Dampf betriebenen deutschen Haupt- und Nebenbahnen.
Die Begrenzung des Begriffs „Eisenbahnbetrieb" entspricht hierbei der
deutschen Auffassung. Maßgebend waren deshalb auch die deutschen Gesetze,
Verordnungen und Vorschriften, insbesondere auch die deutschen Fahrdienst-
Vorschriften.

Erfurt, im Januar 1914.   **Jacobi.**

Die Handschrift dieses Werkes wurde bereits Ende Januar 1914 dem
Herausgeber übersandt; Ende September 1914 lag das Werk gesetzt vor.
Die Herausgabe wurde indessen durch den Krieg vereitelt. Nunmehr, nachdem der von uns in mehr als vier Jahren gegen eine vielfache Übermacht
ruhmreich geführte Krieg durch die innere Zermürbung des deutschen Volkes
verloren gegangen ist und unser Vaterland weitere sechs Jahre unter einem
äußern und innern Druck gelitten hat, soll das Werk erscheinen.

Unsere blühende Volkswirtschaft ist durch den Krieg untergraben, z. T.
zerstört, dem gänzlichen Zerfall nahe gebracht worden. Der Verkehr ist in-

folgedessen ganz erheblich zurückgegangen und hat, soweit er noch vorhanden, z. T. andere Wege eingeschlagen. Die im Teil II dargestellte Wirtschaftsentwickelung bis 1910, die von da an bis zum Ausbruch des Krieges einen noch steileren Aufstieg als vorher angenommen hatte, ist jäh unterbrochen worden. Ihre Darstellung, ein Beweisstück der vergangenen glänzenden Zeit, bleibt aber als Unterlage für die Grundsätze, die bei der Fahrplanaufstellung zu beachten sind, bestehen. Die daraus gezogenen Schlüsse sind nach wie vor, auch unter den heutigen Verhältnissen, anwendbar.

Im übrigen ist, soweit dies notwendig erschien, das Werk einer Durchsicht unterworfen worden, um den mittlerweile eingetretenen Änderungen möglichst Rechnung zu tragen.

Es muß aber beachtet werden, daß das Schrifttum über den Eisenbahnbetrieb und seine mathematischen sowie wirtschaftlichen Grundlagen gerade in den letzten zehn Jahren einen großen Umfang erreicht hat. Man bemerkt vor allen Dingen auch das immer mehr auftretende Bestreben, den Eisenbahnbetrieb wissenschaftlich zu behandeln.

Der Eisenbahnbetrieb ist in der Tat eine Wissenschaft und weit davon entfernt, nur durch die Routine behandelt werden zu können.

In der vorliegenden Arbeit ist versucht worden, ihn systematisch darzustellen und insbesondere das Grundsätzliche herauszuheben. Aber schon deshalb, weil der zur Verfügung gestellte Raum viel zu knapp bemessen wurde, konnte das Gewollte nicht in allen Teilen zum Ausdruck gelangen. Nur der Teil II, der den Fahrplan betrifft, bringt — wohl zum erstenmal — eine ausführlichere grundlegende Darstellung der Beziehungen zwischen den Quellen des Verkehrs und den Nutz- sowie Arbeitsleistungen der Eisenbahn. Gerade die letzten Jahre nach dem Kriege haben auf diesem Gebiet eine Fülle von Stoff gebracht, und es darf rühmend hervorgehoben werden, daß sich überwiegend die Eisenbahningenieure daran beteiligt haben.

Auch über das Gebiet der Eisenbahnbetriebswissenschaft sucht man sich allmählich ein klares Bild zu machen. Hier hat namentlich der Aufsatz des Reichsbahnpräsidenten Dr.-Ing. Heinrich über „Inhalt, Grenzen und Ziel der Eisenbahnbetriebswissenschaft" aufklärend gewirkt, wenngleich man wohl verstehen kann, daß mit seinen Ausführungen die Aufgabe noch keineswegs erschöpft ist. Viele Fragen harren noch der wissenschaftlichen Bearbeitung und Beantwortung. Es sei nur daran erinnert, daß die Kostenlehre noch keine systematische Darstellung gefunden hat, daß die Frage, wie sich die Sicherungsanlagen, die Abzweigungen der Überholungs-, der Güterein- und -ausfuhrgleise, die Bahnsteiganlagen auf die mehr oder minder große Flüssigkeit des Betriebes auswirken, noch der wissenschaftlichen Klärung bedürfen. Auch der Wagenpark und die Einflüsse, die seine wirtschaftliche Ausnutzung betreffen, sollten Gegenstand einer weitgehenden wissenschaftlichen Untersuchung sein. Hier, aber auch noch auf andern Gebieten finden sich Möglichkeiten für tiefgründende Bearbeitung und insbesondere auch Aufgaben für Doktorarbeiten der Technischen Hochschulen. Möchte diese Anregung auf guten und gut vorbereiteten Boden fallen.

Erfurt, im Dezember 1924.   **Jacobi.**

Vorwort zu Abschnitt III.

Bei der Bearbeitung des dritten Hauptteiles dieses Bandes, der Organisation der Eisenbahnen, ist der Verfasser bestrebt gewesen, die grundsätzlichen Fragen für den Aufbau von Eisenbahnunternehmungen und ihre Einordnung in den Staatsorganismus herauszuarbeiten. Dabei sind die psychologischen und sozialethischen Gesichtspunkte vorangestellt worden, weil ihre Bedeutung für den gemein- und privatwirtschaftlichen Erfolg eines Unternehmens bisher nicht genügend gewürdigt ist. Wir stecken noch tief im Materialismus und seiner Folgeerscheinung, dem rücksichtslosen Eigennutz. Bei der Auswahl von Persönlichkeiten für die Besetzung von mittleren und höheren Stellen geben meist nur die intellektuellen Fähigkeiten den Ausschlag, die Charaktereigenschaften treten vollkommen zurück. Und doch sind es gerade diese, die für die richtige Einstellung der Arbeitnehmer den Bedürfnissen des Unternehmens gegenüber von größter Wichtigkeit sind. Nie wird es gelingen, Angestellte und Arbeiter in der gegenwärtigen Zeit der wirtschaftlichen Not zu der unvermeidlichen Beschränkung in ihrer Lebenshaltung zu veranlassen, wenn nicht die Vorgesetzten ihnen darin mit gutem Beispiel vorangehen, und nie wird das so notwendige Vertrauensverhältnis zwischen Arbeitnehmern und Arbeitgebern sich wieder einstellen, wenn nicht der geistige Hochmut entthront und neben dem kühlen Verstand auch Herz und Gemüt bei der Behandlung der Untergebenen wieder mitsprechen. Dies zur Rechtfertigung für die Voranstellung und Betonung der psychologischen und sozialethischen Gesichtspunkte. Im übrigen werden die Grundsätze für den Aufbau der Eisenbahnunternehmungen aus den Aufgaben der Eisenbahnen und den damit verbundenen Arbeitsleistungen entwickelt, und an vier Beispielen die Durchführung der Organisation gezeigt; darunter die deutschen Reichsbahnen als Beispiel einer Staatsbahnverwaltung. Daß während der Drucklegung dieses Bandes die deutschen Reichsbahnen sich in ein gemischtwirtschaftliches Unternehmen umgewandelt haben und daher nicht mehr bei den Staatsbahnen eingegliedert werden dürfen, ist nicht Schuld des Verfassers; dieser Fehler im Buch ist durch einen Anhang beseitigt, in welchem die letzte einschneidende Entwicklung der deutschen Reichsbahnen behandelt ist. Die Darstellung des Behördenaufbaues bei den schweizerischen Bundesbahnen ist von Herrn Regierungsbaumeister a. D. Vogler-Konstanz durchgesehen, die der Canadian-Pacific-Railway von Herrn Regierungsbaurat a. D. Dempwolff-Hamburg. Beiden Herren sei auch an dieser Stelle der Dank des Verfassers ausgesprochen, ebenso dem Vorstand der Lübeck-Büchener Eisenbahn-Gesellschaft für die Überlassung der Verwaltungsunterlagen seines Unternehmens.

Nach ganz neuen Gesichtspunkten ist der Schlußabschnitt über die Eisenbahngesetzgebung im Deutschen Reich aufgebaut. Mit den eisenbahnrechtlichen Bestimmungen hat sich nicht nur der Eisenbahnjurist, sondern auch der Eisenbahningenieur zu befassen. Es ist aber nicht zu verlangen, daß dieser sich eine vollständige Kenntnis aller Gesetze und Verordnungen aneignet, sondern es genügt, wenn er bei seinen Planungen, Entwürfen und Bauten erfährt, welche Vorschriften in diesen besonderen Fällen zur Anwendung kommen und sich dann mit ihnen vertraut macht. Um das Auffinden der maßgebenden rechtlichen Bestimmungen zu erleichtern, ist der Stoff gegliedert nach Haupt- und Nebeneisenbahnen, nach Kleinbahnen, nach Bahnen, die nicht dem öffentlichen Verkehr dienen, und nach Vereinbarungen zwischen den Bahnverwaltungen. In jedem dieser Teile sind die Bestimmungen dann weiter geordnet nach Vorschriften des Reiches und der Länder, sowie inhaltlich nach fest umgrenzten Gebieten, wodurch eine sehr übersichtliche Gruppierung erreicht wird. Die Anordnung des Stoffes nach diesen Gesichtspunkten ist nicht leicht gewesen, weil verarbeitetes Material nur bis zum Jahre 1912 in dem ausgezeichneten Handbuch der Eisenbahngesetzgebung von Fritsch vorgelegen hat, das auch dem Verfasser als Führer gedient hat. Da dieses Werk aber nicht nur die neuere Gesetzgebung, sondern auch die rechtlichen Bestimmungen in den außerpreußischen Ländern vermissen läßt, hätte der Abschnitt in dem geplanten Ausmaß nicht fertiggestellt werden können, wenn nicht die außerpreußischen Reichsbahndirektionen — mit Ausnahme von Dresden — dem Verfasser bereitwilligst Auskunft erteilt und Unterlagen zur Verfügung gestellt hätten. Für dieses Entgegenkommen sei ihnen hiermit aufrichtig gedankt. Auch das Jahrbuch des Verkehrswesens von Sarter ist vielfach benutzt worden.

Trotz aller guten Absichten und Bemühungen, etwas Vollkommenes zu schaffen, hat doch die Zeit von sechs Monaten, die dem Verfasser für die Bearbeitung seines Abschnittes zur Verfügung gestanden hat, nicht ausgereicht, um den Stoff neben den sonstigen Dienstgeschäften lückenlos zu bewältigen. Es ist ein erster Wurf, der das Ziel noch nicht ganz erreicht hat. Dankbar begrüßt der Verfasser daher alle Anregungen, die ihn diesem Ziele näher bringen.

Zum Schluß möchte der Verfasser nicht verfehlen, seinem Assistenten, Herrn Dipl.-Ing. Busch, für seine Mitwirkung bei der Aufstellung des Schriftennachweises, des Sachverzeichnisses und der Durchsicht der Korrekturbogen auch an dieser Stelle seinen aufrichtigen Dank auszusprechen.

Braunschweig, im Dezember 1924.

Risch.

Inhaltsverzeichnis.

I. Verkehr.

Von Professor Dr.-Ing. Otto Blum, Hannover.

II. Eisenbahnbetrieb.

Von Oberregierungsbaurat Dr.-Ing. G. Jacobi, Erfurt.

III. Die Organisation der Eisenbahnen.
Von Professor Dr.-Ing. Kurt Risch, Braunschweig.

Inhaltsverzeichnis. XIII

I. Verkehr

von

Otto Blum

Einführung.

1. Ursachen für die Entstehung des Verkehrs, seine Arten und Forderungen.

Zweck des Verkehrs ist die Ortsveränderung von Menschen, Gütern und Nachrichten. Der Verkehr soll die geographischen Entfernungen überwinden; hierbei muß er die der Ortsveränderung entgegenstehenden Widerstände, besonders die Kosten und die Zeit, außerdem die Werteinbußen, Gefahren und Beschwerden, möglichst herabmindern. Der Verkehr kann die Entfernungen nicht beseitigen, sondern er kann nur ihre störend empfundenen Einflüsse mildern; — auch der Fernsprecher hebt die Entfernung als solche nicht auf, denn er merzt nur den einen Faktor aus, nämlich den Zeitverlust, nicht aber die beiden andern, Kosten und Gefahren (Mißverständnisse).

Die Ursachen für das Streben nach Ortsveränderung — die „Motive des Verkehrs" — sind in den anziehenden Kräften des Gleichartigen und Ungleichartigen begründet. Die des Gleichartigen entspringen aus dem Gemeinsamen der Abstammung, Verwandtschaft, Freundschaft, Genossenschaft, Wissenschaft, Religion, des Staates und Volkes und der wirtschaftlichen Belange. Sie erzeugen vor allem den Personen- und Nachrichtenverkehr; hier sei besonders der Bedeutung des kirchlichen und des staatlichen Lebens gedacht.

Die Religion weckt ständige oder gelegentliche Verkehrsbeziehungen, jede Missionstätigkeit, jede Ausbreitung einer Religion (mag sie mit dem Wort oder dem Schwert erfolgen), jede Pilgerfahrt bedient sich des Verkehrs, fördert aber auch den Verkehr und Handel, und gelegentlich haben gerade religiöse Bewegungen zu den großartigsten Verkehrsfortschritten geführt (Kreuzzüge, Ausbreitung des Islam, Kolonisierung Deutschlands durch die Träger des Christentums); die Pilgerfahrten nach Mekka sind wesentliche Träger des Handels; vielfach ist gerade die Religion, der „Gottesfriede", benutzt worden, um den sonst nur im kriegerischen Verkehr zusammenprallenden Feinden wenigstens an einigen Orten und zu gewissen Zeiten den friedlichen Verkehr zu ermöglichen. Die Bedeutung der Religion für den Verkehr muß gerade in unserer Zeit ins Gedächtnis zurückgerufen werden, die so in materiellen Gedanken und Zielen verkommen ist, daß sie überhaupt nur noch auf das Wirtschaftliche gerichtet ist, die seelischen Kräfte aber schier vergessen hat. Die Bedeutung der Religionen für den Verkehr ist so groß, daß man sie geradezu in verkehrsfreundliche und verkehrsfeindliche unterscheiden kann; am feindlichsten ist die der Brahmanen, weil sie das Volk in Kasten zerklüftet, den Händler und Gewerbetreibenden in die unteren Kasten herabdrückt, das Verlassen des heiligen Bodens verbietet und allgemein das vollkommene Entsagen als höchstes Ziel hinstellt, also die wirtschaftlichen Kräfte lähmt; am freundlichsten ist der Islam, weil er den Handel und Verkehr durch die Mission, die Pilgerfahrten, die einheitliche Sprache, das göttliche

Gebot der Gastfreundschaft und des Schutzes der Verkehrswege unterstützt;
— die Brahma-Gläubigen leben als Bauern in einem reichen Land, das ihnen
alles gibt, sie können daher genügsam sein; die Allah-Gläubigen lebten als
Hirten und Händler in armen und ärmsten Ländern, sie mußten daher an-
griffslustig gegen die reichen Nachbarn sein; — die Religion mag also in
diesem Sinne auch als ein Niederschlag der geographischen Verhältnisse angesehen werden.

Hiermit ist bereits die Einwirkung des staatlichen Lebens auf den
Verkehr berührt. Am ursprünglichsten bedarf die Staatsgewalt des gesicherten
und schnellen Nachrichtenverkehrs, denn sie muß ständig Berichte empfangen
und Befehle erteilen; sie ist ohne „Post" undenkbar. Daher ist oft der
staatliche Postverkehr die zuerst geschaffene Verkehrseinrichtung. Der Staat
muß außerdem seinen Befehlen Nachdruck verschaffen und die Untertanen
schützen; dazu ist der Personenverkehr (der Beamten und Richter, der Polizei
und Soldaten) erforderlich. Jeder starke Staat hat daher diese Verkehrszweige schon gepflegt, wenn von wirtschaftlichen Verkehrswünschen noch nicht
die Rede war (Perser, Römer, Inkas, Napoleon). Wo der Verkehr nicht entwickelt ist, muß die Zentralgewalt die abgelegenen Landesteile besonderen
Beauftragten anvertrauen (Satrapen, Daimio's, Gaugrafen, Bischöfen, Äbten);
aber diese wenden sich oft gegen die Vormacht, und es ist daher verständlich, daß der Staat nach guten Verkehrslinien gerade nach den Grenzgebieten
strebt, vgl. die Preußische Ostbahn und die Sibirische Bahn[1]).

Das Streben nach guter Verknüpfung der Hauptstadt mit allen Landesteilen drückt u. U. dem ganzen Verkehrsnetz, besonders dem Eisenbahnnetz,
seinen Stempel auf. Es gibt nämlich in diesem Sinn nur zwei Gruppen von
Staaten:

Die aus sich heraus, aus einem „Zentralbecken", also aus der Mitte
gewachsenen Staaten, haben auch ihre Hauptstadt in der Mitte, Madrid, Prag,
Berlin für die Mark, Warschau für Polen, Moskau für das alte Rußland, und
die wichtigsten Linien führen als ziemlich gleichmäßig verteilte Radien nach
den Grenzen; sie schließen sich allerdings in dem Zentrum zu Durchmesserlinien zusammen, bleiben hier aber doch vielfach bau- und betriebstechnisch
zerschnitten, so daß wichtige durchgehende Verkehre darunter leiden und
die Reisenden zu längeren Aufenthalten gezwungen sind, welche die Reisekosten
unnötigerweise erhöhen. Was für den Staat im Großen gilt, gilt für die Stadt
im Kleinen: Das Verkehrsnetz wird aus der Stadtmitte heraus in die Vororte
strahlenförmig entwickelt, jedoch werden die Strahlenlinien zur Erleichterung
des Verkehrs und Betriebs zu Durchmesserlinien verbunden. Die großartigsten
Beispiele der staatlichen und damit auch der Verkehrs-Entwicklung aus der
Mitte sind Rom und England; in Rom stand der Goldene Meilenstein, von
dem aus alle römischen Straßen zählten, England ist nicht nur das Zentralbecken des englischen sondern des Weltverkehrs, und alle seine durch die
„Stützpunkte" gekennzeichneten „Etappenstraßen" gehen vom Kanal aus. —
Der Entwicklung aus der Mitte steht die vom Rande aus (der „zentralen"
die „peripherische") gegenüber. Sie ist das Kennzeichen aller Eroberungs-
und Kolonialstaaten. Hier liegt die „Hauptstadt" am Rand, dem erobernden

---

[1]) Von besonderer Wichtigkeit und Schwierigkeit ist das Schaffen solcher durchgehenden Linien, wenn das Staatsgebiet nicht einheitlich ist, also die sog. „zerstreute
Lage" zeigt. Man kommt dann u. U. zu recht unglücklichen Trassen, weil man auf den
guten Willen der Nachbarn angewiesen ist. Vor 1866 war es eine schwere Aufgabe für
Preußen, seine westlichen Gebietsteile mit den Stammlanden zu verknüpfen; die Linien
weisen daher auch böse Fehler auf, an denen wir anscheinend dauernd leiden werden
(vgl. z. B. Kreiensen). Auch die Eisenbahnpolitik Braunschweigs ist durch die zerstreute
Lage erschwert gewesen, und diese hat sogar noch beim Kampf um die Linienführung
des Mittellandkanals eine Rolle gespielt.

oder kolonisierenden Volk zugewandt, und der Verkehr strahlt vom Rand in das Landinnere hinein (Rio, Buenos Aires, Montevideo, Bombay, Kalkutta, Madras, New York). Die Lage ist für die Entwicklungszeit unvermeidlich, für erstarkte Staaten aber bedenklich. In der Bevorzugung der Hauptstadt kann man aber manchmal zu weit gehen (Paris); andererseits hat man die Eisenbahnen gelegentlich von der Hauptstadt ferngehalten (Hannover).

Religion und Staat und andere nichtwirtschaftliche Kräfte sind also für den Verkehr niemals außer acht zu lassen. Oft sind sie die ersten Verkehrsförderer, und erst später, wenn die schaffenden Kräfte vielleicht schon wieder untergegangen sind, bemächtigen sich die wirtschaftlichen Kräfte ihrer Verkehrsanlagen; es folgt also dem Missionar, dem Krieger, der staatlichen Eroberung der Händler (die Simplonstraße ist nie für den militärischen Zweck benutzt worden, für den sie geschaffen worden ist) —; selbstverständlich werden dann oft die Verkehrswege nicht gerade so geführt und gestaltet sein, wie sie der Handel wünschen möchte, zumal bei diesem die Bedeutung des Güterverkehrs in den Vordergrund tritt; — eine Mahnung, daß man sich im Verkehrswesen vor dem Übergewicht politischer und strategischer Einflüsse hüten muß!

Die anziehenden Kräfte des Ungleichartigen beruhen hauptsächlich auf wirtschaftlichen Forderungen, sie greifen also vor allem den Güterverkehr und erst in dessen Gefolge den Nachrichten- und Personenverkehr hervor. Der Güterverkehr ist notwendig, weil die Gewinnungsstellen der Stoffe nach Zahl und Raum beschränkt, die Verarbeitungsstellen schon zahlreicher und die Verbrauchsstellen allenthalben verteilt sind. Das Ungleichartige (des natürlich Gegebenen oder wirtschaftlich Gewordenen) offenbart sich z. B. in den so lebhaft den Verkehr hervorrufenden Gegensätzen: Binnenland—Küste, Ackerbau—Gewerbe, Gebirge—Ebene, Land—Stadt, ferner in der Arbeitsteilung nach Menschen (landwirtschaftlich, gewerblich, kaufmännisch tätig) und Gegenden (Agrar- und Industriestaat, Land und Stadt, Kontinental- und Seevolk).

In unserer Zeit ist, von Ausnahmen abgesehen, der Güterverkehr wichtiger als die andern Verkehrsarten; hiermit wird also das Verkehrswesen in erster Linie von den wirtschaftlichen Kräften beherrscht, denen sich die andern unterzuordnen haben. Aber diese Unterordnung ist gar nicht so schwer, denn hier ist das geographisch Gegebene die Grundlage und die Siedlung das Entscheidende. Die für die Wirtschaft wichtigsten „Punkte“ sind aber auch fast immer die für Politik und Strategie maßgebenden (vgl. die Kohlenbecken), und die natürlichen Knotenpunkte des Verkehrs sind stets gleichzeitig die wichtigsten strategischen Punkte, denn die Strategie besteht u. a. in der Kunst, „die eigenen Verkehrsmittel auszunutzen und den Feind an der Ausnutzung der seinigen zu hindern“.

Die drei wichtigsten Verkehrsarten stellen bestimmte, unterschiedliche Forderungen an den Verkehr und wenden sich daher den Verkehrsmitteln zu, welche diese Forderungen am besten befriedigen können.

Der Güterverkehr fordert in erster Linie Billigkeit, und um diese zu erreichen, verzichtet er gern auf Schnelligkeit, u. U. auch auf Pünktlichkeit und sogar Regelmäßigkeit [1]). Nur hochwertige und leicht verderbliche Güter und Tiere müssen auf Schnelligkeit (und Pünktlichkeit) großen Wert legen, können dafür aber auch — ihrem höheren eigenen Wert entsprechend — mehr bezahlen, also den Anspruch auf Billigkeit zurückstellen.

---

[1]) Dies darf nicht mißverstanden werden; einen gewissen Grad von Pünktlichkeit erfordert auch der Güterverkehr, denn Versender und Empfänger müssen richtig disponieren können.

Der Personenverkehr fordert Schnelligkeit, Pünktlichkeit und Regelmäßigkeit, er muß ferner gewisse Ansprüche stellen, um gegen die mit Reisen verbundenen Gefahren (Überanstrengung, Krankheit, Unfälle) geschützt zu sein; zur Befriedigung dieser Ansprüche muß er sich natürlich mit höheren Kosten abfinden.

Der Nachrichtenverkehr fordert Schnelligkeit, Pünktlichkeit und Regelmäßigkeit, ist dafür aber auch bereit, auf Billigkeit zu verzichten. Er steht also dem Personenverkehr nahe und wird meist mit ihm zusammen bedient. Jedoch sei dazu vorab bemerkt:

Der Nachrichtenverkehr darf nicht mit dem „Postverkehr" verwechselt werden. Die „Post" ist nämlich keine selbständige Verkehrsart, sondern nur eine Verkehrseinrichtung, die sich hauptsächlich und ursprünglich dem Nachrichtenverkehr widmet, daneben aber u. U. auch Personen- und Güterverkehr aufgenommen hat und sich beliebiger Verkehrsmittel bedient. Daher versteht man in allen Ländern unter „Post" etwas anderes; übereinstimmend ist nur die Übermittlung von Nachrichten (und Geldmitteln) in Form von „Briefen" (einschl. Postkarten, Drucksachen u. dgl.).

Dies vorausgeschickt läßt sich der Nachrichtenverkehr nach der Art der Übermittlung in folgender Weise einteilen. Die Übermittlung erfolgt mittels:

    a) „Wellen" (Schall, Licht, Elektrizität),
    b) Boten (Menschen oder Tiere),
    c) Gegenständen (Briefe, Zeitungen, Anweisungen).

Selbständige Verkehrsmittel entstehen hierbei nur bei a), und da heute Schall- und Lichtsignale nur noch eine geringe Rolle spielen, so läßt sich als selbständiges Verkehrsmittel nur die „elektrische Nachrichtenübermittlung" herausschälen. Alles andere wird von den übrigen Verkehrsmitteln mit wahrgenommen.

2. Der Einfluß von Natur und Technik auf die wichtigsten Wege.

Dies vorausgeschickt, gibt es also zwei Hauptarten des Verkehrs: Güter- und Personenverkehr, wobei aber „Güter" nicht gleich „Sachen" und „Personen" nicht gleich „Menschen" gesetzt werden darf. Vielmehr umfaßt insbesondere im Eisenbahnwesen wegen der Wechselwirkungen zwischen Verkehr und Betrieb:

1. der „Güterverkehr" die Sachen und Tiere, mit Ausnahme der unter 2. genannten, ferner gewisse Massenverkehre von Menschen, die mit viel „Gepäck" reisen, z. B. Auswanderer mit ihrem Hausrat und vor allem Soldaten mit Fuhrpark, Geschützen usw.; — der militärische Verkehr ist also unter dem Gesichtspunkt des Güterverkehrs zu behandeln;

2. der Personenverkehr die Menschen (mit Ausnahme der eben genannten), die Nachrichten, das Reisegepäck, kleine Tiere und besonders eilige (hochwertige, leicht verderbliche) Sachen, die nach Umfang, Gewicht, Verpackung wie das Reisegepäck befördert werden können (Expreßgüter), ferner die Leichen[1]).

Nun stellt die Natur vier geographische Erscheinungen als „Träger" (Medien) für den Verkehr zur Verfügung:

Äther, Luft, Wasser und Land,

und die Verkehrsmittel bedienen sich dieser Träger mittels vier Einrichtungen:

Weg, Fahrzeug, Kraft und Stationsanlagen,

---

[1]) Diese Gliederung ist durch die Art der Verkehrsabwicklung im Eisenbahnwesen begründet; sie ist begrifflich nicht einwandfrei.

und es ist zu prüfen, wie sich die Verkehrsmittel mit Rücksicht auf diese vier Einrichtungen zu den Forderungen der Verkehrsarten und zu der Natur, nämlich den vier Trägern verhalten. Hierzu sei vorausgeschickt, daß an Kräften zu unterscheiden sind: a) menschliche und tierische Muskelkraft und b) unbelebte Naturkräfte; zur zweiten Gruppe gehören die unmittelbar verwendungsfähigen (Schwerkraft, Wind, Strömung) und die durch künstliche Erschließung dienstbar zu machenden (Dampf, Elektrizität, Gas).

Unter Fortlassung des Äthers sind die „Träger" in folgender Weise zu kennzeichnen:

Die Luft stellt vom Standpunkt des Weges den vollkommensten Verkehrsträger dar, denn das Luftfahrzeug verbindet jeden Punkt mit jedem andern Punkt, also ohne Umladung und über die größten Hindernisse hinweg. Aber der Luftverkehr steckt infolge seiner Jugend noch in den „Kinderkrankheiten", Fahrzeuge und Kraft sind noch ungewöhnlich groß; auch die Stationsanlagen, Flugplätze (deren Bedeutung meist unterschätzt wird) verursachen große Schwierigkeiten und Kosten. Infolgedessen kann der Luftverkehr seine Vorzüge (besonders die Schnelligkeit und die schon recht gute Pünktlichkeit und Zuverlässigkeit) nur einem sehr zahlungswilligen Verkehr (Reisenden, Nachrichten, Kostbarkeiten) dienstbar machen. Tatsächlich verbindet er wegen der schwierigen Stationsanlagen die Verkehrspunkte im allgemeinen nicht unmittelbar, sondern er bedarf eines Anstoß-Verkehrsmittels (Kraftwagen), weil die Flugplätze weit vor den Toren der Städte liegen.

Das Wasser stellt einen guten, glatten Weg mit geringem Widerstand zur Verfügung, der aber vom Klima stark beeinträchtigt werden kann (worunter Pünktlichkeit und Regelmäßigkeit leiden). Das Fahrzeug (Schiff) kann nach Größe und Ausstattung dem Verkehrsbedürfnis gut angepaßt werden, jedoch setzen die Binnengewässer dem Größtmaß eine Grenze, weil ihre Tiefe beschränkt ist, das Meer dem Kleinstmaß, weil Seetüchtigkeit ohne eine gewisse Größe nicht erreichbar ist.

Die Kraft wird vielfach von der Natur gestellt (Gefälle, Wind, Strömung), und der Kraftaufwand ist (abgesehen von der Bergfahrt auf reißenden Flüssen) überhaupt gering. Die Stationsanlagen (Häfen) werden teils von der Natur gestellt, wo nämlich von Schiff zu Schiff umgeschlagen wird, teils sind sie billig zu beschaffen, wo man mit einfachen Ladeanlagen auskommt; sie können aber auch recht kostspielig werden, wo Kaimauern tief und schwierig zu gründen sind. Das Wasser ist jeglicher Verkehrsart gewachsen; jedoch wird man es im Binnenverkehr nicht wählen, wo es auf große Schnelligkeit und Pünktlichkeit ankommt.

Das Land ist insofern der naturgemäßeste Verkehrs-„Träger", als der Mensch mit dem größten Teil seiner Wirtschaft auf das Land angewiesen ist. Man hat hier Landwege und Eisenbahnen zu unterscheiden.

Beim „Landweg", vom Feldweg bis zur Großstadtstraße, ist der Weg zu bahnen und zu befestigen, das Fahrzeug kann den Verkehrsforderungen gut angepaßt werden, die Kraft (Zugtier, Motor) wird von der Natur nicht unmittelbar gestellt, Stationsanlagen sind nicht erforderlich.

Bei der Eisenbahn ist alles Kunst. Aber der Kraftaufwand ist gering, die Anpassungsfähigkeit sowohl an die Forderungen des Verkehrs als auch an das Gelände ist vollkommen; Geschwindigkeit, Regelmäßigkeit, Pünktlichkeit sind groß; die Kosten sind, trotz des weiten Abstands von der Natur, erträglich.

Stellt man nun die beiden besten Formen des Wasser- und des Landverkehrs und damit die beiden überhaupt wichtigsten Verkehrsmittel, nämlich Seeschiffahrt und Eisenbahn, einander gegenüber — womit man gleichzeitig auf die unten erörterte Einteilung nach Übersee- und Binnenverkehr kommt —, so ergibt sich:

Die Seeschiffahrt ist mit der Natur, dem geographisch Gegebenen, innig verknüpft. Das Meer ist eine (fast) überall fahrbare Straße geringen Widerstandes. Der Wind kann die bewegende Kraft liefern, jedoch verzichtet der Mensch auf ihre Benutzung um so mehr, je höher die Technik steigt, denn die Benutzung dieser Naturkraft ist mit dem drei- und mehrfachen Zeitverlust verbunden; infolgedessen ist bei Vergleichen stets mit dem Seedampfer (oder Motorschiff) zu rechnen. Aber das Meer wird so von der Natur, besonders von der Größe des Raumes und dem Klima, beherrscht, daß der kleine Mensch es hinnehmen muß, wie es ihm die gütige oder ungnädige Natur zur Verfügung stellt. Er kann nur die „Stationsanlagen" (Häfen) ausbauen (aber auch nur unter starker Anlehnung an die Natur), und außerdem haben merkwürdig günstige geographische Zufälligkeiten es uns gestattet, an zwei so wichtigen Stellen wie Suez und Panama die schmalen Landengen zu durchstechen. — Da die Seeschiffahrt so stark „natürlich" ist, und außerdem mit großräumigen Fahrzeugen und einem günstigen Verhältnis zwischen toter und Nutzlast arbeitet, ist sie durch besondere Billigkeit ausgezeichnet.

Die Eisenbahn ist das künstlichste Verkehrsmittel. Sie wird hierdurch und durch das ungünstige Verhältnis zwischen toter und Nutzlast teuer, dafür aber von der Natur stark unabhängig. Sie kann beim heutigen Stand der Technik (bei starkem Verkehrsbedürfnis und entsprechend hohen verfügbaren Geldmitteln) in Bau und Betrieb auch die größte Ungunst der Natur überwinden (Eis- und Sandwüste, Schnee- und Sandverwehungen, Kälte und Sonnenglut, Sümpfe und Hochgebirge). Außerdem ist die Eisenbahn schmal und schmiegsam und zum Klettern befähigt. Sie arbeitet mit kleinen Transportgefäßen, setzt sie aber zu langen Zügen zusammen, sie kann sich also kleinem und größtem Verkehr anpassen. Sie kann sich fein verästeln, bildet aber ihrer Natur nach die größten einheitlichen Netze, innerhalb deren sich das Wesen des Verkehrsmittels nicht ändert, mögen sich auch Natur, Wirtschaft und Kultur der durchzogenen Gebiete noch so sehr ändern, — und schon Kohl hat 1841 darauf hingewiesen, daß ein Verkehrsmittel um so vollkommener ist, je gleichmäßiger es in großen Räumen bleibt und je größere Extreme des Kleinen und des Großen es erlaubt; — wir gehen später noch auf das Verhältnis der Eisenbahnen zu den anderen Verkehrsmitteln genauer ein.

Durch die Gegenüberstellung des billig arbeitenden, aber von der Natur zum Teil abhängigen, nicht so schnellen und pünktlichen Seeschiffs zu der zwar teureren aber schnellen und pünktlichen Eisenbahn sind wir zu einer andern für den sogenannten „Weltverkehr" (d. h. für die weitgespannten Verkehrsbeziehungen) grundlegenden Einteilung gekommen, wobei zu beachten ist, daß jegliche Verkehrsart den günstigsten Weg (ähnlich wie der elektrische Strom den Weg des geringsten Widerstandes) erstrebt:

Der Güterverkehr folgt dem billigsten Weg (Hauptwiderstand das Geld), also dem Seeweg; insbesondere nutzen die wohlfeilen Massengüter soweit wie möglich den Seeweg aus, suchen dagegen den Landweg abzukürzen; demgemäß strebt das Seeschiff soweit wie möglich landeinwärts; die großen Seehäfen liegen also in den tiefsten Winkeln der Buchten und in den Mündungen der großen Ströme, so tief landeinwärts, wie die (großen) Seeschiffe überhaupt hinauffahren können.

Der Personen- und Nachrichtenverkehr folgt dagegen dem schnellsten Weg (Hauptwiderstand die Zeit), also der Eisenbahn. Er bleibt also so lange wie möglich dem Lande treu, und demgemäß müssen die diesem Verkehr dienenden Übergangshäfen auf die äußersten Ausläufer des Landes vorgeschoben sein (Cuxhaven, Bremerhaven, Lissabon, Brindisi). Diese beiden Gesetze, durch die zwei von den vier Hauptarten der Seehäfen und das in ihnen wirkende Zusammenarbeiten von Seeverkehr und Eisenbahn gekennzeichnet sind, seien noch durch folgendes erläutert:

a) Für das Seeschiff sind Umwege (infolge der Landvorsprünge) einerseits unvermeidlich (vgl. Odessa—Gibraltar—Rotterdam, Hamburg—Gibraltar—Genua, Buenos Aires—Valparaiso, New York—Panama—San Francisco), andrerseits aber auch erträglich, weil die Kosten eben überhaupt nicht hoch sind; bei der Eisenbahn müssen dagegen Umwege möglichst vermieden werden, weil sie teurer arbeitet, und sie können vermieden werden, weil die Eisenbahn die natürlichen Widerstände so gut überwinden kann. Die Abkürzung von Umwegen der Seewege, also durch den Bau von Kanälen, ist bisher nur durch den Suez- und Panamakanal, außerdem noch durch den Nord-Ostsee-, den Cap Cod-Kanal und den Kanal von Korinth erfolgt; der Abkürzungen von Landverbindungen mittels Eisenbahnen gibt es dagegen unzählige.

b) Wenn die großen Seehäfen in den tiefsten Winkeln liegen, so ist damit natürlich nicht gesagt, daß in jedem solchen Winkel ein Welthafen liegen muß. Vielmehr ist zum Entstehen eines großen Hafens auch ein entsprechend reiches und gut erschlossenes Hinterland erforderlich, das Massengüter erzeugen und transportieren kann. Am stärksten trifft dies zu, wo fruchtbare, gut wegsame Tiefebenen sich zum Meer öffnen, daher die Großhäfen Hamburg, Marseille, Buenos Aires, Montevideo, Kalkutta, Kanton, Shanghai, New Orleans, auch New York[1]).

c) Die vier Hauptarten der Seehäfen sind:
1. Haupthäfen,   } bereits erörtert,
2. Vorgeschobene Häfen, }
3. Anlaufhäfen, besonders an Meeresengen und Landvorsprüngen (Gibraltar, Kontantinopel, Colombo, Singapore, Kapstadt), ferner auf landfernen Inseln (Honolulu),
4. Aus- und Einfuhrhäfen für ein bestimmtes Massengut, besonders Kohle und Erz (Newcastle, Rotterdam). — Solche Häfen gibt es auch an Binnenwasserstraßen (Ruhrort).

d) Aus vorstehenden Andeutungen kann man auch bereits wichtige Leitlinien für die Gesamtanordnung des Eisenbahnnetzes einer geschlossenen Landmasse ableiten, indem man gewisse Gruppen von Hauptlinien wie folgt einteilen kann:
1. Strahlen- (Radial-) Linien von den Haupthäfen in das Landesinnere; sie sind besonders für Länder mit der Entwicklung „vom Rande" (s. o.) kennzeichnend (vgl. die Eisenbahnnetze von Argentinien und Vorderindien und das werdende Netz Afrikas),
2. Ausläuferlinien nach dem unter c) 2. und 3. genannten Häfen,
3. (Güter-)Linien zwischen dem Meer und den Kohlen- und Erzbecken,
4. Überlandbahnen[2]) („Transkontinental"—„Pacific"-Bahnen) zur Verbindung der entgegengesetzt liegenden Häfen eines Kontinents. Die wichtigsten verbinden:

die Nordsee mit dem Stillen Ozean (Sibirische Bahn),
die Nordsee mit dem Mittelmeer (z. B. Hamburg—Genua),
die Nordsee mit dem Indischen Ozean (Bagdad-Bahn),
den Atlantischen mit dem Stillen Ozean (Pacificbahnen, Transanden-Bahn).

---

[1]) Besondere geographische Verhältnisse rufen hier eigenartige Abweichungen und Ausnahmen hervor: Marseille nicht an der Rhone, Bombay nicht landeinwärts und nicht am Fluß gelegen, aber der einzige Punkt an der Westküste Indiens, der einen guten Ankerplatz bietet.

[2]) Nicht zu verwechseln mit Straßenbahnen, die „über Land" führen.

Aber bei allen diesen Linien sollte man der von Laien meist überschätzten „transkontinentalen" Bedeutung gegenüber recht vorsichtig sein; noch mehr gilt das von den sogenannten „transkontinentalen Wasserstraßen" (Rhein—Donau!) — Alle Überlandbahnen unterliegen einem wirkungsvollen Wettbewerb der entsprechenden Seelinien, diese bedienen tatsächlich den Hauptverkehr (sogar zwischen der Nordsee und dem Mittel- und Schwarzen Meer), und die Eisenbahnen sind für den transkontinentalen Verkehr nur bescheidene Gehilfen des Seeschiffs; ihre Bedeutung liegt aber darin, daß sie die weiten Strecken des Binnenlandes erschließen.

Übersee- und Binnenverkehr. Die Gegenüberstellung Seeschiff: Eisenbahn führt zu einer andern (ähnlichen) Gliederung des Verkehrs, die andeutungsweise schon in dem Vorhergehenden enthalten ist, nämlich zu der großen Zweiteilung: Übersee- und Binnenverkehr.

Hierbei wird aus dem Wasserverkehr die Binnenschiffahrt und auch die kleinere Küstenfahrt losgelöst und den Landverkehrsmitteln zugeteilt. Dies ist in folgendem begründet:

Der Überseeverkehr wird in ständig steigendem Maße von so großen Schiffen bedient, daß es teils nicht möglich teils nicht zweckmäßig ist, mit ihnen die kleinen Küstenorte aufzusuchen oder die früher vielleicht gepflegte Fahrt auf den Strömen hinauf aufrechtzuerhalten. Vielmehr drängen alle Einrichtungen für Umschlag, Stapeln, Weiterleiten und für die Instandhaltung und Ausrüstung der Schiffe dazu, an den großen Seehäfen einen scharfen Schnitt zwischen „Übersee" und „Binnen" zu machen. Ferner können sich Küsten- und Binnenschiffahrt gegenseitig und außerdem kann die Eisenbahn beiden Wettbewerb machen (vgl. den Verkehr von Rotterdam nach Konstanza oder von Hamburg nach Danzig); diese Binnenverkehrsmittel müssen also einerseits zum richtigen Zusammenarbeiten untereinander gebracht werden, andrerseits sind sie als Einheit an den Überseeverkehr als dessen Verteiler und Aufsauger anzustoßen.

Die Unterscheidung nach „Übersee" und „Binnen" ist besonders für Europa wichtig, denn Europa ist durch „fjordartige" Meeresteile (die zum Teil so schmal wie ein Fluß sind — Sund, Bosporus) so stark aufgeschlossen, daß die kleine Küstenfahrt, d. h. die in einem kleinen geschlossenen Bezirk (Ostsee, Schwarzes Meer, Adriatisches Meer) bleibende „Seeschiffahrt" eine große Rolle spielt, ferner ist hier die Vereinigte Fluß-See-Schiffahrt (z. B. Rhein—London) von einer gewissen, allerdings oft überschätzten, Bedeutung, und außerdem sind gewisse „Seestrecken" tatsächlich nur ganz kurze, unselbständige Zwischenstücke „durchgehender" Eisenbahnlinien (England—Festland, Skandinavien—Deutschland), bei denen der Seeverkehr durch Fähren, teils auch durch Tunnel (Kanal, Bosporus) bald ausgeschaltet sein dürfte[1]).

Ein großes Gegenbeispiel, nämlich die Bedienung von Binnenverkehr durch große Seeschiffe mit Übersee-Charakter, zeigen die Großen Seen in Nordamerika. — Die sog. „See-Handelsflotte" der Vereinigten Staaten bestand vor dem Weltkrieg zu einem wesentlichen Teil aus den auf den Großen Seen schwimmenden Schiffen, von denen die meisten das Meer, trotz der bestehenden, aber ungünstigen Verbindung, nie gesehen haben.

Wenn wir vorstehend vom großen Verkehr der Gegenwart ausgehen, dürfen wir aber nie vergessen, daß auch im Verkehr die Gegenwart durch die Geschichte erklärt werden muß; und in jenen Zeiten, die Dampf und

---

[1]) Es war daher richtig, daß die Engländer den Quertransport über den Kanal als einen Teil der „Landetappe" dem Eisenbahnchef unterstellten, und es war falsch, daß wir eine selbständige „Seetransport-Abteilung" unterhielten.

Schienen noch nicht kannten, ist unter dem Zeichen schwacher Verkehrsmittel langsam herangereift, was auch heute noch fortwirkt, und die kleinen Küsten- und Binnenschiffe, die schlechten Landwege mit ihren schweren Frachtwagen in der Ebene und den leichten Karren im Gebirge haben (auch in Verbindung mit bescheidenen Wasserkräften) insbesondere das Entstehen der Siedlungen bestimmend beeinflußt und damit hohe Werte und starke Bevölkerungsverdichtungen an Stellen geschaffen, die für den heutigen Verkehr gleichgültig sein würden, wenn eben nicht diese Werte vorhanden wären und durch den Verkehr gepflegt werden müßten, und zwar besonders liebevoll, weil damit der Zusammenballung der Bevölkerung in den Großstädten entgegengewirkt wird. Das ist der große Gegensatz im Verkehrswesen (auch im wirtschaftlichen und politischen Leben) zwischen alten Kulturländern (mit teilweise noch wirklicher Kultur) und den „jungen" Ländern (mit nur Zivilisation), — hier noch Dezentralisation und ein gewisser Bestand an ländlicher und kleinstadtlicher Bevölkerung, dort weit vorgeschrittene Verstadtlichung und eine geradezu krankhafte Ehrfurcht vor den Riesenstädten mit dem Riesenmaß ihrer Verkehrsanlagen.

A. Geschichtliche Entwicklung des Eisenbahnwesens in Deutschland[1]).

1. Das Vor-Dampf-Zeitalter.

Solange das Mittelländische Meer und der westasiatisch-griechisch-römische Kulturkreis Welthandel und Weltverkehr beherrschen, konnten die Länder und Meere nördlich der Alpen nur schwache Verkehrskräfte entwickeln. Deutschland wurde von Süden und Westen (über die Alpen, durch die Burgundische Pforte und vom Seinebecken her) dem Verkehr erschlossen; aber die Macht Roms und damit der Straßenbau und die Städtegründung fanden an der Ems, dem Limes und der Donau ihre Grenze. Westlich und südlich von ihr sind noch heute die Wirkungen der so tüchtigen römischen Straßen- und Städtebauer zu verspüren, besonders in der sorgfältigen Auswahl der für Stadtgründungen geeigneten Punkte, aber auch in einzelnen Straßenführungen. Als später Kultur und Christentum weiter nach Deutschland hinein vordrangen, geschah dies nach Abb. 1 hauptsächlich von zwei auch heute noch besonders wichtigen Gebieten, nämlich vom Nieder- und vom Mittelrhein aus, und zwar von der „Kölner Bucht" durch die Wesergebirge nach Niedersachsen und von der „Frankfurter Bucht" am Thüringer Wald vorbei nach Thüringen; die Kolonisationen folgten also den heutigen Linien Köln—Minden und Mainz—Bebra—Erfurt. Hierbei mußten sie den Gebirgswall überwinden, der als Teutoburger Wald, Egge, Meißner, Thüringer und Frankenwald von NW nach SO streicht und über den Böhmer Wald bis zu den Alpen reicht.

Der Gebirgszug ist im nordwestlichen Teil (von Rheine bis Eisenach) glücklicherweise stark zertrümmert: er hat daher nur kurze Zeit (in den Kämpfen der Sachsen und Franken) trennend gewirkt und wird heute von den Eisenbahnen in niedrigen Pässen überschritten (Bielefeld, Altenbeken, Gerstungen); er wird nach SO zu aber ständig höher, schwieriger und unwirtlicher und bildet daher noch heute eine wichtige Stammes- und Verkehrs-

---

[1]) Vgl. vor allem das treffliche Buch „Das deutsche Land und die deutsche Geschichte" von A. v. Hofmann, Stuttgart, Deutsche Verlagsanstalt 1921.

scheide, vgl. die hohen Scheitelpunkte bei Oberhof, Probstzella und Hof und die schwierigen Gebirgsstrecken zwischen Bayern und Böhmen[1]).

Der Vorstoß von der mittelrheinischen Bucht (Kurmainz) gegen Thüringen hat sein eigentliches Ziel, die Leipziger Bucht, kaum erreicht; er mußte sich vielmehr im allgemeinen darauf beschränken, Widerstandslinien am Westufer der thüringischen Flüsse zu behaupten. Dagegen war der Vorstoß vom Niederrhein über Niedersachsen erfolgreicher. Hauptsächlich von

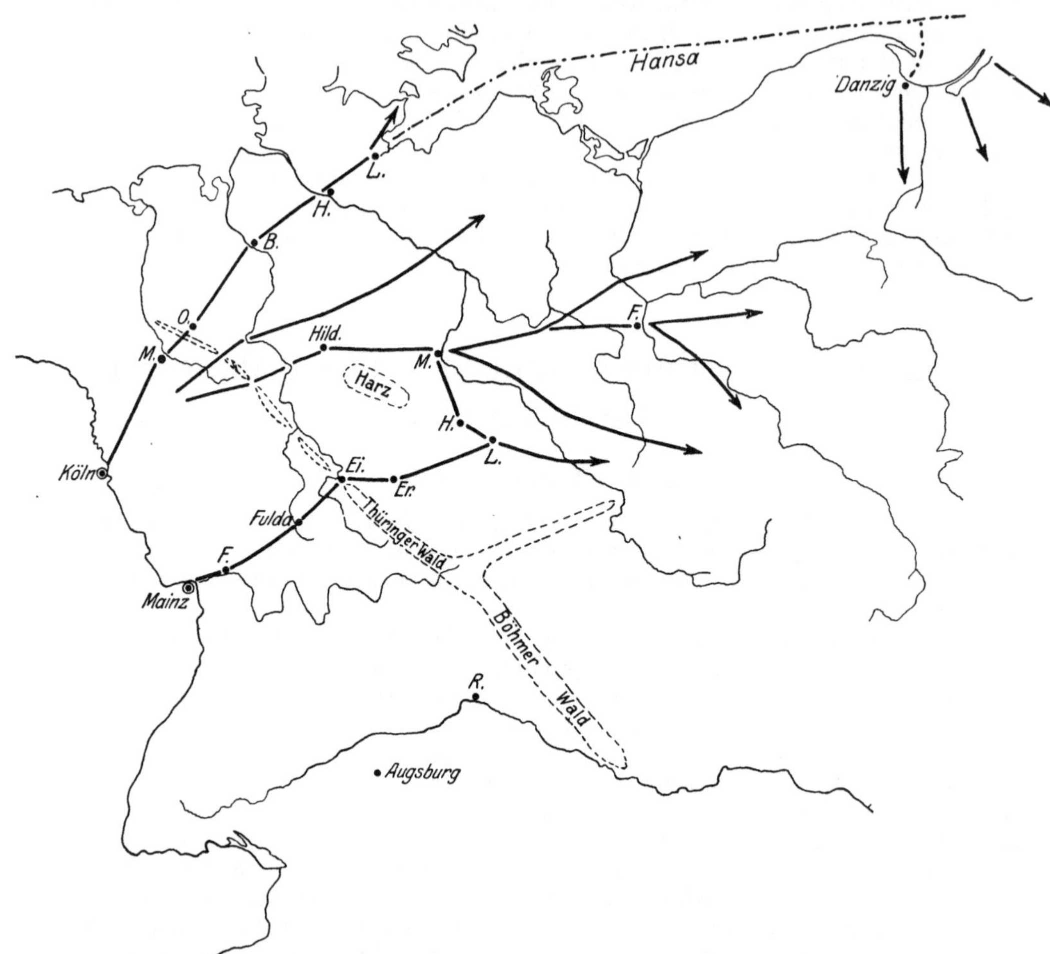

Abb. 1. Vordringen von Kultur und Christentum in Deutschland.

niedersächsischer Kraft gestützt, trug er Kultur und Christentum in folgenden Hauptrichtungen vor:

Über Münster—Osnabrück—Bremen—Hamburg—Lübeck nach der Stelle, an der in einem eigenartigen örtlichen Zusammentreffen der Wasserweg der Ostsee und die Landbrücke von den nordischen Ländern her am weitesten nach SO vorstoßen, nämlich in die Lübecker Bucht und über Laaland—Fehmarn nach Holstein,

---

[1]) Die Grenze liegt nicht in der „Mainlinie“, sondern im Thüringer—Frankenwald—Fichtelgebirge; sie bildete auch die richtige Grenze zwischen den beiden künftigen „Wirtschaftsprovinzen“, zu denen je Franken und Thüringen gehören werden; der Übergang Koburgs an Franken-Bayern ist als ein einleitender Vorgang zu betrachten.

über die untere Elbe nach Mecklenburg—Pommern,

am Nordrand des Harzes vorbei nach Magdeburg, der Brückenstadt an der Elbe, einst der stolzesten Binnenstadt der Hansa.

Im Schutz der „Bergfestung" des Harzes und der Elbe-Niederung sammelten sich dann im Raum Magdeburg—Anhalt die Kräfte, die das Deutschtum weiter nach Osten trugen, und zwar:

nach O in die Mark,

nach OSO in die Lausitz und nach Schlesien,

nach SO nach „Obersachsen".

Der Weg in die Mark gabelte sich an der untern Spree in den Weg über Oderberg in das Gebiet nördlich der versumpften und daher unwegsamen Warthe-Netze-Niederung und den Weg über Frankfurt in das Gebiet südlich dieser Niederung.

Bei dieser Kolonisation, die ein „Verkehrsvorgang" größten Stils ist, müssen wir den verkehrsgeographischen und verkehrstechnischen Scharfblick der Führer bewundern, die überall die günstigsten „Pässe" durch die Sümpfe, Moore und über die verwilderten Ströme und die besten Lagen für die Burgen, Klöster und Städte gefunden haben, — eine Kunst, die wir leider verlernt haben; allerdings waren sie als Fußwanderer und Reiter auf die genaueste Beobachtung der Natur (einschließlich der klimatischen Einwirkungen auf den Verkehr) angewiesen, während uns die Fortschritte der Technik der Natur entfremdet haben. Leider wissen wir im allgemeinen wenig von den Großtaten dieser Ritter und Mönche, Bischöfe und Bürgermeister, Kaufleute und Landwirte, Straßen-, Wasser-, und Städtebauer, weil wir jene Zeiten der deutschen Geschichte hauptsächlich unter dem Gesichtspunkt der, auch vom Verkehrsstandpunkt so kritisch anzusehenden, „Römerzüge" betrachten; aber der Verkehrsmann muß sich darüber unterrichten, denn er kann daraus so manches für die Ausgestaltung des heutigen Verkehrsnetzes Deutschlands lernen.

Die Überland-Kolonisation würde von der See aus durch die Hansa unterstützt, die sich an allen wichtigen Punkten der Ostsee festsetzte und von hier aus — allerdings mit geringer politischer und völkischer Kraft, aber mit größtem Erfolg für Handel und Verkehr — in die Randländer vordrang. Die binnenländischen Siedlungen der Hansa sind unter dem Gesichtspunkt zu würdigen, daß ihr Rückhalt und ihre Haupt-Etappenstraße das Meer war.

Etwa vom Jahre 1200 ab können wir Fortschritte im Verkehrswesen erkennen, die den Germanen zu danken sind. Sie sind einerseits der überhaupt sich wieder belebenden Technik zu danken, der von dem kalten und regnerischen Klima Germaniens andere Aufgaben gestellt wurden als vom sonnigen Mittelmeer, der aber auch die günstigere Gestaltung der Binnengewässer und die Bodenschätze andere Schaffensmöglichkeiten boten, ferner der Veränderung des Kriegswesens, sodann der Nachfrage nach gewissen wichtigen Gütern, wie Salz, Heringen und Holz. Von besonderer Bedeutung für unsern Zusammenhang sind die beginnende Ausnutzung der Wasserkräfte, die in Verbindung mit den Bodenschätzen die noch für die Gegenwart so wichtige dichte Besiedlung der mitteldeutschen Gebirge eingeleitet hat, und der mit der Erfindung der Kammerschleuse für die Binnenwasserstraßen erzielte Fortschritt; die Erfindung soll um 1450 gleichzeitig in Italien (Leonardo da Vinci?) und Holland erfolgt sein; — der erste Kanal in Deutschland, der schon vor 1400 gebaute Stecknitzkanal (Vorläufer des Elbe-Trave-Kanals) hatte noch keine Kammerschleusen.

Allmählich errang sich Deutschland auch auf dem Gebiet des Außenverkehrs Selbständigkeit, besonders die Handelsstädte in Flandern, am Rhein und im Donaugebiet, denen allerdings die Wege nach dem damals so wichtigen Orient durch die oberitalienischen Städte, besonders Venedig, verschlossen blieben, weil diese ihre Monopolstellung als Zwischenhändler nicht durchbrechen ließen. Dagegen gelang es der Hansa, die Herrschaft auf der Ostsee zu begründen und sie zeitweise auch über die Nordsee auszudehnen; mit dem „Stahlhof" in London faßte sie sogar in England festen Fuß, das damals allerdings noch nicht zum Handels-, Verkehrs- und Industriestaat erwacht war.

Aber was alles deutscher Fleiß und Wagemut — teilweise sogar jenseits des Ozeans — geschaffen hatte, ging im Dreißigjährigen Krieg verloren, und der Westfälische Friede brachte den bisherigen Hauptgebieten der deutschen Kultur, den Ländern westlich der Elbe, die übelste Kleinstaaterei, löste wichtige Gebiete (Holland, Schweiz) vom Reich los und brachte die Mündungen der deutschen Ströme in fremde Gewalt; Deutschland war nicht nur entvölkert und verarmt, sondern auch vom Meer ausgeschaltet, und schon vorher war der Handelsweg zur mittleren und unteren Donau durch das Vordringen der Türken abgestorben. Der Verkehr konnte sich nur dort erholen, wo die natürlichen Verhältnisse besonders günstig lagen oder Staaten von leidlicher Größe übriggeblieben waren. Das galt in erster Linie von Brandenburg-Preußen, das sich aus seiner geschichtlichen Mitte, der Mark, heraus, sternförmig entwickelte, indem es die von der Natur vorgezeichneten Binnenwasserstraßen ausbaute und durch Kanäle zu einem einheitlichen Netz zusammenschloß. In jener Zeit beginnt der Aufstieg Berlins, dessen Bevorzugung allerdings auf Kosten von Stettin, Frankfurt a. O. und Magdeburg (auch Leipzig) erfolgte, aber bis 1866 als teilweise berechtigt anerkannt werden kann. Die großen Männer, die Preußen — unter verständnisvollster Pflege des Verkehrs — schufen, standen unter der Herrschaft der merkantilistischen Anschauungen, gegen die man manches einwenden mag, die aber jedenfalls die Technik und den Verkehr so planmäßig gefördert haben, wie es vordem wohl nur durch die Römer geschehen ist. Die Leistungen des Merkantilismus lassen sich in dieser Beziehung etwa wie folgt zusammenfassen: Es wird die Einigung der Nationen im Nationalstaat erstrebt und in England und Frankreich (auch Holland) erreicht (dagegen noch nicht in Deutschland und Italien), die wirtschaftlichen Kräfte des geeinten Staates werden planmäßig geweckt, gefördert und zusammengefaßt, Mittel hierzu sind: Pflege der Naturwissenschaften und der Technik, um höhere Leistungen in Gewerbe und Verkehr zu erzielen, Ausbau der Chausseen, Binnenwasserstraßen und Seehäfen, Schaffung von Handelsflotten, Erwerb von Kolonien, Beseitigung von Binnenzöllen, Verkehrsabgaben usw. Am wichtigsten für unsern Zusammenhang ist die Erkenntnis, daß die Verbesserung des Verkehrs eines der wesentlichsten Mittel und in vielen Beziehungen die Voraussetzung für eine erfolgreiche Wirtschaftspolitik ist. Daß man dabei jeden Nachbar als Feind oder als Ausbeutungsobjekt ansah, war eine Übertreibung, die aber doch eine gute Folge hatte, denn für die Vorbereitung und Durchführung der diesem Geist entspringenden Kriege brauchte man leistungsfähige Verkehrsmittel, besonders Chausseen und Schiffe, und so ist Napoleon einer der größten Straßenbauer geworden; er steht an der Grenze zwischen der alten und neuen Zeit, politisch als erfolgreichster aller „Revolutionsgewinnler" ein Kind der neuen Zeit, technisch noch zur alten Zeit gehörend, indem er die Bedeutung des Dampfes nicht erkannte.

In dem Zeitraum zwischen den großen Entdeckungen und der endgültigen Besiegung Napoleons vollzog sich auch im Weltverkehr der Umschwung, der für die Gegenwart maßgebend ist: Das Mittelländische Meer wurde in seiner Vormachtstellung durch den Atlantischen Ozean abgelöst, die Völker des Islam wurden als Zwischenhändler ausgeschaltet, die kleinen Handelsstaaten,

die oft nur Handelsstädte waren, wurden durch die großen Handels-,
Industrie- und Kolonisationsvölker ersetzt, die Versorgungsbasis Europas
wurde durch die Erschließung und Ausnutzung fremder Erdteile verbreitert,
womit die Grundlage für eine weitgehende Arbeitsteilung und eine starke
Volksvermehrung gegeben wurde. Den Hauptvorteil von all dem hatte England, das, von den tüchtigsten Vertretern „wagender Kaufleute" gelenkt, es
verstand, alle seine Rivalen sich gegenseitig zerfleischen zu lassen, bis es mit
dem Siege von Belle-Alliance die Weltherrschaft antrat.

Deutschland durfte hierfür zwar bluten, aber wesentliche Vorteile konnte
es nicht erringen. Sein einst so blühender Ostseehandel verödete, denn die
fremden Erdteile lieferten nun die Rohstoffe, die einst aus den Ostsee-
Randländern geflossen waren, der Fischfang ging auf Holland und England
über, die Schiffe führten nicht mehr die Hansaflaggen. Jedoch gelang es in
langen Kämpfen, die Strommündungen und Häfen dem Vaterland zurück-
zugewinnen, und die „Deutsche Bucht" nahm allmählich Teil an dem Aufstieg der Nordsee und der englischen Gewässer, zumal seit der Losreißung
der Vereinigten Staaten vom Mutterland.

2. Das Dampf-Zeitalter.

Als der Dampf in das Maschinenwesen und den Verkehr und der eiserne
Pfad in das Verkehrswesen eintrat, fand er die günstigsten Vorbedingungen
in England, denn in sicherer Schutzlage hatte es in dreihundertjährigem
Kampf die Weltherrschaft erobern können, ohne daß das eigene Land die
Schrecken des Krieges sah, hatte in dem Ringen mit Napoleon alle Kriegs-
flotten vernichten, die meisten Handelsschiffe kapern können, hatte seine
Seewege ausgebaut und gesichert, sich ein treffliches Netz für den Binnen-
und Küstenverkehr geschaffen, und stand nun, im Besitz von Kohle und
Eisen und hoher technischer und kaufmännischer Intelligenz, einem verarmten,
ausgebluteten Kontinent gegenüber. So brach in England die „Neue Zeit"
an. Jene Tage, an denen zum erstenmal der Dampf das Wasser aus dem
Bergwerk hob, zum erstenmal ein Karren mit Spurkranzrädern auf die eisen-
beschlagene Bahn gestellt wurde, zum erstenmal ein Dampfroß vor diese
Karren gespannt wurde, gehören zu den größten Daten der Weltgeschichte,
— — — und sind daher den sog. „Gebildeten" unbekannt, sogar den meisten
Ingenieuren.

Mit England hatten die andern Völker Westeuropas zunächst den
Hauptvorteil von der dienstbar gemachten Naturkraft; es ist das aber wohl
mehr den äußern Kräften (der Kapitalkraft und ihren Auswirkungen), als
den innern Kräften (der Größe und Tüchtigkeit der Bevölkerung) zugute
gekommen; im Verlauf des Jahrhunderts 1800 bis 1900 vollzog sich nämlich
folgende so oft übersehene, für den Verkehr Europas aber besonders wichtige
und für Deutschland günstige Verschiebung in der Bevölkerung. In Europa
wohnten in %:

	Romanen	Germanen	Slawen
1800	37	37	26
1900	26	37	37,

die Zunahme betrug nämlich z. B. in: Frankreich 19, Italien 78, Großbritannien 155, Deutschland 185, Rußland 170 %.

Für unser Vaterland ist dies günstig, denn je mehr der Osten erwacht,
desto größere Bedeutung gewinnt der Durchgangsverkehr zwischen West und
Ost, und je mehr Kaufkraft der landwirtschaftlich eingestellte Osten entwickeln kann, desto mehr gewerbliche Erzeugnisse kann er kaufen; allerdings
wächst damit auch der militärische Druck.

Deutschland war bei Beginn des Dampf-Zeitalters ein im Wesentlichen landwirtschaftlich gerichtetes Land; rund $80^0/_0$ der Bevölkerung waren in der Landwirtschaft tätig, $73^0/_0$ wohnten auf dem „platten Land", die $27^0/_0$ „städtischer" Bevölkerung lebten größtenteils in kleinen Landstädten, viele als „Ackerbürger". Das Gewerbe war wenig entwickelt und zeigte fast nur Kleinbetriebe; einige Ansätze zum Großbetrieb waren in der Salzgewinnung, dem Bergbau und dem Textilgewerbe vorhanden.

Günstig war für die „neue Zeit" der Sieg der freiheitlichen Anschauungen, die Abschaffung der Erbuntertänigkeit und der Zunftverfassung, die Beseitigung der schlimmsten Auswüchse der Kleinstaaterei, die wissenschaftliche Erkenntnis von dem Segen großer national-geeinter Volkswirtschaften und die Sehnsucht aller Gebildeten nach dem großen einheitlichen Vaterland, der weit fortgeschrittene Ausbau der Binnenwasserstraßen und Chausseen und die steigende Erbitterung gegen die Binnenzölle, die schließlich zur Gründung des deutschen Zollvereins führte: in der Nacht zum 1. Januar 1834 öffneten sich die Schlagbäume und die Bahn war frei, nicht nur für die Lastwagen, sondern auch für die Lokomotive. — Jedoch standen auch damals noch gewisse Landesteile, besonders der Nordwesten unter der Führung Hannovers, abseits; sie hatten sich im „Steuerverein" zusammengefunden, der erst 1851 dem Zollverein beitrat.

An Hemmungen ist außer der Verarmung durch den Krieg vor allem der ungünstige und in seinen Wirkungen auf die Gestaltung des deutschen Eisenbahnnetzes verhängnisvolle Umstand zu nennen, daß noch kein Einheitsstaat der Norddeutschen Tiefebene geschaffen war, ferner die nach 1815 zur Herrschaft gelangte Reaktion. Das Volk, in seinen Hoffnungen auf Einheit und Freiheit bitter enttäuscht, wurde von den Regierungen niedergehalten und von den herrschenden Kreisen und der ihr willfährigen Bürokratie um so mehr bedrückt, je mehr diese vor dem undeutschen Metternich krochen. Feindlich jedem Fortschritt hatte man für die Technik nicht nur kein Verständnis, sondern man witterte in ihr auch, nicht mit Unrecht, den Feind der eigenen Macht. Besonders bei der Eisenbahn erkannte man den gesund-demokratischen Wesenszug. Zerschlagen wurde nach 1815 auch das große Werk der Staatsverwaltung, das Friedrich Wilhelm I., Friedrich der Große und der Freiherr v. Stein mühsam aufgebaut hatten. Wie diese über Technik und Wirtschaft einerseits, Bürokratie andrerseits gedacht haben, ergibt sich aus den Forderungen, die Friedrich der Große an die jungen Leute stellte, die wir heute mit „Regierungsreferendaren" bezeichnen:

„Beamte, junge Männer, die treu und redlich sind, die offene Köpfe haben, welche die Wirtschaft verstehen und selbst getrieben haben, die von Kommerzien und Manufaktur und andern dahingehörigen Sachen gute Information besitzen und dabei auch der Feder mächtig sind."

Es ist daher einleuchtend, daß die Verkehrs- und überhaupt die Wirtschaftsentwicklung in Deutschland um ein Menschenalter hinter der Englands usw. nachhinkte; — es war ein Glück für die Lokomotive, daß sie selbst wenigstens aus England kam, denn vor England verbeugten sich die in Deutschland Mächtigen noch tiefer als vor Wien.

Mit dem Jahre 1834, der Gründung des deutschen Zollvereins und dem Beginn des Eisenbahnbaues in Deutschland, schließt das wirtschaftliche „Mittelalter" auch in Deutschland. Die Entwicklung im Dampfzeitalter kann man für Deutschland in zwei Hauptabschnitte teilen:

1. Die Zeit von 1833 bis 1871 ist die Zeit der großen Umgestaltungen, die sich auf der Grundlage der wirtschaftlichen Einheit, des Ausbaues des Eisenbahnnetzes und des Einzugs der Dampfmaschine in Gewerbe und Bergbau vollziehen. Fast jedes Gewerbe wird von der Maschine, dem Großkapital

und den Verkehrsmitteln umgewandelt, — teils gestärkt, teils bedroht, teils
vernichtet. Neue Gewerbe, besonders die Kohle-Eisen-Industrie mit ihren
Verfeinerungs- und Hilfs-Gewerben, kommen auf. Vom Ausland bricht ein
Strom von Fertigwaren ein, die dort mittels der Maschine billig erzeugt
werden. Unendlich viele Menschen werden aus ihrem Erwerb herausgerissen,
die schwächeren gehen in Hunger und Krankheit unter, die stärkeren wandern
in die Gewerbe, den Verkehr und die Städte ab; die Bevölkerung verdoppelt
sich, aber sie beginnt sich zum Nachteil des platten Landes und Vorteil der
Städte zu verschieben, vgl. Abb. 2.

Im Verkehr stand die Zeit unter dem Zeichen des Baues der großen
Eisenbahnlinien. Am Schluß des Abschnitts war das Eisenbahnnetz in fast
allen wichtigen Durchgangslinien fertiggestellt. Im Auslandverkehr waren
die großen Linien nach den Ländern Westeuropas in Betrieb; wenig entwickelt aber war noch der Verkehr nach dem Osten und Süden, jedoch wurde

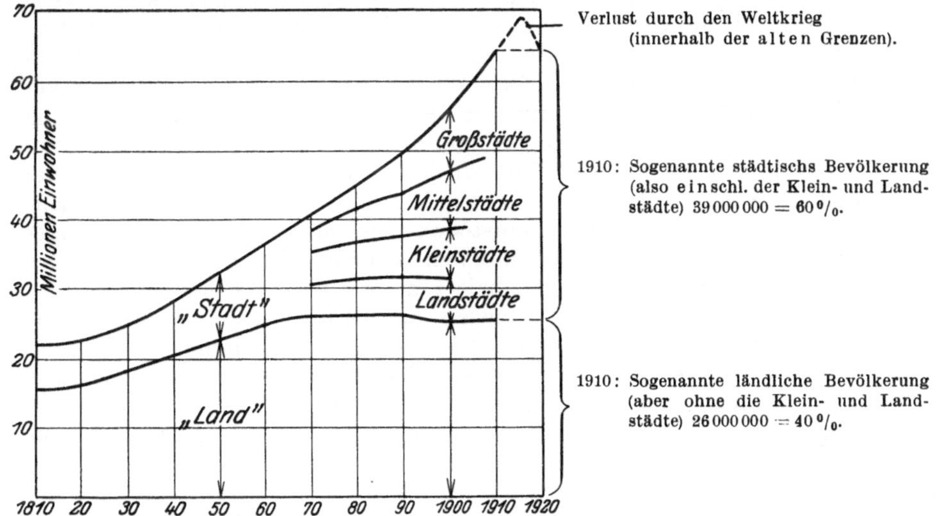

Abb. 2. Zunahme der Bevölkerung Deutschlands.

die Brennerbahn 1867 eröffnet. Der Überseeverkehr zeigte die Anfänge des
deutschen Seedampferdienstes und der künftigen Großreedereien (1839 erste
deutsche Dampferlinie, Hamburg—Hull). Dagegen war bei den Binnenwasserstraßen noch kein wesentlicher Fortschritt zu verspüren; die schwächeren
gingen sogar, durch den Wettbewerb der Lokomotive, zurück.

Wirtschaft und Politik blieben kontinental verankert. Es wurde noch
keine „Weltpolitik" getrieben, wenn auch der deutsche Kaufmann wagemutig
hinausging und der deutsche Gewerbefleiß sich Anerkennung im Ausland errang. Die kriegerischen Auseinandersetzungen blieben auf das Land beschränkt.
Deutschland war noch kein scheel angesehener Wettbewerber für die zur
See und in Übersee gewaltigen Mächte.

2. Die Zeit von 1871 bis zur Gegenwart ist die Zeit des Hinein-
wachsens in den Weltverkehr und die Weltwirtschaft. Das nunmehr geeinte
deutsche Vaterland erhält ein dichtes, alle Gebiete erschließendes Hauptbahnnetz, das durch Neben- und Kleinbahnen ergänzt und verstärkt wird. Durch
den Bau der Alpenbahnen, der Bahnen im mittleren Donaugebiet, in Rußland und durch die Fährverbindungen mit den Nordischen Ländern wird
Deutschland, seiner geographischen Lage entsprechend, zum Herz des europäischen Eisenbahnnetzes. Die Binnenwasserstraßen kommen wieder zu Ehren,

und nach heftigen innerpolitischen Kämpfen wird der Ausbau der deutschen Binnenwasserstraßen-Netze beschlossen und zum Teil verwirklicht. Der Verkehr auf den Landstraßen blüht durch den Kraftwagen neu auf und ersetzt auf kürzere Entfernungen die Eisenbahn. Im Überseeverkehr steigt Deutschland zur zweiten Macht der Erde auf und erringt in der Größe der Reedereien und der Größe und Schnelligkeit der Schiffe die erste Stelle. Der elektrische Nachrichtenverkehr nimmt einen ungeahnten Aufschwung, und durch die drahtlose Telegraphie wird die Welt von dem Monopol der Seekabel und damit Englands frei.

Im Wirtschaftsleben gewinnt der Großbetrieb immer mehr an Bedeutung, und zwar hauptsächlich durch Vergrößerung der schon bestehenden Großbetriebe und durch Entstehung neuer Industriezweige (z. B. der Kali-, der Braunkohlen-, der elektrischen und chemischen Industrie), nicht so sehr durch Verdrängen und Vernichten der Kleinbetriebe; vielmehr erweist sich die Prophezeiung der Vernichtung der Kleinen durch die Großen glücklicherweise als nicht richtig; Handwerk, Kleinhandel und Bauerntum können sich halten, sie erlangen auf gewissen Gebieten sogar eine höhere Bedeutung; treffliche Hilfen bieten ihnen hierbei kluge Verkehrsmaßnahmen, die Einführung von Kleinmaschinen und die Versorgung mit Gas, später mit Elektrizität, wobei die Erzeugung im Großbetrieb erfolgt, die Anwendung aber auch dem Klein- und Kleinstbetrieb ermöglicht wird, da der Strom von den Quellen (Kohlenbecken, Wasserkräften) in feinster Verästelung über das ganze Land verteilt werden kann und da die „Zapfstellen" bis auf die kleinsten Leistungen eingerichtet und eingestellt werden können, jederzeit dienstbereit sind, aber nur gerade für die Entnahme eingeschaltet zu werden brauchen.

Aber im Ganzen genommen, werden die Großen doch ständig größer und mächtiger; der „senkrechte" und „wagerechte" Zusammenschluß führt zu immer machtvolleren Gebilden, und wo sich der Einzelne noch nicht stark genug fühlt, schließt man sich unter Namen wie Trust, Kartell, Fusion, Konzern, Syndikat zusammen. Lebenswichtige Güter (Kohle, Kali, Roh- und Stabeisen, Zement, Zucker) gelangen unter die Herrschaft bestimmter Gruppen, die z. T. von den Banken und damit teilweise sogar vom internationalen Kapital abhängig werden. Die Zahl der selbständigen Wirtschafter wird vergleichsweise kleiner, die der abhängigen größer. Die Verknüpfung mit dem Ausland wird enger; während die Wirtschaft bisher kontinental verankert war und daher in Bismarcks Zeiten eine klug zurückhaltende kontinental gerichtete Politik befolgt wurde, wandten wir uns später gar zu schnell der Weltwirtschaft, dem Weltverkehr, dem Exportkapitalismus und Exportindustrialismus zu. Man darf die Schäden dieser Entwicklung weder übertreiben noch unterschätzen, es ist aber nicht unsere Aufgabe, das sachlich richtige Maß im einzelnen zu finden; nur das muß betont werden, daß leider auch im Verkehr gesündigt worden ist, nicht so sehr unmittelbar von den Fachleuten, als vielmehr von jenen Kreisen, die in „Welt"-Wirtschaft und „Welt"-Verkehr das Heil Deutschlands sahen und mit hochtönenden Worten die Masse der Urteilslosen begeisterten, — leider häufig zum Schaden des Vaterlands. — Die Vertreter der wirklichen Wissenschaft sind jenen Kreisen gegenüber leider nicht nachdrücklich genug aufgetreten.

Äußerlich kommt die Verschiebung vor allem in der Vermehrung der Bevölkerung und ihrer Verteilung auf Stadt und Land zum Ausdruck: Von 1816 bis 1871 nahm die Bevölkerung hauptsächlich in den landwirtschaftlichen östlichen Teilen Deutschlands zu, nämlich rund $90^0/_0$, in den gewerblichen westlichen Teilen dagegen nur um $23^0/_0$, wobei der landwirtschaftlich tätige Teil allerdings von etwa $78^0/_0$ auf $47^0/_0$ fiel; von 1871 bis 1900 wuchs der Osten („Ostelbien") dagegen nur noch um $26^0/_0$, der

Westen aber um $79\,^0/_0$ und der Anteil der landwirtschaftlich Tätigen sank weiter auf $25\,^0/_0$; — hierin offenbart sich also eine völlige Umkehrung der völkischen, wirtschaftlichen und damit aller innerpolitischen Verhältnisse. Hand in Hand damit machte die Verstadtlichung solche Fortschritte, daß sich 1910 „Land" zu „Stadt" wie 40:60 (z. Z. sogar etwa 38:62) verhielt; — das ist ein für den Bestand des Volkes unerträgliches Verhältnis, zumal die $60\,^0/_0$ städtischer Bevölkerung sich hauptsächlich in den viel zu schnell gewachsenen Großstädten zusammenballen. Wie sich die Bevölkerung Deutschlands gegenwärtig etwa verteilt, ist aus Abb. 3 zu ersehen; hiernach liegt der „Bevölkerungs-Mittelpunkt" im Raum Eisenach. Der „Verkehrs-

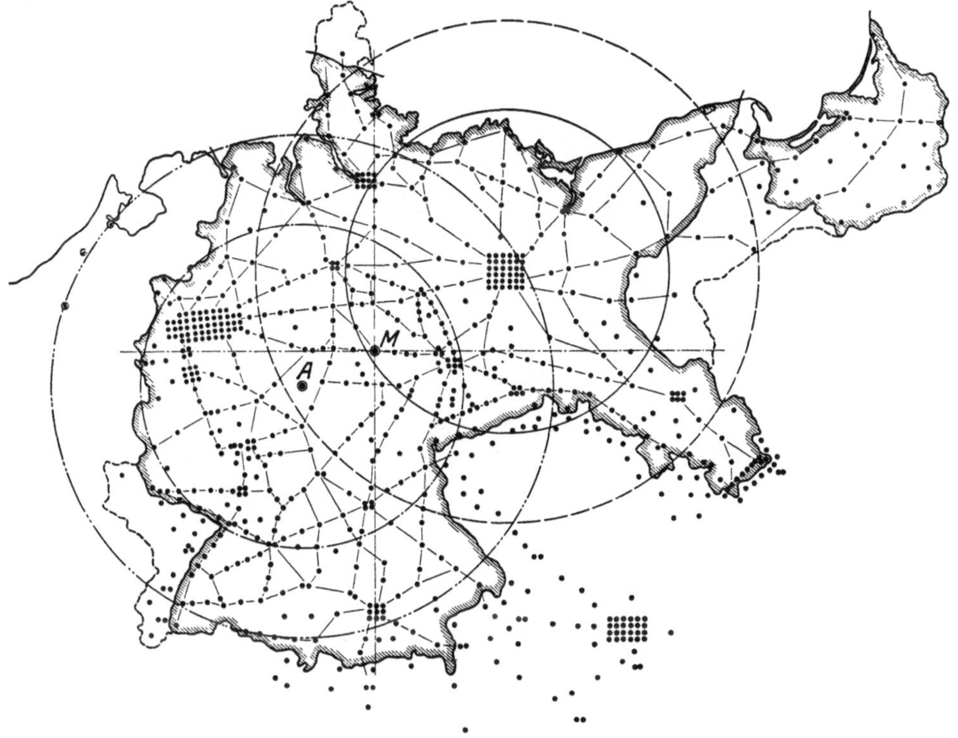

Abb. 3. Verteilung der Bevölkerung Deutschlands. Ein Punkt = 100000 Einwohner.

Mittelpunkt" liegt nach Abb. 4 noch weiter nach NW — angelockt durch Niederrhein-Westfalen, das allein etwa ein Drittel des gesamten deutschen Güterverkehrs hervorruft.

Die Eisenbahn fand in Deutschland im allgemeinen bei den Regierungen keine freundliche Aufnahme, an manchen Stellen dagegen Feindschaft. Es war vielfach das Verdienst des privaten Unternehmungsgeistes, der uns das neue Verkehrsmittel gebracht hat. Es sind hier an erster Stelle Volkswirtschaftler, Techniker, Industrielle und Kaufherren zu nennen, deren Pläne stellenweise auch von Beamten und Bürgermeistern, aber nur ausnahmsweise von Ministern und Fürsten gefördert wurden. An der Spitze steht Friedrich List[1]). Nachdem schon vorher Grote, Hansemann, Harkort,

---

[1]) List, geb. 6. Aug. 1789 zu Reutlingen, arbeitete sich vom Schreiber bis zum Professor für Staatskunde an der Universität Tübingen empor. Er mußte mit ansehen, wie die besten Söhne des Volkes zur Auswanderung getrieben wurden, gründete den Handels-

Motz u. a. für den Bau von Eisenbahnen eingetreten waren, stellte er 1832 den in Abb. 5 wiedergegebenen Plan eines Deutschen Eisenbahnnetzes auf, für das in richtiger Würdigung der damaligen wirtschaftsgeographischen Verhältnisse Leipzig als Mittelpunkt angenommen war. Leider ist dieser Plan an der Kleinstaaterei gescheitert. Nicht einmal für die einzelnen Staaten wurden einheitliche Netze aufgestellt, vielmehr entstanden zunächst nur Einzellinien (Nürnberg—Fürth 1835, Leipzig—Dresden, Teilstrecke 1837, Berlin—Potsdam 1838, Düsseldorf—Erkrath 1838 und als erste Staatsbahn Braunschweig—Wolfenbüttel 1838). Am 3. November 1838 erließ Preußen das Eisenbahngesetz, das noch heute die Grundlage des preußischen Eisenbahnrechts bildet und von vielen Staaten nachgeahmt wurde. 1840 standen in

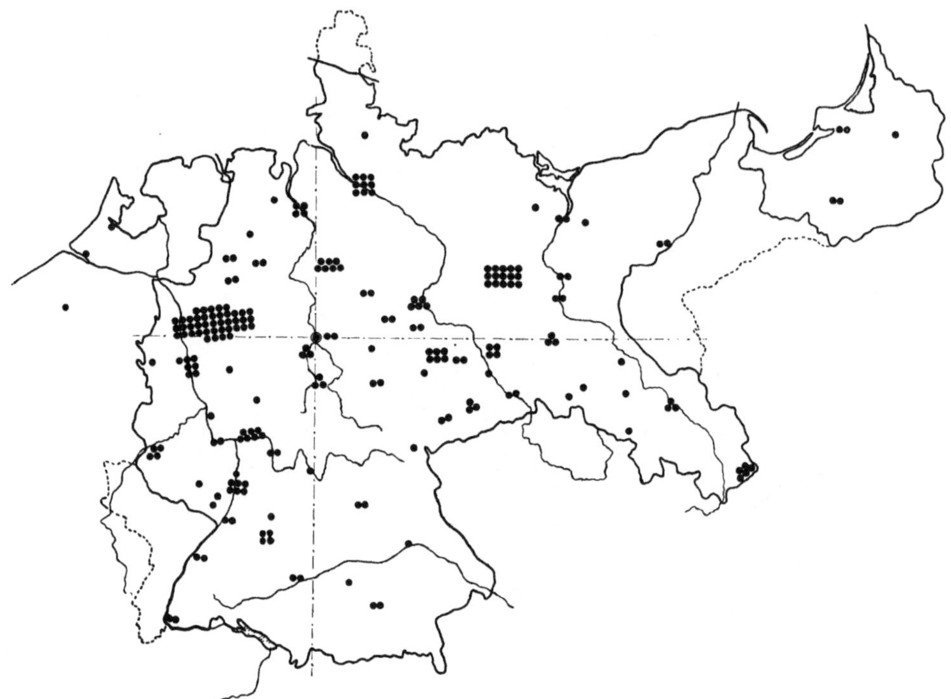

Abb. 4. Eisenbahngüterverkehr Deutschlands, getrennt nach Wirtschaftsgebieten.
Ein Punkt = $^1/_2$ $^0/_0$ des Gesamtgüterverkehrs.

Deutschland etwa 500 km in Betrieb, 1850 wurden die ersten Staatsbahnen in Preußen eröffnet.

Der Grad der Zerfahrenheit steht mit der Größe der einzelnen Bundesstaaten und der Stellung ihrer Regierungen in Verbindung. Die kleinen Staaten konnten, zumal wenn sie aus verschiedenen nicht zusammenhängenden Gebieten bestanden, natürlich keine großzügige Eisenbahnpolitik treiben, sie haben teilweise sogar ihre Exklaven dazu mißbraucht, um die Nachbarn an dem Schaffen zweckmäßiger Linien zu hindern (vgl. den südlichen Teil von Niedersachsen), die mittleren Staaten haben teilweise durch grundsätzliche

---

verein und erwarb sich damit hohe Verdienste um das Zustandekommen des Deutschen Zollvereins, machte sich als Volksvertreter immer mißliebiger und mußte schließlich fliehen. In Amerika mit hohen Ehren aufgenommen, lernte er, was Freiheit für den Aufstieg eines Volkes bedeutet, war an der Schaffung der ersten Eisenbahnen in führender Stellung beteiligt, kehrte in die alte Heimat zurück und war hier unermüdlich für die Eisenbahn tätig, erntete aber sehr wenig Dank.

Abneigung gegen den Schienenweg und undeutsche Politik stark gesündigt (Hannover), der Großstaat Preußen bestand bis 1866 noch aus zwei getrennten Teilen und wandte sein Hauptaugenmerk dem Osten zu, was für jene Zeit allerdings verständlich ist; daß er die Landeshauptstadt begünstigte, ist mit der damaligen politischen Lage und der starken Betonung der militärischen Rücksichten bis 1866 zu entschuldigen; nachdem er aber 1866 den notwendigen Einheitstaat in der norddeutschen Tiefebene geschaffen und dabei auch ein schon bedeutendes Staatsbahnnetz übernommen hatte, hätte er den deutschen Einheitsgedanken in der Eisenbahnpolitik doch vielleicht noch stärker zum Ausdruck bringen können.

Abb. 5. Plan eines Deutschen Eisenbahnnetzes von List.

Die starke Zersplitterung in die zahlreichen Eisenbahngesellschaften und in einzelne Staatsbahnnetze machte sich um so unangenehmer fühlbar, je mehr die einzelnen Glieder zu einem zusammenhängenden Netz zusammenwuchsen, denn die Verschiedenheiten in Bau, Betrieb, Abfertigung und Tarif erschwerten den durchgehenden Verkehr. Abhilfe wurde durch freiwillige Vereinbarungen mit hohem Erfolg geschaffen: 1846 schlossen sich eine Reihe von Eisenbahngesellschaften zu dem „Verein Deutscher Eisenbahnverwaltungen" zusammen, der sich die Aufgabe stellte, die für den durchgehenden Verkehr notwendige Einheitlichkeit zu schaffen. Dies gelang ihm durch seine einheitlichen „Normen" und „Grundzüge" usw. Dem Verein traten in schneller Folge alle deutschen und viele andere mitteleuropäische Eisenbahn-Gesellschaften und -Direktionen bei; bis in den Weltkrieg umfaßte er eigentlich ganz Mitteleuropa. Leider ist die Stoßkraft des Vereins auf technisch-wirtschaftlichem Gebiet schon vor dem Krieg erlahmt, und heute scheint er durch die unter Frankreichs Führung stehende „Union" abgelöst werden zu sollen.

Gewisse Unzuträglichkeiten, die sich hauptsächlich aus der Zersplitterung in zu viele Gesellschaften ergeben haben, und eine andere Einstellung der politischen Gedankenwelt führten in weiten Kreisen zu einer Abneigung gegen den Privatbetrieb und forderten die Verstaatlichung. Nachdem schon in einzelnen Bundesstaaten von Anfang an oder frühzeitig Staatsbahnen geschaffen worden waren, trat in Preußen der Handelsminister v. d. Heydt lebhaft dafür ein und brachte das Staatsbahnnetz von 1850—1862 auf 1567 km. Dann trat aber wieder eine Wandlung in der allgemeinen Anschauung vom Staat und seinen Aufgaben ein. Die allmählich hochkommende liberale Wirtschaftslehre war den Staatsbetrieben abgeneigt, und man verließ daher das Staatsbahnsystem zugunsten des sog. „gemischten Systems", bei dem Staats- und Privatbahnen in gesundem Wettbewerb den Verkehr entwickeln sollten; der Staatsbahnbesitz sollte der Staatsgewalt dazu dienen, regelnd, fördernd und — besonders im Tarifwesen — auch mäßigend zu wirken. Das System herrschte bis in die zweite Hälfte der 70er Jahre, in der wieder ein Umschwung in den wirtschaftspolitischen Ansichten eintrat. Insbesondere schien der Schutz der nationalen Arbeit durch Zölle die Tarifhoheit des Staates zu erfordern, damit nicht etwa die Maßnahmen der Zollpolitik durch die Tarifpolitik von Privatbahnen durchkreuzt würden. Bismarck, der Träger dieses Gedankens, wollte alle Eisenbahnen unter dem Deutschen Reich zusammenfassen, um die ganze Handels- und Verkehrspolitik einheitlich vom Reich führen zu lassen. Seine Pläne scheiterten aber an dem Widerstand der mittleren Bundesstaaten, und er mußte sich daher darauf beschränken, die Verstaatlichung in Preußen durchzuführen. Das Werk wurde in der Hauptsache in etwa einem Jahrzehnt durchgeführt; gleichzeitig rundeten die mittleren Bundesstaaten ihren Staatsbahnbesitz so ab, daß Deutschland etwa von der Mitte der 80er Jahre unter dem Zeichen des Staatsbahnsystems stand. In der Folgezeit machte das Streben nach größerer Einheitlichkeit weitere Fortschritte; Preußen kaufte die Privatbahnen in Thüringen und vereinigte sich mit Hessen zu einer Betriebsgemeinschaft; damit wurde es den übrigen Staatsbahnnetzen gegenüber die beherrschende Größe; denn von diesen konnten eigentlich nur die bayrischen und badischen eine selbständige Eisenbahnpolitik treiben. Die Vormacht Preußens beruhte nicht nur auf der weit größeren Ausdehnung seines Netzes, sondern vor allem auf der stärkeren Verkehrsdichte. Einen ungefähren Überblick geben folgende Zahlen für 1911:

Staatsbahnen	Betriebslänge km	Beförderte	
		Personen	Güter t
Preußen-Hessen	38074	1047000000	393000000
Bayern	8061	222000000	83000000
Sachsen	2665	73000000	27500000
Württemberg	1972	54000000	20300000
Baden	2048	56000000	21100000
Reichslande	1829	50000000	19900000
Gesamtnetz Deutschlands	56762	1502000000	564800000

Die preußischen Staatsbahnen bedienten nämlich die norddeutsche Tiefebene mit ihren günstigen Steigungsverhältnissen, ihren Kohlen- und Kaligebieten, ihren großen Strömen und dem Seeverkehr, und auch die an sie angrenzenden Eisenbahnen der Nachbarländer waren wichtiger als die an die anderen Netze angrenzenden; besonders Sachsen und Württemberg waren wegen ihrer Kleinheit, dem gebirgigen Charakter des Landes und der schlechten Lage zum großen Durchgangsverkehr in einer mißlichen Lage; Bayern war durch seine Größe, Baden durch seine gute Verkehrslage besser gestellt.

Die Unterschiede kamen natürlich auch stark im wirtschaftlichen Erfolg zum Ausdruck und damit in der Fähigkeit, neue Geldmittel für Erweiterungen des Netzes aufzubringen. Es war daher erklärlich, daß nun gerade dort die Sehnsucht nach Reichsbahnen groß wurde, wo man dereinst die Selbständigkeit hochgehalten hatte. Fachleute haben schon zu Bismarcks Zeiten darauf aufmerksam gemacht, daß ein Land wie Württemberg wegen seiner ganzen Lage, Gestalt und Natur keine Selbständigkeit im großen Verkehr behaupten kann.

Die Einheitsbestrebungen führten schließlich zur „Betriebsmittelgemeinschaft", aber die Zeit für die „Reichsbahn" schien vor dem Krieg endgültig verpaßt zu sein. Der furchtbare Ausgang des Kriegs hat dann doch mit der Verfassung des neuen Deutschen Reichs die einheitliche Reichsbahn gebracht.

Seit der Reichsgründung 1871 und nach der Verstaatlichung haben sich die Aufgaben der Eisenbahn und damit Verkehr, Betrieb und Wirtschaft erheblich verschoben. Mit dem Ausbau der Hauptlinien schien ein Beharrungszustand erreicht zu sein, so daß vielfach die Ansicht vertreten wurde, das Bauen sei nun abgeschlossen und es käme nur noch auf das Betreiben an.

Unter der Herrschaft dieser Ansicht scheint tatsächlich nicht überall das erforderliche weitere Kapital „in das Geschäft gesteckt" worden zu sein. Man erhebt gegen jene Zeit vielfach den Vorwurf, daß sie für den Ausbau des Netzes und der Bahnhöfe und für die Anpassung der gesamten Einrichtungen an die Fortschritte der Wissenschaft und die Forderungen der Wirtschaftlichkeit nicht Ausreichendes geleistet habe. Auch wird behauptet, daß die Eisenbahn zu sehr als „milchende Kuh" betrachtet worden sei, und daß die Tarife nicht so stark genug gesenkt worden seien, wie das wirtschaftliche und kulturelle Leben des in harter Arbeit so schnell sich emporarbeitenden deutschen Volkes es erfordert hätte. Es ist hier aber nicht der Ort, zu untersuchen, ob und inwieweit diese Vorwürfe berechtigt sind; insbesondere ist es eine offene Frage, ob sich der Wirkungsgrad wirklich durch großen Kapitalaufwand hätte wesentlich verbessern lassen. Es wird auch schwer sein zu beweisen, daß die Entwicklung bestimmter Gewerbzweige durch ungenügende Leistungen der Eisenbahnen gelähmt worden sei.

Jedenfalls muß auch der Beurteiler, der mit Kritik nicht zurückhält, zugeben, daß die Eisenbahnen im Weltkrieg ganz Außerordentliches geleistet haben, und daß der hohe Stand der deutschen Technik in Verbindung mit der freudigen Hingabe aller „Eisenbahner" den oft übermenschlich schwierigen Aufgaben sich doch immer noch gewachsen zeigte.

Es mag recht lehrreich sein, wenn die behaupteten Fehler der damaligen Eisenbahnpolitik genauer untersucht werden, denn man wird manches daraus lernen können; — wir haben aber in der so schweren Gegenwart nicht kritisierend in die Vergangenheit zu schauen, sondern uns mutig und unverzagt den großen Aufgaben der Zukunft zuzuwenden.

Bei dem in den Hauptlinien fertigen Bahnnetz kam es vor allem auf die ständige Erhöhung der Leistungsfähigkeit an. Am wichtigsten war hier die Zunahme des Verkehrs. Sie war aber nicht mehr durch den Bau neuer Hauptlinien zu befriedigen, sondern vor allem durch die Vergrößerung und den Neubau von Bahnhöfen, ferner durch die Verdichtung der Zugfolge und die Erhöhung der Geschwindigkeit, wodurch für das Sicherungswesen Vervollkommnungen erforderlich wurden, sodann durch die Verbesserung der Lokomotiven und Wagen. Zur Bewältigung dieser Aufgaben mußten neue Zweige der Wissenschaft geschaffen werden, so für Bahnhofsanlagen, Sicherungsanlagen, Betrieb, Selbstkostenermittlung, Lokomotivbau, Wagenbau, Werkstättenwesen; und tatsächlich ist hier Großes geleistet worden. Die noch vorhandenen Rückständigkeiten sind darauf zurückzuführen, daß es auch hier wie (fast) überall dem technischen Fortschritt nicht gelingen konnte, sich in einem so gewaltigen Betrieb so schnell durchzusetzen, wie mancher dies gewünscht haben mag.

Alle Arbeiten, die auf diese Erhöhung der Leistungsfähigkeit zielten, waren nun vom wirtschaftlichen Standpunkt anders zu beurteilen als (früher) der Bau der neuen Linien. Für diese beruhte nämlich die Rentabilität auf dem zu erwartenden Verkehr; Verbesserungen bestehender Netze aber kann man nicht aus neuem Verkehr finanzieren (denn der Verkehr wird dadurch nicht stärker, daß man einen veralteten Bahnhof umbaut); vielmehr beruht die Rentabilität von Verbesserungen darauf, daß die Betriebskosten durch sie ermäßigt werden. In diesem Sinne wirken hauptsächlich:

die Vergrößerung und Verbesserung der Lokomotiven, so daß die Züge schwerer werden und trotzdem von nur einer Lokomotive befördert werden können;

die bessere Ausnutzung der Lokomotiven durch Verbesserung aller dem Lokomotivdienst dienenden Anlagen (Lokomotivstationen, Werkstätten);

die Ermäßigung der Steigungen, das Ausmerzen von verlorenen Gefällen, die Abflachung von Krümmungen oder, wo dies nicht möglich ist, die Umlagerung des schweren (durchgehenden) Verkehrs auf günstigere Linien;

der Bau von Entlastungsbahnen mit besonders günstigen Steigungs- und Krümmungsverhältnissen;

die Verbesserung der Sicherungseinrichtungen, so daß die Zugfolge dichter, die Geschwindigkeit höher, die Pünktlichkeit und die Sicherheit größer werden;

die Verstärkung des Oberbaus, so daß seine Jahreskosten — die einen beträchtlichen Teil der gesamten Betriebsausgaben ausmachen — herabgehen;

die Vergrößerung der Tragfähigkeit der Wagen und die Einführung von Schnell-Entlade-Einrichtungen, wodurch das Nutzgewicht der Züge zunimmt und die Lade- und Entladezeiten abgekürzt werden;

die Verbesserung der Bahnhöfe im Sinn größerer Sicherheit und Pünktlichkeit, stärkerer Aufnahmefähigkeit und schnelleren Wagenumschlags, — am wichtigsten sind hier die Verschiebebahnhöfe;

die planmäßige Durcharbeitung des Fahrplans, des gesamten Beförderungswesens, der Wagengestellung und Wagenverteilung unter engster Anschmiegung einerseits an die, leider recht unbeständigen, Verkehrsbedürfnisse, andrerseits an die Leistungsfähigkeit der Bahnhöfe und Strecken;

die wissenschaftliche Durchforschung aller Verkehrs- und Betriebsvorgänge im Sinn der exakten Ermittlung der Selbstkosten, mit dem Ziel, sie auf Grund der gewonnenen Erkenntnisse ständig herabzudrücken.

Will man sich Rechenschaft darüber ablegen, was in der Eisenbahntechnik erreicht worden ist und wie weit wir noch von dem entfernt sind, was hätte geleistet werden können, so läßt sich sagen:

Wo die beiden Hauptvertreter der Eisenbahntechnik, der Maschinen- und der Bauingenieur, je für sich ein geschlossenes Arbeitsgebiet hatten und nicht durch andere Einflüsse gelähmt worden sind, ist alles erreicht worden, was billigerweise verlangt werden konnte; das gilt z. B. von der Lokomotive, den Personenwagen, den üblichen Güterwagen, den Bremsen, der Wasser-

und Kohlenversorgung, ferner vom Trassieren, dem Unter- und Oberbau, den Personen- und Abstellbahnhöfen, den Sicherungsanlagen, der Gesamtanordnung der Verschiebebahnhöfe. Dagegen muß man leider zugeben, daß die Gebiete, die der Zusammenarbeit mehrerer Fachrichtungen bedürfen, nicht so gefördert worden sind, wie es wünschenswert gewesen wäre. Es liegt das wohl hauptsächlich daran, daß der wissenschaftliche Fortschritt zu stürmisch gewesen ist, so daß jeder Mühe hatte, sich auf seinem engeren Fachgebiet auf der Höhe zu halten, aber nicht Zeit fand, auch noch die Fortschritte der anderen Richtungen zu verfolgen. Es wurde daher nicht selten „aneinander vorbeigearbeitet", was unter diesen Umständen nicht wundernimmt, aber den besonderen Nachteil hatte, daß die verschiedenen Fachrichtungen sich manchmal gegenseitig Vorwürfe machten, die nicht unberechtigt waren. Es muß daher das Ziel der Beamten der verschiedenen Vorbildungen sein, sich zu vertrauensvollem Zusammenarbeiten zusammenzufinden; gegenseitige Eifersüchtelei muß durch gegenseitiges Verständnis ersetzt werden, gegenseitige Vorwürfe durch gegenseitige Belehrung.

An Gebieten, auf denen in diesem Sinn in der näheren Zukunft besonders eifrig gearbeitet werden muß, seien genannt:

die Werkstätten, bezüglich der Gesamtanordnung, des Gleisanschlusses und der bautechnischen konstruktiven Durchbildung;

die Lokomotivstationen, namentlich vom Standpunkt der Gesamtanordnung und der wirtschaftlichsten Durchbildung;

die Verschiebebahnhöfe, insbesondere bezüglich der „Mechanisierung", durch welche der Betrieb beschleunigt und verbilligt werden und gleichzeitig sicherer gemacht werden muß;

die Ortsgüterbahnhöfe, bezüglich der Gleisanlagen, der Einführung neuzeitlicher Ladeeinrichtungen und der Verbilligung des Rangiergeschäfts;

der Umladestationen, über deren zweckmäßigste Lage und Einzeldurchbildung noch recht viele Unklarheiten bestehen.

Außerdem sei besonders aber auf die außerordentliche Wichtigkeit der Selbstkostenerforschung hingewiesen, die davon ausgehen muß, daß die Eisenbahn ein dem Verkehr dienendes technisch-wirtschaftliches Großunternehmen ist, das seine Dienste dem Volk so billig und so gut wie nur möglich zur Verfügung stellen muß.

Neben der Umgestaltung des inneren Wesens des Hauptbahnnetzes ist für die Zeit von etwa 1870 ab das Entstehen neuer Bahnarten zu erwähnen, die besonderen Ansprüchen des Verkehrs oder des Geländes angepaßt werden müssen. Hierbei sei zunächst der Gebirgs- und Bergbahnen gedacht. Die Aufgaben wurden hier in Deutschland allerdings nur vom Mittelgebirge gestellt, trotzdem stellen die Schwarzwaldbahn mit den Schleifen bei Triberg, die Bahnen über den Franken- und Thüringer Wald, die Moselbahn mit dem Kochemer Tunnel bedeutende Leistungen dar; größere Verdienste haben sich natürlich die Österreicher und Schweizer mit den Alpenbahnen und deren künstlichen Längenentwicklungen, langen Tunneln, Wetterschwierigkeiten usw. erwerben können. Die Geschichte der Alpenbahnen beginnt auch schon lange vor 1870: Semmering 1850—54, Brenner 1867, Mont Cenis 1871, Gotthard 1881, Arlberg 1884, Albula 1904, Bernina 1909, Lötschberg 1912. Die Geschichte der eigentlichen Bergbahnen ist eng mit der Schweiz verknüpft; sie hebt mit der Einführung der Zahnstange (Riggenbach, Rigibahn) an; von großer Bedeutung war die Anwendung des „Gemischten Betriebs", der für schweren Güterverkehr erstmalig auf der Harzbahn Blankenburg—Tanne (durch den Schweizer Abt) eingeführt wurde, jetzt aber wieder — infolge der Verbesserung der Lokomotiven und Bremsen — durch gewöhnlichen Reibungsbetrieb ersetzt wird.

Sodann erforderten das platte Land, die kleinen Orte und die schwer zugänglichen „abgelegenen" Landesteile die Ausbildung von besonderen Bahnarten, die in Bau, Betrieb und Verkehr dem schwachen Verkehrsbedürfnis, der geringen wirtschaftlichen Stärke und oft den besonderen Geländeschwierigkeiten angepaßt werden mußten. Man faßt alle solche Bahnen zweckmäßig unter dem Begriff „Kleinbahnen" zusammen, da die gesetzlichen und landesüblichen Bezeichnungen sehr vielgestaltig sind. Die Kleinbahnen wurden teils von den Hauptbahnen (Staatsbahnen) geschaffen, womit sich diese aber vielfach eine mißliche Last aufgebürdet haben; in anderen Ländern (z. B. in Preußen) hat der Staat im allgemeinen nur „Nebenbahnen" selbst gebaut, die eigentlichen Kleinbahnen aber den Provinzen, Kreisen und dem privaten Unternehmungsgeist überlassen, sie aber u. U. wirtschaftlich unterstützt, jedoch auch leider an manchen Stellen die Lebensfähigkeit von Kleinbahnnetzen gefährdet, weil er den Bau der „guten" Stammlinien verhindert hat. Ein wesentliches Mittel, Baukosten von Kleinbahnen herabzudrücken, war die Anwendung der Schmalspur. Leider sind hier böse Fehler gemacht worden. Man hat nämlich — z. T. infolge ungenügender Heranziehung von wirklichen Sachverständigen — vielfach überhaupt zu primitiv gebaut (zu schwacher Oberbau, zu starke Steigungen, zu scharfe Krümmungen) und sich zur Anwendung der zu kleinen Spur von 60 cm verleiten lassen. Wir hätten drei Typen von Kleinbahnen ausbilden müssen, nämlich mit Regel-, mit Meter- und mit 75-cm-Spur und hätten für sie alle Bau- und Betriebseinrichtungen weitestgehend „normalisieren" und „typisieren" müssen. Da dies nicht geschehen ist, ist unser Kleinbahnwesen zu schwach entwickelt und zu stark zersplittert; wir haben in vielen Gebieten zu wenig schmalspurige Kleinbahnen, an anderen Stellen vielleicht zu viel normalspurige Nebenbahnen. Hier stehen uns noch große Aufgaben bevor, zumal auch unsere östlichen und südöstlichen Nachbarn dringend der Kleinbahnen bedürfen; die Gesetzgebung ist ebenfalls noch rückständig und damit die ganze Durchführung der Finanzierung, des Baues, der Einrichtung des Betriebs und die Handhabung von Verkehr und Betrieb während der Entwicklungszeit. Man muß anerkennen, daß wir in dieser Beziehung von Belgien und der Schweiz· viel lernen können.

Eine besondere, noch immer unterschätzte Bedeutung haben die städtischen Bahnen. Ihre wichtigste Vertreterin ist auch heute noch die Straßenbahn. Sie ist in ihrer eigentlichen Form und Bedeutung als dem städtischen Personenverkehr dienend und unmittelbar in der Straße liegend, von 1852 ab in Amerika entwickelt und von 1865 ab in Deutschland eingeführt worden. Ihre Entwicklung steht mit dem überschnellen Anwachsen der Städte in engster Wechselwirkung. Vom engeren technischen Standpunkt ist vor allem die ständige Verbesserung des Oberbaues und die Einführung des elektrischen Betriebs zu nennen. Die Straßenbahn ist wenig geeignet für den Innenkern der Weltstädte, sie ist z. B. in der City von London nie geduldet worden; sie kann dagegen für Städte bis zu 700000 Bewohnern als sicher ausreichend bezeichnet werden. Für Städte dieser Größe und für die Erschließung der Vororte und der Nachbarschaft liegt die weitere Entwicklung in der Richtung der „Schnellstraßenbahn", die einen eigenen, in Straßenhöhe liegenden Streifen hat, und hierdurch eine höhere Geschwindigkeit entwickeln kann, meist auch — besonders wegen des Oberbaues — wirtschaftlicher arbeitet als die gewöhnliche Straßenbahn.

Für die Riesenstädte sind die Stadtschnellbahnen, Hoch- und Tiefbahnen, entwickelt worden, für Städtepaare und Städtereihen die Städtebahnen.

Die städtischen Bahnen haben dem Eisenbahnwesen nach der Seite der Betriebsweise allgemein eine neue Richtung gewiesen. Sie sind nämlich vom

Pferde- oder Dampfbetrieb fast durchweg zum elektrischen Betrieb übergegangen. Dieser hat sich im Nahverkehr und für Bahnen mit starken
Steigungen als die günstigste Betriebsweise erwiesen und hat in diesen Bahnarten in jahrzehntelanger Anwendung solche Erfahrungen gesammelt, daß
seiner Anwendung auf die Hauptbahnen betriebstechnische Bedenken kaum
mehr entgegenstehen. Auch das früher stark verzögernde Moment strategischer
Erwägungen hat an Bedeutung verloren; dagegen dürften für Deutschland
und viele andere Länder die wirtschaftlichen Schwierigkeiten zeitweilig gestiegen sein. Wie dem auch sei; auf die künftige Elektrisierung ist jedenfalls bei Neubauten, Erweiterungen und bei der Bearbeitung der Normalien
Rücksicht zu nehmen, denn wir stehen in dieser Beziehung auch für die Fernbahnen an der Schwelle eines neuen Zeitabschnitts.

Je mehr die Eisenbahnnetze ausgebaut wurden und je mehr sich unter
dem Einfluß des wirtschaftlichen Aufschwungs und der technischen Fortschritte die anderen Verkehrsmittel entwickelten, desto mehr mußten die
gesamten Verkehrskräfte des Landes zu einheitlichem Zusammenarbeiten zusammengefaßt werden. Das ist in Deutschland und vielen
anderen Ländern erst allmählich erkannt worden; im allgemeinen kann die
geschichtliche Entwicklung dahin gekennzeichnet werden, daß die Eisenbahn
zwar mit dem Seeverkehr von Anfang an gut zusammenarbeitete, in den
Mitteln des Binnenverkehrs aber, besonders den Wasserstraßen und auch
im Kraftwagen, einen Feind sah, der bekämpft werden mußte. Erst langsam
dämmerte die Erkenntnis, daß für jede Verkehrsaufgabe ein bestimmtes
Verkehrsmittel das günstigste ist und daß dieses daher gewählt werden muß,
damit den allgemeinen Belangen der Volkswirtschaft Genüge geschieht. Die
Eisenbahn darf also nicht einen Verkehr an sich reißen wollen, der von der
Wasserstraße oder dem Kraftwagen besser bedient werden kann. Wir scheinen
aber noch ziemlich weit davon entfernt zu sein, daß alle maßgebenden und
beteiligten Kreise in der Gesamtheit aller Verkehrsmittel die Einheit sehen,
die berufen ist, alle Verkehrsbedürfnisse so vollkommen und so wirtschaftlich
wie möglich zu befriedigen.

B. Eisenbahn und Gemeinwohl.

1. Die Wirkungen der Eisenbahnen.

Einleitung. Es ist schier unmöglich, die Wirkungen der durch die
Eisenbahn erzielten Verkehrsverbesserung auf das menschliche Leben für sich
allein zu betrachten: denn die gigantischen Fortschritte im sog. „Eisenbahn-
zeitalter" sind nicht den Eisenbahnen allein zu danken, nicht einmal der
Vervollkommnung des gesamten Verkehrswesens, sondern allgemein der Einführung der Dampfkraft als der wichtigsten Dienerin des Menschen. Die
Umgestaltungen, die der „König Dampf" vollbracht hat, sind so groß, daß
wir berechtigt sind, die Weltgeschichte in zwei große Abschnitte zu teilen,
in die „frühere Zeit", die dampflose, die um 1800 endet, und in die „Gegenwart", das „Dampfzeitalter". In dem Wort „König Dampf" kommt zum
Ausdruck, daß der Dampf zugleich der „erste Diener" und der Herr der
Wirtschaft ist. Aber die Wirkungen der Eisenbahnen sind so eindrucksvoll
und sinnfällig, so kraftvoll und zeitlich so zusammengedrängt, daß man es
wohl versteht, wenn mancher neben dem Einfluß der Eisenbahn den der
anderen Verkehrs- und Wirtschaftskräfte übersieht.

Man darf die Wirkungen der Eisenbahnen nicht derart erörtern, daß
man dabei die Zusammenhänge zwischen der Wirkung und den sie hervorrufenden aus dem inneren Wesen der Eisenbahn entspringenden

Kräften übersieht; man muß vielmehr auf die inneren Vorgänge zurückgehen, durch welche der Verkehrsfortschritt begründet worden ist.

Wenn man nur nach den — oft recht äußerlichen und u. U. von äußerlichen, zufälligen, Umständen beeinflußten — Wirkungen urteilt, kann man
wohl die bisherige Entwicklung darstellen, aber nicht die künftige
vorausschauen und noch viel weniger die durch eine Verkehrsverbesserung
erzielbaren Entwicklungsmöglichkeiten veranschlagen. Soweit solche einseitigen
Beobachter mit dem zu fordernden wissenschaftlichen Ernst arbeiten, müssen
sie also Fragen nach den künftigen Wirkungen ehrlich mit „Wir wissen es
nicht" beantworten; leider aber läßt so mancher diesen Ernst oder diese
Ehrlichkeit vermissen und gaukelt der Bevölkerung ein Blendwerk herrlicher
Aussichten vor [1]).

Wenn wir es weiter unten unternehmen, die Wirkungen der Eisenbahnen
zu umreißen, so sei hier vorweggenommen, daß eine Reihe von Sonder-
beziehungen die Kraft gerade der Eisenbahn besonders verstärkt haben: Die
Eisenbahn packte den Landverkehr an, d. h. die Verkehrsart, die dem
Menschen als einem Landbewohner am unmittelbarsten zugute kommt und
nicht wie der Wasserverkehr der Ergänzung durch andere Verkehrsmittel
bedarf; im Landverkehr aber war vor der Eisenbahn nur eine recht bescheidene Leistungsfähigkeit erreichbar, weil die bewegende Kraft, das Zugtier und der Weg, die Steinbahn, nicht wesentlich verbessert werden konnten.
Nun aber ersetzte die Eisenbahn plötzlich nicht nur das langsame, schwache,
schnell ermüdende, vom Wetter abhängige Zugtier durch die schnelle, starke,
nie ermüdende, jedem Wetter trotzende Dampflokomotive, sondern außerdem die wenig druckfeste und rauhe steinerne Bahn durch die äußerst feste
und glatte eiserne Bahn. Außerdem befruchtete die Eisenbahn die Ma-
schinen- und Bauingenieur-Wissenschaften derart, daß dadurch auch allen
andern Verkehrsmitteln neue Möglichkeiten eröffnet wurden. Ferner haben
die Eisenbahnen den erst nach ihnen einsetzenden Aufschwung des See- und
Binnen-Wasserverkehrs insofern möglich gemacht, als sie die großen Verkehrsmengen, ohne welche große Schiffe nicht leben können, ihnen aus dem
Gesamt-Land zuführten.

a) Die Verbesserung der technischen Grundlagen und der Betriebsleistungen.

Die Wirkungen der fortschreitenden Verkehrsentwicklungen sind auf die
Verbesserungen der Verkehrstechnik zurückzufükren, und zwar in den vier
grundlegenden Gebieten: Weg, Kraft, Fahrzeug und Stationsanlagen.

Der Weg zeigt im Landverkehr den Aufstieg vom ungebahnten Fuß-
pfad und Reitweg zum markierten, an den wichtigsten Stellen (Furten, Brun-
nen) gesicherten und mit Rasthäusern ausgestatteten „Karawanenweg" für
Tragtiere, dann zum gebahnten, u. U. schon befestigten, fahrbaren Weg
für Schlitten und Räderwagen mit Zugtieren. Damit war dem Wesen
nach die überhaupt erreichbare Güte erzielt, die weiteren Verbesserungen
sind nur solche dem Grade nach; denn so hoch wir die Vervollkommnung
vom befestigten Feldweg über die geschotterte Landstraße zur Pflasterstraße,

---

[1]) Wer nur nach dem Erfolg urteilt, die inneren Kräfte aber, die den Erfolg geboren haben, nicht kennt, ist wie ein Artillerist, der nur Geschoßeinschläge beobachten
kann, von Geschütz, Geschützstellungen, Feuerleitung usw. aber nichts versteht, oder
wie ein Gärtner, der sich nur nach dem richtet. was er von der Pflanze unmittelbar
sieht, aber nicht bedenkt, daß Wurzel, Boden, Düngung und Wasser am wichtigsten
sind. — Die Einseitigkeit ist darin begründet, daß manche Beurteiler überhaupt nicht
im Eisenbahndienst gestanden haben, andere zwar in ihm tätig gewesen sind, aber doch
wohl zu einseitig geurteilt haben.

die verbesserte Trassierung, den bessern Schutz gegen Wasser und Schnee einschätzen, es bleibt doch die rauhe, wenig widerstandsfähige steinerne Bahn bestehen. Die Eisenbahn brachte die feste, glatte eiserne Schiene; sie ermöglichte die Steigerung des Raddrucks etwa im Verhältnis 1:10, im gleichen Verhältnis stieg damit das mögliche Ladegewicht der Wagen; sie setzte gleichzeitig die Reibung im Verhältnis 10:1 herab und dementsprechend sank die erforderliche Zugkraft[1]).

Beides gab die Möglichkeit, die Verkehrsmengen, die Größe des Einzelgewichts und die Geschwindigkeit erheblich zu steigern.

Weitere Fortschritte sind insofern nur in geringem Maß möglich, als es (noch) keinen Baustoff gibt, der für Schienen wesentlich besser ist als Stahl; außerdem schreibt der nun einmal gewählte „lichte Raum" dem Verkehrszuwachs gewisse Grenzen vor; das ist aber nicht bedenklich, weil die Leistungsfähigkeit durch den Bau neuer Linien und weiterer Streckengleise (unbegrenzt) gesteigert werden kann. Andrerseits sind noch wesentliche Verbesserungen — allerdings nur dem Grade, nicht dem Wesen nach — durch Verbesserung der Trassierung möglich.

— In der Seeschiffahrt besteht die Verbesserung des Weges hauptsächlich in der Erforschung der Meere und aller für den Verkehr wichtigen Meeres- und Klimaverhältnisse, in der Herstellung von Sicherungsanlagen, der Verbesserung der Hafenzufahrten und im Bau der Seekanäle. In der Binnenschiffahrt werden die geeigneten natürlichen Flüsse für große Schiffe fahrbar gemacht, die „Großschiffahrtwege" ausgebildet, die einzelnen Stromsysteme durch Kanäle verbunden, also zu einheitlichen Wasserstraßen-Netzen zusammengeschlossen. Im Nachrichtenverkehr hat sich der Mensch durch die drahtlose Übermittlung gänzlich, im Luftverkehr fast ganz vom „Weg" losgerungen.

Die Kraft mußte im Landverkehr früher vom Mensch und Tier gestellt werden. Die Eisenbahn ersetzte beide durch den Dampf. Damit stieg die Zugkraft auf etwa das Hundertfache (Zugkraft eines Pferdes 75 kg, einer mittelschweren Lokomotive 7500 kg); gleichzeitig stieg die Geschwindigkeit auf das Zehnfache, (vorteilhafte Geschwindigkeit eines Lastwagens in der Ebene 4, eines Güterzugs 40 km/st); außerdem ist die Lokomotive vom Wetter (fast) unabhängig, Mensch und Tier sind dagegen äußerst empfindlich. Der Dampf steigert also Mengen, Geschwindigkeit, Pünktlichkeit und Regelmäßigkeit. Der weitere Fortschritt beruht einerseits in der besseren Ausbildung der Lokomotive, andrerseits in der Einführung neuer Kräfte (Elektrizität, Explosionsgemische), — aber das ist auch wieder nur eine Verbesserung dem Grad, nicht dem Wesen nach; die Bedeutung der „Elektrisierung" wird von Laien meist überschätzt.

— In der Seeschiffahrt hat der Dampf das — menschenunwürdige — Rudern ganz verdrängt, das Segeln auf gewisse Verkehrsbeziehungen beschränkt. Der Übergang zum Dampfbetrieb ist in einem für den allgemeinen Verkehr fühlbar werdenden Umfang aber erst vier Jahrzehnte nach Einführung der Lokomotive erfolgt; außerdem war eine Kraftsteigerung zunächst nicht vorhanden, denn die Segler waren nach Größe und Geschwindigkeit den älteren Dampfern ebenbürtig; der Aufstieg des Dampfes hebt erst von 1870 an, war dann allerdings ein sehr stolzer. Die weiteren Verbesserungen bestanden in der Anwendung höherer Dampfdrücke, mehrstufiger Ausnutzung des Dampfes, der Einführung der Turbine und schließlich der Verwendung von Verbrennungskraftmaschinen. Die Steigerung ist aber nach Größe und Geschwindigkeit bei weitem nicht so stark wie im Landverkehr: die größten Segler sind den üblichen Frachtdampfern an Größe ungefähr ebenbürtig und sie erreichen auf langer Fahrt etwa ein Drittel von deren Reisegeschwindigkeit. In der Binnenschiffahrt hat sich die Dampfkraft durchgesetzt; die mechanische Treidelei wird verschieden beurteilt. Im Landstraßenverkehr hat die Einführung des Kraftwagens eine neue Zeit eingeleitet; Kraft und Geschwindigkeit sind in ähnlichem Ausmaß wie bei der Lokomotive gesteigert, also etwa auf das 100- und 10-fache; hiermit ist der Kraftwagen eine wertvolle Ergänzung der Eisenbahn für den Nahverkehr und ein fühlbarer Wettbewerber für Klein- und Straßenbahnen geworden.

---

[1]) Solche Zahlen sind natürlich roh und überschläglich; sie sollen auch nur einen ungefähren Begriff dafür geben, in was für Größen man etwa zu denken hat.

Das Fahrzeug war im Landverkehr nach Größe und Fassungsraum durch die geringe Festigkeit und die Rauheit der Fahrbahn und durch die geringe Kraft der Zugtiere beschränkt; die zweckmäßige Nutzlast von Lastwagen geht im allgemeinen nicht über 3 t hinaus, es gibt natürlich schwerere Wagen, aber man hat Übertreibungen auch schon als solche erkannt. Demgegenüber liegt die zweckmäßige untere Grenze der Nutzlast für Eisenbahn-Güterwagen bei 10 t, für Massengüter mag 30 t ein guter Mittelwert sein, für Sonderzwecke wird die Tragfähigkeit weiter gesteigert. Während aber auf der Straße der Wagen (u. U. mit einigen Anhängern) die Einheit ist, ist dies bei der Eisenbahn der (Güter-) Zug, und damit ist die Leistungsfähigkeit auf das 100- bis 300-fache gesteigert. Die Verbesserung des Fahrzeugs führt also zu einer gewaltigen Steigerung der Verkehrsmengen, außerdem können sehr großstückige und empfindliche Güter befördert werden.

Im Seeverkehr beträgt die Spannung zwischen Segler und Dampfer höchstens 1 : 8 (größte Typen: 8000 und 60 000. Durchschnittstypen aber etwa 4000 und 18 000 BRT). In der Binnenschiffahrt sind die Schiffsgrößen auf den schon früher gut fahrbaren Strömen nur langsam gestiegen, weil man diese Ströme (noch?) nicht entsprechend verbessern konnte; auf den kleineren Flüssen sind sprunghafte Steigerungen dann eingetreten, wenn sie gründlich verbessert wurden, aber die Unterschiede sind auch nicht allzu groß: 170 : 400 : 600 t; ein übliches älteres Maß ist für Deutschland das „Finowmaß" mit 170 t Tragkraft; für Belgien und Frankreich die Peniche mit 270 t; die gegenwärtige Durchschnittstragkraft der deutschen Binnenflotte mag 250 t betragen; aber bei allgemeinen Betrachtungen haben die großen Schiffe weit mehr Bedeutung als die kleinen. 1912 waren an deutschen Binnenschiffen mit großer Tragkraft vorhanden:

2317 mit 400 bis 600,   1423 mit 600 bis 800,
658 mit 800 bis 1000,   992 mit 1000 und mehr Tonnen.

Diese im Verhältnis zum Landverkehr nicht starken Steigungen muß man sich vor Augen halten, wenn man die Wirkungen der Verkehrsfortschritte klar erkennen will.

Im Landstraßenverkehr hat der Kraftwagen keine erhebliche Steigerung der Fahrzeuggröße gebracht; man ist sogar von gewissen Übertreibungen zurückgekommen und scheint jetzt auf den „Drei-Tonnen-Lastkraftwagen" als einen guten Durchschnittstyp zu kommen; — die Übertreibungen sind vor allem im Krieg fühlbar geworden.

Die Stationsanlagen, also die Bahnhöfe, brachten dadurch einen Rückschritt, daß das Umladen zwischen Landfuhrwerk und Eisenbahn erforderlich wurde und daß die Stationen nur in verhältnismäßig großen Abständen angelegt werden können, während beim Landfuhrwerk fast an jeder beliebigen Stelle geladen werden kann. Dieser Nachteil ist besonders beim Verkehr auf kurze Entfernungen zu beachten, auf welche infolgedessen der Kraftwagen an Wettbewerbsfähigkeit gewinnt. In der Anlage und Ausstattung der Güterbahnhöfe war die Entwicklung zunächst langsam, insbesondere war das Verladen „von Hand" zu lange vorherrschend, und es hat teilweise, so auch in Deutschland, lang gedauert, bis endlich der Massenverkehr sich gegenüber einer recht vorsichtigen Behandlung Einrichtungen zur Massenverladung erzwang. Günstiger war die Entwicklung der Personen- und der Verschiebebahnhöfe; es bleibt aber auch hier noch vieles zu tun übrig, um durch Zusammenfassung der Zugbildung in möglichst wenigen hochleistungsfähigen Bahnhöfen, die Ausschaltung der kleineren Rangierstationen, die Vermehrung der Fern- und die Verminderung der Nah-Güterzüge den Betrieb zu verbilligen und zu beschleunigen.

Im Seeverkehr zeigen die „Stationsanlagen", also die Häfen, das Bestreben der Konzentration der Hauptmassen des Verkehrs in den wenigen Riesenhäfen, denn die größer werdenden Schiffe verlangen so große Hafenbecken, solche Kailängen, so große Schuppen und Speicher, so gute Ladeanlagen, so umfangreiche Hafenbahnhöfe, daß im allgemeinen jede Volkswirtschaft nur einen Haupthafen ernähren kann. Hierdurch entsteht auch eine scharfe Konzentration des Handels und des Binnenverkehrs, Hand in Hand damit geht die Einstellung vieler kleineren Häfen auf besondere Aufgaben. — Näheres hierüber siehe in Band 2 (Eisenbahngeographie).

Auch die Häfen der Binnenschiffahrt zeigen einen gewaltigen Aufschwung nach Größe, Lade- und Lageranlagen, Handelseinrichtungen usw.

Sobald nun innerhalb eines Verkehrsmittels in einer der technischen Grundlagen ein Fortschritt erzielt wird, wirkt sich dies fast immer in die andern Grundlagen hinein aus. So ermöglicht z. B. die Verbesserung der Lokomotiven stärkere Steigungen und damit zweckmäßigere Trassen; sie ermöglicht höhere Geschwindigkeiten und erzwingt dadurch die Verbesserung der Sicherungsanlagen, der Bremsen und des Oberbaus. Das erfordert anfänglich einen gewissen Mehraufwand, der sich aber schnell in Ersparnisse im Betrieb umsetzt. Sie ermöglicht außerdem die Erhöhung des Zuggewichtes (der Achszahl) und erzwingt damit die Verbesserung der Bahnhöfe, nämlich die Anlage längerer Hauptgleise, spart dafür an Zahl der Züge und Vorspann. Von der einen Grundlage ausgehend „treibt ein Keil den andern", im allgemeinen in dem Sinn, daß ein höherer Kapitalaufwand erforderlich, daß damit aber an Betriebskosten, besonders an Löhnen, gespart wird; sie wirkt im Sinn einer fortschreitend stärker werdenden „Mechanisierung" des Betriebs, für die u. U. die ursprüngliche Ursache kaum mehr erkennbar ist.

Diese Wirkungen der fortschreitenden Verbesserung der Betriebsleistungen und des Wirkungsgrades bleiben aber nicht auf das eine Verkehrsmittel beschränkt, sondern kommen unmittelbar oder mittelbar auch den andern Verkehrsmitteln (und meist der gesamten Technik) zugute. Hierbei kann man danach unterscheiden, ob das „nutznießende" Verkehrsmittel schon vorhanden ist oder erst geschaffen werden soll. Der erste Fall ist der häufigere. So hat z. B. die Eisenbahntechnik den Seeverkehr befruchtet: durch den von ihr mitbewirkten Aufschwung der Erzeugung und Verarbeitung von Eisen und Kohle, der mit dazu beitrug, das Eisen zum wichtigsten Schiffs-Baustoff zu erheben, durch den Bau der großen Eisenbrücken und Hallen, der dem Brückenbau in den Hafenstädten und dem Werftbau zugute gekommen ist, durch die Verbesserung der Signal- und Sicherungseinrichtungen, die vielfach mit geringen Änderungen in den Hafen- und Schiffsbetrieb übernommen werden konnten. Noch größer ist vielleicht die Einwirkung auf den Bau der Binnenwasserstraßen. Selbstverständlich übernimmt aber auch die Eisenbahn die in andern Verkehrsmitteln gezeitigten Fortschritte, z. B. von der Schiffsmaschine die Verbundwirkung für die Lokomotive, vom Kanalbau die maschinelle Ausführung großer Erdarbeiten, vom elektrischen Nachrichtenverkehr die Verbesserung ihrer Sicherungs- und Meldeanlagen.

Der andere Fall — Einwirkung auf ein noch nicht vorhandenes Verkehrsmittel — ist seltener, in seiner Auswirkung aber wohl noch wichtiger: Wenn nämlich ein Verkehrsmittel zu einer hohen Stufe aufgestiegen ist, die Volkswirtschaft gekräftigt, den Wunsch nach wesentlich höheren Verkehrsleistungen ausgelöst und den Mut der Techniker gestählt hat, dann hat es damit den Boden für ein neues — höherwertiges — Verkehrsmittel vorbereitet: Am bedeutungsvollsten sind folgende Vorgänge:

1. Im Zeitalter Napoleons hatten die Landstraßen, Binnenwasserstraßen und der Nachrichtendienst Stufen erreicht, die ihrem Wesen nach nicht mehr verbessert werden konnten. Sie genügten aber dem durch sie hochgezüchteten Verkehrsbedürfnis nicht mehr, hatten aber die Technik aus dem Stand des Handwerksmäßigen zur Wissenschaft erhoben, technische Großbetriebe geschaffen, die Verarbeitung der Metalle, besonders des Eisens, wesentlich verbessert; und auf diesen Grundlagen konnten nun die „in der Luft liegenden" Neuerungen, die Anwendung des Dampfes und des eisernen Weges, sich durchringen, — nicht als plötzlich fertige Erfindungen, sondern in harter Jahrzehnte währender Arbeit der fähigsten Köpfe und mutigsten Männer, und daß die Eisenbahn sich bezüglich des Ausbaus der Netze so rasch durchsetzen konnte, dankt sie ebensosehr dem großen Stab der im Wege- und

Kanalbau geschulten Ingenieure, wie dem vorhandenen Straßen- und Kanalnetz, das ihr sofort als Verteiler und Zubringer zur Verfügung stand.

2. Als die Eisenbahnen in den alten Kulturländern einen starken Verkehr erzeugt, die Bedeutung der alten, schwachen Wasserstraßen aber verdunkelt hatten, lösten sie, aus verschiedenen Ursachen, den Wunsch nach leistungsfähigen Wasserstraßen aus. Die am Eisenbahnwesen emporgeblühte Verkehrstechnik hatte nun aber eine solche Leistungsfähigkeit erlangt, daß in dem „Großschiffahrtweg" ein Verkehrsmittel zur Verfügung gestellt werden konnte, das man gegenüber den älteren „Wassersträßchen" als ein neues Verkehrsmittel bezeichnen kann.

3. Indem die Eisenbahnen den Straßenverkehr in den zum großen Teil durch sie geschaffenen Großstädten immer mehr verdichteten, weckten sie das Bedürfnis nach einem billigen und schnellen Straßen- (Massen-) Verkehr. Hierbei mußte sich die Technik zunächst an die Eisenbahn selbst anlehnen, indem sie mangels anderer Lösungen zunächst nur den eisernen Schienenweg in den Straßenverkehr übernahm, also die Straßenbahn schuf. Bei ihr mußte man sich lange Zeit mit Pferdebetrieb behelfen, weil die Übernahme des Dampfbetriebs nur unvollkommen gelang, bis schließlich — nicht aus der Eisenbahn geboren — als geeignete Kraft der elektrische Strom erkannt, versucht und nach unendlichen Mühen eingeführt werden konnte.

4. Von der Straßenbahn aus wurde dann wieder die Eisenbahn, und zwar in ihrer Kraftquelle, angepackt: auf Bergbahnen, in langen Tunneln, besonders aber im Nachbarschaft-, Vorort- und Stadtverkehr zeigt der Dampfbetrieb Übelstände, und so wurde von der Straßenbahn die Elektrizität übernommen.

5. Der in die Straße gelegte Schienenweg zeigte große Mißstände; im Streben nach Verbesserung wurde vom Fahrrad der Luftreifen und aus einem nicht-verkehrstechnischen Gebiet der Explosionsmotor übernommen, damit war der Kraftwagenverkehr geschaffen.

6. Der im Staub der Chaussee dahineilende Kraftwagen hat dann den letzten und schönsten Verkehrstraum der Menschheit, das Fliegen, zur Wirklichkeit gemacht, indem er den Motor so verbesserte, daß — wieder nach unsäglichen Schwierigkeiten — Luftschiff und Flugzeug geschaffen werden konnten.

Eine allgemeine wichtige Einwirkung der Verbesserung eines Verkehrsmittels auf die andern ist ferner die Verbilligung des Baus und Betriebes durch die verbilligte Heranschaffung der Bau- und Betriebsstoffe: An bedeutungsvollsten Vorgängen seien genannt: Die billige Zufuhr von Schiffbaustoffen und Kohlen von den u. U. tief im Binnenland gelegenen Kohlenbecken, in denen folgerichtig auch die Eisenerzeugung vorgenommen wird, nach den Seeplätzen ermöglicht einer Volkswirtschaft den eigenen Seeverkehr. Der Schiffbau Englands beruhte früher nicht zuletzt auf der billigen Zufuhr von Holz aus den Ostseegebieten, der Hollands auf der Flößerei vom Schwarzwald her; später konnte England den Bau von Eisenschiffen nahezu monopolisieren, weil seine Kohle-Eisen-Industrie dicht am Meer liegt, und wenn dann Deutschland und später Amerika den Schiffbau wie auch den Seeverkehr so entwickeln konnten, ist das zum großen Teil dem zu danken, daß die Eisenbahnen Eisen und Kohle so billig zur Küste fahren.

Ist diese Beziehung zum Seeverkehr von weltwirtschaftlicher und vielleicht von weltpolitisch entscheidender Bedeutung, so ist die Einwirkung der Eisenbahn auf Bau und Unterhaltung der Straßen zwar von örtlich umgrenzter, für die Kraft der Volkswirtschaft aber trotzdem großer Wichtigkeit; die „Wegebaustoffe" werden mittels der Eisenbahn so billig befördert, daß der gute Zustand der Straßen, bekanntlich ein Wertmesser für den

Kulturzustand eines Landes, eigentlich eine Folge der Eisenbahn ist. — Ähnliches gilt von den Straßen-, Klein- und Bergbahnen usw., besonders für alle isoliert liegenden Bahnen, die eigentlich nur dadurch lebensfähig geworden sind, daß ihnen der „große Bruder" die Bau- und Betriebsstoffe sowie die Betriebsmittel billig zuführt.

Jedes Verkehrsmittel bedarf für die eigene Unterhaltung, Erneuerung und Betriebsführung des Nachschubs von Bau- und Betriebsstoffen sowie von Lebensunterhalt für die in ihm tätigen Menschen und Tiere. Recht klar ist dies für eine in eine Wüste vorgetriebene Bahn oder für Kolonnen im Bewegungs- oder für „Frontbahnen" im Stellungskrieg zu erkennen. Es muß also für jede von einer „Basis" ausgehende und von ihr „genährte" Verkehrslinie eine Entfernung geben, bei der sie „sich selbst auffrißt". Jedes Verkehrsmittel hat also einen Aktionsradius. Dieser ist bei tiefstehender Verkehrstechnik beschränkt: nach Thünen[1]) lädt (auf schlechten Wegen) ein mit 4 Pferden bespanntes Fuhrwerk 1200 kg, legt täglich 5 Meilen zurück und verbraucht täglich 75 kg als Futter für die Pferde. Da Hin- und Rückweg zu rechnen ist, beträgt die äußerst-mögliche Entfernung 40 Meilen oder rd. 300 km. Dann ist die Nutzlast aber Null, der Transportversuch also Unsinn; die vernünftige Grenze liegt also niedriger. Es ist daher einleuchtend, daß sich vor der Eisenbahn Westdeutschland bei Hungersnot nicht aus Ostdeutschland ernähren konnte. Im Krieg hat sich ergeben, daß größere Truppenkörper sich dauernd nicht weiter als rd. 100 km von der „Eisenbahnspitze" entfernen dürfen, es sei denn, daß sie bei geringem Munitionsverbrauch „aus dem Lande leben" können; das Durchhalten der „Materialschlachten" im Westen war nur möglich, weil kein Punkt der Front weiter als 20 km von der Vollbahn entfernt war; bei starkem Verkehr von Kraftwagen (allerdings mit Eisenreifen) „fraßen sich die Straßen selbst auf", weil die gesamt-mögliche Verkehrsmenge durch den für die notdürftige Instandhaltung erforderlichen Schotter in Anspruch genommen wurde[2]). Vielfach konnten in früherer Zeit weite Transporte nur geleistet werden, weil die Fuhrleute, Schiffer oder Flößer allein zurückwanderten, alles andere aber (Pferde, Schiffe, Fuhrwerke) am Bestimmungsort verkauft wurde. Dagegen ist der Aktionsradius der Eisenbahn für die auf der Erde überhaupt vorhandenen Entfernungen unbeschränkt, wie die Sibirische Bahn, besonders im russisch-japanischen Krieg, bewiesen hat.

Im allgemeinen wirken sich die Verbesserungen der Verkehrstechnik auf die Verkehrsmittel in folgender Weise aus:

Innerhalb desselben Verkehrsmittels vollzieht sich, solange nicht Technik und Wirtschaft stillstehen oder gar zurückgehen, in allen vier Grundlagen eine stetige Verbesserung (qualitativ), gleichzeitig wird das Netz (quantitativ) verbessert, indem neue Linien und Stationen gebaut werden, und in seiner Leistung gehoben, indem mehr Betriebsmittel und Angestellte eingestellt werden. Es wird hiermit aber doch ein „Sättigungsgrad" erreicht, weil die Verbesserung der Grundlagen schließlich nur noch bescheiden sein

---

[1]) v. Thünen, „Der isolierte Staat" 1842, neu erschienen 1921 bei Fischer, Jena.

[2]) Auch die Feldbahn — die allerdings mit nur 60 cm eine zu schmale Spur und einen zu schwachen Oberbau hatte, so daß sie keine leistungsfähigen Lokomotiven tragen konnte — konnte nur beschränkte Längen erhalten. Welches die größte Länge gewesen ist, scheint noch nicht festzustehen; die längste Feldbahn, die Verfasser hat ausführen lassen, war etwa 120 km lang; sie war aber nur auf sog. „ruhigen" Stellungskampf im Osten berechnet und wurde nur gebaut, weil der rückwärtige Teil von rd. 60 km Länge bald durch den Bau einer Vollbahn abgelöst werden konnte. Jedenfalls waren lange Feldbahnen nach starken Verkehrsleistungen, also nach schweren Kämpfen, stets so erschöpft, daß der Verkehr fast stillgelegt werden mußte, um zunächst einmal wieder die für die Unterhaltung der Bahn erforderlichen Stoffe (vor allem Bettung) vorzubringen.

kann oder ganz still stehen muß (vgl. die Züchtung von Zugtieren), und weil sich unter der Herrschaft der nicht mehr zu verbessernden Technik schließlich auch die Verdichtung des Netzes nicht mehr lohnt.

Dann kommt ein „Sprung", indem ein neues Verkehrsmittel mit einer neuen, besseren Technik eingeführt wird. Dieses hat eine „Entwicklungszeit", in der sich die Grundlagen schnell bis zu einer ziemlich hohen Stufe ausreifen, in der sich aber die Bedeutung für die Allgemeinheit noch nicht auswirken kann, weil das Netz erst geschaffen werden muß; dann kommt die Zeit der ständigen Zunahme der Allgemeinbedeutung infolge kräftigen Ausbaus zu einem einheitlichen Netz und weiterer, aber meist langsamer Verbesserungen der Grundlagen, schließlich der Zustand der „Vollreife", in der sich das Verkehrsmittel seinem „Sättigungspunkt" nähert.

b) Die Verbesserung der Verkehrsleistungen.

Die Verbesserung der technischen Grundlagen kommt in der Verbesserung der Verkehrsleistungen, gemessen an der Massenhaftigkeit, Billigkeit, Schnelligkeit, Pünktlichkeit, Regelmäßigkeit, Häufigkeit und Sicherheit, zum Ausdruck.

Die „Massenhaftigkeit", d. h. die Fähigkeit große Mengen zu befördern, folgt unmittelbar aus der Vergrößerung des einzelnen Fahrzeugs, der Zusammenstellung vieler Wagen zu dem die „Beförderungseinheit" bildenden Eisenbahnzug, der Verringerung der Bewegungswiderstände, der Erhöhung der Zugkraft, dann aber auch aus der höheren Geschwindigkeit, mit der die dichtere Zugfolge in enger Verbindung steht, und der — allerdings erst durch die zunehmenden Mengen veranlaßten — Verbesserung der Ladeanlagen. In diesem Sinn deckt sich der Begriff „Massenhaftigkeit" mit dem Begriff „Leistungsfähigkeit". Es ist nun schwer, und auch nicht von Bedeutung, ziffernmäßig anzugeben, um wieviel die Leistungsfähigkeit einer heutigen Hauptbahn größer ist als die einer früheren Straße, oder die eines Eisenbahnnetzes als die eines Straßennetzes. Als Anhalt mögen folgende Angaben dienen:

Im Krieg leistete eine gute Straße mit Kraftwagen-Kolonnen etwa soviel wie eine Feldbahn von 60 cm Spur, nämlich kaum mehr als 2000 t täglich in einer Richtung; dagegen leisten:

eine Feldbahn von 75 cm Spur 4000 t, eine „Meterbahn" 5000 t, eine eingleisige Vollbahn mit starken Steigungen 15 000 t, eine zweigleisige Hauptbahn 60 000 t und mehr. Ein „Großschiffahrtweg" leistet jährlich 8 000 000 t, eine „Massengüterbahn" 100 000 000 t; aber der größte Binnenhafen Europas (Ruhrort-Duisburg) hat „nur" etwa 30 000 000 t Umschlag im Jahr, und die norddeutschen Eisenbahnen haben vor dem Krieg „nur" rd. 400 000 000 t jährlich befördert; — die Leistungsfähigkeit der Eisenbahn steht also theoretisch weit über dem Verkehrsbedürfnis der höchstentwickelten Länder, sie wird also jeglicher „Massen"-Forderung gerecht, vorausgesetzt, daß sie die genügende Ausstattung an Lokomotiven, Wagen, Arbeitskräften und besonders an Verschiebebahnhöfen besitzt. Eine Lokomotive leistet in Afrika die gleiche Jahresarbeit wie 3 bis 500 000 Träger; um mittels Chausseen und Pferden einen geringen Bruchteil dessen zu leisten, was unsere Eisenbahnen leisten, müßten wir alle Pferdezüchter und Pferdeknechte sein. Mit den Landstraßen und den früheren Binnenwasserstraßen waren die hochstehenden Länder tatsächlich an der „Grenze der Leistungsfähigkeit" angelangt, daher auch das heiße Bemühen um den eisernen Weg und den Dampfwagen; wir können heute dem Moloch Verkehr mit größter Gelassenheit gegenüberstehen. Wie schwach die Landstraßen und wie stark der Schienenweg ist, hat der Angriff auf Verdun gezeigt: daß der Angriff fehlschlug, ist fast nur darauf zurückzuführen, daß die Straßen „zusammenbrachen"; daß der Angriff so lange

„genährt" werden konnte, ist ausschließlich der Eisenbahn zu danken, und zwar „kümmerlichen Bähnchen" mit 100 und 60 cm Spur.

Die Billigkeit oder vielmehr die Verbilligung beruht unmittelbar auf der Verringerung der Widerstände, der Einführung der wohlfeilen Dampfkraft, dem durch die höhere Geschwindigkeit erzielbaren schnelleren Umschlag, mittelbar auf den größeren Verkehrsmengen, die das hohe Anlagekapital für gute Bauanlagen gestatten und dadurch die Kosten für den einzelnen Transport herabdrücken. Die Verbilligung betrug beim Übergang vom Landfuhrwerk zur Eisenbahn schon in der Entwicklungszeit im Personenverkehr mindestens $50^0/_0$, im Güterverkehr $75^0/_0$, dann sind die Preise schnell auf den 20. Teil gefallen. Der sprunghaften Verbilligung in der Jugend der Eisenbahn steht jetzt aber nur eine allmähliche gegenüber, da eine weitere Senkung der Selbstkosten nur durch Verbesserungen von Einzelteilen möglich ist. In Deutschland ist in dieser Beziehung nicht genug geschehen, weil man der exakten Selbstkosten-Erforschung (mit dem Ziel der Selbstkosten-Senkung im Sinn der wissenschaftlichen Privatwirtschaftslehre), früher nicht genug Bedeutung beimaß. Auch in der See- und Binnenschiffahrt kann auf wesentliche Verbilligungen kaum gehofft werden; ob der Kraftwagen eine Verbilligung gegenüber dem Pferdefuhrwerk gebracht hat, kann wohl noch nicht entschieden werden, weil die Kosten für den Umbau ungünstiger Straßen und für die erhöhte Unterhaltung und Erneuerung der Straßen noch nicht feststehen, — in den meisten Berechnungen werden diese Kosten „vergessen", um ein dem Kraftwagen günstiges Bild zu erhalten.

Anders aber ist die Frage der Verbilligung für abgelegene Landesteile zu beantworten: haben sie schon Kleinbahnen u. dgl., so können deren Kosten noch erheblich herabgehen, wenn steigende Verkehrsmengen bessere Bauanlagen und günstigere Ausnutzungen der Züge usw. ermöglichen; haben sie überhaupt noch keine Schienenwege, so werden sie beim Bau solcher des Vorteils der sprunghaften Verbilligung teilhaftig; gleiches gilt von Kolonien usw.; in Afrika mögen die Kosten für den tkm etwa betragen haben:

für Träger   100 bis 150 Pfg.,   für Kamele   12 bis 30 Pfg.
„ Ochsenwagen 30 „ 80 „ ,   „ Eisenbahnen 6 „ 12 „ .

Die Erhöhung der Geschwindigkeit wird besser als Verringerung der Zeitdauer aufgefaßt, denn es kommt nicht einmal im Schnellzugverkehr auf die gelegentlich erreichte höchste Fahrgeschwindigkeit, sondern auf die Reisegeschwindigkeit, und oft nicht einmal auf diese, sondern darauf an, inwieweit der „Zeitverlust" den Reisenden und Gütern durch Minderung der Arbeitsleistung, Zinsverluste usw. fühlbar wird. Trotzdem sei angegeben, daß sich etwa verhalten in km i. d. Std. für Landfuhrwerk gegen Eisenbahn:

die Höchstgeschwindigkeiten . . . . . wie 25 : 120
„ höchsten Reisegeschwindigkeiten . .   „ 15 : 80
„ üblichen   „   . .   „ 10 : 50
„ Geschwindigkeit im Güterverkehr .   „ 4 : 30

Da aber der Straßenverkehr vielen Störungen ausgesetzt ist, mag man mit einem durchschnittlichen Verhältnis von 1 : 8 rechnen. Jedoch lassen sich auf Landwegen täglich kaum mehr als 40 km erreichen, weil der Verkehr nachts ruht; mehrtägige Märsche von 30 km sind schon gute Leistungen, Ritte von 100 km Ausnahmeleistungen; die Höchstleistung der Extraposten soll 160 km am Tag betragen haben, eine solche Fahrt war aber sicher eine Strapaze, dagegen leistet die Eisenbahn 700 km in einer Nachtfahrt, ohne dem Reisenden Arbeitszeit zu rauben. Außerdem ist die Häufigkeit der Zugverbindungen, die Pünktlichkeit und der „Komfort" so gestiegen, daß für die Mehrzahl derer, die häufig reisen müssen und daher reisegewandt sind, überhaupt nur ausnahmsweise ein Zeitverlust entsteht, weil sie die Fahrt zum Schlafen, Lesen und Arbeiten ausnutzen.

Die mögliche Geschwindigkeit wird meist nicht ausgenutzt, weil sie mit zu hohen Kosten für die Zugkraft und zu starken Behinderungen des übrigen Verkehrs (Zugüberholungen) verbunden ist. Im Güterverkehr wird (auch im Schiffs- und Kraftwagenverkehr) mit der wirtschaftlich günstigsten Geschwindigkeit gefahren; hohe Geschwindigkeiten sind wegen der langen Stationsaufenthalte und der großen Lade- und Verschiebezeiten zwecklos.

Der Personenkraftwagen erreicht (trotz hoher Einzelleistungen) nicht die Geschwindigkeit der Schnellzüge; längere Fahrten in ihm sind ermüdend und erzeugen oft Erkältungen. Der Lastkraftwagen steht dem Güterzug, der leichte Lieferungswagen dem Eilgüterzug nicht nach, erspart aber den Zeitaufwand für An- und Abrollen, Ein- und Ausladen und Rangierdienst.

Die Erhöhung der Pünktlichkeit und damit auch der Regelmäßigkeit beruht hauptsächlich darauf, daß die Eisenbahn von all den Zufälligkeiten widriger Natur fast unabhängig ist. Die Tiere und der Zustand der Wege (auch vieler Wasserstraßen) sind vom Wetter (Nässe, Trockenheit, Kälte, Hitze, Schnee, Glatteis, Staub) stark abhängig, die Tiere außerdem von rechtzeitiger Fütterung und Tränkung. Landwege versagen daher in den schlechten Jahreszeiten oft monatelang, desgleichen manche Wasserstraßen, andere fallen bei widrigem Wetter kürzere Zeit aus oder sind nur mit großem Zeitaufwand (hohen Kosten und Gesundheitsgefahren) zu benutzen. Die Eisenbahn versagt in ihrer Pünktlichkeit dagegen nur bei starken Naturereignissen (Schneeverwehungen, Hochwasser, Gegensturm). Auch der Seeverkehr zeichnet sich durch hohe Pünktlichkeit aus, abgesehen von gewissen Linien, die unter Nebel und Sturm besonders zu leiden haben. Leider gehört hierzu der Kanal, woraus die unangenehmen Verspätungen im Verkehr von England entstehen. — Starke Unpünktlichkeiten werden übrigens durch die große Zahl der Zugverbindungen ausgeglichen.

Die höhere Güte der Beförderung besteht in der Zunahme der Beförderungsgelegenheit, der größeren Sicherheit gegen Unfälle, Erkrankungen, Beschädigungen, Überfälle und Diebstähle und in der Anpassungsfähigkeit des Beförderungsvorgangs, besonders des Fahrzeugs, an die besondern Ansprüche der Reisenden und Güter — vgl. die verschiedenen Wagenklassen, Speise- und Schlafwagen, Schutz gegen Kälte und Hitze (Heizung und Kühlung der Wagen), Sonderwagen für empfindliche Güter (Vieh, Geflügel, Bier, Fische, Fleisch) und für großstückige Güter.

c) Einwirkung auf die drei Verkehrsarten.

Die Verbesserungen der verkehrstechnischen Grundlagen und die aus ihnen folgenden Verbesserungen der Verkehrsleistungen der Eisenbahn wirken sich auf die drei Haupt-Verkehrsarten verschieden aus:

Der Nachrichten-Verkehr machte sich vor allem die Geschwindigkeit, Pünktlichkeit, Regelmäßigkeit und die Häufigkeit der Beförderungsgelegenheit zunutze. Die „Post" bedient sich zur Beförderung der Briefe, Drucksachen, Zeitungen, Geldanweisungen und auf größere Land-Entfernungen fast ausschließlich der Eisenbahn. Hierdurch ist der Nachrichten-, Geld- und Zeitungs-Verkehr aber nicht nur beschleunigt, sondern auch beträchtlich verbilligt und bezüglich der Zeitungen eigentlich erst ermöglicht worden. Es ist daher verständlich, daß die ältere und meist in Staatsbetrieb stehende Post der Eisenbahn starke Auflagen betr. unentgeltlicher Beförderung, Anpassuug des Fahrplans usw. gemacht hat, die aber jetzt überlebt und ungerecht sind und daher auch allmählich abgebaut werden. Außerdem erleichtert und verbilligt die Eisenbahn den Fernschreib- und Fernsprech-Verkehr, indem sie den Bahnkörper für die Leitungen zur Verfügung stellt, ihre Überwachung übernimmt und vielfach bei schwachem Verkehr ganz oder zeitweise (Nachts) den telegraphischen Verkehr mit besorgt. Andrerseits hat die Eisenbahn dem Fernschreiber und Fernsprecher viel zu danken.

Auch für den Personen-Verkehr sind Geschwindigkeit, Pünktlichkeit, Regelmäßigkeit und Häufigkeit am wichtigsten, dagegen steht die Billigkeit erst an zweiter Stelle. Während früher das Reisen ein Vorrecht der Reichen und Großen war, hat die Eisenbahn als ein wahrhaft „demokratisches" Verkehrsmittel die gesamte Bevölkerung beweglich gemacht; der Ausgleich besteht hierbei hauptsächlich darin, daß früher die Reisen zu viel Arbeitszeit und Zehrkosten erforderten, während sie nun stark abgekürzt und für alle Bevölkerungskreise gleich schnell wurden (abgesehen von den Unterschieden zwischen Schnellzügen mit nur höheren Wagenklassen und Personenzügen). Dadurch ist der Mensch beweglich geworden; er ist „von der Scholle losgelöst" worden und kann nun die Stätten aufsuchen, wo ihm das beste Fortkommen winkt (über die Schattenseiten s. u.). Es ergibt sich daraus auch eine Ausgleichung des Arbeitslohnes innerhalb jeder Volkswirtschaft, in gewissem Sinne innerhalb derselben Rasse sogar in der Weltwirtschaft. Eisenbahn und Seedampfer haben die größten „Völkerwanderungen" hervorgerufen, und zwar solche mit nur vorübergehender Verschiebung der Massen, also mit Hin- und Herfluten (Sachsengänger, Italiener, chinesische Kulis) und solche mit dauernder Verpflanzung, und zwar innerhalb desselben Landes die Abwanderung vom platten Land in die Stadt, von Land zu Land das Eindringen der stärkeren Völker in die Sitze der schwächeren; wir kommen hierauf noch zurück.

Im Güter-Verkehr ist für den größeren Teil der Güter die Verbilligung, für den kleineren die höhere Geschwindigkeit maßgebend.

Nehmen wir die zweite Gruppe vorweg, so gehören zu ihr in erster Linie die leichtverderblichen Güter, besonders gewisse hochwertige Nahrungsmittel (Milch, Eier, Fische, Butter, Fleisch, Gemüse, Obst), dann einzelne Genußmittel (Bier), ferner Blumen, lebende Pflanzen und Tiere, die nicht weit marschieren können (Geflügel, Schweine). Es handelt sich also hauptsächlich um hochwertige Nahrungsmittel und deren „Vorstufen" sowie um Gegenstände des feineren Lebensgenusses; manche dienen allerdings dem „Luxus", die meisten aber sind für die hart arbeitenden Kreise notwendig, und mindestens das eine Gut Milch ist „lebenswichtig". Diese Güter müssen schnell, pünktlich und regelmäßig befördert werden, sie verlangen außerdem besonderen Schutz gegen Witterung und Diebstahl, sind also bei schlechten Verkehrsleistungen nur über kurze Entfernungen beweglich. Von den für sie noch möglichen Transportlängen hängt eine für das gesamte Leben äußerst wichtige Beziehung ab, nämlich die mögliche Größe der Städte und damit das Verhältnis von Stadt zu Land, der Grad der Zusammenballung der Bevölkerung, die Volksdichte in gewissen Gebieten (z. B. in Kohlenbecken), kurz: das gesamte Siedlungswesen mit all seinen sozialen Rückwirkungen; denn keine Stadt kann größer sein, als daß sie aus ihrer „Umgebung" ernährt werde; was aber als „Umgebung" zu gelten hat, hängt von der Güte der Verkehrsmittel ab. Hiermit ist die Bedeutung der (so oft unterschätzten) „leicht verderblichen" Güter weit größer als man gemeinhin annimmt, z. B. auch für die Großindustrie, deren Menschenmassen, auf engem Raum zusammengedrängt, doch auch ernährt werden müssen; von besonderer Bedeutung dürfte hierbei die Milch sein, vielleicht bildet ihre Beförderungsweise die Grenze für den überhaupt erreichbaren Verdichtungsgrad.

Allerdings ist hierbei zu beachten, daß die leichtverderblichen Güter auch dadurch beweglicher gemacht werden, daß ihre Widerstandskraft gegen

Verderben durch entsprechende „Konservierung" erhöht wird und daß bei Beförderung und Lagerung jedes Gut die ihm passende besonders pflegliche Behandlung erhalten kann.

Der erzielte Stand ist so hoch, daß die meisten der früher so schnell verderblichen hochwertigen Nahrungsmittel heute wochenlange Seefahrten und tagelange Eisenbahnfahrtan aushalten; Grenzen sind hauptsächlich nur noch gezogen für Fische und Milch, außerdem für die billigen Obst- und Gemüsesorten, für diese aber deswegen, weil sie die technisch möglichen großen Transportweiten nicht bezahlen können.

Wichtiger ist nach den Arten und Mengen der Güter die Verbilligung, denn die meisten Güter bedürfen ihrer Natur nach keiner hohen Geschwindigkeit usw., sie sind vielmehr in allen Forderungen dem Verkehr gegenüber recht anspruchslos, — nur nicht im Geldpunkt! Offensichtlich kann ein Gut nur so viel für seine Ortsveränderung — einschließlich aller Nebenkosten, wie Zinsverlust, Versicherung, Wertminderung, An- und Abfuhr, Ein- und Ausladen, Umladen, Einlagern — bezahlen, als dem Preisunterschied am Erzeugungs- und Verbrauchsort entspricht. Dieser „Wert der Ortsveränderung", der im Abschnitt „Tarifwesen" noch näher beleuchtet werden wird, ist von dem „Wert" (inneren Wert,. Tauschwert, Preis) des Gutes abhängig: je höherwertig ein Gut ist, desto größer ist (im allgemeihen) der Preisunterschied, also der „Wert der Ortsveränderung", desto mehr kann es bezahlen (Begründung hierfür siehe bei Sax).

Es scheint für allgemeine Verkehrsbetrachtungen zweckmäßig, wenn man die Güter in vier Gruppen einteilt:

1. höchstwertige: Edelmetalle, Edelsteine, Perlen, Seide, Erzeugnisse der Kunst und des Kunstgewerbes, Leckereien und Spezereien,

2. hochwertige: gehaltvolle Nahrungsmittel und Kolonialwaren, Chemikalien, Erzeugnisse der Verfeinerungsgewerbe, Kleider und Stoffe, Möbel, Bücher,

3. mittelwertige: die Massen-Nahrungsmittel (Getreide, Kartoffeln), Erzeugnisse der Grobgewerbe, Baumwolle, Wolle, Leder, Kautschuk, Kupfer, Stahl, Stabeisen,

4. geringwertige (oft fälschlich „minderwertig" genannt, am besten wohl als „wohlfeile Massengüter" zu bezeichnen): Brennstoffe, Holz, Erze, Steine, Erden, Düngemittel, — dazu gemäß der wirtschaftlich-möglichen Transportweite: Starkstrom.

In welche Gruppe man hierbei das eine oder andere Gut einordnet, ist belanglos, der Wert ist ja auch in verschiedenen Ländern und zu verschiedenen Zeiten verschieden; wichtig ist lediglich die Erkenntnis, daß eine solche Stufenleiter — und zwar mit großen Preisunterschieden — besteht.

Bei gering entwickelter Technik können nur die „höchstwertigen" Güter Gegenstände des Welthandels sein: die Phönizier haben für die damalige „Welt" mit Silber und Zinn, Bernstein und Bronzen, Seide und köstlichen Gewändern, Ölen und Wein gehandelt; die Römer haben von Ceylon Perlen geholt, von den Chinesen Seide eingehandelt, aus ihrem ganzen Reich Luxuswaren für ihre Lebe- und Halbwelt zusammengekratzt; die jungen Kolonialvölker haben Edelmetalle und Edelsteine, Gewürze und Zucker nach Europa gebracht; und stets war bis dahin der Mensch eines der wichtigsten Güter, denn der Sklavenhandel warf immer einen hohen Nutzen ab. Dieser „Welthandel" gründete sich aber außerdem fast immer auf eine schamlose Ausbeutung der im Verkehr arbeitenden Menschen und Tiere wie auch meist auf eine ebenso schamlose Ausbeutung der „befriedeten" Völker; er ist also mit der Tätigkeit des Ehrbaren Kaufmanns nicht zu vergleichen.

Dagegen war der „Aktionsradius" aller andern Güter beschränkt, die geringwertigen waren nur innerhalb ihrer nächsten Umgebung absatzfähig. Es gab also meist noch keinen „Massenverkehr". Ein solcher tritt uns nur in Ausnahmefällen gegenüber; so haben die Römer große Mengen von Getreide transportiert, das aber den Provinzen gestohlen und an den Großstadtpöbel verschenkt wurde, desgleichen von Steinen für ihre großen Tempel-, Wasser- und Straßenbauten, wobei die Verkehrsleistung durch Frondienste oder Soldaten aufgebracht wurde; später hat sich z. B. der erwachende Ost- und Nordsee-Verkehr am Hering als wichtigem Massengut emporgearbeitet, aber im allgemeinen blieben große Verkehrsströme einheitlicher Güterart bis zum Dampfzeitalter Ausnahmen.

Jede Verbilligung des Verkehrs verursacht als unmittelbarste Folge die Erweiterung des Absatzgebietes, also die Vergrößerung der Absatzmöglichkeit; — gleiches gilt für die leicht verderblichen usw. Güter von der Erhöhung der Geschwindigkeit usw.

Das wirkt sich in folgenden Hauptbeziehungen aus:

1. Die Zahl der Güter, die Gegenstände des Welthandels werden („Weltmarktreife" erhalten), wird vergrößert. In der Gegenwart haben alle Güter bis einschließlich der mittelwertigen diesen Grad erreicht, während die geringwertigen Güter Gegenstände des Handels innerhalb der einzelnen Volkswirtschaften bleiben, wobei aber für Erze, gute Brennstoffe und die besseren Steinsorten Mittel- und Westeuropa nebst den Randgebieten des Mittelmeeres eine Einheit bilden.

2. Die Gütermengen nehmen ständig zu. Diese Vermehrung stellt wieder höhere Ansprüche an den Verkehr und löst die Verbesserung der schon bestehenden Anlagen und den Bau neuer Linien aus. Das Verkehrsnetz wird also leistungsfähiger, die Beförderungskosten sinken vergleichsweise, und damit werden die Güter wieder beweglicher.

3. Gleichzeitig verschiebt sich die Bedeutung der Güterarten für die Verkehrsanstalten und allgemein für das Wirtschaftsleben. Die hochwertigen Güter, die früher am wichtigsten waren, verlieren und die geringwertigen gewinnen an Bedeutung. Damit verschieben sich naturgemäß alle inneren Vorgänge des Betriebs und der Wirtschaftsführung; Güter, an denen sich einst der Verkehr emporgerankt hat, werden als zu anspruchsvoll und lästig empfunden (und u. U. abgestoßen), während solche, die früher ob ihres geringen Wertes verachtet wurden, nun herangezogen werden. — Im allgemeinen hat innerhalb desselben Verkehrskreises immer ein Gut die Hauptrolle gespielt, ist dann aber von anderen Gütern abgelöst worden. Solche Güter sind z. B. Zinn, Silber, Seide, Bernstein, Salz, Tuche, in unsern Tagen Kohle, Baumwolle, Weizen, wobei wir es dem Leser überlassen, sich darüber zu unterrichten, wo und wann die Bernstein- oder Salz- oder Seiden-Straßen bestanden haben, wie sie entstanden sind, wodurch sie vernichtet worden sind. — Im Seeverkehr sind die wichtigsten Einfuhr-Güter nach Europa nacheinander gewesen: Zucker, dann Baumwolle, dann Weizen. Im Gesamt-Seeverkehr verhalten sich etwa die drei wichtigsten Massengüter: Baumwolle : Getreide : Kohle = 1 : 5 : 20.

Die nächst-wichtigen Güter sind in der Einfuhr nach Europa Reis, Wolle, Jute, Ölsaaten, in der Ausfuhr: gewerbliche Erzeugnisse.

4. Da sich die Verbesserung nicht innerhalb aller Verkehrsmittel gleichmäßig vollzieht, sondern stets das eine oder andere Verkehrsmittel „sprunghaft vorgeht", müssen „Verlagerungen" der Verkehrswege eintreten, die noch durch politische Verhältnisse und durch die verschiedene Pflege des Verkehrs durch die verschiedenen Völker verstärkt werden. Wie der Strom bei gleichbleibender Wassermenge dem alten Bett treubleibt, bei Hochwasser

sich aber manchmal ein neues Bett gräbt, so sucht u. U. auch die vergrößerte Verkehrsmenge sich neue Wege. Ob hierbei auch ein anderes Verkehrsmittel gewählt wird, hängt von den besonderen Verhältnissen des Landes und der Verkehrstechnik ab. Solche Verlagerungen des Verkehrs haben immer eine große Rolle in der Geschichte des Handels und Verkehrs sowie oft in der Geschichte der weltbeherrschenden Völker gespielt, und jedes Handelsvolk ist eigentlich ständig dadurch bedroht, daß der ihm scheinbar so sichere Verkehr plötzlich verloren geht, weil die ihm scheinbar so günstige Zunahme des Verkehrs die Kraft des Verkehrs schließlich so steigert, daß er stark genug ist, sich neue Wege zu schaffen. (Näheres über „Verlagerung von Verkehrswegen" siehe Band 2, „Verkehrsgeographie").

5. Die Vergrößerung des Absatzgebietes wirkt im Sinne fortschreitender Preisausgleichung und Preisermäßigung, weil immer mehr Erzeugungsgebiete in jedem Absatzgebiet in Wettbewerb treten und weil immer mehr die Erzeugung an die Stellen verlegt wird, die hierfür besonders günstig sind, daher also besonders billig arbeiten können und weil die Gesamterzeugung vermehrt wird.

Alle Güter des „Welthandels" haben auch „Weltmarktpreise", und die Unterschiede in den einzelnen Ländern hängen nur von den (meist wenig zu Buch schlagenden) Unterschieden in den Beförderungskosten und den Zöllen ab. Die Angleichung ist aber nicht nur räumlich sondern auch zeitlich zu verstehen, weil die Massen so groß sind und weil auch die vom Wechsel der Jahreszeiten abhängigen Güter — die aus dem Pflanzenreich stammenden — in den verschiedenen Gebieten der Erde zu verschiedenen Zeiten gewonnen werden. Früher waren dagegen die Unterschiede von Land zu Land und innerhalb desselben Landes von Jahr zu Jahr sehr groß. Der gesamte Handel und alles, was an „Vorratwirtschaft" anklingt, ist durch diese Ausgleichung ruhiger und zuverlässiger, der Spekulation damit (vergleichsweise!) mehr entrückt worden, vgl. hierzu die Abb. 6 bis 9 auf S. 46 u. 47.

6. Die Erzeugung der Güter wird vermehrt und verbessert und zwar in folgenden verschiedenen Beziehungen:

a) Die Vergrößerung der Absatzmöglichkeit reizt den „Unternehmer"
zur Vergrößerung der bisherigen Mengen, weil er sie mit ständig zunehmender Sicherheit absetzen kann,
zur Verbesserung der bisher hergestellten Erzeugnisse, weil er infolge der Vermehrung allgemein zu besseren (billigeren) Arbeitsvorgängen übergehen, (z. B. den Betrieb mehr und mehr „mechanisieren") kann und weil er einerseits mehr Sorten, also auch bessere, herstellen, andrerseits aber auch „normalisieren" und „typisieren" kann.

b) Die Erzeugung wird verbessert und verbilligt, weil die geeignetsten Roh- und Hilfsstoffe billig zugeführt werden können.

c) Der Zusammenstoß der aus verschiedenen Erzeugungsgebieten stammenden Waren in demselben Absatzgebiet weckt den Wettbewerb und spornt dadurch zu besseren Leistungen an.

d) Jedes Gut, das in ein ihm bisher verschlossenes Absatzgebiet einbricht, bedroht die Produktion, die bisher für dieses Gebiet gearbeitet hat. Bei unentwickeltem Verkehr muß man aber viele Güter an Stellen erzeugen, die hierfür wenig geeignet sind (vgl. den Weinbau in Schlesien, den Anbau von Farbpflanzen im gemäßigten Klima, die Ausnutzung kleiner Wasserkräfte, die Ausbeutung armer Erzgänge); man erzeugt also teuer und u. U. gleichzeitig schlecht. Die fortschreitende Verkehrsentwicklung merzt solche „kranken Glieder der Volkswirtschaft" aus und erzieht die Bevölkerung, wenn sie tüchtig ist, zur Umstellung auf andere nach den örtlichen Verhältnissen ge-

eignetere Erwerbszweige (vgl. die Wirtschaftsgeschichte der deutschen Mittelgebirge).

Die unter a) bis c) angedeuteten Beziehungen gelten hauptsächlich für
alte Kulturländer. Deren bisherige Produktion wird also gesteigert und verbessert, teilweise aber auch bedroht und u. U. sogar vernichtet.

e) Es entsteht das Bedürfnis nach neuartigen Waren, weil die Vermehrung, Verbesserung und Umstellung der Erzeugung und nicht zuletzt die
Verkehrsmittel neuer Güter bedürfen und weil die reicher werdende Bevölkerung sich an neue Bedürfnisse gewöhnt.

f) Jede Hinbeförderung neuer Güter oder größerer Mengen von schon
früher beförderten Gütern erzeugt einen Rückstrom von leeren Transportgefäßen, für welche die Verkehrsanstalten nach Rückfracht suchen, also
besonders niedrige Tarife gewähren müssen. Hierdurch wird ein Gegenstrom
andersartiger Güter erzeugt, durch welche die Erzeugungsstellen der den
Hinstrom hervorrufenden Güter befruchtet werden. Wenn z. B. Kohle in ein
Gebirge hinein absatzfähig geworden ist, machen die leeren Kohlenwagen
die im Gebirge zu gewinnenden Steine in das Kohlenbecken hinein absatzfähig, wenn die Kohle dem im Gebirge wachsenden Holz den dortigen
Absatz als Brennholz unmöglich macht, macht es das Holz dafür als Bauholz
im Kohlenbecken absatzfähig.

g) Jede stärkere Arbeitsteilung macht das Wirtschaftsleben für die betreffende Gegend einseitiger, da aber die Bedürfnisse der Menschen viel-
seitig sind (und bei steigender Arbeitskraft und demgemäß steigender Kaufkraft immer vielseitiger werden), ist ein größerer Zufluß von Gütern erforderlich, weil das, was früher an Ort und Stelle erzeugt wurde, nun aus andern
Gegenden bezogen wird; insbesondere erzeugt das Zusammendrängen der
Menschen in Großstädten und Industriebezirken einen starken Zustrom von
Lebensmitteln und Baustoffen, weil die Versorgung aus der Nachbarschaft
nicht mehr möglich ist.

h) Die Steigerung der Absatzmöglichkeiten regt ferner dazu an, die
Erzeugungsräume zu vergrößern. In alten Kulturländern kommt hierbei
hauptsächlich die Urbarmachung von Heide und Mooren, die Erschließung
von schwer zugänglichen Gebirgen und Wäldern und u. U. auch die Aufnahme
des Bergbaus in Betracht; im allgemeinen gibt hier der Verkehr in Verbindung mit der neuzeitlichen Technik (z. B. der Großversorgung mit elektrischem
Strom) überhaupt erst die Möglichkeit, die von der Natur vernachlässigten
Gebiete einer höheren Wirtschaftsstufe zu erschließen; in Deutschland haben
wir in dieser Beziehung leider nicht genug getan. Im Neuland, in Kolonial-
ländern, kommt es vor allem darauf an, die für die Erzeugung eines bestimmten Gutes geeignetsten Gebiete zu ermitteln; so hat man für den Tee
neue Anbaugebiete in Ceylon (nach Vernichtung der dortigen Kaffeepflan-
zungen durch einen Schädling) und am Himalaja erschlossen, an Kautschuk
liefern jetzt die Plantagen in den malajischen Staaten größere Mengen als
das frühere Monopolland Brasilien, für die Baumwolle hat man die Gebiete
der Südstaaten, Ägypten, Vorderindien erschlossen, der Weizenbau ist nach
den Mittelstaaten der Union, den La Plata-Ländern und Indien ausgedehnt
worden, für die Zucht von Schafen, Rindern, Schweinen sind die geeignetsten
Gebiete dienstbar gemacht, die Erzeugung aller Metalle ist gewaltig gesteigert,
indem große Gebiete der Erde planmäßig geologisch durchforscht und der
Bergbau an den geeignetsten Stellen aufgenommen worden ist.

Wie schon wiederholt angedeutet, wirkt die fortschreitende Verkehrsentwicklung in einer ständig günstigeren Arbeitsteilung nach Gegenden
und Menschen, und zwar in dreifacher Beziehung: die Güter, die überhaupt
ihrem Zweck nur schlecht entsprechen (teuer und schlecht sind), werden unter-

drückt und durch geeignetere (billige und gute) ersetzt, jedes Gut wird dort erzeugt, wo die günstigsten Voraussetzungen vorhanden sind; dorthin strömen auch die geeigneten Arbeitskräfte, teils freiwillig, teils zwangsweise (Sklaven). Letzten Endes muß also jedes Gut nur noch an einer oder an wenigen Stellen erzeugt werden, die ganze Welt wird dann mit einem bestimmten Gut von nur einer Stelle aus versorgt. In wie hohem Maße das schon erreicht ist, ergibt sich aus folgenden Zahlen:

Vom Weltverbrauch stammen:

beim Mais	$72^0/_0$ aus	den Vereinigten Staaten,
„ Kaffee	$68^0/_0$ „	Brasilien,
bei der Baumwolle	$65^0/_0$ „	den Vereinigten Staaten,
beim Kupfer	$52^0/_0$ „	„ „ „
„ Zinn	$62^0/_0$ „	Malakka, Bangka usw.,
„ Platin	$95^0/_0$ „	dem Ural,
„ Kali	$100^0/_0$ „	Deutschland (früher),
„ Salpeter	$100^0/_0$ „	Chile.

Daß diese Zahlen nicht noch „günstiger" sind, liegt daran, daß Weltverkehr und Weltwirtschaft eben noch rückständig sind und daß es der Menschheit bisher noch nicht gelungen ist, einen „Weltwirtschafts-Diktator" einzusetzen. — Wir wollen hier die Allgemeinbetrachtung unterbrechen und, des besseren Verständnisses wegen, zunächst die Wirkungen auf einigen Einzelgebieten skizzieren.

d) Wirkungen auf Einzelgebieten.

Aus der Fülle der Erscheinungen seien im folgenden einige Einzelgebiete herausgegriffen, an denen sich die Wirkung der fortschreitenden Verkehrsentwicklung besonders klar veranschaulichen läßt:

Hochseefischerei[1]).

Vorbemerkung. Im folgenden bleiben einerseits die Edelfische, die einen hohen Aufwand für ihre Beförderung tragen können, andrerseits die Salz- und Räucherfische (bes. Heringe), die wegen der guten Konservierung keine besonders schnelle Beförderung verlangen, unberücksichtigt; in Betracht kommen nur die „frischen Seefische" (z. B. Schellfische), die in frischem Zustand in die Küche kommen müssen, sehr leicht verderben und daher besonderer Schnelligkeit bedürfen. Es handelt sich dabei allerdings nur um einen kleinen Ausschnitt aus der Volksernährung, aber es läßt sich kaum ein anderes Gebiet finden, bei dem letzten Endes alles so auf den „Verkehr" hinausläuft wie der Fang und der Absatz frischer Seefische. Denn sie sind ein reines Naturprodukt, bei dem die gesamte Nutzbarmachung, außer dem Kochen, nur aus Verkehrshandlungen besteht. Dies Gebiet ist daher besonders geeignet, an erster Stelle betrachtet zu werden. An Verkehrsvorgängen werden erforderlich: Fahrt der Fischdampfer zu den Fanggründen, Fang mittels Nachschleppen der Netze, Rückfahrt zum Hafen, Ausladen, Sortieren, Verkauf, Einpacken, Verladen in die Eisenbahn, Fahrt zu den Empfangsstationen, Ausladen, Rückfahrt der leeren Fischwagen zum Hafen, Abrollen zu den Händlern, Hinbringen in die Haushaltungen. In Deutschland haben wir der Versorgung der Bevölkerung mit dieser billigen und gehaltvollen Nahrung bisher zu wenig Aufmerksamkeit gezollt: Wir haben vor dem Krieg allgemein

---

[1]) Vgl. die Dr.-Ing-Dissertationen von Agatz und Schröder, Technische Hochschule Hannover.

zu wenig Seefische (und statt dessen zuviel Fleisch) gegessen, haben aber trotzdem $^2/_3$ des Verbrauchs aus dem Ausland (Holland und England) gedeckt. Wir haben die Aufgabe, die eigene Fischerei so zu stärken, daß nicht nur der — wesentlich zu steigernde — Bedarf der Heimat befriedigt, sondern daß auch die geeigneten Nachbarländer (Schweiz, Österreich, Böhmen) der deutschen Hochseefischerei erschlossen werden. Hierbei ist nicht nur an den unmittelbaren Nutzen, sondern auch daran zu denken, daß die Fischerei mit die beste Schule für den seemännischen Nachwuchs ist. — Abgesehen von den Schwierigkeiten der Kühlhaltung und Geschwindigkeit ist noch der eigenartigen Anforderung zu entsprechen, daß der Verbrauch sich in großen Gebieten auf bestimmte Tage, nämlich die Fasttage, zusammendrängt.

Die Verkehrsaufgaben scheiden sich hier scharf nach See- und Eisenbahnverkehr, beide stoßen in dem Fischereihafen zusammen. Dieser liegt zweckmäßigerweise nicht mit andern Häfen zusammen; mit einem „Haupthafen" kann er schon deshalb nicht zusammenliegen, weil der Fischereihafen möglichst weit seewärts liegen muß, damit die Fischdampfer kurze Fahrten haben und nicht etwa vom Gezeitenwechsel abhängig sind, damit ferner die höhere Geschwindigkeit der Eisenbahn für möglichst lange Strecken ausgenutzt wird (vgl. die Lage von Deutschlands wichtigstem Hochseefischereihafen Geestemünde zu Bremen). Wegen der Verkehrsaufgaben, die von der Schiffahrt zu lösen sind, sei auf die Untersuchungen von Agatz verwiesen. Die Aufgaben der Eisenbahn bestehen in der zweckmäßigen (sehr schwierigen!) Durchbildung des Hafenbahnhofs und besonders in der schnellen und fahrplanmäßig pünktlichen Beförderung nach den Inlandstädten. Man kann die Seefische nicht einfach auf Personen- oder Schnellzüge verweisen, denn diese würden auf den Ausgangsstrecken (vom Hafen ab) zu stark belastet; auch werden sie oft nicht zweckmäßig liegen, und das Aussetzen der Fischwagen würde vielfach zu viel Zeit erfordern. Man muß also von dem Hafen aus auf den in die verschiedenen Absatzgebiete führenden „Stammlinien" besondere Fisch-Schnellzüge fahren, deren Fahrplan so zu gestalten ist, daß die Fische an den Verbrauchsarten rechtzeitig, d. h. spätestens in den frühen Morgenstunden (ähnlich wie die Milch) eintreffen, damit sich die Händler darauf einrichten können. Solche besonderen Fisch-Schnellzüge verursachen aber naturgemäß recht beträchtliche Kosten, man muß daher ihre Zahl möglichst einschränken. Das ist offensichtlich am vollständigsten zu erreichen, wenn der gesamte Fischverkehr in einem Hafen konzentriert wird. Tatsächlich ist diese Konzentration schon stark durchgeführt, in Deutschland in Geestemünde, in England in Grimsby. Eine weitere Begünstigung von Geestemünde braucht darum die andern Fischereihäfen und ihre Bevölkerung nicht zu schädigen, da ihnen ihr lokaler Markt bleibt und ihnen ein bestimmtes Absatzgebiet („Interessensphäre") zugesichert werden könnte. Wenn man aber bedenkt, daß wir vor dem Krieg zwei Drittel des Bedarfs aus dem Ausland bezogen haben, daß wir diesen aus eigener Erzeugung decken, den Verbrauch aber noch steigern und noch Nachbarländer erobern müßten, so kann es u. U. zweckmäßig sein, zwei oder mehr Haupt-Fischhäfen anzunehmen (z. B. einen neuen im Lister Tief, da der Eisenbahndamm nach Sylt allmählich fertig wird), und von diesen aus örtliche und zeitliche „Planwirtschaft" zu treiben: jedem Haupt-Fischhafen wäre ein bestimmtes Absatzgebiet zuzuweisen und in seine katholischen Gebietsteile wären die Züge je nach ihrer Entfernung Mittwochs und Donnerstags zu entsenden, nach den evangelischen dagegen an den andern Tagen, nach großen Plätzen und bedeutenden Knotenpunkten dagegen täglich. So würde man mit einer Geringstzahl von Zügen und Fischwagen auskommen und könnte die Züge auf weite Entfernungen gut auslasten. Solche Planwirtschaft ist manchem allerdings wenig schmackhaft, wir werden aber auch auf andern Gebieten zu ihr kommen[1]), weil wir uns keinen Verkehrsluxus mehr leisten können; es muß geradezu als ein Unfug bezeichnet .werden, daß jeder Händler das genau gleiche Gut von drei oder vier Stellen beziehen will, höchste Geschwindigkeit und Pünktlichkeit beansprucht, gleichzeitig aber ständig nach niedrigeren Tarifen jammert. Wir können auf diesem Gebiet noch so manches von England, Holland und sogar von Frankreich lernen.

Vorstehende Skizze stellt eigentlich die Wirkung der Eisenbahn nicht dar, sondern sie gibt Fingerzeige, wie man bewußt eine bestimmte Wirkung durch entsprechende Maßnahmen erzielen kann. Allerdings ist auch das klare Erkennen von nicht geplanten, vielleicht sogar unerwünschten Wirkungen notwendig und mit aller Gründlichkeit zu betreiben; höher aber steht das zielmäßige Hinarbeiten auf eine dem Volkswohl heilsame Wirkung.

Forstwirtschaft.

Während es sich bei der Hochseefischerei um eine reine Verkehrsfrage handelt, sind bei der Forstwirtschaft noch andere Kräfte, insbesondere der Kohlenbergbau, die Maschine, das Bauwesen und bestimmte Gewerbezweige, wirksam; die Untersuchung ist also nicht so einfach wie bei der Hochseefischerei, aber immerhin wesentlich einfacher als bei den meisten andern Wirtschaftszweigen. Die Darstellung ist daher leidlich einfach und durchsichtig. Insbesondere hat sich in der Verfassung der Forstwirtschaft nichts Wesentliches geändert; sie war und ist ihrer Natur nach Großbetrieb (des Staates, der Gemeinden und weniger Einzelbesitzer). Der Kleinbetrieb ist heute wie früher auf bestimmte Gegenden und Wirtschaftsformen beschränkt. Auch die Erzeugnisse haben sich ihrer Natur und ihrem Wert nach wenig geändert; es sind wohlfeile Massengüter, die nur wenig menschliche Arbeitsleistung in sich aufgenommen haben.

Die Fortschritte in Technik und Verkehr haben den Verbrauch der Forsterzeugnisse teils eingeschränkt, teils erweitert.

Die wichtigsten Einschränkungen sind: Das Holz verliert seine Bedeutung als Brennstoff, weil es durch Kohle, Koks, Öl, Gas und Elektrizität ersetzt wird. An Holzkohle hatte dereinst die Eisengewinnung einen so hohen Bedarf, daß ausgedehnte Waldgebiete vom Meilerbetrieb leben konnten, große Forsten verschwanden, ganze Länder durch die Waldverwüstung bedroht wurden; heute ist Holzkohle nur für die Herstellung gewisser Edelerzeugnisse notwendig. Brennholz für Haushaltungen wird selbst in waldreichen Gebieten durch Kohle und Gas verdrängt, es wird in hochentwickelten Ländern eigentlich nur noch zu Luxusfeuerungen (in Kaminen) verwandt. Der Wertabfall des Brennholzes trifft die Baumarten besonders stark, deren Holz sich zum Bauen wenig eignet, vor allem (bisher) die Buche.

Das Holz läßt in seiner Bedeutung als Bauholz großer Abmessungen nach, weil Konstruktionen und Gründungen, zu denen man früher starke, lange Hölzer verwenden mußte, immer mehr durch Eisen oder Eisenbeton ersetzt werden; der Forstbetrieb auf starke, also alte Bäume wird daher weniger lohnend.

Die wichtigsten Förderungen sind: Die Absatzfähigkeit steigt allgemein, weil die Beförderung verbilligt wird; abgelegene Waldgebiete werden überhaupt erst durch die Eisenbahn erschlossen, Übersee-Hölzer können den Gewerbegebieten zugeführt werden, das Aufforsten abgelegener Landesteile wird lohnend, allenthalben können die von Natur hierfür besonders geeigneten,

---

[1]) Vgl. z. B. Dr.-Ing. Ebeling, Über den Rheinischen Braunkohlen-Verkehr, Verkehrst. Woche 1923.

für die Landwirtschaft dagegen weniger in Betracht kommenden Flächen für den Forstbetrieb, und zwar für die geeignetsten Baumarten ausgenutzt werden.

Der Forstbetrieb wird verbilligt insbesondere durch Waldbahnen, gut eingerichtete Holz-Verladestellen, Drahtseilbahnen.

Gewisse neue oder auch ältere, aber in ihrer Bedeutung gewaltig gestiegene Gewerbe, vor allem die Papiererzeugung, rufen eine lebhafte Nachfrage nach Holz, das den Ausgangsstoff ihrer Erzeugnisse bildet, hervor.

Die allgemeine Zunahme der Bautätigkeit, der Bau von Wohnungen für die steigende Bevölkerung, von kaufmännischen und gewerblichen Anlagen, von Verkehrseinrichtungen (Geschäften, Fabriken, Hallen, Werften, Schiffen) verlangt sehr viel „Bauholz", und zwar — im Gegensatz zu früher — von Hölzern kleiner und mittlerer Abmessungen. Hier ist besonders das ganz neue und vielfach wichtigste Absatzgebiet zu nennen, nämlich die Eisenbahn mit ihrem Bedarf an Schwellen.

Auch der Bergbau, dessen wichtigstes Erzeugnis, die Kohle, das Holz als Brennstoff verdrängt, hat ein neues Absatzgebiet eröffnet, indem er das Grubenholz, also auch Hölzer kleiner Abmessungen, braucht.

Insgesamt hat die Forstwirtschaft daher weit mehr gewonnen als verloren; zugrunde gegangen oder bedroht sind eigentlich nur gewisse Sonderformen (z. B. die Eichen-Schäl-Waldungen durch den Einbruch des Quebrachoholzes und den Übergang zu andern Gerbverfahren). Jedenfalls muß es bei planmäßigem Zusammenarbeiten von Forstwirtschaft, allgemeiner Technik und Verkehr in Kulturländern möglich sein, den Forstbetrieb so auszugestalten und, wo nötig, auch räumlich auszudehnen, wie es für die Volkswirtschaft, den Hochwasserschutz und allgemein für den Wasser-Haushalt, für die Landesschönheit und Volksertüchtigung notwendig ist. Hierbei sei noch auf folgende Einzelheiten hingewiesen:

Je mehr die Nachfrage nach Hölzern großer Abmessungen sinkt, die nach solchen kleiner und mittlerer Abmessungen dagegen steigt, desto weniger ist es lohnend, altes Holz zu erzeugen. Hiermit wird also die Umtriebzeit abgekürzt, der Betrieb (relativ) lohnender, der Anreiz zum Aufforsten von Ödland stärker; von besonderer Bedeutung ist hierbei, daß das Grubenholz sehr jung sein kann und daß sich, sofern es wirtschaftlich geboten ist, auch Eisenbahnschwellen aus verhältnismäßig jungem Holz herstellen lassen.

Je mehr das Holz an Wert als Brennholz verliert, als Bauholz dagegen gewinnt, desto mehr wird das knorrige Laubholz durch das gerade gewachsene Nadelholz zurückgedrängt. Das ist für viele Länder, z. B. auch für Nordwesteuropa bedenklich, weil die Laubwälder, insbesondere die Buchenforsten, zurückgehen, was für den Wasserhaushalt mißlich, für die Landesschönheit verhängnisvoll werden kann. Aber dieser Entwicklung kann grade durch eine „Verkehrsmaßnahme" entgegengewirkt werden: Mit der größte Holzverbraucher ist nämlich die Eisenbahn wegen der Schwellen. Nun ist aber die Schwelle insofern ein sehr einfaches Konstruktionsglied, als ihre Anforderungen an Gradlinigkeit und Astfreiheit gering sind, andrerseits aber ein recht anspruchsvolles, als sie wegen des ständigen Wechsels von Feuchtigkeit und Trockenheit gegen Fäulnis widerstandsfähig sein muß. Das ist von Natur aus nur bei Hölzern der Fall, die mit einem natürlichen Schutzstoff bedacht sind, von unsern heimischen Bäumen entspricht aber nur die Eiche den notwendigen Anforderungen. Die andern Hölzer müssen künstlich ausgelaugt und getränkt werden, verhalten sich aber recht verschieden, denn die Nadelhölzer sind einfacher zu behandeln als Buchenholz. Lange Zeit war die Buche daher für Schwellen wenig geeignet, bis es in gemeinsamer Arbeit von Forstmann, Chemiker und Eisenbahningenieur gelang, auch aus Buchenholz wirtschaftlich befriedigende Schwellen zu erzeugen. Damit ist die Möglichkeit gewährleistet, unsere Buchenwälder der Heimat zu erhalten, denn die Eisenbahnen haben einen so großen Gesamtbedarf an Schwellen, daß sie den Einkauf von Holzschwellen den Anforderungen der Gesamt-Forstwirtschaft und innerhalb dieser Menge den Einkauf von Buchenschwellen der Wirtschaftslage der Buchenforsten anpassen können.

Landwirtschaft.

Der Einfluß der Verkehrsverbesserung auf die Landwirtschaft zeigt starke Unterschiede, je nachdem ob es sich um alte Kulturländer mit schon entwickelter Landwirtschaft oder um junge (Kolonial-) Länder handelt, die erst erschlossen werden müssen. Zu den „jungen" Ländern gehören die Vereinigten Staaten, Kanada, Argentinien, Indien, Australien, in gewissem Sinn auch Rußland, Ungarn und Rumänien. Es sind die heutigen „Kornkammern" der Erde, aus denen die Gewerbebezirke, insbesondere Westeuropa versorgt werden, aber nicht nur mit Getreide, sondern auch mit Vieh, Fleisch und Fett, Butter und Käse, und mit den Grundstoffen vieler Gewerbe (Wolle, Baumwolle, Häuten). Die Geschichte der wirtschaftlichen Erschließung dieser Länder ist die Geschichte ihrer Eisenbahnen; die Eisenbahn, gelegentlich auch die Flußschiffahrt, ist der Pionier, dem der Farmer folgt; die Größe der Bevölkerung, der Erzeugung und der Ausfuhr ist eine Funktion der Eisenbahnlänge; die in das Neuland vorgetriebenen Schienenwege werden die Bänder, auf denen die weiße (kolonisierende) Bevölkerung wohnt und auf denen der Weizen wächst. Wir müssen diese Entwicklung als bekannt voraussetzen, empfehlen dem Leser aber sich besonders über das gewaltige Werk zu unterrichten, das die kanadische Pacificbahn geschaffen hat und ständig erweitert, — wenn Ägypten ein „Geschenk des Nils" ist, so ist Mittel- und Westkanada ein „Geschenk der Lokomotive", — wegen des Schrifttums siehe „Archiv für Eisenbahnwesen" 1912. Ähnliches gilt von Argentinien, dessen Verkehr fast ausschließlich aus land-

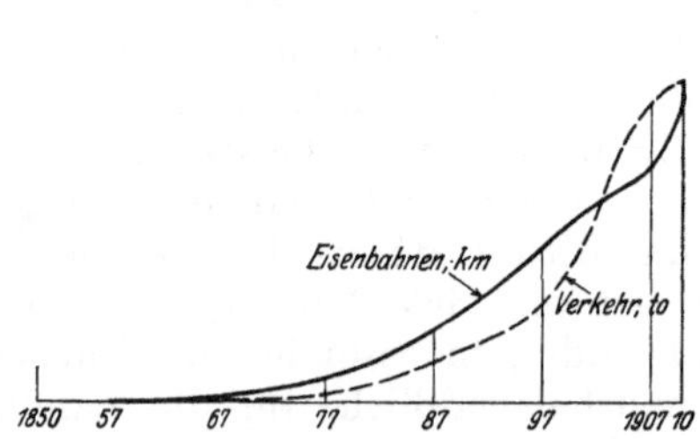

Abb. 6. Entwicklung der Eisenbahnen und des Güterverkehrs in Argentinien.

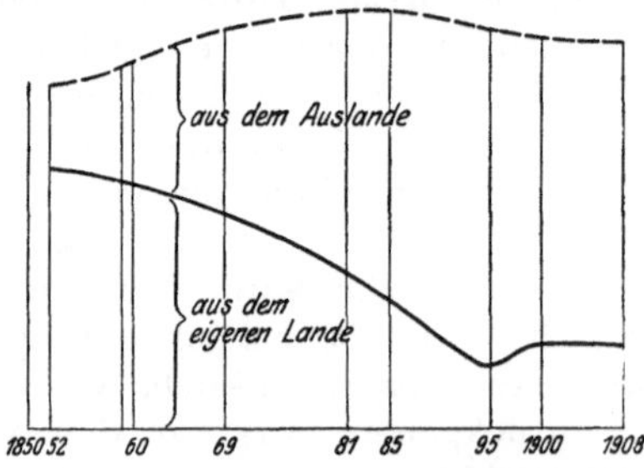

Abb. 7. Versorgung der Bevölkerung Englands mit Weizen.

wirtschaftlichen Erzeugnissen besteht und sich nach Abb. 6 gemäß der Betriebslänge der Eisenbahnen entwickelt hat.

Für die alten Kulturländer dürfte England das typischste Beispiel sein, weil es sich am stärksten vom Agrar- zum Handels- und Industriestaat umgestellt, seine Versorgungsbasis fast ganz ins Ausland verlegt hat und ein besonders ungünstiges Verhältnis zwischen landwirtschaftlich und gewerblich tätiger Bevölkerung aufweist. Abb. 7 zeigt, wie die Versorgung der Bevölkerung mit Weizen aus dem Ausland ständig zugenommen hat. Der Weizenbau ist in vielen Gegenden seit 1850 auf die Hälfte und weniger zurückgegangen, statt dessen hat aber der Hafer- und Gerstenbau und die Weidewirtschaft (besonders in der westlichen Hälfte des Landes, den sog. „grazing counties“) zugenommen, desgleichen die Gemüse-, Obst- und Blumenzucht; man darf sich England also nicht als ein Land vorstellen, in dem die Landwirtschaft tot wäre; es hat aber viel zu wenig Bauern und erzeugt kaum mehr die lebenswichtigen Güter, sondern hauptsächlich hochwertige Güter, die wohl nur dem zahlungskräftigeren Teil der städtischen Bevölkerung zugute kommen.

Für unsere Betrachtung ist aber die Skizzierung der Umgestaltungen in Deutschland wichtiger, denn sie behandelt ein Gebiet, das noch über eine starke, meist unterschätzte Landwirtschaft verfügt, und sie gilt hiermit durchschnittlich für Westeuropa. Die allgemeine Entwicklung in Deutschland ist oben angedeutet worden. Indem wir von der früher vorherrschenden landwirtschaftlichen Struktur des Landes und den Thünenschen Kreisen ausgehen, sei bemerkt:

Der unvollkommene Verkehr hatte bezüglich der Ernährung noch keine „Territorial“-Wirtschaft entstehen lassen, die wirtschaftlichen Einheiten waren vielmehr Gebiete von der Größe einer Provinz oder Provinzgruppe; der Westen konnte nicht aus dem Osten ernährt werden; die Unterschiede im Weizenpreis zwischen den einzelnen Provinzen waren gemäß Abb. 8 beträchtlich, die Preisunterschiede von Jahr zu Jahr (je nach dem Ausfall der Ernte) waren groß und mögen von der in Abb. 9 dargestellten „Regel“ nicht viel

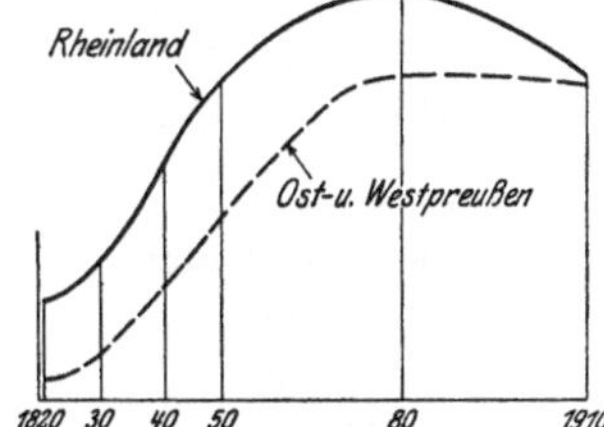

Abb. 8. Weizenpreise im Rheinland und in Ost- und Westpreußen.

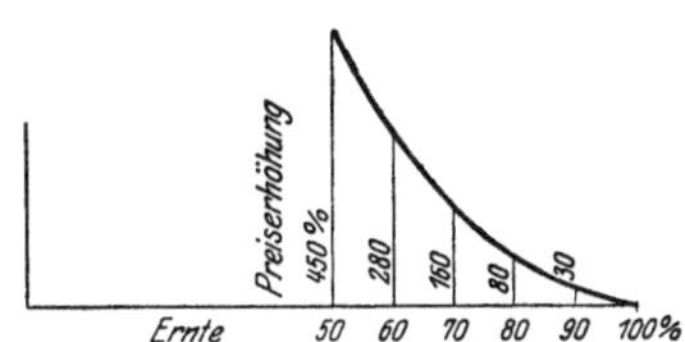

Abb. 9. Preiserhöhungen infolge Ernteausfall.

abgewichen sein, der Weizenpreis stand in Preußen nach Abb. 10 höher als in Österreich und Ungarn, aber niedriger als in England und Frankreich.

Gemäß dem Thünenschen Gesetz war die Verwertung des Bodens für die verschiedenen Anbauzwecke nicht frei, sondern von der Entfernung von den Verbrauchspunkten (Städten) abhängig; viele abgelegene Gebiete konnten daher nur extensiv, die besonders armen oder schwierigen (Heide, Moor) überhaupt nicht bewirtschaftet werden; die Nutzung der Wälder war vielfach fast unmöglich. Die Bevölkerung des platten Landes war daher schwach, die Städte waren klein, die Gewerbe hätten selbst an den durch Rohstoffe begünstigsten Stellen nicht stark entwickelt werden können, weil die Ernährung großer Massen zu schwierig gewesen wäre.

Die Einwirkung der Eisenbahn war zum größeren Teil günstig, hatte aber auch ihre Schattenseiten:

Durch die Verbilligung und Beschleunigung wurden die Thünenschen Kreise durchschnittlich sicher um das Zehnfache, der Fläche nach also (theoretisch) um das Hundertfache erweitert. Das bedeutete für viele Erzeugnisse das Ende jener Kreise,

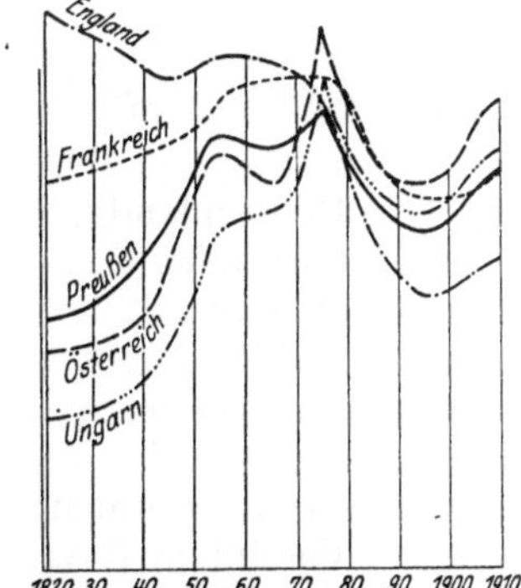

Abb. 10. Weizenpreise in England, Frankreich, Preußen, Österreich und Ungarn.

für alle ihre Durchbrechung; jedoch ist zu beachten, daß sich ein von einer Stadt ausstrahlendes Eisenbahnnetz zunächst nicht über die ganze Kreisfläche, sondern nur sternförmig auswirkt, und daß die Gesamtkreisfläche erst wirksam wird, wenn das Netz so engmaschig geworden ist, daß allenthalben die Anfuhrwege zur Bahn entsprechend kurz geworden sind; außerdem müssen die Umwälzungen grade in der Landwirtschaft hinter der Verkehrsentwicklung notwendigerweise beträchtlich nachhinken, denn hier läßt sich der Betrieb nicht von einem zum andern Jahr umstellen. Nun ist in Deutschland das Hauptbahnnetz seit Jahrzehnten schon so dicht, wie es die intensive Landwirtschaft nur wünschen kann, aber es hapert in manchen Landesteilen noch mit den Neben- und Kleinbahnen. Die Umstellung ist also noch nicht ganz vollzogen; sie ist auch durch mancherlei politische Beeinflussungen zurückgehalten worden, worauf es z. B. zurückzuführen ist, daß wir sogar noch Ödland haben, ferner durch das Hindrängen des Kapitals zu der größeren Gewinne abwerfenden Industrie und durch den — grade durch die Eisenbahnen bewirkten — Einbruch landwirtschaftlicher Erzeugnisse aus dem Ausland. Dieser hat Abbruch getan einerseits dem Körnerbau, weil der Übersee-Weizen ohne Zollschutz in Deutschland billiger angeboten werden konnte als der einheimische, andrerseits den besonders intensiven Betriebsweisen, die auf Geflügel, Eier, Butter, Käse, Fische, Gemüse, Obst gerichtet sind, weil wir Butter aus Sibirien, Käse aus Dänemark, der Schweiz und Frankreich, Gänse und Eier aus Galizien, Obst aus Kalifornien, Südfrüchte aus den Tropen und Subtropen, Lachse aus Kanada billiger beziehen, als im eigenen Land erzeugen konnten, Trotzdem hat unsere Landwirtschaft weit mehr geleistet, als man gemeinhin annimmt. Die folgenden Zahlen mögen dies anschaulich machen:

Die Gesamterträge betrugen 1912 in 1000 t in:

	Weizen und Roggen	Gerste und Hafer	Kartoffeln
Deutschland	16 000	12 000	50 000
Österreich-Ungarn	11 000	7 000	19 000
Rußland	43 000	24 000	37 000
Rumänien	3 000	1 000	—
Frankreich	10 000	6 000	13 000
Großbritannien und Irland	2 000	4 000	6 000
Italien	5 000	1 000	2 000
Britisch-Indien	8 000	—	—
Vereinigte Staaten	21 000	25 000	11 000
Kanada	5 000	7 000	2 000
Argentinien	6 000	1 700	—

Die Ernteerträge betrugen 1912 für das Hektar in 100 kg in:

	Weizen	Roggen	Gerste	Hafer	Kartoffeln
Deutschland . . .	22,6	18,5	21,9	19,4	150,3
Österreich	15	14,6	16,0	13,0	100,2
Ungarn	12,7	11,6	13,9	10,4	84,4
Rußland	6,9	9,0	8,7	8,5	81,7
Rumänien . . .	11,8	8,5	9,1	8,0	85,0
Frankreich . . .	13,6	10,1	14,1	12,7	84,9
Großbritannien .	19,5	—	17,4	15,9	130,3
Vereinigte Staaten	10,7	10,6	16,0	13,4	76,2
Kanada	13,7	12,0	16,7	15,0	115,8
Argentinien . . .	9,3	—	—	14,1	—

Deutschland hat also — trotz geringerer Bodengüte und weniger günstigen Klimas — die übrigen wichtigsten Länder übertroffen.

Die Gesamterträge und die Erträge für das Hektar betrugen in Deutschland:

	Gesamterträge in Tonnen			Hektarerträge in 100 kg		
	1895—1889	1908—1912	Zunahme in %	1885—1889	1908—1912	Zunahme in %
Weizen .	2 914 000	3 962 000	36,0	15,1	20,7	37,1
Roggen .	6 891 000	11 012 000	59,8	11,8	17,8	50,8
Gerste . .	2 620 000	3 220 000	22,9	15,0	20,1	34,0
Hafer . .	5 411 000	8 189 000	51,3	14,1	19,0	34,7
Kartoffeln	29 706 000	44 220 000	48,9	101,8	133,4	31,0
Wiesenheu	19 336 000	25 025 000	29,4	32,7	42,1	28,7

Durch diese Steigerung des Ertrags, die z. B. beim Brotgetreide etwa 53 % betrug, und durch Erhöhung der Fleischerzeugung (von 1883 auf 1911) um 129 % war es der deutschen Landwirtschaft gelungen, vom einheimischen Bedarf 1912 zu decken:

an Getreide 85,5 %   an Kartoffeln 100 %
„ Fleisch 93—94 %   „ Zucker   100 %
„ Milch   95 %.

Es blieben einzuführen, außer Genußmitteln, vor allem rd. 2 300 000 t Weizen; dagegen konnten Roggen und Zucker ausgeführt werden.

Die Ertragsteigerung ist — unter Ausnutzung der Verkehrsverbesserung und der andern Fortschritte — hauptsächlich auf folgende Ursachen zurückzuführen:

1. Der Anbau von Gewächsen, die für unser Klima überhaupt oder stellenweise wenig geeignet sind (Handelspflanzen, Ölfrüchte, auch Wein) wurde eingeschränkt oder aufgegeben.

2. Die Böden wurden mit den für sie geeignetsten Gewächsen angebaut.

3. Die Bevölkerung spezialisierte sich vielfach auf bestimmte hochwertige Erzeugnisse (Wein, Obst, Gemüse, Geflügel, Milch, Käse, Mastvieh, Pferde, Samen).

4. Der Kapitalaufwand konnte gesteigert werden (Verbesserung der Gebäude, der Ent- und Bewässerung, des Viehs, der Maschinen).

5. Hilfsstoffe (bes. Düngemittel, Futterstoffe) und Maschinen konnten billig herangeführt werden.

6. Die Arbeitskräfte, die grade in der Landwirtschaft zu bestimmten Zeiten stark vermehrt werden müssen, konnten billig und zuverlässig zugeführt werden.

7. Das Unterrichts- und Genossenschaftswesen konnte wesentlich gestärkt werden.

8. Die Verluste durch Fäulnis usw. wurden durch bessere Lagereinrichtungen, Konservierung usw. verringert.

Insgesamt gestaltete sich der Landwirtschaftsbetrieb unter Ausnutzung der Fortschritte der Wissenschaften (auf den Gebieten der Düngung, des Fruchtwechsels, der Zuchtwahl, des Saatgutes, der Pflügung usw.) mehr und mehr zu einem Veredelungsgewerbe im kaufmännisch-gewerblichen Sinn, nämlich zu einer Verarbeitung gegebener oder zu kaufender Roh- und Halbstoffe (Kunstdünger, Futtermittel) in höherwertige Halb- und Fertigwaren.

Es ist aber das überhaupt Erreichbare noch lange nicht erzielt; wir stehen vielmehr (nach einer Äußerung des deutschen Landwirtschaftsrates) „nahezu auf allen Gebieten erst in den Anfängen einer vollen und allgemeinen Ausnutzung unserer wissenschaftlichen und technischen Errungenschaften. Namentlich sind sie heute noch nicht zum Gemeingut der Masse unserer kleineren bäuerlichen Betriebe geworden, in deren Händen das Schwergewicht der deutschen Landwirtschaft ruht. Hier den Errungenschaften der Neuzeit die Wege zu bahnen, ist für die nächsten Jahrzehnte die große Aufgabe unseres landwirtschaftlichen Schulwesens. Die Errungenschaften sind da, sie brauchen nur zur allgemeinen Kenntnis und rationalen Anwendung der Mehrzahl der Landwirte gebracht zu werden, um das große Ziel unserer selbständigen Volksernährung zu erreichen. Denn unsere durchschnittlichen Ernteerträge, mögen sie immerhin die anderer Länder übersteigen, stehen doch hinter den Erträgen, wie sie heute bei uns in jeder rationell und intensiv betriebenen Wirtschaft erzielt werden, noch weit zurück. Erträge von 10 Zentnern Weizen und $8^1/_2$ Zentnern Roggen oder Hafer für den Morgen, wie sie heute den Reichsdurchschnitt bilden, sind Erträge, die in unsern bessern intensiveren Wirtschaften nahezu um das Doppelte übertroffen werden. Also sind wir noch lange nicht am Ende der Steigerung unserer Getreide- und noch weniger unserer Viehproduktion angelangt."

Auch der Eisenbahner hat, besonders im Kleinbahnwesen tatkräftig mitzuwirken, um die Eigenernährung des deutschen Volkes zu erreichen.

Andrerseits darf nicht übersehen werden, daß die Verbesserung des Verkehrs die Landwirtschaft auch bedroht: Daß der Anbau gewisser Pflanzen (z. B. der Farbpflanzen) und die Zucht gewisser Tiere (besonders der Schafe) aufgegeben werden muß, darf allerdings nicht als ein allgemeiner Verlust angesprochen werden, so hart es auch den Einzelnen und u. U. zeitweise ganze Landstriche trifft. Bedenklich ist dagegen die Entziehung der Arbeitskräfte, denen die Eisenbahn das Abwandern in die Industrie so erleichtert hat; sie muß durch Innenkolonisation (Kleinbahnen!) und durch Mechanisierung (Maschinen, Elektrizität) bekämpft werden. Besonders kritisch ist die Bedrohung des Körnerbaus durch das ausländische Getreide anzusehen; ihr muß durch eine weise Tarif- und Zollpolitik entgegengearbeitet werden.

Zu erstreben ist: Die Sicherstellung der Volksernährung bezüglich der lebenswichtigen Nährmittel (Getreide, Kartoffeln, Zucker, Fleisch, Fett, Milch) aus der einheimischen Landwirtschaft, die Versorgung der Landwirtschaft mit Dünger und Maschinen aus dem Inland, und die Erhöhung der landwirtschaftlich tätigen Bevölkerung auf mindestens wieder $50^0/_0$ des Gesamtvolks; dagegen ist die Zufuhr von „Genußmitteln", worunter sich übrigens auch sehr nahrhafte befinden, und von Futtermitteln aus dem Ausland weniger bedenklich, teilweise auch unvermeidlich, weil es sich um Tropenerzeugnisse handelt.

Jedoch zeigen sich auch im Verhältnis von Landwirtschaft und Verkehr gewisse „rückläufige" Erscheinungen. Die skizzierte Entwicklung wird mit der weiteren Erschließung von Neuland fortschreiten und die Thünenschen Kreise werden immer mehr erweitert, durchbrochen und aufgelöst werden; aber es bilden sich dafür neue Kreise und zwar um so stärker und schneller, je mehr sich der Verkehr verdichtet und verbessert. Jede Großstadt legt nämlich Kreise um sich, deren Größe und Charakter wieder vom Verkehr, nun aber nicht mehr von den Mitteln des Fern-, sondern von denen des Nahverkehrs bestimmt wird. Dampfschiffe und Fernbahnen haben die alten Kreise erweitert und zertrümmert, und diese Wirkung bleibt für die Versorgung mit den meisten Gütern und den Absatz der meisten Erzeugnisse bestehen, aber die Straßen-, Stadt- und Vorortbahnen und Kraftwagen geben der Umgebung der Städte auch bezüglich der Landwirtschaft einen neuen Zug, indem sie in ihr eine eigenartige Garten- und Freiflächenkultur hervorrufen, die sich auf sehr dichte Bevölkerung und auf deren Verknüpfung mit der Umgebung durch gute Nahverkehrsmittel gründet. Wir dürfen diese Bewegung, die sich allerdings erst allmählich auszuwirken beginnt, nicht gering anschlagen, denn sie betrifft allerdings nur kleine Flächen, aber in den sog. Kulturstaaten die Mehrheit der Bevölkerung. Sie ist hauptsächlich darin begründet, daß Straßenbahnen und Kraftwagen ihrer Natur nach nur einen kleinen Aktionsradius haben, daß sie aber innerhalb ihres Einflußgebietes den Fernbahnen auch für den Güterverkehr überlegen sind, so daß sie einerseits für die Versorgung der Stadt mit bestimmten Gütern (Milch, Gemüse, Obst, Geflügel), andrerseits für den Absatz der in der Stadt gekauften kleinstückigen Waren besonders geeignet sind. Man könnte manche

„Weltstadt“ schon dahin kennzeichnen, daß sie nur zwei Kreise um sich liegen hat, der eine ist die Welt, der andere der Kreis des Vorortverkehrs, manche Weltstadt zeigt stark welt- und stadtwirtschaftliche, aber nur schwach territorial-wirtschaftliche Züge.

Siedlungswesen.

Die Kraft des Verkehrs, Siedlungen zu schaffen und zu vergrößern wird mit Recht als so wichtig angesehen, daß man das Entstehen der Großstädte stark, das der Weltstädte vollständig auf den Verkehr zurückführt. Tatsächlich bildet ja auch der Verkehr insofern die Existenzgrundlage der Großstädte, als diese ohne die dauernde Zufuhr von Lebensmitteln, Kleidungs-, Bau- und Heizstoffen überhaupt nicht leben könnten, und offensichtlich müssen die Verkehrsverhältnisse um so besser sein, je größer eine Stadt ist. Aus diesem Charakter der Stadt als Verbraucherin dessen, was der Verkehr ihr zuführt, kann man aber noch nicht ableiten, daß die Verbesserung des Verkehrs die Städte (oder vielmehr die von ihm begünstigten Städte) immer größer anwachsen lasse und daß die Mehr-Millionen-Stadt eine notwendige Folge des so hochentwickelten Verkehrswesens sei, vielmehr ist zu untersuchen, bis zu welchem Grade, bis zu welcher Bevölkerungszahl, der Verkehr in seiner höchsten Entwicklung auf das Wachstum der Städte tatsächlich einen Zwang ausübt.

Die Entwicklung des Siedlungswesens kann man sich, wenn man die verkehrliche Seite betont, alle anderen Seiten nur kurz streift, in folgender Weise verdeutlichen:

Für das Entstehen der Mittel- und Großstädte sind entsprechende Vorzüge für das Gewerbe und den Verkehr das Wesentlichste; Rohstoffe, Naturkräfte und Verkehrslage (je für sich oder im Zusammentreffen) bilden die Grundlage für das Aufblühen. Für das Entstehen der Weltstädte aber ist in erster Linie der Verkehr, also die günstige Verkehrslage oder die künstliche Bildung großer Knotenpunkte, maßgebend.

Daß dieser Gedankengang richtig ist, erkennen wir daran, daß zahlreiche Großstädte ihr Entstehen und Blühen auf bestimmte Rohstoffe oder Wasserkräfte gründen: so auf Salz, Erze, Heilquellen, besonders aber auf Brennstoffe; daß aber keine der 16 Millionenstädte der Erde[1]) auf einer wichtigen Lagerstätte entstanden ist (Berlin, Hamburg, Petersburg, Moskau, Paris, London, Wien, Konstantinopel, New York, Chicago, Philadelphia, Buenos Aires, Rio de Janeiro, Kalkutta, Osaka, Tokio); viele zeigen sogar eine für Gewerbe und Landwirtschaft ungünstige Umgebung (Berlin, Petersburg, Kalkutta), alle aber eine von Natur hervorragend günstige Lage zum Weltverkehr oder eine durch politische Einflüsse veranlaßte starke Konzentration der Eisenbahnen.

Da man auch hier aus der Geschichte lernen kann und soll, so sei zunächst über die Größe der Weltstädte des Vor-Dampf-Zeitalters angegeben:

Im griechischen Zeitalter waren die größten Städte Athen, Korinth und Syrakus; ihre Bevölkerung mag etwa 100000 betragen haben; andere Quellen billigen Korinth 70 bis 80000, Athen zur Zeit seiner höchsten Blüte mit dem Piräus 150 bis 200000 zu.

Das Zeitalter der Römer, die von Anfang an ausgesprochen ein „Stadtvolk“ gewesen sind, die Städte planmäßig begünstigt und das platte Land nebst der Landwirtschaft vernachlässigt haben, hat mehrere Städte von 5 bis 700000 hervorgebracht (Alexandria, Seleukia) und hat in der Welt-

---

[1]) Einige als solche nicht sicher festgestellte chinesische Städte bleiben außer Ansatz.

beherrscherin Rom die erste Millionenstadt des Abendlandes geschaffen, während es in China wahrscheinlich schon früher einige Millionenstädte gab. Rom hatte zur Zeit seiner höchsten „Blüte" (also seines tiefsten Verfalls) 1 000 000 Einwohner, von denen aber der Hauptteil Sklaven, verarmte Bauern und Staatsarme waren; an letzteren z. B. im Jahr 46: 320 000 Köpfe. „Es war eine ungesunde städtische Anhäufung, eine unglückliche, viel schlimmere Landflucht als heute ..., alles drängte nach Rom und Konstantinopel, wo man Getreidespenden erhalten und glänzende Spiele umsonst sehen, Kurzweil und Zerstreuung aller Art haben konnte. Die verlumpten und verliederlichten Existenzen machten mit den Sklaven in diesen Großstädten sicher zeitweise über die Hälfte, wenn nicht drei Viertel der Volksmenge aus ..." „Die Vorliebe aber für städtisches Leben und Wohnen ist seither in vielen Teilen der Mittelmeerlande gleichsam erblich geblieben" — (ein Erbübel? geblieben). (Schmoller.)

Für die germanische Welt ist für das Jahr 1400 die Bewohnerzahl der meisten Städte zu 1000—5000 anzunehmen, der bedeutendsten zu 5—25 000, und für die durch gute Wasserverbindungen ausgezeichneten beiden Führerinnen der beiden Städtebünde Köln und Lübeck je 30 000. Zu gleicher Zeit mögen Gent und Brügge je 50—60 000 Einwohner gehabt haben. Florenz hatte (1338) 90 000, Venedig, die Beherrscherin des Weltverkehrs (1422) 190 000. Für die wichtigsten deutschen Handelsstädte werden folgende Zahlen genannt: Ulm, Straßburg und Nürnberg 20—26 000, Zürich 11 000, Basel und Frankfurt 8—10 000, Leipzig 14—15 000. Auf dieser bescheidenen Höhe mußten die Städte stehen bleiben, bis der sich verbessernde Verkehr die Ernährung und Versorgung aus einer größeren Umgebung ermöglichte.

Entsprechend dem Aufstieg der Wirtschaft und des Verkehrs unter der Territorialwirtschaft begannen auch die bis 1600 auf der erreichten Höhe stehen gebliebenen Städte wieder anzusteigen, aber unter starker „Auslese der Besten", d. h. der von der Natur oder der Staatsgewalt begünstigten.

So soll die Größe betragen haben von:

Paris	1300	1600	1700	1800	
	100 000	230 000	500 000	548 000	

London	1377	1532	1600	1700	1800
	35 000	62 000	250 000	600 000	865 000

Gegen 1800 näherten sich die inzwischen entstandenen Großstädte wieder einem Sättigungspunkt, da die Kraft der Verkehrsmittel ausgeschöpft war, und erst nach dem Eintritt in die Stufe der Weltwirtschaft beobachten wir wieder ein schnelles Ansteigen.

Städte über 100 000 gab es

in Europa:	1500	1600	1700	1800	1900		
	7	13	14	21	150		

in England:	1870	1901	1914				
	18	39	45				

in Deutschland:	1800	1850	1871	1880	1890	1900	1905
	2	5	8	15	26	33	41

in Frankreich:	1801	1870	1896	1901	1906	
	3	9	10	15	15	.

Die Stadtbahnen datieren (in runden, leicht zu behaltenden Jahreszahlen) in England von 1860, in Amerika von 1870, in Deutschland von 1880, die mit elektrischem Betrieb von 1890.

Die Million wurde erreicht von London 1810, von Paris 1840, von New York 1860, von Berlin 1875, von Chicago und Philadelphia 1890, von Boston 1900.

Aus den Zahlen entnehmen wir einerseits, daß die Städte früher viel kleiner gewesen sind als wir gemeinhin annehmen, andrerseits daß tatsächlich der Verkehr das Wesentliche zum Entstehen der Riesenstädte beigetragen hat. Daraus folgt aber noch nicht, daß die übergroßen Städte „naturgemäß" bis ins Ungemessene weiter wachsen müssen. Vielmehr ist folgendes festzustellen.

Der Verkehr bedient sich nur eines „riesenhaften" Verkehrsmittels, nämlich des Riesendampfers, aber auch dessen nicht in jeglicher Seefahrt, sondern nur auf den wichtigsten Überseelinien. Nun bedarf das große Seeschiff allerdings großer und trefflich ausgerüsteter Häfen, und diese sind mit all den notwendigen Nebenanlagen (einschl. aller Einrichtungen für die Binnenverkehrsmittel) nicht denkbar, ohne daß der Welthafen auch zu einer Weltstadt wird. Daß das nun aber unbedingt Mehr-Millionen-Städte sein oder werden müssen, ist falsch; vielmehr gibt es eine Reihe größter Seehäfen, die noch nicht die Million erreicht haben und trotzdem allen Forderungen des Verkehrs voll entsprechen:

Rotterdam	. . 435000	Sidney	630000
Antwerpen	. . 410000	Melbourne . .	590000
Marseille .	. . 550000	Montevideo . .	350000
Liverpool .	. . 745000	San Francisco .	415000.

Die großen deutschen Seehäfen bleiben unter 300000:

Bremen	. . . 245000	Danzig	170000
Stettin . .	. . 235000	Königsberg . .	245000,

nur Hamburg, der größte Hafen des europäischen Festlandes, hat (mit Altona) 1200000. Dabei wissen wir aber, daß in jeder dieser Städte sich Gewerbe angesiedelt haben, die nicht unbedingt auf die Lage in einem Welthafen angewiesen sind, und daß auch von dem Seeverkehr durch planmäßiges Dezentralisieren gewisse Gebiete — ohne Schädigung von Verkehr und Wirtschaft, aber zum großen sozialen Nutzen — abgegliedert und anderen, kleineren Häfen zugewiesen werden können (so besonders der Schiffbau, die Hochseefischerei, und der Umschlag bestimmter Massengüter).

In allen anderen Verkehrsmitteln, der Küstenschiffahrt, den Binnenwasserstraßen und besonders den Eisenbahnen dagegen ist nichts enthalten, was die übermäßige Konzentration veranlassen oder gar erzwingen könnte. Im Personenverkehr ist das Schaffen künstlicher Knotenpunkte weder notwendig noch vorteilhaft; daß man recht gut dezentralisieren kann, zeigt das Gebiet Köln—Essen und Frankfurt—Mannheim; im Güterverkehr kann man, auch wenn man die größträumigen Wagen (40 t) zugrunde legt, schon für die Mittelstadt genau so gute Ladeanlagen schaffen wie für die Weltstadt[1]).

---

[1]) Selbstverständlich wird jeder Verkehrsmann die Gunst von Weltverkehrsanlagen anerkennen, und die Verkehrsgeographie soll uns das Erfassen dieser Vorzüge lehren, sie soll uns aber auch dahin unterweisen, daß das Geographische nur die eine Grundlage ist, daß es daneben aber noch eine zweite Grundlage gibt, nämlich den Menschen mit seinem Wissen, Wollen und seinem Pflichtbewußtsein gegenüber dem Volk und insbesondere den unteren Klassen. Der Verkehrsmann muß die Gunst der Lage erkennen und ausnutzen, aber nicht bis zum letzten Ende, denn das Ausnutzen, auf die Spitze getrieben, — sollte es wirtschaftlich und verkehrlich wirklich zu ständig besseren Ergebnissen führen, — sozial führt es zum Niedergang. Die in hohem Maße bestehende Abhängigkeit zwischen der Höhe der Verkehrstechnik und der Größe der Siedlungen darf also nicht mißverstanden werden: Für die Großsiedlung ist guter Verkehr ein Muß, eine Notwendigkeit, eine notwendige Voraus·

Die Fortschritte in der Verkehrstechnik führen ferner, wie oben angedeutet, zu einer ständigen Umlagerung der Verkehrswege, weil die alten
Wege aus irgendwelchen Gründen für erhöhte Regungen des Wirtschafts-
oder Verkehrslebens nicht mehr ausreichen. Damit werden die alten Wege
und ihre Siedlungen aber nicht bedeutungslos; sie können und müssen erhalten bleiben, nur kurzsichtige Politik oder zu reger Erwerbssinn läßt sie
verkümmern. Wo aber neue Wege hinzukommen, ohne daß man die alten
lähmt, sind auch unmittelbar dezentralisierende Kräfte gegeben. Am stärksten
muß das von dem Verkehrsmittel gelten, das seiner Natur nach am wenigsten
„natürlich", also am künstlichsten ist, also von der Eisenbahn. Die den

---

setzung; aus gutem Verkehr muß aber nicht unbedingt die Großsiedlung erwachsen; das
Wachsen der Siedlungen ist nur möglich, wenn der Verkehr besser wird, aber der besser
werdende Verkehr erzwingt nicht das Größerwerden der Siedlungen.

Daß für viele Zweige des Handels, des Verkehrs, der Gewerbe und für manche
Regungen des kulturellen Lebens der Nutzeffekt mit dem Wachsen der Städte besser
wird, ist einleuchtend. Dies geht aber nicht ins Ungemessene, mathematisch ausgedrückt
folgt der Nutzeffekt y nicht der Formel $y = ax$ (worin x die Größe der Stadt ist),
sondern man könnte die Sinusfunktion $y = \sin x$ als die ungefähr entsprechende bezeichnen. In ihr kommt nämlich dreierlei zum Ausdruck: y steigt bei kleinem x (anfänglich) schnell an, dann aber immer langsamer, dann sinkt es sogar. Dies ist
wirtschaftlich innerlich begründet: In den Großstädten ist ein so hoher Aufwand für
Versorgungs- und Verkehrseinrichtungen erforderlich, daß dadurch alle Bedürfnisse verteuert werden, und es sind solche Zeitverluste vorhanden, daß schließlich die Erzeugung
trotz der die Stadtgröße begründenden günstigen Umstände anfängt teurer zu werden.
Wo der Wendepunkt liegt, welche Bevölkerungsgrößen den Winkelgrößen gleichzusetzen
sind, bleibe dahingestellt; die Zahlen werden innerhalb der verschiedenen Völker und
Gewerbe stark verschieden sein. So aussichtslos es daher sein mag, etwa durch Beispiele
eine bestimmte Zahl berechnen zu wollen, bei der die Nachteile der Großstädte die Vorzüge auszugleichen beginnen, so kann man doch gewisse Grenzwerte andeuten: Auf
wirtschaftlichem Gebiet erfordert auch das höchste gewerbliche Leben für die Erzeugung der billigen Massen- und der großstückigen Güter, wie die drei größten Gewerbebezirke der Erde beweisen, keine Millionenstädte. Dies kann auch nicht für die Großgewerbe der Feinerzeugung (Konfektion, elektrische Anlagen) bewiesen werden, von denen
so oft behauptet wird, daß sie eines besonders großen Arbeitsangebots und eines besonders großen unmittelbaren Absatzgebietes bedürfen, denn viele dieser Gewerbe haben
ihren Sitz in kleinen und mittleren Siedlungen (bestes Beispiel: die Schweiz, deren größte
Stadt nur 200000 Einwohner hat, vgl. auch die vielen gewerbereichen Städtchen am
Nordrand der deutschen Mittelgebirge).

Auf verkehrlichem Gebiet ist die Notwendigkeit von Weltknotenpunkten einleuchtend, aber auch sie brauchen keine Millionenstädte zu sein. Es ist hier vielmehr
die besondere Befähigung der Verkehrsfortschritte zum Dezentralisieren zu betonen:
Jeder Fortschritt macht den Menschen von dem natürlich Gegebenen unabhängiger, läßt
ihn nicht nur das Begünstigte besser ausnutzen, sondern auch das Ungünstige besser
überwinden, u. U. das bisher Unmögliche möglich machen. Für die Siedlungen werden
also die etwa vorhandenen ungünstigen Faktoren der topographischen Lage an Einfluß
verlieren; außerdem sind die Siedlungen nicht mehr so darauf angewiesen, daß ihre
engere Umgebung gewisse wichtige Faktoren enthält. Insgesamt können also auch große
Siedlungen dort entstehen, wo die früher so wichtigen topographischen Vorzüge nicht
vorhanden sind. Nun ist aber für die größten Städte nicht so sehr die topographische
Lage, engere Ortslage, als vielmehr die geographische Lage maßgebend, d. h. die Beziehung nicht zur nächsten Umgebung, sondern die zum ganzen Staat, zur ganzen Welt.
Und in diesem Sinn ist nicht ein bestimmter Punkt, sondern ein gewisser Raum
„großstadtreif". Wie groß aber die „großstadtreifen" Räume sind, zeigen z. B. die
wichtigsten deutschen Inlandbuchten, die von Köln, Münster, Hannover, Leipzig, Oberschlesien, Frankfurt, und alle zeigen, daß sich nicht „naturgemäß" in ihnen nur eine
Großstadt entwickelt, sondern, daß in ihnen der Hauptverkehrspunkt sich oft geändert
hat (z. B. Elze, Hildesheim, Braunschweig, Hannover), daß es also in dem Gesamtraum
viele „Großstadtlagen" gibt und daß die Dezentralisation gut möglich ist. Städtepaare
und Städtegruppen in den Buchten, Städtereihen in den Talwegen und auf den
geologischen Bruchzonen kann man viel eher als das Natürliche bezeichnen, als die vom
Menschenwitz (oder Unverstand) künstlich geschaffene eine übergroße Stadt; man kann
sagen: die Natur arbeitet in allem, was Bodennutzung heißt, mit Flächen, in allem,
was Bodenschätze und Verkehr heißt, mit Bändern, der Mensch muß allerdings
konzentrieren, aber in Punktgruppen und Punktreihen, nicht in einem Punkt.

Eisenbahnen innewohnende dezentralisierende Kraft ist leider wenig bekannt, aber diese Unkenntnis und der Glaube an die konzentrierende Kraft scheint hauptsächlich darauf zurückzuführen zu sein, daß wir die nach außen so glanzvollen übergroßen Städte so genau kennen und bewundern, ohne über ihre etwaigen Schäden genauer nachzudenken. Es ist merkwürdig, daß von der dezentralisierenden Kraft der Binnenwasserstraßen mehr die Rede ist als von der der Eisenbahnen, obwohl sie weit stärker an die Natur gefesselt sind und mit größeren Transportgefäßen arbeiten, also ihrer Natur nach nicht so gut dezentralisieren können.

Nun wird aber noch behauptet, daß gewisse Teile des „kulturellen" Lebens auf die Weltstadt angewiesen wären. Genannt werden insbesondere: Kunst, Presse, Wissenschaft, Büchermarkt, und es wird auf Theater, Konzerte, wissenschaftliche Vereine, Büchereien, bestimmte Hochschulen, große Tageszeitungen, Museen u. dgl. hingewiesen. Zum Teil setzen diese Betätigungen allerdings die Großstadt voraus, zum Teil auch die Zusammenfassung aller auf einem bestimmten Gebiet arbeitenden Kräfte des Volkes an einer Stelle; aber die Schweiz, Norwegen, Holland beweisen doch, daß höchstes Kulturleben auch ohne Riesenstädte möglich ist, und die griechische und die deutsche Kultur sind nicht auf dem Boden der Millionenstädte gewachsen[1]).

Es ist vielleicht möglich, vom Standpunkt des Verkehrs zu einer „vernünftigen" Höchstgrenze für die Großstädte zu kommen. Die Gefahren der übergroßen Städte müssen nämlich hauptsächlich durch städtebauliche Maßnahmen gemildert und abgewandt werden. Vor allem ist die Großstadt in sich zu dezentralisieren, nämlich in Vorstädte, Vororte und „Trabanten-Städte" aufzulockern, indem einerseits entsprechende große und richtig geordnete Freiflächen offengehalten, andrerseits aber die Außengebiete mit dem Stadtkern durch gute Stadtverkehrsmittel verbunden werden. Nun kann man Städte bis zu 700000 (vielleicht auch etwas mehr) Einwohnern noch sehr gut mit dem billigen Beförderungsmittel der Straßenbahn entwickeln, besonders wenn man rechtzeitig die Ausbildung zur Schnell-Straßenbahn vorsieht. Werden die Städte aber noch größer, so wird die „rasend" teure Stadtschnellbahn erforderlich. — Ein Volk, das an seinen übergroßen Städten zugrunde zu gehen fürchtet, könnte sich also wohl dazu bekennen, daß es das Weiterwachsen von Städten über 700000 planmäßig verhindert und sich bemüht, die leider schon größeren Städte „abzubauen". Seine „Kultur" wird es durch solche Maßnahmen nicht gefährden. Für Deutschland muß man hierbei aber wohl zugeben, daß Hamburg eine Ausnahmestellung einnimmt, weil es infolge seiner einzigartigen Verkehrslage der wichtigste Hafen nicht Deutschlands, sondern Mitteleuropas ist.

Es müßten nun noch, wenn wir vollständig sein wollten, die Wirkungen der Verkehrsverbesserung auf die Gewerbe (Handwerk, Hausindustrie, Großindustrie) und auf den Handel dargestellt werden. Wir müssen uns das aber versagen und den Leser auf andere Quellen verweisen.

e) Einfluß auf Politik und Strategie.

Vorstehend ist fast ausschließlich die Wirkung der fortschreitenden Verkehrsentwicklung auf wirtschaftliche Verhältnisse erörtert worden, der Einfluß auf politische, religiöse und andere „kulturelle" Verhältnisse dagegen nur gelegentlich angedeutet worden. Da aber der Verkehr nicht nur der Wirtschaft zu dienen hat, ist eine Skizze der entsprechenden Wirkungen angezeigt. Hierbei ist zunächst daran zu erinnern, daß sich die wirtschaftlichen Umgestaltungen auch in die meisten kulturellen Gebiete auswirken, sogar in die

[1]) Näheres siehe Verk. Woche Bd. 19, S. 10. 1920 und Z. V. d. I. 1921, Nr. 12, S. 285.

Religion, und daß die Politik besonders in der Gegenwart fast ausschließlich
Wirtschaftspolitik ist, daher auch größtenteils von den Führern des Wirtschaftslebens und der Berufsorganisationen „gemacht" wird, die aber vielfach
nicht „Herren" der Wirtschaft sind, sondern so handeln müssen, wie es die
wirtschaftliche Entwicklung vorschreibt.

Da der günstige Einfluß der Verbesserungen besonders im Nachrichten-
und Personenverkehr auf Religion, Wissenschaft, Kunst, auf den Gesundheits-
zustand, das Familien- und Freundes-Leben schon erwähnt ist, genügt es,
auf die politischen und militärischen Wirkungen einzugehen.

Als wichtigste „politische" Wirkung ist die Stärkung der Staatsgewalt zu nennen, die wohl mit jedem Fortschritt im Verkehrswesen verbunden ist: Der einheitliche Staatswille läßt sich schneller und zuverlässiger
über das Staatsgebiet durchsetzen, die Staatsgewalt wird durch die schriftlichen, telegraphischen, telephonischen und mündlichen Berichte ihrer Beauftragten (Satrapen, Gaugrafen, Statthalter, Präsidenten) schneller und ein-
gehender unterrichtet, die Überwachung der „Provinz" durch die Zentralstelle
(Ministerium) ist zuverlässiger; eine straffe — oft übertriebene — Zentrali-
sation ist möglich; die Machtmittel des Staats lassen sich schnell und zuverlässig nach den Punkten etwaigen Widerstandes werfen; ist die Regierung
gut, so wird das Vertrauen der Bevölkerung gestärkt, weil sie nicht mehr
von der Willkür der „Statthalter" usw. abhängt; die Grenzgebiete fühlen
sich sicherer gegen Angriffe feindlicher Nachbarn, weil das Heer zur Abwehr
schnell aufmarschieren kann. Auch die gesunde Weiterentwicklung des staatlichen Lebens im Sinn des Mitbestimmungsrechtes des Volkes wird gefördert;
in diesem Sinn wirkt vor allem die Presse; die Macht der einzelnen Parteien
beruht nicht zum wenigsten auf der durch die Eisenbahn ermöglichten schnellen
Verbreitung der führenden Zeitungen. Durch die Erleichterung des Personenverkehrs und durch die engere Verknüpfung der wirtschaftlichen Belange, die
hauptsächlich der Verbesserung des Güterverkehrs zu danken ist, wird das
Staats- und National-Bewußtsein gestärkt; örtliche Überschätzung und die
Überspannung des Stammesgefühls wird geschwächt, die Vorurteile gegen die
derselben Nation angehörenden andern Stämme schleifen sich ab, die Gegensätze mildern sich — vgl. die „Überbrückung" der „Mainlinie" durch die
Eisenbahnen. Die Verkehrslinien selbst sind große einheitlich durchgehende
Gebilde, die aus gemeinsamer Kraft geschaffen und mit gemeinsamen Mitteln
betrieben, den Eigenbrödlern die Segnungen eines großen einheitlichen Vaterlandes vor Augen führen, — für all das gibt es kaum ein besseres Beispiel
als die Geschichte unseres eigenen Heimatlandes, wo fast immer die aus-
einanderstrebenden Kräfte ausgesprochen verkehrsfeindlich waren und nur
zu oft die Verkehrspolitik dazu mißbraucht haben, um ihre eigensüchtigen
Zwecke zum Schaden des Gesamt-Vaterlands zu verfolgen.

Über das Nationale hinausgehend fördert die Verkehrsverbesserung auch
die Internationalität. Ob dabei die Vorteile oder Nachteile überwiegen,
mag jeder Leser sich selbst überlegen. Wir Deutsche haben jedenfalls auf
die internationalen Beziehungen zu viel vertraut und darüber manchmal das
Heimatland vernachlässigt; wir werden nicht unrichtig handeln, wenn wir im
Eisenbahnwesen das „Internationale" auf Mitteleuropa und die nach Norden,
Osten und Südosten anschließenden Staaten beschränken, für die wir das
naturgemäße Durchfuhrland sind.

Die Verkehrsverbesserung stärkt die Staatsmacht ferner noch durch eine
Reihe von Einzelbeziehungen, von denen genannt seien: Die auf der Erhöhung
des Gesamtwohlstandes und der Vermehrung der Erzeugung und des Handels
beruhende Zunahme der Steuern und Zölle, die unmittelbaren Einnahmen
aus den Verkehrsbetrieben in Gestalt von Steuern, die Überschüsse der dem

Staat gehörenden Verkehrsanstalten (denen aber auch Zuschüsse gegenüberstehen können), der unmittelbare Einfluß auf die Angestellten staatlicher Eisenbahnen usw., die Beeinflussung der Verkehrspolitik; — alles Dinge, die auch für die Gemeinden zutreffen und die weiter unten noch gewürdigt werden müssen.

Bezüglich der strategischen Wirkungen ist zunächst daran zu erinnern, daß früher alle Bewegungsvorgänge auf Fußmarsch und Fuhrwerke, u. U. unter Zuhilfenahme von Wasserstraßen, gestellt waren. Die Bewegungen waren daher nach Masse, Geschwindigkeit und Zuverlässigkeit beschränkt; die Heere mußten klein sein, der Nachschub konnte neben der Verpflegung nur geringe andere Mengen bewältigen, wodurch besonders der Munitionsverbrauch in engen Grenzen gehalten werden mußte; und alle Vorgänge waren derart vom Wetter abhängig, daß bei längerer ungünstiger Witterung Stillstand eintreten mußte (vgl. die Winterquartiere). Die Eisenbahn hat die Massenheere ermöglicht und damit die allgemeine Wehrpflicht wirklich durchgeführt, sie hat einen ungeheuren Nachschub und damit den Fortschritten der Maschinentechnik die Einführung ermöglicht, insbesondere die Schnellfeuerwaffen lebensfähig gemacht und die „Rüstungs-Industrie" als Massenerscheinung hervorgerufen, sie hat die Kriegführung von der Witterung (in strategischem Sinn) unabhängig gemacht und damit das nimmerrastende, menschenverschlingende Ringen geschaffen; die Eisenbahn erst hat den andern „Errungenschaften" der Kriegstechnik den Weg gebahnt, sie hat mit der Chemie und dem Maschinenbau den Stellungskrieg und die Materialschlachten geschaffen, hat die Vereinigung von Kämpfern aus allen Weltteilen auf engstem Raum ermöglicht, hat durch das Aufgebot aller Waffenfähigen zum Kampf und aller andern Volksgenossen zum Dienst in Rüstungsindustrie und Verkehr den Krieg zu einer Angelegenheit des ganzen Volkes gemacht. Der Krieg ist im Zeitalter der Technik und des Verkehrs nicht mehr eine „militärische Angelegenheit" und die Strategie ist nicht mehr die Kunst des Feldherrn, sondern der Krieg ist ein „technisch-wirtschaftliches Großunternehmen" und die „Strategie" ist am besten bei einem „Industriekapitän" aufgehoben; sie ist die Kunst, neben den militärischen alle wirtschaftlichen, technischen, seelischen und Verkehrskräfte des Landes zu einheitlichem Schlagen zusammenzuführen; der Generalstab kann nicht mehr nur aus Offizieren bestehen, sondern er muß Fachleute der Technik, der Wirtschaft und des Verkehrs mit umfassen, und die letzte Entscheidung muß bei der Gruppe liegen, die bei bestimmter Kriegslage die schwierigste Aufgabe zu meistern hat.

Die militärische Stärke ist nicht mehr das Mehr an Bataillonen, sondern abgesehen von dem Rückhalt an Landwirtschaft, Industrie und Seelengröße der Heimat, das Produkt: Heer mal Verkehr; es entscheidet nicht mehr die Masse, sondern das Moment: Masse mal Geschwindigkeit, und im engeren Rahmen der eigentlichen militärischen Vorgänge ist die Strategie die Kunst, die eigenen Verkehrsmittel auszunutzen und den Gegner an der Ausnutzung seiner Verkehrsmittel zu hindern; die Schlachten werden nicht mehr mit den „Beinen der Soldaten gewonnen", sondern mit den Lokomotiven; die berühmten „Schlüssel" zu Hauptstädten und Landesteilen hängen nicht mehr in „beherrschenden" Dörfern, sondern im Stationsbüro der für Nachschub und Truppenverschiebungen maßgebenden Knotenpunkte; der Kampf in den großen Angriffs- und Abwehrschlachten geht um Bahnlinien und Bahnhöfe.

Die Bedeutung der Waffengattungen hat sich vollständig verschoben: die Reiterei, einst die beweglichste Waffe und aus diesem Grund trotz ihrer hohen Kosten und ihrer geringen Kampfkraft beibehalten, ist besonders schwerfällig geworden, denn ihre großen Märsche legt auch sie mit der Eisenbahn zurück, bringt aber für jeden Eisenbahnzug nur 100 Gewehre ins Feuer gegen 1000 bei der Infanterie, und in Ländern mit entwickeltem Straßennetz wird sie selbst als Vorhut durch Jäger, die mit Fahrrädern und Kraftwagen gut ausgestattet sind, an Schnelligkeit und Beweglichkeit übertroffen. Dagegen ist die Infanterie besonders beweglich geworden, weil sie die geringsten Anforderungen beim Ein- und Ausladen stellt und schlimmstenfalls auf freier Strecke im feindlichen Feuer ausgeladen, also von der Lokomotive bis ins Gefecht gefahren werden kann; jedoch ist zu bemerken, daß die Infanterie durch das Maschinengewehr und die Notwendigkeit der Feldbefestigung eine erhebliche Vergrößerung an Gefechtsbagage erfahren hat. Desgleichen ist nicht nur die schwere, sondern auch die schwerste Artillerie derart beweglich geworden, daß sie in der Feldschlacht mitwirken kann und u. U. sogar mitwirken muß, weil ohne sie stark eingegrabene Infanterie nicht zu werfen ist. Sehr an Bedeutung gewonnen haben alle Arten von „technischen Truppen" (Pioniere, Nachrichtentruppen, Flieger, Eisenbahner); sie haben einen großen Fuhrpark und bedürfen eines ungeahnt großen Nachschubs, stellen also sehr hohe Anforderungen an die Eisenbahn.

Der Krieg wird von zwei Maschinen beherrscht: dem Maschinengewehr und dem schweren Geschütz. Sie stellen verschiedenartige Anforderungen an den Verkehr und bestimmen dadurch die Wechselwirkungen zwischen Verkehr und „Strategie".

Das Maschinengewehr verbindet mit höchster Vernichtungskraft gegen lebende Ziele (vorgehende Infanterie) größte Bescheidenheit in seinen Ansprüchen an den Verkehr, denn es bedarf nur weniger Leute zur Bedienung, dem Gewicht nach kleiner Munitionsmengen und anfänglich nur schwacher Deckungen; demgemäß kann es auch auf große Entfernungen mit Nachschub ohne Eisenbahn auskommen. Es ist daher auf dem Rückzug die gegebene Waffe zum Aufhalten überlegener Angriffskräfte, beim Vormarsch zum Festhalten der von vorgeprallten (schwachen) Truppen genommenen vorgeschobenen Stellungen.

Sobald das Maschinengewehr den Kampf zum Stehen gebracht hat, dem Weichenden die Möglichkeit gibt, sich einzugraben und den Angreifer gezwungen hat — so sehr er sich dagegen sträuben mag — ein gleiches zu tun, tritt die zweite Maschine, das schwere Geschütz, in Tätigkeit. Es ist verkehrstechnisch außerordentlich anspruchsvoll, denn es sind nicht nur dem Gewicht nach Unsummen an Munition, sondern auch von Pioniergerät und bald auch von Wegebaustoffen vorzubringen. Diese Mengen können nur auf geringe Entfernungen mittels Pferde- und Kraftwagen-Kolonnen vorgebracht werden, im allgemeinen nicht weiter als 100 km; das „Durchhalten" der „Materialschlachten" war nur auf Grund der bis dicht hinter die Front reichenden Vollbahn und ausgedehnter Feldbahnnetze möglich.

Demgemäß besteht auch der „Bewegungskrieg" in dem „sprunghaften" Vorgehen von Eisenbahnbasis zu Eisenbahnbasis, und da die Eisenbahnspitze niemals so schnell nachkommen kann, wie die Truppen vorgehen können, in einem ständigen Wechsel von schnellem Vorprallen und längerem Stilliegen, also im Wechsel von Bewegungs- und Stellungskrieg. Ob daran der Kraftwagen oder ein anderes Verkehrsmittel oder eine neue Kunst der Strategie etwas ändern wird, mag bezweifelt werden.

Die „Mechanisierung" des Krieges verlangt auch die möglichste Beschränkung der eigentlichen Kämpfer, nämlich der die „Feuerrohr-Maschinen" bedienenden Infanteristen und Kanoniere, denn die Feuer-Überlegenheit ist nicht mehr durch die größere Zahl dieser Maschinen gegeben, sondern durch den größeren Munitionsnachschub — „ein Geschütz mit Munition ist besser als eine ganze Batterie ohne Munition" —; die vorzubringende Munitionsmenge ist aber eine Funktion einerseits der Rüstungsindustrie, andrerseits der Eisenbahn; man könnte daher Verhältniszahlen konstruieren: zu jeder aus Gewehren, Maschinengewehren, Geschützen verschiedener Art usw. richtig zusammengesetzten Gefechtseinheit (Division) gehören x Pferdefuhrwerke, y Kraftwagen, z Lokomotiven; die Amerikaner haben uns, wohl nicht mit Unrecht, den Vorwurf gemacht, daß das Verhältnis bei uns zuungunsten der Verkehrsmittel nicht richtig gewesen ist.

Allgemein sei aber bezüglich der strategischen Beziehungen der Eisenbahnen darauf hingewiesen, daß in recht vielen Fällen viel zu sehr mit „strategischen Notwendigkeiten" usw. operiert wird. Oft waren sie nur der Deckmantel, unter dem Außenstehende (nämlich für die Landesverteidigung nicht verantwortliche Kreise) ihre eigensüchtigen Bestrebungen verfolgten.

f) Allgemeine Wirkung auf Mensch und Volk.

Wie hoch die Volkswirtschaftslehre den Einfluß des Verkehrs einschätzt, ergibt sich daraus, daß sie alle früher üblich gewesenen Gliederungen der volkswirtschaftlichen Entwicklung zugunsten der Einteilung nach dem Gesichtspunkt der „fortschreitenden Verkehrsentwicklung" über Bord geworfen hat. Seit Bücher und Schmoller unterscheidet man je nach dem Stand der Verkehrstechnik und damit der Verkehrsleistungen:

die Familien- oder Dorfwirtschaft,
die Stadtwirtschaft,
die Territorialwirtschaft,
die Weltwirtschaft.

Je geringer die Leistungen des Verkehrs sind, desto kleiner sind die Gebiete, die zu einheitlichem wirtschaftlichen (und vielfach auch kulturellen und staatlichen) Leben zusammengefaßt werden, desto kleiner die Träger der Wirtschaft (Dorf, Stadt, Volk oder Staat, Welt), desto geringer die Arbeitsteilung nach Menschen und Gegenden, desto stärker die Selbstversorgung. Die drei untern Stufen sind noch ohne Dampf erreicht worden, dem Segelschiff ist es unter gleichzeitiger sorgfältigster Pflege des Straßenbaus durch die führenden Staaten gelungen, die Territorialwirtschaft (z. B. in Holland, England, Frankreich, Preußen) festzufügen und sogar durch einzelne weltwirtschaftliche Züge zu verstärken; früher war dieser Zustand schon einmal im Römischen „Weltreich" erzielt worden, bei dem als „Territorium" das Mittelmehr mit seinen Randländern zu gelten hat. Dem Dampf war es vorbehalten, die nationalen Einheitsstaaten auch zu wirtschaftlichen Einheiten zusammenzuschweißen und die einzelnen „Volkswirtschaften" in die — oft überschätzte — Weltwirtschaft einzuflechten[1]).

Jedes einer Verkehrsverbesserung teilhaftig werdende Gebiet wird hierdurch besser mit Gütern versorgt, für seine Bevölkerung wird damit die

---

[1]) Über unsere Kenntnis von der Wirkung der Technik auf die Volkswirtschaft schreibt Schmoller:

„Wir müssen uns eine Vorstellung darüber verschaffen, wie die Technik und ihre Methoden, wie die Werkzeuge und Maschinen sich historisch entwickelt und geographisch verbreitet und das wirtschaftliche Leben beeinflußt haben. Es ist das nicht leicht, so vielerlei neuerdings an historischem und geographisch-technischem Material zutage getreten ist. Unsere wissenschaftlichen Techniker haben sich meist um diese Zusammenhänge nicht viel gekümmert; unsere Geographen, Historiker und Nationalökonomen sind meist technisch nicht genug geschult. Immerhin muß hier ein Überblick unserer Erkenntnis auf diesem Gebiet versucht werden. Es gibt kaum ein interessanteres und wichtigeres Kapitel der Volkswirtschaftslehre und dabei kein vernachlässigteres und von Dilettanten mißhandelteres."

Inzwischen haben sich unsere Kenntnisse der Zusammenhänge allerdings vermehrt; aber auch das Mißhandeln durch Dilettanten ist schlimmer geworden.

äußere Grundlage der Kultur verstärkt und verbessert; insbesondere werden auch solche Güter zur Verfügung gestellt, die über den notdürftigen Lebensunterhalt (in Nahrung, Kleidung und Behausung) hinausgehen, also den Aufstieg zu einer höheren Lebenshaltung ermöglichen; am wichtigsten ist hierbei als Grundlage für das kulturelle Leben die Verbesserung der Wohnung und die Möglichkeit, größere Anlagen für die Allgemeinheit, wie Schulen, Kirchen, Be- und Entwässerungen zu schaffen. Aber so wenig man diese Verbreiterung und Vertiefung der Grundlage unterschätzen soll, so darf man doch nicht übersehen, daß der Mensch in dieser Beziehung nur als Verbraucher (Konsument) nicht als Schaffender (Produzent) auftritt. Außerdem muß festgestellt werden, inwieweit das Mehr an Gütern wirklich der Allgemeinheit oder nur einzelnen Bevorzugten zugute kommt und ob nicht Güter erzeugt werden, die eher schädlich als nützlich sind. Bei langsamer Entwicklung mag die Allgemeinheit tatsächlich ziemlich gleichmäßig an der besseren Versorgung teilnehmen, bei schneller Entwicklung aber werden es die bisher schon bevorzugten Stände und die Spekulanten verstehen, sich den Löwenanteil zu sichern, und die Allgemeinheit wird u. U. schlechter gestellt sein als vorher. Es kann dann leicht die stärkere Gütererzeugung dazu benutzt werden, um die Masse des Volks zu knechten und auszuplündern, während gleichzeitig eine Fülle von Gütern nur erzeugt oder aus weiten Fernen herbeigeschafft werden, um einen raffinierten Luxus noch raffinierter zu machen. Zum Teil ist das darin begründet, daß die politischen Ansichten, die staatlichen Verfassungen und das soziale Gewissen sich nicht schnell genug auf die durch den Verkehrsfortschritt bewirkte Umgestaltung umstellen können; der Verfall Roms zeigt deutlich, wohin der zu schnelle „Aufstieg" führt, und in unsern Tagen hat ein Amerikaner nicht mit Unrecht gesagt, daß $30^0/_0$ der Menschheit nur arbeitet, damit sich überflüssige Luxusweiber noch mehr mit überflüssigem Tand behängen.

Unter Beschränkung auf das Wesentlichste und das nur aus dem Verkehr Folgende kann man nachstehende Fragen als wichtigste bezeichnen:

Wie wirkt die fortschreitende Verkehrsverbesserung

a) auf den Menschen als Produzenten, als Schaffenden, Arbeitenden?

b) auf die menschliche Seele und damit auf den Wert des Menschen für Vaterland und wahre Kultur?

c) auf die Verteilung der Bevölkerung auf Landwirtschaft und Gewerbe?

d) auf die Versorgung des Volkes mit lebenswichtigen Gütern aus der eigenen (heimischen) Volkswirtschaft?

e) auf die Machtverhältnisse der Rassen und (großen) Völker?

Die Verkehrsverbesserung hat große Menschenmassen aus härtester Fronarbeit befreit; die Rudersklaven und Galeerensträflinge sind durch das Segeln ersetzt worden, die Zahl der Schiffsheizer, deren Los wahrlich nicht beneidenswert ist, sinkt durch Einführung von Einzelverbesserungen und grundsätzlichen Wechsel des Antriebs, die Träger (in China und Afrika) und die Treidler und Karrenzieher (Rickshawkulis) werden allmählich abgelöst; auch die Zugtiere werden verdrängt und damit die (manchmal nicht zu vermeidende) gemütsverrohende harte Behandlung durch die Fuhrknechte. Dagegen erhebt der Verkehr, je mehr er „mechanisiert" wird, seine Diener zu Leistungen des Geistes und des Charakters; rohe Kraft wird nicht mehr verlangt, denn sie wird vom Dampf usw. gestellt; der Mensch hat auch in den untern Stellen die Kräfte zu leiten, und zwar ohne daß er dabei zum „Sklaven der Maschine" wird. Der Verkehr erzieht zu geistiger Regsamkeit, Fortbildungsdrang, schneller Entschlußfähigkeit und Verantwortungsfreude, zu Mut und echter Kameradschaft; er ist für alle Mannestugenden eine Schule, die sogar der militärischen Ausbildung überlegen ist; die im Verkehr

Stehenden bilden eine geistige und seelische Elite, und so jung der Dampfverkehr auch ist, so hat er sich doch schon Familien mit Standestradition geschaffen, die schon in der dritten Generation ihre Ehre einsetzen, im Dienst „ihrer" Eisenbahn aufzusteigen.

Da, wie oben angedeutet, der erleichterte Personenverkehr dem Menschen die Möglichkeit gibt, die Stätten aufzusuchen, an denen er seine Geschicklichkeit am besten ausnutzen kann, da er außerdem das Sammeln von Kenntnissen in Schule und Fremde erleichtert und da der erleichterte Güterverkehr die Gütererzeugung verfeinert, so wirkt die Verkehrsverbesserung allgemein im Sinn höherer Berufstüchtigkeit, größerer geistiger Regsamkeit und stärkeren Dranges zum Aufstieg durch bessere Arbeitsleistung.

Das scheint also alles sehr günstig zu sein. In Wirklichkeit ergibt sich aber oft folgendes Bild: Die Menschen, die sich in ihrer bisherigen Tätigkeit wohl fühlen, daher nicht fortwollen und gleichzeitig mit die wertvollsten Bestandteile des Volkes sind, nämlich die Söhne und Töchter des platten Landes, die müssen fort, weil ihnen durch den Einbruch fremder Erzeugnisse die Grundlage zur Schaffung einer Lebensstellung entzogen wird; sie haben hierbei aber nicht die Möglichkeit, die „günstigste" Arbeitstätte aufzusuchen, denn diese würde immer in der Landwirtschaft liegen, sondern sie müssen grade in Berufe, zu denen sie nicht vorgebildet sind, und in eine Lebensweise, die ihnen schädlich ist, denn sie müssen in die Stadt und in die Fabrik; und für die gewerblichen Arbeiter gibt es nur zu oft keine Gelegenheit, bessere Arbeitstätten aufzusuchen, sie bleiben vielmehr an die Stadt und den Gewerbebezirk gefesselt.

Man kann also den Satz von der erleichterten Freizügigkeit umkehren und sagen: Die in gesunden Verhältnissen Lebenden müssen fort, obwohl sie nicht fortwollen, und die in ungesunden Verhältnissen Lebenden können nicht fort, obwohl sie so gern fort möchten; frei ist nur der Weg von der heiligen Mutter Erde in die Stadt, nicht frei aber ist der Rückweg; die in eigener Scholle Wurzelnden werden entwurzelt, aber sie können nicht wieder Wurzel fassen.

Wie stark sich hierbei das Verhältnis zwischen der landwirtschaftlich zu der gewerblich tätigen Bevölkerung verschiebt, wie stark und schnell hierbei die Großstädte anwachsen, ist an andern Stellen behandelt, und daß die Arbeit des Landmanns mehr geeignet ist, den Menschen zu heben und zu adeln als die meist einseitiger und freudloser werdende Arbeit des Fabrikarbeiters, braucht nur angedeutet zu werden, doch sollte sich gerade der Ingenieur in dieser Beziehung vor verallgemeinernden Behauptungen hüten.

Wenn wir auf die Fortschritte in Verkehr, Gewerbe und auf das Anwachsen der Bevölkerung und der Städte so stolz sind, so übersehen wir nur zu oft, daß es sich hierbei nicht um Kultur, sondern nur um Zivilisation handelt, und daß diese überfeinerte Zivilisation den Tod der Kultur und den Untergang der anscheinend auf so stolzen Höhen wandelnden Völker bedeutet. Unser deutsches Volk steht glücklicherweise noch etwas „tiefer" als manche andere Völker; wir können also noch die Hoffnung hegen, daß wir den drohenden Untergang abwehren können, und dazu ist eines der wirksamsten Mittel eine Verkehrspolitik, die sich bewußt von der bis jetzt eingeschlagenen Richtung abwendet, die nicht mehr den Götzen der großen Zahl anbetet, sondern gerade die Kleinen und Schwachen unterstützt.

Durch den erleichterten Verkehr werden schwächere Rassen durch das Eindringen von stärkeren bedroht, manche Völker sind hierdurch schon ausgestorben oder dem Aussterben nahe, — aber sie sind ja auch „kulturfeindlich", da sie auf so „tiefer" Stufe stehen, daß sie die Errungenschaften der Kultur, als da sind Alkohol, Geschlechtskrankheiten, Fronarbeit nicht so rasch in sich aufnehmen können. In andern Ländern werden die einheimischen, nicht so gutgeschulten Kräfte durch die Einwanderung geschulter Ausländer bedroht, z. B. sogar in Deutschland die Steinarbeiter durch die italienischen Steinmetzen und Kunstmarmorarbeiter; oder es werden die einheimischen hochwertigen und an hohe Lebenshaltung gewöhnten Arbeiter (die „Arbeiter-aristokraten") durch den Zuzug von anspruchslosen Ausländern bedrängt, z. B. der Angelsachse in Amerika durch den Ost- und Südeuropäer und den Chinesen, der Engländer in Südafrika durch den Inder, in Australien durch den Chinesen; oder es wird auch der ehrbare national empfindende Kaufmann durch den Zuzug von besonders „geschäftstüchtigen" Leuten bedroht, die je wie das Geschäft es erfordert ihre Staatszugehörigkeit wechseln.

Andrerseits ist die Zuwanderung tüchtiger Kräfte hochstehender Völker eine der wichtigsten Grundlagen für das wirtschaftliche Aufsteigen noch nicht entwickelter Länder.

Alles, was es auf Erden an Geltung der Staaten und Völker für die innere und äußere Politik gibt, alles wodurch der innere Aufbau des Staates und das Verhältnis der Völker zueinander bestimmt wird, hat sich verschoben und verschiebt sich dauernd durch eine ungeheure Völkerwanderung, die, mit einer starken Vermehrung der lebenskräftigen Rassen verbunden, sich nach drei Richtungen äußert:

innerhalb des Volkes im Zug vom Land zur Stadt, in Deutschland wie auch in andern Ländern im Zug nach Westen,

innerhalb des einzelnen Volkes und von Volk zu Volk in dem regelmäßigen Hin- und Herwandern großer Massen von „Saisonarbeitern" (Sachsengängern),

von Volk zu Volk in dem Vordringen der tüchtigeren, zäheren, rücksichtsloseren oder auch anspruchsloseren gegen die schwächeren, anständigeren oder auch satten und fauleren.

Um welch ungeheure Bewegung es sich dabei handelt, lehrt ein Vergleich mit jener geschichtlichen Erscheinung, die wir ehrfürchtig die „Völkerwanderung" nennen, die die alten Mittelmeerreiche vernichtet und die letzten Endes die heutigen europäischen Reiche geschaffen hat: Als die Germanen und Slawen zu Fuß und Pferd und mit ungefügen Wagen die „Völkerwelle" nach Westen trieben, waren das Stämme, die mit Weib und Kind vielleicht 1 bis 200000 Köpfe zählten, und manches „Volk" ist in einem „Begegnungsgefecht" vernichtet worden; aber mit dem Segelschiff schon sind Millionen von Chinesen nach der Inselwelt und soviel Neger nach Amerika gewandert, daß aus ihnen rd. 22000000 „Farbige" hervorgegangen sind, und soviel Weiße, daß sie dort jetzt 116000000 ausmachen; Dampfschiff und Lokomotive haben manches Jahr 400000 Einwanderer nach Kanada, je 700000 nach Latein-Amerika und Sibirien, 1000000 nach den Vereinigten Staaten gebracht, 1000000 und mehr Chinesen nach Indien, der Inselwelt und Afrika verpflanzt; im Rahmen Europa ist die oben angedeutete relative Abnahme der Romanen (von 1800 auf 1900) von 37 auf $26^0/_0$, die Zunahme der Slawen von 26 auf $37^0/_0$ und das Stehenbleiben der Germanen auf $37^0/_0$ von Bedeutung, im Rahmen des Weltgeschehens die Zunahme der weißen und gelben, das Stehenbleiben der schwarzen und das Verschwinden der roten Rasse, vor allem aber die Verschiebung im Stärkeverhältnis Europas zu Amerika:

1800	Europa	180000000	Amerika	20000000
1920	„	420000000	„	200000000

Also zuungunsten Europas ein Abfall von 9:1 auf 2:1, — aber diese „Verkehrsentwicklung" schreitet weiter fort!

Über die Zunahme der Bevölkerung geben folgende Zusammenstellungen Aufschluß (nach Schmoller):

1. Bevölkerung Deutschlands.

Jahr	
50	2—3 000 000. Steigen nach der Völkerwanderung
1250—1340	12 000 000
bis 1480	Stillstand oder schwacher Rückgang
bis 1620	Zunahme auf 15 000 000
1618—1648	großer Niedergang
1700	14—15 000 000
1800	22—24 000 000
1824	24 000 000
1850	35 000 000
1895	52 000 000
1914	67 000 000

2. Bevölkerung Europas.

Jahr	
1	30 000 000
1500	60—80 000 000
1700	110 000 000
1800	175 000 000
1890	357 000 000

3. Dichtigkeit der Bevölkerung auf 1 qkm.

Hirtennomaden	0,7—0,77
Hack- und Ackerbauern mit etwas Gewerbe und Verkehr	1,7—5,3
Keltische und germanische Ackerbauer und Viehzüchter	5—12
Fischervölker mit etwas Hack- und Ackerbau in den Tropen	bis 8,9
Griechenland 400—300 v. Chr., Italien 300 v. bis 100 n. Chr., Mitteleuropa 1200—1500	17,7—26,6
Mitteleuropäische Ackerbaugebiete mit mäßiger städtischer und gewerblicher Entwicklung 1600—1850	26—35
Reine Ackerbaugebiete Südeuropas bis zur Gegenwart	bis 70
Heutige gemischte Ackerbau- und Industriegebiete Mitteleuropas	70—106
Heutige bessere Ackerbaugebiete Indiens, Javas, Chinas	177
Gebiete der europäischen Großindustrie	266
Industrielle Zentral- und Montangebiete (und Weinbaugegenden)	300—318

Die hierin für viele Völker liegende Gefahr wird dadurch vergrößert, daß sich, wie mehrfach angedeutet, innerhalb des Volkes das Verhältnis zwischen Land und Stadt, Landwirtschaft und Gewerbe in einer für die innere wie für die äußere Politik gleich gefahrvollen Weise verschiebt. Ferner gilt auch von der Verbesserung, nämlich der fortschreitenden Mechanisierung des Verkehrs im allgemeinen der Satz, daß wir damit zwar von der Natur unabhängiger, dafür aber von den Menschen abhängiger werden, nämlich von den im Verkehrsdienst stehenden Massen, die sich leider u. U. auch einmal von Hetzern dazu mißbrauchen lassen, um durch Sabotage oder Streik den Verkehr stillzulegen. Je mehr aber der Verkehr sich entwickelt und je mehr sich seine Folgen auswirken, desto „lebenswichtiger" wird er, desto größere Gefahren sind mit einer Lähmung des Verkehrs verbunden; — ein vollständig durchgeführter Eisenbahnstreik bedeutet für die kleinen Kinder einer Weltstadt das Todesurteil.

Es sind also auch im Verkehr viele Schattenseiten vorhanden. Wenn wir immer nur die Lichtseiten sehen, so liegt es daran, daß wir auch in dieser Beziehung zu einseitig wirtschaftlich und dabei zu international („welt-wirtschaftlich") denken, darüber aber die Seele im Menschen und das eigene Vaterland vergessen; es ist die materialistisch-kosmopolitische Einstellung, der wir verfallen sind, und von der wir den Rückweg zur idealistisch-vater-ländischen wieder finden müssen. Mag das Leben zum größten Teil „Wirt-schaft" sein, mögen alle Güter und Kräfte wirtschaftliche Größen sein, — der Mensch steht höher denn die Wirtschaft. Wenn es die Aufgabe der Technik und des Verkehrs ist, stets das „Grundgesetz der Wirtschaftlichkeit" zu er-füllen, d. h. den Zweck mit dem kleinsten Aufwand von Mitteln zu erreichen, so versündigt sich jeder an diesem Gesetz und an seinem Volk, der am Menschen „Raubbau" treibt. Ein Volk mag vorübergehend Großes in In-dustrie und Verkehr leisten und zu hoher äußerer Macht aufsteigen, indem es auf die seelischen Kräfte nicht Rücksicht nimmt, sondern die Volks-genossen rein-materialistisch zu äußerster Anstrengung anspornt; aber es wird dann innerlich zermürbt werden und wird durch einen vielleicht kleinen äußeren Rückschlag zu Boden geworfen werden.

Die einseitig-wirtschaftliche Einstellung ist auch darum gefährlich, weil sie im Zeichen des Weltverkehrs folgerichtig zu einer weltwirtschaftlichen Einstellung führen muß, die für viele Länder bedenklich werden kann; denn, wie oben angedeutet, treibt die fortschreitende Arbeitsteilung nach Gegenden dahin, daß schließlich jedes Gut nur an einer oder wenigen Stellen erzeugt werden müßte. Damit würde aber so manches Land, darunter auch unser Vaterland, in lebenswichtigen Gütern vom Ausland abhängig. Das mag jahr-zehntelang gut gehen, zu welchem Unheil es aber führen kann, haben wir schaudernd selbst erlebt.

Wir dürfen daher nicht das Nur-Wirtschaftliche auf die Spitze treiben, wir müssen vielmehr ein gewisses Maß von „Unwirtschaftlichkeit" oder eine entsprechende Mäßigkeit in unserm Verbrauch in Kauf nehmen, um einer-seits die unbedingt lebenswichtigen Güter im Inland zu erzeugen und ein gesundes Verhältnis zwischen städtischer und ländlicher Bevölkerung wieder herzustellen; die Pflege der Weltwirtschaft ist wichtig, die Pflege der deutschen Landwirtschaft ist aber noch wichtiger.

2. Die Macht der Eisenbahn.

Unsere Ausführungen über die Wirkungen der Verkehrsentwicklung zeigen, daß der Verkehr sich allen Regungen des wirtschaftlichen und fast allen des kulturellen Lebens gegenüber als eine starke Macht erweist. Man kann sich hierbei vorstellen, daß die einzelnen Verkehrsanstalten oder vielmehr ihre Leiter sich dieser Macht nicht bewußt seien, sondern ihre Verkehrsleistungen jedem Benutzungswilligen zur Verfügung stellen, ohne sich um die Wirkungen zu kümmern. Das mag auch oft genug der Fall sein, zumal dann, wenn ein Verkehrsunternehmen rein als „Geschäft" aufgefaßt wird, so daß es dem Leiter also nur darauf ankommt, möglichst viel Geld zu verdienen, ohne daß er sich darüber Skrupel macht, daß etwa Mitbürger oder das ganze Gemein-wesen geschädigt werden. Wir haben aber bereits erwähnt, daß die leitenden Verkehrsmänner sich über die Wirkungen des Verkehrs Rechenschaft geben müssen, daß es nicht darauf ankommt, einfach die Wirkungen darzustellen und zu registrieren, sondern daß man einerseits die Wirkungen aus dem inneren Wesen der Verbesserungen erklären und daß man das Ganze so leiten muß, daß erwünschte Wirkungen erzielt, unerwünschte vermieden werden. Jede Verkehrsanstalt soll sich also ihrer Macht bewußt sein, sie soll sie planmäßig zum Wohl der Volksgemeinschaft ausnutzen. Da aber die Gefahr besteht, daß dies doch nicht genügend geschieht, ist es erforderlich,

daß die Allgemeinheit — der Staat — der Macht der Verkehrsanstalten seine
Macht gegenüberstellt, um Schädliches zu verhindern, Gutes zu erzielen. Dann
muß also der Staat über Kräfte verfügen, die das für die Allgemeinheit Gute
und Schädliche erkennen, die Wirkungen des Verkehrs verstehen und auch
den notwendigen Einblick in das innere Wesen der Verkehrstechnik haben.

Die Macht der Verkehrsanstalten liegt aber zum Teil außerhalb des
Verkehrs. Betrachten wir vorweg diese „nicht verkehrlichen" Machtquellen,
so ist von dem Charakter als Großbetrieb auszugehen. Abgesehen von den
Kleinstbetrieben in der Küsten- und Flußschiffahrt, dem Fuhrwesen und der
Spedition ist jede Transportanlage ein „Großbetrieb"; die großen Verkehrs-
unternehmen aber, besonders die Großreedereien, die größeren Eisenbahn-
netze und die Telegraphen-Gesellschaften gehören zu den überhaupt größten
Betrieben, die die Welt bisher hervorgebracht hat.

Hieraus ergibt sich zunächst eine entsprechende Kapitalmacht. Der
Verkehr bedarf für Bau und Erweiterungen großer Anlagekapitalien; er muß
also der Volkswirtschaft (der eigenen oder fremden) große Summen entnehmen,
muß sie aber auch verzinsen und tilgen und übt damit auf die Börse einen
großen, oft den bestimmenden, aber manchmal keinen guten Einfluß aus; in
Ländern mit Privatbahnen beherrschen die Eisenbahnaktien vielfach den
Markt, einzelne Eisenbahn- oder Schiffahrtwerte gehören wohl an jeder Börse
zu den beliebtesten, oder auch gefürchtetsten Papieren (vgl. z. B. in Deutschland: Kanada, Schantung). Der Verkehr bedarf ferner beträchtlicher Betriebs-
kapitalien, verfügt dafür aber auch infolge des Grundsatzes der Bar- oder
Vorausbezahlung (letztere im Personenverkehr unvermeidlich) über bedeutende
Bargeldsummen.

Ferner gibt der Verkehr durch seine Bau- und Betriebsbedürfnisse vielen
Erwerbszweigen Arbeit, wodurch diese u. U. in eine gewisse Abhängigkeit
von der Verkehrsanstalt geraten können. Es sei z. B. an all die kleinen
und großen Bau-Unternehmer, vom kleinen Handwerker bis zur „Welt-Tief-
bau-Firma" erinnert, die am Bau, der Erweiterung und Unterhaltung von
Eisenbahnen, Kanälen, Häfen u. dgl. beteiligt sind; gibt es doch Großunternehmen, die fast nur „für die Bahn" arbeiten, indem sie entsprechende Erdarbeiten, Tunnel, Brücken ausführen. Dann ist der großen Aufträge für die
Eisen-Industrie (Schiffe, Schienen, Schwellen, Brücken), das Holz-Großgewerbe
(Schwellen), die Maschinenbauanstalten (Lokomotiven, Wagen, Maschinen), den
Kohlen-Bergbau (Kohlen) und all der Gewerbetreibenden und Kaufleute zu
gedenken, die Betriebsstoffe und Bürobedürfnisse liefern, schließlich der Unternehmen, die überhaupt nur für Eisenbahnen arbeiten (Signal-Bauanstalten).

Die Bedürfnisse des Verkehrs sind so groß, daß er die Konjunktur
bestimmend beeinflussen kann. Leider sind sich die verantwortlichen Leiter
von Verkehrsanstalten dieser Macht und der daraus entspringenden Pflicht
gegenüber der Volkswirtschaft nicht immer genügend bewußt: Das Gemeinwohl verlangt nämlich möglichste Stetigkeit, denn das sprunghafte Auf und
Ab von Hausse und Baisse mag zwar für Börsenjobber ganz schön sein, für
die Allgemeinheit ist es aber schädlich, denn die Hochkonjunktur hat, abgesehen von anderen Schäden, das überschnelle Zusammenströmen von Arbeitskräften und damit Wohnungselend, die niedergehende aber Arbeitslosigkeit
zur Folge. Da sich aber das Auf und Ab schon einfach wegen des verschiedenen Ausfalls der Ernte und der politischen Beziehungen nicht vermeiden läßt, so sollten wenigstens die Großbetriebe, die „auf lange Sicht"
bauen, sich bemühen, ausgleichend zu wirken. Gerade die Eisenbahnen sollten
mit verstärkter Bautätigkeit einsetzen, sobald die Konjunktur abflaut; dann
geben sie nicht nur Arbeitsgelegenheit, sondern sie bauen auch billig und
sind mit den Bauten fertig, wenn die Wirtschaftswelle wieder ansteigt. Zu

einer solchen Baupolitik gehört allerdings weise Voraussicht, ein klares Bauprogramm, fertige Entwürfe und greifbare Geldmittel; — hieran haben es aber manche Eisenbahnverwaltungen mehrfach fehlen lassen und „von der Hand in den Mund gelebt".

Ferner sind die Verkehrsanstalten verpflichtet, die heimischen Gewerbe zu unterstützen, indem sie nur solche Aufträge ins Ausland geben, die im Inland tatsächlich nicht ausgeführt werden können. Staaten ohne Kohle und Eisen müssen natürlich die Brennstoffe und den Oberbau aus dem Ausland beziehen, um so mehr aber sind ihre Eisenbahnen verpflichtet, alle Verfeinerungsgewerbe, vom Maschinenbau angefangen, zu unterstützen. Junge Staaten mit noch nicht entwickelter Industrie müssen natürlich Brücken, Lokomotiven, Wagen, Sicherungsanlagen aus den Industriestaaten beziehen, aber die Eisenbahnen haben die Verpflichtung, ständig zu prüfen, ob nicht die Zeit für die Eigenerzeugung gekommen ist. Es kann auch gelegentlich notwendig werden, bei zu hohen Preisforderungen einzelnen einheimischen Gewerbetreibenden einen Dämpfer zu geben, indem man ihnen zeigt, daß man aus dem Ausland ebenso gut, aber billiger kaufen kann.

Außerdem müssen die Verkehrsanstalten der Pflicht eingedenk sein, daß sie die Kleinen, insbesondere die ortsansässigen Handwerker und Kaufleute zu unterstützen haben, wenn auch das Arbeiten mit großen Unternehmungen oft einfacher und bequemer sein mag. Man wird auch solche Unternehmer ausschließen, die ihre Arbeiter nicht angemessen behandeln.

Bei all dem muß oft auf das für die Eisenbahn Beste verzichtet werden, damit das volkswirtschaftlich Beste erreicht wird; selbst in so gefährlichen Betrieben, wie es viele Verkehrsanstalten sind, braucht nicht alles „absolute Qualitätsware" zu sein.

Bei der Zuwendung von Aufträgen kann naturgemäß persönliche Zuneigung, Freundschaft, Verwandtschaft, gleiche politische Richtung, gleiche Religion eine große Rolle spielen; ganz wird sich das nie vermeiden lassen, weil es sich um eine allgemeine menschliche Schwäche handelt; aber die Begünstigung kann auch so ausarten, daß dadurch das wirtschaftliche und besonders das politische Leben vergiftet wird. Schlimm ist hierbei gerade im Verkehr, daß sich die Beweggründe nur selten wirklich nachweisen lassen, denn die sog. „Öffentlichkeit" kann nicht beurteilen, was technisch gut oder schlecht ist.

Die Transportanstalten haben ein großes Heer von Angestellten, die von ihnen in gewissem Sinne abhängig sind, früher vielfach völlig abhängig waren und u. U. zu politischen Zwecken mißbraucht werden können. Zu den unmittelbaren Angestellten, die nebst Angehörigen in hochentwickelten Ländern sicher $6\,^0/_0$ der Bevölkerung ausmachen, treten noch all' die Arbeitskräfte hinzu, die nur oder hauptsächlich für bestimmte Verkehrsanstalten tätig sind und daher mittelbar von ihnen abhängig sind. Überwiegend gehören beide Gruppen gelernten Berufen an und sind demgemäß straff organisiert; sie können also leicht als geschlossene Macht auftreten. Während sich aber früher die Angestellten u. U. zu Handlungen im Dienste der Eisenbahndirektoren usw. mißbrauchen ließen, hat sich jetzt das Blättlein gewendet; je mächtiger die Organisationen geworden sind, desto kräftiger treten sie u. U. gegen die Leitung auf. — Die leitenden Persönlichkeiten sollten nie die Torheit begehen, ihre Angestelltenverbände zu irgendwelchen politischen Handlungen mißbrauchen zu wollen.

Da die sog. Öffentlichkeit einerseits so lebhafte Belange am Verkehr hat, andrerseits so wenig vom Verkehr versteht, ist es nicht nur zweckmäßig sondern vielfach sogar notwendig, die Öffentlichkeit zu beeinflussen. Das darf aber nur im Sinne der Belehrung und Aufklärung und nur mit absolut einwandfreien Mitteln geschehen. Erziehung des Publikums, namentlich der Reisenden, tut dringend not, zumal die Schule hier bisher derart versagt, daß sog. „gebildete" Herren damit kokettieren dürfen, daß sie das Kursbuch nicht lesen können. Ständiges Fühlunghalten mit den Verkehrsvereinen, Standesvertretungen, besonders den Handelskammern und der Presse ist erforderlich; hiermit beginnt aber u. U. der Anreiz zum Anwenden von nicht ganz einwandfreien Mitteln; Besichtigungsfahrten, Einweihungsfeiern, gute Frühstücks mögen noch hingehen, zumal dabei nichts heimlich geschieht; dann aber kommen die Freifahrtscheine, die Inserate, die Einstellung von „Warmempfohlenen", Verwandten und Freunden, die Zuwendung von Aufträgen, Unterstützungen der Parteien, zumal beim Wahlkampf, die Gewährung von „Darlehen", und schließlich wird eben alles, was Einfluß hat, Beamte, Presse, Parlament, „gekauft"; es ist bezeichnend, daß der größte politische Skandal von einem Verkehrsweg seinen Namen hat — „Panama"; man könnte auch „Suez" sagen, denn die Geschichte seiner Entstehung ist auch ein ungeheurer Skandal; ihr Studium kann jedem Verkehrsmann und jedem Deutschen dringend empfohlen werden.

Zu diesen „nicht-verkehrlichen" Machtquellen kommen nun aber als im allgemeinen noch wichtiger die hinzu, die unmittelbar aus dem Verkehr stammen; man kann sie nach Bau, Betrieb und Verkehr einteilen.

Im Bau hat jede Transportanstalt die Macht, Linien und Erweiterungen zu bauen oder nicht zu bauen, für eine Linie eine bestimmte Variante zu wählen, eine Erweiterung z. B. eines Bahnhofs nach einer bestimmten Richtung zu entwickeln, Großbetriebe z. B. Werkstätten, Lokomotivstationen, Verschiebebahnhöfe in eine bestimmte Gemeinde zu legen, Straßendurchlegungen zu verhindern oder zu begünstigen, ganze Stadtteile in bestimmter Weise zu beeinflussen, Stationen neu anzulegen oder die Anlage abzulehnen, bestehende Bahnhöfe zu erweitern oder zu schließen, — alles u. U. nach irgendwelchen „politischen" Erwägungen und in irgendeiner Absicht, die vielleicht mit dem Verkehr selbst gar nichts zu tun hat, — es wird eben „Kuhhandel" getrieben.

Im Betrieb ist vor allem die Handhabung des Fahrplans eine starke Machtquelle; man denke nur an all die Wünsche der Bevölkerung nach neuen Zügen, Einstellen der unteren Wagenklassen, von Speise- und Schlafwagen, Anhalten von Schnellzügen, Herstellung von Anschlüssen, Erhöhung der Geschwindigkeit, Benutzung der Schnell- und Eilzüge für den Eilgutverkehr, Einlegen von Stückgut-, von Eilgut- und Viehzügen, Bedienung der Ladegleise und Anschlüsse, Verlängerung der Ladezeiten usw. usw.

Im Verkehr ist neben manchem vorstehend schon Angedeuteten vor allem der Wagengestellung und der Tarifpolitik zu gedenken; denn die Transportkosten bilden einen Teil der Produktionskosten und bei den wichtigsten Gütern, nämlich den wohlfeilen Massengütern, einen recht beträchtlichen Teil, und die Transportanstalten können daher durch eine günstige Tarifpolitik (in Verbindung mit guten Betriebsleistungen) bestimmte Gewerbezweige, Häfen, Städte, Landesteile und schließlich ganze Länder unterstützen, sie können aber auch durch entgegengesetzte Maßnahmen die schwersten Schädigungen hervorrufen.

Ob hierbei die Leiter von ihrer Macht bewußt Gebrauch machen, also die Absicht haben zu schädigen oder zu fördern, ist oft unwesentlich; der Schaden bleibt schließlich derselbe, gleichgültig, ob er nur aus Torheit oder aus Bosheit oder aus anderen Gründen entsteht; Dummheit ist auch hier u. U. ein größeres Verbrechen als Bosheit; sie kann allerdings vom Strafrichter nicht geahndet werden, während die Bosheit dem Richter — auch ein Schnippchen schlägt, denn eines der wirksamsten Mittel ist die Schikane und diese läßt sich durch kein Gesetz und keinen Richter fassen. Das Verkehrswesen greift in so viele Staats- und Privatrechte ein, ist so mit Belästigungen verbunden, erfordert so viel Geld und so viele technischen Einzelheiten und ist außerdem so gefährlich, daß man, wenn man lähmen will, hierzu immer eine Handhabe findet. Den Bau von neuen Linien und die Ausführung von Bahnhofserweiterungen kann man jahrzehntelang hinziehen, indem man zunächst zahlreiche Entwürfe und jeden besonders sorgfältig bearbeitet, dann die Baukosten hoch ermittelt und die Rentabilität niedrig einschätzt, so daß die Geldgeber abgeschreckt werden, indem man ferner alle möglichen allgemeinen und besonderen Erwägungen, z. B. die „strategischen" von recht vielen Instanzen prüfen läßt; — bei all' dem wird man sogar den Eindruck erwecken, daß man selbst recht warm für den Bau eintrete, und wer einen Verkehrsweg nicht haben will, tut am besten, wenn er sich als dessen eifrigsten Vorkämpfer aufspielt und eine besonders gute und bei jedem neuen Entwurf eine noch bessere Ausführung fordert; er wird dann sicher das Ziel erreichen, daß der Bau zu teuer wird und daher — leider, leider! — nicht ausgeführt werden kann. So dürften z. B. Stadtbahnen verhindert worden sein, die allerdings gewissen Grundstücksspekulanten ein Dorn im Auge sein müssen.

Im Betrieb und Verkehr gibt es Hunderte von Möglichkeiten, um zu lähmen, zu hindern, zu verzögern: man kann notwendige Anschlüsse (z. B. zu Häfen und Kleinbahnen, die man bekämpft) nicht bauen, weil sie „technisch nicht möglich" sind, man kann das Zustellen von Wagen verzögern, übertriebene Forderungen an das Ordnen der Züge stellen, zu hohe Zustellungskosten ausrechnen. Insbesondere können hier bei starker Zersplitterung des Netzes in viele (Privat-)Gesellschaften große Unzuträglichkeiten entstehen. Auch der Kampf gegen Wasserstraßen kann mit diesen Mitteln geführt werden.

Allerdings können solche Zustände nur dort einreißen, wo die Verkehrsmittel, mögen sie in Staats- oder Privatbetrieb sein, von nicht einwandfreien Persönlichkeiten geleitet werden, die eine unlautere und vaterlandslose Gesinnung haben und auch ihren fachmännisch geschulten Beamten gegenüber eine übergroße Macht haben; denn ein wirklicher Verkehrsfachmann ist durch seinen ganzen Beruf derart zur Wahrhaftigkeit erzogen, daß er sich zu solchen Machenschaften nicht hergibt. — Wie sich die Staatsgewalt oder das „öffentliche Gewissen" hierzu stellt, wird noch erörtert werden.

Die Macht wird bei vielen Verkehrsmitteln, besonders bei der Eisenbahn, noch dadurch verstärkt, daß sie Monopol-Charakter haben: Das rechtliche Monopol wird allerdings vielfach nach Möglichkeit vermieden; in manchen Ländern ist die Verleihung von Monopolen sogar gesetzlich verboten. Das hat aber nicht verhindert, daß Städte und Kreise usw. an Klein- und Straßenbahnen Rechte verleihen, die einem Monopol gleichkommen, und wenn z. B. in Ländern mit Staatsbahnen der Staat mittels seines Aufsichtsrechtes das Entstehen von Privatbahnen, deren Wettbewerb er fürchtet, verhindert, so errichtet er damit zu seinen Gunsten ein rechtliches Monopol; dies war z. B. in Preußen der Fall, wo der Minister der öffentlichen Arbeiten, der gleichzeitig Generaldirektor der Staatsbahnen und höchste Aufsichtsinstanz für die Privatbahnen war, Privatbahnen nur genehmigte, wenn sie eine rein örtliche Bedeutung hatten, also ihrem Wesen nach Kleinbahnen waren.

Der Streit über das rechtliche Monopol ist aber ziemlich belanglos, denn selbst wo dies vollständig ausgeschlossen ist, besitzt der Schienenweg seiner eigenen Natur nach die Fähigkeit, für sich ein tatsächliches (faktisches) Monopol zu bilden. Dies ist vor allem darin begründet, daß die Eisenbahn das vollkommenste Verkehrsmittel ist, so daß kein anderes Verkehrsmittel ihr in allen Verkehrsbeziehungen Wettbewerb machen kann; — selbstverständlich können das aber Wasserstraßen, Landwege und Flugzeuge dem Schienenweg in gewissen Grenzen tun; vgl. unten. Man hat sich aber seit den Jugendtagen der Lokomotive abgemüht, dem Schienenweg durch sich selbst Wettbewerb zu bereiten. Laien, die vom inneren Wesen des Eisenbahnbetriebs nichts verstanden, haben es mit der „Konkurrenz auf der Schiene" versucht: Die Eisenbahngesellschaft sollte nur die Strecke und die Bahnhöfe, vielleicht auch nur deren wichtigste Teile, bauen und unterhalten, und jeder „Spediteur" sollte das Recht haben, gegen entsprechende Vergütung seine eigenen Lokomotiven und Wagen auf der Bahn verkehren zu lassen, ein Gedanke, der vom Fuhrwerkverkehr auf der Straße entnommen war, sich aber selbstverständlich auf den schwierigen und gefährlichen Eisenbahnbetrieb nicht übertragen läßt. Auch die Beschränkung auf den Wagendienst ist kaum durchführbar; mindestens führt sie zu großen Schwierigkeiten in den Bahn‌höfen, zu Verzögerungen und unwirtschaftlicher Zersplitterung.

Übrigens würden sich die „Spediteure" bald zu irgendwelchen Interessengemein‌schaften zusammenfinden, die man allerdings u. U. geheimhalten würde, um der Öffent‌lichkeit das Märchen vom freien Wettbewerb weiter vorzuspiegeln. — Das hier Gesagte bedarf allerdings gewisser Einschränkungen: „Mitbenutzungsrechte" sind wohl mög‌lich und notwendig, jedoch immer nur für wenige fremde Verkehrsanstalten und immer nur in der Form, daß der Betrieb auf der Gemeinschaftsstrecke in einer Hand liegt. Dies spielt eine große Rolle im Grenzverkehr, bei den Straßenbahnen und bei der Be‌nutzung von Bahnhöfen nebst deren Einführungsstrecken. — Wo ein Bahnhof von vielen Gesellschaften gemeinsam benutzt werden muß, haben die Amerikaner das Aushilfemittel ausgebildet, für den Bau, Betrieb und Verkehr der Gemein-Anlage eine besondere Ge‌sellschaft als Tochtergesellschaft der Benutzenden zu bilden, wobei die Abrechnung nach grob abgestuften Pauschsätzen erfolgt. — In der Schiffahrt ist im Binnen- und See‌verkehr die „Konkurrenz auf der Straße" ohne weiteres möglich und ursprünglich das Gegebene, die vielfach zu beobachtenden und oft sehr erfolgreichen Konzentrations‌bestrebungen entspringen nicht der Natur des Betriebes, sondern den Bedürfnissen der Verkehrsabwicklung und des Kapitals; Häfen, Hafenzufahrten und Treidelei sind aber ihrer Natur nach auf einheitlichen Betrieb angewiesen. Fast das gleiche gilt vom Luft‌verkehr. Der elektrische Nachrichtenverkehr ist dagegen ähnlich wie die Eisenbahn zu beurteilen. Wirklich freier Wettbewerb ist wohl nur im Straßenverkehr möglich, Kraft‌wagenlinien drängen aber zum tatsächlichen und rechtlichen Monopol.

Da es mit der „Konkurrenz auf der Schiene" nichts ist, hat man es mit der „Konkurrenz der Knotenpunkte" versucht. Für Verkehrsbezie‌hungen zwischen Knotenpunkten gibt es tatsächlich vielfach zwei oder mehr Eisenbahnlinien, vgl. z. B. die Rheinlinien zwischen Duisburg und Basel, die rheinisch-westfälischen Linien zwischen Aachen und Hamm, die Gebirgsrand-Linien zwischen Hannover und Oberschlesien. Der Wettbewerb ist aber nur möglich, wenn zwei Punkte durch mindestens zwei Linien verbunden sind, und wird auch hier geschwächt, wenn die Strecken durch einen großen Fluß getrennt sind, weil dann das Überschreiten des Flusses für die Fuhrwerke oder die eine Linie besondere Kosten verursacht, die allerdings nicht in den Beförderungskosten zum Ausdruck zu kommen brauchen, vgl. Köln—Deutz, Mannheim—Ludwigshafen, Basel S—Basel B. Tatsächlich sind auch um den Verkehr von Knotenpunkten schwere Wettbewerbkämpfe geführt worden, z. B. auf den Hudson-Linien, im Ruhrgebiet und bezüglich der Schnellzüge am Oberrhein; etwas Ähnliches ist das viel behauptete, von der Gegenseite aber bestrittene Umfahren um Sachsen und Württemberg. Solche Kämpfe haben aber im allgemeinen zu Verständigungen zwischen den Kämpfern, zu ihrer Verschmelzung oder zur Erdrosselung des einen geführt, womit dann auch dieser Wettbewerb ausgeschaltet war. Ist also die „Konkurrenz der Knotenpunkte" im allgemeinen überhaupt nur zeitweilig wirksam, so kann sie für das Gesamtland sogar besonders gefährlich sein: Die Zwischen‌punkte, die an nur einer Linie liegen, können nämlich von diesem Wett‌bewerb keinen Vorteil ziehen (vgl. alle Rheinstädte ohne Straßenbrücke), und

an ihnen halten sich dann die Eisenbahnen schadlos, sie müssen die „Kriegskosten bezahlen"; es haben also die Kleinen zu leiden, damit die Großen
Vorteile haben; — wenn hierbei unterschiedliche Tarife gesetzlich verboten
sein sollten, so gibt es genug andere Mittel, mit denen man den Knotenpunkten doch Vorteile zuwenden und sich an den wettbewerbfreien Zwischen-
Orten schadlos halten kann, denn es ist eine laienhafte Auffassung, wenn
Schriftsteller, die das innere Wesen des Eisenbahnbetriebes nicht verstehen,
annehmen, daß es nur auf die Tarife ankäme. Die Tarife sind allerdings ein
wichtiges, aber doch nur eines der vielen Kampfmittel; im übrigen wird der
Kampf vor allem mit guten Leistungen für die Knotenpunkte geführt
(viele, gute, schnelle Züge, gute Anschlüsse, gute Stationsanlagen, gute Verbindungen zu Häfen und Fabriken mit niedrigen Zustellungsgebühren, besondere Pflege des Stück- und Eilgut-Verkehrs), während man bei den
Zwischenorten möglichst spart und alle Arten von „Sondergebühren" so hoch
ansetzt, daß grade eben der Strafrichter nicht einschreiten kann.

Aber es liegt ganz allgemein in der Natur der Eisenbahnen als Großunternehmen mit hohem Kapitalaufwand, den gegenseitigen Wettbewerb
zu vermeiden, durch den — mindestens zeitweise — beide Parteien Nachteile haben. Früher, als man die wirtschaftlichen Verhältnisse noch nicht so
durchschaute, hat man allerdings vielfach so lange gerungen, bis der Stärkere
(oder Skrupellosere) den Schwächeren (oder Anständigeren) vernichtet oder
so geschwächt hatte, daß man ihn „billig kaufen" konnte. Heute verständigt
man sich schon früher, und auch die Allgemeinheit hat erkannt, daß solcher
Wettbewerb durch den Mehraufwand an Strecken, Stationen, Zügen usw. vom
allgemein-volkswirtschaftlichen Standpunkt verfehlt ist, und der Staat sorgt
auch bei Privatbetrieben dafür, daß ungesunder Wettbewerb nicht aufkommt,
indem er das Gesamtgebiet vernünftig auf die verschiedenen Gesellschaften
(Frankreich) oder Gesellschaftsgruppen (England) aufteilt und sich in anderer
Weise sichert (s. u.). —

Ausartungen des Wettbewerbs werden vielfach auch dadurch verhindert,
daß die Eisenbahnen von andern (noch größeren) Unternehmungen, besonders
von Banken, abhängig sind, die nötigenfalls zügelnd und regelnd eingreifen. —
Soweit der Wettbewerb mittels besserer Leistungen betrieben wird, kann
er wohl immer als gut angesehen werden; so hatte z. B. die „Zersplitterung"
der deutschen Eisenbahnen in mehrere Staatsbahnnetze das Gute an sich,
daß jede sich bemühte, wenn nicht auf allen, so doch auf den für sie besonders wichtigen Gebieten, den technischen Fortschritt zu fördern, wovon
dann aber alle Netze Vorteil zogen. Dagegen kann die Zusammenfassung aller
Eisenbahnen eines Landes in einer Hand den Nachteil haben, daß der technische Fortschritt leidet, indem man — frei jeglichen Wettbewerbs und
schwer zugänglich für vergleichende Prüfung — auf dem erreichten Stand
stehen bleibt.

3. Die öffentlichen Körperschaften und die Verkehrsanstalten. Staats- oder Privatbetrieb.

Die große Bedeutung des Verkehrs und die große Macht der Verkehrsanstalten zwingt die öffentliche Gewalt, dem Verkehr ihre besondere
Aufmerksamkeit zu widmen. Einerseits muß sie es sich nämlich angelegen
sein lassen, den Verkehr zu fördern und daher die Verkehrsanstalten zu
unterstützen, damit der Verkehrszweck erreicht wird und die Segnungen des
Verkehrs möglichst groß werden, andrerseits muß sie regelnd und nötigenfalls strafend einschreiten, wenn etwa eine Verkehrsanstalt ihre Macht in
einer von der Allgemeinheit nicht gewünschten Weise ausnutzen wollte. Hier-

bei ist die **Förderung** wichtiger als das Beaufsichtigen, Bremsen und Strafen, denn Staat und Verkehr dürfen nicht Feinde, sondern müssen gute Freunde sein, die zusammenarbeiten müssen.

Die „öffentliche Gewalt" wird bezüglich des Verkehrs von den „öffentlichen Körperschaften", in erster Linie von den **Gebietskörperschaften** getragen. Das sind je nach der Größe der Netze und der Art des Verkehrsmittels: Gemeinde, Kreis, Bezirksregierung, Provinz, Staat, wobei in Deutschland unter „Staat" das Reich oder eines der „Länder" (Bundesstaaten) gemeint sein kann. Wer im Einzelfall zuständig ist, ist durch die Gesetze geregelt; wir sprechen nachstehend der Kürze halber von „Staat", meinen aber dabei die zuständige öffentliche Körperschaft.

Die **Unterstützung** der Verkehrsanstalten durch den Staat ist notwendig, damit die Anlage überhaupt geschaffen und betrieben werden kann und damit der Verkehrszweck erreicht wird.

Damit ein **Verkehrsweg geschaffen** werden kann, sind **Eingriffe** in **die Rechte** anderer, besonders der bisherigen Grundeigentümer, der Nachbarn und der für Wege und Vorflut Verantwortlichen erforderlich. Der Staat muß also nicht etwa nur das Enteignungsrecht verleihen, sondern muß auch Belästigungen der Nachbarn, Wirtschaftserschwernisse, Veränderungen an Wegen, Wasserläufen, Grundwasser gutheißen und nötigenfalls erzwingen.

Sodann ist oft die **Finanzierung** nur möglich, wenn der Staat die Verkehrsanstalt wirtschaftlich sicherstellt oder ihr wenigstens das Risiko erleichtert. Das geschieht durch Barzuschüsse zum Bau, die u. U. ganz à fonds perdu gegeben werden, oder durch Beteiligung an Aktien oder Schuldverschreibungen, auf deren Verzinsung ganz oder zeitweise verzichtet wird, durch die dauernde oder zeitweilige Übernahme der Zinsgarantie (Sicherstellung einer Mindestverzinsung), durch laufende Zuschüsse zu den Betriebskosten, ferner durch die Verleihung von Land oder von Gerechtsamen zum Ausbeuten von Forsten, Wasserkräften, Bodenschätzen (wichtig besonders für Halbkulturländer und Schutzgebiete), durch Zollfreiheit für Bau- und Betriebsstoffe, durch Gestellung von Arbeitskräften zu Bau und Betrieb, durch Verzicht auf Steuern, sodann durch Zusicherung bestimmter Verkehre (Post, Regierungsgüter, Soldaten), schließlich durch Verleihung von Monopolen.

Diese Unterstützungen und ihre Formen sind so mannigfaltig und oft sind mehrere so miteinander verquickt, daß wir uns auf diese kurzen Andeutungen beschränken müssen. Die Fassung der Verträge ist äußerst schwierig, denn es handelt sich um zwei Parteien, die zwar einem gemeinsamen Ziel vereint zustreben, die aber doch verschiedene und teilweise einander widerstrebende Belange zu vertreten haben.

Für die **Betriebsführung** muß der Staat den Verkehrsanstalten gewisse Rechte einräumen, die als „**Staatshoheitsrechte**" sonst nur vom Staat und seinen Angestellten wahrgenommen werden. Hierzu gehört vor allem die Polizeigewalt. Ferner muß die Eisenbahn teilweise der allgemeinen Aufsicht entzogen werden, die der Staat sonst den Gewerbebetrieben gegenüber ausübt. Die Anlieger müssen sich Belästigungen gefallen lassen, die sonst verboten und manchmal sehr störend sind (Rauch, Lärm). Gewisse Gesetze (z. B. über Arbeitzeiten, Sonntagruhe, Feiertagheiligung) können auf den Verkehr nicht angewendet oder müssen wenigstens gemildert werden. Zum Schutz der Eisenbahnen gegen verbrecherische Anschläge usw. (Transportgefährdung) sind besondere gesetzliche Bestimmungen erforderlich.

Andrerseits muß der Staat dafür Sorge tragen, daß seine Angehörigen nicht durch die Eisenbahn geschädigt werden, oder daß, wenn ein Schaden nicht vermieden werden kann oder durch irgendeinen Umstand entstanden ist, wenigstens Schadenersatz geleistet wird. Da der Staat, um den Bau von Eisenbahnen usw. überhaupt zu ermöglichen, viele Schäden gutheißen oder sogar erzwingen muß (vgl. die Enteignung, Wirtschaftserschwernisse, Wegeverschlechterung), so muß er andrerseits dafür sorgen, daß die Schäden möglichst gering, daß sie voll vergütet werden und überhaupt ein billiger Ausgleich zwischen den Belangen der Eisenbahn und denen der Anlieger erzielt wird. Dies geschieht im Planfeststellungsverfahren (landespolizeiliche Prüfung), in dem eine oberste Staatsbehörde entscheidet; — daß früher in Preußen der Letztentscheidende, nämlich der Minister der öffentlichen Arbeiten, in „Personalunion" gleichzeitig „Generaldirektor" der Staatsbahnen war, hat den Sachverhalt zwar verdunkelt, den angegebenen Grundsatz aber nicht geändert. Ferner sorgt der Staat durch Gesetze, Verordnungen und entsprechende Aufsicht dafür, daß die mit dem Betrieb nun einmal verbundenen Gefahren möglichst herabgemildert werden und daß, wenn ein Schaden, z. B. durch einen Eisenbahnunfall entsteht, der Geschädigte voll entschädigt wird. In dieser Beziehung ist z. B. das Haftpflichtgesetz gegenüber den Eisenbahnen in Deutschland außerordentlich streng und seine Auslegung durch die höchsten Gerichte gelegentlich von einer unverständlichen Schärfe gegen die Eisenbahn und einer merkwürdigen Milde gegenüber dem Leichtsinn der Geschädigten.

Vorstehendes bezieht sich aber nur auf den Schutz des einzelnen Bürgers, wichtiger ist die Sicherstellung der Belange der Allgemeinheit; der Staat muß eben dafür sorgen, daß der Verkehrszweck voll und ständig erreicht wird und daß die Verkehrsanstalten im Geist der Anforderungen der Gesamtvolkswirtschaft betrieben werden. Hierzu gehört die möglichst gleichmäßige Zuwendung der Verkehrsfortschritte an alle Landesteile, besonders also die Versorgung der wirtschaftlich schwachen und abgelegenen Gebiete mit Schienenwegen, wenn auch nur mit Kleinbahnen, ferner die Erzielung einer bestimmten Güte der Beförderung, die ordnungsmäßige Pflege des Durchgangsverkehrs und das planmäßige, wirtschaftlich richtige Zusammenarbeiten der verschiedenen Verkehrsmittel, besonders der Eisenbahnen und der Binnenwasserstraßen. Von besonderer Bedeutung ist die Erzielung der gleichmäßigen Behandlung aller Benutzer, also das Verbot ungehöriger Bevorzugung einzelner, wobei besonders zu verhindern ist, daß die Großen (Großgrundbesitzer, Großgewerbe, Großstädte) bevorzugt und die Kleinen (Bauern, Handwerker, Kleinstädte, plattes Land) geschädigt werden. Der Staat hat ferner dafür Sorge zu tragen, daß nicht etwa seine innere und äußere Handelspolitik und allgemein seine Wirtschaftspolitik durch Maßnahmen der Verkehrsanstalten, vor allem durch deren Tarifpolitik, durchkreuzt werden. Er muß ferner die Belange der Landesverteidigung sicherstellen und bei dem großen Kapitalbedarf der Verkehrsunternehmen deren Wirtschaftsgebahren überwachen.

Staats- oder Privatbetrieb. Da einerseits der Staat sich so eingehend mit dem Verkehrswesen beschäftigen muß, da aber andrerseits die Macht der Verkehrsanstalten so groß ist, und da ein rücksichtslos geleitetes Verkehrsunternehmen fast immer ein Hintertürchen finden wird, um dem Staat trotz aller Gesetze, Verträge, Aufsichtsbehörden usw. ein Schnippchen zu schlagen, so liegt die Frage nahe, ob und inwieweit der Staat den Verkehr selbst in die Hand nehmen soll. Wir sind damit zu der ebenso wichtigen, wie heißumstrittenen Frage „Staats- oder Privatbetrieb" gekommen.

Sie ist allgemein selbst dann nicht zu entscheiden, wenn man sich auf das Eisenbahnwesen beschränkt, die andern Verkehrsmittel aber außer Betracht läßt. Es wird sich in dieser Frage nie eine Einigung erzielen lassen. Denn es handelt sich um eine grundsätzliche Anschauung der wirtschaftspolitischen Überzeugung, und man wird den auf „Merkantilismus" und „Sozialisierung" Eingeschworenen nicht überzeugen können, daß auch nur in einem Sonderfall oder auch nur vorübergehend der Privatbetrieb richtig ist, und der „Manchestermann" wird trotz zwingender Gründe den Staatsbetrieb ablehnen; — in der „Politik" handelt es sich eben vielfach nicht um Wissen und wahre Gründe, sondern um Glauben, Gefühlsgründe, „Imponderabilien" und ähnliche Dinge.

Außerdem ist es schwer, Vergleiche zwischen verschiedenen Ländern zu ziehen, weil die gesamten geographischen, wirtschaftlichen und politischen Verhältnisse so verschieden sind, daß für das eine Land der Privat-, für ein anderes der Staatsbetrieb vorzuziehen ist, und innerhalb desselben Landes wechseln die politischen Verhältnisse u. U. auch derart, daß das, was unter einem strengen Obrigkeitsstaat richtig war, für einen freien Volksstaat verkehrt sein kann.

Im Schrifttum herrscht eine gewisse Einseitigkeit zum Nachteil des Privatbetriebs, namentlich in Deutschland, weil die Vertreter der Staatsbahnen, die amtliche Presse und die Kathedersozialisten für den Staatsbetrieb eingetreten sind, seine Schattenseiten aber nicht hervorgehoben haben; dagegen haben sie in der Berichterstattung über den im Ausland, besonders in Nordamerika, herrschenden Privatbetrieb oft dessen hervorragende Leistungen verschwiegen, dagegen die (nicht zu leugnenden) Schmutzereien verallgemeinert und dem Privatbetrieb als solchem, und zwar als für ihn typische Erscheinungen angehängt, was doch nur Entgleisungen einzelner, und zwar in der stürmischen Entwicklungszeit eines jungen Volkes gewesen sind. Viele dieser Vorkämpfer des Staatsbahngedankens haben außerdem nicht im Eisenbahnbetrieb gestanden; ob sie also berufen sind, über Fragen zu urteilen, die nun einmal von den Schwierigkeiten und Gefahren des Verkehrs nicht getrennt werden können, mag bezweifelt werden. Dagegen haben die Anhänger des Privatbetriebes sich wenig geäußert; in Deutschland haben sie nach den großen Verstaatlichungen den Kampf als aussichtslos aufgegeben, und in Amerika schreibt man überhaupt nicht soviel, zumal nicht über Dinge, die für dieses Land so selbstverständlich sind, wie der Privatbetrieb. — Sachlich, wenn auch nicht ganz vollständig, ist die Erörterung bei S a x.

Zur Klarstellung sei zunächst davon ausgegangen, daß der Staat im allgemeinen den Verkehr nicht selbständig betrieben hat, sondern daß die größten Leistungen und wichtigsten Fortschritte dem privaten Unternehmungsgeist zu danken sind. Allerdings haben in allen Zeiten aufstrebende Staaten den amtlichen und militärischen Verkehr gepflegt und dafür u. U. Großes geschaffen, vgl. die Postkurse der Perser und die Straßenbauten der Römer; der wirtschaftliche Verkehr wurde aber auch im Römerreich von Privaten getragen, zumal in der Seeschiffahrt, die für den Güterverkehr auch damals ungleich wichtiger war als der Landverkehr, wobei man sich auch zu erinnern hat, daß die römischen Straßen für den allgemeinen Verkehr erst spät freigegeben worden sind und auf der Grundlage von Frondiensten der anliegenden Gemeinden unterhalten und betrieben wurden, also wirtschaftlich anders zu beurteilen sind als unsere heutigen Verkehrsmittel. Auch im Zeitalter des Merkantilismus, das sich durch staatliche Pflege des Verkehrs auszeichnet, ist der Bau von Kanälen teilweise durch Private erfolgt, und der Betrieb war auch auf den staatlichen Straßen und Kanälen im wesentlichen in Privathand. Auch die Eisenbahn ist dem privaten Unternehmungsgeist zu danken; für ihre Grundlagen haben die Staaten wenig geleistet; viele Staaten sind ihr anfänglich sogar feindlich gewesen, sie mußte sich als Privatunternehmen nur zu oft gegen den Staat durchsetzen; das gilt auch, mit größeren Ausnahmen, von der Entwicklung des Eisenbahnwesens in Deutschland; es ist also undankbar, wenn dies heute von manchen geflissentlich übersehen wird. Wie es mit dem Schaffen der ersten Grundlagen, Lokomotive und Gleis, gewesen ist, so ist es mit vielen großen Fortschritten bis in die Gegenwart hinein gewesen: man soll die Leistungen der Staatsbahnen und ihrer Beamten gewiß nicht herabsetzen, aber man darf doch auch nicht übersehen, daß alle Fortschritte, die in England, Amerika, früher auch in der

Schweiz und Deutschland erzielt worden sind, dem Privatbetrieb zu danken
sind und daß dies noch heute für so manche Verbesserungen gilt, die von
den für die Eisenbahn arbeitenden Gewerben ausgehen. Die durchgehende
Bremse, die Zugbeleuchtung, die Anwendung des Heißdampfes, die Nutzbarmachung des elektrischen Stromes, viele Verbesserungen im Wagen- und
Lokomotivbau, im Oberbau- und den Signal- und Sicherungsanlagen, die
großen Errungenschaften in der Stahlerzeugung, im Brücken- und Tunnelbau,
die Einführung der Zahnstange sind vornehmlich dem privaten Unternehmungsgeist zu danken. Gleiches gilt, wenn man die Bahn als Ganzes betrachtet,
von den Schöpfungen, die sich durch das Neuartige bezüglich des Geländes
oder des Verkehrszwecks oder der Betriebsweise auszeichnen; die neuen Bahnarten (Gebirgs- und Bergbahnen, Zahn- und Seilbahnen, Straßen und Schnell-
straßenbahnen, Stadt- und Städtebahnen, elektrische Bahnen, Schmalspur- und
Kleinbahnen) sind größtenteils von Privaten ausgebildet und wagemutig geschaffen worden, mochten auch die Schwierigkeiten des Geländes oder die
Ungewißheit des wirtschaftlichen Erfolgs noch so groß sein. Gleiches beobachten
wir in der Seeschiffahrt, der Entwicklung des Kraftwagens und der Luft-
fahrt. Zum „Pionier" des Fortschritts ist zwar der Staatsbeamte, der Staat
selbst aber nur wenig befähigt, er kann im allgemeinen nur das von Privaten
Eingeleitete übernehmen, weiterführen und weiterentwickeln; das Schaffen
steht aber höher als das Weiterführen. Wenn nun auf die glänzende Entwicklung z. B. der preußischen Staatsbahnen und auf ihre großen Verdienste
um die Volkswirtschaft mit Recht hingewiesen wird, so darf nicht verschwiegen
werden, daß sich die preußischen Bahnen parallel entwickelt haben zum
Aufstieg der Landwirtschaft, des Gewerbes und des Handels, und dieser ist
dem privaten Unternehmungsgeist zu danken. Daß viele Fortschritte tat-
kräftigen Staatseisenbahnbeamten zu danken sind, ist zu bekannt, als daß
man im einzelnen darauf einzugehen brauchte.

Zur wirklichen Klarstellung der Streitfrage muß für jeden einzelnen
Punkt geprüft werden, ob der Vorzug oder Nachteil dem Wesen der Betriebsweise, ob staatlich oder privat, entspricht oder ob es sich um eine
zufällige Sondererscheinung handelt. Die aus dem Wesen der Betriebsweise entspringenden Mängel können natürlich nicht beseitigt, sondern
höchstens durch besondere Tüchtigkeit der Beamten gemildert werden; dagegen sind die zufälligen Erscheinungen vermeidbar, man darf sie also
nicht dem System zur Last legen. Man darf auch hier nicht verallgemeinern,
zumal nicht in politisch so bewegten Zeiten, wie wir sie jetzt durchleben. —
Im folgenden bringen wir nur die wesentlichsten Punkte und unterstreichen dabei absichtlich die Vorteile des Privatbetriebes und
die Mängel des Staatsbetriebs. Diese absichtlich nicht strengsachliche
Einstellung ist in dieser Frage notwendig, denn es muß endlich einmal
ein Gegengewicht gegen die in Deutschland bisher übliche unsachliche einseitige Stellungnahme der Kathedersozialisten geschaffen werden.

Vom Staatsbetrieb wird behauptet, daß er zur Wahrnehmung der
allgemeinen Belange besonders berufen sei, daß er sie — seiner Natur
nach — vertrete, während der Privatbetrieb — ebenso seiner Natur nach —
die privaten Belange der Aktionäre vertrete; der Staatsbetrieb tue gern und
freudig, wozu der Privatbetrieb wider seine Natur gezwungen werden müsse.
Nun hat aber die „Allgemeinheit" überhaupt nicht die Fähigkeiten, die einer
so schwierigen Sache, wie es der Verkehr nun einmal ist, gegenüber erforderlich sind, um beurteilen zu können, was ihre „allgemeinen Belange"
sind. Sie hat auch kaum soviel Gemeinsinn oder Macht, um das als richtig
Erkannte durchzusetzen. Wer stellt überhaupt diese „Allgemeinheit" dar?
Das ganze Volk, die Volksvertretung, die Regierung, die Gesamtheit der

Reisenden und Verfrachter? Man denke an die Kämpfe, in denen sich die Allgemeinheit bei jeder Linie, jedem Bahnhof, im Fahrplan- und Tarifwesen aufreibt. Auch eine „Regierung", selbst die beste, wird nur ausnahmsweise soviel an Wissen, Können, Wollen und Macht aufbringen, um zu beurteilen und durchzusetzen, was wirklich für die Allgemeinheit das beste ist[1]). Staat und Politik sind nicht zu trennen, demgemäß auch Staatsbetrieb und Politik nicht, und darunter kann der Verkehr leiden, denn gar oft herrschen im Staat dauernd oder zeitweise Stände, Cliquen, Kasten, Parteien, vgl. im alten feudal-patriarchalischen Obrigkeitsstaat den starken Einfluß großagrarischer, militärischer und sogar höfischer Kreise, die zu starke Bevormundung der Angestellten, die Abhängigkeit vom Finanzminister, die zu langsame Bereitstellung von Mitteln für dringend notwendige Erweiterungen usw. Wo gar die Regierung von törichten oder unsozial empfindenden Männern geführt wird, kann der Staatsbetrieb sogar dazu benutzt werden, um Volk und Land zu schädigen; solche Vorwürfe werden z. B. gegen die Eisenbahnpolitik des früheren Königreichs Hannover und seiner Nachbarn erhoben; aber es muß hierbei darauf hingewiesen werden, daß diese geschichtlichen Vorgänge noch nicht genügend aufgehellt zu sein scheinen; immerhin leiden wir noch heute unter den großen Nachteilen, die in der Anlage von Bahnhöfen wie Braunschweig, Lehrte, Wunstorf, Kreiensen begründet und mindestens zum Teil den damaligen Regierungen zur Last zu legen sind.

Wenn der Staat die Eisenbahnen selbst betreibt, so kommt er ständig in Konflikte mit den andern Verkehrsmitteln; denn er übt über sie die Staatsaufsicht aus und macht ihnen Wettbewerb oder fürchtet ihren Wettbewerb. Einzelne Staatsbahnen haben u. U. einen heimlichen Kampf gegen die Kleinbahnen und sogar gegen die staatlichen (!!) Wasserstraßen geführt. Hierdurch wird die Allgemeinheit geschädigt, denn der höchste Nutzen wird erzielt, wenn für jeden Verkehrsvorgang das geeignetste Verkehrsmittel angewandt wird und wenn alle Verkehrsmittel einheitlich zusammenarbeiten. Der Staat kommt auch beim Planfeststellungsverfahren leicht in Konflikte, wenn er z. B. bei den teilweise sehr schwierigen Auseinandersetzungen zwischen Eisenbahn und Städten gleichzeitig Partei und Richter ist.

Der Staatsbetrieb gibt also kaum Gewähr, daß die „allgemeinen Belange" gerecht und gleichmäßig wahrgenommen werden; er kann vielmehr zu Konflikten führen, die beim Privatbetrieb ausgeschlossen sind. Die hieraus folgenden Bedenken gegen den Staatsbetrieb werden noch verstärkt:

wenn der Staat von fremden Staaten abhängig ist, besonders dann, wenn diese feindlich sind und wenn die Abhängigkeit stark ist,

wenn die Finanzlage des Staates ungünstig ist,

wenn die Regierung schwach, die Bevölkerung leicht zu erregen und das Parlament stark ist,

wenn die Moral in Regierung, Parlament und Presse nicht hochsteht.

Vorurteilslose Anhänger des Staatsbetriebs geben diese Mängel zu, sie halten ihn aber für das kleinere Übel, indem sie dem Privatbetrieb vorwerfen, daß er nicht an die allgemeinen, sondern an seine privaten Belange (an die Dividenden und andere Vorteile) denke. Leider wird dieses Bedenken oft damit begründet, daß die Leiter der Privatbahnen persönlich

---

[1]) Ausnahmen, wie die großen merkantilistischen Minister und bestimmte preußische Fürsten bestätigen die Regel; im allgemeinen hat dort, wo der Verkehr von wirklich bedeutenden Staatsmännern gefördert worden ist, eine bestimmte einseitige politische, meist militärische Richtung geherrscht (Römer, Karl der Große, die Merkantilisten, Napoleon) und u. U. hat diese Einseitigkeit der Allgemeinheit geschadet, vgl. z. B. wie verhängnisvoll dem russischen Volk die einseitig auf Expansion gerichtete Eisenbahnpolitik geworden ist.

als Egoisten, Spekulanten und sogar als „Leuteschinder und Betrüger" ver-
unglimpft werden. Zum Beweis werden aber fast nur gewisse Erscheinungen
aus der Jugend des amerikanischen Eisenbahnwesens angeführt, während man
die Leistungen der großen Masse der „Privateisenbahner" vergißt. Demgegenüber ist festzustellen, daß sich diese im allgemeinen an Ehrenhaftig-
keit, Uneigennützigkeit und Vaterlandsliebe von den Staatsbeamten nicht
übertreffen lassen. Es kommt eben darauf an, ob das Gesamtvolk sittlich
hoch oder tief steht; ein unlauterer Mensch ist als Minister noch gefährlicher als als Eisenbahndirektor. — Nach Schmoller ist „ein Staatseisen-
bahnsystem in einem gut regierten monarchischen Staate mit tüchtigen Beamten vielleicht ebenso zu empfehlen wie in einem Lande mit bestechlichen
Beamten und ausgedehnter parlamentarischer Patronage zu widerraten".

Es ist aber allgemein falsch, daß der Privatbetrieb der Eisenbahnen
nur an seinen eigenen Vorteil denke, und es ist außerdem falsch, daß der
anständig wahrgenommene Privatvorteil den Belangen der Allgemeinheit
widerspreche: Selbstverständlich will die Privatbahn „verdienen", sie soll
sogar verdienen, denn das ist volkswirtschaftlich notwendig; ein nicht rentie-
render Betrieb muß nämlich im Lauf der Zeit verkümmern, jedes Nachlassen
in der Güte der Verkehrsbedienung schädigt aber die Allgemeinheit. Verdienen kann die Eisenbahn aber nur, wenn sie gute Ware zu einem vernünftigen Preis anbietet. In dieser grundlegenden Beziehung besteht
zwischen Staats- und Privatbetrieb kein Unterschied, denn auch die Staatsbahn muß verdienen, sie muß nämlich ihre vollen Selbstkosten (einschl.
Verzinsung und Tilgung des Anlagekapitals) herauswirtschaften. Die Staatsbahn kann nicht (dauernd) unter den Selbstkosten arbeiten, man kann sie
nicht mit Straßen oder gar Schulen vergleichen; auch der Staatsbetrieb ver-
kümmert, wenn ihm dauernd eine Unterbilanz aus öffentlichen Mitteln gedeckt werden muß; vorübergehend und für bestimmte Linien, Stationen,
Verkehrsarten können beide Systeme ohne volle Selbstkostendeckung arbeiten;
ob aber die Allgemeinheit einer Privat- oder einer Staatsbahn Zuschüsse
zahlt, ist im Grundsatz gleichgültig.

Der Eisenbahn ist nun das „Verdienen" durch die Monopolstellung allerdings erleichtert, durch andere Umstände aber gegenüber dem Kaufmann
oder Industriellen erschwert: Auch die Privatbahn hat nicht die Freiheit in
der Festsetzung der Verkaufsbedingungen; sie muß vielmehr alle „Kauf-
lustigen" (Reisende und Verfrachter) gleich behandeln, muß alle Bedingungen im voraus veröffentlichen, kann sie nur nach längerem Zeitraum
ändern und steht in allen wichtigen Tariffragen unter der Aufsicht der
öffentlichen Gewalt. Ferner kann sie nicht gelegentlich „Konjunkturgewinne"
machen, sondern sie muß fortlaufend immer dasselbe Gut produzieren, nämlich Transportleistungen, und diese können nur in allmählicher
Entwicklung verbessert werden, und auch die Selbstkosten können nur allmählich gesenkt werden. Die Eisenbahn ist eben ein Dauerbetrieb, der nur
bestehen kann, wenn er dauernd gute Leistungen billig anbietet. Daß es
Privatbahnen gibt, die allgemein oder für gewisse Verkehrszweige hohe Tarife
haben und die sich recht gut verzinsen, ist selbstverständlich, aber auch die
preuß. Staatsbahnen sollen als „milchende Kuh" behandelt worden sein (?).
Tatsächlich ist die Rente der Eisenbahnen durchschnittlich bescheiden, gleichgültig, ob sie sich im Staats- oder Privatbetrieb befinden. Das ist aber auch
selbstverständlich, denn bei der Eisenbahn wird ihrer Natur nach der Er-
werbstrieb durch den stärkeren Willen zur Verbesserung gebändigt. Es
liegt eben im Wesen des Großbetriebes, der mit langen Zeiträumen
rechnet, daß die ständige Verbesserung oberstes Ziel ist. Die „Divi-
dendenpolitik" der großen Unternehmen ist auf eine mäßige, gleichbleibende

Rente gerichtet, Mehrverdienste werden dem Unternehmen als Reserven und neue Kräfte zugeführt, genau wie bei den altererbten landwirtschaftlichen Betrieben. Die Geschichte der großen Verkehrsanstalten bestätigt nicht nur diese Grundrichtung, sondern bietet auch manches leuchtende Beispiel dafür, daß der Privatbetrieb im Sonderfall bewußt auf Verdienst verzichtet hat, um der Allgemeinheit zu dienen, vgl. die deutschen Schiffahrtsgesellschaften, die Großbanken, die elektrischen Unternehmungen, die großen Baufirmen, die oft unter schweren Opfern deutschen Unternehmungsgeist ins Ausland getragen haben.

Dem Privatbetrieb wird aber weiter der Vorwurf gemacht, daß er die **gleichmäßige Behandlung** des ganzen Volkes nicht gewährleistet. Nun ist in dieser Beziehung am wichtigsten:

im **Bau** die gerechte Behandlung der verschiedenen Landesteile; insbesondere haben die abgelegenen und die des Wasserverkehrs entbehrenden Landesteile Anspruch auf ausreichende Berücksichtigung und die kleinen Orte auf sorgfältige Durchbildung ihrer Bahnhöfe usw.;

im **Betrieb** die gerechte Konstruktion des Fahrplans;

im **Verkehr** die gerechte Regelung der Tarife und der Wagengestellung.

Unter „gleichmäßig" und „gerecht" ist aber nicht nur die „korrekte", bürokratisch gerechte Behandlung zu verstehen, denn darunter würden die **Kleinen** zugunsten der **Großen** doch leiden, vielmehr muß die gesamte Verkehrspolitik darauf eingestellt sein, die Kleinen (das platte Land, die kleinen Städte, die Handwerker und Bauern, die armen Bezirke) und die von den wichtigsten Produktions- und Handelszentren (Kohlenbecken, Seehäfen) weit entfernten Gebiete zu stützen.

Allen diesen Fragen gegenüber zeigen beide Systeme keine grundsätzlichen Unterschiede; es hängt vielmehr auch hier alles von Anstand und Ehrgefühl, Wissen und Können, politischer Einsicht und Verantwortungsgefühl der leitenden Männer ab. Beide Systeme haben hier Gutes geleistet, beide haben an andern Stellen und zu andern Zeiten gesündigt.

Was insbesondere die „Vernachlässigung der abgelegenen Landesteile" anbelangt, so ist zunächst zu bemerken, daß der Schienenweg — im Gegensatz zum Überseeverkehr — eine starke dezentralisierende Kraft besitzt, denn die Eisenbahn kann als das von der Natur **unabhängigste** Verkehrsmittel sich aufs feinste verästeln, und sie arbeitet mit kleinen Transportgefäßen, kann also auch den Kleinverkehr gut und billig bedienen. Wenn trotzdem die Eisenbahn die Zusammenballung der Menschenmassen in den Großstädten und die Entvölkerung des Landes mitverschuldet hat, so ist festzustellen, daß wohl in allen Ländern mit schneller Entwicklung der Eisenbahnen (also in den Ländern des dem „Untergang" geweihten „Abendlandes"?) die Staatsgewalten es verabsäumt haben, rechtzeitig gegen die Landflucht und gegen das Überwuchern der „Wasserköpfe" entsprechende Maßnahmen zu ergreifen; — immerhin sind in den Ländern des Privatbetriebs die Städte noch schneller gewachsen als in denen des Staatsbetriebs.

Der Bevorzugung einzelner Gebiete und Großstädte, die bei **beiden** Systemen vorkommt, steht die angebliche Vernachlässigung der abgelegenen Landesteile gegenüber, der sich der Privatbetrieb schuldig machen soll, indem er nur die „guten" Linien baue, sich zum Bau von unrentablen aber nur durch hohe Zuschüsse bewegen lasse, so daß schließlich der Staat einspringen müsse, dem dann also nur die „schlechten" Linien übrigblieben. Tatsächlich liegen die Verhältnisse hier so:

a) Der Staatsbetrieb hat nur selten alle abgelegenen Landesteile gleichmäßig bedacht; vielmehr fühlen sich überall gewisse Gebiete dauernd oder zeitweise zurückgesetzt, wogegen andere recht gut bedacht sein sollen, sei es aus „politischen" oder „strategischen" Gründen.

b) Beim Bau jeder unrentabeln Linie sind Zuschüsse der „Allgemeinheit" erforderlich, denn auch beim Staatsbetrieb muß die Unterbilanz gedeckt werden; hierüber darf man sich nicht dadurch hinwegtäuschen, daß bei unrentablen Staatsbahnstrecken die Unterbilanz nicht genau ermittelt und noch weniger bekannt gegeben wird. Die Unterbilanz ist aber beim Privatbetrieb geringer, weil er billiger arbeitet (s. u.); übrigens läßt sich auch der Staat „Zuschüsse" zahlen, z. B. durch unentgeltliche Hergabe des Bodens.

c) Es ist aber überhaupt fraglich, ob die ganze „Nebenbahnpolitik" mancher Staatsbahnen richtig war. Mögen viele Nebenbahnen, zumal aus älterer Zeit, berechtigt gewesen sein, — das Staatsbahnsystem hat sich damit auf eine schiefe Bahn begeben, denn nun ging das „Rennen um die Bahn" los, und es wurde mit allen politischen Mitteln gearbeitet und „Kuhhandel" versucht, um die „Bahn" zu bekommen. Dadurch wurde nicht nur das Verantwortungsgefühl und die eigene Schaffenskraft herabgesetzt, sondern es wurde die Anwendung der richtigen Bahnart verhindert. Indem man sich darauf versteifte, den Staat zum Bau der Nebenbahn „herumzukriegen", verzichtete man darauf, die Kleinbahn aus eigener Kraft zu schaffen. Der Privatbetrieb muß solche unberechtigten Wünsche natürlich ablehnen, und er ist dadurch zu einem großen Erzieher zu einer kraftvollen Kleinbahnpolitik geworden. Der Staatsbetrieb hat dagegen infolge seiner Doppelstellung als Betriebsführer der Staatsbahn und Aufsichtbehörde über die Kleinbahn manchmal die richtige Stellung zum Kleinbahnwesen nicht gefunden; er hat u. U. einen heimlichen Kampf gegen die Kleinbahn geführt, er hat stellenweise den Bau der „guten" Kleinbahn-Stammstrecken verboten und damit natürlich auch das Entstehen der unrentablen Kleinbahn-Nebenstrecken verhindert. Vielleicht hat Deutschland zu viele Nebenbahnen, nämlich zu viele zu teure Nebenbahnen, aber zu wenig Kleinbahnen, nämlich zu wenige bescheidene, billige, aber dem Verkehrsbedürfnis voll gewachsene Kleinbahnen; und auch die technische Ausgestaltung der Kleinbahnen hat unter dem Einfluß militärischer Erwägungen, die noch dazu falsch waren, gelitten. Das Privatbahnsystem, schwach in Politik und Strategie, aber stark im Rechnen, erstrebt dagegen für jeden Zweck das geeignete Verkehrsmittel. Dem oben angeführten Vorwurf gegen den Privatbetrieb könnte man also den Vorwurf gegenüberstellen, daß der Staat infolge der Verquickung von Staatsvollbahnbetrieb und Kleinbahnaufsicht den Privatbetrieb am Bau von Kleinbahnen hindere und hiermit die abgelegenen Landesteile schädige (!?). Übrigens sind auch die Erfolge des Staates mit einer andern Kleinbahnart, nämlich den Stadt- und Vorortbahnen, kaum so groß wie die des privaten Unternehmungsgeistes; die frühere Tarifpolitik der Stadt- und Vorortbahnen in Berlin, bei denen man sich über die Unterbilanz nicht genügend Rechenschaft gab, hat die Entwicklung des großstädtischen Verkehrswesens nicht nur in Berlin, sondern in ganz Deutschland gelähmt, sie hat aber das fürchterliche Elend der Mietkaserne nicht beseitigt.

Daß das Privatbahnsystem die abgelegenen Gebiete recht gut erschließt, wird auch durch die Tatsachen erhärtet: die Schweiz, die früher Privatbetrieb hatte und auch heute noch mehr hat, als man im allgemeinen weiß, Frankreich und Amerika haben das Kleinbahnwesen sehr gut entwickelt, — Amerika hauptsächlich in der Form der Überlandstraßenbahnen, von denen mancher Staat ein Netz hat, das dem Fernbahnnetz an Länge nicht nachsteht.

Im Betrieb und Verkehr (Fahrplangestaltung, Tarifen, Wagengestellung) muß die gleichmäßige Behandlung bei beiden Systemen außer durch

Gesetze usw. durch die berufenen Vertreter der schaffenden Stände (Handelskammern usw., die Fachpresse und die „Eisenbahnbeiräte") sichergestellt
werden, da auch der Staat Fehler begehen kann. Da hierbei die Tarife von
besonderer Bedeutung sind, so ist zunächst daran zu erinnern, daß es sich
vor allem um die Tarife für die wohlfeilen Massengüter handelt, und daß
diese nicht dauernd unter die Selbstkosten sinken können. Es ist also zu
fragen, welche Betriebsweise billiger produzieren kann; die Eisenbahn
ist nämlich nicht einfach ein kaufmännisches Unternehmen, das Ware
kauft, um sie unverändert weiter zu verkaufen, sondern sie ist ein technisch-
wirtschaftliches Großunternehmen, das ein bestimmtes „Gut" (den fahrenden Zug) erzeugt und zwar in einem schwierigen, langwierigen und gefährlichen Produktionsprozeß. Daß der Staat sich zum „Industriellen" wenig
eignet, wird aber selbst von Sozialisierungsschwärmern kaum bestritten werden. Der Privatbetrieb ist eben elastischer, schneller, er ist nicht an ein
Etatsschema gebunden, desgleichen nicht an Rangordnungen für seine Angestellten; er kann sich tatsächlich die besten Köpfe aussuchen, dem Tüchtigen den Aufstieg ermöglichen, den richtigen Mann an die richtige Stelle
setzen, für Sonderfragen die hervorragendsten Sachverständigen zuziehen; er
kann aber auch Unfähige leichter abschieben. Da er ferner verdienen will
und auch soll, so hat er den doppelten Anreiz, den Verkehr zu beleben und
die Selbstkosten zu senken; das beste Mittel hierzu ist aber die ständige
Verbesserung aller Anlagen und Betriebsvorgänge, er wird also seiner Natur
nach gezwungen, ständig bessere Leistungen zu erzielen, und wenn in dieser
Beziehung manche Privatbahnen versagt haben, so konnten sich doch auch
bei Staatsbahnen die Fortschritte manchmal nur unter Kämpfen und nur
langsam durchsetzen. Jedes industrielle Unternehmen ist zum Niedergang
verurteilt und stellt daher (relativ) ständig schlechter werdende Leistungen
zu ständig steigenden Preisen zur Verfügung, wenn es seine Produktionskosten
nicht ständig (relativ) senkt und den inneren Wirkungsgrad ständig verbessert.
Wirtschaftliche Betriebsführung, planmäßige Erforschung der Selbstkosten
müssen eben bei beiden Systemen mit Eifer gepflegt werden.

Bei der großen Bedeutung der menschlichen Arbeitskraft im Eisenbahnwesen und dem starken Anteil der Eisenbahner an der Gesamtbevölkerung
ist es von besonderer Bedeutung, ob die Gesamtstellung der Angestellten
bei Staats- oder Privatbetrieb günstiger ist. Auch in dieser Frage wird man
zu keiner Einigung kommen; die einen behaupten, der Staatsbetrieb gebe
den Angestellten eine zwar bescheidenere, dafür aber sichere Stellung, die
andern weisen auf die besseren Aufstiegmöglichkeiten beim Privatbetrieb hin.
Für beide Systeme wird man zahlreiche Beispiele anführen können, daß die
Angestellten mehr oder weniger gut behandelt werden; das ist auch selbstverständlich, denn die Stellung der Angestellten hängt bei so großen und
lebenswichtigen Unternehmungen von ganz andern Faktoren als der Betriebsform ab, nämlich von den innerpolitischen Zuständen, vom sozialen Geist,
vom Verantwortungsgefühl der Leiter, vom Gemeinschaftsgefühl der Angestellten, von der Höhe der Volksbildung usw. Nun ist es aber eine fest-
stehende Tatsache, daß jeder tüchtige Betriebsleiter eine seiner vornehmsten
Aufgaben darin erblickt, sich einen tüchtigen, strebsamen, arbeits- und ver-
antwortungsfrohen Beamten- und Arbeiterstamm zu schaffen, zu erhalten und
zu ständig höheren Leistungen weiterzubilden. Bei der Eisenbahn ist dies
aus folgenden Gründen besonders wichtig: Sie ist ein verwickelter und gefährlicher Betrieb, der der verschiedensten Berufe und innerhalb derselben der verschiedensten Grade bedarf; es spielt bei ihr in großem Umfang
auch bei den unteren Dienstgraden die „Vertrauensarbeit" eine große Rolle;
der Betrieb besteht aus Bereitschaftsdienst, abwechselnd mit zusammen-

gedrängter höchster Kraftanstrengung; der Betrieb ist ein „Fahrplanbetrieb", bei dem oft nicht die Höchstleistung herausgeholt werden darf, weil es eben darauf ankommt, die vom Fahrplan vorgeschriebene Leistung zu erzielen, die aber keine Höchst-, sondern nur eine Durchschnittsleistung sein kann. Aber auch dies gilt für beide Systeme.

Im allgemeinen sind in Deutschland die Angestellten der privaten Eisenbahnen, Klein-, Stadt- und Straßenbahnen nicht schlechter gestellt als die der entsprechenden Reichs- und Gemeindebetriebe. Wenn trotzdem in dieser Beziehung von Anhängern des Staatsbetriebs dem Privatbetrieb Vorwürfe gemacht werden, so muß darauf hingewiesen werden, daß auch die Personalpolitik mancher Staatsbahnen nicht immer sehr glücklich gewesen ist. Unternehmungen, die mit so verschiedenartigen Berufen zu arbeiten haben, wie das nun einmal bei großen Verkehrsanstalten der Fall ist, haben die besondere Aufgabe, für ein freudiges, wahrhaft kollegiales Zusammenarbeiten der verschiedenen Fachrichtungen Sorge zu tragen.

Früher glaubte der „Polizeistaat" auch noch, daß ein Eisenbahnstreik bei Staatsbetrieb unmöglich und daß daher die Allgemeinheit hiergegen gesichert wäre; — darüber denkt man jetzt wohl anders. Zum Schluß sei noch der Behauptung gedacht, der Staatsbetrieb sichere die militärischen Forderungen besser. Aber die Verquickung von Eisenbahn und Strategie ist an und für sich eine mißliche Sache; weswegen aber wirkliche Notwendigkeiten beim Privatbetrieb nicht zu ihrem Recht kommen sollten, ist nicht einzusehen. Wo aber die Staatsgewalt zu stark militärisch eingestellt ist, können hieraus bei Staatsbetrieb eher Schwierigkeiten entstehen als bei Privatbetrieb.

Hierzu könnte man noch das Zeugnis des Kaisers Wilhelm II. anführen, der in seinen Erinnerungen bittere Klage darüber führt, daß die preußischen Staatsbahnen unter Minister Maybach zu wenig Verständnis für die drängendsten strategischen Notwendigkeiten hatten, während die französischen Privatbahnen den Aufmarsch gegen Osten hervorragend vorbereiteten. Er schreibt (dem Sinne nach):

„Die Neubauten mußten militärischerseits gegen starken Widerstand der Behörden durchgefochten werden. Da die Eisenbahnen als „Staatsportemonnaie" angesehen wurden, wollte man nur „rentable" Bahnen bauen. Man stand deshalb den durch militärische, der Vaterlandsverteidigung dienende Wünsche begründeten Ausgaben wenig wohlwollend gegenüber, da dadurch die schönen Überschüsse herabgesetzt wurden, auf die so hoher Wert gelegt wurde ... Wer eine Eisenbahnkarte aus dem Jahre 1888 zur Hand nimmt, wird erstaunt sein über den Mangel an Eisenbahnverbindungen im Osten ... Mit dem alten Netz wäre der Osten 1914 verloren gewesen ... Der Osten war unter Eisenbahnminister Maybach in bezug auf Linien und Brücken wie rollendes Material zu kurz gekommen ... In Frankreich wurde rastlos das Aufmarschnetz gegen Deutschland erweitert, durch Ausbau von drei und vier Gleisen, was bei uns noch etwas Unbekanntes war ..."

Ob diese Beurteilung durch ein Staatsoberhaupt richtig ist, bleibe dahingestellt.

So merkwürdig es klingt, so verdient es doch angedeutet zu werden, daß der Staat dem Privatbetrieb sogar in typisch-staatlichen Aufgaben unterlegen zu sein scheint, sofern die Aufgaben besonders schwierig und neuartig sind und an Entschlußkraft, Wagemut, Vaterlandsliebe, kurzum an alle Mannestugenden besonders hohe Anforderungen stellen: Die Kolonialreiche der Holländer und Engländer sind nicht vom Staat, sondern von „Wagenden Kaufleuten" geschaffen worden, und der Staat hat sie erst übernommen, als das Schaffen im wesentlichen abgeschlossen war, — die Flagge folgt dem Handel! Und die drei größten Großtaten der deutschen Geschichte, die Kolonisation des deutschen Ostens, das Werk der Hansa und der Freiheits-Krieg von 1813, sind doch wohl kaum dem „Staat" zu danken. Missionare, Ordensritter und

Kaufleute haben das Deutschtum nach Nord und Ost vorgetragen, das „Reich" stand ihnen meist gleichgültig und vielfach feindlich gegenüber, und zum Freiheitskampf hat nicht der Staat, haben nicht die Fürsten, sondern freie Männer aufgerufen, — welch klägliche Rolle damals in manchen deutschen Staaten der „Staat" gespielt hat, lese man in den Briefen des Freiherrn von Stein nach.

Daß es in Fragen des Vaterlandes bei sittlich hochstehenden Völkern nicht auf die Betriebsform ankommt, hat auch der Abwehrkampf der Deutschen an Rhein und Ruhr wider die französische Besatzung bewiesen, — all' die Männer und Frauen, die hier so Unsägliches geleistet und gelitten haben, haben nicht danach gefragt, ob sie im Reichs-, Staats-, Gemeinde- oder privaten Dienst standen, sie haben nur in einem Dienst gestanden, dem Dienste des Vaterlands.

In der gegenwärtigen Zeit, in der so viele Geister mehr oder weniger ehrlich den Kampf wider den Kapitalismus predigen und die Welt durch „Sozialisierung" erlösen wollen, ist es schwer, für den Privatbetrieb einzutreten. Man darf sicherlich vielen, die für Sozialisierung (Kommunalisierung, Verstaatlichung, Verreichlichung) eintreten, den guten Glauben nicht absprechen; ob sie aber dem Verkehr gegenüber die erforderlichen Kenntnisse besitzen, muß man bezweifeln.

Andrerseits haben Männer, die ihr Leben hindurch ehrlich als Sozialisten gekämpft haben, zugegeben, daß die gegenwärtige Zeit mit ihren furchtbaren wirtschaftlichen und politischen Krisen zum Sozialisieren nicht geeignet ist; und die Erfahrungen haben ihnen bereits recht gegeben.

Hierin scheint für die Gegenwart und die nähere Zukunft auch die Lösung zu liegen: Die Sozialisierung bisheriger Privatbetriebe ist grundsätzlich abzulehnen, aber auch die Übergabe bisheriger sozialisierter Betriebe an den Privatbetrieb ist ausnahmsweise und nur nach schärfster Prüfung durch wirkliche Sachverständige zulässig; was später zu geschehen hat, darum brauchen wir heute nicht zu sorgen; wir haben schwerere Sorgen genug.

Man darf auch noch die Vermutung aussprechen, daß dort, wo sich der Betrieb durch öffentliche Körperschaften halten wird, er doch mehr und mehr in die Form der gemischt-wirtschaftlichen, besser vielleicht als „gemein-wirtschaftlich" zu bezeichnenden Unternehmung hinübergleiten wird, also jener Unternehmungsart, in der sich die Öffentlichkeit (bei Straßenbahnen z. B. die berührten Gemeinden), die eigenen Angestellten und das Privatkapital in der Form der Aktiengesellschaft zusammenfinden. Die Vorzüge dieser Form sind so bekannt, und sie hat bereits solche Erfolge aufzuweisen, daß hierauf nicht näher eingegangen zu werden braucht. Auf die neue Form der Deutschen Reichsbahn ist hier nicht einzugehen.

4. Das Verhältnis der Eisenbahn zu den anderen Verkehrsmitteln.

Die verschiedenen Verkehrsarten stellen verschiedene Forderungen an die Verkehrsmittel, und die Natur begünstigt für bestimmte Verkehrsrichtungen gewisse Verkehrsmittel, während sie andere benachteiligt oder gar unmöglich macht. Demgemäß muß für jeden gewünschten Verkehrsvorgang das Verkehrsmittel ausgesucht werden, das den Zweck am besten erfüllt. Hieraus ergibt sich die in der Einführung skizzierte Haupt-Gliederung in den — billigen — Seeverkehr, den die wohlfeilen Massengüter, und den — schnelleren, wenn auch kostspieligeren — Eisenbahnverkehr, den die Nachrichten, Menschen und die hochwertigen Güter bevorzugen. Wir haben hieran anknüpfend eine zweite Haupt-Gliederung nach Übersee- und Binnen-Verkehr entwickelt, wobei zum Überseeverkehr nur ein Verkehrsmittel, das Seeschiff, zum Binnenverkehr dagegen vier Verkehrsmittel, Eisenbahn, Straße, Binnen- und Küstenschiff, gehören.

Übersee- und Binnenverkehr schließen sich ihrer Natur nach insofern gegenseitig aus, als die Seeschiffe nicht im Binnenland, die Binnen-Verkehrsmittel nicht auf dem Meer fahren können (abgesehen von dem gelegentlichen Übergreifen in der Schiffahrt auf großen Strömen und im Küstenverkehr). Demgemäß ist hier kein Wettbewerb möglich, vielmehr das Zusammenarbeiten das Gegebene. Wo immer Eisenbahnen zur Küste führen, dienen sie als Verteiler und Zubringer für den Übersee-Verkehr und müssen sich in der Netzgestaltung, dem Fahrplan, dem Ausbau der Bahnhöfe und den Tarifen auf ihn einstellen, denn der Übersee-Verkehr ist in vielen Volkswirtschaften, mindestens nach der Masse vieler Güter, umfangreicher als der Eisenbahnverkehr. Der geschichtlichen Entwicklung nach kann man hier die oben erwähnten beiden Arten von Ländern und Eisenbahnnetzen unterscheiden, nämlich die „peripherisch" und die „zentral" entwickelten. In den ersteren, den vom Rande aus gewachsenen (Kolonial-) Staaten bilden die Haupthäfen auch die Hauptknotenpunkte der Eisenbahnen, denn diese sind ihrer ganzen Entstehung nach als „Verlängerungen des Meeres in das Land hinein" gedacht und werden als solche betrieben. Hier ist das gute Zusammenarbeiten ohne weiteres gewährleistet, und die Eisenbahnen werden erst dann zu einer gewissen Selbständigkeit aufsteigen, wenn die Wirtschaft des (jungen) Landes sich gefestigt und damit auch der Binnen-Verkehr sich entfaltet hat, oder wenn das Volk die Gefahren der am Rande gelegenen Hauptstadt (feindliche Bedrohung, zu starke Anhäufung der Bevölkerung, Vernachlässigung der Innengebiete) erkannt hat und sich bewußt „kontinental" einstellt, wozu eine entsprechende Eisenbahnpolitik das wirksamste Mittel ist.

Bei den zentral, also aus der Mitte, gewachsenen (alten Kontinental-) Staaten ist eine so starke Abhängigkeit des Binnen-Verkehrs vom Übersee-Verkehr natürlich nicht vorhanden, vielmehr haben sich hier die Eisenbahnnetze aus innen gelegenen Punkten (Berlin, Leipzig, Köln, Paris) entwickelt, und aus diesen Hauptknotenpunkten heraus haben nur einzelne Linien das Meer erreicht (teilweise sehr spät!), so daß auch an den Haupthäfen nur Knotenpunkte „zweiter Ordnung" entstanden sind. Hierbei kann es leicht vorkommen, daß das Eisenbahnnetz für die Seehäfen Mängel aufweist, indem diese über eine nur unzulängliche Zahl von ihnen ausstrahlender Linien verfügen, die vielleicht auch noch fehlerhaft trassiert sind, weil man auf die Verbindung mit dem Meer nicht genügend Rücksicht genommen hat oder gar in Überspannung der kontinental gerichteten oder partikularistischen Politik dem Seeverkehr mißtrauisch gegenüberstand.

Während sich das Zusammenarbeiten der Eisenbahnen mit dem Übersee-Verkehr, von Ausnahmen abgesehen, zufriedenstellend eingespielt hat, läßt das mit den Binnen-Wasserstraßen noch vieles zu wünschen übrig. Um die folgende Untersuchung möglichst kurz und durchsichtig zu halten, soll sie auf die Flüsse und Kanäle beschränkt werden; der Leser möge sich hieraus und aus den in der Einführung gegebenen Andeutungen die Beziehungen der Eisenbahn zu dem (zwischen Binnen- und Übersee-Verkehr stehenden) Küstenverkehr selbst ableiten. Als Binnenwasserstraßen sind in diesem Sinn anzusehen: die natürlichen, die geregelten und kanalisierten Flüsse, die Seiten- und Wasserscheidenkanäle sowie die Binnenseen; es gehören aber nicht dazu die Seekanäle, die Meere untereinander verbinden (Suez, Panama) oder zu binnenwärts gelegenen Seehäfen führen (Manchester), auch nicht die Strommündungen, welche als Zufahrten zu Seehäfen dienen (Unterelbe, Unterweser, Themse).

Einige geschichtliche Andeutungen erscheinen unerläßlich: Wie oben angegeben, trieb der Merkantilismus bewußt eine kraftvolle Verkehrspolitik und schuf zahlreiche Wasserstraßen. Sie hatten aber nur die kleinen Abmessungen, die dem damaligen Wirtschaftsbedürfnis und Stand der Technik entsprachen, sie litten vielfach unter der Überzahl von Schleusen. Trotzdem haben sie Großes geleistet und ebenso wie die Landstraßen den Eisenbahnen wirksam vorgearbeitet. Die Eisenbahn begann aber vielerorts den Kampf gegen die Wasserstraße und war im allgemeinen siegreich. Die Ursachen für das Unterliegen seien kurz angedeutet, weil sie auch für die Verkehrspolitik der Gegenwart noch bedeutungsvoll sind: Die Kanäle usw. sind am schnellsten und gründlichsten in England und Amerika unterlegen, teils weil sie besonders kleine und nicht einmal übereinstimmende Abmessungen hatten, teils weil die Eisenbahnen sich besonders rasch ausbreiteten und schnell den Durchgangsverkehr aufnahmen, schließlich auch weil die Eisenbahngesellschaften einen scharfen und manchmal nicht sauberen Konkurrenzkampf führten. In andern Ländern, besonders in Norddeutschland, Holland, Belgien und Frankreich, konnte sich die Binnenschiffahrt dagegen halten, teils weil die Flüsse besser und die Kanalnetze größer und einheitlicher waren, teils die Entwicklung der Eisenbahn langsamer vor sich ging und sich erst spät zusammenhängende Eisenbahnnetze bildeten, teils weil der Staat seinen Wasserstraßen besondere Pflege angedeihen ließ. Immerhin setzte sich aber doch die wirtschaftspolitische Überzeugung durch, daß Kanäle im Zeitalter der Lokomotive nicht mehr zeitgemäß wären, und das Kapital, auch das staatliche, hielt sich von dem weiteren Ausbau der Binnenwasserstraßen fern. Dann trat aber — wie so oft in der von Schlagworten beherrschten Politik — ein Umschwung ein: Man konnte sich nämlich einerseits nicht dagegen verschließen, daß auf guten Wasserstraßen (Rhein, Elbe, nordamerikanische Seen) der Verkehr nicht nur weiterlebte, sondern sogar aufblühte und zwar nicht trotz, sondern gerade wegen der Eisenbahn, weil sie dem Wasser weit mehr Verkehr zuführte, als es früher die Landstraße hatte tun können. Andrerseits war man vielerorts mit der Eisenbahn unzufrieden, in Amerika mit dem damals rücksichtslosen Vorgehen der Privatbahnen, im westlichen — gewerblichen und liberalen — Preußen mit der Staatsbahnpolitik, die von den östlichen — großagrarischen — „Junkern" beherrscht worden sein soll; und man erblickte nun in dem Wasserverkehr mit seinem freien Wettbewerb das geeignete Mittel gegen die Herrschaft der „Eisenbahnkönige" und eine einseitig eingestellte Regierung. Zu dieser politischen Sinnesänderung kam aber eine wichtige wirtschaftliche Erkenntnis und der Fortschritt der Technik hinzu: Man erkannte nämlich, daß die bisherigen kleinen Schiffe weder dem Verkehrsbedürfnis noch dem Wettbewerb der Eisenbahn gewachsen waren und daß Kanäle mit vielen Schleusen wirtschaftlich nicht mehr möglich waren, daß man sich also mit den Wasserstraßen auf das Tiefland und seine großen Stromsysteme beschränken müsse, also nicht mehr seinen Ehrgeiz in die Überwindung von Mittelgebirgen, wie z. B. in Frankreich, setzen dürfe. Gleichzeitig hatte aber auch die Technik, zum großen Teil unter dem Einfluß der Eisenbahn, ganz andere Mittel für den Fluß-, Schleusen-, Kanal- und Hafenbau, für den Schiffs-Bau und -Betrieb und für die Verkehrsabwicklung in den Häfen zur Verfügung gestellt; auch hier vollzog sich die „Mechanisierung" und der Übergang zum „Großbetrieb", der seinen Ausdruck in dem heutigen „Großschiffahrtsweg" findet, einem natürlichen oder künstlichen Wasserweg, der Schiffe von mindestens 600 t, besser 1000 t trägt, für Bau, Betrieb und Verkehr hochwertig ausgestattet ist, wenig Schleusen hat und durch bestausgestattete Umschlagstellen mit der Eisenbahn verbunden ist. Bei allen Vergleichen zwischen Binnenschiffahrt und Eisenbahn ist — abgesehen von den erst in Erschließung begriffenen Ländern — nur an „Groß-schiffahrtwege" zu denken.

Bei dem Vergleich spielen die Transportkosten, nämlich die für den Verkehrsvorgang wirklich entstehenden gesamten Selbstkosten, die Haupt-rolle, wobei es hauptsächlich auf die für den Wasserverkehr besonders ge-eigneten wohlfeilen Massengüter ankommt; jedoch darf dieser Hinweis nicht dahin mißverstanden werden, als ob der Wasserverkehr nicht auch höher-wertige Güter befördern könne; es halten sich vielmehr in Deutschland in dieser Beziehung die beiden Verkehrsmittel ungefähr die Wage; es beförderten nämlich vor dem Krieg die Eisenbahnen etwa 82 %, die Wasserstraßen 80 % wohlfeile Massengüter und 18 bzw. 20 % mittel- und hochwertige Güter; allerdings dürfte der Hauptteil dieser Güter auf den Stück- und Eilgüter-dienst auf Rhein und Elbe entfallen; Näheres vgl. im Abschnitt „Tarifwesen".

Die Eisenbahn ist nun ihrem Wesen nach der Wasserstraße in gewissen Beziehungen unbedingt überlegen, denn sie ist nach Raum und Zeit von der Natur (den Geländeverhältnissen und dem Klima) viel weniger abhängig. Die Wasserstraßen sind an die Ebenen, die größeren Flüsse und entsprechend günstige Talbildungen gebunden, sie können also vielfach nur zu Teilnetzen zusammengeschlossen werden und können sich nicht stark verästeln. Die Eisenbahnen sind dagegen, da sie Gebirge und Trockengebiete überwinden können, berufen, sich in jeder geschlossenen Landmasse, zu einem Gesamt-netz zu vereinigen, und da sie sich gleichzeitig sehr fein verästeln können, so verbinden sie jeden Punkt unmittelbar mit jedem andern Punkt; sie be-dürfen also nicht der Umladung und des Anstoß-Verkehrs. Die Wasserstraßen sind außerdem vom Klima stark abhängig, ihr Verkehr wird durch Hoch-wasser, Wassermangel und Frost erschwert, verteuert oder vielfach ganz unterbunden. Sie sind also im Gegensatz zu der allzeit dienstbereiten Eisen-bahn ein zeitlich nicht zuverlässiges Verkehrsmittel. Ferner ist die Eisenbahn durch höhere Geschwindigkeit und auch bei widriger Witterung durch fast unbedingte Pünktlichkeit ausgezeichnet; sie ist damit für den Verkehr von Menschen und Nachrichten, von leichtverderblichen und hochwertigen Gütern geeigneter und besitzt damit auch einen ungleich höheren Wert für die Landesverteidigung. Die Eisenbahn arbeitet sodann mit kleinen Transport-gefäßen (Wagen), kann also auch den Kleinverkehr gut bedienen, aber sie setzt diese kleinen Gefäße zu großen Betriebseinheiten (Zügen) zusammen und steht dadurch an Leistungsfähigkeit keiner Wasserstraße nach.

Insgesamt ist die Überlegenheit der Eisenbahn so groß, daß heute nur Länder, die sich noch in der Entwicklung befinden, ohne Eisenbahn aus-kommen können; ihr Verkehr und damit ihre Wirtschaft sind dann aber von der Gestaltung der Flüsse und dem Klima abhängig; große Gebiete bleiben also verkehrsöde und auch die begünstigten haben zeitweise mit starken Verkehrs-nöten zu kämpfen, dagegen brauchen die „Kulturländer" die Eisenbahn un-bedingt, können aber der Wasserstraßen entraten; und das gilt sogar für jede Stadt, jedes Bergwerk, jede große Fabrik, denn die Eisenbahn befördert alles jederzeit, die Wasserstraße aber manches nicht und manchmal gar nichts.

Andrerseits hat die Wasserstraße vor der Eisenbahn folgende Vorzüge:

Es kann u. U. ein unmittelbarer Verkehr aufs Meer hinaus stattfinden (vgl. z. B. Rhein—London). Für die Talfahrt stellt die Natur die Kraft kosten-los, was besonders die Flößerei und die Beförderung wohlfeiler Massengüter (Holz, Steine) aus den Gebirgen zu den Verbrauchstätten der Ebene erleichtert. Die großen Transportgefäße erleichtern gewisse Beziehungen des Massengüter-verkehrs.

Hierzu kommt aber noch als wesentlich hinzu, daß die Eisenbahn nur dem Verkehr dient, während beim Wasser, nämlich bei einer sorgsamen

Wasserwirtschaft, Hochwasserschutz, Beeinflussung des Grundwassers, Be- und Entwässerung, Aufhöhung der Niederwasserstände, Kraftgewinnung u. U. wichtiger sind als der Wasserverkehr; daß also die Ermöglichung oder Verbesserung des Verkehrs u. U. nur ein Nebengewinn ist, der bei den Arbeiten für die andern Zwecke miterreicht wird.

Dies vorausgeschickt, sind also die wirklichen Selbstkosten miteinander zu vergleichen. In Deutschland (und vielen anderen Kulturländern) wird es sich dabei aber nicht darum handeln, ob man für eine bestimmte Verkehrsbeziehung eine neue Eisenbahn oder eine Wasserstraße baut; vielmehr ist das Eisenbahnnetz bereits so dicht, daß die Frage lautet: Ist die Verkehrsbeziehung so wichtig, daß man die schon vorhandenen Verkehrsgelegenheiten durch Verbesserung der Eisenbahnen oder durch Ergänzung der Wasserstraßen weiter verbessert und verbilligt? Zu einer besonders klaren — „theoretischen" — Vergleichsgrundlage kommt man, wenn man den vorgeschlagenen Wasserweg einer „Massengüterbahn" gegenüberstellt. Es ist das hohe Verdienst Cauers, in Verbindung mit Rathenau diesen Vergleich in dem Werk „Massengüterbahnen" durchgeführt zu haben, das neben den Arbeiten von Sympher, Prüssmann, Franzius, Teubert das grundlegende Werk ist.

Cauer kommt zu folgenden Ergebnissen:

Für eine Massengüterbahn Dortmund—Berlin betragen die Selbstkosten und die möglichen Tarifsätze:

bei einem Jahresverkehr von t	bei einer Strecke von km	Selbstkosten für den tkm Pfg.	Möglicher Tarifsatz Pfg. f. d. tkm
2 500 000	500	0,713—0,747	0,75
3 000 000	390	0,763—0,806	0,80
6 500 000	280	0,857—0,912	0,90
8 000 000	170	1,056—1,155	1,15.

Der mögliche Tarif (von 0,75 bis 1,15 Goldpfennig) liegt beträchtlich niedriger als die (vor dem Krieg) für wohlfeile Massengüter in Deutschland gültig gewesenen Tarife. Demgegenüber ermittelt Cauer für den „Mittellandkanal" gegenüber der Güterbahn:

die Baukosten auf das 1,5 fache,
die Kosten der Stichkanäle als mindestens so hoch wie die der Bahnhöfe,
die Kosten der Beförderungsfahrzeuge auf das 1,9 fache,
die Kosten der treibenden Fahrzeuge auf das 2,3 fache, und allgemein die Selbstkosten auf mindestens das Doppelte.

Die „Wasserfreunde" kommen zu Zahlen, die für den Wasserverkehr günstiger sind.

Der Weltkrieg scheint, zumal durch den Verlust wichtiger Kohlenfelder, die Verhältnisse zugunsten der Wasserstraßen verschoben zu haben, — ob mit dauernder Kraft, bleibe dahingestellt.

Jedenfalls ist die wirtschaftliche Kraft der Wasserstraße gegenüber der der Eisenbahn nicht groß, und wenn auch die Zahlen sich dauernd zum Nachteil des Schienenweges verschieben sollten, so lehren sie doch, daß wir uns in dem Ausbau unseres Wasserstraßennetzes nicht zersplittern dürfen, indem wir den zahllosen Vorschlägen von „Projektenmachern" nachgeben, die größtenteils von Technik und Wirtschaft nichts verstehen, sondern daß wir uns aufs schärfste auf die wenigen Aufgaben konzentrieren müssen, die der sachlichen Prüfung durch den Ingenieur standhalten. Das ist der Zusammenschluß der Wasserwege der norddeutschen Tiefebene zu einem einheitlichen Netz (wobei sich aber völlig einheitliche Schiffstypen kaum werden erzielen lassen und der Rhein sich immer durch seine weit größeren auszeichnen wird) nebst Verbesserung der Ströme und dem Bau gewisser wichtiger Kanäle (Hansakanal von der Ruhr nach den Hansastädten, Anschluß der Leipziger Bucht), Ausdehnung der Rheinschiffahrt bis zum Bodensee, die Verbindung Rhein—Donau und der Ausbau der besonders wichtigen und günstigen Nebenflüsse des Rheins (Neckar). — Bei einzelnen der vorstehend angedeuteten Pläne sind die Kraftgewinnung und andere Fragen der Wasserwirtschaft übrigens wichtiger als der Verkehr.

Es ist hier aber nicht der Ort, solche Fragen, die noch Gegenstand des politischen Kampfes sind, ausführlicher zu behandeln. Wichtig ist dagegen folgendes: Wo nun einmal von der gütigen Natur ein brauchbarer Wasserweg zur Verfügung gestellt ist oder wo die Technik ihn geschaffen hat oder noch schaffen wird, darf die Eisenbahn keinen Kampf dagegen führen.

Das Zusammenarbeiten, das wir unbedingt erzielen müssen, hat sich hauptsächlich auf folgende Punkte zu erstrecken:

1. Die Tarifpolitik der Eisenbahnen darf nicht dazu führen, daß den Wasserstraßen Güter entzogen werden, die für die Beförderung auf ihnen besonders geeignet sind. In diesem Sinn ist besonders die Staffelung der Tarife auf große Entfernungen sorgfältig abzuwägen.

2. Der Umschlagverkehr zwischen Bahn und Schiff muß nach jeder Richtung hin so wirtschaftlich wie möglich gestaltet werden. Er darf nicht mit zu hohen Überführungs- oder Rangiergebühren belastet werden, die wichtigeren Häfen müssen „Tarifstationen" werden, die Verbindungsstrecke muß sorgfältig trassiert und die Bahnhofanlagen im Anschluß- und Hafen-Betriebs-Bahnhof, auf den Kaien usw. müssen hochwertig ausgestaltet werden. Da grade gegen den letztgenannten Punkt viel gesündigt wird, sei hierzu noch bemerkt: Es ist von sehr sachverständiger Seite der Ausspruch getan worden: „Das Wichtigste am ganzen Hafen ist der Bahnhof". Das ist allerdings nicht voll richtig; denn das Wichtigste sind die Anlagen für den Schiffsverkehr (Zufahrten, Wendeplätze, Hafenbecken). Aber über diese wasserbautechnischen Fragen verfügen wir seit langem über ein so abgeklärtes Wissen, daß grobe Fehler oder gar das Vergessen wesentlicher Teile nicht mehr vorkommen können. Dagegen war unser Wissen über die Hafenbahnhöfe bis zum Werk Cauers „Eisenbahn-Ausrüstung der Häfen"[1] so lückenhaft, daß recht bedenkliche Fehler vorkommen konnten. Die Hauptfehler waren: schlechte Verbindung mit dem Anschlußbahnhof (nur eingleisig, starke Steigungen, scharfe Krümmungen, Niveaukreuzungen mit verkehrsstarken Straßen), ungenügende Trennung zwischen den Betriebs- und Verkehrsanlagen, allgemein zu kleiner Umfang der Gleisanlagen, gegenseitiges Behindern der Rangierlokomotiven, Niveaukreuzungen mit wichtigen Straßen, ungenügende Ausstattung der einzelnen Hafenteile mit Abstell- und Rangiergleisen. Wie umfangreich ein Hafenbahnhof im Verhältnis zu den einzelnen Hafenanlagen sein muß, möge z. B. aus Abb. 11 entnommen werden; bei diesem Entwurf sind die Eisenbahnanlagen sicher nicht zu groß, und trotzdem nehmen sie fast den gleichen Raum ein wie die eigentlichen Hafenanlagen[2]; lehrreich ist auch das Betrachten eines Stadtplans von Ruhrort-Duisburg mit den Hafen- und Eisenbahn-Flächen. Oft sind die unzureichenden Eisenbahnanlagen von Häfen darauf zurückzuführen, daß der Hafen entworfen und u. U. sogar gebaut worden ist, ohne daß man die Eisenbahnfrage geprüft hatte, so daß der Gleisplan nachträglich den gegebenen Verhältnissen angepaßt werden mußte. Demgegenüber muß der Eisenbahner verlangen, daß er von Anfang

---

[1] Verk. Woche 1921, auch als Sonderdruck erschienen.
[2] Näheres siehe Verk. Woche 1922.

an an der Bearbeitung beteiligt wird; hierbei wird bei Binnen- und bei Fischereihäfen u. U. schon für die Gesamtanordnung der Eisenbahnverkehr wichtiger sein als der Wasserverkehr; bei Seehäfen hat dagegen der Wasserverkehr bezüglich der Zufahrten und der Anordnung der Hafenbecken die Vorhand.

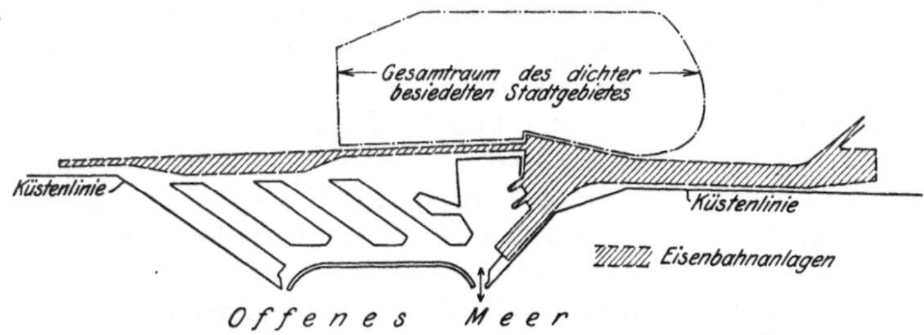

Abb. 11. Flächengröße eines Hafenbahnhofs im Verhältnis zu den einzelnen Hafenanlagen.

Kleinbahnen. Auch das Verhältnis der Eisenbahnen zu den Kleinbahnen ist noch nicht überall so, wie man es verlangen muß. In Deutschland hat die Verquickung von Staatsaufsicht über die Kleinbahnen und Staatsbetrieb der Eisenbahnen dem Kleinbahnwesen teilweise geschadet, außer wo der Staat auch die Kleinbahnen geschaffen hat, wie in Sachsen. Was man von der Eisenbahn allgemein für die Kleinbahn zu verlangen hat, ist, daß sie in ihr den zwar schwächeren, aber als Zubringer und Verteiler des Verkehrs doch wertvollen „kleinen Bruder" sieht und sie vor allem im Übergangsverkehr wohlwollend behandelt; was man von der Staatsbahn verlangen muß, ist, daß sie ihr Monopol und ihr Aufsichtsrecht nicht dazu mißbraucht, um den Bau lohnender Kleinbahnstrecken zu verhindern; denn wenn die lohnenden „Stamm-Strecken" eines geplanten Kleinbahnnetzes nicht erlaubt werden, kann man den Provinzen, Kreisen usw. nicht zumuten, die für sich nicht lohnenden, aber für die Erschließung erforderlichen „Neben"-Strecken anzulegen. — Es ist oben gesagt worden, daß wir auf diesem Gebiet noch manches nachzuholen haben.

Auch im städtischen Verkehr darf die Eisenbahn nicht durch zu niedrige Stadt- und Vororttarife den eigentlichen Stadtverkehrsmitteln (Straßen- und Schnell-Straßen-, Stadt- und Städte-Bahnen) einen ungesunden Wettbewerb machen, denn sie schädigt damit die gesunde Entwicklung des Verkehrs und der ganzen Stadt.

Straßenverkehr. Zwischen Eisenbahn und Straßenverkehr war das Verhältnis im allgemeinen gut, weil von Wettbewerb kaum die Rede sein konnte; Streit war nur um die Niveaukreuzungen und ihre Beseitigung, nämlich um die Kostenverteilung und um die für notwendig bzw. ausreichend angesehenen Straßenbreiten und lichten Durchfahrthöhen, ferner um die zulässigen Steigungen und Krümmungen der Straßen. Zweifellos ist hierbei vom Straßenverkehr, also von den Gemeinden, oft zu viel verlangt worden, und daraus sind dann bittere Fehden und „Tod-Feindschaften" zwischen Stadt und Eisenbahn entstanden. Diese mißlichen Verhältnisse sind hauptsächlich darauf zurückzuführen, daß der Eisenbahner zu wenig Sinn für Städtebau und der Städtebauer zu wenig Kenntnis vom Eisenbahnwesen, zumal vom Eisenbahnbetrieb, hat. Es ist eine wichtige Aufgabe des Städtebaus, hier aufklärend und ausgleichend zu wirken; die Städte müssen zu solchen Fragen, namentlich zur Aufstellung von Bebauungsplänen, wirkliche Eisenbahn-Fachleute heranziehen, der Eisenbahner muß sich in die Gedankengänge des Städtebaus hineinfühlen; insonderheit darf er nicht vergessen, daß die Eisenbahn für die Städte da ist und daß die städtische Bevölkerung an Körper und Seele schwer bedroht ist, wenn eine gesunde Stadtentwicklung verhindert wird; vielfach sind es aber grade die Eisenbahnanlagen, die als schlimmste Barrikaden und Fesseln wirken und daher gesprengt werden müssen.

Mit dem Aufkommen des Kraftwagens ist die Straße aber auch in einen gewissen Wettbewerb zur Eisenbahn getreten. Hierbei ist nicht der Personen-, sondern der Güterverkehr, also der Last-Kraftwagen, maßgebend. Dieser entwickelt nämlich eine so starke wirtschaftliche Kraft und bietet durch das Vermeiden von Umladung und Zeitverlust einen so hohen Anreiz, daß er den Verkehr von mittel- und hochwertigen Gütern auf nahe Entfernungen an sich zieht. Allerdings liegen die Verhältnisse für den Kraftwagen gegenwärtig dadurch noch besonders günstig, daß er für die Abnutzung der Straße, also für ihre Instandhaltung und Erneuerung, nichts oder nicht ausreichend zu bezahlen braucht, weil die Allgemeinheit diese Kosten noch aufbringt; denn wir konnten uns vor dem Krieg den Hochstand der Kultur leisten, keine Chausseegelder zu erheben. Nun aber sind unsere Straßen durch Krieg und Eisenreifen so verwüstet, daß außerordentliche Summen für ihre Wiederinstandsetzung aufgewandt werden müssen, und hierfür muß wohl der Last-Kraftwagen in erster Linie herangezogen werden. Inwieweit damit seine Wettbewerbfähigkeit der Eisenbahn gegenüber wieder abnehmen mag, bleibe dahingestellt. Jedenfalls aber würde es falsch sein, wenn die Eisenbahn für die nahen Entfernungen, insbesondere für Eil- und Stückgut, mit ihren Tarifen unter ihre Selbstkosten herabgehen würde, um damit dem Kraftwagen Verkehr vorzuenthalten; die Eisenbahn kann es vielmehr vielfach nur gern sehen, wenn ihr solcher Kleinverkehr genommen wird, bei dem die Abfertigungs-, Bahnhofs- und Rangierkosten oft vergleichsweise gradezu ungeheuerlich hoch sind; — sie benutzt ja teilweise selber den Kraftwagen, um zu kostspielige Eisenbahntransporte zu vermeiden.

Einen ähnlichen Wettbewerb wie der Kraftwagen der Eisenbahn, beginnt jetzt das kleine Motorboot dem größeren Dampfschiff zu machen, namentlich im Küstenverkehr stark gegliederter Länder, so in Dänemark. Ob dieser Vorgang aber von Dauer sein wird, bleibt abzuwarten; immerhin beleuchtet auch er den Vorsprung des kleinen Explosionsmotors gegenüber der Dampfmaschine.

Anhang.

Die Stellung des Eisenbahners zur Politik.

Die Eisenbahnpolitik bildet einen Teil der Verkehrspolitik. Das Wort „Verkehrspolitik" ist vieldeutig. Im engsten Sinn bedeutet es nach Sax die bewußte Verwendung der Verkehrsmittel als eines Machtmittels des Staates; man würde also z. B. von „Eisenbahnpolitik" zu sprechen haben, insoweit die Eisenbahnen als Werkzeuge der Staatspolitik benutzt werden. Der Sprachgebrauch umfaßt aber einen weiteren Rahmen, indem er darunter die Regelung aller Beziehungen zwischen dem Verkehr und dem staatlichen und wirtschaftlichen Leben versteht. In diesem Sinn kann die Verkehrspolitik neben die innere und die äußere Politik, die Wirtschaftspolitik usw. gestellt werden.

In der Verkehrspolitik müssen zwei Berufsgruppen zusammenarbeiten. Das ist bekanntlich nicht immer ganz leicht, in diesem Fall aber mit großen Schwierigkeiten verbunden, weil die beiden Gruppen, nämlich die Verkehrs-Fachleute und die „Politiker", in ihrer Vorbildung zu verschieden sind, eine verschiedene Denkweise haben und sich daher vielfach nicht verstehen.

Die Verkehrs-Fachleute, mögen sie Kaufleute, „Praktiker", Techniker oder Juristen sein, haben eine umfassende Fachbildung; die führenden Männer verfügen über ein gefestigtes Wissen und gründliche Erfahrungen, sie streben daher, unbeirrt durch allerlei „Strömungen", nach dem sachlich Richtigen.

Für die „Politiker" kann es dagegen eine Berufsbildung eigentlich nicht geben, denn die Politik kann nicht „Gegenstand einer theoretischen Wissenschaft, sondern höchstens einer Kunstlehre" sein (Sax), und auch von dem tüchtigsten Politiker kann nicht verlangt werden, daß er nun auch grade von dem (so schwierigen) Verkehr genügend versteht. Leider überschätzen aber manchmal „Politiker" ihre dementsprechenden Kenntnisse, weil sie den Verkehr für einfacher ansehen als er ist, sie stellen dann ihre „höheren Gesichtspunkte" den „nur-technischen" der Fachleute gegenüber; sie übersehen „von hoher Warte das Ganze", der Fachmann aber sehe von seinem beschränkten Standpunkt aus nur einen gewissen Teil von Einzelheiten. Er bedürfe also der Leitung durch den Politiker, von dem er zur Klärung von Einzelfragen von Fall zu Fall gehört wird.

Aber auch wo der Politiker in richtiger Einschätzung der eigenen Urteilskraft nach dem Besten strebt und den Fachman gelten läßt, kann er vielfach nicht das Richtige erreichen, denn die politischen Verhältnisse sind ständig im Fluß, die Werke des Verkehrs aber werden für lange Zeiträume geschaffen, und meist sind die politischen Grundlagen, nach denen die Entscheidung erfolgte, schon nicht mehr vorhanden, wenn das Verkehrswerk fertiggestellt ist. Später aber kommt die sog. Öffentlichkeit und macht den Fachleuten bittere Vorwürfe, daß sie so falsch gehandelt haben, denn die einst von der „hohen Warte" verkündeten „höheren Gesichtspunkte" sind schnell vergessen, aber das verfehlte Werk bleibt (vgl. das Bahnnetz Wunstorf—Braunschweig).

Der Fachmann muß daraus zweierlei lernen: unbeirrt den als richtig erkannten Weg zu verfolgen und — selbst Politiker zu werden, um nämlich im politischen Leben von Gemeinde und Staat Einfluß zu gewinnen, um die Politik selbst auf eine höhere Stufe zu erheben, was natürlich nicht nur für den Verkehrsmann, sondern für alle Berufe gilt. Der Verkehrsmann, der mit seinen Werken und Leistungen so stark in fast alle Beziehungen des Gemein-Lebens eingreift, hat die besondere Pflicht, sich mit seinen Kenntnissen, seiner Urteilskraft und seiner Überzeugungstreue der Allgemeinheit als „Abgeordneter" zur Verfügung zu stellen, und je mehr wir in den Parlamenten den Parteigeist herabdrücken und statt dessen die Sachkunde gefestigter Charaktere aus allen Berufen zur Geltung bringen, desto mehr werden wir Volk und Vaterland dienen.

C. Tarifwesen.

Vorbemerkung. Die wichtigsten Quellen sind in Rölls Encyclopädie unter „Gütertarife" angegeben. Viele Abhandlungen leiden darunter, daß sie nur ein Verkehrsmittel (z. B. nur die Eisenbahnen) behandeln oder daß sie zwar die vorhandenen Tarife und ihre geschichtliche Entwicklung erläutern, aber nicht auf das innere Wesen eingehen, oder daß sie zugunsten des einen Verkehrmittels und zum Nachteil des andern die Sachlichkeit vermissen lassen oder sich nur auf ein bestimmtes Land beziehen.

Am ehesten sind Sax Band I und III und Cauer „Verkehr und Betrieb" zur gründlichen Einarbeitung zu empfehlen (beide bei Julius Springer, Berlin, erschienen); ferner ist auf das Werk von Rank „Das Eisenbahntarifwesen" (Wien, Alfred Hölder 1895) zu verweisen, das aber durch Mitbehandlung von Nebengebieten zu umfangreich und durch eine unklare Stellungnahme zu den Selbstkosten teilweise getrübt ist. Sodann sind besonders die Werke von Acworth, Colson, v. d. Leyen und Ulrich hervorzuheben. Das Schrifttum über Selbstkosten ist in der Verk. Woche, Oktober 1923, nachgewiesen.

Die nachstehenden Zeilen können nur einen Überblick geben. Sie sollen weniger belehren als anregen; sie können die Schwierigkeiten nicht ergründen, sondern nur andeuten; sie eignen sich nicht zum Nachschlagen; sie vermeiden, soweit dies irgend möglich ist, Zahlenangaben. Aber trotz der gebotenen Kürze schien es zweckmäßig, die Abhandlung nicht einseitig auf Eisenbahnen zuzuschneiden, sondern die andern Verkehrsmittel — mindestens vergleichsweise — mit heranzuziehen.

Einleitung.

Unter „Tarif" im weiteren Sinn versteht man im Verkehrswesen die Summe aller Rechtssätze und Vorschriften, auf Grund deren der Frachtvertrag abgeschlossen wird. Im engeren Sinn versteht man darunter aber nur die Beförderungspreise und die Vorschriften, nach denen diese Preise angewendet werden.

Die Eisenbahn muß, wie die meisten (größeren) Verkehrsanstalten aus zwei Gründen die Tarife im voraus festsetzen: Einerseits ist es wegen der übergroßen Zahl der Beförderungen gar nicht möglich, mit jedem Reisenden und Verfrachter den Tarif von Fall zu Fall zu vereinbaren; zum andern kann die Staatshoheit es nicht dulden, daß ein so wichtiges Glied der Volkswirtschaft die verschiedenen Bürger, Städte, Landesteile usw. unterschiedlich behandelt.

Den im Tarif niedergelegten Forderungen der Eisenbahn stehen gewisse Versprechungen der Beförderungsgüte (Schnelligkeit, Sicherheit, Schadenersatz usw.) gegenüber, die aber nur zum Teil im „Tarif" stehen, im übrigen durch die allgemeinen Gesetze und die besonderen Eisenbahngesetze, besonders die Eisenbahn-Verkehrsordnung bestimmt werden. Der Staat behält sich fast immer das Recht vor, die Tarife zu überwachen, oft bedingt er sich auch das Recht der Genehmigung oder Festsetzung aus.

Zur Gültigkeit der Tarife gehört die Erfüllung der auf die Tarife bezüglichen gesetzlichen Vorschriften, einschließlich der ordentlichen Veröffentlichung, und die gleichmäßige Anwendung für alle, die den Bedingungen nachkommen wollen.

Allgemein sind an die Tarife folgende wichtigste Anforderungen zu stellen:

Gleichmäßige Behandlung. Die Beförderung muß jedermann zu dem bestimmten Tarif gleichmäßig gewährt werden. Hiermit ist nicht gesagt, daß Preisermäßigungen oder Erhöhungen verboten und strafbar wären; vielmehr werden viele Preisnachlässe gewährt (z. B. für Krankenpflege, bei Futternot, zur Stärkung einzelner Gewerbe oder Städte) und viel Zuschläge gefordert (z. B. für Gebirgsbahnen, große Brücken, Nachtverkehr); aber alle Abweichungen müssen von den Aufsichtsbehörden genehmigt und öffentlich bekannt gemacht sein. „Gleichheit" heißt also auch hier nicht öde Alles-Gleichmacherei.

Was aber verboten ist (oder wenigstens verboten sein sollte), ist die heimliche Begünstigung und die ungehörige Belastung. Die Begünstigung kann in den verschiedensten Formen erfolgen, z. B. durch Gewährung von Freikarten, Erhebung niedrigerer Sätze, teilweise Rückvergütung der zunächst richtig erhobenen Beträge. Die heimliche Rückvergütung nennt man „Refaktie". Sie hat in manchen Ländern, besonders in solchen mit skrupellos verwalteten Bahnen und bei Kämpfen zwischen verschiedenen Eisenbahnen, eine große Rolle gespielt. Die ungehörige Belastung kann z. B. dadurch erfolgen, daß man die Tarife allgemein hoch ansetzt, aber zahlreiche Ausnahmetarife mit billigen Sätzen gewährt, diese aber so konstruiert, daß sie nur denen zugute kommen, die man unterstützen will; im Personenverkehr kann man z. B. die Züge mit billigeren Wagenklassen einschränken und so die Bevölkerung zwingen, die höheren Fahrpreise zu bezahlen.

Öffentlichkeit. Damit die Tarife rechtsverbindlich sind, müssen sie gehörig veröffentlicht sein. Art der Veröffentlichung (durch amtliche Ausgaben, Zeitungen, Aushang) und Fristen vor Inkrafttreten müssen behördlich vorgeschrieben werden. Die Öffentlichkeit ist die beste Gewähr für die gleichmäßige Behandlung, da sich dann jeder Frachtgeber überzeugen kann, daß er nicht benachteiligt wird. Sie erspart außerdem Anfragen über die Tarife und ermöglicht jedem, die Preise vorher auszurechnen.

Stetigkeit. Die Tarife dürfen nicht sprunghaft wechseln, sondern müssen über längere Zeiträume gleich sein, und Änderungen müssen längere Zeit vorher bekannt gegeben werden, denn der Reisende und besonders der Verfrachter muß in der Lage sein, richtig „kalkulieren" zu können, weil die Transportkosten einen beträchtlichen Teil der Produktionskosten bilden und weil der Produktionsprozeß u. U. lange Zeit dauert. Sprunghafte Tarifänderungen machen das Kalkulieren unmöglich, verleiten zur Spekulation und untergraben die Moral. — Jedoch erfordert u. U. Notstand (z. B. Lebensmittelnot) die sofortige Einführung von niedrigeren Ausnahmetarifen, und beim schnellen Sinken der Kaufkraft des Geldes lassen sich schnell aufeinanderfolgende Erhöhungen nicht vermeiden.

Einfachheit. Die Tarife müssen einfach, klar, übersichtlich, leichtverständlich und eindeutig sein, einerseits wegen der Frachtgeber, denen man nicht zumuten darf, sich in eine Art „Geheimwissenschaft" einarbeiten zu müssen, andrerseits wegen der Eisenbahnbeamten, die in der Lage sein müssen, schnell und sicher zu rechnen und zu prüfen. Die Einfachheit ist leicht zu erzielen im Personen- und Nachrichtenverkehr (vgl. die Begriffe Postkarte, Brief, Drucksache, Geschäftspapiere); sie ist aber schwer zu erzielen im Güterverkehr. Hier sind z. B. schon „äußere" Merkmale wie „verpackt" — „unverpackt" u. U. recht unklar; besonders aber ist das Erkennen der Güterart oft schwierig, denn es gehören dazu technologische Kenntnisse, die man bei den Beamten oft nicht voraussetzen kann (man denke an die vielen Sorten Erze und die vielen chemischen Erzeugnisse). Allerdings weiß der Verfrachter fast immer, was für ein Gut er versendet, aber er ist u. U. geneigt, eine Bezeichnung zu wählen, die das Gut in eine niedrigere Tarifklasse verweist.

Einheitlichkeit. Unter Einheitlichkeit versteht man zunächst die Übereinstimmung in den (äußeren) Formen (formale Tarifeinheit), sodann die Gleichheit der Preise (materielle Tarifeinheit). Jene kommt in erster Linie der Einfachheit zugute und erleichtert den Verkehr zwischen Bahn und Frachtgebern; sie muß daher auch dort erstrebt werden, wo ein Land verschiedene Bahn-Unternehmungen besitzt, und in den wichtigsten Beziehungen muß die Einheitlichkeit international oder wenigstens „kontinental" sein. Die materielle Tarifeinheit gewährt innerhalb desselben Landes für die gleichen Bahnarten die gleichen Sätze; sie ist im allgemeinen ohne weiteres gegeben, wo ein kleines Land ein einheitliches Bahnnetz hat; sie kann dagegen um so eher zu Ungerechtigkeiten führen, je größer das Land ist und je größere Unterschiede es in Klima, Gebirgsaufbau, Bevölkerungsdichte, Wirtschaftsstufen es zeigt; man vergleiche die schwach belasteten „Pacificbahnen" über die Felsengebirge mit den starkbelasteten Linien in den dichtbesiedelten, gewerbereichen Tiefebenen Nordamerikas; auch in Deutschland sind die Unterschiede zwischen Nord und Süd recht groß.

Für die Handhabung der Tarif- (und der gesamten Verkehrs-) Politik hat man einen Gegensatz zwischen der privat- und der gemeinwirtschaftlichen Auffassung konstruiert:

Die privatwirtschaftliche Tarifpolitik soll das Kennzeichen und einer der Hauptmängel des Privatbetriebs sein. Man macht ihr zum Vorwurf, daß sie nur auf eine möglichst hohe Rente (Dividende) hinarbeite und hierunter die Belange der Allgemeinheit vernachlässige. Der Vorwurf ist aber nur bedingt richtig. Die Hauptforderungen der Allgemeinheit sind nämlich: gute Leistungen und angemessene Preise. Nach beiden strebt der Privatbetrieb aber aus sich selbst heraus, denn ein Verkehrsunternehmen

kann nur dann dauernd blühen, wenn es gute Leistungen (oder vielmehr
ständig bessere Leistungen) zu vernünftigen Preisen anbietet; insbesondere
hat der Privatbetrieb das Bestreben, durch niedrige Preise für Massengüter
— und diese sind stets die für die Allgemeinheit wichtigsten — den Verkehr zu beleben und durch sorgsame Verkehrspflege und niedrige Preis-
gestaltung neuen Verkehr zu wecken. Außerdem wird bei Großunternehmungen
(und Verkehrsanstalten sind dies fast immer) der Erwerbtrieb durch einen
andern (stärkeren) Trieb gezügelt, nämlich durch den Trieb nach ständiger
Verbesserung, der alle leitenden Männer weit stärker beherrscht als die Aussicht auf einen etwas höheren Gewinnanteil (Tantiemen). Dies Streben kommt
u. a. vor allem der Herabsetzung der Selbstkosten zugute, und diese regt
wieder die Herabsetzung der Tarife an. Tatsächlich werfen die (großen) Verkehrsanstalten im allgemeinen nur eine bescheidene Rente ab. Private Ver-
kehrsbetriebe sind außerdem meist dem Wettbewerb stärker ausgesetzt als
Staatsbetriebe, die ja vielfach auch rechtlich Monopolbetriebe sind.

Die gemeinwirtschaftliche Tarifpolitik wird als einer der wichtigsten
Vorzüge der Staatsbetriebe bezeichnet. Ob das richtig ist, muß bezweifelt
werden; denn die sog. „Allgemeinheit“ weiß in so schwierigen Fragen, wie
es Verkehrsangelegenheiten nun einmal sind, überhaupt nicht, was für sie das
beste ist, und auch den Regierungen und Volksvertretungen ist das erforderliche Wissen vielfach nicht zuzutrauen. Wie die vielen Kämpfe um neue
Bahnen, neue Stationen, Tarife usw. zeigen, bleibt so manches letzten Endes
Ansichtssache oder Machtfrage. Im Allgemeinen hängt bei beiden Betriebs-
arten alles von Wissen, Anstand und Vaterlandsliebe der Leiter ab.

Nun hat man weiter den Unterschied konstruiert, der Privatbetrieb
müsse die Selbstkosten herauswirtschaften, während der Staatsbetrieb mit
Unterbilanz arbeiten könne. Das ist zwar nicht unrichtig, bedeutet aber
keinen grundsätzlichen Unterschied. Denn wo immer eine (dauernde) Unterbilanz vorhanden ist, muß sie von der allgemeinen Volkswirtschaft gedeckt
werden. Staaten und Städte usw. bauen, unterhalten und betreiben allerdings
Verkehrswege und verzichten dabei auf volle Deckung ihrer Selbstkosten;
dann nehmen sie die entsprechenden Summen der Allgemeinheit aber in Form
von Steuern ab; dasselbe wird aber auch erreicht, wenn der Staat aus seinen
Mitteln (d. h. aus den Steuern der Allgemeinheit) privaten Verkehrsanstalten
einmalige oder dauernde Zuwendungen macht, damit diese durch entsprechend
niedrige Tarife dem Verkehrszweck Genüge leisten, also die Ansprüche der
Allgemeinheit befriedigeu können.

Übrigens sollte auch der Staatsbetrieb im allgemeinen auf volle
Deckung der gesamten Selbstkosten hinarbeiten; denn das entspricht
dem gerechten Grundsatz von Leistung und Gegenleistung, gegen den man
im Allgemeinen dauernd nicht verstoßen darf. Wenn nämlich ein Betrieb
dauernd an Unterbilanz krankt, wird die Bewilligungsfreudigkeit für notwendige Verbesserungen und Erweiterungen gedämpft, das Unternehmen
wird also rückständig, die Leistungen werden schlechter; die Betriebskosten
höher, — schließlich arbeitet das Unternehmen nichts weniger als „gemein-
wirtschaftlich“; gleichzeitig steigt aber die Begehrlichkeit aller jener Teile
der Allgemeinheit, die glauben, daß sie doch noch schlechter behandelt werden
als andere.

Von dem Grundsatz gerechter Leistung und Gegenleistung ist man
eigentlich nur im Straßenverkehr abgegangen; Bau, Instandhaltung, Reinigung werden hier in den entwickelten Ländern aus öffentlichen Mitteln
bestritten und die „Chausseegelder“ sind meist abgeschafft; jedoch bahnt
sich ein Umschwung insofern an, als man die Kraftwagen wieder zu Wege-
geldern heranzuziehen beginnt. In der Binnenschiffahrt wird die —

früher für allein richtig gehaltene und hochgepriesene — Abgabenfreiheit mehr und mehr beseitigt, nachdem es sich herausgestellt hat, daß darunter der Ausbau der Flüsse zu guten Verkehrswegen leidet. Wo sonst noch die Kosten ganz oder teilweise auf die Allgemeinheit übernommen werden, z. B. bei der Küstenbefeuerung, den Hafenzufahrten und Häfen, bei Straßen- und Stadtbahnen, bei Kleinbahnen, bei „strategischen" Verkehrsanlagen, liegen stets besondere Verhältnisse vor, über die sich die die Unterbilanz deckende „Allgemeinheit" im klaren ist oder wenigstens sein sollte[1]).

Der im Tarif festgesetzte Preis darf nicht verwechselt werden mit den „Transportkosten". Unter Transportkosten sind vielmehr zwei andere Größen zu verstehen:

Im Sinn der Eisenbahn sind die „Transportkosten" die „Selbstkosten", im Sinn des Frachtgebers sind es der Tarif nebst allen weiteren Ausgaben (Verpacken, Anrollen, Verladen, Wertverlust und Zinsen während des Transportes, Versicherung). Die „Selbstkosten" können größer oder kleiner als der Tarif sein (s. u.); die Transportkosten, die dem Frachtgeber entstehen, sind immer höher als der Tarif, und fast immer höher als die „Selbstkosten".

Diese Begriffe muß man scharf auseinanderhalten; — das ist besonders bei Vergleichen verschiedener Verkehrsmittel notwendig, ist aber leider z. B. bei vielen Betrachtungen über Eisenbahnen und Binnenwasserstraßen nicht geschehen.

I. Grundsätze für die Bemessung der Tarife.

Bei der Festsetzung der Tarife, insbesondere der Beförderungspreise, sind folgende Grundsätze zu beachten:

1. Es müssen die Selbstkosten gedeckt werden, die der Verkehrsanstalt durch die Beförderung entstehen.

2. Es darf kein Gut höher belastet werden, als dem Wert seiner Ortsveränderung, also der Werterhöhung entspricht, die es durch die Beförderung in sich aufnimmt.

3. Es soll die vaterländische Wirtschaftspolitik durch die Tarifpolitik unterstützt werden.

4. Es muß auf die anderen Verkehrsanstalten Rücksicht genommen und etwa möglicher Wettbewerb beachtet werden.

A. Die Selbstkosten.

1. Begriff der Selbstkosten.

Als „Selbstkosten" sind grundsätzlich alle Kosten zu rechnen, die der Verkehrsanstalt durch die Beförderung entstehen, also nicht etwa nur die sog. „Betriebskosten", sondern auch die Kosten für die Instandhaltung (Unter-

---

[1]) Indem wir uns dazu bekennen, daß — abgesehen von Ausnahmen, über die sich aber die „Öffentlichkeit" genau Rechenschaft geben müßte — bei der Eisenbahn das gesamte Tarifwesen im Sinn gerechter Leistung und Gegenleistung ehrbarer Kaufleute gehandhabt werden muß, halten wir die Theorien über die Eisenbahn als „öffentliche Anstalt", oder „öffentliche Unternehmung" oder „Privatunternehmung" und über „Genußgut" oder über „Gebührenprinzip" u. dgl. zwar für lehrreich und nützlich zu lesen, und man kann jedem Eisenbahner nur dringend empfehlen, die Unterschiede einmal gründlich durchzudenken; wir können aber den Zweifel nicht unterdrücken, ob es besonders fruchtbar ist, wenn man das vielgestaltete, stets im Fluß befindliche wirtschaftliche Leben in theoretische Formeln pressen will. Uns will es scheinen, als ob das Rechnen, insbesondere das exakte Berechnen der Selbstkosten, wichtiger wäre als das Theoretisieren.

haltung) und Erneuerung, ferner für die Bildung der erforderlichen „Rücklagen" und für die Verzinsung und Tilgung des Anlagekapitals, und zwar für die „landesübliche" Verzinsung des gesamten Anlagekapitals, d. h. einschließlich der Aktien (also nicht etwa nur der Anleihen und Schuldverschreibungen). Diese Feststellung ist notwendig, weil hier eine starke Verwilderung der Ansichten eingerissen ist. Überhaupt wird vielfach der Deckung der Selbstkosten nicht die genügende Beachtung geschenkt.

Außerdem wird vielfach behauptet, daß sich die Selbstkosten doch nicht genau berechnen ließen und daß es daher wenig Wert habe, ihre Berechnung zu versuchen. Mit demselben Recht könnte behauptet werden, die Brücken ließen sich nicht „genau" berechnen. Die Selbstkostenberechnung ist für die Verkehrsanstalten selbstverständlich ebenso notwendig und möglich wie jede „Kalkulation" in jedem technischen oder kaufmännischen Betrieb.

Allerdings ist die Berechnung u. U. schwierig, aber Schwierigkeiten sind nicht dazu da, um in „Unmöglichkeiten" umgedeutet, sondern um überwunden zu werden. Hierzu gibt es in diesem Fall sogar zwei verschiedene Wege.

Der erste führt über die Statistik, geht also von den Ergebnissen der im Betrieb befindlichen Bahnen aus. Hierbei lassen sich die Kosten für viele Leistungen mit vollkommener Schärfe ermitteln, nämlich für alle Verkehrsanstalten, die nur ein Gut befördern, z. B. Straßen-, Stadt- und Bergbahnen oder für Kohlen- oder Zechenbahnen oder für Erz- oder Petroleumschiffe usw. usw. Ferner kann man die Kosten mit ausreichender Genauigkeit für Betriebe ermitteln, die nur wenigen Gütern dienen und innerhalb gleichartigen Geländes verbleiben.

Der zweite Weg führt über die Vorausberechnung der Kosten unter wissenschaftlicher Zergliederung in ihre einzelnen Bestandteile.

Durch beides kann man auch für Verkehrsanstalten mit verwickeltem Verkehr, z. B. für Bahnnetze mit vielen Verkehrsarten und in wechselndem Gelände die Berechnungen mit der Genauigkeit durchführen, die nicht nur für das Tarifwesen, sondern für die gesamte Wirtschaftsführung ausreichend ist.

Es kommt nämlich nicht darauf an, daß man für jede kleinste Verkehrsart die Kosten „genau", d. h. bis auf Bruchteile von Pfennigen ausrechnet, sondern auch bei den größten Netzen vereinfacht sich die Aufgabe stets zunächst dahin, für die Massengüter auf den wichtigsten Strecken die Kosten zu ermitteln. Denn für das Tarifwesen und die Lebensfähigkeit der Bahnen ist es zunächst ausreichend, mit Hilfe der Selbstkosten die untere Grenze festzulegen, unter die die Tarife der am billigsten zu befördernden Massen (wohlfeile Massengüter und Reisende der untersten Wagenklasse) nicht sinken dürfen. Sobald diese untersten Grenzen festliegen, ist es verhältnismäßig einfach, von ihnen ausgehend, die Sätze für die anspruchsvolleren und zahlungskräftigeren Güter und Reisenden zu berechnen. Vielfach müssen aber die Tarife für die „billigen Massen" höher gehalten werden als den Selbstkosten entspricht, weil es bei größeren Verkehrsanstalten immer Verkehrsarten gibt, die aus volkswirtschaftlichen Erwägungen usw. unter Preis oder sogar kostenlos gefahren werden sollten oder müssen.

2. Hauptbestandteile der Selbstkosten (und der Tarife).

Die Beförderung erfordert zwei Hauptleistungen: die „Abfertigung" und die Zurücklegung des Weges.

a) Zur Abfertigung gehört alles, was vor Beginn und nach Beendigung der eigentlichen Ortsveränderung erforderlich wird. Die Kosten entstehen hauptsächlich aus dem Vorhalten der Ladestelle (Personenbahnhof, Güterbahnhof, Hafen), dem Laderechtstellen der Fahrzeuge, dem Vorhalten und

Bedienen der Lademittel, den Löhnen der „Stations"-Angestellten und den Zinsverlusten für die Transportmittel während der Ladezeiten. Man könnte sie „Stationskosten" nennen; im Eisenbahnwesen nennt man sie meist „Abfertigungskosten", im Wasserverkehr „Hafenkosten". Sie sind von der Länge des Beförderungsweges unabhängig und der Tarif muß daher einen festen Bestandteil enthalten, der bei den meisten Eisenbahn-Gütertarifen vorhanden ist und „Abfertigungsgebühr" genannt wird; im Wasserverkehr bilden die Hafengebühren einen Teil der Abfertigungskosten, während andere Teile, besonders die Löhne der Ladearbeiter und die Benutzung von Kranen, Schuppen usw. besonders berechnet werden; im Personenverkehr verzichtet man im allgemeinen auf die Erhebung von Abfertigungskosten, was aber kaum berechtigt ist.

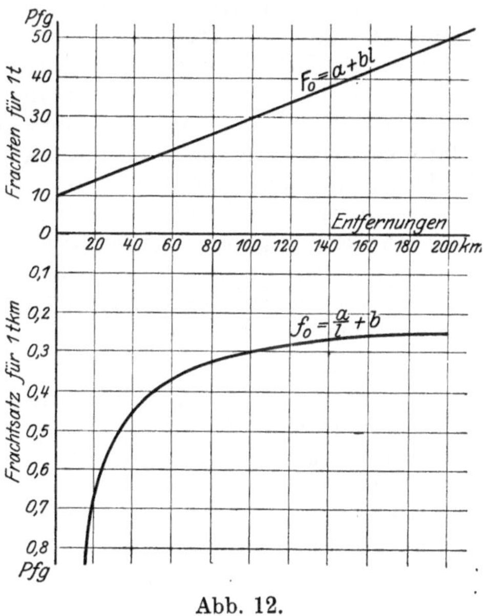

Abb. 12.

b) Die Kosten für die Zurücklegung des Weges sind der Weglänge ungefähr proportional, werden aber im allgemeinen mit zunehmender Entfernung relativ kleiner.

Aus a) und b) ergibt sich also für die Gesamtkosten die Formel $F_0 = a + b \cdot l$, die man der Berechnung der Tarife zugrunde legen müßte. Hierin bedeutet a die Abfertigungsgebühr, b den Streckensatz und l die Weglänge; als Beförderungseinheit hat im allgemeinen die Person bzw. die Tonne zu gelten. Die Formel entspricht der in Abb. 12 dargestellten geraden Linie; im unteren Teil der Abbildung ist der aus dieser Formel folgende Frachtsatz f_0 für 1 tkm dargestellt; er entspricht einer Hyperbel $f_0 = \dfrac{a}{l} + b$.

Die einfache Anwendung dieser Formel kann aber zu zwei Unzuträglichkeiten führen:

1. Für kleine Entfernungen schlägt die Abfertigungsgebühr sehr stark zu Buch. Wo also die besondere Pflege des Nahverkehrs im allgemeinen Belang geboten ist, wird man u. U. die Abfertigungsgebühr für 1 oder 2 Nahverkehr-Stufen herabsetzen, also bewußt unter die Selbstkosten herabgehen.

2. Für große Entfernungen werden die Kosten dadurch sehr hoch, daß mit gleichbleibendem Streckensatz b gerechnet ist. Es ist aber volkswirtschaftlich meist erwünscht, und es entspricht gleichzeitig den Selbstkosten, wenn die Streckensätze mit zunehmender Entfernung abnehmen. Man könnte das berücksichtigen, indem man z. B. mit der Formel $F_0 = a + b \cdot l^n$ arbeitet, worin n mäßig kleiner als 1 ist; im allgemeinen geschieht es aber, indem man mit einem „Staffeltarif" arbeitet (s. u.).

Weiteres siehe Risch im „Archiv für Eisenbahnwesen" 1922, S. 1035.

Man halte die Begriffe klar auseinander:

„Fracht" $= F_0 =$ Abfertigungsgebühr $+$ Streckenfracht,

„Streckenfracht" $= b \cdot l =$ Streckensatz $\times$ Länge,

„Streckensatz" $= b$ (gleichbleibend oder auch mit zunehmender Länge fallend),

„Frachtsatz" $= f_0 = \dfrac{F_0}{l} =$ Abfertigungsgebühr $+$ Streckenfracht für 1 tkm.

3. Einfluß der Verkehrsgröße.

Je größer der Gesamtverkehr ist, desto besser wird die Verkehrs-anstalt ausgenutzt und desto bessere Anlagen kann sie schaffen, desto mehr kann sie „mechanisiert" sein, desto niedriger werden also die Selbstkosten und desto niedriger können die Tarife sein. Nun kann man die Selbst-kosten in zwei Gruppen einteilen, in „veränderliche" und „feste", je nachdem, ob sie von der Verkehrsmenge abhängig sind oder nicht. Zu den „festen" Kosten gehören vor allem die Jahreskosten der Bauanlagen, zu den „veränderlichen" die Hauptteile der Betriebskosten. Die „festen" Kosten sind von der Verkehrsmenge allerdings nicht ganz unabhängig, eine Verkehrs-zunahme treibt sie aber erst dann beträchtlich in die Höhe, wenn die Leistungsfähigkeit der Anlage überschritten wird, wenn also größere Er-weiterungen (Bau des zweiten Gleises, neue Bahnhöfe, neue Hafenbecken usw.) erforderlich werden. Nun kann man aber durch Tarifermäßigungen die Ver-kehrsmenge erhöhen, also die Selbstkosten senken; es ergibt sich also die Folge: Tarifermäßigung—Verkehrssteigerung—Selbstkostenverringerung; doch ist dies nur so lange schlüssig, als der Verkehr an sich noch steigerungs-fähig ist und die Verkehrszunahme von den vorhandenen Anlagen ohne große Erweiterungen bewältigt werden kann.

Risch führt hierzu aus (a. a. O. S. 1037):

Man kann bei der Zergliederung der Selbstkosten eines Verkehrsaktes drei Kostenbestandteile unterscheiden: Der erste ist unabhängig von der Zahl der ausgeführten Verkehrsakte. Hierzu rechnen z. B. die Kosten-bestandteile, die Sax als Kapitalkosten bezeichnet, das sind die Aufwendungen für die Verzinsung und Erneuerung des Anlagekapitals, weiter kommen hinzu ein Teil der Verwaltungskosten und ein Teil der Betriebskosten im engeren Sinne, weil sich auch unter ihnen Kostenbestandteile aufweisen lassen, die von der Zahl der Verkehrsakte unabhängig sind, z. B. ein Teil der Ausgaben für den Stations- und Bahnunterhaltungsdienst. Diese Unabhängigkeit von der Zahl der Verkehrsakte gilt aber nur, worauf Sax hingewiesen hat, inner-halb bestimmter Verkehrsgrenzen. Wächst der Verkehr über eine solche Grenze hinaus, die als relatives Intensitätsmaximum bezeichnet wird, dann müssen die bestehenden Anlagen erweitert, also neue Kapitalaufwendungen gemacht, neues Personal eingestellt werden. Durch eine solche Verkehrs-steigerung erhöhen sich zwar die Jahresausgaben, bleiben dann aber wieder innerhalb der nächsten Stufe bis zum folgenden Intensitätsmaximum konstant. Bei großen zusammenhängenden Netzen mit einheitlicher Verwaltung ver-wischen sich zwar diese Grenzen zwischen den einzelnen Intensitätsstufen, weil alljährlich bald auf der einen, bald auf der anderen Strecke Kapital-aufwendungen gemacht werden müssen, das Anlagekapital sich also von Jahr zu Jahr steigert. Es empfiehlt sich aber, an den Intensitätsstufen festzuhalten und das Maß der Veränderlichkeit der festen Kostenbestandteile bei ausge-dehnten Verkehrsnetzen durch ständige Nachprüfungen festzustellen.

Der zweite Kostenbestandteil, der aus den Gesamtkosten ausgeschieden werden kann, ist abhängig von der Menge des aufkommenden Verkehrs, also von der Zahl der Personen und der Zahl der Gütertonnen, aber un-abhängig von der Länge der Beförderungsstrecke. Diese Kosten entstehen im wesentlichen bei der Einleitung und Beendigung des Verkehrsaktes durch die Abfertigung der Reisenden und der Güter. Auch hier können wir streng genommen Intensitätsstufen feststellen, innerhalb der die Kosten unabhängig vom Verkehr sind. Die Grenzen liegen aber so dicht zusammen, daß man praktisch die Veränderlichkeit dieses Kostenbestandteils mit dem Verkehr voraussetzen darf.

Das gleiche gilt auch für den dritten Kostenbestandteil. Er wird durch die eigentliche **Ortsveränderung** des Gutes oder der Person, d. h. den Weg von der Aufgabe- bis zu der Bestimmungsstation verursacht. Dieser Teil der Selbstkosten ist **abhängig sowohl von der Menge des Gutes oder der Zahl der Reisenden als auch von der Länge des Beförderungsweges.**

Die Gesamtkosten S werden sich also darstellen lassen aus einem unveränderlichen Betrag C_1, einem mit der Verkehrsmenge wachsenden Bestandteile C_2 und einem mit der Verkehrsmenge und der Beförderungsweite wachsenden Bestandteil C_3, mithin $S = C_1 + C_2 + C_3$.

Bezeichnet man mit Σq die Zahl der beförderten Gütertonnen oder Personen, und mit $\Sigma q \cdot l$ die Zahl der geleisteten Tonnen-km, oder Personen-km, so erhält man: $C_2 = c_2 \cdot \Sigma q$ und $C_3 = c_3 \cdot \Sigma q \cdot l$.

Hierin bedeuten c_2 und c_3 Festwerte, die innerhalb einer Intensitätsstufe als feststehend angesehen werden können. Wollte man auch den unveränderlichen Kostenbestandteil C_1 in gleicher Weise aufteilen, so entsteht zunächst die Frage, auf welche Einheit der Anteil bezogen werden soll, ob auf die Verkehrsmenge Σq oder auf die Verkehrsleistung $\Sigma q \cdot l$. Beides ist möglich. Im ersteren Falle ergibt sich der Kostenanteil

$$\text{zu } c_1 = \frac{C_1}{\Sigma q}, \text{ im zweiten Falle zu } c_1 = \frac{C_1}{\Sigma q \cdot l}.$$

Da C_1 ein unveränderlicher Wert ist, werden die Werte c_1 mit wachsenden Nennern Σq und $\Sigma q \cdot l$ kleiner, wir erhalten also nicht wie in c_2 und c_3 Festwerte, sondern Größen, die sich mit zu- oder abnehmenden Verkehrsmengen und Verkehrsleistungen ändern. Am zweckmäßigsten wird es sein, den festen Betrag C_1 auf die Stations- und Streckenkosten zu verteilen, also

$$C_1 = C_1' + C_1'' \text{ zu setzen und } c_1' = \frac{C_1'}{\Sigma q} \text{ und } c_1'' = \frac{C_1''}{\Sigma q \cdot l} \text{ zu machen. Dann}$$

können die Werte c_1' und c_1'' mit den c_2 und c_3 je zu einem gemeinsamen Wert zusammengefaßt werden, $a = c_1' + c_2$ und $b = c_1'' + c_3$. a und b sind dann aber genau genommen nur Festwerte bei gleichbleibendem Verkehr, dagegen sinkende Werte bei zunehmendem, steigende Werte bei fallendem Verkehr. Mit diesen Beschränkungen lassen sich nunmehr die Kosten für die Beförderung von einer Tonne Gut oder einer Person auf die Länge von 1 km in die Form bringen: $F_0 = a + b \cdot l$ und für die Beförderung von q Nutztonnen oder Personen: $F = a \cdot q + b \cdot q \cdot l$.

Die Gleichungen gelten ganz allgemein, sowohl für den Personen- als auch für den Güterverkehr, im ersteren Fall bezeichnen die Werte q die Zahl der beförderten Personen, $q \cdot l$ die Zahl der geleisteten Personen-km, im letzteren Fall bezeichnen diese Werte Gütertonnen und Güter-tkm. Weiter treten für a und b die nur auf den Personen- oder Güterverkehr entfallenden Anteile ein.

Im einzelnen sind die Kosten vergleichsweise um so geringer, je größer **die einheitlich zu befördernde Masse ist.** Von Bedeutung ist hierbei, ob ein ganzes Transportgefäß ausgenutzt wird oder nicht; „Stückgüter" verursachen eine höhere „Taxe", also höhere Kosten als „Wagenladungen"; und die Wagen- und Schiffsladungen sind wieder um so billiger, je größer die Transportgefäße sein können; und auf der Eisenbahn gehen die Selbstkosten noch weiter herunter, wenn ganze Wagengruppen oder ganze Züge einheitlich aufgeliefert werden. Demgemäß müssen die Tarife für „Stückgüter" hoch sein, während sie für Wagenladungen um so niedriger sein können, je größer die einheitliche Masse ist, so daß sich z. B. für Eisenbahnen Abstufungen zu 10, 15, 20, 40, 300 (Halbzug), 600 (Ganzzug) Tonnen ergeben mögen. Die Stufen richten sich nach dem durchschnittlichen Ladegewicht der Wagen und der Nutzlast der Züge. — Tarifermäßigungen für

Wagengruppen, halbe und ganze Züge sind eines der wirksamsten Mittel, um die Betriebskosten durch Verringerung der Rangierarbeiten und Beschleunigung des Wagenumlaufs herabzudrücken; sie können außerdem ein Anreiz zur Verbesserung der Wagen (Schnellentladung!) und der Lade- und Löscheinrichtungen sein; aber diese schwierige Frage bedarf in jedem Einzelfall sorgfältigster Prüfung. — Auf den großen Mengen beruht u. a. die Billigkeit des Überseeverkehrs, besonders in großen einheitlichen Massen (Baumwolle, Erze, Kohlen, Petroleum).

4. Die Ansprüche an die Güte der Verkehrsleistung.

Die besonderen Ansprüche, die an das Verkehrsmittel, d. h. an die Güte der Verkehrsleistung gestellt werden, drücken sich in Erhöhungen der Selbstkosten aus und sind demgemäß durch Zuschläge usw. zu berücksichtigen. Abgesehen von der unten zu erörternden Forderung hoher Geschwindigkeit, handelt es sich dabei im Personenverkehr vor allem um erhöhte Bequemlichkeit, im Güterverkehr um Forderungen, die sich aus der Natur des Gutes (Gefährlichkeit, Verderblichkeit, Empfindlichkeit gegen die Witterung, hoher Eigenwert) ergeben. Im Personenverkehr wird die größere Bequemlichkeit der höheren Klassen durch entsprechend hohe Kilometersätze, die von Schlafwagen usw. durch Zuschläge bewertet. Im Güterverkehr kann man auch hier nach Abfertigung und Beförderung unterscheiden; gewisse Güter erfordern besondere Ladeeinrichtungen (Krane, Schuppen, Heizung oder Kühlung der Schuppen), andere besondere Wagen oder Wagendecken oder besondere Aufsicht. Die geringsten Selbstkosten verursachen demnach die wohlfeilen Massengüter (Kohlen, Steine, Erden, Erze, Holz, Abfälle), die an gewöhnlichen (Frei-) Ladestraßen verladen und in offenen Wagen befördert werden, während die Selbstkosten um so höher werden, je empfindlicher und wertvoller die Güter sind. Berechnet man die Tarife nach diesem Gesichtspunkt, so wird man auch ungezwungen dem volkswirtschaftlichen Gesichtspunkt der „Wertklassifizierung“ (s. u.) gerecht.

Bei einzelnen Gütern sind die Anforderungen besonders eigenartig und hoch, z. B. bei Vieh, das nicht nur befördert, sondern begleitet, getränkt, gefüttert, überwacht, untersucht usw. werden muß, oder bei leicht zerbrechlichen Gütern, bei denen ein hohes Versicherungsrisiko eingerechnet oder vom Verfrachter auf Schadenersatz verzichtet werden muß; Ähnliches gilt von „Wertgegenständen“. Gewisse Güter erfordern wegen ihrer Größe oder ihres Gewichtes besondere Wagen (Glastafeln, Schiffswellen, Geschütze), die natürlich schlecht ausgenutzt werden und viele Leerläufe verursachen; wieder andere Güter sind im Verhältnis zu ihrem Gewicht sehr umfangreich — „sperrig“ — (leere Fässer, leere Kisten, landwirtschaftliche Maschinen), so daß für sie Zuschläge geboten sind, wenn sie nach Gewicht tarifiert werden.

Es ist verständlich, daß sich die Transportanstalten besondere Leistungen auch besonders bezahlen lassen und u. U. die Tarife so hoch setzen, daß sie solcherlei Verkehr abschrecken oder daß sie die Beförderung überhaupt ablehnen. Das gilt z. B. von der Beförderung von Rennpferden oder Kostbarkeiten oder von der Gestellung von Salonwagen oder Sonderzügen.

Abschreckend hohe Tarife und Ablehnung der Beförderung sind berechtigt, wenn es sich um Übertreibungen des Luxus’ handelt oder wenn ein anderes Verkehrsmittel geeigneter ist. Andrerseits ist es vielfach volkswirtschaftlich geboten, bestimmte Güter (besonders Lebensmittel) trotz ihrer hohen Ansprüche möglichst billig zu befördern.

Der wichtigste „besondere Anspruch“ ist die Forderung nach erhöhter Geschwindigkeit. Nun wachsen aber die Kosten für den Kraftaufwand beinahe mit dem Quadrat der Geschwindigkeit, außerdem werden die Ansprüche an die Sicherungs- und manche anderen Bau- und Betriebsanlagen (Oberbau, Krümmungen) höher. Es ist daher geboten, für höhere Geschwindigkeit höhere Preise zu nehmen. Bei der Berechnung geht man von der „gewöhnlichen" Geschwindigkeit aus, z. B. bei den Eisenbahnen von der der „gewöhnlichen" Güterzüge, in der Schiffahrt von der der Durchschnitts-Frachtdampfer, bei der Post von der allgemeinen Briefbestellung. Über der „gewöhnlichen" Geschwindigkeit steht bei der Eisenbahn im Personenverkehr die der Eil- und der Schnellzüge, für die daher vielfach entsprechende Zuschläge erhoben werden, während im Güterverkehr über dem „Frachtgut" zwei oder mehrere Stufen (z. B. Eil-, Expreß-, Schnellzug-Gut) stehen, für die man die „Frachtgutsätze" z. B. mit 2 — 4 — 6 multiplizieren kann.

Es muß hier darauf hingewiesen werden, daß die sog. „reinen Zugförderungskosten" bei Schnellzügen niedriger sind als bei Personenzügen, weil die Personalkosten wegen der kürzeren Fahrtdauer und die Kraft- und Verschleißkosten wegen der selteneren Aufenthalte sinken. Daraus darf aber nicht geschlossen werden, daß der Schnellzugverkehr insgesamt billiger arbeite als der Personenzugverkehr und daß daher Schnellzug-Zuschläge unberechtigt wären; vielmehr sind den Schnellzügen der Hauptkostenanteil für die Sicherungsanlagen, die schienenfreien Entwicklungen, die Bewachung der Wegeübergänge, die großen Halbmesser usw. zur Last zu legen; ferner ist zu beachten, wie viele Personen- und Güterzüge aufgehalten werden, damit nur ja der eine Schnellzug pünktlich durchgebracht wird; — die beiden Extreme, Schnellzug und Nahgüterzug, sind es, die den Betrieb so erschweren und verteuern; das Ideal ist der „starre" Fahrplan der mit der wirtschaftlichsten Geschwindigkeit gefahrenen Güterzüge. Außerdem erfordert der Eilverkehr besondere Stationseinrichtungen (Eilgutschuppen, Rampen, besondere Rangierfahrten und u. U. besondere Beamte); er ist ferner im allgemeinen mit einer schlechten Wagenausnutzung verbunden. Die Erhöhung der Kosten und die Erschwerung (und Gefährdung) des übrigen Betriebs kann so hoch sein, daß u. U. überhaupt nur solche Güter als eilig zugelassen werden, an deren eiliger Beförderung die Volkswirtschaft Belang hat oder deren Beförderung mit Personen- und Schnellzügen verhältnismäßig einfach ist; — so muß sich z. B. „Expreßgut" im allgemeinen so wie das Reisegepäck abfertigen lassen.

5. Die Gleichmäßigkeit der Verkehrsbeziehungen.

Die Selbstkosten hängen ferner von der mehr oder weniger großen Gleichmäßigkeit der Verkehrsbeziehungen nach räumlichen und zeitlichen Gesichtspunkten und der Art der Güter ab. Es ist einleuchtend, daß die Kosten um so geringer sind, je weniger Güterarten zu transportieren sind und daß die Beförderung nur eines Massengutes oft am billigsten ist (vgl. Kohlenbahnen, Petroleumschiffe), während die Mannigfaltigkeit und alles Besondere die Kosten hinauftreiben.

Die Ungleichmäßigkeit des Verkehrs in räumlicher Beziehung kommt vor allem im Mangel an Rückfracht zum Ausdruck. Ist Rückfracht nicht erzielbar, so müssen die Fördergefäße leer zurücklaufen, und der Hintransport muß naturgemäß die Kosten für den Leer-Rücktransport mitdecken. Dieser kann u. U. so schwierig und teuer sein, daß man auf ihn fast ganz verzichten muß; in der Flößerei wird z. B. nur die Mannschaft zurückbefördert; Ähnliches gilt stellenweise von der Schiffahrt auf reißenden oder unzuverlässigen Flüssen und dem Fuhrwerkverkehr auf schlechten Wegen; hier werden Schiffe und Wagen ganz roh gebaut und am Bestimmungsort „auf Abbruch" verkauft. Den typischen Voll-Hin- und Leer-Rück-

Transport zeigen (fast) alle Seilbahnen und Förderanlagen in Forsten, Steinbrüchen und Bergwerken. Es wird überhaupt nur selten ein Verkehrsmittel geben, bei dem sich Hin- und Hertransport die Wage halten, denn die Verkehrsströme fließen nun einmal so, daß dem Strom von geringwertigen Rohstoffen ein Gegenstrom von hochwertigen, also dem Gesamtgewicht nach leichteren, gewerblichen Erzeugnissen entspricht. Dies Gesetz beherrscht alle von Kohlen- und Erzbecken ausgehenden, fast alle vom Gebirge zur Ebene, alle von den Tropen zur gemäßigten Zone führenden Wege; die „Verkehrs-Bilanz" oder „Tonnage-Bilanz" geht dem Gewicht nach fast nie mit Null auf. Hierbei kann man u. U. noch nicht einmal das Überangebot an leeren Wagen zur Rückfracht ausnutzen, weil für diese andere Wagenarten gebraucht werden; zum Abholen der Einfuhrgüter aus den Seehäfen müssen vielfach leere G-Wagen dorthin gesandt werden, während gleichzeitig leere O-Wagen in das Landesinnere zurückgesandt werden müssen.

Um nun Rückfracht zu gewinnen, ist eines der wirksamsten Mittel, die Tarife hierfür besonders niedrig zu setzen, und das entspricht auch dem Grundsatz der Selbstkostendeckung, denn als solche ist nur das zu rechnen, was der beladene Rückweg mehr kostet, als der leere kosten würde. Das den Hinweg beanspruchende Gut muß dann gewissermaßen das für den Rückweg angelockte Gut mitbezahlen; die Preise werden also für die beiden Richtungen u. U. starke Unterschiede zeigen, was für den Laien meist schwer verständlich ist und zu Klagen und Vorwürfen führt[1]).

Die Ungleichmäßigkeit kann ferner zeitlich sein. In vielen Fällen ist z. B. Rückfracht an sich schon vorhanden, jedoch leider nicht zur rechten Zeit. Eindringlich und sinnfällig zeigt sich das z. B. im Stadt-, Vorort-, Ausflug- und Erholungsverkehr: Betrachtet man den ganzen Tag bzw. die „Saison" als Einheit, so sind Hin- und Rückstrom einander gleich; aber die Ströme fließen zu verschiedenen Zeiten (morgens in die Stadt, abends zurück; nachmittags in die Ausflugorte, abends zurück; zu Ferienbeginn in die Bäder, zu Ferienende zurück). Es läßt sich also auch hier der Leer-Transport nicht vermeiden und er muß daher vom Voll-Transport mitbezahlt werden; — das ist das schwierige Problem der Lebensfähigkeit und der Tarife der städtischen Verkehrsmittel.

Der Verkehr zeigt aber fast allgemein starke zeitliche Schwankungen — „Saisoncharakter" —, hauptsächlich deswegen, weil die Erzeugung fast aller aus dem Pflanzen- und Tierreich stammenden Güter an die Jahreszeiten gebunden ist und weil die Verarbeitung und der Verbrauch ebenfalls von den Jahreszeiten abhängen. In der gemäßigten Zone tritt daher während und nach der Ernte eine Hochflut ein, weil die Ernte eingefahren werden muß und weil gleichzeitig Kohle für die Verarbeitung der Ernte-Erzeugnisse und für die Winter-Heizung der Wohnungen usw. herangefahren werden muß. Bauanlagen und Betriebsmittel müssen dieser Welle gewachsen sein, können aber in der übrigen Zeit nicht ausgenutzt werden. Im Eisenbahnwesen kann man sich durch Verschieben von Lokomotiven und Wagen etwas helfen, und die

---

[1]) Ein großartiges Beispiel stets sicherer Rückfracht zeigt die englische Seeschiffahrt: Die englische Kohle ist gut und kann wegen der kurzen Entfernungen den Häfen billig zugeführt werden; Kohle ist aber ein Gut, das überall und jederzeit gebraucht wird; demgemäß hat jedes auf England fahrende Schiff die Sicherheit lohnender Rückfracht. Ohne die Kohle verhielt sich in England vor dem Krieg die Ausfuhr zur Einfuhr (nach Gewicht) wie 4:9, mit der Kohle dagegen wie 16:9. Ohne die Kohlenrückfracht müßten die englischen Frachtsätze 30 bis 40% höher sein; die Kohlenschiffe sind das Rückgrat der englischen Schiffahrt, und vom Kohlenhandel her haben sich die andern Handelszweige entwickelt. Die Kohlenrückfracht verschafft den englischen Schiffen den wirtschaftlicheu Vorsprung vor denen der andern Völker; — ein lehrreiches Beispiel dafür, was ein Massengut und was Rückfracht im Verkehrswesen bedeutet!

Weltschiffahrt paßt sich den zeitlichen Schwankungen dadurch an, daß sie die Schiffe immer dorthin sendet, wo Ernte gewesen ist. Am kritischsten sind hierbei die Güter, die, weil sie sonst verderben würden, unmittelbar nach der Ernte abgefahren werden müssen (Kartoffeln, Rüben), und es ist berechtigt, während der „Rübenkampagne" usw. andere Güter, die warten können, durch Tarifzuschläge abzuschrecken oder auch ganz auszuschließen.

Den „Saisongütern", die also die Selbstkosten erhöhen, stehen die Güter gegenüber, die das ganze Jahr hindurch gewonnen, verarbeitet und gebraucht werden; das sind vor allem die Stoffe aus dem Mineralreich (Brennstoffe, Erze, Steine, Erden), sie wirken also kostensenkend; günstig wirkt hierbei, daß im Winter dem stärkeren Kohlenverkehr ein schwächerer Verkehr in Baustoffen gegenübersteht.

Um den Verkehr gleichmäßiger zu gestalten, empfiehlt es sich u. U. in den verkehrsschwachen Monaten Tarifermäßigungen zu gewähren, damit z. B. die Winterkohlen schon im Sommer gefahren werden; doch setzt das entsprechende Lagerräume voraus, begünstigt aber auch die recht heilsame Vorratwirtschaft.

Die Eisenbahn erhält außerdem zu bestimmten Zeiten einen Verkehrszuwachs (dem sie gewachsen sein muß!) durch das Versagen der Wasserstraßen.

6. Die Verhältnisse des Verkehrsmittels.

a) Die natürlichen Verhältnisse.

Jedes Verkehrsmittel benutzt teils die Natur, teils technische Mittel. Da das „Natürliche" kein Geld kostet, arbeitet ein Verkehrsmittel im allgemeinen um so billiger, je „natürlicher" es ist. Von den vier Grundlagen jeglichen Verkehrs — Weg, Kraft, Fahrzeug, Stationsanlagen — stellt die Natur die beiden letzteren nie zur Verfügung, dagegen sind die beiden ersteren besonders beim Wasserverkehr oft von der Natur gegeben (Flüsse, Seen, Meer; Gefälle, Strömung, Wind). Hierauf und auf dem bei niedriger Fahrgeschwindigkeit geringen Bewegungswiderstand des Wassers beruhen die niedrigen Selbstkosten der Schiffahrt auf dem Meer, den größeren Binnenseen und den großen Strömen; demgemäß können diese Arten der Schiffahrt die niedrigsten Frachtsätze haben.

Vielfach kann die Natur aber nur ausgenutzt werden, wenn man sie stark, also mit hohen Kosten verbessert (vgl. die Regelung und Kanalisierung von Flüssen), oder wenn man sich den Unbeständigkeiten der Natur, besonders der Witterung (Hochwasser, Wassermangel, Kälte, Windstille) unterwirft. Dadurch werden die rein-künstlichen Verkehrsmittel den mehr natürlichen u. U. überlegen, z. B. die Eisenbahnen den kleineren Flüssen.

Allgemein wirken von den natürlichen Verhältnissen verteuernd: die übergroße Kälte (in der kalten Zone und im Hochgebirge), die trockene Hitze (in der Wüste) und die feuchte Hitze (im Urwald); ferner wirkt jeder starke Wechsel in der Witterung verteuernd (England mit seinem gleichmäßigen Klima arbeitet billiger als Ostdeutschland und Rußland mit den großen Unterschieden zwischen Hitze und Kälte).

Von großer Bedeutung ist ferner die Höhengliederung, denn einerseits ist die Hebung unverhältnismäßig teurer als die wagerechte Förderung, andrerseits verursachen „Gebirgswege" (Straßen, Eisenbahnen und Kanäle) besonders hohe Bau- und Unterhaltungskosten. Es ist daher berechtigt (und oft erforderlich) auf Gebirgsbahnen besondere „Bergzuschläge" zu erheben.

Verteuernd wirkt Unfruchtbarkeit und Mangel an Bodenschätzen, weil dann die Verkehrsmengen gering sind und die gesamten Einrichtungen billig sein müssen, also teuer arbeiten; dagegen fallen die Kosten mit der

Zunahme der wirtschaftlichen Kräfte, der Besiedlung und der daraus folgenden Vergrößerung der Verkehrsmengen. Auf die Eisenbahn wirkt auch die Lage fern vom Meer, dem stärksten Verkehrsträger, verteuernd. Die besten Anlagen und die niedrigsten Selbstkosten zeigen die Bahnen in den reichen zum Meer sich öffnenden Tiefebenen und den Kohlenbecken, die bescheidensten Anlagen und höchsten Selbstkosten dagegen in den meerfernen Gebirgsländern; — dieser Unterschied ist schon zwischen Nord- und Süddeutschland zu spüren.

b) Die technisch-wirtschaftlichen Verhältnisse des Verkehrsmittels.

Unter sonst gleichen Voraussetzungen arbeitet jedes Verkehrsmittel um so billiger, auf je höherer Stufe der Technik es steht. Dies ist einerseits vom Stand der Technik abhängig — das technisch hochstehende Volk wird also die niedrigeren Selbstkosten haben —, andrerseits von der Verkehrsgröße, denn je größer der Verkehr ist, desto mehr Mittel können in Bau und Betrieb gesteckt werden und desto billiger arbeitet das Unternehmen (s. o.). Im gleichen Land sind daher die Selbstkosten der stark belasteten, trefflich ausgestatteten Haupteisenbahnen niedriger als bei den verkehrsschwachen, sparsam gebauten Nebenbahnen. Letztere müßten daher höhere Tarife haben (zumal wenn sie im Gebirge liegen); innerhalb desselben Netzes wird aber Gleichmäßigkeit angestrebt (s. u.). Dagegen ist es berechtigt und oft notwendig, den Kleinbahnen höhere Tarife zu genehmigen; und auf den kleinen (natürlichen) Flüssen müssen die Raten höher sein als auf den großen (wohl ausgebauten) Strömen.

Berechtigt sind auch Zuschläge für besonders kostspielige Einzelanlagen, z. B. für lange Tunnel und große Brücken oder für Schleusen; solche „Brücken- oder Schleusenzölle" werden vielfach derart erhoben, daß einige „Tarifkilometer" zugeschlagen werden. Es ist auch berechtigt, Abgaben zu erheben, wenn ein Weg durch besonders hochwertige Betriebsmittel benutzt wird; das „Chausseegeld" ist für Pferdefuhrwerke meist abgeschafft, für Kraftwagen muß es vielfach wieder eingeführt werden.

B. Der Wert der Ortsveränderung; — Gliederung nach dem Wert.

Der Wert der Beförderung besteht im Güterverkehr darin, daß die Absatzfähigkeit gesteigert wird, im Personenverkehr darin, daß die Arbeitszeit oder die Arbeitskraft besser ausgenutzt oder die geschäftliche Tätigkeit erleichtert oder die Gesundheit gebessert oder ein ethischer Wert geschaffen wird. Es wird nun kein Transport erstrebt werden, wenn nicht der Vorteil der Ortsveränderung, also die infolge des Transports in das Gut hineinfließende „Erhöhung seiner Wertsubstanz", höher ist (oder richtiger gesagt: höher bewertet wird), als die gesamten Transportkosten, und da außer dem Beförderungspreis immer noch „Nebenkosten" entstehen, so muß der Tarif unter dem „Versendungswert" (Launhardt) sog. „Verkehrswert der Beförderung" liegen. Diese Bezeichnung ist aber nicht sehr glücklich; wir halten die Bezeichnung „Wert der Ortsveränderung" jedenfalls für klarer. Im Güterverkehr ist der Wert der Ortsveränderung gleich dem Unterschied zwischen dem am Erzeugungsort zu zahlenden Gestehungspreis und dem am Absatzort erzielbaren Verkaufspreis.

Damit aber eine „Vermehrung der Wertsubstanz" durch eine Ortsveränderung überhaupt entstehen kann, ist es erforderlich, daß das Gut des Absatzes fern vom Erzeugungsort bedarf; starke Nachfrage an diesem setzt also den Wert der Ortsveränderung herab, denn ein Gut wird nicht fortstreben, wenn es ohne Transport verkauft werden kann; z. B. wird eine in der Nähe einer Großstadt liegende Zeche selbst bei sehr niedrigen Tarifen keine Kohle über die Stadt hinaus versenden, wenn die Gesamterzeugung lohnend in ihr abgesetzt werden kann. Ferner kann ein Wertzuwachs nicht für solche Güter entstehen, die überall vorhanden sind (z. B. Wasser, außer wo solches überhaupt nicht oder nicht in der erforderlichen Güte beschafft werden kann).

Allgemein ist der Wert der Ortsveränderung um so niedriger, je weiter ein Gut verbreitet ist oder je besser die Nachfrage durch „Ersatzstoffe" befriedigt werden kann; die natürlichen Steine würden z. B. weiter transportfähig sein, wenn sie im gesteinsarmen Land nicht durch gebrannte Steine und Beton ersetzt werden könnten; Ähnliches gilt von den verschiedenen Getreidearten (Reis, Mais, Weizen, Roggen, Hafer), die sich in hohem Grade gegenseitig ersetzen. Dagegen ist die Ortsveränderung um so wertvoller, an je weniger Stellen ein Gut erzeugt wird und an je mehr Stellen es verlangt wird; das gilt besonders von den mittel- und hochwertigen Metallen (Kupfer, Zinn, Silber, Platin), von hochwertigen Bau- und Schmuckstoffen (vom Marmor bis zum Diamant), von den meisten Faserstoffen (Baumwolle, Wolle, Seide), von den hochwertigen Nahrungsmitteln (Ölfrüchte, Fische), von den hochwertigen Heizstoffen (Anthrazit, Petroleum) und von einem großen Teil der „Luxuswaren". —

Alle solchen Güter sind bereit, hohe Transportkosten zu zahlen und können daher mit hohen Tarifen belegt werden, und offensichtlich kann jedes Gut unter sonst gleichen Verhältnissen um so mehr bezahlen, je höherwertig es ist, weil dann die Transportkosten relativ eine immer geringere Rolle spielen; — worauf das im einzelnen beruht, lese man bei Sax nach; wir haben hier keine „Werttheorien" aufzustellen. Es wird also richtig sein, die Güter nach ihrem Wert einzuteilen, der Tarifberechnung also die „Gliederung nach dem Wert" — „Wertklassifikation" — zugrunde zu legen. Dieses System berührt sich am nächsten mit kaufmännischen Gesichtspunkten, besonders dann, wenn man die einzelnen Wertgruppen so stark belastet, als sie „tragen" können.

Im Personenverkehr läßt man jeden Reisenden die Gliederung nach dem Wert selbst vornehmen, indem jeder selbst zu bestimmen hat, welche Wagenklasse er für sich für angemessen hält und welche besonderen Ansprüche er glaubt stellen zu müssen. Jedoch ist dafür Voraussetzung, daß es einfache und billige Beförderungsmöglichkeiten überhaupt gibt (z. B. III. Klasse in Schnellzügen) und daß die Wahl der Wagenklasse wirklich frei ist. Tatsächlich üben aber die Verkehrsanstalten selbst und die sog. gesellschaftliche Stellung einen starken Druck aus; die schnellsten und besten Züge führen z. B. meist nur die höheren Klassen; in Uniform „kann man nicht dritter Klasse fahren"; viele sind es auch ihrer Gesundheit und Arbeitskraft schuldig, die bequemsten Züge und Klassen zu benutzen und von besonderen Bequemlichkeiten (z. B. Schlafwagen) Gebrauch zu machen.

Bei den Gütern aber muß die Gliederung nach dem Wert durch die Verkehrsanstalt vorgenommen werden. Es müßte also für jedes Gut ständig der sog. Handelswert ermittelt werden. Damit allein würde man aber noch wenig erreicht haben, vielmehr müßte man zur Berechnung der äußerst zulässigen Höhe des Tarifs außerdem die Erzeugungskosten an jedem Erzeugungsort und den erreichbaren Verkaufspreis an jedem Verbrauchsort ermitteln. Das ist aber unmöglich, und würde, wenn es möglich wäre und auf die Tarife streng angewendet würde, eine derartige Mannigfaltigkeit nach Zeit und Ort hervorrufen, daß man damit die oben erwähnten Grundsätze über Einfachheit, Klarheit, Stetigkeit, Gleichmäßigkeit verleugnen müßte.

Man kann die Güter also nur nach wenigen Wertgruppen gliedern (ähnlich wie man sich die Reisenden nach 3 oder 4 Gruppen einschätzen läßt) und könnte etwa zu der folgenden allgemeinen Einteilung kommen:

1. **Rohstoffe:**
   a) geringwertige, meist aus dem Mineralreich (Brennstoffe, Steine, Erden),
   b) mittelwertige (Erze, Düngemittel, Kartoffeln, Getreide, Holz);
2. **Halbstoffe:** a) mittelwertige, b) hochwertige;
3. **Fertigwaren:** a) mittel-, b) hoch-, c) höchstwertige.

Jedoch ist solche Gliederung nicht zuverlässig, da mancher Rohstoff höherwertig ist als manche Fertigware (z. B. Kupfererz—eiserne Träger).

Die Gliederung wird klarer, wenn man innerhalb desselben „Stoffes" bleibt und seine Abarten nach Graden unterteilt (z. B. Torf — Braunkohle — Steinkohle, wobei man den Tarif zu den Wärmeeinheiten in Beziehung setzen könnte), oder nach wirklichem Wert und Ballast gliedert (z. B. bei Brennstoffen nach Wärmeeinheiten und Rückständen, oder bei Erzen nach dem Metallgehalt in Prozent) oder wenn man nach Rohstoff—Halbstoff—Fertigware gliedert (z. B. Eisenerz—Roheisen—Stabeisen oder Getreide—Mehl oder Wolle—Tuche—Kleider).

Wie sorgfältig man aber die Berechnungen auch anstellen mag, man ist doch zu groben Abstufungen nach wenigen Gruppen (im Eisenbahnwesen nach einer größeren Zahl von Wagenladungs- und einer kleineren Zahl von Stückgut-Klassen) gezwungen, und da die Tarife auch von andern Faktoren abhängen, ist es zweckmäßig, diese Erörterung hier zu unterbrechen.

C. Volkswirtschaftliche Rücksichten[1]).

Da der Verkehr ein so wichtiges Glied der Volkswirtschaft bildet, muß er so gehandhabt werden, wie es dem Nutzen der Allgemeinheit, also den wirtschaftlichen (kulturellen und politischen) Belangen am besten frommt. Allgemein läßt sich das bezüglich der Tarife in den Satz zusammenfassen: die Tarifpolitik muß in Übereinstimmung mit der gesamten Wirtschaftspolitik, insonderheit mit der inneren und äußeren Handelspolitik stehen. Leider wird über solche Fragen fast ständig gekämpft, und manches ist kaum mehr als Ansichtssache oder sog. politische Überzeugung oder Ausfluß des Erwerbssinns; hierdurch wird auch das Tarifwesen (wie überhaupt die ganze Verkehrspolitik) in die ständig wirbelnden Strudel der politischen Kämpfe hineingezerrt, während man große, klare Richtlinien verfolgen müßte.

Im Zusammenarbeiten mit der Wirtschaftspolitik hat die Verkehrspolitik zunächst die Aufgabe, die inländische Erzeugung zu fördern. Dies geschieht im Binnenverkehr besonders durch die billige Zufuhr der Roh- und Kraftstoffe (Erze, Steine, Erden, Holz, Düngestoffe, Kohle) zu den geeigneten Arbeitstätten, durch die Verstärkung der Absatzmöglichkeiten und durch niedrige Tarife für die notwendigen Hin- und Herfahrten der Arbeitskräfte. In Deutschland kommt es einerseits darauf an, die landwirtschaftliche Erzeugung so zu steigern, daß wir die Nahrung für die Menschen und einen großen Teil des Viehbestandes aus dem Inland decken können. Hierzu gehört zunächst die billige Zufuhr der uns von der Vorsehung so reich bescherten Düngestoffe in die landwirtschaftlichen Gebiete, ferner die billige Abfuhr der wichtigsten Nahrungsmittel aus dem landwirtschaftlichen Osten

---

[1]) Einen klaren, kurz zusammenfassenden Aufsatz hat Reg.-Baurat Dr.-Ing. Gottschalk in der „Verk. Woche" 1922, S. 340 veröffentlicht.

in den gewerbereichen Westen, sodann die Erschließung der Ödländereien, die Vergrößerung des Bauernstandes und die Verhinderung des weiteren Anwachsens der Großstädte. Andrerseits muß die gewerbliche Erzeugung so gestärkt werden, daß wir den drückenden Verpflichtungen gegenüber dem Ausland durch Ausfuhr von Arbeit (d. h. von gewerblichen Erzeugnissen) nachkommen können, daß wir die Rohstoffe bezahlen können, die wir notgedrungen einführen müssen, weil die Natur sie uns versagt hat, und daß wir den inländischen Bedarf an Fertigwaren voll decken können. Hierbei stellen Rohstoffe, Halbstoffe und Fertigwaren verschiedene Ansprüche an die Tarifpolitik. Die Roh- und Hilfsstoffe für die (Schwer-) Industrie bilden in Verbindung mit den Brennstoffen und den (einfachen) Baustoffen für die Gesamt-Bevölkerung die Hauptmasse aller Gütertransporte. Sie müssen einerseits billig befördert werden, andrerseits können grade sie — wegen ihrer großen Menge — nicht unter den Selbstkosten gefahren werden, zum dritten dürfen grade bei ihnen die Transportwege nicht unnötig groß und die Wasserwege nicht ausgeschlossen werden. Dies verweist also die Schwer-Industrie an ihre natürlichen Standorte auf den Kohlen- und Erzfeldern, an den großen Strömen und am Meer; es verbietet aber das Hervorrufen von Schwer-Industrie an Punkten, die wirtschafts-geographisch hierfür nicht bestimmt sind. Ferner verlangt es eine planmäßige Aufteilung des Landes in bestimmte Bezirke, von denen jeder aus „seinem" Kohlenbecken mit Brennstoff versorgt wird (vgl. z. B. die „mitteldeutsche Braunkohlenprovinz") und die planmäßige Verweisung der einzelnen Landesteile auf die seinen geologischen Verhältnissen entsprechenden natürlichen oder künstlichen Baustoffe. Für diese billigen Massengüter sind also sehr niedrige Tarife auf kleine bis mittlere Entfernungen erforderlich, aber nicht etwa sehr stark fallende Staffeltarife für große Entfernungen, durch welche womöglich sogar der von Natur billigere Wasserweg ausgeschaltet wird.

Die Halbstoffe für die weiterverarbeitenden Gewerbe können an sich höhere Tarife als die Rohstoffe aushalten, weil sie einen höheren Eigenwert haben (sie stellen gewissermaßen einen Extrakt der wertvolleren Teile der Rohstoffe dar und haben ein gewisses Maß Arbeit in sich aufgenommen). Um unwirtschaftlich weite Wege zu vermeiden, wird man es begrüßen, wenn sich die weiterverarbeitende Industrie um entsprechende Rohstofflager herumlegt, wobei aber einer zu starken Zusammenballung der Bevölkerung vorgebeugt werden muß. Die Halbstoffe erfordern also mäßige Tarife auf kleine bis mittlere Entfernungen.

Die Fertigwaren können ihrem erhöhten Wert nach noch höher belastet werden wie die Halbstoffe, müssen aber über das ganze Land, also auch auf große Entfernungen absatzfähig bleiben. Da die nahen Entfernungen stark belastet werden können, sind für sie hohe Sätze, aber mit Staffelung für große Entfernungen, zweckmäßig[1].

Außerdem müssen allgemein noch folgende Punkte berücksichtigt werden:

Wir dürfen keinen „Transportluxus" treiben, d. h. wir müssen auch hier allenthalben die höchste Wirkung mit dem geringsten Aufwand von Mitteln erzielen. Es dürfen einerseits nicht durch zu niedrige Tarife (und andere zu günstige Beförderungsbedingungen) künstlich Verkehrsbeziehungen

---

[1] Allgemein ist es volkswirtschaftlich richtiger, die Fertigware nach dem Gebrauchsort zu senden als die Stoffe, aus der sie dort erst hergestellt werden müßte. Denn die Fertigware benötigt nur einen Bruchteil des Wagenraums, den die entsprechenden Rohstoffe beanspruchen. Bei starker Staffelung der Rohstoffklassen und geringer Staffelung für Fertigwaren tritt von einer bestinmten Entfernung ab schließlich der Fall ein, daß die Beförderung der Rohstoffe trotz größerer Last billiger wird als die der Fertigware. Die Eisenbahn hat dann mehr zu leisten und erhält dafür weniger bezahlt!

hochgezüchtet werden, die bei einer vernünftigen Verkehrspolitik nicht lebensfähig wären, und es darf andrerseits nicht durch ungesundes Unterbieten ein anderes in diesem Fall billiger arbeitendes Verkehrsmittel künstlich ausgeschaltet werden.

Wir müssen ferner bei allen Maßnahmen der Tarifpolitik die Forderungen einer gesunden Siedlungspolitik beachten, d. h. wir müssen allenthalb das platte Land, die Bauern, die kleinen Städte begünstigen, während den großen Städten mindestens keine Geschenke gemacht werden dürfen. Bei jeder Tarifmaßnahme müßte man sich überlegen, ob sie etwa die Verdichtung der Bevölkerung in den Industriebecken und Großstädten mit ihren für das Gesamtvolk verhängnisvollen Folgen beschleunigt.

Man darf auch in der Tarifpolitik nicht wider die Natur handeln. Die Tarife haben nicht die Aufgabe, die von der Natur gegebenen, also wirtschafts- und verkehrsgeographisch begründeten Unterschiede zwischen den verschiedenen Landesteilen aus der Welt zu schaffen. Das wäre ebenso töricht, wie wenn man im nordischen Land Reben, bei uns Baumwolle unter Glas züchten wollte. Wo weder Kohle noch Eisen wachsen, begründet man keine Schwer-Industrie (Ausnahme u. U. in Seehäfen), ein Grenzland erhält durch noch so liebevolle Tarife keine Mittellage, langgestreckte Länder wie Italien und Schweden werden durch noch so starke Staffelung der Tarife nicht regelmäßige Gebilde, in Rußland werden Norden, Mitte und Süden stets verschiedene Wirtschaftsstufen zeigen, mag das Verkehrswesen sich zu noch so hoher Blüte entwickeln. Die Tarifpolitik hat sich nicht öder Gleichmacherei hinzugeben, sie soll die Gegensätze mildern, die Schwachen stützen, das Bedrohte am Leben erhalten, das neusprießende Leben fördern; sie soll aber die natürlichen Zusammenhänge nicht zerstören, das geschäftlich Gewordene nicht zertrümmern, die Vorteile der geographischen Lage nicht aufheben, sie soll jedoch für einen gewissen Ausgleich der verschiedenen Wirtschaftsgebiete sorgen. Hierbei sind solche Gebiete, die abseits von den Hauptrohstoffquellen, den Hauptabsatzgebieten und den großen Verkehrsadern liegen, besonders zu berücksichtigen, in erster Linie Südbayern und Ostpreußen, denn hohe Tarife für weite Entfernungen sind eine Gefahr für die Aufrechterhaltung der Gütererzeugung in diesen so ungünstig gelegenen Teilen des Reichs. Hier handelt es sich aber nicht um eine Aufgabe der allgemeinen Tarifpolitik, sondern um eine Sonderaufgabe, die am besten durch Gewährung von Ausnahmetarifen für einige wenige Güter, die eine besondere Bedeutung für das abseits gelegene Gebiet haben gelöst wird. Für den Verkehr Ostpreußens mit dem Reich müssen die Tarife so berechnet werden, als ob die ganze Strecke deutsch wäre; höhere Sätze und Zuschläge im „Korridor" müssen vom Reich getragen werden. Im Außenverkehr wird man die Einfuhr von Rohstoffen und die Ausfuhr von Fertigwaren erleichtern, dagegen die Einfuhr von Fertigwaren und die Ausfuhr von Rohstoffen erschweren, um die heimische Industrie zu schützen und zu stärken; die Tarifpolitik muß also in diesem Sinn der Schutzzollpolitik angepaßt sein; aber es wird überall Ausnahmen von den Regeln geben (vgl. z. B. die für England so wichtige Ausfuhr des Rohstoffs Kohle!).

Ferner muß man die eigenen Verkehrsanstalten und den Handel der eigenen Handelsplätze unterstützen, indem man vor allem durch Begünstigung der eigenen Häfen diesen und ihren Reedereien Verkehr zuführt (in größtem Maßstab geschah dies wohl durch Belgien für Antwerpen). Außerdem wird man den Verkehr vom und zum Ausland (Ein- und Ausfuhr) und den von Ausland zu Ausland (Durchfuhr) besonders begünstigen, wenn er sonst ganz oder teilweise ausländische Linien benutzen würde (vgl. den Wettbewerb zwischen Deutschland und Frankreich um den Verkehr England—Mittelmeer!).

Solche Fragen sind insonderheit für Deutschland wichtig, weil es allerdings die günstige „Mittellage" hat und dadurch das naturgemäße Durchfuhrland für viele wichtigen Verkehrsbeziehungen ist, hierum aber von manchem mächtigen Nachbarn beneidet wird.

Die Rücksichtnahme auf das Ausland und auf bestimmte Gewerbe oder Gegenden, die man unterstützen will, führt zu Ausnahmetarifen mannigfaltigster Art, z. B. zu solchen, die nur für bestimmte Stationen (Häfen, Grenzbahnhöfe, Bergwerke) gelten oder für die die unmittelbare Weitersendung z. B. mit Schiff oder für die — umgekehrt — die An- oder Abfuhr mit Fuhrwerk sichergestellt sein muß (An- und Abfuhrklausel). Jedesmal muß man sich also darüber klar werden, welchen wirtschaftlichen Zweck man erreichen will, welches Tarifmittel hierzu geeignet ist, wie man aber auch den Mißbrauch der Erleichterung verhindern kann und muß. — Auch die Begünstigung befreundeter Staaten ist zu beachten, desgleichen die „neutrale" Behandlung der weniger befreundeten. — Durch den Vertrag von Versailles sind uns in allen das Ausland berührenden Tariffragen die Hände gebunden.

Wenn im allgemeinen die Volkswirtschaft das Verlangen nach niedrigen Tarifen hat, so hat sie andrerseits doch auch teilweise das Streben nach hohen Tarifen. Im Personenverkehr begünstigen z. B. niedrige Tarife der untersten Klasse die Landflucht und das Hineinströmen der entwurzelten Massen in die Großstädte; ferner haben z. B. die zu niedrigen, nicht einmal die Selbstkosten deckenden Tarife der Berliner Stadt- und Vorortbahnen das Schnellbahnwesen in ganz Deutschland lähmend beeinflußt. Mit hohen Tarifen sollte man vor allem den Luxus und alles, was dem „Ausverkauf" der Heimat durch Ausländer dient, belegen, aber grade hier sind die Schwierigkeiten besonders groß.

D. Die Berücksichtigung der anderen Verkehrsmittel. Wettbewerb.

Bei der Festsetzung der Tarife für eine bestimmte Verkehrsanstalt muß u. U. auf andere Verkehrsmittel Rücksicht genommen werden. Oft wird hierbei leider nur an den Wettbewerb gedacht, wobei ferner noch die Unterstellung gemacht wird, als ob die verschiedenen Verkehrsmittel nur gewinnsüchtig ausgebeutete Erwerbsanstalten wären. Allerdings besteht vielfach Wettbewerb im Verkehrswesen, und es wäre schlimm, wenn er nicht bestände, denn auch hier ist „der Kampf der Vater aller Dinge", und nichts fördert den Fortschritt so und wirkt demnach so im Sinn der Preissenkung, wie ein gesunder Wettbewerb; aber im allgemeinen sind die Verkehrsmittel doch dazu da, um sich gegenseitig zu ergänzen und als ein einheitliches Verkehrssystem die Volkswirtschaft zu bedienen. Der Wettbewerb muß also gezügelt werden. Einerseits geschieht dies durch die Staatsaufsicht, der daher u. U. ein Mitbestimmungsrecht bei den Tarifen eingeräumt werden muß, andrerseits durch Abreden der Verkehrstreibenden untereinander (z. B. der Verbände der Reeder, Spediteure, Kutscher, Dienstmänner), zum dritten durch die Natur vieler Verkehrsmittel selbst, weil sie von Natur überlegen sind oder Monopolcharakter haben.

Der Wettbewerb kann sich gegen ein gleichartiges Unternehmen oder ein andersartiges richten. Freier Wettbewerb innerhalb desselben Verkehrsmittels herrscht insbesondere beim Wasserverkehr; daher schwanken hier auch die Preise stark und werden für große Transporte von Fall zu Fall ausgemacht. Dagegen ist bei allen Schienenwegen und im Nachrichtenverkehr der freie Wettbewerb durch den Monopolcharakter eingeschränkt. Im Eisenbahnwesen müßten z. B. zwei Linien vorhanden sein, die, in verschiedenem Besitz befindlich, den gleichen Gesamtverlauf hätten und alle Zwischenorte gleichmäßig berühren würden. Solche Linien gibt es aber wohl nirgendwo, denn auch die vollkommensten Parallelbahnen berühren sich nur an den wichtigen Punkten (vgl. die Linien zwischen Köln und Mailand, Köln und Hannover, Hannover und Breslau); es kann also nur die „Konkurrenz der Knotenpunkte" wirksam werden. Wird auf dieser Grundlage der Wettbewerb als Tarifkampf ausgefochten, so geht man u. U. für diese Knotenpunkte mit den Tarifen bis unter die Selbstkosten herunter, — und läßt u. U. die kleinen, dem Wettbewerb nicht unterliegenden Zwischenorte mittels entsprechend hochgeschraubter Tarife die „Kriegskosten bezahlen"; doch ist dies Verfahren unanständig und in gut verwalteten Staaten gesetzlich verboten (vgl. die „gleichmäßige Behandlung").

Allgemein findet innerhalb desselben Verkehrsmittels ständig insofern Wettbewerb statt, als niedrige Tarife (und gute Leistungen), die irgendwo erzielt werden, allgemein bekannt werden und an andern Stellen Wünsche der Bevölkerung auf Tarifermäßigungen hervorrufen. Eine Eisenbahn, die z. B. unter günstigen Voraussetzungen arbeitet (Massentransporte in Tiefebenen), kann natürlich mit ihren Tarifen herunter- (und mit ihren Leistungen herauf-) gehen, wird dadurch aber Bedenken ihrer Schwesteranstalten auslösen, die in einer weniger günstigen Lage sind und sich nun wegen der angeblich zu hohen Tarife der Bevölkerung gegenüber entschuldigen müssen, die die Notwendigkeit nicht einsehen kann oder auch nicht einsehen will. Dies spielte z. B. eine gewisse Rolle im Verhältnis der glücklichen preußischen zu den weniger glücklichen süddeutschen Eisenbahnen.

Der Wettbewerb zwischen zwei Bahnnetzen wird oft auch in der Form ausgeführt, daß die eine Gesellschaft den Verkehr möglichst lange auf ihren Linien festhält, ihn also an die andere Gesellschaft nicht abgibt, auch wenn dies für die gesamte Verkehrsbeziehung günstiger wäre. Wenn z. B. nach Abb. 13 die Linie ABCDE der einen, die gestrichelten Linien BD und FG dagegen der andern Gesellschaft gehören, so ist für die Verkehrsbeziehung AD der

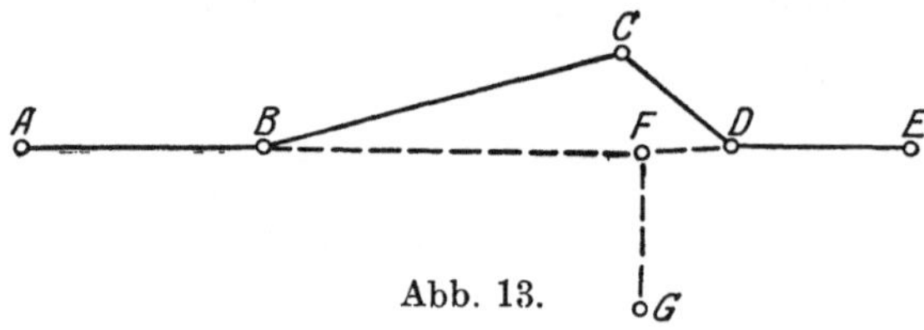

Abb. 13.

Weg ABFD der kürzeste; trotzdem könnte aber die erste Gesellschaft den Verkehr über C leiten, weil sie dann die ganze Fracht erhält; — allerdings wird sie dabei der Berechnung u. U. den kürzesten Weg (also über F) zugrunde legen (vielleicht auch nur gezwungenermaßen, weil nämlich die Berechnung über den kürzesten Weg vorgeschrieben ist). Sie wird vielleicht sogar den Verkehr von A nach F und G über C leiten und erst in D an die andere Gesellschaft abgeben, wobei dann u. U. für die Strecke BCDF nur die Strecke BF berechnet wird (werden darf). Ein gewisses „Umfahren" ist nicht unberechtigt, weil dadurch Abrechnungen und Rangierleistungen erspart werden und die Bildung geschlossen durchlaufender Züge erleichtert wird. „Umfahren" bis zu $20^0/_0$ Streckenverlängerung galt früher zwischen den Staatsbahnen Deutschlands als zulässig. Ob „Umfahren", also über einen längeren Weg, wirklich vorliegt, kann nicht einfach nach den Streckenlängen bestimmt werden, vielmehr sind die Betriebsverhältnisse und die aus ihnen folgenden Selbstkosten zu berücksichtigen; man kann hierbei (aber mit Vorsicht!) von den „virtuellen Längen" Gebrauch machen, sollte aber außerdem die Bahnhofsverhältnisse berücksichtigen. Für den Verkehr Thüringen— Schlesien (Corbetha—Breslau) ist z. B. beim Vergleich der Strecken über

Falkenberg und Dresden nicht nur der gebirgige Charakter Sachsens, sondern auch die (für den Personenverkehr sicher noch stärker zu Buch schlagende) unglückselige Gestaltung der Bahnhöfe Leipzig und Dresden zu berücksichtigen [1]).

Im Wettbewerb spielen auch (heimliche) Abreden von Bahnen untereinander u. U. eine Rolle. Wenn z. B. nach Abb. 14 die Linie I dem Knotenpunkt A Verkehr zubringt, der nach B soll, so wäre voraussichtlich Linie II als die kürzere die günstigere; es kann aber Linie III durch irgendwelche „Freundschaftsdienste“ die Linie I bestimmen, ihr den Verkehr zuzuwenden, ohne daß man hinter die Gründe kommt.

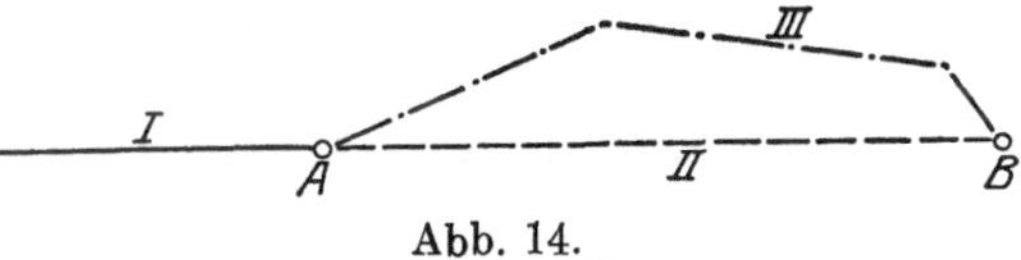

Abb. 14.

Richtet sich der Wettbewerb gegen ein andersartiges Verkehrsmittel, so darf er nicht dahin ausarten, daß für die Wettbewerbstrecken das eine Verkehrsmittel dazu mißbraucht wird, um das andere zu vernichten. Diese Tendenz hat z. B. zum Teil im Kampf der Eisenbahn gegen die Binnenwasserstraßen geherrscht, und solche Bestrebungen treten immer wieder hervor, teils offen, teils versteckt; die Einführung von Staffeltarifen ist z. B. grade im Hinblick darauf empfohlen worden, daß damit den Binnenwasserstraßen ihr Verkehr entrissen werden könne.

Bei vernünftiger und anständiger Behandlung ist zu ermitteln, welche Selbstkosten (unter Beachtung aller Umstände!) auf den beiden Verkehrsmitteln wirklich entstehen und für welche Verkehrsarten die beiden Verkehrsmittel besonders geeignet sind.

Im Gegensatz zu den Wasserstraßen, deren Bedeutung im Verkehr auf große Entfernungen besteht, hat der Kraftwagen die Aufgabe, den Verkehr auf kurze kleine Entfernungen zu bedienen. Seine Entwicklung darf nicht dadurch gehemmt werden, daß die Eisenbahn (z. B. durch zu starke Herabminderung der Abfertigungsgebühren) hier unter den Selbstkosten arbeitet; — es ist volkswirtschaftlich falsch, den ganzen Apparat zweier Güterbahnhöfe, der An- und Abfuhr, des Ein- und Ausladens, womöglich noch eines Verschiebebahnhofs in Bewegung zu setzen, damit schließlich ein Gut 10 km weit befördert wird.

Zusammenfassung.

Wenn man überblickt, was alles gemäß den vorstehenden Abschnitten A bis D an „Grundsätzen für die Bemessung der Tarife“ beachtet werden soll und dabei bedenkt, daß vorstehend nur das Wesentlichste angedeutet, alles Nebensächliche aber nicht einmal erwähnt ist, dann könnte man schier verzweifeln, daß eine Beachtung so vieler und sich teilweise widersprechender Grundsätze überhaupt möglich sei.

Aber es schälen sich doch eine Reihe von großen Leitlinien heraus, denen man mit Vertrauen folgen kann, zumal sich bei ihnen die Forderungen der vier Gruppen von „Grundsätzen“ gut decken.

a) Zunächst ergibt sich aus den „Selbstkosten“ und dem „Wert der Ortsveränderung“ ein klares Gesetz für die untere und obere Grenze der Tarife:

Die Selbstkosten (und zwar die gesamten!) bilden die untere Grenze, unter die der Tarif nicht sinken darf;

---

[1]) Es ist z. B. berechnet worden, daß wegen der schlechten Bahnhofverhältnisse „Wien als Verkehrshindernis“ schlimmer wirkt als die ganzen Alpen!

der „Wert der Ortsveränderung" bildet die obere Grenze, die vom Tarif nicht erreicht werden darf.

Nach Abb. 15 muß z. B. der Tarif zwischen 55 und 100 M. liegen, oder vielmehr zwischen 60 und 90 M., weil die Eisenbahn einen kleinen Zuschlag (hier zu 5 M. angenommen) zu den Selbstkosten machen muß, da sie für gewisse Verkehre das Fahren unter Preis oder sogar unentgeltlich nicht ganz vermeiden kann und weil dem Frachtgeber noch Nebenkosten (hier zu 10 M. angenommen) entstehen.

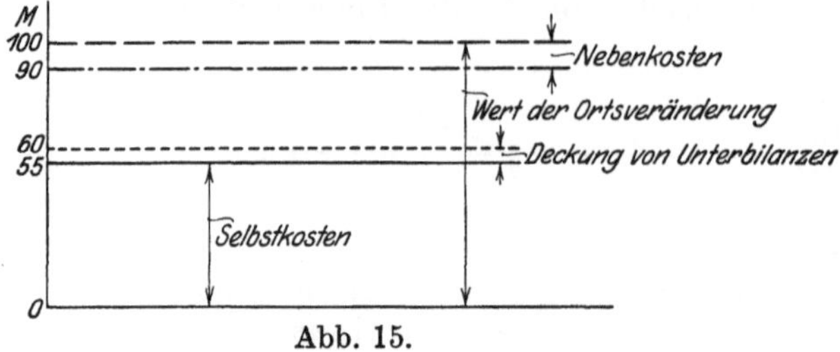

Abb. 15.

Auf dies Gesetz der unteren und oberen Grenze haben die beiden andern „Grundsätze" (Volkswirtschaftliche Rücksichten und Wettbewerb) keinen unmittelbaren Einfluß; jedoch wirken beide im allgemeinen auf den Tarif in dem Sinne, daß sie ihn an die untere Grenze herabdrücken möchten.

b) Im Verkehr spielen fast allgemein die Massengüter die ausschlaggebende Rolle; man gewinnt also schon viel an Klarheit, wenn man die Frage zunächst nur für die Massen, d. h. für die Reisenden der unteren Klasse (in Deutschland der III. und IV. Klasse) und für die wohlfeilen Massengüter entscheidet. Hier decken sich aber die vier Grundsätze vollkommen:

Die Massengüter erzeugen die geringsten Selbstkosten, denn sie bilden große Mengen, machen immer Wagenladungen, oft Halb- und Ganzzüge aus, sie stellen die geringsten Ansprüche an die Güte der Verkehrsleistung, und schaffen leidlich gleichmäßige Verkehrsbeziehungen;

die Massengüter können aber auch nur wenig bezahlen, denn bei ihnen ist der Wert der Ortsveränderung niedrig;

die Volkswirtschaft muß grade für die Massengüter niedrige Tarife fordern;

im Zusammenarbeiten mit den andern Verkehrsmitteln, besonders den Binnenwasserstraßen kommt es grade auf die Massengüter an.

Demgemäß kann man von folgendem Gedankengang ausgehen:

Die wichtigste Grundlage für das wirtschaftliche Leben (und einen Teil des kulturellen Lebens) bildet die Kohle; sie ist gleichzeitig das wichtigste Massengut. Es ist also zu prüfen, welcher niedrigste Tarif möglich ist, d. h. welche Selbstkosten für die Abbeförderung der Kohlen aus den verschiedenen Kohlenbecken in die zugehörigen natürlichen Versorgungsgebiete entstehen. Hiermit hat man in „Kulturländern" $30^0/_0$ und mehr des gesamten Güterverkehrs gefaßt, für viele Bahnen und Wasserstraßen (Rhein, Oder) aber weit mehr[1]).

Mit der Kohle hat man auch die wichtigste Beziehung für das Zusammenarbeiten von Eisenbahn und Binnenschiffahrt geklärt, und grade für die Kohle liegen zuverlässige statistische Angaben der „Kohlenbahnen" und ausgezeichnete theoretische Untersuchungen (z. B. von Cauer und Baumann) vor.

---

[1]) Der Kohlenverkehr betrug auf den Preuß.-Hess. Staatsbahnen in Hundertteilen des gesamten Güterverkehrs:

	1909	1910	1911	1912
in Tonnen	38	36,8	36	36,5
in Tonnenkilometern .	40,7	39	38	40

Nun ist die Kohle aber mit das anspruchsloseste und daher die niedrigsten Selbstkosten erzeugende Gut, und grade im Kohlenverkehr läßt sich durch Bildung geschlossener Züge und durch Vorschieben des Herbstverkehrs in die vorangehende stillere Zeit noch manches an Selbstkosten-Ermäßigung erreichen.

Nächst der Kohle muß die Volkswirtschaft auf billige Beförderung von **Düngemitteln** und groben **Baustoffen** Wert legen, denn durch jene wird die Ernährung verbilligt und die Abhängigkeit vom Ausland gemildert und durch diese wird das Schaffen von Wohnungen und vor allem der Bau und die Unterhaltung der Verkehrswege, also der gesamte Verkehr, verbilligt. Hierbei sind Düngemittel anspruchsvoller als die Baustoffe, weil sie zu bestimmten Zeiten befördert werden müssen und zum Teil gedeckter Wagen bedürfen. Die Selbstkosten dürften für Düngemittel im allgemeinen höher liegen als für Kohlen, für manche Baustoffe, besonders für die „rolligen" (Sand, Kies, Schotter) aber niedriger, was sich im allgemeinen wohl auch mit dem Wert dieser Güter decken dürfte.

An dritter Stelle dürften für die Volkswirtschaft **Erze** und **Holz** stehen; sie werden im allgemeinen höhere Selbstkosten als die Kohle verursachen, weil die Mengen kleiner sind und für viele Verkehrsbeziehungen die Rangierarbeiten größer sind (vgl. das Aufsaugen des Grubenholzes durch die vielen kleinen Stationen waldiger Gebiete), auch haben für diesen Verkehr die Bahnen im Hügelland schon eine gewisse Bedeutung. Aber die Güter sind ja auch höherwertig, können also auch mehr bezahlen.

An vierter Stelle müssen wohl die wichtigsten **Nahrungsmittel** (für Mensch und Tier und die Lebensmittelgewerbe) genannt werden, also Getreide, Kartoffeln, Rüben. Sie stellen höhere Ansprüche (stoßweiser Verkehr, Frostgefahr, u. U. gedeckte Wagen und höhere Geschwindigkeit), verursachen also höhere Selbstkosten, sind aber wegen ihres höheren Wertes auch tragfähiger.

Wir wollen diese Gliederung, die sich nach volkswirtschaftlicher Bedeutung, Selbstkosten und Wert gut übereinstimmend deckt, nicht weiter fortsetzen, denn es sind mit diesen vier Gruppen bereits rd. $75\,^0/_0$ des Gesamtverkehrs gefaßt.

Gesetzt z. B. der Tarif für Steinkohle sei für kleine Entfernungen zu 10 (mit entsprechender Staffelung für wachsende Entfernungen) ermittelt, so ist für die gröbsten Baustoffe gemäß Selbstkosten und Wert vielleicht 8 angemessen, und diese Zahl wird man mit Rücksicht auf Wert und volkswirtschaftliche Notwendigkeiten auch für Braunkohle anwenden, obwohl die Selbstkosten damit unterschritten werden, und für Torf wird man vielleicht sogar auf 6 gehen müssen, um den noch geringeren Heizwert zu berücksichtigen und Gewinnung und Verwendung überhaupt erst einmal lebensfähig zu machen[1]).

Vom Tarif 10 für Steinkohle ausgehend, mag man für Düngemittel und grobe Baustoffe ebenfalls auf 10, für Erze und Holz auf 15, für Kartoffeln und Rüben auf 20, für Getreide auf 25 kommen. — Aber es wird nicht behauptet, daß diese Zahlen richtig seien, sie sollen nur einen Rahmen dafür abgeben, in welchen „Staffeln" man etwa zu denken hat.

c) **Die hochwertigen Güter** können hoch belastet werden, weil der Wert der Ortsveränderung hoch ist, und sie müssen hoch belastet werden, weil sie hohe Selbstkosten verursachen. Geht man auch hier vom Kohlentarif aus, so wird man zu prüfen haben, wie sich der Kohlentarif zum „höchsten Tarif" etwa verhalten müßte. Hierbei muß man aber die höchstwertigen Güter ausscheiden, denn „Kostbarkeiten" werden im allgemeinen

---

[1]) Dann darf aber der Verkehr in Braunkohle und Torf nicht sehr bedeutend sein, weil sonst die Unterbilanz zu groß wird. Für diese beiden Brennstoffe ist übrigens zu beachten, daß die notwendigen Wege nicht lang sind, bei Torf außerdem, daß durch seinen Abbau Ödländereien urbar gemacht werden.

nicht mehr als gewöhnliches Frachtgut, sondern als Eil- und Expreßgut, Post-
pakete, Wertpakete u. dgl. befördert. Man kommt also dazu, daß die hochwertigen Güter im großen und ganzen als Fracht-Stückgut anzusprechen sind.
Setzt man nun dessen Beförderungs-Selbstkosten in Beziehung zu denen der
Kohlen, so läßt sich etwa sagen: Die erzielbare Nutzlast eines Wagens mag
sich wie 1:4 (3 t:12 t) verhalten, das Stückgut erfordert aber: gedeckte
Wagen, umfangreichere Bahnhofsanlagen, Ein- und Ausladen durch die Eisenbahn (vielfach auch Umladen), oft mehr Rangierdienst, höhere Zugförder-
kosten, höhere Ersatzansprüche. Die Selbstkosten sind also mit dem acht-
fachen Betrag kaum zu hoch geschätzt. Damit kommt man vom Kohlentarif 10 ausgehend zu 80, als dem Normalsatz für Fracht-Stückgut. — Volkswirtschaftliche Erwägungen mögen dann noch einen niedrigeren Stückgutsatz,
vielleicht 40, für gewisse Stückgüter erheischen.

Aus den Erwägungen zu b) und c) und den Forderungen nach Einfachheit, groben Abstufungen und wenigen Klassen ergibt sich also etwa Reihe:
10—15—20—25—40—80.

Hierbei werden sich die vier unteren Klassen mit den Wagenladungs-,
die zwei oberen mit den Stückgut-Klassen decken; man wird aber die unterste
„normale" Klasse (Kohle) noch durch eine besonders ermäßigte ergänzen
müssen, und dann muß man die aus den volkswirtschaftlichen Rücksichten
sich ergebenden Feinheiten für die von diesen beherrschten Verkehrsbeziehungen durch „Ausnahmetarife" berücksichtigen.

d) Die wohlfeilen Massengüter und die aus ihrer Beförderung
stammenden Einnahmen sind maßgebend für die Durchschnittseinnahme des Gesamtverkehrs und sie bilden hiermit das Rückgrat der
gesamten Wirtschaft der Verkehrsanstalten. Die hohen Tarife der
hochwertigen Güter schlagen ihnen gegenüber im allgemeinen nur wenig
zu Buch.

In Deutschland betrug z. B. der Anteil der verschiedenen Güterarten
am Gesamtverkehr in Hundertteilen auf den:

		Eisenbahnen	Binnenwasser-straßen
1	Kohlen	39,62	31,38
2	Steine und Erden	18,01	17,89
3	Erze	5,02	14,26
4	Eisen und Eisenwaren	4,85	2,14
5	Holz	4,61	5,70
6	Düngemittel	3,27	2,90
7	Baustoffe	3,16	3,36
8	Roheisen	3,06	1,49
	„Geringwertige" Güter zus. rd.	82,00	80,00
9	Landwirtschaftl. Erzeugnisse . .	7,66	8,92
10	Nahrungs- und Genußmittel . .	3,63	5,07
11	Chemikalien	0,91	0,91
12	Öle und Fette	0,70	1,71
13	Webstoffe	0,49	0,32
14	Metalle und Metallwaren . . .	0,28	0,52
15	Rest	4,73	2,98
	„Hochwertige" Güter zus.	18,00	20,00

Aus diesen Zahlen erhält man eine gute Anschauung von der Verteilung
der Güter:

40 % Kohle, 40 % sonstige „Massengüter", 20 % hochwertige Güter.

Da aber unter laufender Ziffer 4, 5 und 7 auch hochwertige Güter enthalten sind, kommt man zu dem Verhältnis:

$75^0/_0$ geringwertige (Massen-) Güter, $25^0/_0$ hochwertige Güter oder $40^0/_0$ Kohle, $35^0/_0$ sonstige Massengüter, $25^0/_0$ hochwertige Güter.

Geht man nun vom Einheitssatz 10 aus, so erhält man als Durchschnittseinnahme etwa:

	Anteil am Gesamt-verkehr in $^0/_0$	Tarifsatz	Einnahme
Geringwertige Brennstoffe und grobe Baustoffe	15	8	120
Steinkohlen	35	10	350
Düngemittel und Baustoffe	10	10	100
Erze und Holz	10	15	150
Kartoffeln, Rüben	5	20	100
Getreide	5	25	125
Hochwertige Güter (ermäßigt)	12	40	480
Hochwertige Güter (normal)	8	80	640
	100	20,65	2065

Bei einem Tarif, der von 8 bis auf 80 heraufgeht, ergibt sich also ein Durchschnitt von nur 20 bis 21. In Deutschland betrug z. B. bei einem Mindestsatz von 1,4 bzw. 2,2 Pfg. und einem Höchstsatz von 11 die Durchschnittseinnahme für den tkm nur 3,60. Die Einnahmen des deutschen Güterverkehrs betrugen 1908[1]):

Sendungen auf Ausnahmetarife (1—3 Pfg./tkm) . . 702 000 000 M. $= 43,5^0/_0$
Wagenladungs-Klassen (allgem. Tarif, 6—6,7 Pfg.) . 86 900 000 „ $= 6,2$ „
„ „ (Spezialtarife, 2,2—5 Pfg.) . 438 300 000 „ $= 27,4$ „
Stückgut (8—11 Pfg./tkm) . . . . 233 600 000 „ $= 14,5$ „
Eilgut (11—22 Pfg./tkm) . . . . 69 000 000 „ $= 4,2$ „

zus. 1 529 800 000 M. $= 95,8^0/_0$

Hierfür wurden 44 687 000 000 tkm geleistet, was einen Durchschnitt von 3,72 Pfg./tkm ergibt.

Auch im Personenverkehr richtet sich die Durchschnittseinnahme nach dem Mindestsatz: Bei Stadtbahnen konnte man z. B. bei Fahrpreisen von 10 bis 60 Pfg. die Durchschnittseinnahme etwa zu 13 bis 14 Pfg. annehmen. Bei den preußisch-hessischen Eisenbahnen gelten z. B. für 1912 folgende Zahlen:

Wagenklasse	Anteil am Gesamtverkehr in $^0/_0$	Durchschnitts-einnahme für den km	Tarifsatz für den km
Erste	0,91	7,71	7
Zweite . . .	10,52	3,95	4,5
Dritte	40,82	2,48	3
Vierte	43,52	1,82	2

Der Gesamtdurchschnitt aus allen Klassen war aber nur 2,36, also niedriger als der Satz dritter Klasse! — Die Einnahme für den Kilometer war in der ersten Klasse infolge der Zuschläge höher, bei den anderen Klassen infolge der Ermäßigungen niedriger als der normale Tarifsatz.

Aus den für hochwertige Güter zulässigen und erforderlichen hohen Tarifen darf man nun aber nicht etwa den Schluß ziehen, als ob hier der Tarif wesentlich über den Selbstkosten liegen dürfe, daß also für sie die Ermittlung der Selbstkosten als der möglichen unteren Grenze nicht so wichtig wäre. Vielmehr sind auch die meisten „hochwertigen" Güter dahin zu kennzeichnen, daß die volkswirtschaftlichen Erwägungen und der Wett-

---

[1]) Es sind nur die wichtigsten Tarifsätze angegeben.

bewerb auf möglichst niedrige Tarife drücken. Zu hohe Tarife werden hier außerdem eine Abwanderung in die unteren Stufen hervorrufen. Diese ist im Personenverkehr ohne weiteres möglich (vgl. die gegenwärtige starke Abwanderung in die unteren Wagenklassen), im Güterverkehr wird sie dadurch erzielt, daß man nicht als Eil- sondern als Frachtgut versendet, Stückgüter zu Sammelladungen zusammenfaßt, im Nahverkehr den Kraftwagen wählt, und vielfach ist auch der Wettbewerb von Wasserstraßen möglich. Die Abwanderung treibt aber die Selbstkosten für die verbleibenden Güter und Reisenden in die Höhe, weil die Verkehrsmenge sinkt.

Es gilt also auch für die „hochwertigen" Güter der Satz, daß die Tarife möglichst dicht an die (für diese Güter entsprechend hohen) Selbstkosten herabgedrückt werden, und damit ergibt sich der Schlußsatz:

Der Tarif muß die Selbstkosten voll decken; die Selbstkosten bilden also die untere Grenze; aber der Tarif muß so dicht wie möglich an die Selbstkosten herabgedrückt werden.

Die Selbstkosten bilden also nicht nur die untere Grenze, sondern sie streifen auch sehr dicht an die obere Grenze.

Die genaueste Ermittlung der Selbstkosten bildet also die wichtigste Grundlage für die gesamte Tarifbildung.

Eine Tarif-„Wissenschaft", die nicht von diesem vornehmsten Grundsatz ausgeht, ist keine Wissenschaft, mag sie auch in Einzelheiten sehr geistvoll sein und gewisse Teilfragen der Lösung näherbringen. Gegenüber der grundlegenden Bedeutung der Selbstkosten verblassen die anderen Grundlagen, auch die sog. volkswirtschaftlichen Erwägungen. Das klingt sehr einseitig „technisch" und wird selbstverständlich auch von manchen Kritikern mit dem bekannten Satz angegriffen werden, daß die Eisenbahnen doch für die Wirtschaft da seien und daß die volkswirtschaftlichen Erwägungen doch unbedingt den Vorrang vor den „nur-technischen" beanspruchen müssen. Das ist ganz richtig, aber durch nichts wird der Wirtschaft besser gedient als durch die genaue Lösung der technisch-wirtschaftlichen Aufgabe der genauen Selbstkosten-Ermittlung, denn dann ist man sicher, daß die Tarife dauernd und allgemein auf dem überhaupt erzielbaren niedrigsten Stand gehalten werden.

II. Aufbau der Tarife.

A. Die beiden Grundlagen „Menge" und „Weg".

Bei jeder Ortsveränderung handelt es sich um das Produkt: Menge $\times$ Weg, was in den so wichtigen Bezeichnungen tkm usw. zum Ausdruck kommt. Demgemäß muß auch die Tarifbildung an diese beiden Größen anknüpfen, wie es in dem Produkt Einheitssatz und Weglänge geschieht. Es ist daher zu prüfen, was „Menge" und „Weg" bedeuten.

1. Die „Menge".

Die zu befördernden Mengen werden nach Stück, Raum und Gewicht berechnet und es wird auch noch die Menge „Zeit" zur Berechnung zu Hilfe genommen.

Die Berechnung nach Stück ist oft bequem und vielfach auch gerecht. Sie ist besonders dort angezeigt, wo der Begriff „Stück" klar umrissen ist und die Ansprüche an die Verkehrsleistung innerhalb der gleichen Stücke gleich sind. Das gilt z. B. von Postkarten, Briefen, Worten (in Telegrammen), von bestimmten Fuhrwerken (z. B. Personenauto, Lastauto, Fahrrad, Dreschmaschine), von Handelsbegriffen „Stück“ (Fuder, Ballen, Kasten), von Tieren und vor allem von Menschen.

Es ist aber jedesmal zu prüfen, inwieweit man mit dem einheitlichen Begriff auskommt. Das ist z. B. im Personenverkehr bei Bezeichnungen wie Soldat, Arbeiter, Auswanderer, Sachsengänger der Fall; im übrigen ist aber eine Unterscheidung nach Reisenden der verschiedenen Wagenklassen und nach Erwachsenen und Kindern erforderlich. Abstufungen sind z. B. auch geboten bei Briefen, Paketen, Buchstabenzahl (in Telegrammen), ferner teilweise im Tierverkehr. Dagegen verzichtet man u. U. der Einfachheit wegen auf Abstufungen, wenn es sich nur um kleine Beträge handelt (z. B. bei der Aufbewahrung von Handgepäck, — wo alles ein „Stück“ ist, vom Regenschirm bis zum Musterkoffer).

Die Berechnung nach dem in Anspruch genommenen Raum geht von den Selbstkosten aus, da für die bestimmte Transportleistung ein bestimmter (Wagen- oder Schiffs-) Raum in Anspruch genommen wird. Hierdurch ergibt sich eine gute Beziehung zur „Tara“, die um so wichtiger ist, je größer das tote zum Nutzgewicht ist; dies dürfte im allgemeinen am größten sein bei der Eisenbahn und zwar für Eil-Stückgut, am kleinsten für den Schiffsverkehr[1]). Im Personenverkehr spielt der Raum eine große Rolle — wenn auch nach „Stück“ berechnet wird —, weil die erhöhte Bequemlichkeit hauptsächlich in dem Mehr an Raum besteht, vgl. die Kajüte I Kl. mit all dem Zubehör an Salons und Decks gegenüber dem Zwischendeck. Im Güterverkehr wird in der Schiffahrt hauptsächlich nach Raum gerechnet (die ganze Berechnung der Seeschiffe geht nach Raum, — die „Registertonne“ ist kein Gewichts-, sondern ein Raum-Maß, 100 Kubikfuß engl.).

Im Eisenbahngüterverkehr ist das „Wagenraum-Systen“ dem „Werttarifierungs-System“ gegenübergestellt worden. Indem man Art und Größe des Wagens und die volle oder nur teilweise Ausnutzung zugrunde legte, glaubte man zu dem „natürlichen“ System gekommen zu sein. Der Raumtarif hat den Vorzug der Einfachheit, Klarheit, Stetigkeit, der Verbesserung der Wagenausnutzung und der Verminderung des toten Gewichtes; aber er nimmt auf den Wert der Ortsveränderung und die volkswirtschaftlichen Belange zu wenig Rücksicht; er ist daher wohl nur innerhalb derselben Güterklasse berechtigt. Der „Raum“ kann nicht vernachlässigt werden bei ungewöhnlich (spezifisch) leichten, also bei den sog. „sperrigen“ Gütern.

Die Berechnung nach dem Gewicht ist im Eisenbahngüterverkehr die übliche. Sie ist klar und einfach; zugrunde gelegt wird entweder das wirkliche (nur mäßig abgerundete) oder ein grob abgestuftes Gewicht, u. U. auch ein Mindestgewicht, oder auch das Ladegewicht des Wagens. Im letzten Fall muß sich einerseits die Eisenbahn gegen Überbelastung schützen, andrerseits liegt hierin dann eine Härte für den Frachtgeber, wenn dieser das Ladegewicht nicht voll ausnutzen kann. Man kann diese Härte mildern, indem man das rechnungsmäßige Ladegewicht niedriger ansetzt als die durchschnittliche Nutzlast der Güterwagen, z. B. zu 10 t, obwohl die Mehrzahl der Wagen 15 t laden, und nur dann mehr als 10 t rechnet, wenn wirklich mehr verladen ist; außerdem führt man u. U. eine ermäßigte Stufe — 5 t — ein, die dann aber höher tarifiert werden sollte, als die Hälfte der als mindestens 10 t berechneten Sätze beträgt[2]).

---

[1]) Bei der Eisenbahn ist beim toten Gewicht die Lokomotive mit zu berücksichtigen. Die „Tara“ des Eisenbahnzuges ist günstigenfalls kaum weniger als 50%, im Stückgutverkehr kaum weniger als 250%(!!) der Nutzlast, bei Frachtdampfern nur $38-24\%$!

[2]) Beispiel: In einem 15-t-Wagen werden verladen:

    17 t, zu bezahlen sind 17 t, Überlastung muß besonders gestattet sein,
    15 t „   „   „ 15 t

(Fortsetzung nächste Seite.)

Die Zeit wird bei wirklichen Ortsveränderungen nur ausnahmsweise als Rechnungsgrundlage gewählt. Man kann hierher die Zuschläge für Pullman-Wagen (Tagesfahrt, Nachtfahrt) und allgemein für Schlafwagen (Nachtfahrt) rechnen. Sonst sei noch erwähnt: die Aufbewahrung von Handgepäck, das Mieten von Wagen und Schiffen, das Droschkefahren nach Zeit und vor allem der Fernsprechverkehr; auch die Wortgebühr im Telegraphenverkehr kann (nach Sax) als eine Zeitgebühr für die Inanspruchnahme der Einrichtungen und Angestellten angesehen werden.

2. Der „Weg".

Für die Berechnung des Weges (der Weglänge, Entfernung) wäre es am gerechtesten, den wirklich zurückgelegten Weg einzusetzen. Dieser wird, wo nicht ein (ungesunder) Wettbewerb oder andere Umstände (z. B. Vermeidung mehrfacher Grenzübergänge) vorliegen, im allgemeinen der günstigste Weg sein, d. h. der Weg, der die geringsten Selbstkosten erfordert und die höchste Schnelligkeit, Pünktlichkeit, Sicherheit, Bequemlichkeit usw. gewährleistet.

Der günstigste Weg kann der kürzeste sein, braucht es aber nicht zu sein. Man könnte hier mit der „virtuellen Länge" rechnen, wenn diese nicht ein leider so unsicherer Wert und bei Handhabung durch Laien so gefährlich wäre.

Im allgemeinen wird man zu einer gerechten Lösung kommen, indem man folgende Richtlinien beobachtet:

a) Linien, die aus dem ganzen Rahmen des gewöhnlichen Eisenbahnnetzes herausfallen, bleiben unberücksichtigt. Hierzu gehören einerseits die meisten „Kleinbahn-ähnlichen" Strecken und sogar viele „Nebenbahnen", weil sie für schweren, schnellen Durchgangsverkehr nicht geeignet sind und vielfach recht hohe Selbstkosten haben, andrerseits aber auch etwaige „Massengüterbahnen" bezüglich des für sie nicht geeigneten Verkehrs, ferner Linien mit starken Steigungen oder anderen besonderen Schwierigkeiten (Stadtbahnen, Linien mit Fähren). Müssen solche Linien aber trotzdem benutzt werden, weil eine andere Verbindung nicht besteht, so sind sie u. U. tarifarisch nach ihrer Eigenart besonders zu behandeln (s. Punkt d).

b) Durch Ausschalten dieser „ungewöhnlichen" Bahnen erhält man ein „einheitliches" Netz; aus ihm müssen aber für den durchgehenden Verkehr noch die Linien ausgesondert werden, über die man diesen vernünftigerweise nicht leiten kann, selbst wenn sie „Hauptbahnen" sind. Hierdurch wird der Durchgangsverkehr allerdings belastet, aber er genießt ja auch den Vorteil, daß u. U. Staffeltarife bestehen.

c) Dagegen soll der Ortsverkehr — in diesem Fall der Verkehr zwischen zwei Punkten, zwischen denen nur eine Linie besteht — von Zuschlägen möglichst verschont bleiben, weil sonst grade die wirtschaftlich Schwachen, die kleinen, die abseits und die im Gebirge gelegenen Orte, belastet werden.

<table>
<tr><td>12 t, zu bezahlen sind 12 t</td><td></td></tr>
<tr><td>10 t   „   „   „   10 t</td><td></td></tr>
<tr><td>8 t   „   „   „   10 t</td><td rowspan="3">wenn zu 10 t (statt 15) gerechnet wird, aber keine
ermäßigte Stufe eingeführt ist.</td></tr>
<tr><td>3 t   „   „   „   10 t</td></tr>
<tr><td>1 t   „   „   „   10 t</td></tr>
</table>

Dagegen:

<table>
<tr><td>8 t, zu bezahlen sind 8 t</td><td rowspan="4">wenn eine ermäßigte Stufe eingeführt ist; dann
ist aber der Einheitssatz zu erhöhen, etwa durch
Multiplikation mit 1,2.</td></tr>
<tr><td>5 t   „   „   „   5 t</td></tr>
<tr><td>3 t   „   „   „   5 t</td></tr>
<tr><td>1 t   „   „   „   5 t</td></tr>
</table>

d) Zuschläge sollen überhaupt nur erhoben werden, wo die Selbstkosten beträchtlich höher sind: auf Gebirgsbahnen mit mehr als $x^0/_{00}$ Steigungen, auf Bahnen mit Zahnstange, für lange Tunnel, große Brücken, Schleusen, Seekanäle. — Der Zuschlag erfolgt durch Multiplizieren der wirklichen Bahnlänge (einschl. künstlicher Längenentwicklungen) mit einem „Virtualkoeffizienten", z. B. 1,6, oder durch Zuschlag bestimmter „Tarifkilometer".

e) Bei jeder Abweichung von dem kürzesten Weg und für jeden Zuschlag hat die Eisenbahn gegenüber der Staatsaufsicht den Nachweis der Notwendigkeit zu führen.

f) Die schematische Rechnung über die „kürzeste fahrbare Verbindung" ist zwar bequem, widerspricht aber dem technisch-wirtschaftlichen Geist; — dann müßte man ja eigentlich mit den Luftlinien rechnen!

Zu beachten ist, daß durch Bau neuer Linien und Umgestaltung von Bahnhöfen die Entfernungen kürzer oder länger werden können. Es sind dann also Umrechnungen notwendig. Verlängerungen durch Bahnhofumbauten — die zur Herstellung schienenfreier Entwicklungen fast unvermeidlich sind — führen bei etwa dadurch bedingten Tariferhöhungen zu unangenehmen Auseinandersetzungen, besonders im Nahverkehr; — das Publikum klagt (nicht mit Unrecht): „Nun muß ich Karussell fahren, verliere Zeit, und dafür soll ich auch noch mehr bezahlen."

Im Personenverkehr läßt man die Reisenden den Weg bis zu einem gewissen Grad selbst aussuchen; wählen sie einen längeren Weg, so mögen sie dafür auch mehr bezahlen. Wenn aber mehrere Wege nicht allzu weit voneinander abweichen, so rechnet man vielfach den gleichen Satz; dadurch entstehen „Tarifkuriosa", — dem Fachmann etwas Selbstverständliches, manchem Laien eine Anregung zu Witzeleien[1]).

B. Tarifarten (Begriffsbestimmungen).

Der Tarife gibt es so viele, daß nachstehend die Tarifarten (wenigstens die wichtigsten) kurz erläutert und die Bezeichnungen erklärt werden sollen. — Die Bezeichnungen sind in Wissenschaft und Sprachgebrauch leider nicht übereinstimmend.

1. Reine Entfernungs- und Staffeltarife.

Der „reine Entfernungstarif" wird nach dem Grundsatz gleichbleibender Einheitssätze, der Staffeltarif nach dem Grundsatz der mit der Entfernung fallenden Einheitssatze gebildet. Die Begründung für die Staffeltarife ist in früheren Ausführungen enthalten.

2. Zonentarife.

Bei beiden vorstehend erläuterten Tarifarten können die Längeneinheiten klein (1 km, 1 engl. Meile) oder groß (50, 100 km) gewählt werden. Ist letzteres der Fall, so spricht man vom „Zonentarif". Er kann also vom reinen Entfernungstarif ebensogut ausgehen, wie vom Staffeltarif; die Annahme, daß der Zonentarif gleichzeitig Staffeltarif sein müsse, ist irrig, — aber es gibt viele Zonen-Staffel-Tarife. Es gibt keinen bestimmten Ausdruck für das Gegenteil vom Zonentarif, also für den mit kleinen Längeneinheiten

---

[1]) Wenn ein Bahnnetz sehr „ungerecht" angelegt ist, insbesondere dann, wenn einzelne Knotenpunkte überstark mit Linien ausgestattet sind, und der Überzahl solcher „Strahlenlinien" ein bedenkliches Manko an „Querlinien" gegenübersteht, ist selbst die „gerechteste" Wegberechnung mit Ungerechtigkeiten verbunden.

rechnenden Tarif. Allerdings unterscheidet man vielfach „Zonentarif" — „Entfernungstarif". Aber das scheint uns nicht recht glücklich zu sein.

Der Zonentarif findet seine Begründung darin, daß das Rechnen nach kleinen Längeneinheiten allerdings gerecht, vielfach aber zu umständlich ist und schließlich zur „Pfennigfuchserei" führt. Dagegen hat der Zonentarif den Vorzug der Einfachheit. Wo die Beträge überhaupt niedrig sind, wie insbesondere (vor dem Krieg) im Stadt- und Vorort- und im Nachrichten- verkehr, ist der Zonentarif das Gegebene: die Straßenbahnen kennen u. U. nur eine Zone, — doch war der daraus sich ergebende „Einheitstarif" (von einem Groschen) für größere Straßenbahnnetze bedenklich, — oder sie haben mehrere Zonen; Ähnliches gilt von den Stadt- und Vorortbahnen, so hatte die Berliner Stadt- und Ringbahn 2 Zonen (5 Stationen und ganze Strecke); auf vielen amerikanischen städtischen Verkehrsmitteln gibt es ebenfalls nur 2 Zonen (zu 5 und 10 c). Ausgeprägt ist der Zonentarif bei der Post (Ort- schaft — Inland — Ausland). Im Seeverkehr gibt es insofern vielfach „Zonen", als die Tarife nicht auf einen bestimmten Hafen, sondern auf Hafengruppen (also auf Meere, Meeresteile, Küsten) lauten; für längere Fahrten tarifieren z. B. die Kanal- und Nordseehäfen (z. B. Liverpool und Hamburg) gleich und vor dem Krieg wuchsen z. B. die Fahrpreise von der Nordsee nach Ostasien von Hongkong ab nicht mehr. Hier könnte man auch von „Stationstarifen" sprechen, s. u. Im Eisenbahnverkehr ist der Zonentarif als Staffeltarif be- sonders für große und für langgestreckte Länder (Rußland, Schweden, Italien) angezeigt; in Ungarn bestand eine Zeitlang ein Zonentarif, der einseitig auf die Befruchtung der Hauptstadt zugeschnitten war. Vielfach gelten „Zonen" für die Zuschläge (für D-Züge, Schlafwagen, Pullman-Wagen) und für das Reisegepäck. Wenn man beim Zonentarif die einzelnen Zonen alle gleich macht (z. B. 50 km), nutzt man für die großen Entfernungen den Vorzug der Einfachheit nicht voll aus, während man für die kleinen Entfernungen zu Härten und für die kleinsten zu Ungerechtigkeiten kommt. Werden z. B. 50 km als Zone gewählt, so muß die kleinste Zone als durchschnittlich 25 km gerechnet werden, so daß die kurzen Fahrten von 10 oder 15 km zu hoch belastet werden; grade das aber sind die Fahrten, die im Wohn-, Berufs-, Schul-, Ausflug-, Markt-Verkehr so zahlreich sind und besonders pfleglicher Behandlung bedürfen. Man wird daher zu einer besseren Zoneneinteilung kommen, wenn man etwa abstuft:

      10,   20,   30,   50,   75,   100,   150,   200,   300,   400 km.

Die großartigste Zone ist das „Ausland" im Sinne des Weltpostvereins.

3. Binnen- und direkte Tarife.

Die Unterscheidung erfolgt nach dem Geltungsbereich: der Binnentarif gilt nur für die Verkehrsbeziehungen innerhalb desselben Unternehmens, der direkte Tarif für den Verkehr über zwei oder mehr Unternehmen. Das zweite Unternehmen kann sogar ein anderes Verkehrsmittel sein (Eisen- bahn — Schiffahrt). Der direkte Tarif hat den Vorzug der Vereinfachung und (vielfach) der Ermäßigung der Abfertigungsgebühren; er erleichtert und verbilligt also jeglichen „gebrochenen" Verkehr, macht aber besondere Verein- barungen zwischen den verschiedenen Unternehmen erforderlich. Es müssen hierbei bei ganz reiner Durchführung alle Zwischenbahnen auf die Abfertigungs- gebühr verzichten, die Anfangs- und Endbahn sich je mit der halben Ab- fertigung begnügen.

Man kann bei den direkten Tarifen unterscheiden:

    innerhalb desselben Verkehrsmittels bleibend (z. B. Reichsbahn — Schweizer Bundesbahnen), innerhalb desselben Landes bleibend (z. B. Reichsbahn — Lübeck-Büchener Bahn),

andere Verkehrsmittel umfassend (z. B. Eisenbahn — Schiff oder Vollbahn — Kleinbahn oder Hochbahn — Straßenbahn),

ins Ausland reichend (z. B. Reichsbahn — Schweizer Bundesbahn). Eine große Rolle spielte der Kampf um direkte Tarife im Verkehr der Vollmit den Kleinbahnen.

4. Durchrechnungs- und Anstoßtarife.

Bei der Durchrechnung wird der Gesamtpreis berechnet, indem die ganze Strecke mit dem Einheitssatz multipliziert wird, beim Staffeltarif also mit dem dieser Gesamtentfernung entsprechenden Einheitssatz. Man kann den Staffeltarif aber auch erhalten, indem man bis zu einer gewissen Entfernung einen höheren Einheitssatz rechnet und an den hiermit ermittelten Frachtsatz einen mit einem niedrigeren Einheitssatz berechneten Frachtsatz anstößt usf.

Es mögen z. B. betragen die Einheitssätze:

für 0 bis 100,   101 bis 200,   201 bis 300,   301 bis 400 km usf.
Einheitssatz 100   90   80   70,

so beträgt die Fracht für 350 km:

$$100 \cdot 100 + 100 \cdot 90 + 100 \cdot 80 + 50 \cdot 70 = 30\,500.$$

Es sind hier also an den ersten Satz 10000 die weiteren Sätze 9000, dann 8000 und dann schließlich der Rest 3500 „angestoßen" worden. Von „Anstoßtarifen" könnte man auch sprechen, wo keine „direkten" Tarife bestehen und daher mehrere „Binnentarife" nacheinander angestoßen werden müssen.

Der Anstoßtarif hat den Vorzug guter Übersichtlichkeit.

Für die äußerliche Anordnung der Tarifbücher und für die Verringerung ihres Umfangs und für das Erleichtern von Änderungen und Ergänzungen ist es von Vorteil für den Verkehr zwischen zwei Verkehrsgebieten, die Tarife je nur bis zu einer bestimmten Übergangsstation anzugeben, in dieses also „anzustoßen", — man spricht hier auch von „Schnitt-Tarif" und „Schnitt-Station".

5. Normal- und Ausnahmetarife.

Unter „Normaltarif" (Regeltarif) versteht man den mit den regelmäßigen Sätzen gebildeten Tarif, unter Ausnahmetarif jeden hiervon abweichend gebildeten Tarif. Jeder Ausnahmetarif bringt Erschwernisse und ist daher vom Übel, aber das vielgestaltige Leben kann eben mit den Regeltarifen nicht auskommen.

Man könnte jeden Staffel- und jeden Zonentarif als „Ausnahmetarif" bezeichnen, weil dabei die Entfernungen unterschiedlich behandelt werden. Das ist aber nicht zweckmäßig, denn wenn das Staffeln oder die Zone für die normale Tarifbildung angenommen sind, so müssen solche Tarife eben als Regel- und nicht als Ausnahme-Tarife bezeichnet werden[1]).

Die wichtigsten Ausnahmetarife sind:

a) Ausnahmen zugunsten bestimmter Güterarten. Sie haben den Zweck, diese Güter beweglich zu machen oder zu erhalten.

---

[1]) Allerdings sind vielfach die Ausnahmetarife für so viele Güter maßgebend (in Deutschland früher für 60%!), daß sie die „Regel" bilden, während die Regeltarife dann nur für so wenig Güter maßgebend sind, daß sie die „Ausnahme" bilden. — Das vieldeutige Wort „Differentialtarif" ist überflüssig und sollte überhaupt nicht angewendet werden. Eindeutig ist das Wort nur, wenn es bedeutet, daß für eine vorgelegene Station der Tarif höher ist als für eine weiter entfernte.

b) **Ausnahmen zugunsten bestimmter Landesteile oder Stationen.** Sie haben den Zweck, den betreffenden Landesteil und die auf diese Stationen angewiesenen Wirtschaftskräfte zu unterstützen. Solche Tarife werden daher im allgemeinen nur für den Versand oder nur für den Empfang und außerdem nur für bestimmte Güter gelten, z. B. für den Versand der Rohstoffe von ihren Gewinnungsstellen.

c) **Ausnahmen zugunsten anderer Verkehrsmittel**; insbesondere der vaterländischen Seeschiffahrt; sie werden dann also nur von oder nach Seehäfen gelten.

d) **Ausnahmetarife, um den Durchfuhrverkehr anzulocken.**

e) **Ausnahmen zugunsten bestimmter Erwerbskreise oder bestimmter Gewerbe.**

f) **Ausnahmen zugunsten eines gesunden Siedlungswesen**, einerseits zur Verbilligung des Bauens und der Ödlanderschließung, andrerseits zur Begünstigung des Wohnens in den Vororten.

Nachstehendes Beispiel möge noch zeigen, wie der Rechnungsansatz aufzustellen ist, wenn nach Entfernung und Gewicht gestaffelt und höhere Geschwindigkeit berücksichtigt wird.

Es seien 130 t Gut der Tarifklasse D als Eilgut 450 km zu befördern:

1. Einheitssätze der Tarifklassen

A	B	C	D	E
4	6	9	12	16 Pfg.

Der Einheitssatz ist also 12 Pfg.

2. Staffelung nach der Entfernung: Es sind zu zahlen in Hundertteilen des Einheitssatzes für die Zonen:

	1—100	101—200	201—300	301—400	401—500 km
in %	100	95	90	85	80

3. Staffelung nach der Menge: Es sind zu zahlen in Hundertteilen des Einheitssatzes

	für	10	20	100	300	600 t
	in %	100	95	90	95	80

4. Für erhöhte Geschwindigkeit wird multipliziert für Eilgut mit 2, für Expreßgut mit 4.

Dann ist der Rechnungsansatz:

$$130 \cdot 12 \cdot \left(100 + 95 + 90 + 85 + \frac{80}{100} \cdot 50\right) \cdot \frac{90}{100} \cdot 2 = 1160 \text{ M.}$$

Ohne die beiden Staffelungen wäre zu zahlen:

$$130 \cdot 12 \cdot 450 \cdot 2 = \text{rd. } 1400 \text{ M.}$$

II. Eisenbahnbetrieb

von

G. Jacobi

I. Einleitung.

Jede Ortsveränderung einer Nutzlast setzt das Vorhandensein eines Weges, eines Fahrzeuges und einer Kraft voraus. Ist nun der Weg eine eigenartig hergestellte Spurbahn aus eisernen Schienen — eine Eisenbahn —, und werden auf ihr ihrer Eigenart und der zu befördernden Nutzlast angepaßte Fahrzeuge durch entsprechende Maschinen bewegt, so entsteht der Eisenbahnbetrieb.

Wenngleich er mit Rücksicht auf diese, seine technischen Behelfe auch wesentlich technischer Natur ist, so wird er doch in vieler Hinsicht bedingt durch den Verkehr[1]), d. h. durch diejenige Verbindung unter den Menschen, die den Zweck verfolgt, wirtschaftliche Güter — auch persönliche Dienste — gegebenenfalls im gegenseitigen persönlichen und schriftlichen Benehmen auszutauschen.

Man unterscheidet ganz allgemein 3 große Verkehrsarten: den Personen-, Nachrichten-[2]) und Güterverkehr, die, insoweit die Eisenbahnförderung in Betracht kommt, jede ihrer Art entsprechend den Eisenbahnbetrieb beeinflussen.

Vielfach vermischen und durchdringen sich die drei großen Gruppen wechselseitig, so im Personenverkehr mit dem Gepäck- und Traglastenverkehr und mit einem bestimmten Eilgut- und Viehverkehr, so ferner im Nachrichtenverkehr mit dem Postpackverkehr und endlich im Güterverkehr mit einem auf kurze Entfernungen sich bewegenden Personenverkehr.

Die drei großen Verkehrsarten gliedern sich ferner in verschiedene Unterarten, die im Personenverkehr nach den von den Reisenden benutzten Wagenklassen, im Güterverkehr als Leichen-, Vieh-, Stückgut-, Wagenladung- und Postpäckereiverkehr bezeichnet werden, von denen der letztere unmittelbar mit dem Nachrichten-(Briefpost-)verkehr verbunden ist. Im weiteren findet man sowohl beim Personen- als auch beim Güterverkehr viele Sonderarten, die entweder zum regelmäßigen täglichen Verkehr gehören oder regelmäßig zu bestimmten Zeiten im Jahre und an bestimmten Orten in die Erscheinung treten oder unregelmäßig nur in einzelnen Jahren und oft an keine bestimmte Örtlichkeit gebunden entstehen, von allen Verwaltungen aber, sei es aus sozialen, allgemein volks- und weltwirtschaftlichen oder verwaltungswirtschaftlichen Gründen, sehr pfleglich behandelt werden. Hierher gehört der Verkehr der Schüler, Arbeiter, Auswanderer, Sachsengänger sowie der Salz-, Rüben-, Kohlen-, Erzverkehr usw., ferner der Fest-, Rennplatz-, Ausflug- und Militärurlauberverkehr, der Bäder-, Ferien-, Vereins-, Kongreß- und endlich der Vieh- und Jahrmarkt-Verkehr.

Mit bezug auf die vom Verkehr beanspruchte Entfernung spricht man von einem Nah- und Nachbar- sowie dem Landes- und Weltfernverkehr.

Wie nun nicht alle Verkehrsarten und Gegenstände dieselbe Beförderungsentfernung beanspruchen, so auch nicht denselben Schnelligkeitsgrad der Be-

---

[1]) Die rechtliche Seite bleibt hier unberührt.
[2]) Der Nachrichtenverkehr kommt hier nur insoweit in Frage, als er die Eisenbahn als Beförderungsmittel benutzt.

wegung. Deshalb muß man endlich unterscheiden zwischen dem Langsam-, Eil- und Schnellverkehr.

Der Eisenbahnbetrieb umfaßt nun alle Vorgänge und Tätigkeiten, die erforderlich sind, um die aus dem Verkehr hervorgehenden Nutzlasten, soweit sie der Eisenbahn auf einem anderen Verkehrswege zur Beförderung zugeführt werden, vom Augenblicke der erfolgten Verladung auf dem Ausgangsbahnhof bis zur Entladebereitstellung auf dem Zielbahnhof in einzelnen Wagen oder in Wagenzügen mittels Maschinen zu besonders festgesetzten Zeiten und innerhalb bestimmter Zeiträume regelmäßig und pünktlich sowie sicher und nach dem Grundgesetze der Wirtschaftlichkeit zu bewegen, wobei die Zwangläufigkeit und die verschiedene Geschwindigkeit der Bewegung von wesentlichem Einfluß ist.

Hiernach kann man den Begriff — Eisenbahnbetrieb — kurz feststellen als die geregelte und gesicherte durch Maschinen bewirkte Bewegung einzelner Fahrzeuge und Züge auf der Eisenbahn und deren Stationen zwecks Beförderung von Nutzlasten.

Seine Gestaltung im einzelnen hängt einerseits ab von der Art und dem Umfange des zu bewältigenden Verkehrs sowie dem Schnelligkeitsgrade der Beförderung, andererseits von den Streckenverhältnissen, der Maschinenart, der Gestaltung und Dichtigkeit des Eisenbahnnetzes und insbesondere von den darin sich befindenden Betriebsstellen, vornehmlich den Bahnhöfen.

Im allgemeinen aber werden alle Vorgänge durch die Bildung des Fahrplans und seine Durchführung sowie durch die Ausübung des Fahrdienstes betätigt; der letztere ist zu trennen in den Stations- und Streckendienst.

Der Stationsdienst umfaßt alle Vorgänge bei der Bereitstellung einzelner Fahrzeuge oder ganzer Wagenzüge zur Be- und Entladung bei der Fertigstellung der Züge bis zur Abfahrt sowie alle Tätigkeiten für ihre Abfahrt aus der Station, ihre Durchfahrt und für ihre Einfahrt in die Station, also die Zugbildung (einschließlich Umbildung und Ausrüstung des Zuges), die Bahnhofs-Fahrordnung, das Verfahren und den Dienst bei der Zugmeldung, die Fahrdienstleitung und Abfertigung der Züge sowie die Verwaltung der Station (Dienstregelung und Bahnpolizei).

Der Streckendienst umfaßt alle Tätigkeiten im Zuge während seiner Fahrt und für seine Fahrt und Sicherheit auf der Strecke, also den Dienst der Zugmannschaft einschließlich des Schreibwerks im Zuge und die Bahnbewachung.

Mit Rücksicht auf seine Gefährlichkeit wird der Eisenbahnbetrieb in allen Staaten durch Gesetze und Verordnungen — letztere zum Teil mit Gesetzeskraft — allgemein geregelt. Da er aber vielfach durch die örtlichen Anlagen beeinflußt wird, ist seine Durchführung im besonderen dem freien Ermessen der einzelnen Verwaltungen im Rahmen der gesetzlichen Bestimmungen überlassen unter der Voraussetzung, daß weder seine Sicherheit und Regelmäßigkeit noch diejenige Einheitlichkeit, die aus Staatsrücksichten gefordert werden muß, beeinträchtigt wird.

Für die Gesetzgebung sind die einschlägigen Paragraphen der Verfassungen grundlegend. Neben den Landesgesetzen bestehen zwischenstaatige Vereinbarungen mit Gesetzeskraft zur Regelung und Vereinheitlichung des Betriebes zwischen den benachbarten Ländern und darüber hinaus sowie Verordnungen der Landesaufsichtsbehörden. Ferner sind freie Vereinbarungen zwischen den Nachbarverwaltungen zur Durchführung ihres Betriebes zwischen ihren Bereichen getroffen und endlich Bestimmungen der Einzelverwaltungen mit Gültigkeit für den eigenen ganzen Bereich oder für bestimmte Teile davon — Stationen und Strecken — erlassen.

Für das Deutsche Reich insbesondere waren bis zum Erlaß der neuen Verfassung vom 11. August 1919 die grundlegenden Bestimmungen in den Artikeln 4, 8 und 41—47 der Verfassung vom 16. April 1871 und vor allen Dingen die vom Bundesrat daraufhin erlassene Eisenbahnbau- und Betriebsordnung (B. O. vom 4. November 1904 mit Gültigkeit vom 1. Mai 1905, Art. 42/43), die Signalordnung (S.O. gültig vom 1. Juli 1910, Art. 42/43), einzelne Paragraphen der Verkehrsordnung (E.V.O. gültig vom 1. April 1909, Art. 45) sowie die auf diesen Ordnungen aufgebauten Fahrdienstvorschriften (F. V. gültig vom 1. August 1907), die den Betrieb im einzelnen regeln, ferner die Bestimmungen über die Befähigung der Eisenbahnbetriebs- und Polizeibeamten (vom 8. März 1906, Art. 42/43) und die Militärtransportordnung (M.Tr.O., Art. 47) maßgebend. In der heute bestehenden Verfassung kommen die Artikel 91 bis 96 in Frage. Insbesondere kann nach Artikel 91 die Reichsregierung Verordnungen für den Bau, Betrieb und Verkehr der Eisenbahnen erlassen. Es ist hierdurch jedem Zweifel an der Gültigkeit solcher Verordnungen der Boden entzogen, der früher deshalb berechtigt war, weil dem Bundesrat in der alten Verfassung nicht unmittelbar die Ermächtigung hierzu erteilt war. Diese Verordnungen sind indessen stetigen Änderungen unterworfen. Z. Zt. unterliegen sie einer Umarbeitung. An Landesgesetzen kommen z. B. in Preußen die Gesetze über die Eisenbahnunternehmungen vom 3. November 1838 und über Kleinbahnen und Privatanschlußbahnen vom 28. Juli 1892 in Betracht.

Unter den zwischenstaatigen Vereinbarungen mit Gesetzeskraft sind vor allem die Bestimmungen betreffend die technische Einheit im Eisenbahnwesen vom 15. Mai 1886, in Kraft seit dem 1. April 1887, zu nennen.

Von den freien Vereinbarungen mit zum Teil bindenden Bestimmungen sind die des Vereins deutscher Eisenbahnverwaltungen (V. D. E. V.) die wichtigsten; insbesondere kommen hier in Frage:

1. die technischen Vereinbarungen über den Bau und die Betriebseinrichtungen der Haupt- und Nebenbahnen (T. V. zurzeit vom 1. Januar 1909) — die für die Vereinsbahnen bindenden Bestimmungen sind durch fetten Druck hervorgehoben;

2. die Grundzüge für den Bau und die Betriebseinrichtungen der Lokalbahnen (Grz. vom 1. Januar 1909);

3. das Verzeichnis der größten Radstände, Raddrücke und Querschnittsmaße sowie der bei der Beladung offener Wagen anzuwendenden Lademaße I und II.

Ferner sind auch die Kundmachungen des deutschen Verkehrsverbandes — die Beförderungsvorschriften — (zurzeit gültig vom 1. Januar 1912) zu beachten.

Schließlich sind noch die Vorschriften zu erwähnen, die die Beziehungen der Eisenbahnverwaltung zu der Militär-, Zoll-, Steuer-, Polizei-, Telegraphen- und vor allen Dingen zu der Postverwaltung regeln.

Zu den Sondervorschriften, die für die einzelnen Betriebszweige zur einheitlichen Ausführung ihres Dienstes erlassen sind, gehören:

die Dienstanweisungen für die einzelnen Beamtengattungen, die Vorschriften für den Blockdienst (Bl. V.) und den Stellwerkdienst (St. V.), für die Handhabung des Telegraphendienstes, die Unfallmeldevorschriften (U. M. V.), die Vorschriften für das Entwerfen von Eisenbahnstationen usw., für die Aufstellung des Fahrplans und der Fahrordnung, für die Zugbildung, für die Ablassung von Arbeitszügen, die Bestimmungen über die planmäßige Dienst- und Ruhezeit der Eisenbahnbetriebsbeamten, die Betriebspläne für Nebeneisenbahnen, die Bahnhofdienstanweisungen u. a. m. — Sie werden meistens in Buchform herausgegeben. Etwaige Erläuterungen dazu erscheinen in. den Verordnungsblättern (Amtsblättern) der einzelnen Bereiche. Auch diese Vorschriften sind stetigen Änderungen unterworfen.

Um endlich in besonderen, von der Regel abweichenden oder außergewöhnlichen und vorübergehenden Fällen den Betrieb zu regeln und zu sichern, werden Sonderdienstanweisungen erlassen, z. B. für die Handhabung des Betriebes zu Festzeiten, bei vorübergehender Kreuzung von Haupt- und Nebenbahngleisen mit Gleisen von Bodenbeförderungsbahnen, bei Bauten unter den im Betriebe befindlichen Gleisen, bei Benutzung einstweiliger oder Inbetriebnahme neuer Gleise usw. Sie werden entweder durch die genannten Verordnungsblätter oder durch besondere Dienstbefehle (Dienstvorschrift) bekanntgegeben.

II. Der Fahrplan.

A. Zweck des Fahrplanes.

Die Eisenbahnfahrpläne sind die Leitfäden für die Zugfahrten. Sie bezwecken:

1. das Bedürfnis nach Beförderung auf Eisenbahnen geordnet, regelmäßig und sicher zu befriedigen sowie den Verkehr zu leiten;

2. die Reisenden und deren Angehörige, die Frachtversender, u. U. auch die Empfänger, die Post- und Militärverwaltung über die bestehenden Beförderungsmöglichkeiten zu unterrichten;

3. den Beamten die vorgesehenen Zugfahrten, auch in ihren Anschlüssen, zur Kenntnis zu bringen und ihnen die pünktliche sowie sichere Durchführung der Zugläufe und des Zugdienstes zu ermöglichen.

Für die allgemeine Lage der Zugfahrten innerhalb des Fahrplanes ist in erster Linie das aus den vorhandenen welt-, volks- und ortswirtschaftlichen Beziehungen hervorgehende Beförderungsbedürfnis maßgebend. Da aber die Eisenbahn an sich und infolge ihrer stetigen Vervollkommnung verkehrsschaffend wirkt, auch die wirtschaftlichen Verhältnisse den Zeitumständen entsprechend einem fortwährenden Wechsel unterliegen, das Beförderungsbedürfnis dementsprechend dem Umfange, der Art, der Zeit, dem Ursprunge und dem Ziele nach erheblichen, oft sprunghaften Änderungen unterworfen ist, so muß bei Aufstellung des Fahrplans von vornherein auf diese Wirkungen gerücksichtigt werden.

Die besondere Lage der Zugfahrten wird, nachdem vorerst ihre Zahl und Art auf Grund welt-, volks- und ortswirtschaftlicher Erwägungen sowie der politischen — auch finanzpolitischen — und verwaltungswirtschaftlichen Verhältnisse festgestellt ist, bedingt durch die Einflüsse, die die Zugarten vermöge ihres Zwecks und ihrer verschiedenen Geschwindigkeit wechselseitig aufeinander ausüben.

Die Aufstellung der Fahrpläne erfolgt nach Festlegung der Grundgeschwindigkeit, der Anhaltestellen und Aufenthaltszeiten unter Bedachtnahme auf zweckmäßige Abfahrt- und Ankunftzeiten und Berücksichtigung der Übergänge auf andere Strecken sowie Anschlüsse an Nebenstrecken auf Grund der technisch-wirtschaftlichen wechselseitig sich beeinflussenden Leistungsfähigkeit der Strecke, der Bahnhöfe, der Fahrzeuge und der Kraftmaschine.

B. Das Beförderungsbedürfnis und der Fahrplan.

1. Das Beförderungsbedürfnis.

Der Ausgangspunkt für die Fahrplanbildung ist das aus dem Verkehr hervorgehende Beförderungsbedürfnis, das wiederum in den Eisenbahnen selbst und ihrer Verbreitung und Vervollkommnung eine ihrer stärksten Urquellen besitzt:

denn je dichter ihr Netz wird, je vollkommner ihre Einrichtungen sind, desto größer wird die vom Verkehr beanspruchte Beförderungsentfernung, desto kleiner die auf die Entfernungseinheit zu verwendende Beförderungszeit, desto geringer die Beförderungskosten und dementsprechend auch der Beförderungspreis, desto vorteilhafter ihre Benutzung auf kurze Entfernungen, desto weiter der Kreis innerhalb welchen der Verkehr mit wirtschaftlichem Erfolg möglich ist, desto mannigfaltiger und umfangreicher die Verkehrseinheiten, desto größer die Möglichkeit der Massenbeförderungen, namentlich an geringwertigen Gütern, desto häufiger die Zugdichte, desto vielfältiger endlich und verschlungener die Wege, auf die der Verkehr zu leiten ist.

Wie sich das Bedürfnis nach Eisenbahnbeförderung in den Jahren von 1885 bis 1910 im großen und ganzen in den hauptsächlichsten deutschen Verwaltungsgebieten entwickelt hat, ist ganz allgemein aus nachstehender Zusammenstellung 1 (s. S. 128/129) zu erkennen.

Daß die Nutzleistungen — Personen- und Tonnenkilometer (Pkm und Tkm) — mit der Zunahme des Netzumfanges sowie der Netz- und Bevölkerungsdichtigkeit bei sonst gleichbleibenden wirtschaftlichen Verhältnissen wachsen müssen, ist ohne weiteres klar; denn jede Person mehr an einer vorhandenen Strecke ergibt unmittelbar einen Zuwachs von Pkm, und weil mit ihr ein bestimmter Verbrauch wirtschaftlicher Güter verbunden ist, auch ein Mehr an Tkm. Ebenso wird jede neue Strecke nicht allein eine gewisse Anzahl eigener Nutzleistungen in ihrem inneren Verkehr aufweisen, sondern auch gegen früher einen größeren Güteraustausch von und nach ihrem Verkehrsgebiet mit anderen Verkehrsgebieten erzeugen und vermitteln. Denn der gegen früher verringerte Teil der Erzeugungskosten eines Gutes, der auf die Beförderung entfällt, muß auf seine Marktpreisbildung dahin wirken, daß sein Verbrauchsgebiet sich erweitert.

Nach der Zusammenstellung 1 hat sich aber die Anzahl der Verkehrseinheiten — Personen und Tonnen — sowie der Nutzleistungen — Pkm und Tkm — viel schneller vergrößert als der Netzumfang und die Netz- und Bevölkerungsdichtigkeit. Das beweist, daß sich der Gesamtbedarf der Bevölkerung stärker entwickelt hat als die Bevölkerungszahl, eine Erscheinung, wie sie sich notwendigerweise bei allen sich in wirtschaftlicher Vorwärtsbewegung befindenden Völkern zeigen muß. Aber die Nutzleistungen sind nicht immer in demselben Maße gewachsen wie die Verkehrseinheiten, d. h. also, der Nah- und Nachbarverkehr ist an der Zunahme mehr beteiligt als der Fernverkehr. Ebenso sind die Arbeitsleistungen — Anzahl der Züge und Zugkm — nicht in demselben Verhältnis wie die Nutzleistungen gewachsen, ein Zeichen dafür, daß eine bessere Ausnutzung der Züge möglich war (Intensitätsmaximum), und vor allen Dingen dafür, daß der technisch-wirtschaftliche Wert der Einrichtungen und Ausrüstungen vergrößert, ihre Leistungsfähigkeit gesteigert wurde[1]). Wenn nun die Zahl der Züge stärker zugenommen hat als die von ihnen zurückgelegten Zugkm, und dies namentlich in Verkehrsgebieten mit dichtem Netze und dort, wo lange durchgehende Strecken nicht vorkommen, so hat dies seinen Grund darin, daß, je dichter das Netz wird, je mehr Übergänge zu bedienen sind, die einzelnen Züge im Durchschnitt auf immer kürzer werdende Entfernungen verkehren werden. Dieser Entwicklung wirkt aber die Ausdehnung der wirtschaftlichen Beziehungen zum Landes- und Weltfernverkehr entgegen, was in der stetigen Vermehrung der Personen- und Güterfernzüge und der Verlängerung ihrer Laufstrecke seinen Ausdruck findet.

Das Beförderungsbedürfnis ist aber auch örtlich und zeitlich in den einzelnen Ländern, Verkehrs- und Verwaltungsgebieten sehr verschieden, und diese Verschiedenheit erstreckt sich innerhalb der sonst abgeschlossenen Gebiete und

---

[1]) Siehe meine Abhandlung: Über den Wert des Wagenachs- und Lokomotivnutz-km als Maßstab in der Statistik der Eisenbahnen.

Zusammen-

Verwaltungsgebiete		Preußen (Preußen-Hessen)	Reichslande
Betriebslänge (km)	1885	21 050[1])	1 490
	1905	34 292	1 937
	1910	37 349	2 007
Bevölkerung (in Tausend)	1885	28 314	1 563[3])
	1905	42 229	1 815
	1910	45 437	1 871
Anzahl der Züge	1885	2 671 724	358 467
	1905	8 540 717	848 869
	1910	9 902 538	980 798
Anzahl der Zugkm (in Tausend)	1885	154 480	11 847
	1905	412 034	26 258
	1910	472 134	30 552
davon in Personenzügen (in Tausend)	1885	86 894	6 532
	1905	238 408	14 800
	1910	290 990	18 384
in Güterzügen (in Tausend)	1885	65 720	5 171
	1905	168 582	11 149
	1910	180 388	12 079
Anzahl der beförderten Personen (in Tausend)	1885	161 872	12 246
	1905	787 283	36 014
	1910	1 083 822	48 052
Anzahl der Personenkm (in Tausend)	1885	5 030 289	301 195
	1905	18 559 467	815 412
	1910	25 221 995	1 201 353
Anzahl der beförderten Gütertonnen (in Tausend)	1885	97 601	9 695
	1905	294 760	33 148
	1910	390 498	40 063
Anzahl der Gütertonnenkm (in Tausend)	1885	11 922 010	844 633
	1905	33 324 053	2 350 895
	1910	42 538 085	2 802 700
Durchschnittl. Einnahme auf 1 Pkm (in Pf.)	1885	3,26	3,36
	1905	2,47	2,76
	1910	2,31	2,29
Durchschnittl. Einnahme auf 1 Tkm (in Pf.)	1885	3,84	3,75
	1905	3,58	3,29
	1910	3,59	3,27

Rechnungsjahre auch auf deren Einzelteile, auf die verschiedenen Eisenbahnlinien, auf Provinzen, Landschaften und Städte, auf Jahreszeiten, Monate, Tage
und Tageszeiten.

Weil alle diese Tatsachen auf die Fahrplanbildung von einschneidender
Bedeutung sind, ist es notwendig, die Entstehung und Entwicklung des Verkehrs
zu erkennen und zu verfolgen, damit er nicht etwa auf dem von ihm eingeschlagenen Wege gehemmt, sondern gefördert und gegebenenfalls auch in die
der Allgemeinheit am meisten nützenden Wege geleitet wird.

2. Wesen und Entwickelung des Verkehrs.

Aller Verkehr entsteht aus der Verschiedenheit der Menschen, ihrer Anlagen
und Kräfte, ihrer Bedürfnisse und der ihnen zu deren Befriedigung zur Ver-

---

[1]) 1885 nur Preußen. [2]) Ohne Pfalzbahnen. [3]) Nur Reichslande.

stellung 1.

Bayern	Württemberg	Baden	Sachsen	Oldenburg	Mecklenburg
4 350[2])	1 536	1 318	2 078[5])	370	349
6 303	1 862	1 679	2 760	580	1 094
7 669	1 930	1 750	2 839	663	1 100
5 416[4])	1 995	1 601	3 179[6])	341	575
6 524	2 303	2 011	4 715	439	625
6 876	2 436	2 142	5 019	482	640
231 019	123 279	172 871	371 008	27 286	20 955
1 048 103	429 893	698 365	885 199	100 086	107 615
1 579 656	501 224	812 922	1 154 103	128 600	113 966
21 178	7 888	9 370	16 329	1 429	1 352
52 368	20 102	23 282	30 435	3 683	5 574
70 850	23 160	26 264	35 515	4 829	6 491
17 364	5 923	6 605	9 763	1 044	981
35 764	13 898	14 923	19 536	2 627	3 060
47 750	16 707	17 045	24 693	3 249	4 683
3 691	1 957	2 730	6 466	364	339
16 333	6 132	7 864	10 579	907	1 459
22 703	6 369	9 154	11 652	1 481	1 730
18 407	12 170	13 001	22 623	2 253	1 270
59 945	45 514	46 681	76 203	7 405	5 481
121 370	64 654	53 029	103 558	9 372	7 154
650 365	280 709	304 225	583 827	54 112	59 831
1 776 866	840 136	873 595	1 591 777	174 787	194 327
3 273 748	1 202 279	1 174 905	2 186 315	221 243	270 840
8 526	3 411	5 623	12 110	720	51
23 842	10 851	16 684	30 319	2 662	2 932
40 193	13 245	20 026	36 193	4 092	3 382
1 205 120	276 253	420 227	865 404	51 622	2 834
3 337 114	906 226	1 340 739	1 941 432	169 292	186 230
4 938 392	1 102 221	1 649 956	2 343 378	269 452	216 234
3,59	3,36	3,76	3,38	2,98	3,55
3,12	2,70	2,90	2,80	2,37	3,24
2,51	2,33	2,45	2,56	2,42	2,92
4,67	6,06	4,99	4,56	4,66	6,33
3,83	4,40	4,40	4,40	4,07	4,46
3,26	4,40	3,97	4,45	3,10	4,54

fügung stehenden Naturschätze. Seine Entwicklung wird bedingt durch den
jeweiligen Zustand der Arbeitsgliederung, d. h. Arbeitsteilung und Wieder-
vereinigung — bei Gewinnung und Herstellung —, also Erzeugung der wirtschaftlichen Güter.

Beeinflußt in bezug auf Gebietsbildung, Umfang, Art, Vielseitigkeit, Richtung
und Entfernung wird der Verkehr von der geographischen Gestaltung, dem Klima
und den Bodenverhältnissen seines Ursprungs- und Zielgebietes, dem Vorkommen
und der Verteilung der Pflanzen, Tiere und Mineralien, auch in bezug auf ihre
Güte, von der Volkszahl und Dichte, den Wohnverhältnissen, der Tätigkeit und
dem Tätigkeitsdrange der Bevölkerung, ihren Neigungen und Fähigkeiten, ihrer
geistigen, moralischen und technischen Aus- und Fortbildung, ihrer politischen,
gesellschaftlichen, rechtlichen, sozialen und technischen Ordnung, von der mehr

---

[4]) Einschließlich Pfalz. [5]) Nur normalspurige. [6]) Einschließlich Sachsen-Altenburg.

oder minder großen Möglichkeit und Häufigkeit des regelmäßigen, sichern und schnellen Austausches der Erzeugnisse und persönlichen Dienste, von der wirtschaftlichen Geschäftslage, von der Beförderungspreisbildung (Tarife), der Zoll- und Tarifpolitik, der insbesondere die Volkswirtschaft betreffenden Gesetzgebung und den politischen sowie rechtlichen Zeitumständen.

Es wird freilich schwer festzustellen sein, inwieweit der Verkehr auf den natürlichen Vorbedingungen oder auf künstlichen Maßnahmen, gesetzlichen oder im Verwaltungswege geschaffenen Einrichtungen beruht — das aber ist klar, daß seine gewaltige Entwicklung, sein mächtiger Aufschwung in den letzten Jahrzehnten erst durch die Fortschritte der Technik auf allen Gebieten, sei es der Land- und Forstwirtschaft oder der Gewerbetätigkeit, ausgelöst wurde und stets von neuem wieder ausgelöst wird.

In der Landwirtschaft handelt es sich dabei nicht allein um die Vervollkommnung der Bodenbestellung durch verbesserte Geräte oder um Maschinen zur Beschleunigung der Ernte und Verringerung ihrer Kosten, sondern auch um die bessere. Herrichtung des Bodens zur Bestellung (Dampfpflug, Düngung) um die Züchtung ertragreicheren Samens, um die Erschließung weiter, bisher unfruchtbarer Sand- und Moorböden zum Getreide- und Hackfrüchtebau, um die Ausgestaltung der Entwässerung zur Umwandlung träger Böden in tätige und um die zweckmäßige Bewässerung von Wiesen. Die Gewerbetätigkeit aber verdankt ihre großartige Entwicklung der Erfindung der Spinnmaschine, der Dampfmaschine, der Verwendung der elektrischen Kraft und, was Deutschland insbesondere anbetrifft, der zwar aus England stammenden, in Deutschland aber erst wissenschaftlich-technisch ausgebildeten Erfindung des basischen Verfahrens zur Herstellung von Roheisen aus phosphorreichem Eisenerz. Gerade in diesem letzteren Fall erkennt man aber auch die bei den Deutschen anscheinend besonders ausgeprägte Neigung und Fähigkeit zum exakten Denken; denn die Vorbedingungen für die Ausnutzung dieser Erfindung waren z. B. in dem französischen Erzgebiet gerade so günstig wie in dem einst damit zusammenhängenden deutschen Gebiet, und doch begann erst zu Anfang dieses Jahrhunderts Frankreichs wirtschaftliche Entfaltung, gestützt auf die Ergebnisse deutscher Forscher und oft erst mit Hilfe deutscher technischer Geschicklichkeit und Unternehmerkühnheit sowie deutschen Kapitals. Allerdings mußte für Deutschland die Befreiung von den Fesseln der mittelalterlichen Gewerbeverfassung, wonach der örtliche Markt den einheimischen Gewerbetreibenden gehörte, das Fallen der inneren Zollschranken, die Gründung des Zollvereins vorhergehen, und ebenso darf nicht unbeachtet bleiben, daß der im deutschen Volke schlummernde Unternehmergeist erst durch die Erfolge des glorreichen Krieges 1870/71 nach Herstellung eines machtvollen einheitlichen Wirtschaftsgebietes aufgerüttelt wurde und durch die meisterhafte Zoll-, Handels- und Tarifpolitik nach 1879 immer kühner seine starken Fäden bis in die fernsten Fernen der Erde spinnen konnte. Diese glänzende Entwickelung, die bis zum Ausbruch des dem deutschen Volke aufgezwungenen Weltkrieges in erhöhtem Maße anhielt, ist durch ihn jäh unterbrochen. Der Zwangsfrieden hat vom Deutschen Reiche wertvolle Wirtschaftsgebiete, insbesondere die Erzlager Lothringens, das Kaligebiet im Elsaß, die Kohlenlager Oberschlesiens und das Korn- und Kartoffelland der Provinz Posen abgetrennt. Dazu kommt, daß der innere und äußere Druck, unter den das deutsche Volk geraten ist, seine Volks- und Weltwirtschaft darniederhalten muß. Unter solchen Zeitumständen ist denn auch eine vollständige Veränderung des Verkehrs, namentlich hinsichtlich seiner Richtung und seines Umfanges eingetreten. Auch heute ist noch nicht zu übersehen, wie sich seine Zukunft gestalten wird.

Die im nachstehenden aus den vor 1914 bestehenden Zuständen abgeleiteten Grundsätze für die Fahrplanbildung werden indessen durch diese Entwicklung nicht berührt, sie behalten ihre volle Gültigkeit.

Inwiefern nun die Fahrplanbildung durch den Verkehr und seine Entwicklung bedingt wird, erkennt man am besten, wenn man die Quellen des Verkehrs untersucht und die Zeit beachtet, in der sie zu fließen pflegen, sowie den Weg feststellt und verfolgt, den sie aus örtlichen oder mit der Geschäftslage zusammenhängenden Gründen oder infolge künstlicher, z. B. tariflicher Maßnahmen usw. nehmen.

3. Die Quellen des Eisenbahngüterverkehrs.

Wie sich zunächst im großen und ganzen das Bedürfnis nach Eisenbahngüterbeförderung im Deutschen Reiche in den Jahren 1885 bis 1910 entwickelt hat, und wie sich die Verkehrseinheiten zur Volkszahl und Dichtigkeit des Eisenbahnnetzes sowie zur Gütererzeugung aus den drei großen Wirtschaftsquellen, der Land- und Forstwirtschaft sowie der Gewerbetätigkeit, verhalten, zeigen die folgenden bildlichen Darstellungen, die auf Grund der Zahlen der Statistik des Deutschen Reiches und der Güterbewegungsstatistik der wichtigeren Verkehrsgattungen zusammengestellt sind[1]).

Abb. 1 zeigt das Verhältnis der aus der Forst- und Landwirtschaft sowie aus der Gewerbetätigkeit entspringenden Gütereinheiten, wie sie in den Jahren von 1885 bis einschließlich 1910 auf den deutschen Eisenbahnen zur Beförderung gelangten. Danach weisen alle Verkehrsgattungen eine ständige Zunahme auf, die bei wei-

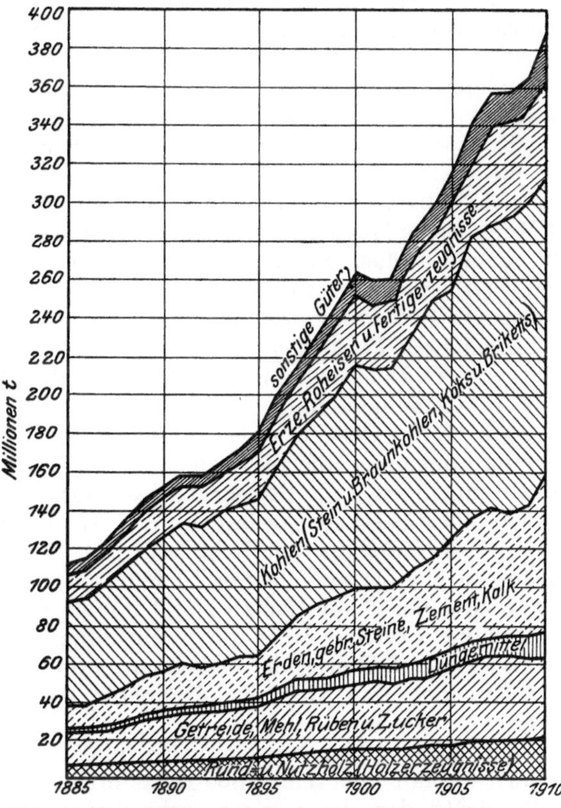

Abb. 1. Darstellung des deutschen Güterverkehrs aus
1. der Forstwirtschaft
2. der Landwirtschaft
3. der Gewerbetätigkeit
   a) der Erden
   b) der Kohlen
   c) der Erze
4. der geringeren Quellen zu 1 bis 3.

tem sowohl die Bevölkerungszunahme als auch die kilometrische Vermehrung der Eisenbahnen übersteigt. Denn während die Verkehrszunahme etwa **336 v. H.** betrug, hat die Bevölkerung nur um etwa **146 v. H.**, die Länge der Eisenbahnen um etwa **165 v. H.** zugenommen. Weiter fällt das bedeutende Überwiegen der Gütermengen auf, die aus der auf den Mineralien beruhenden Gewerbetätigkeit entspringen. Sie verhalten sich 1910 zu den aus der Land- und Forstwirtschaft hervorgegangenen etwa wie **13 : 3**, im Jahre 1885 etwa wie **11 : 3**. Unter den Massengütern ragen insbesondere die Kohlen (Stein- und Braunkohlen, Koks nebst deren Fertigerzeugnisse) hervor, die 1885 fast **50 v. H.**, 1910 noch über **40 v. H.** der gesamten Gütermengen ausmachten. Eine groß-

---

[1]) Die Einzelzahlen sind nur mit Vorsicht zu benutzen, sie weichen je nach dem Zwecke ihrer Darstellung leider oft voneinander ab. Nur ununterbrochene Zahlenreihen können ein genügend genaues Bild geben.

artige Entwicklung zeigt endlich die Gütermenge aus der Gewerbetätigkeit der Erden.   Sie vergrößerte sich seit 1885 um etwa 610 v. H.

Wenn man sich nun auf den Strömen der beförderten Gütermengen rückwärts begibt, findet man in den Mengen der Einzelerzeugnisse die Stärke der Quellen, aus denen sie entspringen.   Man erkennt dann sofort, daß der Abfluß der Quellen sich sehr verschieden gestaltet, daß oft nur ein kleiner Teil davon auf den Eisenweg geleitet wird, der größere aber bereits am Ursprungsort, ohne die Eisenbahn zu benutzen, versickert oder sich einen anderen Weg sucht, daß aber bei anderen wieder der Quell zum reißenden Strom wird und fast ungeteilt die Eisenbahn überschwemmt.

Forstwirtschaft.   Die Quelle der Erzeugnisse der Forstwirtschaft ist der Wald, der in Deutschland etwa 26 v. H. der Gesamtfläche, aber sehr ungleichmäßig verteilt, bedeckt.   Von den rund 14 Millionen ha Wald sind etwa 11 Millionen ha Hochwald.   Im allgemeinen nehmen die Waldflächen trotz Rodung an einigen Stellen durch Aufforsten bisher öder Landstriche zu.   Hinsichtlich der wirtschaftlichen Ergiebigkeit ist die Verteilung nach dem Besitzstande von großer Bedeutung, insofern, als die Staats- und Gemeindewälder wegen ihrer sachgemäßeren Bewirtschaftung höhere Erträge ergeben als die meisten Privatforsten.   In Deutschland befinden sich etwa 34 v. H. Kron- und Staatsforsten, 20 v. H. Gemeinde- und 46 v. H. Privatwälder.   Letztere liefern aber nur 35 bis 36 v. H. des Gesamtertrages.   Weil insbesondere diese an ihrer Fläche durch Rodung abnehmen, die anderen, namentlich die Staatswälder, aber durch Aufforsten zunehmen, ist die Steigerung des Gesamtertrages auch weiter wahrscheinlich. Fast $^7/_{10}$ des Bestandes, nämlich 68 v. H., darunter etwa 35 v. H. dem Staate gehörig, ist Nadelholz, der Rest Laubholz.   Dies Verhältnis hat sich seit Jahren zugunsten des ertragreicheren Nadelholzes verschoben.   Unter dem Nadelholz ragt wieder der Kiefernholzbestand mit 45 v. H. des Hochwaldes hervor.   Aus dem Walde wird das Holz als Brenn- und Nutzholz (beide = Derbholz) und als Stock- und Reiserholz gewonnen.   Nach der Güterstatistik unterscheidet man Rundholz und Nutzholz, Brennholz, Grubenholz, Schwellen und Holzzeugmasse.

Die in Deutschland erzeugten Holzmassen[1]) genügen aber nicht dem deutschen Bedarf, weshalb eine sehr große Holzeinfuhr, namentlich aus Rußland und Österreich, stattfindet, der nur eine sehr geringe Ausfuhr gegenübersteht[2]).

Landwirtschaft.   Die Erzeugnisse der Landwirtschaft entsprießen aus den Anbauflächen, die im Deutschen Reiche mit etwa 65 v. H. der Gesamtfläche anzusetzen sind, von denen wieder etwa 75 v. H. als Ackerland verwendet werden.   Für den Ertrag ist außer der Größe der zur Verfügung stehenden Fläche das Verhältnis des guten zu dem mittleren und schlechten Boden von Bedeutung. Bis zu einer gewissen Grenze, die heute aber noch nicht erreicht ist, kann dieser Unterschied in der Bodengüte allerdings durch die Anwendung der Forschungsergebnisse der Natur- und technischen Wissenschaften ausgeglichen werden. Das Ziel der in Deutschland etwa Anfang der siebenziger Jahre einsetzenden Bestrebungen auf Hebung des wirtschaftlichen Erfolges der Bodenbestellung erstreckt sich denn auch nicht allein auf den bisher unfruchtbaren und schlechten,

---

[1]) Eine Gegenüberstellung des Holzertrages und des Holzversandes ist nicht möglich gewesen, weil eine Zahlenreihe für den deutschen Holzertrag nicht vorlag.   Nach der Betriebsstatistik von 1900 wurden an Nutz- und Brennholz insgesamt 37,869 Mill. Festmeter (gleich 1 cbm feste Holzmasse) gewonnen.   Demgegenüber wurden 1900 an Rund-, Nutz-, Brenn- und Grubenholz sowie Schwellen zusammen 14,849 Mill. Tonnen oder rund 27 Mill. Festmeter versandt (spez. Gewicht gleich 0,55 angenommen).

[2]) Es betrug 1909 der Überschuß der Einfuhr über die Ausfuhr rund 13,5 Mill. Festmeter, der gesamte Eisenbahnversand rund 34 Mill. Festmeter (18,672 Mill. Tonnen), der Empfang aus dem Ausland (einschließlich Versand der Seehafenstationen nach Deutschland) rund 4,5 Mill. Festmeter (rund 2,46 Mill. Tonnen).

sondern auch auf die bessere Herrichtung und Bestellung des mittleren und guten Bodens. Hand in Hand arbeitet hierbei die technische Wissenschaft aller Richtungen; die Chemiker, Botaniker, die Landwirte, die Bau- und Maschineningenieure müßen sich gegenseitig unterstützen. War schon der wesentlich verbesserte, Menschen und Tierkraft ersparende, aber noch von Tieren gezogene Pflug für die Bodenvorbereitung von Bedeutung, so noch viel mehr der Kraftpflug. Denn dieser gewährleistet nicht nur bei geringeren Kosten eine zweckentsprechende Tiefackerung, sondern auch eine von der Verfügbarkeit der Gespanne unabhängige, rechtzeitige Bodenbestellung, rechtzeitig auch insofern, als er es ermöglicht, den Boden schon frühzeitig dem wohltätigen Einfluß der Luft offen zu legen, seine Keimfähigkeit und Fruchtbarkeit dadurch vermehrend. Die Verwendung künstlicher Düngemittel, die mit der Einführung des Thomasverfahrens zur Roheisenherstellung in Gestalt von Thomasschlacke begann, hat mit der Erschließung der deutschen Kalivorräte ungeahnten Umfang angenommen. Hierzu kam ferner die planmäßige Ent- und Bewässerung nasser im Anbau befindlicher Äcker, bisher brachliegender Moore und karger Wiesen und endlich die Züchtung ertragreicheren Samens.

Das Ergebnis solcher angespannten Wirtschaftsweise ist die fortdauernde Abnahme der Ackerweide, Brache und Hutung, die anhaltende Urbarmachung von Mooren und Ödländern, die Vermehrung also der Anbauflächen, die Steigerung des Ernteertrages, die Zunahme der Viehhaltung.

In Abb. 2, 3 und 4 sind diese Ergebnisse aufgetragen:

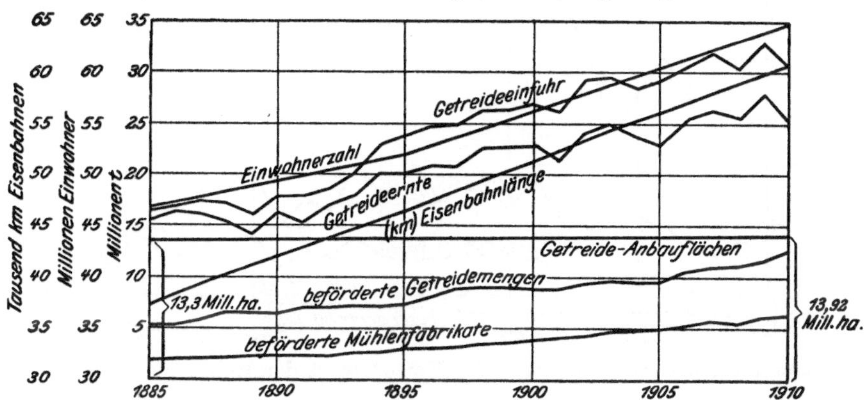

Abb. 2. Darstellung der Entwicklung des Getreides als Verkehrsquelle.

Hiernach (Abb. 2) hat die Erntefläche der 4 Getreidearten (Roggen, Weizen, Gerste, Hafer) seit 1885 bis einschließlich 1910 um rund 622 000 ha, d. h. um etwa 5,5 v. H., die Ernte aber um rund 10 070 000 Tonnen, d. h. um etwa 65 v. H., zugenommen. Die Erntefläche für Kartoffeln (Abb. 3) wurde um 12,4 v. H., die allerdings sehr schwankende Erntegröße um 65 v. H. vermehrt. Die Wiesen lieferten ohne wesentliche Vergrößerung ihrer Flächen 77 v. H. Mehrertrag. Die zu Zucker verarbeitete Rübenmenge nahm bei einer Vermehrung der Rübenanbaufläche um etwas weniger als 50 v. H. um 80 v. H. zu, der gewonnene Rohzucker aber um 150 v. H. (Abb. 3). — Der Viehbestand hat sich von 1883 bis 1907 bei den Pferden, dem Rindvieh und den Schweinen um 25, 30 und 140 v. H. vermehrt, bei den Schafen auf 40 v. H. des Bestandes von 1883 vermindert; letzteres ist als eine Folge des Überganges zur angespannten Wirtschaftsweise anzusehen. — Die Züchtung besseren, ertragreicheren Samens findet seinen Ausdruck in dem Teil der Ernte, der wieder zur Aussaat verwendet wird. Während 1885 noch beim Roggen der 6. Teil hierfür zurückgehalten wurde, genügt jetzt der 10. Teil der Ernte, und ähnlich, wenn auch nicht in demselben

Maße, ist der Erfolg bei den anderen Getreidearten. Trotz dieser Erfolge der Landwirtschaft ist die Einfuhr an Getreide in Deutschland, namentlich an Weizen, immer noch größer als die Ausfuhr. Von der Mehreinfuhr, insbesondere an Weizen, geht aber wieder ein Teil als Mehl ins Ausland zurück. Will man sich also ein Bild von dem Verhältnis der in Frage kommenden Getreidemenge zu dem Teil davon machen, der auf der Eisenbahn bewegt wird, so darf man weder den Abzug von der Erntemenge für die Aussaat noch die Ein- und Ausfuhr noch endlich den Mehlverkehr außer acht lassen. Man erkennt dann, daß ein erheblicher Teil der in den freien Verkehr kommenden Getreidemenge auf der Eisenbahn zur Beförderung gelangt, daß er im allgemeinen mit den Erntemengen zwar steigt, aber in geringerem Maße von dem jeweiligen Gesamternteausfall bedingt wird. Von Bedeutung dagegen ist das Verhältnis der Erntegrößen der einzelnen Landesteile und Länder zueinander und, wenn auch in geringerem Maße, die Gesetzgebung (z. B. Wirkung der Einfuhrscheine). Ein ganz anderes Bild ergibt die Darstellung der Ernte der Kartoffeln zu deren Eisenbahnversand.

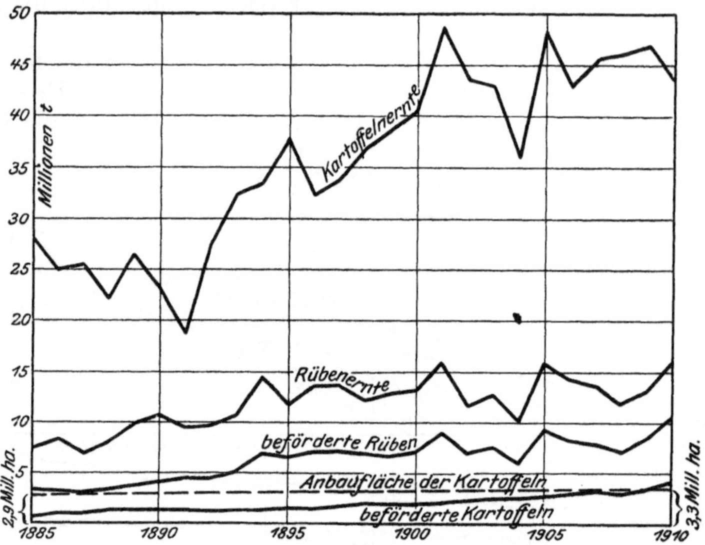

Abb. 3. Darstellung der Entwicklung 1. der Kartoffeln, 2. der Rüben als Verkehrsquelle.

Der letztere nimmt zwar schnell zu — von 1885—1910 um rund 380 v. H. —, beträgt aber selbst 1910 nur etwa den 11. Teil der Ernte. Deren großen Schwankungen folgt er nur in geringem Maße, meist sogar mit dem Erfolge, daß er bei fallender Ernte verhältnismäßig schneller steigt als bei steigendem Ertrage. Da Ein- und Ausfuhr an Kartoffeln gegenüber der heimischen Erzeugung nur geringe Mengen aufweisen — 1909 betrug die Einfuhr 347 000, die Ausfuhr 124 000 t —, so erkennt man an dem Verlauf der Linien der Ernte- und Versandmengen leicht den Einfluß der Verschiedenheit in dem Ernteausfall der einzelnen Erzeugungsgebiete auf den Umfang des Verkehrs, aber vor allen Dingen auch, daß der Verbrauch des größten Ernteteils am Ursprungsorte oder dessen unmittelbarer Nähe stattfindet (Branntweinbrennereien, Stärkefabriken usw.).

Ein anderes Verhältnis ergibt die Rübenernte zum Rübenversand. Wurden 1885 etwa $\frac{1}{3}$ der zu Zucker verarbeiteten Rüben den Fabriken auf der Eisenbahn zugeführt, so stieg der Versand bis 1909 auf fast $\frac{2}{3}$. Würde man auch die Kleinbahnen mit in die Erörterung ziehen, dürfte etwa von 1895 an ein noch größerer Teil der Rübenernte dem Eisenbahnwege zur Beförderung zugeführt sein, denn die Mengen, die unmittelbar auf dem Land- und Wasserwege zur Fabrik gehen, sind verhältnismäßig gering. An dem Verlauf der betreffenden

Linien in Abb. 3 erkennt man übrigens, daß sich der Eisenbahnversand mit dem überaus schwankenden Ernteertrag fast gleichmäßig verändert.

Hinsichtlich des Viehverkehrs (Abb. 4) ist zu bemerken, daß er, abgesehen vom Rindvieh, im allgemeinen nicht viel schneller zugenommen hat als der Viehbestand, daß er aber bei den vier hauptsächlichsten Gattungen im Verhältnis zum Bestande sehr verschieden groß ist. Er betrug 1885 bei den Pferden etwa 9, beim Rindvieh etwa 19, bei den Schweinen rund 63 und bei den Schafen etwa 21 v. H. des Bestandes; er stieg bis 1907 bei den Pferden auf etwa 14, beim Rindvieh auf rund 32,5, bei den Schafen auf etwa 25 v. H. und fiel bei den Schweinen auf etwa 61,5 v. H. des Bestandes. Bei den letzteren insbesondere darf aber nicht unbeachtet bleiben, daß der Bestand an sich stark — nämlich um etwa 140 v. H. — gestiegen ist. — Das erheblichere Wachstum des Verkehrs an Rindvieh und Schafen im Verhältnis zum Bestande ist wohl hauptsächlich auf das Zusammenströmen der Menschen in die großen Städte und den dadurch geförderten Fleischbedarf zur Nahrung zurückzuführen. Bei dem Pferdeversand ist das Militär stark beteiligt. Die stetig fortschreitende heimische Viehaufzucht genügt in Deutschland indessen nicht zur Deckung des Bedarfs, so daß eine nicht unbedeutende Einfuhr aus dem Auslande stattfindet, der nur eine geringe Ausfuhr gegenübersteht. — So betrug im Jahre 1908 die Einfuhr an

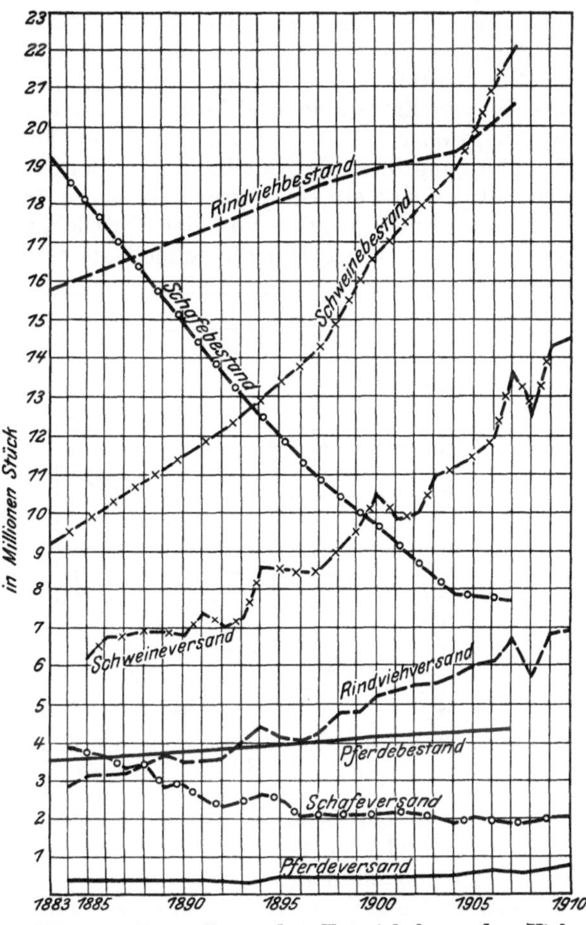

Abb. 4. Darstellung der Entwickelung des Viehbestandes als Verkehrsquelle.

Pferden 119000 Stück, die Ausfuhr dagegen nur rund 6100 Stück, die Mehreinfuhr an Rindvieh betrug etwa 215000 Stück trotz Vermehrung seines durchschnittlichen Schlachtgewichts um 8 v. H. Geringer war die Einfuhr von Schweinen mit 96500 Stück, während die Ausfuhr nur etwa 8000 Stück ausmachte. Die Ein- und Ausfuhrmengen zusammengenommen im Verhältnis zum Gesamtversande fallen danach hauptsächlich bei dem Pferdeversand ins Gewicht. Hier betragen sie 20 v. H. des Gesamtversandes.

Von nicht unerheblicher Bedeutung ist auch der Geflügelversand, bei dem aber die Einfuhr wesentlich ins Gewicht fällt. Es wurden 1885 rund 5145000 Stück, im Jahre 1910 dagegen 24033528 Stück befördert. Die Einfuhr in Deutschland unter Benutzung der Eisenbahnen betrug 1886 1322000 und 1910 8896000 Stück, die Ausfuhr dagegen nur etwa 10 v. H. der Einfuhr.

Die Beförderung des Viehs muß schnell und mit möglichst wenigen
Aufenthalten vor sich gehen, damit es nicht an Wert verliert. Sofern sie
nicht als Einzelsendungen in Personen- und Güterzügen geschieht, werden
deshalb besondere Viehzüge (Eilzüge) gebildet[1]).

Gewerbe. Während viele der heutigen Pflanzen und Tiere und die aus
ihnen hervorgehenden und hergestellten Mittel für die Erhaltung und Sicherung
des menschlichen Lebens als unerläßliche Vorbedingung dafür schon frühzeitig
Gegenstände des Verkehrs gewesen sind, bedeutet das Vorkommen und die
Verteilung der Gesteine und Erden an sich noch keineswegs ihre wirtschaft-
liche Nutzbarkeit und einen aus ihnen hervorgehenden Verkehr im heutigen
Sinne. Erst die Erfindungen auf dem Gebiete des Wegewesens und der mechanischen
Gewinnungsweise, Weiterverarbeitung und Fortbewegung der Rohstoffe, die
Vervielfältigung ihrer Verwendbarkeit in den verschiedensten Formen und Her-
stellungsstufen sind ein Hauptgrund für deren sich stetig und schnell erweiternde
Absatzgröße und -grenze. Von der Entwicklung der sich auf die Mineralien
gründenden Gewerbe geben die schnell aufsteigenden Linien des Verkehrs auf

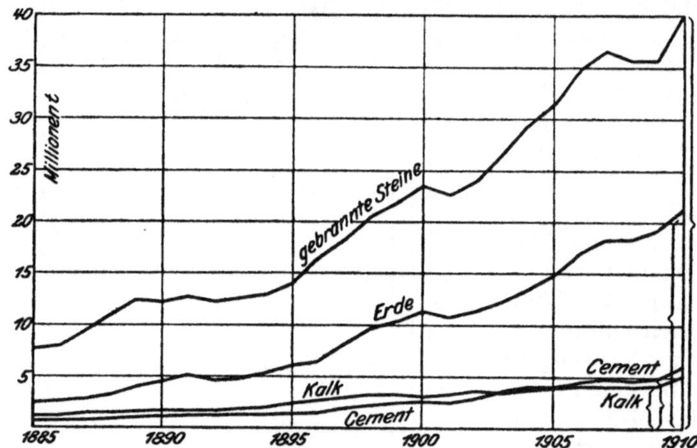

Abb. 5. Darstellung der Entwicklung des Verkehrs an 1. Gebrannten Steinen,
2. Erden, 3. Zement, 4. Kalk.

Eisenbahnen in den Abb. 5 und 6 eine lehrreiche Darstellung. Das rasche
Ansteigen dieser Linien beginnt Ende der achtziger Jahre und hält mit kurzen
Unterbrechungen bis heute an.

Von allen Gesteinen haben in jüngster Zeit die Erze, insbesondere die eisen-
haltigen, und die Kohlen den größten Einfluß auf die Gestaltung der Volkswirtschaft und des Verkehrs ausgeübt. Es ist bekannt, daß das Eisen zwar schon
von den vorchristlichen Kulturvölkern verwendet wurde, daß auch im Altertum
und Mittelalter die Eisenbereitung größeren Umfang angenommen hatte, und
daß in Deutschland und England im 18. Jahrhundert bereits Hochöfen zunächst
mit Holzkohlen, dann auch mit ·Steinkohlen betrieben wurden. Aber selbst
30 Jahre nach Eröffnung der ersten Eisenbahn im Jahre 1860 betrug die gesamte
Roheisenerzeugung der Welt nur 7,3 Millionen Tonnen, von denen das damals
eisenbahnreichste Land — England — mehr als die Hälfte, nämlich 3,8,
Deutschland aber nur 0,6 Millionen Tonnen herstellte. Die Roheisenerzeugung
der Welt steigt dann bis 1880 auf 18,3, bis 1900 auf 41,2 und bis 1910 auf 66,4 Millionen Tonnen, von denen Deutschland 1880 etwa 2,7, 1900 etwa 8,5 und 1910
rund 14,8 Millionen Tonnen erzeugte, darin England seit 1903 überflügelte und

---

[1]) Zu erwähnen sind hier die Fischzüge, die an bestimmten Tagen der Woche von der
See nach dem Innern abgerichtet werden.

seitdem weit hinter sich zurückließ. Dieser Sieg entsprang der zwar englischen, aber, wie bereits erwähnt, in Deutschland besonders vervollkommneten Er-

findung des Thomasverfahrens zur Herstellung des Roheisens aus phosphorreichen Erzen, an denen Deutschland so außerordentlich reich war. Die Eisenerzgewinnung stieg im Deutschen Reich (einschließlich Luxemburg) von 1870 mit rund 3,8 Millionen Tonnen bis zum Jahre 1885 auf 9,2 und bis 1910 auf etwa 28,7 Milionen Tonnen. Wie sie sich seit 1885 in den einzelnen Jahren gestaltet hat, geht aus den betreffenden Linien der Abb. 6 hervor. Während nun Deutschland bis zum Jahre 1895 noch zu den Ausfuhrländern an Erzen zählte, beginnt von da an die Einfuhr allmählich die Ausfuhr zu übersteigen. Sie betrug 1910 rund 10,3 Millionen gegenüber der Ausfuhr von nur rund 2,8 Millionen Tonnen. Die Linie der auf der Eisenbahn bewegten Erzmengen folgt zwar im allgemeinen der Form der Linie der Erzgewinnung, steigt aber weniger steil an, als diese. Das Verhältnis der beförderten Mengen, bezogen auf die gewonnenen, betrug 1885 etwa die Hälfte und 1913 $^{11}/_{20}$. Es ist also trotz der erheblich gestiegenen großen Einfuhr nur wenig gewachsen. Dies hat seinen Grund in der Lage der Hochöfen, die zum Teil an gut schiffbaren Binnenwasserstraßen und neuerdings auch unmittelbar an Seehäfen gelegen sind. Von erheblicher Bedeutung war der Minetteversand der Stationen der Reichsbahnverwaltung, der von 1,574 Millionen Tonnen im Jahre 1887 auf 8,89 Millionen Tonnen im Jahre 1910 stieg (Linie 1c der Abb. 6). Er betrug also 1910 fast 60 v. H. des gesamten Erzversandes auf den deutschen Eisenbahnen. Die Empfangsgebiete waren vor allen Dingen das Ruhr- und das Saargebiet mit 28 bzw. 35 v. H. des Versandes, dann Lothringen und Luxemburg sowie Belgien. Die Beförderung geschah zum großen Teil in besonderen Zügen — den Minettezügen —. Auch in anderen Gebieten werden für Erze besondere Züge gebildet, so z. B. in Thüringen und ebenso für das hochwertige Erz des Siegerlandes nach Oberschlesien.

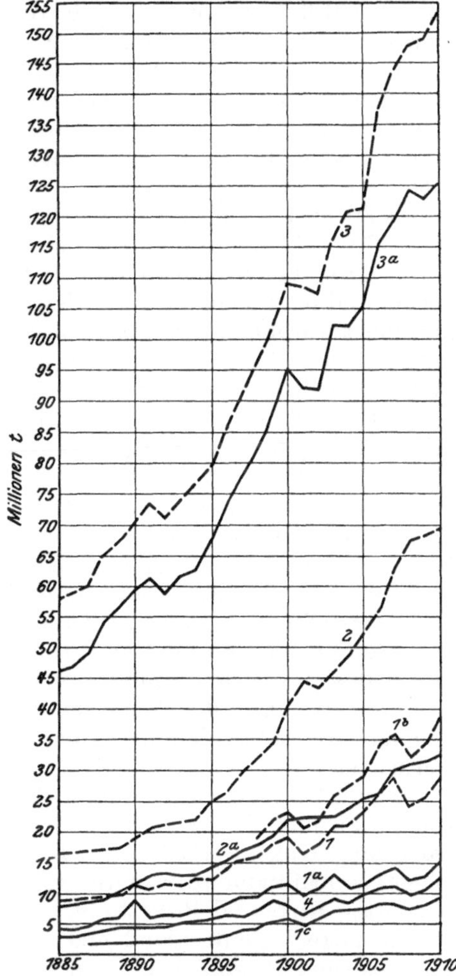

Abb. 6. 1. Entwicklung der Eisenerzgewinnung Deutschlands.

1a) Eisenerzverkehr auf Deutschlands Eisenbahnen.

1b) Entwicklung der Einfuhr an Eisen-Eisenerzen.

1c) Minetteversand.

2. Braunkohlengewinnung Deutschlands.

2a) Braunkohlenverkehr auf Deutschlands Eisenbahnen.

3. Steinkohlengewinnung Deutschlands.

3a) Steinkohlenverkehr auf Deutschlands Eisenbahnen.

4. Roheisen (aller Art) Verkehr auf Deutschlands Eisenbahnen.

Neben dem Erz muß gleich die Kohle (Stein- und Braunkohle) genannt werden, die, wie bereits betont, als Massengut an erster Stelle steht. Ihr Verbrauch kennzeichnet sich als der wichtigste Gradmesser der gewerblichen Tätigkeit eines Landes. Er betrug in Deutschland in den Jahren 1885 etwa 1,5 Tonnen und 1910 3,24 Tonnen auf den Kopf der Bevölkerung, stieg also in der Zwischenzeit um 116 v. H. Während die Kohlengewinnung im Jahre 1840 nur etwas mehr als 3 Millionen Tonnen ergab, vermehrte sie sich bis 1885 auf 58,3 Millionen Tonnen Steinkohlen und 15,35 Millionen Tonnen Braunkohlen; von da an stieg sie bis 1910 auf 152,8 Millionen Tonnen Stein- und 69,5 Millionen Tonnen Braunkohlen. Bei Erfassung der Kohle als Verkehrsquelle darf man die Ein- und Ausfuhrziffern sowie den Selbstverbrauch der Gruben zur Kohlenförderung nicht außer acht lassen. Was zunächst den letzteren anbetrifft, so schwankt er bei den Steinkohlen zwischen 5 und 7,5 v. H. der Fördermenge; bei den Braunkohlen steigt er mit Rücksicht auf deren erheblich geringere Heizkraft bis zu 27,0 v. H. der gewonnenen Menge. Die deutsche Ausfuhr an Steinkohlen ist seit 1885 bis 1910 von rund 9 Millionen auf 24,25 Millionen Tonnen gestiegen, während nennenswerte Braunkohlenmengen nicht ausgeführt wurden. Eingeführt wurden an Steinkohlen 1885 rund 2,4 Millionen, 1910 dagegen rund 11,2 Millionen Tonnen; — an Braunkohlen 1885 3,6 Millionen und 1910 rund 7,4 Millionen Tonnen, und zwar hauptsächlich aus Österreich-Ungarn (Böhmen). An der Einfuhr von Steinkohlen war Großbritannien mit 86—90 v. H. beteiligt. Die übrigen geringen Mengen kamen aus Belgien, den Niederlanden und Österreich. Erstere benutzten zunächst den Seeweg und dann zum Teil die deutschen Binnenwasserstraßen, kamen also für die Eisenbahn weniger in Betracht. Die Ausfuhr aber ging mit mehr als 35 v. H. nach Österreich; der Menge nach folgten die Niederlande, Belgien, Frankreich und Rußland. Sie hatte demnach für die Eisenbahn größere Bedeutung. Unter dem Zwange der Wiederherstellungsleistungen muß Deutschland ungeheure Mengen von Kohlen nach Frankreich, Belgien und Italien aus- dagegen von England einführen. Auch hat sich die Gewinnung von Braunkohle und die Herstellung von Braunkohlenbriketts im mitteldeutschen Kohlenbereich ganz erheblich ausgedehnt, während die Steinkohlenförderung den früheren Umfang noch nicht wieder erreicht hat.

Es muß auch beachtet werden, daß in den zur Beförderung gelangten Mengen auch Koks und Briketts enthalten sind, die in Kohlen umzurechnen wären (100 Tonnen Koks = 128 Tonnen Kohlen und 100 Tonnen Briketts = 92 Tonnen Kohlen), wobei dann aber weiter zu berücksichtigen ist, daß ein großer Teil der beförderten Koks und Briketts bereits als Kohle eine Ortsveränderung durchzumachen hatte. Deutschland erzeugte z. B. 1909 rund 21,4 Millionen Tonnen Koks aus rund 28 Millionen Tonnen Steinkohlen und beförderte auf den Eisenbahnen rund 17 Millionen Tonnen Koks.

Vergleicht man nun in Abb. 6 die Linie der Kohlengewinnung mit derjenigen der Kohlenbeförderung, so ergibt sich nach deren Lage und Verlauf, daß der weitaus größte Teil der gewonnenen Mengen den Eisenbahnen zur Beförderung zugeführt wird. Mit Rücksicht auf die großen Massen rechtfertigen sich denn auch besondere Kohlenzüge, die von den großen Gewinnungsgebieten im Rheinland, Westfalen, Ober- und Niederschlesien sowie Sachsen (Provinz und Königreich) nach den Verbrauchsplätzen abgelassen werden.

Eine große Verkehrsquelle entsteht den Eisenbahnen ferner aus der Roheisenerzeugung und den Halb- sowie Fertigzeugmassen der Eisengewerbe. In Deutschland betrug die Roheisenerzeugung 1885 rund 3,69 Millionen Tonnen, sie stieg bis 1910 auf rund 14,8 Millionen Tonnen, nahm also um etwa 400 v. H. zu. Diese gewaltige Steigerung drückt sich auch in den Verkehrszahlen aus, denn während 1885 rund 3,1 Millionen Tonnen Roheisen aller Art (einschließlich Luppen und Schweißeisen sowie Eisen- und Stahlbruch) befördert wurden, stiegen diese Massen bis 1910 auf rund 12,3 Millionen Tonnen, also auch um etwa 400 v. H. Noch gewaltiger vermehrten sich aber die Beförderungsmengen an Fabrikeisen (einschließlich Eisen und Stahl), die im Jahre 1885 rund 3,44 Millionen Tonnen betrugen, bis 1910 aber auf 19,4 Millionen Tonnen, also sogar um mehr als 560 v. H. anstiegen.

Endlich dürfen auch die kleinen Verkehrsquellen nicht unbeachtet bleiben, zumal sie oft eine sehr starke Entwicklung zeigen. Es würde zu weit führen, sie alle hier anzuführen, doch ist es wissenswert, dem Verlauf der Erstarkung einzelner zu folgen. So wurden z. B. 1885 nur 298 000 Tonnen Holzzeugmasse und 320 000 Tonnen Papier befördert, 1910 dagegen 1 292 000 Tonnen Holzzeugmasse und 2 097 000 Tonnen Papier. Das bedeutet eine Vermehrung von 430 bzw. 660 v. H. Der Verkehr von Tonröhren wuchs von 153 000 Tonnen auf 908 000 Tonnen oder um etwa 600 v. H., der von Salz von 889 000 Tonnen auf 1 904 000 Tonnen oder um etwa 214 v. H.

4. Entfernung und Richtung des Güterverkehrs.

Über die Entfernung, die von den Gütern zurückgelegt, und über die Richtung, die ihnen gegeben wurde, kann gleichfalls durch die Statistik der Güterbewegung auf deutschen Eisenbahnen ein Bild gewonnen werden.

Nach ihr war das Deutsche Reich und das Ausland den verschiedenen Wirtschaftsgebieten entsprechend in Verkehrsbezirke (43 für Deutschland, 17 für das Ausland) eingeteilt. Aus ihr ist zu entnehmen, wie groß sowohl der Versand irgendeines Bereichs nach irgendeinem der anderen gewesen ist, als auch, wie hoch sich sein Empfang aus den anderen Bereichen im einzelnen bezifferte (nach Tonnen und beim Vieh nach Stückzahl). Ganz allgemein geht daraus hervor (s. Abb. 7), was auch natürlich ist, daß der Inlandverkehr den

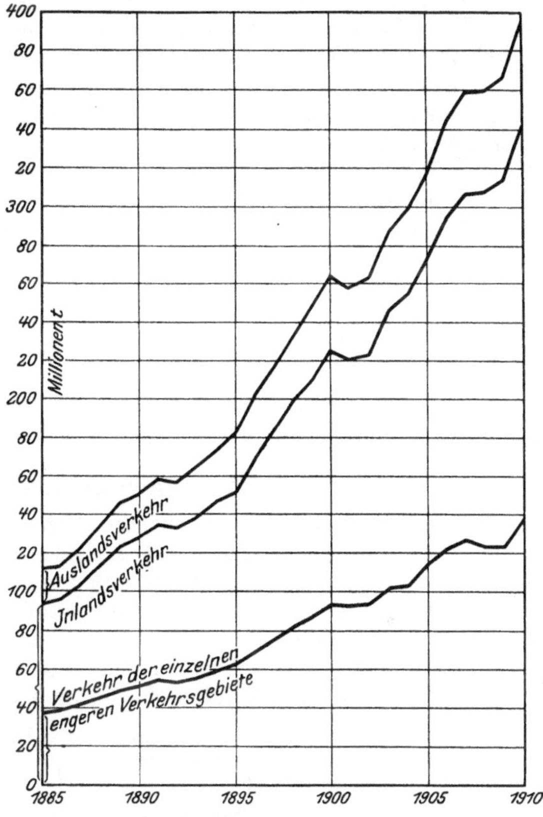

Abb. 7. Darstellung der Entwicklung der Güterbewegung auf deutschen Eisenbahnen:
1. des Verkehrs der einzelnen engeren Bereiche,
2. des Inlandsverkehrs,
3. des Verkehrs mit dem Auslande.
(Ein-, Aus- und Durchfuhr ohne Seehafenverkehr, unmittelbar.)

Auslandverkehr bedeutend übersteigt und der Durchgangsverkehr (1885 = 1,5 Millionen Tonnen, 1910 nur noch 0,588 Millionen Tonnen ohne den bezüglichen Verkehr der Seehäfen) nicht nur verhältnismäßig gering ist, sondern sich auch erheblich verminderte.

So betrug 1885 der Inlandverkehr 84 v. H. und 1910 86 v. H., der Durchfuhrverkehr von Ausland zu Ausland 1885 etwa 1,3 v. H. und 1910 0,15 v. H. des Gesamtverkehrs. Von dem unmittelbaren Auslandverkehr (Aus- und Einfuhr sowie Durchfuhr ohne den Verkehr der Seehäfen) kamen auf die Ausfuhr 1885 rund 55 v. H., auf die Einfuhr 37 und auf die Durchfuhr 8 v. H. — Im Jahre 1910 bezifferte sich die Ausfuhr auf 61,5, die Einfuhr auf 37,4, die Durchfuhr auf

1,1 v. H. des gesamten unmittelbaren Auslandverkehrs[1]). Für ihn kamen hauptsächlich Österreich-Ungarn mit 40 v. H., dann Luxemburg, die Niederlande, Belgien, Frankreich und Rußland in Betracht. Aus- und Einfuhr sind natürlich sowohl bezüglich der einzelnen Länder als auch hinsichtlich des ziffernmäßigen Verhältnisses zueinander in den einzelnen Jahren sehr verschieden. Die Schweiz empfing 1910 z. B. fast 10 mal soviel Güter (Tonnen) von Deutschland, als sie dahin versandte, während Böhmen mehr als das $2\frac{1}{2}$ fache seines Empfangs von Deutschland nach dort ausführte.

Von dem Inlandverkehr verblieben den einzelnen Bereichen 1885 rund 40 v. H., während die restlichen 60 v. H. im gegenseitigen Austausch der Verkehrsbezirke befördert wurden. Dasselbe Verhältnis bestand annähernd auch 1910. (Der Verkehr mit den Seehäfen ist dabei unberücksichtigt geblieben.)[2])

Natürlich ist auch das Verhältnis für die einzelnen Gruppen der Verkehrsarten sehr verschieden. Beispielsweise blieben 1910 von dem beförderten Weizen 52, vom Roggen 50, von den Rüben 85 v. H. und von den Steinkohlen rund 22 v. H. im engeren Verkehr der einzelnen Bezirke, während 30, 22, 12 und 56 v. H. im Wechselverkehr der deutschen Verkehrsbezirke (ohne die Seehafenstationen) befördert wurden.

Es ist ohne weiteres einleuchtend, wie wichtig die Kenntnisse der Güterbewegung für den den Fahrplan bearbeitenden Ingenieur sind, denn hieraus ergeben sich die allgemeinen Unterlagen für Anzahl und Richtung sowie Laufstrecke der Züge.

Im einzelnen wird diese Kenntnis noch durch die Stationsstatistik vermittelt, auf die hier indessen nur hingewiesen werden kann.

5. Beförderungsart der Güter.

Von weiterer Bedeutung für die Fahrplanbildung ist die Verschiedenheit in der Beförderung der Güter als Eilgut, Stückgut und Wagenladungsgut, weil einmal von dem Umfange der beiden ersteren die Bildung besonderer Züge wesentlich beeinflußt wird, dann auch, weil oft die Aufenthaltszeiten der dem Ortsverkehr dienenden Züge durch die Mitgabe von Stückgut- (Auslade-) Wagen bedingt werden. Die Entwicklung des Eil- und Stückgutverkehrs seit 1885 ist aus der nachstehenden Zusammenstellung 2 zu ersehen.

Zusammenstellung 2.

1	2	3	4	5
	Eil- und Expreßgut		Stückgut	
	Tonnen	Tonnenkm	Tonnen	Tonnenkm
	in 1000 Tonnen und Tonnenkm			
1885	725	79 362	7 928	845 381
1890	763	85 336	8 917	924 945
1895	971	107 743	9 788 .	1 019 359
1900	2259	224 120	14 762	1 653 516
1905	4087	375 687	17 721	2 085 859
1910	4708	476 284	21 679	2 621 070

Das Bedürfnis nach schnellerer Beförderung bestimmter Güter ist danach erheblich gewachsen und hat dazu geführt, sie mehr und mehr eigenen Zügen — den Eilgüterzügen — zuzuweisen und die Personenzüge davon zu entlasten. Auch das erhebliche Anwachsen des Stückgutverkehrs gab Veranlassung, sogenannte Stückgüterzüge einzurichten, die vor allem aus Frachtgutkurswagen gebildet werden.

---

[1]) **Ohne den Verkehr der Seehäfen.**   [2]) Die durchschnittliche Beförderungsstrecke betrug 1913 — 106,23 und 1923 — 192,55 km.

Ein besonderer Eilgutverkehr ist endlich der Postpäckereiverkehr,
der, wie die Zusammenstellung 3 zeigt, gleichfalls sehr erheblich gewachsen ist.
Ein großer Teil davon wird in dem Post- und Postbeiwagen der Personenzüge
befördert. Sofern dies nicht möglich ist, geschieht die Beförderung in besonderen
Eilzügen (Postzügen).

Zusammenstellung 3.

Jahr	Stück	Gesamtgewicht Tonnen	Benutzte Zuganzahl	Die Züge durchliefen km
1882	36 094 431	301 354	4 084	94 301 479
1895	134 973 604	548 688	8 275	159 052 744
1900	173 382 180	585 857	11 005	190 677 537
1905	220 164 714	639 981	13 790	228 694 868
1910	271 000 000	—	15 701	—

6. Die Quellen des Eisenbahnpersonenverkehrs.

Gleichwie der Güterverkehr hat sich auch der Personenverkehr der
Eisenbahnen machtvoll entwickelt. In ihm zeigt sich die Vielseitigkeit des wirtschaftlichen, amtlichen und gesellschaftlichen Wirkens der Menschen am offensichtlichsten und augenfälligsten.

Wie aus der umstehenden Zusammenstellung 4 hervorgeht, ist der deutsche
Personenverkehr seit 1885 bis 1910 von rund 275 Millionen auf 1541 Millionen
gewachsen, d. h. er hat sich in dieser Zeit um das 5,6 fache vermehrt (dagegen
betrug die Vermehrung der Bevölkerungszahl etwas weniger als das 1,4 fache).
Um diese gewaltige Verkehrszunahme zu erfassen, muß man sich wieder auf
dem Strome rückwärts begeben und versuchen, seine Quellen zu finden und deren
Zuflüsse zu erforschen.

Der Personenverkehr entspringt ganz allgemein aus zwei großen Quellen:
dem Handel und Wandel der Menschen und ihrem Bestreben, sich hiervon
auf irgendeine Weise auszuruhen, zu erholen und sich für die zukünftige
Arbeit zu kräftigen. Diese beiden Quellen werden nun durch viele sonderartige
Zuflüsse von mehr oder minder großer Mächtigkeit gespeist.

Handel und Wandel.

Wanderungen. Allen Menschen wohnt das Bestreben inne, ihr Dasein
zu verbessern, ihre Lebenshaltung auf einen möglichst hohen Stand zu bringen,
ihre gesellschaftliche Stellung zu heben. Dies veranlaßt sie oft, ihre Heimat zu
verlassen, um in einem anderen, nicht selten weit davon entfernten Orte, vielfach
sogar in anderen Ländern und Erdteilen ihren und der Ihren Lebensunterhalt
zu erringen. War in früheren Jahren hiermit meist eine dauernde Veränderung
der Niederlassung verbunden, so trat dies schon seit Jahren immer seltener ein.
An Stelle der Auswanderung nach fremden Ländern oder der Abwanderung
nach anderen Landesteilen war vielfach ein Hin- und Herwandern eingetreten, je nachdem sich die Erwerbsmöglichkeiten in dem einen oder anderen
Lande oder Landesteile günstiger gestalteten. Vier Formen der Wanderungen
müssen unterschieden werden: die Aus- und Rückwanderung sowie die
Ein- und Rückwanderung zwischen Deutschland und den fremden Ländern
und anderen Erdteilen, die Durchwanderung durch Deutschland zwischen
den fremden, auch überseeischen Ländern in beiden Richtungen und die Binnenwanderung.

Aus-, Ein-, Rück- und Durchwanderung. Während noch bis in
die Mitte der neunziger Jahre des vorigen Jahrhunderts die Auswanderung der
Deutschen überwog, hatte sie seitdem, da sich bei dem beispiellosen Aufschwunge
Deutschlands in ihm die Daseinsmöglichkeit vervielfachte, fast ganz nach-

Zusammen-

	Anzahl der								
	Personen	P/km	Reise-entfernung	Personen	P/km	Reise-entfernung	Personen	P/km	Reise-entfernung
	I. Kl.			II. Kl.			III. Kl.		
	in Tausend								
1885	1963	164 602	83,8	30 978	1 394 639	45	178 539	4 115 997	23,1
1890	2263	204 204	96,2	43 463	1 801 140	41,4	258 674	5 417 789	20,9
1895	2322	216 998	93,4	53 307	2 068 293	35,5	364 771	6 935 687	19,0
1900	3417	343 962	100,7	70 997	2 776 432	35,7	505 028	9 688 539	19,2
1905	3900	370 460	95,6	99 045	3 121 204	31,5	613 486	12 269 804	20,0
1910	2494	334 587	134,1	123 514	3 623 725	29,4	634 239	13 865 590	21,9

gelassen[1]); dagegen war wegen der guten Erwerbserfolge eine ganz erhebliche Einwanderung an Arbeitskräften in Deutschland zu verzeichnen, die, da sie in den meisten Fällen nicht mit dauernder Niederlassung verbunden war, eine Rückwanderung zur Folge hatte. Ein- und Rückwanderung ist teils an bestimmte Jahreszeiten (landwirtschaftliche Arbeiter) gebunden und wiederholt sich deshalb in jedem Jahre und fast zur selben Zeit, teils ändert sie sich mit dem wirtschaftlichen Stande der in Frage kommenden Länder. Laut Ausweis waren im Jahre 1911 in der deutschen Landwirtschaft und den Gewerben rund 588 000 fremdländische Arbeiter beschäftigt, von denen sich 322 000 als Polen, 82 000 als Ruthenen, 23 000 als Ungarn, 39 000 als Italiener, 45 000 als Niederländer und Belgier und 66 000 als Deutsche aus Rußland und Österreich auswiesen. — Die landwirtschaftlichen Arbeiter, im ganzen rund 329 000, stammten fast alle aus Polen und Galizien, nämlich 282 000 Polen und 47 200 Ruthenen.

Auch die Durchwanderung durch Deutschland war nicht unerheblich. Es handelte sich hier um Aus- und Rückwanderer, hauptsächlich zwischen Amerika und Rußland, Österreich-Ungarn und den Balkanstaaten. — 1886 zählte man 99 827 fremde Auswanderer über deutsche Häfen, 1907 dagegen 363 615 und 1910 etwa 254 600 (davon 105 600 aus Rußland, 84 500 aus Österreich und 56 850 aus Ungarn). Sie verließen Deutschland meist über Bremen (1910 rund 144 000) und über Hamburg (1910 rund 110 600). Der wirtschaftliche Tiefstand Amerikas hatte s. Z. zur Folge, daß die Auswanderung dahin wesentlich sank, so daß sie 1908 nur 106 500 betrug, während eine erhebliche Rückwanderung einsetzte.

Wenn auch im Verhältnis zur Gesamtbeförderung diese Zahlen der deutschen und überseeischen Sachsengängerei nur klein sind, so sind sie für den Eisenbahnfahrplan doch von Bedeutung. Denn alle diese Reisenden werden von der deutschen Grenze her mit besonderen Zügen gefahren, und zwar, soweit sie in Deutschland bleiben, bis zu bestimmten Verteilungsstellen, soweit sie durchwandern, entweder unmittelbar nach den Hafenstädten oder mittelbar dahin von einer im Innern gelegenen Sammelstation aus. Die benutzten Wagenzüge gehen leer zurück, um sie denselben Zwecken wieder zuzuführen.

Nachdem die Auswandererschiffe solche Größen erhalten haben, daß sie nicht mehr bis zu den Binnenhäfen Bremens und Hamburgs gelangen können, fahren von diesen Städten nach den Außenhäfen (Bremerhaven und Kuxhaven) und umgekehrt noch Sonderzüge, um die Überseereisenden aller Klassen an das Schiff zu bringen oder davon abzuholen.

Binnenwanderung. Die überseeische und Fremdenwanderung tritt aber weit zurück gegen die deutsche Binnenwanderung, d. h. dem Bevölkerungsaustausch der deutschen Landesteile untereinander. Hier handelt es sich schon

---

[1]) Unter den heutigen Zeitumständen hat die Auswanderung wieder erheblich zugenommen.

stellung 4.

Personen	P/km	Reise-ent-fernung	Personen	P/km	Reise-ent-fernung	Personen	P/km	Reise-ent-fernung
				Anzahl der				
	IV. Kl.			Militär			im Ganzen	
				in Tausend				
57 302	1 834 689	32,0	6 659	422 510	63,5	275 441	7 932 438	28,8
112 450	3 145 826	28,0	9 206	685 488	71,2	426 056	11 224 437	26,3
155 737	3 890 822	25,0	11 196	805 483	72,0	592 333	13 917 284	23,5
255 714	6 339 960	24,8	13 111	912 838	69,6	856 267	20 061 731	23,5
384 499	8 731 974	22,7	14 878	1 131 588	76,1	1 115 809	25 625 031	23,0
762 591	16 181 793	21,2	18 035	1 394 939	77,4	1 540 872	35 400 635	23,0

um die Bewegung von Millionen. Sie zeigt sich in einer Abwanderung vom Lande
nach den Städten und Mittelpunkten der großen Gewerbebetriebe und in den Hin-
und Herwanderungen zwischen den letzteren. Ob die Seßhaftigkeit mehr oder
weniger gering war oder nicht, kann man nur durch Vergleiche des Wanderungs-
verlustes der einzelnen Landesteile feststellen. Hierbei ergibt sich, daß die Abwanderung aus den landwirtschaftlichen Bereichen, wo der Großgrundbesitz
vorherrscht, bei weitem am größten ist, wo die kleinbäuerlichen Betriebe überwiegen, wesentlich geringer wird und am geringsten in den Landesteilen ist,
wo die Gewerbetätigkeit in Großbetrieben ansässig ist. Der Abwanderung ist
die Zuwanderung gegenüberzustellen; aus den Vergleichen beider kann ein
Schluß auf die Richtung der Wanderströme gezogen werden.

Reisende Geschäftsleute. Trotzdem der schriftliche Verkehr der
Menschen untereinander durch die ausgezeichneten, meist von der Eisenbahn
getragenen Posteinrichtungen sowie durch den elektrischen Fernschreiber in
hohem Maße vervollkommnet ist, auch der mündliche Fernverkehr durch die
Ausbildung des Fernsprechers über hunderte von Kilometern, selbst über Wasser
möglich geworden ist, geben dennoch die vermehrten wirtschaftlichen Beziehungen, insbesondere ihre vielfältigen Verästelungen und Verzweigungen, fortgesetzt
und steigend Veranlassung und immer neue Beweggründe zu persönlicher Fühlungnahme und Auseinandersetzung. Die Zahl der reisenden Geschäftsleute
hat sich denn auch in den letzten Jahrzehnten erheblich vergrößert, und zwar
nicht allein die der eigentlichen Handlungsreisenden, sondern auch die
anderer Stände. So hat sich z. B. der Stand des Reiseingenieurs neu gebildet,
der infolge der Entwicklung der gewerblichen Unternehmungen zu einer zahlreichen Körperschaft herangewachsen ist. Ihm folgt ein Schwarm von Auf-
sehern, Vorarbeitern und Arbeitern, bald hierhin, bald dorthin, um die verkauften maschinellen und anderen technischen Einrichtungen aufzustellen und
in Betrieb zu setzen. Die Bildung von Handelsgesellschaften, der Zusammenschluß gleichartiger kaufmännischer und gewerblicher Betriebe zu Verbänden
und Ringen bedingen öftere persönliche Aussprachen unter den Beteiligten.
Hierher gehören auch die oft jährlichen Zusammenkünfte der Mitglieder der
wirtschaftlichen, wissenschaftlichen, Angestellten- und Beamtenvereine, die sich
außerordentlich vermehrt haben. Beispielsweise fanden in den Jahren 1901 bis
1910 790 wissenschaftliche Kongresse statt gegenüber 295 in den Jahren 1881
bis 1890. Dabei vervielfachte sich deren Teilnehmerzahl außerordentlich
(Fernsonderzüge).

Auch der aus den ein-, zwei- und mehrmals jährlich abgehaltenen Messen,
Kram- und Viehmärkten hervorgehende Verkehr ist hier zu verzeichnen, der
des öfteren von vornherein vorzusehende örtliche Sonderzüge erfordert.

Markt-, Schüler-, Arbeiterverkehr. Alle bisher genannten Zuflüsse
speisen den aus Handel und Wandel entstehenden Verkehr gewiß in hohem Maße.

Sie werden aber in ihrer Stärke bei weitem übertroffen durch den Verkehr, der sich tagaus, tagein zwischen den kleinen und großen Verkehrsmittelpunkten und ihrer näheren, sich aber mit der Zunahme der Zuggeschwindigkeit stetig erweiternden Umgebung abspielt. Jede kleine Stadt, oft schon ein größerer Flecken (Marktflecken), hat ein begrenztes Marktgebiet, dessen Bewohner ein- oder zweimal wöchentlich ihre Erzeugnisse in ihrem Marktort zum Verkauf stellen und dort zugleich ihren Bedarf an Gebrauchsgegenständen einkaufen. Diese Marktorte sind meistens auch Sitze der unteren Gerichte und anderer Behörden sowie der Ärzteschaft und der gehobenen Schulen. Je größer der Verkehrsmittelpunkt ist, desto weiter zieht er den Grenzkreis seines Marktgebietes, kleinere Märkte dabei umfassend. Als Sitz höherer Gerichte und Behörden, von Mittel-, Fach- und Hochschulen übt er eine sich weithin erstreckende Anziehungskraft aus, die sich als ein tägliches Hin- und Herfluten von Menschen strahlenförmig nach dem Mittelpunkte zu und von ihm her äußert. Befinden sich in ihm größere Handelsgeschäfte, Banken oder gewerbliche Niederlassungen, so erzeugt er einen Angestellten- und Arbeiterverkehr, und zwar nicht allein zwischen sich und seinen näheren Vororten, sondern auch mit ferner gelegenen Orten, der sich entweder täglich — am Tagesanfang und ende — oder am Wochenanfang und ende abwickelt. Die im Jahre 1900 zum erstenmal vorgenommene Feststellung des Wohn- und Arbeitorts der Bevölkerung ergab für Preußens 22 Großstädte und 7 gewerbliche Mittelpunkte, daß von den innerhalb Arbeitenden 206 535 oder 3,29 v. H. der Gesamtbevölkerung außerhalb wohnten und 72 480 oder 1,16 v. H. außerhalb arbeiteten und innerhalb wohnten. Für die einzelnen Städte war das Verhältnis natürlich sehr verschieden. So wohnten außerhalb Essens 13,20 v. H. der Gesamtbevölkerung, die innerhalb Essens arbeiteten, und 1,18 v. H. der innerhalb Wohnenden arbeiteten außerhalb. Für Berlin betrugen diese Zahlen 4,49 bzw. 0,79 v. H., für Elberfeld 0,92 bzw. 1,85 v. H. — Für den Fahrplan ist es nun lehrreich, auch die Entfernung zu wissen, über die sich dieser Verkehr bewegt. Die Statistik hat auch diese Frage zu beantworten versucht und gibt an, daß bei den in Frage kommenden Städten bei den außen Wohnenden die Wege zwischen Arbeits- und Wohnort überwiegend, nämlich bei etwa 66 v. H., in der Entfernung zwischen 3 und 7 km liegen, daß sie aber bei etwa 26 v. H. noch darüber, und zwar bis 30 km weiter hinausweisen. Bei den innen Wohnenden liegen die Außenarbeitsstätten sogar bei 85 v. H. in der Zone 3 bis 7 km, doch betrug die größte Entfernung nur in seltenen Fällen mehr als 10 km. Ein solcher Arbeiterverkehr besteht aber nicht allein zwischen den großen Siedlungen und deren Umgebung, er hat sich vielmehr auch zwischen den mittleren, ja selbst kleineren Städten und deren Einflußgebiet entwickelt.

Es ist anzunehmen, daß sich diese Zahlen hinsichtlich der Menge seitdem erheblich vermehrt haben; ob auch bezüglich der Entfernung sich die Grenze erweitert hat, ist bei der infolge der verbesserten Fahrpläne möglich gewordenen Ansiedelung von Arbeitern und Angestellten außerhalb der großen Städte wohl anzunehmen. Auch lehrt die Zusammenstellung 4, daß die Zunahme des Nah- und Nachbarverkehrs bei den hier hauptsächlich in Frage kommenden IV.-Klasse-Reisenden nach 1900 noch angehalten hat. In diesem Jahre betrug die Durchschnittsentfernung einer Reise IV. Klasse 24,8 km, während sie 1910 nur noch 21,2 km betrug.

Personenverkehr aus Erholungsbedürfnis.

Die mit dem wirtschaftlichen Aufschwunge gesteigerte Arbeit der Bevölkerung würde zu einem vorzeitigen Verschleiß des Arbeitvermögens führen, wenn nicht durch Gesetze und Vorschriften die Arbeitzeit mit Rücksicht auf das Erholungsbedürfnis geregelt würde oder sich von selbst regelte. Erfahrungsgemäß wird nun

das Erholungsbedürfnis am besten befriedigt durch einen, wenn auch noch so
kurzen vorübergehenden Wechsel des Aufenthaltortes, verbunden mit einer
von der alltäglichen abweichenden körperlichen Bewegung. Bei dem Deutschen
kommt die ihm innewohnende Wanderlust und seine Freude an der Natur,
namentlich dem Walde, hinzu. Eine große Anzahl Sport und Wandervereine,
unter sich zu Verbänden zusammengeschlossen, sucht diesem Wandersinn
Rechnung zu tragen. Auch die Eisenbahnverwaltung leistet ihm durch Ausgabe
billigerer Sonntagfahrkarten, Preisverbilligung bei Gesellschaftsreisen usw.
zwischen den Wohn- und Ausflugorten Vorschub und fördert dadurch das Bestreben nach Erholung.

Sonn- und Festtagverkehr (Festverkehr). Allsonntäglich, neuerdings selbst im Winter und vornehmlich zu Zeiten der hohen kirchlichen Festtage
findet denn auch eine förmliche Auswanderung statt, die von frühmorgens bis
in den frühen Nachmittag anhält, während die Rückwanderung sich auf eine
viel kürzere Zeit in den Abendstunden beschränkt. Hier entstehen für den
Fahrplanbildner durch die vorzubereitende Massenbeförderung in kurzer Zeit
oft nicht unbedeutende Schwierigkeiten, zumal damit gerechnet werden muß,
daß die Rückwanderung nicht selten von einem anderen Orte aus einsetzt,
als von dem, der in der Frühe das Wanderziel bildete.

Hohe Anforderungen stellen ferner die Verbandsfeste der großen Sport-
vereine (Wintersport, Turn-, Schützenvereine usw.), die Volksfeste, Landes-
und Weltausstellungen und die Rennen. Deren Besuch erfordert nicht allein
die Unterbringung vieler Sonder-, Nah- und Nachbarschaftzüge, sondern auch
die Einlegung von Sonderfernzügen in den Fahrplan. Zur Zeit der hohen kirchlichen Festtage, namentlich während des Pfingst- und Weihnachtsfestes, sowie
während der großen Schulferien beschränkt sich der Ausflugverkehr nicht mehr
auf nahegelegene Orte, sondern erstreckt sich auf weite Fernen, in die von der
Natur bevorzugten Gebirgslandschaften Deutschlands, im Sommer auch nach
den Seebädern, ja selbst ins Ausland, nach den Hochgebirgen Ungarns, Österreichs
und der Schweiz. Auch dieser Verkehr wird von der Eisenbahnverwaltung
pfleglich behandelt durch Einstellung von Sonderzügen aller Art, insbesondere
auch durch die Bäder- und Ferien-Sonderzüge mit ermäßigten Fahrpreisen, deren
Fahrplan frühzeitig aufgestellt und bekanntgegeben wird.

Kur- und Bäderverkehr. Sehr verschieden von dem bisher behandelten
ist der Verkehr nach und von den Seebädern und Kurorten usw., der seine Höhe zu
Anfang und Ende der großen Schulferien erreicht, aber auch zu anderen Zeiten
ununterbrochen stattfindet, sobald die „Zeit" kommt. Und die „Zeit" kommt
eigentlich nicht, sie ist immer da. Denn im Winter ist das Reiseziel Ägypten,
sind es die Winterfrischen der Schweiz, vornehmlich des Engadins, diejenigen
Deutschlands im Schwarzwald, Harz und Riesengebirge, in Thüringen und
Oberbayern usw., die zu längerem Aufenthalt benutzt werden. Im Vorfrühling
sind die Adria, Süditalien und die Riviera Brennpunkte des Fremdenverkehrs,
im Frühling üben die oberitalischen Seen, die spanischen und südfranzösischen
Seebäder ihre Anziehungskraft aus, im Sommer und Herbst treten die englischen,
holländisch-belgischen und deutschen Seebäder sowie die deutschen Kurbäder,
Luftkurorte, die Schweiz und die österreichisch-ungarischen Gebirgsländer in Wettbewerb, während im Herbst wieder Italien an der Reihe ist[1]). Die Fahrpläne
der Welt- und Landesfernzüge gaben ein getreues Bild der verschiedenen Reise-
zeiten und die außerordentliche Vermehrung der Zugverbindungen kennzeichnete
die Entwicklung dieser Art Reiseverkehr. Ihn völlig genau zu erfassen, ist hier

---

[1]) Auch dieser Verkehr ist durch den Weltkrieg jäh unterbrochen. Erst in neuerer
Zeit beginnt er allmählich wieder einzusetzen und die alten Wege aufzusuchen. Doch sind
die Hemmungen noch nicht wieder ganz beseitigt, so daß er seinen früheren Umfang
noch längst nicht erreicht hat.

nicht der Platz. Es hat auch seine ganz erheblichen Schwierigkeiten, da hierfür weder die Statistik der einzelnen Bäder oder Bäderverbände noch die der Eisenbahnen ausreicht. Nur soviel sei bemerkt, daß es sich hierbei um viele Millionen Reisende handelt. Man muß dabei unterscheiden zwischen den eigentlichen Kurgästen mit längerem und den Nachtfremden mit kurzem Aufenthalt. Die letzteren bilden nicht selten die Mehrheit der Besucher, namentlich dann, wenn wie z. B. die Ostseebäder, der Harz oder Thüringen u.a. m. von den Großstädten in kurzer Zeit erreicht werden können und der Fahrplan der Züge derartig liegt, daß die Hinfahrt am Sonnabend am Spätnachmittag, die Rückfahrt am Montag in der Frühe angetreten werden kann. Es wurde schon bemerkt, daß die großen Schulferien die Höhepunkte dieses Reiseverkehrs sind. Ihr fast gleichzeitiger Beginn in den verschiedenen Landesteilen macht nun außer der Eisenbahn auch den Kurverwaltungen große Sorgen, da die Unterbringung der gleichzeitig aus allen Richtungen anstürmenden Besucher Schwierigkeiten bereitet und den Bädern als auch den Besuchern zum wirtschaftlichen Nachteil gereicht. Die deutschen Verkehrsvereine beschäftigen sich deshalb schon längere Zeit mit der Frage der Verteilung der Sommerferien derart, daß deren Beginn sich in den verschiedenen Landesteilen gruppenweise um je 3 Wochen folgt. Eine solche Verteilung könnten auch die Eisenbahnverwaltungen nur mit Zustimmung begrüßen, da auch sie dann in der Lage wären, die Reisenden zweckentsprechender und wirtschaftlicher zu befördern.

Ferner muß hier noch der Fremdenverkehr der großen Städte erwähnt werden, der zwar zum Teil geschäftlichen Gründen entspringt, aber auch dem Vergnügen gewidmet ist. Als Beispiel für dessen Bedeutung möge derjenige Berlins dienen, wo im Jahre 1910, abgesehen von den vielen ungezählten bei Verwandten und Freunden beherbergten, in Gasthöfen und Herbergen 1 278 609 Fremde, darunter 253 311 Ausländer gezählt wurden. Mehr als der dritte Teil der Ausländer, nämlich 97 683, waren Russen, 39 555 waren Österreicher, und 30 550 kamen aus Amerika. Die übrigen verteilten sich auf alle europäischen Länder und auf alle Erdteile. Im Jahre 1885 betrug dieser Verkehr nur 355 233 Personen, er war also seitdem um 360 v. H. gestiegen.

Endlich sei auch kurz des Verkehrs gedacht, der aus dem täglichen geselligen Vergnügen entspringt. Hier handelt es sich um den Besuch von Theatern, Konzerten und anderen künstlerischen Darbietungen und Schaustellungen, der nicht nur in den Großstädten, sondern auch in vielen Provinzstädten seinen Zielpunkt findet und die sogenannten Theaterzüge zeitigt.

Es ist natürlich, daß die Möglichkeit, dem Erholungs- und Vergnügungsbedürfnis Rechnung zu tragen, wesentlich von dem Wohlstande der Bevölkerung und dessen Verteilung sowie seiner Entwicklung bedingt wird. Aus den Ergebnissen der Einkommenstatistik geht nun für Preußen hervor, daß sich seit 1892, dem ersten Veranlagungsjahre, bis 1910 das veranlagte Einkommen von 5 704,33 auf 13 710,78 Millionen M. vermehrt hat, sowie daß sich die Zahl der mit mehr als 3000 M. jährlichem Einkommen veranlagten Personen in derselben Zeit von 316 889 auf 703 753 vergrößerte[1]).

7. Reiseentfernung.

Wie schon angedeutet wurde, überwiegt der Nah- und Nachbarverkehr den Fernverkehr bei weitem. Aus der Zusammenstellung 4 ist bereits zu entnehmen, daß die durchschnittliche Reiseentfernung im Jahre 1885 etwa 28,3 und im Jahre 1910 nur noch 23 km betrug, woraus hervorgeht, daß die

---

[1]) Im Jahre 1912 betrug das veranlagte Einkommen 15 239,79 Millionen, die Zahl der mit über 3000 M. veranlagten Personen 783 876. Die Zeitumstände haben auch in dieser Beziehung einen erheblichen Rückschritt verursacht.

kurzen Reisen mehr als die langen Reisen zugenommen haben. Der Fernverkehr ist in der I. Klasse am größten, auch nimmt die Reiseentfernung hier nicht unerheblich zu, während sie in der II. Klasse viel geringer und ständig im Abnehmen begriffen war. In der III. Klasse hat die Weglänge sehr geschwankt; sie ist nicht viel größer, meist sogar geringer als bei der IV. Klasse gewesen, nahm aber bis 1913 um ein weniges zu[1]). Diese Durchschnittszahlen geben aber noch kein zutreffendes Bild von der Reiseentfernung. Um dies zu erlangen, hat man Zählungen und Berechnungen vorgenommen. So fuhren auf den sächsischen Staatsbahnstrecken nach den bezüglichen statistischen Berichten:

Zusammenstellung 5.

im Jahre	im ganzen		davon									
	Personen	Durchschn. R.-Entf.	unter bis 10 km	%	über 10 bis 20 km	%	über 20 bis 30 km	%	über 30 bis 40 km	%	über 50 km	%
1877	18 288 556		6 161 526	33,7	5 210 648	28,5	2 546 838	13,9	2 142 773	11,9	2 226 771	12,0
1887	26 563 894		9 806 580	36,9	7 634 897	28,7	2 878 294	10,8	3 747 193	11,5	2 496 930	12,1
1897	52 606 214		24 920 489	47,4	13 225 636	25,2	4 611 638	8,8	4 455 376	8,5	5 393 075	10,1

Nach den Hilleschen Berechnungen über den Personenverkehr auf den preußischen Staatseisenbahnen, die auf Grund von Zählungen in den Monaten Mai und Juli 1893 aufgestellt sind, fuhren auf einfache und Rückfahrkarten[2]):

Zusammenstellung 6.

auf eine Entfernung km		Zahl der Fahrkarten	% der Gesamtzahl	
von	bis		auf einfache und Rückfahrkarten	auf alle Karten
1	5	4 753 061	12,8	12,2
6	10	8 792 599	23,6	22,6
1	10	13 545 660	36,4	34,8
11	15	5 556 978	14,9	14,3
16	20	3 711 817	9,9	9,3
1	20	22 814 450	61,2	58,6
21	25	2 422 587	6,5	6,2
26	30	1 830 090	4,9	4,7
31	40	2 608 727	7,0	6,7
41	50	1 626 017	4,4	4,2
1	50	31 301 877	84,0	80,4
überhaupt		37 251 720	100	95,7

In diesen Berechnungen sind aber sowohl die Reisen auf besondere Fahrkarten und vor allen Dingen der eigene Verkehr der Berliner Stadt-, Ring- und Vorortbahnen sowie der Hamburg—Altonaer Verbindungsbahn nicht enthalten.

Nach den vorstehenden Ausführungen über die durchschnittliche Reiseentfernung ist anzunehmen, daß 1913 mehr als 50 v. H. aller Reisenden auf die Zone 1—10 km, zwischen 65 und 70 v. H. in die Zone 1—20 km und über 90 v. H. in die Zone 1—50 km entfielen, wenn man alle gefahrenen Personen in Betracht zieht.

Von den in Preußen-Hessen im Jahr 1910 stattgefundenen 1072,684 Millionen Fahrten (in Deutschland 1540,842 Millionen) entfielen auf den Berliner und Hamburg-Altonaer Stadt- und Vorortverkehr 274,774 Millionen, davon auf Zeit-

---

[1]) Der durchschnittl. Reiseweg betrug 1923 in der I. Kl. 343; in der II. Kl. 35,9; in der III. Kl. 25,5; in der IV. Kl. 25,9. [2]) Archiv für Eisenbahnwesen 1894.

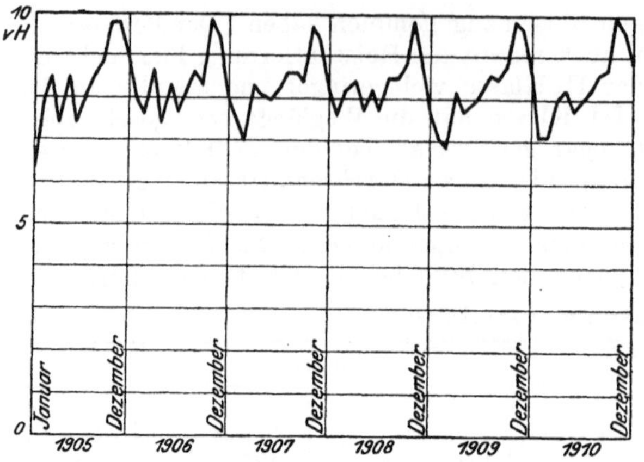

Abb. 8. Darstellung der monatlichen Versandmengen (Hundertstel).

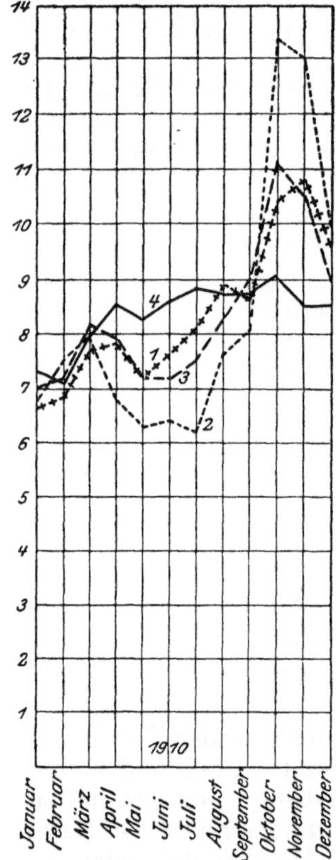

Abb. 9. Darstellung der monatlichen Versandmengen (Hundertstel) der 4 Verkehrsgruppen.
++++ Gruppe I: Breslau, Kattowitz, Posen.
--------- Gruppe II: Bromberg, Danzig, Königsberg.
— — — Gruppe III: Altona, Berlin, Stettin, Erfurt, Halle, Hanover, Kassel, Münster, Magdeburg.
———— Gruppe IV: Köln, Saarbrücken, Essen, Elberfeld, Frankfurt a. M.. Mainz.

karten 122,268 Millionen. Die durchschnittliche Reiseentfernung betrug hier 8,15 bis 11,15 km. — Es fanden ferner statt auf Zeitkarten und Arbeiterfahrkarten 292,777 Millionen Fahrten, bei einer Durchschnittsentfernung von 9,18 bis 11,15 km, auf Schülerkarten 14,074 Millionen, auf Sonntagskarten 15,479 Millionen Fahrten mit einer Durchschnittsentfernung von 9,66 bzw. 19,93 km. Von den 3,788 Millionen Gesellschaftsfahrten entfielen 406025 auf die IV. Klasse mit einer durchschnittlichen Reiseentfernung von 448,5 km (Durchwanderer, Sachsengänger), und an Sonderzugfahrten wurden 207 202 auf eine Entfernung von 315 km unternommen.

Bei den 471,363 Millionen Fahrten auf gewöhnliche Fahrkarten betrug die durchschnittliche Entfernung in der I. Klasse 183,21 km, in der II. Klasse 72,24 km, in der III. Klasse 42,55 km, und in der IV. Klasse 30,31 km.

Wendet man die Hundertstelsätze von Hille auf die Verkehrsziffern der Reisen nach dem Normaltarif des Jahres 1910 an, so fuhren über 200 km in der I. Klasse 178 500, in der II. Klasse 1 286 000, in der III. Klasse 1,708,000 und in der IV. Klasse 5 400 000 Personen. $^5/_9$ aller Fernreisenden benutzten also die IV. Klasse. Das hat zur Bildung der beschleunigten Fernpersonenzüge III./IV. Kl. geführt[1].)

8. Örtliche und zeitliche Unterschiede im Beförderungsbedürfnis.

Es wurde schon bemerkt, daß das Beförderungsbedürfnis zeitlich und örtlich sehr verschieden ist.

Die Abb. 8 gibt die Gewichtsmengen der Güterbewegung in den einzelnen Monaten der Jahre 1905—1910 (Versand der preußisch-hessischen Staatsbahnen) in Hundertstel der Gesamtbewegung.

Aus dem Verlauf der Linien ergibt sich ein Tiefstand des Verkehrs in den Monaten Januar, Februar, ein Hochstand in den Monaten Oktober, November. In der Zwischenzeit ist er außerordentlich schwankend. Man bemerkt ein wechselndes

---

[1] Das Nähere darüber finbet man in meinem Aufsatz: Wie soll der Personenzugfahrplan nach dem Kriege gestellt werden? Z. d. V. 1915, Nr. 31.

An- und Abschwellen mit einem kleinen Gipfelpunkt im März/April und einer
leisen allgemeinen Neigung zum Steigen. Verbindet man die Monatspunkte
der verschiedenen Jahre miteinander, so erkennt man, daß die Verkehrshöhen
auch in den gleichen Monaten der einzelnen Jahre sehr verschieden sind. Nur
die Oktoberlinie hält sich fast auf derselben Höhe. Trägt man die Verkehrs-
hundertstel der einzelnen Monate (1910) gruppenweise
(4 Verkehrsgruppen) auf — Abb. 9 —, so ergibt sich bereits
ein ganz anderes Bild, das sich noch wesentlich verändert
und wechselvoller gestaltet, wenn man die Versandmengen
der einzelnen Bereiche, aus denen sich die Gruppen zu-
sammensetzen über- und nebeneinander aufträgt.

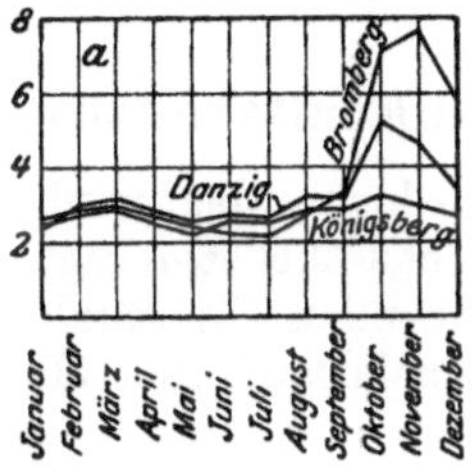

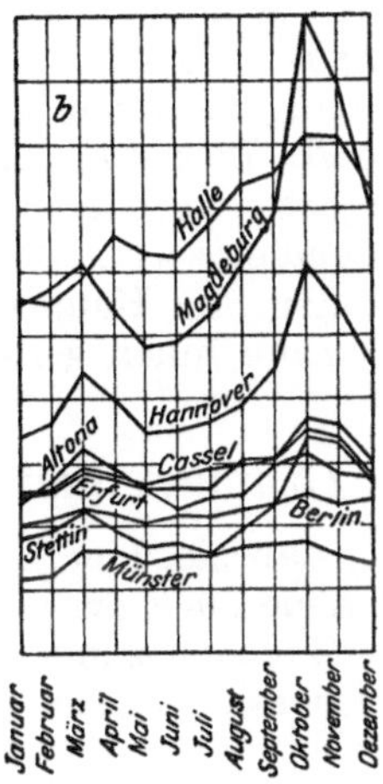

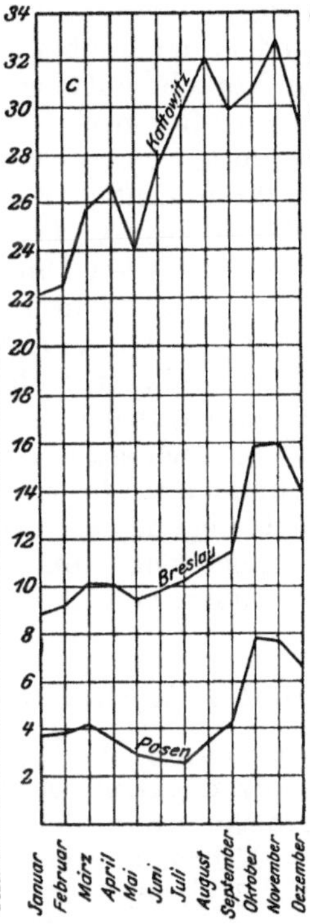

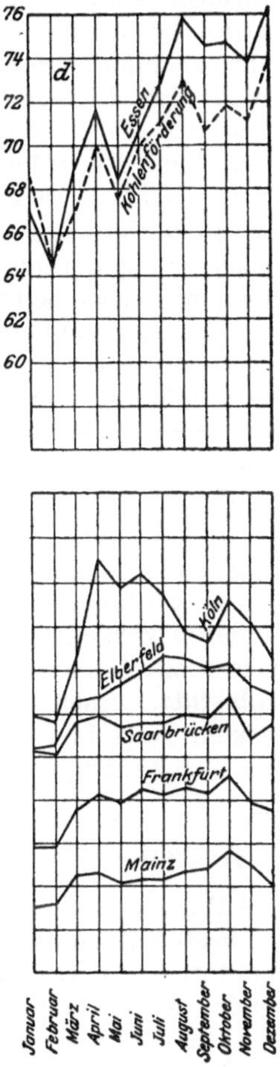

Die Gebiete mit überwiegend land-
und forstwirtschaftlichen Betrieben
zeigen den Verkehrstiefstand in den
Monaten Mai bis Juli, und der Hochstand der Monate Oktober, November
übertrifft ihn um das Doppelte bis 2,6-
fache. Dieser Unterschied tritt am
offensichtlichsten wieder in den Gebieten hervor, in denen der Rübenbau
eine große Rolle
spielt, weniger da,
wo daneben be-
reits die Gewerbe-
tätigkeit wesent-
lichen Einfluß auf
den Verkehr aus-
übt. In den Be-

Abb. 10.

reichen, wo der Rübenbau zurücktritt oder überhaupt nicht vorhanden ist,
fehlen auch die großen Unterschiede in den Höhen und den Tiefen. Der Verkehr
verteilt sich hier viel gleichmäßiger auf alle Monate, ist aber im Oktober wieder
am stärksten. Das letztere trifft auch im allgemeinen für die Gebiete über-
wiegender Gewerbetätigkeit zu, namentlich dort, wo Massengewinnung und
-erzeugung vorherrscht. Dort tritt der im März/April sich zeigende kleinere
Gipfel stärker hervor als in den anderen Gebieten. Die Güterversandlinie des
Essener Bereichs gleicht auffallend der Linie der Kohlenförderung und des
Kohlenabsatzes, der dem Verkehr hier seinen Stempel aufdrückt (vgl. Abb. 10
a bis d).

Was den Personenverkehr angeht, so ist seine örtliche Verschiedenheit
hinsichtlich Größe und Klassenbenutzung in erster Linie durch die mehr oder
weniger große Dichtigkeit und Wohlhabenheit der Bevölkerung bedingt. Aber
auch die Art der Tätigkeit der Bewohner ist von großem Einfluß. Die Bauern
und Ackerbürger der kleinen Landstädte werden, weil im allgemeinen seßhafter,

selten die auf den Einzelkopf fallende Reisezahl der in den großen städtischen und gewerblichen Siedlungen Ansässigen erreichen.

Der zeitliche Unterschied im monatlichen Personenverkehr ist beeinflußt durch die Lage des Oster- und Pfingstfestes, und die Schul- und Gerichtsferien. Im allgemeinen ist er im Juli, August am größten, im Februar am geringsten. Die Unterschiede zwischen dem höchsten und tiefsten Stande sind bei der I. Klasse gering, bei der II. Klasse schon recht bemerkbar, bei der III. und IV. Klasse sehr erheblich. Bei diesen beiden Klassen kommt der Teil des Erholungsverkehrs, der die sonn- und festtäglichen Ausflüge umfaßt, außerordentlich zur Geltung. Es ist ferner anzunehmen, daß in den weiter bewohnten ländlichen Bereichen die Höhenunterschiede des monatlichen Verkehrs größer sind als in den dichtbesiedelten gewerblichen.

Auch im regelmäßigen wöchentlichen Werktagverkehr sind Größenunterschiede zu bemerken, indem der Montag einen etwas schwächeren, der Sonnabend einen etwas stärkeren Verkehr aufweist.

Ferner zeichnen sich oft einzelne Wochentage durch besondere Verkehrshöhen aus, namentlich dort, wo stark besuchte Wochenmärkte und am Sonntag der Ausflüglerverkehr ihren Einfluß ausüben.

Endlich zeigt auch der Tagesverkehr in den einzelnen Stunden wesentliche Unterschiede. Dies trifft vor allen Dingen im Nah- und Nachbarverkehr zu. An den Werktagen ist der nach dem Verkehrsmittelpunkte gerichtete Verkehr im allgemeinen frühmorgens am größten. Kommen größere Verkehrsmittelpunkte in Frage, so treten zwei weitere Höhen — gegen Mittag und gegen Abend — hinzu. In umgekehrter Richtung findet man die Höhen gegen Mittag und bei größeren Verkehrspunkten auch gegen Abend. Liegen in deren Umkreis gewerbliche Niederlassungen, findet auch frühmorgens ein größerer Verkehr nach außerhalb statt, dessen Rückbewegung gegen Abend einsetzt. Der Sonn- und Festtagverkehr zeigt fast das umgekehrte Bild, indem der Hauptverkehr von früh bis zum Nachmittag nach außen und abends nach innen gerichtet ist.

9. Allgemeine Lage der Zugfahrten (Abfahrt- und Ankunftszeiten).

Die Zugfahrten sind nun so zu legen, daß sie dem Beförderungsbedürfnis am besten Rechnung tragen. Dann werden sie auch am wirtschaftlichsten ausgenutzt. Dies wird erreicht, wenn alle die Zugbenutzung fördernden Umstände bei der Aufstellung des Fahrplanes berücksichtigt werden. Insbesondere trifft dies für den Personenverkehr zu.

Dem heutigen Menschen liegt es daran, das Ziel und den Zweck seiner Reise möglichst schnell, bequem und mit einem möglichst geringen Gesamt-Zeit- und Kostenaufwand zu erreichen, ohne daß er doch bereit ist oder gezwungen werden möchte, von seinen ihm am Heimatsorte gebotenen Annehmlichkeiten mehr, als unbedingt nötig ist, aufzugeben. Es liegt in seiner Natur, daß er besonders bei allen ihn betreffenden Geschehnissen, so auch ganz besonders bei seinen Reisen, eine lebhafte Rücksichtnahme auf seine berechtigten Gewohnheiten und die bei ihm eingebürgerte Zeitfolge seines Tuns verlangt. Er wird sich deshalb auch immer den seinen Mitteln entsprechenden kürzesten Verbindungsweg, den schnellsten Zug mit den wenigsten und kürzesten Aufenthalten, mit den wenigsten Umsteigestellen und den günstigsten Abfahrt- und Ankunftszeiten auswählen. Ihm ist deshalb auch das Reisen während der Nacht und besonders mit Zügen, die ihn das Reiseziel zu einer Zeit erreichen lassen, wo es zur ausgiebigen Ruhe zu spät, zur Erledigung des Reisezwecks zu früh ist, wenig zusagend. Ebenso ungern wird er seine Reise in zu später Abendstunde oder gar in der Nacht antreten. Trotz der vielen Bequemlichkeiten und behaglichen Einrichtungen der Züge wird er sich nur dann zu einer Nachtreise entschließen, wenn das zu bringende Opfer der häuslichen Nachtruhe den in Aussicht stehenden Genuß oder Vorteil aufwiegt, oder wenn ganz besondere Umstände einen Aufschub der Reise selbst um Stunden nicht zulassen. Dies trifft nun allerdings bei der auf das äußerste angespannten Betriebsamkeit in allen Geschäften und der dadurch hervorgerufenen wachsenden Beziehungen der großen Verkehrsmittelpunkte zueinander in stetig sich mehrender Weise zu, so daß bei der fortgesetzt stärker werdenden Benutzung der Nachtzüge in der neuesten Zeit für einzelne Verkehrsbeziehungen sogar besondere Schlafwagenzüge vorgesehen wurden. Auch die Abreise in zu früher Morgenstunde ist selbst im Sommer unbeliebt. Man muß hierbei beachten, daß in kleineren und selbst in größeren Städten weder die Gasthöfe auf frühe Abreisen eingerichtet sind, noch die Vermittlung zum Bahnhofe durch Fuhrwerke selten günstig zu ordnen und unter Umständen verhältnismäßig recht kostspielig ist. Gleichfalls ist die Abreise in zu früher Abendstunde unerwünscht, weil entweder nach Erledigung der Geschäfte oft noch ein geselliges Beisammensein und das Aufsuchen eines Vergnügens beliebt ist, oder weil die häusliche Zeiteinteilung dadurch beeinträchtigt wird. Auch hier spielt das Beförderungsmittel zum Bahnhof, selbst in den größten Städten, eine gewisse Rolle, namentlich wenn bei schlechtem Wetter zurzeit des Beginnes der Vergnügungen usw. ein gewisser Fuhrwerksmangel einsetzt.

Im allgemeinen sind deshalb für den Landesfernverkehr als Abfahrtzeiten der Züge die Vormittagstunden 7—10 Uhr, die Nachmittagstunden 1—3 und die Abendstunden 8—12 Uhr als am besten geeignet anerkannt. Als Ankunftzeiten für die Endstation kommen dann die Stunden 2—7 Uhr und 9—12 Uhr nachmittags und 7—10 Uhr vormittags in Frage. Natürlich lassen sich diese Stunden nicht immer einhalten, schon deshalb nicht, weil örtliche Gründe, z. B. Anordnung der vorhandenen Gleis- und Bahnsteiganlagen und ihre Verbindung zum Abstellbahnhofe dies verhindern. Auch ist oft, namentlich bei längeren Fahrten, zwischen Abfahrt- und Ankunftzeit zu vermitteln und vor allen Dingen auf die Anschlüsse zu rücksichtigen.

Die Zusammenstellung — 7 — gibt ein Bild davon, wie sich auf Grund der vorstehenden Erwägungen die Abfahr- und Ankunftzeiten der zwischen Berlin und den im Südwesten Deutschlands gelegenen großen Verkehrsmittelpunkte eingerichteten Zugverbindungen 1913 stellten.

Man erkennt darin deutlich die einzelnen Zeitabschnitte, Frühvormittag, Nachmittag und Abend bis Spätabend der Abfahr- und Ankunftzeiten im deutschen Landesfernverkehr (Sommerfahrplan 1913), dem sich der Weltfernverkehr unter den gleichen Voraussetzungen meist unmittelbar anschließt.

In erhöhtem Maße ist die Rücksichtnahme auf die Gewohnheiten der Menschen im Nah- und Nachbarverkehr von Bedeutung, wobei oft sich widerstreitende Bedürfnisse zu befriedigen und auszugleichen sind. Hier handelt es sich darum, rechtzeitig den Arbeiter zur Arbeitsstätte, den Geschäftsmann zum Geschäftsort, den Schüler zur Schule, den Landmann zum Wochenmarkte, den Bürger zum Gerichtsort oder zum Behördensitz, zu seinen geselligen Zusammenkünften, zu wissenschaftlichen und künstlerischen Darbietungen zu befördern und nach vollbrachter Arbeit, nach Schluß der Geschäfts-, Amts- und Schulzeit, nach Beendigung des Marktes, der Theater usw. ohne unnötige Aufenthalte die Heimreise antreten zu lassen. Zwar werden Arbeitgeber, Gerichte und Behörden, vor allen Dingen Theaterunternehmer und ähnliche sorgen, dem Fahrplan der Eisenbahnen, soweit angängig, Rechnung zu tragen; doch sprechen hier oft gewichtige Gründe gegen ein Abweichen von den in langjähriger Entwicklung herausgebildeten Gewohnheiten und Gebräuchen über eine bestimmte Grenze hinaus.

Die täglich fahrenden Arbeiter, Angestellten und Schüler sind an fest bestimmte Zeiten gebunden. Sie wollen und können auch nicht durch Aufenthalte,

Zusammenstellung 7.

Mittlere Spalte: **D-Zug-Verbindung. zwischen Berlin Ah. in südwestl. Richtg.**

Stationen (von oben nach unten): an Berlin Anh. ab — ab Frankfurt an — „ Straßburg „ (↓) — „ Darmstadt „ — „ Karlsruhe „ — „ Basel . . „ — „ Kissingen. „ — „ Metz . . „ — ↑ Cassel . „ — │ Stuttgart „ — ab München an

Station	D 201	D 1	D 49	D 37	D 69	D 41	D 129	D 45	D 79	D 125/105	D 39	D 11	D 35	D 33	D 5
an Berlin Anh. ab	7^{30}	7^{36}	8^{25}	9^{05}	10^{04}	2^{39}	3^{34}	4^{49}	4^{56}	5^{42}	6^{42}	8^{55}	9^{13}	10^{38}	11^{02}
ab Frankfurt an	10^{16}	10^{25}				6^{04}	8^{23}					12^{53}			2^{46}
„ Straßburg						1^{45}									11^{26}
„ Darmstadt		9^{41}										12^{14}			(1^{34})
„ Karlsruhe		8^{09}				11^{52}						10^{36}			(11^{17})
„ Basel		4^{40}										7^{53}			9^{29}
„ Kissingen													1^{35}		
„ Metz															(9^{25})
↑ Cassel				(1^{55})				6^{00}		11^{10}					
Stuttgart			(8^{39})	9^{39}				(5^{00})						10^{21}	
ab München an			10^{20}		11^{32}				8^{15}		8^{25}				

Station	D 6	D 36	D 32	D 12	D 40	D 126/106	D 80	D 46	D 130	D 42	D 168	D 38	D 50	D 70	D 2	D 202
an Berlin Anh. ab	8^{00}	8^{10}	8^{20}	9^{05}	10^{30}	10^{50}	1^{10}	1^{45}	2^{15}	3^{35}	8^{15}	8^{25}	8^{50}	9^{50}	10^{15}	10^{40}
ab Frankfurt an	3^{46}			4^{54}					9^{23}	11^{40}					6^{53}	7^{04}
„ Straßburg	7^{05}									3^{58}					10^{55}	
„ Darmstadt	(3^{56})			5^{38}									(7^{06})		7^{41}	
„ Karlsruhe	(6^{09})			7^{16}									(8^{58})		9^{37}	
„ Basel	9^{13}			10^{45}						6^{18}					1^{08}	
„ Kissingen		3^{30}														
„ Metz	(10^{14})															
↑ Cassel						5^{5}										
Stuttgart			8^{26}	(9^{21})				12^{52}				(2^{44})		(10^{16})		
ab München an					8^{34}		10^{05}	(12^{40})			7^{12}	7^{52}	7^{14}	8^{35}		

Zusammenstellung 8.

Station	625	629	611	613	615	617	653	623	627
ab Erfurt … an			6^{10}	9^{52}	2^{00}	4^{48}		6^{58}	11^{15}
Stotternheim			6^{23}	10^{05}	2^{13}	5^{00}		7^{07}	11^{29}
Großrudestedt			6^{31}	10^{13}	2^{21}	5^{10}		7^{15}	11^{38}
Sömmerda			6^{44}	10^{24}	2^{32}	5^{21}		7^{28}	11^{57}
Leubingen			6^{52}	10^{31}	2^{39}	5^{28}		7^{36}	12^{08}
Griefstedt			6^{59}	10^{36}	2^{45}	5^{41}		7^{42}	12^{19}
Etzleben	4^{25}		7^{06}	10^{46}	2^{52}	5^{48}		7^{49}	12^{31}
Heldrungen	4^{35}		7^{15}	10^{53}	3^{00}	5^{52}		8^{11}	12^{43}
Bretleben	4^{42}		7^{24}	11^{02}	3^{08}	6^{05}	7^{40}	8^{21}	1^{01}
Reinsdorf	4^{49}		7^{29}	11^{08}	3^{13}	6^{12}	7^{47}	8^{26}	1^{09}
Artern	5^{06}	6^{05}	7^{38}	11^{15}	3^{20}	6^{23}	7^{52}	8^{34}	1^{16}
Voigtstedt	5^{16}	6^{13}	7^{45}	11^{21}	3^{25}	6^{29}	—	8^{39}	
Oberröblingen	5^{36}	6^{13}	7^{55}	11^{29}	3^{33}	6^{38}	8^{08}	8^{47}	
an Sangerhausen … ab	5^{00}	6^{49}	8^{04}	11^{37}	3^{40}	6^{46}	8^{16}	8^{54}	

653: **Ab Artern nur S bis 31. 8.**

Station	626 W	626 S	624	612	622	614	630 (W)	616	658 (S)	662	628
ab Erfurt … an	5^{48}	7^{22}	8^{57}	12^{18}	1^{58}	5^{32}		9^{45}			
Stotternheim	5^{17}	7^{07}	8^{45}	12^{05}	1^{45}	5^{39}		9^{32}			
Großrudestedt	5^{05}	6^{58}	8^{38}	11^{57}	1^{37}	5^{31}		9^{24}			
Sömmerda	4^{43}	6^{45}	8^{24}	11^{45}	1^{26}	5^{19}		9^{13}			
Leubingen	4^{29}	6^{30}	8^{20}	11^{38}	1^{18}	5^{11}		9^{04}			
Griefstedt	4^{21}	6^{23}	8^{14}	11^{33}	1^{13}	5^{05}		8^{58}			
Etzleben	4^{10}	6^{15}	8^{09}	11^{27}	1^{06}	4^{59}		8^{52}			
Heldrungen	3^{57}	6^{06}	8^{01}	11^{19}	12^{56}	4^{52}	7^{51}	8^{45}			
Bretleben	3^{41}	5^{56}	7^{54}	11^{12}	12^{49}	4^{44}	7^{41}	8^{36}			
Reinsdorf	3^{33}	5^{50}	7^{44}	11^{07}	12^{43}	4^{33}	7^{35}	8^{28}			
Artern	3^{26}	5^{45}	7^{36}	11^{02}	12^{38}	4^{26}	7^{19}	8^{24}	9^{36}	12^{54}	5^{38}
Voigtstedt			7^{28}		12^{31}	4^{14}	7^{20}	8^{16}	9^{24}	12^{14}	5^{31}
Oberröblingen			7^{17}	10^{52}	12^{24}	4^{07}	7^{07}	8^{09}	9^{13}	12^{22}	5^{18}
an Sangerhausen … ab			7^{10}	10^{46}	12^{18}	4^{00}	6^{50}	8^{02}	9^{03}	12^{01}	4^{18}

die unnütz und oft mit Kosten verknüpft sind, an fremdem Orte ihre Zeit vergeuden. Der Marktbesucher, der zwar den Beginn des Marktgeschäfts um des Wettbewerbes willen ungern versäumt, der Händler und selbständige Handwerker, der auswärts zu tun hat, ist in bezug auf Ankunft und Abfahrt zwar ungebundener; doch haben sich für die Abwicklung seiner Geschäfte gleichfalls gewisse Tagesstunden in der Vormittagszeit eingebürgert. Für den Nah- und Nachbarverkehr liegen die günstigsten Ankunftzeiten zwischen 5 und 7 sowie 8 und 10 Uhr vormittags und zwischen 4 und 6½ Uhr nachmittags, die Rückfahrzeiten zwischen 11 Uhr vormittags und 2 Uhr nachmittags, sowie zwischen 4 und 8 oder 10 und 12 Uhr nachmittags.

Die Fahrplangestaltung ist dann verhältnismäßig einfach, wenn nur der Verkehr von und nach einem Verkehrsmittelpunkte in Frage steht. Liegen aber an beiden Enden einer Linie annähernd gleich wichtige oder in ihrer Bedeutung stark abweichende Verkehrsmittelpunkte, und befindet sich womöglich an der Linie noch ein kleinerer, so ist die Fahrplangestaltung schon schwieriger.

Das Beispiel — Zusammenstellung 8 — zeigt, wie sich die Verbindungen nach und von den einzelnen Hauptpunkten gestalten, wenn an einem Ende ein großer und inzwischen sowie am anderen Ende ein kleinerer liegt.

Für die allgemeine Lage der Güterzüge sind folgende Umstände zu beachten:

1. Das Ver- und Entladegeschäft der Wagenladungsgüter findet stets in den Tagesstunden statt; auch die Verladung der Stückgüter ist aus wirtschaftlichen Gründen meist an die Tagesstunden gebunden und jedenfalls nach Möglichkeit nicht allzuweit in die Nachtstunden hinein auszudehnen. Hieraus ergibt sich, daß bei 6- bis 12stündigen Be- und Entladefristen die vollen und leeren Wagen mittags und am Spätabend zur Abfuhr aus den Lade-, Anschluß- und anderen Gleisen zu geschehen hat. Unter Umständen findet auch ein öfteres Bedienen der Lade- namentlich der Schuppengleise statt.

2. Die kleineren Stationen sind in Berücksichtigung einer wirtschaftlichen Personenbesetzung der Bahnhöfe und wegen des Wagenumlaufs sowie in Beachtung der Ladefristen zweckmäßig am frühen Vormittag oder am Spätnachmittag zu bedienen.

3. Stückgüter- (Auslade-) Züge verkehren mit Rücksicht auf eine wirtschaftliche Personenbesetzung der Bahnhöfe gleichfalls nur am Tage, höchstens bis in die frühen Abendstunden.

4. Wo Zollabfertigung in Frage kommt, die meist nur am Tage vorgenommen wird, also von den Grenzbahnhöfen, werden die Züge zweckmäßig kurz nach Mittag und in den Abendstunden abgelassen.

5. Für die Zufuhr von Lebensmitteln (Milch, Vieh, frisches Fleisch, Gemüse usw.) nach den größeren Städten sind die Züge derart zu legen, daß sie am frühen Vormittag ihren Bestimmungsort erreichen.

Hieraus ergibt sich, daß das Verschubgeschäft für die Bildung der Fern- und Durchgangsgüterzüge der Hauptsache nach des Abends und in der Nacht stattfindet, und daß dementsprechend diese Züge vornehmlich in den Nachtzeiten zur Abfahrt gelangen. Die Umbildung solcher Züge auf den End- oder Zwischenpunkten und die Fortführung ihrer Frachten nach den Anschlußstrecken erfordert dann weiter oft die Vorsorge für Zugfahrten am Tage.

10. Der starre Fahrplan.

Es ist ausgeführt worden, daß sich die allgemeine Lage der Züge im Fahrplan dem im einzelnen oft so ungleichartigen und sich stetig verändernden Beförderungsbedürfnissen fortgesetzt anzuschmiegen habe, daß aber ihre besondere Lage und die Einzeldurchbildung ihrer Fahrpläne durch verschiedene, nicht selten entgegengesetzt wirkende, aus den technischen Mitteln sich ergebende Umstände beeinflußt werde und dies begründet sei durch die jeweilig vorhandene, wechselseitig sich bedingende Leistungsfähigkeit der Strecke, der Bahnhöfe und der Kraftmaschine.

Dem sich hieraus ergebenden festen Fahrplan, der als „schmiegsamer" bezeichnet werden kann, steht ein anderer auch fester Fahrplan gegenüber, den man „starr" genannt hat. Man findet ihn auf Stadtbahnen, im Vorortverkehr der größeren Städte und auf kürzeren Städtebahnen eingeführt, auch ist er wohl in Entwürfen selbst längerer Städtebahnen ihrem Betriebe zugrunde gelegt.

Der starre Fahrplan setzt im allgemeinen einen nach Ursprung und Ziel nicht sehr stark unterschiedlichen Verkehr voraus, der sich, wenn auch nicht vollkommen gleichmäßig über den Tag, so doch ziemlich gleichmäßig über die einzelnen Tageszeiten verteilt und die gleichen Ansprüche an die Beförderungsmöglichkeiten stellt. Infolgedessen können die Züge mit der gleichen Zugkraft bewegt werden und von gleichem Gefüge sein, d. h. aus den gleichen Wagenarten gebildet werden. Er hat ferner zur Voraussetzung, daß alle gleichartigen Züge mit der gleichen Geschwindigkeit fahren, sowie die gleichen Haltestellen mit gleichen Aufenthaltszeiten haben und daß da, wo verschiedenartige Züge verschiedener Geschwindigkeit verkehren, etwaige Überholungen — bei eingleisigen Strecken ebenso alle Kreuzungen — stets auf demselben Bahnhofe stattfinden und daß diese Stationen zu diesen Zwecken gleichartig ausgebaut sind, damit Überholungen und Kreuzungen stets unter denselben betriebstechnischen Bedingungen erfolgen können.

Aus der gleichen Geschwindigkeit der gleichartigen Züge, ihren gleichen Haltestellen und Aufenthaltszeiten ergibt sich der Gleichlauf ihrer Fahrpläne. Hat man auf einer Bahn nur Züge einer Gattung und Geschwindigkeit, so kann man einen Fahrplan herstellen, durch den die volle Leistungsfähigkeit der Strecke zum Ausdruck gebracht wird. Die Fahrpläne haben hierbei immer gleichen Abstand. Ihre größte Anzahl ergibt sich aus den Zugfolgemöglichkeiten, die bei eingleisigen Strecken im allgemeinen durch die Kreuzungsmöglichkeiten, bei zweigleisigen durch die Blockabstände begrenzt sind. Wenn angängig, wird man die Abfahrtzeiten der Züge von ihrem Beginnpunkt mit der Stundenteilung in Übereinstimmung bringen, so daß beispielsweise um 12^0 die erste Zuglage beginnt und sie sich dann in Abständen von 3 oder 5, 6, 10 oder 20 usw. Minuten folgen, je nach der technischen Ausgestaltung der Strecke und ihrer Betriebstellen. Sofern Linienverkettungen mit Strecken in Betracht kommen, auf denen die Züge nach einem festen, aber schmiegsamen Fahrplan verkehren, müssen deren Betriebszeiten bei Bestimmung der Zuglagen in den festen starren Fahrplan berücksichtigt werden. Das beste Beispiel hierfür ist die Berliner Stadtbahn und ihre Linienverkettungen mit den Vorortbahnen.

Sollen Züge verschiedener Geschwindigkeit mit einer ungleichen Anzahl von Haltestellen und unterschiedlichen Aufenthaltszeiten verkehren, so hat man mit der Fahrplanherstellung für die Züge der größten Geschwindigkeit und den wenigsten Haltestellen zu beginnen, in deren Netz die Fahrpläne für die Züge geringerer Geschwindigkeit mit häufigeren und längeren Aufenthalten einzufügen sind. Hat man auf diese Weise ein über den ganzen Tag sich erstreckendes Fahrplangerippe hergestellt, dann sind die einzelnen Fahrpläne entsprechend dem Beförderungsbedürfnis mit den erforderlichen Zügen zu belegen, und zwar zunächst diejenigen für den Personenschnellverkehr, dann für den langsameren Personenverkehr und endlich für den Güterverkehr. Hierbei wird zu Zeiten des stärkeren Tagesverkehrs eine Zusammendrängung der Züge zu Zugbündeln, zu Zeiten des schwächeren Tagesverkehrs eine Erweiterung der Zwischenräume eintreten. Ein derartig aufgestellter Fahrplan muß, weil er „starr" ist, Behelfsfahrpläne enthalten, in denen verspätete Züge weiterfahren müssen, weil sonst die Starrheit durchbrochen werden würde. Denn das Einholen von Verspätungen durch Anwendung einer kürzesten Fahrzeit verbietet sich im allgemeinen durch die Vorbedingungen, unter denen ein starrer Fahrplan aufgestellt wird. Bei ganz dichtem Verkehr, wie z. B. auf der Berliner Stadtbahn, müssen verspätete Züge die folgenden verdrücken, so daß unter Umständen einzelne Züge ausfallen müssen.

Man hat nun den Vorschlag[1]) gemacht, den starren Fahrplan auch auf das große Eisenbahnnetz zu übertragen, weil er nach den mit ihm gemachten Erfahrungen auf den Stadt- und Städtebahnen anscheinend erhebliche Vorteile gegenüber dem schmiegsamen Fahrplan bietet. Sie sollen hauptsächlich darin bestehen, daß man bei jeder Verkehrsvermehrung ohne Änderung des vorhandenen Fahrplans so viele neue Züge einschieben kann, als das Beförderungsbedürfnis es erheischt und die Grenze der Leistungsfähigkeit der Bahnlinie es zuläßt, daß diese Grenze wesentlich weiter als bei Anwendung des schmiegsamen Fahrplans hinausgeschoben werden kann, daß ferner die Betriebssicherheit durch die Behelfsfahrpläne für verspätete Züge und durch die gleichen sowie gleichförmig ausgebauten Betriebsstellen außerordentlich vergrößert wird sowie Anschlußversäumnisse vermindert werden, und daß endlich sowohl der Zug wie der Lokomotivumlauf als auch die Dienstpläne der Lokomotiv- und Zugbegleitmannschaften wirtschaftlicher ausgestaltet werden können.

Es sind dies indessen nur Annahmen unter gewissen Voraussetzungen, die nicht ohne weiteres auf das große vielverzweigte und verknotete Eisenbahnnetz mit seinen langen durchgehenden Linien, seinen vielen Seiten-, Quer- und verkreuzten Strecken, seinen verschiedenen Zugarten und seinen Haltestellen verschiedenster Verkehrsbedeutung übertragen werden können. Denn es gestaltet sich dessen Verkehr (Personen und Güter) nach Ursprung, Ziel, Entfernung und Art viel unterschiedlicher als auf den Stadt-, Vorort- und Städtebahnen. Selbst der Personennahverkehr, so ähnlich er auf den ersten Blick dem Ortsverkehr der großen Städte zu sein scheint, ist doch in vieler Beziehung grundverschieden von ihm. Dem Ortsnahverkehr fehlt gegenüber dem Überlandnahverkehr vor allen Dingen fast ganz der 4.-Klasse-Verkehr mit seinen Traglasten in Gestalt von Körben, Markt- und Heimarbeiter-Kiepen, Handwerksgerät usw. Auch findet man mit ihm weder den Gepäck- noch den Eilgut- (Milch-, Obst- usw.) Verkehr, noch auch den Postverkehr vereinigt. Ebensowenig kann von einer auch nur annähernd gleichen Verteilung des Verkehrs über den ganzen Tag die Rede sein.

Aus den größeren Unterschieden des Beförderungsbedürfnisses ergibt sich eine größere Unterteilung der Zugarten und die verschiedene Geschwindigkeit selbst bei gleichen Zugarten (Anwendung des § 54 der B.-O.); aus der Bedeutung der berührten Verkehrspunkte ihre Würdigung als Haltestellen (Unterschiede bei den Tages- und Nachtzügen) und in Verbindung mit etwaigen Betriebsgründen die verschiedene Begrenzung der Aufenthaltszeiten; aus der Bedeutung der Zubringerlinien die Länge der Wartezeit auf verspätete Anschlußzüge. Alles dies ist mit dem starren Fahrplan unvereinbar. Aber selbst wenn es vereinzelt gelingen sollte, den Personen- und Güter-, Fern-, Nachbar- und Überlandnahverkehr in einen starren Fahrplan hineinzuzwingen, so würde

---

[1]) Siehe Streiterörterung über diese Frage zwischen Professor Schimpff und dem Verfasser in den Aufsätzen: „Wie soll der Personenzugfahrplan nach dem Kriege gestaltet werden" und „,Starrer' oder ,schmiegsamer' Fahrplan" — veröffentlicht in der Ztg. d. V. D. E. V. 1914, Nr. 92 u. 93, 1915, Nr. 31 u. 32 und 1916, Nr. 11 u. 42.

seine Durchführung doch bei jeder kleinen Unregelmäßigkeit an der durchaus ungleichartigen Ausgestaltung der Bahnhöfe scheitern. Diese Ungleichartigkeit zeigt sich in der Anzahl der zur Verfügung stehenden Bahnsteigkanten, der Art der Abzweigung der Bahnsteig- und Überholungs-, der Güterein- und -ausfahrgleise und der durchgehenden Hauptgleise der Seitenstrecken von den Hauptlinien, der mehr oder minder geeigneten Lage der Nebengleise zu den Hauptgleisen, der Lage der Abstellbahnhöfe und ihrer Verbindung mit den Bahnsteiggleisen, sowie nicht zum wenigsten in dem Standort der Signale, der Art der Signalgebung und der Anzahl der daran beteiligten Stellen. Fast jedes Einrücken eines verspäteten Zuges in einen Behelfsfahrplan muß deshalb eine Durchbrechung des starren Fahrplans zur Folge haben, weil dadurch seine Vorbedingungen hinsichtlich der Bahnhofsfahrordnung — zeitlich, unter Umständen auch örtlich — und in bezug auf die Zugabfertigung verschoben werden müssen.

Aus allen diesen Gründen ist der starre Fahrplan auf dem großen Netz nicht ohne weiteres einführbar. Nur auf den Einmündungsstrecken von großen Bahnhöfen, wo die Züge verschiedener Richtungen kurz hintereinander — zu Bündeln zusammengedrängt — eintreffen, wird der „bündelstarre" Fahrplan notwendig werden. Im übrigen aber wird man von ihm absehen müssen, soweit nicht in Einzelfällen seine Anwendbarkeit nachgewiesen wird.

C. Wechselseitige Beziehungen der Züge und Zugarten.

1. Zugarten.

Wie bereits erwähnt, wünscht aus Gründen der Wirtschaftlichkeit sowohl der Reisende möglichst schnell sein Ziel zu erreichen, als auch der Frachtversender sein Gut an Ort und Stelle gebracht zu haben. Dies wird erreicht durch schnellfahrende Züge oder durch Verminderung der Zahl der Aufenthalte und Abkürzung der Aufenthalt- und Übergangzeiten. Um diesen Nutzen der an der Beförderung Beteiligten mit ihrem eigenen Nutzen in Einklang zu bringen, werden von der Verwaltung unter Berücksichtigung der Reiseentfernung im allgemeinen hinsichtlich der Beförderungsschnelligkeit 3 Zugarten unterschieden:

1. Züge, die nur an den großen Verkehrsmittelpunkten und an solchen Knotenpunkten, wo Linien von großer Verkehrsbedeutung abzweigen, oder aus Betriebsgründen (Lokomotivwechsel, Wasserentnahme usw.) halten — Personenschnellzüge (D-Durchgangszüge, L-Luxuszüge), Bäderzüge, Ferienzüge, Durchwanderer- und Sachsengängerzüge, Militärsonderzüge und Ferngüterzüge (auch Vieh- und Eilgüterzüge) —. Sie dienen vor allen Dingen dem Welt und Landesfernverkehr.

2. Züge, die auch an den mittleren Verkehrs- und Eisenbahnknotenpunkten halten — Personeneilzüge und Durchgangsgüterzüge (auch Vieh- und Gütereilzüge) —. Sie vermitteln den Landesfern- und den Schnellverkehr im Nachbarschafts- und zum Teil auch im Nahverkehr.

3. Züge, die überall anhalten — Personenzüge (auch Stadt- und Vorort-, Markt-, Schüler-, Arbeiterzüge, Triebwagen) und Nahgüterzüge (auch Stückgüterzüge und Übergabezüge zwischen benachbarten Bahnhöfen und von den Bahnhöfen nach nahegelegenen gewerblichen Anlagen, Werkstätten usw.) —. Sie dienen allen Stationen und vermitteln vor allen Dingen den Nahverkehr Im Personenverkehr indessen befördern sie auch die Reisenden der untersten Klasse auf weite Entfernung, so daß sie dementsprechend oft lange Strecken durchlaufen.

Außer diesen, für den eigentlichen Verkehr bestimmten Zugarten gibt es noch:

4. Züge für den dienstlichen Verkehr — Arbeits-, Probe-, Hilfs- und Revisionszüge —;

5. Lokomotivzüge — einzeln oder in Gruppen fahrende Lokomotiven — zum Zwecke zeitweiser Ausrüstung einer Station mit einer Rangiermaschine oder zur Hin- und Rückfahrt von Schiebe-, Vorspann- und Bereitschaftsmaschinen.

Es liegt nun in der Natur der Sache, daß die möglichst schnellste Überwindung der Reiseentfernung gewährleistet ist, wenn der Verkehr sowohl von den langsamfahrenden Zügen auf die schnelleren als auch umgekehrt von den schnelleren auf die langsameren ohne großen Zeitverlust übergehen kann. Die langsameren Züge sammeln dann für die schnelleren oder verteilen das von diesen von weiterher auf einer größeren Betriebsstelle oder auf einem Knotenpunkt angebrachte und angesammelte Gut oder die mit ihnen eingetroffenen Personen. Für die letzteren findet hierbei oft ein Klassenwechsel und deshalb ein erneuter Fahrkartenkauf, also unter Umständen ein verlängerter Aufenthalt auf der Übergangstation statt. Dieser Übergang von einem schnell- auf einen langsamfahrenden Zug und umgekehrt ist nun auf verschiedene Weise erreichbar (s. Abb. 11):

1. indem langsame, überall anhaltende Züge von einem schnellfahrenden Zuge auf großen oder mittleren Verkehrs- und Knotenpunkten (Sammelpunkten) überholt werden, der dort die von weither angebrachte Nutzlast (Personen und Güter) zur Verteilung nach vorwärts und seitwärts abgibt und die für seine Aufenthaltstationen bestimmte von den langsamen Zügen angebrachte aufnimmt;

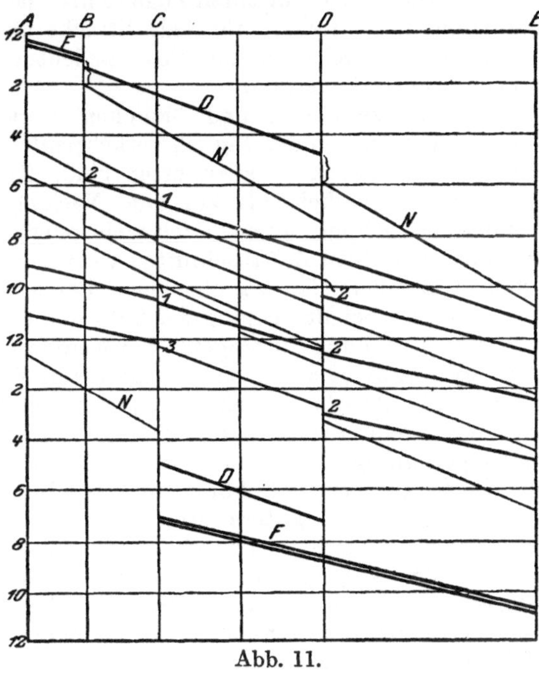

Abb. 11.

F = Fern-Güterzug.
D = Durchgangs-Güterzug.
N = Nach-Güterzug.

2. indem ein langsamfahrender Zug für einen in seiner Fortsetzung fahrenden schnellen Zug bis zu einem größeren Verkehrs- und Knotenpunkt sammelt.

3. indem ein langsamfahrender Zug als Fortsetzung eines schnellerfahrenden Zuges dessen Nutzlast auf die vorwärts gelegenen Stationen verteilt;

4. eine Verbindung der Fälle 2 und 1 sowie 3 und 2. —

Die Anwendung dieser Muster muß sich nach dem jeweilig vorliegenden Beförderungsbedürfnis richten; sie werden deshalb in allen Abwandlungen anzuwenden sein. Insbesondere wird im Güterverkehr der überall anhaltende Nahgüterzug an den schnelleren Durchgangsgüterzug, und dieser wieder an den noch schnelleren Ferngüterzug übergeben, während dieser andererseits an den Durchgangsgüterzug und gegebenenfalls unmittelbar an einen Nahgüterzug, und der Durchgangsgüterzug gleichfalls an diesen abgibt.

Je nach der Stärke des Beförderungsbedürfnisses werden alle 3 Zugarten gefahren oder nur die 2. und 3. oder nur die 3. Art. Ist das Beförderungsbedürfnis nicht sehr stark, dann wird der Personen- und Güterverkehr in einem Zuge (langsam fahrender, überall anhaltender, gemischter Zug — Personenzug mit Güterbeförderung oder Güterzug mit Personenbeförderung —) vereinigt. **Die Beförderung** von Personen mit Güterzügen ist nur auf Strecken mit größerem **Güter-** und sehr schwachem Personenverkehr angebracht; im allgemeinen ist sie möglichst zu vermeiden, wenn dem Zuge dadurch Aufenthalte entstehen, die für seinen eigentlichen Zweck unnötig sind, oder durch die das Rangiergeschäft verlängert werden müßte, da die Kosten seines Aufenthalts dann meist in keinem wirtschaftlichen Verhältnis zu den entstehenden Einnahmen kommen würden.

2. Zahl der Züge.

Die Zahl der zu fahrenden Züge richtet sich naturgemäß nach den Verkehrsziffern und muß deshalb für jede Strecke auf Grund ihres eigenen Verkehrs, aber auch in Berücksichtigung ihrer Bedeutung für den Durchgangs- und Fernverkehr ermittelt werden.

Um den zeitlichen und örtlichen Verkehrschwankungen Rechnung zu tragen, werden neben den täglich verkehrenden Zügen, die ihrer Zahl nach einem mittleren Jahresverkehr anzupassen sind, Bedarfzüge vorgesehen, die man im Personenzugverkehr als Vor- und Nachzüge oder Ferien-, Bäder-, Sonntagzüge usw. bezeichnet. Je nach den mehr oder minder großen Verkehrschwankungen in den einzelnen Zeitabschnitten wird das Verhältnis der Bedarfzüge zu den täglichen Zügen in den verschiedenen Bereichen verschieden groß anzunehmen sein. Auch ist bei Bemessung der Zahl der Bedarfzüge einer etwaigen Verkehrsteigerung Rechnung zu tragen. Sie werden oft von vornherein für bestimmte Tage des Jahres oder für einen begrenzten Zeitabschnitt vorgesehen oder von Fall zu Fall entweder für einen längeren Zeitraum oder bei einer plötzlich einsetzenden, wenn auch bald vorübergehenden Verkehrsteigerung, oder wenn Stockungen infolge Verspätung von Personen- oder Güterzügen und Anhäufung von Wagen auf den Bahnhöfen und Anschlußgleisen zu befürchten sind, oder Umleitungen[1]) über andere Strecken notwendig werden, in Betrieb gesetzt. Zur Erlangung eines wirtschaftlichen Wagenausgleichs in und zwischen den einzelnen Verwaltungsgebieten werden zweckmäßig Fahrpläne für Leerwagen-Bedarfzüge vorgesehen. Auf solchen Strecken, wo zwar ein Ausflugverkehr nur in geringem Maße stattfindet, wo sich aber der Sonntagpersonenverkehr vom Wochentagverkehr zeitlich oder örtlich unterscheidet, wird nicht selten für denselben Zug ein vom Wochentagfahrplan abweichender Sonntagfahrplan von vornherein aufgestellt. Auch die Sonntagruhe im Güterzugverkehr ist begründet durch die Verkehrschwankungen. Sie wird bei Verkehrsteigerung oder Wagenmangel[2]) nach Bedarf eingeschränkt oder aufgehoben, und zwar geschieht dies im deutschen Staatsbahnwagenverband nach folgenden vereinbarten Plänen. Es wird gefahren nach:

Plan A bei Mangel an offnen Wagen;
Plan A (Ruhr) bei Mangel an offnen Wagen nur im Ruhrbezirk;
Plan B bei Mangel an gedeckten Wagen;
Plan C bei allgemeinem Wagenmangel.

Auf diese Weise wird es möglich, den Zugverkehr auch der leisesten Verkehrsänderung anzuschmiegen.

3. Rangordnung der Züge.

Wie schon hervorgehoben, kennzeichnet der Eisenbahnpersonenverkehr das Wirtschaftsgetriebe eines Landes und seine Beziehungen zu benachbarten

---

[1]) Wenn Strecken mit dichter Zugfolge in Frage kommen, ist es zweckmäßig, auf anderen gleichgerichteten Strecken (Hilfswegen) Bedarfzüge vorzusehen, um gegebenenfalls die Züge jener Strecke auf diese umleiten zu können. (Siehe Seite 255.)

[2]) Siehe „Güterwagenvorschriften (G.W.V.) des Deutschen Staatsbahnwagenverbandes".

Ländern und darüber hinaus am deutlichsten. Er umfaßt auch das kostbarste Gut, das sich den Eisenbahnen zur Beförderung anvertraut. Dabei verlangt er eine den jeweiligen Umständen entsprechende Schnelligkeit, die dem Güterverkehr aus wirtschaftlichen Gründen nicht zugestanden werden kann und bei seinen Zügen auch schon um deswillen ausgeschlossen ist, weil deren Aufenthalte aus Betriebsgründen von längerer Dauer als bei den Personenzügen sein müssen. Infolgedessen ist auch die Anzahl ihrer Aufenthalte von größtem Einfluß auf die Verlängerung ihrer Laufzeit zwischen ihrem Ausgang- und Zielpunkt. Aus diesen Gründen muß der Personenzug im Fahrplan den Vorrang vor dem Güterzug haben und innerhalb beider Zuggattungen wieder der schnellere Zug mit wenigen und kurzen Aufenthalten vor dem langsameren, überall und länger haltenden. Nur auf diese Weise ist überhaupt die pünktliche Durchführung der Züge gewährleistet. Es sind deshalb zunächst die Fahrpläne für die Schnellzüge des Welt- und Landesfernverkehrs festzulegen, denen sich dann die Eil- und Personenzüge anzuschmiegen haben. Ihnen folgen die Güterzüge entsprechend ihrer Geschwindigkeit. Unter den Schnellzügen gebührt wieder denen der Vorrang, die auf den Hauptadern des Verkehrs laufen sollen, während sich die der weniger hervorragenden Strecken ihnen anzuschließen haben. Bezüglich der Anschlüsse gilt dasselbe von den Personen- und Güterzügen, sofern sie nicht rein örtlichen Zwecken dienen sollen. In allen Fällen muß die möglichst ungehinderte Durchbringung der Züge auf den Hauptverkehrsadern zunächst festgestellt sein, damit der Grundsatz der „schnellsten Beförderung" gewährleistet wird.

Der wechselseitige Einfluß der verschiedenen Züge aufeinander wird also hauptsächlich durch deren verschiedene Geschwindigkeit, durch die Zahl der Anhaltepunkte, die Zeit der Aufenthalte und durch die wahrzunehmenden Anschlüsse bedingt.

4. Geschwindigkeit der Züge.

Sie ist im allgemeinen abhängig von der Größe des Arbeitsvermögens der Maschine, der Bauart der Wagen und der Strecke (Widerstandsfähigkeit der Bauwerke und des Oberbaus) und von deren Neigungs- und Krümmungslinien sowie von den Sicherungseinrichtungen. Man muß 3 verschiedene Arten Geschwindigkeit unterscheiden:

a) **Die Reisegeschwindigkeit.** Sie ist gleich dem Verhältnis der gesamten Reisezeit eines Zuges zu seinem zurückgelegten Reiseweg, enthält also auch die Aufenthaltzeiten auf den Stationen. Demnach muß sie bei gleichem Arbeitsvermögen der Lokomotive auf den verschiedenen Bahnstrecken in Rücksicht auf deren verschiedene Widerstände und bei denselben Bahnstrecken und derselben Lokomotive im Hinblick auf die verschiedenen Zuggewichte und die mehr oder minder große Zahl und Zeit der Aufenthalte sehr verschieden groß sein.

Seit Beginn der Eisenbahnen hat sie, trotz des bedeutend vergrößerten Zuggewichtes, erheblich — etwa um das Dreifache — zugenommen und ist auch heute noch in stetigem Wachstum begriffen. Dies ist vor allen Dingen der Vergrößerung der Leistungsfähigkeit der Lokomotiven in Verbindung mit der Verstärkung und Verbesserung des eisernen Weges (Abflachung von Krümmungen, Verminderung der maßgebenden Steigung, Umfahrung von Kopfstationen) und der Vervollkommnung der Brems- und Sicherungseinrichtungen zuzuschreiben. Bei den Fernverkehrzügen hat auch die Verringerung der Anzahl der Haltestellen und der Aufenthaltzeiten (z. B. Aufgabe der Mittagstationen durch Einstellung von Speisewagen, Verminderung der Zahl der Lokomotivwechselstationen) in erheblicher Weise zur Verkürzung der Reisedauer beigetragen; denn viele Haltestellen und schnelle Fahrt läßt sich schon aus dem Grunde nicht vereinigen, weil sich zwischen zu nahe gelegenen Haltepunkten die höchste zur Anwendung kommende Geschwindigkeit oft gar nicht oder nur auf kurze Zeit erreichen läßt. Die Reisegeschwindigkeit wird auch für die einzelnen Teilstrecken der Gesamtfahrt verschieden groß ausfallen müssen, je nachdem sie für den aus den Bahnverhältnissen sich ergebenden mehr oder weniger günstigen Teil errechnet wird.

Ende der achtziger Jahre des vorigen Jahrhunderts betrug die durchschnittliche Reisegeschwindigkeit in Deutschland und den Weststaaten Europas etwa 46 bis 52 km/St., während sie in den anderen Staaten erheblich dahinter zurückblieb. Es verkehrten aber schon damals in allen Staaten Züge mit höheren Reisegeschwindigkeiten. So wurden z. B. in Preußen und Frankreich etwa 11 v. H. aller Schnellzüge mit mehr als 60 km/St. Reisegeschwindigkeit befördert, während namentlich in England und Frankreich bei einzelnen wenigen Zügen noch höhere Reisegeschwindigkeiten verzeichnet werden konnten. Im Jahre 1896 fuhren dann in Preußen 21,6, in Frankreich 13 und in England 61 v. H. aller Schnellzüge mit mehr als 60 km/St. Geschwindigkeit, unter denen einige wenige 80 bis 85 km/St. erreichten. Vier Jahre später, im Jahre 1900, war die größte Reisegeschwindigkeit auf den preußisch-hessischen Bahnen im allgemeinen 75 km/St., bei einzelnen Zügen der Berlin-Hamburger Linie 82,3 km, während sie bei den schnellsten Zügen in England 87,7 und in Frankreich sogar 93,5 km betrug. Seitdem ist sie weiter ständig vergrößert und sind namentlich neuerdings in Preußen verschiedene besonders schnell verkehrende Züge geschaffen, die die Reisezeit zwischen Berlin und den Hauptverkehrspunkten aller Richtungen sehr erheblich verkürzten, also große Reisegeschwindigkeiten aufweisen. Beispielsweise verkehrten im Sommer 1913 zwischen Berlin und Hamburg zwei Züge mit 88,7 km/St. Reisegeschwindigkeit, und ist schon 1912 die Reisezeit zwischen Berlin und Frankfurt bzw. Königsberg um mehr als $1\frac{1}{4}$ bzw. $1\frac{1}{2}$ Stunden bei den Entfernungen von 539 bzw. 590 km verkürzt worden[1]).

Der volkswirtschaftliche Wert der Schnellzüge drückt sich aber nicht allein in der Schnelligkeit der Züge, sondern in deren Benutzungsmöglichkeit aus, die durch die Anzahl und Art der mitgeführten Wagen und Klassen und die Zahl der Aufenthalte bedingt wird. In dieser Hinsicht muß festgestellt werden, daß in Deutschland fast alle Schnellzüge bequeme Durchgangswagen und — bis auf wenige einzelne — auch die dritte Wagenklasse führen und zahlreiche Haltepunkte haben, ihre Benutzung also vor allem auch den minder vermögenden und den Bewohnern der kleineren und mittleren Verkehrspunkte zugute kommt.

b) Die Fahrgeschwindigkeit (Höchstgeschwindigkeit). Soweit die Reisegeschwindigkeit von der eigentlichen Fahrgeschwindigkeit abhängig ist, wird sie durch die zulässige Höchstgeschwindigkeit begrenzt, die in Deutschland durch die B. O. (§ 66) festgelegt ist und nicht überschritten werden darf. Sie ist für jede Lokomotive ein für allemal festgesetzt und wird im übrigen bedingt durch die Zugstärke und Zugbildung, die Zahl der bedienten Bremsachsen und die besonderen Streckenverhältnisse. Schon das norddeutsche Eisenbahn-Polizei-Reglement vom Jahre 1871 kannte eine Höchstgeschwindigkeit von 45 km/St. für Güter, 75 km/St.[2]) für Personen- und 90 km/St.[2]) für Schnellzüge, während die Betriebsordnung von 1892 auf den deutschen Hauptbahnen für Güterzüge 45, für Personenzüge ohne durchgehende Bremse 60 und mit durchgehender Bremse im allgemeinen 80 km/St. gestattete, 90 km/St. aber unter besonders günstigen Streckenverhältnissen mit Genehmigung der

---

[1]) Zurzeit ist in Deutschland hierin, den Zeitumständen entsprechend, ein gewisser Stillstand eingetreten.

[2]) Das deutsche Eisenbahn-Polizei-Reglement von 1875 beschränkte die Geschwindigkeit der Personenzüge auf 60, die der Schnellzüge auf 75 km/St und ließ 90 km/St nur ausnahmsweise zu.

Landesaufsichtsbehörde zuließ. Die Betriebsordnung vom 4. November 1904 setzte die Höchstgeschwindigkeit für Personenzüge mit durchgehender Bremse auf 100 km fest und gestattete den Landesaufsichtsbehörden, gegebenenfalls eine noch höhere zuzulassen. Für Güterzüge kann die Geschwindigkeit mit Genehmigung der Aufsichtsbehörde auf 60 km erhöht werden. Für Arbeitszüge ist 45 km, für Sonderzüge, die den Streckenwärtern nicht angekündigt werden konnten, 30 km, für geschobene Züge ohne Lokomotivspitze 25 km, für einzeln fahrende Lokomotiven 50 km die Grenze, jedoch können bei den letzteren größere Geschwindigkeiten bis zur größten der Lokomotivbauart entsprechenden gestattet werden. Es liegt ferner in der Natur der Sache, daß für Probefahrten eine Grenze nicht festgesetzt ist. Fährt eine den Zug führende Lokomotive mit Tender voran, darf die Geschwindigkeit 45 km nicht überschreiten. Auf Nebenbahnen ist die Höchstgeschwindigkeit im allgemeinen 30 km, darf aber bei vollspurigen, auf eigenem Bahnkörper liegenden Bahnen für Personenzüge 40 km und unter besonderen Bedingungen, z. B. wenn die Überwege abgeschrankt sind, mit Genehmigung der Landesaufsichtsbehörde 50 km betragen. Im letzteren Falle dürfen geschobene Züge wie auf Hauptbahnen mit 25 km/St. Geschwindigkeit fahren. Trifft dieser Fall nicht zu, dann ist 15 km als Höchstgrenze vorgeschrieben.

Die Höchstgeschwindigkeit soll ferner mit der Vergrößerung der Steigungen und Verkleinerung der Krümmungshalbmesser abnehmen, so zwar, daß nach den neuesten Änderungen der B. O. (vom 18. November 1912, gültig ab 1. Januar 1913) bei 1⁰/₀₀ Steigung 110 km, bei 3⁰/₀₀ 105 km (früher 120 km) und bei 25⁰/₀₀ nur noch 55 km, ferner bei 1200 m Krümmungshalbmesser 115 km und bei 180 m nur noch 45 km gestattet sind.

Besondere Bestimmungen über die Höchstgeschwindigkeit jeder einzelnen Zuggattung sind von der Aufsichtsbehörde zu treffen: für das Befahren nicht gesicherter Weichen gegen die Spitze oder durch deren krummen Strang, von Gegenkrümmungen ohne Überhöhung, von Drehbrücken und von Strecken, deren regelmäßige oder zeitweise langsamere Befahrung aus irgendeinem Grunde erforderlich ist. Innerhalb der preußisch-hessischen Verwaltung darf der ablenkende Weichenstrang bei den Neigungen 1 : 9 und 1 : 10 nur mit 40, bei der Neigung 1 : 11 mit 45 km und bei der Neigung 1 : 14 mit 60 km/St. befahren werden. Diese besonderen Bestimmungen werden in Deutschland auf Grund des § 48, 2 (d) der B. O. im Abschnitt 11 des Anhangs zum Fahrplanbuch tabellenförmig bekannt gegeben, und zwar für jede Strecke besonders. Aus den Tabellen ist Anfang und Ende (km Station) sowie die Länge der mit einer gewissen Höchstgeschwindigkeit zu befahrenden Strecke, die Gründe für die ermäßigte Geschwindigkeit und die Zugart, für die sie gilt, zu ersehen.

c) Grundgeschwindigkeit. Die planmäßige Geschwindigkeit auf wagerechter gerader Bahn wird als Grundgeschwindigkeit bezeichnet. Sie wird für jede Zuggattung oder für jeden Zug besonders festgesetzt und wird dann der Berechnung seiner Fahrzeiten auf den einzelnen Streckenabschnitten zugrunde gelegt. Nach oben wird sie begrenzt durch die Bestimmungen über die höchstzulässige Geschwindigkeit. Im übrigen ist sie von der zur Verfügung stehenden Lokomotivkraft, dem Zuggewicht und dem örtlichen Zustande der Bahn abhängig.

5. Anhalten.

Man muß zwischen einem fahrplanmäßigen und außerfahrplanmäßigen und bei dem ersteren zwischen dem regelmäßigen und Bedarfsaufenthalt unterscheiden.

Das fahrplanmäßige Anhalten geschieht im allgemeinen nur aus Gründen der Aufnahme und Abgabe der Nutzlasten, selten lediglich aus Betriebsgründen. Doch können letztere auf die Wahl der Aufenthaltsorte und ihre Zahl sowie auf die Aufenthaltzeit von wesentlichem Einfluß sein.

Was die Zahl und Zeit der Aufenthalte anbetrifft, so kann als Grundsatz gelten, daß sie mit der Zunahme der Zugschnelligkeit zu verringern sind. Deshalb bedarf in jedem einzelnen Falle die Wichtigkeit der in Frage stehenden Stationen für Verkehr und Betrieb einer sorgfältigen Abwägung, wobei betreffs der Personenzüge oft sich widerstreitende Ansichten zwischen der Verwaltung und den Beteiligten über mehr oder minder große Vor- und Nachteile auszugleichen sind.

Bei den Schnellzügen kommen aus Verkehrsgründen nur wenige Hauptverkehrstätten in Betracht, und zwar zunächst die Großstädte, die meist auch als Übergangsbahnhöfe von andern, anschließenden Linien Ausgangspunkte eines größeren Fernverkehrs sind. Dann diejenigen großen Übergangsbahnhöfe, die zwar aus sich selbst keinen oder doch nur geringen Verkehr aufbringen, aber ihn aus den anschließenden Linien von seitwärts gelegenen größeren Verkehrsstätten der Hauptader zuleiten.

Die den Personenweltfernverkehr vermittelnden Züge werden die wenigsten und kürzesten Aufenthalte aufweisen, während die Züge, die dem Landesfernverkehr dienen, auch bei den mittleren Verkehrstätten, den Sitzen der höheren Behörden und der Wissenschaft und größeren Kurorten zu halten haben, wenn sie nicht besonders für den Verkehr zwischen der Landeshauptstadt und den fern gelegenen Provinzen oder deren Hauptstädten eingerichtet sind.

Der Verkehr der kleinen, in ihrer Art aber immerhin noch bedeutenden Verkehrstätten der Provinz, oft auch der tägliche Verkehr zwischen den Großstädten und den benachbarten mittleren Städten wird zweckmäßig auf Eilzüge verwiesen, während die langsameren Züge im allgemeinen überall anhalten. Stationen mit sehr geringem oder sonderartigem Verkehr werden oft nur von einzelnen, ihm angepaßten Zügen bedient (Anhalten nach Bedarf und zum Aus- oder Einsteigen). Bedarfsaufenthalte der Hauptbahnpersonenzüge sollten mit Rücksicht auf die für die Signalgebung entstehenden Schwierigkeiten nach Möglichkeit vermieden werden. Züge für Sonderverkehr, wie Bäder-, Ferien-, Wanderer-, Militärzüge usw., erhalten nur Aufenthalte, die ihm entsprechen oder aus Betriebsrücksichten notwendig sind.

Die Aufenthaltzeit wird bei den Personenzügen im allgemeinen durch den Gepäck-, Post- und Eilgutverkehr beeinflußt. Insbesondere spielt der erstere hierbei eine bedeutende, oft ausschlaggebende Rolle, während auf die Post und das Eilgut nur bedingungsweise Rücksicht zu nehmen ist. Das Gepäck ist von den Personen, die es aufgeben, nur schwer zu trennen. Es ist, wenn Beschwerden und Ersatzansprüche vermieden werden sollen, stets dem von dem Reisenden benutzten Zuge mitzugeben, namentlich dann, wenn es sich um den Grenzübergangverkehr oder um den Umschlag auf ein anderes Beförderungsmittel, z. B. auf ein Schiff, handelt. Auch ist für die Stationen mit Zollschau eine entsprechende Aufenthaltzeit vorzusehen und zu vereinbaren. Endlich kann noch das Ein- und Aussetzen der durchlaufenden Wagen (Kurswagen) die Aufenthaltzeit bestimmend beeinflussen, wenn die betreffende Gleisanordnung des Bahnhofs hierfür besondere Schwierigkeiten bietet. Bei den Güterzügen ist das Ein- und Ausrangieren der Wagen und das Ausladen der Stückgüter für die Länge des Verweilens auf einer Station maßgebend, wobei insbesondere in Betracht kommt, ob die örtlichen Anlagen und die Personenbesetzung es erlauben, daß beides zu gleicher Zeit geschieht, und ob eine anwesende Rangiermaschine diese Arbeiten fördern kann. In vielen Fällen werden nun die aus Verkehrsgründen erforderlichen und festgesetzten Aufenthalte nach Zahl und Zeit aus Betriebsgründen einer Nachprüfung zu unterziehen sein. In erter Linie kommt hier der Wechsel der Lokomotiven und deren Versorgung mit Wasser und gegebenenfalls auch mit Kohle in Betracht. Die Strecken, die eine Lokomotive ohne Zwischenzuführung von Wasser zu durchlaufen imstande ist, konnten in den letzten Jahrzehnten bedeutend und stetig vergrößert werden (Berlin—Hamburg 287 km, Berlin—Liegnitz 261 km, Berlin—Hannover 254 km). Auch wird oft durch Personenwechsel eine Auswechslung der Maschine umgangen. In den meisten Fällen aber sucht man jedenfalls den Übergang der Maschinen über die Grenze des Verwaltungsgebietes zu vermeiden und es im allgemeinen nur dann zuzulassen, wenn erhebliche wirtschaftliche Gründe dafür sprechen. (z. B. preußisch-bayrische Zugverbindungen.) Findet unterwegs die Umbildung eines Zuges mit durchgehender Bremse statt, so ist die Zeit für die erneute Bremsprobe nicht außer acht zu lassen. Auf eingleisigen Strecken wird bei Kreuzungen der zuerst ankommende Zug einen etwas längeren Aufenthalt erleiden als der Gegenzug. Von großer Bedeutung sind die für die Zugüberholung notwendigen Aufenthaltzeiten. Sie müssen mindestens gleich der Fahrzeit sein, die der überholende Zug benötigt, um von der von der Überholungstation rückwärts gelegenen bis zu der davon vorwärts gelegenen Zugfolgestelle zu gelangen, zuzüglich der Zeit, die diese 3 Zugfolgestellen nötig haben, um die bezüglichen Signale zu bedienen und die Zugmeldungen zu erstatten. Je langsamer also der überholende Zug fährt, je weiter die Zugfolgestellen von der Überholungstation entfernt sind, je mehr Stellen bei der Einstellung der Fahrstraßen und Signalgebung mitzuwirken haben, desto größer wird der Aufenthalt des zu überholenden Zuges ausfallen.

Endlich tragen auch die aufzunehmenden Anschlüsse oft dazu bei, die Aufenthaltszeiten der Personenzüge auf den Übergangstationen zu bestimmen. — Wenn es auch die Regel sein sollte, den anschlußsuchenden Zug vor dem anschlußaufnehmenden eintreffen zu lassen und den Zeitunterschied so zu bemessen, daß er bequem für den Übergang der Reisenden mit ihrem Gepäck und unter Umständen auch für ein erneutes Lösen von Fahrkarten ausreicht, so ist dies doch mit Rücksicht auf die örtlichen Gleis- und Bahnsteigverhältnisse des Anschlußbahnhofs oder den gespannten Fahrplan des anzuschließenden Zuges nicht immer möglich. Man muß auch beachten, daß da, wo mehrere Seitenlinien einmünden, deren Züge aus den früher erörterten Verkehrsgründen ungefähr um dieselbe Zeit anzubringen wären, die tatsächliche fahrplanmäßige Ankunft der Züge nicht selten aus örtlichen oder betrieblichen Gründen wesentliche Zeitunterschiede zeigen wird.

Das außerfahrplanmäßige Anhalten, namentlich von Schnell- und Personenzügen, ist nach Möglichkeit zu vermeiden und nur auf die dringlichsten Fälle zu beschränken. Denn die fahrplanmäßige Durchführung der Züge ist die beste Gewähr für die Sicherheit des Betriebes. Nichtsdestoweniger kann es nicht immer vermieden werden, wenn nämlich Schnell- und Eilzüge eine derartige Verspätung haben, daß dadurch die Vorausfahrt sonst folgender Personenzüge bedingt wird, und sich Reisende für die zwischen der fahrplan- und außerfahrplanmäßigen Überholungstation liegenden Zwischenstationen in den Schnellzügen befinden, oder wenn umgekehrt der vorausfahrende Personenzug Verspätung hat, deshalb vorfahrplanmäßig überholt werden muß, und auf den Zwischenstationen bis zur fahrplanmäßigen Überholungstation Reisende für die Schnellzüge vorhanden sind. (Die bezüglichen Bestimmungen finden sich in den Wartezeiten-Vorschriften, Wz. V.).

6. Wartezeiten.

Um bei Verspätungen der anschlußsuchenden Personenzüge gegebenenfalls noch den Übergang der Reisenden auf die anschlußaufnehmenden zu ermöglichen, werden für letztere Wartezeiten festgesetzt, die für die einzelnen Fälle zweckmäßig (in Deutschland auf Grund der F. V. § 32) für jeden Fahrplanzeitabschnitt in besonderen Vorschriften (Wz. V.) bekannt gegeben werden.

Man unterscheidet die beschränkte und unbeschränkte Wartezeit. Die erstere kann verschieden hoch bemessen werden, je nach der Wichtigkeit des anschlußsuchenden Zuges für den Übergangsverkehr und je nach der Bedeutung des anschlußaufnehmenden Zuges für dessen vorwärts gelegene Anschlüsse. Sie wird für die schnellfahrenden Züge im allgemeinen am kleinsten — etwa 5 Minuten — anzunehmen sein; denn je größer die Reisegeschwindigkeit eines Zuges ist, je mehr sich also seine durchschnittliche Fahrgeschwindigkeit seiner Grundgeschwindigkeit nähert, und je weniger und kürzere Aufenthalte er hat, desto weniger wird er in der Lage sein, Zeitverluste wiedereinzuholen. Dennoch wird es vorkommen können, daß ein Schnellzug auf einen anderen Schnellzug längere Zeit, ja unbeschränkt warten muß, wenn jener auf der Anschlußstation entspringt und diesen von einem bestimmten Verkehr entlasten soll oder von ihm durchlaufende Wagen nach seinen Stationen aufzunehmen hat.

Im übrigen wird die unbeschränkte Wartezeit nur dann am Platze sein, wenn es sich um Züge auf Stichbahnen handelt und für die Gegenzüge keine Anschlußversäumnisse entstehen, oder um Züge auf solchen Zwischenstrecken, die weder auf ihren Zwischen- noch Endstationen Anschlüsse zu bedienen haben, oder endlich, wenn die einzige oder letzte Zugverbindung in Frage steht. Sie wird zweckmäßigerweise aber auch dann in allen diesen Fällen zu begrenzen sein, wenn der Übergangsverkehr nur gering ist.

Auch bei den der Stückgutbeförderung dienenden Durchgangs-und Fernzügen sowie bei Eilgüterzügen sind Wartezeiten auf Anschlußzüge zweckmäßig; doch dürfen dadurch für sie nicht derartige Verspätungen erwachsen, daß sie auf den folgenden Stationen durch Vorlassen ranghöherer Züge vollständig aus ihrem Fahrplan geraten.

7. Die Zugfolge.

Die Zugfolge kann durch Innehaltung bestimmter Zeitabstände, also durch Zeitfolge, oder, wie jetzt fast allgemein, ungleich sicherer durch Raumfolge erreicht werden. Bei der letzteren darf sich innerhalb der einander folgenden Teilstrecken (Blockstrecken), deren Endpunkte als Zugfolgestellen (Stationen oder Blockstellen) bezeichnet werden, immer nur ein Zug befinden.

Die Schnelligkeit der Zugfolge ist also in erster Linie abhängig von der Entfernung der Zugfolgestellen, d. h. der Länge der Blockstrecken, an sich und in ihrem Verhältnis zueinander. Je geringer diese Entfernung ist, desto kleiner kann im allgemeinen der Zeitabstand zwischen zwei sich folgenden Zügen sein. Die geringste Entfernung richtet sich nach der größten auf der betreffenden Strecke vorkommenden Zuglänge und nach dem vor dem Block- (Einfahr-) signal bestehenden Steigungsverhältnis, da hierdurch sein Standpunkt gegeben ist, sowie nach der Länge der dem größten Bremswege entsprechenden Sicherheitsstrecke. Im allgemeinen kann sie auf den Strecken, wo voll ausgelastete Güterzüge verkehren, zu 1200 bis 1400 m Länge angenommen werden. Jedoch sollten diese kürzesten Entfernungen auf der freien Strecke nur in Ausnahmefällen zur Anwendung gelangen. Hier sollte man nicht unter 2,0 km heruntergehen, während auf Bahnhöfen Blockabstände von 800 m Länge von großem Vorteil sein können. Ebenso wichtig wie die Länge an sich ist ihre verhältnismäßige Länge zu den benachbarten Blockstrecken. Am wirkungsvollsten sind sie, wenn zwischen 2 Stationen eine Blockstelle eingeschaltet werden soll, wenn man sie möglichst in die Mitte zwischen deren Abschlußsignalen legt. Wenn aber zwischen zwei Bahnhöfen zwei oder mehr Blockstellen eingeschaltet werden sollen, so wird man zweckmäßig die den Bahnhöfen zunächstliegenden kürzer als die mittleren bemessen, weil dadurch die in den Bahnhöfen überholten Züge den überholenden und ebenso überholende den zu überholenden Zügen schneller folgen können. Bei Zügen, die sich mit gleicher Geschwindigkeit folgen, wird dadurch die Einfahr-Verzögerung des vorfahrenden Zuges ausgeglichen. Von großem Vorteil sind die kurzen Blockstrecken hinter dem Zusammenlauf zweier Linien. Es kann dann bei kurz hintereinander folgenden

Zügen aus beiden Linien beispielsweise der Zug der einen Linie dem der andern sofort folgen, ohne doch den auf jener Linie im Blockabstand folgenden Zug in seiner Weiterfahrt über den Vereinigungspunkt hinaus aufzuhalten. Auch innerhalb langgestreckter Bahnhöfe bewähren sie sich. Da das Beförderungsbedürfnis es oft erfordert, daß gleichgerichtete Züge sich kurz hintereinander folgen, deren Aufenthalt aber auf ihren Haltstellen meist länger sein wird als der Zeitabstand der im Blockabstand verkehrenden Züge, so ermöglichen sie es, den nachfolgenden Zug bis dicht an den Bahnsteig heranzubringen und ihn an ihn vorfahren zu lassen, sobald der erste Zug in die vorwärtsgelegene kurze Blockstrecke ein gefahren ist. Es wird auch die rückwärtsliegende Blockstrecke schon für einen auf der Vorstation überholten Güterzug frei, wenngleich der vorgefahrene schnellere Zug noch nicht seinen gewöhnlichen Haltplatz erreicht hat. Diese Erwägungen lassen bereits erkennen, welche Bedeutung die Aufnahmefähigkeit eines Bahnhofs für die Zugfolge hat. In dieser Beziehung sind die Anzahl der Bahnsteige, die für die Personenzüge gleicher Richtung zur Verfügung stehen, und die Abzweigungstellen der Gütergleise (auch für deren Überholung) im Verhältnis zur Bahnsteiglage von erheblicher Wichtigkeit. Die planmäßige Zugfolge im Blockabstand verkehrender Personenzüge kann oft nur gewährleistet werden, wenn auf ihren Haltstellen mit längerem Aufenthalt mindestens zwei Bahnsteigkanten bestehen. Zweigen ferner die Gütergleise eines Bahnhofs von den durchgehenden Gleisen an seinem einen Ende hinter den Bahnsteigen ab, so geht die Aufenthaltszeit der am Bahnsteig abzufertigenden Züge für die Zugfolge aus der entsprechenden Richtung verloren. Es sollten deshalb diese Gleise stets an beiden Enden der Bahnhöfe vor den Bahnsteigen abzweigen. Auch die Art, die Bahnsteige für die Reisenden zugänglich zu machen, kann lähmend auf die Zugfolge einwirken, insofern, als unter Umständen der Zug der einen Richtung so lange vor dem Bahnhof aufgehalten werden muß, bis der andere aus der entgegengesetzten Richtung abgefertigt worden ist. Die Bahnsteige auf den kleinen Zwischenstationen sind zweckmäßig in der Richtung der Zugfahrten gegeneinander zu verschieben und der Fahrplan so zu bilden, daß der Zug, der auf dem dem Empfangsgebäude nächstliegenden Gleise einfährt zuerst ankommt. Diese Beeinflussung des Fahrplans, die oft unbeachtet bleiben muß und selbst, wenn sie beachtet wurde, doch bei jeder Abweichung vom planmäßigen Fahren eintreten kann, fällt fort, sobald die Bahnsteige schienenfrei zugänglich sind.

Nicht minder wichtig ist es, daß die Gleisgestaltung die gleichzeitige Einfahrt oder Ein- und Ausfahrt mehrerer Züge gestattet. Dies wird aber nur zugelassen, wenn ihre Fahrten getrennt verlaufen oder doch so gesichert werden können, daß Gefährdungen nicht eintreten (§ 24 F. V.). Bei gleichgerichteten Einfahrten verschiedener Strecken und bei Bahnhöfen eingleisiger Strecken mit Kreuzungsgleisen ist deshalb besondere Sorgfalt auf eine Gleisentwicklung zu legen, die diesen Forderungen Rechnung trägt.

Nicht minder ist die Schnelligkeit der Herstellung der Fahrstraßen von Einfluß auf die Zugfolge. Insbesondere tritt dies dann in die Erscheinung, wenn für einen einem anderen folgenden Zuge eine Fahrstraßenänderung eintreten muß. Je nach der Art der Sicherungseinrichtungen und der mehr oder minder großen Zahl der mitwirkenden Stellen, die sich aus der Gleisanordnung des Bahnhofs ergibt, ist der Zeitverbrauch für den Fahrstraßenwechsel verschieden groß. Man kann, wenn das die Fahrstraßen ändernde Stellwerk zugleich Befehlstellwerk ist und keiner weiteren Zustimmung bedarf, bereits 1 Minute hierfür annehmen. Ergeben sich aber aus den Gleisanordnungen Zustimmungen von einem oder mehreren Stellwerken, wie das auf großen Bahnhöfen stets der Fall sein wird, und müssen darauf dem Endstellwerkwärter die Signale von einem Befehlstellwerk erst freigegeben werden, so können über dem Signalwechsel oft mehrere Minuten vergehen, die bei der Zugfolge zu berücksichtigen sind, wenn unnötiges Halten vor dem Signal und dadurch Fahrverlust vermieden werden soll.

Zur Beschleunigung der Zugfolge trägt endlich unter Umständen die Errichtung von Ausfahrvorsignalen bei, die das Stellen eines anfahrenden und die Station durchfahrenden Zuges vor dem Einfahrsignal vermeiden, wenn der Ausfahrt aus dem Bahnhofe ein Hindernis entgegenstehen sollte. Ist das Hindernis während der Fahrzeit zwischen Ein- und Ausfahrsignal nicht beseitigt, dann wird nur ein einmaliges Stellen (vor dem Ausfahrsignal) erforderlich, während sonst oft ein zweimaliges Stellen (auch vor dem Einfahrsignal) und damit ein erheblich größerer Fahrverlust eintreten müßte.

8. Durchführung des Fahrplans.

Die Sicherheit des Eisenbahnbetriebes wird, wie bereits betont, am besten gewährleistet, wenn der Fahrplan durchgeführt wird, d. h. wenn Unregelmäßigkeiten im Zugverkehr — Zugverspätungen und die daraus entstehenden Abweichungen vom Fahrplan — nach Möglichkeit verhindert und, wo sie doch aus irgendeinem Grunde unvermeidlich waren, auf möglichst wenig Züge, auf kurze Strecken und engumgrenzte Bereiche beschränkt werden.

Die Unregelmäßigkeiten im gewöhnlichen Betriebe entstehen durch ungünstige Witterung (Nässe, Laub- und Schneefall usw.), durch Strecken- und Bahnhofsumbauten, durch Abweichen von der Bahnhofsfahrordnung, durch Signalstörungen und durch plötzlich auftretende Mängel an den Fahrzeugen, Maschinen und Streckengleisen. In allen diesen Fällen tritt Fahrzeitverlust ein, hervorgerufen entweder durch Beeinträchtigung der Lokomotivzugkraft und daraus erwachsende Geschwindigkeitsverminderung oder durch Langsamfahr-Stellen in den Gleisen oder durch das Halten oder Fahren mit verminderter Geschwindigkeit vor den auf Halt bleibenden oder zu spät auf Fahrt gezogenen Signalen. Weitere Gründe für Zugverspätungen sind zeitweiliger, außergewöhnlicher und unvorhergesehener Verkehrsandrang, Aussetzen beschädigter Wagen, unvorhergesehener Lokomotivwechsel, außerplanmäßige Wasserentnahme, Aufnahme von Kurswagen usw. und Einhalten der planmäßigen Wartezeit. In diesen Fällen finden Aufenthaltsüberschreitungen statt. Sie erwachsen namentlich auch aus der Verladung des Gepäcks, durch das Ansetzen von Verstärkungswagen mit anschließender Wiederholung der Bremsprobe und anderweitiger nicht planmäßiger Verschiebearbeit. Endlich gibt auch eine anhaltende Verkehrsteigerung zu Unregelmäßigkeiten Veranlassung, die dann freilich oft nicht allein zu Aufenthaltsüberschreitungen, sondern auch zu außerfahrplanmäßigen Überholungen und unter Umständen zum planlosen Fahren führen. Die hieraus sowie aus größeren Unfällen sich ergebenden Abweichungen vom Fahrplan erfordern außergewöhnliche Mittel zur Abstellung, zu denen besonders die Umleitung ganzer Züge über andere Strecken und die Einlegung von Sonderzügen zum Umsteigen an der Unfallstelle zu rechnen sind. (Siehe Betriebsstockungen.)

Die Mittel, um einen im gewöhnlichen Betriebe verspäteten Zug wieder in seine planmäßige Lage zu bringen, oder um vorzubeugen, daß er seine planmäßige Lage möglichst nicht verläßt, ergeben sich aus den Ursachen der Verspätungen selbst. Sobald Fahrverlust auftritt, ist durch Anwendung der kürzesten Fahrzeit (s. diese) auf den vorwärtsgelegenen Strecken die verlorene Zeit einzuholen. Auch ist der Aufenthalt auf den Stationen nach Möglichkeit, bei Personenzügen selbst ohne Rücksicht auf die Post und die Verpflegung der Reisenden, die Lösung von Fahrkarten durch Uebergangsreisende usw. zu kürzen.

Um zu verhindern, daß die Verspätungen von schnellfahrenden Zügen durch vorliegende verspätete auf jene übertragen oder durch langsamfahrende, wenn auch planmäßig verkehrende Züge vergrößert wird, stellt man zweckmäßig eine **Zugrangfolge** auf, die bestimmt, welche Züge bei etwaigen Verspätungen den Vorrang haben. Dadurch wird auch erreicht, daß die Wirkung der Verspätung einzelner Züge auf die anderen, namentlich auf die anschließenden Züge, möglichst begrenzt wird. Um den Stationen die Möglichkeit zu geben, schnell festzustellen, welcher Zeitabstand vorhanden sein muß, um einen Zug vor einem anderen ablassen zu können, ohne den letzteren in Verspätung zu bringen, werden zweckmäßig sogenannte „Vorsprungtafeln" aufgestellt, die folgende Form haben können.

Vorsprungtafel:

Verspäteter Zug	Richtung A nach B.					Größe des Vorsprungs bei		Verspäteter Zug	Richtung B nach A.					Größe des Vorsprungs bei	
	Zug kann spätestens abgelassen werden				Vor Zug				Zug kann spätestens abgelassen werden				Vor Zug		
	bei					plan-mäßiger	kürzester		bei					plan-mäßiger	kürzester
	plan-mäßiger Fahrzeit		kürzester Fahrzeit						plan-mäßiger Fahrzeit		kürzester Fahrzeit				
Nr.	Uhr	Min.	Uhr	Min.	Nr.	Min.	Min.	Nr.	Uhr	Min.	Uhr	Min.	Nr.	Min.	Min.
D 6757	11	03	11	03	209	9	9								

Die **Vorsprungzeit** setzt sich zusammen aus dem Unterschied der Fahrzeiten (planmäßigen und kürzesten) der in Frage stehenden Züge bis zur nächsten Überholungsstation, der Fahrzeit des nachfolgenden Zuges auf der letzten Blockstrecke, aus Zuschlägen für Rückmeldung und Signalbedienung seitens der Überholungstation (vom Gleisplan und der Art der Sicherungseinrichtungen abhängig) und der vorgelegenen Blockstelle sowie gegebenenfalls für das Anhalten des sonst die vorliegende Überholungsstation planmäßig durchfahrenden Zuges. Z. B. sei festzustellen, bis wann der verspätete D 6757 von G nach K noch abgelassen werden darf, ohne den nachfolgenden Personenzug 209 in Verspätung zu bringen.

Es fährt planmäßig:

	D 6757	209
ab G	10,27½	11,12
durch V	10,30	11,15
durch K	10,36½	an K 11,20

Fahrzeit also	9	8 Minuten	Unterschied =	1 Minute
hierzu für Anhalten des D 6757 in K			„ =	1 „
für Signalbedienung und Streckenmeldung in K			„ =	1 „
für Signalbedienung und Streckenmeldung in V			„ =	1 „
Fahrzeit des Zuges 209 von V nach K			„ =	5 „
			zusammen	9 Minuten

Es darf also D 6757 noch 9 Minuten vor Abfahrt des Zuges 209, also um 11,03 abgelassen werden.

Unter Umständen wird die Vorsprungzeit geringer sein können als der Unterschied in der Fahrzeit zuzüglich der Fahrzeit des nachfolgenden Zuges in der letzten Blockstelle. Das trifft zu, wenn die Rückmeldung von der Überholungsstation nach deren Sicherungseinrichtungen schon früher erfolgen kann als die tatsächliche Ankunft auf dem Überholungsgleis. Die hierdurch gewonnene Zeit ist dann für die Zuschläge verfügbar.

Wenn auch vorzugsweise für die Durchführung der schnellfahrenden Züge zu sorgen ist, so darf doch durch unnatürlich große Vorsprungzeiten der Fahrplan der langsamfahrenden Züge, insbesondere auch der Güterzüge, nicht allzusehr beeinträchtigt oder gar ganz umgewälzt werden, weil hierdurch leicht Bahnhofverstopfungen und infolge davon länger anhaltende Betriebstörungen hervorgerufen werden können.

Es ist indessen oft schwierig, einen verspäteten Zug in die planmäßige Lage zurückzubringen. Diese Schwierigkeit wächst mit der Größe der Fahrgeschwindigkeit und der Abnahme der Aufenthalte eines Zuges, mit der zunehmenden Dichtigkeit des Zugverkehrs einer Strecke namentlich an schnellfahrenden Zügen und dem mehr oder minder großen Mangel an Überholungs- und Kreuzungsgleisen. Denn je größer die Grundgeschwindigkeit ist, je mehr sie sich der auf der Strecke zulässigen Höchstgeschwindigkeit nähert, desto mehr verschwindet der Unterschied zwischen der planmäßigen und kürzesten Fahrzeit, und je weniger und kürzere Aufenthalte vorgesehen sind, desto geringer wird selbstverständlich die Möglichkeit, durch deren Kürzung die verlorene Zeit wiedereinzuholen. Je mehr schnellfahrende Züge ferner von gleicher Geschwindigkeit in kurzen Abständen verkehren, desto größer wird unter Umständen die eingetretene Verspätung des einen Zuges werden müssen, wenn nicht die nachfolgenden Schnellzüge gleichfalls in Verspätung kommen sollen. In solchen Fällen gibt dann die mehr oder weniger große Wichtigkeit des einen oder andern Zuges für die Einhaltung der vorwärtsgelegenen Anschlüsse den Ausschlag für ihre Rangfolge.

Je größer endlich die Entfernungen zwischen den Überholungstationen und auf eingleisigen Strecken auch zwischen den Stationen mit Kreuzungsgleisen werden, je größer namentlich auch die Verschiedenheit in ihren Abständen ist, desto geringer wird die Möglichkeit des Vorlassens von ranghöheren Zügen oder die Fernhaltung und Nichtübertragung der Verspätung eines Zuges auf die folgenden oder entgegenkommenden Züge.

Auch der Gleisplan der Überholungstationen zweigleisiger Bahnen kann dazu beitragen, die Möglichkeit der Einholung von Verspätungen zu vermindern. Dies tritt stets da ein, wo die Anlage derart ausgebildet ist, daß der in das Überholungsgleis ein- oder aus ihm ausfahrende Zug den in entgegengesetzter Richtung anfahrenden Zug in seinem Laufe hemmen oder bei einem auf der Station verweilenden Zug das Rangiergeschäft unterbrechen muß. Bei den heutigen Zuglängen, die Überholungsgleise von 700 m N. L. verlangen, und den neuzeitlichen Sicherungseinrichtungen erfordert das Einfahren eines Güterzuges in ein Überholungsgleis und die Herstellung der Fahrstraße und deren Sicherung für den nachfolgenden Zug eine Zeit von 4 bis 6 Minuten. Muß also ein zu überholender Zug das Hauptgleis der entgegengesetzten Richtung kreuzen, so wird der von dort anfahrende Zug unter Umständen um diese Zeit zurückgehalten. Dasselbe tritt für die Ausfahrt eines überholten Zuges ein, wenn bei zwei einseitig angeordneten Überholungsgleisen nur eine Weichenstraße zur Verbindung mit den beiden Hauptgleisen angeordnet ist und zur Zeit seiner Abfahrt ein aus entgegengesetzter Richtung ankommender Zug in das Überholungsgleis geleitet werden soll.

Deshalb sollten Überholungsgleise auf der freien zweigleisigen Strecke stets beiderseits der Hauptgleise angeordnet werden. Wo aber aus örtlichen Gründen nur eins eingebaut werden kann, ist es zwischen die Hauptgleise zu legen. Zwingen dagegen die Ortsverhältnisse zur einseitigen Anordnung, dann sollten die Überholungsgleise jedes für sich durch Weichen an die entsprechenden Hauptgleise angeschlossen werden. Sind die Überholungsgleise auf Bahnhöfen mit Gleisanlagen für den Ortsgüterverkehr verbunden, so sind, um Fahrthindernisse durch das Verschiebegeschäft nach Möglichkeit zu vermeiden, die zwischen den Hauptgleisen und den Ortsgütergleisanlagen gelegenen Überholungsgleise mit Ausziehgleisen in der Fahrtrichtung und mit getrennten Weichenstraßen anzuordnen.

Zur Verminderung von Verspätungen, insbesondere auch zur besseren Durchführung der Güterzüge würde das Vorhandensein von Überholungsgleisen größerer Länge — etwa zwischen 2 Zugfolgestellen — von wesentlicher Bedeutung sein. Die langsameren, vornehmlich die Güterzüge, brauchten dann die Überholung durch die schnelleren Züge nicht abzuwarten, sondern könnten ihre langsamere Fahrt unter Benutzung solcher Überholungsgleise ungehindert fortsetzen.

Um Verspätungen durch zeitweise Langsamfahrstellen zu vermeiden, ist es zweckmäßig, daß die Züge von der vorgelegenen Haltestelle bis zum Langsamfahrsignal die Geschwindigkeit bis zur kürzesten Fahrzeit derart vergrößern, daß sie möglichst einen Zeitgewinn haben, durch den dann der Zeitverlust an der Langsamfahrstelle aufgehoben wird. Bleiben aber solche Langsamfahrstellen längere Zeit bestehen, dann müssen von vornherein den planmäßigen Fahrzeiten genügend große Zuschläge gegeben werden, damit Verspätungen hieraus überhaupt entfallen. (Siehe Betriebsstockungen.)

D. Aufstellung des Fahrplans.

1. Grundlagen für die Fahrplanbildung.

Die Fahrplanzeit. Für die an der Eisenbahnförderung Beteiligten ist es von der größten Wichtigkeit, daß die im Fahrplan enthaltenen Zeitangaben mit der Ortszeit übereinstimmen. Solange sich diese auf den Augenblick gründete, in dem die Sonne in den Längengrad des Ortes eintritt, solange also die Zeiten für jede Station verschieden waren, mußten die wirklichen Fahrplanzeiten entweder im Fahrplan oder nach Bedarf von den Beteiligten selbst nach den Ortszeiten umgerechnet werden. Aus solchen Fahrplänen war demnach entweder die genaue Fahrtdauer oder die genaue Abfahrt- bzw. Ankunftzeit nicht ohne weiteres abzulesen. Im ersteren Falle wurde dadurch nicht allein die eigentliche Fahrplanaufstellung erschwert, es mußten auch neben den öffentlichen Fahrplänen mit Ortszeiten solche für den inneren Dienst mit Einheitszeiten (Bahnzeiten) aufgestellt werden; denn nur auf Grund der letzteren ist es überhaupt möglich, die Streckenfahrzeiten zu berechnen, die Anschlüsse, Kreuzungen, Überholungen usw. zeitlich genau festzustellen. Während in Norddeutschland und Elsaß-Lothringen die Berliner Zeit, in Bayern die Münchener, in Württemberg die Stuttgarter, in Hessen die Frankfurter und in der Pfalz die Ludwigshafener Zeit als Bahnzeit in Gebrauch war und die hiernach bestimmten Fahrplanzeiten in Ortszeiten umgerechnet wurden, hatten die anderen europäischen Länder für den öffentlichen Fahrplan bereits eine auf den Längengrad ihrer Hauptstadt (in England auf den von Greenwich) bezogene Bahnzeit und Amerika (seit 1884) 5 Zeitzonen mit einstündigem Zeitunterschied, die sich gleichfalls auf den Längengrad von Greenwich gründeten, im Gebrauch.

Für das aus vielen selbständigen Staatsgebieten bestehende Europa und insbesondere für das 5 Bahnzeiten umfassende Deutschland mußten also viele und erhebliche Unterschiede in den Fahrplanzeiten auszugleichen bzw. in den Zeitangaben der öffentlichen Fahrpläne vorhanden sein, was bei den vielfach ineinandergreifenden Grenzen selbst beim Nah- und Nachbarverkehr zu großen Unzuträglichkeiten führte. Je mehr aber der Fernverkehr sich über die Verwaltungsgrenzen ausdehnte, je umfangreicher namentlich der zwischenstaatige Verkehr in durchgehenden Zügen wurde, desto mehr mußten die Schwierigkeiten, die aus den verschiedenen Zeitangaben hervorgingen, wachsen und von den Beteiligten empfunden werden. Zeitzonen konnten natürlich auch in Europa nicht entbehrt werden, was aber die bestehenden Zeitunterschiede besonders unbequem machte, war ihre große Anzahl, ihre verschiedene Größe und ihre oft unrunde Ziffer.

Die Bestrebungen, im mitteleuropäischen Eisenbahnbetrieb zu einer Einheitszeit zu gelangen, gehen bis in den Anfang der fünfziger Jahre des vorigen Jahrhunderts zurück. Aber erst nachdem auf Anregung der ungarischen Staatseisenbahnverwaltung sich der V. d. E. V. in den Jahren 1890 und 1891 erneut mit der Frage der Einheitszeit, bezogen auf den Längengrad 15⁰ östlich von 0 (Greenwich), befaßt hatte und sie in Österreich-Ungarn 1890, in Süddeutschland 1892 bereits eingeführt worden war, wurde im Deutschen Reiche durch Gesetz vom 12. März 1893 am 1. April 1893 die mitteleuropäische Zeit — M. E. Z. — als gesetzliche Ortszeit eingeführt.

Außer der M. E. Z., die wie in Deutschland auch in Österreich-Ungarn, Bosnien, Serbien, Italien, der Schweiz und in Dänemark, Norwegen und Schweden sowie in der westlichen Türkei eingeführt ist, bestehen in Europa noch die west- und osteuropäische Zeit. (W. E. Z. bezogen auf den Längengrad 0 und O. E. Z. bezogen auf den Längengrad 30). Zur ersteren Zone gehören England, Frankreich, Belgien, Spanien und Portugal, zur letzteren Bulgarien, Rumänien, die östliche Türkei und Ägypten. Außerdem bestehen Landeseinheitzeiten, auf den Längengrad ihrer Hauptstädte bezogen, in Rußland, den Niederlanden, Griechenland und Irland. —

Während in den meisten Ländern die Stunden mit 1 bis 12, eine Stunde nach Mitternacht und eine Stunde nach Mittag beginnend, bezeichnet werden und als Nachtstunden die Zeit von 6⁰⁰ Uhr abends bis 5⁵⁹ früh gilt, die dann durch Unterstreichen der Minutenzahlen als solche im Fahrplan hervorgehoben wird, besteht in den Fahrplänen Frankreichs, Belgiens, Spaniens, Portugals und Italiens die 24 stündige Zeiteinteilung, eine Stunde nach Mitternacht beginnend. An Bestrebungen, die letztere auch in anderen Ländern (Schweiz, Deutschland usw.) einzuführen, hat es nicht gefehlt. Doch hat man immer wieder davon abgesehen, weil sich ihrer Einführung in das bürgerliche Leben zu große Schwierigkeiten entgegenstellten. Man würde also wieder unter Umständen zu zwei Zeitrechnungen gelangen, was durch die Annahme der Zeitzonen doch gerade endgültig vermieden werden sollte und z. Z. auch vermieden ist.

Als der seit dem Sommer 1914 gegen Deutschland seitens fast der ganzen Welt geführte Vernichtungskrieg eine Einschränkung auf allen wirtschaftlichen Gebieten, insbesondere auch im Kohlenverbrauch zugunsten der Landesverteidigung gebieterisch verlangte, suchte man dieses Ziel auch dadurch zu erreichen, daß man für die Werktätigkeit das Tageslicht mehr als bisher auszunutzen versuchte. Aus diesem Gedanken ist die Sommerzeit entstanden. Sie wurde erstmalig in der Nacht vom 30. April bis 1. Mai 1916 eingeführt und zwar in der Weise, daß am 30. April um 11 Uhr abends der Uhrzeiger um eine Stunde vorgerückt wurde. Mit dem 30. September wurde sie durch einstündiges Anhalten der Uhr wieder aufgehoben. Auch in den Sommern 1917 und 1918 wurde die Sommerzeit unter Änderung ihres Beginn- und Endpunktes durchgeführt. Leider hat man sich, zum Teil aus recht nichtigen Gründen, nicht dazu verstehen können, diese segensreiche Einrichtung weiter bestehen zu lassen.

Für die Durchführung des Eisenbahnfahrplans ergeben sich allerdings gewisse Schwierigkeiten, weil die Züge nicht plötzlich eine Stunde angehalten oder um eine Stunde beschleunigt werden können, sondern unaufhaltsam und ununterbrochen mit der planmäßigen Geschwindigkeit rollen müssen. Die am Tage vor der Einführung der Sommerzeit planmäßig abgefahrenen Züge würden also an ihrem ersten Tage um eine Stunde zu spät am Ziele eintreffen. Das würde vielfache Schwierigkeiten auf manchen Gebieten des Verkehrs zur Folge haben müssen. Besser erschien es, die über den letzten Tag vor Beginn der Sommerzeit hinaus verkehrenden Züge um eine Stunde früher abzulassen, so daß sie an ihrem ersten Tage planmäßig ankommen, obgleich auch bei dieser Lösung eine Reihe Anschlüsse, namentlich auf den Zwischenstationen, verloren gehen müssen. Diese Art der Überführung in die Sommerzeit hat es ermöglicht, die Schwierigkeiten in erträglicher Weise zu überwinden. In der Nacht vom 30. September bis 1. Oktober, wo die Sommerzeit wieder aufgehoben wurde, begannen die durchgehenden Nachtzüge sämtlich eine Stunde später. Da in dieser Nacht die Stunde $12^{\underline{01}}$ bis $12^{\underline{59}}$ doppelt erscheinen muß, wurde, um Irrtümer zu vermeiden, die erste, die noch zum 30. September gehört, als $12\,A$ bis $12\,A^{\underline{59}}$, die zweite, die schon zum 1. Oktober gehört, als $12\,B^{\underline{01}}$ bis $12\,B^{\underline{59}}$ bezeichnet.

Der Fahrplanzeitraum. In Berücksichtigung der in gewissen Zeiträumen eintretenden Schwankungen im Verkehrsbedürfnis hat man von jeher auch einen Wechsel im Fahrplan vorgenommen, der indessen nicht bei allen Verwaltungen übereinstimmte. Seit Anfang der neunziger Jahre indessen hat die Mehrzahl der zusammenhängenden europäischen Verwaltungen für den Fahrplanwechsel den 1. Mai (Sommerfahrplan) und 1. Oktober (Winterfahrplan) angenommen[1]).

Für den Personenverkehr, insbesondere für den Nah- und Nachbarverkehr, ist aber eine Unveränderlichkeit des Fahrplans innerhalb gewisser Grenzen von großer Wichtigkeit, weil er das geschäftliche und gesellige Leben der Menschen in mannigfaltiger Weise bestimmend beeinflußt, erhebliche Änderungen also unter Umständen eine völlige Umschichtung womöglich durch ihn erst eingebürgerter Einrichtungen und Gebräuche hervorrufen würden. Aber auch die Verwaltungen haben von der Stetigkeit des Fahrplans einen großen Nutzen insofern, als wesentliche Änderungen in den einzelnen Fahrplänen nicht selten das ganze Gefüge durchbrechen und den Zugbildungsplan, die Fahrordnung sowie die Dienstpläne für die Zugmannschaft gänzlich umstoßen würden. Deshalb sind sie auch nur dann, wenn erhebliche Vorteile für den Verkehr und die Verwaltung dadurch erreicht werden, vorzunehmen. Man ist aus diesen Gründen in Deutschland dazu übergegangen, einen Jahresfahrplan für den Personenverkehr aufzustellen, der den Jahreszeiten-Schwankungen dadurch Rechnung trägt, daß für den Winterzeitraum aus ihm die dem stärkeren und Sommersonderverkehr dienenden Züge entfernt, dagegen andere, für den Wintersonderverkehr erforderliche Züge in ihm eingefügt werden, während er im übrigen fast unverändert bleibt.

Die Fahrzeit. Unter Fahrzeit eines Zuges wird hier die Zeit verstanden, die er braucht, um eine von ihm zu befahrende Strecke zurückzulegen, die durch zwei seiner einander folgenden Haltepunkte begrenzt wird. — Sie setzt sich im allgemeinen zusammen aus der Zeit für die Anfahrt (bis zum Erreichen der Grundgeschwindigkeit), für die Fahrt mit der Grundgeschwindigkeit und für das Anhalten. Man unterscheidet zwischen der regelmäßigen (planmäßigen) und kürzesten Fahrzeit.

Sie ist abhängig:

1. von der Leistungsfähigkeit der zur Verfügung stehenden Maschine;
2. vom Zuggewicht;
3. von der Grundgeschwindigkeit;
4. von den Steigungen und Krümmungen der Strecke;
5. von den Bremsvorrichtungen und der Bremsbesetzung. —

---

[1]) In der Nachkriegszeit ist hiervon oft abgewichen worden und zwar in Deutschland unter dem Zwange seiner Feinde. Zurzeit tritt die Fahrplanänderung oft am 1. Juni ein.

Die Leistungsfähigkeit einer Lokomotive kann zwar aus ihren Maß- und
Bauverhältnissen auf wissenschaftlichem Wege ermittelt werden, zweckmäßigerweise wird aber die durchschnittliche Leistungsfähigkeit der einzelnen Lokomotivgattungen auf verschiedenen Bahnstrecken bei verschiedenen Geschwindigkeiten und Zuggewichten durch Versuchsfahrten im gewöhnlichen Betriebe festgestellt, wie dies z. B. auch in Deutschland geschehen ist. Sie nimmt im allgemeinen mit steigender Fahrgeschwindigkeit zu, weil damit die Feuerwirkung
und Dampferzeugung sowie die Dampfausnutzung vergrößert wird, und erreicht
ihren Höhepunkt bei einer Geschwindigkeit, bei der die Höchstwirkung dieser
Vorgänge möglichst zusammenfällt. Bei weiter steigender Geschwindigkeit
nimmt die Leistungsfähigkeit wieder ab.

Sie ist aber ferner bedingt durch die Reibung der Triebräder (nutzbares
Reibungsgewicht) der Maschine auf den Schienen. Bei den neueren drei- und
vierfach gekuppelten Lokomotiven tritt der Einfluß des Reibungsgewichts
immer mehr zurück.

Grundsätzlich soll die Lokomotive, soweit nicht zu umgehende andere Einflüsse und Zufälligkeiten, wie z. B. Rücksichten auf Zugfolge, Anschlüsse,
Kreuzungen usw., dies verhindern, während der ganzen Fahrt gleichmäßig mit
ihrer größten Dauerleistung beansprucht werden, weil sie dann, da Brennstoff
und Wasserverbrauch sowie Abnutzung am geringsten werden, am wirtschaftlichsten ausgenutzt wird. Die auf die durch zwei Haltestellen begrenzten Einzel-
abschnitte der vom Zuge zu befahrenden Strecke entfallenden Fahrzeiten müssen
dies gewährleisten. Wird dies nicht beachtet, dann ist entweder bei Über-
schreitungen der Leistungsfähigkeit Vorspann nötig, oder bei nur streckenweiser
voller Inanspruchnahme nicht völlige Auslastung der Züge oder Mehrverbrauch
an Zeit die Folge.

Soll in jedem Augenblick die Leistungsfähigkeit der Lokomotive voll ausgenutzt werden, so muß die hierbei entwickelte Zugkraft gleich dem gesamten
Zugwiderstande sein.

$$Z = w\,G.$$

Der Widerstand des Zuges wird ganz allgemein durch die Gleichung

$$w = a + b\,v^2 + i$$

bestimmt, in der seine Abhängigkeit von den Reibungswiderständen der Lokomotive und Wagen (a), von dem Luftwiderstande, den Höhen- und Seiten-
schwankungen sowie den Stoßwirkungen in ihrem Verhältnis zur Geschwindigkeit (b v²) und den Steigungs- und Krümmungsverhältnissen der Strecke (i)
zum Ausdruck kommt.

Die Ziffern a und b hat man durch Versuchsfahrten festzustellen versucht.
Sie sind also aus besonderen Fällen hervorgegangen, bei denen die Voraussetzungen verschieden waren und viele Einflüsse unerkannt bleiben mußten.
Durch ihre Verwertung gelangt man also nur zu Näherungsformeln. Unter den
vielen Formeln, die man auf diese Weise gebildet hat, ist die Clarksche, weil
die einfachste, die am meisten verwendete. Sie gilt für die Bewegung des ganzen
Zuges (Maschine und Wagen) auf gerader wagerechter Strecke und lautet in der
auf Grund der Erfurter Versuchsfahrten hergestellten Fassung (Erfurter Formel):

$$w \text{ kg/t} = 2{,}4 + \frac{(v \text{ km/st})^2}{1300}\ {}^1);$$

Diese Formel beruht auf Versuchen mit zwei- und dreiachsigen Wagen. Der
Widerstand eines Zuges ist aber bei vier- und sechsachsigen Wagen ein anderer,
er ist überhaupt für die verschiedenen Zugarten (Lokomotiv- und Wagenbauart)

---

[1]) Die ältere Formel lautet $w = 2{,}5 + \dfrac{v^2}{1000}$.

verschieden. Auch wächst bei zunehmender Geschwindigkeit der Luftwiderstand verhältnismäßig geringer, während die anderen in Betracht kommenden Widerstände erheblicher zunehmen. Diesen Umständen sucht man neuerdings bei Bestimmung des Widerstandes eines Zuges Rechnung zu tragen.

Die bei den deutschen Bahnen bislang zur Anwendung gelangten, vom ehemaligen Reichseisenbahnamt herausgegebenen „Grundsätze für die Berechnung der Fahrzeiten" der Personen- und Schnellzüge legen aber noch die Erfurter Formel zugrunde.

Befährt der Zug eine ansteigende Strecke, so hat er außerdem noch einen Widerstand (Neigungswiderstand) zu überwinden, der seinem Gewicht im Verhältnis zum Neigungswinkel entspricht. Die zu überwindende abwärts ziehende Kraft ist für 1 Tonne Zuggewicht bei einem Neigungswinkel α gleich 1000 sin α. Für sin α kann, weil selbst bei dem größten für Reibungsbahnen vorkommenden Neigungswinkel sin α genau genug gleich tg α ist, tg α gesetzt werden. Wird die Neigung der Bahn in Millimeter für 1 m angegeben, dann ist der Widerstand aus der Neigung in Kilogramm für 1 Tonne gleich der Anzahl Millimeter, um die die Bahn auf einen Meter ansteigt oder fällt. Um diesen Betrag ist der oben angegebene Wert des Widerstandes auf der geraden wagerechten Strecke zu vermehren oder zu vermindern. Auch für den Widerstand des Zuges in den Krümmungen hat man durch Errechnung oder auf dem Versuchswege Formeln abgeleitet. — In Deutschland wird er meist aus der Röcklschen Formel:

$$W_r = \frac{650}{R - 55}$$

(kg für 1 Tonne Zuggewicht) ermittelt, der umfangreiche Versuche der bayerischen Staatsbahnverwaltung zu Ende der achtziger Jahre zugrunde liegen. Den Krümmungswiderstand führt man zweckmäßig auf den Neigungswiderstand zurück; z. B. berechnet sich W_r für einen Halbmesser von 705 m zu $1^0/_{00}$.

Der Gesamtwiderstand für 1 Tonne Zuggewicht ergibt sich also aus der Gleichung:

$$w \, kg/t = 2{,}4 + \frac{(v \, km/st)^2}{1300} \pm s \, mm + \frac{650}{R - 55};$$

und die Zugkraft aus der Gleichung:

$$Z \, kg = w \, kg/t \cdot G \, t.$$

Zwischen der Zugkraft und den Leistungswerten der Lokomotiven besteht die Gleichung:

$$Z \, kg = \frac{270 \, N \, (PS)}{v \, km/st};$$

Es kann also aus der z. B. durch Versuche ermittelten Leistungsfähigkeit irgend einer Lokomotivgattung deren Zugkraft für verschiedene Geschwindigkeiten errechnet werden. Indem man auf einer Grundlinie die Stundengeschwindigkeiten absetzt und die dazu gehörenden Zugkräfte senkrecht aufträgt, erhält man die Zugkraftlinien, die im allgemeinen die Form der Abb. 12 haben.

Bei geringeren Geschwindigkeiten ist das Leistungsvermögen, also auch die Zugkraft durch das Reibungsgewicht, bei größeren durch die Kesselleistung begrenzt. Als Reibungsziffer, die sich zwar mit den örtlichen Zuständen (Witterung, fallendes Laub usw.) ändert, nimmt man im Durchschnitt $\frac{1}{6{,}5}$ an.

Bis zu einer bestimmten Geschwindigkeit, wo die Leistungsfähigkeit aus Reibung und Kesselleistung gleich sind (Grenzgeschwindigkeit), wird die Zugkraftlinie wagerecht verlaufen.

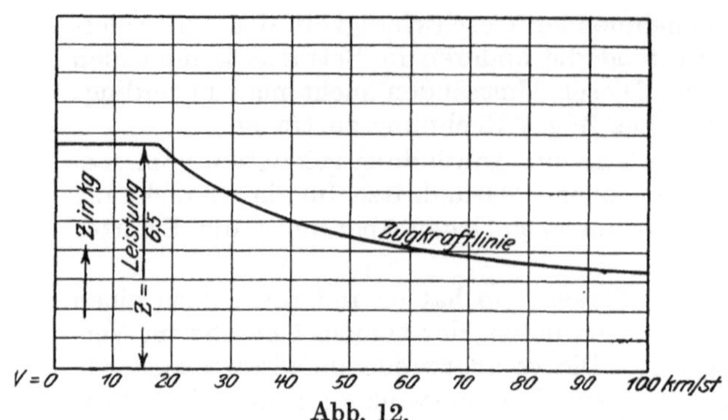

Abb. 12.

Aus der Zugkraft, die für jede Geschwindigkeit aus der Zugkraftlinie entnommen werden kann, wird mit Hilfe der Widerstandsgleichung das Gewicht des Wagenzuges errechnet, das eine Lokomotive auf der ebenen, geraden Strecke mit einer bestimmten Geschwindigkeit befördern kann. Ist z. B. das Gewicht der Lokomotive $G_L = 100$ t, die Zugkraft bei 80 km/st $= 3500$,

dann ist das Gewicht des Wagenzuges G_W aus der Gleichung

$$3500 = \left(2{,}4 + \frac{80^2}{1300}\right)(G_W + 100 \text{ t})$$

bestimmt. Es ist:

$$\frac{3500}{7{,}3} = 480 - 100 = 380 \text{ t} = G_W;$$

Die Anpassung des Zuggewichts an die Zugkraft der Lokomotive ist im gewöhnlichen Betriebe, namentlich bei den Personenzügen, mit Rücksicht auf den schwankenden Verkehrsbedarf nicht immer möglich. Bei den Güterzügen ist die Möglichkeit, die Zuglast auf den verschiedenen Strecken und Streckenabschnitten dem Arbeitsvermögen der Maschine anzupassen, schon eher gegeben.

Im allgemeinen wird man bei Berechnung der Fahrzeiten von dem gegebenen Zuggewicht ausgehen. Liegt dies und die Zugkraft fest, dann ist auch die Geschwindigkeit auf den verschiedenen Streckenabschnitten bestimmt. Doch kann unter Umständen, namentlich bei Schnellzügen, von der Geschwindigkeit ausgegangen werden müssen, wenn von vornherein beabsichtigt wird, einen Zug innerhalb einer gewissen Zeit zwischen 2 Punkten durchzubringen. In Deutschland wurde gemäß den genannten Grundsätzen des ehemaligen Reichseisenbahnamts meist von der Grundgeschwindigkeit ausgegangen. Der Zug, der diese Geschwindigkeit vermöge der Lokomotivbelastung auf die Dauer eben noch erreicht, ist der **vollbelastete Zug**.

Fahrzeitenberechnung. Aus der Zusammensetzung der Fahrzeit auf einer durch zwei Haltepunkte begrenzten Strecke ergibt sich, daß ihre Berechnung zwei Aufgaben umfaßt, nämlich die Berechnung der sogenannten reinen Fahrzeiten und die der Zuschläge für die Anfahrt und das Anhalten (abgesehen von den Zuschlägen für Langsamfahrstellen). Zur Berechnung der reinen Fahrzeiten, die sich für die geraden, wagerechten Strecken ohne weiteres aus der Stationsentfernung und der Grundgeschwindigkeit ergeben, ist es erforderlich, da im allgemeinen Strecken von wechselnder Beschaffenheit in Frage kommen, die wirkliche Bahn mit ihren Steigungen, Gefällen und Krümmungen auf eine gedachte gleiche gerade und wagerechte zurückzuführen. Die sich hieraus ergebende Streckenlänge nennt man **Betriebslänge** (früher äquivalente oder virtuelle Länge). Die Fahrzeit berechnet sich dann aus dieser und der Grundgeschwindigkeit. Unter Betriebslänge ist also die Weglänge zu verstehen, die der Zug mit der Grundgeschwindigkeit in derselben Zeit durchfährt, wie die wirkliche Länge der Strecke wechselnder Beschaffenheit, mit der an ihren einzelnen Stellen wirklich vorhandenen Geschwindigkeit. Es ist also die

Betriebslänge $l_m = 1 \dfrac{v_0}{v}$.

Die äquivalente Länge wurde bereits im Jahre 1838 von den Engländern beim Entwerfen ihrer Bahnbauten in Irland zu verschiedenen Zwecken eingeführt. Seitdem ist sie wiederholt in wissenschaftlichen Arbeiten, besonders auch in Deutschland, als virtuelle, auch Zugförderungslänge behandelt (Lindner, Launhardt, Schübler, Grove, Koch Kluge), ohne indessen im ausgeführten Betriebe zur Anwendung zu gelangen. Im Jahre 1887 veröffentlichte dann v. Borries ein Verfahren zur Berechnung und Darstellung der Betriebslängen, welches er durch eine weitere Veröffentlichung im Jahre 1893 vervollständigte[1]). Es bildet die Grundlage für die bereits erwähnten Grundsätze des ehemaligen Reichseisenbahnamts für die Berechnung der Fahrzeiten für Personen- und Schnellzüge, die bislang überwiegend von den deutschen Eisenbahnen angewendet wurden. Zur Berechnung der Betriebslängen l_m bedient man sich danach sogenannter Zuschlagzahlen, die für die Teilstrecken (Neigungen und Krümmungen) im einzelnen ermittelt und mit deren wirklichen Längen vervielfältigt insgesamt der Gesamtlänge zugezählt werden.

Setzt man $l_m = l + l.\,s$, dann ist $s = \dfrac{l_m - l}{l}$ die Streckenzuschlagzahl. Da

$l_m = l\,\dfrac{v_0}{v}$ ist, wird $s = \dfrac{v_0 - v}{v}$ oder $v = \dfrac{v_0}{1 + s}$.

Man kann also bei bestimmten Grundgeschwindigkeiten für jede Wegzuschlagzahl die Geschwindigkeit berechnen, mit der die wirkliche Weglänge durchfahren werden müßte, wenn dieselbe Zeit gebraucht werden soll, wie sie zur Durchfahrung der gleichwertigen Betriebslänge mit der Grundgeschwindigkeit erforderlich ist.

Trägt man nach v. Borries vom Schnittpunkte O eines Achsenkreuzes senkrecht die Wegzuschläge s auf (z. B. $s = 0,1 = 0,2$ usw.) und wagerecht dazu nach links die aus den den betreffenden Wegzuschlägen entsprechenden Geschwindigkeiten berechneten Widerstände $w = 2,4 + \dfrac{v^2}{1300}$ in kg für 1 Tonne Zuggewicht, dann erhält man die Widerstandslinie, aus welcher die den verschiedenen Zuschlagzahlen entsprechenden Zugwiderstände zu entnehmen sind.

Ist $v_0 = 80$, dann wird

$$v_1 = \frac{80}{1,1} = 72,7,\quad v_6 = \frac{80}{1,6} = 50 \text{ km usw.}$$

und

$$w_1 = 2,4 + \frac{80^2}{1300} = 7,3,\quad w_6 = 2,4 + \frac{50^2}{1300} = 4,3 \text{ usw.}$$

Es ist aber auch der Widerstand w_0 auf wagerechter gerader Bahn gleich $z_0 = \dfrac{Z_0}{g}$ der Zugkraft in Kilogramm für 1 Tonne des Zuggewichtes g. Bei einer der Zahl s entsprechenden Geschwindigkeit v würde die Gesamtzugkraft Z und für 1 Tonne Zuggewicht $z = \dfrac{Z}{g}$ sein. Demnach verhält sich $\dfrac{z}{z_0} = \dfrac{Z}{Z_0}$. Da nun die den Geschwindigkeiten entsprechenden Zugkräfte aus der Darstellung der Zugkraftlinie abgelesen werden können, so können die Werte z_1, z_2 usw. für 1 Tonne Zuggewicht für jeden Wert von s ermittelt werden.

Wenn beispielsweise mit der Zugkraft $Z_{80} = 3500$ kg ein Zuggewicht von 480 t befördert werden kann, dann bestimmt sich z_{80} zu $\dfrac{3500}{480} = 7,3$ kg; ergibt

---

[1]) Organ für Fortschritte usw. 1887 und 1893.

sich bei einer Geschwindigkeit von 50 km/st die Zugkraft Z_{50} aus der Zugkraftlinie zu 4500 kg, dann wird $z_{50} = \dfrac{4500}{480} = 9,4$ kg.

Trägt man nun diese Zugkräfte z_{80}, z_{50} usw. von den Punkten C der Widerstandslinie nach rechts wagerecht auf, dann erhält man die Zugkraftlinie.

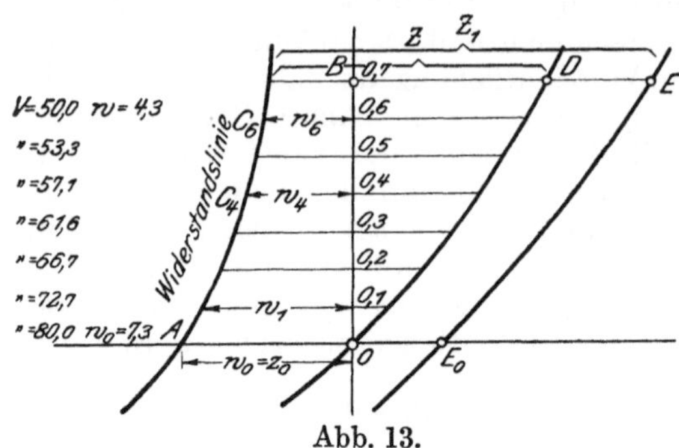

Abb. 13.

Da nun $z = w + i$ ist ($i =$ Neigungs- und Krümmungswiderstand für 1 Tonne Zuggewicht in $^0/_{00}$ Bahnlänge), so ergibt sich aus Abb. 13, daß die zwischen O B D liegenden wagerechten Abschnitte den Streckenwiderstand darstellen, der mit der zutreffenden Geschwindigkeit von der gegebenen Lokomotive mit dem vollbelasteten Zug noch überwunden werden kann.

Aus der Art der Darstellung der Linie O D folgt, daß sie für jede Grundgeschwindigkeit und für jede Lokomotivgattung verschieden sein muß. Geringe Grundgeschwindigkeiten und starke Steigungen geben nun eine so stark steigende Zugkraftlinie, daß die geringste zulässige Geschwindigkeit schon vor der stärksten Steigung erreicht werden würde. Es müssen dann also leichtere Züge gefahren werden, in welchem Falle aber die Lokomotive auf den wagerechten geraden Strecken nicht voll ausgenutzt ist. Ist das Gewicht des leichteren Zuges g_1, dann wird $z_1 = \dfrac{Z}{g_1}$; da aber $z = \dfrac{Z}{g}$ ist, besteht das feste Verhältnis $\dfrac{z_1}{z} = \dfrac{g}{g_1}$. Aus diesem Verhältnis lassen sich, nachdem es für einen gegebenen Punkt E, der zweckmäßig dem größten Wegzuschlage entspricht, festgestellt ist, leicht weitere Punkte E und damit Schaulinien für leichtere Züge ermitteln.

In den Grundsätzen des R. E. A. findet man 6 in der vorbeschriebenen Weise hergestellte bildliche Darstellungen der Streckenzuschläge zur Berechnung

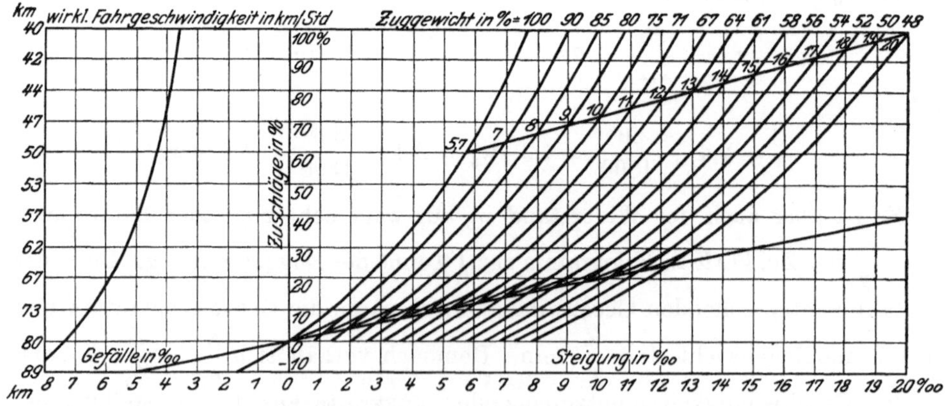

Abb. 14. Grundgeschwindigkeit = 50 km. (Gültig für 50—55 km.)

der Betriebslängen für die Grundgeschwindigkeiten 100, 90, 80, 70, 60 und 50 km, von denen die für 80 und 50 km hier folgen. Sie können in jedem Falle mit genügender Genauigkeit auch bei Grundgeschwindigkeiten angewendet werden, die 4 km geringer und 5 km größer sind als die den Bildern zugrunde gelegten.

Um bei starken Steigungen nicht zu langsam oder auf Strecken mit ungünstigen Steigungsverhältnissen nicht zu leichte Züge fahren zu müssen, werden die Zuschläge für vollbelastete Züge zweckmäßig auf 60% begrenzt und die Gewichte der leichteren Züge so gewählt, daß sich als Zuschlag bei einer Steigung von 20 °/₀₀ etwa 100% ergibt. Die hierdurch gegebene Verbindungslinie ist die Grenzlinie der Zuschläge. Der Zuschlag von 60% wird beispielsweise für eine Grundgeschwindigkeit von 80 km/st. bei einer Steigung von 5,7 °/₀₀ erreicht, über die also der vollbelastete Zug noch gefahren werden kann. Ist die maßgebende Steigung stärker, so gelten für die Zuschläge die ihr jeweilig entsprechenden Linien, von denen dann die Größe der Zugbelastung abhängt. Für den Fall, daß die maßgebende Steigung kurz ist oder in der betreffenden Strecke nicht öfter vorkommt, wird man, um das Zuggewicht größer halten zu können, mit den Zuschlägen über die Grenzlinie bis zu 100 °/₀ hinausgehen. Soll in Gefällen mit größerer als der Grundgeschwindigkeit gefahren werden, was im allgemeinen

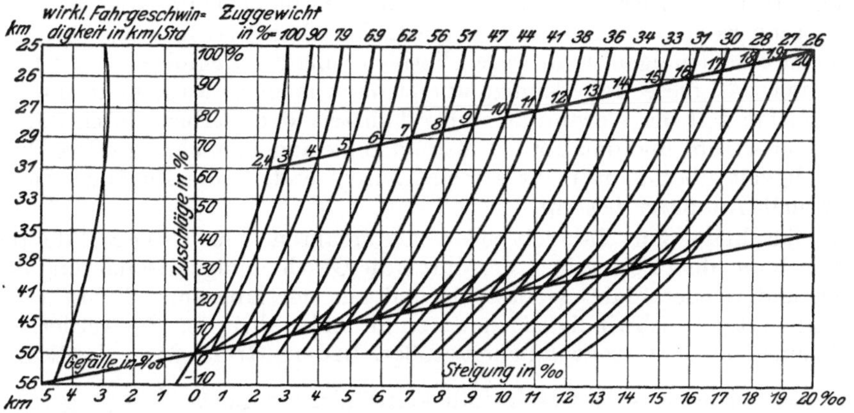

Abb. 14a. Streckenzuschläge für die Berechnung der Betriebslängen.
Grundgeschwindigkeit = 80 km. (Gültig für 76—85 km.)

untunlich ist, so sind die in den Bildern dargestellten Abschläge, die aber nicht über 10 % betragen sollen, zu verwerten.

Dem Umstande, daß beim Übergang der Züge auf eine höhere Steigung ihre Geschwindigkeit abnimmt, trägt eine weitere Grenzlinie Rechnung, die vom 0 Punkt bis zu 40% (entsprechend einem Zuschlag von 2% für 1 mm Steigung) ansteigt.

Neben den bildlichen Darstellungen sind deren Ergebnisse ziffernmäßig in Tafeln zusammengestellt, in denen die den Grenzlinien entsprechenden durch starke treppenförmige Linien begrenzt sind (s. das Zahlenbild S. 179).

Darunter sind in einer besonderen Tabelle die Zuschläge angegeben, die durch die Beschränkung der B. O. § 66 bedingt werden. Die dann folgende Tabelle enthält das Verhältnis des Gewichtes des leichteren Zuges zum vollbelasteten Zug (S. 180).

Zuschläge für Anfahrt und Anhalten sowie für Langsamfahrstellen. Die andere Aufgabe der Fahrzeitenberechnung umfaßt die Feststellung der Zeitzuschläge für die Anfahrt und das Anhalten. Je mehr Haltepunkte der Zug hat und je enger sie zusammenliegen, je größer ferner die Geschwindigkeit ist, um so größer wird ihr Anteil an der Gesamtfahrzeit. Man wird sie deshalb nach Möglichkeit abzukürzen suchen, indem für die Anfahrt die Leistungsfähigkeit der Maschine so weit als angängig angespannt wird und für das Anhalten Bremsvorrichtungen angewandt werden, die in bezug auf Schnelligkeit und Wirkung, soweit die Betriebssicherheit dies zuläßt, den geringsten Bremsweg gewährleisten. Die Zeitzuschläge sind aber den jeweiligen örtlichen Verhältnissen anzupassen. Man hat sie durch Rechnung zu ermitteln versucht und auch durch Versuchsfahrten mit Hilfe von Geschwindigkeitsmessern, sowohl die Beschleunigungsleistungen der Maschine als auch die Verzögerungsleistungen der Betriebsbremsungen bildlich aufgezeichnet. In den genannten „Grundsätzen" wird gerechnet:

bei Grundgeschwindigkeiten von 50—65 66—79 80 km und mehr
mit den Zeitzuschlägen von . .   2   2,5   3 Minuten für

Anfahrt und Anhalten, wovon 0,5 Minuten auf das Anhalten entfallen.

Da die Zeitzuschläge mit der Grundgeschwindigkeit wachsen, ist es klar, daß es für bestimmte Stationsentfernungen eine Mindestfahrzeit geben muß, die nicht unterschritten werden kann, gleichviel welche Geschwindigkeit auch zugrunde gelegt wird. Bei Anwendung der vorstehenden abgerundeten Zahlen ergeben sich für die in Frage kommende Stationsentfernung allerdings verschiedene Werte. Diese geringste Stationsentfernung kann von Bedeutung werden, wenn es sich darum handelt, einen Zug ohne Verringerung von Haltepunkten zu beschleunigen, z. B. wegen Verbesserung der Zugfolge. Es ist hierbei zu beachten, daß diese Beschleunigung erst dann möglich wird, wenn innerhalb der Gesamtfahrzeit der Gewinn an reiner Fahrzeit den Verlust durch die Zeitzuschläge übertrifft, und daß unter Umständen die angenommene größere Grundgeschwindigkeit überhaupt nicht erreicht wird, sondern die Zugfahrt nur aus Anfahrt und Anhalten besteht.

Die Zuschläge zur Fahrzeit beim Durchfahren von Langsamfahrstellen ergeben sich aus dem Zeitverlust, der durch die Geschwindigkeitsänderung durch Bremsen und Wiederanfahren entsteht, und aus der langsamen Fahrt auf der mit verminderter Geschwindigkeit zu durchfahrenden Strecke. Sie werden ebenfalls mit zunehmender Geschwindigkeit größer. In den „Grundsätzen des R. E. A."
wird der Zeitverlust aus der Geschwindigkeitsänderung gleich $\dfrac{(V-V_1)^2}{3000}$ gerechnet
und derjenige aus der Langsamfahrt bei einer Weglänge von l aus der Formel
$t \text{ (Zeit)} = 1\left(\dfrac{60}{v_1} - \dfrac{60}{v}\right)$. Wird l = 1000 m angenommen, dann ergeben sich für Geschwindigkeitsverminderungen von 20—25, 30—35, 40—45 und 50—55 km Gesamtzeitverluste von 0,5, 1, 1,5 und 2 Minuten.

Die kürzeste Fahrzeit, die für jeden Zug neben der regelmäßigen bestimmt wird, soll dazu dienen, dessen etwaige Verspätungen, wenn irgend angängig, aufzuheben oder doch wenigstens abzuschwächen. Sie ist nach der deutschen B. O. § 66 „womöglich einzuhalten, darf aber nie unterschritten werden". Bei ihrer Anwendung dürfen die für die Lokomotivgattung, die Strecken- und Bremsverhältnisse vorgeschriebenen Geschwindigkeitsgrenzen nicht überschritten werden, während die von der Zugstärke abhängige regelmäßige Höchstgeschwindigkeit, wenn die sonstigen Verhältnisse es gestatten, um 10 v. H. gesteigert werden darf. Soll die Bestimmung der kürzesten Fahrzeit ihren Zweck erfüllen, so muß sie derart festgesetzt sein, daß sie auch wirklich innegehalten werden kann, sofern nicht besondere Hemmnisse, wie außergewöhnlich starker Seitenwind, Laubfall, Schnee usw., vorliegen. Das besagt, daß sie nur unter Berücksichtigung der Leistungsfähigkeit der betreffenden Lokomotivgattung festgesetzt werden sollte. Da nun die regelmäßige Fahrzeit eines Vollzuges bereits die wirtschaftliche Ausnutzung der Lokomotivleistung zur Voraussetzung hat, der kürzesten Fahrzeit aber eine über die Grundgeschwindigkeit hinausgehende höhere Geschwindigkeit zugrunde liegen muß, so muß demnach eine zeitweise Überanstrengung der Lokomotive zugelassen werden, wenn nicht die Zuglast verringert wird. Das letztere ist aber selbstredend aus

Grundgeschwindigkeit = 80 km.
(Gültig für 76—85 km.)
A. Streckenzuschläge für Steigungen in %:

Einzel-Steigung	Maßgebende Steigung														
	5,7	7	8	9	10	11	12	13	14	15	16	17	18	19	20
— 1,7	—10														
— 1	—6														
0	0														
1	8	2 (3)	(2)	(2)	(2)	(2)	(2)	(2)	(2)	(2)	(2)	(2)	(2)	(2)	(2)
2	16	9 (6)	5 (4)	1 (4)	(4)	(4)	(4)	(4)	(4)	(4)	(4)	(4)	(4)	(4)	(4)
3	25	18	12	7 (8)	3 (6)	(6)									
4	36	27	21	15	10 (11)	6 (8)	3 (8)	(8)	(8)						
5	49	37	30	23	18	13 (14)	9 (11)	5 (10)	2 (10)	(10)	(10)				
6	65	49	41	32	27	20	16	11 (13)	8 (12)	4 (12)	2 (12)	(12)	(12)	(12)	(12)
7	84	63	53	43	36	29	23	19	14 (15)	10 (14)	7 (14)	4 (14)	1 (14)	(14)	(14)
8		80	67	55	46	38	32	27	22	17 (18)	13 (16)	9 (16)	6 (16)	4 (16)	1 (16)
9			83	69	58	49	42	35	30	24	20 (21)	16 (18)	12 (18)	9 (18)	6 (18)
10				85	72	61	52	45	39	33	28	23	18 (21)	14 (20)	11 (20)
11					88	75	64	55	48	42	36	30	25	21 (23)	17 (22)
12						90	78	67	58	51	44	38	33	28	23 (25)
13							93	80	70	62	54	47	41	35	30
14								96	83	73	64	56	50	44	38
15									98	86	76	67	60	53	46
16											89	79	70	62	55
17												92	82	73	65
18													94	85	75
19														97	87
20															100

B. Streckenzuschläge für Gefälle und Krümmungen nach § 66 der Eisenbahn-Bau- und -Betriebsordnung.

Gefälle in %₀	10,0	12,5	15,0	17,5	20,0	22,5	25,0	—	—
Krümmungshalbmesser in m . .	600	500	400	—	300	250	—	200	180
Zuschlag in %₀ . . . . . · 80 km	0	0	7	14	23	33	45	60	78
Zuschlag in %₀ . . . . . · 85 km	0	6	13	21	31	42	55	70	89

Anm.: Für Zwischengefälle und Krümmungen ergeben sich Zuschläge durch Zwischenschaltung.

12*

C. Zuggewicht in % des vollbelasteten Zuges.

Maßgebende Steigung in $^0/_{00}$.	5,7	7	8	9	10	11	12	13	14	15	16	17	18	19	20
Zuggewicht in %	100	90	85	80	75	71	67	64	61	58	56	54	52	50	48

Gründen des Verkehrs und Betriebes nicht angängig, wenigstens nicht, soweit Personenzüge in Frage kommen. Geibel[1]) will allerdings für Güterzüge ihrer wechselnden Stärke und Zusammensetzung Rechnung tragen und die nicht selten auftretenden Überschüsse der Zug- und Bremskraft zur Steigerung der Geschwindigkeit (innerhalb der zulässigen Grenzen), also zur Verkürzung der Fahrzeiten heranziehen. Was den oben erwähnten Überanstrengungsgrad der Lokomotiven anbetrifft, so ist vorgeschlagen[2]), ihn auf 20 v. H. der regelmäßigen Vollbelastung zu bemessen, welchem Werte eine Steigerung der Grundgeschwindigkeit um etwa 10 v. H. entspricht. (Siehe auch Durchführung des Fahrplans.)

Neuere Berechnungsweisen. Das vorstehend kurz angedeutete Verfahren ist zunächst nur für die Berechnung der Fahrzeiten der Schnell- und Personenzüge zur Anwendung gelangt. (Neben andern Verfahren, z. B. unmittelbar aus den Belastungslinien oder wie in Baden aus sogenannten Beschleunigungslinien.) Es machten sich indessen bald Bestrebungen bemerkbar, auch für die Güterzüge zu einem Verfahren zu gelangen, das eine der Wirtschaftlichkeit der Zugförderung Rechnung tragende Fahrzeitenbestimmung gewährleistete, und dies um so mehr, je leistungsfähigere Lokomotiven für den Güterzugdienst zur Einstellung gelangten. (Geibel a. a. O. und Organ f. Fortschr. 1909.)

Mit der Inbetriebnahme neuer leistungsfähigerer Lokomotiven, namentlich der Heißdampfmaschinen für den Personenverkehr, wurde ferner bald erkannt, daß das auf der Grundgeschwindigkeit und auf den Ergebnissen der in den Jahren 1885/86 mit den damaligen Normallokomotiven und zwei- und dreiachsigen Wagen vorgenommenen Versuchsfahrten aufgebaute Verfahren gegenüber der Leistungsfähigkeit der neuen Lokomotiven nicht standhielt. Da die mit ihnen s. Z. vorgenommenen Versuche indessen nicht in derselben Einheitlichkeit und in demselben Umfange wie 1885/86 durchgeführt wurden, war die Bewertung ihres Arbeitsvermögens in den verschiedenen Verwaltungsbereichen sehr verschieden, was sich in den oft nicht unerheblichen Unterschieden der zur Anwendung kommenden Belastungszahlen zeigte. Auch gewann man aus dem gewöhnlichen Betriebe die Erfahrung, daß die benutzte Widerstandsformel nicht unbedingt zutraf, und zwar namentlich nicht für einzelne Lokomotiven und für vier- bis sechsachsige Wagen sowie für Güterzüge je nach Art und Zusammensetzung (z. B. nur beladene oder nur leere Wagen), wofür sie erheblich unterschiedliche Werte lieferte. Ebenso trifft die Annahme, daß ein Zug jeden Streckenteil einer Strecke wechselnder Gestalt mit der ihrem Widerstande entsprechenden Geschwindigkeit befährt, nicht zu, vielmehr wird die im Zuge aufgespeicherte lebendige Kraft dahin zum Ausdruck gelangen, daß die Geschwindigkeitsänderungen von einem zum anderen Streckenteil allmählich erfolgen. Indessen ist bei Strecken allmählich wechselnder Gestalt dieser Einfluß unerheblich, da die bei einer Geschwindigkeitsverminderung gewonnene Arbeit annähernd bei der durch die nachfolgende Geschwindigkeitsvergrößerung verlorenen Arbeit ausgeglichen wird. Von Bedeutung ist er aber für Strecken, wo zwischen wagerechten Streckenteilen kurze stark ansteigende vorkommen, und auf denen lange Züge verkehren. Endlich führen auch die abgerundeten Zuschläge für das Anfahren und Anhalten oft zu ungünstigen Fahrzeiten, weil in ihnen nicht immer die

---

[1]) Geibel, Die Bremsbesetzung der Güterzüge. Kürzeste Fahrzeiten. Org. f. Fortschr. 1908.

[2]) Wagner, Die kürzeste Fahrzeit. Organ f. Fortschr. 1911.

Beschleunigungskraft der verwandten Lokomotive entsprechend dem Zuggewicht und dem Streckenwiderstande zur Geltung kommt.

Die infolgedessen vorgenommenen Versuche, Erwägungen und Berechnungen bewegen sich denn auch in der Richtung auf die Bestimmung der Zugwiderstände an sich, als auch auf die der Leistungsfähigkeit der Lokomotive entsprechenden Belastungszahlen für verschiedene Steigungen in Abhängigkeit von der Fahrgeschwindigkeit.

In ersterer Beziehung sind besonders die Arbeiten von Sanzin (Zugwiderstände) und von Frank zu erwähnen, in letzterer die Arbeiten von Strahl, insbesondere seine Berechnung der Fahrzeiten und Geschwindigkeiten von Eisenbahnzügen aus den Belastgunsgrenzen der Lokomotiven. (Glasers Annalen 1913). Anger führt ferner mit Rücksicht auf die größeren Zugkräfte der neueren Lokomotiven unter Trennung der Berechnung der Widerstände für Lokomotive und Wagenzug die Fahrzeitberechnung auf die vorhandene Lokomotive und das wirkliche Wagengewicht sowie auf die Art der Zusammensetzung des Wagengewichts zurück, behält aber das Betriebslängenverfahren bei, während Geibel ein Verfahren erdachte, das zwar diesen Forderungen entsprach, aber für verschiedene Lokomotiven Tafeln herstellte, auf denen man die Fahrzeit, die ein Zug für 1 km gebraucht, aus Gewichtseinflußlinien ablesen kann. Neben den verschiedenen rechnerischen Verfahren, die meist hohe wissenschaftliche Kenntnisse voraussetzen und deshalb von dem praktischen Fahrplanbearbeiter nicht ohne weiteres angewendet werden können, stehen die einfacheren, aus den wissenschaftlichen Ergebnissen abgeleiteten, zeichnerischen Verfahren, von denen insbesondere die von Sanzin, Terdina, H. Unrein, Dr.-Ing. Müller, Strahl, Dr.-Ing. Velte und Caesar zu nennen sind. Die Verfahren der letzten fünf hat Dittmann als „Anweisungen für die Ermittlung der Fahrzeiten der Züge nach dem zeichnerischen Verfahren" im Organ f. Fortschr. 1924, Heft 6, zusammenhängend veröffentlicht. Dittmann ermittelt für einen bestimmten Zug die kürzesten Fahrzeiten beim Befahren einer bestimmten Strecke und sagt dann: „Die regelmäßigen Fahrzeiten sind um etwa 10 % länger als die so ermittelten kürzesten Fahrzeiten zu nehmen[1])."

Man kann dies Verfahren auch als genügend genau ansehen. Denn wenngleich auch die Bestrebungen, den Fahrplan dadurch wirtschaftlich zu gestalten, daß man die Fahrzeit dem Arbeitsvermögen der verwandten Lokomotive möglichst anpaßt, nur zu begrüßen sind, so darf man doch zweierlei nicht vergessen. Einmal nämlich hängen die Ergebnisse der Versuche von vielen nicht völlig zu erfassenden und zu begegnenden Zufälligkeiten ab. Liefert doch selbst die Lokomotive derselben Gattung verschiedene Werte, und dies um so mehr, wenn man ihr Alter in Betracht zieht. Ihr Wert ändert sich auch mit der bei den Versuchen benutzten Kohle, dem gebrauchten Wasser, mit der Geschicklichkeit und Aufmerksamkeit der Mannschaft, mit der Witterung und dem Zustande sowie der Gestalt der Strecke. Zweitens aber, und das ist wohl noch wichtiger, bedingen die Anforderungen des Verkehrs und des Betriebes sowie vor allen Dingen auch die Aufnahmefähigkeit der Bahnhöfe und das Ineinandergreifen der einzelnen Fahrpläne oft erhebliche Beeinflussungen auf die Anwendung der als wirtschaftlich anerkannten Fahrzeiten.

2. Die Fahrplanbildung.

Die außerordentliche Wichtigkeit, die der Fahrplan für die gesamte Volksund ebenso für die engere Heimatwirtschaft hat, macht es erforderlich, daß, wenn

---

[1]) Siehe auch Max Abels. Ueber ein vereinfachtes Verfahren zur Fahrzeitermittlung. V. W. 1924.

seinen mannigfaltigen Zwecken genügend Rechnung getragen werden soll, seine Bildung unter stetiger Fühlungnahme mit den berufenen Vertretern aller Beteiligten vorgenommen wird. Dies ist ganz besonders beim Personenzugfahrplan der Fall, in dem, wie bereits wiederholt betont, das wirtschaftliche und gesellige Leben der Menschen ganz besonders zum Ausdruck gelangt.

Personenzugfahrplan. Ausarbeitung des Fahrplans. Im allgemeinen ist die Feststellung (Einlegung neuer Züge, Abänderung der bestehenden) des Personenzugfahrplans der höchsten Verwaltungsstelle vorbehalten. Sie wird deren Einlegung, wenn es sich um Landes- und Weltfernzüge handelt, meist aus eigenem Ermessen veranlassen, wenn erkannt ist, daß die allgemeinen wirtschaftlichen Verhältnisse es verlangen. Dagegen sind die Vorbereitungen für die Fahrplanbildung des mehr örtlichen Nah- und Nachbarverkehrs und die genauere Zeitfestsetzung auch der Fernzüge im allgemeinen Sache der nachgeordneten leitenden Stellen (Direktionen). Bevor diese daher die Pläne zur Genehmigung der höchsten Stelle (Ministerium) vorlegen, sind alle Verhältnisse (Lage der Züge, Ankunft, Abfahrzeiten, Anhaltestellen, Aufenthaltzeiten) zu klären. Die Postverwaltung ist tunlichst früh von den beabsichtigten Änderungen und Neuerungen in Kenntnis zu setzen. Deren etwaige Wünsche sind zu prüfen und, wenn möglich, ein Ausgleich abweichender Ansichten herbeizuführen. Bei denjenigen Zügen, die in einen anderen Verwaltungsbereich (desselben Verwaltungsgebietes) übergehen, oder bei denen dort Anschlüsse in Frage kommen, sind von vornherein alle beteiligten Verwaltungen in die Verhandlungen einzubeziehen. Die Verkehrsbeiräte [Bezirkseisenbahnräte-Landeseisenbahnräte], die Provinz- und Ortsbehörden sowie die Vertreter der wirtschaftlichen Körperschaften und Vereine sind gemäß den einschlägigen Bestimmungen zu hören. Ebenso bestehen meist besondere Vorschriften für die Bekanntgabe der Entwürfe an die fremden Verwaltungen. In der Regel wird von den deutschen Verwaltungen zunächst ein erster Entwurf als Ergebnis der eigenen Erfahrungen und Erhebungen aufgestellt, der dann, soweit angängig, mit den bekanntgegebenen Wünschen und Anregungen aus den Kreisen der Beteiligten in Einklang gebracht wird. Der hierauf hergestellte zweite (endgültige) Entwurf gelangt dann, nachdem gegebenenfalls auch die ausführenden Ämter in genügender Weise gehört worden sind, zur Vorlage behufs endgültiger Feststellung. Meistens sind hierfür bestimmte Fristen und Formen sowie Erläuterungen vorgeschrieben. Die letzteren haben u. a. die Verkehrstärke, die sich ergebenden Zugkm, die Abweichungen vom vorhergehenden Fahrplan, die Kosten der neuen Züge an sich und in ihrer Rückwirkung auf andere, insbesondere auch auf die Güterzüge, zu erklären und ersichtlich zu machen.

Fahrplankonferenzen. In großen Verwaltungsgebieten ist es wegen der Wahrung der Einheitlichkeit und aus verwaltungswirtschaftlichen Gründen als zweckmäßig erkannt, vor der Aufstellung der Entwürfe allgemeine Besprechungen über die Fahrplanbildung stattfinden zu lassen. Ihnen liegen die bis zu einer bestimmten Frist in vorgeschriebener Form vorzulegenden Anträge auf Einlegung neuer und Veränderung bestehender Züge und die darauf erfolgte Entscheidung betreffs der im Fahrplan aufzunehemenden Züge zugrunde. Die Besprechung selbst umfaßt die Beratung über die das eigene Verwaltungsgebiet betreffenden Fahrpläne und die Vorberatung über die auch andere Verwaltungen angehenden Fahrplanfragen, die dann später in der europäischen Fahrplankonferenz der endgültigen Beratung und Beschlußfassung unterliegen.

Die europäischen Fahrplankonferenzen, die bis zum Jahre 1910 zweimal und seitdem nur einmal im Jahre, und zwar abwechselnd in einem der beteiligten Länder tagen, bezwecken, die Fahrpläne für den zwischenstaatlichen Verkehr Europas festzulegen, und zwar sowohl für die mehrere Länder oder Verwaltungsgebiete durchfahrenden Züge (auch für die sogenannten Luxuszüge der internationalen Schlafwagen- und Expreß-Gesellschaft in Brüssel) als auch für die unmittelbaren Anschlüsse der Züge von und nach allen Richtungen über das eigene Verwaltungsgebiet hinaus.

Je mehr sich das zwischenstaatige Beförderungsbedürfnis entwickelte, desto größer mußte die Bedeutung dieser Konferenzen für das allgemeine Wirtschaftsleben werden. Dadurch, daß auch die meisten Regierungen der teilnehmenden Länder zu diesen Versammlungen ihre Vertreter entsenden (seit 1879) erkennen, sie den großen Nutzen für das Staatswohl an[1]).

Güterzugfahrplan. Nachdem der Personenzugfahrplan in allen seinen Teilen bis ins einzelne festgelegt ist, wird nunmehr unter Berücksichtigung der allgemeinen Lage der Güterzüge deren Fahrplan ausgearbeitet, und zwar werden auch hier wieder zunächst die Fahrpläne der schnelleren und über weite Strecken sowie über mehrere Verwaltungbereiche verkehrenden Fern- (Vieh, Post usw.) und Durchgangsgüterzüge und daran anschließend die der Nahgüterzüge aufgestellt. Im allgemeinen wird man dabei den Personenzugfahrplan unberührt lassen, doch wird es in Einzelfällen nicht zu umgehen sein — wenn es sich z. B. um die Durchführung eines wichtigen Ferngüterzuges handelt, oder wenn sonst ein Güterzug zu große aus Verkehrs- oder Betriebsrücksichten nicht zu rechtfertigende Aufenthalte erhalten würde (bei Überholungen oder auf eingleisigen Bahnen bei Kreuzungen) — bei ihm kleine Beeinflussungen durch den Güterzugfahrplan zuzulassen. Bei Aufstellung des letzteren bleibt aber in erster Linie wieder die Aufnahmefähigkeit der Bahnhöfe, insbesondere auch der Sammelbahnhöfe, zu beachten, die vor Überfüllung zu bewahren sind, und ferner namentlich auch deren Aufgaben hinsichtlich Auflösung und Neubildung von solchen Güterzügen, die der Weiterführung der angebrachten Güterwagen dienen. Auch sind die Möglichkeiten der Überholungen nach Anzahl und Ausgestaltung der dafür vorhandenen Bahnhöfe usw zu berücksichtigen, wobei darauf Bedacht zu nehmen ist, daß, wenn irgend angängig, nicht kurz hintereinander auf dasselbe Überholungsgleis zwei und mehr Überholungen derselben oder entgegengesetzter Richtung gelegt werden. Denn dadurch wird bei jeder Verspätung eines Zuges der Grund für weitere sich oft weit ausbreitende Verspätungen anderer Züge gelegt, wodurch dann wieder länger andauernde Unregelmäßigkeiten in der planmäßigen Zugfolge hervorgerufen werden können.

Auch für die Festlegung der Güterzugfahrpläne finden alljährlich eine oder mehrere Besprechungen statt; die Unterlagen zu den Gegenständen ihrer Beratung werden oft durch Zusammentreten von Beamtenausschüssen beschafft.

3. Austausch und Veröffentlichung der Fahrpläne.

Gemäß einem Beschlusse der Winterfahrplankonferenz 1891 sind die zweiten Entwürfe des Fahrplans, in denen die Änderungen rot dargestellt werden, zwischen den einzelnen Verwaltungen auszutauschen.

Von den Fahrplänen werden nur die auf den Personenverkehr sich beziehenden vor ihrem Inkrafttreten veröffentlicht. In Deutschland ist hierfür der § 10 der Eisenbahn-Verkehrsordnung maßgebend, wo sich auch die Vorschriften über die Angaben befinden, die die zu veröffentlichenden Fahrpläne enthalten müssen. Durch den Aushang der amtlichen Fahrpläne, die meistens einige Stunden vor Ablauf eines jeden Fahrplanzeitraums erfolgt, übernehmen die Verwaltungen die Haftung für deren Richtigkeit.

---

[1]) Diese Konferenzen sind durch den Weltkrieg natürlich unterbrochen gewesen, werden aber jetzt nach und nach wieder aufgenommen.

4. Arten der Fahrpläne.

Trennung nach dem Bedarfszweck. Je nach dem Zweck, den die Fahrpläne erfüllen sollen, trennt man sie in solche für den öffentlichen und solche für den dienstlichen Gebrauch. Die ersteren, die sich fast nur auf den Personenverkehr, seit etwa 12 Jahren auch auf die Beförderung von Vieh — Viehkursbuch — erstrecken, sind so herzustellen, daß sie allen Reisenden oder sonstwie Beteiligten leicht verständlich sind und aus ihnen mühelos und schnell die erwünschten Angaben über Abfahrt, Ankunft, Aufenthalte und Anschlüsse aller in Frage stehenden Züge sowie deren Zusammensetzung nach Wagenklassen (auch durchgehende Wagen) entnommen werden können. Sie erscheinen als Aushang- (Wand-) Fahrpläne und Kursbücher.

Die Dienstfahrpläne müssen weiter ermöglichen, rasch und sicher in die bestehenden Fahrpläne neue einzufügen oder die bestehenden zu ändern sowie die Durchführung der Fahrpläne durch die Stations-, Zug- und Bahnbewachungsmannschaft zu sichern. Für den ersten Fall stellt man Fahrplanbilder her, für den andern bedient man sich der Fahrplanbücher und Streckenfahrpläne.

Fahrpläne für die Öffentlichkeit. Als zweckmäßigste Art der Darstellung hat sich hierfür von Anfang an die Tabellenform ergeben und bis jetzt erhalten. In Deutschland stellen die einzelnen Verwaltungsbereiche ihre Aushangfahrpläne für ihre eigenen Stationen auf gelbem Papier, für die andern Bereiche auf weißem Papier her, wodurch ihre Benutzung durch die überwiegend an dem Nah- und Nachbarverkehr Beteiligten außerordentlich erleichtert wird. Die zusammenhängenden Fahrpläne befinden sich möglichst auf einem Blatt. Jeder Linienfahrplan erhält eine Nummer, die auch als Liniennummer auf der dem Aushangfahrplan angefügten bildlichen Linienübersicht erscheint. Entweder wird jede Richtung für sich dargestellt, wobei sich die Reihenfolge der Stationen rechts von den Zeittabellen befindet, oder es werden, und zwar meistens beide Richtungen im Zusammenhange aufgeführt, wobei die Stationsnamen zwischen den Zeittabellen stehen und die Richtungen durch Pfeile angedeutet werden. Übergangstationen sind fett gedruckt. Im Kopf des Fahrplans sind die Zugnummern und die im Zuge geführten Wagenklassen sowie die Zugmerkmale, z. B. D (Durchgangs-) und L (Luxus), S (Sonntag), W (Wochentag) angegeben. Unter dem Kopf und am Ende der einzelnen Linienfahrpläne befinden sich, sofern es sich um Züge handelt, die in anderen Bereichen beginnen oder endigen, deren Anfangs-, End- und gegebenenfalls auch dazwischengelegene Übergangstationen sowie etwaige größere Anschlußstationen mit den zugehörigen Zeitangaben. Die Anschlüsse innerhalb der Strecke selbst werden bei den entsprechenden Übergangstationen unter Hinzusetzeng der Nummer der betreffenden Anschlußstrecke (im eigenen Bereich) angeführt. Wenn der ganze Fahrplan der Anschlußstrecke dort eingeschaltet ist, wird er eingerückt und kleiner gedruckt. Die Zeiten der Schnell- und Eilzüge werden fett, die zuschlagpflichtigen Züge durch eine linksstehende stark punktierte Linie bezeichnet. Züge bestimmter Tage oder bestimmter Zeiträume werden durch Umrahmung der Fahrzeiten hervorgehoben. Auf den Fahrplänen befinden sich schließlich noch „Allgemeine Bemerkungen" nebst einer Zeichenerklärung. Jede Station hat auf den ausgehängten Wandfahrplänen den eigenen Namen und die zugehörigen Ankunft- und Abfahrzeiten farbig zu kennzeichnen.

Da die Aushangfahrpläne meist nur in den Empfangsgebäuden oder außerdem doch nur an wenigen andern Orten öffentlich ausgehängt werden, können sie den Beteiligten nicht genügen. Es waren deshalb Fahrpläne für den Handgebrauch nötig. Diesem Erfordernis suchen die amtlich und außeramtlich herausgegebenen **Kursbücher** Rechnung zu tragen. Die Fahrpläne selbst, die hier in Buchform erscheinen, sind im übrigen ähnlich denen der Aushangfahrpläne dargestellt.

Entweder enthalten die Kursbücher alle Fahrpläne eines Landes oder einer Verwaltung oder eines bestimmten Verkehrsgebietes. Als das zweckmäßigste kann man wohl das Deutsche Reichskursbuch bezeichnen, das in seinen Anfängen schon seit 1850 besteht und seit 1878 unter diesem Namen erscheint. Es wird im Kursbureau des Reichspostamts hergestellt und enthält außer allen deutschen Fahrplänen noch die der andern europäischen Länder im Auszuge sowie die Fahrpläne der andern Personenverkehrsverbindungen (Post, Dampfschiffe, Kleinbahnen). In seiner sechsten Abteilung findet man ferner noch Angaben über wichtige deutsche Reiseverbindungen, über die schnellsten Reiseverbindungen zwischen Berlin und den bedeutendsten Orten Europas usw. und Übersichten über die Fahrpläne der sog. Luxuszüge. Endlich sind auch die wichtigsten Bestimmungen über die Abfertigung des Personenverkehrs sowie einige Preistafeln u. a. m. aufgenommen.

Die meisten Kursbücher sind für den Nah- und Nachbarverkehr zweifellos außerordentlich geeignet. Für den Fernverkehr, namentlich den Weltfernverkehr, aber mit gewissen Schwierigkeiten zu benutzen, weil sehr viele Beziehungen aus den auf verschiedenen Seiten verteilten Fahrplänen zusammenzusuchen sind. Deshalb hat man vielfach versucht, die Fernfahrpläne zusammenhängend darzustellen (Hobbings Weltkursbuch, Berlin. Kursbuch des Norddeutschen Lloyd, Bremen). Derartige Versuche entspringen zweifellos einem Bedürfnis. Auch das an sich vortreffliche Reichskursbuch bedarf der Umformung. Sein Aufbau ist von Anfang an nach rein politisch-geographischen Gesichtspunkten geschehen, was bei der Verkehrsentwickelung und den dadurch hervorgerufenen Fernverbindungen nicht mehr zeitgemäß ist. Der Aufbau sollte vielmehr auf betriebs- und verkehrsgeographischer Grundlage erfolgen. Für die Hauptlinien müßten die Fernverbindungen (Schnell- und Eilzüge, Personenzüge nur soweit sie dem Fernverkehr dienen oder ihn vermitteln) nebst den zugehörigen Sammler- und Verteilerzügen des Verkehrs besonders dargestellt werden. Auch sollten bei allen Haltstationen die Züge nach der Zeitfolge erscheinen, so daß alle Überholungen deutlich ins Auge fallen. Hiervon sollte nur ausnahmsweise und dann auch nur kurz vor dem Zugendpunkte abgewichen werden. Auf diese Weise würden ohne Irrungen und Zeitverluste die besten Zugverbindungen gefunden werden können[1]).

Ein eigenartiges Kursbuch ist das seit 1903 im amtlichen Auftrage durch einen Beamten des ehemaligen Reichseisenbahnamts bearbeitete „Kursbuch für die Beförderung von Vieh und Pferden auf den deutschen Eisenbahnen" (kurz „Viehkursbuch" genannt). Außer den Fahrplänen, und zwar sowohl für den Nahverkehr als auch für den Fernverkehr zwecks Beförderung von Vieh in Wagenladungen und von Militärpferden, enthält es ein Verzeichnis aller für den Tierverkehr eingerichteten Stationen Deutschlands, deren Abfertigungsbefugnisse und Beschränkungen, die wichtigsten den Tierverkehr betreffenden Bestimmungen der V. O., der allgemeinen Tarif- und Beförderungsvorschriften, Sondervorschriften der einzelnen Verwaltungen und gewisse veterinärpolizeiliche Anordnungen.

Im allgemeinen erscheinen die Kursbücher bei jedem Fahrplanwechsel, doch werden oft inzwischen entsprechend dem Reisebedürfnis noch Sonderausgaben veranstaltet.

Fahrpläne für den Dienstgebrauch. Hier kommt zunächst der bildliche Fahrplan in Betracht. Man unterscheidet die liegende und die stehende Darstellung. Erstere wird von allen deutschen Eisenbahnverwaltungen (mit

---

[1]) Siehe: Vorschlag des Verfassers in der Ztg. d. V. d. E. 1915, S. 660. Das deutsche Kursbuch und seine Umformung.

Ausnahme Bayerns), letztere von den bayerischen und den außerdeutschen angewandt. Bei der liegenden Darstellung bilden die Stationslinien die Senkrechten, die Zeitlinien die Wagerechten, bei der stehenden Darstellung ist es umgekehrt. Es müssen deshalb im ersten Fall die Zuglinien als schrägliegende, im zweiten Fall als schrägstehende Linien erscheinen. Die Gesamtanordnung der bildlichen Fahrpläne, deren Inhalt und ihre Ausführung ist für die deutschen Bahnen durch das ehemalige Reichseisenbahnamt festgesetzt.

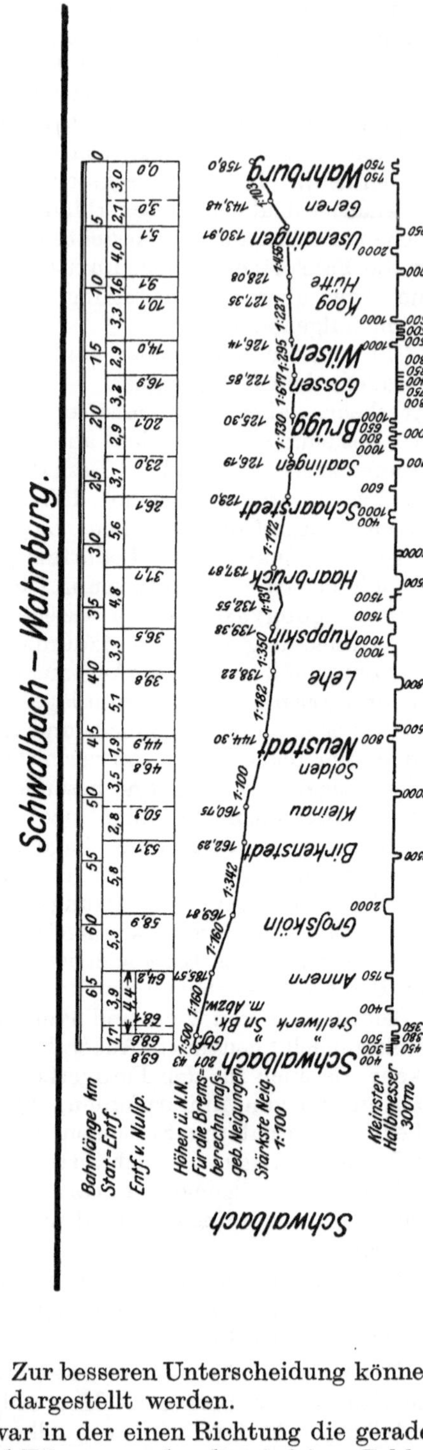

Sie sollen in der Regel im Maßstab 1 : 500 000 (2 mm = 1 km für die Länge und 15 mm = 1 Stunde für die Zeiten) hergestellt werden.. Der unter dem Fahrplan aufzuzeichnende Längenschnitt der Strecke nebst deren Krümmungsband ist im Maßstabe 1 : 5000 darzustellen.

Die Höhenzahlen sind auf N. N. zu beziehen, wobei die Höhe des Horizonts über N. N. anzugeben ist. Auch ist die stärkste Neigung, sowie der kleinste Krümmungshalbmesser besonders zu bezeichnen. Auf jedem der durch fortlaufende Nummern gekennzeichneten Blätter soll sich eine Zeichenerklärung befinden.

Die Linien der dem öffentlichen Verkehr dienenden Stationen werden ausgezogen (Anschlußstationen mit fettem Strich), sofern sie nur Betriebszwecken dienen (z. B. Blockstellen) dagegen gestrichelt. Von den Stundenlinien werden die der Stunden 12 und 6 fett dargestellt und meistens die Nachtzeit durch dunklere Färbung der Flächen hervorgehoben.

Die Züge werden, abgesehen von den Bedarfszügen, die alle gestrichelt dargestellt werden, durch verschieden stark ausgezogene schwarze volle Linien (—— Schnell- und Eilzug, — Personenzug, — Güterzug) oder durch Doppellinien (= Eilgüterzüge) oder durch volle und gestrichelte Linien (Personenzug mit Güterbeförderung ⚊⚊ bzw. Güterzug mit Personenbeförderung ⚋⚋) oder durch genullte Linien (o-o-o- Leerfahrten) gekennzeichnet. Zur besseren Unterscheidung können die Güterzuglinien auch mit blauer Farbe dargestellt werden.

Jeder Zug erhält eine Nummer, und zwar in der einen Richtung die gerade, in der andern die ungerade. Für Schnell- und Eilzüge werden die niedrigen Zahlen (z. B. 1 bis 300) für Personenzüge die folgenden Zahlen bis 5999, für Güterzüge die dann folgenden (Stückgüterzüge 6000 bis 6999, andere Güterzüge 7000 und

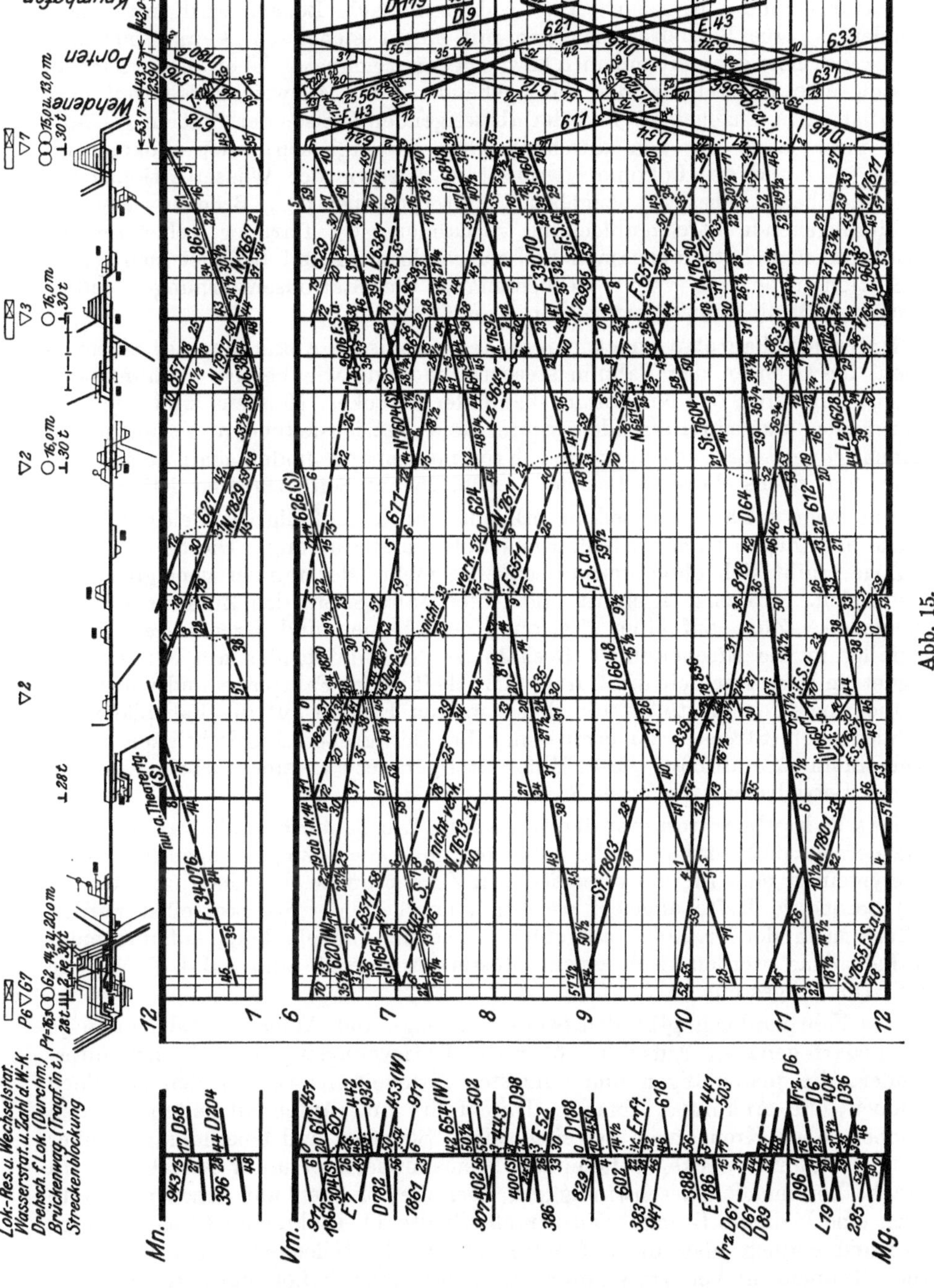

darüber) verwendet. Vor der Zug-Nr. erscheint die Bezeichnung seines Sondermerkmals, wie L (Luxus), D (Durchgangs), E (Eil), T (Triebwagen), S (Stückgüter), N (Nah), F (Fern), V (Vieh), Lz (Lokomotivleerfahrt) und hinter der Nr. in ( ) gegebenenfalls die Sonderbezeichnung (W) für nur an Wochentagen, (S) für nur an Sonntagen verkehrende Züge.

An geeigneten Stellen der Zuglinien findet man oft die Geschwindigkeitszahl angegeben. Die Ankunft, Abfahr- und Durchfahrtszeiten stehen an der Kreuzung der Stations- und Zuglinien. Das Anhalten nach Bedarf wird mit einem liegenden ×, aus Betriebsrücksichten mit einem stehenden + und nur zum Aus- bzw. Einsteigen mit einem a bzw. e gekennzeichnet. Über dem Fahrplan soll sich eine Darstellung der durchgehenden, der Ausweichgleise (nutzbare Länge ist in m anzugeben) und der abzweigenden Gleise, der Stationsgebäude (nach ihrer Lage zu den durchgehenden Hauptgleisen), der Lokomotivreserve (⌷) und des Lokomotivwechsels (⊠) sowie der Wasserstationen (▽) befinden. Ebendaselbst ist anzugeben, wo Drehscheiben (⊙), Brückenwagen (⊥) und durchgehende Streckenblockung vorhanden ist. Darüber stehen an den Stationslinien die Stationsnamen voll ausgeschrieben und befindet sich ferner die Stationsentfernung vom Streckenanfang, die Stationsentfernungen untereinander und die Stationierung von 5 zu 5 km.

Unter dem Fahrplan findet man die telegraphische Abkürzung der Stationsnamen, die Grenzen der Bahnmeisterbereiche und, wie bereits erwähnt, den Längenschnitt und das Krümmungsband der Strecke. Meistens sind auch die Grenzen der aufsichtsführenden Ämter und betriebsleitenden Verwaltungen gekennzeichnet. Längenschnitt und Krümmungsband findet man auch oben, wie in dem nachstehenden Beispiel. (Abb. 15 auf Seite 186 und 187).

Aus einer solchen Darstellung erkennt man augenfällig die Belegung einer Strecke mit Zügen nach Anzahl, Reihenfolge und Gattung. Die Schnelligkeit der Züge ergibt sich ohne weiteres aus der mehr oder minder geneigten Lage ihrer Linien. Abfahrt, Ankunft und Aufenthaltszeiten, das Zusammentreffen verschiedener Züge auf einer Station, Überholungen und Kreuzungen treten blickfällig in die Erscheinung. Deshalb ist der Bildfahrplan am besten dazu geeignet, in kürzester Zeit die Durchführbarkeit neuer Fahrpläne und von Fahrplanänderungen festzustellen und den etwaigen Einfluß auf die Fahrpläne der anschließenden Strecken zu ermitteln. Bei der großen Zugdichtigkeit vieler Eisenbahnlinien muß man dieses Hilfsmittel geradezu als unentbehrlich für alle höheren Betriebsbeamten bezeichnen.

Das Fahrplanbuch gibt den Zuglauf in Tabellenform, und zwar streckenweise derart, daß entweder alle dort vorkommenden Zuggattungen in einem Hefte vereinigt oder für die verschiedenen Zuggattungen (Personen- und Güterzüge) besondere Hefte angelegt werden. Innerhalb der Strecke selbst werden die Züge nach der Nr.-Folge aufgeführt. Die im Fahrplanbuch aufzunehmenden Fahrpläne werden nach einem Muster (Anlage 15 zum § 6 d. F. V.) wie auf S. 189 hergestellt.

Das Fahrplanbuch gibt den Stations-, Zug- und Abfertigungsbeamten je nach Bedarf genauen Aufschluß über die Entfernungen der Stationen untereinander, die planmäßigen und kürzesten Fahrzeiten zwischen den einzelnen Stationen, die Ankunft, Abfahr-, Durchfahr- und Aufenhaltszeiten auf den Stationen, über Kreuzungen bei eingleisigen Strecken und Überholungen, über die auf die Einzelstrecke entfallenden Bremshundertstel unter Angabe der in Betracht kommenden Geschwindigkeit, über die Strecken auf denen der letzte Wagen eine bediente Bremse haben muß (Spalte 11, senkrechte (⸙) sägeförmige Linie) und endlich über die auf einzelnen Streckenteilen höchstens zu befördernde Tonnenzahl bei Verwendung einer bestimmten Lokomotivgattung.

In den Vorbemerkungen zu den Fahrplanbüchern findet man die Bedeutung der gebrauchten Zeichen angegeben sowie einzelne besondere Vorschriften, namentlich für die Verwendung der Lokomotiven und Vermehrung wie Verminderung des Achsenzahl der Güterzüge bei besonderen Vorkommnissen.

Streckenfahrpläne werden meistens von den Bahnmeistern für einen begrenzten Streckenbereich (Zugmelde- zu Zugmeldestelle) zum Dienstgebrauch

D 112.   Schnellzug (B.....—)D.....—M........(—A......—M..... und L....
1.—3. Kl.

Grundgeschw.: E.....—N............ = 85 km, N............—M........ = 75 km

1 Ent-fernung km	2 Station und Blockstelle	3 Fahrzeit M.	4 Ankunft U. M.	5 Aufenth. M.	6 Abfahrt U. M.	7 Kreuzung mit Zug	8 Überholung des Zuges	9 durch Zug	10 Kürzeste Fahrzeit M.	10 M.	11 Es sind von 100 Wagenachsen zu bremsen	12 P$_8$	13 P$_6$
			(Anfang im Fahrplanbuch 1.)									P$_8$	P$_6$
2,9	E.		12^{22}½	3½	12^{26}	—	—	—	4,1			330	290
2,9	H., Bk		—	—	30¼	—	—	—	2,0		78(100)		
3,1	B.		—	—	32¼	—	—	—	1,9		73(95)		
3,6	M.	22	—	—	34¼	—	—	—	2,3	19,6	„		
3,6	N.		—	—	38	—	6848	—	3,4		46(75)		
2,3	S.		—	—	42	—	—	—	1,9		„		
4,3	H.		—	—	44	—	—	—	4,0		„		
1,3	A. †		12^{48}	2	50	—	—	—	2,7		56(75)		
3,7	A.		—	—	53	—	—	—	3,0		„		
3,2	S., Bk	18½	—	—	56½	—	—	—	2,6	13,6	„		
6,0	P.		—	—	1^{01}½	—	7438	—	5,3		„		
3,8	G. †		1^{08}½	2	10½	† —	{ Lz 541a (Sd)	—	4,6		59(65)	200 / 320*	180 / 300*
7,6	D.		—	—	16½	—	—	—	7,1	16,6	„		
1,2	G.	28	—	—	29½	—	—	—	1,2		„		
3,3	B.		—	—	31½	—	—	—	3,7		„	450	450
5,4	O.	6½	1^{38}½	2	40½	—	—	—	6,5		„		
6,2	Z.	7½	1^{47}	½	47½	—	—	—	7,3		„		
4,1	S.		1^{55}	2	57	—	—	—	4,4		56(75)		
2,4	M.		—	—	2^{01}½	—	—	—	2,0		„		
6,7	D.	19	—	—	03½	—	—	—	5,5	18,2	„		
6,8	R.		—	—	09½	—	—	—	6,3		51(75)	390	350
2,7	G.		2^{16}	2	18	—	—	—	3,6		51(80)		
4,4	U.	9	—	—	22	—	—	—	3,8	7,4	„		
	M.		2^{27}	(5	2^{32})	—	—	—					
91,5													

(Weiter nach L......)

† In A...... und G........ ist der Zug im Sommer durch Schiebelokomotive anzuschieben.

*) Mit Schiebelokomotive bis B.........

Gattung	Des Zuges Nr. regel-mäßig verkehrend	nach Bedarf	Abfahrt von Stunde	Minuten	Stunde	Minuten	Bemerkungen

der Bahnbewachungs- und Unterhaltungsmannschaft nach dem vorstehend angegebenen in den F. V. § 6[7] vorgeschriebenen Muster aufgestellt.

Sonderzugfahrpläne (auschl. derjenigen der telegraphisch angeordneten und der Hilfszüge) werden nach demselben Muster wie diejenigen des Fahrplanbuchs aufgestellt. Für die Aufstellung der Fahrpläne der Hilfszüge sind die Unfall-Meldevorschriften maßgebend. Der Fahrplan eines telegraphisch angeordneten Sonderzuges ist möglichst kurz zu fassen. Er muß aber außer den Abfahrt- und Ankunftzeiten auf den einzelnen Stationen die Überholungen mit andern Zügen — auf den eingleisigen Strecken auch die Kreuzungen — enthalten. Bei der telegraphischen Anordnung eines Bedarfszuges genügt eine kurze Mitteilung etwa in der Form: Heute verkehrt Bedarfzug (Nr. ?) von X nach Y.

III. Der Fahrdienst.

A. Der Stationsdienst.

1. Begriff der Station.

Nach § 6² der B. O. sind „Stationen die Betriebsstellen, auf denen Züge des öffentlichen Verkehrs regelmäßig halten". Sie unterscheidet dann als Unterarten „Bahnhöfe", sofern eine Weiche für den öffentlichen Verkehr vorhanden ist, und „Haltepunkte" ohne solche Weiche[1]). Diese Begriffsbestimmung ist aber für die Erfassung der Betriebsvorgänge nicht erschöpfend.

Als Stationen im Sinne des Eisenbahnbetriebes sind vielmehr diejenigen Stellen einer Eisenbahn zu verstehen, auf denen die Zugfahrten je nach Bedarf vorbereitet, begonnen, zwecks Aufnahme und Abgabe des Verkehrs oder zu Betriebszwecken angehalten sowie geregelt und beendet werden können. Die Station ist also der die anderen Teile der Eisenbahn bei weitem überragende und wichtigste Teil der Grundlagen des Eisenbahnbetriebes. Es ist deshalb notwendig, alle ihre Einzelteile so auszubilden und zusammenzusetzen, daß sie die ihr naturgemäß zufallenden oder aus bestimmten Gründen überwiesenen Betriebsaufgaben schnell, sicher und in wirtschaftlicher Weise zu erledigen imstande ist.

Je nachdem in der Station die Zugfahrt beginnt und endet oder sie durchläuft, unterscheidet man End- (Ausgangs-) und Zwischenstationen (Unterwegsstationen). Kann der Zug von einer Station der durchgehenden Strecke auf eine abzweigende Strecke gelenkt werden, so entsteht die Trennungstation. Wird dagegen hier im Anschluß an den Zug der durchgehenden Strecke ein neuer Zug für die abzweigende abgelassen, so wird sie zu einer Anschlußstation; sie ändert auch diese Bezeichnung nicht, wenn die verschiedenen Strecken eine verschiedene Höhenlage und selbständige Bahnhöfe haben und sich dabei kreuzen oder auf kurze Entfernung nebeneinander verlaufen. In beiden Fällen wird der Übergang der Reisenden, des Gepäcks, des Eilguts und der Post durch Treppen, Rampen und Aufzüge vermittelt. Gehen auf einer Station einzelne Wagen eines Zuges auf einen andern über, so ist sie für diese Wagen Übergangstation.

Laufen zwei oder mehrere sich kreuzende Strecken auf einer Station in gleicher Schienenhöhe ein und können Züge der einen Strecke auf die andere übergehen, oder besteht auf einer Station einer eingleisigen Strecke die Möglichkeit, daß zwei entgegengesetzt gerichtete Züge aneinander vorbeifahren können, so bezeichnet man sie als Kreuzungstation. Können auf einer Station zwei gleichgerichtete Züge aneinander vorbeifahren, so entsteht die Überholungstation.

Von Wichtigkeit ist die Lage der Station zu den durchgehenden Hauptgleisen[2]) der freien Strecke. Durchlaufen sie die Stationen, heißt sie Durchgangstation, endigen sie an einem Ende stumpf, nennt man sie Kopfstation. Letztere ist ursprünglich als meist einfache Endstation erbaut, hat sich aber mit der Ver-

---

[1]) Die frühere B.O. § 47⁴ unterschied: Bahnhöfe, Haltestellen und Haltepunkte.
[2]) Nach der B. O. § 6⁴ sind die Hauptgleise der freien Strecke und ihre Fortsetzung durch die Bahnhöfe „durchgehende Hauptgleise".

dichtung des Netzes und der Vervielfältigung der Verkehrsbeziehungen — als mehrere Linien in ihr eingeführt wurden (mehrfache Endstation) — zur Anschluß- und Übergangstation und weiter zur Zwischenstation entwickelt. Im letzteren Falle machen die Züge „Kopf", d. h. sie fahren in der der Einfahrt entgegengesetzten Richtung, also umgekehrt, wieder aus.

Von Wichtigkeit ist ferner die Art der Einführung der durchgehenden Hauptgleise in diejenigen Stationen, die gleichzeitig mehreren Linien dienen. Man unterscheidet hierbei den Linien- und Richtungsbetrieb mit und ohne Hauptgleiskreuzung.

Und endlich ist von Bedeutung die Lage der Gleise zum Empfangsgebäude. Man bevorzugt neuerdings die Seitenlage mit schienenfreiem Zugang zu den Bahnsteigen, doch findet man vielfach auch die Insel-, Keil- und Kopflage, letztere namentlich dann, wenn man mit dem Bahnhof möglichst tief in das Innere einer Großstadt eindringen will.

2. Aufgaben der Stationen.

Die Zugfahrten werden auf der Station vorbereitet, d. h. die Züge werden gebildet, umgebildet und ausgerüstet. Diese Aufgabe umfaßt die Zugbildung[1]) einschließlich des Rangierdienstes. Sie werden begonnen, angehalten, geregelt und beendet, — Aufgaben, die den Dienst der Zugmeldung, Zugabfertigung und Zugfahrordnung umfassen. Die Dienstregelung und die Bahnpolizei ist endlich Aufgabe der Stationsverwaltung.

Je umfangreicher die hiermit im einzelnen verbundenen Tätigkeiten werden, desto mehr Gewicht muß auf eine feste, unzweideutige Umgrenzung der Verantwortung gelegt werden, die dem einzelnen Beamten übertragen wird. Dies geschieht örtlich, indem die Station in mehrere Bereiche (Bezirke) geteilt wird, oder sachlich, indem die einzelnen Tätigkeiten scharf unterschieden und gegebenenfalls verschiedenen Beamten übertragen werden.

3. Die Zugbildung.

Begriff des Zuges. Züge[2]) sind die durch Maschinen bewegten, mit ihnen und untereinander fest verbundenen Fahrzeuge, sowie einzeln fahrende Triebwagen und Lokomotiven, sofern sie mit dem vorgeschriebenen Schlußsignal versehen auf die freie Strecke übergehen.

Wie man nach dem Zweck, nach der Entfernung, nach ihrer Geschwindigkeit und ihrer Benutzungsart die Züge im einzelnen unterscheidet, ist bereits im vorigen Abschnitt auseinandergesetzt.

Zugbildungstation. Die Zugbildung (auch Umbildung) geschieht auf den besonders dazu eingerichteten Zugbildungstationen, die an den Grenzen der Verwaltungsbereiche liegen oder mit deren wichtigsten Knotenpunkten (Zusammenlauf mehrerer Linien) vereinigt werden. Bei Kopfstationen findet man sie oft auch in kurzer Entfernung davor angelegt. Für die Personenzugbildung werden sie gewöhnlich als Abstellbahnhöfe (Abstellgleise), für die Güterzugbildung als Rangierbahnhöfe (Rangiergleise) uud Sammelbahnhöfe bezeichnet. Man muß unterscheiden zwischen der eigentlichen Zugbildung auf den Endstationen und der Umbildung auf den Zwischenstationen.

Einfluß der Verkehrsart auf die Zugbildung. Während die Eigenartigkeit der Abfertigung des Personenverkehrs, die den einzelnen Reisenden die Benutzung

---

[1]) Die Lokomotivgestellung ist Sache des Lokomotivdienstes.
[2]) Nach § 54¹ der B. O. sind Züge (geschlossene Züge), die auf die freie Strecke übergehenden, aus mehreren Fahrzeugen bestehenden Züge, einzeln fahrende Triebwagen und Lokomotiven.

des zur Abfahrt bereitgestellten Zuges ohne weiteres gestattet, Veränderungen in der Zusammenstellung des Zuges im allgemeinen nicht veranlaßt, machen die verschiedenen einander folgenden Vorgänge der Güterbeförderung, von der Einstellung des beladenen oder zur Beladung nach einer anderen Station bestimmten Wagens in den Zug bis zu seiner Aussetzung auf der Bestimmungstation, eine mindestens zweimalige, wenn größere Wege zurückzulegen sind oder mehrere Linien oder Verwaltungsbereiche berührt werden, oft mehrmalige Änderung in der Zusammenstellung der Züge nötig. Während Personenzüge also nur in außergewöhnlichen Fällen, z. B. bei großem Andrange von Reisenden, bei Wagenbeschädigungen usw., und im gewöhnlichen Betriebe durch Umstellung des Packwagens, Einstellung des Postwagens oder wenn der Ursprungzug unterwegs sich trennenden und vereinigenden Verkehrsbeziehungen dient, beschränkten Änderungen unterworfen sind, sind die meisten Güterzüge während der Fahrt in stetiger Umbildung begriffen, und zwar umsomehr, je mehr Zwischenstationen, Wagenziel- oder Übergangstationen zu bedienen sind.

Es ergibt sich hieraus, daß Personenzüge aus einem festen Stammteil[1]), den man Wagensatz nennt, bestehen können, der auf der Ursprungstation des Zuges dem gewöhnlichen, regelmäßigen Verkehrsbedarf entsprechend zu bilden ist und nur für außergewöhnliche Fälle eine Verstärkung erfordert. Jeder Wagensatz hat eine bestimmte Umlaufzeit. Man versteht darunter den Zeitabschnitt zwischen seiner ersten Abfahrt von seiner Anfangstation bis zu seiner Wiederabfahrt von derselben Station, also die eigentliche Fahrzeit, die Wendezeit und die Vorbereitungszeit, d. h. die Zeit für Reinigung und Untersuchung. Jeder Wagensatz wird danach für zwei Züge entgegengesetzter Richtung, für Zug und Gegenzug, benutzt. Je nach der Umlaufzeit des Wagensatzes sind für ein Zugpaar ein oder mehrere Wagensätze erforderlich. Die Festsetzung

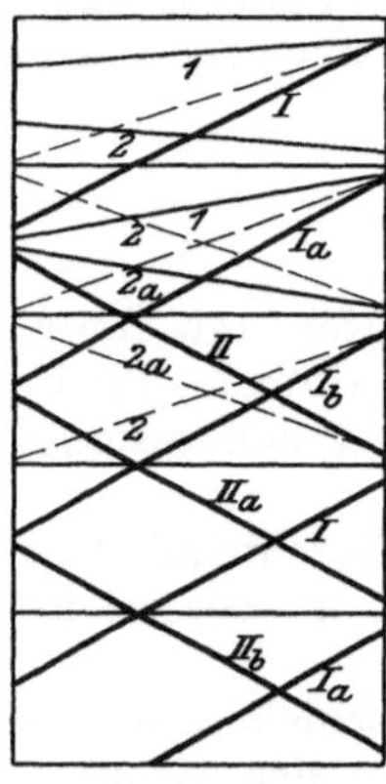

Abb. 16.

der Abfahrt- und Ankunftzeiten von Zug und Gegenzug muß dabei aber derart geschehen, daß selbst bei Verspätungen innerhalb nicht allzu weiter Grenzen ein Wenden stattfinden kann. Diese Wendezeit muß unter Umständen so groß sein, daß ein Umsetzen des Schutzwagens möglich ist; sie muß umso größer sein, je länger die Laufzeit des Zuges ist, damit gegebenenfalls eine Zwischenreinigung und, wenn nötig, auch ein Aus- oder Einsetzen von Wagen vorgenommen werden kann. Kann unter diesen Voraussetzungen ein Wagensatz innerhalb 24 Stunden umlaufen, ist für jedes Zugpaar nur ein Wagensatz erforderlich, bei einer 2tägigen Umlaufzeit sind zwei, bei einer 3tägigen drei Wagensätze usw. nötig. Die nebenstehende Abbildung (16) stellt dies umrißmäßig dar. — Bei kurzen Zugfahrten auf Stichbahnen und Zwischenstrecken sowie im Ortszugverkehr liegt oft die Möglichkeit vor, mehrere Züge mit demselben Wagensatz zu fahren. In solchen Fällen ist erst nach mehrmaliger Zugfahrt die Zeit für die Reinigung und Untersuchung vorzusehen. Zur besseren wirtschaftlichen Ausnutzung des Wagenparks wird der Wagensatz oft auch zur Zugbildung über verschiedene Strecken benutzt, doch immer muß er nach seiner Umlaufzeit zu seiner Zugbildungstation zurückkehren.

Wo der Verkehr auf weite Strecken nur einzelner Wagen bedarf und die Möglichkeit vorliegt, mehrere in derselben Richtung liegende unterwegs sich aber spaltende oder vereinigende Verkehre zu bedienen, sind Kurswagen eingeführt, damit ein Umsteigen der Reisenden vermieden wird. Sie werden ein-

---

[1]) Nach § 93[1a] der F. V. sind Stammwagen: Wagen, die im Zuge auf der ganzen von ihm durchlaufenen Strecke ständig laufen und über diese Strecke nicht hinausgehen.

zeln oder mehrfach den Stämmen angehängt oder vorangestellt, je nach den Gleisverhältnissen des Bahnhofs (Zug- oder Wagenwechselstation), wo die Änderung der Zugzusammensetzung vorzunehmen ist, so daß ihre Entfernung aus dem Urzug und Wiedereinsetzung in den Anschlußzug am schnellsten bewerkstelligt werden kann.

Solche Kurswagen und ebenso die Speise- und Schlafwagen, die einzelnen Zügen beigegeben werden, sind im Zugbildungsplan (siehe diesen) als selbständige Wagensätze behandelt. Außer den Wagen für die erforderlichen Wagensätze werden den Zugbildungstationen und ebenso einzelnen anderen, besonders dazu geeigneten Statonen noch Wagen für zu bestimmten und bekannten Zeiten eintretende oder für außergewöhnliche Verkehrsteigerung erforderliche Verstärkung, bzw. als Ersatz für aus irgendeinem Grunde auszusetzende Stammwagen überwiesen. Solche Wagen nennt man Verstärkungs- bzw. Bereitschaftswagen. Während auch die Verstärkungswagen, die regelmäßig an bestimmten Tagen oder zu gewissen Tageszeiten und auf Teilstrecken beigegeben werden, Wagensätze im Sinne des Zugbildungsplans sind und deshalb innerhalb der ein für allemal festgesetzten Zeit nach ihren Standortstationen zurückkehren, muß für die Rückkunft der in außergewöhnlichen Fällen beigestellten Wagen besonders gesorgt werden.

Während ferner eine vorübergehende Verstärkung durch die Standortstation vorgenommen werden darf, kann eine dauernde Verstärkung und Änderung des Wagensatzes, die sich aus den veränderten Verkehrsverhältnissen ergibt und gegebenenfalls durch die Aufschreibung der Zugführer oder durch besondere Zählung festgestellt wird, nur durch die betriebsleitende Verwaltung erfolgen.

Es ist ferner gestattet, Güter mit Personenzügen zu befördern. Man findet deshab vielfach, daß von einzelnen Personenzügen Eilgut (Stückgut, Milch und Tiere in Einzelsendungen und auch in Wagenladungen) regelmäßig oder auf besonderen Antrag befördert wird.

Zu unterscheiden sind von diesen Zügen die sogenannten gemischten Züge, die vorwiegend auf verkehrsarmen Nebenbahnen, aber in Einzelfällen auch auf Hauptbahnen vorkommen. Dienen sie vorwiegend der Personenbeförderung, so gelten sie als Personenzüge, dienen sie dagegen vorwiegend der Güterbeförderung, so gelten sie als Güterzüge. Die in ihnen einzustellenden Personenwagen sind selbständige Wagensätze. Die vorher fertig zusammengestellten oder einzeln auf den berührten Stationen zugehenden Güterwagen erhalten dort, wo die Personenwagen von der Maschine geheizt werden, ihren Platz hinter den Personenwagen, im andern Fall je nach den Gleisverhältnissen der Bahnhöfe ihre Stellung vor oder hinter den Personenwagen.

Wesentlich anders gestaltet sich die Zugbildung für die Güterbeförderung; denn die Güterzüge setzen sich, abgesehen von den Stückgüterzügen, die einer besonderen Behandlung bedürfen, aus Wagen zusammen, deren Ziel von der Frachtversendung bestimmt wird, so zwar, daß auch deren Weiterlauf nach einer Entladung an den Bedarf der Versender gebunden ist, derart, daß sie entweder mit einem neuen Ziel sofort wieder beladen werden oder als Leerwagen nach anderen Stationen mit Wagenbedarf durch die Verwaltung verfügt werden. Die Güterzüge setzen sich also immer aus anderen Wagen zusammen, bis auf den Packwagen, der dem Zugführer und Packmeister gegebenenfalls auch überzähligen Bremsern, Viehbegleitern usw. zum Aufenthalte dient. Für diesen besteht in der Regel auch ein Umlaufplan, während er nur in seltenen Fällen ohne Plan in beliebigen Zügen verwendet wird.

Güterwagenverteilung[1]). Es liegt also in der Natur der Sache, daß die Güterwagen nicht wie die Personenwagen den einzelnen Stationen als Standorten

---

[1]) Das Nähere hierüber siehe Grunow, Güterwagendienst, Kapitel XXIV. Das deutsche Eisenbahnwesen der Gegenwart.

überwiesen werden können. Ihre Überweisung muß sich vielmehr unmittelbar dem Beförderungsbedürfnis anpassen, das aber, wie bereits ausgeführt wurde, ganz erheblichen zeitlichen und örtlichen Schwankungen unterworfen ist und nicht allein in seiner Stärke, sondern auch in seiner Richtung stetig wechselt. Hinzu kommt, daß es ganze Gebiete sowohl wie Stationen gibt, auf denen entweder der Versand oder der Empfang überwiegt, und daß sich die Güterarten, die empfangen werden, von denen des Versandes oft wesentlich unterscheiden. Es muß also nicht allein der für den Versand erforderliche Wagenbedarf einer Station gegenüber dem des Empfanges, sondern auch die dafür jeweilig nötige Wagenart verschieden sein. Dies hat zur Folge, daß tagaus tagein der auf den einzelnen Stationen befindliche Wagenbestand mit den dortigen Anforderungen, oder der Wagenbestand ganzer Gebiete mit deren Bedarf auszugleichen ist, wodurch auch im weiteren eine unausgesetzte Bewegung leerer Wagen zwischen den verschiedenen Stationen entstehen muß.

Während innerhalb der einzelnen Verwaltungsgebiete die Güter von Anfang der Eisenbahn an ihr Ziel ohne Umladung erreichten, wurden sie zunächst beim Übergang in Gebiete fremder Verwaltungen auf deren Wagen umgeladen. Doch schon frühzeitig stellte sich mit der Vermehrung der Anschlüsse und der Vergrößerung des Verkehrs namentlich an geringwertigen Massengütern das Bedürfnis heraus, die Güter auch bis zu den über die Anschlüsse hinaus liegenden Zielstationen ohne Umladung zu befördern. Dadurch trat die Notwendigkeit ein, Bestimmungen über die Benutzung der Wagen zu treffen und deren Lauf aus verschiedenen Gründen, insbesondere auch mit Rücksicht auf die Vergütung für deren Benutzung auf fremden Strecken zu verfolgen, sowie die Unterhaltungspflicht zu regeln. Die anfänglich getroffenen diesbezüglichen Vereinbarungen haben sich im Laufe der Jahre allmählich zu dem heute gültigen „Übereinkommen, betreffend die gegenseitige Wagenbenutzung des Vereins deutscher Eisenbahnverwaltungen" (Vereinswagenübereinkommen — V. W. Ü. —) ausgewachsen; außerdem bestehen aber noch weitere Vereinbarungen mit und zwischen den andern europäischen Eisenbahnverwaltungen (z. B. Internationaler Verband zum gegenseitigen Austausch der Wagen und Deutsch-Italienischer Wagenverband).

Um in der Wagenbenutzung möglichst unbeschränkt zu sein, die Leerläufe auf das notwendigste Maß zu beschränken und die Abrechnung zu vereinfachen, wurde zunächst in Norddeutschland für die dort vielfach ineinandergreifenden Verwaltungen der preußische Staatsbahnwagenverband gegründet, dem bald verschiedene außerpreußische Verwaltungen beitraten. Seit dem 1. April 1909 umfaßt er als „Deutscher Staatsbahnwagenverband" alle deutschen Staatsbahnen. Seine Geschäftsführung obliegt dem ehemaligen Preuß. Eisenbahnzentralamt in Berlin, das als Hauptwagenamt den Ausgleich innerhalb des Gesamtgebietes nach den „Güterwagenvorschriften" besorgt, während die Verteilung des Wagenbestandes eines jeden Verwaltungsbereichs dem darin errichteten Wagenbureau übertragen ist. Damit die auf Grund der täglich drahtlich gemeldeten Bestand- und Bedarfziffern vom Hauptwagenamt getroffenen Ausgleichsverfügungen rechtzeitig ihren Zweck erfüllen können, hat man 10 Zwischenstellen — Gruppenausgleichstellen — eingerichtet, die den Ausgleich innerhalb der Gruppen vorzunehmen haben. Auf diese Weise wird das Hauptwagenamt entlastet und der Ausgleich beschleunigt. Sämtliche Meldungen erfolgen drahtlich und zu ganz bestimmten Tageszeiten. Für die Feststellung der Bestand- und Bedarfziffern bestehen genaue Vorschriften. Eine Sonderstellung nehmen die offenen Wagen für die Kohlen- und Koksbeförderung ein, für die es mit Rücksicht auf ihre ungleichmäßige Verteilung über das ganze Verbandsgebiet und die große Verschiedenheit des Bedarfs gegenüber dem auf den Versandursprungstationen befindlichen Bestand, sowie der großen Beförderungsentfernung und den infolgedessen erheblichen Leerläufen nötig wurde, allgemeine Läufe — Leerwagenzüge — aus besonders abgegrenzten Zuführungsgebieten einzurichten. In den Kohlenbezirken selbst verteilt dann das zuständige Wagenbureau die zugelaufenen Wagen. Zwischen den beiden großen Zuführungsgebieten für Oberschlesien und dem Ruhrbereich liegt noch ein mittleres Verteilungsgebiet (Hauptwagenamt) für den in Mitteldeutschland liegenden Braunkohlenbereich, aus dem zu gleicher Zeit zwischen jenen gegebenenfalls ein Ausgleich erfolgen kann.

Zum Wagenausgleich der einzelnen Strecken eines geschlossenen Verwaltungsbereichs werden Unterverteilungstellen eingerichtet, und zwar entweder für alle Wagengattungen oder nur für eine bestimmte, z. B. nur für offene Wagen.

Grundlagen der Zugbildung. Maßgebend für die Zugbildung ist immer in erster Linie die Sicherheit des Betriebes als Voraussetzung für die Sicherheit der Menschen und Güter, in zweiter Linie die Rücksicht auf die schnelle Durchführung der Zugabfertigung, wobei insbesondere die Gleisanlagen der Stationen in Betracht kommen, dann die Rücksichtnahme auf die Bequemlichkeit in der Benutzung der Züge, die auch die Forderung der Volkswirtschaft enthält, und schließlich die Wirtschaftlichkeit des Betriebes selbst. Um diese Belangen zu wahren, haben die Verwaltungen auf Grund der Gesetze oder der durch die Aufsichtsbehörden erlassenen Verordnungen die Zugbildung durch besondere Bestimmungen im einzelnen geordnet.

Für die Sicherheit des Betriebes kommt in Frage: die Stärke der Züge, die Einstellung eines Schutzwagens (Bereithaltung eines Schutzabteils), die Stellung des Post- und Packwagens im Zuge, die Zahl sowie Verteilung der Bremsen und das Kuppeln der Fahrzeuge.

Stärke der Züge. Die Stärke der Züge, das ist die Achsenzahl der Wagen, aus denen sie gebildet werden sollen, richtet sich nach der Geschwindigkeit. Diese Abhängigkeit ergibt sich aus dem Zugwiderstand, dessen Formel

$$w = a + b\,v^2 + i$$

bereits erläutert wurde (s. S. 172).

Die zulässige Höchststärke der Züge ist bedingt durch die Grundgeschwindigkeit[1]), mit der ihr Fahrplan aufgestellt ist. Sie ist aber auch von der Bauart der Wagen hinsichtlich deren Achszahl und der Bahnklasse (ob Haupt- oder Nebenbahn) und den Längen der Bahnhofgleise abhängig. So dürfen in Deutschland Personenzüge[2]) der Hauptbahnen bis zu 80 Wagenachsen haben, wenn deren Geschwindigkeit 50 km nicht übersteigt, während bei mehr als 80 km Geschwindigkeit 44 Achsen als größte Zugstärke vorgeschrieben ist. Wenn aber der Zug aus sechsachsigen Wagen besteht, darf diese Stärke für jeden Wagen um 2 Achsen bis zur Höchstgrenze von 52 überschritten werden. Auf Nebenbahnen ist die Höchststärke bei mehr als 40 km Geschwindigkeit nur 26 Wagenachsen, die bei Zügen aus sechsachsigen Wagen bis zu 30 Achsen erhöht werden darf. Güterzüge[3]) dürfen auf Hauptbahnen bis zu 45 km Geschwindigkeit, auf Nebenbahnen bis zu 30 km Geschwindigkeit nicht über 120 Wagenachsen stark sein. Diese Höchststärke ist auf Hauptbahnen mit der Vergrößerung der Geschwindigkeit einzuschränken derart, daß sie, wenn die Geschwindigkeit 56 bis 60 km groß wird, nur noch 60 Wagenachsen betragen darf. Sie kann aber mit Genehmigung der Landesaufsichtsbehörde bei einer Geschwindigkeit von 45 km auf 150 Wagenachsen vergrößert werden, wenn die Strecken- und Bahnhofsverhältnisse dies gestatten.

Militärzüge und solche Güterzüge, die regelmäßig Personen befördern, also Züge, die aus Personen- und Güterwagen gebildet werden müssen, dürfen, wenn

---

[1]) Nach § 54 [3] der B. O. richtet sich die Stärke der Züge nach der größten der Berechnung der regelmäßigen Fahrzeit zugrunde gelegten Geschwindigkeit (siehe § 66 [12] der B. O.).

[2]) Siehe § 54 [4, 5, 6] der B. O.

[3]) Siehe § 54 [7] der B. O.

ihre Geschwindigkeit auf Hauptbahnen 45 km, auf Nebenbahnen 30 km nicht übersteigt, bis zu 110 Wagenachsen stark sein.

Die wirkliche Stärke der Züge bleibt aber in den weitaus meisten Fällen erheblich unter dieser Höchststärke, weil die Verschiedenartigkeit und schwankende Größe des Beförderungsbedürfnisses, die Rücksicht auf die Streckenverhältnisse, auf die zur Verfügung stehende Lokomotivkraft, die Bauart der Fahrzeuge, die Bahnhofsanlagen und endlich die Betriebssicherheit dies erheischt[1]).

Die nachfolgende Zusammenstellung gibt einen Überblick über die wirkliche durchschnittliche Stärke der Züge bei verschiedenen deutschen Bahnverwaltungen und insgesamt für alle Eisenbahnen des Deutschen Reichs[2]) in den Jahren 1890 und 1910.

Zusammenstellung 9.

	Preußen		Bayern		Württemberg		Sachsen		Baden		Reichslande		Oldenburg		Mecklenburg		Deutsch. Reich	
	1890	1910	1890	1910	1890	1910	1890	1910	1890	1910	1890	1910	1890	1910	1890	1910	1890	1910
Schnellzüge	20	31	18	27	19	24	20	25	19	27	20	27	19	22	17	28	19	29
Eilzüge		25		24		21		24		19		21		19				24
Personenzüge	20	23	21	20	20	19	23	23	18	19	17	19	14	17	22	29	20	21
Gemischte Züge	21		43		24		26		37		29		12		15	17	25	
Güterzüge	76	76	76	66	68	64	62	66	68	66	72	69	52	63	58	59	70	73
Sämtliche Züge	42	44	38	37	33	30	39	38	35	36	44	48	28	32	23	25	40	41

Hiernach erreicht also die tatsächliche durchschnittliche Stärke selbst der Schnellzüge, die nur auf Hauptbahnen verkehren, wenngleich sie seit 1890 erheblich zugenommen hat, auch jetzt noch nicht 70 v. H. der zulässigen Höchststärke. Bei den Personen- und Güterzügen beträgt die Achsenzahl im Durchschnitt kaum 30 bzw. 50 v. H. der Höchststärke. Sie hat da, wo sie zugenommen, sich nur um ein geringes vergrößert und in einigen Verwaltungen sogar abgenommen. Man erkennt hieraus den außerordentlichen Einfluß der zeitlichen und örtlichen Verkehrsschwankungen und der zunehmenden Netzdichtigkeit mit deren Folgen bezüglich der Verkehrsteilung, ferner die Wirkung der Vergrößerung der durchschnittlichen Zuggeschwindigkeit bei den Güterzügen durch Vermehrung der Eilgüterzüge, die Vermehrung der Nebenbahnen und endlich der Gebirgsstrecken mit ihren starken Steigungen und Krümmungen. Auch wird die stetige Vergrößerung des Eigengewichts aller Wagen und des Ladegewichts der Güterwagen, bezogen auf die Achse, in Betracht zu ziehen sein. Denn für die Zugstärke ist neben der Achszahl, die die Zuglänge bestimmt, vor allem das Zuggewicht von Bedeutung, weil hiervon die Zugkraft, also die zur Verwendung kommende Maschine, die den Zug mit einer bestimmten Grundgeschwindigkeit befördern soll, abhängt.

Wie sich der Wert der Achse bezüglich des auf sie entfallenden Gewichts seit 1890 vergrößert hat, zeigt die folgende Zusammenstellung 10 (s. S. 198 u. 199).

Wenn die Ziffern der Zusammenstellungen 9 und 10 sinngemäß verbunden werden, so ergibt sich für das Durchschnittsgewicht von 1890 bis 1910 eine Vergrößerung um 25 bis 40 v. H. Betrachtet man die Zugarten für sich, so findet man, daß das durchschnittliche Gewicht der Schnellzüge sogar um mehr als 65 v. H. gestiegen ist, trotz der erheblichen Steigerung ihrer Geschwindigkeit.

Die mit Rücksicht auf die Leistungsfähigkeit der Lokomotiven oder auf die Strecken- und Bahnhofverhältnisse zulässige Höchststärke der Züge wird im Anhang zum Fahrplanbuch z. B. in folgender Form bekannt gegeben:

---

[1]) Siehe § 159[1] der T. V. vom Jahre 1910. Die Länge der Züge ist nach den Steigungsverhältnissen der Bahn, den Gleisanlagen und sonstigen Einrichtungen der Station sowie nach der Bauart der Fahrzeuge zu bemessen.

[2]) Nach Tabelle 17 und 15 der Statistik der im Betriebe befindlichen Eisenbahnen Deutschlands.

10. Höchstzulässige Stärke der Züge. F. V. § 84⁵.

1. Die Beförderung der Güterzüge mit einer größeren als der allgemeinen
Höchstbelastung von 120 Wagenachsen ist nicht gestattet. Eine Ausnahme ist nur zugelassen bei der Talfahrt von X. nach Y. Bei dieser
Fahrt dürfen Güterzüge zwecks Aufnahme der erforderlichen Bremswagen bis zu 150 Achsen belastet werden.

2. Eine Beschränkung in der Zugstärke infolge besonderer Strecken- und
Bahnhofsverhältnisse ist auf nachstehend verzeichneten Strecken oder
Bahnhöfen erforderlich.

Strecke oder Bahnhof	Beschränkung	Bemerkungen
Bahnhof A	60 Achsen	für kreuzende Züge
„ B	100 „	für alle auf Gleis 2 aus Richtung S. einfahrenden Züge
„ C	110 „	für die Züge 7822, 7826, 7830
„ D	100 „	für alle in D. zu behandelnden Züge
„ E	40 „	für Personenzüge mit Güterbeförderung
Strecke W—F	90 „	für Züge bis zu 30 km Geschwindigkeit

Schutzwagen und Schutzabteil. Nicht von Reisenden zu besetzende
Schutzwagen sind in Deutschland für alle der Personenbeförderung dienenden
Züge der Hauptbahnen vorgeschrieben, sofern deren Geschwindigkeit größer
als 50 km ist. Ein Schutzwagen ist nicht erforderlich: 1. auf Nebenbahnen
bei den Zügen, die mit mehr als 40 km Geschwindigkeit fahren; 2. auf Hauptbahnen a) bei Zügen die mit mehr als 40 km, aber höchstens mit 50 km
Geschwindigkeit fahren; b) bei den Zügen, die mit mehr als 50 km, aber
höchstens mit 60 km und bei Einholung von Verspätungen bis zu 66 km
Geschwindigkeit fahren, die aber mit durchgehender Bremse ausgerüstet
sein müssen. In diesen Fällen muß bei ihnen das unmittelbar hinter der
Lokomotive befindliche Abteil — Schutzabteil — für die Reisenden verschlossen bleiben. Auch bei dienstlichen Sonderzügen ist kein Schutzwagen
nötig. Wenngleich im Dienst befindliche Postbeamte im Sinne der B. O. nicht
als Reisende gelten, ist es doch tunlichst zu vermeiden, Postwagen als Schutzwagen zu verwenden. Während in Österreich gleichfalls Schutzwagen für Hauptbahnpersonenzüge vorgeschrieben sind, ist dies bei den andern ausländischen
Bahnen nicht überall der Fall, doch meistens aus praktischen Gründen üblich.

Postwagen. Für die Stellung der Postwagen im Zuge ist zwar auf die
Bedürfnisse der Post nach Möglichkeit Rücksicht zu nehmen, doch sind hierfür
in erster Linie die Gleisanlagen der Heimat- und Zielstationen der Postwagen,
sowie der Wechselstationen, wo ihre Überführung von einem auf den anderen Zug
stattfindet, und der Verlauf der Zugfahrt, ob sie die Richtung wechselt oder nicht,
maßgebend. Aus diesen Betriebsrücksichten kann es also notwendig werden,
den Postwagen zeitweise unmittelbar hinter der Lokomotive, also als Schutzwagen laufen zu lassen. Auch die Bedürfnisse der Post selbst können dazu führen,
den Postwagen an die Spitze des Wagenzuges zu stellen, wenn dadurch nämlich
Störungen im Postladegeschäft vermieden, ein bequemes Überladen von Zug
zu Zug ermöglicht wird, oder Postwagen bis kurz vor Abgang des Zuges am Post-
packraum belassen werden müssen.

Jedenfalls darf durch das Beistellen der Postwagen weder eine Aufenthalts-
verlängerung entstehen, noch ein Verschieben von mit Reisenden besetzten
Personenwagen erforderlich werden. Das letztere würde z. B. eintreten, wenn
dreiachsige Postwagen in einem aus vierachsigen Personenwagen bestehenden
Zuge laufen und unterwegs ein Zu- und Abgang von Kurswagen stattfindet.

Im übrigen dürfen im Bereiche der preußisch-hessischen Verwaltung in
Personen-, Eilgüter- und Güterzügen nur höchstens 10 m lange, in Eilzügen

	Eigengewicht durchschnittlich auf 1 Achse											
	Personen-wagen		Gepäckwagen		Güterwagen						Postwagen	
					bedeckte		offene		im ganzen			
	1890	1910	1890	1910	1890	1910	1890	1910	1890	1910	1890	1910
Reichsbahnen	4,84	6,77	4,69	5,49	3,26	4,56	2,64	3,40	2,75	3,70	4,99	6,04
Preußen bezw. Preußen-Hessen	4,96	6,52	4,50	5,82	3,52	4,55	3,00	3,71	3,14	3,94	4,61	6,03
Bayern	4,43	5,80	4,39	5,19	3,51	4,35	3,34	3,78	3,43	3,99	5,04	5,85
Sachsen	4,24	5,96	3,89	5,34	2,95	3,97	2,63	3,21	2,75	3,48	4,98	6,07
Württemberg	4,37	6,25	3,86	5,72	3,54	4,27	3,11	3,51	3,31	3,91	5,20	6,55
Baden	4,46	6,75	4,52	5,91	3,64	4,37	2,97	3,72	3,27	3,99	4,54	6,10
Mecklenburg	4,43	5,97	4,58	5,42	3,53	4,22	3,13	3,42	3,31	3,81	4,05	5,36
Oldenburg	4,64	6,47	4,59	5,97	3,50	4,64	2,63	3,50	2,84	3,96	4,63	5,81
Alle deutschen Bahnen	4,76	6,39	4,44	4,88	3,47	4,40	2,96	3,49	3,12	3,89	4,73	6,00

hinter dem Packwagen oder am Schlusse des Zuges nur 12 m lange Postwagen — in Ausnahmefällen auch solche von 17 m Länge — laufen. Letztere müssen, wenn sie unmittelbar hinter der Lokomotive laufen, mit Schutzabteil versehen sein.

In D-Zügen sind 17 m lange Postwagen mit Schutzabteil unmittelbar hinter der Lokomotive — als Schutzwagen — zugelassen. Sind sie mit Durchgang versehen, können sie auch hinter dem Packwagen laufen. Ist die Stellung des Postwagens bei den D-Zügen aber am Schluß, so sollen zur Verringerung des Zuggewichts grundsätzlich nur 12 m lange Postwagen Verwendung finden.

Packwagen. Für die Stellung des Packwagens im Zuge können verschiedene Gesichtspunkte maßgebend sein, die sich aus der Betriebssicherheit und der Schnelligkeit der Zugabfertigung auf den Stationen ergeben. Der Zugführer, der seinen Aufenthalt im Packwagen zu nehmen hat, ist in erster Linie Aufsichtsbeamter im Zuge. Dies erfordert einmal die Möglichkeit einer schnellen und leichten Verständigung zwischen dem Zug- und dem Lokomotivführer, damit sie gegebenenfalls in gegenseitigem Einverständnis ihre Maßnahmen zeitig genug betreffs der Zugsicherung treffen können, andererseits aber die Möglichkeit, den ganzen Zug während der Fahrt sowohl als auch während des Aufenthalts auf den Stationen, im letzten Falle ohne große Wege am Zuge selbst, überblicken zu können. Da dem Zugführer oft auch — so in Deutschland — die Beobachtung der Signale und Strecke (Überwege) obliegt, sofern seine anderen Dienstgeschäfte dies gestatten, so muß ihm ein Platz angewiesen werden, der ihm möglichst ungehinderten und namentlich nicht durch andere Fahrzeuge verdeckten Ausblick gewährt. Aus diesen Gründen ist es zweckmäßig, den Packwagen an die Spitze des Wagenzuges unmittelbar hinter die Lokomotive zu stellen. Auch die Verständigung zwischen dem Abfertigungsbeamten der Station und dem Zugführer wird dann wesentlich erleichtert, wenn man beachtet, daß jener unabhängig von diesem auch mit dem Lokomotivführer unmittelbar Verbindung zu halten hat, z. B. wegen Angabe der Achsenzahl und des Zuggewichts oder wegen Gestellung von Vorspann usw. Daß durch das gegenseitige Benehmen der Beamten am Zuge kein Grund zur Verzögerung in dessen Abfertigung eintritt, ist umso wichtiger, je kürzer die Aufenthalte der Züge auf den Stationen und je länger die Züge selbst, namentlich die Güterzüge, werden. Andererseits bietet die Stellung des Packwagens am Schluß des Zuges den Vorteil, daß die Schlußbremse stets mit einem höherwertigen Beamten besetzt ist, was bei Zugtrennungen von besonderer Bedeutung werden kann. In allen Fällen endlich, wo bestimmt ist, daß in Personenzügen zur Sicherheit der Reisenden ein Schutzwagen hinter der Lokomotive einzustellen ist, sprechen stellung 10[1])

Ladegewicht durchschnittlich auf 1 Achse								Für jede bewegte Achse beträgt die durchschnittliche Nutzlast bei den Güterzügen			
Gepäckwagen		Güterwagen						beladen		beladen und leer	
		bedeckte		offene		im ganzen					
1890	1910	1890	1910	1890	1910	1890	910	1890	1910	1890	1910
2,28	2,07	5,01	6,69	5,06	6,17	5,06	6,30	3,96	4,96	2,57	3,38
2,78	2,39	4,83	7,00	5,20	7,01	5,09	7,01	3,70	4,37	2,43	3,10
2,43	2,30	4,94	6,15	4,67	6,64	4,81	6,46	3,68	4,36	2,36	3,11
2,50	2,58	3,93	5,89	4,95	6,12	4,58	6,04	3,78	4,12	2,20	3,70
3,22	3,12	4,59	6,91	5,05	6,57	4,83	6,75	3,01	4,16	2,08	3,09
2,61	2,59	4,99	6,22	5,05	6,80	5,02	6,56	3,16	4,11	1,74	2,73
2,73	2,42	5,00	6,32	5,35	6,28	5,14	6,30	2,80	3,41	2,10	2,65
2,50	2,45	5,00	6,82	4,70	6,13	4,97	6,41	3,07	3,81	2,18	2,75
2,76	2,42	4,80	6,78	5,13	6,87	5,02	6,84	3,67	4,36	2,39	3,10

auch wirtschaftliche Gründe dafür, den Packwagen zugleich als Schutzwagen zu verwerten, wodurch eine unnötige Verlängerung des Zuges und Vergrößerung des Zuggewichts (der toten Last) vermieden wird.

In Deutschland pflegt die Stellung des Packwagens an der Spitze des Wagenzuges die Regel zu sein, doch findet man ihn bei Pendel- und kopfmachenden Zügen auch am Schluß. Auch in England, wo eine bindende Vorschrift über Einstellung von Schutzwagen nicht besteht, stellt man bei Fernzügen jetzt meist den Packwagen hinter die Lokomotive, während er früher seinen Platz oft auch am Ende erhielt, um zugleich der Vorschrift entsprechend als Bremswagen zu dienen. Dieser Vorschrift muß bei der Stellung an der Spitze allerdings dann durch Einstellung eines besonderen Bremswagens genügt werden.

Güterwagen in Personenzügen. Außer Leichen kommt beschleunigtes Eilgut, Eilgut und Vieh zur Mitnahme in den Personenzügen in Frage. Leichen sind mit allen Personenzügen zu befördern, jedoch wird ihre Mitnahme in Schnell- und Eilzügen nur bedingungsweise gestattet. Geschlossene Eilgut- und Eilgutkurswagen werden in den besonders dafür freigegebenen Personenzügen aufgenommen. Lebende Tiere in Ladungen sowie einzelne Stücke Vieh können in Personenzügen befördert werden, sofern Güterzüge nicht zur Verfügung stehen. Zuchttiere und Rennpferde dürfen jedoch mit allen Personenzügen, die nicht ausdrücklich, wie die D- und L-Züge, ausgeschlossen sind, befördert werden. In allen Fällen werden Übersichten über die zugelassenen Züge aufgestellt, worin auch etwaige Beschränkungen aufgenommen werden.

Durch die Benutzung der Personenzüge zu solchen Zwecken sollen aber weder wesentliche Verzögerungen in der Durchführung des Fahrplans entstehen noch Anschlüsse versäumt werden. Auch sind die Bestimmungen der B. O. wegen der Zugstärke und der für die einzelnen Züge zugelassenen Wagenarten sowie der Bremsanordnung zu beachten.

Da die Begleiter von Leichen und Vieh im Sinne der B. O. als Reisende nicht anzusehen sind, so ist es angängig, wenn die Betriebsverhältnisse der Bahnhöfe dies erfordern, Leichen- und Viehwagen an die Spitze des Wagenzuges, also zwischen Lokomotive und Packwagen einzustellen. Voraussetzung ist, daß die Wagen mit Bremsleitung und im Winter auch mit Heizleitung versehen sind.

Wagen besonderer Bauart und mit besonderer Ladung. Die Sicherheit erfordert ferner, daß verschiedene Wagen und Wagenarten besonderer

---

[1]) Nach den Tabellen $\frac{15, 16, 18, 1890}{13, 14, 16, 1910}$ der Statistik der im Betriebe befindlichen Eisenbahnen Deutschlands.

Bauart überhaupt oder nur aus den Zügen größerer Geschwindigkeit auszuschließen sind oder in den Zügen, in denen sie zugelassen sind, ihre besonders bestimmte Stellung erhalten müssen.

So sind z. B. in Deutschland von allen Zügen ausgeschlossen: Wagen mit weniger als 2,5 m Radstand, Bremswagen, deren Radscheiben aus Holz oder Papiermasse bestehen, die Schalengußräder oder Flußstahlscheibenräder ohne besonders aufgezogene Reifen haben, und bremslose Personen-, Post- und Gepäckwagen mit Schalengußrädern. Bei Zügen mit einer Geschwindigkeit von mehr als 45 km sind ausgeschlossen: Wagen mit weniger als 3,0 m Radstand, mit Achsen von weniger als 115 mm Stärke und — nur von Personenzügen — vier- und mehrachsige Wagen, bei denen der Radstand unter 1,2 m bleibt. Beträgt die Geschwindigkeit mehr als 60 km, so sind auch Wagen mit weniger als 3,5 m Radstand ausgeschlossen.

Andere Wagen dürfen wieder nur bedingungsweise eingestellt werden. So z. B. Schemelwagen nur dann, wenn die Züge nicht nachgeschoben werden, Wagenpaare mit zusammenhängender Ladung in Personenzüge nur dann, wenn nicht reine Güterzüge gefahren werden. Endlich dürfen Wagen, die mit Pulver oder sprenggefährlichen Gegenständen beladen sind, nur in reinen Güterzügen befördert werden.

Was die Stellung der Wagen im Zuge anbetrifft, so erhalten insbesondere Schemelwagen mit Steifkuppelung, Wagenpaare mit zusammenhängender und Wagen mit leicht brenn- oder sprengbarer Ladung Plätze im Zuge nach besonderen Vorschriften[1]). Bezüglich der Pulver- und Sprengstoffwagen ist insbesondere noch zu beachten, daß mehr als 8 von ihnen in Zügen des allgemeinen Verkehrs nicht eingestellt werden dürfen, daß ihnen mindestens 4 Wagen (mit nicht leicht brennbarenStoffen beladene) vorangehen und 3 solcher Wagen als Schutzwagen folgen müssen. Auch die Anzahl der Schemelwagenpaare ist begrenzt, und zwar durch die auf den Strecken vorkommenden größten Steigungen. Güterwagen von mehr als 60 t Tragfähigkeit dürfen, wenn beladen, nicht unmittelbar hinter der Lokomotive und als Schlußwagen laufen, und wenn mehrere zu gleicher Zeit mit einem Zuge befördert werden sollen, nur mit Zwischenschaltung eines anderen beladenen Wagens eingestellt werden. Ordnet man leichte Wagen vor oder zwischen schweren Wagen an, so entsteht dadurch die Gefahr des Herausdrückens der leichteren Wagen aus dem Gleise. Deshalb ist es unstatthaft, in schnellfahrenden Zügen zwischen den schweren Drehgestellwagen anders geartete Wagen einzuschalten. Sollen dreiachsige Wagen ausnahmsweise eingestellt werden, dann müssen sie einen Radstand von 6 m und mindestens 16 t Eigengewicht haben. Ausländische Wagen müssen den Bestimmungen über die T. E. im Eisenbahnwesen entsprechen.

Es ist endlich tunlichst zu vermeiden, Schlafwagen zwischen D-Zugwagen und am Zugschluß einzuordnen.

Zahl der Bremsen. Durch das Bremsen soll der fahrende Zug rechtzeitig zum Stehen gebracht, also seine lebendige Kraft innerhalb gewisser Zeit vernichtet werden. Dies geschieht durch die Arbeit des Brems- und Zugwiderstandes unter der Annahme eines für alle Arten Züge gleichgroßen Bremsweges. Die sich hieraus ergebenden Beziehungen zwischen Strecke, lebendiger Kraft des Zuges und dem Widerstand werden durch die Gleichung

$$\frac{M\,v^2}{2} + M\,g\sin\alpha = \int_0^s B\,f\,ds + \int_0^s w\,ds$$

---

[1]) In Deutschland nach § 56 der B. O. sowie § 86² bis einschließlich ⁷, § 86¹⁰ und § 56 Anl. 10 der F. V.

ausgedrückt, woraus ersichtlich ist, daß die Gesamtbremskraft, d. h. die Zahl der Bremsen im Zuge, durch sein Gewicht, seine Geschwindigkeit und die Größe der Streckenneigung bedingt wird.

Unter Zugrundelegung der Frankschen Formeln, hergeleitet aus seinen Versuchen zur Bestimmung des Widerstandes eines Wagenzuges, hat man für

$$w = 2{,}5 + 0{,}0006 \, v^2 \quad (v \text{ in km in der Stunde})$$

einen Näherungswert für den Zugwiderstand und ferner in $4{,}2 \, v^2$ (v in km in der Stunde) die lebendige Kraft einer Tonne Zuggewicht berechnet, während die Versuche von Galton, die durch Wicherts Untersuchungen ergänzt und bestätigt wurden, ergaben, daß die Reibungsziffer f mit der Geschwindigkeit derart veränderlich ist, daß sie bei zunehmender Geschwindigkeit kleiner wird. Aus der auf Grund der Wichertschen Versuche abgeleiteten Formel sind dann für „f" die nachstehenden Werte berechnet:

v = 0	10	20	30	40	50	60	70	80	90
f = 0,250	0,201	0,164	0,142	0,128	0,117	0,109	0,103	0,098	0,093

Die **größte** Bremswirkung (Vollbremsung) tritt ein, wenn sich der Wagen an der Rollgrenze befindet, d. h. wenn die Reibung zwischen Rad und Bremsklotz gleich der Reibung zwischen Rad und Schiene ist. Der Klotzdruck steht demnach in einer gewissen Abhängigkeit vom Wagengewicht derart, daß bei einem unveränderlichen Klotzdruck, wie er durch die bauliche Durchführung der Bremse bedingt wird, nur ein Teil des veränderlichen Wagengewichts (Bremsgewicht des Wagens) zur Bremswirkung gelangen kann. Diesen Gewichtsteil nennt man den Bremswert des Wagens.

Ist G b das Bremsgewicht des Wagens, also auch des Zuges, so kommt auf 1 t Zuggewicht $1000 \dfrac{G b}{g}$ f Kilogramm Bremskraft; bedeutet ferner a die Steigung in mm auf 1 m und bezieht man das Gesamt-Bremsgewicht eines Zuges auf sein Gesamtgewicht, indem man $b = 100 \dfrac{G b}{g}$ setzt, so erhält man in der Formel

$$b = \frac{1}{f} \left(\frac{0{,}42 \, v^2}{s} - 0{,}1 \, w + 0{,}1 \, a \right)$$

den Ausdruck zur Berechnung der Bremshundertstel.

Der V. D. E. V. nahm für seine Untersuchungen in den achtziger Jahren s = 650 m[1]) als Bremsweg an und setzte dem vorstehenden Ausdruck für b noch ein Glied „0,012 a v" hinzu, weil die Lokomotive bei geringen Geschwindigkeiten ein Mehr an Bremskraft liefert, bei größeren Geschwindigkeiten aber unter Umständen auch einen Teil der Bremskraft des Zuges benötigt, in keinem Falle „b" aber kleiner als 6 werden sollte, und berechnete dann aus dieser ergänzten Formel die Anzahl der Wagenachsen, die auf 100 Wagenachsen bei Hauptbahnzügen zu bremsen sind. In die B. O. vom Jahre 1892, die bis zum 30. April 1905 Gültigkeit hatte, wurden die Ergebnisse in Gestalt folgender Zusammenstellung 11 aufgenommen.

Für die Nebenbahnen wurde bei gleicher Geschwindigkeit und Streckenneigung eine größere Anzahl Bremsachsen als bei Hauptbahnen vorgesehen, in Berücksichtigung der minder vollkommenen Einrichtungen der Strecke und Ausrüstung der Wagen mit Bremsen. Die Berechnung erfolgte nach der oben angegebenen Formel für „b" unter Erhöhung der Geschwindigkeit v um 10 km/st., so daß also in der Formel für „b" v = (v + 10) einzusetzen ist. In der

---

[1]) **Organ für Fortschritte des Eisenbahnwesens** 1889, S. 117, 120.

Bahnordnung für Nebeneisenbahnen vom Jahre 1896 wurde eine Zusammenstellung der Bremshundertstel für Geschwindigkeiten von 15 bis 40 km/st und für Steigungen von 0 bis $24^0/_{00}$ aufgenommen.

Zusammenstellung 11.

Steigung	Bei einer Fahrgeschwindigkeit bis											
	25	30	35	40	45	50	60	70	80	90	(100) km/st	
%	müssen von je 100 Wagenachsen zu bremsen sein											
0	6	6	6	6	8	10	17	25	36	48	(60)	(·)
2,5	6	6	7	9	11	14	21	30	41	54	(67)	Nach-
5,0	6	7	9	12	14	18	25	35	46	59	(73)	trag
7,5	8	10	12	15	18	21	29	39	51	(64)		vom
10,0	10	13	15	18	21	25	33	44	56			Jahre
12,5	13	15	18	21	25	29	38	48	59			1902
15,0	15	18	21	24	28	32	42	53				
17,5	18	21	24	27	32	36	46	57				
20,0	20	23	27	31	35	39	50					
22,5	22	26	30	34	38	43	54					
25,0	25	29	33	37	42	47						

Maßgebend für die Anwendung dieser Zusammenstellungen ist diejenige stärkste Neigung, die sich ununterbrochen auf 1000 m Länge erstreckt, oder diejenige Verbindungslinie zweier Punkte des Längsschnitts, die bei 1000 m Länge den größten Höhenunterschied zeigt, und die Geschwindigkeit, die dort ein Zug bei Einhaltung der kürzesten Fahrzeit „höchstens" erreichen darf ($\S\ 13^2$ der B. O. 1898).

Die seit 1858 bis dahin bestehende Vorschrift, betreffend die Anzahl der zu bremsenden Wagenachsen (Räderpaare), die noch auf die Zugart Rücksicht nahm, wurde damit verlassen.

Die wachsende Zuggeschwindigkeit und die Leitung schnellfahrender Züge aller Gattungen über Bahnen mit stark geneigten Strecken sowie die zunehmende Zuglast erforderten indessen bald eine Vergrößerung der Bremshundertstel. Diesen Erfordernissen wurde durch die Bremstafeln der neuen B. O. vom 4. Nov. 1904 Rechnung getragen, deren Zahlen ein Bremsweg von 700 m (anstatt früher 650 m) für alle Geschwindigkeiten und Steigungen zugrunde liegt.

Die Berechnung der Bremshundertstel nach Achsenzahl ergibt aber bei der Verschiedenheit der Auslastung der einzelnen Wagen erhebliche Unterschiede in der Größe der Bremswirkung, weshalb man den zu bremsenden Teil des Zuges nach Hundertstel seines Gesamtgewichtes zu bestimmen suchte. Die Ergebnisse der hierauf zielenden Untersuchungen des V. D. E. V., die in der Vereinsversammlung vom 3/5. September 1908 zu Amsterdam anerkannt wurden, sind in den Tafeln des § 160 der T. V. und des § 97 der Grz., beide vom 1. Januar 1909, zusammengestellt. Die ersteren, die gleichfalls unter Zugrundelegung eines Bremsweges von 700 m errechnet wurden, sollen sowohl für Haupt- als für Nebenbahnen gelten. Sie enthalten im allgemeinen höhere Werte als diejenigen der B. O. von 1892; nur bei geringeren Geschwindigkeiten sind sie niedriger, was indessen bei den durchgehenden Bremsen, wo stets ein Bremsüberschuß vorhanden sein wird, ohne Belang ist. Wenngleich die Bestimmung der Bremshundertstel vom Gesamtgewicht des Zuges auch lehrgemäß richtig ist, so stehen doch der Anwendung nicht unerhebliche Schwierigkeiten und Unzuträglichkeiten entgegen. Man machte folgendes dagegen geltend: Wegen der Umständlichkeit des Verfahrens erfordert es zweifellos mehr Zeit als das alte. Zwar wird vom Zugführer (siehe Seite 261) wegen Ermöglichung der besseren Ausnutzung der Lokomotivzugkraft das Zuggewicht bereits festgestellt. Erwägt man aber,

daß der Zug meist erst kurze Zeit vor der Abfahrt fertig zusammengestellt, der
Zugführer also bis zum letzten Augenblick mit seinen Aufschreibungen beschäftigt
ist, so werden Verzögerungen in der Abfahrt nicht ausbleiben. Für die Unterwegstationen, wo umfangreiche Änderungen in der Zusammenstellung vorgenommen
werden, trifft dies in erhöhtem Maße zu, so daß dort Aufenthaltsüberschreitungen
entstehen müssen. Zugverspätungen oder, nach entsprechender Fahrplanänderung
—wenn dies angängig ist—, erhebliche Verlängerung der Beförderungszeiten wären
die Folgen. Sollen im letzteren Falle aus anderen Gründen eingetretene Zugverspätungen durch Abkürzung der Aufenthalte eingeholt werden, kann durch die erhöhte Eile, mit der alle Handhabungen auszuführen sind, die richtige Ausrechnung
der Bremshundertstel und damit die Sicherheit des Betriebes in Frage gestellt
werden. Schließlich würde den Zugführern, die ohnehin schon jetzt durch das
Schreibwerk im Zuge stark beansprucht werden, eine nicht unerhebliche Mehr-
arbeit entstehen, die in allen Fällen zu leisten fraglich bleibt.

Nach den österreichischen Vorschriften geschieht die Berechnung der Bremskraft übrigens schon seit längerer Zeit nach der Bruttolast des Zuges.

Die oben genannten Zusammenstellungen der T. V. unterscheiden nun
Bremshundertstel bei Hand- und durchgehenden Bremsen. Bei diesen soll
nur das Eigengewicht aller Bremswagen, bei jenen das volle Gewicht aller
bedienten Bremswagen zur Anrechunng kommen. Unzweifelhaft ist die Einführung solcher getrennten Tafeln grundsätzlich richtig, weil hierbei sowohl
der Ungleichartigkeit des Bremsens mit der Hand, namentlich auch hinsichtlich
der Zeit des Bremsbeginnes und des Eintretens der Bremswirkung, als auch der
Verschiedenartigkeit in der Wagenbelastung und bei Personen- und Eilgutwagen
der verhältnismäßigen Geringfügigkeit der Belastung, die noch dazu einem
fortwährenden Wechsel unterliegt, Rechnung getragen werden kann.

Es erscheint aber nicht richtig, für Haupt- und Nebenbahnen dieselben
Bremshundertstel anzuwenden; denn die Gründe, die früher dazu geführt haben,
für diese höhere Bremshundertstel als für jene vorzuschreiben, bestehen auch
heute noch, und vielleicht umsomehr, als in dem gemischten Gefüge von Hand-
und durchgehenden Bremsen ein weiterer Grund für die Ungleichheit und Unsicher-
heit der Bremswirkung, zumal bei dem Überwiegen der handgebremsten Güterwagen in den meisten Nebenbahnzügen hinzutritt.

Die mit dem 18. November 1912 in Kraft getretene Änderung des § 55 der
B. O. vom 4. November 1904 sieht denn auch getrennte Bremstafeln A und B
für die Hand- und durchgehenden Bremsen auf Hauptbahnen und eine Brems-
tafel C für die Bremsen auf Nebenbahnen vor, mit der weiteren Bestimmung,
daß für „Nebenbahnen", wo Schranken bestehen und Einrichtungen vorhanden
sind, die dem Schrankenwärter den Abgang der Züge melden, wo die Kreuzungsstationen mit Einfahrsignalen versehen und alle nicht abgeschrankten unübersichtlichen Wegeübergänge während der Vorüberfahrt der Züge bewacht werden, die
Landesaufsichtsbehörde die Anwendung der Bremstafeln A und B zulassen kann.

In der Zusammenstellung 12 S. 206/207 sind die 3 Tafeln vereinigt, so daß
sich unschwer erkennen läßt, wie den vorstehenden Erwägungen Rechnung
getragen ist.

Aus den Bremstafeln kann bei gegebenem Bremshundertstel sowohl für
die jeweilig vorhandene Zugstärke die Anzahl der zu bedienenden Bremsen als
auch für die jeweilig vorhandene Anzahl der bedienten Bremsen die Zugstärke
nach Achsen ermittelt werden. Hierbei sind zu beachten:

die Bestimmungen über den ziffermäßigen Wert der Achsen der Personen-,
Post-, Gepäckwagen, der kalt laufenden Lokomotiven und der Tender sowie
der beladenen und leeren Güterwagen[1]);

---

[1]) 2 leere Güterwagenachsen gelten z. B. gleich 1 beladenen. § 53[3] der B. O.

die Bestimmungen über das Verfahren bei Zügen mit durchgehenden Bremsen, an denen mit Reisenden besetzte oder nichtbesetzte Wagengruppen angehängt sind[1]), und endlich

die Bestimmungen über die Anrechnung von Bremskraftüberschuß der Gruppenbremse.

Für den Gebrauch der Bremstafeln ist die Kenntnis der — nach § 55[8] der B. O. festzustellenden — maßgebenden Neigungen der einzelnen Strecken oder Streckenabschnitte notwendig. Auch ist es erforderlich, für die in den Bremstafeln nicht verzeichneten Neigungen Zwischenschaltungen vorzunehmen. Um die schnelle und sichere Bestimmung der zu bedienenden Bremsen oder der zulässigen Zugstärke zu ermöglichen, werden zweckmäßig besondere Tafeln für die maßgebenden Neigungen der einzelnen Strecken und die dafür erforderlichen Bremshundertstel sowie für die bei gegebenem Bremshundertstel zulässige Zugstärke zusammengestellt. Für Preußen-Hessen ist dies durch eine Zusatzbestimmung zum § 87[7] der F. V. vorgeschrieben und zugleich bestimmt, daß diese Zusammenstellungen im Anhang zum Fahrplanbuch bekannt gegeben werden sollen.

Sie erscheinen dort in den Abschnitten 6 und 7, die letzteren mit einer Ausführungsbestimmung, und zwar in folgender Form:

6. Zusammenstellung
der auf den einzelnen Strecken für die Züge erforderlichen bedienten Bremsachsen. F. V. § 87[7].

Nr.	Haupteisenbahnen	Maßgebende Neigung	Anzahl der auf je 100 Wagenachsen zu bremsenden Wagenachsen bei einer Fahrgeschwindigkeit von											Muß der letzteWagen eine bediente Bremse haben?
			25	30	35	40	45	50	60	70	80	90	100	
			Kilometer in der Stunde											
	6. E.-St.													
1	E.													
2	„ Gbf.	1 : 600	6	6	7	9	11	14	21	30	41	54	—	Nein
3	S.	1 : 160	8	10	12	15	18	21	29	39	51	64	—	Ja
4	S. Gbf.	1 : 160	8	10	12	15	18	21	29	39	51	64	—	Ja
15	St.	1 : 103	10	13	15	18	21	25	33	44	56	71	—	Ja

7. Bremstafel. F. V. § 87[9].

Bremshundertstel	Für die in der ersten Spalte angegebenen Bremshundertstel können die Züge bis zu den in den folgenden Spalten angegebenen Zahlen an Achsen stark sein, wenn die Zahl der bedienten Bremsachsen beträgt:																												
	2	3	4	5	6	7	8	9	10	11	12	13	14	15	16	17	18	19	20	21	22	23	24	25	26	27	28	29	30
6	33	50	66	83	100	116	133	150																					
7	28	42	57	71	85	100	114	128	142	150																			
8	25	37	50	62	75	87	100	112	125	137	150																		
9	22	33	44	55	66	77	88	100	111	122	133	144	150																
10	20	30	40	50	60	70	80	90	100	110	120	130	140	150															
.																													
.																													
95	2	3	4	5	6	7	8	9	10	11	12	13	14	15	17	18	19	20	21	22	23	24	25	26	27	28	29	30	31
96	2	3	4	5	6	7	8	9	10	11	12	13	14	15	16	17	18	20	21	22	23	24	25	26	27	28	29	30	31
97	2	3	4	5	6	7	8	9	10	11	12	13	14	15	16	17	18	19	20	21	22	23	24	25	26	27	28	29	30
98	2	3	4	5	6	7	8	9	10	11	12	13	14	15	16	17	18	19	20	21	22	23	24	25	26	27	28	29	30
99	2	3	4	5	6	7	8	9	10	11	12	13	14	15	16	17	18	19	20	21	22	23	24	25	26	27	28	29	30
100	2	3	4	5	6	7	8	9	10	11	12	13	14	15	16	17	18	19	20	21	22	23	24	25	26	27	28	29	30

---

[1]) Es sind getrennt zu ermitteln, wieviel bediente Bremsen der vordere Zugteil und wieviel Bremsen der angehängte Zugteil erfordert.

Ein bei der Berechnung der Bremsachsen sich ergebender Bruchteil ist voll zu rechnen.

Verteilung der Bremsen im Zuge. Die zu bedienenden Bremswagen sind tunlichst gleichmäßig im Zuge zu verteilen. Mit durchgehender Bremse müssen alle Personenzüge der Hauptbahnen bis zu einer Stärke von 60 Wagenachsen und der Nebenbahnen mit mehr als 30 km Geschwindigkeit ausgerüstet sein. Sie muß als Luftdruckbremse ausgebildet sein, wenn die Hauptbahnzüge mehr als 60 km, die Nebenbahnzüge mehr als 40 km Geschwindigkeit erreichen. Doch kann für besondere Verhältnisse eine andere Bremsart vorgeschrieben werden. Ferner muß sie — bei Nebenbahnen erst, wenn die Geschwindigkeit größer als 40 km wird — von der Lokomotive, von jedem Personenwagenabteil, vom Post- und Gepäckwagen und von jedem mit Handbremse versehenen Güterwagen betätigt werden können sowie bei Unterbrechungen der Bremsleitung selbsttätig wirksam werden. Seit etwa 20 Jahren werden außer Personenzügen auch Eilgüterzüge in immer größer werdendem Umfange mit durchgehender Bremse ausgerüstet. Die hiermit verbundene pünktlichere Zugabfertigung und größere Betriebssicherheit sowie Wirtschaftlichkeit bezüglich der Verwendung der Zugmannschaften wird dazu führen, die Eilgüterzüge mit durchgehender Bremse fortgesetzt zu vermehren, zumal sie anstandslos in Stärke von 80 Wagenachsen gefahren werden können.

In den Vereinigten Staaten werden die Güterzüge bereits seit 1899 mit durchgehender Bremse ausgerüstet[1]); in Deutschland ist seit etwa 1920 mit der Ausrüstung mit der durchgehenden Bremse (Kunze-Knorr-Bremse) begonnen.

Der letzte Wagen des Zuges muß eine bediente Bremse — Schlußbremse — haben, wenn die für die Bremsberechnung maßgebende Neigung der Strecke bei einer Länge von 1000 m und darüber größer als 1 : 200 ist. Solche Strecken werden in der letzten Spalte der Zusammenstellung „6" des Anhangs zum Fahrplanbuch und im Fahrplanbuch selbst in Spalte 11 durch eine senkrechte sägeförmige Linie ($) ersichtlich gemacht. Befinden sich in einem Zuge mit Sprengstoffen beladene Wagen, so muß der letzte Wagen in jedem Falle ein bedienter Bremswagen sein. Es dürfen aber weder die Bremsen der Sprengstoffwagen noch diejenigen des unmittelbar vorher und nachher gehenden Wagens bedient werden (E. V. O. Anlage B XXXV a, F. 3).

Hinter der Schlußbremse darf auf Hauptbahnen bei Güterzügen, auf Nebenbahnen bei den Zügen bis zu 40 km Geschwindigkeit ein leerer beschädigter, aber lauffähiger Wagen mitgeführt werden. Auf Strecken, wo eine Schlußbremse nicht erforderlich ist, dürfen hinter dem letzten bedienten Bremswagen nur die Hälfte der sonst bestimmungsgemäß auf dessen Bremsachsenzahl entfallende Achsen ungebremst folgen, jedoch höchstens 6 Achsen bei den Hauptbahnzügen mit Geschwindigkeiten bis zu 80 km, bei den Nebenbahnzügen bis zu 40 km. Doch müssen die Bestimmungen des § 87 F. V. für den ganzen Zug erfüllt sein.

Zwischen je 3 durch die Ladung oder Steifkupplung verbundenen Wagenpaaren muß sich ein bedienter Bremswagen befinden.

Am Schlusse eines mit durchgehender Bremse gefahrenen Personenzuges dürfen innerhalb der Höchstzugstärke je nach der Geschwindigkeit des Zuges einzelne an diese Bremse nicht angeschlossene Wagen in Stärke bis zu 6, steigend bis zu 30 Achsen mitgeführt werden. Diese Bestimmung findet ihre Grenzen bei Hauptbahnzügen mit mehr als 80 km, bei Nebenbahnzügen von mehr als 40 km Stundengeschwindigkeit. Auch dürfen Reisende in derart angehängten Wagen nur Platz nehmen, wenn die Geschwindigkeit des Zuges 60 km nicht

---

[1]) E. T. d. G. 3II, 19, S. 257.

Zusammen-

Auf Steigungen		Bei einer																
		15			20			25			30			35			40		
		Kilometer in der Stunde müssen von je																
von	vom Verhältnis	Hauptbahn		Nebenbahn	Hauptbahn		Nebenbahn	Hauptbahn		Nebenbahn	Hauptbahn		Nebenbahn	Hauptbahn		Nebenbahn	Hauptbahn		Nebenbahn
⁰/₀₀		H	D		H	D		H	D		H	D		H	D		H	D	
0	1 : ∞	6	6	6	6	6	6	6	6	6	6	6	8	6	6	11	7	7	15
1	1 : 1000	6	6	6	6	6	6	6	6	6	6	6	9	6	6	12	8	8	16
2	1 : 500	6	6	6	6	6	6	6	6	7	6	6	10	7	7	13	10	9	17
3	1 : 333	6	6	6	6	6	6	6	6	8	6	6	11	9	8	14	11	10	18
4	1 : 250	6	6	6	6	6	6	6	6	9	7	7	12	10	9	15	13	11	19
5	1 : 200	6	6	6	6	6	7	6	6	10	9	7	13	11	9	16	14	12	20
6	1 : 166	7	7	7	7	7	8	7	7	11	10	9	14	13	11	17	16	13	21
7	1 : 143	8	8	8	8	8	9	8	8	12	11	10	15	14	12	18	17	15	22
8	1 : 125	9	9	9	9	9	10	9	9	13	12	11	16	15	13	19	19	16	23
10	1 : 100	10	10	11	10	10	13	12	11	16	14	13	19	18	15	22	22	18	25
12	1 : 83	12	12	13	12	12	15	14	13	18	17	15	21	20	17	24	25	20	28
14	1 : 71	14	14	15	14	14	17	16	14	20	19	17	23	23	20	27	28	23	31
16	1 : 62	16	16	17	16	16	19	18	16	22	22	19	26	26	22	30	30	25	34
18	1 : 55	18	18	19	18	18	22	20	18	25	24	21	29	28	24	33	33	28	37
20	1 : 50	20	20	21	20	20	24	22	20	27	26	23	31	31	27	36	36	31	40
22	1 : 45	22	22	23	22	22	26	24	22	30	29	26	34	34	30	39	39	34	44
25	1 : 40	25	25	26	25	25	29	27	25	33	32	29	38	38	33	43	44	37	48
30	1 : 33	—	—	30	—	—	34	—	—	38	—	—	43	—	—	48	—	—	54
35	1 : 28	—	—	34	—	—	39	—	—	44	—	—	49	—	—	56	—	—	—
40	1 : 25	—	—	39	—	—	44	—	—	50	—	—	56	—	—	—	—	—	—

übersteigt und die Wagen in sich bestimmungsgemäß mit besetzten Bremsen versehen sind.

In Österreich ist überall ein bedienter Bremswagen am Zugschluß vorgeschrieben. In England, wo verhältnismäßig kurze Güterzüge gefahren werden, befindet sich meistens nur am Zugschluß ein Bremswagen, der 20 t und mehr wiegt und vom Packmeister bedient wird. Die Züge sind dabei bis zu 90 Achsen stark und verkehren auf Strecken mit Neigungen bis zu 1 : 45. Im Falle dieser eine Bremswagen zur Bremsung nicht ausreicht, muß der Zug vor der Neigung halten, damit der Packmeister eine genügende Anzahl der in allen Güterzügen befindlichen Hebelbremsen niederlegen kann[1]).

Kupplung der Fahrzeuge. Die Kupplung ist von der Zugart, Stärke und Geschwindigkeit abhängig. Beträgt letztere mehr als 45 km, so sind die Fahrzeuge so fest zu kuppeln, daß die Pufferfedern etwas angespannt sind. Güterzüge, die mit einer Geschwindigkeit bis zu 45 km verkehren, sind so zu kuppeln, daß die Puffer in geraden Gleisen 2—3 cm voneinander abstehen. Die mit Sprengstoffen beladenen Güterwagen sind aber sowohl unter sich als mit dem voran- sowie nachgehenden Wagen fest zu verkuppeln (F. V. Anlage 10, Ziffer 9). Alle Fahrzeuge sind stets doppelt miteinander zu verkuppeln, die ungebrauchten Kupplungen sind aufzuhängen.

Die straffe Kupplung der schnellfahrenden, insbesondere Personenzüge verhindert das Schleudern der Wagen; die lose Kupplung bei den Güterzügen erleichtert das Anfahren.

Soweit nach dem Vorstehenden Sicherheitsrücksichtell nicht entgegenstehen, wird die Wagengattung und -folge durch das Bestreben, eine möglichst schnelle Zugbehandlung auf den Stationen zu erreichen, bestimmt.

---

[1]) **Frahm,** Das engl. Eisenbahnwesen, 1911. S. 257.

stellung 12.

| 45 | | | 50 | | | 55 | | 60 | | 65 | 70 | 75 | 80 | 85 | 90 | 95 | 100 | 105 | 110 | 115 |
| Hauptbahn | | Nebenbahn | Hauptbahn | | Nebenbahn | Hauptbahnen | | | | Durchgehende Bremsen | | | | | | | | | | |
H	D		H	D		H	D	H	D											
10	10	20	13	13	26	17	17	21	21	26	31	37	43	50	57	65	73	82	91	100
11	12	21	15	15	27	19	19	23	23	28	33	39	46	53	60	68	76	86	97	—
13	13	22	16	16	28	20	20	24	24	30	35	41	48	55	63	71	79	89	100	—
15	14	23	18	17	29	22	22	26	26	32	37	43	50	58	65	74	82	93	—	—
16	15	24	20	18	30	24	23	28	28	34	39	45	52	60	68	77	85	97	—	—
18	16	25	22	19	31	26	24	30	29	35	40	47	54	62	70	79	88	100	—	—
19	17	26	23	21	32	28	26	—	31	37	42	49	56	65	73	83	94	—	—	—
21	18	27	25	22	33	30	27	—	33	39	44	51	58	67	76	86	97	—	—	—
23	19	28	27	24	34	32	28	—	34	40	46	53	60	69	79	89	—	—	—	—
26	21	30	31	25	36	—	30	—	36	42	49	56	63	73	84	—	—	—	—	—
29	24	33	34	28	39	—	33	—	39	46	53	60	68	79	—	—	—	—	—	—
32	27	36	38	31	42	—	36	—	42	49	57	64	73	—	—	—	—	—	—	—
35	29	39	41	34	45	—	39	—	45	52	60	68	—	—	—	—	—	—	—	—
39	32	42	—	—	48	—	42	—	48	55	63	—	—	—	—	—	—	—	—	—
42	35	45	—	—	52	—	44	—	50	58	—	—	—	—	—	—	—	—	—	—
—	—	49	—	—	56	—	48	—	54	—	—	—	—	—	—	—	—	—	—	—
—	—	54	—	—	61	—	52	—	—	—	—	—	—	—	—	—	—	—	—	—
—	—	—	—	—	—	—	—	—	—	—	—	—	—	—	—	—	—	—	—	—
—	—	—	—	—	—	—	—	—	—	—	—	—	—	—	—	—	—	—	—	—
—	—	—	—	—	—	—	—	—	—	—	—	—	—	—	—	—	—	—	—	—

4. Bildung der Personenzüge.

Stellung der Wagen im Zuge. Die schnellfahrenden Züge werden in Deutschland und nach dessen Vorgehen auch im zwischenstaatigen Verkehr immer mehr und mehr aus Durchgangs- (D-) Wagen mit geschlossenen Übergangsstücken gebildet. Dadurch wird es dem Reisenden ermöglicht, den Zug in jedem Wagen zu besteigen und sich während der Fahrt seinen Platz auszusuchen oder zuweisen zu lassen. Das Suchen nach Plätzen vom Bahnsteige aus, wodurch leicht ein hemmendes, zeitraubendes Durcheinanderlaufen auf ihm entsteht, wird dadurch, wenn auch nicht ganz vermieden, so doch erheblich eingeschränkt. Der Aufenthalt kann deshalb auf die für die am Zuge notwendigen Betriebsvorgänge nötige Zeit beschränkt werden. Bei den Zügen mit Abteilwagen, deren einzelne Abteile unmittelbar vom Bahnsteige aus besetzt werden müssen, wird das Aufsuchen der Plätze dadurch erleichtert, daß die Wagen gleicher Tarifklasse zusammmen und die Wagen I/II. Klasse in die Mitte gestellt werden, was bei den Stämmen der Züge die Regel sein soll. Befinden sich Kurswagen in einem Zuge, so richtet sich deren Stellung nach den Gleisanlagen der Zugwechselstationen und namentlich, wenn hierbei Kopfstationen in Frage kommen, danach, wie sich die Abfahrten der umgebildeten Züge folgen.

Die mitgeführten Speisewagen werden tunlichst in die Zugmitte gestellt, um sie auf möglichst kurzem Wege erreichbar zu machen. Sie trennen oft die Wagen I/II. Klasse von denen der III. Klasse. Die Schlafwagen werden am besten derart eingestellt, daß der freie Verkehr der andern Wagen nicht durch sie hindurchgeht.

Die Zusammensetzung der Züge nach Anzahl, Gattung und Reihenfolge wird durch den Zugbildungsplan (Abkürzung: Zp oder, z. B. in Bayern und Württemberg, ZBp, in Baden Zbp) vorgeschrieben. Er besteht aus dem Ordnungsplan (in Zugnummerfolge) und dem Wagen-Umlaufplan, getrennt für die eigenen Wagen und die Wagen anderer Verwaltungen.

Für Preußen-Hessen ist ein einheitliches Muster für den Zp vorgeschrieben, nach dem jede Verwaltung ihn für ihren Bereich aufstellt. Er soll
alle Wagen, die regelmäßig in den Zügen laufen, also auch die regelmäßig
an einzelnen Tagen beizugebenden Verstärkungswagen, Stück- und Eilgutkurswagen usw., enthalten, während die außergewöhnliche Verstärkung in jedem
Falle besonders bekanntzugeben ist. Sommerläufe sind durch volle □, Winter-
läufe durch punktierte ⬚ Umrahmung der Zugnummern in Spalte 1 zu kennzeichnen. Im Ordnungsplan ist am Schlusse bei den Schnell- und Eilzügen
die Achszahl anzugeben; bei den Personenzügen ist dies jeder Verwaltung
überlassen.

Die Personenwagen werden getrennt nach Klassen abgekürzt durch die
Buchstaben A, B, C, D, die Packwagen mit P (Pg für Güterzüge), die Postwagen
mit „Post", die Schlafwagen mit „Schlaf", die Speisewagen mit „Speise", die
Gefangenenwagen (Zellenwagen) mit Z, die für Personenbeförderung ausgerüsteten Güterwagen mit Gd und Gc und die mit Luftdruckbremse versehenen
Güterwagen mit N und Ne (für Schnellzüge) bezeichnet. Die Doppelbezeichnung,
z. B. AA, bedeutet, daß die Wagen 4 bis 6 Achsen haben, die Bezeichnung mit
mehreren Buchstaben, z. B. AB, BC, ABC, daß die Wagen die betreffenden
Klassen enthalten. Durch die Zusätze ü und i werden Wagen mit Durchgang,
und zwar mit geschlossenen bzw. offenen Übergängen, kenntlich gemacht, während
der Zusatz „post" einen Wagen mit Postraum und „kr" Krankenraum bedeutet. Kleine Ziffern bei den Post und Schlaf, wie Post [2] und Schlaf [6], bezeichnen

Ordnungsplan (Preußen-Hessen) nach Zugnummern.

1	2	3	4	5	6	7	8	9	10
Zug Nr.	Wagen-klasse	Bremse	Heizung	Zahl, Gattung und Reihenfolge der Wagen	Kommt aus Zug	Wagenlauf	Geht über in Zug	Nr. des Abschnitts II.	Bemerkungen.
D 1 (v. 15. 3. bis 31./10.)	½	W/br	Dhz	1 Post 17	2	Frankfurt—Berlin	2	956	
				1—2 Schlaf [6]	,,	,, ,,	,,	{524 \951	1 Schlaf nach Bed. v. Basel
				1 ABBü	1826	Chur—Berlin	,,	954	F 2. Kl. ab Basel
				1 ABBü	,,	Chur—Leipzig	91	506	bei Bedarf F 2. Kl ab Frankfurt
				1 ABBü	,,	Mailand—Berlin	2	957	
				1 ABBü	,,	Basel S—Berlin	,,	955	2./5.—1./10. sonst n. Bed.
				1—2 Schlaf [6]	,,	,, ,, ,,	,,	921	
				1 PPü	1826	,, ,, ,,	,,	956	
				42 Achsen Bebra—Naumburg 2./5.—1./10. 38 ,, ,, ,, 2./10.—1./5. Naumburg—Weißenfels 4 Achsen weniger					
bis 709⁹									
710	²/₄	,,	,,	1 PPost 1 BC 1 D	709	Crossen—Jena	711	191	
				1 CD	,,	,, —Eisenberg	705	193	
				1 C	,,	,, —Jena	711	198	So. u. F.
				1 BC	,,	,, ,,	,,	199	So. u. F. 1./5.—30./9.
bis 7203									
7206	¼	,,	,,	1 P, 1 AB, 2 C	473	Lichtenfels—Coburg	459	123	P aus Z. 467
				1 D	467	,, ,,	475	130	
[7206]	3	,,	,,	1 C	7203	Meiningen—Wernshausen	7203	596	Nur an Meininger Schultagen

die Achsenzahl der betreffenden Wagen, Post 17 aber einen Postwagen von 17 m Länge. Bei den übrigen deutschen Eisenbahnverwaltungen und auch in Österreich sowie im europäischen Durchgangsverkehr sind dieselben Bezeichnungen mit den gleichen oder ähnlichen Zusätzen gebräuchlich.

Der Ordnungsplan gibt also in Zugnummerfolge die Ordnung der einzelnen Züge in bezug auf Anzahl und Gattung sowie Reihenfolge der Wagen für jeden Teil ihrer Fahrstrecke (Sp. 5 und 7), die Stationen, auf denen Kurswagen ein- und ausgesetzt werden (Sp. 7) und die Züge, aus denen sie entnommen (Sp. 6) oder in die sie eingestellt werden (Sp. 8), an. Spalte 9 bezieht sich auf die Sp. 1 des Umlaufplans, der angibt, in welchen Zügen (Sp. 3) und aus welchen Wagen (Sp. 8) die einzelnen Zugstämme, Kurs- und Verstärkungswagen zu verkehren haben. Aus ihm ist die Umlaufzeit des Zuges in Tagen (Sp. 2) bis zu seiner Rückkehr zur Zugbildungsstation sowie seine Gesamtumlaufzeit bis zu seiner Untersuchung (Sp. 10) zu ersehen.

Der Umlaufplan ist buchstabenmäßig für die eigenen Wagen nach Zugbildung- und Vorratstationen, für die fremden Wagen nach Verwaltungen geordnet.

Die mit [ ] versehenen Wagen werden auch für andere Züge oder an andern Tagen benutzt und sind deshalb bei der Aufrechnung des Wagenbedarfs nicht berücksichtigt. Wo bei den Stationen am Schlusse sämtliche überwiesenen Wagen aufgeführt sind (wie im Beispiel), sind die in den Zügen regelmäßig laufenden Wagen unterstrichen. Wagen fremder Verwaltungen sind mit ( ) zu ver-

Umlaufplan für die einzelnen Wagen.

1	2	3	4	5	6	7	8	9	10	11
Nr.	Umlauftage	Gattung und Zug-Nr.	Wagenlauf	Ankunft	Hauptreinigung R Zwischenreinigung r Gasfüllung g	Abfahrt	Wagen Zahl und Gattung	Nummern	Untersuchung nach Tagen	Bemerkungen
Zugbildungsstation Naumburg (Saale).										
624	1	661	Naumburg			5^{16}	1 BCi	1900	158	Züge 679 und 680 ver-
		664	Artern	7^{20}		7^{38}	1 Ci	2104		kehren nur So. u. F.
		673	Naumburg	9^{37}	R	12^{23}	1 Di	2806		Züge 661, 664, 665, 668,
		674	Laucha	12^{48}		12^{54}	1 P	3812		673 u. 674 führen täg-
		665	Naumburg	1^{18}	r	1^{29}				lich, Z. 667 u. 670 werk-
		668	Artern	3^{10}	r	4^{32}				tägl. noch 1 Post.
		677	Naumburg	6^{38}	r	7^{15}				Der Sd. mit Z. 668 ange-
		678	Laucha	7^{40}		7^{50}				kommene Post wird
		669	Naumburg	8^{14}		8^{56}				Mo. in Z. 661 eingestellt.
		662	Sangerhausen	11^{23}		12^{01}				
625 bis 642										
643	1	661	Naumburg			5^{16}	2 Di			Mi. u. Sd. 1./4.—31./10.,
		660	Laucha	5^{52}		6^{00}				1./11.—31./3.
			Naumburg	6^{28}	R					1 Di in Z. 661. u. 662.
[694]	1	Leerz 883	Naumburg			7^{53}	[1 P]			Wp[1]) Nr. 24. So. u. F.
		Nz. 863S	Kösen	8^{08}		8^{34}				Als P ist der P von 666a
		Leerz 856	Leipzig	10^{27}		1^{55}				zu verwenden, der mit
		810	Corbetha	2^{11}		3^{52}				Leerz. 863 S. nach
			Naumburg	4^{19}	R					Kösen läuft.

[1]) Wp = Wagenbeistellungsplan. Ewp = Europäischer Wagenbeistellungsplan.

	ABBü	ABCCü	ACCü	CCü	PPü	ABB	ABCC	BCC	CC	PP	AB	B	BC	C	CD	D	Ndi	P	P Post
Bestand	—	—	—	—	—	—	1	—	1	—	3	—	9	21	1	16	2	5	2
Bedarf für planmäßige Zugbild. . .	—	—	—	—	—	—	—	—	—	—	2	—	7	16	1	14	—	4	1
Bereitschaftswagen	—	—	—	—	—	—	1	—	1	—	1	—	2	5	—	2	2	1	1

    Nummern der überwiesenen Wagen: ABCC 110, CC 262, AB 529, 531, BC 785, C 1121, 1122, 1137.

        AB 416. BCi 1788, 1882, 1900, 1901, 1906. BCi 1883, 1834, 1848. C 845 usw.

sehen. In dem Umlaufplan für die Wagen fremder Verwaltungen fällt die Spalte 9 fort.

Am Schlusse des Zugbildungsplanes befindet sich, getrennt nach der Wagengattung, eine Zusammenstellung des Bestandes, des regelmäßigen Wochenbedarfs für planmäßige Zugbildung, der höchsten planmäßigen tageweisen Verstärkung, der Bereitschaftswagen, getrennt für Ausbesserung und für außergewöhnliche Verstärkung, und endlich das Hundertstel der Bereitschaftswagen von den für den Umlauf erforderlichen Wagen.

In jedem Verwaltungsbereich der ehemals preußisch-hessischen Staatsbahnen wird außerdem eine „Nachweisung der Personen- und Gepäckwagen" geführt, die den Nummer- und Verteilungsplan der Wagen, geordnet nach Gattungen und Nummern, und am Schlusse ein Verzeichnis der Heimatstationen für die losen Luft- und Heizleitungsrohre usw. enthält.

Etwaigen Bedarf an Personen- und Gepäck-, sowie 3achsigen N-Wagen haben die Stationen bei dem Personenwagenbureau (PWB) ihrer Verwaltung in dringenden Fällen (Überweisung binnen 48 Stunden) telegraphisch, sonst schriftlich einzufordern.

Eine von der preußisch-hessischen abweichende Form des Zugbildungsplans haben die süddeutschen Verwaltungen in Gebrauch. So enthält z. B. der bayrische 2 Abschnitte, und zwar im ersten einen Auszug des europäischen Wagenbeistellungsplanes, im zweiten den Zugbildungsplan, nach Zug-Nr. geordnet. In einem Anhange befinden sich Übersichten der Expreßzug, Speise- und Schlafwagenverkehre sowie über das Durchschnittsgewicht, die Länge und Platzzahl der Wagen, über die Stationierung und Anzahl der beweglichen Brems- und Heizleitungen usw. und über die Verwendung und den Stand der Personen-, Gepäck- und Postwagen.

Europäische Wagenbeistellung. Der über die einzelnen Bahngebiete hinaus- oder durch sie hindurchgehende Personenverkehr erforderte schon bald nach dem Anschlusse der ersten Bahnen untereinander den Übergang der Personen-, Pack- und Postwagen auf deren Hauptverkehrsstrecken. Dadurch wurde sowohl dem Vorteil der Reisenden an einer möglichst kurzen Fahrzeit als auch deren Bequemlichkeit durch Verminderung der Umsteigestellen genügt. Aber auch dem Vorteil der Verwaltungen wurde Rechnung getragen, indem deren Betriebsmittel und Übergangsbahnhöfe wirtschaftllicher ausgenutzt wurden. Solche Wagenübergänge, die stets in regelmäßigen Läufen erfolgen können, wurden stets vorher besonders vereinbart, und zwar, nachdem sich die Zahl der daran beteiligten Verwaltungen immer mehr vergrößerte, in besonders zusammentretenden Versammlungen und darin gepflogenen Besprechungen. Deutschland, das Land der Mitte des europäischen Eisenbahnverkehrs, war auch hierin, wie in vielen anderen Eisenbahneinrichtungen, bahnbrechend, und da in diesem Falle sein Nutzen mit dem der Reisenden aus den Nachbarländern gleichbedeutend ist, oft auch maßgebend. Aus diesen Besprechungen, die bis 1888 noch in getrennten Gruppen stattfanden, gingen im Frühling 1889 in Eisenach die Wagenbeistellungskonferenzen hervor. An ihnen nahmen seinerzeit etwa 75 Verwaltungen einschließlich der Speise- und Schlafwagengesellschaften aus fast allen europäischen Ländern teil; denn die durchlaufenden Wagen hatten nicht nur an Zahl, sondern auch die Länge ihres Laufes und die Zahl der von ihnen berührten Länder und Verwaltungen hatte stetig und in steigendem Maße zugenommen.

Auf den europäischen Wagenbeistellungskonferenzen wird der europäische Wagenbeistellungsplan (EWp), die Grundlage für die Zugbildungspläne der Einzelverwaltungen, festgesetzt. Diese Festsetzungen erstrecken sich auf ganze Züge und deren Zusammensetzung, auf Kurswagen und deren Stellung in den Zügen, auf die Anzahl der in den Zügen erforderlichen verschieden benutzten Abteile (Raucher, Nichtraucher, Frauen usw.), auf die Wagenreinigungen, die erforderlichen Laufschilder nebst deren Aufschrift, auf die Ausrüstung mit Brems- und Beleuchtungseinrichtung, auf die mitzuführenden Ausrüstungsgegenstände, die Überwachung wegen der Beistellung und Rücksendung der Wagen sowie über das Verfahren bei Beförderung leerer Wagen, beim Aussetzen von Kurswagen infolge Anschlußversäumnis usw. Für die nicht in den regelmäßigen Läufen, also nur ausnahmsweise übergehenden Wagen bestehen in den Lübecker Bedingungen (Lüb. Bed.) vom 1. August 1907 besondere Bestimmungen, die sich auf Bauart der Wagen (Umgrenzungslinie) und deren Brems-, Heiz-, Beleuchtungseinrichtung usw. beziehen. Sofern solche Wagen diesen Bedingungen entsprechen, sind sie bei einem beabsichtigten Übergang nur anzumelden, andernfalls bedarf ihre Mitführung der Genehmigung der beteiligten Verwaltungen. Die wichtigeren Beschlüsse sind in den „Vereinbarungen der europäischen Wagenbeistellungskonferenzen über den Personen- und Gepäckwagen-Durchgangsverkehr" (VEWK) zusammengestellt.

Zeit und Ort der Konferenzen wurden auf der vorhergegangenen festgesetzt. Sie fanden zweimal im Jahre, im Frühling und im Herbst statt. Die preußisch-hessischen Verwaltungen nahmen indessen nur an der Frühjahrskonferenz teil, nachdem auch deren Fahrplan für das ganze Jahr nur einmal aufgestellt wird.

Die Konferenzen bestanden aus allgemeinen Verhandlungen über die alle Verwaltungen angehenden Angelegenheiten und aus Einzelverhandlungen bestimmter zusammenhängender Verkehrsgruppen. Man unterschied 4 Gruppen, die allgemeine für deutsche und außerdeutsche Verwaltungen, die deutsche nur für deutsche Verwaltungen, die östliche — österreich-ungarische und angrenzende Bahnen östlich davon umfassend — und die Gruppe für zwei Verwaltungen. In den Einzelverhandlungen wurden vor allen Dingen die durchgehenden Zugläufe vereinbart. Die Niederschriften und die nach den Beschlüssen angefertigten Wagenbeistellungspläne wurden von dem Eisenbahn-Zentralamt in Berlin und für die östliche Gruppe von dem K. K. Wagen-Dirigierungsamt in Wien gesammelt, zusammengestellt, in Druck gegeben und an die Einzelverwaltungen verteilt.

Da im Personen- und Gepäckwagen-Durchgangsverkehr nur ein nach Achskilometer berechneter Leistungsausgleich stattfindet, sucht man den Wagenbeistellungsplan nach Möglichkeit so aufzustellen, daß die Leistungen der einen Verwaltung durch die Gegenleistungen der mitbeteiligten Verwaltungen ausgeglichen werden. Mehrleistungen in einem Verkehr finden durch Minderleistungen in einem andern ihren Ausgleich. Guthaben in Achskilometer werden auf den nächsten Fahrplan übertragen, wobei für den Ausgleich nach Möglichkeit gesorgt werden muß. Die Abrechnung geschieht durch die vom Eisenbahn-Zentralamt in Berlin zweimal im Jahre aufgestellte Hauptübersicht der Leistungen an Achskilometer in der auf S. 212 angegebenen Form.

Benutzung und Bezeichnung der einzelnen Abteile. Um gewissen Gewohnheiten und Gebräuchen der Reisenden sowie deren Bequemlichkeit Rechnung zu tragen, werden in den Personenzügen Abteile für Raucher, Nichtraucher und Frauen eingerichtet, nach Grundsätzen, die bei fast allen Verwaltungen

Nr.	Gegenüber der folgenden Bahn	Badische Staatseisenbahn		Bayrische Staatseisenbahn		Elsaß-Lothringen (Reichseisenbahn)		. . . .		Preußisch-hessische Staatseisenbahn		Sächsische Staatseisenbahn		usw.
	haben die nachstehenden Verwaltungen	Guthaben	Schuld	Guthaben	Schuld	Guthaben	Schuld			Guthaben	Schuld	Guthaben	Schuld	
						in Achskilometern								
1	Bad. Staatsb. .			12 000			4000				21 000		3000	
2	Bayr. Staatsb. .		12 000							20 000				
3	Els.-Lohtringen .	4 000												
.														
.														
.														
8	Preuß.-Hessische Staatseisenb. .	21 000			20 000									
9	Sächs. Staatsb. usw.	3 000												
	Zus. { Guthaben	28 000		12 000						20 000				
	{ Schuld .		12 000		20 000		4000				21 000		3000	
	Ergebnis: Guthaben . .	16 000												
	Schuld . . .				8 000		4000				1 000		3000	

(Personenwagenvorschriften [PWV])

die gleichen sind. Für dienstliche Zwecke kann ein Dienstabteil vorbehalten werden. Außerdem werden in jedem Wagen Aborte, z. T. mit Wascheinrichtung, ausgeschieden.

In Deutschland sind hierfür die Bestimmungen der F. V. § 91$^{9-12}$ maßgebend. Danach soll in jedem Zuge — mit Ausnahme von Triebwagen-Nebenbahn- und Vorortzügen — je ein Abteil 2., 3. und 4. Klasse als Frauenabteil (F) vorbehalten werden, sofern er mindestens 7 Abteile der betreffenden Klasse führt. Leere Frauenabteile gleichgerichteter Kurswagen können von ihrer Vereinigungstation aus bis auf eins — des am weitesten laufenden Kurswagens — in Nichtraucherabteile umgewandelt werden. Im allgemeinen aber sind die Frauenabteile in den Stammwagen einzurichten. Dic Hälfte der Wagen oder Abteile 1., 2. und 3. Klasse, ein Drittel der Abteile 4. Klasse sind für Nichtraucher, überschießende Abteile für Raucher zu bestimmen. In Triebwagen darf nicht geraucht werden. Ein Dienstabteil darf nur aus den Abteilen der 3. Klasse ausgeschieden werden, und auch nur dann, wenn mindestens 2 Schaffner den Zug begleiten oder Zugmannschaften zur Übernahme oder nach Ableistung ihres Dienstes zu befördern sind.

Die Aborte der Schnell- und Eilzüge sollen von jedem Abteil zugänglich sein. Bei den anderen Personenzügen ist mindestens 1 Abort für die ersten beiden und 1 Abort für die dritte Klasse vorzusehen.

In der 3. Klasse können Abteile für Jäger mit Hunden, in der 4. Klasse solche für Reisende mit Traglasten vorbehalten werden. Bei den von Schulkindern benutzten Zügen werden oft besondere Abteile, gegebenenfalls getrennt für Knaben und Mädchen, freigehalten.

Alle Abteile sind für die vorgesehene Benutzung außen und in den meisten Fällen auch innen entsprechnd zu bezeichnen.

Für die Platzbenutzung und -belegung werden für die D-Züge Pläne — sogenannte Laufkarten (Abb. 17) — herausgegeben, die den Grundriß des Wagens mit den eingeschriebenen Sitzplatznummern und die Art der Benutzung enthalten. Schraffierte Plätze sind von der Vorausbestellung ausgeschlossen.

Behandlung der Züge auf den Stationen. Auf den Zugbildungs- und Wendestationen werden die Wagen gereinigt, gelüftet, gegebenenfalls entseucht, nachgesehen, mit Licht, Wasser usw. versorgt, während der Heizzeiten angeheizt und mit Laufschildern versehen.

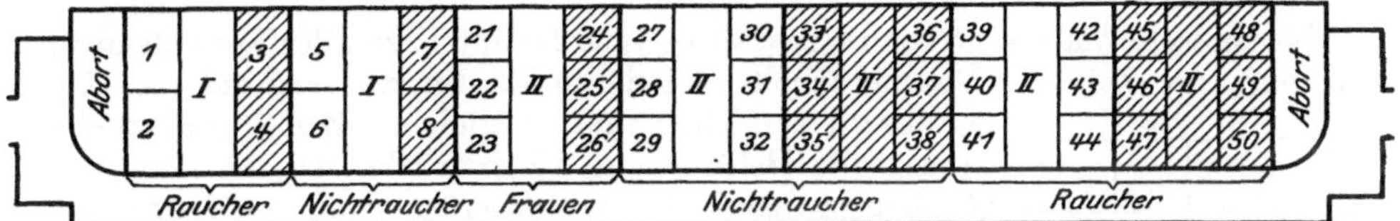

Abb. 17. Laufkarte Leipzig—Essen.

Bezüglich der Reinigungen unterscheidet man Hauptreinigungen und Zwischenreinigungen. Erstere sind nach jeder längeren Fahrt oder bei kürzeren Fahrten mindestens täglich einmal auf den dazu bestimmten, im Zugbildungsplan II Sp. 6 mit R bezeichneten Stationen und mit jeder Ausbesserung oder Untersuchung in den Werkstätten vorzunehmen. Letztere finden auf den an derselben Stelle mit „r" bezeichneten Bahnhöfen statt. Außerdem sind noch auf den Unterwegstationen, soweit dies ohne Belästigung der Reisenden möglich ist, Reinigungen vorzunehmen, wo es der Zugaufenthalt gestattet. Wagen, die infolge ihres Laufes oft von Kranken oder ständig im Auswandererverkehr benutzt werden oder die mit Krankenabteil versehen sind, sind nach einem besonderen Plane zu entseuchen. Wagen, in denen Reisende mit ansteckenden Krankheiten festgestellt oder verdächtigt werden, sind sofort der nächsten Entseuchungsstation zuzuführen.

Die Wagenwärtermannschaft hat eine technische Untersuchung der Wagen vorzunehmen und deren Lauffähigkeit festzustellen. Bezüglich der Heizung ist noch zu bemerken, daß mit dem Vorheizen — unter Umständen durch eine besondere Lokomotive — je nach der Außenkälte 1 bis 2 Stunden vor der Abfahrt zu beginnen ist.

5. Bildung der Güterzüge.

Allgemeine Gesichtspunkte. Wie bereits auf Seite 192 ausgeführt wurde, bestehen die Güterzüge im allgemeinen stets aus anderen Wagen, wenn auch einzelne von ihnen stets den gleichen Zwecken dienen können. Indessen muß auch die Zusammenstellung der Güterzüge nach einem bestimmten Plane erfolgen, weil ihre Benutzung nicht dem Belieben der einzelnen Stationen überlassen werden kann. Denn je dichter das Netz wird, desto mehr Wege führen zu demselben Ziele, desto mehr Knotenpunkte entstehen für Übergänge und geben zu Umbildungen und neuen Zugbildungen Veranlassung. Ganz besonders sprechen auch hier die Gleisanlagen der Übergangstationen mit, die für das Aus- und Einsetzen der Wagen in Frage kommen. Auch ist es nicht ohne Einfluß, ob auf der einen oder anderen der von den Zügen berührten Unterwegstationen Rangiermaschinen vorgehalten werden oder nicht. Ferner wird die Güterbeförderung umso wirtschaftlicher, je schneller sie vonstatten geht, d. h. je schneller die beladenen und leeren Fahrzeuge zum Ziele gelangen. Das kann nur erreicht werden, da die Zuggeschwindigkeit aus technisch-wirtschaftlichen Gründen über ein bestimmtes Maß nicht gesteigert werden sollte, wenn sie auf dem technisch kürzesten Wege mit dem geringsten Aufwand von Rangier- und Umladearbeit sowie an Übergangszeit nach den Zweiglinien befördert werden. Es ist also für die Benutzung der Güterzüge und die Stellung der einzelnen Wagen im Zuge außer der Beachtung der Vorschriften über die Betriebssicherheit, die Leistungsfähigkeit der Strecke, die Anordnung der Bahnhofsnebengleise zu den Hauptgleisen, die

Lage der Umladestationen und der Fahrplan der Anschlußlinien maßgebend. Welchen Einfluß insbesondere das Rangiergeschäft auf die Beförderungskosten ausübt, ergibt sich aus der Gegenüberstellung (Abb. 18) der im Zugdienste zurückgelegten Lokomotiv-Nutzkilometer und der im Rangierdienst verwendeten Lokomotivkilometer.

Es ist wohl ohne weiteres klar, daß es eine Hauptsorge aller Verwaltungen sein muß, die Zeit der Rangierarbeit und deren Kosten zu vermindern. Um dies zu erreichen und zu gleicher Zeit die möglichst schnelle Beförderung zu gewährleisten, ist man dazu übergegangen, die Güterbeförderung nach der Entfernung, nach der Schnelligkeit und nach gewissen Verkehrsgattungen zu sondern. Man unterscheidet nach der Entfernung die Güterzüge in Fern-, Durchgangs- und Nahgüterzüge, nach der Schnelligkeit Eilgüterzüge und nach Verkehrsgattungen z. B. Viehzüge, Massengüter- und Leerwagenzüge sowie Stückgüterzüge. Nach den Güterbeförderungsvorschriften (G. B. V.) des deutschen Eisenbahnverkehrsverbandes, Kundmachung 3, Heft 1, § 26 sind:

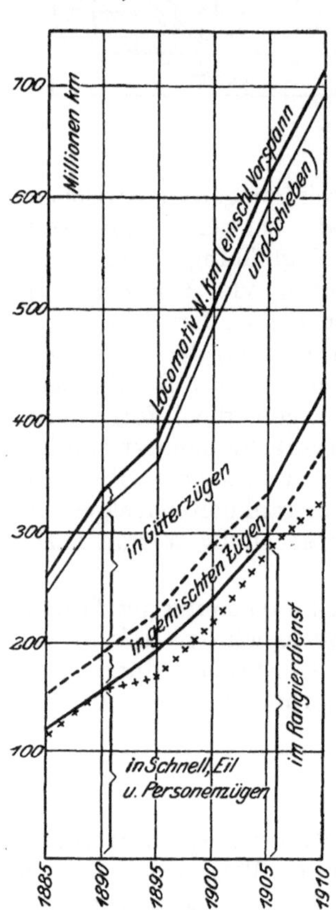

Abb. 18. Gegenüberstellung der Lokomotivnutz- und Rangierdienstkilometer.

1. Ferngüterzüge dazu bestimmt, „beladene und leere Wagen geschlossen, d. h. also ohne daß unterwegs wesentliche Umbildungen vorgenommen werden, auf große Entfernungen durchzuführen". Sie dienen hauptsächlich dem Massengüterverkehr als Kohlen-, Erz-, Salz- usw. Züge zwischen den Gütererzeugungs- und Verbrauchstätten oder Wasserumschlagsstellen und zur Zuführung der leeren Wagen nach den großen Versandplätzen. Die Wagen werden „bunt", d. h. ohne eine bestimmte Ordnung, in den Gleisen der Richtungsgruppe eines Rangierbahnhofs zu Zügen zusammengestellt und von da abgefahren. Eine Beigabe von Wagen für Zwischenstationen ist zweckmäßig zu vermeiden, da die Schnelligkeit der Beförderung dadurch beeinträchtigt wird. Da indessen nicht alle in die Ferne sich erstreckenden Verkehrsbeziehungen jederzeit genügend Wagen zur vollen Ausnutzung der Lokomotivkraft zu stellen vermögen, werden solchen Zügen auch Wagengruppen zur Auslastung mitgegeben, die ihrem Ziele nach eigentlich in die folgenden Zugarten gehören.

2. Durchgangsgüterzüge, dazu bestimmt, beladene und leere Wagen auf weitere Entfernungen zu befördern. Sie sollen den Verkehr der wichtigeren Stationen untereinander und nach den Zweiglinien der von ihnen befahrenen Strecke vermitteln, weshalb sie aus geschlossenen, im übrigen aber meist bunt zusammengesetzten Wagengruppen für Ort und Übergang der bedienten Stationen bestehen, die dann im Zuge so einzuordnen sind, daß sie aus ihm mit den geringsten Rangierleistungen entfernt oder von ihm aufgenommen werden können. Einzelne etwa aufzunehmende Wagen sind in die betreffende Wagengruppe einzuordnen. Die einzelnen Gruppen werden aber oft auch bereits nach Stationen einer bestimmten Teilstrecke der Zugfahrt geordnet eingestellt, um mit Rangierarbeit stark belastete Übergangs- oder vorwärts gelegene Zwischenstationen hiervon zu entlasten.

3. Nahgüterzüge, dazu bestimmt, dem Nahverkehr nach den kleineren Stationen zu dienen. Sie halten deshalb auf allen Zwischenstationen, wo sie die

nach dort bestimmten Güter absetzen und die von dort ausgehenden aufnehmen
Sind letztere nach einer Zweiglinie bestimmt oder gehen sie über einen oder
mehrere Knotenpunkte oder größere Stationen hinaus, so werden sie hier abgesetzt, um nun in einem andern Nah- oder in einem Durchgangsgüterzug weiterbefördert zu werden. Die Nahgüterzüge müssen also nach den von ihnen berührten
Unterwegsstationen geordnet abgelassen werden, wobei wieder der Anordnung
der Stationsnebengleise zu den Hauptgleisen und gegebenenfalls dem Vorhandensein einer Rangiermaschine Rechnung getragen werden muß. Letztere
kann unter Umständen z. B. die für ihre Station bestimmten Wagen hinten
abziehen, während die Zugmaschine die einzusetzenden Wagen in die vorhandene
Ordnung einrangiert. Letzteres ist deshalb sehr wichtig, um das Rangiergeschäft
auf den folgenden Stationen nicht unnötigerweise auszudehnen, wodurch leicht
der vorgesehene Fahrplan umgestoßen werden könnte. Entstehen aber durch
das sofortige Einordnen der Wagen Verspätungen oder Verlegungen von Zugkreuzungen und Überholungen, so ist ausnahmsweise eine andere, eine schnellere
Abfertigung ermöglichende Ordnung zuzulassen. Die vorgeschriebene Einordnung ist dann auf der nächsten dazu geeigneten Station nachzuholen. In
den Nahgüterzügen werden sowohl Stückgutwagen, die durch Ein- und Ausladen ihren Inhalt wechseln, als auch Wagenladungen befördert. Ist der
Stückgutverkehr so groß, daß sich für ihn besondere Züge lohnen, so werden
besondere

4. Stückgüterzüge gebildet, deren Wagen unterwegs im allgemeinen
wenig ausgewechselt werden, deren Inhalt sich vielmehr durch Ein- und Ausladen ändert. Deshalb sind die Wagen derart zu ordnen, daß das Ent- und Ver-
ladegeschäft mit den geringsten Schwierigkeiten erfolgen kann und auf den
Stationen durch das Hin- und Beiseiteschaffen nach und von den Gleisen
und durch die Wege von und zum Schuppen keine unwirtschaftliche Arbeit
entsteht. —

Benennung und Aufgabe der Stückgutwagen. Am wirksamsten
wird das auf eine schnelle Beförderung der Stückgüter gerichtete Ziel erreicht,
wenn sie auf möglichst weite Entfernungen in geschlossenen Wagen von der
Versand- zur Empfangsstation befördert werden können. Dies ist aber nur
wirtschaftlich, wenn die betreffenden Gütermengen zur Bildung von Wagenladungen ausreichen (mindestens 1000 kg Feuergut oder 1500 kg Eilgut oder
2000 kg Frachtgut oder doch räumliche Ausnutzung). Andernfalls werden die
Güter, um die Umladungen nach Möglichkeit zu beschränken, zweckmäßig auf
bestimmten, in den Ladevorschriften benannten, ein gewisses Verkehrsgebiet
umfassenden Stationen (Umladestationen), deren Aufgaben vorher vereinbart
werden, gesammelt. Von hier aus werden sie entweder in geschlossenen Stückgutwagen (Gsw), als Ortswagen (Ow) zwischen zwei Orten und als Umladewagen (Uw) nach der am weitesten gelegenen Umladestation, für die ausreichend
Güter vorhanden sind oder, in Stückgutkurswagen (Kw) weiterbefördert. Die
letzteren verkehren regelmäßig ohne Rücksicht auf Belastung, gegebenenfalls
mit Kursbeiwagen, wenn die zu befördernden Gütermengen dies erforderlich
machen. Ihre Bestimmung und die Züge, in denen sie laufen, wird den Stationen
durch Pläne bekanntgegeben. Man unterscheidet Feuergut- (Fk), Frachtgut-
(Sk) und Eilgutkurswagen (Ek). Die Kurswagen erhalten Nummern, und zwar
jede der drei Arten aus einer besonderen Nummernreihe. Sie werden in einem
nach Nummern und in einem nach Strecken und Zügen geordneten Verzeichnis
zusammengestellt (G. B. V., Kundmachung 3, § 8).

Zur Beförderung von Eilgut, Vieh und Postgut werden außerdem besondere

5. Eilgüterzüge gebildet, die auf Teilstrecken auch mit Frachtgütern ausgelastet werden können. — Für den Viehverkehr insbesondere dienen endlich

216 Der Stationsdienst.

6. Viehgüterzüge, die vorzugsweise zur Beförderung von lebenden Tieren bestimmt sind, die indessen gleichfalls in einzelnen Fällen zur Versendung von Frachtgutwagen in geschlossenen Gruppen mitbenutzt werden.

Für die Einstellung einzelner Wagen in den Zügen können noch besondere Bestimmungen getroffen werden. So findet man, daß die Viehwagen unmittelbar hinter dem Packwagen, Triebwagen am Schlusse und Stückgutwagen an der Spitze der Gruppe ihrer Zielstation einzureihen sind.

Im übrigen sind für die Wahl des Zuges die Vorschriften über Benutzung und Zusammenstellung der Eilgüter-, Vieh- und Güterzüge maßgebend (G. B. V., Kundmachung 3, § 27), die etwa in folgender Form (s. nächste Seite) herausgegeben werden.

Aus den nebenstehenden Zusammenstellungen ist zu entnehmen, wie bei den F- und D-Zügen die Auslastungen vorgenommen und die entsprechenden Gruppen in die Züge eingestellt werden. Auch ergibt sich daraus, namentlich auch aus der Benutzung und Zusammenstellung des N-Zuges, die Bedeutung und der Einfluß der Gleisanlagen auf den Unterwegstationen für die Zugbildung.

Da es vorkommen kann, daß nicht alle vorhandenen Wagen in den für sie bestimmten Zug eingestellt werden können, wird eine bestimmte Rangordnung für die Wagen aufgestellt, nach der einzelne Wagen andern vorgehen müssen. Ganz allgemein gehen unterwegs befindliche beladene Wagen neu hinzukommenden vor. Im übrigen gehen z. B. Eilgut- und Viehwagen den Frachtgutkurswagen, geschlossene Stückgut- und Entseuchungswagen sowie verfügte leere Güter- und Personenwagen den Frachtgutwagenladungen und letztere wieder den fremden nach der Heimat zurückkehrenden und den andern leeren Wagen vor.

Das Aussetzen beladener Wagen auf Unterwegsstationen kann außer auf den Empfangstationen auch aus Betriebsrücksichten notwendig werden, wenn der Zug auf Strecken geringerer Leistungsfähigkeit übergeht, wenn Wagen laufunfähig werden, wenn festgestellt wird, daß der Umfang der Ladung oder die Art der Verladung Betriebsgefahren nach sich ziehen würde.

Wagenübergang nach Zweiglinien. Um die möglichst schnelle und regelmäßige Weiterbeförderung der Wagen auf Zweiglinien zu sichern, ist von den Übergangsstationen für jeden Fahrplanabschnitt ein Wagenübergangsplan aufzustellen, aus dem zu entnehmen ist, mit welchen Zügen die Wagen weiterzubefördern sind. Ein solcher Wagenübergangsplan hat nach den G. B. V. etwa folgende Form:

Zug		nimmt den Wageneingang auf aus Richtung				
nach	Nr. und Abgangszeit	Zeitz	Weimar	Sachsen	Weida	
Weida .	N 7958	6^{09}—1^{09}	v 4^{49}—10^{31}	v 8^{46}—10^{03}		
	1^{45}	7970 6857 7958 6876	7731 7735	7821—7916		
Zeitz . .	N 7952	v 6^{53}—9^{53}	v 5^{04}—8^{49}	v 6^{55}		
	10^{31} D 6831	6856 7952	7745 7743 4^{49}	7866 v 5^{57}—10^{58}	v 10^{10}—11^{24}	
	12^{45}		7731	6860 7821 7920	8093 7965	

Wagenumlauf. Der Umlauf der Eisenbahngüterwagen ist Hemmungen ausgesetzt, die dazu führen, daß ihre Ausnutzung zu Beförderungszwecken verhältnismäßig unwirtschaftlich erscheint. Diesen seit jeher[1]) bestehenden Zustand zu verbessern, sind alle Eisenbahnverwaltungen unausgesetzt eifrig

---

[1]) Siehe Schwabe über den Kohlenverkehr auf den Preußischen Staatsbahnen. Berlin 1875.

Vorschriften über Benutzung und Zusammenstellung der Eilgüter-, Vieh- und Güterzüge.

E (Post) 3002. (Berlin—) Weißenfels — Bebra (—Frankfurt a. M.) mit Luftdruckbremse.

1. Postwagen.	1. Ek für Erfurt.
2. Eilgw.	2. Ek für Bebra O.
3. Viehwagen für Frankfurt O u. Ü. Ausgeschlossen ist die Beistellung von Personen- und Gepäckwagen. Viehbeförderung nur für Haltstationen.	3. Ek und Viehwagen für **Frankfurt** — der erste Wagen mit Bremse —.
	4. Postwagen für Bebra Ü.
	5. „ für Eisenach.
	6. „ für Erfurt.

F 6497. (Siegen—) Bebra—Weißenfels (—Peiskretscham).

1. Erze für Oberschlesien.	1. Gerstungen.
2. Ab Bebra Wagen für Gerstungen O und Ü.	2. Erfurt.
3. Ab Gerstungen Wagen für Falkenberg und Erfurt O und Ü.	3. Peiskretscham (Erze).
4. Ab Erfurt Wagen für Falkenberg O und Ü.	4. Falkenberg O und Ü, Gr 1, 2 und 4 nur zur Auslastung.

Bd D 6821. Gerstungen—Weißenfels (—Falkenberg oder —Wahren).

1. Wagen für Weißenfels bis Halle O und Ü, Falkenberg O und Ü.	1. Leutzsch.
2. Wagen für Eisenach, Gotha, Erfurt bis Weimar.	2. Eisenach.
Bd. D 6821 kann auch mit Frachten für Leutzsch, Wahren O und Ü abgelassen werden.	3. Gotha.
	4. Erfurt bis Weimar.
	5. Weißenfels bis Ammendorf.
	6. Halle O und Ü
	7. Falkenberg O und Ü oder Wahren O und Ü
	Gr 6 geht in Weißenfels auf St 7773 über.

Bd D 6821 kann bereits beim Vorhandensein von 60 Achsen für Falkenberg O und Ü oder für Wahren O und Ü gefahren werden.

N 7213. Eisenach—Lichtenfels.

Wagen für Marksuhl bis Lichtenfels O und Ü.	1. Oberrohn.
Weiterbeförderung ab Lichtenfels:	2. Marksuhl.
Bamberg—Nürnberg O und Ü mit D 6820.	3. Sk.
Würzburg—Aschaffenburg O und Ü mit D 1706.	4. Immelborn bis Meiningen stationsweise.
Hochstädt—Markenzeula—Hof O und Ü mit F 1713 und N 1727.	5. Grimmenthal bis Eisfeld.
Marksuhl, Immelborn, Breitungen, Wernshausen, Wasungen, Veilsdorf und Ebersdorf können dort zugehende Wagen hinter dem Pg einstellen.	6. Coburg O Ü — mit Schlußbremse.
	7. Salzungen.
	Von Coburg Gbf.
Wagen für Meiningen Ü. R. Schweinfurt sind an die Spitze der Gr. Meiningen zu stellen.	1. Stückgut für Lichtenfels O.
Grimmenthal hat Gruppe 5 stationsweise zu ordnen.	2. Ebersdorf.
	3. Lichtenfels O und Ü.

bemüht gewesen. Das Ergebnis dieser Bemühungen erkennt man am besten durch eine bildliche Darstellung des durchschnittlichen jährlichen Wagenumlaufweges, wie sie in Abb. 19 für die acht deutschen Staatsbahnverwaltungen und das Gesamtgebiet des Deutschen Reiches (von 1894—1913) gegeben ist.

Ihre Betrachtung läßt erkennen, daß die Umlauflinie bei allen Verwaltungen zwar eine Neigung zum Ansteigen hat, daß sie dabei aber großen Schwankungen unterworfen ist und daß auch ab 1909, nachdem der Deutsche Staatsbahn-Wagenverband in Wirksamkeit getreten ist, keine erhebliche Besserung der für das ganze Deutsche Reich berechneten Durchschnittszahl festgestellt werden kann. Hiernach ist wohl mit Recht anzunehmen, daß der Wagenumlauf Einwirkungen unterliegt, die unabhängig von Verwaltungsmaßnahmen sind und sie erheblicher beeinflussen als diese. Da die Schwankungen in ihrer Wirkung bei allen Verwaltungen, fast zeitlich zusammentreffen, so ist anzunehmen, daß sie' wie so viele andere wirtschaftliche Erscheinungen im Eisenbahnwesen, mit dem jeweiligen Wirtschaftszustande des Verkehrsgebietes zusammenhängen[1]).

Um die Hemmungen zu erkennen, die sich dem Umlauf der Eisenbahngüterwagen entgegenstellen, muß man sich über den Begriff „Umlaufzeit" ein klares Bild gemacht haben. Sie setzt sich aus einer Nutz- und einer Leerzeit zusammen. Die Nutzumlaufzeit beginnt mit dem Augenblick der Laderechtstellung auf dem Versandbahnhof. sie endet mit der vollendeten

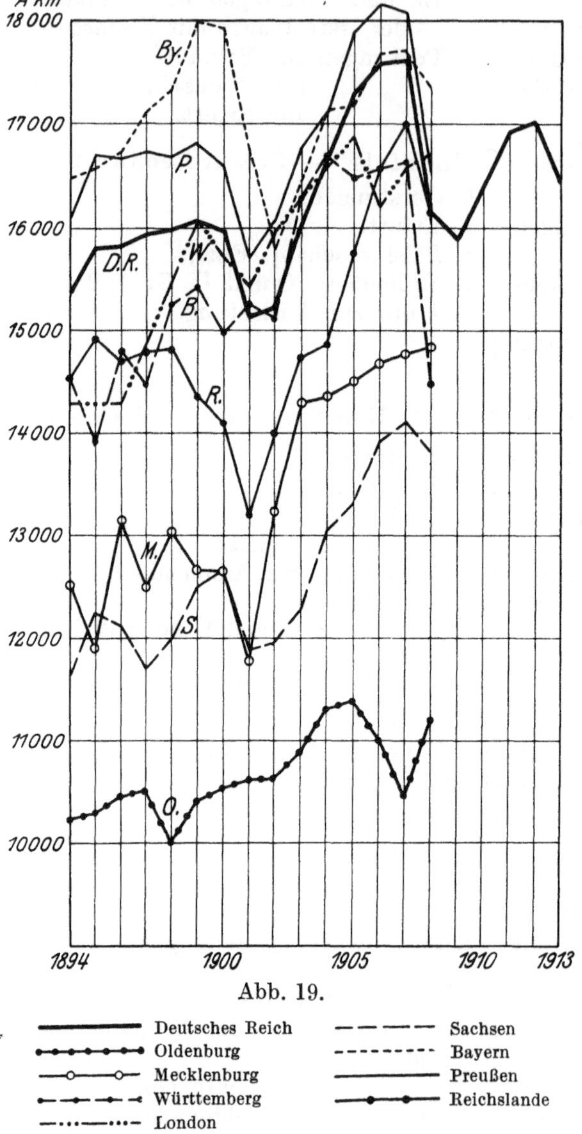

Abb. 19.

Entladung auf dem Empfangbahnhof. Sie enthält die Be- und Entladezeit, gewisse Wartezeiten (ein beladener Wagen findet nach zeiner Fertigstellung nicht immer sofort einen Güterzug zur Abfuhr, weil entweder die Zuglage nicht dem Ende der Beladezeit entspricht oder der sonst zweckmäßig liegende Zug bereits ausgelastet ist; oder er muß unterwegs wegen Verringe-

[1]) Siehe Tecklenburg, Der Betriebskoeffizient der Eisenbahnen und seine Abhängigkeit von der Wirtschaftskonjunktur. Archiv für Eisenbahnwesen 1911.

rung des Zuggewichts vor einer stärkeren Steigung, wegen Warmlaufens oder aus sonstigen Gründen ausgesetzt werden; oder der Wagen wird zu einer Zeit gestellt, daß die Nachtzeit in die Be- und Entladezeit fällt; oder es hält ihn die Sonntagsruhe zurück), gewisse Verzögerungszeiten aus Gründen der Abfertigung und des Bahnhofbetriebes (Verwiegung, Profilprüfung, Zollbehandlung, Ausrangierung aus den Schuppen-, Lade-, Anschluß- und Zechengleisen, Zusammensetzung des Zuges, Zugübernahme durch das Zugbegleitpersonal usw.) und die Reisezeit. Diese besteht aus der Zeit, die zur Zurücklegung des Nutzweges gebraucht wird — Fahrzeit — (von dem Versand bis zum Empfangbahnhof) und den Unterwegsaufenthalten (im Zuge und auf den Übergangsbahnhöfen). Um sich von ihr ein Bild zu machen, vergegenwärtige man sich, daß die Wagen mit den Nahzügen den Sammelbahnhöfen (den Rangierbahnhöfen und Umladestellen) und von dort mit den Eil- oder Fern- und Durchgangszügen dem Zielgebiet und schließlich mit Nahgüterzügen dem Zielbahnhof zugeführt werden. Nun kann man die durchschnittliche Fahrzeit eines Nahgüterzuges zu 17 km, die des Fern- und Durchgangszuges zu 25 km und die des Eilzuges zu 40 km die Stunde annehmen, während die Aufenthaltszeiten im Zuge bei den Nahzügen etwa 75—100 v. H., bei den übrigen Zügen etwa 40—50 v. H. der Fahrzeit ausmachen. Die Übergangszeiten schwanken zwischen erheblichen Grenzen. Sie sind am kleinsten zwischen Strecken, die stark und gleichmäßig mit Güterzügen belegt sind, werden größer zwischen Strecken geringerer und verschiedener Zugdichtigkeit und sind am größten zwischen solchen Linien, auf denen täglich nur ein Güterzug in jeder Richtung verkehrt. Deshalb besteht in den Beförderungszeiten auf gleichlangen Beförderungswegen oft ein erheblicher Unterschied. Verlängernd wirkt auch die Netzverzweigung, weil von ihr die Zahl der Übergänge abhängig ist. Die Bestimmung des zu wählenden Beförderungsweges (Leitungsvorschriften) ist also von wesentlicher Bedeutung für den Wagenumschlag und die Vergrößerung des Nutzweges. Es muß dabei vor allen Dingen auch auf den Verkehr in der Gegenrichtung gerücksichtigt werden, um möglichst an Leerläufen (s. w. u.) zu sparen.

Von großem Einfluß auf die Nutzumlaufzeit ist die Be- und Entladezeit der Wagen. Nach § 63 Abs. 6 der V.-O. hat die Verladung in der Regel während der Dienststunden der Güterabfertigungen zu erfolgen, und zwar wenn die Wagen bis 9 Uhr vormittags ladebereit gestellt sind und der Absender innerhalb eines Umkreises von 2 km von der Station wohnt, innerhalb der durch Aushang bekannt gegebenen Geschäftsstunden des laufenden Tages, sonst aber innerhalb der nächsten zwölf Tagesstunden nach der Laderechtstellung. Nur diejenigen Wagen also, die für innerhalb einer gewissen Entfernung von der Station wohnende Absender in der Zeit von 7 bis 9 Uhr vormittags ladebereit gestellt werden, haben innerhalb der Ladefrist keine Wartezeit, bei allen andern dagegen wird die Ladezeit um die den Nachtstunden entsprechende Wartezeit verlängert. Ähnlich liegen die Verhältnisse bei der Entladezeit. Es ergibt sich hieraus, daß der Wagenumschlag beschleunigt werden kann, wenn die Zahl der vor 9 Uhr vormittags lade- oder entladebereit gestellten Wagen erhöht werden könnte. Das würde in erster Linie wieder Sache der Fahrplanbildung sein. Für Privatanschlüsse werden Beginn und Dauer der Be- und Entladefrist besonders festgesetzt (4—8 Tagesstunden). Für die Länge der Nutzumlaufzeit darf aber bei ihnen nicht unbeachtet bleiben, daß durch das Ausrangieren oft erhebliche Zeit verbraucht wird.

Neben der Nutzzeit steht die Leerzeit. Sie enthält die Leerläufe, die unter Umständen zwischen den Stationen erforderlich sind, um die Laderechtstellung der Wagen herbeizuführen, sowie die Leerstände, d. h. die

Wartezeiten des entladenen Wagens sei es bis zu seiner Wiederverwendung auf derselben Station oder bis zu seiner Fortführrnng nach einer für seine Beladung verfügten anderweiten Station, die Zeit der Abstellung in Zeiten schwachen Verkehrs und die Werkstättenzeit.

(Leerumlauf und Liegezeit.) In dem Leerumlauf und der Liegezeit kommen also diejenigen Hemmungen in der Wagenausnutzung zum Ausdruck, die sich aus den Unterschieden des Wagenbedarfs zwischen Gebieten und Stationen mit vorherrschendem Versand gegenüber solchen mit vorwiegendem Empfang und aus den Verkehrsschwankungen in den einzelnen Verkehrsgebieten und Jahreszeiten sowie durch die Notwendigkeit der planmäßigen Untersuchung und Ausbesserung der Wagen ergeben.

Das Verhältnis des Leerweges zum Gesamtweg des Wagens läßt sich aus der Reichsstatistik ermitteln. In Abb. 20 sind die betreffenden Werte veranschaulicht.

Die Zahl zeigt im allgemeinen eine starke Neigung zum Sinken, die für Preußen-Hessen ziemlich gleichmäßig ist, während bei den andern Verwaltungen[1]) starke Schwankungen vorhanden sind. Aus dem Vergleich der Linien der Abb. 19/20 ergibt sich ein steigender Wert für den Nutzweg. Abgesehen von dem Einfluß der getroffenen Verwaltungsmaßnahmen entspringt dieser Erfolg hauptsächlich aus den anhaltend stetigen Verbesserungen der Betriebseinrichtungen auf den großen Rangier- und Güterbahnhöfen und der dem Beförderungsbedürfnis fortgesetzt angepaßten Fahrplangestaltung. Er hat ferner seinen Grund in der im Verhältnis zur Steigerung der Güterwagenachszahl erheblicheren Vermehrung der beförderten Gütertonnen und geleisteten Gütertonnenkilometer.

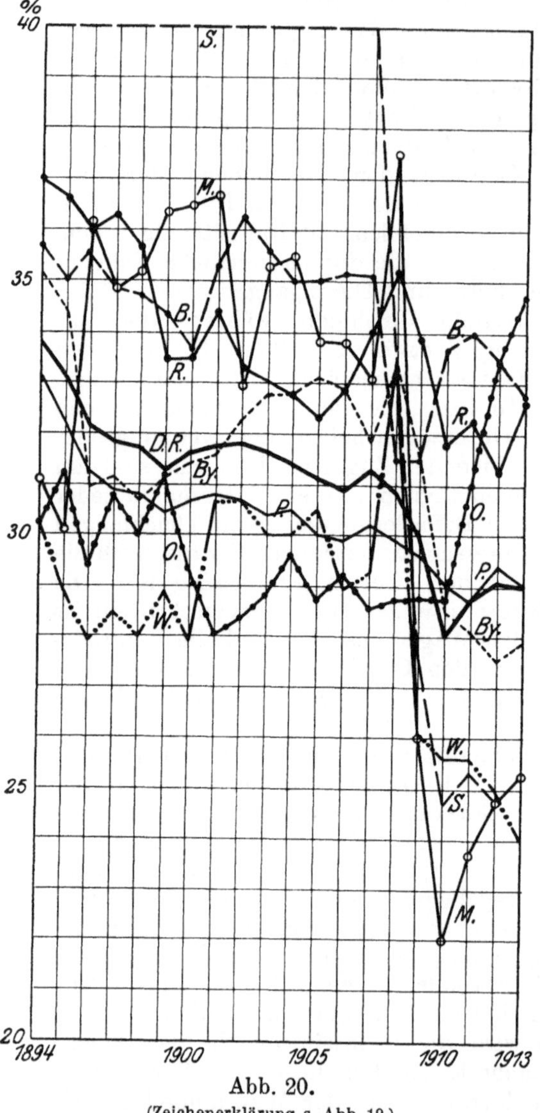

Abb. 20.
(Zeichenerklärung s. Abb. 19.)

Auch fällt wesentlich die allmähliche Verschiebung in dem Verhältnis der einzelnen Gütergruppen zueinander ins Gewicht, wonach diejenigen Massengüter, die über das ganze Verkehrsgebiet verteilt sind, wie z. B. viele Erden fortgesetzt stärker zur Verfrachtung gelangten, als andere, die wie z. B. die Kohlen sich nur in bestimmten Landesteilen vorfinden. Endlich aber ist im Laufe der Zeit überhaupt eine gleich-

---

[1]) Die für Sachsen ermittelten Verhältniszahlen, die von 1894—1907 sehr hoch ist und sich dabei nicht ändert, ist nicht ohne weiteres erklärlich.

mäßigere Verteilung der Verkehrsquellen über das gesamte deutsche Verkehrsgebiet eingetreten und als Folge davon auch eine gleichmäßigere Verteilung der Beförderung auf die einzelnen Jahreszeiten und Monate.

Die Zeit der Leerstände läßt sich genauer nicht bestimmen, dagegen kann man sich von der Hemmung des Wagenumlaufs durch die Werkstättenzeit durch folgende Überlegung ein angenähertes Bild machen. Die Umlaufwegzahl entsteht nämlich durch Teilung der im ganzen geleisteten Güterwagenachskilometer [Spalte 33 (31) der Tabelle 16 (18) der Reichsstatistik] durch die im Jahresdurchschnitt vorhanden gewesene Anzahl Güterwagenachsen [Spalte 73 (90) der Tabelle 14 (16)]. In der Gesamtachsenzahl sind aber die Achsen der in der Ausbesserung und Untersuchung sich befindenden Wagen enthalten. Die in Tabelle 16 (18), Spalte 34 (32) angegebene Kilometerzahl gibt also nicht den wirklichen Umlaufweg der tatsächlich im Betriebe gewesenen Wagen, sondern den durch die Werkstättenzeit gehemmten an. Dieser Weg betrug z. B. 1910 16 427 km. In diesem Jahre waren in Preußen-Hessen von 422 985 Güterwagen durchschnittlich täglich 13 984 oder 3,31 v. H. in der Ausbesserung und Untersuchung begriffen, ein Satz, den man wohl auch für das ganze Deutsche Reich annehmen kann. Der wirkliche Umlaufweg hat also darnach betragen

$$x = \frac{16\,427 \cdot 100}{96,69} = 16\,988 \text{ km.}$$

Die durch die Werkstättenzeit im Wagenumlauf hervorgerufene Hemmung wird also durch den Unterschied von 16 988 — 16 427 = 561 km ausgedrückt.

Man hat nun zur Verbesserung des Wagenumlaufs verschiedene Vorschläge gemacht. Die meisten laufen immer wieder darauf hinaus, technische Einrichtungen an den Wagen und Gleisanlagen zu schaffen, die eine schnellere Entladung — vielleicht auch Beladung — der Wagen ermöglichen. Man glaubt auf diese Weise den Umlaufweg erheblich verlängern zu können, indem man annimmt, daß die hierdurch gewonnene Zeit ihm gänzlich zugute kommt. Das trifft aber durchaus nicht zu, da selbst, wenn man es auch versuchen würde, es niemals gelingen würde, die Fahrplanbildung, d. h. die Zeiten der Gestellung und Abfuhr der Wagen mit den Beendigungszeiten der Be- und Entladung (Ladefristen) in Einklang zu bringen. Es soll nicht verkannt werden, daß solche Einrichtungen unter Umständen auch wesentliche Mittel sein können, um den Wagenumlauf zu beschleunigen, den Umlaufweg zu verlängern, die Wagenausnutzung zu verbessern, das darin niedergelegte Kapital also wirtschaftlicher auszunutzen. Aber sie sind nicht das Allheilmittel, wie sie so oft als solche hingestellt werden, und können es auch niemals werden. Über die daraus für die Eisenbahnwirtschaft zu erzielenden Gewinne schwanken denn auch die Angaben innerhalb weiter Grenzen. Man muß sich auch immer wieder vergegenwärtigen, daß die Verkürzung der Ladefristen nur von Erfolg sein kann, wenn sie mit gewissen betrieblichen Maßnahmen, insbesondere einer zweckentsprechenden Fahrplanbildung im Zusammenhange zur Anwendung gelangen (s. Güterwagenvorschriften § 78 u. 79).

Es fragt sich aber auch, ob es nicht eine Grenze gibt, über die hinaus es unwirtschaftlich sein würde, den Umlaufweg der Wagen überhaupt zu vergrößern. Die Beantwortung dieser Frage ergibt sich, wenn man die für solche Vergrößerung als wirksam erkannten Mittel zusammengefaßt betrachtet. Sie soll erreicht werden durch:

1. Verminderung der Wagenstillstände, indem das Be- und Entladegeschäft beschleunigt wird, also Verkürzung der Ladefristen. (Selbstentladewagen, Umgestaltung der Freiladeanlagen, mechanische Beladung.)

2. Verminderung der Leerläufe. (Verminderung der Sonderwagenarten, Tarife und Tarifbestimmungen.)

3. Beschleunigung der Güterzüge innerhalb gewisser Grenzen.

Diesen Vorschlägen wären noch folgende hinzuzufügen:

4. Vermehrung der Möglichkeit der Abfahrt der Güterwagen von den Stationen innerhalb gewisser Grenzen, d. h. also Vermehrung der Güterzüge.

5. Verbesserung der Fahrpläne hinsichtlich Verminderung der Übergangszeit auf den großen Zugbildungsstationen und Beschleunigung der Zugbildung daselbst.

6. Beschleunigung der Lade- und Entladerechtstellung der Wagen. (Vermehrung der Bedienungen der Anschlußgleise, Lagerplätze, Freiladegleise, Schuppen usw.)

Alle diese Mittel erfordern gegenüber den bestehenden Anlage- und Betriebskosten erhöhte und nicht unwesentliche Aufwendungen (Umgestaltung gewisser Bahnhofsanlagen, Anschaffung der kostspieligeren Selbstentlader, Mehrbedarf an Lokomotiven für die Vergrößerung der Zugzahl, Vermehrung der Zugkosten usw.), die durch Verminderung der Kosten für den Wagenbedarf ausgeglichen werden müssen. Es handelt sich also auch in diesem Sonderfall, wie bei jedem Wirtschaften, nicht um den größten Nutzen aus einem Mittel, sondern um den größten Nutzen durch Ausgleich der aus allen möglichen Mitteln entstehenden Kosten, mit anderen Worten: es ist, wenn man die einzelnen Mittel als Kräfte und deren Kosten als Kraftgröße auffaßt, die Lage und Größe einer Mittelkraft zu finden. Wenngleich man nun auch in den letzten Jahren diesem Ziele immer näher gerückt ist, so ist es doch noch lange nicht erreicht[1]).

6. Der Rangierdienst.

Begriff des Rangierdienstes. Alle Bewegungen, die erforderlich sind zur Bildung, Umbildung und Auflösung (Zerlegung) von Zügen und zu deren Bereitstellung in den Abfahrgleisen, zur Aufstellung der Fahrzeuge auf den Aufstell-, Reinigungs-, Entseuchungs-, Abstell-, Werkstattsgleisen und im Lokomotiv- und Wagenschuppen, zur Bedienung der Ladestellen (Schuppen, Freiladegleise und Umladehallen), Zentesimalwagen und Anschlußgleise[2]) sowie zum Lokomotivdienst (Zugübernahme, Kohlen- und Wasserentnahme, Rangierdienstübernahme), auch soweit sie durch die Lokomotivfahrordnung (s. d.) zeitlich und örtlich festgelegt sind, heißen Rangierfahrten, zum Unterschiede von den auf Grund eines Fahrplans erfolgenden Zugfahrten. Die hierbei in Frage kommenden Betätigungen — das Verbinden der Wagen, das Trennen und ihr Anhalten an der dazu ausersehenen Stelle, das Geben der richtigen Signale, die verschiedenen Arten der Ingangsetzung der Fahrzeuge und die Leitung sowie Beaufsichtigung dieser Arbeiten — bilden den Rangierdienst. Die zur Vornahme einer Rangierfahrt verbundenen Wagen und Lokomotiven nennt man Rangierabteilungen. Das Vorziehen und Zurückdrücken (Abstoßen) einer Rangierabteilung bezeichnet man mit Rangiergang. —

Ausführung des Rangierdienstes. Er ist, ob er nun für den örtlichen oder für den Betrieb einer Strecke oder eines Streckennetzes erforderlich und auszuführen ist, in jedem Falle in bezug auf Schnelligkeit und Wirtschaftlichkeit von den Gleisverhältnissen der Bahnhöfe abhängig.

Um das Rangieren mit dem geringsten Zeitaufwand auszuführen, es also nach Möglichkeit wirtschaftlich zu gestalten, auch die Schnelligkeit in der Güter-

---

[1]) Es wäre wünschenswert, wenn diese sehr wichtige Angelegenheit im Wege der Untersuchung durch einen Ausschuß weiter verfolgt werden könnte, da sie für die Kräfte eines einzelnen zu umfangreich ist.

[2]) Soweit sie nicht durch Übergabezüge bedient werden.

beförderung zu fördern und den Rangierbediensteten ihre Aufgabe zu erleichtern, wird für größere Stationen, wo die Bedienung der einzelnen Ladestellen durch Rangiermaschinen erfolgt, die Zustellung und Abholung der Wagen zu und von den verschiedenen Verwendungsstellen im Anschluß an den Fahrplan der ankommenden und abgehenden Züge planmäßig festgelegt. Ein solcher „Bahnhof-Bedienungsplan" hat nach den G. B. V. folgende Form:

Eingang	Ausgang			
1	2	3	4	5
Eingang der Wagen bis Stunde	Stunde der Zuführung der Wagen zu den Verwendungstellen	Abholung der Wagen von den Verwendungstellen	Nächste zu benutzende Zugverbindung nach	Bemerkungen
	Güterschuppen / Freiladegleise / Anschluß 1 / Anschluß 2 / Lagerplatz / Gleiswage	Stunde / Güterschuppen / Freiladegleise / Anschlüsse / Lagerplatz	Welda / Zeitz / Weimar / Sachsen	

Eingang der Wagen bis Stunde	Güterschuppen	Freiladegleise	Anschluß 1	Anschluß 2	Lagerplatz	Gleiswage	Stunde	Güterschuppen	Freiladegleise	Anschlüsse	Lagerplatz	Welda	Zeitz	Weimar	Sachsen	Bemerkungen
1							1		2			7958	7957	7750	7855	Die mit * bezeichneten Züge sind Stückgüter- oder Ausladezüge. Wägezeiten: 8. Stunde. 15. „ 22. „ Rangiermaschine steht zur Verfügung.
2							2	2			2	7968*	7961	7792*	7855	
3	3						3									
4	5	6	6	6	5	4	4		2			6856	7951	6836	7855	
5							5									
6							6									
7	8	4	2	8			7	6				7952	7981			
8							8			6	6	6864	6861			
bis							bis									
24	6	6	6	6	8		24	24	24			7968*	7957	7732*		

*) Saalfeld rangiert den Zug 6804 nur Sonntags.   Viehwagen für München an die Spitze.

Er wird von den Vorstehern der Station und Güterabfertigung gemeinsam aufgestellt und von deren vorgesetzten Verwaltungsstellen (in Preußen-Hessen vom Vorstand des Betriebs- und Verkehrsamts) genehmigt.

Denselben Zwecken dienen auch die für die größeren Bahnhöfe für jeden Fahrplanzeitraum aufzustellenden Rangierpläne, in denen die Zusammensetzung der auf den Bahnhöfen beginnenden oder gänzlich umzubildenden Güterzüge nach Richtungen und Zuggattungen getrennt dargestellt wird. Vor dem eigentlichen Plan befindet sich eine kurze Aufzählung der in Frage kommenden Gleise der einzelnen Bezirke und der Aufgaben, die ihnen für den Rangierdienst überwiesen sind. Im nachstehenden wird ein Ausschnitt aus einem Rangierplan wiedergegeben.

Bezirk III (Nordgüterbahnhof).

a) 2 Einfahrgleise von Norden.

b) 2 Ausfahrgleise nach Norden, gleichzeitig Einfahrgleis von Süden.

c) 1 Ein- und Ausfahrgleis von und nach Norden.

d) 1 Übernahmegleis vom Südgüterbahnhof.

e) 1 Ausziehgleis.

f) 4 Gruppengleise.

g) Teilweise Zusammenstellung der Züge nach Norden, Zustellung und Abholung der Ladungs-, Dienstgut-, Werkstatts-, Vieh-, Desinfektions- und Schlackenwagen zu und von den Verwendungsstellen. Täglicher Abgang etwa 2300 Achsen, in verkehrsreicher Zeit bis zu 2700 Achsen.

| | Zug | | Stationsweise | | Gruppe | | | | | | | | |
Anzahl	Gattung und Nummer	Endstation	bis		Stückgut-Kursw.	Probstzella O. u. Ü.	Gräfenthal	Taubenbach	Rothenkirch b.Hochstadt-Marktzeuln	Lichtenfels	Bamberg	Fürth	Nürnberg O. u. Ü.
	A. Richtung nach Probstzella												
	Abfertigung im Bezirk II.												
4	D 6804*	München	·	·	·	1†	·	·	2	3	4	5	6
	D 6812	Kufstein											
	D 6826	Nürnberg											
	D 6830	„											
1	N 7856	Probstzella . . .	Marktgölitz .	1 (3)	·	3	2	·	·	·	·	·	·
1	St 7860	„ . . .	„ .	1 (3)	2**	3	·	·	·	·	·	·	·
1	N 7820	„ . . .	Unterloquitz	1 (2)	·	2	·	·	·	·	·	·	·
2	N 8138	Bock-Wallendf. .	·	·	·	2	1	·	·	·	·	·	·
	N 8140	Taubenbach . .											

*) Saalfeld rangiert den Zug 6804 nur Sonntags. Viehwagen für München an die Spitze.

†) Probstzella und Ludwigstadt.

**) Die Sk in folgender Reihenfolge: 566, 567, 567a, Fk 968, 570a, 568, 569, 571, 570, 573, 574, Fk 969.

Der Gleisplan der Zwischenbahnhöfe muß es im Hinblick auf die Zugaufenthalte gestatten, die dort vorzunehmende Umordnung der Züge in möglichst wenig Rangiergängen auszuführen. Auch ist in Berücksichtigung ihrer Besetzung mit Bediensteten dahin zu streben, daß alle Rangierbewegungen möglichst durch die Zugmaschine beendet werden oder doch das Rangieren durch Menschen nur auf das notwendigste Maß beschränkt wird. Auf den Zugbildungsstationen muß der Gleisplan derartig sein, daß die Wege, die die Wagen und Wagengruppen zur Zugbildung, die Zugstämme zum Abstellgleis und die fertigen Züge zum Abfahrtgleis zurückzulegen haben, möglichst kurz werden. Auch sollte in allen Fällen das Rangiergeschäft soweit als möglich unabhängig von den Hauptgleisen erfolgen können, um die Zugfolge nicht zu behindern und die Zugfahrten nicht zu gefährden. Deshalb sind die Rangiergleise (auch Ladegleise usw.), wenn irgend die Örtlichkeit es gestattet, mit einem Ausziehgleise oder doch mit einer Schutzweiche zu verbinden. Bei großen Rangier- und Sammelbahnhöfen sind die zur Auflösung und Umbildung anlangenden Züge zweckmäßig von den Hauptgleisen unmittelbar auf die Ablauf oder Ausziehgleise abzulenken.

Das Bewegen der Wagen geschieht durch Maschinen (Lokomotiven und durch Maschinen angetriebene Winden), durch Menschen und Tiere. Bei dem Rangieren mit Lokomotiven unterscheidet man das Hinsetzen (durch Vorziehen und Zurückschieben), das Abstoßen und das Ablaufen (über einen Ablaufberg). Das sogenannte Abschneppern (Kunstfahrt), d. h. das Abkuppeln während der Fahrt einer gezogenen Rangierabteilung vor einer Weiche, und das Führen der losgekuppelten Teile durch die inzwischen umgestellte Weiche ist im allgemeinen verboten. — Beim Rangieren mit Winden werden die Wagen von den mechanisch oder elektrisch angetriebenen Winden vermittels eines Seiles gezogen. Auch bei Verwendung von Tieren werden die Wagen — unmittelbar — an längerer Kette gezogen. Von Menschen rangierte Wagen werden entweder unmittelbar oder vermittels Wagenschieber geschoben.

Zum Aufhalten der Wagen dienen die Wagenbremsen, Bremsschuhe und Bremsknüppel.

Die Anzahl der zu bedienenden Bremsen richtet sich nach der Art des Rangierens. Wird die Rangierabteilung durch eine Lokomotive bewegt so darf dies ohne bediente Bremse geschehen, bei Wagengruppen bis höchstens 16 Achsen in einer Neigung 1 : 200, bis zu 10 Achsen in einer Neigung 1 : 100 und bis 6 Achsen in stärkeren Neigungen. Rangierabteilungen mit größerer Achsenzahl müssen mindestens so viel bediente Bremsen haben wie ein mit 25 km/St. Geschwindigkeit fahrender Hauptbahnzug. Sie sind in jedem Falle auf Grund der maßgebenden Neigungen besonders festzusetzen. Werden Wagengruppen abgestoßen, muß mindestens der 10. Teil der Achsen bediente Bremsen haben. Bis zu 10 Achsen starke Gruppen dürfen indessen ohne bediente Bremse abgestoßen werden. Bei dem an der Lokomotive verbleibenden Teil muß, wenn er bestimmungsgemäß bediente Bremsen enthalten muß, die vorderste Bremse bedient und auf das Bremssignal rasch angezogen werden. — Ablaufende Wagengruppen dürfen ohne bediente Bremse höchstens 6 Achsen stark sein. Darüber hinaus muß von allen Achsen mindestens der 10. Teil gebremst werden können.

Die Bremsschuhe dürfen keine aufgebogenen oder abgebrochenen Spitzen haben. Solche mit zweiseitiger Führung dürfen nicht vor anliegenden Weichenzungen oder vor Herzstücken und auf breitgefahrene Schienen aufgelegt werden. Auf der Rückseite geschmierte Bremsschuhe vermindern den Stoß der auflaufenden Wagen und verhindern ein sprungweises Gleiten. Gleisbremsen, die das Abgleiten der Bremsschuhe an einer bestimmten Stelle veranlassen, sollen unter Umständen die Geschwindigkeit ablaufender Wagen bis zu einer bestimmten Größe regeln.

Die Bremsknüppel, die von den Rangierern entweder in besondere Ösen oder zwischen Tragfeder und Langträger gesteckt und dann fest gegen die Räder gepreßt werden, so daß sie als Bremsklötze wirken, sollen nur bei langsamer Bewegung und da, wo zwischen den Gleisen keine Behinderungen vorkommen, gebraucht werden.

Die Rangierarbeit wird durchGleismelder, die ein Zurufen derGleise erübrigen, oder bei kleineren Anlagen durch Lautfernsprecher, die gleichfalls besondere Zurufer unnötig machen, durch Ablaufmastsignale, und neuerdings durch elektrische Rangierablaufsignale[1]), die das Rangiergeschäft, sowohl der Zeit nach als auch in bezug auf Schnelligkeit des Abdrückens vom Ablaufberge und die Gleisbenutzung regeln, erheblich gefördert.

Rangierbedienstete. Die Rangierarbeiten werden von besonders ausgebildeten Bediensteten (Rangierern, Bahnhofsarbeitern), oft auch von der Zugmannschaft ausgeführt. „Drei" bis „vier" Rangierer bilden eine Rangierrotte unter Leitung eines Rangiermeisters (Rangieraufseher). Oft hat auch der Bezirksaufsichtsbeamte das Rangiergeschäft zu leiten, oder es kann, namentlich auf kleineren Zwischenstationen, auch dem Zugführer (im Anhang zum Fahrplanbuch bekanntzugeben) oder einem gewandten Rangierer (durch einen roten Lacklederstreifen kenntlich gemacht) die Leitung übertragen werden. Der Rangierleiter ist in jedem Falle dem Lokomotivführer zu bezeichnen.

Jedem Rangierer wird meistens ein bestimmter Teil der Arbeiten vom Rangierleiter übertragen. Der eine hat z. B. das An- oder Abkuppeln, ein anderer die Bedienung der Wagenbremsen, ein dritter das Auslegen der Bremsschuhe usw. zu besorgen. Der Lokomotivführer darf keine Fahrt ohne Auftrag des Rangierleiters ausführen. Die Aufträge werden entweder mündlich oder durch bestimmte Signale (Rangiersignale) mit dem Horn, der Mundpfeife, durch Hand- und Laternenbewegungen und durch besondere Signaleinrichtungen gegeben[1]).

---

[1]) Siehe die bezügl. Veröffentlichungen des Verfassers im Stellwerk 1922 u. 1924.

Die Aufträge durch Signale lauten: „Vorziehen", „Zurückdrücken", „Abstoßen" und „Halt" (s. Signalordnung — Signale 31 bis 34).

Sicherungsvorschriften. Mit Rücksicht auf die Gefährlichkeit des Rangiergeschäftes sind in den Vorschriften über den Rangierdienst besondere Bestimmungen über die Sicherung 1. der Zugfahrten, 2. der Rangierfahrten und 3. der Rangierbediensteten und anderer Personen aufgenommen.

Zu 1. Es dürfen Hauptgleise nur mit Wissen des Fahrdienstleiters zum Rangieren benutzt werden. Ihre Räumung von Rangierabteilungen muß erfolgt sein, bevor die Erlaubnis zur Ein-, Durch- oder Ausfahrt eines Zuges gegeben werden darf. Sind Einfahrsignale nicht vorhanden, muß die Räumung 10 Minuten (bei unsichtigem Wetter 15 Minuten) vor der mutmaßlichen Ankunft eines Zuges stattfinden. Über eine besonders bezeichnete Stelle (Rangierhaltesignal) des Einfahrgleises oder über das Einfahrsignal hinaus darf in der Regel nicht rangiert werden. Muß aunahmsweise über letzteres hinaus ausgezogen werden, so darf es nur mit ausdrücklicher schriftlichen Erlaubnis des Fahrdienstleiters geschehen, und diese darf die Erlaubnis nur geben, wenn von der Vorstation kein Zug im Anfahren begriffen ist oder er Vorsorge dahin getroffen hat, daß dies so lange unterbleibt, bis das Fahrgleis geräumt ist oder die Rangierabteilung sich wieder unter Deckung befindet. Auf zweigleisigen Strecken soll beim Mangel eines besonderen Ausziehgleises möglichst das Ausfahrgleis zum Ausziehen benutzt werden. Solange ein Ein- oder Ausfahrsignal auf Fahrt steht, ist das Berühren der zugehörigen Fahrstraßen verboten, und auch auf benachbarten Gleisen darf nur dann rangiert werden, wenn die Fahrstraße z. B. durch abweisende Weichen. Gleissperren oder deckende Signale in Abhängigkeit mit den Hauptsignalen gegen die Rangierfahrten gesichert ist. Wird es notwendig, während der Einfahrt fahrplanmäßiger Züge durch Signale gedeckte Abschnitte ihrer Fahrgleise oder in diese mündende Weichenstraßen zum Aufstellen von Fahrzeugen oder zum Rangieren zu benutzen, so ist zuständigen Orts die Stelle zu bestimmen, bis wohin der einfahrende Zug vorfahren darf, und ebenfalls, wie weit darüber hinaus das Fahrgleis von Fahrzeugen und Rangierabteilungen freizuhalten ist.

Zu 2. Wird zu gleicher Zeit an mehreren sich berührenden Stellen, namentlich in dieselben Gleise rangiert, so darf dies nur im gegenseitigen Einvernehmen der Rangierleiter geschehen. Kein Rangierer darf eine von einem Weichensteller zu bedienende Weiche eigenmächtig umstellen. Ausnahmsweise von Rangierern umzustellende Weichen sind sofort wieder in Grundstellung zu bringen. Die Weichensteller sind von den Rangierleitern über die beabsichtigte Bewegung zu benachrichtigen. In einem Stellwerk dürfen Weichen nicht umgestellt werden, solange in seinem Bereich mit Reisenden besetzte Wagen ohne Sicherung der Fahrstraße bewegt werden. (Ausnahmen sind gestattet, aber zu vermerken, s. Merkbuch.) Gleichzeitig bewegte, abzustoßende oder ablaufende Wagen sind durch die Hauptkupplung zu kuppeln, während die andern Kupplungsteile aufgehängt sein müssen. Es bedarf in jedem Falle der besonderen Genehmigung, Wagen abzustoßen oder ablaufen zu lassen in stärker als 1 : 400 geneigte, in Werkstätten- und kurze Stumpfgleise sowie in Gleise, die auf Drehscheiben, Brückenwagen, Gebäude usw. führen. Eine ganze Reihe Wagenarten dürfen nicht abgestoßen werden und nicht ablaufen, wie besetzte Personen- und Postwagen und solche mit sprengbarer Ladung, andere weitere dürfen nicht abgestoßen werden, wie nicht besetzte Personen-, Post- und Gepäckwagen mit Drehgestellen, Schlaf- und Speisewagen, mit Vieh, Fahrzeugen und leicht zerbrechlichen Gegenständen beladene Wagen, Wagen mit Steifkupplung oder durch Ladung verbundene, Gas- und Säure-Transportwagen, Wagenkrane und solche, die sich in der Be- oder Entladung befinden. Alle diese genannten Wagen sollen überhaupt vorsichtig bewegt und dem Anprall abgestoßener oder ablaufender Wagen nicht ausgesetzt werden. Sie werden unter Umständen besonders gekennzeichnet, so mit Personen besetzte Post-, Speise- und Schlafwagen durch eine gelbe Flage an beiden Langseiten (bei Dunkelheit durch Beleuchtung des Wagens) und mit sprengbarem Gut beladene Wagen durch schwarze Flaggen mit einem weißen P. Bei Dunkelheit muß sich neben dem Wagen, an dem angefahren werden soll, ein Mann mit brennender Laterne aufstellen. Vor oder in dem ersten geschobenen Wagen muß sich ein Mann befinden, der auf die Fahrbahn zu achten und gegebenen falls die nötigen Signale zu geben hat.

Stillstehende Fahrzeuge sind gegen unbeabsichtigte Bewegungen zu sichern. Lokomotiven müssen deshalb, solange sie durch eigene Kraft bewegungsfähig sind, beaufsichtigt, deren Handbremse umgelegt, deren Regler geschlossen und deren Steuerung auf Mitte gestellt sein. Die Wagen, sofern sie aneinanderstehen, gekuppelt, sind durch Handbremsen und Radvorleger festzustellen. Erlaubt ist auch das Durchstecken von Sperrhölzern durch die Speichen des Räderpaares. Verboten ist dagegen das Feststellen durch Steine, Bremsschuhe, durch Anlegen der Luftdruckbremse usw. — Die Wagen sind stets so aufzustellen, daß andere Gleise und Wegeübergänge nicht gesperrt werden.

Zu 3. Der Rangierleiter hat über die Sicherheit der ihm unterstellten sowie anderer an den Rangier- und Bahngleisen beschäftigten Bediensteten und fremden Personen zu wachen. Deshalb sind alle Beteiligten, insbesondere auch solche fremde Personen, die mit dem Be- und Entladen von Wagen beschäftigt sind, von den beabsichtigten Bewegungen zu verständigen und Fuhrwerke, Ladebrücken usw. vorher zurückzuziehen. In Gleise, in denen Wagen stehen, an denen gearbeitet wird, darf nicht abgestoßen oder abgerollt werden. Von Menschen bewegte Wagen dürfen nicht gezogen werden. Beim Schieben darf nicht rückwärts gegangen werden, auch darf der Angriff nicht zwischen oder an den Puffern stattfinden. Fremde Personen dürfen nur mit Zustimmung des Rangierleiters und nur in unumgänglich notwendigen Fällen zur Hilfeleistung zugelassen werden. Als besonders gefahrvoll ist verboten: die Gleise kurz vor bewegten Fahrzeugen zu überschreiten und in den Gleisen zu gehen, unter Wagen durchzukriechen, auf rasch fahrende Fahrzeuge aufzusteigen oder davon abzuspringen, das Dach eines bewegten Wagens zu betreten, sich auf Puffer und Kupplungen zu setzen oder zu stellen, sich auf Tritte oder Trittbretter zu setzen oder auf die Tritte zweier bewegter Wagen zu stellen, sich weit über bewegte Fahrzeuge hinauszubeugen und Wagen vom Trittbrett aus abzukuppeln. Auch soll nicht aufrecht zwischen nahe aneinander stehenden Puffern hindurchgegangen werden.

7. Die Zugkraft.

Die Zugkraft ist zurzeit noch durch die Dampflokomotive gegeben. (Die Einzelfälle der elektrischen Zugbeförderung bleiben hier unberücksichtigt.) Die Gestellung der Zugkraft und die Regelung des Lokomotivdienstes ist im allgemeinen Sache des Betriebsmaschinendienstes, wobei aber die besonderen Betriebsverhältnisse, die sich aus Strecke und Betriebsstellen sowie aus dem Verkehr ergeben, als Grundlage dienen. Die Durchführung des Fahrplans erfordert, daß in den Lokomotiv-Dienstplan neben den für die eigentlichen Zugfahrten notwendigen Lokomotiven, auch solche für Vorspann, Schieben und für Aushilfe bei etwa vorkommenden Schäden der planmäßig vorgesehenen Zuglokomotiven aufgenommen werden. Diese letzteren werden auf den wichtigeren Stationen entweder im warmen oder kalten Zustande bereitgehalten. Jede Lokomotive wird einer bestimmten Station (Heimatstation) überwiesen. Meistens werden hierzu die Zugbildungstationen für Personenzüge und die Rangier- und Sammelbahnhöfe sowie die Grenzbahnhöfe gewählt, in Einzelfällen auch solche, wo ständig Lokomotiven zum Rangieren gebraucht werden oder zweckmäßig solche für den Bereitschaftsdienst vorhanden sein müssen. Da die Fahrt der Lokomotiven durch ihre Bauart, die Größe ihrer Vorratsräume für Kohlen und Wasser und die Güte des zur Verwendung gelangten Feuerungsstoffes und Wassers begrenzt wird, muß oft unterwegs am Zuge ein Lokomotivwechsel stattfinden. Die Stationen wo dies planmäßig erfolgt, nennt man Lokomotivwechselstationen. Die stetigen Verbesserungen an den Lokomotiven haben fortgesetzt eine Erweiterung der Entfernungen zwischen den Lokomotivwechselstationen je nach den einzelnen Zuggattungen ermöglicht, so daß Fahrten selbst von über 300 km zurzeit nicht mehr selten sind. Im allgemeinen wird aber der Dienst der Lokomotive auf kürzere Strecken beschränkt, und dies umsomehr, als man sie auch heute noch nur in Ausnahmefällen über die eigene Verwaltungsgrenze schickt, man sie ferner oft in ganz betimmten Zugfahrten am vorteilhaftesten ausnutzt und endlich die Netz- und Streckenverhältnisse mit ihren Unterschieden in den Verkehrs- und technischen Grundlagen auf eine Verschiedenheit in der zur Verwendung gelangenden Lokomotivgattung hinwirken müssen.

Die Diensteinteilungen der Lokomotiven werden für jeden Fahrplanabschnitt getrennt für Schnell-, Personen- und Güterzugfahrten unter Berücksichtigung ihrer Leistungsfähigkeit in bezug auf die verschieden gestalteten Strecken aufgestellt, wobei zweckmäßig der Bildfahrplan als Grundlage dient. Hierbei sind dienstfreie Zeiträume für Auswaschen des Kessels und überhaupt für ihre betriebsfertige Wiederherrichtung vorzusehen.

Da die erforderliche Zugkraft, wie bereits im ersten Abschnitt beschrieben, durch das Zuggewicht (in Tonnen) bedingt wird, das in Wechselwirkung mit den verschiedenen Streckenwiderständen und Grundgeschwindigkeiten steht, wird für jede Lokomotivgattung[1]) eine Belastungstafel hergestellt. Die hieraus entnommene gewöhnliche Leistung für die planmäßig zur Verwendung kommende Lokomotive wird im Fahrplanbuch Spalte 12 bei jedem Zuge angegeben. Da indessen ausnahmsweise auch andere Lokomotivgattungen zur Beförderung herangezogen werden müssen, werden Vergleichstafeln, getrennt für Personen- und Güterzüge, aufgestellt und unter Abschnitt 9 im Anhang zum Fahrplanbuch bekannt gegeben, aus denen dann die Belastungszahl entnommen werden kann.

Die Vergleichstafeln erhalten etwa die auf S. 229 ersichtliche Form.

Diese Vergleichstafeln geben das Zuggewicht in Tonnen an, während den Beamten (Aufsichtsbeamten, Zugführern), die das Zuggewicht zu ermitteln haben, der Zug zunächst als aus „Wagen“- oder „Last“-Achsen zusammengesetzt erscheint. Für die Ermittlung des Gewichts müssen deshalb gewisse Bestimmungen getroffen werden. (In Deutschland durch den § 61^{12} d. F. V. und die G. B. V. § 6.) Hiernach hat der Zugführer bei leeren Wagen die Tonnenzahl aus dem auf den Langträgern angeschriebenen — aber nach oben oder unten auf ganze Tonnen abzurundenden — Eigengewicht, bei den beladenen Wagen aus den von der Güterabfertigung auf den Beklebezetteln gemachten Vermerken zu entnehmen.

Für das Gewicht der Ladung ist einzusetzen: bei Postbeiwagen und Stückgutwagen 3 t, bei Viehwagen 5 t, bei Wagenladungen das auf ganze Tonnen abgerundete wirkliche Gewicht oder, wo Angaben fehlen, das Ladegewicht, bei kalt zu befördernden Lokomotiven für jede Kurbelachse 14 t, für jede Tenderachse 7,5 t. Für Post-, Gepäck- und Personenwagen, ob beladen oder leer, sind für jede Achse eines 2- oder 3achsigen Wagens 7,0 t, eines 4achsigen Wagens 9,5 t und eines 6achsigen (Personen-) Wagens 8,5 t einzusetzen. In Personenzügen rechnen aber Güterwagen, ob beladen oder leer, mit ihrem Betriebsgewicht, und zwar jede Achse zu 7,5 t.

---

[1]) 4 Hauptgattungen: Schnellzug- (S), Personenzug- (P), Güterzug- (G) und Tender- (T) Lokomotiven. Die Hauptgattungen werden in Gruppen (z. B. P 10, P 8, G 6, T 16) eingeteilt.

Vergleichstafel I für Personenzüge
(Tonnen)

P₃		S₄	S₆		S₈		T₄			T₁₁ / G₅	
60	80			120	150			60	75		110
70	90			140	175			70	90		125
80	105			160	200			80	100		145
90	115			180	225			90	115		160
100	130			200	250			100	125		180
110	145			220	275			110	140		200
120	155			240	300			120	150		215
130	170			260	325			130	165		235
140	180			280	350			140	175		250
·	·	·	·	·	·	·	·	·	·	·	·
·	·	·	·	·	·	·	·	·	·	·	·
·	·	·	·	·	·	·	·	·	·	·	·
490	635			980	—	—		490	615		880
500	650			1000	—	—		500	625		900
520	675			—	—	—		520	650		935
540	700			—	—	—		540	675		970
560	730			—	—	—		560	700		1010
580	765			—	—	—		580	725		—
600	780			—	—	—		600	750		—

Verhältniszahlen:

1,0					2,2			1,0	1,25		1,8

8. Abfahrbereitschaft.

Der Zug ist abfahrbereit, wenn festgestellt ist, daß seine Zusammenstellung und Ausrüstung nach den erlassenen Bestimmungen erfolgt ist. Hierbei hat von vornherein das Wagenaufsichtspersonal mitzuwirken, dessen Aufgabe es ist, den Zustand der Wagen hinsichtlich ihrer technischen Einrichtungen nachzuprüfen und namentlich auch auf den Übergangstationen die Wagen zu übernehmen. Es ist mit dieser Nachprüfung so frühzeitig zu beginnen, daß vor Abgang des Zuges kleinere Mängel noch beseitigt, Wagen mit größeren Mängeln aber noch ausgesetzt werden können.

Dann hat die Zugmannschaft (Zugbegleitpersonal) den Zug zu übernehmen und zu prüfen, ob den Vorschriften über Zugbildung, Kupplung der Wagen sowie wegen der Reinigung, Beleuchtung und Heizung der Züge entsprochen ist. Der Zugführer überweist den Schaffnern (Bremsern) den von ihnen zu überwachenden Zugteil, nimmt die Verteilung und Besetzung der Bremsen vor, bestimmt den Vorschluß- und Schlußbremser, übergibt den besonders dafür bestimmten Schaffnern die Signalfackelkapsel und hat insbesondere darauf zu achten, daß die Schlußsignale (bei den Güterzügen vom Schlußbremser) und die Zugleine, wo diese vorgeschrieben, angebracht sind. Für die rechtzeitige Beleuchtung ist der Zugführer ebenfalls verantwortlich. Die zur Bedienung der Bremsen Verpflichteten haben sich von deren Gebrauchsfähigkeit zu überzeugen, die Ordnungsmäßigkeit der Wagenbeladung zu überwachen und auch die Achsbuchsen nötigenfalls zu schmieren.

Bei Zügen mit durchgehender Bremse hat sich der Wagenwärter davon zu überzeugen, daß die Handbremsen gelöst und in gutem Zustande sind und die Bremsleitung ordnungsmäßig hergestellt (angebracht) ist.

Mit diesen Prüfungen hat die Zugmannschaft womöglich schon während der Zugbildung zu beginnen, damit die rechtzeitige Abfahrt des Zuges nicht verhindert wird.

Für das Ansetzen der Lokomotive am Zuge und das Kuppeln mit dem Zuge sowie für das Anbringen der Signale an der Lokomotive und die Verbindung der Zugleine mit der Dampfpfeife ist der Lokomotivführer verantwortlich. Bei Zügen mit durchgehender Bremse ist nach dem Ankuppeln der Lokomotive eine Bremsprobe vorzunehmen. Auf den Unterwegstationen sind die Untersuchungen zu wiederholen und insbesondere festzustellen, ob Heißläufer im Zuge sind. Auch ist die Bremsprobe jedesmal vorzunehmen, wenn Änderungen am Zuge vorgenommen wurden, es sei denn, daß nur Wagen am Schlusse abgehängt wurden. Von der betriebssicheren Wirksamkeit der durchgehenden Bremse hat sich der Lokomotivführer auch auf der vor einer Kopfstation belegenen Station zu überzeugen.

Der fertige Zug wird entweder unmittelbar auf einem Ausfahrgleis oder auf einem Gleise des Abstellbahnhofs (Abstellgleis) bereitgestellt. Hiermit hört seine Bewegungsfreiheit auf. Seine weiteren Bewegungen, d. h. entweder die unmittelbare Abfahrt, z. B. von Güterzügen, oder die Fahrt von Personenzügen zum Bahnsteig regelt der Fahrdienstleiter, dem die Abfahrbereitschaft zu melden ist, sofern er nicht selbst die Zugbildung überwacht hat.

B. Die Zugfahrt.

Die Zugfahrten sind in Deutschland im allgemeinen hinsichtlich ihrer Folge durch den Fahrplan gegeben und festgelegt, aber doch nicht unbedingt gesichert und geregelt. Auf zweigleisigen Bahnen sind zwar die Züge der einen Richtung von denen der andern Richtung unabhängig, doch trifft dies bei den Fahrten derselben Richtung nicht ohne weiteres zu; denn bei Abweichungen vom Fahrplan, die aus irgendeinem Grunde entstehen können, und bei Unregelmäßigkeiten (Zugtrennung, Halten auf der freien Strecke usw.) ist unter Umständen die Sicherheit, namentlich bei dichter Zugfolge, in Frage gestellt. Es wäre z. B. ein Auffahren auf den vorgefahrenen Zug nicht ausgeschlossen, wenn nicht besondere Sicherungsvorkehrungen getroffen würden. Bei eingleisigem Betrieb und auf eingleisigen Strecken überhaupt wird die Gefahr noch vergrößert, indem hier die Möglichkeit der Begegnung auf der freien Strecke hinzukommt. Hier stehen also die Zugfahrten beider Richtungen in Abhängigkeit.

Im allgemeinen finden die Zugfahrten auf den durchgehenden Hauptgleisen statt. So bezeichnet man die Gleise der freien Strecke und ihre Fortsetzung durch den Bahnhof. Auf denjenigen Bahnhöfen aber, wo aus Gründen des Betriebes oder Verkehrs Züge von andern überholt werden, sich begegnen oder wenden, wo Züge beginnen und endigen, müssen die Hauptgleise von den durchgehenden durch Abzweigung vermehrt werden. Es entstehen hier also mehrere Fahrstraßen, über deren Benutzung für gewisse Zeiträume, meistens für jeden Fahrplanabschnitt, Bestimmung getroffen werden muß. Dies geschieht durch die Aufstellung der Bahnhoffahrordnung.

Treten endlich Unregelmäßigkeiten in der planmäßigen Zugfolge ein, so bedarf ihre Regelung besonderer Vornahmen.

Zur Durchführung der Zugfolge werden die Strecken in einzelne Abschnitte (Blockstrecken) eingeteilt, die von Betriebstellen, genannt Zugfolgestellen, begrenzt werden. In diese Streckenabschnitte darf ein Zug nur dann einfahren, wenn der voraufgefahrene Zug ihn verlassen hat (Raumfolge) und sich unter Deckung der nächsten Zugfolgestelle befindet. Ausnahmen sind nur auf solchen Nebenbahnen zugelassen, deren Züge die Geschwindigkeit von 15 km nicht überschreiten. Bei eingleisigem Betriebe gilt die einschränkende Bestimmung, daß, wenn auch nur eine Blockstrecke zwischen zwei zur Zugkreuzung geeigneten Stationen besetzt ist, die andern gleichfalls als besetzt gelten. Es darf also dann keine von ihnen durch einen Gegenzug beansprucht werden. Zugfolgestellen, die nicht zu den Bahnhöfen gehören, heißen Blockstellen. Zwar sind an der

Zugmeldung alle Zugfolgestelllen beteiligt, da sie jedenfalls die rückliegende Blockstrecke frei melden müssen. Aber mit der Erweiterung ihrer betrieblichen Aufgaben, die z. B. darin bestehen können, daß die planmäßige Reihenfolge der Zugfahrten geändert wird, daß Maßnahmen zur Verhütung von Gegenfahrten auf eingleisigen Strecken zu treffen sind, daß neugebildete Züge abgelassen, andere dort aufgelöst werden können, wächst ihre Bedeutung für den Zugmeldedienst. Bieten deshalb die Zugfolgestellen die Möglichkeit, auf ihnen Züge beginnen, endigen, wenden, kreuzen und überholen, von einem auf ein anderes Hauptgleis oder auf eine abzweigende Strecke gelangen zu lassen, so nennt man sie Zugmeldestellen. Es können aber auch die andern Zugfolgestellen, bei denen keine dieser Voraussetzungen zutrifft, seitens der betriebsleitenden Verwaltung zu Zugmeldestellen erklärt werden, wie auch einzelne Zugfolgestellen für gewisse Zeiten dieser Eigenschaft entkleidet werden können.

Die Deckung eines Zuges durch eine Zugfolgestelle ist erfolgt, sobald er dort mit seinem Schlußsignal an einer in jedem Falle besonders bestimmten Stelle angekommen oder vorbeigefahren ist. Nur auf Hauptbahnen erhalten die Zugfolgestellen Einfahr- und Ausfahr- oder Blocksignale und auf Nebenbahnen, die mit mehr als 40 km / Std. Geschwindigkeit befahren werden, die Kreuzungsstationen Einfahrsignale, wodurch die Deckung der vorgefahrenen oder sich kreuzenden Züge in zuverlässiger Weise erreicht wird. Für Bahnen mit besonders dichter Zugfolge. stellt die B. O. (§ 22) die weitere Forderung, daß das Signal für die Einfahrt in einen Streckenabschnitt unter Verschluß der nächsten Zugfolgestelle liegen muß. Diese Einrichtung heißt Streckenblockung.

1. Vor dem Beginn der Zugfahrt.

Der Fahrdienstleiter und Aufsichtsbeamte. An jeder Zugfolgestelle muß während der Dauer des Dienstes ein Beamter anwesend sein, der die Zugfolge unter eigner Verantwortung regelt. Dieser Beamte heißt Fahrdienstleiter. Die übrigen Geschäfte des Fahrdienstes auf einer Station werden vom Aufsichtsbeamten wahrgenommen. Der letztere bedarf bei allen den Zuglauf betreffenden Verrichtungen der Zustimmung des ersteren. Es wurde schon erwähnt, daß das Bestreben besteht, den Verantwortungsbereich der einzelnen Betriebsbeamten sowohl örtlich als auch hinsichtlich ihrer Dienstobliegenheiten scharf zu umgrenzen. Es soll damit Mißgriffen und Mißverständnissen bei der Betätigung des Fahrdienstes nach Möglichkeit vorgebeugt und die weitgehendste Sicherheit erzielt werden. In jedem örtlich abgegrenzten Bereich und oft selbst innerhalb ein und desselben Bereiches haben deshalb die dort diensthabenden Beamten entsprechend ihren verschiedenen Aufgaben ihre Handlungen selbstverantwortlich auszuführen. Selbstverständlich kann man alle Obliegenheiten in einen Beamten vereinigen, wenn der Umfang der Geschäfte dies gestattet. Es kann also der Fahrdienstleiter zugleich Aufsichtsbeamter und Signalwärter, ein Signalwärter zugleich Fahrdienstleiter usw. sein. So ist z. B. der Blockwärter auf einer Blockstelle, der Stellwerkswärter auf einer Blockstelle mit Abzweigung oder auf einem kleinen Befehlstellwerk zugleich Fahrdienstleiter. Auf den Zugfolgestellen der Nebenbahnen, die von Agenten oder Frauen verwaltet werden, übernimmt der Zugführer während der Dauer des Zugaufenthaltes die Fahrdienstleitung. Größere Bahnhöfe können in mehrere Fahrdienstleiterbereiche eingeteilt, auch kann eine Trennung der Fahrdienstleitung zwischen Bahnhof und Strecke vorgenommen werden. Das letztere ist dort angezeigt, wo dem Fahrdienstleiter besondere Beamten zur Hilfeleistung im Zugmeldedienste beigegeben sind und aus dieser Einrichtung unter Umständen Irrtümer hervorgehen können. Es kommen hierfür aber nur Bahnhöfe in Frage, die mit Ausfahrsignalen versehen sind. Dem den Telegraphendienst versehenden Beamten wird dann die Streckenfahrdienstleitung übertragen. Jedem der beiden Beamten obliegt dann unter eigener Verantwortung in seinem entweder durch die Einfahrsignale (Bahnhoffahrdienstleiter) oder durch die Ausfahrsignale (Streckenfahrdienstleiter) gedeckten Bereich die Zugmeldung und gegebenenfalls die Blockbedienung für die einzelnen Zugfahrten. Durch diese Einrichtung kann oft die Zugabfertigung beschleunigt, eine Zugverspätung vermieden oder doch eingeschränkt und auf eingleisigen Strecken das Zugmeldeverfahren beschleunigt werden. Es sei noch erwähnt, daß diese Trennung für die Stunden geringen Verkehrs, also zeitweise am Tage aufgehoben werden kann, doch muß dieser Zeitraum dann genau festgelegt werden.

Der Aufsichtsbeamte hat die Leitung und Beaufsichtigung aller im Stationsbereich stattfindenden auf den Fahrdienst sich beziehenden Vorgänge, soweit sie sich nicht auf die Zugfahrten und deren Regelung beziehen. Insbesondere untersteht ihm die Bildung der Züge bis zu ihrer Abfahrbereitschaft, die Zugabfertigung an den Abfahrgleisen und an den Bahnsteigen unter Beachtung der Vorschriften für die Sicherung der Bediensteten und Reisenden, der Rangierdienst bezüglich der Zustellung und Abholung der Wagen zu und von den Ladestellen, das Aufstellen und Sichern der Wagen, die Überwachung der Dienstbereitschaft der beteiligten Stations-, Zug- und oft auch der Lokomotivmannschaft. Auch obliegt ihm die Vermittlung des Verkehrs zwischen Station und Zug hinsichtlich Gestellung der Lokomotiv- und Bremskraft sowie Wagenvermehrung und -verminderung; insbesondere hat er auch auf den Haltstationen dem Zugführer die nötigen Weisungen zu erteilen. Er hat ferner für die bestimmungsgemäße Benutzung der dem Personen- und Güterverkehr dienenden Anlagen zu sorgen, soweit sie nicht die Zugfahrten und den inneren Dienst der Personen- und Güterabfertigung betreffen, und darüber zu wachen, daß die Vorkehrungen dazu rechtzeitig getroffen sind. Der Aufsichtsbeamte ist zugleich Fahrdienstleiter, wenn für die Fahrdienstleitung kein besonderer Beamter bestellt ist.

Die Regelung der Zugfolge durch die auf allen Zugfolgestellen vorhandenen Fahrdienstleiter hat den in Deutschland und in vielen anderen Ländern üblichen festen Fahrplan und Bestimmungen über eine Zugrangordnung zur Voraussetzung. Wo solche bis ins einzelne gehenden Fahrpläne überhaupt nicht oder nicht für alle möglichen Züge aufgestellt werden, können die Zugfahrten nur von einer einen größeren Bereich umfassenden Zugleitungstelle aus geregelt werden. Eine derartige Zugleitung findet man beispielsweise in den Vereinigten Staaten von Nordamerika, wo es oft weder für die Personenzüge noch namentlich für die Güterzüge ganz genaue Fahrpläne gibt, unter dem Namen „traindispatcher“. Diese Einrichtung hat sich dort gewissermaßen aus der vormals großen Stationsentfernung und dünnen Zugfolge geschichtlich entwickelt. Sie ist dort aber trotz der Verdichtung des Netzes und der Zugfolge auch auf den Strecken noch in Übung, wo die technischen Sicherungseinrichtungen die in Deutschland übliche Zugregelung ermöglichen würde. Die Zugleitung erhält von den Stationen über die Zugläufe telegraphische Meldungen, durch die sie in den Stand gesetzt wird, die etwa erforderlichen Anordnungen wegen vorzunehmender Überholungen und Kreuzungen zu treffen. Maßgebend hierfür ist auch dort eine gewisse Zugrangordnung und außerdem der Grundsatz des „right of way“, wonach ein, auch durch einen andern verspäteter Zug unter Umständen das Recht auf Benutzung der Strecke verliert, wodurch er allerdings in eine gar nicht vorauszusehende Verspätung geraten kann[1]).

Auch in Ländern, wo sonst der feste Fahrplan die Grundlage für die Zugfolge bildet, kann unter Umständen das Verfahren der „Zugleitung“ zeitweise zur Anwendung kommen, z. B. wenn durch einen größeren Unfall erhebliche

---

[1]) Eisenbahntechnik der Gegenwart 3. Unterhaltung u. Betrieb. S. 360.
[1]) Hoff und Schwabach, Nordamerikanische Eisenbahnen, S. 63 u. ff.

Zug Bezeichnung und Nr.	verkehrt Bezeichnung und Nr.	Ankunft Std.	Min.	Aufenthalt Min.	Abfahrt Std.	Min.	Zug fährt von	bis	kreuzt mit Zug	überholt Zug	wird überholt von Zug	Gleis Nr.	Bemerkungen. Bei Güterzügen Angabe des Plans für den Sonntagsverkehr
P 843 ...		12	15	..	..	..	Cassel	Erfurt	..	..	..	1	
D 38		12	17	4	12	21	Berlin	Stuttgart / Saarbrücken	..	..	..	2	
	BD 6832 a..	..	..	..	12	24	Erfurt G.	Eisenach	..	..	..	4	An Stelle des BD 6832, wenn dieser in Erfurt G. beginnt.
P 296 ...		..	..	..	12	28	Erfurt	Arnstadt	..	..	..	93	
D 204 ...		12	38	4	12	42	Leipzig / Berlin	Saarbrücken / Mannheim	..	..	..	2	Vom 1./5. bis 30./9.
	BD 6837 ...	..	..	..	12	44	Gerstungen	Falkenberg	..	..	..	3	Verkehrt i. So./S. N. bei Pl. B u. C nach Bedarf.
IIIIIIII	BD 6832 ...	..	..	..	12	48	Wahren	Bebra	..	..	..	4	Verkehrt i. S./Mo. N. u. in d. Nacht nach einem Festtage regelmäßig.
	BN 7159 ...	..	..	..	12	55½	Eisenach	Erfurt G.	..	..	..	3	
N 7112 ..		..	..	..	12	57	Erfurt G.	Cassel	..	..	..	4	a. b. v. S. u. Pl. A (R.).
	BF 34651 ..	..	..	..	1	04½	Lichtenfels	Erfurt G.	..	..	..	3	
N 7119 ..		..	..	..	1	22½	Gerstungen	„	..	..	..	3	a. b. v. S.
D 6805 ..		..	..	..	1	37½	„	Wahren	..	..	..	3	S. u. F. im Pl. 6805 (S).

und längere Zeit dauernde Umleitungen vorzunehmen oder größere Verkehrsstockungen zu verhindern oder zu beheben sind (siehe Betriebsstockungen).

Die Fahrordnung. Während auf vielen ausländischen Eisenbahnen links gefahren wird, bestimmt die B. O., daß auf den zweigleisigen deutschen Bahnen

Planmäßige Fahrwege des Bahnhofs X.

Bezeichnung	Richtung von	nach	Einfahrt in Gleis	Ausfahrt aus Gleis	Durchfährt die Spitzweichen Nr. auf geradem Strang	auf krummem Strang	Feindliche Weichen liegen auf geradem Strang	auf krummem Strang
L^1	V.	..	2	..	..	..	..	..
L^2	„	..	6	..	..	..	..	..
T^1	St.	..	5a	..	..	..	..	..
T^2	„	..	2	..	..	..	..	..
K^1	E.	..	6a	..	..	..	..	..
K^2	„	..	2	..	..	..	..	..
U/Q^1	B.	..	1	..	..	..	..	..
U/Q^2	„	..	1a	..	..	..	..	..
U/Q^3	„	..	88	..	..	..	..	..
Z	„	..	3	..	..	..	..	..
V	E.	..	4	..	..	..	..	..
R	..	B.	..	93	..	..	..	..
S	..	„	..	2	..	..	..	..
T	..	„	..	4	..	..	..	..
M	..	V.	..	1a	..	..	..	..
M^1	..	„	..	1	..	..	..	..
M^2	..	St.	..	1	..	..	..	..
M^3	..	E.	..	1	..	..	..	..
N^5	..	S.	..	5	..	..	..	..
$N^5 a$	..	..	..	5a	..	..	..	..
O^6	..	E.	..	6	..	..	..	..
$O^6 a$	..	..	..	6a	..	..	..	..

rechts zu fahren ist. Ausnahmen sind zugelassen in Bahnhöfen, bei Gleissperrungen, für Arbeitzüge, Arbeitswagen und Kleinwagen, für Hilfzüge und Hilfslokomotiven, für zurückkehrende Schiebelokomotiven und zwischen einem Bahnhof und der auf freier Strecke liegenden Weiche eines Anschlußgleises.

Wo auf den Bahnhöfen mehrere Fahrstraßen für eine Richtung vorkommen, sind über deren Benutzung zur Ein-, Aus- und Durchfahrt der Züge bestimmte Vorschriften zu erlassen, von denen nur in Ausnahmefällen unter Verantwortlichkeit des Fahrdienstleiters abgewichen werden darf. Sie werden in der vom Stationsvorsteher — in Deutschland nach einem Muster i. d. F. V. — aufgestellten und von der zuständigen vorgesetzten Stelle genehmigten Bahnhoffahrordnung in Tabellenform der beteiligten Stations- und erforderlichenfalls auch der Zugmannschaft z. B. in der auf S. 233 ersichtlichen Form bekannt gegeben.

Sie enthält von Mitternacht beginnend, nach der Zeitfolge geordnet, den Fahrplan aller den Bahnhof berührenden Züge nach Gattung und Nummer mit ihren Ankunft-, Aufenthalt- und Abfahrzeiten, ihre Richtung — bezeichnet durch Zuganfang und Endstation —, die Gleise (Nr.), die sie befahren, den Fahrweg, wenn aus der gleichen Richtung mehr als einer in das Gleis fährt, die Züge, mit denen der in Frage stehende kreuzt, die er überholt oder von denen er überholt wird, und, soweit erforderlich, die Stellen, wo sie zu halten haben, und andere Bemerkungen.

Bei ihrer Aufstellung ist zu beachten, daß Schnell- und Personenzüge so wenig wie möglich von den durchgehenden Hauptgleisen abgelenkt und die Vorschriften über die Sicherung der Reisenden, insbesondere beim Anfahren und Aufstellen mehrerer zu gleicher Zeit ankommenden Züge, gewahrt werden. Durchfahrende Schnell- und Personenzüge sollen möglichst nicht vom geraden Gleis abgelenkt werden. Auch ist dafür zu sorgen, daß möglichst viele Ein- und Ausfahrten gleichzeitig geschehen können.

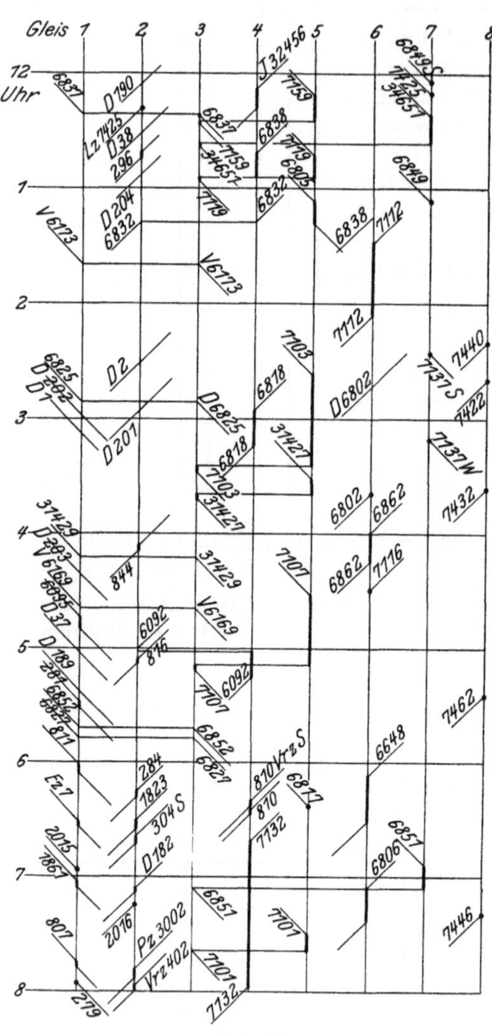

Abb. 21.

Welche Gleise ein Sonderzug zu befahren hat, bestimmt der Fahrdienstleiter, wenn sie nicht von der den Sonderzug anordnenden Stelle im Fahrplan bestimmt sind.

Befinden sich auf einem Bahnhofe mehrere Güterzuggleise, so hängt deren Benutzung davon ab, welche Behandlung die Güterzüge auf dem Bahnhof erleiden sollen. Bei Bestimmung der Benutzung ist auf die örtlichen Anlagen und Betriebsverhältnisse zu rücksichtigen.

Bei den Bahnhoffahrordnungen der größeren Bahnhöfe wird eine Übersicht der planmäßigen Fahrwege vorangestellt, die neben der Fahrwegbezeichnung durch die Signalbuchstaben ihre Richtung, bezeichnet durch die nächsten Zugmeldestellen, und die Nummer der zu benutzenden Einfahr- und Ausfahrgleise enthält.

Auch sollen darin bei den einzelnen Fahrwegen die zu durchfahrenden Spitzweichen und die feindlichen Weichen (nach Nummern) hinsichtlich ihrer Stellung — ob auf den geraden oder krummen Strang liegend — angegeben werden, es sei denn, daß sie bereits in dem Bedienungsplan der Block- und Stellwerke enthalten sind.

Vielfach hat man — namentlich für größere Bahnhöfe — die bildliche Darstellung der Fahrordnung vorgezogen, da sie zweifellos eine bessere Übersicht und schnellere Auskunft ermöglicht. Sie gewährt zu gleicher Zeit einen zweifelsfreien Überblick über die jederzeitige Gleisbesetzung und die weitere Aufnahmefähigkeit des Bahnhofs. Man kann die Gleise durch lotrechte oder wagerechte Linien darstellen. Auf ihnen wird dann ihrer zeitlichen Benutzung nach der Zugaufenthalt durch eine dickere Linie und seine Richtung durch seitliche schräge Striche bezeichnet. Abb. 21 gibt eine solche Darstellung mit senkrechten Gleis- und wagerechten Zeitlinien für einen Tagesteil 12 Uhr V bis 8 Uhr V).

Es ist aus dieser Darstellung genau ersichtlich, ob ein Zug von einem andern überholt wird, ob er auf einem Gleise ankommt und behufs Wendung auf ein anderes Gleis gesetzt oder von demselben Gleise wieder abfährt, ob ein Zug auf dem Bahnhof endigt oder entspringt, welche Anschlüsse für einen Zug in Frage kommen, und welche Pausen in der Gleisbesetzung eintreten.

In der ehemals preußisch-hessischen Verwaltung wurden der Zugmannschaft früher die erforderlichen Angaben durch die „Allgemeine Fahrordnung" in einem Heft für den ganzen Verwaltungsbereich vereinigt, bekanntgegeben. Zurzeit wird davon abgesehen.

Auf Lokomotivwechselstationen und solchen, wo Züge beginnen und endigen, ist von dem Stationsvorsteher eine „Lokomotivfahrordnung" aufzustellen, aus der die Zeiten der Bereitstellung, die Aufstellungsorte der Lokomotiven und die von ihnen zu benutzenden Wege (Gleise mit Nummer) hervorgehen Sie wird nach dem Muster der Bahnhoffahrordnung aufgestellt und kann mit ihr vereinigt werden

Nachstehend ein Abschnitt aus einer Lokomotivfahrordnung.

1	2	3		4	5		6	7	8	9	10	11	12
	Zug verkehrt	An-kunft		Auf-ent-halt	Ab-fahrt		Zug fährt		kreuzt mit Zug	überholt Zug	wird überholt von Zug	Gleis Nr.	Bemerkungen.
täglich oder nur Werktags	Sonn- u. Festtags oder nach Bedarf oder nur an be-stimmten Tagen												Bei Güterzügen Angabe des Plans für
Bezeichnung und Nr.	Bezeichnung und Nr.	Std.	Min.	Min.	Std.	Min.	von	bis					den Sonntagsverkehr.
Lz 843...	..	..	..	..	12	16	Erfurt......	Lok.-Schupp.	..	..	..	1/49	Übernimmt P 802.
Lz 38....	..	..	..	..	12	17	„	„	..	..	..	2/3/49	
Lz 204...	..	..	..	..	12	25	Wst.-Posten 5	Erfurt......	..	..	..	49/2/94	Vom 1./5.—30./9.
Lz 204...	..	..	..	..	12	42	Erfurt......	Lok.-Schupp.	..	..	..	2/3/49	Desgl.
Lz 2.....	..	..	..	..	1	55	Wst.-Posten 5	Erfurt......	..	..	..	49/2/94	
Lz 2.....	..	..	..	..	2	12	Erfurt......	Lok.-Schupp.	..	..	..	2/3/49	Übernimmt D 129.
‖‖‖‖	Lz 202.....	..	..	..	2	25	Wst.-Posten 5	Erfurt......	..	..	..	42/2/94	Vom 7.—16./5., 30./6. bis 16./7., 2./8.—1./9., 22./12.—24./12., 1./1. bis 3./1., 9./4.—12./4. und 14./4.—17./4.

Vor der Fahrordnung befindet sich meistens noch eine Anweisung allgemeiner Art und einzelne Sonderbestimmungen, z. B. für Fahrten zur Zugübernahme und nach den Lokomotivschuppen, sowie für Lokomotivfahrten, für die Fahrwege nicht vorgesehen wurden.

Prüfung der Fahrstraßen. Die Herstellung der planmäßigen Fahrwege geschieht durch richtige Stellung der in Frage kommenden Weichen, für die in allen Fällen eine bestimmte, nach vollständigem Verlauf der Zugfahrten wieder herbeizuführende Grundstellung vorgeschrieben wird. Bevor ein Ein- oder Ausfahrsignal für einen Zug auf Fahrt gestellt und der Auftrag zu seiner Ein-, Durch- oder Abfahrt erteilt werden darf — auf Nebenbahnen, wo Signale fehlen, vor der bevorstehenden Ein- und Ausfahrt eines Zuges —, ist zu prüfen, ob die Fahrstraße frei ist und ihre Weichen richtig stehen. Die Prüfung der letzteren darf unterbleiben, wenn deren Stellung mit der Signalstellung in Abhängigkeit gebracht ist (B. O. § 21[8], 65[2]). Sie ist von dem Fahrdienstleiter persönlich oder in jedem fest begrenzten Bereich von dem dort zuständigen Beamten vorzunehmen. Im letzteren Falle hat der Fahrdienstleiter dessen Mitteilung über das Freisein und die richtige Einstellung der Fahrstraße abzuwarten, sofern sie an ihn zu richten ist, bevor er den Auftrag zum Stellen des Signals erteilt. Ist die Mitteilung unmittelbar an den Signalwärter zu richten, so hat dieser sie abzuwarten, bevor er den Auftrag das Signal zu ziehen, ausführt. Auch dann, wenn dem Signalwärter kein bestimmter Bereich im Sinne der vorstehenden Ausführungen zugewiesen ist, hat er dennoch vor der Signalstellung sich darüber zu vergewissern, daß kein Fahrthindernis vorliegt. Das Freisein eines Fahrweges nach einer Zugfahrt tritt erst wieder ein, wenn er von dem Zuge bis zu einem, in jedem Falle besonders bestimmten Punkte (Gefahrpunkt) geräumt ist und der Signalwärter hier das Schlußsignal — eines der 3 Zeichen genügt — wahrgenommen hat. Für den Streckenblockwärter kommt nur die Feststellung, daß der Zug ungeteilt den rückwärts gelegenen Streckenabschnitt geräumt hat, in Frage

Die ordnungsmäßige Prüfung der Fahrstraßen und die Feststellung ihres Freiseins vor jeder Zugfahrt ist eines der wichtigsten Mittel für die Gewährleistung der Betriebssicherheit. Die betriebleitende Stelle hat deshalb ihr stetes Augenmerk darauf zu richten, daß sie wirklich ausgeführt wird und nicht etwa, wie dies bei dichter Zugfolge nicht ausgeschlossen ist, gewohnheitsmäßig unterbleibt und ohne sie die für die Signalstelung erforderlichen Handlungen vorgenommen und Befehle erteilt werden.

Besonders wichtig wird natürlich die Prüfung der Fahrstraßen, wenn die von ihrer Herstellung abhängigen Signale aus irgendeinem Grunde nicht gestellt werden können, oder Sicherungseinrichtungen ganz oder teilweise außer Betrieb sind. Diesem Umstande hat man durch besondere Bestimmungen (z. B. in den Stellwerkvorschriften St. V.) Rechnung getragen, wonach in jedem Falle von dem zuständigen Wärter dem Fahrdienstleiter eine bezügliche Meldung nach einem bestimmten Wortlaut, von dem nicht abgewichen werden darf, zu erstatten ist.

Kann z. B. ein Hauptsignal nicht in Fahrstellung gebracht werden, so hat der Signalwärter, nachdem er alle Hebel für die angeordnete Zugfahrt richtig gestellt und womöglich den Fahrstraßenhebel umgelegt sowie die richtige Lage beider Zungen aller Spitzweichen der Fahrstraße festgestellt und gegebenenfalls die Fahrstraßenfestlegung bedient hat dem Fahrdienstleiter zu melden: „Signal (B) kann nicht auf Fahrt gestellt werden; Weichen für Zug (310) aus (oder nach) Gleis (2) richtig gestellt, Fahrstraßenhebel umgelegt."

Auch der Fahrdienstleiter hat sich zu vergewissern, daß die Fahrstraße festgelegt ist, und erst dann die Fahrt mit Befehl A zu veranlassen. Wenn trotz Bedienung eines Signalhebels ein Signal nicht in Fahrstellung kommt, so ist dem Fahrdienstleiter zu melden: „Signalhebel umgelegt, Signal nicht auf Fahrt gekommen." Dieser hat nun die örtliche Feststellung der richtigen Stellung aller durch den Signaldrahtzug verriegelten Weichen zu veranlassen und erst dann die Zugfahrt durch Befehl A zu gestatten. Nicht dem vorgeschriebenen Wortlaut entsprechende Meldungen sind unbedingt abzulehnen.

Die Zugmeldung. (Mittel und Verfahren.) Die den Zuglauf betreffenden Meldungen haben auf Strecken, wo die Zugfolgestellen durch Telegraphenleitungen verbunden sind, auch durch den Telegraphen (Fernschreiber) zu erfolgen, es sei denn, daß der Fernsprecher ausdrücklich durch die Bestimmungen zugelassen ist. Insbesondere können sie dann durch Fernsprecher gemacht werden, wenn die telegraphische Verbindung der Zugfolgestellen gestört ist, doch sind auf Hauptbahnen die Meldungen über Kreuzungsverlegungen hiervon unbedingt ausgeschlossen. Zu Erkundigungen und Aufklärungen über die Zugfahrten darf gleichfalls der Fernsprecher benutzt werden. Auf Linien mit Streckenblockung wird ein Teil dieser Meldungen durch sie ersetzt, insbesondere diejenigen, die von der Signalstellung und von der zurückgelegten Zugfahrt bedingt und deshalb, um Mißgriffen vorzubeugen, davon zwangsweise abhängig gemacht sind (Rückmeldung). — Die ˌHandhabung der Streckenblockung wird im einzelnen durch die Blockvorschriften (Bl. V.) geregelt. — Zur Ankündigung einer Zugfahrt dienen elektrische Läutewerke, die ein oder zweimal ausgelöst werden und hierdurch die Richtung angeben, aus der der Zug zu erwarten ist.

Zum Zugmeldeverfahren gehört das Anbieten und Annehmen, Abmelden sowie Rückmelden der Züge. Auf den mit Läuteeinrichtung versehenen Strecken tritt das Abläuten hinzu.

Es ist für eingleisige sowie zeitweilig eingleisig betriebene zweigleisige und für zweigleisige Strecken verschieden. Auf den ersteren werden die Züge angeboten und angenommen, abgeläutet und zurückgemeldet, auf den letzteren abgeläutet, abgemeldet und zurückgemeldet. Ob bei eingleisigem Betriebe die Züge auch abgemeldet und bei zweigleisigem Betrieb auch anzubieten und anzunehmen sind, bestimmt die betriebleitende Verwaltung (in Preußen die Eisenbahndirektion). Inwieweit neben der Streckenblockung das Zugmeldeverfahren anzuwenden ist, wird besonders bestimmt. Die ersten drei Vorgänge des Zugmeldeverfahrens spielen sich zwischen den Zugmeldestellen ab, während der vierte — das Rückmelden — von Zugfolge zu Zugfolgestelle geschieht. Das Abläuten kann je nach den bestehenden Einrichtungen von Zugmelde- zu Zugmelde- oder von Zugfolge- zu Zugfolgestelle erfolgen.

Das Anbieten und Annehmen auf eingleisiger Strecke dient als Verständigung zweier benachbarter Zugmeldestellen über die Festlegung einer Zugfahrt zwischen ihnen. Es soll zur Vermeidung von Unklarheiten, das Anbieten in der Regel nicht früher als 4 Minuten vor der mutmaßlichen Ab- oder Durchfahrt eines Zuges erfolgen (Ausnahmen sind bei durchfahrenden Zügen zulässig) und darf nicht eher stattfinden als bis der vorausgefahrene Zug von der vorwärtsgelegenen Zugfolgestelle zurückgemeldet ist. Von einer Kreuzungsstation darf ein Zug erst dann angeboten werden, wenn der Gegenzug eingetroffen und zurückgemeldet ist, doch ist es statthaft, wenn zur Vermeidung von Verspätungen ein Zug unmittelbar nach Ankunft seines Gegenzuges abgelassen werden soll, jenen 2 Minuten vor dessen mutmaßlicher Ankunft anzubieten. Das letztere Verfahren nennt man „bedingtes Anbieten“.

Die Abfahrstation bietet den Zug mit der Frage an: „Wird Zug (Nr.) angenommen?“ (telegr. Abkürzung z. B.: Z. 19 ag?) Oder zwischen 2 durch 1 Blockstelle getrennten Zugmeldestellen bei voraufgegangener Gegenfahrt unabhängig von der inzwischen verflossenen Zeit: „Zug 20 hier, wird Zug 19 angenommen?“ (telegr. Abkürzung: Z. 20 hier, Z. 19 ag?) Oder endlich im Falle des bedingten Anbietens: „Wenn Zug 20 angekommen, wird Zug 19 angenommen?“ (telegr. Abkürzung: Wenn Z. 20 ak Z. 19 ag?) Die Ankunftstation nimmt, wenn einverstanden, den Zug mit den Worten an: „Zug 19 ja“ (telegr. Abkürzung: Z. 19 ja), oder beim bedingten Anbieten: Wenn Zug 20 angekommen kann Zug 19 kommen (telegr. Abkürzung: Wenn Z. 20 ak kann Z. 19 kommen). Steht der

Richtung von *Vieselbach* nach *Bischleben*

1	2	3	4	5	6	7	8	9	10	11
Tag 7./1.	Meldungen für die rückwärts gelegene Strecke			Ankunft	Meldungen für die vorwärts gelegene Strecke				Eingetragen durch	Bemerkungen und Telegramme *Zeitsignal 8°*
Zugnummer	Annahme (ausnahmsweise)	Gemeldete Abfahrt	Abgabe der Rückmeldung oder Entblockung		Annahme (ausnahmsweise)	Abgabe des Abläutesignals	Abfahrt (Abmeldung)	Eintreffen der Rückmeldung		
	U. | Min.	U. | Min.	U. | Min.	U. | Min.	U. | Min.	U. | Min.	U. | Min.	U. | Min.		
38		12 | 13		12 | 17		12 | 22	12 | 25		H	*Dienst übergeben* 12⁰⁰ *N* *A. Fahrdienstl.*
296						12 | 27	12 | 30		H	*Dienst übernommen* 12⁰⁰ *N* *B. Fahrdienstl.*
204		12 | 37		12 | 42		12 | 45	12 | 48		H	*Stat. von Erfurt—Eisenach Z. 806 mehr als 10 Min. später.* *Bh. Erfurt P Müller*

Fahrt ein Hindernis entgegen, oder geschieht das Anbieten nicht in der vorgeschriebenen Form, dann hat die Ankunftstation zu antworten: „Nein warten". Ist der Grund der Ablehnung beseitigt, so erfolgt die Annahme des Zuges mit den Worten: „Jetzt Zug 19 ja" (telegr. Abkürzung: Jetzt Z. 19 ja). Nach erfolgter Annahme hat in allen Fällen die Abfahrstation das eigene Ruf- und das Quittungszeichen zu geben.

Das Abmelden geschieht in der Regel von Zugmelde- zu Zugmeldestelle, sobald der Zug hier ab- oder durchfährt, mit den Worten: „Zug 19 ab 10 Uhr 25 Minuten" (telegr. Abkürzung: Z. 19 ab 10,25).

Das Rückmelden — die Bestätigung des ordnungsmäßigen Verlaufs der Zugfahrt — erfolgt von Zugfolge- zu Zugfolgestelle mit den Worten „Zug 19 hier" (telegr. Abkürzung: Z. 19 hier).

Auch nach erfolgter Ab- und Rückmeldung hat die empfangende Stelle das eigene Ruf- und das Quittungszeichen zu geben.

Das Abläuten darf nicht früher als 3 Minuten vor der Abfahrt oder der mutmaßlichen Durchfahrt eines Zuges und da, wo das Anbieteverfahren stattfindet, nicht vor seiner Annahme erfolgen.

Die den Zuglauf — also auch das Zugmeldeverfahren — betreffenden Telegramme sind in der Regel vom Fahrdienstleiter persönlich abzugeben und aufzunehmen. Sofern er hieran des öfteren verhindert ist, ihm also hierzu ein Beamter zur Hilfe gegeben werden mußte, kann er diesen damit beauftragen. Doch darf der Auftrag nur für jedem Einzelfall besonders, und kann bei den für das Zugmeldeverfahren vorgesehenen Telegrammen mit festem Wortlaut mündlich erteilt werden. Nur die Rückmeldung kann dem telegraphierenden Beamten ein für allemal ohne Mitwirkung des Fahrdienstleiters übertragen werden, wo die Einfahrt eines Zuges nach dem Dienstraum gemeldet wird. Auch das Abläuten hat der Fahrdienstleiter persönlich zu besorgen, doch darf er damit einen anderen Beamten — aber nur in jedem Einzelfalle besonders — beauftragen.

Die Telegramme des Zugmeldedienstes sind tabellenförmig in ein Zugmeldebuch (nach den Mustern d. F. V. für ein- bzw. zweigleisige Strecken) einzutragen. Für jede Strecke ist ein besonderes Zugmeldebuch zu führen. Wie die Eintragungen vorgenommen werden, ergibt der obenstehende Auschnitt aus einem Zugmeldebuch einer zweigleisigen Strecke.

Für jeden Zug dient eine Zeile (nur für mit Schiebelokomotiven verkehrende Züge sind zwei erforderlich). Das Zugmeldebuch für eingleisige Strecken hat 8, das für zweigleisige 11 Spalten; von Zugmeldestellen, auf denen zwei zweigleisige Strecken in eine zweigleisige zusammenlaufen, ist ein besonderes Zugmeldebuch (Anlage 8 b F. V.) und auf Blockstellen einer zweigleisigen Bahn,

Richtung von *Bischleben* nach *Vieselbach*

1	2		3		4		5		6		7		8		9		10	11
Tag ./1. Zugnummer	Meldungen für die rückwärts gelegene Strecke						Ankunft		Meldungen für die vorwärts gelegene Strecke								Eingetragen durch	Bemerkungen und Telegramme
	Annahme (ausnahmsweise)		Gemeldete Abfahrt		Abgabe der Rückmeldung oder Entblockung				Annahme (ausnahmsweise)		Abgabe des Abläutesignals		Abfahrt (Abmeldung)		Eintreffen der Rückmeldung			
	U.	Min.	U.	Min.	U.	Min.	U.	Min.	U.	Min.	U.	Min.	U.	Min.	U.	Min.		
843			12	00			12	15									H	*Bfe, Bk, Bm, Bw und G. A. von Erfurt bis Weißenfels.*
1			3	07			3	16			3	19	3	22			H	*Heute verkehrt Bd. N.7423 von Erfurt bis Weißenfels.*
805											3	26	3	29	3	35	H	*Ankündigung erfolgt durch Fernsprecher.*
mit Schlz.															3	35		*Bh. Erfurt. G. Götze* *mit Schlz.*

die nicht Zugmeldestelle ist, ein vereinfachtes Zugmeldebuch (Anlage 8 c F. V.) zu führen. Die letzte Spalte der Zugmeldebücher dient den sonstigen fahrdienstlichen Meldungen (Zugverspätungen, Dienstübergabe, Kleinwagenfahrten usw.).

2. Beginn und Verlauf der Zugfahrt.

Ablassen der Züge. Bevor nicht zweifelfrei festgestellt ist, daß die Fahrstraße frei und richtig hergestellt ist, darf die Zugfahrt nicht erlaubt werden. — Wie diese Feststellung zu geschehen hat, ist bereits in dem Absatz „Prüfung der Fahrstraße" auseinandergesetzt. Kein Zug darf aber ohne besonderen Auftrag des zuständigen Beamten von einer Station und kein der Personenbeförderung dienender Zug vor seiner fahrplanmäßigen Zeit abfahren. Die letzteren haben auf Übergangstationen außerdem die Wartezeiten für die Anschlußzüge einzuhalten. Die nicht der Personenbeförderung dienenden Züge dürfen dagegen bis zu 30 Minuten vor der im Fahrplan festgesetzten Zeit abgelassen werden, wenn es sich nicht um den ersten Zug einer Strecke mit unterbrochenem Dienst handelt, wenn andere Züge dadurch nicht aufgehalten werden, bei unsichtigem Wetter die Signale erkennbar geblieben sind, an dem Fahrgleis nicht umfassende Arbeiten vorgenommen werden, es nicht durch Kleinwagen besetzt und die Verständigung zwischen den Zugfolgestellen nicht gestört ist. Werden indessen Züge mehr als 10 Minuten vor der fahrplanmäßigen Zeit abgelassen, so müssen der nächste Bahnhof und alle zwischenliegende Überholungsstationen, Zugmelde- und Blockstellen mit Abzweigung zugestimmt haben, die Schrankenwärter und die beteiligte Stationsmannschaft verständigt, (sofern dies nicht möglich, die Züge mit Vorsichtsbefehl versehen sein) und die Züge von Zugmelde- zu Zugmeldestelle abgemeldet werden. Diese gegenüber dem Fahrplan zugelassene frühere Fahrt hat den Zweck, die für die einzelnen Stationen im Fahrplan für Rangierzwecke vorgesehene Zeit, die je nach dem Verkehrsumfang zu verschiedenen Zeiten verschieden sein wird, ausgleichen zu können.

Der Auftrag zur Abfahrt darf ferner auf den mit Läuteeinrichtung versehenen Strecken erst nach erfolgtem Abläuten, und wo sich Ausfahrsignale befinden, erst nach deren Fahrtstellung gegeben werden. Wo das Zugmeldeverfahren angewendet wird, hat sich der Fahrdienstleiter außerdem vorher davon zu überzeugen, daß die Rückmeldung eines vorgefahrenen Zuges im Zugmeldebuch eingetragen, der Zug selbst in der vorgeschriebenen Form angenommen und — bei eingleisigem Betriebe — der letzte aus der Gegenrichtung angenommene Zug ungeteilt eingetroffen ist.

Die Erteilung des Auftrags zur Abfahrt wird dem Zugführer, wo nichts anderes bestimmt ist, von dem Fahrdienstleiter oder durch einen Aufsichtsbeamten erteilt, und zwar entweder mündlich durch den Zuruf „Abfahren“ (wo mehrere Züge zur Abfahrt bereit stehen, durch den Zuruf „Zug (Nr.) abfahren“) oder bei Personenzügen auch durch den Befehlstab oder endlich mittelbar durch das auf Fahrt gestellte Ausfahrsignal. Stationen, wo das letztere zugelassen ist, sind der Stations- und Zugmannschaft bekanntzugeben. (In Preußen-Hessen im Anhang zum Fahrplanbuch Abschnitt 4.) Erteilt ein Aufsichtsbeamter den Auftrag, so hat er die Zustimmung des Fahrdienstleiters abzuwarten, die durch das hergestellte Ausfahrsignal gegeben ist. Wo der zuständige Beamte den Auftrag nicht selbst erteilen kann, darf er ihn dem Zugführer durch einen Betriebsbeamten in jedem einzelnen Falle besonders übermitteln lassen. Die Stationen, wo dies zugelassen ist, sind bekanntzugeben. (In Preußen-Hessen im Anhang zum Fahrplanbuch Abschnitt 3.)

Hat der Zugführer den Befehl zur Abfahrt erhalten und sich, soweit dies örtlich möglich bzw. notwendig ist, davon überzeugt, daß das Ausfahrsignal auf Fahrt steht, auch festgestellt, daß der Zug abfahrbereit ist, oder die erforderlichen Meldungen darüber von den Schaffnern, Bremsern und den Wagenwärtern entgegengenommen, dann hat er da, wo nicht dem Lokomotivführer unmittelbar durch Befehlstab der Abfahrbefehl gegeben wird, durch Signal 28 die Zugbegleitmannschaft zum Einnehmen ihrer Plätze aufzufordern und darauf in unmittelbarer Folge durch Signal 29 dem Lokomotivführer den Abfahrauftrag zu erteilen.

Der Lokomotivführer hat, bevor er diesem Auftrage nachkommt, gleichfalls, sofern dies örtlich möglich oder notwendig ist, die Fahrtstellung des Ausfahrsignals festzustellen und erst dann, nachdem er sich noch davon überzeugt hat, daß gegebenenfalls das Abfahrsignal vom Zugführer selbst gegeben wurde, den Zug vorsichtig in Bewegung zu setzen. Während der Ingangsetzung hat der Heizer, soweit es nach den örtlichen Verhältnissen angängig ist, zu beobachten, ob alle Wagen folgen.

Fahrt auf der freien Strecke. Auf der freien Strecke hat der Lokomotivführer die regelmäßige und, wenn sein Zug verspätet ist, womöglich die kürzeste Fahrzeit einzuhalten. Auf Nebenbahnen hat er vor den nicht abgeschrankten Überwegen, von den besonders bezeichneten Stellen anfangend, mit dem Lokomotivläutewerk zu läuten (Signal 37a) und gegebenenfalls auch das Signal mit der Dampfpfeife (Signal 37b) zu geben.

An den ihm bekanntgegebenen oder besonders gekennzeichneten Stellen hat der Lokomotivführer die Geschwindigkeit bis auf die u. U. eigens vorgeschriebene zu ermäßigen. Namentlich hat er dann, wenn ihm nicht bestimmt bekannt ist, daß ein ihm erscheinendes Langsamfahrsignal (Signal 5) eine langsam zu befahrende Strecke ankündigt, die Geschwindigkeit so weit zu verringern, daß er den Zug bei dem weitern Erscheinen des Haltesignals (Signal 6) rechtzeitig anhalten kann. Jedes unvermutete Haltesignal (Signal 6a und 6b), jedes rote Licht, dessen Zweck dem Lokomotivführer unbekannt ist, jeder Schein einer Signalfackel sind für ihn Veranlassung, alle Mittel anzuwenden, um den Zug sofort zum Halten zu bringen.

Durch das jeweilige Vorsignalbild wird dem Lokomotivführer angezeigt, welchen Auftrag — „Halt oder Fahrt“ — er am Hauptsignal zu „erwarten“ hat. Erkennt er die Stellung des Hauptsignals nicht unzweifelhaft, so hat er unter allen Umständen davor zu halten. Auch darf er bei einem mehrflügeligen Hauptsignal aus der Fahrtstellung des Vorsignals noch nicht schließen, daß nun auch die für ihn richtige Fahrstraße freigegeben ist. Dies wird ihm erst durch die Stellung des Hauptsignals angezeigt. Für einen schnellfahrenden Zug, der planmäßig das gerade Gleis einer Ablenkung durchfahren soll, gilt ein ihm erscheinendes Signal für die Ablenkung als Gefahrsignal. Kommt es

.dem Lokomotivführer ohne vorherige Mitteilung unvermutet zu Gesicht, so hat er seinen Zug anzuhalten. Zeigt ein Vorsignal „Halt", so hat er die Zuggeschwindigkeit soweit zu ermäßigen, daß er den Zug sicher, und zwar tunlichst nahe vor dem Hauptsignal zum Halten bringen kann. Wird nach erfolgtem Anhalten das Hauptsignal auf „Fahrt" gezogen und betrifft es einen sonst die Station durchfahrenden Zug, so ist besonders vorsichtig einzufahren, damit er jederzeit sicher vor einem weiteren Haltsignal angehalten werden kann. Wenngleich für die eine Station durchfahrenden Züge das Einfahrsignal erst, wenn die Ausfahrt frei ist, und nach Stellung des Ausfahrsignals gezogen werden darf, es sei denn, daß letzteres mit einem Vorsignal ausgerüstet ist, so darf der Lokomotivführer doch aus der Stellung des Einfahrsignals allein nicht schließen, daß nun auch die Ausfahrt frei ist.

Alle Forderungen bezüglich Verminderung der Geschwindigkeit oder des Anhaltens der Züge können bei durchgehender Bremse vom Lokomotivführer allein erfüllt werden. Bei den Zügen mit Hand- oder Gruppenbremse bedarf er der Mitwirkung der Zugbegleitmannschaft, die er durch die vorgeschriebenen Bremssignale „Achtung", „Bremsen (mäßig oder stark) anziehen", „Bremsen lösen" zu verständigen hat. Die Zugbegleitmannschaft hat aber auch ohne besonderes Bremssignal die Bremse anzuziehen: in Gefällen zur Einhaltung der vorgeschriebenen Geschwindigkeit, bei Annäherung an eine Haltestation oder an eine langsam zu befahrende Strecke und wenn eine Gefahr abzuwenden ist. In den drei ersten Fällen hat der Lokomotivführer bei unrichtiger Bremsung durch die Bremssignale das Bremsen zu regeln.

Die Bremser haben zu beachten, daß bei gezogenen Zügen zuerst die hintersten Bremsen, bei geschobenen dagegen in erster Linie die vordersten anzuziehen sind. Es soll dadurch ein Auflaufen bzw. ein Abreißen der Wagen vermieden werden. Sie sollen ferner die Bremsen derart bedienen, daß Stöße und Zuckungen im Zuge und ein Schleifen der Räder auf den Schienen vermieden wird (Rollgrenze). Stöße und Zuckungen im Zuge führen unter Umständen zur Zugtrennung, das Schleifen der Räder beeinträchtigt die Bremswirkung.

Tritt eine Zugtrennung ein, so sind sofort alle Bremsen des abgerissenen Zugteils zu bremsen; erst wenn dieser zum Halten gekommen ist, darf der an der Lokomotive gebliebene Zugteil gebremst werden, damit der erstere auf den letzteren nicht aufläuft. Sobald ein mit Handbremse gefahrener Zug ein Haltesignal überfährt, sind sofort die besetzten Bremsen auf ihre ordnungsmäßige Bedienung zu untersuchen, wenn dadurch keine Zugverspätung entsteht.

Beim Halten in der Wagerechten sind die Bremsen langsam zu lösen, in der Neigung (Gefälle oder Steigung) bleiben sie angezogen, und in der Steigung muß die letzte Bremse außerdem bewacht bleiben. Wird die Lokomotive mit einem Zugteil abgekuppelt, so müssen auch auf der Wagerechten die Endbremsen des stehengebliebenen Zugteils angezogen bleiben. Auf denjenigen in der Wagerechten liegenden Stationen, an denen sich Neigungen anschließen, muß der haltende Zug gebremst bleiben. Sie werden in Preußen-Hessen im Anhang zum Fahrplanbuch Abschnitt 8 bekanntgegeben.

Ein- und Durchlassen der Züge. Für das Ein- und Durchlassen der Züge ist gleichfalls der Fahrdienstleiter allein zuständig. Es wird von ihm durch den Auftrag, die betreffenden Signale auf Fahrt zu stellen gestattet, und zwar entweder mündlich, durch Telegraph oder Fernsprecher, oder durch Freigabe, wenn Stationsblockung vorhanden ist. Die Zulassung gleichzeitiger sich gefährdender Fahrten ist verboten. Insbesondere darf bei Kreuzungen der zweite Zug erst dann die Erlaubnis zur Einfahrt erhalten, wenn der erste den Ausfahrweg des zweiten geräumt hat und angenommen werden darf, daß er dessen Einfahrweg nicht gefährdet (gegebenenfalls wenn er zum Halten gekommen ist). Auf den mit Stellwerken und Stationsblockung ausgerüsteten Stationen sind solche gleichzeitigen sich unter Umständen gefährdenden Fahrten zwangsweise ausgeschlossen.

Der Zug ist vor dem Einfahrsignal zu stellen, wenn der Ausfahrt eines eine Station planmäßig durchfahrenden Zuges ein Hindernis entgegensteht. Erst wenn er zum Halten gekommen und für ihn innerhalb der Station ein Haltesignal (Wärter-, Ausfahrsignal) hergestellt ist, darf das Einfahrsignal gezogen werden. Von dem Stellen vor dem Einfahrsignal kann abgesehen werden, wenn ein Ausfahrvorsignal für die Fahrstraße vorhanden und diese über das Ausfahrsignal hinaus bis zu einer besonders festgesetzten Stelle frei ist, wenn planmäßig ein Bedarfsaufenthalt vorgesehen ist, wenn die Zugmannschaft angewiesen wurde, ausnahmsweise anzuhalten, und, daß dies geschehen, telegraphisch der in Frage stehenden Station mitgeteilt ist, wenn eine Steigung von 1:100 vor der Station liegt, wenn ein Zug, dessen Fahrgeschwindigkeit 45 km nicht übersteigt, zur Überholung durch einen nachfolgenden Zug aus dem durchgehenden Gleis abgelenkt werden soll und die Ablenkung durch ein Signal zuverälssig bekanntgegeben werden kann.

Wird, nachdem ein Hauptsignal auf Fahrt gezogen wurde, ein Hindernis für die Zugfahrt bemerkt, so ist es sofort auf Halt zurückzulegen. Im übrigen dürfen, außer wenn Gefahr im Verzuge ist, Hauptsignale vor dem vollständigen Verlauf der Zugfahrt nur zurückgenommen werden, wenn ein dringendes Bedürfnis dafür vorliegt, und in solchen Fällen beim Vorhandensein eines Vorsignals nur dann, wenn dieses von der Zuglokomotive noch nicht überfahren ist. Ist der Zug mit seinem Schlußsignal an einem Hauptsignal vorübergefahren, so ist es sofort auf Halt zu legen.

Der Zug auf seiner Haltstation. Der Lokomotivführer hat den Zug auf dessen Haltstationen an den vorgeschriebenen (gegebenenfalls in der Fahrordnung angegeben) oder durch Halttafel, Haltscheibe, Wärtersignal und Ausfahrsignal bezeichneten Stellen anzuhalten. Nach der Ankunft von Personenzügen hat die Zugbegleitmannschaft den Namen der Station, die Dauer des Aufenthaltes, sofern er mehr als 4 Minuten beträgt und einen etwaigen Wagenwechsel auszurufen. Ausnahmen sind zugelassen.

Die Reisenden dürfen nur an den dazu bestimmten Stellen und nur an der dazu bestimmten Seite der vollständig zum Halten gekommenen Züge aus- und einsteigen. Die Stellen müssen freigehalten und bei Dunkelheit beleuchtet sein. Sobald der Zug zum Stillstand gekommen, sind auf Verlangen aussteigender Reisender die Türen zu öffnen. Ist das Aus- und Einsteigen infolge örtlicher Verhältnisse schwierig und nicht ohne Gefahr, so ist den Reisenden Hilfe zu leisten.

3. Besondere Vorkommnisse.

Wenngleich durch den Fahrplan und die Fahrordnungen die Durchführung der Zugfahrten an sich zeitlich und örtlich festgelegt ist, so ergibt sich doch im Betriebe oft die Notwendigkeit, davon abzuweichen. Die bei solchen Unregelmäßigkeiten zu treffenden Maßnahmen richten sich nach den jeweiligen Ursachen. Diese bestehen entweder in einer zeitweisen Verminderung der Leistungsfähigkeit der Bahnanlagen — Versagen der Signaleinrichtungen, Arbeiten an der Bahn u. a. — oder in einer Abweichung vom vorgesehenen Fahrwege — Abweichen vom Rechtsfahren und zeitweiliger eingleisiger Betrieb auf zweigleisiger Bahn, Benutzung nicht vorher bestimmter Bahnhofgleise — oder in Veränderungen der Zugfolge — Verlegung von Zugkreuzungen und Überholungen, Teilfahrten und Einlegung von Sonderzügen — oder in Hindernissen für die planmäßige Fortsetzung der Zugfahrt oder endlich in Unfällen.

Es muß zunächst hervorgehoben werden, daß über alle Unregelmäßigkeiten und besonderen Vorkommnisse grundsätzlich stets die gesamte irgendwie

beteiligte Stations-, Zug- und Streckenmannschaft zu unterrichten und zu verständigen ist. Die dann dem Zuge zu erteilenden schriftlichen Weisungen werden
in den meisten dieser Fälle unter Verwendung von Befehlmustern erteilt, deren
es nach den F. V. vier gibt, und von denen drei durch farbige Streifen von dem
„Allgemeinen Befehl" unterschieden werden. Sie werden entweder vom Fahrdienstleiter oder in dessen Auftrag von einem anderen Beamten vermittels
des Pauseverfahrens dreifach ausgefertigt. Zwei davon werden in der Regel
dem Zugführer gegen Empfangsbescheinigung auf dem der Station verbleibenden
Abschnitt übergeben, der seinerseits einen davon wieder dem Lokomotivführer
oder, sofern es sich um die Ankündigung eines Zuges handelt, dem Schlußbremser oder Wagenwärter aushändigt, den andern aber dem Fahrbericht an-
heftet. Unter gewissen Umständen ist die unmittelbare Übergabe an den Lokomotivführer zugelassen.

Der „Allgemeine Befehl" — Befehl A — dient für alle Weisungen, sofern
nicht in besonderen Fällen die drei andern vorgeschrieben sind. Insbesondere
wird er ausgestellt, wenn der Zug auf falschem Gleise fahren soll (die Strecke
ist genau zu bezeichnen), wenn er aus einem nicht mit Ausfahrsignal versehenen
Gleis ausfahren, wenn er außerplanmäßig halten oder durchfahren, oder wenn
er an einem Halt zeigenden Hauptsignal vorbeifahren soll, weil dessen Einrichtung versagt, oder wenn eine Fahrstraße benutzt werden muß, für die Signale
nicht gestellt werden dürfen oder können. Der „Vorsichtsbefehl" (mit grünem
Streifen) wird gegeben, wenn die Läuteeinrichtung oder die telegraphische
Verständigung unterbrochen, oder wenn ein Kleinwagen unterwegs ist, wenn
der Zug abweichend von der Fahrordnung in ein nicht für ihn vorgesehenes
Gleis einfahren soll, wenn spitzbefahrene Weichen außer Abhängigkeit von
ihren Signalen sind oder Oberbauarbeiten die Fahrt beeinträchtigen oder endlich bei vorzeitiger Abfahrt des Zuges. Dabei kann die Geschwindigkeit des
Zuges vorgeschrieben werden.

Der Kreuzungsbefehl (roter Streifen) dient zur Verständigung bei Kreuzungsverlegungen, beim Ausfallen oder bei der Neueinlegung (Sonderzüge) einer
Kreuzung.

Der Signalbefehl (gelber Streifen) kündigt die Fahrt eines Zuges an.

Verspätungen. Verspätungen von Zügen mit Personenbeförderung von
mehr als 10 Minuten sind sofort allen vorgelegenen Stationen bis zur nächsten
Anschlußstation (von dieser, wenn erforderlich, auch den Stationen der An-
schlußzüge)und gegebenenfalls auch den Lokomotivwechselstationen mit den
Worten: „Z. (Nr.) später .... Min." zu melden. Die Meldung ist von der letzten
Station in derselben Weise weiterzugeben, wenn die Verspätung nicht unter
10 Min. herabgegangen ist. Ist die Verspätungszeit nicht genau bekannt, so hat
vorher die vorläufige Meldung davon mit den Worten: „Z. (Nr.) mehr als
.... Min. verspätet" zu erfolgen. Wenn die Zu- oder Abnahme der gemeldeten
Verspätung bei den Personenzügen mehr als 10 Min., bei den Schnell- und Eilzügen mehr als 5 Min. beträgt, ist weitere Meldung in gleicher Weise zu erstatten.
Beträgt die Verspätung von Schnell- und Eilzügen mehr als 30, von Personenzügen mehr als 60 Minuten, so ist die Meldung darüber von der ersten Anschlußstation an alle folgenden Anschlußstationen und die Zugendstation weiterzugeben. Sobald sie um mehr als 10 Minuten zu- oder abgenommen hat oder
unter 30 bzw. 60 Minuten herabgegangen ist, soll davon alsbald den betreffenden
Stationen Mitteilung gemacht werden. Ohne Rücksicht auf die Dauer sind
auf eingleisig betriebener Bahn alle Verspätungen zu melden, die den Lauf
der Schnell- und Eilzüge beeinflussen können.

Verspätungen von Zügen ohne Personenbeförderung sind nur zu melden,
wenn sie auch den Lauf anderer Züge oder die Verwendung der Lokomotive

oder der Zugmannschaft beeinflussen. (Sonderbestimmungen durch die betriebsleitende Verwaltung.)

Von den Verspätungen sind, soweit erforderlich, auch die Post- und Zollstellen zu benachrichtigen.

Stationen, die in solchen Fällen besondere Anordnungen zu treffen haben, müssen sich, unabhängig von diesen Meldungen, rechtzeitig nach dem Lauf der Züge erkundigen.

Abweichen vom Rechtsfahren auf zweigleisiger Bahn. Hierbei unterscheidet man das ausnahmsweise Befahren des falschen Gleises und den zeitweise eingleisigen Betrieb. Der letztere kann in der preußisch-hessischen Verwaltung im allgemeinen nur durch die betriebleitende Eisenbahndirektion, bei plötzlichen Ereignissen aber auch durch den Vorstand des Betriebsamts und in allen Fällen unter Erlassung besonderer Vorschriften, in denen namentlich auch über die Gültigkeit der Signale für die Fahrten auf dem falschen Gleise Bestimmung zu treffen ist, angeordnet werden.

Soll ausnahmsweise das falsche Gleis befahren werden, so hat sich die diese Zugfahrt anordnende Zugmeldestelle mit der beteiligten zu verständigen. Die Züge werden angeboten und angenommen, und zwar auf dem richtig befahrenen Gleise in der gewöhnlichen Form, auf dem falschen Gleise mit dem Zusatze „auf falschem Gleise", also z. B.: Z. 9 auf falschem Gleis ag? (telegr. Abkürz.) usw. Bei allen Meldungen muß der Name des Fahrdienstleiters folgen. Sie sind in das Zugmeldebuch an besonders bestimmter Stelle in telegraphischer Abkürzung einzutragen und den zwischenliegenden Zugfolgestellen bekanntzugeben. Die Züge erhalten den Auftrag zum ausnahmsweisen Befahren des falschen Gleises durch Befehl A und dürfen sich nur im Abstande der Zugmeldestellen folgen, infolgedessen sie auch nur von Zugmelde- zu Zugmeldestellen zurückzumelden sind. Kommt hierbei für sie eine Kreuzung mit einem Gegenzug in Frage, so ist sie ihnen mit dem Befehl A, den Zügen der Gegenrichtung aber durch den Kreuzungsbefehl (roter Streifen) vorzuschreiben. Auf dem Befehl A ist auch die Ungültigkeit der Ausfahr- und Blocksignale zu vermerken. Die Einfahrt erfolgt, nachdem der Zug in Höhe des Einfahrsignals zum Halten gekommen ist, gleichfalls auf einen weiteren von der Ankunftstation auszustellenden Befehl A. Um die beteiligten Beamten stets blickfällig auf den gefährlichen Zustand aufmerksam zu machen, haben beide Zugmeldestellen, die den eingleisigen Betrieb begrenzen, das Sperrschild $\boxed{\text{Strecke gesperrt}}$ am Telegraphen, Fernsprecher oder Blockwerk (an der Taste) anzubringen.

Außerdem sind die Handfallen an den Hebeln aller auf das besetzte Streckengleis weisenden Ausfahrsignale durch Holzkeil mit Schild festzulegen.

Vor Beginn der Fahrt auf falschem Gleis sind womöglich die Schrankenwärter zu benachrichtigen. Ist dies nicht möglich, so hat der erste Zug so langsam zu fahren, daß sowohl die Schrankenwärter als auch die auf der Strecke beschäftigten Arbeiter verständigt werden können. Alle ausnahmsweise das falsche Gleis befahrenden Züge haben Signal 15b zu führen.

Züge, die auf dem richtigen Gleis verkehren, fahren wie gewöhnlich auf Signal unter Blockbedienung, doch sind sie von Zugmelde- zu Zugmeldestelle telegraphisch zurückzumelden.

Verwendung von Schiebemaschinen. Nach der B. O. dürfen Züge ohne führende Lokomotive geschoben werden: bei langsamer Rückwärtsbewegung, als Arbeits- und dienstliche Sonderzüge, bei Fahrten nach und von Gruben, gewerblichen Anlagen und dergl., und auf Nebenbahnen, wenn sie nicht mehr als 50 Wagenachsen stark sind, sowie auf Zahnradbahnen nach besonderen Bestimmungen der Landesaufsichtsbehörde. Der vorderste Wagen der mit der

Lokomotive zu kuppelnden Züge ist, ausgenommen bei ihrer langsamen Rückwärtsbewegung, mit einem Betriebsbeamten zu besetzen, der auf nicht abgeschrankten Strecken vor den Wegeübergängen das vorgeschriebene Läuten mit einer Handglocke auszuführen, außerdem vermittels Hornsignals (Signal 39) auf der Strecke arbeitende Personen zu warnen und gegebenenfalls sich mit dem Lokomotivführer durch Signale zu verständigen hat.

Züge mit führender Lokomotive dürfen nachgeschoben werden bei der Anfahrt in Stationen, auf stark steigenden Bahnstrecken, die (in Preußen-Hessen) im Anhang zum Fahrplanbuch bekannt gegeben werden (zwischenliegende schwächer steigende oder wagerechte Strecken können dabei unberücksichtigt bleiben), und in Notfällen überall. Züge mit Schemelwagen, die durch Ladung oder Steifkuppelung verbunden sind, dürfen nicht nachgeschoben werden. Das frühere Verbot des Ankuppelns der Schiebelokomotiven am Zuge ist mittlerweile aufgehoben, vielmehr sind sie jetzt dann mit ihm zu kuppeln, wenn sie den Zug bis zur nächsten Haltestation begleiten. Die ihn unterwegs verlassenden Schiebelokomotiven sind nur dann zu kuppeln, wenn eine vom Führerstand lösbare Kuppelung verwendet wird. Mehr als zwei Lokomotiven sind zum Nachschieben nicht zugelassen. Die Verwendung einer Schiebelokomotive ist an alle von ihr berührten Zugfolgestellen oder, wenn sie auf der freien Strecke umkehrt, an die nächste vorwärtsgelegene Zugmeldestelle vorzumelden. Dies geschieht bei eingleisigem Betriebe mit dem „Anbieten“, bei zweigleisigem mit dem „Abmelden“, indem in der Meldung hinter der Zugnummer der Zusatz „mit Schlz“ eingefügt wird, der auch bei der „Annahme“ und „Rückmeldung“ nicht fehlen darf.

Soll die Schiebelokomotive den Zug auf der freien Strecke verlassen, ohne daß es ein für allemal festgesetzt wäre, so erhalten die Meldungen den weiteren Zusatz hinter Schlz „die von (Ortsbezeichnung) zurückfährt“ (oder „nachfolgt“). Alle diese genannten Zusätze sind im Zugmeldebuch zu vermerken. Sofern eine Schiebelokomotive auf demselben Streckengleis zurückkehren soll, haben die beiden benachbarten Zugmeldestellen am Telegraphen oder Fernsprecher und sofern Streckenblockung vorhanden ist sofort nach dem Blocken des Anfangfeldes das Sperrschild $\boxed{\text{Strecke gesperrt}}$ anzubringen und alle auf dieses Streckengleis weisenden Signale durch Holzkeil mit Schild festzulegen. Eine von der freien Strecke zurückfahrende Schiebelokomotive ist von der ersten von ihr erreichten Zugmeldestelle an die in der Fahrrichtung des Zuges gelegene nächste, von ihr nicht berührte Zugmeldestelle mit den Worten „Schlz von Zug (Nr.) hier“ zurückzumelden. Kehrt sie auf dem falschen Gleise einer zweigleisigen Bahn zurück, so hat sie vor dem Standort des Einfahrsignals zu halten und erst auf Befehl A in den Bahnhof einzufahren. Ein etwa vorhandenes Signal 36c tritt an Stelle des Einfahrsignals; seine Beseitigung durch Drehen gilt dann als Einfahrerlaubnis.

Eine bis zur nächsten Zugmeldestelle am Zuge verbleibende Schiebelokomotive ist von der vorliegenden Blockendstelle und den zwischenliegenden Blockstellen neben der Blockbedienung telegraphisch zurückzumelden.

Soll die Schiebelokomotive ihrem Zuge folgen, so hat sie ihn nur bei einer Zugfolgestelle zu verlassen. Ein Zug, dessen Schiebelokomotive ihm von einer Blockstelle aus nachfolgen soll, und die Schiebelokomotive selbst, sind beide erst von ihr zurückzumelden, wenn die letztere von der Blockstelle weitergefahren ist. Sie hat nach Vorbeifahrt des Zuges an ihrem Signal dieses zunächst wieder auf Halt zu legen, wenn Streckenblockung vorhanden, dieses aber nicht zu bedienen. Ebenso haben die vorwärtsgelegene Zugmeldestelle und etwa zwischengelegene Blockstellen zu verfahren, doch haben sie den Zug telegraphisch zurückzumelden. Erst nach Durchfahrt der Schiebelokomotive ist der Block zu bedienen. Daneben ist sie aber telegraphisch zurückzumelden, da die Mitwirkung der

Sicherung bereits beim voraufgefahrenen Zuge eingetreten war. (Auslösung der elektrischen Streckentastensperre).

Für zurückkehrende Schiebelokomotiven auf eingleisigen Bahnen mit Streckenblockung darf (in Preußen-Hessen) das Einfahrsignal nur auf schriftliche Anordnung des Vorstandes des Betriebsamts bedient werden.

Abweichen von der Bahnhoffahrordnung. Die B. O. bestimmt, daß von der Bahnhoffahrordnung nur ausnahmsweise und unter Verantwortlichkeit des Fahrdienstleiters abgewichen werden darf. Solche Abweichungen können vorkommen, wenn z. B. die planmäßige Zugfolge durch Verspätungen nicht eingehalten werden kann, oder durch Betriebstörungen die betreffenden Bahnhofhauptgleise gesperrt sind usw. Sie sind der beteiligten Stationsmannschaft schriftlich, telegraphisch oder durch Fernsprecher unter Angabe des Zuges bekanntzugeben. Ist die Beaufsichtigung der Weichen und Signalbedienung derart, daß Mißverständnisse ausgeschlossen sind, kann die Verständigung auch mündlich erfolgen. Einem Zuge, der nach der Fahrordnung auf Ausfahrsignal ausfahren soll, ist der Befehl zur Ausfahrt schriftlich durch Befehl A zu erteilen, wenn er ausnahmsweise aus einem Gleis ausfährt, für das ein Ausfahrsignal nicht vorhanden ist. Wird einem Signalwärter der Auftrag zum Ziehen eines Signals für eine von der Bahnhoffahrordnung abweichende Fahrstraße eines Zuges gegeben, so darf er diesem Auftrage nicht nachkommen, es sei denn, daß er vorher von dieser Abweichung unterrichtet ist. Wird, trotzdem ihm eine Abweichung angekündigt ist, dennoch die planmäßige Fahrstraße freigegeben, so hat er ebenso zu verfahren. Ein Zug, dessen Geschwindigkeit in einer angeordneten Fahrstraße verringert werden muß, ist davon zu benachrichtigen, und zwar, wenn dies nicht durch ein Signal geschehen kann oder zn befürchten steht, daß dessen Sichtung beeinträchtigt ist, mit Vorsichtsbefehl durch seine letzte Haltstation. Er ist, bevor die Einfahrt erlaubt wird, vor dem Einfahrsignal zu stellen: wenn die Ausstellung des Vorsichtsbefehls nicht mehr möglich war, oder wenn er in ein Stumpfgleis oder in ein teilweise besetztes Gleis eingelassen werden muß. Insbesondere ist ein Zug von größerer Geschwindigkeit als 45 km/St., der planmäßig die Station durchfahren soll, vor Erteilung der Einfahrerlaubnis vor dem Einfahrsignal zu stellen, wenn er, abweichend von der Bahnhofsfahrordnung, abzweigend vom durchgehenden Hauptgleis den Bahnhof befahren soll. Von seinem Stellen kann abgesehen werden, wenn er auf der letzten Haltestation mit Vorsichtsbefehl von der Abweichung verständigt und, daß dies geschehen, telegraphisch dem betreffenden Fahrdienstleiter bestätigt werden konnte. Bei fahrplanmäßig auf einem Bahnhofe haltenden Zuge kann das Stellen an dem Einfahrsignal unterbleiben, wenn eine Verminderung der Geschwindigkeit an der Abzweigstelle nicht erforderlich ist.

Verlegung von Kreuzungen und Überholungen. Außerplanmäßige Kreuzungen und Überholungen sind nicht zu umgehen, wenn die planmäßige Zugfolge aus irgendeinem Grunde gestört ist. Es soll dadurch erreicht werden, daß sich die Verspätung einzelner Züge nicht zu weit ausdehnt und namentlich nicht auf andere, insbesondere ranghöhere, überträgt. Deshalb ist vor allen Dingen hierbei die Rangfolge der Züge und bei gleichartigen auch ihr Anschlußwert an andere zu beachten.

Über die Verlegung einer Kreuzung hat die Station zu befinden, auf der sie planmäßig erfolgen soll. (Bei Einmündungen zweigleisiger in eingleisige Strecken, wenn die planmäßige Begegnung auf dem zweigleisigen Streckenteil erfolgen soll, die Übergangstation.) Über die Verlegung der Überholung dagegen befindet, je nachdem der zu überholende oder der überholende Zug verspätet ist, die neue oder die planmäßige Überholungstation. Vorbedingung für eine zweckmäßige Wahl der neuen Kreuzung- oder Überholungstation ist die gewissenhafte Anwendung der Bestimmungen über die Vormeldung der Zugverspätungen, denn nur dann können die erforderlichen Maßnahmen von den zuständigen Stationen rechtzeitig getroffen werden. Von der Station, die unter solchen Umständen besondere Anordnungen zu treffen hat, ist aber die Verspätungsmeldung nicht etwa abzuwarten. Sie hat sich, wie bereits betont, vielmehr rechtzeitig nach dem Verlauf der Zugfahrt zu erkundigen.

Verlegung einer Kreuzung. Sobald einer Kreuzungstation eine Zugverspätung bekannt geworden ist, hat sie sich sofort nach dem Lauf des Gegenzuges zu erkundigen. Je nachdem hiernach der Gegenzug noch die nächste oder eine weitergelegene Kreuzungstation erreichen kann, ohne den verspäteten Zug in größere Verspätung zu bringen, ist das Verfahren der Beantragung der Verlegung verschieden. Kommt die nächste Kreuzungstation in Betracht, so lautet die telegraphische Anfrage z. B.: „Kann Kreuzung von Z. 7 mit Z. 8 in Gr. stattfinden?" und die bejahende Antwort: „Mit Kreuzung von Z. 7 mit Z. 8 in Gr. einverstanden". (Die Verneinung würde lauten: „Nein, Kreuzung in Gr. nicht möglich".) Hierauf lautet das die Kreuzung anordnende Telegramm: „Kreuzung von Z. 7 mit Z. 8 ist nach Greußen verlegt."

Wenn eine entferntere Kreuzungstation für die Verlegung in Aussicht genommen werden muß, sind mit dieser gleichzeitig alle zwischengelegenen zur Kreuzung geeigneten Stationen anzurufen. Das Verfahren ist genau dasselbe, wie eben beschrieben, wenn die Kreuzungsverlegung sofort angenommen wird, nur geht das anordnende Telegramm auch an die mitangerufenen Stationen und zwischengelegenen Zugfolgestellen. (An letztere unter Umständen durch den Fernsprecher.) Kann aber die zunächst befragte Station die Kreuzung nicht annehmen, so hat sie zu antworten: „Nein, Kreuzung in (Zu) nicht möglich". Ohne weitere Aufforderung hat nun die in Richtung nach der fahrplanmäßigen Kreuzungstation folgende (gegebenenfalls die folgenden der Reihe nach) sich zu erklären, und zwar entweder mit der Verneinung: „Kreuzung auch in Pw nicht möglich" oder mit der Bejahung: „Kreuzung von Z. 7 mit Z. 8 kann in Pw. erfolgen". Und hierauf folgt das oben angegebene anordnende Telegramm.

Alle diese Telegramme, die nicht weiter gekürzt werden dürfen, müssen den Namen des Fahrdienstleiters als Unterschrift erhalten; während in den ersten der Stationsname telegraphisch abgekürzt werden darf, muß er in dem anordnenden Telegramm voll ausgeschrieben werden. Das letztere geht auch an alle zwischengelegenen Zugfolgestellen und ist in die Zugmeldebücher einzutragen.

Beide Züge sind von der verlegten Kreuzung durch den Kreuzungsbefehl (roter Streifen) zu verständigen, und zwar der vorfahrplanmäßig kreuzende von der neuen, der nachfahrplanmäßig kreuzende von der alten Kreuzungstation. Der erstere ist gegebenenfalls zur Entgegennahme zu stellen. Entfällt eine Kreuzung, weil ein Zug nicht gefahren wird, so ist der Gegenzug durch einen entsprechend abgeänderten Kreuzungsbefehl von der planmäßigen Kreuzungstation oder ein diese Station durchfahrender Zug, wenn es möglich ist, durch seine letzte Haltestation zu verständigen. Im letzten Falle kann aber nur dann von einem Stellen auf der planmäßigen Kreuzungstation abgesehen werden, wenn sie die telegraphische Mitteilung von der erfolgten Übergabe des Kreuzungsbefehls an den Lokomotivführer in Händen hat.

Verlegung von Überholungen. A. Der zu überholende Zug ist verspätet. Diejenige zur Überholung geeignete Station, die erkennt, daß durch den verspäteten Zug die Fahrt der nachfolgenden Züge gestört werden könnte, hat ihn zwecks Überholung zurückzuhalten und teilt dies den Zugfolgestellen und Stationen bis zur planmäßigen Überholungstation durch das Telegramm: „Z. (Nr.) überholt Z. (Nr.) in (eigener Station)" mit. B. Der überholende Zug ist verspätet. Die Überholung ist der nächsten zur Überholung geeigneten Station mit den Worten anzubieten: z. B. „Z. 7264 verspätet, kann

Z. 304 vorfahren?" Liegt kein Hindernisgrund vor, so antwortet die befragte
Station: „Ja, Z. 304 kann vorfahren", womit die Überholung als verlegt gilt.
Die etwa zwischenliegenden Zugfolgestellen und Stationen sind mit dem
Telegramm: „Z. 304 fährt dem Z. 7264 vor" zu benachrichtigen. Die beiden
letzten Telegramme sind in die Zugmeldebücher einzutragen. Gegebenenfalls
hat die annehmende Station die Überholung der nächsten usw. anzubieten.
Es ist zugelassen, eine Überholung auch sofort über die nächste Überholungstation hinaus zu verlegen, doch wird dann den betreffenden Stationen hierzu
eine besondere Befugnis erteilt. Kann eine Überholung nicht angenommen
werden, so lautet die Antwort: „Nein, Z. 304 dort lassen". Alle Telegramme,
die nicht gekürzt werden dürfen, müssen die Unterschrift des Fahrdienstleiters
erhalten; sie können mit dem Fernsprecher gegeben werden.

Teilfahrten. Teilfahrten sind Zugfahrten, die nur einen Teil einer von zwei
Zugmeldestellen begrenzten Strecke befahren und sodann auf demselben Gleise
zurückkehren. Die Zugmeldestelle, wo die Teilfahrt beginnen soll, hat sich
mit der benachbarten über die Abfahr- und Rückkehrzeit, den Endpunkt und —
bei mehrgleisigen Strecken — über das zu benutzende Gleis zu verständigen,
wenn nicht durch besonderen Fahrplan bereits Anordnung getroffen ist. Sie
hat die etwa dazwischen gelegenen Blockstellen davon zu verständigen, daß von
dort aus die Rückmeldung zu unterbleiben hat, und auch die Schrankenwärter
zu benachrichtigen. Darauf hat sie unter Beachtung der Vorschriften über die
Zeit des Anbietens die Teilfahrt der andern Zugmeldestelle mit den Worten:
„Wird Teilfahrt (Nr.) angenommen?" (telegr. Abkürz.: Teilfahrt (Nr.) ag?) anzubieten, die ihr Einverständnis mit den Worten: „Teilfahrt (Nr.) ja" bekundet.
Soll auf zweigleisiger Bahn das falsche Gleis befahren werden, so wird sie mit
den Worten: „Wird Teilfahrt (Nr.) auf falschem Gleis angenommen?" (telegr.
Abkürz.: Teilfahrt (Nr.) auf falschem Gleis ag?) und: „Teilfahrt (Nr.) auf
falschem Gleis ja" angeboten bzw. angenommen. Alle diese Meldungen, die
nicht weiter gekürzt werden dürfen, müssen als Unterschrift den Namen des
Fahrdienstleiters zeigen und sind in die Zugmeldebücher einzutragen. Sind
zwischengelegene Blockstellen vorhanden, so ist auf eingleisigen Bahnen und
bei Benutzung des falschen Gleises der anbietenden Anfrage der Zusatz: „Z.
(Nr. des Gegenzuges) hier" voranzustellen. Ein Abläuten findet nicht statt.
Nach erfolgter Annahme haben beide Zugmeldestellen das Schild $\boxed{\text{Strecke gesperrt}}$
am Telegraphen und Fernsprecher aufzuhängen. Bezüglich der Gültigkeit der
Signale bei der Fahrt auf falschem Gleise einer zweigleisigen Bahn gelten die
Bestimmungen über das ausnahmsweise Befahren des falschen Gleises. Die
erfolgte Rückkunft des Zuges ist der andern Zugmeldestelle und den etwa
dazwischen gelegenen Blockstellen zu melden.

Wenn Streckenblockung vorhanden ist, so darf sie weder bei der Hin- noch
Rückfahrt bedient werden. Es ist das Sperrschild auch an den Freigabefeldern
aller auf das Streckengleis weisenden Ausfahrsignale und am Anfangfeld anzubringen, und sind außerdem die auf das besetzte Streckengleis weisenden Ausfahrsignale durch Holzkeil mit Schild festzulegen. Auch findet das Meldeverfahren
wie auf Linien ohne Streckenblockung statt.

Kleinwagenfahrten, d. h. Fahrten mit Bahnmeisterwagen, Draisinen, Eisen-
bahnfahrrädern, Gleismessern usw., sind, weil dadurch immerhin Gefahren entstehen können, auf das Notwendigste zu beschränken. Sie sind nur für bestimmte Zwecke, z. B. zur Beförderung von Geräten und Material, von Umzugs-
gut, Wasser und Brennmaterial für Bahnbeamte, die auf der freien Strecke
wohnen, von Aufsichtsbeamten, Bahnärzten und Hebammen (in dringlichen
Fällen), von Kassenbeamten zur Löhnung auf der Strecke usw. zugelassen.
Sie sind untersagt zu außerdienstlichen Zwecken (unbedingt) und wenn Bequem-
lichkeitsgründe in Frage kommen.

Keine Fahrt auf der freien Strecke darf ohne Fahranweisung, für die ein Muster (Anlage in den F. V.) vorgeschrieben ist, angetreten werden. Die Fahranweisung ist von dem Bahnmeister (in doppelter Ausfertigung) auszustellen und dem Wagenführer — einem zur Führung berechtigten Betriebsbeamten — zu übergeben, der sie dem Fahrdienstleiter auszuhändigen hat. In der Fahranweisung ist die genaue Zeit der Fahrt (Hin- und Rückfahrt), die zu befahrende Strecke, gegebenenfalls der Ort, wo der Wagen ausgesetzt werden soll, und das zu befahrende Gleis (Hin- und Rückfahrt) anzugeben. Der Fahrdienstleiter hat unter „Bemerkungen" den Wagenführer über alle Umstände, die die Fahrt beeinflussen könnten, z. B. über Zugverspätungen, Sonderzüge usw. zu unterrichten. Dann hat Verständigung mit der benachbarten Zugmeldestelle (unter Umständen mit beiden, wenn der Ausgangspunkt der Fahrt keine Zugmeldestelle ist) zu erfolgen. Nach deren Einverständnis ist auf der Fahranweisung zu bescheinigen, daß die Fahrt stattfinden kann, und die Abfahrzeit einzutragen. Die eine Ausfertigung der Fahranweisung verbleibt auf der Station, die andere erhält der Wagenführer, der sie nach Vollendung der Fahrt an den Bahnmeister zurückgibt. Sie sind von diesem sowie von der Station 3 Monate aufzubewahren.

Bei der Abfahrt oder beim Einsetzen der Kleinwagen haben beide Zugmeldestellen das Schild ⟦Kleinwagen auf der Strecke⟧ am Telegraphen, Fernsprecher oder Blockwerk anzubringen.

Die Fahrten sollen in der Regel auf der Station beginnen. Muß dies ausnahmsweise von der freien Strecke aus geschehen, so muß vorher das Einverständnis der benachbarten Zugmeldestellen telegraphisch, durch Fernsprecher oder Boten eingeholt werden.

Ein Block- oder Bahnwärter darf das Einsetzen eines bei seinem Posten aufgestellten Kleinwagens nur gestatten, wenn ihm eine Fahranweisung vorgezeigt ist und er die Zustimmung der benachbarten Zugmeldestellen eingeholt hat.

Der Wagenführer ist für die Sicherheit verantwortlich. Er muß den Streckenfahrplan, die Signalmittel (6 Knallkapseln, rote Signalflagge (Signal 6 b) und rot blendbare Laterne) und eine mit der Stationsuhr übereinstimmende Uhr bei sich führen. Die Begleitmannschaft muß so zahlreich sein, daß sie den Wagen auf der freien Strecke aussetzen kann.

Vor Antritt der Fahrt hat sich der Führer zu überzeugen, daß der Wagen, namentlich die Bremse in Ordnung und, wenn beladen, weder die Tragfähigkeit noch das Lademaß überschritten ist. Mehrere Kleinwagen mit einem Führer und einer Begleitmannschaft sind zu kuppeln. Sie haben sich mindestens 300 m voneinander entfernt zu halten, wenn der zweite Wagen einen besonderen Führer und eine besondere Begleitmannschaft hat.

Der Wagenführer muß seinen Platz so wählen, daß er die Strecke übersehen kann. Er darf dabei auf dem Wagen Platz nehmen, die Begleitmannschaft dagegen nur ausnahmsweise und nur auf Anordnung des Führers. Die Geschwindigkeit der Fahrt darf 15 km — bei Draisinen und Fahrrädern 30 km — nicht überschreiten. Die Geschwindigkeit ist zu ermäßigen, wo Menschen im Gleise beschäftigt sind, und vor nicht vollständig zu übersehenden Überwegen.

Auf der Strecke haltende Kleinwagen sind fest zu bremsen. Müssen sie längere Zeit halten, so sind sie in einer Entfernung von wenigstens 500 m auf zweigleisiger Strecke nach einer, auf eingleisiger nach beiden Richtungen zu decken. Die zum Aussetzen erforderliche Mannschaft ist dann stets in der Nähe bereitzuhalten. Im allgemeinen aber sind die Kleinwagen, wenn nicht besondere Gründe entgegenstehen, am Bestimmungsort, wenn möglich, an besonders dazu geeigneten Stellen (Bahnwärterposten, Wagenübergänge) auszusetzen. Dies muß unbedingt, und zwar unter alleiniger Verantwortung des Wagenführers, nötigenfalls auf Veranlassung der Bahnbewachungsbeamten geschehen: spätestens 15 Minuten vor der Durchfahrt eines fahrplanmäßigen Zuges, sofort, wenn durch irgendein Signal (Abläutesignal, Signal am Zuge) ein Zug angezeigt wird, dessen Fahrplan dem Führer unbekannt ist, und beim Ertönen des Gefahrsignals, oder wenn sonst ein Fahrhindernis eintritt. Vorübergehend ausgesetzte Wagen sind zu bewachen, dauernd ausgesetzte mit Kette und Schloß festzulegen. Das Aussetzen und Wiedereinsetzen ist vom Führer den beiden benachbarten Zugmeldestellen anzuzeigen, wenn dazu in einer Entfernung von weniger als 500 m Gelegenheit vorhanden ist. Jede Ankunft auf einer Zugmeldestelle ist dem betreffenden Fahrdienstleiter zu melden, der die Ankunftszeit in der Fahranweisung des Führers und im Zugmeldebuch zu vermerken und gegebenenfalls der Zugmeldestelle, von wo die Fahrt ausging, zu melden hat. Auch letztere hat die Ankunftszeit im Zugmeldebuch zu vermerken.

Bei Dunkelheit oder unsichtigem Wetter sind Kleinwagenfahrten nur in den dringendsten Fällen zu gestatten. Müssen Kleinwagen bei Gefahr im Verzuge ohne Zustimmung der Zugmeldestellen fahren, so sind sie auch während der Fahrt auf eine Entfernung von 500 m zu decken. Zu diesem Zwecke muß so langsam gefahren werden, daß die deckenden Arbeiter diese Entfernung stets innehalten können. Es hat aber der Führer auf dem kürzesten Wege (durch eine Fernsprech- oder Blockstelle oder schriftlich durch Boten) die nächste Zugmeldestelle von dem Einsetzen zu benachrichtigen, die sich nunmehr mit der benachbarten zu verständigen hat.

Kleinwagen, die nicht gebraucht werden, sind in der Regel auf einem Bahnhofe außerhalb der Gleise oder auf einem besondern Gleisstück, ausnahmsweise auch bei einer Blockstelle oder einem Wärterhause außerhalb der Gleise aufzustellen und in allen Fällen mit Kette und Schloß festzulegen.

Sonderfahrten. Alle Züge, die auf besondere Anordnung gefahren werden, ganz gleich, ob nur an einem Tage oder während eines mehr oder weniger langen Zeitraumes, sind Sonderzüge.

Demnach gehören zu den Sonderzügen auch Bedarfszüge, die nicht regelmäßig verkehrenden Vor- und Nachzüge, Arbeitszüge, Lokomotiv- und Probezüge. Ein Bedarfszug ist ein Sonderzug, dessen Fahrplan im Fahrplanbuche vorgesehen ist. Sofern alle diese Züge indessen nach dem Fahrplanbuche an bestimmten Tagen oder während eines bestimmten Zeitraumes zu fahren sind, rechnen sie zu den regelmäßigen Zügen. Sonderzüge werden, wenn erforderlich, durch Nachträge zum Fahrplanbuch zu regelmäßigen Zügen erklärt. Im allgemeinen sind für die Einlegung von Sonderzügen, insbesondere wenn sie den Schrankenwärtern nicht vorher angekündigt werden können (abgesehen von Hilfszügen), die betriebsleitenden Verwaltungen (in Preußen-Hessen die Eisenbahndirektion) zuständig, doch sind in bestimmten Fällen auch die ausführenden Ämter und gewisse Dienststellen (Bahnhöfe) dazu befugt. Letztere und natürlich auch die vorgesetzten Ämter dürfen (in Preußen-Hessen) in folgenden Fällen Sonderzüge einlegen: zur Entlastung eines stark belasteten Zuges durch Teilung, wenn bei Verspätungen eines durchgehenden Personenzuges Vor- und Nachzüge durch die Wartezeitenvorschriften angeordnet sind; zum Zwecke der Zuführung leerer Wagen nach nahegelegenen Bedarfsstationen (ausnahmsweise Ermächtigung für eine bestimmte Bahnstrecke); Bedarfsgüter- und Bedarfsprobezüge nach besonderen Vorschriften; Hilfszüge; infolge Betriebsstörungen umzuleitende oder einzulegende Züge und Fahrten einzeln fahrender Lokomotiven. Das Betriebsamt ist außerdem für die Einlegung von Arbeitszügen zuständig.

Ein Sonderzug darf abgesehen von Hilfszügen nur abgelassen werden, wenn auf Hauptbahnen die Schrankenwärter im Dienste sind. Es ist ein Fahrplan aufzustellen und den berührten Stationen und Blockstellen, bei Teilfahrten den beiden benachbarten Zugmelde- und zwischengelegenen Zugfolgestellen rechtzeitig mitzuteilen. Er ist in der Regel den Schrankenwärtern und der

Bahnunterhaltungsmannschaft, wenn tunlich, schriftlich, andernfalls durch Fernsprecher oder durch ein Signal 17 oder 18 an dem vorhergehenden Zuge anzukündigen. Im letzteren Falle wird der Auftrag dazu durch Signalbefehl (gelber Streifen) erteilt.

Der Fahrplan des Sonderzuges muß dem Lokomotiv- und Zugführer ausgehändigt werden, wovon sich der zuständige Aufsichtsbeamte zu überzeugen hat. Etwa vorgesehene Kreuzungen gelten für den Sonderzug als fahrplanmäßig. Es werden deshalb für ihn keine Kreuzungsbefehle ausgestellt. Dagegen sind die mit ihm kreuzenden Züge durch Kreuzungsbefehl zu verständigen, und zwar auch dann in jedem Falle, wenn der Sonderzug längere Zeit verkehrt. Die Ausstellung der Kreuzungsbefehle hat die der Kreuzungstation vorliegende letzte Haltstation vorzunehmen, sofern nicht durch den Fahrplan andere Bestimmung getroffen wird.

Arbeitszüge sind während des Haltens auf der freien Strecke zu decken. Der Bahnmeister oder ein sonst geeigneter Beamter (Rottenführer) kann die Zugführung übernehmen. Die Arbeiter werden meist in einem geeigneten Wagen untergebracht.

Hilfszüge werden aus Anlaß von Eisenbahnunfällen, Bränden und zur schleunigen Beförderung bewaffneter Macht abgelassen. Bei Unfällen bestehen sie entweder aus Lokomotive und Hilfsgerätewagen (Zugführer kann der begleitende Werkstattsbeamte sein) oder aus den genannten beiden Fahrzeugen und dem Arztwagen. Sofern die Strecke bewacht ist, die Züge also signalisiert werden können, werden sie mit der zulässigen höchtsen Geschwindigkeit in Gang gesetzt. Sind die Schrankenwärter nicht im Dienst und können die Blockstellen nicht benachrichtigt werden, darf die Geschwindigkeit höchstens 30 km/Stunde betragen. Ihr Fahrplan wird von ihren Heimatstationen unter Benutzung der dort vorhandenen Fahrplantafeln aufgestellt. Dringliche Hilfszüge gehen allen Zügen vor.

Halten auf freier Strecke. Unfälle. Muß ein Zug auf freier Strecke aus irgendeinem besonderen Anlaß (abgesehen bei Haltstellung eines Signals) halten, so gibt der Lokomotivführer das Notsignal. Bei Zügen ohne durchgehende Bremse hat der Schlußbremser, bei den anderen Zügen ein im voraus bestimmter Zugbegleitbeamter sich hinter den Zug so aufzustellen, daß er die rückwärtsliegende Strecke beobachten kann. Einem sich etwa nähernden Zuge hat er entgegenzulaufen und ihm rechtzeitig Haltsignal zu geben. Die benachbarten Zugmeldestellen sind womöglich telegraphisch oder durch Fernsprecher (von den mit F bezeichneten Buden an der Strecke) sofort zu benachrichtigen. Auf Hauptbahnen hat der Zugführer sofort festzustellen, ob binnen 8 Minuten weitergefahren werden kann. Ergibt die Untersuchung, daß dies nicht möglich ist, so hat er die Deckung des Zuges — in erster Linie womöglich durch Streckenbedienstete — vermittels Wärtersignale (6a und 6b) zu veranlassen, und zwar, sofern eine Hilfslokomotive oder ein Hilfszug angefordert wurde, auch auf zweigleisiger Bahn nach vorn. Bei Dunkelheit und unsichtigem Wetter hat der beobachtende Beamte ohne besonderen Auftrag durch Fackeln nach rückwärts zu leuchten. Werden auch Nachbargleise gesperrt, so sind diese zuerst und beschleunigt zu decken. Fährt der Zug nach Beseitigung des Hindernisses weiter, so sind die hinter dem Zuge aufgestellten Wärtersignale erst zu entfernen, wenn der Zug auf der nächsten Zugfolgestelle angekommen ist. Dort hat er zu halten und sein Führer das Vorkommnis zu melden.

Die Zuglokomotive oder mit ihr ein daran anschließender Zugteil darf unter Umständen auf Anordnung des Zugführers — alsdann aber ohne Schlußsignal — bis zur nächsten Zugmeldestelle weiterfahren. Der Führer muß hierbei auf den zwischenliegenden Zugfolgestellen und am Endstellwerk für das Einfahrsignal halten, um die Sachlage zu melden. Der zurückbleibende Teil ist — auch auf zweigleisiger Bahn — nach beiden Richtungen zu decken. Kann auch die Lokomotive nicht weiterfahren, so hat der Zugführer vermittels eines Meldezettels (Muster in den F. V.) unter Beachtung der daraufstehenden Anweisung bei der nächsten Zugmeldestelle Hilfe anzufordern. Von diesem Augenblick an ist jede Bewegung der Zuglokomotive verboten, es sei denn, daß sie von einer benachbarten Zugmeldestelle dazu angewiesen wird. Den Reisenden eines längere Zeit liegenbleibenden Zuges darf das Aussteigen unter Aufforderung, sich von den Gleisen abseits zu halten, gestattet werden.

Die auf den Eisenbahnen vorkommenden Unfälle, Betriebsstörungen und außergewöhnlichen Ereignisse bedürfen besonders beschleunigter Maßnahmen, die aber unbeschadet dessen mit größter Ruhe und Überlegung zu treffen und auszuführen sind. Ihr mehr oder minder großer Erfolg hängt wesentlich mit von den schnellen und die Sachlage vollkommen treffenden Meldungen — namentlich von der ersten — an die für die Hilfe und Wiederherstellung der etwa beschädigten Anlagen zuständigen Dienststellen und Verwaltungen ab. Um dies auf jeden Fall zu erreichen, werden diesbezügliche Vorschriften herausgegeben. (in Preußen-Hessen die U.M.V., Unfallmeldevorschriften). Sie umfassen den Meldedienst (Meldepflicht, Umfang und Inhalt der telegraphischen und schriftlichen Meldungen), den Nachrichtendienst bei außergewöhnlichen Ereignissen, Schneetreiben, Schneeverwehungen, Überschwemmungen, Rutschungen usw., die Meldungen auf Grund der Unfallgesetze und der Statistik, die Bestimmungen über Hilfszüge und Hilfsgerätewagen — Aufsicht, Dienstbuch, Personal, Alarmierung, Anforderung, Abfahrt und Arbeiten an der Unfallstelle —. Die erste Meldung über Unfälle ergeht durch den bereits erwähnten Meldezettel des Zugführers, gegebenenfalls vermittels des Streckenfernsprechers wörtlich an die vom Betriebsamt ein für allemal als Meldestelle bezeichnete Station, die nun die erforderlichen weiteren Meldungen zu erstatten hat. Damit keine Meldung vergessen wird, hängt auf jeder Station eine Übersicht der für etwaige Vorkommnisse vorgeschriebenen Meldungen aus, die auch die Benachrichtigung der Behörden und der Öffentlichkeit (Presse), sowie der Angehörigen der Verunglückten umfassen.

Die erste Meldung des Unfalls ist der Ausgang für die sofortige beschleunigte Ingangsetzung der Hilfstätigkeit, die je nach der Art des Unfalles in der Absendung einer Hilfslokomotive, des Hilfsgerätewagens oder des Hilfzuges besteht und dementsprechend das Wachrufen der zuständigen Beamten und Arbeiter, Dienststellen, Ärzte und Samariter und im weiteren der Vorstände der in Frage kommenden Ämter und höheren Verwaltungsstellen erfordert. Die stetige Hilfsbereitschaft wird ständig durch probeweises Wachrufen geprüft. —

4. Betriebsstockungen.

Im regelmäßigen Betriebe bewegen sich alle Züge in dem für sie im voraus festgelegten Fahrplan, der, wie im Abschnitte II gezeigt wurde, den vorhandenen technischen Mitteln, d. h. der Ausgestaltung der Strecke und ihrer Betriebs- und Verkehrsstellen sowie der Leistungsfähigkeit der zur Verfügung stehenden Kraftmaschinen angepaßt sein muß, wenn seine Durchführung gewährleistet sein soll. Infolge verschiedener Umstände indessen kann die Planmäßigkeit gestört oder ganz über den Haufen geworfen werden. Die Ursachen solcher Störungen können plötzlich auftreten oder sich von langer Hand vorbereiten, ohne daß zunächst Anzeichen dafür sichtbar werden. Die Wirkung kann dabei vorübergehender Natur, aber auch von mehr oder minder langer Dauer sein. Dabei kann sie sich auf einen kleinen Bereich beschränken, aber auch in ihren Folgen sich auf weite Entfernungen nach allen Richtungen ausdehnen.

Ursachen. In jedem Fahrplane, der Züge sehr verschiedener Geschwindigkeit, schnellfahrende Züge mit stark gespannten Zeiten, knappe Übergänge für Anschlüsse enthält, der auf Strecken mit ungleichartig ausgebildeten Betriebsstellen durchzuführen ist, schlummern immer Ursachen für Störungen, die sich mit der Zahl der Züge, also der Streckenbelastung, stärker als diese vermehren. Ein verspäteter Schnellzug z. B. kann eine ganze Reihe von Personen- und Güterzügen in Verspätungen bringen, die ein Vielfaches seiner eigenen betragen. Er kann sie also in eine ganz andere Lage zwingen und dadurch die Vorbedingungen, unter denen ihre Fahrpläne festgelegt wurden, so verändern, daß hierdurch wiederum weitere Störungen, namentlich auch für Züge entgegengesetzter Richtung, entstehen. Ist z. B. im regelmäßigen Verkehr ein Güterzug durch einen Schnell- oder Personenzug auf einer Station zu überholen, deren Überholungsgleis rechts von der Fahrtrichtung liegt, so bleibt hierdurch die entgegengesetzte unberührt. Wird durch die angedeutete Verspätung die Überholung nach einer andern Station verlegt, deren Überholungsgleis auf einer von dem betreffenden Fahrgleis abgewendeten Seite liegt, so wird das andere durch Überkreuzung längere Zeit gesperrt, und deshalb unter Umständen auch Züge, die zufällig dort zu dieser Zeit eintreffen oder fahrplanmäßig vorgesehen sind, in ihrer Weiterfahrt gehemmt. Oder, muß der zu überholende Zug wegen eines auf dem andern Hauptgleise ankommenden Zuges die Erlaubnis zur Durchkreuzung abwarten, dann kann dadurch auch die Fahrt der ihm folgenden Züge behindert und verzögert werden (s. auch S. 106.). Bei dicht belegten Strecken ist ein solches Zusammentreffen sehr wahrscheinlich und unvermeidbar. Aber auch bei einer an sich keineswegs großen Zugdichte sind solche Störungen nicht selten. Sie pflegen indessen bald beseitigt zu werden, wenn die zuständigen Fahrdienstleiter gut eingeübt sind, ohne Übereilung und mit Überlegung gemäß den Bestimmungen der Fahrdienstvorschriften ihre Vorkehrungen treffen und entsprechend handeln.

Schwieriger gestaltet sich die Sache schon, wenn z. B. durch einen Unfall ein Gleis einer zweigleisigen Strecke gesperrt und eingleisig gefahren werden muß. Ist diese Sperrung von kurzer Dauer, so wird die Unregelmäßigkeit bald innerhalb der Unfallstrecke überwunden sein. Hält aber die Sperrung längere Zeit an, dann wird die Betriebsleitung die Umleitung einzelner Züge über andere Strecken anordnen und, wenn dieses Mittel nicht genügt, einzelne Züge (Güterzüge) abstellen müssen. Bei Sperrung einer eingleisigen Strecke wird sofort zu diesem Mittel gegriffen werden müssen, während der Personenverkehr notdürftig durch Umsteigen und Pendelverkehr aufrecht erhalten werden kann. Werden aber durch einen Unfall beide Gleise einer stark belegten Strecke gesperrt und müssen ihre Züge, namentlich die schnellfahrenden Personenzüge, über eine andere, ebenso stark befahrene Strecke umgeleitet werden, liegen die Strecken außerdem derart, daß bei der Umleitung wiederholt Kopf gemacht · werden muß, also noch ein großer, für den Verkehr zweckloser, die Nutzung des Bahnhofs beeinträchtigender Aufenthalt hinzukommt, werden dabei noch Gleise entgegengesetzter Richtung gekreuzt und Fahrwege ohne Signal befahren, dann wird jede Regelmäßigkeit gänzlich verschwinden und ihre Wiedereinrichtung bis auf weiteres unmöglich. Es muß planlos gefahren werden, d. h. die einzelnen Züge verkehren zwar in einem ihrer Gattung entsprechenden Einzelfahrplan, aber ohne vorherige bestimmte Regelung ihrer Reihenfolge, sondern nach in jedem Einzelfall gegebenen Sonderauftrag. Solche Sonderaufträge können natürlich nur von einer Stelle aus gegeben werden, die dem amerikanischen train-dispatcher zu vergleichen ist und neuerdings in Preußen „Zugleitung" genannt wird. Auf ihre Einrichtung und Einzelaufgaben wird weiter unten zurückgekommen werden (s. auch S. 259).

Unfälle auf großen Rangierbahnhöfen können gleichfalls zu Betriebsstockungen führen, wenn dadurch der Wagenablauf vom Rangierberge und infolgedessen die Zugbildung beeinträchtigt oder gar verhindert wird. Wenn in solchem Falle nicht sofort in eine Regelung des Zugverkehrs eingetreten wird, muß ein „Auflaufen" der Güterzüge, d. h. eine Verstellung der vor dem Rangierbahnhofe liegenden Überholungs- und Güterzuggleise der Bahnhöfe stattfinden.

Ebenso können durch Schneefall, Schneetreiben, starken Frost und Nebel Betriebsstockungen hervorgerufen werden, insofern diese Witterungserscheinungen nicht allein eine Verlangsamung der Betriebshandhabung, sondern auch eine Verminderung der Leistungsfähigkeit der technischen Mittel des Betriebes herbeizuführen imstande sind. Denn es wird sowohl die Zugbildung (Ablaufen und Zusammenkuppeln der Wagen, Heizung usw.) und die Herstellung der Fahrstraßen (Umstellung der Weichen) sowie deren Sicherung (Signalgebung), als auch die Zugabfertigung (Wasserentnahme, Bremsprobe, Gepäck und Eil- sowie Stückgutver-- und -entladung) sowie die Fahrt auf der freien Strecke (vorsichtiges Fahren, Halten vor den Signalen) verzögert, wodurch allmählich ein planloses Fahren mit allen seinen Folgen eintreten muß.

Eine ganz andere Art Unregelmäßigkeit entsteht, wenn eine Zugverspätung mit ihren Folgen, wie sie oben geschildert wurde, nicht sofort beseitigt wird oder werden kann, sondern durch Vernächlässigung, unbedachte, übereilte und fehlerhafte Maßnahmen oder aus Gründen technischen Ursprungs, die nicht vorbedacht werden konnten, auf viele andere Züge übertragen wird. Da zunächst die schnell-, dann die langsamer fahrenden Personenzüge durchzubringen sind, müssen die Güterzügezeit weise zurückgehalten werden. (s. S. 167.) Dadurch leidet das Ladegeschäft, weil beladene Wagen nicht rechtzeitig befördert, leere nicht zugestellt werden können. Die Bahnhöfe werden angefüllt mit den bei ihnen aufkommenden und mit fremden Wagen, die nicht nach ihren Zielpunkten gefahren werden können, und schließlich allmählich verstopft. Selbst die regelmäßige Durchführung des Personenzugfahrplanes fängt an zu leiden, das Durchbringen von Zügen überhaupt, namentlich von Güterzügen, gestaltet sich immer schwieriger, die Verspätungen vergrößern sich, die Züge bleiben in den Bahnhöfen und den Überholungstationen unverhältnismäßig lange Zeit liegen, eine weitere Aufnahme von Zügen ist ausgeschlossen. Das Rangieren versagt, die Ladegleise können nicht mehr zu den fahrplanmäßigen Zeiten oder überhaupt nicht mehr beschickt werden. Auch die Leistungen der großen Rangierbahnhöfe entsprechen nicht mehr ihrem Rangiervermögen, weil sie keinen Abfluß haben. Die abgestellten Züge und Wagen müssen immer mehr rückwärts und seitwärts gestaffelt werden, so daß auch hier die Vorflut erst gehemmt, dann ganz unterbunden wird. Der Bereich der Verstopfung wird also immer umfangreicher. Ganz besonders wirken diese Zustände auf die planmäßige Benutzung der Lokomotiven sowie der Dienstpläne ihrer und der Zugbegleit-Mannschaft ein. Nicht nur daß zur Zurücklegung der Nutzfahrt unnütz lange Zeit verbraucht wird, es verlängert sich auch die Zeit der Bereitschaft und schließlich die Vorbereitungszeit. Infolgedessen fehlen sie auch zur rechtzeitigen Übernahme der Gegenzüge, die nun verspätet abfahren. Dadurch gelangen auch die Lokomotiven verspätet zur Heimat und zu den dort an ihnen vorzunehmenden notwendigen Arbeiten. Die Schäden an den Lokomotiven müssen durch solche nicht planmäßige, unsachliche Behandlung und Inanspruchnahme schnell zunehmen, der Ausbesserungsstand wird vergrößert, die Ausbesserungszeit nicht unwesentlich verlängert. Der Lokomotivmangel wird immer größer. Das Personal kann gleichfalls nicht zur planmäßigen Zeit zur Ablösung und Übernahme des

Zuges zur Stelle sein. Es muß oft längere Zeit nutzlos warten, wird durch die Verlängerung des Dienstes übermüdet und verliert an Arbeitskraft. Der Krankenstand vergrößert sich. Fremdes, unkundiges Personal muß herangezogen werden, vergrößert aber nicht selten durch seine Ortsunkenntnis die Regellosigkeit. Inzwischen muß die Verfügung über die Wagengestellung versagen, weil die zu stellenden leeren Wagen zur Unzeit am Verlangort ankommen, also nicht sofort nach der Zustellung vom Frachtgeber in Behandlung genommen werden können, während die fertig beladenen Wagen überständig werden. Die Folge davon ist der oft beklagte Wagenmangel, der, in diesem Fall aber nicht, auf eine ungenügende Anzahl von Wagen, sondern auf das unnütze Festlegen eines großen Teils davon zurückzuführen ist.

Ähnlich wie die oben beschriebenen, aus den Strecken- und Betriebsverhältnissen hervorgehenden Betriebsstockungen kommen diejenigen zur Wirkung, die aus einem plötzlich anschwellenden Verkehr erzeugt werden. Man pflegt in solchen Fällen zunächst Bedarfzüge einzulegen, für die bereits Fahrpläne vorgesehen sind. (s. S. 158.) Wächst der Verkehr immer mehr an, so wird ein Zeitpunkt eintreten, in dem die Grenze für die Aufnahmefähigkeit eines Bahngebietes erreicht ist. Beim Anwachsen des Verkehrs zeigen die Wagenbestellungen oft ein ungestüm steigendes, das wirkliche Bedürfnis nicht selten weit überholendes Gepräge. Läßt man sich dann verleiten, sofort den angeforderten angeblichen Wagenbedarf durch Zuführung von Leerwagenzügen zu decken, so ist der Fall möglich, daß nun die Ladegelegenheiten und Wagenaufstellgleise zu deren Aufnahme nicht ausreichen. Es müssen dann zunächst Leerwagen abseits gestellt und später durch außerplanmäßiges Verschieben ihrer Bestimmung zugeführt werden. Das Rangiergeschäft wird also nutzlos vermehrt.

In Kürze ist die Grenze dafür erreicht, die Stockung beginnt, weil ein planmäßiges Verschieben der beladenen und leeren Wagen in den Lade- und Güterschuppengleisen nicht mehr ermöglicht werden kann. Schließlich ist die Verstopfung eingetreten. Dabei aber nimmt die Zahl der bestellten Wagen immer mehr zu, während die der gestellten Wagen von Stunde zu Stunde immer mehr abnimmt, obgleich Leerwagenzüge nach wie vor zugeführt werden. Die Betriebsstockung ist unausbleiblich und nimmt nun den Verlauf, wie er vorher beschrieben wurde.

Abhilfe. Im allgemeinen entstehen also alle Unregelmäßigkeiten durch Überlastung der Leistungsfähigkeit der technischen Mittel, sei es nun, daß sie durch Zufälligkeiten in ihrem Zustande oder in ihrem Betriebe örtlich in ihrer Benutzung für den Augenblick überspannt werden müssen oder überhaupt nicht mehr für den gestiegenen Verkehr ausreichen. Betriebsstockungen aus der ersten Ursache können meistens nicht vorhergesehen werden, diejenigen aus der andern Ursache sind dagegen nicht selten im voraus zu erkennen.

Die Leistungsfähigkeit der technischen Mittel findet ihre Grenzen in:
den für die Zugfolge getroffenen Einrichtungen der Strecke, der Ausgestaltung der Bahnhöfe und Überholung- sowie Kreuzungstationen,
der verfügbaren Zugkraft (Lokomotivgattung und -zahl) und
der zur Verfügung stehenden strecken- und bahnhofkundigen Lokomotiv-, Zug- und Stationsmannschaft.

Die Leistungsfähigkeit der Strecken ist durch die Zugfolgemöglichkeit bestimmt, die bei eingleisigen Strecken im allgemeinen zwar durch die Kreuzungsmöglichkeiten begrenzt ist, die aber oft, wenn die Unterschiede in den Entfernungen der Kreuzungstationen erheblich sind, durch Einschaltung von Blockstellen ohne Kreuzungsgleis gehoben werden kann.

Bei **zweigleisigen** Strecken wird sie an sich durch die höchstmöglichste Zahl der Blockstrecken (Zugfolgestellen) zum Ausdruck gebracht, wenn die Bahnhofgestaltung damit im Einklange steht. Sie erreicht indessen meist nicht das sich hieraus ergebende Höchstmaß, weil die Aufnahmefähigkeit der Bahnhöfe nicht der Zugvorführungsmöglichkeit der Strecke entspricht. Denn die Leistungsfähigkeit der Bahnhöfe und Überholungstationen hängt im wesentlichen ab von der Gestaltung der Ein- und Ausfahrt, der Anzahl der dabei mitwirkenden Dienststellen (Signalstellen), von der Zahl der Bahnsteigkanten und der Lage der Abstellgleise für Lokomotiven, einzelne Wagen und ganze Züge zum Zughalteplatz. Bei den Rangierbahnhöfen ist die Zahl der Einfahr- und Ausfahrgleise von wesentlicher Bedeutung (s. Abschnitt II C 7, S. 165).

Bezüglich der Zahl und Gattung der Lokomotiven sowie des für den gewollten Zweck eingeübten Personals muß angenommen werden, daß sie dem regelmäßigen Betriebe angepaßt sind und darüber hinaus für unvorhergesehene Zwecke eine gewisse Ergänzung bereitgehalten wird.

Machen sich irgendwelche Anzeichen dafür geltend, daß Betriebsstockungen im Anzuge sind, so ist schleunigst der Grund dafür festzustellen, wenn er sich nicht ohne weiteres aus dem Zustande der technischen Mittel ergibt. Zeigen sich die Wirkungen auf der Strecke als Unregelmäßigkeiten in der Zugfolge und infolgedessen in erheblich verspäteter Vorführung, namentlich der Güterzüge (schleppender Betrieb), so ist die Strecke sofort durch Umleitung von Fern-, gegebenenfalls auch von Durchgangsgüterzügen über die dafür vorher bestimmten Strecken zu entlasten. Diejenigen Züge, die nicht umgeleitet werden können, sei es, weil sie auf der in Frage stehenden Strecke einbrechen oder abzweigen oder behandelt werden müssen, sind bis zu ihrer Höchststärke auszulasten, um an Zugeinheiten zu sparen. Womöglich ist ihre Grundgeschwindigkeit zu vergrößern, ihre Reisezeit, wo irgend angängig, durch Verkürzung, vielleicht auch durch Fortfall einzelner Aufenthalte zu verringern. Das Letztere kann erreicht werden durch Abstellung von Wagengruppen auf geeigneten, ihren Zielstationen vorgelegenen Stationen oder Strecken, die dann zu Sonderzügen vereint als Ferngüterzüge über eine andere Strecke gefahren werden können. Hierdurch werden auch die Bahnhöfe im bedrohten Gebiet entlastet. Einzelfahrten von Lokomotiven sind zu verbieten. Sie haben am zweckmäßigsten den Zügen vorzulegen. Wo dies aber aus Gründen des Lokomotivdienstes sich verbietet, sind sie gruppenweise zu befördern. Probefahrten sind von der Strecke zu verlegen, Arbeitszüge haben auszufallen.

Genügen diese Maßnahmen nicht, so sind ganze Züge abzustellen und zwar zunächst auf den hierfür vorgesehenen Bahnhöfen der Seitenlinien und der vorgelegenen Strecken. Hierdurch wird nicht nur das verstopfte Gebiet entlastet, sondern auch der Verstopfung des rück- und seitwärtsliegenden Gebiets vorgebeugt. In Verbindung hiermit ist die **Betriebssperre — Rückhaltsperre —**, d. h. die Zurückhaltung von Güterwagen und Zügen zu verfügen. Erst wenn alle diese Maßnahmen nicht ausreichen, um die regelmäßige Vorflut wieder herzustellen, hat die **Verkehrssperre**[1]) — **Annahme-**

---

[1]) Es ist sehr die Frage, ob die **Verkehrssperre** erst als „letztes Mittel" anzuwenden ist oder schon sofort, wenn einem Bereich eine Betriebsstockung droht. Meines Erachtens sollte man sich von dem Gedanken losmachen, daß man bei drohenden oder gar schon im Werden sich befindenden Betriebsstockungen durch fortgesetzte Güterannahme dem Verkehrstreibenden noch Vorteile bringen kann. Der neue Verkehr kommt natürlich in solchem Falle noch viel weniger rechtzeitig zum Ziele, als der schon im schleppenden Betriebe rollende, hat aber den Nachteil zur Folge, daß die Stockungen sich verdichten und ausbreiten sowie verlängert werden. Man sollte deshalb eher zum Vorteil der Frachtgeber und Empfänger schon möglichst frühzeitig von diesem Behebungsmittel Gebrauch machen und sich dabei nicht vor etwaigen doch nur aus Sachunkenntnis hervorgegangenen Beschwerden, mögen sie auch noch so geräuschvoll auftreten, fürchten.

sperre — einzutreten, d. h. es ist die Güterannahme einzuschränken oder bis auf bestimmte, ganz unentbehrliche Güter vollständig zu schließen, und zwar nicht nur für das verstopfte, sondern auch für das bedrohte Gebiet. Hiermit vereint kann unter Umständen ein zeitweiser Ausfall der Nahgüterzüge angeordnet werden. Schließlich kann auch eine Einschränkung des Personenzugverkehrs in Frage kommen.

Bei allen diesen Vornahmen darf nicht die Dringlichkeit der zu befördernden Nutzlast, sondern lediglich der jeweilige Zustand des Betriebes maßgebend sein. Die Bestimmung über die Rangfolge der Züge (s. S. 158) ist deshalb dahin zu ergänzen, daß Personenzüge und unter diesen die schnellen Züge nicht unbedingt den Vorrang haben, sondern die Vorführung der Prüfung von Fall zu Fall unterliegt. Man darf sich auch niemals dazu verleiten lassen, einzelnen Zügen eine besondere Wichtigkeit zuzuerkennen und deshalb versuchen, sie auf jeden Fall und womöglich noch besonders schnell durchzuführen. Von der Zuführung neuer und der Vorführung abgestellter Züge ist auf jeden Fall solange Abstand zu nehmen, bis ihre stockungslose Durchführung unbedingt gesichert ist.

Zeigen sich die ersten Stockungen auf den Rangierbahnhöfen, so ist zu ihrer Entlastung sofort das Rangieren auf einem ihnen vorgelegenen Bahnhof (Vorrangierung) oder auf einem ihnen nachgelegenen Bahnhof (Nachrangierung) anzuordnen. Auf dafür geeigneten Zwischenbahnhöfen sind gegebenenfalls solche Wagengruppen auszuscheiden, die später zu Vollzügen zusammengesetzt, den bedrohten Rangierbahnhof unbearbeitet durchfahren können. Dadurch kann eine erhebliche Entlastung erzielt werden. Dies trifft insbesondere auch für Nahgüterzüge zu, deren schnellere Durchführung durch solche Maßnahme außerdem ermöglicht wird.

Den als Folge der Stockung unausbleiblichen Lokomotiv- und Personalmangel sollte man niemals sofort durch Nachschub von Lokomotiven und fremdem Personal zu beheben suchen, es sei denn, daß dieser Mangel nicht Folge, sondern Grund der Stockung ist. Durch Lokomotivnachschub erreicht man höchstens ein stoßweises Vorschieben der Züge; durch die fremde, nicht streckenkundige Lokomotivmannschaft wegen vorsichtigen Fahrens Verringerung der Fahrgeschwindigkeit, durch die fremde, nicht bahnhofkundige Zugbegleitmannschaft Verlängerung des Rangiergeschäfts, also größere Aufenthalte auf den Bahnhöfen, infolgedessen neue Ursachen für Unregelmäßigkeiten und Stockungen.

Von wesentlicher Bedeutung für die schnelle Behebung der Stockung ist das Vorhandensein der Möglichkeit sofortigen planmäßigen Eingreifens. Die zu ergreifenden Maßnahmen müssen deshalb bis zu einem gewissen Grade vorbereitet sein. Dies geschieht zweckmäßig durch die Aufstellung von **Behebungsvorarbeiten** und **-plänen**. Außerdem empfiehlt sich die sofortige Einrichtung der **einheitlichen Leitung des Betriebes** der verstopften und bedrohten Strecken einschl. des Nachschub- und Vorflutbereichs sowie die sofortige Einrichtung örtlicher **Zugleitungen** zur Regelung des Zuglaufes eines bestimmten Gebiets zwischen den einzelnen Stationen.

Behebungsvorarbeiten. Sie gliedern sich zweckmäßig in solche, die die Ableitung und die Zurückhaltung des Verkehrs von der bedrohten Strecke betreffen, ferner in Maßnahmen für eine anderweite Verteilung der Aufgaben der zugehörigen Rangierbahnhöfe, endlich in solche, die die einschlägigen Verwaltungsmaßregeln vorbereiten.

Demnach haben sie zu bestehen in:

A 1) Bestimmung der Ableitungsbahnhöfe und der daran anschließenden Umleitungsstrecken für beide Richtungen,

2) Herstellung der Umleitungsfahrpläne und ihrer Einverleibung in den Regelfahrplan,

3) Aufstellung des Lokomotivdienstplanes,

4) des Packwagenumlaufplanes und

5) der Dienstpläne für die Lokomotiv- und Zugbegleitmannschaft für umzuleitende Züge,

6) Bestimmung der Abstellbahnhöfe und Feststellung ihres Gleisbestandes für Wagengruppen und ganze Züge,

7) Herstellung eines Abstellplanes, aus dem auch die Reihenfolge der Benutzung der Bahnhöfe für Abstellzwecke ersichtlich gemacht werden muß.

B 8) Bestimmung der Vor- und Nachrangierbahnhöfe und Begrenzung ihrer Leistungsfähigkeit,

9) Bestimmung von Unterwegsstationen für begrenzte Rangierzwecke,

C 10) Bestimmung der örtlichen Zugleitungsstellen sowie einer Lokomotiv- und Personalausgleichstelle und ihre Voreinrichtung mit den erforderlichen Fernsprech- und Fernschreibeinrichtungen,

11) Niederlegung der in Frage kommenden Fahrpläne, Fahrplanbücher, Abstellpläne und einschlägigen Dienstanweisungen,

12) Einübung des für die Zugleitungen usw. vorgesehenen Personals,

13) Einübung der im voraus für Umleitungs- und sonstige Zwecke bestimmten Ergänzungsmannschaften.

Die Vorarbeiten sind planmäßig zu ordnen, so daß für die Anwendung der darin enthaltenen Maßnahmen ohne weiteres die Reihenfolge ersichtlich ist. Es ist selbstverständlich, daß, wenn es die Gesamtbetriebslage erfordern sollte, es gestattet sein muß, von der Reihenfolge abzuweichen. Doch ist anzunehmen, daß dies, wenigstens soweit die ersten Maßnahmen in Betracht kommen, nicht nötig sein wird, wenn die Vorarbeiten den jeweiligen örtlichen Verhältnissen entsprechend aufgestellt sind.[1])

Generalbetriebsleitung (Oberbetriebsleitung, Betriebsleitung). Wenngleich ausgeführt wurde (s. S. 1), daß der Betrieb durch den Verkehr bedingt wird, d. h. also sich ihm anschmiegen muß, so kann sich dies doch nur auf den regelmäßigen Betrieb beziehen. Sobald eine Unregelmäßigkeit von weittragender Bedeutung eintritt, also eine Betriebsstockung droht, hat sich der Verkehr sofort auf den Betrieb einzustellen. Es sei deshalb im voraus betont, daß es nicht als zweckmäßig anzusehen ist, wenn neben den Generalbetriebsleitungen noch Generalverkehrsleitungen, neben den örtlichen Betriebsleitungen noch Verkehrsleitungen bestehen. Man sollte stets beide in einer Hand vereinigen und dabei dem Betriebstechniker den Vorrang vor dem Verkehrstechniker lassen.

Der Bereich solcher Generalbetriebsleitungen wird sich stets über weite Strecken auszudehnen haben, sich also nicht mit den engen Grenzen der Verwaltungskörper decken. Man wird sie oft sogar teilen und verschiedenen Generalbetriebsleitungen unterstellen müssen, je nach der Führung des Betriebes. Denn sie sollen vor allen Dingen über die Einheitlichkeit der Betriebsführung geschlossener Betriebsgebiete wachen.

Ihnen obliegt die fortgesetzte Feststellung der Ursachen der Betriebserschwernisse, -störungen und -stockungen und die Einleitung der Abhilfsmaßnahmen und deren Förderung. Sie ordnen die Zugumleitungen über die vorbereiteten Strecken an, bestimmen die anderweite Verteilung der Rangieraufgaben gemäß den einschlägigen Vorarbeiten und verfügen die Betriebs- und Verkehrssperren gemäß der allgemeinen Betriebslage. Zu diesem Zwecke

---

[1]) Für die preußisch-hessische Verwaltung ist ein Merkblatt zur Verhütung von Betriebsschwierigkeiten (M. V. B.) aufgestellt.

müssen ihr regelmäßige Meldungen über die Gesamtbetriebslage zugehen, über die sie sich auch sonst in zweckmäßiger Weise, gegebenen Falles durch örtliche Erhebungen zu unterrichten haben.

Die einzelnen Verwaltungskörper werden zweckmäßig einem Oberbetriebsleiter unterstellt, dessen Einfluß sich nicht allein auf die eigentliche Betriebsleitung, sondern auch auf das Fahrplan- und Beförderungswesen erstrecken muß. Wie bereits früher im einzelnen geschildert wurde, wird in der Regel die Durchführung des Betriebes gesichert und gewährleistet durch den Fahrplan, den Zugbildungsplan (Ordnungs- und Umlaufplan), den Packwagenumlaufplan, durch Beförderungsvorschriften (Rangierplan), durch die Bahnhoffahrordnung, den Bahnhofbedienungs- und Wagenübergangsplan und durch die richtige Anwendung der Vorschriften (Fahrdienst-, Block-, Stellwerks- u. a. Vorschriften). Trotz dieser gründlichen und im allgemeinen einwandfreien Regelung ist doch die dauernde Überwachung des Betriebes notwendig, weil eben sowohl in den technischen Mitteln selbst als auch in ihrer Nutzung überall die Keime für Unregelmäßigkeiten vorhanden sind. Um ihnen rechtzeitig zu begegnen, sie womöglich im Keime schon zu ersticken, muß der Betriebsleiter über alle Vorfälle innerhalb seines Bereiches ständig auf dem Laufenden sein und bleiben. Dies wird erreicht durch tägliche Meldungen der Betriebsdienststellen, die sich vor allen Dingen auf den Zuglauf, den Wagenumschlag (abgestellte Wagen und Züge, nicht laderecht gestellte Wagen), die Leistungen und Aufnahmefähigkeit der Bahnhöfe, die Lokomotiv- und Personalgestellung zu beziehen haben. Hierdurch wird es dem Betriebsleiter auch ermöglicht, die Leistungsfähigkeit seines Bereiches richtig einzuschätzen und ihn bis zu ihrer Grenze vollkommen auszunutzen sowie rechtzeitig zu erkennen, an welchen Stellen durch bauliche Maßnahmen die Leistungsfähigkeit der technischen Mittel durch betriebliche (Änderungen im Fahrplan, Personalbesetzung usw.) und Verwaltungsmaßnahmen ihre Nutzung zu verbessern ist. Besonders hat er sein Augenmerk auch auf die Verkehrsschwankungen zu richten und dem Auf und Ab der wirtschaftlichen Zustände, von denen sowohl die allgemeinen als auch die örtlichen Verkehrsbewegungen abhängen, nachzugehen, um rechtzeitig für Ableitungen sorgen zu können, wenn sein Bereich durch eine ansteigende Verkehrsflut der Überschwemmungsgefahr ausgesetzt wird.

Zugleitungen[1]) (Hilfszugleitungen, Oberzugleitungen). Die Ende September 1912 eingetretene Betriebsstockung im Ruhrkohlengebiet, die bis 1913 andauerte, gab zum ersten Male Veranlassung zur Einrichtung von Zugleitungen.[2]) Sie sind zur Zeit der Stockungen im Herbst 1917 und 1918 überall da, wo Stockungen bestanden, wieder in Tätigkeit getreten. Ihre Aufgaben

---

[1]) Die Zugleitungen sind nicht mit den auf einigen großen Bahnhöfen (Hamburg, Dresden usw.) zuzeiten außergewöhnlich starken Verkehrs eingerichteten Befehlsstellen zu verwechseln, obgleich der Zweck beider im Grunde derselbe ist, nämlich die Vorbeugung von Unregelmäßigkeiten im Betriebe und die Behebung etwa eingetretener Betriebsschwierigkeiten. Der Unterschied besteht aber darin, daß die Befehlsstellen nur für einen bestimmten Bahnhof in Tätigkeit treten und auf ihm den Betrieb zu regeln haben, während die Zugleitungen den Zuglauf zwischen den Bahnhöfen eines größeren Streckenbereichs zu überwachen und für dessen Regelmäßigkeit Sorge zu tragen haben.

[2]) Eine Art Zugleitung wurde durch den Verfasser, damals Vorstand des Betriebsamtes, im September 1908 in Frankfurt (Oder) eingerichtet und persönlich geleitet, als durch den Straußberger Unfall die Ostbahnstrecke gesperrt wurde und alle Personenzüge ab Küstrin über Frankfurt und umgekehrt geleitet werden mußten. Die dadurch hervorgerufenen Betriebsschwierigkeiten wurden wesentlich vergrößert durch die damit zufällig zusammentreffende Beförderung des Gardekorps ins Manöver, dessen Beginn zeitlich fast mit dem Unfall zusammentraf. Es wurde während etwa 60 Stunden vollständig regellos und nur nach Sonderplänen, die für jeden einzelnen Zug aufgestellt wurden, gefahren und der Güterzugverkehr aufgehoben.

sind mittlerweile genauer festgestellt und gegenüber den Aufgaben der andern
Dienststellen fester umgrenzt worden. Amtlich sind die Zugleitungen erklärt worden als „Hilfsbetriebsstellen zur Unterstützung der mit der
Leitung und Überwachung des Fahrdienstes beauftragten Beamten der Eisen-
bahndienststellen-ämter und -direktionen". Ihr Zweck ist Aufrechterhaltung
der Ordnung im Zugverkehr innerhalb ihres Bereiches, dessen Umgrenzung
sich aus der Zugbildung, Zugbespannung und Zugbemannung ergibt. Hierbei
ist auf die Sicherheit einer möglichst raschen Verständigung Rücksicht zu
nehmen und nicht außer acht zu lassen, daß die zu leistenden Arbeiten nie
die Arbeitskraft eines Beamten überschreiten darf. Für die die Zugbespannung
betreffenden Angelegenheiten ist ein maschinentechnischer Beamter, für die
Regelung des Dienstes der Zugbegleitmannschaft ein Kommandierbeamter
(Fahrmeister) einzustellen. Hilfszugleitungen (Hzl) sind Zugleitungen für
einen weniger umfangreichen Bezirk, die meistens nur mit einem Beamten
zu besetzen sind. Oberzugleitungen (Ozl) überwachen und unterstützen
die Tätigkeit der Zugleitungen. Die Einsetzung der Zugleitung hat sofort
zu erfolgen, wenn sich Betriebsschwierigkeiten zeigen. Sie sind auszurüsten
mit den bildlichen Fahrplänen und Fahrplanbüchern ihres Bereichs und der
Anschlußstrecken sowie dem Anhang zum Fahrplanbuch, der Fahrordnung,
Bahnhofsdienstanweisung (nebst Plan), den Rangierplänen der größeren Bahnhöfe, den Dienstanweisungen der Lokomotiv- und Zugmannschaft ihres Bereiches, dem Verzeichnis der Bahnhöfe, auf denen Wagen und Züge abgestellt
werden können, einem Plan über die zulässige Streckenbelegung, mit der allgemeinen Fahrordnung, den Wartezeitvorschriften und Vorsprungtafeln, dem
Heft 4 der Güterbeförderungsvorschriften u. a. m.

Für das zweckdienliche Arbeiten der Beamten ist es notwendig, daß sie
die Strecke und Bahnhofsanlagen ihres Bereichs und deren Betriebsverhältnisse eingehend kennen. Sie haben sich dauernd über die Betriebslage und
über den Stand an verwendungsfähigen Lokomotiv- und Zugmannschaften zu
unterrichten und andrerseits auch die Bahnhöfe und Betriebswerkstätten über
die gegenwärtige Betriebslage auf dem Laufenden zu erhalten. Mit den
Nachbarzugleitungen haben sie Fühlung zu nehmen und zu behalten. Sie
sind berechtigt, Züge vorübergehend zurückzuhalten, abzustellen, abzuspannen
und wieder in Gang zu setzen und nach besonderer Anordnung umzuleiten
sowie Gut für gesperrte Bahnhöfe und Strecken aus abgestellten Zügen aus-
zusondern.

Wie die Unterrichtung über die Betriebslage zu erfolgen hat, insbesondere
welche Anhaltspunkte beim Abfragen zu beachten sind, wird in der Dienstvorschrift des näheren ausgeführt. Die Abfrage bezieht sich auf die jeweilige
Belastung der Strecke sowie der Bahnhofgleise, und soll Auskunft über die
Verspätung der Züge, den Zulauf und die Richtung der Frachten, den Verlauf des Rangiergeschäfts, den Lokomotivbestand und die Personengestellung
geben.

Insbesondere haben die Zugleitungen die Pünktlichkeit des Zugverkehrs
zu überwachen, die Gründe etwaiger Verspätungen und Verschiebungen zu
erforschen, die Belastung der Strecke und Bahnhöfe nach ihrer jeweiligen
Leistungsfähigkeit zu regeln, auch die Zugbespannung in planmäßiger und
sparsamer Weise zu ordnen. Die Dienstvorschrift gibt hierüber und über die
Aufschreibungen, die vorzunehmen sind, die näheren Anweisungen.

Durch Ausführungsbestimmungen der einzelnen Verwaltungen werden
schließlich die Zugleitungsbereiche festgesetzt und ihre Sonderaufgaben weiter
erläutert.

Lokomotivausgleichstelle (L. A.). Wird es notwendig, den Loko-
motivausgleich über den Bereich der Zugleitungen hinaus vorzunehmen, weil

ihnen Lokomotiven nicht immer in genügender Zahl zur Verfügung stehen und bei den Schwankungen des Verkehrs ein Verschieben der Lokomotiven in den einzelnen Betriebsbereichen von dem einen zum andern erforderlich wird, dann erscheint es zweckmäßig, für den ganzen Verwaltungsbezirk oder doch für einen größeren Teil davon eine besondere Lokomotivausgleichstelle[1]) einzurichten. Von hier aus werden die Lokomotiven und Lokomotivmannschaften an die notleidenden Stellen überwiesen, der Ausgleich für die einzelnen Strecken je nach der Betriebslage vorgenommen, die abgespannten Lokomotiven abgestellter Züge zur zweckmäßigen anderweitigen Benutzung weiterverfügt und für die Ablösungen ermüdeter Mannschaften Sorge getragen. Dadurch, daß sie befugt ist, auch über die Lomotiven nicht von der Betriebsstockung berührter Strecken zu verfügen, ist die Möglichkeit einer schnelleren Abhilfe der Betriebsnot bei den verstopften oder von der Stockung bedrohten Strecken gegeben.

5. Das Schreibwerk im Zuge.

Es dient als Unterlage für die Verfolgung und Abstellung von Unregelmäßigkeiten, für die Statistik und Abrechnung und zur Behebung etwa aufgetretener Mängel in den Anlagen der Bahn und ihrer Ausrüstung (Betriebsmittel).

In erster Linie ist hier der Fahrbericht zu nennen, der von den Zugführern — bei einzeln fahrenden Maschinen von den Lokomotivführern — für jeden Zug, mit Ausnahme der Übergabezüge (nur auf besondere Anordnung) nach einem bestimmten Vordruck (Muster in den F. V.) zu führen ist. Alle Angaben, die vor Beginn der Fahrt gemacht werden können, wie z. B. die Eintragung der Haltestationen, sind vorweg einzutragen. Zu beachten ist, daß der Zeitpunkt als Abfahrzeit gilt, zu dem der Auftrag zur Abfahrt erteilt wurde, als Ankunftzeit der Zeitpunkt, zu dem der Zug an der für ihn bestimmten Stelle der Station zum Halten kam. Die Ankunftzeit auf der Endstation sowie eine etwa eingetretene Verspätung ist nicht vom Zugführer, sondern vom Aufsichtsbeamten einzutragen und zu bescheinigen. An der Stelle „Bemerkungen“ sind alle besonderen Vorkommnisse klar begründet, aber mit kurzen Worten zu vermerken, insbesondere jede Unregelmäßigkeit in der Zugfahrt wie Ursache der Verspätungen, des außerplanmäßigen Haltens, das Abwarten von Anschlußzügen, Verlegungen von Kreuzungen und Überholungen, Platzmangel bei Personenzügen, Mängel in der Bremswirkung, Reinigung, Beleuchtung und Heizung usw. Etwaige dem Zuge erteilte schriftliche Befehle und Weisungen sind dem Fahrbericht anzuheften. Die Spalten 4 bis 6 des Fahrberichts dienen zur Eintragung der Zahl der beförderten beladenen und unbeladenen Wagenachsen, des Zuggewichts (in Tonnen) und der bedienten Bremsachsen bei den beladenen und unbeladenen Wagen. Die im Fahrbericht eingetragene Zuglast und Bremsbesetzung ist in jedem Falle dem Lokomotivführer mitzuteilen. Wenn ein Zug mehrere Verwaltungsbereiche durchfährt, ist für jeden ein Teilfahrbericht zu erstatten. Während einer Zugfahrt ablösende Zugführer haben den angefangenen Fahrbericht weiterzuführen. Die Fahrberichte sind auf den Zugendstationen, die Teilfahrberichte auf der ersten Haltstation nach dem Übergang in den andern Bereich abzugeben. Die Stationen senden täglich die gesammelten Fahrberichte an die betriebleitende Verwaltung, die sie ordnet und gegebenenfalls zur weiteren Veranlassung oder zum Bericht über die Vermerke an die zuständigen Stellen sendet.

Über die Benutzung der Wagen sind Wagennachweisungen nach besonderen Vorschriften (im Anhang zum Fahrplanbuch 13) zu führen.

---

[1]) Dies ist mit Erfolg im Direktionsbezirk Erfurt 1916/17 geschehen. Siehe Patte: Verkehrsstockungen und Lokomotivgestellung. Ztg. d. V. D. E. V., Nr. 52, 1917, S. 433.

Zur Meldung schleunigst zu beseitigender Unregelmäßigkeiten (Mängel an den Gleisen) den Fahrzeugen, den Signalen, der Schrankenbedienung usw.) dient die Meldekarte (Muster i. d. F. V.), die vom Zugführer oder Lokomotivführer zuf der nächsten Haltstation dem Aufsichtsbeamten zur weiteren Veranlassung au übergeben ist.

C. Stationsverwaltung.

Die Leitung des gesamten Dienstes auf einer Station obliegt dem Vorsteher (Oberbahnhofvorsteher, Bahnhofvorsteher, Bahnhofverwalter, Bahnhofaufseher). Er ist der unmittelbare Vorgesetzte aller auf seiner Station im Betriebsdienste und seinen Wirkungskreis umfassenden sogenannten inneren Dienste beschäftigten Beamten und Arbeiter — einschließlich der dort heimatberechtigten oder sonstwie dienstlich anwesenden Zugmannschaft sowie der im Fahr- und Rangierdienst tätigen Lokomotivmannschaft. Fortgesetzt hat er dafür zu sorgen, daß die ihm Untergebenen mit ihren Dienstpflichten und Dienstanweisungen vertraut sind und bleiben und ihren Dienst in geschickter Weise und zweckdienlich ausüben. Durch ständige Prüfungen hat er dies stets von neuem festzustellen und etwa gefundene Lücken — durch Unterweisungen und Unterricht — auszufüllen.

Der innere (Bureau-) Dienst wird bei kleineren Stationen vom Vorsteher selbst, bei größeren von besonders dazu überwiesenen erfahrenen Betriebsbeamten besorgt. Es handelt sich dabei um die Erledigung des Schriftwechsels, Aufstellung der Lohn- und anderer Rechnungen, Bearbeitung der persönlichen Angelegenheiten, Vernehmungen, Aufstellung der Dienstpläne, Beauftragung der Zugbegleitmannschaft u. a. m.

1. Dienstregelung der Beamten.

Insbesondere ist der Stationsleiter in erster Linie berufen, den Dienst aller ihm untergebenen Beamten und Arbeiter zu regeln und dabei fortgesetzt darüber zu wachen, daß die gesamte Diensthandhabung unbeschadet der Rücksichten auf die Betriebssicherheit in wirtschaftlicher Weise vor sich geht. Die Grundlage für die Aufstellung der Dienstpläne bilden für die Beamten der deutschen Bahnverwaltungen die Vorschriften über die Dienst- und Ruhezeiten. (Dienstdauervorschriften D. D. V.).

Sie gehen von dem Grundsatz aus, daß die Sicherheit des Eisenbahnbetriebes im wesentlichen von der Tätigkeit der Betriebsbeamten abhängt, diese deshalb vor allen Dingen vor Überanstrengungen geschützt werden müssen Mit Rücksicht auf die Eigenartigkeit des Eisenbahnbetriebes und seine Verschiedenheit je nach seinem Umfang infolge der verschiedenen Verkehrsdichte werden solche Vorschriften — so auch die deutschen — meist nur die Höchstzeit der Dienstdauer sowie die Mindestzeit der Ruhe und die Zahl der Ruhetage festsetzen. Im einzelnen wird es zunächst Sache des Dienststellenvorstehers sein, die Tätigkeit der einzelnen Beamten im Hinblick auf die örtlichen Verhältnisse zu messen und zu bewerten, wofür ihnen abgesehen von ihren Erfahrungen oft noch Anhalte in Gestalt von Arbeitseinheiten zur Verfügung stehen, die auch der Bemessung der Kopfzahlen zugrunde gelegt werden. Sache der höheren Verwaltungsstellen ist es weiter, darüber zu wachen, daß die zweckdienliche und wirtschaftliche Verwendung aller Beamten und Arbeiter gemäß den Vorschriften gewährleistet wird. In Preußen-Hessen werden die Dienstpläne der Stations- und Bahnbewachungsmannschaft durch die Amtsvorstände, die der Zugmannschaft durch die Eisenbahndirektionen festgestellt.

Für die Aufstellung der Dienstpläne sind Muster vorgeschrieben. Für die Zugmannschaft ist stets die tafelförmige Darstellung anzuwenden. (Abb. 22.)

Vielfach wird indessen auch eine bildliche Darstellung, ähnlich derjenigen, wie sie wohl für die Lokomotivmannschaft zugelassen ist, angewendet. Sie bietet den Vorteil der besseren Übersicht insbesondere für die Aufsichtsbeamten und vor allen Dingen auch eine Erleichterung bei der Aufstellung und etwaiger Abänderung.

2. Bahnhofsdienstanweisungen (Merkbuch, Merkblatt).

Nach den deutschen F. V. muß auf jedem Bahnhof ein Merkbuch [Merkblatt (für kleine Bahnhöfe), Bahnhofsdienstanweisung] nach besonders vorgeschriebenem Muster vorhanden sein. In ihm sind alle Besonderheiten des Bahnhofs, seine Einrichtungen und sonstige für die Dienstbesorgung in Betracht kommenden Umstände zu vermerken. Bahnhofsdienstanweisungen sind für größere Bahnhöfe aufzustellen, wenn das Merkbuch hierzu nicht mehr ausreicht und die Angaben oder Teile davon Beamten bekanntzugeben sind, denen das Merkbuch nicht ohne weiteres zugänglich ist. Sie enthalten in dem ersten Teil — Einrichtung des Bahnhofs — eine Beschreibung der baulichen und betrieblichen Einrichtung des Bahnhofs, soweit sie nicht aus dem anzuheftenden Lageplan ersichtlich ist, ferner Angaben über die Fernschreib- und Fernsprech- sowie Sicherheitseinrichtungen usw. Im zweiten Teil — Dienst in den Weichenbezirken — findet man die Begrenzung und Besetzung der einzelnen Bereiche und die Obliegenheiten der Weichenstellermannschaft beschrieben, während im dritten Teil — Dienst in den Aufsichtsbezirken — namentlich Vorschriften örtlicher Art über die Ausführung des Betriebsdienstes aufgeführt werden Im vierten Teil endlich sind die Vorschriften örtlicher Art über die Ausführung des Rangierdienstes aufzunehmen.

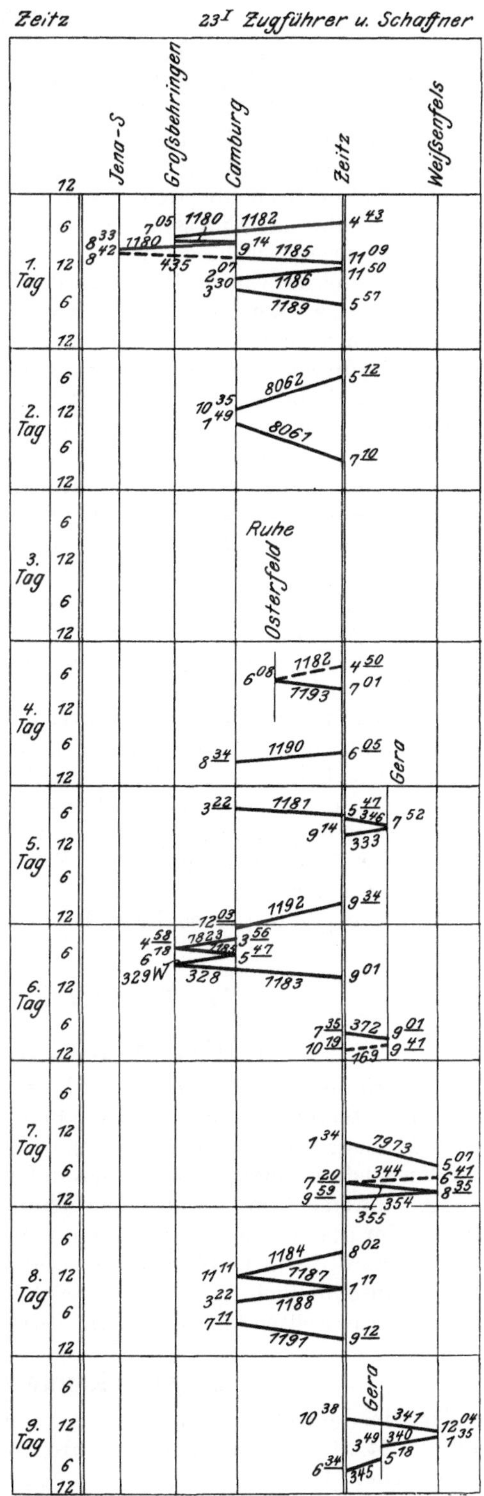

Abb. 22.

3. Bahnpolizei.

Die Handhabung der Bahnpolizei wurde den preußischen Eisenbahnverwaltungen bereits durch den § 23 des Gesetzes über die Eisenbahnunternehmungen vom 3. November 1838 nach einem besonders zu erlassenden (Bahnpolizei-) Reglement übertragen. Die heute hier für gültigen Bestimmungen befinden sich in den §§ 45 und 74 bis 76 der B.O. Im § 45¹ (1—11) und 74¹ (12—14) werden die die Bahnpolizei ausübenden Beamten benannt. Sie sind zu vereidigen oder durch Handschlag an Eidesstatt zu verpflichten. Nach § 11 der Verwaltungsordnung der preußisch-hessischen Staatsbahnen haben die Vorstände der Betriebsämter innerhalb ihres Bereiches die Bahnpolizei zu handhaben in Gemäßheit des Gesetzes betreffend den Erlaß polizeilicher Strafverfügungen wegen Übertretungen vom 23. April 1883 in Verbindung mit den §§ 453 bis 455 der Strafprozeßordnung vom 1. Februar 1877 und § 6 des Einführungsgesetzes hierzu vom 1. Februar 1877. Die §§ 75 und 76 der B.O. ordnen die Tätigkeit der Eisenbahnpolizeibeamten. Sie sind danach berufen, die im Teil VI der B.O. (§§ 77—81 — Bestimmungen für das Publikum) befindliche, für den Eisenbahnbetrieb geltende Polizeiverordnung durchzuführen. Insbesondere sind sie befugt, jeden auf der Übertretung dieser Verordnung oder sonst auf einer strafbaren Handlung Betroffenen, der eine Sicherheit nicht stellen kann, sowie jeden der unmittelbar danach verfolgt wird und der Flucht verdächtig ist, vorläufig festzunehmen. Die vorläufige Festnahme ist notwendig, auch wenn der Täter nicht fluchtverdächtig ist, um die Fortführung einer strafbaren Handlung zu verhindern. Der Festgenommene ist immer unverzüglich dem Amtsrichter oder der Ortspolizeibehörde zuzuführen. Wie alle sonstigen Polizeibeamten gehalten sind, die Bahnpolizeibeamten in ihrer Ausübung zu unterstützen, so haben auch die Bahnpolizeibeamten den sonstigen Polizeibeamten innerhalb des Bahngebiets beizustehen. Der Amtsbereich der Bahnpolizeibeamten umfaßt das gesamte Bahngebiet der Verwaltung, bei der sie beschäftigt sind. Es erstreckt sich danach nicht allein auf alle Anlagen für die Bildung und Abfertigung der Züge sowie auf deren Fahrwege, sondern auch auf die sonstwie von den Reisenden und andern Beteiligten benutzten Räume, u. a. auch auf die Bahnhofvorplätze (Droschken-, Hausdiener- und Dienstmännerstandorte).

D. Der Streckendienst.

1. Begriff des Streckendienstes.

Aus Gründen der Betriebssicherheit ist die Eisenbahn ständig und planmäßig zu untersuchen und zu bewachen. Die hierbei auszuübende Tätigkeit bezeichnet man mit Streckendienst¹). Seine Beaufsichtigung obliegt in erster Linie den ausführenden Ämtern, deren Bereich für den Zweck der Bahnunterhaltung, -untersuchung und -bewachung je nach der Bedeutung dieser Aufgaben für die einzelnen Strecken in mehr oder minder große Bahnmeistereien eingeteilt wird. Die Untersuchung und Prüfung der Bahn sowie deren Bewachung einschließlich der schienengleichen Überwege wird von den den Bahnmeistern unterstellten Bahnwärtern (Streckenläufern) und Schrankenwärtern ausgeübt.

2. Streckenuntersuchung.

Für die deutschen Bahnen muß nach der B. O. eine Hauptbahn täglich innerhalb 24 Stunden dreimal auf ihren ordnungsmäßigen Zustand untersucht werden. Diese Untersuchung kann bei geringerem Verkehr durch die Aufsichts-

---

¹) Der Streckendienst der Zugmannschaft ist bereits in den vorhergehenden Abschnitten behandelt.

behörde auf eine zweimalige beschränkt werden. Nebenbahnen, auf denen die zulässige Geschwindigkeit der Züge mehr als 20 km beträgt, sind täglich einmal zu untersuchen. Die Streckenuntersuchung darf nur von Männern ausgeführt werden. Sie bezieht sich auf den gefahrlosen Zustand des Gleises (Anziehen der Laschenschrauben, Schienenbrüche usw.), auf das Freisein des umgrenzten lichten Raumes, auf die Signal-, Läute-, Fernschreib- und Fernsprechein- richtungen an der Strecke, auf die sonstigen Bauwerke, die Bahngrenzen und auf die Zugbeobachtung (ruhiger Lauf, Signale am Zuge usw.). Damit der Bahn- wärter bei einem gefahrdrohenden Zustande dem Zuge Haltsignale geben kann, ist er mit den dafür zu verwendenden Signalmitteln (Signalhorn, Signalfahne, rot blendbare Laterne, Knallkapseln) auszurüsten. Der Dienst wird auf Grund eines Dienstplans ausgeübt. Es wird hierfür vielfach die bildliche Darstellung gewählt, die sich namentlich dann bewährt, wenn der Streckenläufer zu be- stimmten Zeiten Schrankendienst oder Bahnsteigschaffnerdienst an der Sperre einer Station seines Bereichs zu verrichten hat, oder wenn er auch zum Anzünden, Löschen und zur Instandsetzung der Laternen herangezogen wird. Für die Begehung der Strecke rechnet man im allgemeinen 20 bis 30 Minuten auf 1 km. Die Streckenlänge beträgt auf Hauptbahnen bis zu 5 km, auf Nebenbahnen bis zu 14 km. Ein Rückgang gilt nur dann als Untersuchungsgang, wenn zwischen dem Hin- und Rückgang ein angemessener Zeitraum liegt.

3. Streckenbewachung.

Hauptbahnen gelten als bewacht, wenn während der Dauer des Betriebes alle in Frage kommenden Stationen, Blockstellen und alle mit offenen Schranken versehenen, schienengleichen Übergänge besetzt sind. Bei Nebenbahnen müssen nur die verkehrsreichen Wegübergänge und sonstigen Stellen, wo besondere Vorsicht geboten ist, bewacht werden, wenn auf ihnen Züge von mehr als 15 km Geschwindigkeit verkehren. Ist auf Nebenbahnen eine Geschwindigkeit der Züge von mehr als 40 km zugelassen, müssen außerdem alle unübersichtlichen nicht mit Schranken versehenen schienengleichen Wegübergänge bewacht werden. Vor den nicht abgeschrankten Wegübergängen ist zu läuten, gegebenenfalls zu pfeifen oder entsprechend langsam zu fahren. Ferner sind allgemein alle verkehrsreichen nicht mit Handschranken und alle mit Zugschranken versehenen öffentlichen Wege bei Dunkelheit zu beleuchten solange die Schranken ge- schlossen sind. Wo die gewöhnliche Bahnbewachung nicht ausreicht, sind Ein- friedigungen vorgesehen. Gefahrdrohende Stellen der Strecken sind außerdem besonders zu beaufsichtigen. Der Schrankendienst kann auch von Frauen oder Invaliden versehen werden. Auch die Schrankenwärter sind mit den Mitteln zu versehen, um einem Zug Halt oder Langsamfahrt zu geben. Sie erhalten außer den bei den Streckenläufern genannten Signalmitteln noch die Halt- und Langsamfahrscheiben (Signale 6 und 5) zur Verfügung.

E. Schlußwort.

Es wurde schon erwähnt, daß die Sicherheit des Eisenbahnbetriebes in erster Linie von den Eisenbahnbeamten abhängt. Damit ist die Bedeutung gekennzeichnet, die der Auswahl und Ausbildung der Beamten zukommt. Beides, die Auswahl und Ausbildung, und im Zusammenhange damit die Erziehung und Prüfung der Beamten gehört in den weitaus meisten Fällen zu den Befug- nissen des Ingenieurs, insbesondere des Bauingenieurs. Um keine Fehlgriffe bei der Auswahl zu tun, ist eine große Menschenkenntnis erforderlich, die sich der Ingenieur unbedingt aneignen muß. Die Erziehung und Ausbildung ferner verlangt von ihm ein tiefes und liebevolles Eindringen in die Seele der Aus- gewählten, damit sie so geleitet wird, daß zu jeder Zeit der richtige Mann auf den für ihn geeigneten Posten gestellt werden kann. Dadurch wird das Pflichtbewußtsein des Betreffenden geweckt, die pflichtgemäße Ausführung des Dienstes gewährleistet und auch ganz besonders der wirtschaftlichen Handhabung des Eisenbahnbetriebes gedient. Die deutschen Eisenbahnen können alle auf eine pflichtgetreue Beamtenschaft blicken, der es vor allen Dingen neben den sorgsam ausgebildeten, weitgehenden Sicherungseinrichtungen zu danken ist, wenn Deutschland in bezug auf die Unfallzahlen so außerordentlich günstig dasteht.

Bücherschau.

(Es bedeutet: O. f. F. = Organ für Fortschritte. — Arch. f. E. = Archiv für Eisenbahnwesen. — V. W. = Verkehrstechnische Woche. — Z. d. V. = Zeitung des Vereins deutscher Eisenbahnverwaltungen.) — St. = Stellwerk. — Gl. A. = Glasers Annalen.

Abels, Über ein vereinfachtes Verfahren zur Fahrzeitermittlung. V. W. 1922.

Anger, Erhöhung der Wirtschaftlichkeit des Zugförderungsdienstes auf Grund von Versuchen mit Lokomotiven im Betriebe der preußisch-hessischen Staatsbahnen. O. f. F.

Arndt, Dr.-Ing., Versuche über die Zugfolge. V. W. 1916.

Baumann, Dr.-Ing., Dr. rer. pol., Energiewirtschaft auf der Braunkohle Mitteldeutschlands. V. W. 1922.

— Kraftquellen und Verkehr als bestimmende Faktoren für deutsche Wirtschaftsgebiete. V. W. 1923.

Berlin und seine Eisenbahnen 1846—1896. Herausgegeben im Auftrage des Königlich Preußischen Ministers der öffentlichen Arbeiten. Berlin 1896.

Biedermann, Dr.-Ing., Das belgische Arbeiterwochenkartensystem. V. W. 1915.

Blum, Die Geschwindigkeit der Züge auf Nebenbahnen. O. f. F. 1889.

— Die Fahrgeschwindigkeit der Schnellzüge. Arch. f. E. 1897.

v. Borries, Über die Leistungsfähigkeit der Lokomotiven und deren Beziehung zur Gestaltung der Fahrpläne. O. f. F. 1887.

— Die Gestaltung der Fahrpläne für die zweckmäßigste Ausnutzung der Zugkraft. O. f. F. 1893.

— Die Berechnung der Fahrzeiten von Personen- und Schnellzügen. O. f. F. 1905.

Boshardt, Fahrordnung der Züge. Handbuch des Eisenbahnmaschinenwesens. Bd. II. Berlin 1908.

Bogyós, Über Verkehrsstockungen. Z. d. V. 1918.

Brosius u. Koch, Der äußere Eisenbahnbetrieb. Wiesbaden 1893.

Busse, Über die Berechnung der Belastungen von Lokomotiven und die Bestimmung der Fahrzeiten im täglichen Betriebe. O. f. F. 1905.

Caesar, Bildliche Eisenbahnfahrpläne. Gl. A. 1922.

Cauer, Betrieb und Verkehr der preußischen Staatsbahnen. Berlin 1896.

Christfreund, Zur Beschleunigung des Wagenumlaufs. Z. d. V. 1916.

Conrad, Dr.-Ing., Die Verkehrslage Bremens. V. W. 1922.

Dittmann, Anweisungen für die Ermittlung der Fahrzeiten der Züge nach dem zeichnerischen Verfahren. O. f. F. 1924.

Ebeling, Dr.-Ing., Rheinische Braunkohle und Eisenbahn. V. W. 1923.

Ebhardt, Dr., Hamburgs Verkehrsbeziehungen zum Odergebiet. V. W. 1924.

Enzyklopädie des Eisenbahnwesens. Herausgegeben von Dr. Freiherrn v. Röll, Berlin-Wien.

Eisenbahntechnik der Gegenwart.

Das deutsche Eisenbahnwesen der Gegenwart. Berlin 1911.

    Kap. XIII. Bake, Die Bahnbewachung.

    Kap. XVII. Ruckdeschel, Das Fahrplanwesen.

    Kap. XVIII. Cauer, Der Fahrdienst.

    Kap. XXIV. Grunow, Der Güterwagendienst.

Esch, Über den Einfluß der Geschwindigkeit der Beförderung auf die Selbstkosten der Eisenbahnen. Jena 1911.

Flohr, Verbesserung des Ferngüterzugdienstes. Z. d. V. 1920.

Frank, Alb., Über die vorteilhafteste Geschwindigkeit der Eisenbahngüterzüge usw. O. f. F. 1885.

— Die Widerstände der Lokomotiven und Bahnzüge. Wiesbaden 1886.

Frahm, Das englische Eisenbahnwesen. Berlin 1911.

Fränkel, Achsenzahl der Güterzüge und Kohlenverbrauch. O. f. F. 1903.

Gaede, Dr.-Ing., Der Zuglauf bei Bahnen mit nur in einer Fahrrichtung benutzten Streckengleisen. Arch. f. E. 1921.

Geibel, Die Bremsbesetzung der Güterzüge nach der B.-O. Kürzeste Fahrzeiten. O. f. F. 1908 u. 1909.
— Berechnung und Aufstellung der Fahrpläne. O. f. F. 1919.
— Zur Berechnung der Fahrpläne, Genauigkeitswert, Spitzenverfahren. V. W. 1920.
Gläsel, Dr.-Ing. Wagenumlauf in Amerika und Deutschland. Z. d. V. 1920.
Gostkowski, Mechanik des Zugverkehrs. Wien 1891.
— Die größte Geschwindigkeit der Güterzüge. O. f. F. 1902, 1903, 1904.
Gottschalk, Dr.-Ing., Arbeits- und Zeitstudien im Eisenbahnbetriebsdienst. V. W. 1924.
Grunzke, Die Generalbetriebsleitung. Z. d. V. 1920.
Halfmann, Über Ausbildung der Fahrpläne. O. f. F. 1894.
Handbuch der Ingenieurwissenschaften.
Hansen, Neuer Betriebsplan für Massenverkehr auf Vorortbahnen. O. f. F. 1905.
— Verkehrsstockungen. Z. d. V. 1916.
Haupt, Über die Leistungsfähigkeit der Eisenbahnen und dem Ausbau des Eisenbahnnetzes. Z. d. V. 1918.
Heinrich, Dr.-Ing., Über Betriebsschwierigkeiten. Arch. f. E. 1919.
— Inhalt, Grenzen und Ziel der Eisenbahnbetriebswissenschaft. V. W. 1921.
— Über die Einteilung der Güterzüge. Z. d. V. 1921.
Heisterbergk, Dr.-Ing., Der Verkehr der Dresdner Vorortbahnen. V. W. 1915.
— Die Ermittlung der Wohndichte der Großstädte usw. V. W. 1915.
— Über Siedlungs- und Verkehrspolitik. V. W. 1916.
Hoff u. Schwabach, Nordamerikanische Eisenbahnen. Berlin 1906.
Hoogen, Ziele, Wege und Grenzen des Eisenbahnsicherungswesens. V. W. 1917.
Jacobi, G., Dr.-Ing., Über den Wert des Wagenachs- und des Lokomotivnutz-km als Maßstab in der Statistik der Eisenbahnen. Arch. f. E. 1920.
— Wie soll der Personenzugfahrplan nach dem Kriege gestaltet werden? Z. d. V. 1915.
— „Starrer“ oder „schmiegsamer“ Fahrplan? Z. d. V. 1916.
— Das deutsche Kursbuch und seine Umformung. Z. d. V. 1915.
— Die Rangier-Signalanlage in Neudietendorf. St. 1922.
Jänecke, Dr.-Ing., Ein Beitrag über die Leistungsfähigkeit der Eisenbahnen. Z. d. V. 1918.
— Weiterer Ausbau der Zugleitungen. Z. d. V. 1918.
— Ein Beitrag zur Besserung des Wagenumlaufs. Z. d. V. 1920. V. W. 1921.
Jacobi, H., Diensteinteilung der Stationsbeamten. O. f. F. 1893.
— Diensteinteilung der Weichensteller. O. f. F. 1894.
Jahn, Die günstigste Geschwindigkeit der Güterzüge. O. f. F. 1902.
Jösch, Offene Güterwagen mit Selbstentladung. Z. d. V.
Jungnickel, Die Fahrgeschwindigkeit der Schnellzüge. Arch. f. E. 1890.
Kiel, Bildung geschlossener Güterzüge auf große Entfernungen. Z. d. V. 1920.
Kluge, Zur rationellen Konstruktion der Fahrpläne. O. f. F. 1881.
Koll, Betrachtungen zu dem Auswanderer- und Sachsengängerverkehr auf dem Grenzbahnhofe Myslowitz. V. W. 1914.
— Erfahrungen der Oberzugleitung Aachen usw. Z. d. V. 1920.
Kuntzenmüller, Lange aufenthaltlose Eisenbahnfahrten. Z. d. V. 1911 u. 1912.
Kreuter, Linienführung der Eisenbahnen. Wiesbaden 1900.
Launhardt, Die Betriebskosten der Eisenbahnen. Leipzig 1877.
— Technische Tracierung der Eisenbahnen. Hannover 1888.
Lindner, Über den Begriff der virtuellen Länge. Zürich 1879.
Mehr, Betriebsschaupläne für Bahnhöfe. O. f. F. 1898.
Mecklenburg, Dr.-Ing., Zeitgemäße Aufstellung der Fahrpläne. Gl. A. 1885.
— Zur Aufstellung der Fahrpläne. Gl. A. 1885.
Müller, Dr.-Ing., Die Entwicklung der Fahrzeitberechnung der Personen- und Güterzüge. V. W. 1921.
— Ein einheitliches zeichnerisches Verfahren zur Ermittlung der Fahrzeiten, der Zugförderungsarbeit usw. Mainz 1921, u. V. W. 1922.
Patté, Verkehrsstockungen und Lokomotivgestellung. Z. d. V. 1917.
Pfeil, Die Ermittlung der kürzesten Zugfolgezeit für Stadt- und Vorortbahnen. — Elektrische Kraftbetriebe und Bahnen. 1907.
Pforr, Berechnung der Zugbewegungen. Mainz 1919.
Pilder, Über die Leistungsfähigkeit von Eisenbahnen in längeren Steigungen. Z. d. V. 1918.
Pirath, Dr.-Ing., Anteil der Arbeitsleistung des Menschen an den Leistungen der Verkehrsmittel. Arch. f. E. 1922.
— Der persönliche Arbeitsfaktor im Verkehrswesen. V. W. 1922.
Platt, Über das Vorfahren der Güterzüge vor Plan. V. W. 1921.
Rank, Eisenbahntarif und Wagennot. Z. d. V. 1913.
Rathenau, Dr., u. Cauer, Massengüterbahnen. Berlin 1909.
Röbe, Zur Bildung von Zügen mit Kuntze-Knorr-Bremse. Z. d. V. 1923.

v. Röckl, Die Versuche der bayrischen Staatseisenbahn über die Widerstände der Eisenbahnfahrzeuge usw. Zeitschr. f. Baukunde 1880. O. f. F. 1881.

Rühle v. Lilienstern, Die günstigste Geschwindigkeit der Güterzüge. O. f. F. 1901 u. 1904.
— Die vorteilhafteste Belastung der Güterzüge. O. f. F. 1905.
— Die Betriebslänge. O. f. F. 1908.

Rüpell, Bericht über die Vorarbeiten d. V. d. E. V. zur Feststellung der erforderlichen Anzahl von Bremsen in einem Zuge. O. f. F. 1889.

Sanzin, Leistungsfähigkeit der Lokomotiven. Zugwiderstände. Handb. d. Eisenbahnmaschinenwesens. Bd. II. Berlin 1908.

Sachse, Verwendung von Selbstentladern als freizügige offene Güterwagen für den allgemeinen Verkehr. V. W. 1919.

Schaager, Zugbelastungen auf Gefällstrecken. Z. d. V. 1911.

v. Schacky u. Weiß, Neuberechnung der Fahrzeiten und Belastungen für die Hauptstrecken der bayrischen Staatsbahn. O. f. F. 1899.

Scheibner, Allgemeine Verwendung von Selbstentladewagen für Seitenentleerung bei der Beförderung von Massengütern auf den Eisenbahnen Deutschlands. V. W. 1916.
— Der Eisenbahnbetrieb. Sammlung Göschen 1913.
— Anregungen zur Erhöhung der Leistungsfähigkeit der deutschen Eisenbahnen durch allgemeine Verwendung der Selbstentladewagen usw. Z. d. V. 1915.
— Der freizügige Selbstentladewagen im öffentlichen Verkehr der Eisenbahnen. V. W. 1919.

Schimpf, Wie soll der Personenzugfahrplan nach dem Kriege gestaltet werden? Z. d. V. 1914 u. 1916.

Schimpff, Wirtschaftliche Betrachtungen über Stadt- und Vorortbahnen. Arch. f. E. 1912 u. 1913.

Schroeder, Dr.-Ing. E. H., Der Fahrplan für Haupteisenbahnen des Fernverkehrs. Z. d. V. 1916, V. W. 1917.
— Die Voraussicht im Eisenbahn-Bau und -Betriebe. Z. d. V. 1918.
— Die Leistungsfähigkeit zweigleisiger Haupteisenbahnen und ihre Erhöhung. Z. d. V. 1917.

Schröder, W., Dr.-Ing., Die Eisenbahn als Lebensnerv der Seefischerei. V. W. 1923.

Schröter, Wagenmangel und Überwachung des Wagenumlaufs. Z. d. V. 1921.

Schulze, Die Fahrgeschwindigkeit der Schnellzüge auf den Haupteisenbahnen in Europa. Arch. f. E. 1901.

Schübler, Über den Begriff der virtuellen Länge usw. Zentralbl. der Bauverwaltung 1884.

Schürmann, Inwieweit sind Selbstentladewagen für die Eisenbahnverwaltung von Nutzen? V. W. 1919.

Schwering, Allgemeine Verwendung von Selbstentladewagen für Seitenentleerung bei der Beförderung von Massengütern auf den Eisenbahnen Deutschlands. V. W. 1916.

Schwabe. Verbesserung des Ferngüterzugdienstes. Z. d. V. 1920 u. 1921.

Sichling, Fahrzeitenberechnung. O. f. F. 1906.

Spalding, Ist die Erhöhung der Geschwindigkeit im Güterzugbetriebe wirtschaftlich? V. W. 1923.

Späth, Dr.-Ing. u. Dr. rer pol., Die Entwicklung des Verkehrswesens in Stuttgart. Verkehrstechnik 1922.

Spirgatis, Die Berechnung der Fahrzeiten aus der Dampflokomotive 1902. Stahl u. Eisen. Zeitschrift für deutsches Eisenhüttenwesen. Abteilungen: Statistisches und Wirtschaftl. Rundschau.

Stieler, Die Entwicklung der Zuggeschwindigkeiten in Deutschland. Z. d. V. 1913.

Stockert, Eisenbahn-Unfälle. Leipzig 1913.

Strahl, Die Berechnung der Fahrzeiten und Geschwindigkeiten von Eisenbahnzügen aus den Belastungsgrenzen der Lokomotiven. Annalen für Gewerbe und Bauwesen (Glaser) 1913.

Terdina, Bestimmung der Fahrzeiten von Eisenbahnzügen. O. f. F. 1914.
— Das Entwerfen von Fahrschaulinien für Eisenbahnzüge. O. f. F. 1917.

Unrein, Fahrzeitbestimmungen über der Wegeachse. Gl. A. 1913 u. 1915.

Velte, Dr.-Ing., Hilfsmittel für die Aufstellung von Fahrplänen von Eisenbahnzügen. V. W. 1921.
— Über eine zweckmäßige Darstellungsart von Leistungen der Heißdampflokomotiven usw. besonders bei Aufstellung von Fahrplänen usw. Gl. A. 1923.

Wagner, Die kürzeste Fahrzeit. O. f. F. 1911.

Wichel, Schaupläne für Bahnhöfe. O. f. F. 1898.

Wienecke, Dr.-Ing., Gedanken über Betriebsleitung und Erfahrungen. Z. d. V. 1914.

Wiksten, Das schwedische Zugleitungssystem. Z. d. V. 1923.

Zirkler, Eisenbahnunfälle und ihre Verhütung. V. W. 1924.
— Zur Frage der Besserung des Wagenumlaufs. Z. d. V. 1920.

Anhang 1.

Die Verkehrsströme des Güterversandes auf den deutschen Eisenbahnen.

Von Reg.-Baumeister a. D. Rabe, Hannover.

Über die Verkehrsbewegungen der Eisenbahnen sowie allgemein auch der übrigen Verkehrsmittel sind wir nur mangelhaft unterrichtet. Zwar geben die statistischen Aufzeichnungen, insbesondere die des Reichsverkehrsministeriums, der einzelnen Reichsbahndirektionen und die Jahrbücher des Statistischen Amtes über manche wissenswerten Punkte Aufschluß. Wir kennen z. B. die Größe des von den Reichsbahnen jährlich bewältigten Personenverkehrs aus der Anzahl der verkauften Fahrkarten, wir wissen, in welchem Verhältnis sich die Reisenden auf die Wagenklassen verteilen, wir gewinnen aus der Statistik einen guten Anhalt für die Stärke der Belastung der Bahnen durch den Güterverkehr, da bekannt ist, in welchen Mengen die verschiedenen Güter während eines bestimmten Zeitabschnittes verfrachtet werden und welche Güterarten in den einzelnen Verkehrsbezirken hauptsächlich zum Versand gelangen, wir kennen die Zahlen für die Ausfuhr der gesamten deutschen Wirtschaft und für die Einfuhr, und wir können auch die Größe des Nachrichtenverkehrs aus der Anzahl der beförderten Briefe und Telegramme feststellen. Aber wir gewinnen letzten Endes aus der Statistik doch nur nackte Zahlen, die noch sehr der wissenschaftlichen Durcharbeitung bedürfen, um aus ihnen insbesondere die Beziehungen der Verkehrsbewegungen zur Wirtschaft und Kultur der verschiedenen Landesteile abzuleiten. Die Gründe für diese Rückständigkeit sind in der schlecht geführten Verkehrsstatistik, die stark vernachlässigt worden ist, da die ihr zukommende Bedeutung nicht erkannt wurde, und in der infolgedessen schlechten Auswertung der ermittelten Zahlen zu suchen.

Mit den folgenden Ausführungen soll nun der Versuch gemacht werden, die Hauptströme des deutschen Eisenbahn-Güterverkehrs zu ermitteln, wobei die von Baumann[1]) für das Jahr 1913 festgestellten Zahlen verwendet werden. Zum besseren Verständnis der graphischen Darstellungen, die einen Anspruch darauf erheben dürfen, in dieser Art neu und noch nicht veröffentlicht zu sein, mögen einige Bemerkungen vorausgeschickt werden.

Die vom Reichsverkehrsministerium alljährlich für den Zeitraum eines Jahres herausgegebene Statistik der Güterbewegung auf deutschen Eisenbahnen sieht eine Gliederung des gesamten Reichsgebietes nach 37 Verkehrsbezirken vor. Da diese sich vorwiegend nur aus verwaltungstechnischen Rücksichten ergeben hat, sind bereits von mehreren Seiten Vorschläge für eine zweckmäßigere Einteilung des Reiches lediglich unter dem Gesichtspunkt des wirtschaftlichen Lebens, also der Betätigung der Bewohner, ohne Berücksichtigung politischer Grenzen, gemacht worden. Mit Baumann sollen folgende Wirtschaftsgebiete unterschieden werden:

---

[1]) Baumann: Kraftquellen und Verkehr als bestimmende Faktoren für deutsche Wirtschaftsgebiete. Dr.-Jng.-Dissertation.

Wirtschaftsgebiet	Umfaßt folgende Verkehrsbezirke der amtlichen Statistik	Nr.
1. Ostpreußen/Westpreußen	Provinz Ostpreußen (ohne Häfen)	1 a
	„ Westpreußen (ohne Häfen)	1 b
	Ostpreußische Häfen	2 a
	Westpreußische „	2 b
2. Posen	Provinz Posen	12
3. Ostseegebiet	Provinz Pommern	3
	Pommersche Häfen	4
	Freistaaten Mecklenburg-Schwerin und Strelitz	5
4. Brandenburg/Berlin	Berlin	16
	Berliner Vororte	16 a
	Provinz Brandenburg	17
5. Schlesien	Regierungsbezirk Oppeln	13
	Stadt Breslau	14
	Regierungsbezirk Breslau (einschl. Stadt Breslau) und Regierungsbezirk Liegnitz	15
6. Hamburg/Schleswig	Häfen Rostock, Wismar, Lübeck, Kiel, Flensburg, Travemünde, Warnemünde	6
	Provinz Schleswig-Holstein, Lübeck (ohne Hafen)	7
	Elbhäfen Hamburg, Altona, Glückstadt, Harburg, Stade, Cuxhaven	8
7. Niedersachsen	Weserhafen	9
	Emshafen	10
	Provinz Hannover mit dem Kreis Schaumburg, ein Teil des Regierungsbezirks Kassel, Braunschweig, Oldenburg (ohne Schaumburg-Lippe, Pyrmont)	11
8. Mitteldeutschland	Regierungsbezirk Magdeburg und Herzogtum Anhalt	18
	Regierungsbezirk Merseburg und Erfurt, Kreis Schmalkalden, ein Teil des Regierungsbezirks Kassel und Thüringische Staaten	19
	Freistaat Sachsen ohne Stadt Leipzig und Umgegend	20
	Leipzig und Umgegend	20 a
9. Bayern	Südbayern	36
	Nordbayern	37
10. Rheinland/Westfalen	Ruhrgebiet in Westfalen	22
	Ruhrgebiet in der Rheinprovinz	23
	Westfalen ohne Ruhrgebiet, Fürstentum Lippe und Waldeck ohne Pyrmont	24
	Rheinprovinz rechts des Rheins ohne Ruhrgebiet, Kreis Wetzlar und Rheinhafenstationen	25
	Rheinprovinz links des Rheins ohne Saargebiet und Fürstentum Birkenfeld	26
	Rheinhafenstationen Duisburg, Duisburg-Hochfeld, Ruhrort	28
11. Rhein-Main-Gau	Provinz Hessen-Nassau (ohne Schaumburg und Schmalkalden), Kreis Wetzlar, Oberhausen	21
	Freistaat Hessen ohne Oberhessen	32
12. Baden/Württemberg	Bayerische Pfalz ohne Ludwigshafen	31
	Großherzogtum Baden ohne Mannheim und Rheinau	33
	Mannheim, Rheinau, Ludwigshafen	34
	Freistaat Württemberg mit Hohenzollernschen Landen	35
13. Saargebiet	Saargebiet von Neunkirchen bis Trier	27
14. Elsaß/Lothringen	Lothringen	29
	Elsaß	30

Die Versandzahlen dieser Bezirke in „Millionen t" verfrachteten Gutes sind für das Jahr 1913 aus nachstehender Zusammenfassung ersichtlich.

Wirtschaftsgebiet	Ostpreußen/ Westpreußen	Posen	Ostseegebiet	Brandenburg/Berlin	Schlesien	Hamburg/ Schleswig	Niedersachsen	Mitteldeutschland	Bayern	Rheinland/ Westfalen	Rhein-Main-Gau	Baden/Württemberg	Saargebiet	Elsaß/ Lothringen
	Versand nach	Versand nach	Versand nach	Versand nach	Versand nach	Versand nach	Versand nach	Versand nach	Versand nach	Versand nach	Versand nach	Versand nach	Versand nach	Versand nach
Ostpreußen/Westpreußen	**7,62**	0,65	0,28	0,25	3,20	0,02	0,16	0,24	0,01	0,11	0,01	0,02	0,02	0,01
Posen	0,47	**4,98**	0,19	0,40	3,88	0,08	0,09	0,45	0,01	0,07	0,04	0,01	0,04	0,04
Ostseegebiet	0,33	0,17	**4,98**	1,51	1,81	0,65	0,25	0,52	0,01	0,41	0,01	0,01	0,02	0,04
Brandenburg/Berlin . . .	0,29	0,53	1,11	**14,17**	3,94	0,50	0,60	3,70	0,14	1,40	0,09	0,08	0,09	0,11
Schlesien	0,33	0,87	0,28	0,85	**30,98**	0,11	0,16	1,14	0,10	0,24	0,15	0,03	0,06	0,10
Hamburg/Schleswig . . .	0,01	0,01	0,68	0,43	0,14	**4,96**	1,56	0,63	0,09	5,30	0,09	0,09	0,05	0,05
Niedersachsen	0,03	0,02	0,09	0,25	0,06	1,23	**12,87**	2,14	0,08	10,83	0,72	0,06	0,07	0,06
Mitteldeutschland	0,13	0,27	0,28	1,83	2,69	0,53	2,63	**46,79**	1,21	4,03	0,66	0,19	0,21	0,21
Bayern	0,01	0,01	0,03	0,07	0,08	0,08	0,14	1,43	**11,80**	1,37	1,55	1,29	0,55	0,31
Rheinland/Westfalen . .	0,09	0,12	0,18	0,65	0,12	0,34	3,36	1,05	0,32	**122,06**	4,30	0,51	0,91	4,53
Rhein-Main-Gau	0,01	0,01	0,02	0,07	0,03	0,09	0,34	0,61	0,62	4,26	**9,88**	1,08	0,96	0,37
Baden/Württemberg . .	0,01	0,01	0,01	0,05	0,03	0,05	0,15	0,21	1,08	1,61	1,03	**15,76**	3,02	1,71
Saargebiet	0,00	0,00	0,00	0,01	0,00	0,00	0,03	0,02	0,08	1,10	0,29	0,78	**5,03**	4,82
Elsaß/Lothringen	0,00	0,00	0,00	0,02	0,00	0,01	0,05	0,04	0,09	4,23	0,16	0,99	1,66	**8,26**
Summe ohne Bezirksverkehr	1,71	2,67	3,15	6,39	15,98	3,69	9,52	12,18	3,84	34,96	9,10	5,14	7,66	12,36

Die Zahlen sind auf die Weise entstanden, daß unter Zusammenfassung der der Reichsstatistik zugrunde gelegten Verkehrsbezirke zu 14 Wirtschaftsgebieten die Versandzahlen für die zu einem Wirtschaftsgebiet zu rechnenden Verkehrsbezirke zusammengezählt sind. Will man z. B. die Verkehrsbeziehungen zwischen Niedersachsen und Mitteldeutschland untersuchen, so ist zunächst festzustellen, welche Verkehrsbezirke der amtlichen Statistik zu den beiden Wirtschaftsgebieten zu rechnen sind. Niedersachsen soll danach die Verkehrsbezirke 9, 10 und 11, Mitteldeutschland 18, 19, 20 und 20a umfassen. Um nun die Größe des Versandes von Niedersachsen nach Mitteldeutschland zu ermitteln, zählt man zuerst der Reihe nach die Zahlen für den Versand von 9, 10 und 11 nach 18, dann nach 19, 20 und 20a und schließlich die so erhaltenen 4 Zahlen zusammen. In gleicher Weise ergeben sich die Zahlen für den Versand von Niedersachsen nach den übrigen Wirtschaftsgebieten. Die unterstrichenen Zahlen geben den „Bezirksverkehr" an, d. h. die Größe des in einem Bezirk (Wirtschaftsgebiet) zum Versand gelangenden und in ihm verbleibenden Gutes, die übrigen den Versand eines Gebietes nach allen anderen. Bringt man nun die Zahlen für jedes Wirtschaftsgebiet in der Weise zur Darstellung, daß 1 Million Tonnen Versand, der im Bezirk bleibt (Bezirksverkehr) durch einen offenen Kreis und 1 Million Tonnen Versand nach den andern Gebieten durch einen ausgefüllten Kreis angedeutet wird, so erhält man die Abbildungen 23—28.

Sie geben besser als Zahlen und die sonst bekannten graphischen Darstellungen ein anschauliches Bild für die Richtungen der Hauptverkehrsströme, die von den einzelnen Wirtschaftsgebieten ausgehen. Dabei soll nicht unerwähnt bleiben, daß der Umschlagsverkehr von der Bahn zum Schiff nur bei Rheinland-Westfalen und Mitteldeutschland berücksichtigt ist, da er insbesondere bei dem ersteren einigermaßen ins Gewicht fällt (ein Umschlag

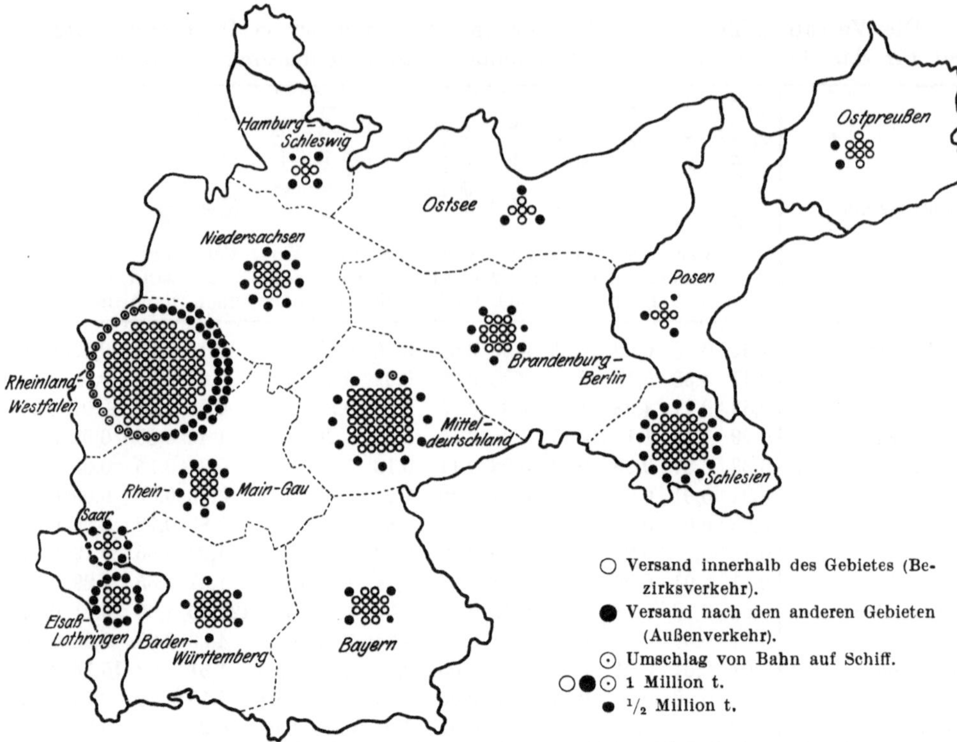

Abb. 23. Verkehr der deutschen Wirtschaftsgebiete.

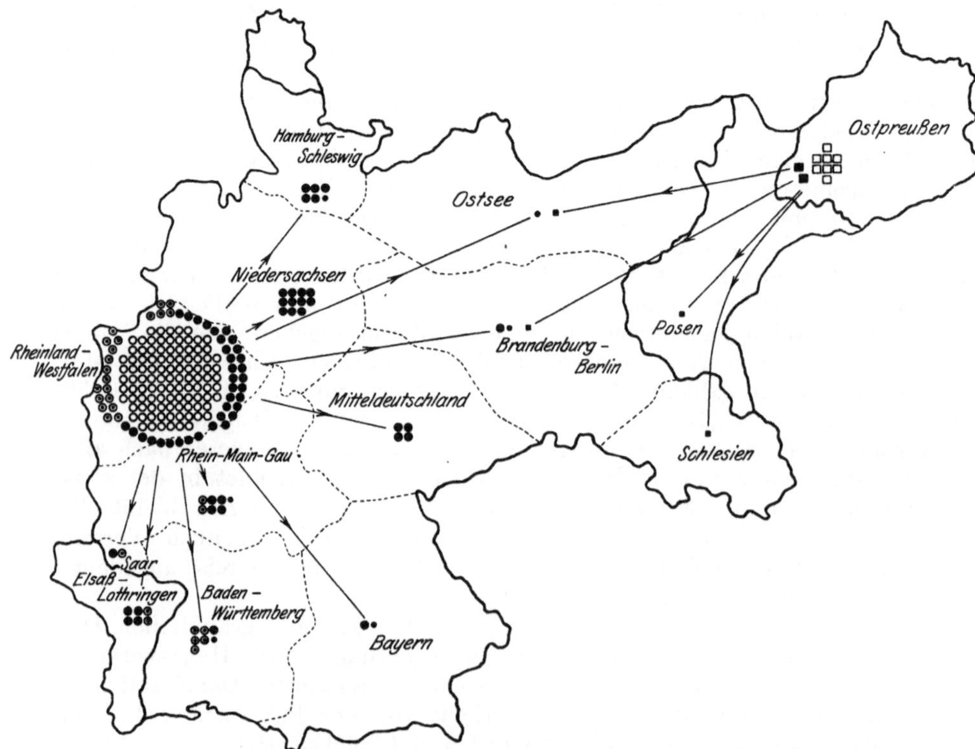

Abb. 24. Verkehr der Wirtschaftsgebiete Rheinland/Westfalen und Ostpreußen.

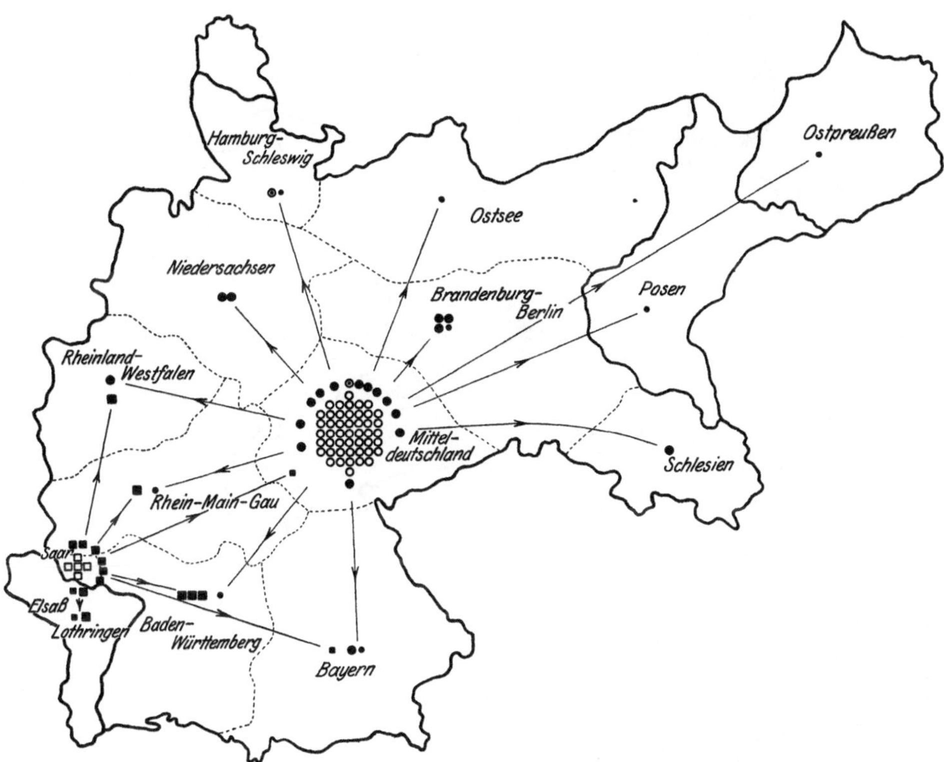

Abb. 25. Verkehr Mitteldeutschlands und des Saargebietes.

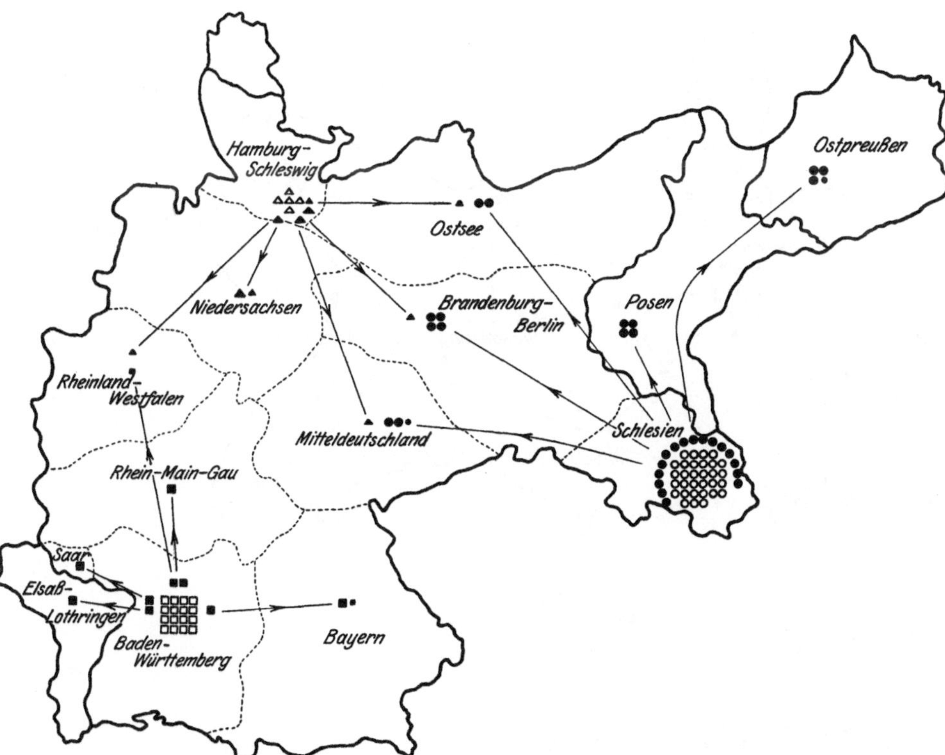

Abb. 26. Verkehr von Schlesien, Baden/Württemberg und Hamburg/Schleswig.

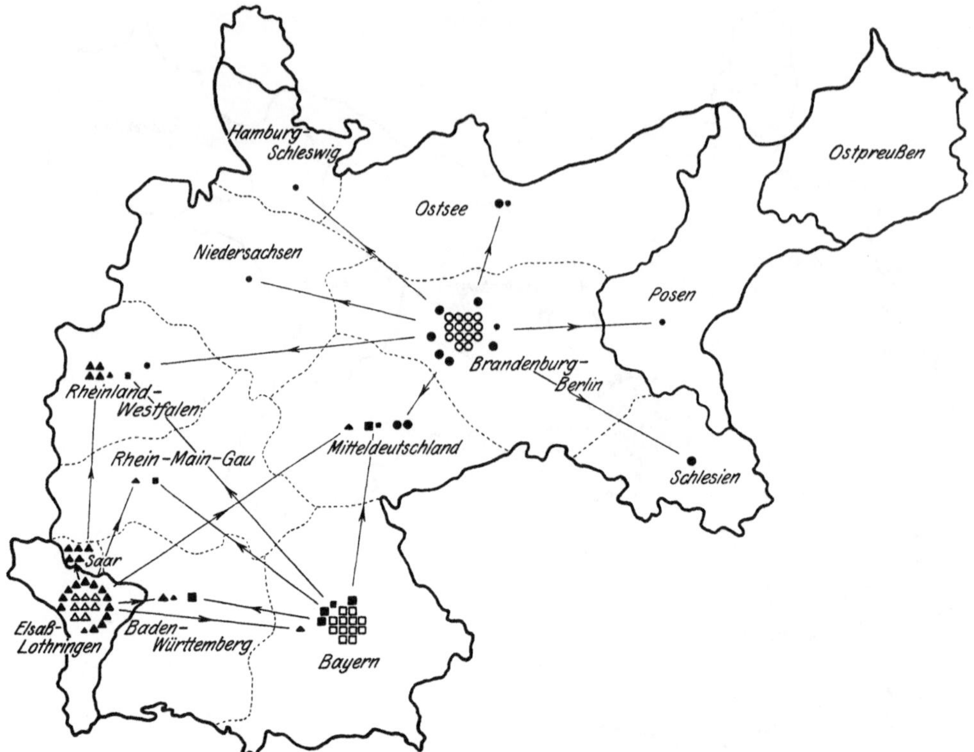

Abb. 27. Verkehr von Berlin/Brandenburg, Bayern und Elsaß/Lothringen.

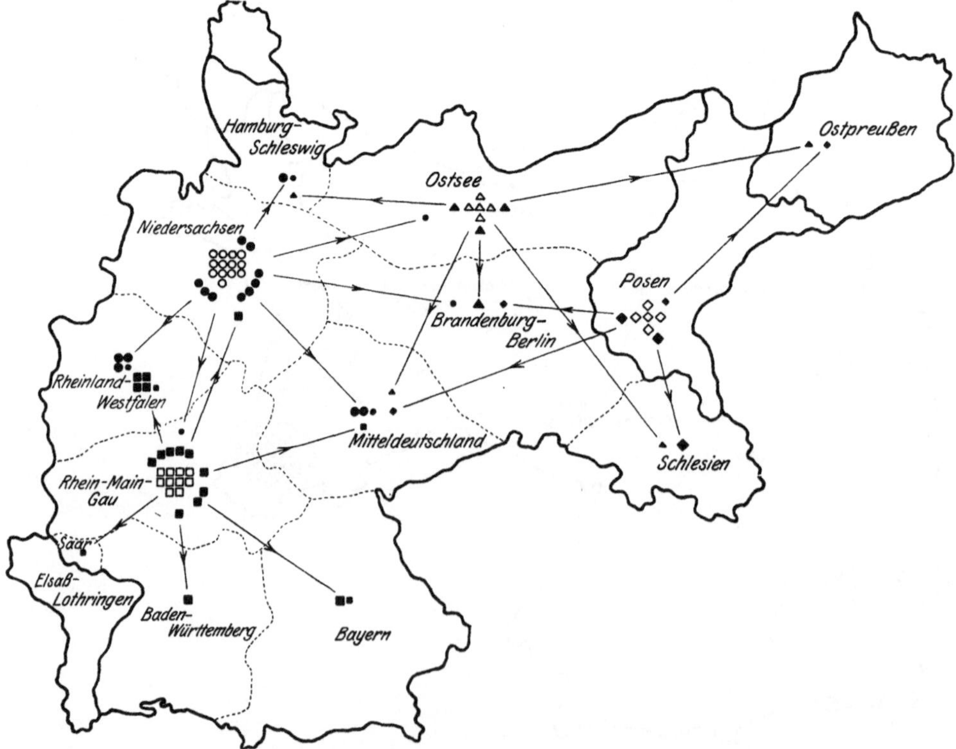

Abb. 28. Verkehr von Niedersachsen, Rhein-Main-Gau, Posen und dem Ostseegebiet.

von 1 Million Tonnen ist durch einen offenen Kreis mit einem kleinen ausgefüllten Kreis in der Mitte dargestellt). Im übrigen ist der Verkehr auf den Binnenwasserstraßen außer Betracht geblieben; man ist hierzu um so mehr berechtigt, als die Beförderung von Gütern auf dem Wasserwege im Jahre 1913 nur etwa $17\,^0/_0$ des gesamten deutschen Güterverkehrs betrug, wovon der weitaus größte Teil auf den Rheinstrom entfiel. Infolgedessen geben die Abbildungen ein ziemlich genau zutreffendes Bild der Verkehrslage. Bei näherer Betrachtung fallen besonders drei Gebiete durch die Größe ihres Verkehrs auf; es sind dies die am meisten mit Kohlenschätzen versehenen Wirtschaftsgebiete Rheinland-Westfalen, Mitteldeutschland und Schlesien (s. Abb. 23). Infolge des Reichtums an natürlichen Bodenschätzen haben sich in diesen Gebieten in verhältnismäßig kurzer Zeit weitausgedehnte Berg-, Hütten- und Metallveredelungs-Industrien entwickelt, deren Größe sich besonders im Bezirksverkehr widerspiegelt. Dieser beträgt in Rheinland-Westfalen $78\,^0/_0$, in Mitteldeutschland $80\,^0/_0$ und in Schlesien $66\,^0/_0$ des gesamten Güterversandes der drei Gebiete, die man daher unter dem Gesichtspunkt der Kohlenversorgung mit Recht als „unabhängige Wirtschaftseinheiten" bezeichnen kann. Nur $22\,^0/_0$, $20\,^0/_0$ und $34\,^0/_0$ des in ihnen aufkommenden Verkehrs gelangt in die übrigen Wirtschaftsgebiete. Von dem nach außen gehenden Versand des rheinisch-westfälischen Industriebezirks werden etwa $36\,^0/_0$, hauptsächlich Kohlen, in den Rheinhäfen umgeschlagen und gehen rheinauf- und -abwärts, um insbesondere die Industrie im Rhein-Main-Gau, in Baden-Württemberg, Elsaß-Lothringen und in den Niederlanden zu versorgen. Von den übrigen Wirtschaftsgebieten sind vornehmlich Niedersachsen, Mitteldeutschland und Hamburg-Schleswig von den Kohlenvorräten Rheinland-Westfalens abhängig.

Die wirtschaftliche Bedeutung Mitteldeutschlands liegt außer in den Kalifundstätten hauptsächlich in den Braunkohlenschätzen begründet. Diese werden, nachdem infolge des verlorenen Krieges die rheinisch-westfälischen Bezirke sowie die an der Saar und in Elsaß-Lothringen für die deutsche Wirtschaft an Bedeutung verloren haben, in immer steigendem Maße ausgebeutet und vorwiegend nach Berlin-Brandenburg, Niedersachsen und Bayern verfrachtet.

Die schlesischen Kohlenvorräte gelangen hauptsächlich nach Berlin-Brandenburg, Posen, Ostpreußen, Mitteldeutschland und ins Ostseegebiet.

Damit sind die Hauptrichtungen des deutschen Güterverkehrs festgelegt, gegenüber den drei stärksten Gebieten der deutschen Wirtschaft treten die andern sehr an Bedeutung zurück. Interessant ist in diesem Zusammenhange die Feststellung, daß von dem gesamten deutschen Eisenbahn-Güterversand fast $37\,^0/_0$ auf das rheinisch-westfälische Industriegebiet entfallen. Aus dieser Tatsache erhellt seine große Bedeutung für die deutsche Wirtschaft und daher für die Wohlfahrt Deutschlands.

Anhang 2.

Verkehrsschwankungen und Betriebsstockungen.

Von Professor 𝔇r.-𝔍ng. O. Blum, Hannover.

Vorbemerkung. In dem dem Betrieb gewidmeten Hauptabschnitt sind die Beziehungen zwischen Verkehr und Betrieb untersucht, soweit sie für die Aufstellung des Fahrplans maßgebend sind. Es sind hierbei auch schon gewisse Schwankungen des Verkehrs und die Anpassung des Fahrplans an sie erörtert worden. Der Krieg und die Nachkriegszeit hat aber die Bedeutung der Schwankungen, namentlich die von mehr oder weniger plötzlich auftretenden Hochfluten, so verstärkt, daß eine kurze Sonder-Erörterung angezeigt ist.

Früher hielt man fast allgemein alle Schwankungen für die „natürlichen" Regungen des Verkehrslebens, und erhob den Verkehrsanstalten gegenüber den Anspruch, daß sie eben jeder Hochflut gewachsen sein müßten, denn sie hätten ja die großen Vorrechte von Monopolen, und den Rechten ständen eben auch entsprechende Pflichten gegenüber. Es war fast allgemeine Ansicht, daß die Verkehrsanstalt nicht nach Notwendigkeit und Dringlichkeit, Nutzen und Schaden der verlangten Transportleistungen zu fragen habe; das sei vielmehr ausschließlich Sache der Verkehrtreibenden; die Verkehrsanstalt habe nur Anspruch auf Bezahlung und die Erfüllung einiger weiterer Bedingungen, sie sei aber (von gewissen Ausnahmen abgesehen) nicht berechtigt, verlangte Transporte ganz oder zeitweise zurückzuweisen; das führte auf gewissen Gebieten geradezu zu einem Mißbrauch (z. B. im Telegramm-Verkehr), auf anderen zu Luxus-Leistungen, bei denen die wenigen Reichen (oder Verschwender) auf Kosten der Minderbemittelten (oder Sparsamen) bevorzugt wurden; stellenweise entstanden dadurch wirtschaftliche und betriebstechnische Unmöglichkeiten (z. B. im Stadt-Schnell-Verkehr), so daß darunter die gesunde Fortentwicklung litt, weil das Kapital sich von solchen Bahnarten zurückzog.

Daß die Verkehrsanstalten vielfach so tatenlos den übertriebenen Forderungen und den Schwankungen gegenüberstanden, ist zum Teil darin begründet, daß aus dem Betrieb Teilgebiete herausgeschnitten wurden, die sich eben ohne Schaden nicht herausschneiden lassen.

Durch solche gewaltsamen Teilungen und den Mangel an technischen und wirtschaftlichen Kenntnissen bei den Bearbeitern kam es naturgemäß dahin, daß sich die unmittelbar Leitenden der betrieblichen und wirtschaftlichen Tragweite von Schwankungen usw. nicht bewußt wurden; sie nahmen eben jede Forderung des Verkehrs als „natürlich" und notwendig hin und gaben ihrerseits die Forderungen an den Betrieb weiter; es galt der Satz „der Betrieb muß", der mit dem Satz „der Bien muß" nicht nur äußerliche Ähnlichkeit hat; — eine besondere Ausbildung fand diese Methode im Krieg, wo militärische Stellen forderten und es den zivilen überließen, wie sie den Forderungen nachkommen könnten.

Zu dem tatenlosen Zusehen und dem Verkennen der Schwierigkeiten hat auch viel beigetragen, daß die Organisation recht unglücklich und unvollständig war. In den kleinen und mittleren Netzen Deutschlands mit überhaupt einfacherem und geringerem Verkehr trat das nicht so sehr zutage, wohl aber in dem großen preußisch hessischen Netz. Hier waren (und sind) die Direktionsbezirke zum Teil sehr ungünstig begrenzt, da sie sich mit einheitlichen Wirtschaftsbezirken nicht decken, acht Bezirke sind lediglich unter dem Gesichtspunkt des Durchgangsverkehrs von und nach Berlin begrenzt, dafür hat aber z. B. Niedersachsen mit fünf preußischen Direktionen zu tun, jede von diesen greift indessen in andere Wirtschafts-Bezirke über! Die Direktionen konnten (und können) den Betrieb also überhaupt nicht selbständig übersehen und leiten, und dabei fehlte es im Ministerium überhaupt an einer Betriebsabteilung! Was inzwischen gebessert worden ist (vgl. unten), hat der Krieg erzwungen, aber wir sind noch weit von der wirklichen Lösung entfernt.

Das Schrifttum über Verkehrsschwankungen und ihre Meisterung ist noch recht dürftig. Eine treffliche Untersuchung eines Einzelgebietes und ein Vorbild für ähnliche Arbeiten ist die Arbeit von Dr.-Ing. Remy über die Größenabmessungen von Güterschuppen, ferner ist die Denkschrift des Architekten-Ausschusses Groß Berlin über die Schwankungen des Stadtverkehrs zu nennen (Berlin, Burg-Verlag 1919), sodann zahlreiche Veröffentlichungen von Präsident Dr.-Ing. Heinrich und Reg.-Baurat Dr.-Ing. Jaenecke im „Archiv", dem „Organ", der „Verk. Woche" und dem „Zentralblatt".

Die Statistik gibt uns, wie für viele anderen politischen und wirtschaftlichen Beziehungen, die Verkehrsgrößen für das Jahr an. Mit der Größe „für das Jahr" kommen wir im Eisenbahnwesen für viele Untersuchungen und Berechnungen aus, zumal wenn es sich um Vergleiche mit andern Ländern, um Untersuchungen der Verhältnisse großer Eisenbahnnetze, um Ermittlung der Leistungsfähigkeit für bestimmte Einheiten (z. B. für den Kilometer, für die Lokomotive, für den Wagen, für den Kopf) handelt. Für viele Ermittlungen aber, besonders für die Berechnung der erforderlichen Größen der Anlagen, ist der Jahresverkehr eine zu grobe Durchschnittsgröße; denn — leider! — verteilt sich der Verkehr nicht gleichmäßig, sondern er ist starken zeitlichen Schwankungen unterworfen. Solche treten auf: von Jahr zu Jahr, von Jahreszeit zu Jahreszeit, von Monat zu Monat, und auch einzelne Wochentage zeigen große Unterschiede, desgleichen die verschiedenen

Tagesstunden. Geht man also vom Jahresverkehr aus und berechnet man aus ihm den Monat- oder Tages- oder gar den Stunden-Durchschnitt, so erhält man zwar eine Durchschnittszahl, aber eine unzuverlässige; der Höchstverkehr, für den alles leistungsfähig genug sein muß, wird — leider! — wesentlich über dem Durchschnittssatz liegen, und der Geringstverkehr wesentlich unter ihm, so daß die Anlagen und die Zahl der Angestellten, Lokomotiven, Wagen usw. für ihn zu groß sind.

Der Verkehrstechniker muß sich mit den Verkehrsschwankungen eingehend beschäftigen, denn einerseits muß er ihnen alles möglichst genau anpassen, andrerseits muß er alles tun, um die Stärke der Schwankungen abzuschwächen, insbesondere um die Höchstfluten, die immer nur an wenigen Tagen, u. U. nur zu wenigen Stunden auftreten, zu brechen, also die „Spitzen" herabzusetzen. Um dies erfolgreich tun zu können, muß man wissen, aus welchen Ursachen die Schwankungen entstehen, denn dann kann man — zwar nicht immer, aber oft — das Übel an der Wurzel packen und schon auf die Verfrachter und Reisenden dahin wirken, daß auch sie das Streben nach Gleichmäßigkeit unterstützen.

Die Ursachen der Schwankungen ergaben sich zunächst aus dem Einfluß der Jahreszeiten auf Wirtschaft und Verkehr, den Einwirkungen des religiösen Lebens und der Gliederung der täglichen Arbeitszeit. Diese Ursachen zeigen eine starke Regelmäßigkeit, sie bringen daher auch regelmäßige Schwankungen hervor; dazu kommen aber noch die unregelmäßig auftretenden Schwankungen der Wirtschaft (Hochkonjunktur und Krisen), des politischen und religiösen Lebens, der Witterung, sowie der Einfluß glücklicher und unheilvoller Ereignisse. Die Grenze zwischen regelmäßig und unregelmäßig ist zum Teil fließend; so hängt z. B. der Verkehr an den — regelmäßigen — Feiertagen stark von der — recht unregelmäßigen — Witterung ab, oder der Ernteverkehr von Ausfall und Zeit der Ernte. Das Wesentliche für die Verkehrsanstalten ist, ob und inwieweit sich die Schwankungen nach Ort, Zeitpunkt, Größe und Verlauf voraussehen lassen, ob man ihnen also durch Verkehrs-, Betriebs- und Bau-Maßnahmen vorbeugen kann, oder ob man von ihnen überrascht wird. — Eine gutgeleitete Eisenbahn wird im allgemeinen nur von plötzlich eintretenden politischen Ereignissen, Wetterstürzen und Erdbeben überrascht werden. Im übrigen gilt auch hier der Satz, daß große Dinge ihren Schatten vorauswerfen; — auf Witterungserscheinungen, die auftreten können, aber nicht aufzutreten brauchen (Schneewehen, Frost mit dadurch veranlaßtem Versagen der Wasserstraßen) muß man vorbereitet sein.

Die regelmäßig auftretenden Ursachen können danach eingeleitet werden, welche Zeiträume sie betreffen.

An erster Stelle ist hier der Verlauf des wirtschaftlichen Lebens durch die Jahrzehnte hindurch zu betrachten. Allerdings kann man den Einwand machen, daß das wirtschaftliche Leben keine regelmäßige Entwicklung zeige. Der Einwand ist zum Teil richtig; denn die Entwicklung ist in den einzelnen Volkswirtschaften und der Weltwirtschaft nicht regelmäßig; sie ist vielmehr stark vom Ausfall der Ernten, außerdem von innen- und außenpolitischen Einflüssen abhängig; auf Jahre aufsteigender Linie kommen böse Rückschläge, Hochkonjunktur wechselt mit Krisen. Aber diese Unregelmäßigkeiten, die für den Kaufmann so gefährlich werden können, wirken sich in ihrem Auf und Ab und in ihrer Plötzlichkeit auf den Verkehr im allgemeinen nur abgeschwächt aus, denn zwischen dem Eintritt des Ereignisses und der beginnenden Wirkung auf den Verkehr liegt meist eine längere Zeit, außerdem können u. U. sogar die ungewöhnlichen Ereignisse längere Zeit vorausgesehen werden, vor allem ein ungewöhnlich guter oder schlechter

Ausfall der Ernte; für manche andere müssen auch erst wirtschaftliche Tätigkeiten ausgeführt sein, ehe sie für den Verkehr wirksam werden können;
ein plötzlich entdecktes wertvolles Erzfeld muß erst erschlossen werden, ehe
es einer benachbarten Bahn einen Verkehrszuwachs bringt. Vor allem aber
kommen die Unregelmäßigkeiten — außer für kleine Verkehrsunternehmen —
deswegen nur schwach zum Ausdruck, weil der Gesamtverlauf des wirtschaftlichen Lebens im ganzen Dampfzeitalter die große Linie des regelmäßigen Aufstiegs zeigt. Allerdings wird sie gelegentlich durch Rückschläge
unterbrochen, aber diese dauern (abgesehen vom Weltkrieg) stets nur wenige
Jahre, und der Verkehrsrückgang ist z. B. in Deutschland immer nach läng-
stens drei Jahren wieder wettgemacht worden. Das Abfallen der Linie umfaßt also nur eine Zeitspanne, die kleiner ist als die, mit der die planmäßige
Erweiterungspolitik der Eisenbahnen rechnen muß; das „Abstoppen" von
Bauten und auch von Beschaffungen wegen fallender Konjunktur ist also
nicht nötig, es ist sogar töricht, denn grade in Zeiten sinkender Konjunktur
muß man bauen und beschaffen, denn dann sind die Kosten niedrig, und
außerdem haben, wie an anderer Stelle erwähnt, grade so große Unternehmen,
wie es die Verkehrsanstalten sind, die vaterländische Pflicht, dem nieder-
gehenden Wirtschaftsleben durch Bestellungen zu Hilfe zu kommen und der
Arbeitslosigkeit zu steuern.

In Deutschland hat sich der Eisenbahn-Güter-Verkehr — der den sicher-
sten Maßstab für den Gesamtverkehr darstellt — in je etwa 14 Jahren verdoppelt. Die Zunahme ist aber für die verschiedenen Güter nicht gleichmäßig;
das wichtigste Gut, die Kohle, brauchte bis 1900 zur Verdoppelung (13 bis)
14 Jahre, vor dem Weltkrieg aber etwa 16 Jahre; andere Güter, z. B. Steine,
Eisen, Düngemittel haben die Verdopplung schneller erreicht; im Stückgutverkehr kann man mit einer Verdopplung in etwa 20 Jahren rechnen, da
infolge der Zunahme aus bisherigem Stückgut Wagenladungsgut wird. Nach
Remy betrug die Zunahme des Güterverkehrs bei den preußisch-hessischen
Staatsbahnen von 1894 bis 1907 rd. $6,2\%$, die höchste Zunahme war hierbei
$9,6\%$ (1905), die stärkste Abnahme $0,8\%$ (1901); in derselben Zeit zeigte
der Stückgutverkehr eine Zunahme von $6,87\%$, und zwar als Höchstsatz
$9,32\%$, als Geringstsatz $4,13\%$ (also überhaupt keinen Rückschlag) — alles
je Jahr gerechnet.

Die Schwankungen im Verlauf des Jahres, also nach den Jahreszeiten,
werden in der Statistik durch Aufzeichnungen über den monatlichen Verkehr gefaßt. Der Ersatz der Jahreszeiten durch die Monate ist zulässig, weil
jeder Jahreszeit mehrere Monate gegenüberstehen, er ist auch notwendig,
weil die „Jahreszeiten" keine feststehenden Größen sind, sondern von Klima
und Witterung abhängig sind; eine gewisse Vorsicht ist aber geboten, weil
die Monate nicht gleichlang sind und eine wechselnde Zahl von Feiertagen
haben, und weil außerdem das leider immer noch nicht festgelegte Osterfest
Störungen verursacht; bei genaueren Vergleichen ist es daher notwendig, die
Monatsergebnisse auf den „Arbeitstag" zurückzuführen, was z. B. für die
Erzeugung von Steinkohle schon seit langem geschieht.

Der Einfluß der Jahreszeiten auf den Verkehr beruht auf folgenden
wichtigsten Einzelerscheinungen:

Am bedeutungsvollsten ist der Einfluß auf die Forst- und Landwirtschaft.
Der regelmäßige Wechsel von Vorbereiten, Bestellen, Reifen und Nacharbeiten,
Ernten, Verarbeiten und Ausbessern löst bestimmte Verkehrsströme aus; am
wichtigsten sind hierbei im Personenverkehr die Zu- und Abführung der
Arbeiter, besonders der Erntearbeiter, im Güterverkehr die Zuführung der
Düngestoffe, der Sämereien, des Jungviehs und die Abbeförderung der Ernten
in die Städte und Verarbeitungsstellen. Die Verkehrsmittel müssen diesen

wechselnden Anforderungen nicht nur insoweit nachkommen, als sie die notwendigen Mengen überhaupt befördern, sondern sie müssen vieles auch zur bestimmten Zeit und manches in kurz zusammengedrängter Zeit befördern, weil es sonst verdirbt oder wegen zu späten Eintreffens wertlos wird. Namentlich stellt die Abbeförderung von Rüben und Kartoffeln — unmittelbar nach der Ernte und zuverlässig vor Eintritt des Frühfrostes — hohe Anforderungen an die Eisenbahn; aber auch andere von der Jahreszeit abhängige Güter sind sehr anspruchsvoll, z. B. frisches Obst, das den Eilgutverkehr mancher Strecken sprunghaft anschwellen läßt, Gemüse, Blumen, Seefische. Es ist einleuchtend, daß der Verkehr um so mehr entlastet wird, je mehr es gelingt, die landwirtschaftlichen Erzeugnisse zu „konservieren"; gut geleitete Eisenbahngesellschaften werden daher alle derartigen Bemühungen der Landwirtschaft unterstützen, teils nur durch Geld, teils durch entsprechende eigene Bauten usw. an ihren Bahnhöfen.

Die starke Abhängigkeit der Landwirtschaft von den Jahreszeiten wirkt sich auch auf die Gewerbe aus, die Güter für die Landwirtschaft erzeugen (und ausbessern), wozu nicht nur die gesamte Industrie der Düngestoffe und der landwirtschaftlichen Geräte und Maschinen, sondern auch die Herstellung von Bauten (Hoch- und Wegebauten, Meliorationen) in landwirtschaftlichen Gegenden gehören. Abb. 29 zeigt z. B. die Schwankungen im Kali-Versand. Noch stärker ist vielfach die Abhängigkeit der Gewerbe, die landwirtschaftliche Erzeugnisse verarbeiten, namentlich soweit diese leicht verderblich sind (Rüben, Obst, Gemüse).

Insgesamt wird der landwirtschaftliche Verkehr innerhalb des Jahres (von November bis November) zwei Ebben (Winter und Frühsommer) und zwei Fluten (Frühjahr und Herbst) zeigen; die wichtigste Flut tritt im Herbst ein, wenn die Ernte abbefördert werden muß. —

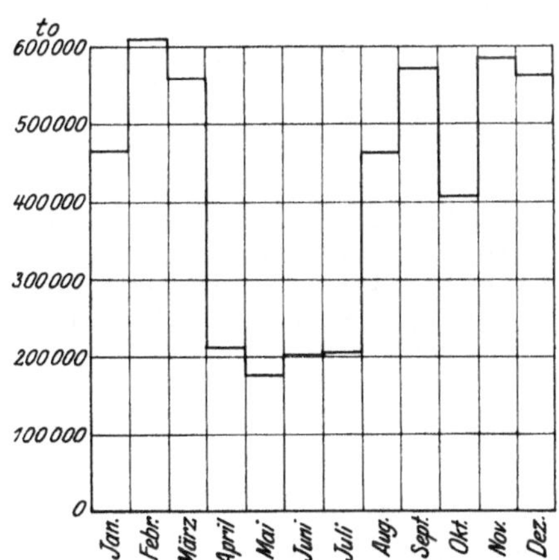

Abb. 29. Schwankungen im Kaliversand des Jahres 1911.

Es ist an anderer Stelle angedeutet worden, daß der Weltverkehr, insbesondere in der sog. „freien" Schiffahrt, davon bestimmend beeinflußt wird, daß ein großer Teil der Schiffe je nach den Häfen geleitet werden muß, in deren Hinterland grade Ernte gewesen ist; da nun die Ernten, besonders auf der Nord- und Südhalbkugel, zu verschiedenen Zeiten eintreten, so ergibt sich glücklicherweise ein leidlicher Ausgleich.

Eine weitere wichtige regelmäßige Wirkung der Jahreszeiten auf den Verkehr ergibt sich aus den zugleich lähmenden und anregenden Kräften des Hochsommers und des Winters. Der Sommer lähmt die Arbeitskraft und drückt damit das wirtschaftliche Leben, vor allem die Tätigkeit der Kaufleute, der Schüler, der Beamten und der freien Berufe herab, er zeigt eine Senkung im Güterverkehr, ferner bei den Straßen- und Schnellbahnen eine Abnahme des sog. Wohn- oder Berufsverkehrs. Bei diesen ist das Wellental (im Juli) besonders dann stark ausgeprägt, wenn die Bahn hauptsächlich Stadtgebiete mit wohlhabender Bevölkerung durchzieht, vgl. Abb. 30; dagegen kann die Ebbe im Gesamtnez einer Großstadt nicht tief sein, da leider einer großen Menge von Städtern die wohltätige Erholung nicht möglich ist (vgl. Abb. 31 I und II). Die Ebbe muß sich in Flut verwandeln, wenn die Bahnen stark dem Ausflugverkehr dienen, vgl. III in Abb. 31 (bei der

übrigens die Spitze im Mai auf das Pfingstfest zurückzuführen ist); daher
zeigen auch die staatlichen Berliner Vorortbahnen die Flutwelle im Sommer,
und zwar je nach dem Pfingstfest im Mai oder Juni und im Juli. Abb. 32

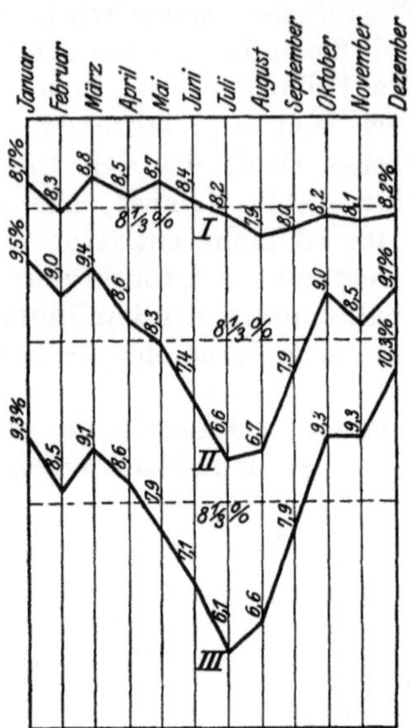

Abb. 30. Monatliche Schwankungen des
Schnellbahnverkehrs in Groß-Berlin 1913.
I Stadtbahn; II Hoch- und Untergrundbahn;
III Schöneberger Untergrundbahn.

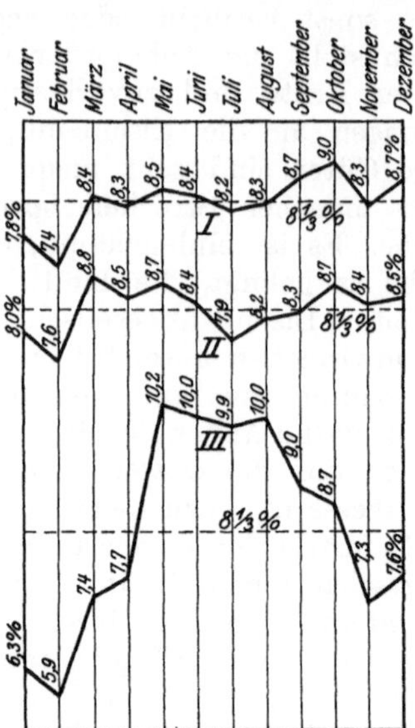

Abb. 31. Monatliche Schwankungen des
Omnibus- und Straßenbahnverkehrs in
Groß-Berlin 1913.
I Omnibusverkehr; II Straßenbahnen; III Berliner
Ostbahnen.

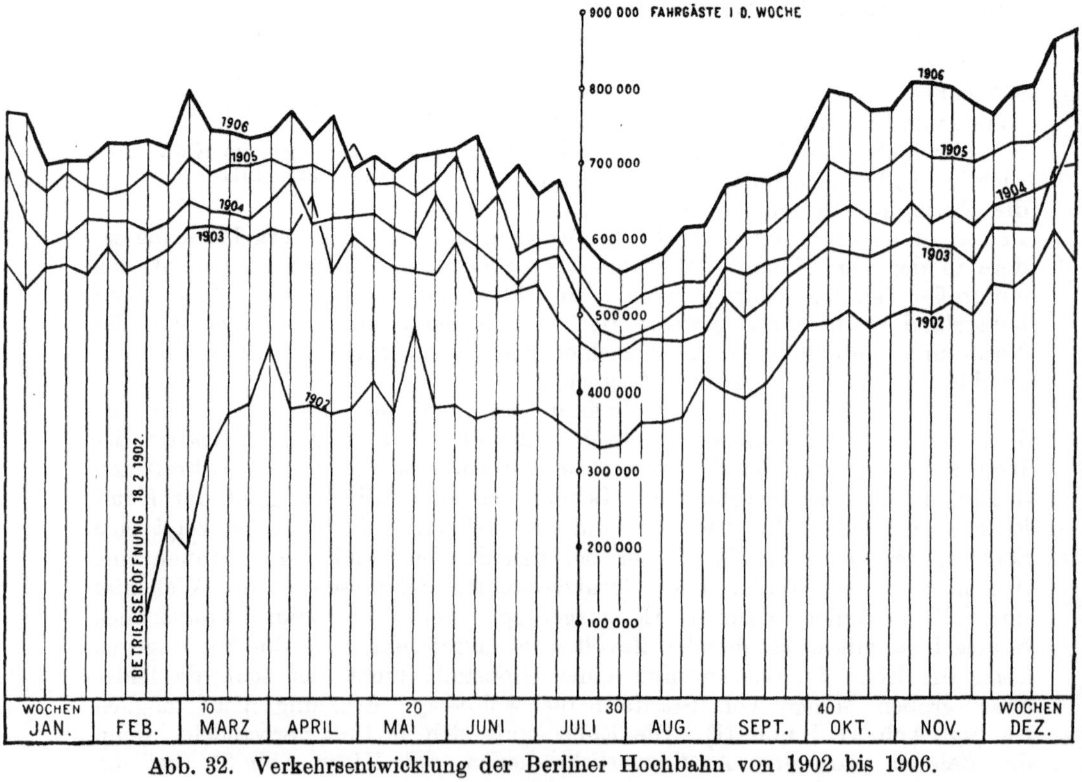

Abb. 32. Verkehrsentwicklung der Berliner Hochbahn von 1902 bis 1906.

zeigt die Gesamtentwicklung der Berliner Hochbahn von 1902 bis 1906, Abb. 33 die Schwankungen des Frachtgut-Verkehrs für verschiedene stark belastete Bahnhöfe. Der Abnahme des Berufsverkehrs in der Stadt steht die Zunahme des Fernverkehrs (Ferien-Verkehrs) nach und von den Sommerfrischen gegenüber.

Die allgemeine sommerliche Ebbe im Güterverkehr wird oft durch eine stärkere Inanspruchnahme der Eisenbahn infolge des Versagens der Wasserstraßen wegen Niedrigwasser ausgeglichen.

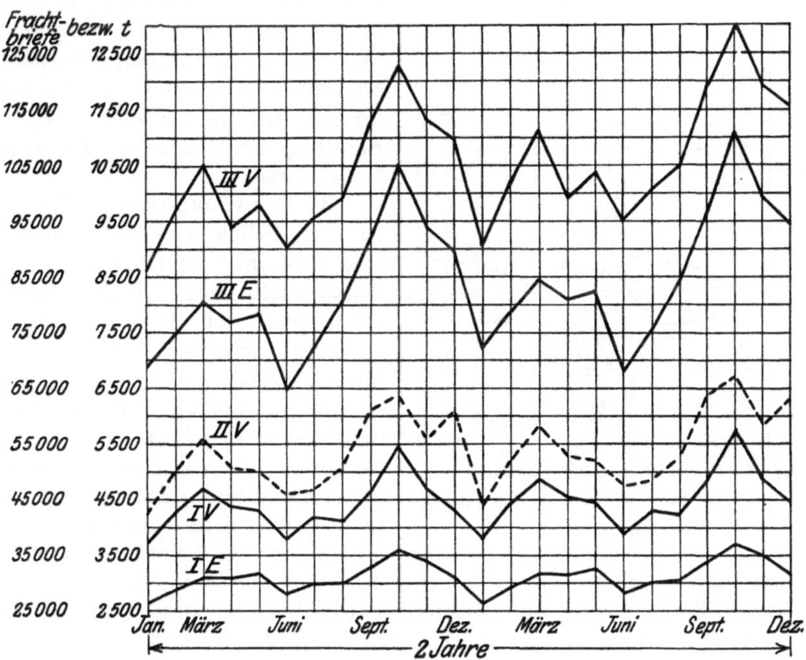

Abb. 33. Schwankungen des Frachtgutverkehrs verschiedener Bahnhöfe.

Der **Winter** verstärkt den Verkehr in Brennstoffen, ferner bis Weihnachten den Verkehr in all dem, was mit der Ergänzung und dem Vertrieb von Winterkleidung und Weihnachtsgeschenken zu tun hat; dagegen tritt nach Weihnachten eine Abnahme ein, weil die Kaufleute Bestandsaufnahmen machen und die zunehmende Kälte der Bautätigkeit Abbruch tut. Die Eisenbahn hat aber u. U. den Verkehr der vom Frost gesperrten Wasserstraßen zu übernehmen.

Bei den innerhalb der **Woche** auftretenden Schwankungen ist bei dem Güterverkehr nach Versand und Empfang zu unterscheiden; offensichtlich muß hierbei die Empfangskurve hinter der Versandkurve herhinken. — Der durchschnittliche Tagesverkehr wird beim Güterverkehr durch Division des Jahresverkehrs durch die Zahl der Werktage, also 300, gewonnen; beim Personenverkehr wird mit 365 gerechnet.

Im **Stückgutverkehr** ist der Versand am Sonntag — von Ausnahmen abgesehen — gleich Null, dann setzt er nach Remy im allgemeinen am Montag mit einem Geringstwert ein, steigt gegen die Mitte der Woche, fällt am Freitag (oder am Donnerstag und Freitag) etwas ab und erreicht am Sonnabend seinen Größtwert, vgl. Abb. 34. Abweichungen von dieser Regel kommen natürlich vor, aber der Höchstwert pflegt nie auf Montag, der Kleinstwert nie auf Sonnabend zu fallen. Die Abweichungen gegenüber dem

Jahresmittel betragen nach oben 50 °/₀ und mehr; für die Größenbestimmung
der Güterschuppen genügt aber ein Zuschlag von 30 bis 40 °/₀ zu dem Jahresdurchschnitt. — Die Gründe, die in manchen Wochen eine Abweichung von
dem sonst üblichen Verlauf der Wochenversandkurve verursachen, sind verschiedener Natur. Kaltes und regne-
risches Wetter lähmt den Verkehr,
unmittelbar darauf folgendes schönes
Wetter läßt ihn plötzlich anschwellen,
denn viele Waren sind für den Versand vom Wetter abhängig: „Kon-
fektionswaren" in leichter Verpackung,
Sämereien, Kartoffeln. Außerdem bedingen die in die Woche fallenden
Feiertage ein Ansteigen des Verkehrs
nach ihnen.

Die Schwankungen im Empfang
sind im Stückgutverkehr unter dem
Gesichtspunkt zu beurteilen, welche
Inanspruchnahme des Empfangs-
schuppens sie hervorrufen. Die
stärkste Belastung zeigt hier der
Montag, denn an ihm lagert das am
Sonnabend noch angekommene, aber
nicht mehr abgeholte, das am Sonntag und das am Montag (früh) angekommene Gut gleichzeitig im Schuppen. Gleiches gilt von Wochentagen,
die auf andere Feiertage folgen. Die

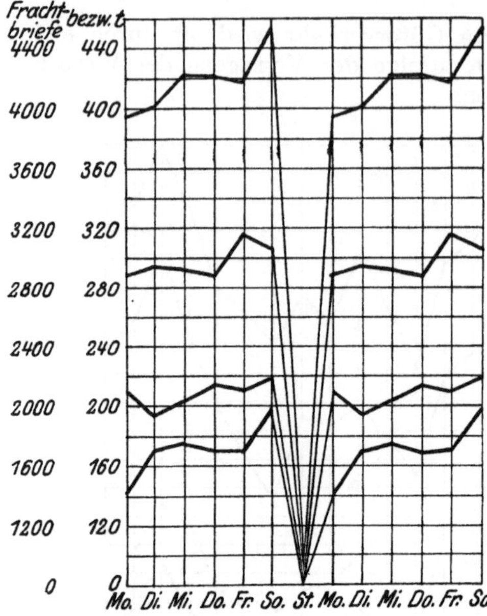

Abb. 34. Tägliche Schwankungen des Stückgut-
Verkehrs.

Höchstwerte liegen höher über dem Durchschnitt als beim Versand. Remy
gibt Werte von 34 bis 87 °/₀ an, hält jedoch für die Berechnung der Schuppen-
flächen einen Zuschlag von 40 bis 50 °/₀ für ausreichend, weil „eine Reihe von
Mitteln zu Gebote stehen, deren Anwendung verhütet, daß die ungünstigsten
Werte in vollem Umfang in Erscheinung treten".

Im Personenverkehr werden die Schwankungen innerhalb der Woche dadurch verursacht, daß an den Werktagen der Berufs-, Wohn- und Geschäfts-Ver-
kehr, an den Feiertagen dagegen der Besuchs- und Ausflugs-Verkehr überwiegt.

Von den Werktagen, die in ihrem Verkehr im Grunde genommen keine
großen Unterschiede zeigen können, hat vielfach der Freitag den schwächsten
Verkehr, nicht weil er ein „Unglückstag" ist, sondern weil an ihm der Aus-
flugsverkehr schwach ist; dagegen treibt dieser den Sonnabend durch die
Nachmittags-Abreisenden und den Montag durch die Vormittags-Zurückkehren-
den, also durch den „Wochen-End-Verkehr" in die Höhe. Die Größe des
Sonntagsverkehrs hängt von der Bedeutung des Verkehrsmittels für den Aus-
flugsverkehr und vom Wetter ab; auf vielen Straßen- und Stadtbahnen ist
der Sonntag der stärkst-belastete Tag, und wenn das nicht durchschnittlich
zutrifft, so zeigen doch immer einige Sonn- und Feiertage besonders hohe
Spitzen (Himmelfahrt, Pfingsten, Totensonntag). Bei der Berliner Hochbahn
liegt der Geringstverkehr 30 °/₀ unter, der Höchstverkehr 50 °/₀ und mehr
über dem Tagesdurchschnitt.

Die Schwankungen im Laufe des Tages erklären sich aus dem natürlichen Unterschied von Tag und Nacht, sowie der durch ihn und die Arbeits-
fähigkeit des Menschen bedingten Reihenfolge von Arbeit—Erholung—Schlaf.

Der Güterverkehr ruht, von Ausnahmen abgesehen, während der in der
Stadt üblichen freien Zeit; er drängt sich auf die „Arbeitszeit", z. B. von

morgens 7^{00} bis abends $7^{\underline{00}}$ zusammen und ruht u. U. auch noch während einer ein- bis zweistündigen Mittagspause. Hierdurch wird also der Verkehr auf weniger als die Hälfte der zur Verfügung stehenden 24 Stunden zusammengedrängt; alle Einrichtungen werden also selbst im Sommer, wo das Tageslicht längeres Arbeiten gestattet, schlecht ausgenutzt. Die Ausnahmen der Verkehrsabwicklung in den frühen Morgenstunden oder auch in der Nacht betreffen meist nur besondere Güterarten (Milch und andere Lebensmittel), die in besonderen Bahnhofsteilen abgefertigt werden und für diese eine noch schlechtere Ausnutzung bedingen, vgl. z. B. die nur während weniger Stunden benutzten, im übrigen brachliegenden Milchbahnhöfe. Aber selbst während der Arbeitszeit zeigt der Verkehr noch beträchtliche Schwankungen; sie sind im Stückgutverkehr größer und fühlbarer als im Wagenladungsverkehr. Im allgemeinen zeigt der Stückgutversand eine nach den Abendstunden steigende Linie (vgl. Abb. 35); der Kleinstwert fällt in eine Morgen-, der Größtwert in eine Abendstunde. Die Unterschiede sind beträchtlich, nach Abb. 35 z. B. von 2,3 bis auf 12,8 $^0/_0$ und zwar bei der langen Arbeitszeit von 13 Stunden, also bei einem

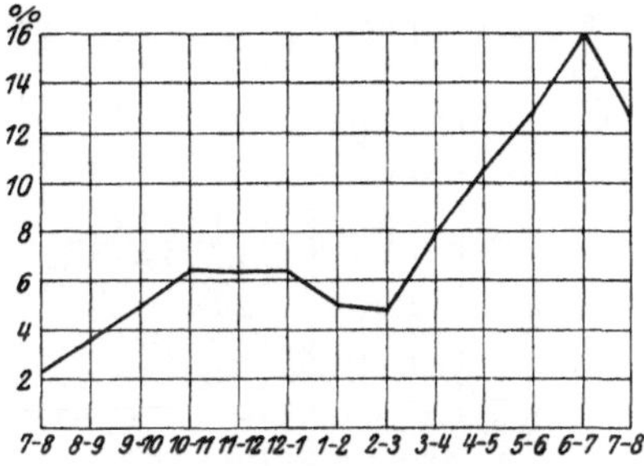

Abb. 35. Stündliche Schwankungen des Stückgut-Verkehrs.

stündlichen Durchschnittssatz von 7,7 $^0/_0$. Der Höchstwert geht aber bis über 20 $^0/_0$ für die letzte Abendstunde hinauf; es muß dann also mehr als ein Fünftel des Gesamt-Tagesverkehrs in einer Stunde geleistet werden, während der Tag doch 24 Stunden hat. Allgemein gibt Remy an: Die drei letzten Annahmestunden des Tages zeigen mit 50 bis 60 $^0/_0$ der Gesamtannahme die stärkste Belastung des Tages. Der durchschnittliche Größtwert der Annahme in einer Stunde kann an Tagen mittleren Verkehrs zu 30 $^0/_0$, an Tagen stärksten Verkehrs zu 20 $^0/_0$ der gesamten Tagesannahme angenommen werden.

Im Personenverkehr sind die Schwankungen besonders im Nahverkehr scharf ausgeprägt. Sie sind verschieden, je nachdem ob es sich um Wohn- und Berufs- oder um Ausflugs-Verkehr handelt. Letzterer erzeugt eine Flutwelle aus der Stadt, die an Feiertagen besonders hoch ist und schon gegen Mittag einsetzt, während sie an Werktagen kleiner ist und später einsetzt; die Rückflut beginnt mit den frühen Abendstunden. Im Wohnverkehr sind die Fluten — morgens in die Stadt, abends aus der Stadt — besonders in den Großstädten mit durchgehender Arbeitszeit scharf ausgeprägt, vgl. Abb. 36; nicht ganz so ungünstig ist der Verlauf der Kurven für Städte, die noch vielfach Mittagspause haben, denn hier entwirrt sich wenigstens der Abendverkehr etwas, während der Morgenverkehr in die Stadt allerdings auch zusammengepreßt ist, vgl. Abb. 37. Im Großstadtverkehr ist es für die Verkehrsanstalten besonders kritisch, daß dem starken Andrang in der einen Richtung kein gleichzeitiger Rückstrom gegenübersteht; die in der einen Richtung überfüllten Züge müssen also (fast) leer zurückgefahren werden[1]).

Die bisher erörterten Schwankungen sind zwar schon reichlich groß und daher schon recht unangenehm, es sind aber wenigstens regelmäßige Schwankungen, bei denen die Zeiten und Größen der Fluten und Ebben im voraus ziemlich zuverlässig bekannt sind, so daß man sich darauf einrichten, Fahrplan, Verschiebedienst, Personalbesetzung usw. im voraus entsprechend abstimmen kann.

---

[1]) Treffliche Angaben enthält die Denkschrift über die Staffelung der Betriebszeit des Architekten-Ausschusses Groß-Berlin, mit vorbildlicher Durcharbeitung der Statistik durch $\mathfrak{Dr}$.-$\mathfrak{Ing}$. Biedermann.

Nun entstehen leider aber noch besondere Hochfluten und Tiefebben,
die zum Teil allerdings voraussehbar sind, zum Teil aber unvermutet über
die Verkehrsanstalt hereinbrechen. Die Tiefebben brauchen den Verkehrs-

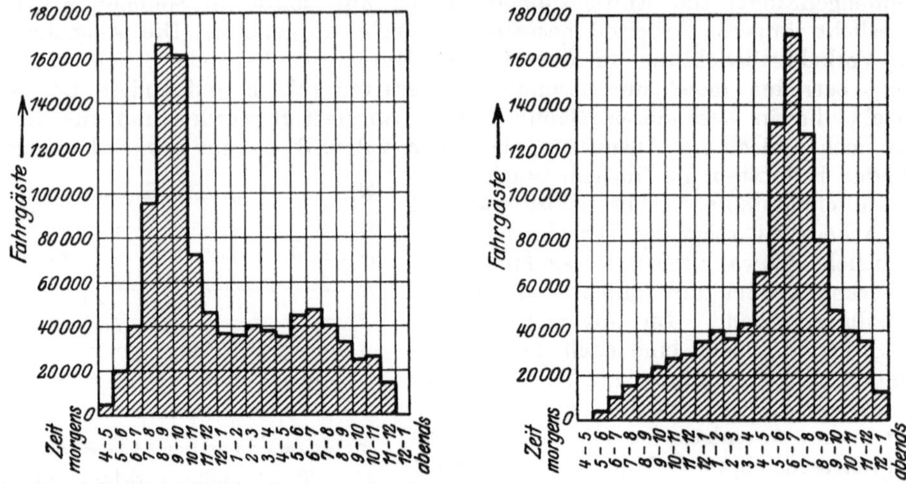

Abb. 36. Stündliche Schwankungen des Personenverkehrs nach und aus der Großstadt.

mann scheinbar nicht zu kümmern; sie haben aber den Nachteil der Ein-
nahmeausfälle, sie verlangen also eine rechtzeitige Dämpfung der Leistungen;
außerdem kann eine Tiefebbe bei dem einen Verkehrsmittel eine Hochflut
bei dem andern hervorrufen.

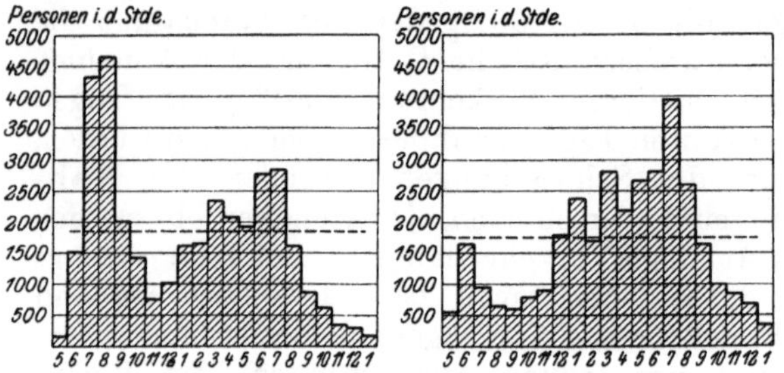

Die wichtigsten Hoch-
fluten werden durch die Feiertage und vom Wetter hervorgerufen. Das Weihnachtsfest
erzeugt, unabhängig vom Wetter, einen starken Personen-,
Eilgut- und besonders Postverkehr, Silvester und Neu-
jahr sind ebenfalls durch starken Personen- und Postverkehr ausgezeichnet, Ostern hat
nur dann großen Verkehr,
wenn die Witterung günstig

Abb. 37. Stündliche Schwankungen des Personenverkehrs nach und aus der Großstadt.

ist, Himmelfahrt und Pfingsten zeigen selbst bei schlechtem Wetter starken Verkehr, bei gutem auf vielen Bahnen den überhaupt stärksten Verkehr. Weitere
Flutwellen treten ein zu Beginn und Ende der Ferien, gegen Ende des Jahres
zum Totenfest (Allerseelen), im Winter, sobald gute Schneelage gemeldet wird.
Dazu kommen die besonderen religiösen, festlichen, sportlichen und politischen
Veranstaltungen (Wallfahrten, Sänger- und Turnerfeste, Rennen, Tagungen),
ferner die militärischen (Manöver, Entlassung, Einstellung). All das sind
aber im voraus bekannte Erscheinungen, bei denen Zeit und Größe der Flut
so weit bekannt sind, daß man sich einigermaßen darauf einrichten kann.
Auch damit kann die Eisenbahn im voraus rechnen, daß die Wasserstraßen
im Hochsommer wegen Wassermangel, im Winter wegen Frost versagen
können, man kann bei richtigem Zusammenarbeiten mit den Wasserbaube-
hörden und sorgfältiger Beachtung des Wetterdienstes den drohenden Eintritt der Verkehrseinstellung mehrere Tage vorher wissen. Weniger zuverlässig ist das bei Hochwasser, weil dies u. U. plötzlich auftritt. Nicht voraus-

sehen lassen sich aber Wetterstürze, Rutschungen, Tunnelbrüche, Unfälle —
alles Ereignisse, die den Verkehr an der einen Stelle lähmen oder ganz
unterbinden, an der andern dafür ansteigen lassen.

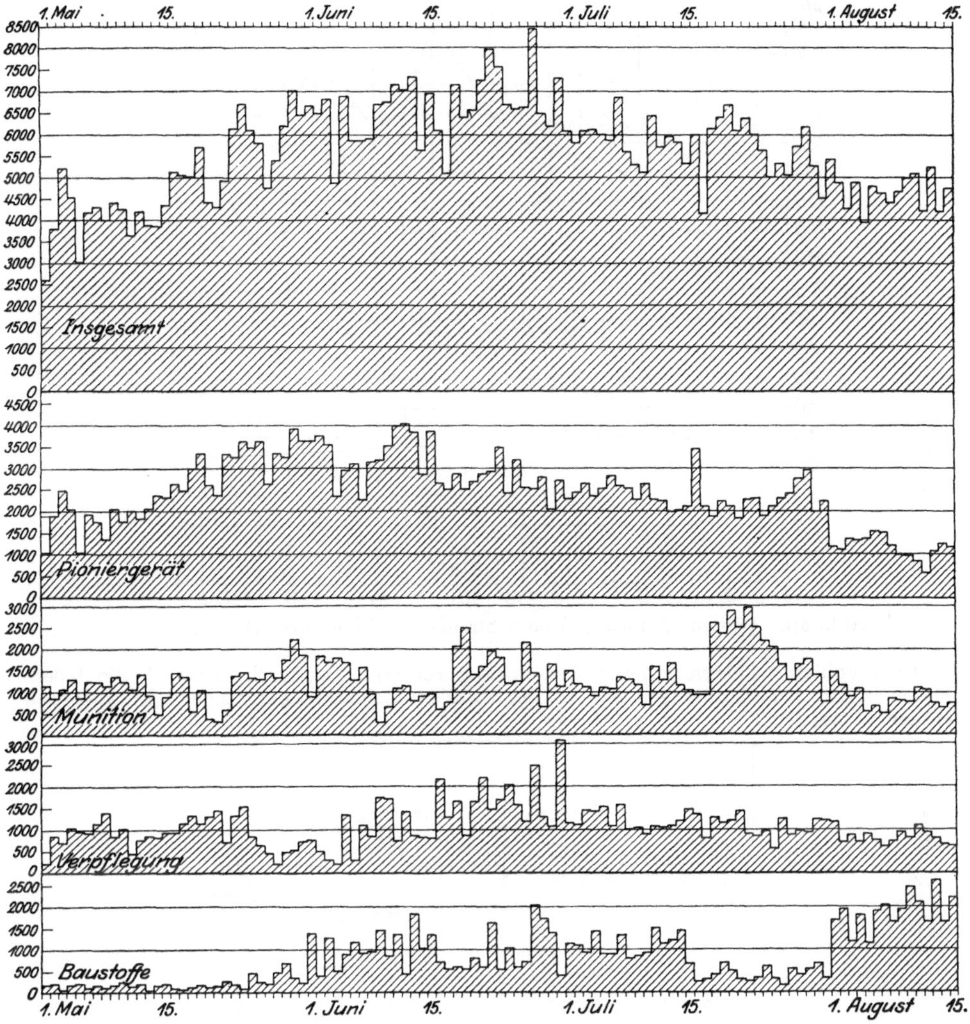

Abb. 38. Verkehr eines Frontbahnnetzes während einiger Monate „ruhigen" Stellungskrieges.

Mit besonders starken Schwankungen hatte
man naturgemäß im Kriege zu rechnen, der in
dieser Beziehung ein großer Erzieher geworden ist[1]).
Ursachen der Schwankungen waren hier einerseits
die strategischen und taktischen Notwendigkeiten,
andrerseits der Ausfall bestimmter Bahnhöfe und
Strecken durch Beschießung. Abb. 38 zeigt z. B.
den Verkehr eines Frontbahnnetzes für einige Monate „ruhigen" Stellungskrieges und zwar für die
vier wichtigsten Güterarten (Munition, Verpflegung,
Pioniergerät und Baustoffe); jedes Ansteigen der
Kampftätigkeit steigert den Munitionsnachschub,
zu dessen Gunsten dann die am wenigsten dring-

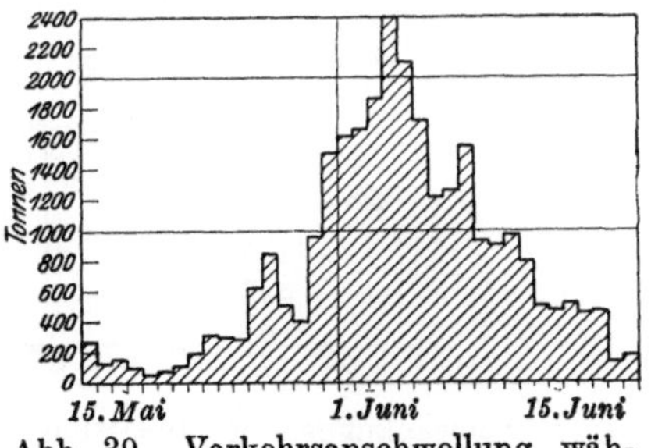

Abb. 39. Verkehrsanschwellung während einer Abwehrschlacht.

---

[1]) Vgl. Dr.-Ing. Jaenecke: Organ 1921, S. 85,

lichen Güter (meist „Baustoffe") abgestoppt werden müssen. Wie stark aber eine „Abwehrschlacht" den Munitionsverkehr anschwellen läßt, ist aus Abb. 39 zu entnehmen.

Welche Umgestaltung der Krieg in der Kohlenförderung Deutschlands hervorgerufen hat, ist aus Abb. 40 zu entnehmen; das Nachlassen der Steinkohlenerzeugung hat ·der

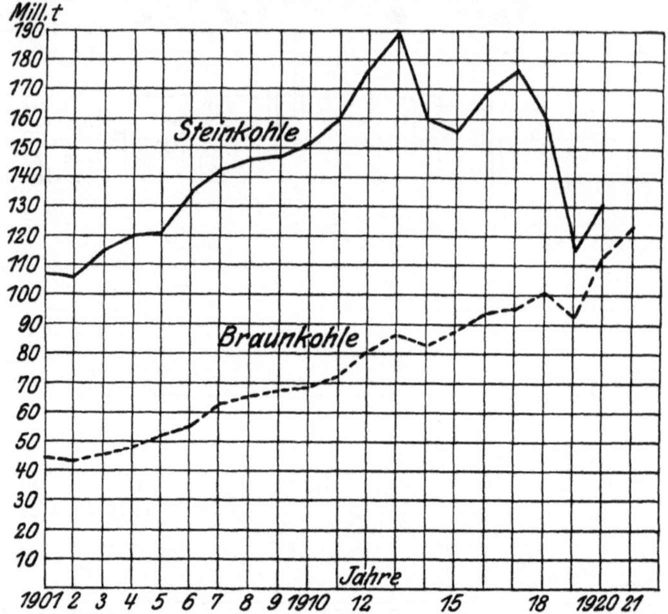

Abb. 40. Gesamtförderung Deutschlands an Stein- und Braunkohlen.

der Braunkohlen zu einem starken Aufschwung verholfen, wodurch natürlich die Eisenbahnen in den Braunkohlengebieten (Köln, Mitteldeutschland) entsprechend in Anspruch genommen werden[1]).

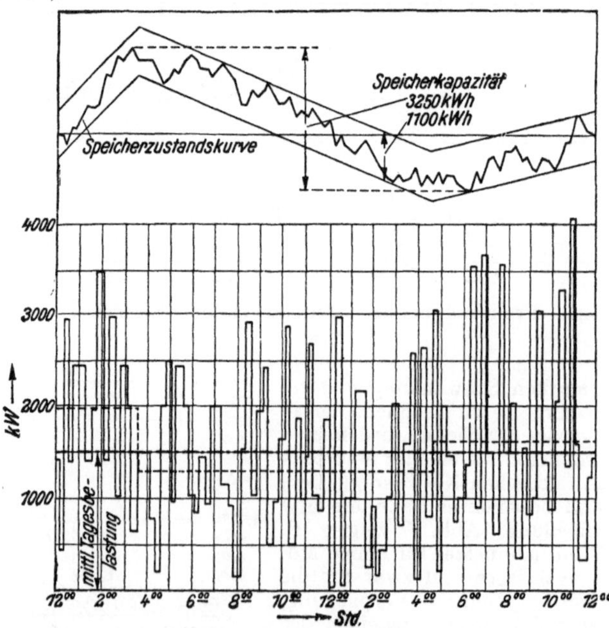

Abb. 41. Schwankungen der Belastung von Kraftwerken infolge Verkehrsschwankungen.

[1]) Vgl. die Dr.-Ing.-Arbeit E b e l i n g s über den Braunkohlenverkehr in der „Kölner Bucht", Verk. Woche 1923, S. 39, mit einer trefflichen Erörterung der Betriebsschwierigkeiten und lehrreichen Vorschlägen zu ihrer Bekämpfung durch eine „regionale" Planwirtschaft.

Die Abb. 41 bis 43 verdeutlichen, wie sich Verkehrsschwankungen in Schwankungen der Belastung von Kraftwerken bei elektrischem Betrieb umsetzen; die Schwankungen sind naturgemäß um so größer, je schwächer der Betrieb ist.

Zusammenfassend kann man als Ursachen der Verkehrsschwankungen und Betriebsstockungen etwa nennen:

A. Aus dem Verkehr herrührend bzw. den Verkehr unmittelbar beeinflussend:

    1. für Jahrzehnte:

        a) gewöhnliche Ursachen: Die Schwankungen der Konjunktur, die wieder hauptsächlich von Ernte und Politik abhängen; für große Eisenbahnnetze nicht als gefährliche Schwankungen wirkend, weil im allgemeinen doch die große aufsteigende Linie herrscht, die den planmäßigen Ausbau erheischt;

        b) ungewöhnliche Ursachen: Krieg, Veränderungen durch Friedensverträge und durch die Zollpolitik;

    2. für das Jahr:

        a) Hauptursache: der Wechsel der Jahreszeiten,

            1. Einfluß auf die Landwirtschaft,

            2. Mehrverbrauch im Winter,

            3. Mehrverkehr in den schönen Jahreszeiten,

            4. Lähmung der Arbeit durch die sommerliche Hitze, in kalten Ländern auch durch die übergroße Kälte;

        b) besondere Spitzen: Große Feste, Sport, Erholung, religiöse Veranstaltungen, Manöver; — die Spitzen kehren teils regelmäßig wieder, teils treten sie nur in einzelnen Jahren auf;

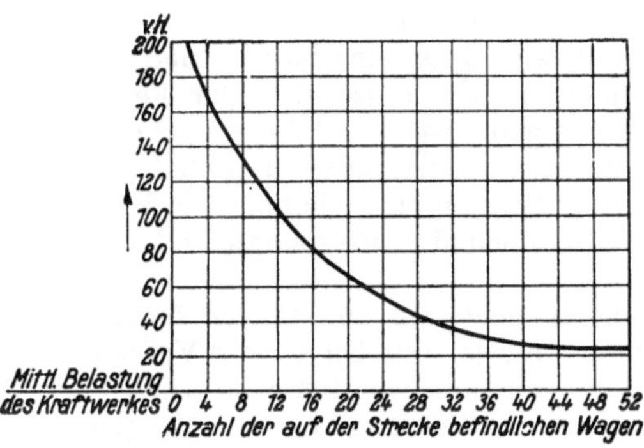

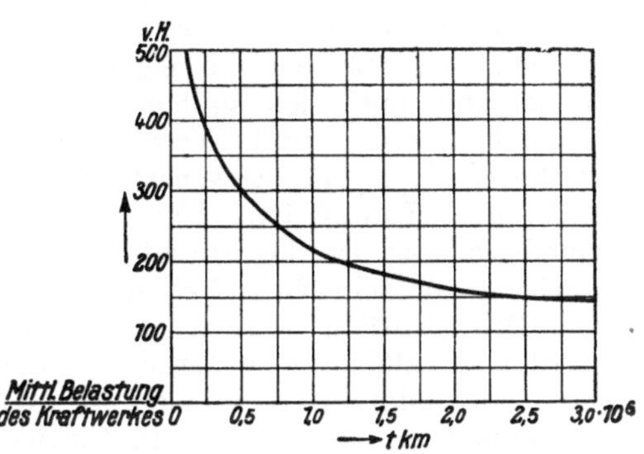

Abb. 42.   Abb. 43.

Abb. 42 u. 43. Schwankungen der Belastung von Kraftwerken infolge Verkehrsschwankungen.

    3. für die Woche:

    Sonntagsruhe im Güterverkehr, Anschwellen des Güterverkehrs gegen Wochenende, Sonntags-Ausflug-Verkehr;

    4. für den Tag:

    Einwirkung der Tageseinteilung in Arbeit, Erholung und Schlaf auf den Verkehr, Anschwellen des Güterverkehrs gegen den Abend, Zusammendrängen gewisser Güterarten auf bestimmte Stunden, Abhängigkeit des Personenverkehrs von Beginn und Ende der Arbeitszeit.

B. Höhere Gewalt:

    1. den Verkehr lähmend, in anderen Beziehungen aber u. U. auch befruchtend:

        a) Krieg.

        b) Große Seuchen, schwere Wetterstürze und Unfälle (Erdbeben);

    2. den Betrieb lähmend, dafür aber u. U. andere Wege belastend:

        a) Witterungseinflüsse (Hochwasser, Hitze, Frost, Nebel, Schnee): den Eisenbahnbetrieb können sie im allgemeinen zwar stark erschweren, aber nicht völlig lahmlegen, den Wasserverkehr sperren sie aber u. U. vollständig und führen damit der Eisenbahn Verkehrswellen zu;

        b) Unfälle, eigentliche Eisenbahnunfälle und schwere Schäden an den Bauanlagen (Tunnelbrüche, Rutschungen), — Umleitungen erfordernd.

C. Aus dem Eisenbahndienst selbst herrührend (soweit nicht unter „höhere Gewalt" fallend:

1. **Mängel der Betriebsanlagen:**
   a) mangelhafte Weiterbildung und Unterhaltung der Bau-Anlagen,
   b) mangelhafte Weiterbildung und Unterhaltung der Fahrzeuge und maschinen-
      technischen Anlagen,
   c) schlechtes und der Zahl nach nicht ausreichendes Personal;

2. **Mängel des Betriebes:**
   unrichtige Fahrpläne, schlechte Regelung des Rangier- und Fahrdienstes, ungenügende Überwachung, Versagen des Lokomotivdienstes;

3. **Mängel des Verkehrsdienstes:**
   falsche Verteilung des Verkehrs, Mängel des Wagendienstes, schlechter Wagen-
   Umlauf;

4. **Mängel der oberen Leitung:**
   künstliches Zerschneiden von Bau, Betrieb und Verkehr, Vernachlässigung
   der Statistik, Handhabung des Tarifwesens ohne Rücksicht auf den Betrieb,
   Vernachlässigung des Selbstkostenproblems, Mangel an großzügigen Ausbau-
   programmen, Abneigung gegen den technisch-wirtschaftlichen Geist und gegen
   die technischen Fortschritte.

Es ist nun zu prüfen, welche Anpassungsfähigkeit die Verkehrsanstalten gegenüber diesen so großen, unangenehmen und teuren Schwankungen
besitzen, oder mit andern Worten: ob, inwieweit und mit welchen Mitteln
die Schwankungen bekämpft werden können. Wer zu kämpfen hat, muß
den Feind möglichst genau kennen, muß die eigenen schwachen Stellen
kennen und stärken, die eigenen Kampfmittel richtig einschätzen und benutzen und muß sich außerdem nach Bundesgenossen umsehen. Der Feind,
nämlich Ursache und Wesen der Schwankungen, ist vorstehend gekennzeichnet, die eigene schwächste Stelle ist meist ein bestimmter Bahnhof, das
wichtigste Kampfmittel ist die hohe Elastizität der Eisenbahn, der beste
Bundesgenosse ist die Furcht des Verkehrs, nämlich der Reisenden und Verfrachter, vor schlechter Bedienung.

Offensichtlich werden die Schwankungen usw. um so stärker fühlbar
werden, je kleiner das Verkehrsunternehmen und je einseitiger sein Verkehr
ist, insbesondere werden dann die Spitzen um so höher und um so schärfer
ausgeprägt sein; das gilt z. B. für Straßen- und Stadtbahnen für den Morgenverkehr in die Stadt, allgemein für den Ausflugverkehr, also für Vorortbahnen,
für Bahnen und Schiffslinien in landschaftlich bevorzugten Gegenden, ferner
für Bahnen in Gebieten mit einseitig entwickelter Landwirtschaft, z. B. für
sog. „Rübenbahnen". Dagegen werden sich die Wellen um so mehr ausgleichen,
je größer das Netz ist, oder je mehr sich verschiedene Netze gegenseitig
Hilfe leisten können und je vielseitiger der Verkehr ist; insbesondere kann
man im allgemeinen annehmen, daß die Spitzen des Personen- nicht mit
denen des Güterverkehrs zusammenfallen; aber auch Bahnen und Schiffslinien
mit recht einseitigem Verkehr zeigen u. U. eine recht gleichmäßige Belastung,
nämlich solche, die zur Abfuhr mineralischer Massengüter (Kohlen, Erze)
dienen; bei ihnen entstehen Hochfluten eigentlich nur dort, wo eine Bahn
mit einer Wasserstraße zusammenarbeitet und diese zeitweise versagt, so daß
die Bahn längere Transporte und solche in anderer als der üblichen Richtung
zu bewältigen hat, vgl. den Kohlenverkehr aus dem Ruhrgebiet bei Versagen
des Rheins.

Bezüglich der verschiedenen Verkehrsarten sind die Schwankungen im
Personenverkehr von der Verkehrsanstalt insofern schwerer zu ertragen, als
dieser fahrplanmäßig abgewickelt werden muß, während im Güterverkehr
aus Verkehrsgründen nur wenige Güter, im allgemeinen nur Vieh, Milch
und leicht verderbliche Güter, die Beförderung nach einem, dem Verfrachter
bekanntgegebenen Fahrplan verlangen; man muß also im Personenverkehr
die Verstärkungen mehr im voraus bedenken und schon mehrere Tage vorher

bekanntgeben und man kann den Stationen nur wenig Freiheit gewähren; im Güterverkehr kann dagegen den Stationen mehr Freiheit gelassen werden; außerdem sind ungeduldige Reisende für die Angestellten der Verkehrsanstalten unangenehmer als sich stauende Gütermassen. Man darf aber nicht übersehen, daß das Wirtschaftsleben unter dem Nichtbewältigen einer Güterwelle empfindlicher leidet als darunter, daß eine Personenwelle nicht oder nur mit Verspätungen bewältigt wird. Auch kann bezüglich der Wagengestellung der Güter- dem Personenverkehr aushelfen (mit ausgerüsteten G-Wagen), nicht aber umgekehrt.

Der wichtigste Bundesgenosse im Kampf gegen Flutwellen des Verkehrs ist die Furcht der Reisenden und Verfrachter vor schlechter Bedienung. Hieraus ergibt sich eine Drosselung des Verkehrs und zwar die — „freiwillige“! — Selbstdrosselung. Sie ist dort besonders stark, wo die Beförderungspreise nicht feststehen, sondern der freien Vereinbarung von Fall zu Fall unterworfen sind, also besonders in der Schiffahrt. Aber auch bei festen Tarifen benutzt niemand ohne Zwang ein Verkehrsmittel grade an dem Tag oder in der Stunde, die bekanntermaßen besonderen Andrang zeigen; und auch der Verfrachter scheut sich im Güterverkehr vor den Flutzeiten, weil er dann nicht mit pünktlicher Beförderung und nicht mit besonders pfleglicher Behandlung rechnen kann. Die Leitung der Verkehrsanstalten handelt also richtig, wenn sie diese Furcht verstärkt; das geschieht am besten dadurch, daß die Grenze der Leistungsfähigkeit allgemein und vor den zu befürchtenden Springfluten öffentlich bekanntgegeben wird; es kommt hierbei vor allem auf eine geschickte Aufklärung mittels der Presse an. Es würde dagegen falsch sein, wenn man die heilsame Furcht mildern wollte, indem man Versprechungen macht. die man dann vielleicht doch nicht halten kann (was z. B. im Krieg leider oft geschehen ist), oder indem man mit einem ungeheuerlichen Aufwand nun auch noch während der Flut alle die Bequemlichkeiten usw. zur Verfügung zu stellen versucht, die für durchschnittliche Belastungen angemessen sein mögen. Das Fortlassen von Speise- und Schlafwagen, u. U. auch der höheren Wagenklassen, die Ausstattung der Züge mit nur einer Klasse, die Bildung ganzer Züge aus ausgerüsteten G-Wagen — „Vieh-Wagen!!“ —, die Verringerung der Geschwindigkeit kann durchaus berechtigt sein; jedoch ist bei allem zu beachten, daß der Massenverkehr zwar ungeduldig und nervös, aber in seinen Ansprüchen an Bequemlichkeit bescheiden ist, denn es steht jeder unter dem Gefühl „wenn ich nur mitkomme“. Dagegen löst es Erbitterung aus, wenn starker Verkehr schlecht bedient wird, während gleichzeitig für schwachen Verkehr „Verkehrsluxus“ getrieben wird, wenn man z. B. Reisende dritter Klasse sich zusammenquetschen läßt und gleichzeitig Schlafwagenzüge fährt, die vielleicht hauptsächlich der Lebewelt dienen.

Soweit die Selbstdrosselung des Verkehrs nicht ausreicht, muß der Verkehr nötigenfalls durch Zwangsmaßnahmen oder Vereinbarungen nach Ort, Zeit, Mengen und Arten gedrosselt werden. Hauptsächlich kommt es darauf an, die Verkehrsmengen herabzudrücken und die Fluten auf längere Zeiträume zu verteilen; beide Maßnahmen können und müssen u. U. miteinander verbunden werden.

Um die Mengen herabzusetzen, muß man zunächst ungebührliche Forderungen zurückweisen, also den Verkehr für solche Transporte sperren, die volkswirtschaftlich nicht notwendig oder sogar unerwünscht sind, die vielleicht nur entstanden sind, weil man in Verkennung der eigenen Leistungsfähigkeit und des eigentlichen Aufgabenkreises und in Nichtachtung der Selbstkosten künstlich Verkehrsbeziehungen hochgezüchtet hat. Hierzu gehört viel von dem, was man „Verkehrsluxus“ nennt und was selbst bis in die heutige trostlose Zeit noch fortgesetzt wurde, weil es an Einsicht gegenüber den früheren Fehlern und an Mut gegenüber der „öffentlichen Meinung" fehlte; wenn z. B. noch vor kurzem ein ungeheurer Verkehr für Pferderennen geleistet wurde, von dem man mußte, daß er nicht einmal die Betriebskosten deckte, so ist das aufs schärfste zu verurteilen. Im Güterverkehr wird man im allgemeinen die Güterarten, die zu bestimmten Zeiten zusätzlich den Verkehr in die Höhe treiben, nicht abdrosseln können, weil sie auf Beförderung zur bestimmten Zeit angewiesen sind; wohl aber kann man viele „ständigen" Verkehrsarten abdrosseln oder ganz ausschließen. Hier ist vor allem an die Einschränkung der mineralischen Stoffe zugunsten der landwirtschaftlichen Hilfsstoffe und Erzeugnisse zu denken. Dies kann geschehen: durch vollständige Sperrung, die sich auf bestimmte Stationen, Strecken, Netzteile, Wagenarten beziehen kann, durch „Rationierung" der Zugzahlen, Ladegleise, Wagen, durch Abkürzung der Ladezeiten, da diese abschreckend wirkt, ferner durch zeitweise Tariferhöhungen. Das wirksamste Mittel ist aber die Gewährung von Tarifermäßigungen für die Zeiten besonders schwachen Verkehrs; insbesondere sollte man den starken Herbstverkehr dadurch entlasten, daß man, wie an anderer Stelle angedeutet, in den verkehrsschwachen Sommermonaten für Kohlen und ähnliche Massengüter Rabatte gewährt.

Die vollständige Sperre oder die „Rationierung" greift allerdings tief in das wirtschaftliche Leben ein, sie erfordert also besondere Kenntnisse, hohes Geschick, ein feines Gefühl, starkes Gerechtigkeitsgefühl und damit eine robuste Rücksichtslosigkeit gegenüber denen, die am lautesten schreien. Daß man mit solchen Maßnahmen, zu denen noch die Verweisung der geeigneten Güter auf den Wasserweg gehört, Erfolge erzielen kann, hat der Krieg — trotz aller Mißgriffe — bewiesen, in dem nicht etwa nur in der Heimat, sondern auch an der Front der Verkehr u. U. gedrosselt werden mußte.

Um die Flutwellen auf längere Zeiträume zu verteilen, ist ein verständnisvolles Zusammenarbeiten von Verkehrsanstalten und „Publikum" erforderlich. Für die am schärfsten ausgeprägten — höchsten, aber zugleich auch kürzesten — Springfluten des Personenverkehrs, nämlich den Morgenverkehr in die Stadt und den Abendverkehr aus der Stadt, hat man mit gewissem Erfolg die Staffelung des Beginns und Endes der Arbeitszeit eingeführt, wobei schon viel erreicht wird, wenn nur einzelne Großunternehmen von den üblichen Zeiten abweichen. Im Sonntagsverkehr ist es zweckmäßig, den Sonntagfahrkarten Gültigkeit von Sonnabend Mittag bis Montag früh zu geben, womit auch dem sozialen Bedürfnis entsprochen wird. Im Güterverkehr wirken die erwähnten „Saisontarife" zeitverlängernd; für den Stückgutverkehr ist hier der „unbedingte Lukenschluß" zu nennen, weil er die Verfrachter zwingt, möglichst frühzeitig anzurollen; allgemein wird das scharfe Zusammendrängen des Güterverkehrs in den Abendstunden dadurch gemildert, daß man den Güterbahnhof, zumal den Stückgutbahnhof, möglichst tief in das Stadtinnere vorschiebt (vgl. Remy a. a. O.).

Das Erkennen der eigenen schwachen Stellen ist deswegen von so hoher Bedeutung, weil durch Versagen einer Stelle u. U. die ganze Front, d. h. ein ganzes Eisenbahnnetz, in Mitleidenschaft gezogen werden kann, und weil grade im Eisenbahnbetrieb oft kleine Ursachen unheimlich schnell zu großen Wirkungen führen. Wie es sich in der Gesundheit, der Disziplin, der Politik, im Krieg oft bitter rächt, wenn die kleinen Anzeichen von Störungen leichtherzig übersehen werden, so auch im Eisenbahnbetrieb; in ihm sind die kleinen und doch so sicheren Mahner vor allem das schwere Arbeiten oder Versagen eines bestimmten schwächsten Gliedes. Der Satz „Keine Kette trägt mehr als ihr schwächstes Glied" gilt auch für das Verkehrswesen. Jeder Betriebsleiter muß daher für seinen Bezirk, mag dieser ein Bahnhof, eine Linie, ein Direktionsbezirk, ein einheitliches Netz sein, das schwächste Glied kennen. Meist ist dies für jede Verkehrsart ein bestimmter Bahnhof (Verschiebe- oder Abstellbahnhof), und innerhalb des Bahnhofs ein bestimmter Teil (Ablaufberg, Durchlaufgleis); es kann aber auch eine bestimmte Strecke sein, z. B. eine mit starken Steigungen, oder auch eine Lokomotivstation. Dieses schwächste Glied muß erkannt, beobachtet und geschont werden, und da es nicht überlastet werden darf, wird dann das zweit-schwächste Glied seinen lähmenden Einfluß geltend machen usf.

Sehen wir vorläufig von der Hebung der Leistungsfähigkeit durch Bauten ab und betrachten wir nun die Betriebsmaßnahmen, so wäre zunächst zu erwähnen: der gesamte Unterhaltungsdienst und die Beschaffung der Bau- und Betriebsstoffe müssen so geregelt werden, daß sie möglichst in die verkehrsschwachen Zeiten gelegt werden, damit in den Flutzeiten keine eigenen Transporte erforderlich werden, damit die in diesen Dienstzweigen Beschäftigten als Hilfskräfte für den Betriebs- und Verkehrsdienst verfügbar sind und damit alle Einrichtungen in gutem Zustand dem Verkehrsandrang entgegengehen; namentlich gilt das für den starken Herbstverkehr und die vorausgehende ruhige Sommerzeit, die sich auch klimatisch für viele Unterhaltungsarbeiten besonders gut eignet. Die meisten derartigen Maßnahmen kommen auch den Angestellten zugute: man braucht in den Ebbezeiten niemand zu entlasten, weil er in der Unterhaltung vorteilhaft verwendet werden kann, und man braucht in den Flutzeiten niemand oder nur wenige neu einzustellen; man braucht dann also auch den andern Gewerben, zumal der Landwirtschaft, keine Arbeitskräfte fortzunehmen. Kleine Verkehrsanstalten haben mit Erfolg den Ausgleich der Arbeitskräfte dadurch geregelt, daß sie mit andern Betrieben, z. B. Zuckerfabriken, freundschaftlich zusammenarbeiten.

Welche besonderen Maßnahmen betriebs- und verkehrstechnischer Natur im einzelnen anzuwenden sind, wird in den entsprechenden Abschnitten (Betrieb, Verkehr, Bahnhöfe) erörtert; hier seien sie nur kurz aufgezählt: Verstärken der Personenzüge bis zur höchstmöglichen Achszahl, Einlegen von Vor- und Nachzügen, von Sonderzügen für bestimmte Verkehrsarten, Fortfall von Kurswagen, Aufhebung der Sonntagsrühe im Güterverkehr, äußerstenfalls sogar in der Be- und Entladung, Einlegen der Bedarfszüge, Bilden von Ortswagen statt Kurs- und Umladewagen, Abrichten besonderer Fernzüge statt Bedienen durch Nahzüge, Einführen des Nachtdienstes, Einstellen von mehr Verschiebelokomotiven, Abkürzung der Ladefristen, Erhöhen der Wagenstandgelder, schlimmstenfalls zwangsweises Entladen; Überweisen von Lokomotiven, Wagen und Mannschaften. Sobald die regelmäßige Besetzung von Lokomotiven und Personal erheblich verstärkt werden muß, treten besondere Schwierigkeiten auf, an die oft nicht gedacht wird, die aber sorgfältig bedacht werden müssen, weil sonst grade durch die Mehrüberweisungen der Betrieb noch schwerflüssiger werden kann. Für die Personale ist besonders an Unterkunft und Verpflegung zu denken, für die Lokomotiven an die ausreichende Ausstattung der Lokomotivstationen mit Betriebsstoffen und ortsfestem Personal (Kohlenladern, Schlackenziehern, Putzern).

Indem wegen der Einzelheiten auf die Untersuchungen von Heinrich usw. verwiesen werden muß, seien hier nur noch einige besondere Maßnahmen genannt:

Man kann ein ganzes Eisenbahnnetz und seine empfindlichen Stellen durch folgende räumliche Aufteilung — „regionale Rationierung" — stark entlasten: man läßt keine überflüssig langen Transporte zu und drückt den Verkehr auf besonders schwierigen Bahnhöfen und Strecken dadurch herab, daß man für Güter, die in verschiedenen Gebieten erzeugt werden, jedes Verbrauchergebiet einem bestimmten Erzeugungsgebiet zuweist und zwar im allgemeinen dem „virtuell" nächstgelegenen Gebiet, u. U. aber auch einem entfernteren, wenn dessen Abfuhrlinien günstiger sind und deren Bahnhöfe leichter arbeiten oder wenn dabei eine Wasserstraße gut ausgenutzt werden kann. Man vermeidet hierdurch, daß gewisse Massengüter, wie Kohlen, Holz, Bausteine, Kartoffeln, Rüben, in verschiedener Richtung aneinander vorbeifahren. Derartige „zu lange“ Transporte kommen nämlich bei freier Wirtschaft trotz der dadurch bedingten höheren Beförderungskosten in weit größerem Umfang vor, als man gemeinhin annimmt, denn die Vorliebe für bestimmte Gütersorten, die Bevorzugung altbewährter Bezugsquellen und zuverlässiger Geschäftsfreunde, die Zusammenschlüsse der gewerblichen Unternehmungen usw. erweisen sich vielfach als so stark, daß der höhere Tarif in Kauf genommen wird; vielfach wird er auch durch Preisnachlässe ausgeglichen, namentlich bei Gütern, die durch ein Syndikat vertrieben werden.

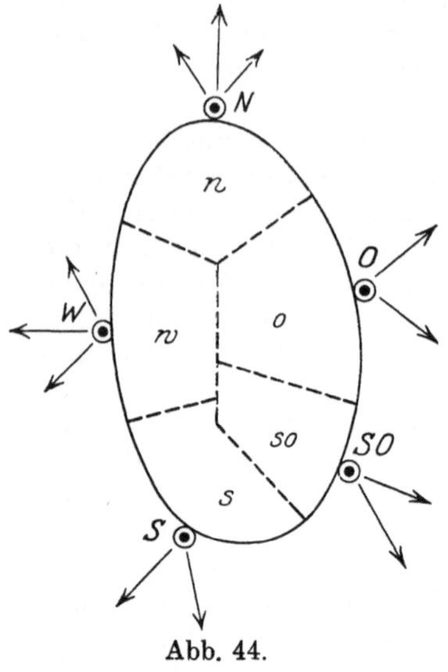

Abb. 44.

Ähnlich verhält es sich mit der Abfuhr der Güter, namentlich der Kohlen, aus einem geschlossenen Erzeugungsgebiet. Es ist offensichtlich volkswirtschaftlich und verkehrstechnisch im allgemeinen am vorteilhaftesten, die Güter radial auf kürzestem Weg aus dem Bezirk herauszufahren, sie also dem nächstgelegenen Rand-Bahnhof zuzuführen, damit dieser sie in gleicher Richtung weiterführt. Ein Kohlenbecken wäre also nach Abb. 44 derart aufzuteilen, daß z. B. sein nördlicher Teil n nur nach Norden, also über Bahnhof N ausfährt und von hier aus auch seine Leerwagen empfängt usf. Selbstverständlich müssen die inneren Grenzen aber flüssig sein, weil der Ausgang nach den verschiedenen zu versorgenden Bezirken schwankt. In dem in Abb. 45 dargestellten einfachen Fall könnte z. B. bestimmt werden: Bahnhof N empfängt Kohlen nur aus n, S nur aus s und M aus dem mittleren Gebiet; N gibt nur nach Norden, S nur nach Süden, M nach W und O ab, außerdem deckt aber M einen Mehrbedarf für N und S, der aus n und s nicht gedeckt werden kann; Näheres s. bei Ebeling a. a. O. Derartige Regelungen werden erleichtert, wenn das Gut sehr gleichartig ist und von einer Stelle (Syndikat) aus verkauft wird, sie werden um so schwieriger, je verschiedenartigere Sorten erzeugt werden und je mehr Erzeugungsstellen (Zechen) bestimmten Großverbrauchern (Hütten) gehören, die natürlich von „ihrer“ Zeche versorgt sein wollen.

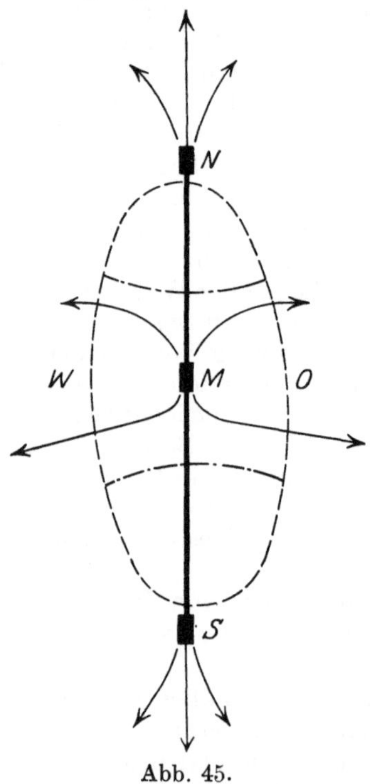

Abb. 45.

Daß nicht ein Bahnhof, sondern die freie Strecke versagt, wird im allgemeinen nur bei eingleisigen Strecken vorkommen, aber selbst bei diesen nach den Kriegserfahrungen nur ausnahmsweise. Man kann deren Zugzahl nun stark vermehren, wenn man die Strecke zeitweise nur in einer Richtung betreibt. Dies war für regelmäßigen Betrieb z. B. auf dreigleisigen

Stadtbahnstrecken in Amerika der Fall, auf denen die beiden äußeren Gleise dauernd zu einer zweigleisigen Strecke zusammengefaßt waren, während das dritte, mittlere Gleis als eingleisige Strecke morgens in der Richtung zur Geschäftsstadt, abends in der aus der Stadt betrieben wurde; man kann es aber wohl nur als einen Notbehelf bezeichnen, der durch Anordnung von viergleisigen Stadtbahnen als überwunden gelten kann. Dagegen hat man im Krieg mehrfach mit großem Erfolg eingleisige Linien, namentlich solche, die der Front parallel liefen, bei Truppenverschiebungen nur in einer Richtung benutzt und zwar im allgemeinen in der Richtung von den Unterkunftsräumen der Reserven zum Kampfgebiet, also für die Hinfahrt in die Schlacht; die Rückbeförderung der Leerzüge und der abgekämpften Verbände fand dann auf irgendwelchen weiter rückwärts verlaufenden Linien statt. In einem heiß umkämpften Gebiet mit schlechtem Eisenbahnnetz wurden nach Abb. 46 die zwei untereinander und zur Front parallelen eingleisigen Strecken AB und CD zeitweise so benutzt, daß die vordere nur in der Richtung zur Schlacht, die hintere nur in der andern Richtung betrieben wurden; die beiden Linien ergänzten sich also gewissermaßen zu einer zweigleisigen. Für Bahnen senkrecht zur Front war das Verfahren aber kaum anwendbar, höchstens in sehr dichten Feldbahnnetzen; hierbei wurde der Betrieb wohl auch noch so gehandhabt, daß die Linie mit den günstigeren Steigungsverhältnissen in der Richtung zur Front benutzt wurde, weil sie gleichzeitig die wichtigere und die Lastrichtung war, während die Richtung von der Front weniger wichtig war und hauptsächlich Leerwagen aufwies.

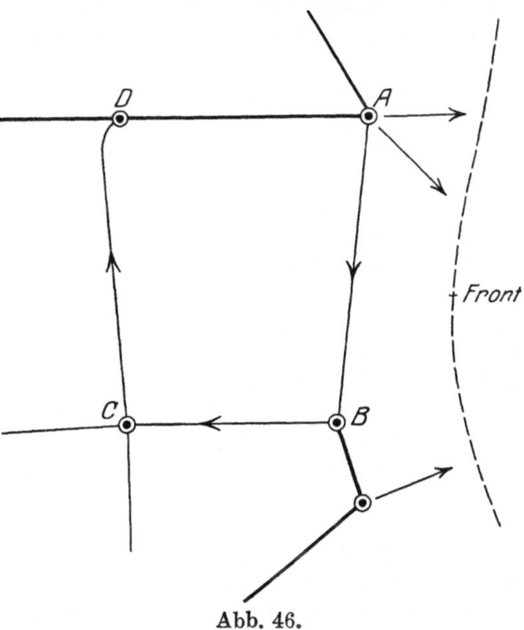

Abb. 46.

Das nächst Munition wichtigste Massengut, nämlich Schotter, wurde gewissen Frontteilen, deren Eisenbahnen besonders stark angestrengt waren, unter Umständen unter folgender mehrfacher „Rationierung" zugeführt: Die Armee mußte Schotterentladegleise mit großen Lagerplätzen anlegen (so daß die andern Bahnhöfe entlastet wurden); jede Schotter-Empfangsstelle wurde der Schotter-Versandstelle (Steinbruch, Halde) zugeteilt, zu der sie betrieblich am günstigsten lag; es wurden nur geschlossene Schotterzüge zugestellt und zwar jeder Empfangsstelle nur an einem bestimmten Wochentag. Der durch diese Herabsetzung der Betriebsleistungen erzielte Erfolg war recht beträchtlich.

Vorstehend ist angenommen, daß der Betrieb die Schwankungen meistern muß, ohne daß er zur Abhilfe durch Bauen schreitet. Das ist auch vielfach der Fall, besonders dort, wo es sich um plötzlich auftretende Fluten von kurzer Dauer handelt, bei denen der Bau also doch zu spät kommen würde. In der Gesamtentwicklung spielt aber natürlich auch hier der Bau eine große Rolle, denn der Betrieb kann wachsenden und sich ändernden Verkehr auf die Dauer nicht bewältigen, wenn die Anlagen und Einrichtungen nicht erweitert und geändert werden; es verrät daher eine recht starke Verständnislosigkeit gegenüber dem Wesen der Eisenbahn, wenn manche glauben, wenn eine Eisenbahn gebaut sei, dann wäre sie „fertig" und brauchte nur noch „verwaltet" zu werden. Die gleiche schiefe Auffassung offenbart sich auch in der Ansicht, man könnte Bau und Betrieb ohne Schaden trennen, denn der Bau hat dem Betrieb zu dienen und kann nur von denen ausgeübt werden, die die Forderungen des Betriebs und Verkehrs voll erkennen.

Für das Bauen, das Erweitern und Anpassen, kann man in diesem Sinn zwei Grenzfälle unterscheiden: den planmäßigen Ausbau des Gesamtnetzes nach großzügigen Programmen, deren Durchführung Jahre erfordert, und die Erhöhung der Leistungsfähigkeit der einzelnen Glieder durch kleine Bauten, die sich schnell durchführen lassen; dazwischen gibt es aber zahlreiche Zwischenstufen, und die Grenzen sind natürlich auch hier flüssig.

Der Ausbau nach umfassenden Programmen, der leider teilweise recht vernachlässigt worden ist, bezieht sich in erster Linie auf die Bahnhöfe und zwar hauptsächlich auf die Betriebsanlagen, also die Verschiebe- und Abstellbahnhöfe, die Lokomotivstationen und die Werkstätten; erst in zweiter Linie kommen neue Linien und Vermehrungen von Streckengleisen. Im einzelnen braucht hierauf an dieser Stelle nicht eingegangen zu werden; dagegen ist der andere Grenzfall, die Hebung der Leistungsfähigkeit durch kleine Bauten, einer kurzen Skizzierung wert[1]):

Im Personenverkehr kann es bei den hier nur in Betracht kommenden kleinen und mittleren Bahnhöfen nur ausnahmsweise vorkommen, daß man den Zweck durch Erweiterung der reinen Verkehrsanlagen zu erreichen hat; denn die Vermehrung der Bahnsteige und Bahnsteiggleise und auch schon die Verbreiterung von Bahnsteigen bedeuten im allgemeinen einen so starken Eingriff in den bestehenden Zustand, daß man nicht mehr von kleinen Bauten sprechen kann; — der Bau von Bahnsteig-Tunneln und -Brücken ist hier nicht zu nennen, weil er mehr der Erhöhung der Sicherheit als der Leistungsfähigkeit dient. Man wird aber auch tatsächlich nur selten zu Änderungen der Bahnsteiganlagen genötigt sein, sofern man die Betriebsanlagen verbessert, denn die Leistungsfähigkeit eines Bahnsteiggleises steigt überraschend stark, wenn die dazugehörigen Nebengleise und Gleisverbindungen verbessert und vermehrt werden; — mancher große Personenbahnhof ist deshalb „zu klein", weil er zu groß ist, nämlich so viele Bahnsteige und Bahnsteiggleise erhalten hat, daß für die notwendigen Nebengleise kein Platz mehr geblieben ist; dann liegt u. U. das Geheimnis des Erfolgs beim Umbau darin, daß man Bahnsteige fortnimmt und dafür Aufstell- und Durchlaufgleise anlegt. Im einzelnen ist hier zu nennen: der zweiseitige Anschluß bisher stumpf endigender Gleise, die Anlage von Durchlauf-, Aufstell- und Lokomotiv-Wartegleisen und von Abstellgleisen für Verstärkungs- und Kurswagen, die Anordnung von Umsatzgleisen für die Lokomotiven, die Ergänzung der Gleisverbindungen im Sinn vielseitiger und unabhängiger Gleisbenutzung, die Beseitigung von „Engpässen" durch „zweite Weichenstraßen".

Im Güterverkehr spielt die Verbesserung der Verkehrsanlagen zwar eine größere Rolle als im Personenverkehr, ist aber auch hier nicht so wichtig wie die Verbesserung der Betriebsanlagen. Die Verlängerung von Güterschuppen und Rampen, die Neuanlage von Kopframpen und Ladestraßen ist im allgemeinen vergleichsweise einfacher und billiger als ein Eingriff in die Bahnsteiganlage; meist wird man Teile des Freiladeverkehrs in

---

[1]) Die Notwendigkeit, durch kleine schnell auszuführende Bauten den gesteigerten und geänderten Verkehrsforderungen gerecht zu werden, war im Krieg besonders groß, und da der Krieg uns in dieser Beziehung so viel gelehrt hat, ist es berechtigt, die Kriegserfahrungen nachstehend zu betonen, vgl. Verk. Woche 1920, S. 29.

Anspruch nehmen, um die Anlagen für den Stückgut- und Rampenverkehr erweitern zu können und muß dann dem Freiladeverkehr durch Bau neuer Ladegleise gerecht werden. Im Krieg hat es sich hierbei herausgestellt, daß sich zwar der Bau von Freiladegleisen schnell und einfach durchführen läßt, daß aber der Neubau der dazugehörigen Ladestraßen sehr zeitraubend ist und die Anfuhr großer Schottermengen erfordert; man hat sich daher vielfach damit geholfen, daß man das neue Ladegleis an einen vorhandenen Weg (Chaussee) heran- und an ihm entlang führte, vielfach unter Zwischenschaltung eines als Lagerplatz dienenden Streifens; dieses Aushilfemittel wird auch im Frieden gelegentlich zweckmäßig sein, namentlich in landwirtschaftlichen Gegenden. Etwas Ähnliches ist die Anlage von besonderen Anschlußgleisen für die Großverfrachter; im Krieg war dies vielfach die einzige Möglichkeit, den Verkehr überhaupt bewältigen zu können, insbesondere mußten allenthalben für Munition, Pioniergerät und Straßenschotter besondere Anschlußanlagen geschaffen werden.

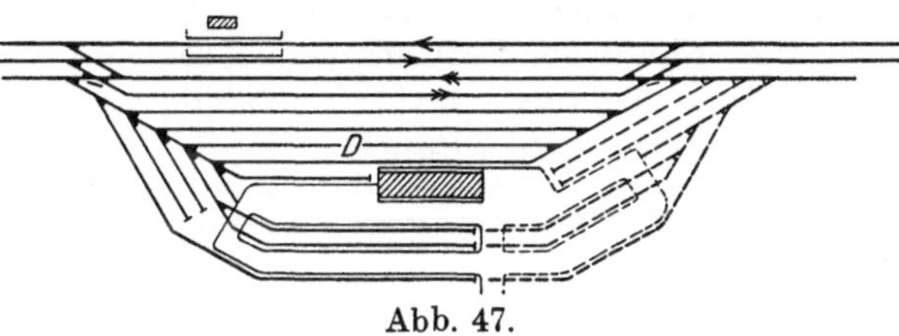

Abb. 47.

Aber auch für den Güterverkehr ist die Verbesserung der Betriebsverhältnisse wichtiger als die Vergrößerung der Verkehrsanlagen. Man kann hier folgende Grundsätze aufstellen: Nicht nur die Schuppen- sondern auch die Freiladegleise sollen zweiseitig angeschlossen sein; für die Schuppengleise wird dies jetzt wohl allgemein als richtig angesehen (abgesehen von ganz kleinen und sehr großen Bahnhöfen); daß man aber für die Freiladegleise den stumpfen Abschluß immer noch geradezu als Regel ansieht, ist unverständlich und bedauerlich; ein nach Abb. 47 angelegter „Normalbahnhof" wäre also, wie punktiert angedeutet, zu erweitern. Hierbei darf man sich nicht daran stoßen, daß dann die Ladegleise von den Fuhrwerken überquert werden müssen, denn das läßt sich vollkommen sichern. Ferner dürfen die Ladegleise eine bestimmte Länge nicht überschreiten, das übliche „Maß" von 200 m für stumpfe Freiladegleise wird man oft als zu groß bezeichnen müssen. Zu lange Ladegleise soll man teilen, auch wenn infolge

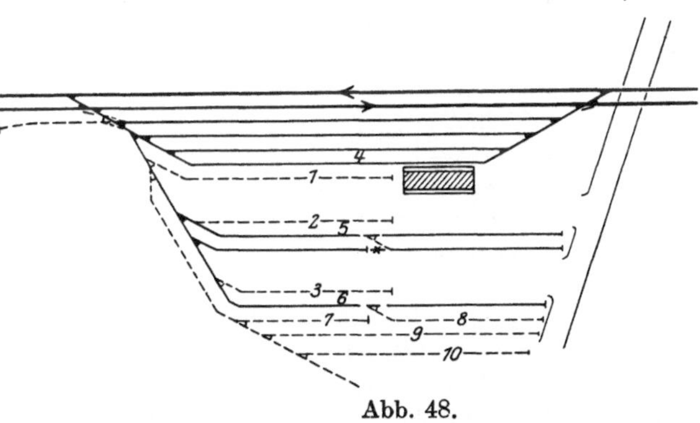

Abb. 48.

des dann erforderlich werdenden Durchlaufgleises die Ladestraße streckenweise etwas schmal wird; — viele Ladestraßen sind sowieso reichlich breit. Abb. 48 zeigt einen Bahnhof, der vor dem Umbau versagt hatte, nach dem Umbau einen weit stärkeren Verkehr anstandslos bewältigte; — der zweiseitige Anschluß der Ladegleise war leider wegen der Chaussee nicht möglich.

Sodann gehört zu jedem Ladegleis ein Aufstellgleis von mindestens gleicher Länge oder mit andern Worten: die gesamte in den Ladegleisen zur Verfügung stehende Gleislänge muß in Gestalt von Aufstellgleisen noch einmal vorhanden sein; — recht oft ist aber überhaupt nichts vorhanden! Solche Aufstellgleise lassen sich immer schnell und billig schaffen, denn sie

sind die denkbar anspruchslosesten Gleise; sie können ein- oder zweiseitig
angeschlossen sein, lang oder kurz, grade oder krumm sein, bei stumpfem
Abschluß ist auch eine stärkere Neigung als 1 : 400 kaum zu beanstanden.
Beim Umbau des in Abb. 48 dargestellten Bahnhofs wurde natürlich auch
für Aufstellgleise gesorgt. Auch hier kann man manchmal sagen: der Bahnhof ist „zu klein", weil er zu groß ist, weil er nämlich zu viele und zu lange
Ladegleise, aber keine Aufstellgleise hat: Ein großer in Kopfform ausgebildeter
Güterbahnhof war „dem Verkehr nicht mehr gewachsen", der Erweiterungs-
entwurf sah das einfache Danebenlegen zweier weiterer Ladestraßen vor, die
Nachprüfung ergab, daß der Bahnhof nach dieser Erweiterung noch schlechter
arbeiten werde und deckte eine außerordentlich schlechte Leistung (umge-
schlagene Tonnen für den laufenden Meter Ladegleis) auf, die Ladegleise
waren nämlich 400 m lang und teilweise noch länger, Aufstellgleise waren
fast gar nicht vorhanden, und die Verschiebelokomotiven behinderten sich
gegenseitig. Ein neuer Entwurf verzichtete auf die beiden neuen Ladestraßen
und den dazu gehörigen, recht kostspieligen, Grunderwerb, schuf dafür aber
vier selbständige Rangiergruppen, stattete jede mit zahlreichen Aufstellgleisen
aus und teilte alle Ladegleise derart, daß keines länger als 200 m wurde; —
und der Bahnhof ist nicht mehr „zu klein". Auch im Krieg verstummte der
Ruf nach Erweiterung nicht selten, wenn die Gesamtlänge der Ladegleise
verkürzt, dafür aber zweiseitiger Anschluß und Aufstellgleise geschaffen waren.
Bekanntlich wurde auch häufig geklagt, daß die Truppenrampen zu kurz
wären, — und wie viele Verladebahnhöfe sind erst dadurch brauchbar geworden, daß die Rampen noch kürzer gemacht, aber die richtigen Gleisverbindungen, Vorzieh- und Aufstellgleise geschaffen wurden. — Man kann sich
der Ansicht nicht verschließen, daß allgemein recht viele mittlere und kleine
Güterbahnhöfe betriebstechnisch nicht sorgfältig genug durchgebildet sind
und dadurch den Betrieb verzögern und verteuern.

In diesem Zusammenhang muß auch die Frage aufgeworfen werden, ob
die übliche Durchbildung der Weichenverbindungen zwischen den Strecken-,
den Überholungs- und den Aufstellgleisen beizubehalten ist [1]). Vom „akade-
mischen" Standpunkt aus ist die Lösung nach Abb. 49a zweifellos richtig,

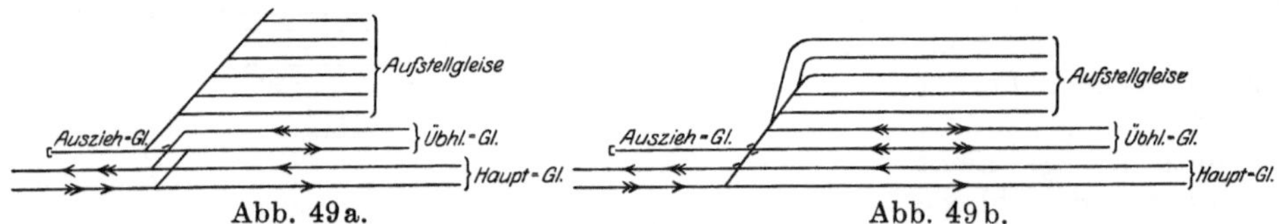

Abb. 49a.   Abb. 49b.

denn sie ermöglicht die gleichzeitige Ein- und Ausfahrt der Güterzüge und
sichert die Überholungsgleise gegen die Rangierbewegungen. Sie hat aber
den Nachteil, daß die Überholungsgleise nicht in beiden Richtungen benutzt
werden können, und daß das Ausfahren aus den Aufstellgleisen nicht möglich
ist. Man wird daher zu prüfen haben, ob nicht ein Gleisplan nach Abb. 49b
zweckmäßiger ist, bei dem die gleichzeitige Ein- und Ausfahrt der Güterzüge
allerdings nicht möglich, dafür die Benutzung der Gleise freier und die unmittelbare Ausfahrt aus den Aufstellgleisen möglich ist; letztere wird von
den meisten Betriebstechnikern der verkehrsstarken Bezirke bereits als notwendig bezeichnet und in die Entwürfe zu Neubauten und Erweiterungen
grundsätzlich aufgenommen. Auch für den Stückgutverkehr hat man erkannt,
daß die unmittelbare Vorfahrt der Stückgüterzüge am Schuppen den Betrieb
wesentlich erleichtern, beschleunigen und verbilligen kann; es handelt sich

---

[1]) Vgl. Dr.-Ing. J a e n e c k e: Archiv 1923, S. 847.

dann aber nicht nur um Ein- und Ausfahrt, sondern um das Vorbeiziehen des ganzen — meist allerdings kurzen — Stückgutzuges an den Ladeanlagen (Schuppen oder Ladesteigen); betriebstechnisch ähnelt die Anordnung also einer richtig durchgebildeten Truppen-Verladeanlage, für die ein Gleisplan nach Abb. 50 als Vorbild genommen werden kann. Er gestattet: unmittelbare

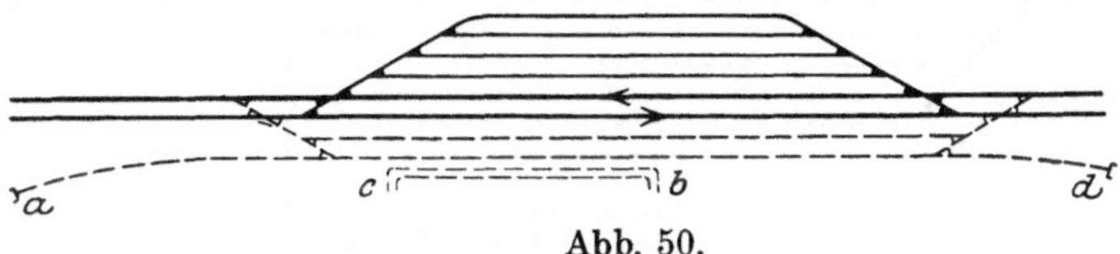

Abb. 50.

Ein- und Ausfahrt zwischen den Streckengleisen und dem Rampen- und Aufstellgleis, Aufstellen eines Leerzuges, Vorbeiziehen des ganzen Zuges an der Rampe ohne Berühren der Hauptgleise, da hierfür die beiden „Vorziehgleise" a—c und b—d angeordnet sind; — die Strecken a—b und c—d müssen ganze Zuglänge haben!

Um ganze Bahnnetze in ihrer Leistungsfähigkeit schnell in die Höhe zu bringen, scheinen folgende Bauausführungen am wirksamsten zu sein:

Die Verschiebebahnhöfe kann man durch verhältnismäßig „kleine" Bauten an zwei bestimmten Stellen schnell verbessern, nämlich durch die sorgfältigste Durchbildung der Weichenstraßen und der Höhenverhältnisse der Ablaufberge, sowie ihre denkbar höchstwertige Ausstattung mit Verständigungsmitteln, Stellwerkanlagen, maschinellen Einrichtungen und durch die rücksichtslose Verlängerung einer großen Zahl von Richtungsgleisen auf reichliche Zuglänge. Hierbei soll man nicht davor zurückschrecken, nötigenfalls die Ordnungsgleise zu opfern und das Ordnen einer andern Station zu übertragen, also den Verschiebebahnhof durch einen „Nach-Ordnungs-Bahnhof" zu ergänzen. Das Gegenstück hierzu ist der Vorbahnhof, der, vor dem (Verschiebe-) Hauptbahnhof gelegen, als Pufferbahnhof dient, um die Züge aufzunehmen, die in den Hauptbahnhof (wegen Mangel an Einfahrgleisen) nicht aufgenommen werden können. Im Krieg wurden solche Bahnhöfe mehrfach auch an den Grenzen der Direktionsbezirke geschaffen, um die Verstopfung der eigenen Strecken zu verhindern, wenn der Nachbarbezirk „nicht abnahm". Ferner war man bestrebt, jede Strecke in sich betriebstechnisch möglichst selbständig zu machen, indem man sie mit einem besonderen „Betriebsbahnhof" ausrüstete, der meist als „Sammel"- oder „Buffer"-Bahnhof bezeichnet wurde und die Hauptaufgabe hatte, den großen Knotenpunkten die Vorflut offen zu halten, auch wenn die Strecke selbst keine Vorflut hatte. Diese Bahnhöfe wurden etwa nach Abb. 51 angeordnet; am wesentlichsten war eine Gruppe zweiseitig angeschlossener Gleise von ganzer Zuglänge, die von beiden Seiten her zur Ein- und Ausfahrt benutzt werden konnten, an die Strecke aber, auch wenn diese zweigleisig war, immer nur mit einfachen Weichenstraßen angeschlossen wurde. Diese Aufstellgruppe wurde dann durch ein oder auch zwei Ausziehgleise ergänzt, an die Stumpfgleise zum Abstellen von Wagengruppen und zum Nachordnen der Züge angeschlossen wurden.

Alle derartigen Vor- oder Sammel- oder Puffer-Bahnhöfe haben den erheblichen Vorzug, daß man bezüglich ihrer Lage nicht an eine bestimmte Örtlichkeit gebunden ist; man kann sich also ein besonders günstiges (ebenes, billiges) Gelände aussuchen; aber der Anschluß an eine vorhandene Station hat naturgemäß Vorteile, besonders im Hinblick auf das Bahnhofs- und Zugpersonal und den Lokomotivdienst. Was letzteren anbelangt, so muß jeder derartige Bahnhof eine (kleine) Lokomotivstation erhalten; — wo das im Krieg anfänglich versäumt wurde, hat man es schleunigst nachholen müssen.

Ferner haben solche Stationen den Vorzug, daß als erste in sich geschlossene
Teilanlage nach Abb. 51a nur das erste Aufstellgleis nebst den Verbindungen
mit den Streckengleisen [geschaffen zu werden braucht, daß man aber von

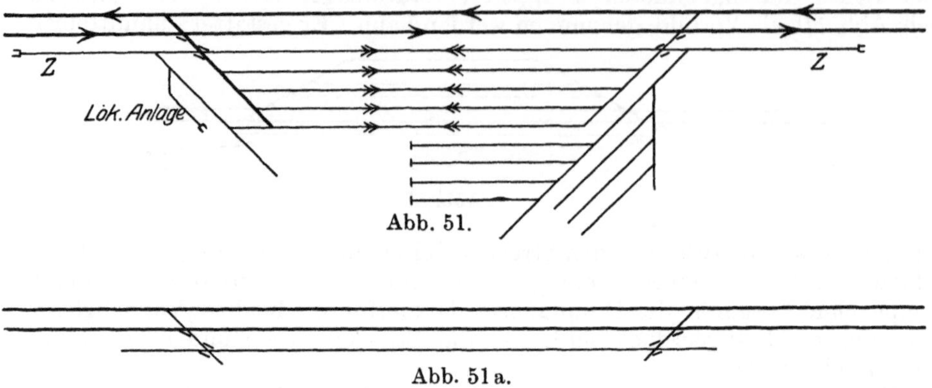

Abb. 51.

Abb. 51a.

dieser „Keimzelle" aus dem Bahnhof Gleis für Gleis ausbauen kann, so daß
seine Leistungsfähigkeit ständig steigt; — das erste Gleis muß daher reichlich
lang gemacht werden.

Über die Stärkung eingleisiger Strecken sei noch bemerkt: Wenn eine
eingleisige Strecke versagt, ist man gar zu leicht geneigt, den zweigleisigen
Ausbau zu fordern. Dieser ist aber selbst dann teuer und langwierig, wenn
der Unterbau für das zweite Gleis (mehr oder weniger angeblich) schon vorhanden ist, und der Erfolg ist zweifelhaft, denn die nur eingleisige Strecke
wird voraussichtlich nur kleine Bahnhöfe haben, und dann wird bei zweigleisigem Streckenausbau ein bestimmter Bahnhof zum „schwächsten Glied
der Kette", also zum Gradmesser der Leistungsfähigkeit. Man muß also zunächst untersuchen, bis zu welcher Leistung die eingleisige Strecke gebracht
werden kann, wenn man nur die Bahnhöfe planmäßig ausbaut. Hierzu gehört
erstens die genügend dichte Lage der Ausweichstationen, deren zulässige Ab-
stände häufig überschätzt zu werden scheinen; zweitens die ausreichende
Ausstattung der Ausweichstationen, die nämlich außer dem durchgehenden
Streckengleis mindestens zwei beider-
seits angeschlossene, also in beiden
Richtungen benutzbare Hauptgleise er-

Abb. 52.

Abb. 53. Außenkurven eines größeren
Knotenpunktes.

halten müssen; drittens die Ausstattung mit entsprechenden Betriebsbahnhöfen. Sehr lehrreich war hier im Krieg der Raum Kowel—Lemberg und
der Raum Reims—Cambrai, in denen schwere Kämpfe mit zahlreichen nur

eingleisigen Linien durchgehalten werden mußten; die Berechnungen ergaben hier, daß nur gewisse kurze Verbindungsstrecken zweigleisig ausgebaut werden durften, daß aber im übrigen mit einem kleineren Aufwand an Zeit, Kräften und Baustoffen höhere Betriebsleistungen erzielt wurden, wenn alles an die Verbesserung der Bahnhöfe angesetzt wurde. Im Raum Kowel—Lemberg war z. B. das wichtigste die Vermehrung der Ausweichstationen und die Neuanlage von drei Betriebsbahnhöfen mit je 20 Gleisen zum Aufstellen ganzer Züge nebst Abstell- und Ordnungsgleisen und guten Anlagen für den Lokomotivdienst.

Es sei hier noch der Außenkurven gedacht, die nach Abb. 52 den bekanntlich sehr lästigen Anlauf einer Station mit Richtungswechsel überflüssig machen. Diese Verbindungsbögen haben sich im Krieg als sehr wirkungsvoll erwiesen. Man muß aber gewisse Fehler, die anfänglich gemacht worden sind, vermeiden: Der Bogen muß volle Zuglänge haben und zwar unter voller Beachtung der Signalstellungen, er muß nötigenfalls durch Schutzgleise gesichert sein (in Abb. 53 ist z. B. angenommen, daß die Strecke von A nach B fällt), er muß, wo Lokomotivwechsel in Frage kommt, mit Lokomotiv-Wartegleisen ausgestattet sein. Bei größeren Knotenpunkten haben sich mehrfache Verbindungsbögen als notwendig erwiesen; Abb. 26 zeigt ein Beispiel mit fünf Kurven.

Verkehrsdienst.

Von Prof. Dr.-Ing. K. Risch, Braunschweig.

Über das Wesen, die Entwicklung, die Quellen, die Entfernung und Richtung des Personen- und Güterverkehrs sowie die Beförderungsarten bei den Eisenbahnen ist das Erforderliche im Abschnitt „Betrieb" gesagt. Es brauchen daher hier nur noch die wichtigsten Pflichten und Rechte der Verkehrtreibenden und der Eisenbahnen erörtert zu werden.

1. Allgemeine Bestimmungen für den Personen- und Güterverkehr.

Die rechtlichen Beziehungen zwischen den Verkehrtreibenden und den Eisenbahnen werden hauptsächlich durch das Handelsgesetzbuch (H.G.B.), die Eisenbahn-Verkehrsordnung (E.V.O.) und das Internationale Übereinkommen über den Eisenbahnfrachtverkehr (I. Ü.) geregelt.

Für die Staats- und Privateisenbahnen, die dem allgemeinen öffentlichen Verkehr dienen, d. s. Haupt- und Nebeneisenbahnen, schreiben das H.G.B. und die E.V.O. die Beförderungspflicht für Personen und Güter vor. Hiernach kann die Beförderung nicht verweigert werden, wenn

1. den geltenden Beförderungsbedingungen und den sonstigen allgemeinen Anordnungen der Eisenbahnen entsprochen wird;

2. die Beförderung nicht nach gesetzlicher Vorschrift oder aus Gründen der öffentlichen Ordnung verboten ist;

3. die Beförderung mit den regelmäßigen Beförderungsmitteln möglich ist;

4. die Beförderung nicht durch Umstände, die als höhere Gewalt zu betrachten sind, verhindert wird;

5. es sich nicht um Gegenstände handelt, die sich nach der Anlage oder dem Betriebe der beteiligten Bahnen nicht zur Beförderung eignen.

Für die Kleinbahnen wird die Personenbeförderung in den Genehmigungsurkunden geregelt; bezüglich des Güterverkehrs bestimmt § 473 H.G.B., daß eine Kleinbahn die Übernahme von Gütern zur Beförderung auf ihrer Bahnstrecke nicht verweigern darf, während den Haupt- und Nebeneisenbahnen die weitergehende Verpflichtung zur Beförderung nach jeder für den Güterverkehr eingerichteten Station innerhalb des Deutschen Reiches auferlegt ist.

Zur Beförderung dienen regelmäßig und nach Bedarf verkehrende Züge. Für die Beförderung darf von der Eisenbahn nur ein Preis erhoben werden, der im Tarif festgesetzt ist. Die Tarife bedürfen zu ihrer Gültigkeit der Veröffentlichung. Sie sind bei Erfüllung der darin angegebenen Bedingungen für jedermann in gleicher Weise anzuwenden. Jede (heimliche) Preisermäßigung oder sonstige Begünstigung gegenüber den Tarifen ist verboten und nichtig. Tariferhöhungen oder andere Erscheinungen der Beförderungsbedingungen treten erst nach der Veröffentlichung in Kraft, Änderungen der Tarife mit Rückwirkung sind ausgeschlossen.

Die Eisenbahn haftet für ihre Leute und für andere Personen, deren sie sich bei der Beförderung bedient. Beschwerden können mündlich oder schriftlich angebracht werden. Meinungsverschiedenheiten zwischen den Verkehrtreibenden und den Bediensteten entscheidet auf der Station der Aufsichtsbeamte, während der Fahrt der Zugführer.

Die vorstehenden Bestimmungen über die Beförderungspflicht und die Tarife lassen erkennen, daß der Gesetzgeber dem Monopolcharakter der Eisenbahnen Rechnung getragen und einen weitgehenden Schutz gegen Ausbeutung der Verkehrtreibenden durch die Eisenbahnen beabsichtigt hat.

2. Der Personenverkehr.

Die Beförderung von Personen auf den Eisenbahnen geschieht auf Grund eines Beförderungsvertrages, der zwischen der Eisenbahnverwaltung und den Reisenden abgeschlossen wird. Der Inhalt des Vertrages wird durch gesetzliche Vorschriften und die Tarife bestimmt. Für den Verkehr innerhalb Deutschlands sind die E.V.O. und der deutsche Personentarif maßgebend, im Verkehr Deutschlands mit den ausländischen Eisenbahnen die Tarife der betreffenden Bahnen. Soweit die Bahnen im Verein deutscher Eisenbahnverwaltungen zu einem Verkehrsverband zusammengeschlossen sind, sind in die Verbandstarife dieser Bahnen die einheitlichen Vorschriften des Vereins eingearbeitet.

Den Beförderungsvertrag bildet die Fahrkarte, der Fahrschein oder der Beförderungsschein. Der Vertrag ist abgeschlossen nach Verabfolgung der Fahrkarte durch die Ausgabestelle.

Am meisten benutzt werden die Fahrkarten und unter diesen wieder die nach ihrem Erfinder benannten Edmonsonschen Pappkärtchen, die beiderseits mit farbigem Papier überzogen sind. Sie dienen in der Regel zur einmaligen Beförderung auf der Eisenbahn, ihre Gültigkeitsdauer beträgt vier Tage. Für besondere Reisewege werden auch Rückfahrkarten ausgegeben, mit welchen eine Fahrpreisermäßigung (Sonntagskarten) verbunden ist und Hin- und Rückreise mit einer Karte zurückgelegt werden. Die Edmonsonschen Fahrkarten führen Aufdrucke, aus welchen die Zugart, der Reiseweg, die Wagenklasse und der Fahrpreis zu ersehen sind. Die gleiche Form haben auch Zuschlagkarten für die Benutzung von Schnellzügen oder für den Übergang in eine höhere Wagenklasse, ferner Nachlösekarten und Bahnsteigkarten. Etwas größer sind in der Regel die Zeitkarten, die als Monatskarten für beliebig viele Fahrten innerhalb der Geltungsdauer ausgegeben werden, als Schülerkarten aber auch u. U. nur mit beschränkter Zahl der Fahrten. Zu den Zeitkarten können auch die Arbeiterwochenkarten gerechnet werden. Sie berechtigen zur täglichen Hin- und Rückfahrt oder zur einfachen Fahrt zwischen Wohnort und Arbeitsstätte an sechs aufeinander folgenden Wochentagen. Zur Erleichterung des Arbeiterverkehrs dienen auch die Arbeiterrückfahrkarten. Ihre Geltungsdauer erstreckt sich auf die Zeit zwischen zwei aufeinander folgenden Sonn- oder Festtagen, die Fahrten müssen am ersten und letzten Tage dieses Zeitraumes zurückgelegt werden.

Da nicht auf jeder Station für alle Verkehrsbeziehungen fertig gedruckte Edmonsonsche Fahrkarten vorrätig gehalten oder durch Fahrkarten-Druckautomaten hergestellt werden können, sind auch Blankofahrkarten eingeführt. Sie bestehen aus Stamm und Fahrkarte und sind erheblich größer als die Edmonsonschen Karten. Die Ausfüllung geschieht im Durchpauseverfahren, die Fahrkarte erhält der Reisende, der Stamm verbleibt für die Abrechnung bei der Fahrkartenausgabe. Auch Zugführer und Schaffner führen Blankokarten zur Erhebung von Zuschlägen. Eine Blankokarte kann für mehrere zusammengehörige Personen mit dem gleichen Reiseziel ausgestellt werden.

Sind mehrere Bahnverwaltungen oder verschiedene Verkehrsanstalten (Dampferlinien, Kraftverkehrsgesellschaften) an dem Reiseweg beteiligt, dann werden zum Zwecke der Verrechnung Zettelfahrkarten oder auch Buchfahrkarten ausgegeben. Sie erhalten für die Strecken, mit welchen die verschiedenen Verwaltungen am Reiseweg beteiligt sind, lostrennbare Abschnitte, die als Rechnungsbelege zurückbehalten werden.

Fahrscheine werden in Fahrscheinheften für länger dauernde und weitere Reisen von mindestens 600 km oder für Rundreisen von 300 km Länge zusammengestellt. Sie haben 60 Tage Gültigkeit und werden von den Eisenbahnverwaltungen und von den Zweigstellen des Mitteleuropäischen Reisebüros ausgegeben.

Beförderungsscheine dienen als Fahrausweise für Schulfahrten zu wissenschaftlichen und belehrenden Zwecken oder zu Fahrten nach und von Ferienkolonien oder Kuraufenthalten.

Beispiele von Fahrkarten und Fahrscheinen zeigen Abb. 54 bis 56. Die dort wiedergegebenen Muster stammen noch aus der Vorkriegszeit. Die gegenwärtigen Karten zeigen im Aufdruck und z. T. auch in der Zeichnung geringfügige Abänderungen. Statt des Preises führen die fertig gedruckten Karten die Länge des Reiseweges in km an, aus der der Fahrpreis durch Vervielfachung mit einem von der Eisenbahn bekannt gegebenen Multiplikator errechnet werden kann. Zu dieser Maßnahme haben die schwankenden Währungsverhältnisse in der Nachkriegszeit den Anlaß gegeben. Bleibt die Währung, wie gegenwärtig, fest, so werden auch die Fahrpreise wieder auf den Fahrkarten angegeben werden können. Auf den neueren fertig gedruckten und den Automatenkarten ist das jetzt schon der Fall.

Zur Überwachung der Geltungsdauer erhalten die Fahrausweise bei ihrer Ausgabe oder bei der Entwertung mittels der Lochzange den Tagesstempel. Mit diesem Tage beginnt der Lauf der Fristen, innerhalb welcher die Fahrausweise benutzt werden müssen, ohne daß der Beförderungsanspruch erlischt. Bei Monatskarten wird der Monat aufgestempelt, für welchen die Karte gilt. Der Fahrausweis berechtigt aber nicht nur zur Fahrt auf der angegebenen Strecke, in der bezeichneten Wagenklasse und Zuggattung, sondern auch zum Aufenthalt in den Warteräumen. Sind die Plätze in der Wagenklasse, für die der Fahrausweis gelöst ist, besetzt, so kann der Reisende gegen Erstattung des Preisunterschiedes die Beförderung in einer niedrigeren Wagenklasse verlangen, wenn darin noch Plätze frei sind. Anspruch auf Beförderung in einer höheren Wagenklasse ohne Nachzahlung hat er nicht.

Bis fünf Minuten vor der Abfahrzeit des Zuges, mit dem der Reisende die Fahrt antreten will, besteht ein Anspruch auf Ausgabe einer Fahrkarte. Bis dahin können auch unbenutzte Fahrkarten gegen andere umgetauscht werden. Später kann der Umtausch oder die Zurücknahme der Fahrkarten gegen Erstattung des Fahrgeldes nur verlangt werden, wenn bestimmte Voraussetzungen erfüllt sind (Ausfall, Verspätung, Überfüllung des Zuges, Irrtum bei der Fahrkartenlösung, Erkrankung). Ist die Fahrkarte bereits durchlocht, so muß die Nichtbenutzung der Fahrkarte durch den Aufsichtsbeamten bescheinigt werden. Ist vom Reisenden der Zug versäumt bzw. bleibt er freiwillig zurück, dann wird nur das um den Betrag der Bahnsteigkarte gekürzte Fahrgeld zurückerstattet. Ist nicht der ganze Reiseweg, für den die Fahrkarte gilt, zurückgelegt, kann die Erstattung des Fahrgeldes für die nicht benutzte Strecke beantragt werden, wenn die Nichtbenutzung vom Aufsichtsbeamten schriftlich bescheinigt ist. Jeder Reisende ist weiter berechtigt, Handgepäck ohne Zahlung einer besonderen Gebühr mit in die Personenwagen zu nehmen. Zur Unterbringung dieses Gepäckes steht ihm der Raum unter und über seinem Sitzplatz zur Verfügung. Mitreisende dürfen durch die Mitführung des Handgepäcks nicht belästigt werden, deshalb müssen auch größere Koffer und andere sperrige Gepäckstücke aufgegeben werden. Nur in Wagen, die für Reisende mit Traglasten vorgesehen sind, ist die

Abb. 54. Muster zu Fahrkarten des deutschen Personentarifs.

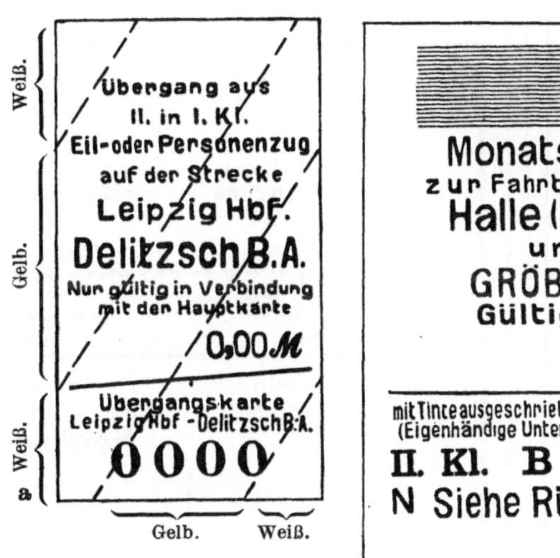

Innen: Weiß.   Rand: Braun,   Senkrechter Strich: Rot.

Abb. 55. Muster zu Fahrkarten des deutschen Eisenbahntarifs.

Erste Seite des Umschlages.

Deutsch-italienischer Verkehr über die Schweiz.	Servizio germanico-italiano via Svizzera.
Für alle Züge, für L-Züge tarifmäßige Gebühr	**Per tutti i treni,** per i treni L sopratassa secondo la tariffa.

Halle (Saale)-Genova PP.

(Genua)

und zurück — e ritorno.

Benutzbare Wege siehe nächste Seite.	Veggasi l'itinerario alla seconda pagina.
Gültig 60 Tage, den Ausgabetag voll gerechnet.	**Valevole 60 giorni,** compreso il giorno della distribuzione.
Die Rückkunft des Reisenden auf der Ausgabestation des Fahrausweises muß am letzten Gültigkeitstage spätestens um Mitternacht erfolgt sein	Il ritorno del viaggiatore alla stazione di emissione del biglietto deve aver luogo al piu tardi alla mezzanotte dell'ultimo giorno di validitá.
Kein Freigepäck.	Nessuna franchigia di bagaglio.
Nicht übertragbar. (D)	**Non trasferibile.**
III. Klasse. — IIIª Classe.	88,60 ℳ

Genova P. P.
Genua.

Braun   Weiß   Braun
Senkrechter Strich: Rot

Fahrschein.

Deutsch-italienischer Verkehr über die Schweiz.	Servizio germanico-italia via Svizzera.
Halle (Saale) D - Genova P. P. und zurück — e ritorno.	
III. Klasse. — IIIª Classe.	
Für alle Züge, für L-Züge tarifmäßige Gebühr	**Per tutti i treni** per i treni „L" sopr tassa secondo tarif

1. Fahrschein für die Strecke	1. *Tagliando* per il percorso
von/da **Halle (Saale)** nach/a	**Nordhausen** oder—o **Erfurt** oder—o **Jena** Saalbf. oder—o **Zeitz** Pr.Stb. über— *via* Teuchern oder—o **Leipzig** Hbf.

Braun.

I. Kl. — Reihe 2990. — Leipzig Pr. St. E.-Frankfurt a. M. Hbf.

Zusammenstellbare Fahrscheine.   Posen

Königlich Preussische Staats-Eisenbahnen.

Ausgabestelle

Reihe 2990. I. Klasse.	Aufenthalt ohne Förmlichkeit:
Preis: 31 M. 70 Pf.	
Leipzig Pr. St. E. **-Frankfurt a. M. Hbf.**	—
oder -Ost oder -Süd oder Frankfurt-Bockenheim oder -Louisa oder -Niederrad	—
oder	
Frankfurt a. M. Hbf.	—
oder -Ost oder -Süd oder Frankfurt-Bockenheim oder -Louisa oder -Niederrad—	—
Leipzig Pr. St. E.	
Dieser Schein wird vor oder auf der Endstation abgenommen.	—

Gelb.

Abb. 56. Buchfahrkarten.

Additional material from *Verkehr und Betrieb der Eisenbahnen,*
ISBN 978-3-662-39066-5, is available at http://extras.springer.com

Mitnahme größerer Gepäckstücke (Handwerkzeug, Kiepen, Körbe, Säcke), wie sie ein Fußgänger tragen kann, gestattet.

Diesen Rechten des Reisenden aus dem Beförderungsvertrag stehen auch Pflichten gegenüber. Er muß in dem Besitz eines für die beabsichtigte Reise hinsichtlich der Wagenklasse und Zuggattung gültigen Fahrausweises sein, anderenfalls macht er sich strafbar. Zum Zwecke der Prüfung ist er verpflichtet, seinen Fahrausweis beim Antritt der Reise an der Sperre und im Zuge sowie während der Fahrt auf Verlangen vorzuzeigen und den Ausweis vor oder nach Beendigung der Fahrt abzugeben. Auch für das Betreten der Warteräume besteht die Vorzeigepflicht.

3. Güterverkehr.

Auch im Güterverkehr bildet die rechtliche Grundlage für die Beförderung der Güter ein Frachtvertrag, der „Frachtbrief“. Der Frachtvertrag ist abgeschlossen, sobald die Abfertigungsstelle das Gut mit dem Frachtbrief zur Beförderung angenommen hat. Als Zeichen der Annahme ist dem Frachtbrief der Tagesstempel aufzudrücken. Für den Inhalt des Vertrages sind maßgebend innerhalb Deutschlands das H.G.B., die E.V.O. und die für die Sendung geltenden Tarife. Im Verkehr Deutschlands mit den ausländischen Bahnen, die dem internationalen Übereinkommen über den Eisenbahnfrachtverkehr (I. Ü.) beigetreten sind, gelten die Bestimmungen dieses Übereinkommens, ferner Festsetzungen der Tarife der betreffenden Bahnen oder Verkehre. Soweit die Bahnen dem Verein deutscher Eisenbahnverwaltungen angehören, sind in die Verbandstarife die einheitlichen Vorschriften des Vereins eingearbeitet. Im Verkehr Deutschlands mit denjenigen ausländischen Bahnen, die dem I.Ü. nicht unterworfen sind, gelten die landesrechtlichen Bestimmungen sowie die besonderen Vereinbarungen, die in Bezug auf den Güterverkehr mit den betreffenden Bahnen getroffen sind.

Bestimmte Güter (Postgüter, Explosionsgegenstände, Kostbarkeiten) dürfen von den Eisenbahnen gar nicht oder nur unter gewissen Bedingungen zur Beförderung angenommen werden.

Jede Sendung muß von einem Frachtbriefe begleitet sein. Die Aufnahme mehrerer Gegenstände oder ganzer Wagenladungen in einen Frachtbrief ist in bestimmten Fällen zulässig. Der Absender kann die Ausstellung eines Frachtbriefduplikates oder Aufnahmescheines verlangen. Das Duplikat hat nicht die Bedeutung des Frachtbriefes oder eines Ladescheins. Form und Inhalt der Frachtbriefe sind vorgeschrieben. Beispiele eines gewöhnlichen Frachtbriefes für den Verkehr innerhalb Deutschlands und für den internationalen Verkehr zeigen Abb. 57 u. 58 (Ausschlagtafel). Neben dem gewöhnlichen Frachtgut wird das Eilgut unterschieden. Eilfrachtbriefe sind oben und unten durch einen roten Randstreifen besonders kenntlich gemacht. Handelt es sich um die Beförderung „beschleunigten Eilgutes“, das vorzugsweise vor anderem Eilgut mit den günstigsten von der Eisenbahn für diesen Zweck freigegebenen Zügen befördert wird, so muß der Eilfrachtbrief den Vermerk tragen „Beschleunigtes Eilgut“.

Die Güter werden von den Güterabfertigungen angenommen. Der Absender haftet der Eisenbahn für die Richtigkeit und die Vollständigkeit der Angaben im Frachtbrief. Die Eisenbahn ist berechtigt, die Übereinstimmung der Sendung mit den Angaben im Frachtbrief zu prüfen. Bei Stückgütern ist die Eisenbahn verpflichtet, Anzahl und Gewicht gebührenfrei festzustellen. Für alle andern Gewichtsfeststellungen, seien es beantragte oder aus anderen Gründen erforderliche, ist die tarifmäßige Gebühr zu zahlen. Bei unrichtiger Angabe des Inhalts, des Gewichtes oder der Stückzahl einer Sendung sowie

bei Außerachtlassung der Sicherheitsvorschriften für die nur bedingungsweise
zugelassenen Güter sind ohne Rücksicht darauf, ob ein Verschulden des Absenders vorliegt oder nicht, Frachtzuschläge zu entrichten.

Das Gut muß, soweit es seine Natur erfordert, gegen Verlust, Minderung
oder Beschädigung sicher verpackt sein. Ist dies nicht der Fall, so kann
die Eisenbahn die Annahme des Gutes ablehnen oder verlangen, daß der Absender im Frachtbrief das Fehlen oder die Mängel der Verpackung an-
erkennt.

Das Anrollen der Güter ist im allgemeinen nicht Sache der Eisenbahnverwaltung. Nur wo sie bahnamtliche Rollfuhrunternehmer für die Anfuhr
von Stückgütern bestellt hat, haftet sie für diese Fuhrleute wie für bahneigene Bedienstete. Die aufgegebenen Güter werden entweder von der Eisenbahnverwaltung oder vom Versender verladen. Wer die Verladung zu übernehmen hat, bestimmt der Tarif. Stückgüter werden in der Regel eisenbahn-
seitig nach den Ladevorschriften und dem Ladeplan verladen und, wenn erforderlich, auf Unterwegstationen umgeladen. Bei Gütern, die in ganzen
Wagenladungen aufgegeben werden, stellt die Eisenbahnverwaltung meist nur
die Leerwagen, die vom Versender angefordert werden müssen, in den Ladegleisen zur Verfügung. Die Verladung in die Eisenbahnwagen besorgt der
Verfrachter, hierfür sind Beladefristen festgesetzt, bei deren Überschreitung
er Wagenstandgelder zu zahlen hat. Unter gewissen Umständen kann die
Eisenbahn die Fristen abkürzen und die Standgelder erhöhen. Den Beför-
derungsweg wählt die Eisenbahn nach den Leitungsvorschriften. Für die
Beladung der Wagen ist das daran vermerkte Ladegewicht maßgebend. Eine
Belastung bis zur angegebenen Tragfähigkeit ist zulässig, eine darüber hinaus-
gehende Überlastung aber nicht statthaft.

Die Eisenbahn hat die Abfertigung vorzunehmen, die nach den Tarifen
den billigsten Frachtsatz und bei gleichen Frachtsätzen über mehrere Wege
die günstigsten Beförderungsbedingungen bietet. Der Absender kann im
Frachtbriefe das Zoll- oder Steueramt, bei Eilgütern auch den Beförderungs-
weg vorschreiben. Solche Vorschriften muß die Eisenbahn beachten, sie kann
aber die Fracht für den vorgeschriebenen Weg verlangen. Andere Wege-
vorschriften sind ungültig. Diese Beschränkung des Absenders in der Wahl
des Weges steht im engen Zusammenhange mit den Lieferfristen, die von
der Eisenbahnverwaltung nicht überschritten werden dürfen. Es sind Höchst-
fristen für die Abfertigung und für die Beförderung von Eil- und Frachtgut
festgesetzt. Zu diesen Fristen können für bestimmte Verkehrsbeziehungen
Zuschlagfristen vorgesehen werden. Über den Lauf der Lieferfristen enthält
die E.V.O. die näheren Bestimmungen. Die Eisenbahnverwaltung haftet für
den Schaden, der durch Versäumung der Lieferfrist entsteht, bis zu einem
gewissen Betrage (Höhe der Fracht, Betrag für das Interesse an der Lieferung), es sei denn, daß die Überschreitung von einem Ereignisse herrührt,
das sie weder herbeigeführt noch abzuwenden vermocht hat.

Für die Beförderung kann die Eisenbahnverwaltung berechnen die tarif-
mäßigen Beträge für Fracht, die zugelassenen Nebengebühren und die baren
Auslagen (z. B. für Durchgangsabgaben, Überführungen). Alle diese Beträge
sind unter Beifügung der Beweisstücke im Frachtbrief ersichtlich zu machen.
Bei Gütern, die nach dem Ermessen der Versandbahn schnell verderben,
oder deren Wert die Fracht nicht sicher deckt, kann die Eisenbahnverwaltung
Vorauszahlung der Fracht verlangen. Im übrigen hat der Absender die Wahl,
ob er die Fracht bei Aufgabe des Gutes bezahlen oder auf den Empfänger
überweisen will. Auch Anzahlungen des Versenders sind statthaft. Die vom
Verfrachter übernommenen Beträge hat die Versandstation im Frachtbrief,
auch im Duplikat oder im Aufnahmeschein aufzuführen. Bei unrichtiger An-

wendung des Tarifes oder bei Fehlern in der Berechnung der Fracht ist das
zu wenig Geforderte nachzuzahlen, das zu viel Erhobene zu erstatten. Außer
mit Frachtbeträgen und Barauslagen kann auch der Frachtbrief mit Nachnahmen belastet werden und zwar bis zur Höhe des Wertes vom aufgegebenen Gut. Die Eisenbahnverwaltung kann dem Versender auf die Nachnahme
einen Barvorschuß gewähren. Sie haftet für die Einziehung der Nachnahme.
Für die Belastung mit Nachnahme ist vom Versender die tarifmäßige Gebühr
zu zahlen. Über das Gut sowohl als auch über die Nachnahme kann der
Versender nachträglich verfügen, sofern nicht der Frachtbrief nach der Ankunft des Gutes am Bestimmungsort dem Empfänger bereits ausgeliefert ist.
Ist ein Frachtbriefduplikat oder ein Aufnahmeschein ausgestellt, so steht
dem Absender das Verfügungsrecht nur zu, wenn er diese Urkunden vorlegt
und die nachträglichen Verfügungen darin einträgt. In allen anderen Fällen
sind sie schriftlich unter Verwendung eines vorgeschriebenen Musters bei
der Versandstation einzureichen. Die Verfügungen müssen sich auf die ganze
Sendung beziehen. Die Eisenbahn darf ihre Ausführung nur dann ablehnen
oder hinausschieben oder die Verfügung in veränderter Weise ausführen,
wenn durch ihre Befolgung der regelmäßige Güterverkehr gestört werden
würde. Der Absender ist in diesem Fall sofort zu benachrichtigen.

Die Eisenbahn ist verpflichtet, am Orte der Ablieferung dem Empfänger
gegen Zahlung der durch den Frachtvertrag begründeten Forderungen und
gegen Empfangsbescheinigung den Frachtbrief und das Gut zu übergeben.
Ablieferungsstellen sind die Güterabfertigungen. Diese haben den Empfänger
von der Ankunft des Gutes durch die Post, den Fernsprecher oder schriftlich durch besonderen Boten zu benachrichtigen unter Angabe der Frist,
innerhalb deren das Gut abzunehmen ist. Wird das Gut nicht innerhalb
dieser Frist abgenommen, so ist die Eisenbahn berechtigt, das tarifmäßige
Lager- oder Wagenstandgeld zu erheben. Es steht ihr ferner frei, Stückgüter, die von ihr auszuladen sind, dem Empfänger gegen eine tarifmäßige
Gebühr selbst oder durch einen Rollfuhrunternehmer zuführen zu lassen. Für
deren Leute haftet sie wie für die eigenen. Welche Güter von der Eisenbahn ausgeladen werden, welche durch den Empfänger, bestimmt der Tarif.
In der Regel besorgt — wie bei der Aufgabe der Güter — die Eisenbahn
das Stückgutgeschäft, während der Empfänger zur Entladung der Wagenladungen verpflichtet ist, die ihm auf den Entladeplätzen zur Verfügung gestellt werden. Das Gut wird gegen Vorzeigung des eingelösten Frachtbriefes
ausgeliefert. Bei der Ablieferung des Gutes dürfen außer der Empfangsbescheinigung weitere Erklärungen, namentlich über tadellose oder rechtzeitige
Ablieferung, nicht verlangt werden. Bei Ablieferungshindernissen (Empfänger
ist nicht zu ermitteln, verweigert die Annahme u. a.) hat die Empfangsstation
den Versender durch die Versandstation zu benachrichtigen und seine Anweisung einzuholen. Ist dies nicht tunlich oder ist der Absender mit der Erteilung der Anweisung säumig oder ist diese nicht ausführbar, so hat die
Eisenbahn das Gut auf Gefahr und Kosten des Absenders auf Lager zu nehmen.
Sie ist auch berechtigt, unanbringliche Güter unter Nachnahme der darauf
lastenden Kosten und Auslagen bei einem Spediteur oder in einem öffentlichen Lagerhause für Rechnung und Gefahr des Verfügungsberechtigten zu
hinterlegen. Güter, die schnellem Verderben unterliegen, kann die Eisenbahn
sofort, andere unanbringliche Güter nach vier Wochen, u. U. auch früher ohne
Förmlichkeit bestmöglich verkaufen. Ähnlich ist zu verfahren, wenn der Frachtbrief zwar eingelöst ist, das Gut aber innerhalb der festgesetzten Frist nicht
abgenommen wird.

Wird eine Minderung oder Beschädigung des Gutes von der Eisenbahn
entdeckt oder vermutet oder vom Verfügungsberechtigten behauptet, so hat

die Eisenbahn unter Zuziehung unbeteiligter Zeugen oder Sachverständigen
und möglichst auch der Verfügungsberechtigten den Zustand des Gutes, den
Betrag des Schadens und, soweit möglich, auch Ursache und Zeitpunkt der
Minderung oder Beschädigung ohne Verzug schriftlich festzustellen. Auch bei
Verlust des Gutes ist die Feststellung vorzunehmen. Die Haftpflicht der
Eisenbahn in solchen Fällen der Minderung, Beschädigung und des Verlustes
ist in der E.V.O. eingehend geregelt. Die Eisenbahn ist durch den Frachtvertrag verpflichtet, das Gut in dem Zustande abzuliefern, in dem sie es
übernommen hat. Kommt sie dieser Verpflichtung nicht nach, so haftet sie
für den Schaden, es sei denn, daß er durch ein Verschulden oder eine nicht
von der Eisenbahn verschuldete Anweisung des Verfügungsberechtigten, durch
höhere Gewalt, durch äußerlich nicht erkennbare Mängel der Verpackung
oder durch die natürliche Beschaffenheit des Gutes, namentlich durch inneren
Verderb, Schwinden, gewöhnliche Leckage verursacht ist. Die Eisenbahn
haftet nur beschränkt bei Gütern, die bei der Beförderung besonderen Gefahren ausgesetzt sind oder nach ihrer natürlichen Beschaffenheit regelmäßig
einen Gewichtsverlust erleiden. Muß von der Eisenbahn Schadenersatz geleistet werden, so ist der gemeine Handelswert und in dessen Ermangelung
der gemeine Wert zu ersetzen, den Gut derselben Art und Beschaffenheit
am Orte der Absendung zur Zeit der Annahme gehabt hat. Bei Beschädigungen wird nur für die Verminderung des Wertes Ersatz geleistet. Bei
Beförderungen zu Ausnahmetarifen unter Frachtermäßigung und gewisser
Wertgegenstände kann die zu leistende Entschädigung tariflich auf einen
Höchstbetrag beschränkt werden. Ist der Schaden durch Vorsatz oder grobe
Fahrlässigkeit der Eisenbahn herbeigeführt, so ist in allen Fällen der volle
Schaden zu ersetzen. Will der Verfügungsberechtigte sich auch in anderen
Fällen den Anspruch auf Entschädigung über den gemeinen Handelswert
hinaus sichern, so kann er durch Zahlung einer besonderen Gebühr das Interesse an der Lieferung im Frachtbrief angeben. Der Ersatzanspruch erstreckt
sich dann bis zu dem angegebenen Betrage. Zur Geltendmachung der Rechte
aus dem Frachtvertrage ist nur der befugt, dem das Verfügungsrecht über
das Gut zusteht. Ist die Fracht nebst den sonst auf dem Gute haftenden
Forderungen bezahlt und das Gut abgenommen, so sind, abgesehen von bestimmten Ausnahmen (Vorsatz, Fahrlässigkeit der Eisenbahn, Überschreitung
der Lieferfrist, Mängel besonderer Art, zu Unrecht erhobene Frachtzuschläge,
falsche Berechnung von Fracht und Gebühren), alle Ansprüche gegen die
Eisenbahn erloschen. Ansprüche auf Zahlung oder Rückzahlung eines Fracht-
zuschlages, auf Nachzahlung zu wenig erhobener Fracht oder Gebühren, auf
Erstattung zu viel erhobener Fracht oder Gebühren, wegen Verlustes, Minderung, Beschädigung des Gutes oder wegen Überschreitung der Lieferfrist ver-
jähren in einem Jahr. Für alle anderen Ansprüche gelten die gewöhnlichen
Verjährungsfristen.

4. Die übrigen Verkehrsarten.

a) Reisegepäck und Expreßgut.

Der Reisende kann Gegenstände, deren er zur Reise bedarf, nicht immer
als Handgepäck mit sich führen, weil sie zu sperrig oder zu schwer oder zu
zahlreich sind, um in den Abteilen der Personenzüge untergebracht zu werden.
Anderseits müssen sie im Zuge mitgeführt werden, weil sie der Reisende
am Bestimmungsort seiner Reise gleich wieder zur Hand haben muß. Solche
Gegenstände bezeichnet man als Reisegepäck, sie werden im Packwagen
der Züge für den Personenverkehr befördert. Das Reisegepäck muß durch
seine Verpackung als solches kenntlich sein. Es wird von den Gepäck-

abfertigungen auf Gepäckschein unter Vorlage der Fahrkarte nach Stationen innerhalb der Strecke abgefertigt, für die der Reisende seine Fahrkarte gelöst hat. Die Gepäckscheine bestehen aus vier Abschnitten:

1. dem Stamm, der bei den Abfertigungen verbleibt;
2. dem Schein, den der Reisende erhält;
3. der Packmeisterkarte, die das Gut begleitet, und
4. den Beklebezetteln, die zur Bezeichnung der Gepäckstücke dienen.

Reisegepäck, das nicht spätestens 15 Minuten vor Abgang des Zuges aufgeliefert wird, kann von der Annahme ausgeschlossen werden. Für Fahrzeuge, die nicht im Packwagen untergebracht werden können, aber doch als Reisegepäck zugelassen sind, bestehen besondere Bedingungen. Der Gepäckschein gilt als Frachturkunde, mit seiner Aushändigung an den Reisenden nach Entrichtung der Gepäckfracht ist der Beförderungsvertrag mit der Bahn abgeschlossen. Das Gepäck wird gegen Rückgabe des Gepäckscheines ausgeliefert. Der Inhaber des Scheines ist berechtigt, auf der Bestimmungsstation die Auslieferung des Gepäckes an der Ausgabestelle zu verlangen, sobald nach Ankunft des Zuges, zu dem es aufgegeben worden ist, die zur Bereitstellung und etwa zur zoll- oder steueramtlichen oder polizeilichen Abfertigung erforderliche Zeit abgelaufen ist. Muß das Gepäck unterwegs auf einen anderen Zug übergehen, so kann die Weiterbeförderung und daher auch die Auslieferung mit dem Anschlußzuge nicht verlangt werden. Werden die Gepäckstücke nicht innerhalb 24 Stunden, Fahrzeuge nicht innerhalb 2 Stunden nach Ankunft des Zuges abgeholt, so ist das tarifmäßige Lageroder Standgeld zu entrichten.

Für Verlust, Minderung oder Beschädigung des Reisegepäckes haftet die Eisenbahn nach den für Güter gegebenen Vorschriften. Als verloren gilt ein Gepäckstück, wenn es noch nach Ablauf von drei Tagen nach Ankunft des Zuges, zu dem es aufgegeben worden ist, fehlt. Der Anspruch auf Entschädigung erlischt, wenn das Gepäck nicht innerhalb 14 Tagen nach Ankunft des Zuges auf der Bestimmungsstation abgefordert wird. Auch bei Überschreitung der Lieferfrist ist die Eisenbahn haftbar, sie hat den nachgewiesenen Schaden nach gewissen Sätzen und unter bestimmten Bedingungen zu ersetzen. Die Haftung der Eisenbahn ist ausgeschlossen, wenn die Fristüberschreitung von einem Ereignisse herrührt, das die Eisenbahn weder herbeigeführt noch abzuwenden vermocht hat. Auch für Handgepäck, das die Eisenbahn zur Aufbewahrung übernimmt, haftet sie als Verwahrer bis zu einem bestimmten Betrage.

Die Beförderung von Reisegepäck im Packwagen der Personenzüge geht außerordentlich rasch vor sich. Es liegt daher der Gedanke nahe, diese Beförderungsmöglichkeit nicht nur auf Reisegepäck zu beschränken, sondern auch für alle anderen Gegenstände zuzulassen, die sich zur Unterbringung im Packwagen der Züge für Personenbeförderung eignen. Dies ist auch geschehen für solche Gegenstände, die nicht dem Postzwange unterliegen; man bezeichnet diese Art der Ortsveränderung als Expreßgutverkehr. Der Unterschied gegenüber dem Reisegepäck besteht darin, daß zur Aufgabe von Expreßgut die Vorlage einer Fahrkarte nicht erforderlich ist. Annahmestellen sind die Gepäckabfertigungen. Der Versender kann den Zug bestimmen, mit dem das Gut befördert werden soll, er muß es aber dann spätestens $^1/_4$ Stunde vor Abgang des betreffenden Zuges aufgeliefert haben. Das Expreßgut wird auf Eisenbahn-Paketkarte abgefertigt, die Beförderungsgebühr ist im voraus zu entrichten, Nachnahmen sind nicht zugelassen. Soll die Sendung dem Empfänger nicht bis ins Haus zugeführt werden, dann muß die Adresse auf dem Frachtstück den Vermerk „bahnlagernd" oder „zur Selbstabholung" tragen. Letztere Güter werden nach Ankunft dem Empfänger angemeldet. Für die richtige und rechtzeitige Ablieferung des Expreßgutes haftet die Eisenbahn auf Grund von besonderen Vorschriften, die denjenigen für den Gepäckverkehr ähnlich sind.

b) Der Tierverkehr.

Für die Beförderung lebender Tiere bestehen besondere Vorschriften. Die Eisenbahnverwaltungen sind berechtigt, Begleitung der Tiersendungen zu fordern, ausgenommen bei kleineren Tieren, die in tragbaren, gut verschlossenen Behältern aufgegeben werden. Die Begleiter haben die Tiere während der Beförderung zu warten. Welche Züge für die Tierbeförderung zur Verfügung stehen, ist von den Eisenbahnverwaltungen bekannt zu geben. Für das Einladen und das sichere Unterbringen der Tiere muß der Absender sorgen. Tiere mit Begleitung werden auf Beförderungsschein, solche ohne Begleitung auf Eilfrachtbrief abgefertigt. Bei der Ankunft auf der Bestimmungsstation ist die Auslieferung der Tiere an den Empfänger zu beschleunigen. Für die Beförderung sind Lieferfristen im Tarif festgesetzt, die sehr kurz sind, kürzer als die für gewöhnliches Eilgut.

Besondere Bestimmungen gelten für die Beförderung von Hunden, die von Reisenden mitgeführt werden. Während im allgemeinen Tiere in die Personenwagen nicht mitgenommen werden dürfen, ist die Mitnahme kleiner Tiere, die auf dem Schoße getragen werden können, in das Abteil gestattet, wenn die Mitreisenden keinen Widerspruch erheben. Sind Abteile für Reisende mit Hunden im Zuge vorhanden, so können die Reisenden mit Hunden jeder Größe darin Platz nehmen. Fehlen solche Abteile, dann können die Hunde in besonderen Hundeabteilen im Gepäckwagen untergebracht werden. Sind auch diese nicht vorhanden, dann können sie in genügend sicheren Behältern zur Beförderung in Gepäck- oder Güterwagen zugelassen werden. Ausnahmsweise kann Jägern gestattet werden, mit ihren Hunden im Gepäck- oder Güterwagen Platz zu nehmen. In jedem Fall haben die Reisenden für die Unterbringung und Abholung ihrer Hunde, auch beim Übergang von einem Zug zum andern, selbst zu sorgen. Für Hunde, die von Reisenden mitgeführt werden, sind Hundekarten gegen die tarifmäßige Gebühr zu lösen.

c) Leichen.

Leichen sind zur Beförderung in Zügen für den Personenverkehr zugelassen. Sie müssen in widerstandsfähigen Metallbehältern luftdicht verschlossen und jeder Metallbehälter in einem hölzernen Behälter so fest eingesetzt sein, daß er sich nicht darin verschieben kann. Bei der Aufgabe der Sendung ist der Eisenbahn ein Leichenpaß vorzulegen, der bei Auslieferung der Leiche dem Empfänger ausgehändigt wird. Die Abfertigung geschieht bei den Gepäckstellen auf Beförderungsschein. Die Fracht wird bei der Aufgabe eingezogen. Das Verladen hat der Absender zu besorgen. Für die Beförderung sind gedeckte Wagen zu verwenden, Beiladung von Gütern, die nicht zur Leiche gehören, ist verboten. Mehrere Leichen, die gleichzeitig von derselben Verstandstation nach derselben Bestimmungstation aufgegeben werden, können zusammen in einen Wagen verladen werden. Jeder Sendung ist ein Begleiter beizugeben, der eine Fahrkarte zu lösen und denselben Zug zu benutzen hat. Begleitung ist nicht erforderlich, wenn sichergestellt ist, daß die Sendung auf der Bestimmungsstation abgeholt wird. Bei Ankunft unbegleiteter Sendungen ist der Empfänger ohne Verzug zu benachrichtigen. Die Auslieferung hat er zu bescheinigen. Für die Abholung der Leichen sind Fristen gesetzt. Bei ihrer Überschreitung kann das tarifmäßige Wagenstandgeld erhoben werden.

Abweichende Bestimmungen können für die Beförderung von Leichen nach dem Bestattungsplatz des Aufgabeortes erlassen werden, z. B. wenn der Zentralfriedhof einer Großstadt im Vororte liegt und Eisenbahnverbindung besteht. Auch bei Leichen, die an öffentliche höhere Lehranstalten gesandt oder von diesen weiterversandt werden, sind Erleichterungen zugelassen. Sie dürfen in dichtverschlossenen Kisten aufgeliefert und unbegleitet in offenen Wagen mit Güterzügen befördert werden. Auch Beiladung mit Ausnahme bestimmter Güter (Nahrungs-, Genußmittel u. a.) ist zulässig. Solche Leichen werden auf Frachtbrief befördert und bei den Güterabfertigungsstellen auf- und abgeliefert.

d) Schlußbemerkung.

Die im Verkehrsdienst übliche Buch- und Rechnungslegung, das Kontroll- und Abrechnungswesen der Verwaltungen untereinander, sowie die Eisenbahnstatistik werden im Bande „Wirtschaft und Wirtschaftsführung" eingehend behandelt, sodaß sich eine Erörterung hier erübrigt.

III. Die Organisation der Eisenbahnen
von
Kurt Risch

A. Grundsätze für den Aufbau der Einzelunternehmungen und ihre Einordnung in den Staatsorganismus.

Organisation ist die planvolle Ordnung eines Unternehmens und seine Eingliederung in den Staatsorganismus mit dem Ziel, die darin arbeitenden wirtschaftlichen Güter so anzusetzen, daß der Gesamtnutzen ein Maximum wird. Hierbei umfaßt der Begriff des wirtschaftlichen Gutes menschliche, tierische und mechanische Arbeitskräfte, bewegliche und unbewegliche Sachen, Rechtsverhältnisse, Einrichtungen und Anstalten. Ebensoweit ist der Begriff des Gesamtnutzens zu ziehen und darunter nicht nur der materielle Nutzen zu verstehen, sondern auch Vorteile kultureller Art. Gerade die letzteren spielen bei der hohen Bedeutung des Verkehrs für die Befriedigung der menschlichen Bedürfnisse eine große Rolle. Es kann daher bei der Organisation der Eisenbahnen nicht die Ortsveränderung von Personen und Gütern sowie die Nachrichtenübermittlung schlechthin als der erstrebte Zweck hingestellt werden, sondern es müssen hierbei die berechtigten Forderungen der Allgemeinheit berücksichtigt werden.

Aus dieser Auffassung vom Wesen der Organisation lassen sich die Grundsätze für den Aufbau der Eisenbahnunternehmungen in zwei große Gruppen teilen: die Einrichtung der Einzelunternehmungen und ihre Eingliederung in den Staatsorganismus.

1. Grundsätze für den Aufbau der Einzelunternehmungen bei Staats- und Privatbahnen.

Bei den Eisenbahnen haben wir es vorwiegend mit der Organisation geistiger und physischer menschlicher Kräfte, mechanischer Kräfte und von Stoffen zu tun.

Die Menschenwirtschaft überwiegt, weil auch die mechanischen Kräfte zu ihrer Entfaltung und Leitung des Menschen bedürfen. Für eine erfolgreiche Organisation ist daher die vernünftige Ausnutzung der Menschen eine unerläßliche Vorbedingung.

a) Psychologische, sozialethische und physiologische Gesichtspunkte.

Das Ziel der Menschenwirtschaft geht auf Steigerung der Arbeitsleistungen, es kann durch zwei Mittel erreicht werden: entweder durch unmittelbar wirkende Maßnahmen zur Entfaltung der Arbeitsfreude, Ausnutzung des Gewinnstrebens, Schärfung des Gewissens, oder durch mittelbare Wirkungen, die sich durch die Beseitigung vorhandener Hemmungen im Arbeitsablauf erzielen lassen. Meist wird man beide Mittel zur Anwendung bringen.

1. Unmittelbare Steigerung der Arbeitsleistungen. Die Steigerung der Arbeitsleistung durch Erhöhung der Arbeitsfreude wird erreicht durch die Abgrenzung selbständiger Arbeitsgebiete mit eigener Verantwortung. Selbständigkeit und Verantwortlichkeit erziehen zur Gewissenhaftigkeit und verbessern dadurch die Qualität der Arbeit, sie können aber nur solchen Personen auferlegt werden, von denen man vermöge ihrer Vorbildung und Charaktereigenschaften erwarten kann, daß sie ihren Aufgaben gewachsen sind.

Es muß daher eine sorgfältige Auswahl bei der Besetzung aller Stellen stattfinden, weiter aber auch deshalb, weil erst dann die rechte Freude am Schaffen aufkommt, wenn man das Arbeitsgebiet beherrscht, in das man gestellt wird. „Der richtige Mann an den richtigen Ort!"

Vorbildung und Ausbildung sind daher von ganz besonderem Wert, zumal die Eisenbahnen öffentliche Unternehmungen sind, die über ihre Eigenkosten hinaus einen Gewinn abwerfen sollen. Es kommt weiter hinzu, daß ein Eisenbahnunternehmen kein starres, unveränderliches Gebilde ist, das nach Gesetzen und festen Vorschriften verwaltet werden kann, sondern Eisenbahnen sind technisch wirtschaftliche Verkehrsmittel, die weiter entwickelt werden müssen, wenn sie nicht rückständig werden und unwirtschaftlich arbeiten sollen. Bahnweg, Fahrzeug, bewegende Kraft — diese drei Anlagebestandteile der Eisenbahnen sind technische Einrichtungen. Diese Tatsache darf bei der Auswahl des Eisenbahnpersonals und der Besetzung der Stellen nicht außer acht gelassen werden, das gilt in gleichem Maße für Vor- und Ausbildung zum unteren Dienst wie für die leitenden Posten. Gerade für die letzteren muß das allgemein — auch von Juristen — anerkannte schöpferische Können des Ingenieurs voll zur Auswirkung gelangen, und das ist nur möglich, wenn ihm ein entscheidender Einfluß bis in die oberste Leitung hinein eingeräumt wird. Daß neben den technischen Fähigkeiten von den leitenden Persönlichkeiten auch ein hohes Maß von Allgemeinbildung und kritischen Urteilens verlangt werden muß, ist selbstverständlich[1]).

Bei der Auswahl dürfen aber nicht nur die Eigenschaften des Intellekts berücksichtigt werden, sondern auch die des Charakters. Je höher die Stellung, um so höher das Maß der Verantwortung und der Selbständigkeit, um so höher aber auch die Anforderungen an die ethischen Eigenschaften. Sachlichkeit, Lauterkeit der Gesinnung, Ehrlichkeit, Wahrhaftigkeit, Gewissenhaftigkeit und Pflichttreue sind unerläßliche Voraussetzungen für die Bekleidung verantwortlicher Stellen vom Rottenführer aufwärts bis zum Direktor oder Minister. Die Erkenntnis der wahren Charaktereigenschaften ist allerdings nicht immer einfach, weil man vielfach nicht durch die äußere Hülle

---

[1]) Wenn v. Kienitz in seinem Aufsatz „Technik und Rechtskunde in der Eisenbahnverwaltung", Archiv für Eisenbahnwesen 1921, S. 279 ff. den Ingenieuren die Fähigkeit zu sachlichen Entscheidungen abspricht, so urteilt er als Verwaltungsjurist, er ist in dem Streit „Techniker oder Jurist" Partei. Demgegenüber dürfte das Urteil zweier Unparteiischer, zweier Historiker, von besonderem Wert sein. H. v. Treitschke sagt: „Wenn auch für wahrhaft vornehme Naturen die klassische Bildung eine unersetzlich segensreiche Schule bleibt, so steht doch der gemeine Durchschnitt der studierten Leute heute den Kaufleuten, den Technikern weit nach. Der gebildete Gewerbetreibende beherrscht in der Regel einen weiteren Horizont, er ist unabhängig von seinem Denken, und ihn beseelt das stolze Bewußtsein, der Zivilisation eine Gasse zu brechen, welches dem kleinen Theologen und Juristen gänzlich fehlt." Noch härter urteilt Joh. Hohlfeldt: „Die Minister waren nicht die politischen Führer des Volkes, die Vollstrecker des nationalen Willens, sondern sie waren Fachminister, hervorgegangen aus der Stubenluft engherziger Bürokratie. So gut wie alle höheren Verwaltungsstellen befanden sich in den Händen der allmächtigen Juristen, die mangelnde Fachkenntnisse durch juristisch-bürokratischen Formalismus überdeckten. In Schule und Kirche, Eisenbahn und Post, Stadtregiment und Staatsverwaltung, überall war die erste Voraussetzung für Erringung der höchsten Stellen die Ableistung des Richterexamens. Das Merkwürdigste ist aber, daß die entthronte Bürokratie heute diese Vertreter als „Fachminister" bezeichnet und die Rückkehr dieses Assessorismus als Rettung preist aus den Nöten der Zeit. (Geschichte des Deutschen Reiches 1871—1924.)

verbindlicher und gewandter Umgangsformen hindurch auf den Grund der menschlichen Seele schauen und die „Lauteren" von den „Radfahrernaturen" scheiden kann. Mißgriffe bei der Auswahl können zu schwerer Beeinträchtigung der Arbeitsleistungen führen, weil mit der Achtung vor dem Vorgesetzten auch die Arbeitsfreude schwindet. Es sollte daher grundsätzlich nur solchen Persönlichkeiten entscheidender Einfluß in Personalangelegenheiten eingeräumt werden, die ein sachkundiges Urteil und Menschenkenntnis besitzen.

Ein altes Sprichwort sagt: „Guter Lohn macht hurtige Hände". Damit ist ein weiterer Hinweis zur Steigerung der Arbeitsleistungen gegeben. Der Lohn soll das Entgelt für die geleistete Arbeit sein. Es bleibt daher stets anzustreben, Stücklöhne statt Zeitlöhne zu vereinbaren. Sie müssen so festgesetzt werden, daß sie als angemessene Gegenleistung anzusehen sind und daß geschickte, fleißige Arbeiter über den Durchschnittsverdienst hinauskommen. Das Gewinnstreben ist ein mächtiger Anreiz zur Erhöhung der Arbeitsleistungen und muß organisatorisch ausgewertet werden. Wo dies in Form von Stücklöhnen nicht möglich ist, sollte durch Einrichtung von Prämien, Schaffung von Beförderungsstellen und ähnlichen Maßnahmen diesem egoistischen Leitmotiv Rechnung getragen werden. Voraussetzung hierfür ist selbstverständlich, daß solche Einrichtungen tatsächlich auch den Charakter von Auszeichnungen behalten, d. h. Prämien nur an solche ausgezahlt werden, und in Beförderungsstellen nur solche aufrücken, die überdurchschnittliche Leistungen aufzuweisen haben. In ähnlichem Sinne wirken Titel, Orden und persönliche Auszeichnungen anderer Art. Anderseits dürfen die Bedingungen zur Erlangung dieser wirtschaftlichen Vorteile nicht so schwer sein, daß ihre Erfüllung nur ausnahmsweise gelingt. Ein solches Verfahren würde das Gewinnstreben verkümmern und die Arbeitsfreude lähmen. Um hier das richtige Maß zu halten, bedarf es einer eingehenden Kenntnis der Arbeitsvorgänge, der Arbeitsbedingungen, der wirtschaftlichen Lage sowie der psychologischen Einstellung der in Frage kommenden Arbeitnehmerkreise. Einen gangbaren Weg für die richtige Wertung dieser Einflüsse bietet das Verfahren der wissenschaftlichen Betriebsführung. Die weitgehende Zergliederung der Arbeitsvorgänge, die Zeitstudien, Ermüdungserscheinungen, die Vereinigung der Teilhandlungen zu neuen Arbeitsvorgängen mit höheren Wirkungsgraden, die die Arbeitswissenschaft lehrt, liefert so wertvolle Fingerzeige für die Preis- und Lohnpolitik, für die Einrichtung und Handhabung der Betriebe, daß eine neuzeitliche Organisation an diesem Verfahren nicht achtlos vorübergehen kann. Selbstverständlich dürfen die Ergebnisse nicht kritiklos übernommen, sondern müssen den jeweilig vorhandenen Bedingungen vorsichtig angepaßt werden. Arbeitsteilung, Lohnregelung und Gewährung sonstiger Vergünstigungen zur Förderung der Arbeit gehören zu den wichtigsten und schwierigsten Organisationsaufgaben und sollten deshalb grundsätzlich nur solchen Persönlichkeiten übertragen werden, die über die vorerwähnten Kenntnisse in vollem Umfange verfügen.

Eine andere Gruppe von Mitteln zur Steigerung der Arbeitsleistungen stützt sich auf Motive sittlicher, rechtlicher und religiöser Art, auf Pflichttreue, Ehrlichkeit, Anhänglichkeit, Dankbarkeit, Vertragstreue, Frömmigkeit. Die Wirksamkeit dieser Mittel setzt eine tiefgehende Erziehungsarbeit in Schule und Haus voraus sowie die Pflege dieser Eigenschaften durch Überlieferungen in den Betrieben selbst. Wo ein solcher Grundstock ethischer Werte vorhanden ist, gilt es, ihn vor Verkümmerung zu schützen, weil diese Werte ein wirksames Mittel sind zur Erziehung eines Stammes zuverlässiger Arbeitskräfte, die sich gegen arbeitsfeindliche Elemente sittlich zu behaupten vermögen. Gefördert wird die Bildung und Überlieferung solcher Werte durch Wohlfahrtseinrichtungen aller Art, Lehrlingswerkstätten und Unterricht. Am wirksamsten aber bleibt stets ein mustergültiges Verhalten der Vorgesetzten. Frei von Standesdünkel und geistigem Hochmut, mit ausgeprägtem Gerechtigkeitssinn müssen sie ihre Untergebenen als Menschen in ihrer ganzen sittlichen Einstellung werten.

    2. Mittelbare Steigerung der Arbeitsleistungen. Hierzu führen Einrichtungen psychotechnischer Art, welche Hemmungen im Ablauf der Arbeitsvorgänge beseitigen sollen, wie unlustbetonte Gefühle, mangelnde Geschicklichkeit u. a. Im Anlernverfahren und in der Fähigkeitsschulung hat die Psychotechnik solche Einrichtungen geschaffen.

Weiter gibt es bei großen Unternehmungen, wie den Eisenbahnen, eine ganze Reihe selbständiger Arbeitsgebiete, deren Kreise sich berühren. Hier besteht die Gefahr der inneren Reibung, die den Wirkungsgrad der Gesamtarbeit herabsetzt. Durch genaue Abgrenzung der Befugnisse, durch verständige Arbeitsordnungen, die die Beziehungen der Überordnung, Neben- und Unterordnung zwischen dem Personal regeln, wird man die innere Reibungsarbeit wesentlich vermindern können. Wichtig ist hierbei, dafür zu sorgen, daß die Abwälzung der Verantwortlichkeit von den Vorgesetzten auf nachgeordnete Stellen unterbunden wird. Der vielfach beobachtete Grundsatz der „Rückendeckung" wirkt außerordentlich arbeitshemmend und muß einem gesteigerten Verantwortungsgefühl und einer höheren Verantwortungsfreudigkeit weichen. Die bestbezahlten Kräfte müssen hierin vorangehen und vorbildlich für die Untergebenen sein.

Die Arbeitsleistungen sind aber auch im hohen Maße von der körperlichen Beschaffenheit des Arbeitenden abhängig. Alle Maßnahmen physiologischer, hygienischer oder sportlicher Art, die auf die körperliche Ertüchtigung abzielen, wirken daher auch mittelbar arbeitsfördernd. Die physiologischen Maßnahmen werden sich auf die richtige Bemessung der Arbeitszeit, zweckmäßige Verteilung und Dauer der Pausen, Anordnungen für die wirksame Beseitigung von Ermüdungserscheinungen zu erstrecken haben. Den hygienischen Forderungen wird man durch zweckentsprechende Belüftung, Beheizung, Beleuchtung, Entstaubung der Arbeitsräume, durch Bereitstellung von Aborten, Waschgelegenheiten, Verbandräumen, Arzneimitteln, durch Arbeiterschutzvorrichtungen und Schutzvorschriften Rechnung tragen können. Darüber hinaus wird es sich empfehlen, durch Unterstützung sportlicher Bestrebungen auch auf die körperliche Ertüchtigung außerhalb der Arbeitsstätte und Arbeitszeit einzuwirken. Die schon erwähnten Wohlfahrtseinrichtungen können in gleicher Weise zum Zwecke der Erhaltung und Wiederherstellung der Gesundheit ausgebaut werden.

Trotz Beobachtung der hier angeführten Gesichtspunkte psychologischer, sozialethischer und physiologischer Art bei der Auswahl der Arbeitskräfte wird sich immer wieder herausstellen, daß einige von ihnen den körperlichen, intellektuellen oder sittlichen Anforderungen nicht gewachsen sind. Sie sind ungeeignet für den Betrieb des Unternehmens und müssen abgestoßen werden. Jede gute Organisation muß sich die Möglichkeit hierzu offen halten durch die Kündbarkeit des Arbeitsverhältnisses. Bei Privatbahnen wird dieser Grundsatz stets durchgeführt. Aber auch die Staatsbahnen sollten die unkündbare Anstellung beschränken und nur Beamten im vorgerückten Alter zubilligen, die sich durch gute Dienste und treue Pflichterfüllung den Dank des Unternehmens verdient haben. Ganz verkehrt ist es aber, junge Arbeitskräfte in unkündbare Stellen zu bringen, von welchen man nie weiß, wie sich ihre Leistungen entwickeln. Gewiß wirkt bei vielen sittlich Hochstehenden die Sicherung der Lebensstellung arbeitsfördernd, weil ihnen die Sorge für die Zukunft abgenommen ist. Bei dem gegenwärtigen Tiefstand der Moral darf aber dieses Moment nicht sehr hoch angeschlagen werden. Auch die Annahme, daß durch die Unkündbarkeit der Anstellung das Unternehmen vor Erschütterungen durch Arbeitsniederlegung bewahrt werde, hat der Eisenbahnerstreik im Jahre 1922 widerlegt. Die drohende Entlassung allein und die damit meist verbundene wirtschaftliche Not wirken abschreckend und werden das Unternehmen viel leichter gegen ein unfruchtbares Drohnentum pflichtvergessener, nachlässiger Beamten schützen als andere Maßnahmen. Von diesem Recht zur Kündigung sollte daher überall dort rücksichtslos Gebrauch gemacht werden, wo das Interesse des Unternehmens die Abstoßung ungeeigneter Arbeitskräfte gebietet. Dafür, daß dieses Recht nicht mißbraucht wird, sorgt den Angestellten und Arbeitern gegenüber das neue Arbeitsrecht. Den Beamten der Staatsbahnverwaltungen, die auf Lebenszeit angestellt sind, kann zwar das Arbeitsverhältnis nicht aufgekündigt werden, ihnen gegenüber hat aber der Staat das Mittel der Zwangspensionierung, wenn er einen Beamten ausschalten will. Wenn auch dieses Mittel zur Abstoßung von Beamten sehr kostspielig ist, so ist es doch nicht ausgeschlossen, daß in der heutigen Zeit des Parlamentarismus mit dieser Zwangspensionierung Mißbrauch getrieben wird, und es bleibt daher zu erwägen, auch den Beamten einen Schutz gegen ungerechte Pensionierung durch das Gesetz zu gewähren.

b) Arbeitsgliederung und Arbeitsvereinigung.

Die psychologischen, physiologischen und sozialethischen Gesichtspunkte sind für die Handhabung der Personalpolitik richtunggebend. Für den Behördenaufbau selbst wird man nach den Erfahrungen der Arbeitswissenschaft von der Gliederung der Arbeitsvorgänge in den Eisenbahnunternehmungen ausgehen müssen. Aufgabe der Eisenbahnen ist die Ortsveränderung von Personen und Gütern und die Übermittlung von Nachrichten. Bei der letzteren übernimmt die Bahn für die Post die Rolle des Spediteurs in Bezug auf den Briefverkehr. Die Beförderung dieser Art von Nachrichten ist grundsätzlich die gleiche wie die von Gütern und braucht nicht besonders im Rahmen dieses Abschnittes behandelt zu werden. Die Übermittlung von Nachrichten durch den Draht für den öffentlichen Verkehr tritt gegenüber den übrigen Aufgaben der Eisenbahnen völlig zurück, sodaß wir uns hier nur mit dem Personen- und Güterverkehr zu befassen brauchen.

1. Arbeitsgliederung und -vereinigung bei der erstmaligen Herstellung von Bahnanlagen. Der Eisenbahnverkehr setzt folgende Anlagebestandteile voraus: (1.) den Bahnweg, bestehend aus den Bahnhöfen zur Aufnahme und Abgabe von Personen und Gütern sowie der freien Strecke zur Verbindung der Bahnhöfe untereinander, (2.) Fahrzeuge zur Aufnahme der Personen und Güter und (3.) Triebkräfte zur Fortbewegung der Fahrzeuge. Diese Anlagebestandteile müssen erstmalig hergestellt werden, sie müssen weiter unterhalten und entsprechend der Zunahme des Verkehrs ausgebaut und ergänzt werden. Hieraus ergibt sich für die Organisation eine erste große Gruppe von Arbeitsvorgängen: die Beschaffung von Baustoffen und ihre Vereinigung zu den Anlagebestandteilen der Eisenbahnen. Die Arbeiten für den Bahnweg, den festen Anlagebestandteil, heben sich wesentlich von den beweglichen Bestandteilen, den Fahrzeugen und Triebkräften, ab. Man wird daher die erste Gruppe von Arbeiten besonderen Bauämtern zuweisen und die Arbeiten für die beweglichen Bestandteile besonderen maschinentechnischen Ämtern. Die Arbeiten für die erstmalige Herstellung einer Bahnanlage sind vorübergehend, die für die Unterhaltung dauernd. Es ist daher zweckmäßig zwischen Neubauämtern und solchen zu unterscheiden, denen die laufende Unterhaltung obliegt. Die ersteren, sofern sie sich mit der Herstellung des Bahnweges zu befassen haben, verändern ihren Sitz mit dem Wechsel des Ortes der Bauausführung, sie werden von Fall zu Fall gebildet, wenn große Bauaufgaben ausgeführt werden sollen, und ihre Zusammensetzung richtet sich nach dem Umfang des Baues. Ist der Bau vollendet, wird das Neubauamt aufgelöst oder für eine neue Bauaufgabe an anderer Stelle eingesetzt. Handelt es sich um die Herstellung von Bahnen für kleinere gemeinwirtschaftliche Verbände, für Städte, Kreise, Zweckverbände, Provinzen, dann werden die Vorarbeiten und der Bau auch häufig privatwirtschaftlichen Eisenbahnbauunternehmungen übertragen.

Von der Heranziehung der Privatwirtschaft kann aber auch mit Vorteil bei großen Eisenbahnverwaltungen für die Herstellung von Fahrzeugen Gebrauch gemacht werden.

Es gibt genug leistungsfähige private Wagen- und Lokomotivbauanstalten, von denen man die erforderlichen neuen Lokomotiven und Wagen beschaffen kann. Das Verfahren ist für die Eisenbahnverwaltungen sehr einfach, weil eine Gewähr für einwandfreie Lieferungen leicht geschaffen werden kann und angemessene Preise durch den gegenseitigen Wettbewerb der Werke, falls dieser nicht durch Syndikatsbildungen ausgeschlossen wird, erzielt werden können. Man wird daher den anderen Weg, eigene Werkstätten für den Lokomotiv- und Wagenbau zu errichten, nur dann empfehlen können, wenn die Privatwirtschaft auf diesem Gebiete versagt.

2. Arbeitsgliederung und -vereinigung für die laufenden Aufgaben.

α) Die unteren Dienststellen. Ganz anders liegen die Verhältnisse bezüglich der Erhaltung der Bahnanlagen und des Fuhrparkes. Die Arbeiten, die sich hier bieten, sind ihrer Art und ihrer Menge nach sehr verschieden. Beim Bahnwege haben wir es mit der Unterhaltung und Ausbesserung am Gleis, an den Brücken, den Sicherungsanlagen, den Hochbauten, den Ausstattungsgegenständen zu tun, die häufig schnell, in kurzen Betriebspausen, ausgeführt werden müssen. Ihr Umfang ist auch nicht so groß, daß sich die Vergebung dieser Arbeiten an Dritte verlohnt. Es muß daher für sie ein Stamm von erfahrenen und tüchtigen Arbeitern herangebildet werden. Da diese laufenden Arbeiten ihrer Verschiedenartigkeit wegen auch schwer nach Stücksätzen bezahlt werden können, bleibt nur ihre Ausführung im Zeitlohn übrig. Es muß daher das Bahnnetz für diese Zwecke der Unterhaltung in Bezirke von solcher räumlichen Ausdehnung eingeteilt werden, daß sich eine wirksame Beaufsichtigung dieser Arbeiten leicht durchführen läßt. Man kommt so zur Schaffung unterster Dienststellen für die Unterhaltung des Bahnweges. Sind größere Arbeiten im Zusammenhange auszuführen, für die sich die Kosten vorher mit Sicherheit feststellen lassen, wie der Neuanstrich von Brücken und Gebäuden, Auswechselung abgängiger Brücken, Erneuerung des Oberbaues in größeren zusammenhängenden Strecken u. a., dann kann man diese Arbeiten in einzelnen Losen oder im ganzen zu festen Preisen ausführen lassen, sie an Unternehmer verdingen oder auch die Bahnunterhaltungsarbeiter einer oder mehrerer Dienststellen zur gemeinsamen Ausführung eines solchen Gedingewerkes vereinigen. Für die Wirtschaftlichkeit der Bahnunterhaltung bleibt die Zusammenfassung von Einzelarbeiten und ihre Ausführung im Stücklohn oder zu einem Bauschbetrage anzustreben, weil die Bezahlung nach Zeit nur bei sehr scharfer Beaufsichtigung billiger wird.

Die gleichen Überlegungen gelten auch für die Unterhaltung des Fuhrparks. Es ist betrieblich nicht durchführbar, kleinere Schäden an Wagen und Lokomotiven in Privatwerkstätten ausführen zu lassen, die Beförderung dorthin würde, wenn nicht solche Werke in günstiger Lage und mit Bahnanschluß vorhanden sind, die Fahrzeuge unvorteilhaft lange dem Betriebe und damit ihrem eigentlichen Zweck entziehen. Weiter aber sind die zu beseitigenden Schäden auch so vielgestaltig und verschiedenartig, daß sich die

Leistungen schwer abschätzen lassen. Für die Bezahlung wird es kaum möglich sein, den richtigen Maßstab zu finden. Die Gefahr der Übervorteilung ist sehr groß. Es sind daher auch für die Unterhaltungsarbeiten an den Fahrzeugen unterste Dienststellen von den Eisenbahnverwaltungen selbst einzurichten. Auch hier muß für solche Arbeiten, die sich nur nach Zeit bezahlen lassen, für scharfe und gewissenhafte Aufsicht gesorgt werden. Im übrigen wird sich aber bei ständiger Beobachtung und sorgfältigen Aufschreibungen für öfter wiederkehrende gleichartige Arbeiten leicht ein Schlüssel finden lassen, um sie im Gedingeverfahren auszuführen. Diese Möglichkeit macht die Ausbesserungen in bahneigenen Werken der Vergebung der Arbeiten an fremde Unternehmungen wirtschaftlich überlegen.

Man kann im Zweifel darüber sein, ob die vorstehenden Überlegungen auch für größere Ausbesserungsarbeiten gelten. Die Erfahrungen der letzten Jahre, in welchen die deutschen Staatsbahnen unter dem Zwange der Verhältnisse solche größeren Arbeiten bei Privatwerken haben vornehmen lassen, haben gezeigt, daß es außerordentlich schwer ist, den Umfang der einzelnen Arbeiten für die Bezahlung richtig abzuschätzen und die ordnungsgemäße Ausführung der Arbeiten zu überwachen. Es dürfte sich daher empfehlen, auch für größere Ausbesserungen bahneigene Werkstätten zu schaffen, sofern der Betriebsmittelpark eine wirtschaftliche Ausnutzung der Einrichtungsgegenstände in den Werkstätten verbürgt. Ist diese Vorbedingung nicht erfüllt, so ist das Verfahren der Vergebung an Privatwerke vorzuziehen.

Außer der Herstellung und Unterhaltung der technischen Anlagebestandteile müssen aber weiter die übrigen Arbeitsvorgänge für die Ausführung des Verkehrsaktes organisiert werden. Zunächst kommt hierfür in Betracht eine Summe von Tätigkeiten, die sich unter dem Begriff „Fahrdienst" zusammenfassen lassen. Hierunter fallen die Zugbildung, die Bespannung der Züge nebst dem Rangierdienst auf den Stationen sowie der Zugbeförderungsdienst für die Bewegung der Züge von Station zu Station. Dieser Fahrdienst ist ein Teil des umfassenderen Betriebsdienstes, eine Gruppe von Tätigkeiten beschränkt sich räumlich auf die Stationen und läßt sich dort in einer Hand vereinigen, der die Verantwortung für die Durchführung der betrieblichen Maßnahmen übertragen wird. Die Bahnhöfe würde man daher als unterste Dienststellen für den Betriebsdienst anzusehen und zu organisieren haben. Bei der sorgfältigen Wartung und Pflege, der die Lokomotiven bedürfen, wird es sich aber unter Umständen empfehlen, den maschinentechnischen Dienststellen, denen die Unterhaltung der Lokomotiven obliegt, die betrieblichen Aufgaben bezüglich der Bereitstellung der Lokomotiven für den Zug- und Verschiebedienst zu übertragen oder ihnen doch eine weitgehende Selbständigkeit gegenüber der Bahnhofsleitung auf diesem Gebiete einzuräumen. Bei den Zugfahrten von Bahnhof zu Bahnhof ist der Zug auf der freien Strecke der unmittelbaren Einwirkung der Stationen entzogen, hier muß die Verantwortlichkeit auf das Zugpersonal und auf die Zwischenblockstellen übergehen. Da die letzteren von den benachbarten Bahnhöfen z. T. recht weit entfernt liegen, würde eine Beaufsichtigung dieser Blockstellen durch die Bahnhofsvorsteher sehr zeitraubend und unwirtschaftlich sein, es wird sich daher empfehlen, die Blockwärter den Beamten des Bahnunterhaltungsdienstes zu unterstellen, die bei ihren Streckenbegängen auch die Tätigkeit der Blockwärter überwachen können.

Der Eisenbahndienst erfordert aber außer diesen betrieblichen Handlungen noch eine Reihe von Maßnahmen, um das Frachtgeschäft zwischen den Verkehrsinteressenten und den Eisenbahnverwaltungen zum Abschluß zu bringen. Man bezeichnet diese Tätigkeit als den Abfertigungsdienst, der ein Teilgebiet des umfassenderen Verkehrsdienstes bildet. Zu ihm gehört im Personenverkehr der Verkauf, die Entwertung und Einziehung der Fahrkarten, die Abfertigung des Reisegepäckes; im Güterverkehr die Berechnung der Frachten, die Einziehung der Frachtbeträge oder sonstiger Gebühren und Nachnahmen, die Abfertigung der Stück- und der Wagenladungsgüter. Diese Dienstgeschäfte vollziehen sich auf den Bahnhöfen. Ist der Verkehr nur gering, so wird man diese Arbeiten von den Beamten des Betriebsdienstes mit verrichten lassen. Bei stärkerem Verkehr werden besondere Kräfte für den Abfertigungsdienst eingestellt und mit den übrigen Bahnhofsbediensteten zu einer Dienststelle vereinigt. Nur auf größeren Bahnhöfen mit starkem Verkehr wird sich die Einrichtung selbständiger Dienststellen für den Abfertigungsdienst nicht umgehen lassen. Je nach den zu bewältigenden Verkehrsaufgaben muß unter Umständen zu einer weitgehenden Arbeitsteilung geschritten und je besondere Dienststellen für die Fahrkartenausgabe, die Gepäckabfertigung, den Eilgutverkehr, den Frachtgutverkehr und die Kassenangelegenheiten eingerichtet werden.

Die Reisenden oder Güter werden nicht immer von der Anfangsstation bis zur Zielstation ohne Wechsel des Wagens oder des Zuges befördert werden können. Es muß daher den Reisenden Gelegenheit gegeben werden, sich rechtzeitig darüber zu unterrichten, wo sie umzusteigen haben. Ebenso muß für die Umladung der Güter auf den Übergangsbahnhöfen gesorgt werden. Diese Aufgabe des Verkehrsdienstes sowie die Überwachung der Wagenklassen und Prüfung der Fahrkarten wird zweckmäßig den Zugpersonalen übertragen, weil diese Arbeiten während der Fahrt verrichtet und dadurch die Aufenthalte auf den Stationen abgekürzt werden können.

Da die Eisenbahnfahrzeuge auf dem Schienenstrang zwangläufig bewegt werden, müssen Hindernisse jedweder Art, die den Zug gefährden könnten, vom Gleis ferngehalten werden. Zu diesem Zwecke muß die Bahn bewacht und regelmäßig untersucht werden. Die Bewachung hat sich in erster Linie auf gefahrdrohende Stellen, besonders auf die schienengleichen Kreuzungen mit anderen Verkehrswegen zu erstrecken, aber auch die übrigen Teile der Bahn sind regelmäßig auf ihren ordnungsmäßigen Zustand zu untersuchen. Sofern die gefahrdrohenden Stellen innerhalb oder in nächster Nähe der Bahnhöfe liegen, lassen sich die Aufgaben der Überwachung leicht mit den sonstigen Aufgaben des Stationsdienstes verbinden. Liegen sie dagegen auf der freien Strecke, dann müssen sie vorübergehend oder dauernd besetzt werden. In solchen Fällen wird es sich empfehlen, diese Tätigkeit mit dem übrigen Streckendienst, der Bahnunterhaltung, zu vereinigen und auch die Überwachung des Dienstes durch dessen Organe ausführen zu lassen.

Bei der großen Verantwortung der Eisenbahnen für die ihnen anvertrauten Personen und Güter und bei der mit dem Eisenbahnbetriebe auch für Dritte verbundenen Gefahren wird man ohne polizeiliche Bestimmungen nicht auskommen können. Mit der Wahrnehmung der polizeilichen Befugnisse müssen diejenigen Eisenbahnbediensteten betraut werden, welchen die Bewachung der Bahn und die Abfertigung der Reisenden obliegt, also in erster Linie die Eisenbahnbetriebsbeamten des Stations-, Strecken- und des Zugdienstes, die Bahn- und Schrankenwärter, die Bahnsteigschaffner, Pförtner und Wächter. Die Ausübung des Polizeidienstes setzt eine gewisse Reife des Alters und Unbescholtenheit voraus, worauf bei der Auswahl der Bediensteten zu achten ist. Als Amtsbereich der Bahnpolizeibeamten ist das gesamte Bahngebiet der betreffenden Eisenbahnverwaltungen festzusetzen und die Befugnisse auf die zur Handhabung des Eisenbahnbetriebes erforderlichen Maßnahmen zu erstrecken.

Zusammenfassend können für die Organisation der unteren Dienststellen die nachstehenden Richtlinien aufgestellt werden:

1. Schaffung von bautechnischen Dienststellen für die Erhaltung der zu
den Stationen und Strecken gehörigen Anlagebestandteile des Bahnweges.
Diesen sind auch die Leitung und Überwachung des Betriebsdienstes auf den
Blockstellen sowie die Aufgaben der Bahnbewachung und Bahnuntersuchung
zu übertragen.

2. Schaffung von maschinentechnischen Dienststellen zur Unterhaltung
der Lokomotiven, Wagen und der maschinellen Einrichtungen des Bahnweges.
Sie haben auch die betrieblichen Aufgaben für die Lokomotivgestellung zu
übernehmen.

3. Schaffung von Stellen für die Ausführung des Betriebsdienstes auf
den Bahnhöfen und die Vorbereitung des Zugverkehrs zwischen den Bahnhöfen. Ihnen sind auch die Leitung und Überwachung des Zugförderungsdienstes zuzuweisen. Sofern der Verkehr auf den Bahnhöfen sich in mäßigen
Grenzen hält, sind mit den Aufgaben des Betriebsdienstes auch die des Abfertigungsdienstes oder Teile von diesem zu vereinigen.

4. Auf großen Bahnhöfen wird die Schaffung besonderer Dienststellen
für den Abfertigungsdienst erforderlich, unter Umständen getrennt nach den
verschiedenen Verkehrsarten.

5. Die Bahnpolizei ist von den mit der Bewachung der Bahn und mit
der Abfertigung der Reisenden beauftragten Bahnbediensteten auszuüben.

β) Die weitere Behördengliederung. Die Tätigkeitsbezirke der unteren Dienststellen sind ihrer räumlichen Ausdehnung nach sehr verschieden.
Die Abgrenzung richtet sich nach betrieblichen und wirtschaftlichen Gesichtspunkten. Es ist dabei anzustreben, den Geschäftsbereich einer Dienststelle
nur so groß zu machen, daß die Geschäfte von dem Dienststellenvorsteher
persönlich in ausreichendem Maße überwacht werden können. Ist das Bahnnetz der Verwaltung klein, dann wird die Tätigkeit der unteren Dienststellen
unmittelbar von der obersten Leitung überwacht, die Zwischenschaltung von
Mittelbehörden ist nicht erforderlich. Es genügt, für die gleichartigen unteren Dienststellen entsprechende Büros oder Abteilungen bei der obersten
Leitung einzurichten, also z. B. eine bau- und eine maschinentechnische Abteilung für die Unterhaltung und Ergänzung der Anlagebestandteile des Bahn-
unternehmens, eine Betriebsabteilung für die Zusammenfassung der betrieblichen und bahnpolizeilichen Aufgaben, eine Verkehrsabteilung zur Bearbeitung der Tarif- und Abfertigungsangelegenheiten,
eine Verwaltungsabteilung für das Buchungs- und
Abrechnungswesen sowie die Personal- und übrgen
Verwaltungsgeschäfte. Geleitet werden diese Abteilungen von Beamten, die ihre Anweisungen für
ihre Geschäftsführung von der obersten Leitung empfangen. Diese wird von einem Vorstand gebildet,
der aus einem oder mehreren Vorstandsmitgliedern
besteht. Die Verantwortlichkeit dieser ist je nach
der Form des Unternehmens verschieden und durch
Satzung und Gesetz bestimmt (vgl. Abb. 1).

Die unmittelbare Anweisung der unteren Dienststellen durch die oberste Leitung des Unternehmens
führt zu Schwierigkeiten im Geschäftsgang, sobald
das Eisenbahnnetz und die Geschäfte einen gewissen
Umfang überschreiten. Die Hauptverwaltung wird zu groß, der Geschäftsgang schwerfällig. In solchen Fällen empfiehlt sich die Schaffung von Mittelbehörden und die Übertragung aller derjenigen Geschäfte an sie zur selbst-
ständigen Erledigung, für die die Mitwirkung der obersten Leitung nicht

○ Bahnunterhaltung
◑ Maschinendienst und Unter-
  haltung des Fuhrparks
◐ Betriebsdienst
◑ Abfertigungsdienst
● Vereinigter Abfertigungs- und
  Betriebsdienst
▭ Abteilung für allgemeine An-
  gelegenheiten

Abb. 1.

unbedingt erforderlich ist. In der Hauptverwaltung werden dann nur solche Geschäfte erledigt, die ihrer grundsätzlichen oder allgemeinen Bedeutung wegen von der obersten Leitung entschieden werden müssen. Bei diesem Verfahren muß eine weitgehende Dezentralisation angestrebt werden. Andernfalls würden die Zwischenbehörden nur Briefträger für die Hauptverwaltung werden und der angestrebte Zweck, die Vereinfachung des Geschäftsganges, wird nicht erreicht.

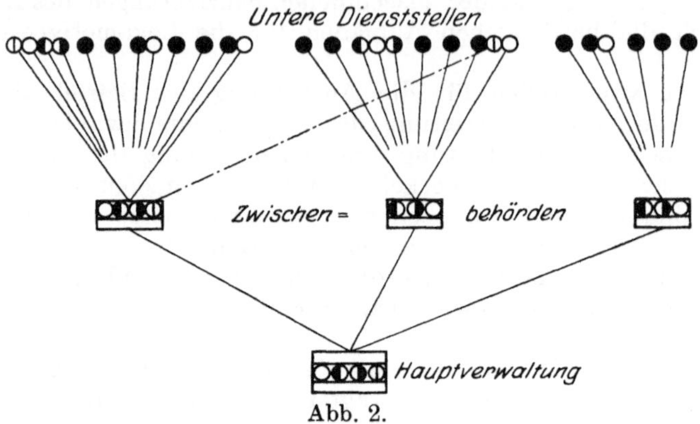

Abb. 2.

Zahl und Gliederung der Zwischenbehörden wird von der Größe des Bahnnetzes und Stärke des Verkehrs abhängen. Gehen wir von einfacheren Verkehrsverhältnissen aus, so wird hier die Einschaltung einer Zwischeninstanz zwischen den unteren Dienststellen und der Hauptverwaltung ausreichen. Es fragt sich nur, nach welchen Gesichtspunkten sollen diese Zwischenbehörden eingerichtet werden. Drei Wege stehen zur Verfügung. Entweder können die Geschäfte aller unteren Dienststellen für einen kleineren Bezirk des Bahnnetzes zusammengefaßt, also Hauptverwaltungen kleineren Stils geschaffen werden (Abb. 2), oder es wird der für die Einrichtung der

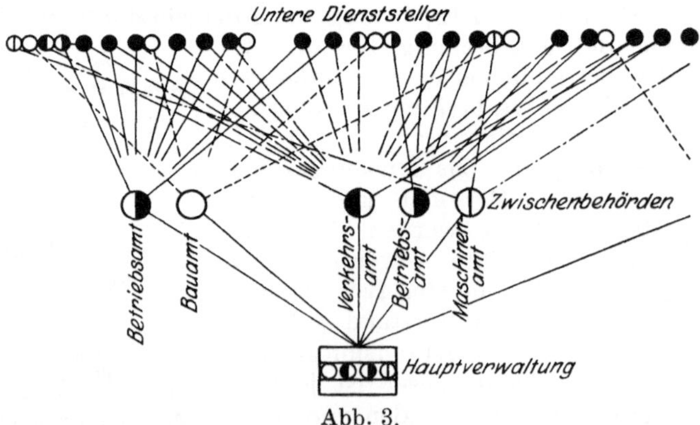

Abb. 3.

unteren Dienststellen maßgebende Grundsatz der Zusammenfassung gleichartiger Arbeiten beibehalten und die Dienststellen gleicher Dienstzweige je für sich vereinigt. Dies führt zur Bildung besonderer Behörden: (1.) für die Unterhaltung und Ergänzung der baulichen Anlagen, (2.) für die Unterhaltung und Ergänzung der maschinellen Anlagen und des Fuhrparkes, (3.) für den Betriebsdienst und die Ausübung der Bahnpolizei und (4.) für den Verkehrsdienst (Abb. 3). Der dritte gangbare Weg verläuft zwischen den beiden erörterten Möglichkeiten: Es werden sowohl Zwischenbehörden geschaffen, die nur

die Geschäfte der Dienststellen eines Dienstzweiges in sich vereinigen, z. B.
den Maschinendienst, als auch solche, welche mehrere Dienstzweige umfassen,
z. B. Bau und Betrieb oder Betrieb und Verkehr. Welchem von diesen drei
Wegen der Vorzug zu geben ist, läßt sich allgemein kaum entscheiden, hierbei spielen die besonderen Verhältnisse des Eisenbahnnetzes eine ausschlaggebende Rolle. Für die Beurteilung der Vor- und Nachteile kommt in Betracht, daß die Zahl der Dienststellen in den verschiedenen Dienstzweigen
nicht gleich groß, sondern recht verschieden ist. Beispielsweise haben bei
den preußisch-hessischen Eisenbahnen im Jahre 1914 bestanden: 6480 Bahnhöfe 1. bis 4. Klasse (untere Dienststellen für den Betrieb), 2829 Bahnmeistereien (untere Stellen für die Unterhaltung der baulichen Anlagen), 1240 selbständige Abfertigungsstellen (untere Stellen für den Verkehrsdienst) und
588 Betriebswerkstätten (untere Dienststellen für die Unterhaltung der maschinellen Anlagen und des Fuhrparks). Hieraus ergibt sich, daß der Anteil
an dem Bahnnetz, der auf jede Dienststelle entfällt, sehr verschieden ist, er
ist·am kleinsten für die Bahnhöfe, am größten für die Betriebswerkmeistereien.
Die Größe des Bezirks einer Zwischenbehörde, die kurzweg als „Amt" bezeichnet
werden soll, wird sich nach der Zahl und der Bedeutung der Dienststellen
richten, aber auch von der Lage der Dienststellen zueinander und zum Sitze
des Amtes abhängig sein. Der Bezirk eines Amtes darf nur so groß sein, daß
sich der Leiter über die örtlichen Verhältnisse der ihm zugewiesenen Dienststellen noch persönlich unterrichten kann. Dies vorausgeschickt, wird bei Organisation der Zwischenbehörden nach Abb. 2 die Zahl der auf einen Amtsbezirk
entfallenden Bahnmeistereien und Betriebswerkmeistereien so klein sein, daß
die Einrichtung besonderer Büros bei jedem Amte zur Erledigung der Geschäfte dieser beiden Dienstzweige unwirtschaftlich wäre. Wollte man diesem
Mangel dadurch begegnen, daß man maschinentechnische Büros und solche
für den Unterhaltungsdienst nicht bei allen Ämtern einrichtet, sondern nur
bei einem Teil von ihnen, wie auch in Abb. 2 angedeutet, so schafft man
damit Zwischenbehörden erster nnd zweiter Klasse. Dann liegt die Gefahr
nahe, daß die Dienststellen benachteiligt werden, deren Geschäfte von den
Abteilungen eines Nachbaramtes mit erledigt werden. Dieser organisatorische
Nachteil wird vermieden, wenn die Dienststellen gleicher Dienstzweige zu
einem Amt zusammengezogen werden und die Abgrenzung des Bezirkes je
nach der Zahl, Lage und Bedeutung der unteren Dienststellen so getroffen
wird, wie es nach wirtschaftlichen und verwaltungstechnischen Erwägungen
zweckmäßig erscheint. Bei dieser Regelung würden sich für die vier verschiedenartigen Dienstzweige auch vier Arten von gleichgeordneten Zwischenbehörden ergeben. Da aber der einzelne Verkehrsakt eine Vereinigung von
Handlungen aus allen vier Dienstzweigen darstellt, müssen auch die Zwischenbehörden in enger Berührung miteinander bleiben und ihre Anordnungen
im gegenseitigen Benehmen miteinander treffen. Diese Zusammenarbeit wird
aber erschwert, je größer die Zahl der mitwirkenden Ämter ist. Deshalb
wird auch diese Art der Organisation sich nur in besonderen Fällen als
zweckmäßig erweisen. Bei dem dritten der oben gekennzeichneten Verfahren ist zu prüfen, welche Dienstzweige in der Zwischenbehörde vereinigt werden können. Wenn man von der Tätigkeit der unteren Dienststellen ausgeht, so haben·der Betriebsdienst und der Abfertigungsdienst sehr
viele Berührungspunkte miteinander, und beide Tätigkeiten werden auch
auf vielen Bahnhöfen von denselben Bediensteten ausgeübt. Es liegt der
Gedanke nahe, deshalb auch in der Zwischenbehörde diese beiden Dienstzweige zu vereinigen. Manche Eisenbahnverwaltungen haben diesen Weg be-
schritten (Baden, Sachsen). Die gleichen engen Beziehungen bestehen aber
auch zwischen dem Betriebe und dem Unterhaltungsdienst an den baulichen

Anlagen der Bahnhöfe und Strecken. Ist doch eine betriebliche Handlung ohne Benutzung technischer Einrichtungen, wie des Oberbaues, der Weichen, der Signal- und Sicherungsanlagen, der Nachrichtenmittel überhaupt nicht durchführbar. Weiter müssen sich die baulichen Anlagen der Bahnhöfe und der Strecke den Bedürfnissen des Betriebes leicht und schnell anpassen, woraus sich weiter sehr innige Zusammenhänge zwischen Bau und Betrieb ergeben. Ebenso eng berühren sich Betriebs- und Maschinendienst. Weiter kommt hinzu, daß, wie bereits ausgeführt, auch den unteren Dienststellen des Bahnunterhaltungsdienstes betriebliche Arbeiten zugewiesen werden, wie der Schranken- und der Blockdienst. Es liegen daher sehr triftige Gründe vor, den Betriebsdienst mit dem technischen Dienst in der Zwischenbehörde zu vereinigen. Voraussetzung ist aber, daß der Leiter eines solchen Amtes die vereinigten Arbeitsgebiete beherrscht, er muß durch den technischen Dienst und den Betrieb hindurchgegangen sein. Diese Forderung schließt die Vereinigung beider technischen Dienstzweige, des bau- und des maschinentechnischen Dienstes mit dem Betriebsdienste zu einem Amte meist aus, weil über das notwendige Maß an bau- und maschinentechnischen Kenntnissen bei der gegenwärtigen Vorbildung für den höheren Eisenbahndienst eine einzelne Person meist nicht verfügt. Es kommt daher nur die Zusammenlegung entweder vom Bau- oder vom Maschinendienst mit dem Betrieb in Frage. Welcher von diesen beiden Kombinationen der Vorzug zu geben ist, dürfte nicht schwer zu entscheiden sein. Während die große Zahl der Betriebsdienststellen eine verhältnismäßig enge Abgrenzung des Bezirkes für die Zwischenbehörde verlangt, zwingt die geringere Zahl der maschinentechnischen unteren Dienststellen zu einer viel weiteren Erstreckung des Amtsbezirkes. Hier tritt derselbe Mangel auf, der bereits bei der Beurteilung des ersten Verfahrens für die Organisation der Zwischenbehörden erörtert worden ist. Diese Gegensätzlichkeit tritt zurück bei der größeren Zahl der unteren Dienststellen für den Bahnunterhaltungsdienst, sodaß hier organisatorisch sehr gut die Vereinigung mit dem Betriebsdienst in der Zwischenbehörde möglich ist, wie auch die Erfahrungen bei den preußisch-hessischen Eisenbahnen gezeigt haben. Für diese Lösung spricht aber noch eine andere Überlegung. Die Bahnanlagen dienen dem Betrieb und Verkehr, deren Bedürfnisse müssen befriedigt werden. Alle Erweiterungen, Um- und Neubauten setzen daher genaue Kenntnisse von der Handhabung des Betriebes und des Abfertigungsdienstes voraus. Damit Entwurfsbearbeiter und Bauleiter diese Forderungen erfüllen, müssen sie Erfahrungen auf allen diesen Teilgebieten sammeln und können es am besten als Leiter solcher Zwischenbehörden, bei welchen Bau und Betrieb vereinigt sind. Dieser Gesichtspunkt führt sogar weiter auch zu einer Vereinigung mit dem Verkehr, und tatsächlich haben auch Eisenbahnverwaltungen nach diesem Grundsatz die Zwischenbehörden organisiert.

Mit wachsendem Netze kann sich eine Teilung der maschinentechnischen Aufgaben als wünschenswert herausstellen. Um die unmittelbar für den Betrieb arbeitenden Maschinenämter von den Aufgaben der Fahrzeugunterhaltung zu entlasten, kann man besondere Werkstättenämter schaffen, diese übernehmen keine betrieblichen Aufgaben, sondern dienen lediglich zur Untersuchung und Ausbesserung solcher Lokomotiven und Wagen, bei welchen es sich um umfangreiche Arbeiten handelt. Den Maschinenämtern verbleibt nur die Beseitigung kleiner Mängel, die wenig Zeit erfordert. Bei Bahnen mit elektrischen Fahrzeugen wird man auch an die Schaffung besonderer Werkstättenämter für die Erledigung der elektrotechnischen Arbeiten denken müssen.

Das Ergebnis der vorstehenden Erörterungen kann dahin zusammengefaßt werden, daß sich für den Aufbau der Zwischenbehörden eine Gliederung empfiehlt, bei der sowohl für einzelne Dienstzweige je besondere Ämter eingerichtet als auch mehrere Dienstzweige in einem Amt vereinigt werden. Welche Dienstzweige sich für die Zusammenlegung am besten eignen, darüber gehen die Ansichten sehr auseinander, anzustreben bleibt aber wegen der Vorherrschaft der technischen Einrichtungen die Vereinigung von Bau- und Betriebsdienst.

Die Einschaltung einer Zwischenstufe zwischen Dienststelle und Hauptverwaltung reicht nicht aus, wenn das Netz und damit auch die Zahl der Ämter zu groß wird. Der unmittelbare Verkehr zwischen den Ämtern und der Hauptverwaltung führt dann leicht zu einer Aufblähung des Beamtenkörpers in der Hauptverwaltung und Erschwerung des Geschäftsganges. Dann empfiehlt es sich, eine zweite Stufe von Zwischenbehörden einzurichten, die zwischen die Ämter und die Hauptverwaltung eingeschoben werden. Diese neuen Behörden müssen mit entsprechenden Befugnissen ausgestattet werden, damit sie die Hauptverwaltung auch wirksam entlasten. Für die innere Gliederung dieser neuen Behörden, die wir als Direktionen bezeichnen wollen, kommen die gleichen Möglichkeiten wie bei den Ämtern in Frage. Hier tritt nur die Notwendigkeit inniger Zusammenarbeit aller Dienstzweige noch mehr hervor als bei den Ämtern, weil den Direktionen bei ihren größeren Verwaltungsbezirken auch Aufgaben grundlegender Art und von verkehrspolitischer Bedeutung zufallen, die ohne Zusammenwirkung der verschiedenen Dienstzweige keine widerspruchsfreie Lösung erwarten lassen. Auch für die Vorbereitungen der Entscheidungen in der Hauptverwaltung ist eine solche Zusammenarbeit in den Direktionen außerordentlich fruchtbar. Die Schaffung von Direktionen gleicher Dienstzweige, wie Bau-, Betriebs-, Maschinen- und Verkehrsdirektionen wird sich daher nicht empfehlen, sondern eine Einrichtung wie bei den Hauptverwaltungen, mit Abteilungen oder Büros für jeden Dienstzweig und für die allgemeinen Angelegenheiten. Bei der Größe des Verwaltungsbezirkes einer Direktion wird auch die Zahl der Ämter solcher Dienstzweige, die erfahrungsgemäß nur über wenige Dienststellen verfügen, doch so groß sein, daß sich für sie die Einrichtung einer besonderen Abteilung auf jeder Direktion auch vom Standpunkt der Wirtschaftlichkeit lohnt. Die Verhältnisse liegen in dieser Beziehung bei den Direktionen anders als bei den Ämtern. Das Schema des Behördenaufbaues bei Schaffung von Direktionen zeigt Abb. 4.

Große Eisenbahnunternehmungen mit noch nicht vollständig ausgebautem Netz werden zwecks Ergänzung ihres Netzes zum Bau neuer Linien schreiten. Auch die Zunahme des Verkehrs wird häufig durchgreifende Umgestaltungen bestehender Anlagen bedingen, die von den Organen der Bahnunterhaltung nicht ausgeführt werden können. Zur Erledigung solcher Neubauten größeren Umfanges sind die bereits eingangs erwähnten Neubauämter zu schaffen, deren Leitung organisatorisch den Direktionen angegliedert werden könnte, während für die örtliche Bauausführung je nach dem Umfang und der Schwierigkeit der Aufgabe Baubüros oder besondere Bauabteilungen gebildet werden.

Der Betrieb, die Unterhaltung und Erneuerung der Anlagebestandteile erfordert die Beschaffung von Betriebsstoffen wie Kohle, Koks, Holz, Schmiermittel, ferner von Bau- und von Werkstoffen wie Schienen, Schwellen, Kleineisen, Weichen, Schotter, Kies, Sand, Zement, Maschinenersatzteile, Metalle, schließlich auch ganzer Fahrzeuge zur Ergänzung des Fuhrparkes. Es liegt der Gedanke nahe, diese Aufgaben der Beschaffung in eine Hand zu legen, einmal um zu vermeiden, daß jede Direktion die Arbeit der Ausschreibung und Vergebung leistet, dann aber auch deshalb, weil sich erfahrungsgemäß bei Abschluß größerer Lieferungen günstigere Preise erzielen lassen. Die einheitliche Beschaffung für die gesamte Verwaltung kann nun so durchgeführt werden, daß einzelne Direktionen beauftragt werden, bestimmte Bau- oder Betriebsstoffe für die anderen Direktionen mitzubeschaffen, die Aufgaben der Beschaffung werden also auf verschiedene Direktionen verteilt. Oder aber es

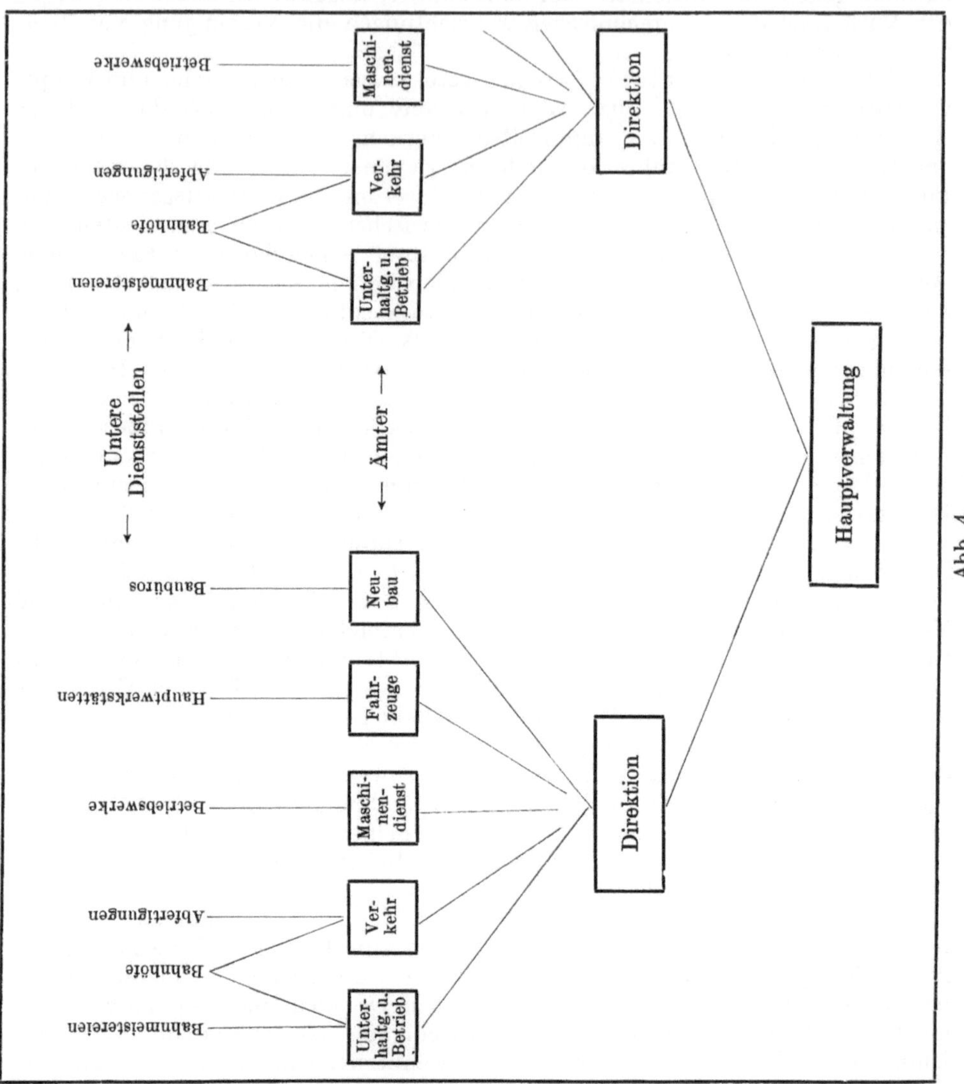

kann auch ein besonderes Beschaffungsamt eingerichtet werden. Beide Wege sind gangbar. Bei dem ersteren muß dafür gesorgt werden, daß bei der Verteilung der Bau- und Betriebsstoffe die Beschaffungsdirektion nicht ihre eigenen Dienststellen bevorzugt. In beiden Fällen haben die Direktionen nur ihren eigenen Bedarf zu ermitteln und der Beschaffungsdirektion oder dem Beschaffungsamt mitzuteilen, das den Einkauf und später die Verteilung besorgt. Auch andere Aufgaben allgemeiner Art können so an einer Stelle vereinigt werden wie die Aufstellung von Musterentwürfen, Forschungsarbeiten in Verbindung mit Versuchen auf dem Gebiete des Oberbaues, der Gleisverbindungen, des Wagen- und des Lokomotivbaues, des Signal- und Sicherungswesens, auch die Aufgaben der Wagenverteilung für den Personen- und Güterverkehr und schließlich die Ausarbeitung gemeinsamer Dienstvorschriften.

Für die Erledigung dieser Aufgaben, die in innigster Berührung mit dem praktischen Eisenbahndienst stehen, muß organisatorisch dahin gewirkt werden, daß die bearbeitenden Stellen die Fühlung mit dem Betriebe nicht verlieren.

Die Schaffung einer dritten Stufe von Zwischenbehörden, von Generaldirektionen, wird sich bei Privatbahnen meistens erübrigen und auch bei Staatsbahnen nicht erforderlich sein, wenn in der Hauptverwaltung alle Zweige des Eisenbahndienstes vertreten sind. Ist aber die oberste Verwaltung, wie in einigen Fällen, so organisiert, daß sie sich nur mit den finanzwirtschaftlichen und eisenbahnpolitischen Fragen befaßt, mitunter daher auch nur eine besondere Abteilung der obersten Finanzverwaltung bildet, dann kommt die Einrichtung von Generaldirektionen zur Ausübung der obersten Gewalt auf den übrigen Gebieten des Eisenbahnwesens sehr wohl in Frage. Wo solche Generaldirektionen am Platze sind, bleibt zu erwägen, ob ihnen nicht die oben erwähnten gemeinsamen Aufgaben aller Direktionen zugewiesen werden können. Zweifellos könnte das geschehen für die Abwicklung solcher Geschäfte, deren Entscheidung nicht bei ihnen, sondern der obersten Leitung liegt.

Die Erfordernisse des Betriebes würden bezüglich der räumlichen Abgrenzung die Schaffung von Liniendirektionen begünstigen, wobei jede für den allgemeinen Verkehr wichtige durchgehende Linie ungeteilt einer Direktion zur Verwaltung zugewiesen wird. Eine solche Abgrenzung gibt sehr langgestreckte Verwaltungsbezirke, die die enge Fühlungnahme zwischen Leitung und örtlichen Dienststellen außerordentlich erschwert. Infolgedessen muß bei der Einteilung der Direktionsbezirke eine mehr konzentrische Abgrenzung Platz greifen und der Nachteil mit in den Kauf genommen werden, daß wichtige Linienzüge durch mehrere Direktionsbezirke laufen. Solange sich der Betrieb planmäßig abwickelt, wird sich dieser Nachteil nicht erheblich fühlbar machen. Treten aber Unregelmäßigkeiten ein, namentlich Betriebserschwernisse durch Verstopfung von Bahnhöfen und Strecken, dann hat die Erfahrung gezeigt, daß die Verwaltungsstellen vom Bahnhof aufwärts bis zur Direktion durch Sperrmaßnahmen gegenüber den bedrängten Nachbarbezirken ängstlich bemüht sind, den Betrieb in ihrem eigenen Bezirk flüssig zu erhalten und das Übergreifen der Betriebsstockungen auf die eigenen Linien zu verhüten. So verständlich dieses Verhalten auch erscheinen mag, so verhängnisvoll kann sich eine solche Absperrung gegen den bedrängten Nachbarbezirk betrieblich auswirken. Durch Öffnung der eigenen Bahnhöfe zur Abstellung von Zügen aus den bedrängten Gebieten, durch Umleitungen auf wenig belegte Strecken oder Abgabe von Lokomotiven können beginnende Schwierigkeiten schnell·überwunden werden. Dazu bedarf es aber solcher Stellen, die auch den Direktionen gegenüber mit weitgehenden Anordnungsbefugnissen im Betriebs- und Verkehrsdienst ausgestattet werden müssen. Diese Stellen, die als Haupt- oder Generalbetriebsleitungen bezeichnet werden können, werden organisatorisch zweckmäßig mit der obersten Leitung in enge Beziehungen gebracht, weil der Betrieb eine straffe Zusammenfassung und sorgfältige Vorbereitung aller Anordnungen in der obersten Leitung bedarf. Die Einflußgebiete dieser Generalbetriebsleitungen müssen sich über größere zusammenhängende Liniennetze erstrecken. Die Aufnahmefähigkeit der Bahnhöfe und Strecken muß durch Entsendung von geeigneten Beamten nach den wichtigeren Knotenpunkten der bedrohten Strecken geprüft, der Zuglauf überwacht und für schnelle und zuverlässige Nachrichtenübermittlung zwischen den Generalbetriebsleitungen und ihren Organen gesorgt werden.

γ) Die Hauptverwaltung. In der Hauptverwaltung vereinigt sich die oberste Leitung des Eisenbahnunternehmens. Für ganz einfache Verhältnisse, bei denen man ohne Zwischenbehörden auskommt, ist ihre Gliederung bereits gezeigt (S. 323). In solchen Fällen ist die Hauptverwaltung zugleich leitende, überwachende und Ausführungsbehörde und trifft die letzten Entscheidungen in allen Angelegenheiten, die nicht durch bestehende Vorschriften der Mitwirkung anderer Behörden vorbehalten sind. Bei Eisenbahnunternehmungen mit Zwischenbehörden wird es sich empfehlen, diese als Ausführungsbehörden zu organisieren mit Entscheidungsbefugnissen in bestimmten Angelegenheiten, die oberste Stelle dagegen nur mit der Leitung und Überwachung sowie mit der Prüfung und Entscheidung grundsätzlicher Fragen und Angelegenheiten von besonderer Bedeutung zu betrauen. Eine solche Trennung zwischen den Stellen, die vorbereiten und ausführen, und solchen, die leiten, prüfen und letzte Entscheidungen treffen, liegt im Interesse der Sache und sollte daher bei allen größeren Verwaltungen grundsätzlich durchgeführt werden. Entsprechend den einzelnen Dienstzweigen müssen bei der obersten Leitung je besondere Abteilungen für den Betrieb, den Bau, das Werkstättenwesen sowie für den Abfertigungsdienst und das Tarifwesen eingerichtet werden. Hinzu kommt eine Abteilung für allgemeine Verwaltungsangelegenheiten und eine solche für Finanzsachen. Mit dieser Gliederung wird man in den meisten Fällen auskommen. Bei hohen Kopfzahlen wird daneben die Schaffung einer Personalabteilung zu erwägen sein. Sind mit dem Unternehmen Nebenbetriebe verbunden oder Aufgaben anderer Art, so wird sich zur Zusammenfassung dieser Geschäfte die Einrichtung einer weiteren Abteilung nicht umgehen lassen. Die Organisation muß dabei auf schnelles und sorgfältiges Zusammenwirken der einzelnen Abteilungen bedacht sein; aus diesem Grunde schon muß die Zahl auf das unbedingt notwendige Maß eingeschränkt werden. Da die Hauptverwaltung der Ausführung sehr fern steht, liegt die Gefahr nahe, daß die von ihr ausgehenden Anordnungen den tatsächlichen Verhältnissen nicht immer gerecht werden. Um solche „Entscheidungen vom grünen Tisch" zu vermeiden, müssen die nachgeordneten Behörden dazu erzogen werden, wahrheitsgetreue Berichte zu erstatten. Jede Schönfärberei zu dem Zwecke, sich das Wohlwollen einflußreicher Personen in der obersten Leitung zu erwerben oder sich den Dienst bequem zu gestalten, muß mit Nachdruck bekämpft werden. Weiter darf die Urteilsfähigkeit über die Durchführbarkeit von beabsichtigten Maßnahmen bei den Beamten der Hauptverwaltung nicht verkümmern. Das kann nur erreicht werden, wenn die Referenten der Hauptverwaltung nach einer Reihe von Jahren zu den ausführenden Behörden wieder zurückkehren, um mit dem lebendigen Eisenbahnbetriebe wieder engere Fühlung zu gewinnen. Es muß daher durch die Organisation dafür gesorgt werden, daß bei den Zwischenbehörden Stellen geschaffen werden, die einen solchen ständigen Austausch zwischen Beamten der obersten Leitung und den nachgeordneten Behörden ohne Schädigung des Ansehens und im Einkommen möglich machen.

Zusammenfassend kann über den Behördenaufbau der Eisenbahnunternehmungen gesagt werden, daß bei kleinen Eisenbahnnetzen ein zweistufiger Instanzenzug, untere Dienststelle — Hauptverwaltung, ausreicht, daß bei mittleren Netzen ein dreistufiger Instanzenzug, untere Dienststelle — Amt — Hauptverwaltung, den Anforderungen genügt und bei großen Verkehrsnetzen der vierstufige Instanzenzug, untere Dienststelle — Amt — Direktion — Hauptverwaltung, am Platze ist. Nur selten wird sich die Einrichtung eines fünfstufigen Instanzenzuges durch Einschaltung einer Generaldirektion als notwendig erweisen. Für die innere Gliederung der Zwischenbehörden ist zu beachten, daß sie im allgemeinen Ausführungsorgane für die übergeordneten Behörden sind. Das schließt nicht aus, daß sie auch für bestimmte Angelegenheiten Entscheidungen gegenüber den nachgeordneten Stellen treffen können.

Die oberste Leitung ist als richtunggebende, entscheidende Behörde zu organisieren, für einen regelmäßigen Austausch zwischen ihren Beamten und den der nachgeordneten Behörden ist Sorge zu tragen.

c) Die Vorbereitung der Entscheidungen.

1. Bei den kleinen Unternehmungen und Behörden. Nächst dem Behördenaufbau ist die Frage von Bedeutung, nach welchen Gesichtspunkten die Zuständigkeiten der einzelnen Beamten festzusetzen sind. Die Einräumung weitgehender Selbständigkeit unter gleichzeitiger Übertragung der Verantwortlichkeit haben wir aus psychologischen Erwägungen als zweckmäßig erkannt. Diese Einsicht in Verbindung mit der Forderung schneller Entschließungen, Einfachheit des Geschäftsganges, einheitlicher, widerspruchsloser Entscheidungen führt zu der Erkenntnis, grundsätzlich den Vorständen im Rahmen ihrer Geschäfte das Recht der alleinigen Entscheidung soweit einzuräumen, als der Leiter die Geschäfte seines Amtes in vollem Umfange zu überschauen und zu beurteilen vermag. Das trifft außer für die unteren Dienststellen auch für die oberste Leitung kleiner Unternehmungen zu. Bei größeren Verwaltungen mit dreistufigem Instanzenzug können auch die Ämter noch so abgegrenzt werden, daß man mit einem allein entscheidenden Behördenvorstand auskommt.

2. Bei größeren Verwaltungen. Für die Direktionen, Generaldirektionen und die Hauptverwaltung der großen Eisenbahnnetze ist die Überwachung aller Geschäfte und die Beurteilung ihrer sachlichen Erledigung durch eine Person nicht mehr möglich. Wie ist bei diesen Behörden die Geschäftsabwicklung zu organisieren? Drei Wege stehen zur Verfügung, das Dezernentensystem, das Abteilungssystem und das gemischte System. Beim Dezernentensystem werden innerhalb der einzelnen Dienstzweige Geschäfte in solchem Umfange und von solcher Art abgegrenzt, daß sie von einem Beamten selbständig überwacht und geleitet werden können. Diesem Beamten steht im Rahmen seines Geschäftsplanes das Recht der Entscheidung zu, er ist Dezernent für seinen Geschäftskreis. Berühren sich seine Geschäfte mit denen anderer Dezernenten, so haben auch diese bei den Verfügungen und Entscheidungen mitzuwirken. Geschäfte allgemeiner Art, die den ganzen Bezirk der Behörde betreffen und von grundsätzlicher Bedeutung sind, oder Geschäfte von besonderer Wichtigkeit werden von den Dezernenten nur vorgearbeitet und der Entscheidung des Leiters der Behörde unterbreitet. Zu dessen Entlastung werden unter den Dezernenten ständige Vertreter bestellt, die solche Aufgaben selbständig in Vertretung des Leiters bearbeiten. Diese Organisationsform hat den großen Vorzug, daß das hohe Maß der Selbständigkeit und Verantwortlichkeit der Dezernenten die Arbeitsfreudigkeit steigert, zum zielbewußten Handeln erzieht und damit eine ausgezeichnete Vorschule für die höheren und höchsten Stellen im Eisenbahndienst ist. Weiter wird der Geschäftsgang beschleunigt, solange die Entscheidung in den Händen eines oder nur weniger Dezernenten ruht. Je größer die Zahl der mitwirkenden Dezernenten ist, desto mehr Zeit erfordert die Erledigung der Geschäfte. Soll also der Vorteil schneller Entscheidungen nicht verloren gehen, muß sich der Organisator in der Zahl der mitwirkenden Dezernenten weise beschränken.

Beim Abteilungssystem werden die Geschäfte, den Dienstzweigen entsprechend, in Abteilungen zusammengefaßt und an deren Spitze ein Abteilungsleiter gestellt, der für die einheitliche Handhabung und sachgemäße Erledigung der Geschäfte verantwortlich ist. Unter ihm arbeiten seine Beamten nicht als selbständige entscheidende Dezernenten, sie entwerfen nur die Verfügungen und Erlasse und legen sie der entscheidenden Stelle vor. Der oberste Leiter der Behörde pflegt bei dieser Art der inneren Organisationen die wichtigeren Angelegenheiten nur mit den einzelnen Abteilungsleitern zu beraten, seine überwachende Tätigkeit erstreckt sich auf die Arbeit der Abteilungen als Ganzes, während der Dienst der Beamten im einzelnen durch die Abteilungsvorstände geregelt und überwacht wird. Diese Art der Organisation gewährleistet eine große Einheitlichkeit und straffe Zusammenfassung der Geschäfte innerhalb der Abteilung, weil die Fäden beim Leiter der Abteilung zusammenlaufen. Unwirtschaftliche Doppelarbeit kann daher leicht vermieden werden. Auch die Zusammenarbeit zwischen den Abteilungen wird erleichtert, weil die Mitwirkung anderer Abteilungen meist auf deren Leiter beschränkt werden kann.

Hat das Dezernentensystem nur Sinn, wenn bei der Mehrzahl der Geschäfte der Wille des zuständigen Dezernenten allein entscheidet, so ist bei der Einrichtung von Abteilungen für die Herbeiführung von Entscheidungen auch der Weg möglich, daß diese nicht von einer Einzelpersönlichkeit getroffen werden, sondern durch einen Beschluß unter den Mitgliedern der Abteilung. Diesem Verfahren wird nachgerühmt, daß die Verfügungen und Urteile zuverlässiger und vollständiger als Einzelentscheidungen seien; eine einzige Person verfüge heute nicht mehr über das Maß von Kenntnissen, das notwendig sei, um eine in jeder Beziehung sachliche Entscheidung zu treffen. Gewiß, in der erschöpfenden Erörterung des Für und Wider innerhalb eines Kollegiums liegt ein großer Vorzug. Aber dieser kann organisatorisch gesichert werden, ohne daß die Entscheidung nun auch dem Kollegium verbleiben muß. Es genügt, wenn wichtige Angelegenheiten in einer gemeinsamen Sitzung der beteiligten Mitglieder beraten und hiernach die Entscheidung von einer Einzelpersönlichkeit getroffen wird. Wenn man weiter bedenkt, daß Beschlußfassungen einer Kammer weit mehr Zeit erfordern als Einzelentscheidungen, daß ferner bei den unteren und mittleren Behörden der Eisenbahnverwaltungen in den weitaus meisten Fällen rasche Entschließungen notwendig sind, so wird das Kollegialsystem, wenn auch nicht völlig auszuschließen, so doch aber nur für solche Angelegenheiten vorzubehalten sein, die eine längere Zeit der Behandlung vertragen.

Bei dem dritten Organisationsprinzip, dem gemischten System, wird die Bearbeitung von Geschäften, die in sich abgeschlossen und nicht von allgemeiner Bedeutung sind, einzelnen Dezernenten zur selbständigen Erledigung überwiesen. Andere Arbeiten, bei denen es sich um Anordnungen grundsätzlicher Art für den ganzen Bezirk der Behörde oder um Bauvorhaben handelt, die die Interessen mehrerer Dienstzweige oder Verwaltungsbezirke berühren, werden durch die Abteilung erledigt. Bei diesem Verfahren kann man die innere Organisation am besten den zu erledigenden Geschäften anpassen, die Erziehung der Beamten zur Selbständigkeit und zur Verantwortlichkeit bleibt durch die Einzelentscheidungen in den Dezernatsangelegenheiten möglich, aber auch die Widerspruchslosigkeit und Vollständigkeit der Entscheidungen über wichtige Angelegenheiten wird durch die Bearbeitung in der Abteilung gewährleistet. Dabei können die Verfügungen über solche Angelegenheiten, die einer raschen Entschließung bedürfen, durch den Abteilungsleiter, bei wichtigen Angelegenheiten durch den Leiter der Behörde nach Anhörung der Abteilungsvorstände oder ihrer Referenten getroffen werden. Bei anderen nicht dringlichen Geschäften verbleibt die Möglichkeit, die Entscheidung einem Beschluß der Abteilungsmitglieder zu überlassen. Man sieht, daß dieses Verfahren die Vorzüge der beiden anderen Verfahren bei entsprechender Organisation in sich vereinigt und außerordentlich anpassungsfähig ist. Es kann deshalb besonders empfohlen werden. Im

übrigen kommt es bei dem inneren Ausbau des Behördensystems sehr auf
den Geist der Beamtenschaft an, es kann die beste Organisation an der Un-
zulänglichkeit der Beamtenschaft scheitern, und umgekehrt können zum selbständigen, pflichteifrigen Handeln erzogene Beamte mit den einfachsten
Mitteln der Organisation Hervorragendes leisten.

3. Die Beiräte. Da der Eisenbahnverkehr niemals Selbstzweck ist,
sondern als Mittel zur Befriedigung natürlicher und kultureller Bedürfnisse
dient, ist es notwendig, deren Größe und Richtung kennen zu lernen. Am
besten geschieht das durch Bildung von Beiräten oder Ausschüssen aus den
Kreisen der Träger und Vermittler jener Bedürfnisse, d. h. aus Vertretern
von Landwirtschaft, Industrie, Handel, Gewerbe, Handwerk, Kunst, Wissenschaft und Arbeitnehmerkreisen. Solche Beiräte werden für die Befriedigung
mehr örtlicher Verkehrsbedürfnisse zur Beratung der Zwischenbehörden bei
Aufstellung der Fahrpläne, Tarife, Güterklassifikation gebildet, sie werden
vielfach als Bezirkseisenbahnräte bezeichnet. Sie haben keinen entscheidenden Einfluß auf die Verwaltung der Eisenbahnen, sondern sollen die Eisenbahnbehörden nur über die sachlich berechtigten Wünsche der Verkehrtreibenden unterrichten. In gleicher Weise können auch zur Beratung der
obersten Leitung der Eisenbahnen Beiräte gebildet werden. Bei Privatbahnen
wird man vielfach schon durch entsprechende Besetzung des Aufsichtsrates
für sachgemäße Befriedigung der Verkehrsbedürfnisse sorgen können, im
übrigen steht auch hier der Bildung von Eisenbahnbeiräten organisatorisch
nichts im Wege.

2. Eingliederung der Eisenbahnen in den Staatsorganismus.

Bei der überragenden Bedeutung, die das Eisenbahnwesen für die Gütererzeugung und die Güterverteilung hat, bei seinem weitgehenden Einfluß auf
alle Gebiete des kulturellen und politischen Lebens, bei seiner großen Wichtigkeit für die Landesverteidigung und die Pflege der internationalen Beziehungen wird die Notwendigkeit einer Einwirkung des Staates als Trägers
der obersten Gewalt auf das Eisenbahnwesen allgemein anerkannt. Das Mittel,
das dem Staat zur Ausübung eines solchen Einflusses zu Gebote steht, ist die
Gesetzgebung.

a) Die Eisenbahngesetzgebung.

Der Staat muß sich das ausschließliche Recht der Gesetzgebung und
Verwaltung über das Eisenbahnwesen vorbehalten. Er kann kraft seines
Hoheitsrechtes selbst Eisenbahnen bauen und betreiben, er kann dieses Recht
auch an andere übertragen. Im ersteren Falle haben wir es mit Staatsbahn-
betrieben, im letzteren mit Privatbahnbetrieben zu tun. Auch Zwischenstufen
sind organisatorisch denkbar: der Staat baut die Bahnen und bleibt Eigentümer, verpachtet aber den Betrieb an andere, oder Privatbahnen gehen in
den Pachtbetrieb von Staatsbahnen über, schließlich können mehrere dieser
Systeme nebeneinander in einem Staate bestehen. Welcher von diesen Unter-
nehmungsformen der Vorzug zu geben ist, das zu entscheiden ist Aufgabe
der Eisenbahnpolitik. Das Eisenbahnrecht muß nur so gestaltet werden, daß
der Staat auf dem Wege der Gesetzgebung oder der Verwaltung in der Lage
ist, die durch die Eisenbahnpolitik gewiesenen Ziele zu verwirklichen.

Ebenso liegen die Verhältnisse für die Beurteilung der Frage, welche
„Eisenbahnen" (Schienenwege) der Gesetzgebung durch den Staat unterworfen
werden sollen.

Die Eisenbahnen haben je nach ihrer Lage zu den Wirtschaftsgebieten
und deren Verkehrsbeziehungen eine verschiedene Bedeutung für das Gemein-

wohl. Eisenbahnen, die dem öffentlichen Verkehr dienen, sind hiernach anders zu beurteilen als solche, die nicht jedermann zur Benutzung freistehen, die also nur für den Gebrauch einzelner Personen bestimmt sind wie die Privatanschluß- und die Werkbahnen. Auch Eisenbahnen für den öffentlichen Verkehr sind in ihrer Bedeutung für den Staat nicht gleichwertig. Hauptbahnen, die die Mittelpunkte des wirtschaftlichen, geistigen und politischen Lebens miteinander verbinden, von denen Teile sich an den Grenzübergängen mit Hauptbahnlinien der Nachbarstaaten zu durchgehenden internationalen Verbindungen zusammenschließen, haben andere Aufgaben zu erfüllen als die Nebenbahnen, deren Bedeutung in der Erschließung und Versorgung eines engeren Wirtschaftsgebietes liegt, das sie mit dem Hauptbahnnetz und den wichtigen Wasserstraßen verbinden sollen. Noch mehr treten die Aufgaben für das Allgemeinwohl bei den Kleinbahnen zurück, die dem innerstädtischen und dem Nachbarortsverkehr dienen und die feinsten Verästelungen im Eisenbahnnetz des öffentlichen Verkehrs bilden. Daß diese wirtschaftlich so verschiedenen Arten von Bahnen durch die öffentliche Gewalt unterschiedlich behandelt werden müssen, ist selbstverständlich, grundsätzlich ist nur zu fordern, daß sich der Staat das Recht der Einwirkung auf alle Arten von Bahnen sichert, auch schon aus dem Grunde, um Dritte gegen die mit dem Eisenbahnbetriebe verbundenen Gefahren zu schützen.

Weitere Aufgaben erwachsen der Eisenbahngesetzgebung aus den Leistungen der Eisenbahnen für das Gemeinwohl. Hier spielen die im ersten Abschnitt näher gekennzeichneten Fragen der Genehmigungspflicht der Privatbahnen und der Befristung ihres Baues eine Rolle, ebenso die Beschränkung der Zeitdauer ihrer Genehmigung, das Rückkaufsrecht seitens des Staates, die Auferlegung der Betriebspflicht und der Beförderungspflicht, die Verleihung des rechtlichen Monopols, die Einwirkung auf die Tarife, die Einheitlichkeit in der Ausgestaltung der Bahnanlage und der Fahrzeuge sowie in der Durchführung des Betriebes, die Einwirkung auf den Fahrplan und die Bereitstellung von Mitteln für den Bau strategischer und ertragloser Bahnen. Auch hier ist es zunächst Aufgabe der Eisenbahnpolitik, zu untersuchen, welche der Forderungen für das Gemeinwohl zu sichern sind, um damit den Rahmen für die Gesetzgebung zu liefern.

Nicht alle Forderungen der Eisenbahnpolitik lassen sich durch Gesetze regeln, es verbleiben Lücken, die durch Maßnahmen der Verwaltungen auf dem Verordnungswege auszufüllen sind. Die Gesetze bilden hier gleichsam nur den Rahmen für Verordnungen und Erlasse, die im übrigen nach freiem, aber pflichtmäßigem Ermessen der Verwaltungsbehörden bekanntgegeben werden und eine weitere Quelle des Rechtes bilden.

Da der Eisenbahnverkehr an den politischen Grenzen nicht haltmacht, so müssen die zwischenstaatlichen Beziehungen durch Staatsverträge oder Vereinbarungen mit privaten Eisenbahngesellschaften geregelt werden.

b) Die Eisenbahnaufsicht.

Gesetze und Verordnungen allein bieten noch keine Gewähr dafür, daß sie auch befolgt werden. Bei den engen Beziehungen zwischen Eisenbahnen und Gemeinwohl muß durch besondere Aufsicht die Erfüllung der gesetzlichen Verpflichtungen gesichert werden. In Ländern mit souveräner Staatsgewalt und Staatseisenbahnen ist der Staat Betriebsführer und Förderer des Gemeinwohls zugleich, einer besonderen Eisenbahnaufsicht bedarf es bezüglich der Staatsbahnen nicht. Aber schon in solchen Fällen, in welchen sich der souveräne Staat aus einzelnen Gliedstaaten zusammensetzt, die je ihre eigenen Staatsbahnen haben, muß die Bundesregierung für bestimmte Aufgaben, z. B. für militärische Zwecke, zur Vereinheitlichung der Tarife, zur Förderung durchgehender Zugverbindungen u. a. die Aufsicht über die Bahnen der Gliedstaaten ausüben. Das Reichseisenbahnamt des alten Deutschen Reiches hat solche Befugnisse gegenüber den Bundesstaaten besessen.

Aber auch in Einzelstaaten mit souveräner Gewalt und Staatsbahnen werden Eisenbahnaufsichtsbehörden eingerichtet werden müssen, sofern nicht alle Arten von Eisenbahnen der Betriebsführung durch den Staat unterliegen. Der Staat hat aber nur ein Interesse an der Bewirtschaftung solcher Bahnen, die für den allgemeinen öffentlichen Verkehr von Bedeutung sind, d. s. die Hauptbahnen und ein Teil der Nebenbahnen. Alle übrigen Eisenbahnunternehmen sowohl für den öffentlichen Verkehr als auch die der Benutzung Einzelner dienenden Privatanschluß- und Werkbahnen wird er der Privatwirtschaft überlassen und ihnen gegenüber nur das Aufsichtsrecht ausüben. Es liegt der Gedanke nahe, in solchen Fällen die Geschäfte der Eisenbahnaufsicht durch die Organe der Staatsbahnverwaltungen wahrnehmen zu lassen, weil bei ihnen in allen Fragen des Eisenbahnwesens kundiges Personal vorhanden und auch der Verzweigung des Staatsbahnnetzes entsprechend über das Staatsgebiet verteilt ist.

Nun liegen aber die Verhältnisse bei den Privatbahnen vielfach so, daß sie an Staatsbahnen anschließen und dadurch in sehr innige geschäftliche Beziehungen zueinander treten. Hieraus ergeben sich bei Fragen des Baues, des Betriebes, des Fahrplanes, der Wagengestellung, der Tarife u. a. Meinungsverschiedenheiten zwischen den Verwaltungen. Handelt es sich um Angelegenheiten, die unter die Zuständigkeit der Eisenbahnaufsichtsbehörden fallen, so ergibt sich die unerfreuliche Tatsache, daß die Organe der Staatsbahnverwaltung Streitigkeiten ihrer eigenen Verwaltung mit Privatbahnen entscheiden sollen, also Richter und Partei in einer Sache sind. So wirtschaftlich zweifellos die Übertragung der Aufsichtsbefugnisse auf die Staatseisenbahnbehörden ist, die rechtlichen Bedenken überwiegen so sehr, daß grundsätzlich Eisenbahnaufsicht und Staatseisenbahnverwaltung getrennt und bei verschiedenen Behörden untergebracht werden sollten.

Für Länder ohne Staatsbahnbesitz müssen zur Sicherung des Gemeinwohles und Erfüllung der hierauf abzielenden gesetzlichen Verpflichtungen besondere Eisenbahnaufsichtsbehörden geschaffen werden, deren Befugnisse die Gesetzgebung nach der eisenbahnpolitischen Einstellung der gesetzgebenden Körperschaften regelt.

B. Der Behördenaufbau einzelner größerer Bahnverwaltungen.

1. Staatsbahnverwaltungen.

a) Die deutsche Reichsbahn (März 1924).

Die Grundlage für die Organisation der deutschen Reichsbahn bildet die Verfassung des Deutschen Reiches vom 11. August 1919 und der Staatsvertrag über den Übergang der Staatseisenbahnen auf das Reich, der durch das hierauf bezügliche Reichsgesetz vom 30. April 1920 genehmigt worden ist.

Die das Eisenbahnwesen regelnden Bestimmungen der Reichsverfassung lauten: Artikel 7.

Das Reich hat die Gesetzgebung über:

1. . . . .

. . . .

19. die Eisenbahnen, soweit es sich um den allgemeinen Verkehr und die Landesverteidigung handelt.

. . . .

Artikel 89.

Aufgabe des Reiches ist es, die dem allgemeinen Verkehr dienenden Eisenbahnen in sein Eigentum zu übernehmen und als einheitliche Verkehrsanstalt zu verwalten.

Die Rechte der Länder, Privateisenbahnen zu erwerben, sind auf Verlangen dem Reich zu übertragen.

Artikel 90.

Mit dem Übergang der Eisenbahnen übernimmt das Reich die Enteignungsbefugnis und die staatlichen Hoheitsrechte, die sich auf das Eisenbahnwesen beziehen. Über den Umfang dieser Rechte entscheidet im Streitfall der Staatsgerichtshof.

Artikel 91.

Die Reichsregierung erläßt mit Zustimmung des Reichsrats die Verordnungen, die den Bau, den Betrieb und den Verkehr der Eisenbahnen regeln. Sie kann diese Befugnis mit Zustimmung des Reichsrats auf den zuständigen Reichsminister übertragen.

Artikel 92.

Die Reichseisenbahnen sind, ungeachtet der Eingliederung ihres Haushalts und ihrer Rechnung in den allgemeinen Haushalt und die allgemeine Rechnung des Reiches, als ein selbständiges wirtschaftliches Unternehmen zu verwalten, das seine Ausgaben einschließlich Verzinsung und Tilgung der Eisenbahnschuld selbst zu bestreiten und eine Eisenbahnrücklage anzusammeln hat. Die Höhe der Tilgung und der Rücklage sowie die Verwendungszwecke der Rücklage sind durch besonderes Gesetz zu regeln.

Artikel 93.

Zur beratenden Mitwirkung in Angelegenheiten des Eisenbahnverkehrs und der Tarife errichtet die Reichsregierung für die Reichseisenbahnen mit Zustimmung des Reichsrats Beiräte.

Artikel. 94.

Hat das Reich die dem allgemeinen Verkehr dienenden Eisenbahnen eines bestimmten Gebietes in seine Verwaltung übernommen, so können innerhalb dieses Gebietes neue, dem allgemeinen Verkehr dienende Eisenbahnen nur vom Reich oder mit seiner Zustimmung gebaut werden. Berührt der Bau neuer oder die Veränderung bestehender Reichseisenbahnanlagen den Geschäftsbereich der Landespolizei, so hat die Reichseisenbahnverwaltung vor der Entscheidung die Landesbehörden anzuhören.

Wo das Reich die Eisenbahnen noch nicht in seine Verwaltung übernommen hat, kann es für den allgemeinen Verkehr oder die Landesverteidigung als notwendig erachtete Eisenbahnen kraft Reichsgesetzes auch gegen den Widerspruch der Länder, deren Gebiet durchschnitten wird, jedoch unbeschadet der Landeshoheitsrechte, für eigene Rechnung anlegen oder den Bau einem andern zur Ausführung überlassen, nötigenfalls unter Verleihung des Enteignungsrechtes. Jede Eisenbahnverwaltung muß sich den Anschluß anderer Bahnen auf deren Kosten gefallen lassen.

Artikel 95.

Eisenbahnen des allgemeinen Verkehrs, die nicht vom Reich verwaltet werden, unterliegen der Beaufsichtigung durch das Reich.

. . . .

Bei der Beaufsichtigung des Tarifwesens ist auf gleichmäßige und niedrige Eisenbahntarife hinzuwirken.

Artikel 96.

Alle Eisenbahnen, auch die nicht dem allgemeinen Verkehr dienenden, haben den Anforderungen des Reiches auf Benutzung der Eisenbahnen zum Zwecke der Landesverteidigung Folge zu leisten.

Von den Bestimmungen des Staatsvertrages sind die nachstehend aufgeführten für die **Organisation** und Verwaltung der Reichsbahnen von besonderer Wichtigkeit:

§ 7. Befreiung von Reichssteuern.

1. Die nach diesem Vertrage an die Länder zu zahlenden Zinsen und Tilgungsbeträge sind frei von Steuern und Abgaben des Reiches.

2. Das Reich wird aus der Übernahme der Eisenbahnen keinen Anlaß zur Kürzung der den Ländern gewährleisteten Anteile an den Steuereinnahmen entnehmen.

§ 8. Veräußerung. Verpfändung.

Zu einer Veräußerung oder Verpfändung der durch diesen Vertrag erworbenen Eisenbahnen bedarf das Reich der Zustimmung der Landesregierungen.

§ 9. Einnahmen und Ausgaben.

Vom 1. April 1920 an fließen alle Einnahmen dem Reiche zu und werden alle Ausgaben vom Reiche bestritten.

§ 10. Geltung der Landesgesetze.

1. Die Gesetze und Verordnungen der Länder über das Eisenbahnwesen bleiben, unbeschadet der Bestimmungen der Reichsverfassung, bis zu einer anderweitigen reichsgesetzlichen Regelung insoweit in Kraft, als die Voraussetzungen für ihre Anwendung nach dem Übergange der Eisenbahnen auf das Reich noch gegeben sind.

2. Die Länder werden gesetzliche oder sonstige Bestimmungen, die Eisenbahnen des allgemeinen Verkehrs betreffen, nur im Einvernehmen mit der Reichsregierung erlassen.

§ 11. Eintritt in Staatsverträge.

Das Reich tritt in die Staatsverträge der Länder ein, soweit sie Rechte und Pflichten für die Eisenbahnverwaltung begründen.

§ 12. Rechtsstellung der Reichs-Eisenbahnbehörden.

Den Reichseisenbahnen stehen alle Befugnisse öffentlich-rechtlicher Art zu, die bisher den Eisenbahnbehörden der Länder zugestanden haben.

§ 13. Aufsicht über Privateisenbahnen.

Die dem Reiche zustehende Aufsicht über die Privateisenbahnen (Artikel 95 der Reichsverfassung) wird gemäß den Gesetzen (vgl. § 10), Genehmigungsurkunden und Staatsverträgen der Länder ausgeübt.

§ 14. Bahnen des allgemeinen Verkehrs. Entscheidung über diese Eigenschaft.

1. Der Reichsverkehrsminister kann erklären, daß eine private Nebeneisenbahn, deren Verkehrsbedeutung so gering ist, daß sie nicht als Teil des allgemeinen deutschen Eisenbahnnetzes gelten kann, keine Eisenbahn des allgemeinen Verkehrs ist.

2. Haben Bahnen, die nicht als Bahnen des allgemeinen Verkehrs gebaut sind, nach der Entscheidung des Reichsverkehrsministers eine solche Verkehrsbedeutung gewonnen, daß sie als Bahnen des allgemeinen Verkehrs anzusehen sind, so verpflichten sich die Länder, ein ihnen zustehendes Erwerbsrecht dem Reiche zu übertragen.

3. Vor der Entscheidung sind in beiden Fällen die Landesbehörden zu hören.

§ 15. Besteuerung der Reichseisenbahnen.

Die Länder werden von den Reichseisenbahnen Staatssteuern nicht erheben.

§ 16. Einheitliche Verwaltung. Verwaltungsgrundsatz der gleichmäßigen Behandlung.

1. Das Reich wird die Reichseisenbahnen als einheitliche Verkehrsanstalt verwalten.

2. Die Reichseisenbahnverwaltung wird das ganze Reichseisenbahnnetz nach gleichen Gesichtspunkten behandeln, insbesondere die Interessen des Eisenbahnpersonals und die verkehrs- und volkswirtschaftlichen Interessen aller Länder unter Abwägung der verschiedenen Verhältnisse gleichmäßig berücksichtigen und bei widerstreitenden Interessen auf einen gerechten Ausgleich bedacht sein.

§ 20. Unterstützung des Baues von Kleinbahnen.

Das Reich wird den Bau von Eisenbahnen, die nicht dem allgemeinen Verkehr dienen (Kleinbahnen und Bahnen, die den Kleinbahnen gleich zu achten sind), dem Umfang entsprechend unterstützen, in dem bisher die Kleinbahnen in Preußen unterstützt worden sind. Die Unterstützung ist davon abhängig, daß die Länder für das Unternehmen mindestens den gleichen Staatsbeitrag zur Verfügung stellen wie das Reich. Für Straßenbahnen und straßenbahnähnliche Unternehmungen gilt diese Bestimmung nicht.

§ 21. Personenzugfahrpläne. Vierte Klasse.

1. Die Entwürfe des Personenzugfahrplanes sind regelmäßig alsbald nach Fertigstellung den beteiligten Ländern zur Mitteilung etwaiger Wünsche zu übersenden.

2. Die unterste Klasse der Personenzüge muß zum mindesten entsprechend der bisherigen Übung in den einzelnen Ländern mit Sitzplätzen ausgestattet sein. Neue Wagen dieser Klasse sollen, soweit nicht für Reisende mit Traglasten Vorsorge zu treffen ist, vollständig mit Sitzplätzen ausgerüstet werden.

§ 22. Tarife.

Die Reichseisenbahnverwaltung wird die Tarife unter Wahrung der Einheit und mit tunlichster Schonung bestehender Verhältnisse fortbilden und den Verkehrsbedürfnissen der Länder namentlich auf dem Gebiete der Rohstoffversorgung nach Möglichkeit Rechnung tragen.

§ 24. Neugestaltung des Eisenbahnwesens.

Das Reich wird sich bei der Neugestaltung des Eisenbahnwesens von dem Gesichtspunkt leiten lassen, daß die Verwaltung nur insoweit zentralisiert werden soll, als es zur Erfüllung der Aufgaben der Reichseisenbahnen als einer einheitlichen Verkehrsanstalt unbedingt geboten ist.

Im Schlußprotokoll zum Staatsvertrag finden sich noch folgende ergänzende Bestimmungen:

Zu § 22.

1. Das Reich wird den Mitgliedern der gesetzgebenden Körperschaften der Länder in dem bisherigen Umfang Freifahrt gewähren.

2. Bei der Zusammensetzung des Reichseisenbahnbeirats und der örtlichen Beiräte sind die wirtschaftlichen Körperschaften und die Vertretungen der Erzeuger und Verbraucherkreise der Länder nach ihrer Bedeutung für das Wirtschaftsleben des Landes zu berücksichtigen.

3. Den Landesregierungen steht das Recht zu, Vertreter zur Teilnahme an den Verhandlungen dieser Beiräte abzuordnen.

Zu § 24.

a) Grundsätze für die Zeit nach der Neugestaltung des Eisenbahnwesens.

1. Es besteht Einverständnis darüber, daß dem Gesichtspunkte der einheitlichen Verkehrsanstalt dadurch Rechnung getragen werden muß, daß die dem Reichsverkehrsminister unmittelbar unterstellten Behörden in ihrer Zuständigkeit einander gleichgestellt sind.

2. Die Zuständigkeit des Reichsverkehrsministers erstreckt sich auf folgende Einzelheiten: Aufsicht, oberste Leitung, Festsetzung des Haushalts, Verteilung der Haushaltsmittel, Regelung der allgemeinen Verkehrspolitik, Festsetzung allgemeiner Dienstvorschriften, Erlaß einheitlicher Vorschriften für Rechts- und Dienstverhältnisse des Personals, für das Kassen- und Rechnungswesen und für die einzelnen Dienstzweige des Betriebes, Verkehrs und Baues, Vertretung der Verwaltung gegenüber der Reichsregierung, dem Reichsrat und der Nationalversammlung. Zur Erfüllung dieser Aufgaben steht dem Reichsverkehrsminister ein durchgreifendes Anordnungsrecht zu.

3. In jedem Lande wird sich dauernd der Sitz mindestens einer höheren Reichseisenbahnbehörde für die Verwaltung eines Eisenbahnbezirks befinden. Die nach Übernahme der Staatseisenbahnen durch das Reich beabsichtigte Neuordnung der Reichseisenbahnverwaltung (Verwaltungsordnung) ist nach verkehrstechnischen und wirtschaftlichen Grundsätzen vorzunehmen. Sie unterliegt ebenso wie spätere wichtige Änderungen grundsätzlicher Art der Genehmigung des Reichsrates.

4. Bei ihrer Zustimmung zu den organisatorischen Bestimmungen des Übernahmevertrages setzt die bayerische Regierung das Einverständnis des Reiches zu folgendem voraus:

Auch die Neugestaltung des Eisenbahnwesens darf nur im Sinne einer vollwirksamen Dezentralisation der Reichsverwaltung nach verkehrstechnischen und wirtschaftlichen Gesichtspunkten erfolgen, was auch im § 24 des Vertrages allgemein ausgesprochen ist. Diesem Gesichtspunkte wird für Bayern nur Rechnung getragen werden können, wenn der Sitz der bayerischen Landesregierung als Hauptstadt einer größeren politischen Gemeinschaft und Mittelpunkt eines einheitlichen Wirtschaftsgebietes auch ferner der Sitz einer im wesentlichen das bayerische Wirtschaftsgebiet zusammenfassenden Reichseisenbahnbehörde bleibt, deren Zuständigkeiten nach dem Grundsatz der vollwirksamen Dezentralisation zu bemessen sind. Die bayerische Regierung geht daher davon aus, daß eine hiervon wesentlich abweichende spätere Bezirkseinteilung oder eine Verlegung des Sitzes dieser Behörde von München von ihrer Zustimmung abhängig ist.

5. Die vorstehende Erklärung Bayerns gibt den übrigen Ländern Anlaß, ihrerseits folgendes zu erklären:

Sie gehen davon aus, daß, wenn zwischen die in Ziffer 3 erwähnte höhere Eisenbahnbehörde und das Reichsverkehrsministerium eine neue Behörde eingeschoben werden soll, die Zustimmung der beteiligten Länder einzuholen ist.

b) Grundsätze für die Übergangszeit.

6. Für die Zuständigkeitsregelung und Behördengliederung der Reichseisenbahnverwaltung bis zur Neugestaltung des Eisenbahnwesens (vgl. Ziffer 3) vereinbaren die Vertragschließenden folgendes:

   I. Die Vereinbarungen gemäß Ziffer 1 und 2 zu § 24 des Schlußprotokolls finden Anwendung.

   II. Mit dem 1. April 1920 übernimmt das Reichsverkehrsministerum die oberste Leitung der Reichseisenbahnen und die Vertretung der Verwaltung gegenüber der Reichsregierung, dem Reichsrat und der Nationalversammlung. Ihm steht hierzu ein durchgreifendes Anordnungsrecht zu.

III. Das Reichsverkehrsministerium übernimmt die übrigen Aufgaben (vgl. Ziffer 2) nach und nach für alle Länder gleichmäßig bis zum 1. April 1921. Eine notwendig werdende Verlängerung dieser Frist bestimmt der Reichsverkehrsminister.

IV. Die vom Reichsverkehrsminister hiernach zu übernehmenden Geschäfte werden
bis zur tatsächlichen Überleitung von folgenden Stellen behandelt: . . . .
a) . . . .

. . . .
f) . . . .
V. Nach der Beendigung der Bildung des Reichsverkehrsministeriums führen die
Zweigstelle Preußen-Hessen und die Zweigstelle Bayern (IV, a, b) unter einer
noch zu vereinbarenden Bezeichnung diejenigen Geschäfte bis zum Inkrafttreten
einer Neuorganisation weiter, die nicht auf das Reichsverkehrsministerium übergegangen sind. In Sachsen, Württemberg und Baden (IV, c, d, e) sind sie
zu diesem Zeitpunkte auf die Generaldirektionen zu übertragen, soweit dies nicht
bereits vorher geschehen sein sollte.

c) Für Übergangszeit und Dauerzustand.

7. Soweit die Länder zur Vermittlung eines unmittelbaren Verkehrs zwischen dem
Reichsverkehrsministerium und ihren Regierungen einen Bevollmächtigten bei den Gesandt-
schaften oder sonstigen Vertretungen der Länder oder bei sonstigen Organen am Sitze
der Zentralverwaltung bestellen, wird das Reichsverkehrsministerium sich diesem zur
ständigen Auskunfterteilung zur Verfügung halten.

8. Auf Antrag einer Landesregierung wird das Reich den Reichseisenbahnbehörden
oder einzelnen Beamten Geschäfte der Landesverwaltung auf dem Gebiete des Verkehrswesens übertragen. Für die Erledigung dieser Geschäfte sind die Anweisungen der
obersten Landesbehörde maßgebend.

Diese vertraglichen Bestimmungen sehen bis zum endgültigen Ausbau
der Reichsbahnverwaltung zwei Entwicklungsabschnitte vor. Der erste hat
bereits mit dem 31. März 1921 sein Ende erreicht. Er hat im wesentlichen
der Bildung der obersten Behörde, dem Reichsverkehrsministerium, gedient.
Im zweiten Abschnitt wird die vertraglich vorgesehene neue Organisationsform der Reichsbahnen nach verkehrstechnischen und wirtschaftlichen Gesichtspunkten geschaffen und die hierdurch bedingte Umgestaltung der bestehenden
Einrichtungen nach und nach vollzogen. Mit dem Inkrafttreten der Neuordnung wird der zweite Entwicklungsabschnitt beendet und der Dauerzustand
tritt ein.

Einen weiteren Schritt auf dem Wege der Umgestaltung bedeutet die
Notverordnung vom 12. Februar 1924, die die Reichsbahn zu einem selbst-
ständigen Unternehmen macht.

Auf Grund des Ermächtigungsgesetzes vom 8. Dezember 1923 (Reichsgesetzbl. I S. 1179) verordnet die Reichsregierung nach Anhörung der Ausschüsse des Reichsrats und des Reichstags:

§ 1.

Das Deutsche Reich schafft in Vollzug des Artikels 92 der Reichsverfassung unter
der Bezeichnung „Deutsche Reichsbahn" ein selbständiges, eine juristische Person dar-
stellendes wirtschaftliches Unternehmen, durch das es die im Eigentum des Reichs
stehenden Eisenbahnen betreibt und verwaltet.

Die Deutsche Reichsbahn ist nicht befugt, das Betriebsrecht ganz oder teilweise
auf Dritte zu übertragen oder ihr Vermögen als Ganzes oder zu einem wesentlichen Teil
an Dritte zu veräußern.

Die rechtliche Gestalt des Unternehmens Deutsche Reichsbahn kann nur durch ein
Reichsgesetz geändert werden; im Falle seiner Auflösung fällt das Vermögen des Unternehmens dem Reiche zu.

§ 2.

Die Geschäfte des Unternehmens Deutsche Reichsbahn werden bis zum Inkrafttreten des im § 10 Absatz 1 vorgesehenen Gesetzes unter Aufsicht und Leitung des Reichsverkehrsministers geführt.

§ 3.

Das Unternehmen Deutsche Reichsbahn umfaßt die Reichseisenbahnen mit allem
Zubehör und allen damit verbundenen Rechten und Pflichten, einschließlich der Bodensee-
dampfschiffahrt und der sonstigen Nebenbetriebe der Reichsbahnverwaltung.

Alle Forderungsrechte und Schulden des Reichs, die mit dem Reichseisenbahnunternehmen verbunden sind, gehen auf die Deutsche Reichsbahn über. Für andere
Verpflichtungen des Reichs haftet das Unternehmen nicht. Der Eintritt der Deutschen
Reichsbahn in die mit dem Reichseisenbahnunternehmen verbundenen laufenden Verträge hat Rechtswirksamkeit auch gegenüber den bisherigen Vertragsgegnern des Reichs.

Für Verbindlichkeiten aus dem Staatsvertrag über den Übergang der Staatseisenbahnen auf das Reich nebst Schlußprotokoll bleibt das Reich den Ländern verhaftet; vergleiche § 10 Absatz 2. Die Länder können jedoch die Erfüllung dieser Verbindlichkeiten auch von dem Unternehmen fordern; ausgenommen sind die vom Reich übernommenen Länderschulden sowie die Schulden des Reichs an die Länder wegen des Restkaufgeldes. Das Unternehmen haftet für den Dienst dieser Schulden.

§ 4.

Das Deutsche Reich bleibt Eigentümer der Reichseisenbahnen. Neue Bauten und Beschaffungen fallen in das Eigentum des Reichs. Die vorhandenen und die künftig erworbenen Geldbestände und Stoffvorräte werden jedoch Eigentum des Unternehmens. Das Unternehmen darf innerhalb der Grenzen einer ordnungsmäßigen Wirtschaft über das Eigentum und die Rechte des Reichs verfügen. Zu einer Veräußerung der Reichseisenbahnen im Ganzen oder einzelner Strecken ist das Unternehmen nicht befugt.

Die im Eigentum des Deutschen Reichs stehenden Eisenbahnen haften — unbeschadet der Bestimmungen im § 10 Absatz 2 — nur für Verpflichtungen aus der Verwaltung der Reichseisenbahnen, nicht für die übrigen Verpflichtungen des Reichs.

Für seine mit dem Reichseisenbahnunternehmen verbundenen Verpflichtungen haftet das Reich nur mit den in seinem Eigentum stehenden Eisenbahnen.

§ 5.

Die Deutsche Reichsbahn kann bis zum Erlasse des im § 10 Absatz 1 vorgesehenen Gesetzes zur Deckung außerordentlichen Bedarfs, insbesondere auch für werbende Anlagen, auf das von ihr verwaltete Vermögen Kredite aufnehmen. Die Aufnahme von Krediten, die Bestellung von Sicherheiten und die Übernahme von Bürgschaften bedarf der vorherigen Verständigung mit dem Reichsminister der Finanzen.

§ 6.

Die Verwaltung der Deutschen Reichsbahn ist unabhängig von der sonstigen Reichsverwaltung zu führen.

Die für die Reichsverwaltung bestehenden Gesetze und Verordnungen gelten als solche für das Unternehmen Deutsche Reichsbahn nicht. Der Inhalt der Vorschriften ist aber solange und soweit anzuwenden, als die Reichsregierung ihre Anwendung nicht aufhebt. Über die Rechnungsprüfung hat die Deutsche Reichsbahn mit dem Rechnungshof eine besondere Vereinbarung zu treffen, die dem Bedürfnis einer sachgemäßen Prüfung entsprechen muß.

Zu Steuerleistungen und sonstigen Abgaben ist das Unternehmen Deutsche Reichsbahn nicht in weiterem Umfange heranzuziehen, als die Reichseisenbahnverwaltung nach den jetzt geltenden Gesetzen der Besteuerung unterliegt.

§ 7.

Soweit die Dienstbezüge der Beamten der Deutschen Reichsbahn nicht durch Reichsgesetze geregelt sind, dürfen sie im Vergleiche zu den Dienstbezügen gleichzubewertender Reichsbeamter nur dann günstiger geregelt werden, wenn diese günstigere Regelung zur Aufrechterhaltung eines geordneten und leistungsfähigen Betriebs oder Verkehrs notwendig ist. Das gleiche gilt, wenn die günstigere Regelung eine gedeihliche Fortentwicklung des Eisenbahnwesens zu fördern geeignet ist und der sich aus der günstigeren Regelung ergebende Vorteil die in anderer Hinsicht entstehenden oder zu erwartenden Nachteile überwiegt.

Neue Vorschriften über Dienstbezüge der Beamten der Deutschen Reichsbahn sind, soweit sie nicht Reichsgesetze sind oder eine reichsgesetzliche Regelung wiedergeben, dem Reichsminister der Finanzen mitzuteilen. Der Reichsminister der Finanzen kann, soweit die Vorschriften nach seiner Auffassung eine günstigere Regelung vorsehen, als nach Absatz 1 zulässig ist, spätestens binnen zwei Wochen nach der Mitteilung beim Reichsverkehrsministerium Einspruch (§ 5 des Besoldungssperrgesetzes) erheben.

In Fällen plötzlicher Betriebsstockungen oder zeitlich, örtlich und hinsichtlich des Geldaufwandes begrenzter Versuche können Anordnungen im Sinne des Absatz 1 auch ohne die vorherige Zustimmung des Reichsministers der Finanzen vorläufig in Kraft gesetzt werden. Sie sind unverzüglich dem Reichsminister der Finanzen mitzuteilen und aufzuheben, wenn das Schiedsgericht (§ 7 Absatz 1 des Besoldungssperrgesetzes) sie auf dessen Antrag für unzulässig erklärt.

Im übrigen gelten entsprechend die §§ 2 Absatz 1, 6 bis 8, 10 Absatz 1, 11 Absatz 1 und 2, 12 und 13 des Gesetzes zur Sicherung einer einheitlichen Regelung der Beamtenbesoldung vom 21. Dezember 1920 — Reichsgesetzbl. S. 2117 — (Besoldungssperrgesetz).

§ 8.

In den allgemeinen Haushalt des Reichs und in die allgemeine Rechnung des Reichs ist der Reinüberschuß der Deutschen Reichsbahn und der Aufwand für den Dienst der für Zwecke der Reichseisenbahnen aufgenommenen Reichsschulden aufzunehmen.

Die Deutsche Reichsbahn hat ihre Ausgaben selbst zu bestreiten.

§ 9.

Bis zum Inkrafttreten des im § 10 Absatz 1 vorgesehenen Gesetzes bleibt die Mitwirkung der Reichsregierung in folgenden Angelegenheiten vorbehalten:

1. Feststellung des Voranschlags, Aufstellung der Bilanz und Entlastung der Verwaltung bezüglich der Jahresrechnung,
2. Änderung der Sätze der Normaltarife,
3. Kündigung und grundsätzliche Änderungen der Lohntarife für Angestellte und Arbeiter.

Die Reichsregierung kann diese Mitwirkung einem mit ihrer Zustimmung zu bildenden Verwaltungsrat übertragen. Der Reichsverkehrsminister ist verpflichtet, der Reichsregierung sowie dem Reichstag über die Angelegenheiten des Unternehmens Auskunft zu geben.

Die Reichsregierung beschließt über die Genehmigung der Bilanz und der Gewinn- und Verlustrechnung.

Die Reichsregieruug hat dem Reichstag und dem Reichsrat zu der Beratung über den Reichshaushalt den Jahresbericht der Deutschen Reichsbahn nebst Gewinn- und Verlustrechnung und Bilanz mit den Prüfungsbemerkungen vorzulegen.

§ 10.

Die Vorschriften der §§ 1 bis 9 gelten bis zum Erlaß eines Gesetzes über die Deutsche Reichsbahn.

Das Reichsgesetz vom 30. April 1920, betreffend den Staatsvertrag über den Übergang der Staatseisenbahnen auf das Reich (Reichsgesetzbl. S. 773) und die Bestimmungen des am 28. Juni 1919 in Versailles unterzeichneten Vertrages (Reichsgesetz vom 16. Juli 1919, Reichsgesetzbl. S. 687) werden durch diese Verordnung nicht berührt.

Gegenwärtig (März 1924) befinden sich die Reichsbahnen im zweiten Abschnitt der Übergangszeit mit nachfolgender Behördengliederung (Abb. 5):

1. Das Reichsverkehrsministerium. Die oberste Behörde der Reichsbahnen bildet die Eisenbahnfachabteilung des Reichsverkehrsministeriums, das noch zwei andere Fachabteilungen für die Wasserstraßen, sowie für das Luft- und Kraftfahrwesen aufweist. An der Spitze des Ministeriums steht der Reichsverkehrsminister; seine Befugnisse sind im Schlußprotokoll zu § 24 des Staatsvertrages festgelegt. Ihm steht ein durchgreifendes Anordnungsrecht zu und er hat die verantwortliche Vertretung den gesetzgebenden Körperschaften gegenüber.

Die Eisenbahnfachabteilung gliedert sich in sechs Eisenbahnabteilungen mit zwei Staatssekretären (einem technischen und einem juristischen) und zwei Zweigstellen, die Zweigstelle Preußen-Hessen und die Zweigstelle Bayern, mit je einem Staatssekretär an der Spitze.

Neben der Gesamtleitung sind den Staatssekretären besondere Arbeitsgebiete zugewiesen, deren Abgrenzung nicht starr festgelegt ist.

a) die Zahl der Eisenbahnabteilungen und ihr Aufgabenkreis hat innerhalb des zweiten Entwicklungsabschnittes gewechselt. Gegenwärtig sind die Geschäfte auf folgende Abteilungen verteilt, die je von einem Ministerialdirektor geleitet werden:

Personalabteilung, die die allgemeinen Beamtenangelegenheiten, die besonderen Personalsachen und die damit im Zusammenhang stehenden Angelegenheiten der Ausbildung, Besoldung, Wohlfahrtseinrichtungen, des Arbeitsrechtes u. a. umfaßt;

Betriebsabteilung, die den Wagendienst, Fahrplan, die betrieblichen Fragen des Personen- und Güterverkehrs, Unfallangelegenheiten, den Betriebsmaschinendienst u. a. zu bearbeiten hat;

Verkehrsabteilung mit den Aufgaben der Personen- und Gütertarife, der Verkehrswerbung und des Beförderungsdienstes;

Finanzabteilung, deren Geschäftskreis die allgemeinen Finanz- und Wirtschaftsangelegenheiten, Haushaltsplan, finanzielle Beteiligungen an anderen Unternehmungen, Pacht, Miete, das Beschaffungs-, Material- und Verdingungs-

wesen im allgemeinen, Besteuerung der Eisenbahnverwaltungen, Organisationsfragen u. a. umfaßt;

Werkstättenabteilung mit den Aufgaben der Normalisierung, Typisierung, Vereinheitlichung der Bauweisen, Ausrüstung, Beschaffung, Ausmusterung, Verkauf von Lokomotiven und Wagen, Unterhaltung der Fahrzeuge, Werkstattanlagen, Werkstoffe und Geräte, Verwertung von Altmaterial;

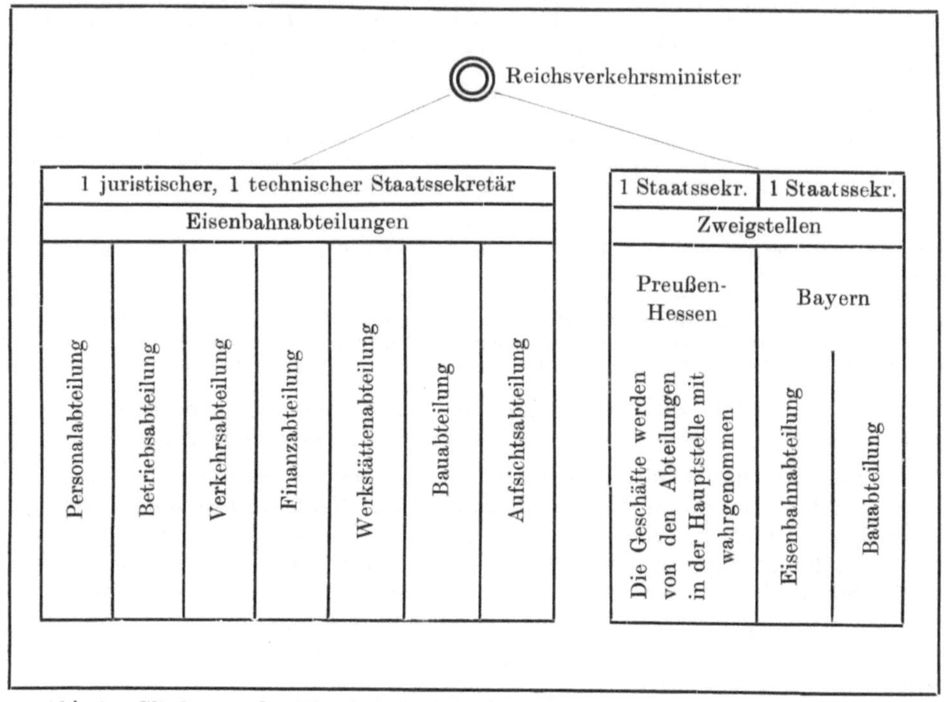

Abb. 5. Gliederung der Eisenbahnfachabteilungen des Reichsverkehrsministeriums.

Bauabteilung, zu deren Aufgaben die Stellwerke, Sicherungsanlagen,
Fernmeldeeinrichtungen, Oberbau, Brücken, Eisenbahnhochbauten, die pro-
duktive Erwerbslosenfürsorge u. a. gehören.

Die Abteilungen sind bürokratisch organisiert, die bearbeiteten Sachen
werden je nach der geschäftsplanmäßigen Zuständigkeit von den Ministerial-
direktoren, den Staatssekretären oder dem Minister vollzogen.

Neben diesen Abteilungen besteht noch eine Aufsichtsabteilung zur Ausübung des Aufsichtsrechtes über die Privatbahnen.

β) Die Zweigstelle Preußen-Hessen bildet noch den Rumpf der
Eisenbahnabteilungen des früheren preußischen Ministeriums der öffentlichen
Arbeiten. Ihr sind nur die Angelegenheiten verblieben, die vorwiegend für
das preußisch-hessische Bahnnetz von Bedeutung sind. Die Arbeiten der
Zweigstelle werden von den Eisenbahnabteilungen mit ausgeführt, denen für
diese besonderen preußischen Geschäfte außer dem Staatssekretär einige
Referenten zugewiesen sind.

γ) Die Zweigstelle Bayern hat ihren Sitz in München. Diese örtliche
Trennung schließt die vereinfachende Einrichtung aus, daß die Geschäfte der
Zweigstelle wie bei Preußen-Hessen von den Abteilungen der Hauptstelle
mit besorgt werden. Infolgedessen sind bei der Zweigstelle in München zwei
Abteilungen eingerichtet; der einen Abteilung sind die Verwaltungs-, Etats-,

Personal-, Rechts-, Verkehrs-, Betriebs-, Wohlfahrts- und Arbeiterangelegenheiten zugewiesen, die andere Abteilung bearbeitet die bautechnischen Streckenangelegenheiten, die Neubau-, Hochbau-, Werkstätten-, Starkstromsachen und den Fahrzeugbau.

δ) Zur beratenden Mitwirkung in technischen, finanzwirtschaftlichen und organisatorischen Fragen ist auf Grund einer Entschließung des Reichstages ein Sachverständigenbeirat bestellt worden, dessen Aufgabe es ist, „die technischen und finanziellen Verhältnisse der Reichsbahnen zu prüfen und Vorschläge zur Einschränkung des Fehlbetrages mit dem Ziel der Wiederherstellung eines sich selbst erhaltenden Betriebes zu machen". Weiter sind eine Reihe von Ausschüssen gebildet, um die wichtigeren Fragen zu prüfen, die mit der Neuordnung der Reichsbahnen im engsten Zusammenhang stehen.

Zur Überwachung des Zugverkehrs, zur Verhütung von Betriebsschwierigkeiten und Beseitigung etwaiger Störungen im Betriebe sind Generalbetriebsleitungen mit den Sitzen in Essen, Berlin und Würzburg eingerichtet, die mit weitreichenden Anordnungsbefugnissen auf dem Gebiete des Betriebs- und Verkehrsdienstes ausgestattet sind. Zur Feststellung der Betriebslage und Überwachung der Anordnungen sind ihnen Oberzugleitungen und Zugleitungen unterstellt.

2. Die Mittelbehörden. Die Reichsbahnen sind durch Vereinigung der Länderstaatsbahnen gebildet worden. Jedes Land hat seine besondere Verwaltungsform für seine Staatsbahnen gehabt. Bei der Übernahme der Bahnen durch das Reich hat das Reichsverkehrsministerium die verschiedenen Behördengliederungen zunächst beibehalten. Infolgedessen findet sich für die Mittelbehörden keine einheitliche Organisationsform, sie weisen noch zum größten Teil die Gliederung und die Zuständigkeiten aus der Zeit vor ihrem Übergang auf das Reich auf. Es ist daher eine getrennte Darstellung nach den früheren Eisenbahnländern erforderlich, die, abgesehen von unwesentlichen Änderungen, gleichzeitig den geschichtlich früheren Zustand kennzeichnet.

α) Die Mittelbehörden der Zweigstelle Preußen-Hessen setzen sich in der obersten Stufe aus 19 Direktionen und einem Zentralamt zusammen (Abb. 6). Sie haben die rechtliche Vertretung der Eisenbahnverwaltung innerhalb ihres Bezirkes und ihres Geschäftskreises. Sie sind Beschwerdeinstanz über Verfügungen und Anordnungen, die von den nachgeordneten Ämtern und Bauabteilungen ausgehen. Weiter sind den Leitern der Direktionen, den Präsidenten, die Geschäfte der Eisenbahnkommissare übertragen, als welche sie die Aufsicht über die ihnen zugeteilten Privatbahnen zu führen haben. Damit wird der nicht unbedenkliche Zustand geschaffen, daß über Einrichtungen und Anträge der Privatbahnen der betriebführende Leiter des staatlichen Konkurrenzunternehmens zu entscheiden hat.

Die Direktionen sind im Jahre 1922 umgebildet worden. Es sind Abteilungen eingerichtet, an größeren Direktionen deren drei, an kleineren zwei. An der Spitze der Abteilung steht ein Abteilungsleiter oder Abteilungsdirektor. Innerhalb der Abteilungen werden die Geschäfte von Direktionsmitgliedern und Hilfsarbeitern erledigt. Ein Teil der Geschäfte wird, wie auch bei der früheren Organisation, von den Mitgliedern selbständig und unter ihrer eigenen Verantwortung bearbeitet, eine fachliche Überordnung durch den Abteilungsleiter ist nicht beabsichtigt. Lediglich zur Entlastung des Präsidenten und zur Wahrung der Einheitlichkeit auf bestimmten Sachgebieten hat der Abteilungsleiter mitzuwirken und die Geschäftsführung in seiner Hand zu vereinigen. In besonders wichtigen oder strittigen Angelegenheiten verbleibt die Entscheidung dem Präsidenten. Für bestimmte Disziplinar-

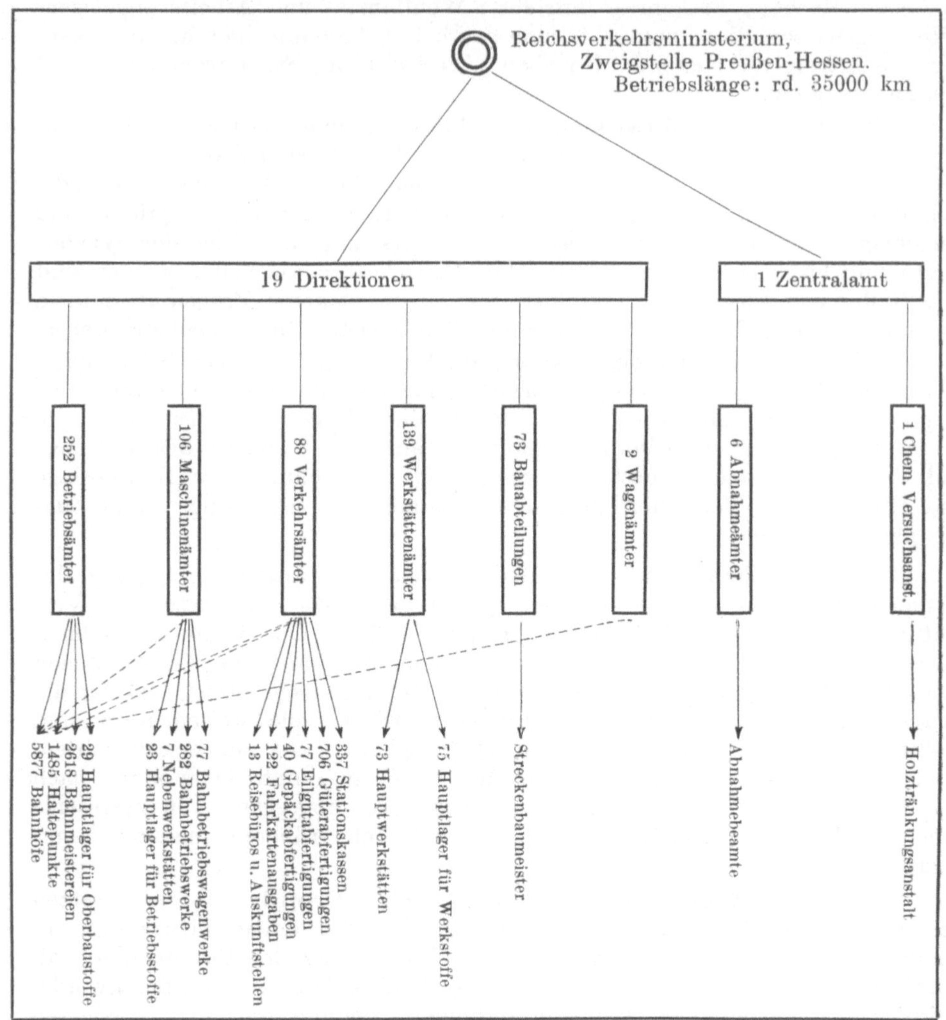

Abb. 6. Gliederung der Zweigstelle Preußen-Hessen.

sachen bilden die **Mitglieder** ein **Kollegium** unter Vorsitz des Präsidenten, von welchem die **Entscheidungen** durch **Mehrheitsbeschluß** getroffen werden.

In den Direktionen mit drei Abteilungen sind die Geschäfte nach folgendem Plan verteilt:

Abteilung I:

Dezernat 1: Finanzwesen;

Dezernate 2, 3, 4: Personalsachen;

Dezernat 5: Wohlfahrtseinrichtungen;

Dezernate 8, 9: Allgemeine Verkehrssachen, Tarife;

Dezernat 10: Kassenwesen, Rechnungsprüfung;

Dezernate 11 bis 14: Administrative Streckenangelegenheiten wie Verwaltung des Grundeigentums, Rechtssachen, Abfertigungsdienst, innere Verwaltung der Dienststellen. Die Geschäfte werden nach Strecken auf die einzelnen Dezernate verteilt;

Dezernat 20: Allgemeine Unterrichtsangelegenheiten, Lehrlingsausbildung, Werkschulen, Psychotechnik.

Abteilung II:

Dezernat 7: Beförderungsdienst;
Dezernat 21: Lokomotivdienst;
Dezernate 31, 32: Betriebsleitungen;
Dezernate 33, 34: Fahrplansachen, Personenwagendienst;
Dezernate 39, 40: Sicherungs- und Fernmeldewesen.

Abteilung III:

Dezernate 22, 23: Werkstättenwesen;
Dezernat 24: Stoffverwaltung;
Dezernat 25: Elektrische Beleuchtung und Kraftübertragung;
Dezernat 26: Maschinelle Anlagen außerhalb der Werkstatt;
Dezernate 41 bis 44: Bautechnische Streckendezernate, Unterhaltung
und Ergänzung der Bahnanlagen, Bahnbewachung der zugeteilten
Strecken;
Dezernat 47 bis 51: Oberbau, Brückenbau, Eisenhochbau, Hochbau
und Neubauangelegenheiten.

Bei den kleineren Direktionen sind die Dezernate wie folgt verteilt:

Abteilung I: Dezernate 1, 2, 3, 4, 5, 7, 8, 11 bis 14, 10, 20;
Abteilung II: Dezernate 21, 23, 24, 25, 31 bis 34, 39, 40, 41 bis 51.

Bei einzelnen Direktionen finden sich Abweichungen von den vorstehenden Verteilungsplänen.

Zur Vermeidung von Doppelarbeit ist für Geschäfte, die für alle oder mehrere Direktionsbezirke von einer Stelle aus erledigt werden können, ein Zentralamt mit dem Sitz in Berlin eingerichtet worden. Es hat drei großen Gruppen von Aufgaben zu dienen:

(1.) Förderung der Wirtschaftlichkeit und des technischen Fortschrittes durch Vorbereitung von Musterentwürfen, Ausarbeitung von Vorschlägen zu technischen Verbesserungen und ihre Erprobung durch Vornahme von Versuchen auf den Gebieten des Oberbaues, der Gleisverbindungen, der Sicherungseinrichtungen, des Fernmeldewesens, des Fahrzeugbaues, des Werkstättenwesens, Ausarbeitung von Dienstvorschriften und Lehrbehelfen für den Unterricht.

(2.) Die zweite Gruppe von Aufgaben umfaßt die einheitliche Beschaffung und die Abnahme von Oberbaustoffen (Schienen, Weichen, Kleineisenzeug, Schwellen), von Betriebsstoffen (Kohlen, Ölen, Wagendecken u. a.), von Werkstoffen (Holz, Glas, Eisen, Stahl, wertvolle Metalle), von Fahrzeugen (Lokomotiven, Triebwagen, Personen-, Gepäck-, Güterwagen, Bremsen). Zur Ausführung von chemischen und physikalischen Untersuchungen an Stoffen und Waren aller Art ist dem Zentralamt eine chemische Versuchsanstalt unterstellt.

(3.) Schließlich wird beim Zentralamt die Kleiderkasse für die Beamten verwaltet, die Vorstandsgeschäfte für die Pensionskasse der Arbeiter und für die Verbandskrankenkasse geführt und im Hauptwagenamt der Ausgleich zwischen Bestand und Bedarf an Güterwagen im Bereich der Reichsbahnen vorgenommen.

Die innere Organisation des Zentralamtes ist nach den gleichen Grundsätzen durchgeführt wie bei den Direktionen, denen es auch gleichgestellt ist.

Ähnliche Aufgaben wie das Eisenbahn-Zentralamt im Beschaffungswesen haben die sogenannten Gruppendirektionen. Es sind dies besonders beauftragte Eisenbahndirektionen, die für sich und eine Gruppe von anderen Direktionen bestimmte Bau-, Betriebs- und Werkstoffe beschaffen. Hierfür kommen solche Gegenstände in Frage, deren Ankauf und Verteilung durch das Eisenbahnzentralamt zwar für die ganze Zweigstelle Preußen-Hessen nicht angezeigt erscheint, wohl aber für einen größeren Bezirk als den einer Eisenbahndirektion.

In gleicher Weise werden die Geschäfte für den inneren deutschen Schnellzugsplan und die Fahrplanverhandlungen mit dem Auslande zusammengefaßt und ihre Führung besonderen Direktionen übertragen, die als „geschäftsführende Verwaltung" tätig sind. Man geht hierbei von dem richtigen Gesichtspunkt aus, die Fahrplanaufstellung für die Schnellzüge auf den durchgehenden Linien in eine Hand zu bringen.

Für die geschäftsmäßige Erledigung der Arbeiten sind bei den Direktionen und dem Zentralamt nachstehende Büros eingerichtet: Präsidialbüro, Personalbüro, Hauptkasse, Revisionsbüro, Rechnungsbüro, Materialienbüro, Wohlfahrtsbüro, Betriebsbüro, Wagenbüro, Verkehrsbüro, Entschädigungs- und Tarifbüro, bautechnisches Büro, maschinentechnisches Büro, Liegenschaftsbüro, Kanzlei, sowie ferner bei einzelnen Gruppendirektionen Verkehrskontrollen, Fundbüro, Drucksachenverwaltung und Fahrkartenverwaltung.

Die Direktionen haben als Ausführungsbehörden weitgehende Anordnungsbefugnisse innerhalb ihres Bezirkes. Mit der Durchführung und Überwachung ihrer Maßnahmen werden die Ämter betraut, die gewissermaßen als Ortsbehörden zwischen die unteren Dienststellen und die Direktionen eingeschaltet sind. Der Geschäftskreis der Ämter ist nach Dienstzweigen abgegrenzt. Es sind daher eingerichtet:

(1.) Betriebsämter: In ihnen werden die Aufgaben des Bahnunterhaltungs-, des Bahnbewachungs- und des Betriebsdienstes vereinigt. Im einzelnen obliegt ihnen die Fürsorge für die Erhaltung der Bahnanlagen, die Vergebung der Arbeiten für diesen Zweck, die Ausführung von Bauten nach näherer Bestimmung der Eisenbahndirektionen, die Verwertung des Grundeigentums durch Verpachtung oder Vermietung verfügbarer Grund- und Gebäudeteile. Auf dem Gebiete des Betriebes haben sie für die sichere und planmäßige Durchführung der Züge zu sorgen, die Aufgaben der Zugbildung und die damit verbundene Rangiertätigkeit auf den Bahnhöfen zu übernehmen, die Wirtschaftlichkeit des Zugverkehrs stets im Auge zu behalten, die bestimmungsgemäße Handhabung der Sicherungseinrichtungen, die Bedienung der Schranken, Untersuchung der Strecken, Beachtung der Vorschriften zu überwachen und die Bahnpolizei innerhalb ihres Amtsbezirkes auszuüben.

(2.) Maschinenämter: Ihre Hauptaufgabe besteht in der sorgfältigen Unterhaltung des ihnen überwiesenen Lokomotivparks und in der rechtzeitigen Bereitstellung betriebsfähiger Maschinen für die Bespannung der Züge. Weiter obliegt ihnen die Aufsicht über die vorschriftsmäßige Behandlung der Wagen in Bezug auf ihre Untersuchung, Unterhaltung, Reinigung, Schmierung, Beleuchtung, Heizung. Sie haben die Verwaltung der Zugausrüstungsgegenstände sowie die Aufsicht über die elektrischen Beleuchtungsanlagen und die maschinellen Einrichtungen auf den Bahnhöfen ihres Bezirkes (Gasanstalten, Kraftanlagen, Wasserstationen, Desinfektionsanstalten).

(3.) Werkstättenämter: Ihnen obliegt die Ausführung der regelmäßig wiederkehrenden größeren Untersuchungen der Lokomotiven und Wagen, die Beseitigung größerer Schäden, Vornahme solcher Instandsetzungsarbeiten an den Betriebsmitteln, die in den Bahnbetriebswerken der Maschinenämter nicht ausgeführt werden können oder deren Einrichtungen zu lange Zeit in Anspruch nehmen würden. Sie haben weiter bei Anlieferung von Betriebsmitteln, Ersatzteilen oder Werkstoffen zu prüfen, ob die Lieferungen den gestellten Bedingungen entsprechen, sofern nicht eine bahnamtliche Prüfung schon stattgefunden hat.

(4.) Verkehrsämter: Die vornehmste Aufgabe der Verkehrsämter besteht in der dauernden Aufrechterhaltung einer lebendigen Verbindung zwischen der Eisenbahnverwaltung und den Verkehrsbeteiligten zur Ermittlung der Verkehrsbedürfnisse. Weiter haben sie für eine schnelle und zweckmäßige Abfertigung der Reisenden bei der Lösung der Fahrkarten und der Abfertigung des Reisegepäckes zu sorgen. Im Güterdienst haben sie den Einrichtungen für die Annahme, Lagerung und Verladung ihre Aufmerksamkeit zu schenken und auf beschleunigte Abfertigung bedacht zu sein. Der Gestaltung des Fahrplanes, der Ausnutzung der Güterzüge und der einzelnen Wagen sowie der Vereinfachung des Umladedienstes nach wirtschaftlichen Gesichtspunkten haben sie besondere Sorgfalt zuzuwenden. Weiter obliegt ihnen die Behandlung von Anträgen und Beschwerden in Angelegenheiten des Abfertigungs- und Beförderungsdienstes, über Verlust oder Beschädigung von Gepäckstücken und Gütern, über Fahrgeld- und Frachterstattungen. Schließlich haben sie im innern Dienst die Aufsicht über das gesamte Abfertigungs- und Kassenwesen, über das Rollfuhrwesen, über die Güternebenstellen, über den Wagenumlauf, über den Packmeisterdienst und die Fahrkartenprüfung auszuüben.

(5.) Bauabteilungen: Sie haben die Bauausführungen nach den festgestellten Entwürfen und Kostenanschlägen unter Beachtung der technischen Regeln, der Gesetze, Verordnungen und baupolizeilichen Vorschriften zu leiten. Bei der Vergebung von Leistungen und Lieferungen an Unternehmer hat die Bauabteilung über die vertragsmäßige Ausführung der Arbeiten und Lieferungen zu wachen und dafür zu sorgen, daß die notwendigen Vorsichtsmaßregeln bei der Bauausführung getroffen werden. Alle Arbeiten sind nach einem Arbeitsplan so vorzubereiten, daß eine größtmögliche Beschleunigung der Bauausführung gewährleistet ist.

(6.) Abnahmeämter: Während die bisher aufgeführten Ämter den Eisenbahndirektionen unterstellt sind, ist die vorgesetzte Behörde der Abnahmeämter das Eisenbahnzentralamt. Ihnen obliegt die Überwachung der Anfertigung, die Güteprüfung und die Abnahme von Oberbaustoffen, Werkstoffen, maschinellen Anlagen, Betriebsmitteln, zusammengesetzten Eisenkonstruktionen, weiter die Sammlung und Verwertung der bei den Abnahmen gezeitigten Ergebnisse und die Beobachtung der Leistungsfähigkeit der Werke.

(7.) Wagenämter bestehen nur in Essen und Oppeln. Sie bearbeiten die Angelegenheiten der Güterwagenverteilung für die großen Industriegebiete, die bei den übrigen Direktionen durch die Wagenbüros erledigt werden.

β) Die Zwischenbehörden der Zweigstelle Bayern gliedern sich nach Abb. 7 zunächst in 6 Direktionen und 10 zentrale Ämter.

Die Eisenbahndirektionen haben, wie in der Zweigstelle Preußen-Hessen, die Verwaltung, den Betrieb, die Unterhaltung und den Bau innerhalb ihres Bezirkes auszuüben und die Eisenbahnverwaltung gesetzlich zu vertreten. Sie sind Beschwerdeinstanz gegenüber Verfügungen und Anordnungen der nachgeordneten Inspektionen. Den Privatbahnen gegenüber üben sie innerhalb ihrer Bezirke das Aufsichtsrecht des Reiches aus. Die Geschäfte werden von Referenten und Hilfsreferenten bearbeitet, die Entscheidung liegt bei den Direktionspräsidenten. Es sind, ähnlich wie bei der Zweigstelle Preußen-Hessen, für die nachstehenden Gruppen von Arbeiten Referate eingerichtet: Personal- und Finanzwesen, administrative Streckenangelegenheiten, betriebstechnische Streckenangelegenheiten, Verkehrs- und Beförderungsdienst, bautechnische Streckenangelegenheiten und technische Sonderreferate für Werkstättendienst, Zugbeförderung, elektrische Zugbeförderung und Starkstromsachen, Hochbau, tiefbautechnischen Neubau.

Zur geschäftsmäßigen Erledigung der Direktionsangelegenheiten sind die nachstehenden Büros bei jeder Direktion eingerichtet: Ein Verwaltungs-, ein Betriebs-, ein Verkehrs- und ein technisches Büro. Ferner besteht ein Meßamt für den Vermessungsdienst.

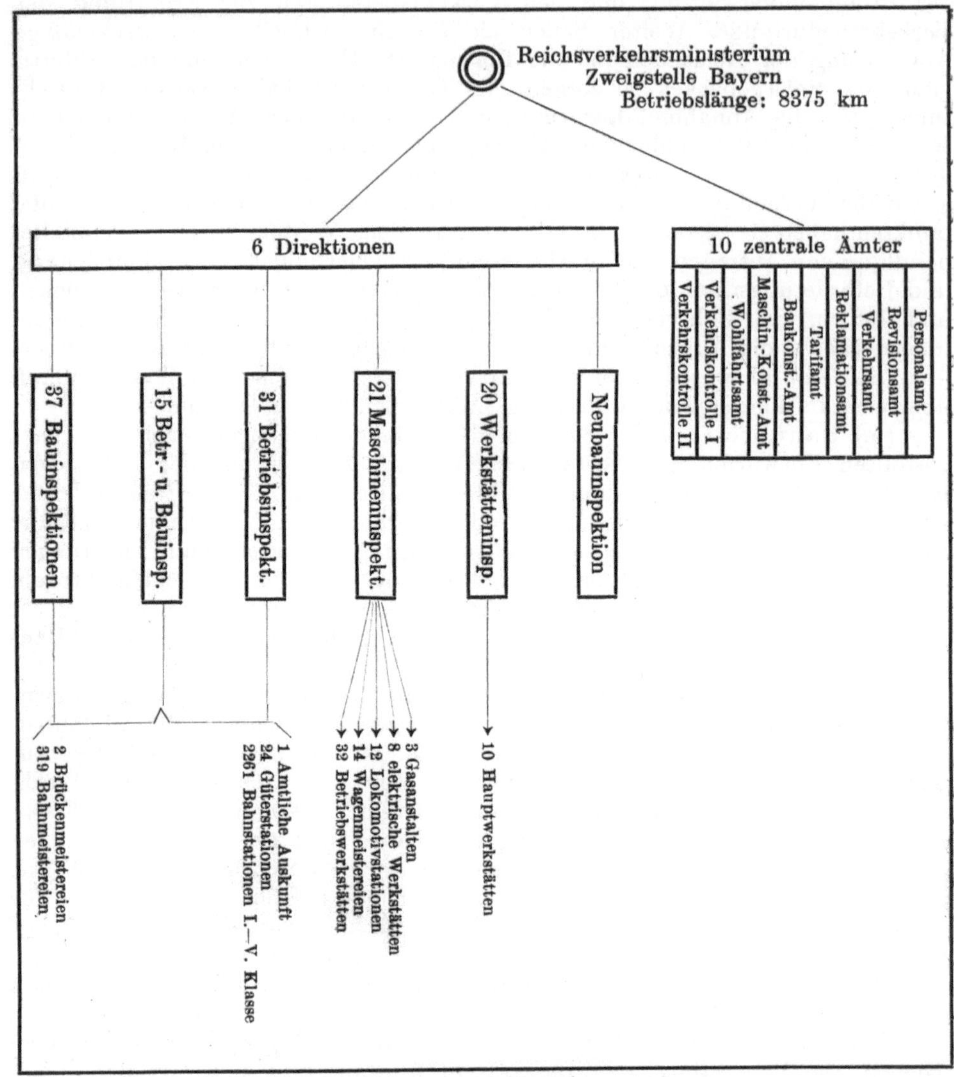

Abb. 7. Gliederung der Zweigstelle Bayern.

Die 10 zentralen Ämter gliedern sich in:

(1.) ein Personalamt für Personalangelegenheiten;

(2.) ein Revisionsamt für Rechnungsprüfung;

(3.) ein Verkehrsamt für Fahrplan und Personentarif, Erstattung von Fahrgeld, Gepäck- und Expreßgutfrachten. Für die Pfalz obliegt die Erledigung der Eisenbahndirektion Ludwigshafen;

(4.) ein Reklamationsamt für Entschädigungssachen aus dem Frachtvertrage. Für das pfälzische Netz ist die Direktion Ludwigshafen zuständig;

(5.) ein Tarifamt für das gesamte Gütertarifwesen;

(6.) ein Baukonstruktionsamt für Ingenieur- und Hochbauwesen sowie für die Beschaffung der Oberbaustoffe;

(7.) ein Maschinenkonstruktionsamt für elektrotechnische Angelegenheiten sowie für die Beschaffung von Betriebs- und Werkstoffen;

(8.) ein Wirtschaftsamt für die gesamte Arbeiterversicherung;

(9.) eine Verkehrskontrolle I für die Nachprüfung und Abrechnung der Einnahmen aus dem Personen-, Reisegepäck-, Leichen- und Tierverkehr;

(10.) eine Verkehrskontrolle II für die Nachprüfung und Abrechnung der Einnahmen aus dem Güterverkehr.

Die gesetzliche Vertretung der Verwaltung haben die Ämter nicht. Diese liegt der Eisenbahndirektion ob, in deren Bezirk das zentrale Amt seinen Sitz hat.

Zur Unterstützung der Direktionen bei der Durchführung und Überwachung ihrer Maßnahmen sind mit der Befugnis zur selbständigen Erledigung gewisser Verwaltungsgeschäfte die nachstehenden Inspektionen eingerichtet und den Direktionen unterstellt:

Betriebsinspektionen für den Betriebs-, Verkehrs-, Abfertigungs- und Kassendienst, Bahnpolizei;

Betriebs- und Bauinspektionen für Betrieb, Verkehr, Bau und Bahnunterhaltung, Bahnpolizei;

Bauinspektionen für Bau- und Bahnunterhaltung sowie für die damit zusammenhängenden Geschäfte;

Maschinen- und Starkstrominspektionen für den Zugförderungs- und Wagenaufsichtsdienst sowie für sonstige damit zusammenhängende Geschäfte;

Werkstätten- und Materialinspektionen für die Unterhaltung des Fuhrparkes und für Werkstoff-Angelegenheiten (Zuständigkeitskreis ähnlich wie bei der Zweigstelle Preußen-Hessen);

Neubauinspektionen für größere zusammenhängende Bauausführungen.

γ) Die sächsischen Zwischenbehörden. Die obere Stufe der Zwischenbehörden im Freistaat Sachsen bildet die Eisenbahndirektion Dresden (Abb. 8). Sie hat neben den Aufgaben der Verwaltung, des Betriebes, der Unterhaltung und des Baues die gesetzliche Vertretung der Eisenbahnverwaltung für das Gebiet des Freistaates und ist Beschwerdeinstanz gegenüber Verfügungen der nachgeordneten Ämter. Sie ist Aufsichtsbehörde für Privatbahnen. Die innere Gliederung der Direktion zeigt das Abteilungssystem mit einem Präsidenten für die Gesamtleitung an der Spitze. Es sind 6 (früher 4) Abteilungen gebildet, je eine für

allgemeine Verwaltung (Personal-, Wohlfahrts-, Rechts-, Steuer- und Unterrichtsangelegenheiten);

Verkehr (Betriebsleitung, Fahrplan, Tarife, Beförderung, Frachterstattung);

Betrieb und Bahnunterhaltung (Oberbau, Brücken, betriebs- und autechnische Streckendezernate, elektrische Angelegenheiten);

Neubau;

Werkstättendienst (Lokomotivfahrdienst, Lokomotiven, Wagen);

Haushalt und Kraftwagenangelegenheiten.

Der Direktion in Dresden sind nachgeordnet 6 Betriebsdirektionen, die von bautechnischen Oberbeamten geleitet werden. Sie haben den Betriebs-, Verkehrs- und Abfertigungsdienst auszuführen und zu überwachen sowie die Verwaltung in bestimmten Rechtsangelegenheiten zu vertreten. Sie sind am Bahnunterhaltungsdienst in dem Umfang beteiligt, in dem dieser Dienstzweig den ihnen unterstellten Bahnverwaltereien übertragen ist. Diese Bahnverwaltereien sind für vollspurige Nebenbahnen geringerer Bedeutung und für schmalspurige Nebenbahnen gebildet und haben den Betriebs-, Verkehrs-, Bahnbewachungs- und Unterhaltungsdienst sowie die Verwaltung des Grundeigentums auf den ihnen zugeteilten Strecken auszuführen.

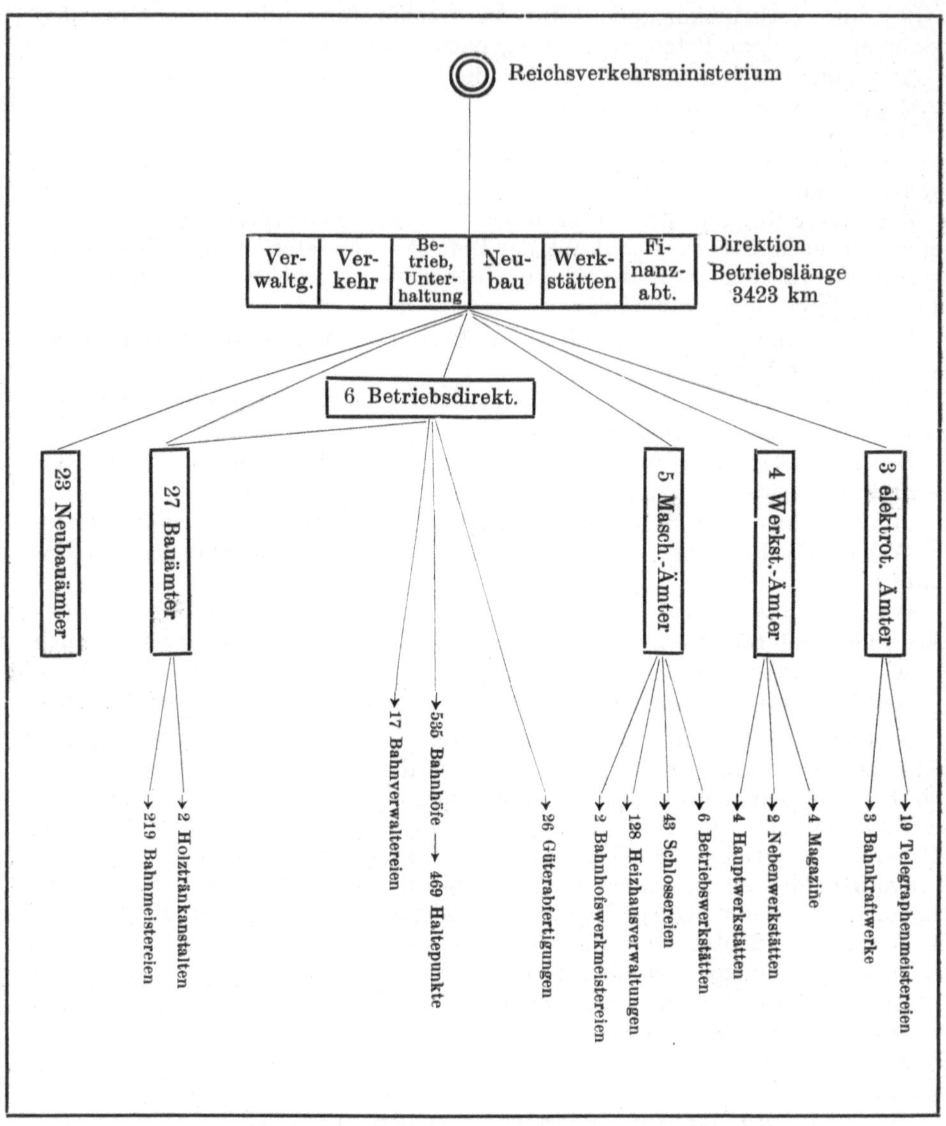

Abb. 8. Gliederung der sächsischen Eisenbahnbehörden.

Weiter sind der Direktion in Dresden unmittelbar unterstellt:

die Neubauämter;

die Maschinenämter;

die Werkstättenämter; diese drei mit ähnlichen Befugnissen wie die gleichen Ämter der Zweigstelle Preußen-Hessen;

die elektrotechnischen Ämter für die Einrichtung, Beaufsichtigung, Unterhaltung der Sicherungs- und Fernmeldeeinrichtungen sowie der elektrischen Beleuchtungs- und Kraftanlagen; und schließlich

die Bauämter, diese aber nur bezüglich der Bahnunterhaltung und des Baues. Sie wirken aber auch bei der Durchführung des Betriebes und im Verkehrsdienst mit und sind für diese Aufgaben den Betriebsdirektionen unterstellt.

δ) **Die württembergischen Zwischenbehörden** bestehen nach Abb. 9 aus einer Direktion in der oberen Stufe und aus Ämtern und Inspektionen in der zweiten Stufe.

Der Direktion in Stuttgart obliegt die Verwaltung, der Betrieb, der Verkehrsdienst, die Bahnunterhaltung, der Bau, die Bahnpolizei und die Aufsicht über die privaten Nebenbahnen im Gebiete des Freistaates Württemberg, die Kleinbahnen dagegen werden vom Arbeitsministerium Württemberg beaufsichtigt. Außerdem übt die Direktion die unmittelbare Leitung der Bodenseedampfschiffahrt aus. Sie vertritt den Eisenbahnfiskus in allen Rechtsangelegenheiten. Die Direktion ist nach dem Abteilungssystem eingerichtet, an der Spitze der Direktion steht der Präsident. Es sind gegenwärtig 5 (früher 3) Abteilungen vorhanden und zwar

eine **Bauabteilung** (Bahnhofsanlagen, Stellwerke, Oberbau, Brücken, Tunnel, Hochbau);

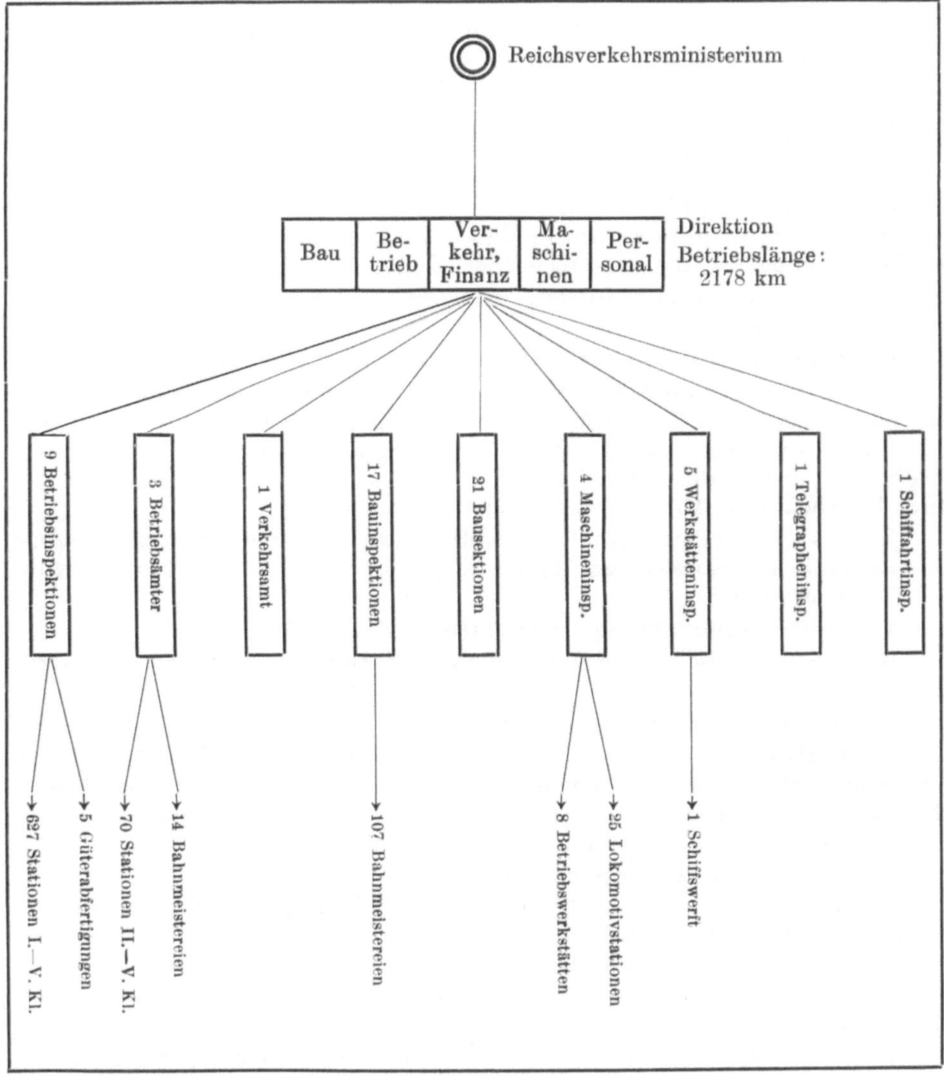

Abb. 9. Gliederung der Eisenbahnbehörden in Württemberg.

eine Betriebsabteilung (Fahrplan, Wagendienst, Beförderungsdienst, Stationsdienst, Dampfschiffahrt);

eine Verkehrs- und Finanzabteilung (Haushalt, Beschaffungen, Kassen- und Rechnungswesen, Verkehrsdienst, Tarifwesen, Rechtsangelegenheiten);

eine Maschinenabteilung (Fahrzeuge, maschinelle Anlagen, Werkstätten, Lokomotivdienst, Dampfschiffahrt);

eine Personalabteilung (Personal, Bildung und Unterricht, Wohlfahrt).

Zur Bearbeitung der Geschäfte unterstehen den Abteilungen 20 Hilfsämter, die die gleichen Aufgaben wie die Büros anderer Direktionen haben, sie arbeiten nach Anweisung der Referenten und sind nur im beschränkten Umfange selbständig.

Den Direktionen sind für die Ausführung und Überwachung des äußeren Dienstes nachgeordnet:

Betriebsinspektionen für den Betriebs- und Verkehrsdienst wie in Bayern;

3 Betriebsämter und 1 Verkehrsamt als Versuchsorganisation. Bei einem Betriebsamt sind Bau, Betrieb und Verkehr vereinigt, während die beiden anderen Betriebsämter und das Verkehrsamt nach preußischem Muster eingerichtet sind.

Bauinspektionen für die laufende Bahnunterhaltung;

Bausektionen;

Maschineninspektionen;

Werkstätteninspektionen; diese drei Behörden mit der gleichen Geschäftsverteilung wie die entsprechenden Ämter in Preußen;

Telegrapheninspektionen, wie die elektrotechnischen Ämter in Sachsen eingerichtet;

Dampfschiffahrtinspektion für die Dampfschiffahrt auf dem Bodensee.

ε) Die badischen Zwischenbehörden gliedern sich in eine Direktion und eine Anzahl von Inspektionen und Zentralanstalten (Abb. 10).

Die Zuständigkeit der Direktion ist die gleiche wie die der württembergischen. Innerhalb der Direktion, die von einem Präsidenten geleitet wird, bestehen vier Abteilungen, je eine für

Verwaltung (Personal-, Rechts-, Haushalts-, Bildungsangelegenheiten);

Betrieb (Betriebsleitung, Fahrplan, Fahrzeuge, Werkstätten, Elektrotechnik, Stoffwesen);

Verkehr (Tarife, Wagen-, Verkehrsdienst);

Bau (bautechnische Angelegenheiten nach Bezirken getrennt, Stellwerksachen, Hochbau).

Der Direktion unterstellt sind:

Zentralanstalten für solche Geschäfte, die für den Direktionsbezirk gemeinsam erledigt werden können. Hierzu rechnen: die Hauptwerkstatt, die Eisenbahn-Hauptkasse, die Betriebskranken- und Arbeiterpensionskasse, Verkehrskontrolle I, Verkehrskontrolle II, das Materialamt.

Betriebsinspektionen nach bayrischem Vorbild;

Bahnbauinspektionen für Bau, Unterhaltung und Bahnaufsicht;

Neubauinspektionen;

Maschineninspektionen;

Werkstätteninspektionen; diese 3 Behörden nach preußischen Grundsätzen organisiert;

Dampfschiffahrtinspektion für die Bodenseedampfschiffahrt in Konstanz.

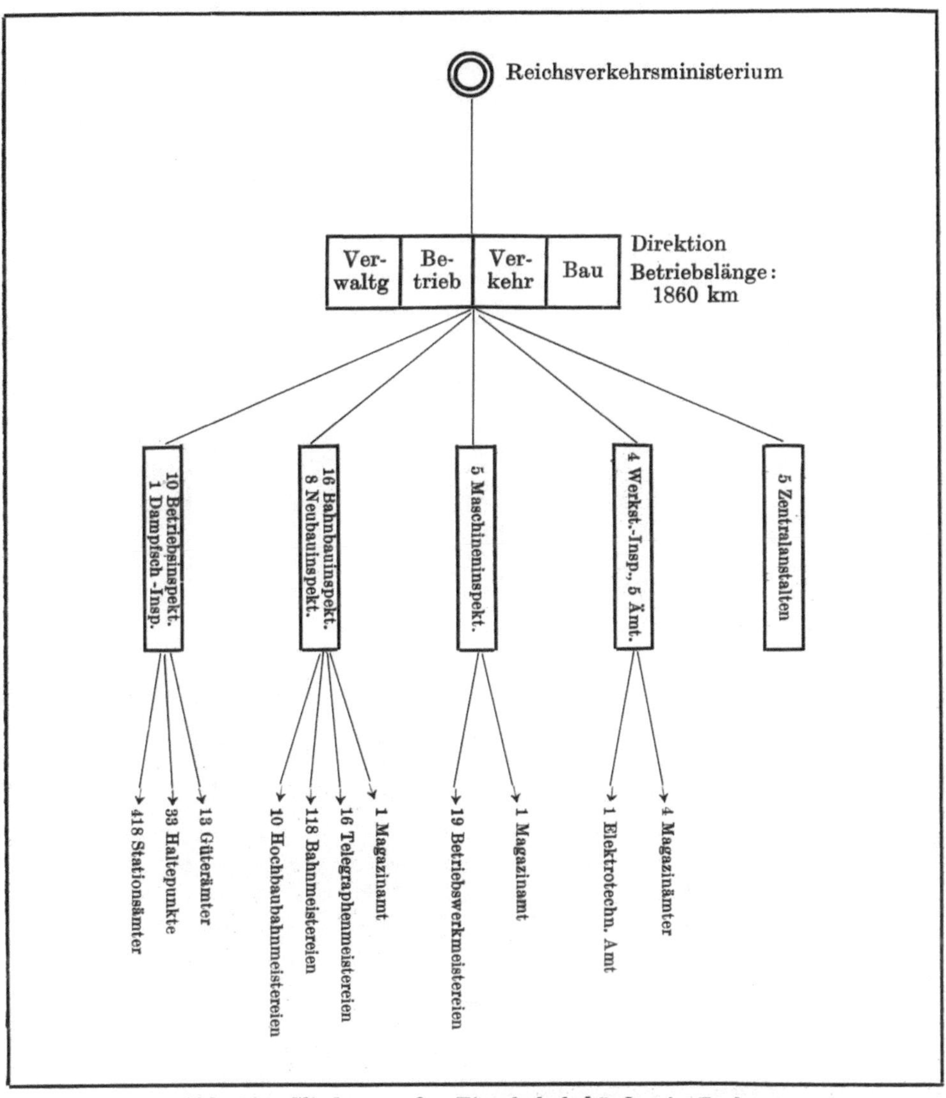

Abb. 10. Gliederung der Eisenbahnbehörden in Baden.

ζ) Die mecklenburgischen Zwischenbehörden bestehen in der oberen Stufe aus einer Direktion und einer Anzahl nachgeordneter Ämter (Abb. 11).

Die Geschäfte der Direktion sind die gleichen wie in den anderen Freistaaten, sie sind auf 15 Dezernate verteilt, das Abteilungssystem besteht hier nicht. Die Geschäfte werden erledigt durch Büros, von welchen das Verkehrsbüro die unteren Abfertigungsstellen unmittelbar betreut. Im übrigen sind zwischen unteren Dienststellen und Direktion noch zwischengeschaltet:

7 Betriebsämter für Unterhaltung und Betrieb;

1 Maschinenamt;

2 Werkstättenämter;

1 Telegrapheninspektion;

die Dienststelle für den Schiffsverkehr zur Leitung und Beaufsichtigung des Fährbetriebes Gjedser—Warnemünde.

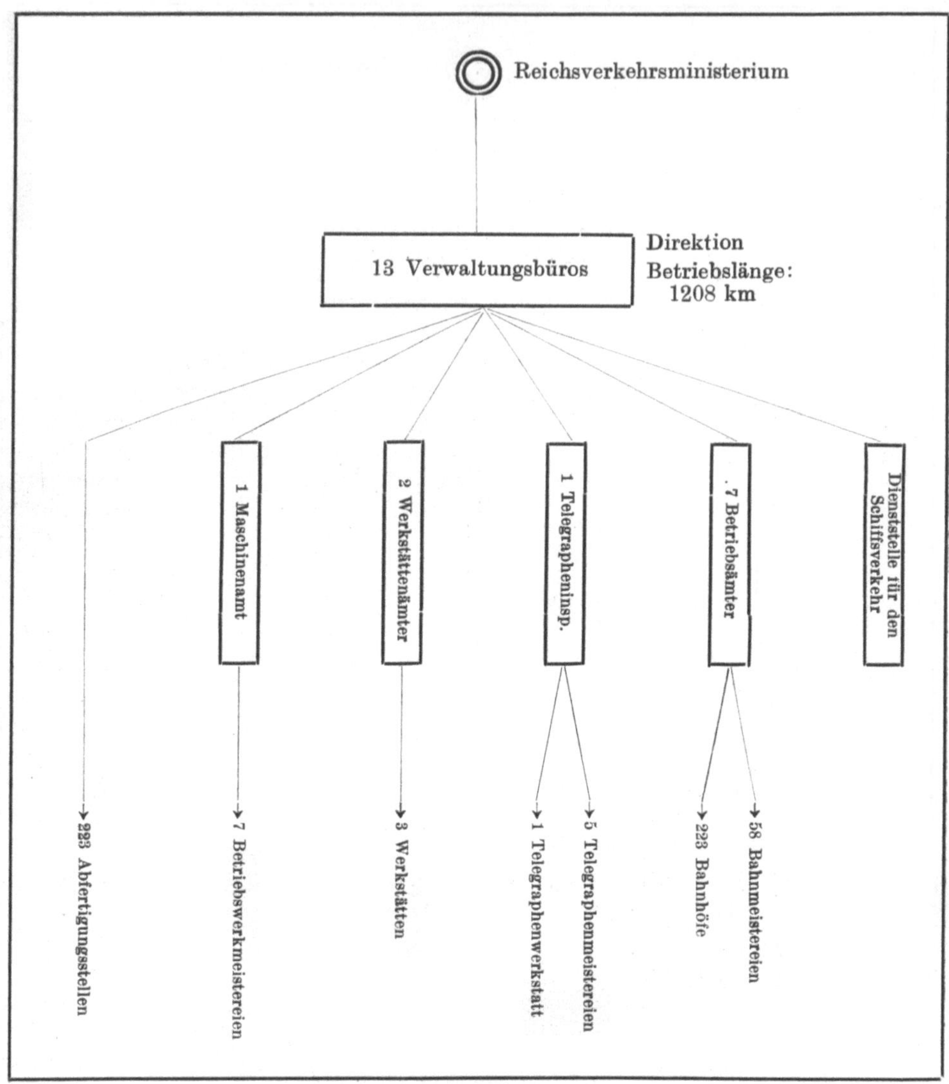

Abb. 11.   Gliederung der Eisenbahnbehörden in Mecklenburg.

η) **Die oldenburgischen Zwischenbehörden.** Die obere Leitung hat **die Eisenbahndirektion in Oldenburg** mit den gleichen Befugnissen und inneren Organisation wie die preußischen Direktionen. Die Aufsicht über Kleinbahnen übt sie im Auftrage des oldenburgischen Ministeriums gegen Vergütung aus. Sie gliedert sich in 11 Dezernate, denen Büros zur Erledigung der Geschäfte beigegeben sind. Zur Durchführung ihrer Anordnungen und Überwachung der örtlichen Dienststellen sind **Inspektoren** und **Kontrolleure** bestellt, die der Direktion unmittelbar unterstehen. Es sind dies:

4 Bezirksinspektoren für die Bahnunterhaltung;
der Betriebsinspektor und die Betriebskontrolleure für den Betriebsdienst;
der Vorstand der Maschinenverwaltung;
der Vorstand der Werkstättenverwaltung;
der Verwaltungsinspektor für den vermessungstechnischen Dienst;
der Telegraphenmeister für die Unterhaltung der elektrotechnischen Anlagen.

3. Die unteren Dienststellen. Die unteren Dienststellen sind in allen Ländern des Reiches nach Dienstzweigen gegliedert, die Einrichtungen daher fast überall die gleichen.

Für die örtliche Ausführung des Zug- und Rangierdienstes sind die Stationen die untere Dienststelle, für den Verkehrsdienst sind Güterämter, Güterstationen, Güterabfertigungen, Fahrkartenausgaben, Gepäckabfertigungen, Reisebüros eingerichtet. Die Kassengeschäfte werden durch die Stationskassen erledigt. Diese Trennung zwischen Betriebs-, Verkehrs- und Kassenangelegenheiten und ihre Verteilung auf selbständige Dienststellen ist aber nur auf größeren Bahnhöfen durchgeführt, auf kleineren Bahnhöfen und den Haltepunkten sind diese Geschäfte in einer Dienststelle vereinigt. Am weitesten ist die Trennung bei der Zweigstelle Preußen-Hessen und in Mecklenburg durchgeführt, während in Bayern, Sachsen, Württemberg und Baden Betriebs- und Verkehrsdienst auch auf größeren Bahnhöfen vereinigt sind und nur an besonders wichtigen Plätzen selbständige Dienststellen für den Güterverkehr bestehen.

Für die Unterhaltung und Beaufsichtigung der Bahnanlagen, d. h. der Gebäude, der Gleise, der Sicherungseinrichtungen, der Nachrichtenmittel, des Block- und Schrankendienstes sind als untere Dienststellen Bahnmeistereien bestellt, außerdem in Bayern besondere Brückenmeistereien, in Sachsen Bahnverwaltereien, in Baden Hochbaubahnmeistereien und Telegraphenmeistereien, letztere auch in Mecklenburg und Sachsen.

Für die Untersuchung der Fahrzeuge, Instandsetzung kleinerer Schäden an ihnen und ortsfesten maschinellen Anlagen sowie für die Bereitstellung der Lokomotiven im Zugförderungs- und Rangierdienst sorgen als untere Dienststellen die Bahnbetriebswerke, Betriebswerkstätten, Betriebswagenwerkstätten, Wagenmeistereien, Heizhausverwaltungen, Bahnhofs- oder Stationsschlossereien, Lokomotivstationen.

Eingehende Untersuchungen und Hauptausbesserungen an den Fahrzeugen und maschinellen Anlagen führen Hauptwerkstätten, Lokomotivwerkstätten, Wagenwerkstätten, Nebenwerkstätten aus. Außerdem sind für die Instandhaltung elektrotechnischer Einrichtungen besondere Elektrizitätswerke (Sachsen), elektrotechnische Ämter (Baden) oder besondere Werkstattabteilungen (Lauban) als untere Dienststellen eingerichtet, und mit der Ausbesserung von Weichen sind mitunter besondere Werkstätten beauftragt.

Für die Verwaltung und Ausgabe der Oberbau-, Betriebs- und Werkstoffe bestehen selbständige Hauptlager, Holztränkanstalten, Magazine, Magazinämter. Für die Ausführung der Güteprüfungen, Überwachung der Anfertigung von Arbeiten in fremden Werkstätten und die Abnahme von Werkstoffen aller Art sind Abnahmebeamte bestellt.

4. Die Beiräte. Nach Artikel 93 der Verfassung des Deutschen Reiches vom 11. August 1919 sind von der Reichsregierung mit Zustimmung des Reichsrates Beiräte zur beratenden Mitwirkung in Angelegenheiten des Eisenbahnverkehres und der Tarife zu errichten. In Ausführung dieser verfassungsmäßigen Bestimmung ist die Verordnung über Beiräte für die Deutsche Reichsbahn vom 24. April 1922 erlassen worden.

Diese Verordnung schafft für das ganze Reichsgebiet einen Reichseisenbahnrat und 13 Bezirkseisenbahnräte unter der Bezeichnung Landeseisenbahnräte. Die bisher in den einzelnen Ländern vorhandenen Eisenbahnräte sind durch die neue Verordnung aufgehoben worden. Die Aufgaben der Beiräte sind durch die Reichsverfassung umschrieben, sie sind auf die beiden Körperschaften so verteilt, daß sich die Landeseisenbahnräte zu den wichtigen Angelegenheiten des Verkehrs für ihre Bezirke gutachtlich äußern, insbesondere über wesentliche Abänderungen der Tarife, der Vorschriften auf dem Gebiete des Abfertigungs- und des Wagendienstes, des Fahrplanes und über die Verkehrsbedeutung neuer Eisenbahnlinien. Die beratende Mitwirkung des Reichseisenbahnrates erstreckt sich auf die das ganze Reich berührenden Fragen.

Die Zahl der Mitglieder in den Landeseisenbahnräten ist je nach der Größe des Bezirkes verschieden, sie schwankt zwischen 28 (Bezirk Königsberg) und 64 (Köln, Hannover). Ein Viertel der Mitglieder ernennen die Landesregierungen, ein Viertel die gewerkschaftlichen Zentralverbände der Arbeitnehmer, um die Interessen der Verbraucherkreise wahrzunehmen, und die restliche Hälfte der Mitglieder wird von den staatlich organisierten Wirtschaftskörpern (Handels-, Handwerks- und Landwirtschaftskammern) gewählt.

Der Reichseisenbahnrat setzt sich aus einem Vorsitzenden, dessen Stellvertreter und 70 Mitgliedern zusammen. Den Vorsitzenden und seinen Stellvertreter ernennt der Reichspräsident, 50 Mitglieder werden von den Landeseisenbahnräten gestellt, in Gruppen von je 3 bis 5, und zwar muß in jeder Gruppe ein Arbeitgeber und ein Arbeitnehmer sein; bei der Auswahl sind ferner die Berufskreise, Industrie und Gewerbe, Handel und Schiffahrt, Land- und Forstwirtschaft entsprechend zu berücksichtigen. Die verbleibenden 20 Mitglieder ernennt der Reichswirtschaftsrat, ebenfalls unter Berücksichtigung der verschiedensten Wirtschaftskreise.

Die Wahlzeit der Mitglieder erstreckt sich erstmalig auf 3 Jahre, bis zum 31. Januar 1925. Für jedes Mitglied ist ein Vertreter gewählt, der an die Stelle eines freiwillig oder durch Tod ausscheidenden Mitgliedes tritt. Ausgeschlossen von der Mitgliedschaft sind Reichsbedienstete.

5. Kritik. Die Organisation der Reichsbahnen zeigt ein vielgestaltiges, buntes Bild. Es erklärt sich aus der geschichtlichen Entwicklung. In der kurzen Zeit des Bestehens der Reichsbahnen hat eine einheitliche Organisation noch nicht geschaffen werden können. Bei dem landsmannschaftlichen Charakter der Beamtenschaft wird es einer eingehenden, vorurteilsfreien Prüfung bedürfen, um festzustellen, welche Organisationsform die beste ist, und ob überhaupt eine einheitliche Form der Stammesverschiedenheit und den vielgestaltigen Wirtschaftsbedingungen wird Rechnung tragen können. Hier kann nur langjährige Beobachtung und sorgfältige Pflege von Ansätzen zur Vereinheitlichung, die sich innerhalb der Beamtenschaft selbst zeigen, die Richtung weisen, in welcher das Ziel bei der Neugestaltung der Reichsbahnen zu suchen ist. Überstürzte Beseitigung bestehender Einrichtungen vor Aufbau und Prüfung des neuen Gebäudes würde auch hier — wie überall — nur Schaden stiften. Bedenklicher ist aber, gemessen an den im Abschnitt A dargelegten Grundsätzen, die Vereinigung von Leitung und Aufsicht im Reichsverkehrsministerium. Auch die Notverordnung vom 15. Febr. 1924 beseitigt diesen Zustand nicht. Der Aufsicht des Reichsverkehrsministeriums unterliegen sowohl die Staatsbahnen als auch die privaten Haupt- und Nebenbahnen. Da nun dem Reichsverkehrsministerium auch die Verwaltung und Leitung der Reichsbahnen übertragen ist, ergibt sich der bedenkliche Zustand, daß diese oberste Behörde bei Ausübung ihrer Aufsichtsbefugnisse den Privatbahnen gegenüber Richter und Partei ist. Diesen Zustand hat Bismarck bei der preußischen Eisenbahnverwaltung in seinem Schreiben an den Grafen von Roon am 1. März 1873 durch folgende Worte abgelehnt: „In dieser Beziehung ist die bisherige Stellung der Eisenbahnabteilung m. E. schon um deswillen eine falsche, weil dieselbe Behörde zugleich Konkurrent und Aufsichtsinstanz für die Privatbahnen ist. Dieses Verhältnis hindert es, daß die Entscheidungen der Aufsichtsbehörde jeder Zeit für unparteiische gehalten werden." Und weiter unten in demselben Schreiben sagt er: „Ich halte die beiden Aufgaben der Verwaltung des großen Netzes der im staatlichen Betriebe befindlichen Bahnen einerseits und andererseits die Ausübung des staatlichen Aufsichtsrechts über die übrigen Bahnen für unverträglich miteinander, ich halte es für ein staatliches Bedürfnis, daß für die Ausübung des Aufsichtsrechts eine besondere, mit den für Ausübung einer Verwaltungsjustiz notwendigen Bürgschaften umgebene Behörde geschaffen werde."

Diese Forderung Bismarcks ist auch im alten Deutschen Reich streng durchgeführt gewesen. Die Aufsichtsbefugnisse hat das Reichseisenbahnamt ausgeübt, die Leitung der Reichseisenbahnen in Elsaß-Lothringen hat aber nicht in den Händen dieser Behörde gelegen, sondern beim Reichsamt für die Verwaltung der Reichseisenbahnen, einer vom Reichseisenbahnamt völlig unabhängigen Behörde, dessen Chef der preußische Minister der öffentlichen Arbeiten gewesen ist. Der gleiche Grundsatz der Trennung zwischen Aufsicht und Betriebsverwaltung ist auch bei der Neuordnung der schweizerischen Bundesbahnen beobachtet worden. Bundespräsident Haab hat in der Sitzung vom 21. März 1922 die Unterstellung der Bundesbahnen unter die Leitung des Chefs des Eisenbahndepartements mit den Worten bekämpft: „Ganz abgesehen von der kaum zu bewältigenden Aufgabe, die dadurch einem Funktionär überbunden würde, und daß damit dem Chef des Eisenbahndepartements ein Charakter verliehen würde, der mit unserer staatlichen Auffassung nicht vereinbar ist, vergessen die Verfechter dieses Gedankens, daß das Eisenbahndepartement zugleich Aufsichtsbehörde über unsere vielen Privatbahnen ist und zu entscheiden hat in den mannigfaltigen Streitfällen, wo die Interessen der Staatsbahnen denen der Privatbahnen gegenüberstehen. Dazu kommt, daß dem Departement als Rekursinstanz der Entscheid obliegt, wo in Bau-, Fahrplan- und anderen Fragen zwischen den Kantonen und der Staatsbahn Meinungsverschiedenheiten entstehen. Wenn der Departementschef zugleich der direkte oberste Leiter der Bundesbahnen wäre, würde er die Eignung als unparteiischer Richter in den erwähnten Konflikten verlieren."

Die Vereinigung von Aufsicht und Leitung in einer Behörde ist ein Mangel in der Organisation der Reichsbahn, der beseitigt werden sollte.

Auch bezüglich des Planfeststellungsverfahrens bei Neu- und Erweiterungsbauten von Eisenbahnanlagen bedürfen noch die Rechte des Reichsverkehrsministers einer festen Abgrenzung mit dem Ziele, die Entscheidungen bei Streitigkeiten zwischen den Landes- und Eisenbahnbehörden einer unparteiischen Instanz zu übertragen. Eine solche Beschränkung der Rechte ist um so notwendiger, als der Art. 92 der Reichsverfassung und der Notverordnung vom 15. Februar 1924 bestimmen, daß die Reichsbahnen wie ein selbständiges wirtschaftliches Unternehmen zu verwalten sind. Sie sollen ihre Ausgaben einschließlich Verzinsung und Tilgung der Eisenbahnschulden selbst bestreiten und eine Eisenbahnrücklage ansammeln. Sie müssen also nach privatwirtschaftlichen Gesichtspunkten geleitet werden, und da besteht tatsächlich die Gefahr, daß die eigenen Interessen denen der anderen Partei vorgezogen werden.

Beurteilt man den Wert einer Organisation nach den Erfolgen des Unternehmens, so läßt sich für die Deutsche Reichsbahn feststellen, daß nach den trostlosen Zuständen Ende 1918 und 1919 wieder Regelmäßigkeit und Pünktlichkeit im Zugdienst eingekehrt sind, daß „Bau und Betrieb" die an sie zu stellenden Aufgaben erfüllt haben und zwar zeitweilig unter recht schwierigen Verhältnissen, die durch den mehrfachen Wechsel der Verkehrsbeziehungen infolge der Veränderung der politischen Grenzen und der Ruhrbesetzung geschaffen worden sind.

Diesen erfreulichen Feststellungen im Gebiete des Eisenbahnbetriebes stehen aber die sehr ungünstigen finanziellen Ergebnisse der Reichsbahnen gegenüber. Die Bewirtschaftung der Reichsbahnen hat in den Jahren 1920 und 1921 erhebliche Zuschüsse seitens des Reiches erfordert. Daß der Etat im Jahre 1922 balanciert hätte, wenn nicht der Ruhreinbruch gekommen wäre, wird von der Reichsbahnverwaltung behauptet und auch mit Zahlen belegt, es ist aber nicht ersichtlich, ob nicht etwa das Gleichgewicht zwischen Einnahmen und Ausgaben nur durch Inflationsgewinne erreicht worden ist. Die Stillegung der Notenpresse und der Übergang zur Festmarkwährung Ende 1923 haben dann die Reichsbahn in sehr ernste Zahlungsschwierigkeiten gebracht. Das Unternehmen hat sich nur dadurch halten können, daß von Ausgaben für Bauten und Beschaffungen oder von anderen sächlichen Ausgaben im Wert von über 1000 Goldmark im Einzelfalle tatsächlich einige Monate lang nur etwa $10\,^0/_0$ der fällig gewordenen Forderungen gezahlt worden sind. Gegenwärtig ist eine wesentliche Entspannung der Lage bei der Reichsbahn zu verzeichnen. Ob sie zu einer völligen Gesundung der Finanzen führt, muß abgewartet werden. Worin die Ursachen der schweren finanziellen Krise bei der Reichsbahn zu erblicken sind, ob Mängel in der Organisation vorliegen oder die Ungunst der wirtschaftlichen sowie der außen- und innenpolitischen Verhältnisse oder schließlich Fehler in der Personal-, Tarif- und Finanzpolitik für den wirtschaftlichen Mißerfolg verantwortlich zu machen sind, läßt sich gegenwärtig schwer entscheiden, weil die notwendigen Unterlagen für eine sachliche Kritik noch fehlen. Wahrscheinlich haben alle Faktoren mitgewirkt[1]).

b) Die schweizerischen Bundesbahnen.

1. Die Aufsichtsbehörde. Die schweizerischen Bundesbahnen verfügen über ein Netz von rd. 3000 km und sind auf Grund des Rückkaufgesetzes vom 15. Oktober 1897 für den Staat erworben. Die durch dieses Gesetz geregelte Organisation ist durch Gesetz vom 1. Februar 1923 abgeändert. Die Neuordnung der Verwaltung ist seit dem 1. Januar bzw. 1. April 1924 in Kraft.

Die Verwaltung des Staatsbahnunternehmens ist, wie auch in der früheren Organisation, von der Aufsicht über die Staatsbahnen und die Privatbahnen streng getrennt. Die Aufsichtsbefugnisse übt der Bundesrat durch sein Eisenbahndepartement aus. Dieses, der Bundesrat oder letzten Endes die Bundesversammlung, entscheidet auch bei Meinungsverschiedenheiten zwischen den Kantonen und der Staatsbahn in Bau-, Fahrplan- und anderen Eisenbahnfragen ebenso wie bei Meinungsverschiedenheit zwischen der Staatsbahn und Privatbahnen. Weiter übt der Bundesrat die Oberaufsicht über die Geschäftsführung der Bundesbahnen aus, und es stehen ihm alle solche Geschäfte zu, deren Erledigung zweckmäßig von der betriebführenden Verwaltung getrennt werden. Hierzu gehören: die Besetzung einzelner leitender Stellen bei den Bundesbahnen, die Aufnahme von Anleihen und die Festsetzung der Anlagebedingungen, die Genehmigung der allgemeinen Bauprojekte für neue Linien, der Pläne für die Bauten, deren Kostenvoranschlag den Betrag von 3 000 000 Franken überschreitet, der Pläne für andere Bauten einschließlich der Vorlagen über die das Gebiet der Bundesbahnen in Anspruch nehmenden elektrischen Anlagen Dritter, soweit

---

[1]) Seit der Niederschrift dieses Abschnittes im März 1924 sind Änderungen in der Organisation der obersten Leitung vorgenommen worden, die nicht mehr haben berücksichtigt werden können. Es handelt sich im wesentlichen um die Schaffung der Hauptverwaltung mit dem Direktorium an der Spitze und die Gründung der neuen Deutschen Reichsbahn-Gesellschaft auf Grund des Londoner Abkommens.

sich die Bundesbahnen mit den zur Begutachtung berufenen eidgenössischen oder kantonalen Amtsstellen oder den beteiligten Dritten nicht verständigen können; die Genehmigung der Fahrpläne, der Statuten für die Personalversicherung und des Reglements für den Erneuerungsfonds.

Das Eisenbahndepartement führt seine Geschäfte durch die Kanzlei mit dem Departementssekretär als Vorstand, weiter durch die technische und durch die administrative Abteilung, die jedoch unter einem Direktor vereinigt sind. Die technische Abteilung gliedert sich weiter in eine bautechnische, maschinentechnische und betriebstechnische Sektion. Der administrativen Abteilung sind untergeordnet der Inspektor für das Tarif- und Transportwesen und der Inspektor für das Rechnungswesen und Statistik.

Gegen Entscheidungen des Eisenbahndepartements kann Berufung beim Bundesrat eingelegt werden.

Alle Maßnahmen von finanzieller Tragweite wie die Festsetzung allgemeiner Grundsätze für die Tarifbildung, Besoldungen, Genehmigung des Voranschlages, die Abnahme der Jahresrechnung und des Geschäftberichtes sowie die Ermächtigung des Bundesrates zur Aufnahme von Anleihen unterliegen der Gesetzgebung durch die Bundesversammlung.

2. Die Verwaltung.

α) Verwaltungsrat. Der Behördenaufbau bei der Bundesbahnverwaltung, der die gesamte Betriebsführung obliegt, zeigt die vierstufige Form: Verwaltungsrat, Generaldirektion, Kreisdirektionen, Dienststellen. An der Spitze steht der Verwaltungsrat, der sich aus 15 Köpfen, dem Präsidenten, dem Vizepräsidenten und 13 weiteren Mitgliedern zusammensetzt. Zu seinem Aufgabenkreis gehört: die Aufsicht über die gesamte Verwaltung; die Begutachtung aller wichtigen die Bundesbahnen betreffenden Geschäfte, die vom Bundesrate oder von der Bundesversammlung zu behandeln sind; die Feststellung des Voranschlages sowie die Prüfung der Jahresrechnung und des Geschäftsberichts zu Händen des Bundesrates; die Aufstellung der allgemeinen Verwaltungsorganisation, die Festsetzung der Befugnisse und Obliegenheiten der einzelnen Dienststellen sowie der Grundsätze über die Fürsorge für das Personal; die Beschlußfassung über generelle Projekte für größere Bauten; die Genehmigung wichtiger Verträge; die Aufstellung der Wahlvorschläge für den Präsidenten der Generaldirektion, die Generaldirektoren und Kreisdirektoren zu Händen des Bundesrats sowie die Wahl der Abteilungsvorstände der Generaldirektion.

β) Die Generaldirektion. Die Tätigkeit des Verwaltungsrates ist wie die des Aufsichtsrates der Aktiengesellschaften eine beaufsichtigende, anordnende und entscheidende. Das Ausführungsorgan, das den Betrieb leitet, ist die Generaldirektion. Sie besteht aus drei Generaldirektoren, von denen einer der Präsident ist. Die Geschäfte werden der Zahl der Generaldirektoren entsprechend nach drei Departements gegliedert: das Präsidialdepartement, das Bau- und Betriebsdepartement, das Rechts- und Tarifdepartement. In den einzelnen Departements werden wieder Dienstabteilungen gebildet und zwar im **Präsidialdepartement:**

(1.) das Generalsekretariat,
(2.) die Rechnungskontrolle und Buchhaltung,
(3.) die Hauptkasse und Wertschriftenverwaltung,
(4.) die Abteilung für den bahnärztlichen Dienst,
(5.) die Abteilung für Personalangelegenheiten;

im **Bau- und Betriebsdepartement:**

(1.) die Abteilung für Bahnbau,
(2.) die Abteilung für Elektrisierung,

(3.) die Abteilung für den Stations- und Zugdienst,
(4.) die Abteilung für den Zugförderungs- und Werkstättendienst;
im Rechts- und Tarifdepartement:
(1.) die Abteilung für das Rechtswesen,
(2.) die Abteilung für das Tarifwesen und den Publizitätsdienst,
(3.) die Verkehrskontrolle und Statistik,
(4.) die Materialverwaltung.

Ein Teil der Verkehrskontrolle und die Materialverwaltung sind nicht am Sitze der Generaldirektion, sondern aus regionalpolitischen Gründen ist die erstere nach St. Gallen, die letztere nach Basel verlegt.

Der Präsident vertritt die Bundesbahnverwaltung nach außen und überwacht den Geschäftsgang, im übrigen werden alle wichtigen Angelegenheiten durch Beschluß innerhalb des Direktoriums durch Stimmenmehrheit entschieden, die Generaldirektion ist also eine Kollegialbehörde.

γ) Die Kreisdirektionen. Der Generaldirektion unterstellt sind drei Kreisdirektionen. Sie haben die administrative und gerichtliche Vertretung der Bundesbahnen innerhalb ihres Kreises und der ihnen durch die Organisation zugewiesenen Zuständigkeiten. Die Kreise sind nach verkehrspolitischen Gesichtspunkten abgegrenzt. An der Spitze der Kreisdirektionen steht ein Kreisdirektor. Er hat den Verkehr zwischen der Verwaltung und den Handelskammern, den einzelnen Industriellen und den übrigen Verkehrsinteressenten zu unterhalten, er soll die Verkehrsbedürfnisse feststellen und für ihre Befriedigung sorgen. Er ist daher auch zum Vertreter der Bundesbahnverwaltung im Kreiseisenbahnrat bestellt, an dessen Sitzungen er mit beratender Stimme teilnimmt. Weiter liegt ihm die Aufgabe ob, sachliche Meinungsverschiedenheiten zwischen den Abteilungsvorständen auszugleichen und auf eine Führung der Geschäfte nach einheitlichem Willen bedacht zu sein. Den Kreisdirektionen obliegt ferner die Ausschreibung, Vergebung und Ausführung von Hoch- und Tiefbauten innerhalb der Grenze ihrer Kreise. Als eigentliche Träger des inneren Dienstbetriebes sind drei Abteilungsvorstände bestellt, je einer für Verwaltung, Bau und Betrieb. Diesen Abteilungsvorständen ist dem Kreisdirektor gegenüber eine große Selbständigkeit insofern eingeräumt, als sie unmittelbar mit der Generaldirektion verkehren können und auch von dieser ihre fachtechnischen Weisungen unmittelbar erhalten. Zu ihren Obliegenheiten gehört außer der Leitung des äußeren Dienstes die Behandlung der Personalien, die Bearbeitung der Bauentwürfe, der Grunderwerb, die Erledigung von Haftpflichtansprüchen und Reklamationen. Auch bei der Verkehrswerbung sollen sie mitwirken.

δ) Die nachgeordneten Stellen. Jeder Kreisdirektion ist unterstellt:
(1.) für den Betrieb ein Betriebschef;
(2.) für den Bau und die Unterhaltung der Linien ein Oberingenieur;
(3.) für den Maschinendienst ein Obermaschineningenieur.

Jedem Betriebschef ist am Sitze der Kreisdirektion ein Büro zugeteilt, das aus dem Stellvertreter des Betriebschefs und den Betriebsinspektoren mit den nötigen Hilfskräften besteht. Die Inspektoren haben ihren Sitz zum Teil außerhalb des Sitzes der Kreisdirektion.

Der Oberingenieur für Bau und Unterhaltung arbeitet ebenfalls mit einem Büro, das aus seinem Stellvertreter und einem Stab von Ingenieuren besteht, die am Sitze der Kreisdirektion sind. Weiter sind ihm für verschiedene Bezirke Bahningenieure zugeteilt, denen Bahnmeister, Stellwerkaufseher, Telegraphen- und Telephonaufseher sowie Starkstromaufseher unterstehen.

Das Büro des Obermaschineningenieurs setzt sich zusammen aus seinem Stellvertreter mit einer Anzahl von Ingenieuren, ferner sind ihm zugeteilt

Maschineningenieure für den Dampf- und den elektrischen Betrieb, Werkstättenchefs, Depotchefs, Oberlokomotivführer, Werkstätten- und Depotpersonal, Fahrpersonal, Chefvisiteure, Visiteure und Fahrdienstarbeiter.

Die untersten Dienststellen bilden im Betriebs- und Verkehrsdienst Bahnhöfe, selbständige Güterabfertigungen, Fahrkartenausgaben und Gepäckabfertigungen, daneben auch Stationen mit vereinigtem Betriebs- und Abfertigungsdienst.

Hiernach ergibt sich für den Behördenaufbau die in Abb. 12 dargestellte Gliederung.

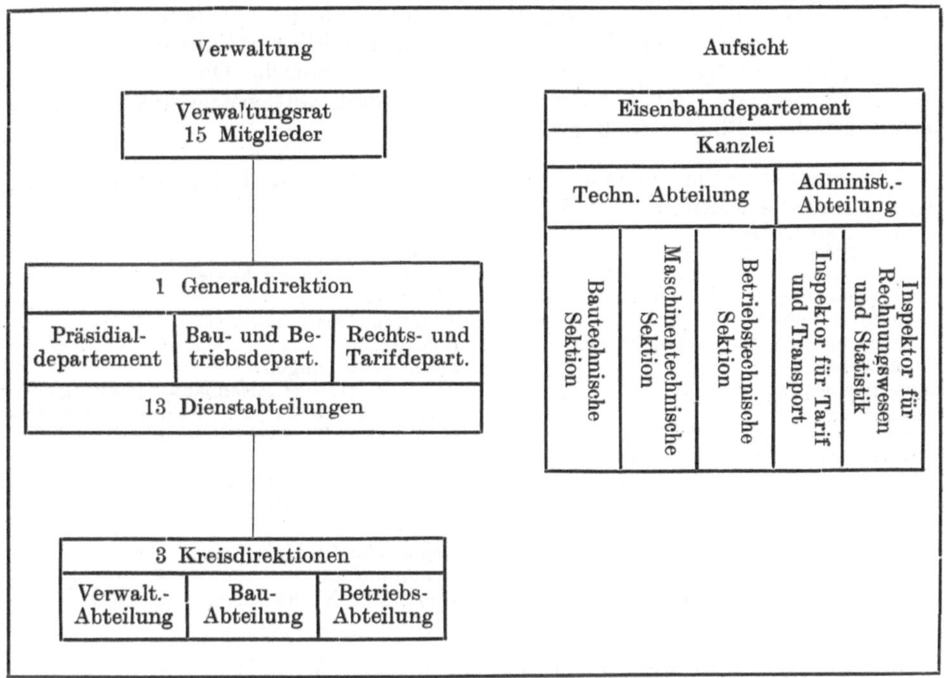

Abb. 12. Gliederung des Behördenaufbaues bei den schweizerischen Bundesbahnen.

3. Die Kreiseisenbahnräte. Um die Verkehrswünsche der Kreiseingesessenen und Behörden kennen zu lernen, sind Kreiseisenbahnräte eingerichtet. Sie sollen gleichsam das Sprachrohr der Verkehrstreibenden bilden und das Bindeglied zwischen ihnen und der Bundesbahnverwaltung darstellen. Sie haben eine nur rein begutachtende Tätigkeit auszuüben. Zu ihrer Zuständigkeit gehört die Besprechung von Fragen allgemeiner, baulicher, betriebsdienstlicher, kommerzieller und finanzieller Art mit Einschluß von Tarif- und Fahrplanfragen, die Begutachtung derartiger Fragen auf Anregung der Verwaltung sowie auf Anregung von Regierungsstellen oder Interessentenvertretungen, ferner die Kenntnisnahme von wichtigen Bauprojekten des Kreises sowie die Begutachtung der Bau- und Betriebsvoranschläge und der Jahresrechnungen über die Bau- und Betriebsausgaben.

2. Privatbahnen.

a) Die Lübeck-Büchener Eisenbahn-Gesellschaft.

Infolge des großen Kapitalbedarfes haben die größeren privaten Eisenbahnunternehmungen fast ausnahmslos die Form der Aktiengesellschaft. So auch die Lübeck-Büchener Eisenbahn-Gesellschaft. Die Verfassung und Geschäftsführung sind durch das Handelsgesetzbuch geregelt, hiernach sind die Organe der Gesellschaft der Vorstand, der Aufsichtsrat und die Generalversammlung.

1. Die oberste Leitung. Den Vorstand der Lübeck-Büchener Eisenbahn-Gesellschaft bildet ein vierköpfiges Direktorium, dessen Vorsitzender der Generaldirektor ist. Es vertritt die Gesellschaft gerichtlich und außergerichtlich und hat die oberste Leitung der Hauptverwaltung, die ein Eisenbahnnetz von etwa 160 km Betriebslänge mit 2962 Angestellten und Arbeitern umfaßt. Die Aufgaben des Aufrichtsrates übt ein Ausschuß von 17 Mitgliedern aus.

An der Geschäftsführung sind von den Direktionsmitgliedern nur drei berufsmäßig beteiligt, sie werden durch drei technische Oberbeamte unterstützt. Demgemäß sind 6 Dezernate eingerichtet, auf welche die Geschäfte nach folgendem Plan verteilt sind:

Dezernat I, vom Generaldirektor verwaltet, umfaßt hauptsächlich die allgemeinen Verwaltungsgeschäfte, Finanz-, Verkehrs-, Tarif- und Personalsachen, und zwar:

Angelegenheiten der allgemeinen Verwaltung (Organisationen, Ausschuß, Generalversammlung usw.)	Beamtenruhegehaltskasse
	Gütertarife
	Ständige Tarifkommission
Verkehr mit den Aufsichtsbehörden	Beförderungswesen
Finanzwesen	Frachterstattungen
Haushaltungsplan	Verein deutscher Eisenbahnverwaltungen
Steuersachen	Verein deutscher Kleinbahnen, Straßen-
Personalangelegenheiten, Allgemeines	bahnen und Privatbahnen, Privatbahn-
Personalangelegenheiten der Beamten und	verein
Arbeiter der allgemeinen Verwaltung und	Beschaffung von Drucksachen, Schreib- und
der selbständigen Güterverwaltungen,	Zeichenmaterialien,
Fahrkartenausgaben und Gepäckabferti-	Statistik
gungen	Monatliche Nachweisungen der Betriebsein-
Beamtenbesoldung, Allgemeines	nahmen
Arbeiterlöhne, Allgemeines	Monatliche Nachweisungen der Betriebsaus-
	gaben.

Im Dezernat II werden in der Hauptsache Verkehrs-, Tarif-, Rechts- und Versicherungsangelegenheiten nach folgendem Geschäftsplan bearbeitet:

Personen- und Güterverkehr	Disziplinierungen, Allgemeines
Zollsachen	Bahnärzte
Entschädigungsforderungen aus dem Güter-	Enteignung von Grundstücken (siehe auch VI)
verkehr	Unterricht und Prüfungswesen (siehe auch
Rechtssachen aller Art, besonders Haft-	III—VI)
pflichtsachen	Kranken-, Unfall-, Invaliden- und Altersver-
Deutscher Eisenbahnverkehrsverband	sicherung
Freikarten- und Freifahrtwesen	Arbeiter-Ruhelohnkasse
Personentarife	Arbeitsordnungen
Fahrpreisermäßigungen	Betriebsräte.
Bahnbetretungskarten	

Dezernat III hat die Betriebsleitung und bearbeitet im einzelnen:

Alle Angelegenheiten des Betriebes	Personalien der Beamten und Arbeiter des
Personen- und Güterzugfahrplan	Stations- und Zugbegleitdienstes
Personenwagendienst	Aufenthalts- und Übernachtungsräume für
Sonderzüge	Zugbeamte
Verbandszüge	Nebeneinnahmen des Fahr- und Lokomotiv-
Gemeinschaftsbetrieb Lübeck-Lüneburg	personals
Kohlenbeschaffung für Lokomotiven	Überwachung des Haushaltungsplanes, so-
Militärsachen	weit er das Dezernat III betrifft
Postbeförderung; Verhältnis zur Post	Technische Angelegenheiten des Vereins
Bahnhofswirtschaften	deutscher Eisenbahnverwaltungen.
Bahnhofsbuchhandel	

Dezernat IV umfaßt die Sicherungs- und Fernsprecheinrichtungen sowie einen Teil der Betriebsangelegenheiten, und zwar:

Signal-, Sicherungs- und Stellwerksanlagen, Wegeschranken

Fernsprech- und Telegraphenanlagen

Telegraphenwerkstatt

Personalien der Beamten und Arbeiter der Telegraphenwerkstatt sowie der Stellwerkschlosser

Weiterbildung der Signalordnung, Bau- und Betriebsordnung und der Fahrdienstvorschriften

Merkbücher der Bahnhöfe

Dienstanweisungen und Diensteinteilungen für das Stations- und Zugbegleitpersonal sowie für das Personal der Telegraphenwerkstatt

Unterricht und Prüfung des Betriebspersonals (mit Ausschluß des Lokomotivpersonals, der Wagenmeister, der Bahnmeister und des Streckenpersonals)

Wohlfahrtseinrichtungen

Samariterwesen

Desinfektion

Beschaffung und Verwaltung von Inventarien mit Ausschluß derjenigen für den Werkstätten- und Bahnunterhaltungsdienst

Koksbeschaffung

Gemeinschaftsbahnhöfe

Unfälle im Betrieb

Wagenbeschädigungen

Überwachung des Haushaltungsplanes, soweit er das Dezernat IV betrifft

Verstöße gegen die bahnpolizeilichen Vorschriften.

Dezernat V bearbeitet hauptsächlich die Angelegenheiten der Werkstätten, der maschinellen Anlagen, der Fahrzeuge nach folgendem Plan:

Verwaltung und Betrieb der Werkstätten

Zugförderung, auch Lokomotiv-Rangierdienst

Elektr. Licht- und Kraftanlagen, Neuanlagen, Erweiterungen und Stromverbrauch

Elektr. Licht- und Kraftanlagen, Unterhaltung

Maschinelle Anlagen (Drehscheiben, Schiebebühnen, Krananlagen und Wasserstationen)

Beschaffung von Betriebsmitteln

Beschaffung von Werkstattmaterialien

Beschaffung von Kohlen für die Werkstätten

Einstellung von Privatwagen

Ausmusterung von Betriebsmitteln

Verleihung von Betriebsmitteln

Lokomotiv- und Wagenparkverzeichnis

Überwachung des Haushaltungsplanes, soweit er das Dezernat V betrifft

Personalien der Beamten und Arbeiter des Lokomotiv- und Werkstättendienstes, der Licht- und Kraftwerkstatt sowie der Wagenmeister

Dienstanweisungen und Diensteinteilungen für dieses Personal

Unterricht und Prüfung dieses Personals

Außerdem Oberleitung der Hauptwerkstatt.

Dem Dezernat VI sind zugewiesen die Unterhaltung der Bahnanlagen und die Neubauangelegenheiten:

Neubauten

Unterhaltung der Bauten

Bahnunterhaltung

Beschaffung und Verwertung von Bau- und Oberbaumaterialien

Schwellentränkanstalt

Erwerb und Verwaltung des Grundeigentums

Verpachtung von Schuppenräumen und Lagerplätzen

Gas- und Wasserverbrauch

Anschlußgleise

Dienstwohnungen

Versicherung der Gebäude, Inventarien und Betriebsmittel gegen Feuerschaden

Feuerlöschwesen

Werbewesen

Arbeitszüge

Räume für Post, Zoll usw.

Personalsachen der Bahnmeister und des Streckenpersonals

Dienstanweisungen und Diensteinteilungen für dieses Personal

Unterricht und Prüfung dieses Personals

Überwachung des Haushaltungsplanes, soweit er das Dezernat VI betrifft.

Die Dezernenten sind befugt, ihre Entscheidungen auf eigene Verantwortung zu treffen, soweit die Dezernatseinteilung dies zuläßt. In bestimmten Angelegenheiten wirkt ein Direktionsmitglied als Kodezernent mit. Einzelne besonders wichtige Fragen werden, wenn der Generaldirektor es für angängig hält, im Kollegium besprochen und entschieden. Jeder Dezernent ist befugt, in Zweifelsfällen die Entscheidung des Kollegiums anzurufen.

Zur geschäftlichen Erledigung der Arbeiten stehen den Dezernenten folgende Büros zur Verfügung:

(1.) **Ein Hauptbüro mit 6 Unterabteilungen A bis F:**

Abteilung A bearbeitet die Angelegenheiten der allgemeinen Verwaltung und die Personalangelegenheiten der Beamten und Arbeiter;

Abteilung B bearbeitet den Schriftwechsel betreffend die Beschaffung von Bau- und Betriebsstoffen;

Abteilung C bearbeitet die Angelegenheiten des Betriebes;

Abteilung D bearbeitet den Schriftwechsel betreffend den Bau und die Unterhaltung der Bahnanlagen. Dieser Abteilung ist das technische Büro angegliedert;

Abteilung E umfaßt die Kanzlei und die Registratur;

Abteilung F obliegt die Aufstellung der Gehalts- und Lohnrechnungen.

(2.) **Ein Rechnungsbüro,** dem das Wohlfahrtsbüro angegliedert ist.

(3.) **Ein Verkehrsbüro** mit Wagenkontrolle und Wagenbüro.

(4.) **Eine Verkehrskontrolle** nebst Tarifbüro.

(5.) **Eine Hauptkasse.**

Die Büros sind ermächtigt, eine Anzahl minder wichtiger Eingänge nach bestimmten Richtlinien selbständig zu erledigen, z. B. Urlaubssachen, Freifahrtangelegenheiten, Verteilung von Formularen und anderen Drucksachen, Dienstvorschriften, Schreibmaterialien, Aufstellung von Gehalts- und Lohnrechnungen, Zahlungen aus der Krankenkasse, Arbeiterpensionskasse, Verkehrsabrechnungen, Entschädigungsanträge, die gewisse Summen nicht übersteigen usw. Im übrigen bringen sie von ihnen bearbeitete Verfügungsentwürfe in den Geschäftsgang der Direktion.

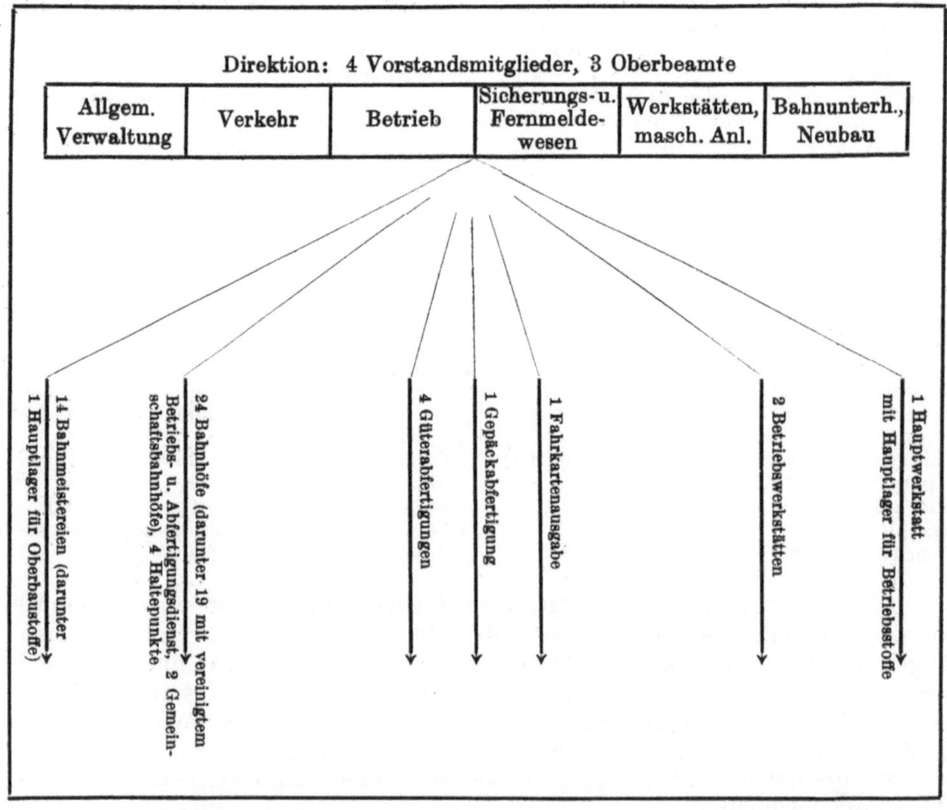

Abb. 13.   Behördengliederung bei der Lübeck–Büchener Eisenbahn-Gesellschaft.

2. Die unteren Dienststellen. Die weitere Gliederung des Unternehmens hat sich bis zum Jahre 1922 nach ähnlichen Grundsätzen vollzogen wie bei der Reichsbahn: Zwischen der Direktion und den unteren Dienststellen haben noch zwei Bauinspektionen und eine Maschineninspektion bestanden. Diese Zwischenbehörden sind nunmehr aufgelöst, um die Geschäfte straffer zusammenzufassen und den Geschäftsgang zu vereinfachen. Es bestehen daher außer der Hauptverwaltung nur noch die unteren Dienststellen. Sie sind entsprechend den Dienstverrichtungen wie bei den Reichsbahnen in Bahnhöfe mit alleinigem Betriebsdienst, in solche mit vereinigtem Verkehrs- und Betriebsdienst, in Güterabfertigungen, Bahnmeistereien, Betriebswerkstätten und eine Hauptwerkstatt gegliedert (Abb. 13).

<h3 style="text-align:center">b) Die Canadian Pacific Railway (C.P.R.).</h3>

Die C.P.R. ist die größte Privatbahngesellschaft Kanadas; sie besitzt ein Bahnnetz von rd. 20000 km Betriebslänge, also mehr als ein Drittel des deutschen Reichsbahnnetzes. Sie lebt nicht nur vom Eisenbahnverkehr, sondern unterhält eine Reihe von Nebenbetrieben wie Binnen- und Seeschiffahrt, Paketpost, Nachrichtenverkehr, Kohlenbergwerke, Hotelbetriebe, Meliorationen, Siedlungen, Musterfarmen, Speichereien, Lokomotiv- und Wagenbau u. a. Alle diese Zweigunternehmungen stehen innerlich in engem Zusammenhang mit dem Eisenbahnunternehmen, sie beleben und befruchten den Verkehr auf seinen Bahnen und ermöglichen dadurch eine intensive Ausnutzung aller Anlagebestandteile der Bahn. Die Unterhaltung von Nebenbetrieben zur Erhöhung der Wirtschaftlichkeit des Eisenbahnunternehmens ist ein besonderes Kennzeichen der meisten amerikanischen Privatbahnen und beginnt sich auch in Deutschland bei den notleidenden Privatbahnverwaltungen auszubreiten.

1. Die oberste Leitung. Die Unternehmungsform der C.P.R. entspricht etwa unserer Aktiengesellschaft. Die oberste Leitung liegt in Händen des Präsidenten als des Geschäftsträgers. Ihm zur Seite steht der Verwaltungsrat (board of directors), der in allen wichtigen Angelegenheiten befragt und in bestimmten Finanzfragen zuzustimmen hat. Im übrigen entscheidet der Präsident selbständig. Die Geschäfte werden in fünf Abteilungen bearbeitet, von denen jede durch einen Vizepräsidenten geleitet wird. Drei von diesen Abteilungen sind für die Geschäfte des ganzen Bahnnetzes eingerichtet, es sind dies die Abteilungen für

(1.) Finanzen;
(2.) Eisenbahn- und Dampferverkehr, Tarife;
(3.) Materialbeschaffung, Aufstellung von Normen.

Den beiden anderen Abteilungen sind zugewiesen

(4.) Bau, Unterhaltung und Betrieb der östlichen Linien;
(5.) Bau, Unterhaltung und Betrieb der westlichen Linien.

Die ersten 4 Abteilungen der Hauptverwaltung haben ihren Sitz in Montreal, die 5. Abteilung ist abgezweigt und hat ihren Sitz im Schwerpunkt ihres Liniennetzes, in Winnipeg.

Die Verkehrsabteilung nimmt unter der Leitung eines General-Superintendenten auch die Hauptwagenverteilung vor, dem für die östlichen und westlichen Bahnnetze je ein Superintendent untersteht.

Den Vizepräsidenten für die Linienbezirke sind unterstellt:

Ein Chefingenieur mit je einem Ingenieur für Neubauangelegenheiten und für die Bahnunterhaltung.

Ein Superintendent für das Maschinenwesen.

Ein Oberster Betriebsleiter (general manager) für die Betriebsführung.

Zur geschäftsmäßigen Erledigung der anfallenden Arbeit stehen Büros und ein Stab von höheren Hilfsbeamten zur Verfügung.

2. Die Zwischenstellen. Zur Ausführung und Überwachung der Aufgaben des Betriebes, des Verkehres und der Bahnunterhaltung sind Bezirksverwaltungen (divisions) eingerichtet, die ungefähr nach den Provinzen abgegrenzt sind und je ein Bahnnetz von etwa 2500 km Betriebslänge umfassen. An der Spitze einer Bezirksverwaltung steht ein Oberbetriebsdirektor (general superintendent), dem ein Ingenieur für den Bahnunterhaltungsdienst (division engineer) und ein Stab von höheren und anderen Beamten für den Betriebs-, Verkehrs-, Wagen-, Maschinen- und Werkstättenbetriebsdienst zur Verfügung steht. Für den Wagendienst sind bei den Bezirksverwaltungen Wagenverteiler bestellt, die die Wagenmeldungen an die Hauptverwaltung weitergeben.

Diese Bezirksverwaltungen sind weiter unterteilt in Ämter (districts), die den Betrieb, den Verkehr, Maschinendienst und die Bahnunterhaltung innerhalb ihres Bezirkes nach den gegebenen Weisungen regeln. An der Spitze

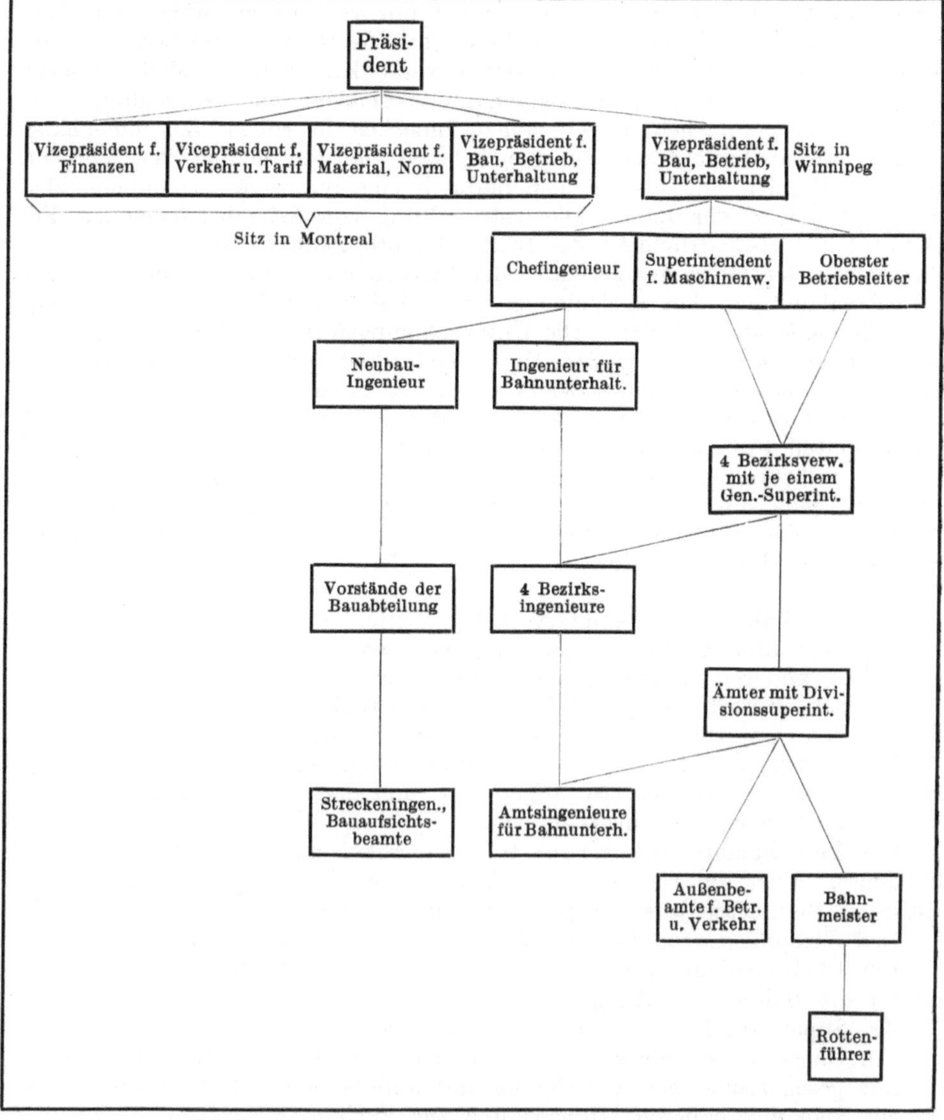

Abb. 14. Gliederung der Verwaltung bei der Canadian Pacific Railway.

eines solchen Distriktes steht der Amtsvorstand (division superintendent), dem für die Bahnunterhaltung wiederum eine besondere Kraft, ein resident engineer, beigeordnet ist.

Für die Regelung des Zugverkehrs auf der Strecke und den Bahnhöfen sind ihm Zugleiter (train dispatcher) und Hauptzugleiter (chief dispatcher) unterstellt, die im allgemeinen nicht nach festen Fahrplänen arbeiten, sondern die Zugfolge von Fall zu Fall je nach der Betriebslage bestimmen. Meist sind nur die Fahrpläne für wenige Personenzüge starr festgelegt. Steigenden Verkehrsbedürfnissen wird dadurch Rechnung getragen, daß die Züge in mehreren Teilen gefahren werden, die in 10 Minuten Abstand einander folgen. Im Güterzugfahrplan liegen nur die Nahgüterzüge fest. Durchgangs- und Ferngüterzüge werden nach Bedarf eingelegt. Die Anpassung der Zugzahl an die wechselnden Verkehrsbedürfnisse und Durchführung der Züge ist die Hauptaufgabe der Zug- und Hauptzugleiter. Nur auf den großen Zugbildungsstationen sorgt der Bahnhofsvorsteher (station master) für die Bereitstellung und Abfahrt der Züge. Die Hauptzugleiter sind außerdem befugt, innerhalb ihres Bezirkes einen Wagenausgleich vorzunehmen.

Die Beamten für den Bahnunterhaltungsdienst unterstehen nicht nur den Leitern ihrer Verwaltungen, sondern stehen auch in unmittelbarer geschäftlicher Verbindung untereinander aufwärts bis zum Chefingenieur für Bahnunterhaltung im Büro des Vizepräsidenten. Die Entwürfe für Ergänzungsbauten werden stets vom resident engineer aufgestellt und gehen weiter durch die Hand des division engineers an den Chefingenieur und den Obersten Betriebsleiter (Abb. 14).

3. Die unteren Dienststellen. Wie anderwärts bilden auch bei der C.P.R. die Bahnhöfe die unteren Dienststellen für den örtlichen Betriebs- und Verkehrsdienst. Für die Unterhaltung der Bahnanlagen sind Bahnmeister (roadmaster) bestellt, deren Bezirke (subdivision) wieder in Abschnitte mit je einem selbständigen Rottenführer (foreman) unterteilt ist. Zur Vereinfachung des Geschäftsganges zwischen den Dienststellen sind in ausgedehntem Maße Vordrucke eingeführt, auf denen die erforderlichen Mittel angefordert, ihre Notwendigkeit durch wirtschaftliche Angaben begründet, ihre Verwendung überwacht, die Arbeitsdauer und die tatsächlich entstandenen Kosten später vermerkt werden. Dieses Verfahren ermöglicht einen schnellen Vergleich zwischen ähnlichen Arbeiten verschiedener Dienststellen, es liefert auch brauchbare Unterlagen für statistische Zwecke und erzieht das Personal selbst in den unteren Dienststellen zu Vergleichen über die damit zusammenhängenden wirtschaftlichen Fragen.

4. Die staatliche Aufsicht. Die staatliche Aufsicht über die C.P.R. wie auch über die anderen kanadischen Eisenbahnen übt der „Board of railway Commissioners of Canada", ein staatliches Eisenbahnamt, aus, dessen Befugnisse durch Gesetz vom Mai 1888 geregelt sind. Seinen Sitz hat das Amt in der Landeshauptstadt Ottawa. Es besteht aus den 4 Abteilungen für Verkehr, Ingenieurwesen, Betrieb einschließlich Wagendienst und für Brandwesen. Der Genehmigung durch das Amt unterliegen die Tarife und die Betriebsvorschriften, außerdem übt es die Aufsicht über allgemeine Sicherheitsmaßnahmen aus. Der geschäftliche Verkehr mit den Eisenbahngesellschaften vollzieht sich durch die Ausgabe allgemeiner Anordnungen, durch Rundschreiben und gewöhnliche Anweisungen, welch letztere zum größeren Teil Tarifangelegenheiten behandeln.

Einen der C.P.R. ähnlichen Verwaltungsaufbau zeigen auch die übrigen nordamerikanischen Bahnen. Das gilt aber im wesentlichen nur für die Hauptgliederung. Abweichungen in den Zuständigkeiten sind im übrigen überall zu beobachten, selbst innerhalb derselben Verwaltung treten Änderungen ein, sobald die leitenden Persönlichkeiten wechseln, weil der Kreis ihrer Befugnisse dem Maß ihrer Fähigkeiten angepaßt ist.

C. Eisenbahngesetzgebung im Deutschen Reich.

(Abgeschlossen März 1924.)

Für die Gesetzgebung ist die wirtschaftliche Bedeutung einer Bahn ausschlaggebend. Hiernach können wir unterscheiden Eisenbahnen für den allgemeinen Verkehr, zu denen die Haupt- und Nebeneisenbahnen zu zählen sind, und Bahnen von nur örtlicher Bedeutung, zu denen die Kleinbahnen und auch gewisse Lokalbahnen rechnen. Diese Bahnen dienen alle dem öffentlichen Verkehr, stehen also jedermann zur Benutzung frei und spielen deshalb in der Gesetzgebung eine wichtigere Rolle als solche, die nicht für den öffentlichen Verkehr bestimmt sind. Zu den letzteren, die nur dem Gebrauch gewisser Personen dienen, gehören die Privatanschlußbahnen und die Bahnen unterster Ordnung, wie Feld-, Arbeits- und Werkbahnen.

Die Ausführungen in den folgenden Abschnitten werden im wesentlichen nur ganz kurze Inhaltsangaben der wichtigsten Gesetze, Verordnungen und Vereinbarungen mit ihren Quellenangaben bringen, um den Leser zu unterrichten, welche Eisenbahnangelegenheiten gesetzlich behandelt sind, und wo die Gesetze zu finden sind. Für die Quellennachweise sind folgende Abkürzungen gewählt:

AE.	= Allerhöchster Erlaß.		IÜ.	= Internationales Übereinkommen über den Eisenbahnfrachtverkehr.
AV.	= Allerhöchste Verfügung.			
Anm.	= Anmerkung.			
Anw.	= Anweisung.		Kleinb.	= Kleinbahn.
Ausf.	= Ausführung.		KlG.	= Preußisches Kleinbahngesetz.
BB.	= Bundesratsbeschluß.		MABl.	= Ministerialamtsblatt für Bayern.
BG.	= Bundesgesetz.		MBl.	= Ministerialblatt für die innere Verwaltung in Preußen.
BGB.	= Bürgerliches Gesetzbuch.			
BGBl.	= Bundesgesetzblatt.		Mil.	= Militär.
Bek.	= Bekanntmachung.		Min.d.I.	= Minister des Innern.
BO.	= Eisenbahn-Bau- und Betriebsordnung.		Min.d.ö.A.	= Minister der öffentlichen Arbeiten.
BR.	= Bundesrat.		MTrO.	= Militär-Transport-Ordnung.
Best.	= Bestimmung.		PersV.	= Personalvorschriften.
BGVBl.	= Badisches Gesetzes- und Verordnungsblatt.		RBl.	= Regierungsblatt für das Königreich Bayern.
EisG.	= Preußisches Eisenbahngesetz vom 3. 11. 1838.		REA.	= Reichseisenbahnamt.
EisDir.	= Eisenbahndirektion.		RGBl.	= Reichsgesetzblatt.
ENBl.	= Eisenbahn-Nachrichtenblatt des preußischen Ministeriums der öffentlichen Arbeiten.		RGer.	= Reichsgericht.
			RVBl.	= Reichsverkehrsblatt.
			SO.	= Signalordnung.
			SB.	= Signalbuch.
EntG.	= Preußisches Enteignungsgesetz.		StEV.	= Staatseisenbahnverwaltung.
EVBl.	= Eisenbahn-Verordnungsblatt des preußischen Ministeriums der öffentlichen Arbeiten.		StGB.	= Strafgesetzbuch.
			V.	= Verordnung.
			Verw.	= Verwaltung.
G.	= Gesetz.		VerwO.	= Verwaltungsordnung.
GewO.	= Gewerbeordnung.		VMBl.	= Verkehrsministerialblatt für das Königreich Bayern.
GHO.	= Gesetzesblatt für das Herzogtum Oldenburg.			
			VO.	= Eisenbahn-Verkehrsordnung.
GS.	= Preußische Gesetzsammlung.		Vorschr.	= Vorschrift.
GVBl.	= Gesetzes- und Verordnungsblatt für das Königreich Bayern.		WRBl.	= Regierungsblatt für das Königreich Württemberg.
HGB.	= Handelsgesetzbuch.		ZBl.	= Zentralblatt für das Deutsche Reich.
HPfG.	= Haftpflichtgesetz.			

Weiter wird es dem Zweck eines Handbuches besser entsprechen, den Stoff nicht nach Gesetzen zu ordnen, sondern für jede der oben angeführten verschiedenen Arten von Bahnen die in Frage kommenden Gesetze zusammenzustellen. Selbstverständlich lassen sich bei diesem Verfahren Wiederholungen nicht vermeiden, weil manche Bestimmungen für mehrere Arten von Bahnen gelten.

1. Eisenbahnrechtliche Bestimmungen für Haupt- und Nebeneisenbahnen.

a) Gesetzgebung im Reiche.

1. Allgemeine und grundlegende Gesetze und Bestimmungen.

α) Verfassung des Deutschen Reiches. Vom 11. 8. 1919 (RGBl. S. 1383) Art. 7, 89—96.

Hiernach hat das Reich die Gesetzgebung über die Eisenbahnen, soweit es sich um den allgemeinen Verkehr und die Landesverteidigung handelt. Es hat weiter die Bahnen des allgemeinen Verkehrs, d. s. die Haupt- und Nebenbahnen, in sein Eigentum zu übernehmen, was bereits durch den Staatsvertrag über den Übergang der Staatseisenbahnen (RGBl. 1920 S. 773) geschehen ist. Damit gehen auch gemäß Art. 90 der Verfassung die Hoheitsrechte der Länder und die Enteignungsbefugnis auf das Reich über. Die wichtigsten Hoheitsrechte sind:

(1.) Das Unternehmungsrecht, d. h. die Befugnis des Reiches, selbst Eisenbahnen zu bauen und zu betreiben sowie dieses Recht durch Verleihung an Dritte zu übertragen.

(2.) Das Aufsichtsrecht über Bau, Betrieb, Verkehr und Verwaltung der Eisenbahnen des allgemeinen Verkehrs. Die Aufsicht über die Kleinbahnen ist den Ländern verblieben.

(3.) Das Recht der Benutzung von Eisenbahnen durch das Reich für bestimmte Zwecke des Staates, z. B. für die Post, Zollverwaltung, Landesverteidigung. Für letztere Zwecke können auch Bahnen, die nicht dem allgemeinen Verkehr dienen, herangezogen werden (Art. 96).

(4.) Das Recht der Planfestsetzung, d. h. der Entscheidung über das Ausmaß der Bahn- und Nebenanlagen nach vorheriger Anhörung der Landesbehörden, soweit der Geschäftsbereich der Landespolizei berührt wird.

Bei Ausübung der Enteignungsbefugnis richtet sich das Enteignungsverfahren nach den diesbezüglichen Gesetzen der Einzelstaaten.

β) Gesetz betreffend den Staatsvertrag über den Übergang der Staatseisenbahnen auf das Reich. Vom 30. 4. 1920 (RGBl. 773).

Durch diesen Vertrag wird der Übergang der staatlichen Ländereisenbahnen auf das Reich in seinen Einzelheiten geregelt. Die wichtigeren Bestimmungen sind S. 336 abgedruckt. Für das Eisenbahnrecht ist der § 10 des Vertrages von grundlegender Bedeutung. Hiernach bleiben die Gesetze und Verordnungen der Länder über das Eisenbahnwesen, unbeschadet der Bestimmungen der Reichsverfassung, bis zu einer anderweitigen reichsgesetzlichen Regelung insoweit in Kraft, als die Voraussetzungen für ihre Anwendung gegeben sind. In den §§ 11—13 ist der Eintritt des Reiches in die Staatsverträge der Länder geregelt, weiter die Rechtsstellung der Reichsbahnbehörden und die Aufsicht über Privatbahnen. Wichtig ist der § 14 des Staatsvertrages, weil er dem Reichsverkehrsminister das Recht zuspricht, nach Anhörung der Landesbehörden darüber zu entscheiden, ob eine Bahn zu den Bahnen des allgemeinen Verkehrs zu rechnen und damit den Bestimmungen der Reichsverfassung zu unterwerfen ist oder nicht. Nach dem Schlußprotokoll zu § 24 Ziff. 8 kann die Aufsichtsbefugnis der Länder über Bahnen, die nicht dem allgemeinen Verkehr dienen, auf Antrag der Landesregierungen den Reichsbahnbehörden übertragen werden.

Hinsichtlich der Besteuerung ist den Reichsbahnen insofern eine Vorzugsstellung eingeräumt, als nach § 15 die Länder von den Reichsbahnen Staatssteuern nicht erheben werden.

γ) **Gesetz über die Eisenbahnaufsicht.** Vom 3. 1. 1920 (RGBl. 13). Das Reichseisenbahnamt, das nach der alten Reichsverfassung die Aufsicht ausgeübt hat, wird aufgelöst, seine Befugnisse und Zuständigkeiten gehen auf den Reichsverkehrsminister über. Gegen Privateisenbahnen hat die Aufsichtsbehörde des Reiches zur Durchführung ihrer Verfügungen dieselben Befugnisse, welche den Aufsichtsbehörden der Länder zustehen. Zwangsmaßregeln werden auf Ersuchen der Reichsbehörde durch die Landesbehörde vollstreckt.

δ) **Verordnung betreffend Ermächtigung des Reichsverkehrsministers zur selbständigen Ergänzung und Änderung der Verordnungen, die den Bau, den Betrieb und den Verkehr der Eisenbahnen regeln.** Vom 29. 10. 1920 (RGBl. 1859).

Nach dieser Verordnung überträgt die Reichsregierung auf Grund des Artikels 91 der Verfassung des Deutschen Reiches vom 11. 8. 1919 dem Reichsverkehrsminister die Befugnis, die Vorschriften über den Bau, den Betrieb und den Verkehr der Eisenbahnen zu ergänzen und zu ändern, sofern dadurch keine grundlegenden Bestimmungen dieser Ordnungen geändert werden.

ε) **Notverordnung vom 12. 2. 1924 über die Schaffung eines Unternehmens „Deutsche Reichsbahn"** (RGBl. 57). Durch diese Verordnung wird die deutsche Reichsbahn zu einem selbständigen Unternehmen gemacht.

ζ) **Der Friedensvertrag von Versailles.** Vom 28. 6. 1919 (RGBl.). Die sich auf die Eisenbahnen beziehenden Bestimmungen dieses Vertrages behandeln die Abtretung von Eisenbahnen, die Herausgabe von Fahrzeugen, Werk- und Betriebsstoffen sowie Einrichtungsgegenständen. Weiter enthält er Auflagen in Bezug auf die deutschen Tarife, den Verkehr, technische Maßnahmen, Militärtransporte und andere Forderungen.

2. Gesetzliche Bestimmungen für die Anlage, Ausrüstung und den Betrieb der Eisenbahnen.

α) **Die Eisenbahnbau- und Betriebsordnung (BO.).** Vom 4. 11. 1904 (RGBl. 387). Mit mehrfachen Abänderungen. Sie enthält die grundlegenden Bestimmungen über den Bau und die Einrichtungen der Bahnanlagen auf Haupt- und Nebenbahnen, ferner über den Bau der Fahrzeuge, über den Bahnbetrieb, über die Bahnpolizei und für das Publikum.

Landesaufsichtsbehörde im Sinne der BO. ist das Reichsverkehrsministerium, Aufsichtsbehörden sind die Reichsbahndirektionen, bei Privatbahnen der Eisenbahnkommissar.

β) **Die Signalordnung für die Eisenbahnen Deutschlands (SO.).** Vom 24. 6. 1907 (RGBl. 1907 S. 377 und 1910 S. 515).

Für Nebenbahnen in dem Umfange verbindlich, den die BO. vorschreibt.

γ) **Bestimmungen über die Befähigung von Eisenbahn- Betriebs- und Polizeibeamten (BV.).** Vom 8. 3. 1906 (RGBl. 391).

Abgeändert durch V. vom 18. 3. 1922 (RGBl. II, 1).

δ) **Technische Einheit im Eisenbahnwesen, Fassung 1913 (TE.).** Vom 25. 5. 1908 (RGBl. 362) und vom 28. 5. 1914 (RGBl. 187). Die Bestimmungen enthalten Vereinbarungen zwischen dem Deutschen Reich und außerdeutschen Staaten, die am internationalen Verkehr beteiligt sind, über die Spurweite, Bauart der Eisenbahnfahrzeuge, ihren Unterhaltungszustand und die Beladung von Güterwagen.

ε) **Gesetz, betr. die Unzulässigkeit der Pfändung von Eisenbahnfahrbetriebsmitteln.** Vom 3. 5. 1886 (RGBl. 131).

ζ) **Das Strafgesetzbuch für das Deutsche Reich.** Vom 15. 5. 1871 (RGBl. 127). Hieraus besonders die §§ 243, 249, 250, 305, 315—320, 355 und 367, die Strafbestimmungen für Diebstahl und Raub auf Eisenbahnen, Sachbeschädigungen, Eisenbahn- und Telegraphengefährdungen, Depeschenverfälschungen sowie verbotswidrige Beförderung von Sprengmitteln enthalten.

η) **Gesetz, betr. die Beseitigung von Ansteckungsstoffen bei Viehbeförderungen auf Eisenbahnen.** Vom 25. 2. 1876 (RGBl. 163). Hierzu:

(1.) Ausführungsbestimmungen vom 16. 7. 1904 (RGBl. 311).

(2.) Bekanntmachung betr. Abänderung der Bestimmungen über die Beseitigung von Ansteckungsstoffen bei der Beförderung von lebendem Geflügel auf Eisenbahnen. Vom 17. 7. 1904 (RGBl. 317).

Die Verordnungen enthalten Bestimmungen über die Reinigung von Eisenbahnwagen, Rampen, Ein- und Ausladeplätzen, Buchten und Gerätschaften nach ihrer Benutzung durch unverpacktes lebendes Vieh.

ϑ) **Gesetz über die Sicherung der Bauforderungen.** Vom 1. 6. 1909 (RGBl. 449). Hieraus besonders die §§ 12 und 47. Die Eigentümer von Bahngrundstücken haften bei der Aufführung von Gebäuden — und zwar nur von solchen, nicht etwa bei Herstellung des Bahnkörpers einer Eisenbahn — in Höhe des dritten Teiles der aufgewendeten Baukosten den Baugläubigern in gleicher Weise, wie wenn in Höhe dieses Betrages Sicherheit geleistet wäre. Einer Sicherheit durch Hinterlegung oder Eintragung eines Bauvermerkes bedarf es bei Grundstücken des Fiskus und der dem öffentlichen Verkehr dienenden Bahnunternehmungen nicht.

3. Für den Verkehr.

α) **Das Handelsgesetzbuch (HGB.).** Vom 10. 5. 1897 (RGBl. 219). Hieraus besonders die §§ 425—473, welche vom Frachtgeschäft sowie von den Verpflichtungen der Eisenbahnen zur Beförderung von Gütern und Personen handeln.

β) **Die Eisenbahn-Verkehrsordnung (VO).** Vom 23. 12. 1908 (RGBl. 1909 S. 93). Mit mehrfachen Abänderungen. Sie enthält allgemeine Bestimmungen über die Beförderungspflicht der Eisenbahnen, deren Haftung für ihre Leute, über die gleichmäßige Anwendung der Tarife, über Beschwerden, Meinungsverschiedenheiten und Zahlungsmittel. In weiteren Hauptteilen werden behandelt die Bedingungen und Vorschriften für die Beförderung von Personen, von Reisegepäck, von Expreßgut, von Leichen, von lebenden Tieren, von Eil- und Frachtgütern.

γ) **Vorschriften des Bürgerlichen Gesetzbuchs (BGB.) über die Behandlung von Eisenbahn-Fundsachen** (BGB. §§ 978—982). Hierzu Ausführungsbestimmungen vom 18. 11. 1899 (EVBl. 411).

δ) **Internationales Übereinkommen über den Eisenbahnfrachtverkehr (IÜ).** Vom 14. 10. 1890 (RGBl. 1892 S. 793). Es enthält Vereinbarungen zwischen dem Deutschen Reich und außerdeutschen Staaten über Sendungen von Gütern, welche auf Grund eines durchgehenden Frachtbriefes aus dem Gebiete eines Staates in das eines andern Staates befördert werden sollen.

ε) **Gesundheits- und veterinärpolizeiliche Vorschriften,** die nur beim Ausbruch von ansteckenden Krankheiten in Wirksamkeit treten:

(1.) Pariser Sanitätskonvention vom 3. 12. 1903 (RGBl. 1907 S. 425).

(2.) Gesetz, betr. die Bekämpfung gemeingefährlicher Krankheiten. Vom 30. 6. 1900 (RGBl. 306). Hierzu vom REA.: Anweisung zur Bekämpfung ansteckender Krankheiten im Eisenbahnverkehr.

(3.) Gesetz, Maßregeln gegen die Rinderpest betreffend. Vom 7. 4. 1869 (BGBl. 105). Mit AE. vom 9. 6. 1873 (RGBl. 147).

(4.) Viehseuchengesetz. Vom 26. 6. 1909 (RGBl. 519). Mit Ausführungs-vorschriften vom 25. 12. 1911 (RGBl. 1912 S. 3). Beide Gesetze regeln das Verfahren zur Bekämpfung übertragbarer Viehseuchen.

4. Für die Landesverteidigung.

α) Gesetz über die Naturalleistungen für die bewaffnete Macht im Frieden. Vom 13. 2. 1875 (RGBl. 1898, S. 360).

β) Gesetz über die Kriegsleistungen. Vom 13. 6. 1873 (RGBl. 129). Mit Ausführungsverordnung vom 1. 4. 76 (RGBl. 137). Hieraus besonders die §§ 15, 22, 28—33, welche die näheren Bestimmungen über die Verpflichtung der Eisenbahnen zur Ausrüstung, Beförderung sowie Abgabe von Personal und Material enthalten.

γ) Die Militär-Eisenbahn-Ordnung. Vom 18. 1. 1899 (RGBl. 15). Der I. Teil, die Militär-Transport-Ordnung und der Militärtarif, enthält Vorschriften über die Benutzung der Eisenbahnen im Frieden und im Kriege auf Grund des Friedens- und des Kriegsleistungsgesetzes zur Vorbereitung und Ausführung der Beförderung der bewaffneten Macht und ihrer Bedürf-nisse sowie über die Berechnung und Bezahlung der Vergütungen hierfür. Die Eisenbahnen sind verpflichtet, diese Beförderungen zu den ermäßigten Sätzen des Militärtarifs auszuführen.

Der II. Teil enthält Bestimmungen betr. die Ausrüstung und Einrichtung von Eisenbahnwagen für Militärtransporte, die Vorschrift über die Hingabe von Personal und Material der Eisenbahnverwaltungen an die Militärbehörde und die Instruktion betr. Kriegsbetrieb und Militärbetrieb der Eisenbahnen.

δ) Reichs-Militärgesetz. Vom 2. 5. 1874 (RGBl. 45). Hieraus § 65 Abs. 1 über die Zurückstellung von Eisenbahnbediensteten der Reserve oder Landwehr im Falle der Mobilmachung.

ε) Deutsche Wehrordnung. Vom 22. 7. 1901 (ZBl. Beil. zu Nr. 32). Hieraus die §§ 125, 127 und 128 über die Zurückstellung und Verwendung des dienstpflichtigen Eisenbahnpersonals.

ζ) Strafgesetzbuch für das Deutsche Reich. Vom 15. 5. 1871 (RGBl. 127). Hieraus besonders die §§ 89, 90 und 139, welche Strafbestimmungen wegen Landesverrats enthalten.

5. Für das Zollwesen.

α) Vereinszollgesetz. Vom 1. 7. 1869 (BGBl. 317). Nach diesem Ge-setz rechnen die Eisenbahnen zu den Zollstraßen, für die abweichend von dem sonstigen Grenzverkehr besondere Bestimmungen für die Einfuhr, Aus-fuhr und Durchfuhr von Waren getroffen sind. Hierzu:

(1.) Eisenbahn-Zollregulativ. Vom 18. 7. 1888 (EVBl. 201 und 275).

(2.) Bestimmungen des Bundesrats über die zollamtliche Abfertigung der zur unmittelbaren Durchfuhr durch das deutsche Zollgebiet mit der Eisen-bahn bestimmten Passagiereffekten. Vom 30. 6. 1892 (EVBl. 149).

β) Zolltarifgesetz. Vom 25. 12. 1902 (RGBl. 303).

γ) Gesetz betr. die Statistik des Warenverkehrs mit dem Aus-lande. Vom 7. 2. 1906 (RGBl. 108). Mit Ausführungsbestimmungen vom 9. 2. 1906 (ZBl. 137), abgeändert durch V. vom 6. 2. 1920 (ZBl. 415).

6. In Bezug auf das Verhältnis zur Post- und Telegraphenverwaltung.

α) Eisenbahn-Postgesetz. Vom 20. 12. 1875 (RGBl. 318). Mit Voll-zugsbestimmungen vom 9. 2. 1876 (ZBl. 87). Änderung des Art. 13 durch Gesetz vom 19. 5. 1921 (RGBl. 711). Das Gesetz regelt die Verpflichtungen der Eisenbahnen der Postverwaltung gegenüber, die in der Hauptsache in der unentgeltlichen Beförderung eines Postwagens oder Einräumung eines Wagenabteils oder Mitnahme gewisser Postsachen durch das Zugbegleitpersonal mit jedem planmäßigen Zuge bestehen, sofern die Postverwaltung dies verlangt. Darüber hinausgehende Ansprüche (Beschaffung und Unterhaltung der Postwagen, Einstellung mehrerer Wagen, Errichtung von Diensträumen u. a.) hat die Postverwaltung zu vergüten. Das Gesetz gilt in vollem Umfange nur für Hauptbahnen. Für Nebenbahnen sind die „Bestimmungen des Reichskanzlers betr. die Verpflichtungen der Eisenbahnen untergeordneter Bedeutung zu Leistungen für die Zwecke des Postdienstes“ vom 28. 5. 1879 (EVBl. 108) maßgebend, die den betreffenden Bahnverwaltungen leichtere Bedingungen auferlegen.

β) Gesetz über das Telegraphenwesen des Deutschen Reiches. Vom 6. 4. 1892 (RGBl. 467). Das Gesetz erkennt den Eisenbahnunternehmungen das Recht zu, auf ihren Linien zu Zwecken ihres Betriebes Telegraphen- und Fernsprechanlagen zu errichten und zu betreiben. Hierzu:

(1.) Erlaß betr. . . . Benutzung . . . von Eisenbahntelegraphen zur Beförderung solcher Telegramme, welche nicht den Eisenbahndienst betreffen. Vom 7. 3. 1876 (ZBl. 156). Die Benutzung ist freigegeben für Reisende und für den Fall, daß keine Reichstelegraphenanstalt sich am Orte befindet, für jedermann.

(2.) Telegraphenordnung für das Deutsche Reich. Vom 16. 6. 1904 (ZBl. 229). Mehrfach abgeändert, zuletzt durch V. vom 17. 6. 1920 (RGBl. 1219). Hieraus besonders die §§ 2, 7, 8, 12, 17 und 24 über die Gebühren für Telegramme, die auf Eisenbahntelegraphen befördert werden.

(3.) Kaiserliche Verordnung betr. die gebührenfreie Beförderung von Telegrammen. Vom 2. 6. 1877 (RGBl. 524). Gebührenfreiheit auf Reichstelegraphenlinien genießen Telegramme der Eisenbahnverwaltungen an vorgesetzte Behörden über Unglücksfälle und Betriebsstörungen.

γ) Telegraphenwege-Gesetz. Vom 18. 12. 1899 (RGBl. 705). Hieraus von besonderer Wichtigkeit der § 12, der der Telegraphenverwaltung das Recht zuerkennt, mit ihren Leitungen Eisenbahnen oberirdisch zu kreuzen. Die Benutzung ihres Grundeigentums haben die Eisenbahnen zur Anlage von oberirdischen und unterirdischen Reichstelegraphen- und Fernsprechlinien auf Grund der „Bestimmungen des Bundesrats über die den Eisenbahnverwaltungen im Interesse der Reichstelegraphenverwaltung obliegenden Verpflichtungen“ vom 21. 12. 1868 unentgeltlich zu gestatten. Dafür kann das Reichsgestänge von den Eisenbahnverwaltungen zur Befestigung ihrer Telegraphenleitungen unentgeltlich mitbenutzt werden. Die Einzelheiten der gegenseitigen Verpflichtungen sollen schriftlich zwischen den Verwaltungen vereinbart werden.

7. In Bezug auf die Haftpflicht der Eisenbahnen für Verletzungen und Tötungen.

α) Haftpflichtgesetz vom 7. 6. 1871 (RGBl. 207). Durch dieses Gesetz wird den Unternehmern gewisser gefährlicher Betriebe, insbesondere den Eisenbahnen eine dem allgemeinen Rechte gegenüber erhöhte zivilrechtliche Verantwortlichkeit für Betriebsunfälle von Personen auferlegt. Der Unternehmer haftet bei Tötungen oder Verletzungen von Personen, sofern er nicht beweist, daß der Unfall durch höhere Gewalt oder durch Verschulden des Verletzten oder Getöteten verursacht ist. Die Beweislast trifft mithin stets den Unternehmer. Auf Betriebsunfälle, die dem Eisenbahnbetriebspersonal im Dienst und Betriebe der eigenen Verwaltung zustoßen, wird das Gesetz nicht mehr angewendet, seitdem die Unfallversicherung und Unfallfürsorge in Wirkung getreten sind.

β) Das Reichs-Unfallfürsorgegesetz. Vom 18. 6. 1901 (RGBl. 211). Dieses Gesetz regelt die Ersatzansprüche der Reichs- und Staatsbeamten bei

Dienstunfällen. Die Beamten erhalten Unfallpension, die Hinterbliebenen Sterbegeld und Rente, auch wenn der Unfall auf höhere Gewalt oder eigenes Verschulden zurückzuführen ist.

γ) **Reichsversicherungsordnung.** Vom 19. 7. 1911 (RGBl. 509). Sie regelt die Ansprüche der Eisenbahnarbeiter und solcher Eisenbahnbetriebsbeamten bei Betriebsunfällen, die nicht Reichs- oder Staatsbeamte sind.

8. In Bezug auf die Erhebung von Steuern.

α) **Reichsstempelgesetz** vom 15. 7. 1909 in der Fassung der Bekanntmachung vom 22. 7. 1909 (RGBl. 833). Hierzu Ausführungsbestimmungen vom 5. 2. 1912 (ZBl. 35). Die für Eisenbahnen wichtigsten Bestimmungen über die Besteuerung von Aktien, Gewinnanteilscheinen, Zinsbogen, Frachturkunden und Personenfahrkarten sind in den §§ 37—54, 95 und 100 sowie in den Tarifnummern 1—3, 6 und 7 enthalten.

β) **Gesetz über die Besteuerung des Personen- und Güterverkehrs.** Vom 8. 4. 1917 (RGBl. 329). Die Beförderung von Personen und Gütern auf Schienenbahnen wird einer Abgabe unterworfen. Nicht unter das Gesetz fällt der Brief- und Paketverkehr der Post und der Gepäckverkehr der Eisenbahnen. Von der Abgabe sind befreit gewisse Personen- und Güterbeförderungen, die im Gesetz näher bezeichnet sind.

Hierzu Ausführungsbestimmungen über die die Besteuerung des Güterverkehrs betreffenden Vorschriften des Gesetzes. Vom 29. 8. 1917 (ZBl. 287). Hieraus besonders für den Eisenbahnverkehr die §§ 1—10, 43—47 und 49.

9. Für Personalangelegenheiten.

α) **Bestimmungen über die Befähigung von Eisenbahn-Betriebs- und Polizeibeamten** (s. 2 *γ*).

β) **Verordnung über Tarifverträge und Schlichtung von Arbeitsstreitigkeiten.** Vom 23. 12. 1918 (RGBl. 1458).

γ) **Betriebsrätegesetz.** Vom 4. 2. 1920 (RGBl. 147). Hierzu:

(1.) Verordnung über die Bildung von Betriebsvertretungen nach dem Betriebsrätegesetz vom 4. 2. 1920 im Bereich der Reichseisenbahnverwaltung. Vom 3. 3. 1921 (RVBl. 105).

(2.) Wahlordnung für die Betriebsvertretungen und Sonderschlichtungsausschüsse bei der Reichseisenbahnverwaltung. Vom 5. 3. 1921 (RVBl. 1311). Mit Ausführungsbestimmungen.

(3.) Verordnung über die Errichtung von Sonderschlichtungsausschüssen usw. Vom 6. 3. 1921 (RVBl. 153). Mit Ausführungsbestimmungen.

(4) Verordnung zur Ausführung des Betriebsrätegesetzes vom 4. 2. 1920. Vom 8. 3. 1921 (RVBl. 130).

δ) **Erlaß über die Bildung von Beamtenvertretungen im Bereich der Reichseisenbahnverwaltung.** Vom 7. 5. 1921 (RVBl. 221). Hierzu:

(1.) Wahlordnung für die Wahl der Beamtenvertretungen bei der Reichseisenbahnverwaltung. Vom 29. 5. 1921 (RVBl. 247).

(2.) Ausführungsbestimmungen zum Erlaß vom 7. 5. 1921 über die Bildung von Beamtenvertretungen und zur Wahlordnung vom 29. 5. 1921. Vom 19. 7. 1921 (RVBl. 339).

ε) **Gesetz über die Beschäftigung Schwerbeschädigter.** Vom 6. 4. 1920 (RGBl. 458). Hierzu:

(1.) Verordnung zur Ausführung der §§ 5 und 10 des Gesetzes über die Beschäftigung Schwerbeschädigter vom 6. 4. 1920. Vom 21. 4. 1920.

(2.) Gesetz über die Verlängerung der Kündigungsbeschränkung zugunsten Schwerbeschädigter. Vom 19. 7. 1922 (RGBl. 599).

(3.) Interessenvertretung der Schwerbeschädigten. Vom 21. 2. 1921 (RVBl. 48, 208; 1922 S. 86).

(4.) Anordnung für die Durchführung des Gesetzes über die Beschäftigung Schwerbeschädigter im Bereich der deutschen Reichsbahn. Vom 3. 6. 1922 (RVBl. 224, 330).

b) Gesetzgebung in Preußen.

1. Allgemeine Bestimmungen für die Genehmigung, den Bau und Betrieb von Bahnen.

α) Gesetz über die Eisenbahnunternehmungen. Vom 3. 11. 1838 (GS. 505).

Das Gesetz regelt die finanziellen Angelegenheiten, den Grunderwerb, Bau und Betrieb sowie die Pflichten des Unternehmers gegenüber Dritten, der Post und dem Staat. Hierzu:

(1.) Allerhöchster Erlaß vom 7. 8. 1878 (GS. 1879 S. 25) und Gesetz vom 13. 9. 1879 (GS. 123).

(2.) Erlasse des Ministers der öffentlichen Arbeiten betr. Ausgleich von Meinungsverschiedenheiten zwischen Ortspolizei- und Eisenbahnbehörden bei Wahrung öffentlicher Interessen. Vom 8. 11. 1897 (EVBl. 372) und vom 3. 12. 1902 (EVBl. 541).

(3.) Eine Reihe von Entscheidungen über die rechtlichen Beziehungen zwischen Eisenbahnen und öffentlichen Wegen, die im Fritsch, „Eisenbahngesetzgebung", 2. Aufl., S. 32—37 zusammengestellt sind.

(4.) Erlaß des Ministers der öffentlichen Arbeiten betr. Mitwirkung der Landespolizeibehörden bei Prüfung der Entwürfe zu neuen Eisenbahnanlagen. Vom 12. 10. 1892 (EVBl. 347).

(5.) Erlasse des Ministers der öffentlichen Arbeiten betr. die Behandlung der Entwürfe für neue Eisenbahnen sowie für die Umgestaltung und die Ergänzung von Staatseisenbahnanlagen vom 7. 2. 1914 (EVBl. S. 33) und betr. das bei der landespolizeilichen Prüfung der Entwürfe usw. zu beobachtende Verfahren vom 7. 2. 1914 (EVBl. 36).

β) Gesetz über die Enteignung von Grundeigentum. Vom 11. 6. 1874 (GS. 221).

Obwohl auf Grund des § 8 des EisG. von 1838 bereits mit der Erlangung einer Eisenbahnbaugenehmigung das Enteignungsrecht verbunden ist, wird es doch nach Inkrafttreten des EntG. in der Konzessionsurkunde dem Privatbahnunternehmer besonders verliehen. Beim Bau von Staatsbahnen wird die Zulässigkeit der Enteignung durch Verordnung besonders ausgesprochen. Das Gesetz behandelt die Zulässigkeit der Enteignung, die Entschädigung, das Enteignungsverfahren (Feststellung des Planes, der Entschädigung und Vollziehung der Enteignung), die Wirkungen der Enteignung, besondere Bestimmungen über Entnahme von Wegebaustoffen, Schluß- und Übergangsbestimmungen. Hierzu:

(1.) Erlasse des Ministers der öffentlichen Arbeiten und des Innern betr. Beschleunigung des Enteignungsverfahrens. Vom 20. 5. 1899 (EVBl. 162) und vom 12. 6. 1902 (EVBl. 306).

(2.) Die Hauptergebnisse der Rechtsprechung des Reichsgerichtes über die Entschädigung für Abtretung von Grundeigentum, im Fritsch, „Eisenbahngesetzgebung", 2. Aufl., S. 227 zusammengestellt.

(3.) Erlaß der Minister des Innern und der öffentlichen Arbeiten betr. Abwendung von Feuersgefahr bei der Errichtung von Gebäuden und bei Lagerung von Materialien in der Nähe von Eisenbahnen. Vom 23. 7. 1892 (EVBl. 1893 S. 152).

(4.) Allerhöchste Verordnung betr. ein vereinfachtes Enteignungsverfahren zur Beschaffung von Arbeitsgelegenheit und zur Beschäftigung von Kriegsgefangenen. Vom 11. 9. 1914 (GS. 159). Hierzu Erlaß des Staatsministeriums vom 15. 9. 1914 (GS. 161), wonach das vereinfachte Enteignungsverfahren auch auf bestimmte Eisenbahnbauten anzuwenden ist. Ferner AV. vom 27. 3. 1915 (GS. 57), vom 25. 9. 1915 (GS. 141), vom 10. 4. 1918 (GS. 41), vom 15. 8. 1918 (GS. 144). Bek. vom 30. 11. 1919 (GS. 29).

γ) **Gesetz über die Bahneinheiten.** Vom 8. 7. 1902 (GS. 237). Das Gesetz regelt die Veräußerung und Verpfändung von Bahneigentum in dem Sinne, daß alle dem Bahnunternehmen dienenden Sachen und Rechte eine rechtliche Einheit, die Bahneinheit, bilden, die nur als Ganzes von Veräußerungen, Belastungen (z. B. Eintragung von Teilschuldverschreibungen) und Zwangsvollstreckungen betroffen werden kann. (Führung von Bahngrundbüchern.) Dem Gesetz unterliegen nur Privateisenbahnen, nicht Staatseisenbahnen. Hierzu:

(1.) Allgemeine Verfügung des Justizministers vom 11. 11. 1902, betr. die Bahngrundbücher (JMBl. 275, EVBl. 557).

(2.) Preußisches Gerichtskostengesetz (GS. 1902 S. 183). Hieraus die §§ 59, 69, 134.

δ) **Gesetz, betr. die Anlegung und Veränderung von Straßen und Plätzen in Städten und ländlichen Ortschaften (Fluchtliniengesetz).** Vom 2. 7. 1875 (GS. 561). Straßen- und Baufluchtlinien werden vom Gemeindevorstand im Einverständnis mit der Gemeinde unter Zustimmung der Ortspolizeibehörde festgesetzt. Fallen in den Bebauungsplan Eisenbahnen, Bahnhöfe u. a., so ist von der Ortspolizeibehörde den beteiligten Behörden rechtzeitig Kenntnis zu geben. Über Einwendungen gegen den Bebauungsplan beschließt der Kreisausschuß, für Berlin der Minister der öffentlichen Arbeiten, für die übrigen Stadtkreise und alle Städte mit mehr als 10000 Einwohnern der Bezirksausschuß. Für die Abänderung oder Aufhebung von Fluchtlinien sind dieselben Bestimmungen wie für ihre Festsetzung maßgebend. Ausnahmen hiervon machen nur Veränderungen aus Anlaß von Eisenbahnanlagen; §§ 4 und 14 des EisG. bleiben durch das Fluchtliniengesetz unberührt. Hierzu:

(1.) Erlaß des Ministers der öffentlichen Arbeiten betr. das Verhältnis des Eisenbahngesetzes zum Straßen- und Baufluchtengesetz vom 2. 7. 1875. Vom 8. 5. 1876 (VerwO. II 111).

(2.) Erlaß des Ministers der öffentlichen Arbeiten betr. Beachtung und Ausführung des § 6 des Straßen- und Baufluchtengesetzes vom 2. 7. 1875. Vom 23. 12. 1896 (EVBl. 1897 S. 5).

(3.) Erlaß des Ministers der öffentlichen Arbeiten betr. rechtzeitige Wahrung der im § 6 des Straßen- und Baufluchtengesetzes aufgeführten öffentlichen Interessen. Vom 29. 6. 1902 (EVBl. 322).

ε) **Allgemeines Berggesetz für die Preußischen Staaten.** Vom 24. 6. 1865 (GS. 705). Es untersagt das Schürfen auf Eisenbahnen (§ 4) und regelt in den §§ 148—155 die Rechtsverhältnisse zwischen den Bergwerksunternehmungen und den Verkehrsanstalten, denen das Enteignungsrecht verliehen ist, hinsichtlich des Grundeigentums und der Schadensleistungen.

2. Staatsaufsicht über Privateisenbahnen. Für die Verwaltung und Einrichtung von Privatbahnen bestehen keine einheitlichen Vorschriften, die üblichste Form der Privat-Eisenbahnunternehmung ist die Aktiengesellschaft, für deren Verfassung das HGB. die grundlegenden Bestimmungen enthält. Daneben kommen auch Einzelpersonen, offene Handelsgesellschaften, Gesellschaften mit beschränkter Haftung als Unternehmer in Frage. Über die Verwaltung des Unternehmens enthalten meistens die Konzessionsurkunden nähere Angaben und Vorbehalte der Staatsregierung. Außerdem steht dieser nach § 46 des EisG. vom Jahre 1838 das Aufsichtsrecht über die Privatbahnen zu. Dieses Recht ist aber durch Art. 95 der Reichsverfassung vom 11. 8. 1919 für die Bahnen des allgemeinen Verkehrs auf das Reich übergegangen. Preußen verbleibt daher nur das Aufsichtsrecht über solche Haupt- und Nebenbahnen, die nach Entscheidung des Reichsverkehrsministers nicht zu den Bahnen des allgemeinen Verkehrs zu rechnen sind, anderseits aber nach preußischem Recht auch nicht unter das Kleinbahngesetz fallen. Maßgebend für die Ausübung der staatlichen Aufsicht sind:

α) **das Regulativ, die Eisenbahnkommissariate betreffend.** Vom 24. 11. 1848 (MBl. 390); abgeändert durch Bekanntmachung des Ministers der öffentlichen Arbeiten betr. Bestellung von Eisenbahnkommissaren, vom 2. 3. 1895 (EVBl. 230);

β) **die Erlasse vom 14. 6. 1875** (VerwO. II 119), **vom 21. 2. 1879** (VerwO. II 120) und **vom 13. 1. 1908** (VerwO. II 122).

Die Aufsicht wird vom Eisenbahnkommissar in Gemeinschaft mit der zuständigen Provinzialregierung ausgeübt. Sie bezweckt die Wahrung der Rechte des Staates den Eisenbahngesellschaften gegenüber sowie der Aufgaben der Eisenbahnunternehmungen als gemeinnütziger Anstalten und der Interessen des die Eisenbahn benutzenden Publikums. Die Aufgaben, die dem Eisenbahnkommissar zufallen, erstrecken sich auf **die finanziellen und alle Betriebsangelegenheiten, die Bahnanlagen, die Betriebsmittel, das Gütertarifwesen, die Anstellungs- und Beförderungsverhältnisse der Beamten sowie deren Dienstdauer, die Beamten- und Arbeiterfürsorge und die Eichungsangelegenheiten,** ferner auf **die Befolgung des Gesellschaftsstatutes,** der den Gesellschaften auferlegten Bedingungen und der gesetzlichen Normen. Den Regierungen obliegt die Wahrung der Rechte des Publikums den Eisenbahngesellschaften gegenüber, insbesondere bei der Enteignung von Grundeigentum, der Ausübung der Polizeistrafgewalt und bei den Wege- und Vorflutangelegenheiten.

3. Abgaben und Steuern. Von Staatssteuern sind die Reichsbahnen gemäß § 15 des Staatsvertrages über den Übergang der Staatseisenbahnen auf das Reich befreit, nicht aber von den Kommunalabgaben. Die Privatbahnen entrichten sowohl Eisenbahnabgaben, die ursprünglich den Staat für die der Post entgangenen Beförderungen entschädigen sollten, als auch Staatssteuern und Kommunalabgaben.

Für die Erhebung von Abgaben und Steuern kommen in Frage:

α) **Gesetz, die von den Eisenbahnen zu entrichtende Abgabe betreffend.** Vom 30. 3. 1853 (GS. 449). Nur für Aktiengesellschaften.

β) **Gesetz, betr. die Abgabe von allen nicht im Besitze des Staates oder inländischer Eisenbahn-Aktiengesellschaften befindlichen Eisenbahnen.** Vom 16. 3. 1867 (GS. 465).

γ) **Kommunalabgabengesetz.** Vom 14. 7. 1893. (GS. 152). Hieraus im wesentlichen die §§ 24, 28, 33—35, 45—48a, 52, 53, 71—75. Für die Staatsbahnen gelten folgende Grundsätze: Sie bilden in ihrer Gesamtheit ein einziges steuerpflichtiges Unternehmen. Besteuert wird der rechnungsmäßige Überschuß der Einnahmen über die Betriebsausgaben, denen noch $3\frac{1}{2}\,^0/_0$ Zinsen des Anlagekapitals zugeschlagen werden. Die hiernach zu ermittelnde Gesamtsteuer wird anteilig auf die in Frage kommenden Gemeinden verteilt.

δ) **Stempelsteuergesetz.** Vom 31. 7. 1895 (GS. 413).

c) Gesetzgebung in Bayern.

1. Allgemeine Bestimmungen für die Genehmigung, den Bau und den Betrieb von Bahnen.

α) Verordnung vom 20. 6. 1855, die Erbauung von Eisenbahnen betreffend, und Gewerbegesetz vom 30. 11. 1896 Art. 8.

Hierin wird das Verfahren für die Ausführung von Vorarbeiten festgelegt und die Erteilung der Konzession für den Bau und Betrieb durch den Landesherrn, jetzt das Gesamtministerium, geregelt. Nach Ablauf der Konzessionsfrist geht das Eigentum der Eisenbahn mit ihrem Zubehör ohne Entgelt und unmittelbar an den Staat über. Entschädigung für das bewegliche Vermögen ist vorgesehen.

β) Gesetz vom 17. 11. 1837, die Zwangsabtretung des Grundeigentums für öffentliche Zwecke betreffend (GVBl. 109), geändert durch Gesetz vom 13. 8. 1910 (GVBl. 621).

γ) Allerhöchste Verordnung vom 17. 2. 1901, die Bauordnung betreffend. (GVBl. 87). Änderungen mit V. vom 1. 12. 1908 (GVBl. 792) und vom 3. 8. 1910 (GVBl. 403) nebst Vollz. Bek. vom gleichen Tage (MABl. 477).

2. Staatsaufsicht über Privateisenbahnen.

Vorschriften für die Ausübung der staatlichen Aufsicht über die Privateisenbahnen. Vom 15. 1. 1910 (VMBl. 29). Diese Vorschriften beziehen sich sowohl auf solche Bahnen, die der BO. unterworfen sind, als auch auf solche, die dieser Ordnung nicht unterliegen. Für die ersteren ist das Aufsichtsrecht gemäß Art. 95 der Reichsverfassung vom 11. 8. 1919 auf das Reich übergegangen in Bezug auf diejenigen Bahnen, die nach Entscheidung des Reichsverkehrsministers dem allgemeinen Verkehr dienen. Für die übrigen Bahnen bleibt das bayrische Aufsichtsrecht bestehen.

3. Abgaben und Steuern.
Von den ehemalig bayrischen Staatsbahnen sind Abgaben und Steuern auf Grund landesgesetzlicher Bestimmungen nicht erhoben worden, die Reichsbahnen sind auch jetzt gemäß § 15 des Staatsvertrages über den Übergang der Staatseisenbahnen von Staatssteuern befreit.

Die Privateisenbahnen werden wie private Gewerbebetriebe mit Gewerbesteuer und gemeindlichen Umlagen besteuert:

α) Bayrisches Gewerbe-Steuergesetz. Vom 17. 8. 1918 (GVBl. 868), vom 27. 7. 1921 (GVBl. 413) und Vollz. Bek. vom 18. 1. 1922 (GVBl. 19).

β) Umlagengesetz. Vom 14. 8. 1910 (GVBl. 581).

γ) Landessteuergesetz. Vom 30. 3. 1920 (RBl. 402) und Vollz. Bek. vom 23. 4. 1921 (GVBl. 297).

d) Gesetzgebung in Sachsen[1]).

Die Genehmigung zum Bau und Betrieb von Privatbahnen regelt die Verordnung vom 26. 6. 1851. Für das Enteignungsverfahren ist das Gesetz vom 26. 6. 1902 maßgebend.

e) Gesetzgebung in Württemberg.

1. Allgemeine Bestimmungen für die Genehmigung, den Bau und den Betrieb.

α) Gesetz vom 18. 4. 1843 betr. den Bau von Eisenbahnen. (WRBl. 277).

β) Gesetz, betr. die Zwangsenteignung von Grundstücken und von Rechten an Grundstücken. Vom 20. 12. 1888 (WRBl. 446).

---

[1]) Die Angaben sind unvollständig, weil die erforderlichen Unterlagen dem Verfasser wegen Überlastung der sächsischen Eisenbahndienststellen nicht zur Verfügung gestellt werden konnten.

$\gamma)$ **Gesetz betr. die Bahneinheiten.** Vom 23. 3. 1906 (WRBl. 67). Hierzu:

(1.) Die Verfügung des Kgl. Württ. Justizministeriums vom 30. 3. 1906 betr. den Vollzug des Gesetzes über die Bahneinheiten (Amtsbl. des Kgl. Württ. Justizmin. 81).

(2.) Verfügung des Ministeriums der Auswärtigen Angelegenheiten, Verkehrsabteilung, betr. Verrichtungen der Bahnaufsichtsbehörde nach dem Bahneinheitengesetz vom 10. 5. 1912 (WRBl. 120).

$\delta)$ **Württembergische Bauordnung.** Vom 28. 7. 1910. Nebst Vollzugsbestimmungen insbesondere Art. 34 ff. Für die Festsetzung der Baufluchten.

2. Staatsaufsicht über Privateisenbahnen.

$\alpha)$ **Gesetz vom 18. 4. 1843, betr. den Bau von Eisenbahnen.** (WRBl. 277). Hieraus besonders Art. 6.

$\beta)$ **Kgl. Verordnung betr. die Verwaltung und Beaufsichtigung der Verkehrsanstalten.** Vom 20. 3. 1881 (WRBl. 99). Hieraus besonders § 2 Ziffer 22 und V. im WRBl. vom 3. 7. 1875 S. 373.

Soweit Bahnen des allgemeinen Verkehrs in Frage kommen, übt die Aufsicht gemäß Art. 95 der Reichsverfassung vom 11. 8. 1919 das Reich aus.

3. Steuern und Abgaben. Die Reichsbahnen sind auch hier, wie in den anderen Ländern mit früherem Eisenbahnbesitz, von Staatssteuern befreit. Im übrigen regelt sich die Besteuerung nach folgenden Gesetzen:

$\alpha)$ **Gesetz vom 18. 6. 1849** (WRBl. 209). Art. 9.

$\beta)$ **Gesetz vom 23. 7. 1877** (WRBl. 198). Art. 2, 3.

Für die Besteuerung der Privatbahnen als „auf Gewinn berechnete Aktienunternehmungen" gilt weiter noch das

$\gamma)$ **Gesetz vom 19. 9. 1852** (WRBl. 230). Art. 1.

f) Gesetzgebung in Baden.

1. Allgemeine Bestimmungen für die Genehmigung, den Bau und den Betrieb.

$\alpha)$ **Gesetz, das Genehmigungsverfahren bei Eisenbahnanlagen betr.** Vom 23. 6. 1900 (BGVBl. XXIX 824).

$\beta)$ **Enteignungsgesetz.** Vom 26. 6. 1899, in der Fassung vom 24. 12. 1908 (BGVBl. 703). Hierzu ferner:

(1.) Gesetz vom 10. 4. 1919 (BGVBl. 295).

(2.) Gesetz vom 22. 12. 1920 (BGVBl. 548).

(3.) Gesetz vom 12. 5. 1921 über Änderung des Enteignungsgesetzes (BGVBl. 127).

(4.) Gesetz vom 17. 12. 1921 über das vereinfachte Enteignungsverfahren (BGVBl. 531).

$\gamma)$ **Ausführungsgesetz zur Grundbuchordnung.** Vom 19. 6. 1899 in der Fassung vom 22. 4. 1914 § 11 (BGVBl. XX 123).

$\delta)$ **Landesherrliche Verordnung, die Ausführung der Grundbuchordnung betr.** Vom 13. 12. 1900 § 71 (BGVBl. LII 1094).

$\varepsilon)$ **Ortsstraßengesetz.** Vom 15. 10. 1908 (BGVBl. XLVI 605).

2. Staatsaufsicht über Privateisenbahnen. Soweit Bahnen des allgemeinen Verkehrs in Frage kommen, übt die Aufsicht das Reich aus gemäß Art. 95 der Reichsverfassung vom 11. 8. 1919. Im übrigen regelt das Landesaufsichtsrecht § 7 des Gesetzes 1 α und das Verordnungsblatt der Großh. Generaldirektion der Staatseisenbahnen Nr. 4/1912 S. 29 ff.

3. Abgaben und Steuern. Reichsbahnen sind von Staatssteuern befreit. Zur Erhebung kommen: Grundwechselabgaben, Landwirtschaftskammerbeiträge, Gemeindeumlagen und Ortskirchensteuer.

g) Gesetzgebung in Oldenburg.

1. Allgemeine Bestimmungen für die Genehmigung, den Bau und den Betrieb.

α) Bahngesetz. Vom 7. 1. 1902 (GHO. Bd. 34. 171).

β) Enteignungsgesetz. Vom 21. 4. 1897 (GHO. Bd. 31. 541).

γ) Gesetz vom 5. 3. 1879, betr. Anlegung und Veränderung von Straßen. (GHO. Bd. 25. 99 und Bd. 39. 99).

δ) Wegeordnung. Vom 16. 2. 1895 (GHO. Bd. 30. 661 Art. 54).

2. Steuern und Abgaben. Reichsbahnen sind von Staatssteuern befreit. An anderen Steuern und Abgaben werden erhoben:

α) Grund- und Gebäudesteuern (Gemeindeordnung vom 15. 4. 1873, oldenburgische Wasserordnung, oldenburgische Wegeordnung u. a.).

β) Beiträge zur Landwirtschaftskammer gemäß dem oldenburgischen Gesetz vom 25. 1. 1900, unter Zugrundelegung des Grundbesitzes der Bahnen.

Von den Abgaben zu α) und β) sind frei alle Grundstücke und Gebäude, die unmittelbar zu Zwecken des öffentlichen Verkehrs dienen, sofern sie nach ihrer dauernden Bestimmung keinen Ertrag geben. Dies trifft zu für alle mit Gleisen und sonstigen Betriebsanlagen bebauten Grundstücke. (Bahnhöfe mit Empfangs- und anderen Betriebsgebäuden, die freie Strecke mit Bahnwärterhäusern).

γ) Abgaben für Kanalisation, Straßenreinigung u. a.

δ) Kirchensteuer, als Realsteuer vom Grundbesitz erhoben.

h) Gesetzgebung in Mecklenburg.

Besondere landesgesetzliche Bestimmungen für die Genehmigung des Baues und Betriebes von Haupt- und Nebeneisenbahnen bestehen nicht, lediglich für die zwangsweise Beschaffung des Grund und Bodens kommt die Enteignungsverordnung vom 29. 3. 1845 (Nr. 9 des Mecklenburg-Schwerinschen Wochenblattes) in Frage. Die Eisenbahnaufsicht wird, soweit nicht das Reich nach Art. 95 der Reichsverfassung vom 11. 8. 1919 zuständig ist, vom „Eisenbahnkommissariat" in Schwerin ausgeübt. Besondere landesgesetzliche Bestimmungen über die Handhabung der Staatsaufsicht sind nicht herausgegeben.

2. Eisenbahnrechtliche Bestimmungen für Kleinbahnen.

a) Reichsgesetzliche Bestimmungen.

Von den im Abschnitt 1a aufgeführten Gesetzen und Verordnungen sind die Kleinbahnen unterworfen:

1. Für Anlage, Ausrüstung und Betrieb:

α) den Bestimmungen über die technische Einheit (s. 1a 2 δ). Sie gelten für solche Kleinbahnen, deren Wagen im internationalen Verkehr zugelassen sind,

β) dem Gesetz, betr. die Beseitigung von Ansteckungsstoffen bei Viehbeförderungen auf Eisenbahnen (s. 1a 2 η),

γ) dem Strafgesetzbuch für das Deutsche Reich (s. 1a 2 ζ),

δ) dem Gesetz über die Sicherung der Bauforderungen (s. 1a 2 ϑ).

2. Für den Verkehr:

α) dem Handelsgesetzbuch (s. 1a 3 α) mit den durch § 473 gegebenen Einschränkungen,

β) den Vorschriften des Bürgerlichen Gesetzbuches über die Behandlung von Eisenbahn-Fundsachen (s. 1a 3 γ),

γ) den gesundheits- und veterinärpolizeilichen Vorschriften (s. 1a 3 ε).

3. Für die Landesverteidigung:

α) Verfassung des Deutschen Reiches. Vom 11. 8. 1919. Art. 96. Hiernach haben alle Eisenbahnen, auch die nicht dem allgemeinen Verkehr dienenden, wozu die Kleinbahnen zählen, den Anforderungen des Reiches auf Benutzung der Eisenbahnen zum Zweck der Landesverteidigung Folge zu leisten. Es werden daher auch für Kleinbahnen in Anwendung kommen das

β) Gesetz über die Naturalleistungen (s. 1a 4 α),

γ) Gesetz über die Kriegsleistungen (s. 1a 4 β),

δ) die Militär-Eisenbahn-Ordnung (s. 1a 4 γ).

4. Für das Zollwesen:

α) dem Vereinszollgesetz (s. 1a 5 α),

β) dem Zolltarifgesetz (s. 1a 5 β),

γ) dem Gesetz, betr. die Statistik des Warenverkehrs mit dem Auslande (s. 1a 5 γ).

5. In Bezug auf das Verhältnis zur Post- und Telegraphenverwaltung:

α) dem Gesetz über das Telegraphenwesen des Deutschen Reiches (s. 1a 6 β),

β) dem Telegraphenwesen-Gesetz (s. 1a 6 γ). Unter § 12 dieses Gesetzes fällt das Gelände einer Kleinbahn, soweit diese nicht auf einem öffentliche Wege angelegt ist. Die Bundesratsbestimmungen über die den Eisenbahnverwaltungen im Interesse der Reichstelegraphenverwaltung obliegenden Verpflichtungen gelten dagegen nur für Eisenbahnen des allgemeinen Verkehrs.

6. In Bezug auf die Haftpflicht:

α) dem Haftpflichtgesetz (s. 1a 7 α),

β) dem Reichs-Unfallfürsorgegesetz (s. 1a 7 β),

γ) der Reichsversicherungsordnung (s. 1a 7 γ).

7. In Bezug auf die Erhebung von Steuern:

α) dem Reichsstempelgesetz (s. 1a 8 α),

β) dem Gesetz über die Besteuerung des Personen- und Güterverkehrs (s. 1a 8 β).

8. Für Personalangelegenheiten:

α) Verordnung über Tarifverträge und Schlichtung von Arbeitsstreitigkeiten (s. 1a 9 β),

β) Betriebsrätegesetz (s. 1a 9 γ),

γ) Gesetz über die Beschäftigung Schwerbeschädigter (s. 1a 9 ε).

b) Gesetzgebung in Preußen.

1. Allgemeine Bestimmungen für die Genehmigung, den Bau und den Betrieb von Kleinbahnen.

α) Gesetz über Kleinbahnen und Privatanschlußbahnen. Vom 28. 7. 1892 (GS. 225). Mit Ausführungsanweisung vom 13. 8. 1898 (EVBl. 225). Als Kleinbahnen im Sinne des Gesetzes sind alle die dem öffentlichen Verkehr dienenden Eisenbahnen anzusehen, welche wegen ihrer geringen Bedeutung für den alllgemeinen Verkehr dem EisG. vom Jahre 1838 nicht unterliegen. Die Entscheidung darüber, ob eine Bahn dem EisG. von 1838 zu unterstellen ist oder dem KlG., trifft der preußische Handelsminister. Nach der Ausführungsanweisung sind 2 Klassen von Kleinbahnen zu unterscheiden: 1. Städtische Straßenbahnen sowie solche Unternehmungen, welche infolge ihrer hauptsächlichen Bestimmungen für den Personenverkehr einen den städtischen Straßenbahnen ähnlichen Charakter haben, und 2. Nebenbahnähnliche Kleinbahnen, die den Personen- und Güterverkehr von Ort zu Ort vermitteln und sich nach ihrer Ausdehnung, Anlage und Einrichtung den Nebeneisenbahnen nähern. Die Entscheidung darüber, in welche dieser beiden Klassen ein Unternehmen einzureihen ist, treffen die Genehmigungsbehörden, in Zweifelsfällen nach Anrufung der Handelsminister. Zuständig für die Erteilung der Genehmigung zum Bau und Betriebe neuer Bahnen sowie zu wesentlichen Erweiterungen oder Änderungen des Unternehmens sind:

(1.) Der Regierungspräsident, für den Stadtkreis Berlin der Polizeipräsident, im Einvernehmen mit der vom Handelsminister bezeichneten Eisenbahnbehörde, wenn der Betrieb der Kleinbahn ganz oder teilweise mit Maschinenkraft beabsichtigt wird.

(2.) In allen anderen Fällen ist je nach der örtlichen Ausdehnung des Unternehmens der Regierungspräsident, für den Stadtkreis Berlin der Polizeipräsident, der Landrat oder die Ortspolizeibehörde zuständig. Für den Bau und den Betrieb nebenbahnähnlicher Kleinbahnen mit Maschinenbetrieb sind von den Ministern der öffentlichen Arbeiten und des Innern am 15. 1. 1914 Vorschriften erlassen (EVBl. 1914, S. 41—90, 1919 S. 105). Für Straßenbahnen mit Maschinenbetrieb sind die Bau- und Betriebsvorschriften vom 26. 9. 1906 (EVBl. 559), geändert durch Erl. vom 22. 10. 1908 (EVBl. 309) und ergänzt durch Nachtrag vom 15. 1. 1914 (EVBl. 90), maßgebend.

Die rechtlichen Beziehungen zwischen Kleinbahnen und Wegen regeln die §§ 6—8 und 11 des KlG.

β) Gesetz über die Enteignung von Grundeigentum (s. 1b 1β),

γ) Gesetz über die Bahneinheiten (s. 1b 1γ). Es gilt nur für solche Kleinbahnen, deren Unternehmern die Betriebspflicht auferlegt ist.

δ) Allgemeines Berggesetz (s. 1b 1ε).

2. Verpflichtungen gegenüber der Reichspostverwaltung. Die Verpflichtungen der Reichspostverwaltung gegenüber sind landesgesetzlich in den §§ 9 und 42 des KlG. geregelt. § 42 enthält nur die zulässige obere Grenze der Verpflichtungen. Bei der Genehmigung, vor deren Erteilung die Oberpostdirektion gehört werden muß, ist der Umfang der Verpflichtungen der Postverwaltung gegenüber festzusetzen.

3. Kleinbahnaufsicht. Die Kleinbahnaufsicht regelt sich nach § 22 des KlG. und der Ausführungsanweisung dazu. Sie wird ausgeübt von denjenigen Behörden, die für die Genehmigung des Unternehmens zuständig sind. Eine Ausnahme macht nur die eisenbahntechnische Aufsicht bei Kleinbahnen mit Maschinenbetrieb, die von der zuständigen Eisenbahnbehörde allein ausgeübt wird. Aufgabe der Aufsicht ist es, die Erfüllung der durch das KlG., die Genehmigung oder die Planfeststellung dem Unternehmer auferlegten Verpflichtungen zu überwachen. Sie richtet sich also nur gegen den Unternehmer, nicht gegen das Publikum. In diesen Grenzen ist die Zuständigkeit der Aufsichtsbehörden eine ausschließliche, die Ortspolizei darf in die genehmigte Anlage nicht eingreifen, bevor die Aufsichtsbehörde über die gewünschte Anordnung entschieden hat.

Soweit nicht die Aufsichtsbehörden zuständig sind, untersteht das Kleinbahnwesen der Beaufsichtigung durch die Behörden der allgemeinen Polizei.

Dies gilt im besonderen für den Erlaß von Polizeiverordnungen zum Schutze von Personen und Eigentum sowie im Interesse der Ordnung und Sicherheit des Verkehrs. Dagegen dürfen polizeiliche Bestimmungen über den Betrieb nicht ohne die Zustimmung der Eisenbahnbehörde erlassen werden.

4. Abgaben und Steuern.

α) **Kommunalabgabengesetz** (s. 1b 3γ). Kleinbahnunternehmungen unterliegen sowohl der Gemeindeeinkommensteuer gemäß § 33 $^{2 \text{ und } 3}$ als auch der Gewerbesteuer nach § 28.

β) **Stempelsteuergesetz** (s. 1b 3δ).

c) Gesetzgebung in Bayern.

Die bayrische Gesetzgebung kennt keine „Kleinbahnen", sondern nur **Vizinalbahnen und Lokalbahnen**. Für den Bau, Betrieb und die Aufsicht sind die nachstehenden Gesetze maßgebend:

1. **Verordnung vom 20. 6. 1855,** die Erbauung von Eisenbahnen betreffend (s. 1c 1α).

2. **Gesetz vom 29. 4. 1869, die Ausdehnung und Vervollständigung der Staatsbahnen, die Erbauung von Vizinalbahnen betreffend** (Gesetzbl. für das Königreich Bayern 1866/69 S. 1129).

3. **Gesetz vom 28. 4. 1882, die Behandlung der bestehenden Vizinalbahnen und den Bau der Sekundärbahnen betr.** (GVBl. 253).

4. **Vorschriften für die Ausübung der staatlichen Aufsicht über die Privateisenbahnen** (s. 1c 2).

d) Gesetzgebung in Württemberg.

Gesetz vom 18. 4. 1843, betr. den Bau von Eisenbahnen (s. 1e 1α).

e) Gesetzgebung in Baden.

Gesetz, das Genehmigungsverfahren bei Eisenbahnanlagen betr. (s. 1f 1α).

f) Gesetzgebung in Oldenburg.

1. **Bahngesetz vom 7. 1. 1902** (s. 1g 1α).

2. **Kleinbahnordnung. Vom 25. 1. 1902.**

g) Gesetzgebung in Mecklenburg.

1. **Verordnung, betreffend Kleinbahnen. Vom 10. 5. 1898** (Regierungsblatt Nr. 16).

2. **Bau- und Betriebsvorschriften für Kleinbahnen mit Lokomotivbetrieb. Vom 29. 5. 1903.**

3. Eisenbahnrechtliche Bestimmungen für Schienenbahnen, die nicht dem öffentlichen Verkehr dienen.

a) Reichsgesetzliche Bestimmungen.

1. **Haftpflichtgesetz** (s. 1a 7α).

2. **Reichs-Gewerbeordnung. Vom 21. 6. 1869.** Der Genehmigung nach § 24 der GewO. unterliegen alle Lokomotiven der Bahnen des nicht öffentlichen Verkehrs mit Ausnahme derjenigen von Privatanschlußgleisen, die auch auf der anschließenden Haupt-, Neben- oder Kleinbahn verkehren sollen.

b) Gesetzgebung in Preußen.

1. **Kleinbahngesetz** (s. 2b 1α). Der II. Teil des Gesetzes handelt von solchen Privatanschlußbahnen, die mit Eisenbahnen für den allgemeinen Verkehr oder Kleinbahnen derart in Verbindung stehen, daß die Betriebs-

mittel übergehen können, und die für den Betrieb mit Maschinen eingerichtet werden sollen. Derartige Anlagen bedürfen zur Herstellung und zum Betriebe polizeilicher Genehmigung. Außerdem muß dem Anschlußnehmer der Anschluß durch die in Frage kommende Eisenbahnverwaltung gestattet werden, was in der Regel in der Form von Anschlußverträgen geschieht. Die eisenbahntechnische Aufsicht und Überwachung übt diejenige Behörde aus, welcher diese Aufgabe bezüglich der dem öffentlichen Verkehr dienenden Bahn, von der der Anschluß abzweigt, obliegt, d. i. bei Staatsbahnen die verwaltende Eisenbahnbehörde, bei Privatbahnen für den allgemeinen Verkehr der Eisenbahnkommissar, bei Kleinbahnen die zuständige Aufsichtsbehörde. Polizeiliche Bestimmungen für den Betrieb von Privatanschlußbahnen können nur im Einverständnis mit der Eisenbahnbehörde erlassen werden. Hierzu: Betriebsvorschrift für Privatanschlußbahnen. Vom 30. 4. 1902.

Nicht zu den Privatanschlußbahnen rechnen diejenigen Gleise, die innerhalb des Bahnhofes einer Eisenbahn zur Verbindung von Lagerplätzen u. dgl. mit Bahnhofsgleisen hergestellt sind und von der Eisenbahnverwaltung bedient werden. Solche Anlagen müssen nach EisG. § 4 vom Handelsminister genehmigt werden.

2. Allgemeines Berggesetz (s. 1b 1ε). Diesem Gesetz sind die Bergwerksbahnen unterworfen, d. h. solche Schienenbahnen, die dazu dienen, die Mineralien zu gewinnen, sie in einen für den Handel geeigneten Zustand zu versetzen und ihre Abfuhr zu bewirken. Zu ihrer Anlage und ihrem Betriebe ist lediglich eine Prüfung durch die Bergbehörde gemäß § 67 erforderlich. Der Bergwerksbesitzer kann das Enteignungsrecht ohne besondere Verleihung ausüben (§ 135f.). Die Aufsicht führt die Bergbehörde, ausgenommen bei solchen Anlagen, die zugleich unter den Begriff „Privatanschlußbahnen" i. S. des KlG. fallen. Hierzu: Erl. des Min. der öff. Arb. v. 17. 10. 1898 (EVBl. 303).

3. Im übrigen gilt für Schienenbahnen, die nicht dem öffentlichen Verkehr dienen, das allgemeine Recht.

c) Gesetzgebung in Bayern.

1. Verordnung vom 20. 6. 1855, die Erbauung von Eisenbahnen betreffend (s. 1c 1α). Hieraus besonders § 15.

2. Vorschriften für die Ausübung der staatlichen Aufsicht über Privateisenbahnen (s. 1c 2). Hieraus besonders § 12 uud Anlage 4.

d) Gesetzgebung in Württemberg.

Landesgesetzliche Verordnungen bestehen nicht. Es werden von der Eisenbahnverwaltung allgemeine Bestimmungen aufgestellt, nach denen der Bau, Betrieb und die Bedienung dieser Anschlußbahnen zugelassen werden.

e) Gesetzgebung in Baden.

Gesetz, das Genehmigungsverfahren bei Eisenbahnanlagen betr. (s. 1f 1α). Hieraus besonders § 11.

f) Gesetzgebung in Oldenburg.

Bahngesetz vom 7. 1. 1902 (s. 1g 1α).

g) Gesetzgebung in Mecklenburg.

Verordnung, betreffend Kleinbahnen (s. 2g 1).

4. Vereinbarungen.

Außer den gesetzlichen Vorschriften bestehen noch eine Reihe von Vereinbarungen, die mehrere Bahnverwaltungen unter sich getroffen haben.

a) Vereinbarungen des Vereins deutscher Eisenbahnverwaltungen.

Von besonderer Bedeutung sind die von dem Verein deutscher Eisenbahnverwaltungen herausgegebenen Vorschriften, die auf die Einführung übereinstimmender Einrichtungen für den Bau, Betrieb und Verkehr bei den der Gemeinschaft angeschlossenen Bahnverwaltungen gerichtet sind. Aus ihnen sind z. T. die reichs- und landesgesetzlichen Bestimmungen hervorgegangen. Sie bilden eine Selbstbeschränkung für die einzelnen Verwaltungen im Interesse des durchgehenden Verkehrs, sofern die Vorschriften als bindend vereinbart sind. Daneben bestehen aber auch Bestimmungen, deren Einführung den Verwaltungen nur empfohlen wird. Die wichtigsten Vorschriften sind:

1. Technische Vereinbarungen über den Bau und die Betriebseinrichtungen der Haupt- und Nebeneisenbahnen, mit Nachträgen.

2. Grundzüge für den Bau und die Betriebseinrichtungen von Lokaleisenbahnen, mit Nachträgen.

3. Übereinkommen, betreffend die gegenseitige Wagenbenutzung im Bereiche des Vereins deutscher Eisenbahn-Verwaltungen, mit Nachträgen.

4. Verzeichnis der größten festen Radstände, Raddrücke und Querschnittsmaße.

5. Betriebsreglement des Vereins deutscher Eisenbahnverwaltungen, mit Nachträgen.

6. Übereinkommen zum Betriebsreglement des Vereins deutscher Eisenbahn-Verwaltungen.

b) Gemeinsame Vorschriften verschiedener Verwaltungen.

1. Fahrdienstvorschriften (FV.). Sie enthalten die wesentlichen Vorschriften über die mit der Beförderung der Züge im Zusammenhang stehenden Dienstverrichtungen. Sie beruhen auf der BO., SO., VO. und der MTrO.

2. Signalbuch (SB.). Es enthält die Signale der SO. nebst Ausführungsbestimmungen dazu sowie im Anhang eine Reihe besonderer Signale, die in der SO. nicht vorgesehen sind.

Anhang:

Die Deutsche Reichsbahn-Gesellschaft.

Während der Drucklegung dieses Bandes haben sich bei den deutschen Reichsbahnen grundlegende Änderungen vollzogen. Schon die Verordnung vom 12. Februar 1924 über die Schaffung eines Unternehmens „Deutsche Reichsbahn", die noch im Hauptteil behandelt und auf S. 339 abgedruckt ist, hat die wichtige und für die damalige Finanzlage der Reichsbahnen einschneidende Veränderung gebracht, daß die Verwaltung der „Deutschen Reichsbahn" unabhängig von der sonstigen Reichsverwaltung zu führen ist, wenn auch zunächst noch unter Aufsicht und Leitung des Reichsverkehrsministers. Demzufolge sind die Geschäfte im Reichsverkehrsministerium (Hauptstelle) in zwei Arbeitsgebiete geteilt worden. Dem ersten sind diejenigen Geschäfte zugewiesen worden, die die Aufsicht über das Unternehmen betreffen oder den Reichsverkehrsminister in seiner Eigenschaft als Reichsminister berühren. Alle diese Geschäfte sind unter der Firma „der Reichsverkehrsminister" erledigt worden. Das zweite Arbeitsgebiet hat die Geschäfte der Leitung des Unternehmens unter der Firma „Deutsche Reichsbahn" mit dem Zusatz „Hauptverwaltung" umfaßt. Die Zweigstellen haben für die Erledigung der Aufsichtsgeschäfte ihre bisherige Bezeichnung behalten. Nur soweit es sich um Geschäfte des Unternehmens handelt, haben sie „Deutsche Reichsbahn Gruppe Preußen", oder „Deutsche Reichsbahn Gruppe Bayern" firmiert. Die Befugnisse der Reichsbahndirektion sind ungändert geblieben.

Durch die Verordnung vom 3. April 1924 über die Bildung eines vorläufigen Direktoriums der Deutschen Reichsbahn ist der Reichsverkehrsminister zum Generaldirektor des Unternehmens bestellt worden. Zur Unterstützung in der Leitung ist ihm ein vorläufiges Direktorium beigegeben worden, in welches als geschäftsführende Mitglieder die Staatssekretäre der Deutschen Reichsbahn und als weitere Mitglieder die Leiter der Abteilungen der Hauptverwaltungen bestellt worden sind.

Eine grundsätzliche Wandlung in der Organisation der Deutschen Reichsbahnen haben nun in Auswirkung des Dawes-Gutachtens das Reichsbahngesetz und das Reichsbahn-Personalgesetz vom 30. August 1924 gebracht.

Nachstehend der Wortlaut beider Gesetze:

Gesetz über die Deutsche Reichsbahn-Gesellschaft (Reichsbahngesetz).

Vom 30. August 1924.

Der Reichstag hat das folgende Gesetz beschlossen, das mit Zustimmung des Reichsrats hiermit verkündet wird, nachdem festgestellt ist, daß die Erfordernisse verfassungsändernder Gesetzgebung erfüllt sind:

§ 1. Errichtung der Gesellschaft.

(1) Das Deutsche Reich errichtet durch dieses Gesetz zum Betriebe der Reichseisenbahnen eine Gesellschaft mit der Firma

„Deutsche Reichsbahn-Gesellschaft".

(2) Die anliegende Gesellschaftssatzung ist ein Bestandteil dieses Gesetzes.

§ 2. Geschäftsführung.

Die Gesellschaft hat ihren Betrieb unter Wahrung der Interessen der deutschen Volkswirtschaft nach kaufmännischen Grundsätzen zu führen.

§ 3. Aktien.

(1) Das Grundkapital der Gesellschaft beträgt fünfzehn Milliarden Goldmark; es ist eingeteilt in zwei Milliarden Vorzugsaktien und dreizehn Milliarden Stammaktien.

(2) Die Vorzugsaktien lauten auf den Inhaber. Die Stammaktien werden auf den Namen des Deutschen Reichs oder auf Verlangen der Reichsregierung auf den Namen eines deutschen Landes ausgestellt. Zur Verfügung über diese Stammaktien ist die Zustimmung des Reichsrats und des Reichstags mit der im Artikel 76 Abs. 1 Satz 2 und 3 der Reichsverfassung vorgesehenen Zweidrittelmehrheit erforderlich.

§ 4. Reparationsschuldverschreibung. Reparationshypothek.

(1) Die Gesellschaft gibt alsbald nach ihrer Errichtung hypothekarisch gesicherte Schuldverschreibungen im Nennwert von elf Milliarden Goldmark aus (Reparationsschuldverschreibungen). Die Inhaber der Schuldverschreibungen werden durch einen Treuhänder vertreten, der von der Reparationskommission ernannt wird. Die Schuldverschreibungen sind ihm unverzüglich auszuhändigen.

(2) Zugunsten der Gläubiger dieser Schuldverschreibungen entsteht kraft Gesetzes eine erststellige, allen bereits eingetragenen Hypotheken und allen sonstigen Pfandrechten im Range vorgehende Gesamthypothek an allen Grundstücken, die zum Reichseisenbahnvermögen gehören, sowie an allen Grundstücken, die Eigentum der Gesellschaft sind (Reparationshypothek); die Hypothek erstreckt sich auch auf alles Zubehör dieser Grundstücke, soweit es Eigentum des Reichs oder der Gesellschaft ist; als Zubehör im Sinne dieser Bestimmung gelten auch alle Fahrzeuge und alle sonstigen beweglichen Sachen der Reichseisenbahnen und der Gesellschaft.

(3) Die Reparationshypothek erstreckt sich kraft Gesetzes ohne weiteres auch auf künftig erworbene Grundstücke samt Zubehör.

(4) Die in Abs. 2 und 3 genannten Sachen unterliegen der Reparationshypothek so lange, als sie Eigentum des Reichs oder der Gesellschaft sind.

(5) Die Rechte, die durch die Reparationshypothek an den belasteten Grundstücken und ihrem Zubehör entstehen, sowie der Zinsen- und Tilgungsdienst der Reparations-

schuldverschreibungen regeln sich ausschließlich nach diesem Gesetz und der Gesellschaftssatzung.

(6) Alle Zahlungen für den Zinsen- und Tilgungsdienst der Reparationsschuldverschreibungen sind von jeder unmittelbar die Zahlung belastenden deutschen Steuer frei.

§ 5. Betriebsrecht. Übernahme der Rechte und Pflichten.

(1) Das Reich überträgt der Gesellschaft unter den Bedingungen, die sich aus diesem Gesetz und der Gesellschaftssatzung ergeben, das ausschließliche Recht zum Betriebe der Reichseisenbahnen. Das Betriebsrecht endet am 31. Dezember 1964, vorausgesetzt, daß alsdann sämtliche Reparationsschuldverschreibungen und sämtliche Vorzugsaktien getilgt, zurückgekauft oder eingezogen sind.

(2) Wenn die Tilgung, der Rückkauf und die Einziehung bereits zu einem früheren Zeitpunkt abgeschlossen ist, kürzt sich das Betriebsrecht entsprechend ab und endigt zu diesem früheren Zeitpunkt. Wenn dagegen die Tilgung, der Rückkauf oder die Einziehung am 31. Dezember 1964 noch nicht abgeschlossen sind, verlängert sich das Betriebsrecht unter den gleichen Bedingungen bis zur Beendigung der Tilgung, des Rückkaufs und der Einziehung.

(3) Das Betriebsrecht umfaßt die Reichseisenbahnen mit allem Zubehör einschließlich der deutschen Bodensee-Dampfschiffahrt und der sonstigen Nebenbetriebe nach dem Stande am Tage des Übergangs des Betriebsrechts auf die Gesellschaft.

(4) Mit dem Betriebsrecht gehen unbeschadet der Vorschriften dieses Gesetzes, insbesondere des § 43, und unbeschadet der Vorschriften der Gesellschaftssatzung auf die Gesellschaft alle mit den Reichseisenbahnen und alle mit dem Unternehmen „Deutsche Reichsbahn" verbundenen Rechte und Pflichten über, einschließlich solcher aus Betriebsverträgen. Dieser Übergang der Rechte und Pflichten hat Rechtswirksamkeit auch gegenüber den bisherigen Vertragsgegnern des Unternehmens.

(5) Ebenso gehen die Rechte und Verpflichtungen aus den Beteiligungen des Unternehmens „Deutsche Reichsbahn" an anderen Unternehmungen auf die Gesellschaft über, soweit sie am Tage des Überganges des Betriebsrechts dem Unternehmen „Deutsche Reichsbahn" gehören.

(6) Gleichzeitig gehen die Betriebsvorräte und Kassenbestände sowie die Bankguthaben des Unternehmens „Deutsche Reichsbahn" unentgeltlich in das Eigentum der Gesellschaft über. Die Betriebsvorräte müssen in einer für Fortführung des ordnungsmäßigen Betriebs ausreichenden Menge vorhanden sein.

(7) Alle bei der Deutschen Reichsbahn vorhandenen Bücher, Urkunden, Pläne und sonstigen Schriftstücke sind der Gesellschaft zu überlassen. Entsprechend sind nach Ablauf des Betriebsrechts alle Bücher, Urkunden, Pläne und sonstigen Schriftstücke dem Reiche herauszugeben.

§ 6. Reichseisenbahnvermögen.

(1) Die Reichseisenbahnen einschließlich der Beteiligungen der Reichseisenbahnverwaltung und des Unternehmens „Deutsche Reichsbahn" an anderen Unternehmungen bleiben Eigentum des Reichs (Reichseisenbahnvermögen). Grundstücke und alle Zubehörstücke einschließlich der Fahrzeuge fallen, wenn die Gesellschaft sie für Zwecke der Reichseisenbahnen erwirbt, mit dem Erwerbe durch die Gesellschaft kraft Gesetzes in das Eigentum des Reichs.

(2) Die Gesellschaft darf über Gegenstände, die zum Reichseisenbahnvermögen gehören, verfügen, soweit sie dies mit einer ordnungsmäßigen Betriebführung für vereinbar hält. Dabei ist die Gesellschaft unbeschadet der Bestimmungen des § 8 verpflichtet, vor einer Verfügung über Gegenstände, deren Wert 250000 Goldmark übersteigt, die Einwilligung der Reichsregierung und. solange die Reparationsschuldverschreibungen nicht getilgt oder zurückgekauft sind, die Einwilligung des Treuhänders einzuholen. Der Erlös ist von der Gesellschaft nach den Grundsätzen zu verwenden, die zwischen ihr und dem Treuhänder vereinbart sind.

§ 7. Beschränkte Haftung des Reichseisenbahnvermögens für Reichsschulden.

Das Reichseisenbahnvermögen haftet für Verpflichtungen des Reichs nur insoweit, als sie aus der bisherigen Verwaltung der Reichseisenbahnen herrühren. Zu diesen Verpflichtungen gehören auch die Verpflichtungen aus dem Staatsvertrag über den Übergang der Staatseisenbahnen auf das Reich (Reichsgesetzbl. 1920 S. 774), die von der Gesellschaft nach § 43 übernommen werden.

§ 8. Kreditaufnahme.

(1) Die Gesellschaft hat das Recht, selbständig Kredite aufzunehmen, deren Lasten vor dem 1. Januar 1965 endigen, und dafür das Reichseisenbahnvermögen hypothekarisch zu belasten. Solche Hypotheken stehen der Reparationshypothek im Range nach; dabei sind die Bestimmungen in § 9 der Gesellschaftssatzung zu beachten.

(2) Kredite, deren Lasten sich über den 1. Januar 1965 hinaus erstrecken, darf die Gesellschaft nur nach vorheriger Verständigung mit der Reichsregierung aufnehmen.

(3) In beiden Fällen (Abs. 1 und 2) trägt das Reich die Lasten, die auf die Zeit nach Ablauf des Betriebsrechts entfallen.

(4) Die Gesellschaft ist verpflichtet, sich bei der Ausgabe von Anleihen mit der Reichsregierung über die Anleihebedingungen ins Einvernehmen zu setzen.

§ 9. Betriebführung.

(1) Die Gesellschaft ist verpflichtet, den Betrieb der Reichseisenbahnen sicher zu führen und die Reichseisenbahnanlagen nebst den Betriebsmitteln und dem sonstigen Zubehör auf ihre Kosten nach den Bedürfnissen des Verkehrs sowie nach dem jeweiligen Stande der Technik gut zu unterhalten und weiterzuentwickeln.

(2) Innerhalb dieser Richtlinien und der sonstigen gesetzlichen Vorschriften sowie in den durch die Aufsicht des Reichs (vgl. §§ 31 ff.) bestimmten Grenzen ist die Gesellschaft berechtigt, den Betrieb so zu führen, wie sie es für angemessen erachtet.

§ 10. Ausschließlichkeit des Betriebsrechts.

(1) Die Gesellschaft hat das ausschließl'che Recht zum Betrieb aller Eisenbahnen, die am Tage des Inkrafttretens dieses Gesetzes von dem Unternehmen „Deutsche Reichsbahn" betrieben werden, gleichviel ob sie dem allgemeinen Verkehre dienen oder nicht, sowie aller Eisenbahnen des allgemeinen Verkehrs, die später Eigentum des Reichs werden.

(2) Die Gesellschaft hat ferner das ausschließliche Recht, neue Eisenbahnen des allgemeinen Verkehrs, soweit sie in Zukunft zugelassen werden, auf ihre Kosten zu bauen und zu betreiben. An den von ihr betriebenen Eisenbahnen kann sie auf ihre Kosten die nötigen Änderungen und Ergänzungen vornehmen.

(3) Die Reichsregierung kann der Gesellschaft jederzeit den Bau und Betrieb neuer Eisenbahnen des allgemeinen Verkehrs auferlegen, auch wenn die Gesellschaft glaubt, daß der Bau und Betrieb dieser neuen Eisenbahnen des allgemeinen Verkehrs nicht ertragreich sei oder daß sie den anderen Strecken der Gesellschaft unbilligen Wettbewerb bereiten. In diesen Fällen gehen Bau und Betrieb, sofern die Gesellschaft es beantragt, auf Rechnung des Reichs. Außerdem hat die Gesellschaft gegen das Reich einen Anspruch auf Ersatz der Ausfälle, die die neuen Bahnen dem Betriebe der übrigen Strecken des Netzes verursachen. Wenn jedoch die neuen Bahnen für den Betrieb der übrigen Strecken einen Vorteil bringen, so ist dieser Vorteil auf den dem Reiche etwa zur Last fallenden Zuschuß für den Betrieb der neuen Bahnen anzurechnen.

(4) Wenn die Gesellschaft an dem Bau oder Betrieb einer neuen Bahn des allgemeinen Verkehrs nicht interessiert ist, so kann das Recht zum Bau oder Betrieb einem Dritten verliehen werden.

(5) Der Bau neuer Strecken zur Erweiterung bestehender privater Eisenbahnen des allgemeinen Verkehrs und die Umwandlung von nicht dem allgemeinen Verkehr dienenden Eisenbahnen in solche des allgemeinen Verkehrs kann nur zugelassen werden, wenn dadurch den Strecken der Gesellschaft kein unbilliger Wettbewerb bereitet wird. Das Reich wird der Gesellschaft das Vorhaben solcher Bauten oder Umwandlungen rechtzeitig mitteilen.

§ 11. Entscheidung über die Bedeutung der Bahnen.

Ob eine Eisenbahn als solche des allgemeinen Verkehrs zu gelten hat, entscheidet der für die Aufsicht über die Eisenbahnen zuständige Reichsminister nach Anhörung der beteiligten Landesregierung und der Gesellschaft.

§ 12. Weiterübertragung des Betriebsrechts.

Ohne Genehmigung der Reichsregierung und des Treuhänders kann die Gesellschaft das Betriebsrecht weder ganz noch teilweise auf Dritte übertragen.

§ 13. Leistungen für andere Verwaltungen.

Leistungen der Gesellschaft für die Reichspost- und die Reichstelegraphenverwaltung und für sonstige Verwaltungen des Reichs, der Länder oder der Gemeinden (Gemeindeverbände) sowie Leistungen dieser Verwaltungen für die Gesellschaft sind gegenseitig nach den im geschäftlichen Verkehr üblichen Sätzen angemessen abzugelten. Die bestehenden Vergünstigungen für Militärtransporte bleiben aufrechterhalten, solange und soweit sie nicht durch neue Vereinbarungen zwischen der Reichsregierung und der Gesellschaft abgeändert werden.

§ 14. Steuerbefreiung.

Die Gesellschaft ist von jeder neuen direkten Steuer auf ihre Rein- oder Roheinnahmen, auf ihr bewegliches oder unbewegliches Eigentum oder auf ihr Personal und von jeder sonstigen neuen direkten Steuer des Reichs, der Länder, der Gemeinden (Gemeindeverbände) und sonstiger öffentlicher Körperschaften befreit. Als neue Steuer gilt jede Steuer, der das Unternehmen „Deutsche Reichsbahn" am 12. Februar 1924 nicht unterworfen war.

§ 15. Beförderungssteuer.

(1) Die Gesellschaft hat die Beförderungssteuer nach dem am 1. April 1924 geltenden Tarif zu erheben. Zwischen der Reichsregierung und der Gesellschaft kann eine vereinfachte Berechnung des Steuerbetrags vereinbart werden; jedoch darf dadurch keine Verminderung des Gesamtaufkommens dieser Steuer eintreten.

(2) Im ersten Geschäftsjahr hat die Gesellschaft den ganzen Steuerertrag an das Reich abzuführen. Im zweiten Geschäftsjahr hat die Gesellschaft 250 Millionen Goldmark auf das Konto des Agenten für Reparationszahlungen bei der „Neuen Bank" und den Rest des Steuerertrags an das Reich abzuführen. In den folgenden Geschäftsjahren hat die Gesellschaft bis zum Ablauf des Betriebsrechts einschließlich etwaiger Verlängerungen jährlich 290 Millionen Goldmark an den Agenten für Reparationszahlungen und den Rest des Steuerertrags an das Reich abzuführen. Die Zahlungen der Gesellschaft sind monatlich zu leisten.

§ 16. Geltung der Gesetze.

(1) Die Gesellschaft unterliegt den Bestimmungen über Handelsgesellschaften nur insoweit, als sie durch dieses Gesetz oder die Gesellschaftssatzung für anwendbar erklärt werden.

(2) Die §§ 178, 179 Abs. 1, 181, 210 Abs. 1, 211, 213, 214 Abs. 1, 217 Abs. 1 und 3, 225, 228 bis 230, 231 Abs. 1, 232 Abs. 1, 235 bis 237, 239, 245, 248, 249 Abs. 1, 2 und 4, 312 und 314 Abs. 1 Ziffer 1 und Abs. 2 und 3 des Handelsgesetzbuchs gelten für die Gesellschaft sinngemäß mit der Maßgabe, daß an Stelle der Generalversammlung und des Aufsichtsrats der Verwaltungsrat tritt.

(3) Die für die Eisenbahnen allgemein geltenden Gesetze und Verordnungen sind auf die Gesellschaft insoweit anzuwenden, als sie diesem Gesetz oder der Gesellschaftssatzung nicht widersprechen. Soweit sie sich lediglich auf Privatbahnen, insbesondere auch auf deren Zulassung, Betriebführung oder Beaufsichtigung beziehen, sind sie auf die Gesellschaft nicht anzuwenden.

(4) Die Gesellschaft kann für sich und ihre Bediensteten die Sonderstellung in Anspruch nehmen, die für die Verwaltungen des Reichs und deren Bedienstete auf dem Gebiete des Versicherungs-, Wirtschafts-, Arbeits-, Fürsorge- und Wohnungsrechts jeweils besteht; in diesen Fällen übt das Verordnungsrecht der für die Aufsicht über die Eisenbahnen zuständige Reichsminister aus; im übrigen werden die Zuständigkeiten der Obersten Reichsbehörde vom Generaldirektor wahrgenommen.

(5) Die Vorschriften der Gewerbeordnung sind auf den Betrieb der Deutschen Reichsbahn nicht anzuwenden.

(6) Die Vorschriften des Handelsgesetzbuchs über die Eintragung in das Handelsregister und deren rechtliche Folgen sind auf die Deutsche Reichsbahn-Gesellschaft nicht anzuwenden.

§ 17. Befugnisse der Reichsbahnstellen.

Die Stellen der Deutschen Reichsbahn-Gesellschaft sind keine Behörden oder amtlichen Stellen des Reichs. Sie behalten jedoch die öffentlich-rechtlichen Befugnisse in gleichem Umfang, wie sie bisher den Stellen des Unternehmens „Deutsche Reichsbahn" zustanden. Die Gesellschaft ist berechtigt, ein Dienstsiegel mit dem Reichsadler zu führen.

§ 18. Organe.

Organe der Gesellschaft sind: der Verwaltungsrat und der Vorstand. Ihre Zuständigkeit regelt die Gesellschaftssatzung.

§ 19. Rechts- und Dienstverhältnisse der Bediensteten.

(1) Die Rechts- und Dienstverhältnisse der Bediensteten der Gesellschaft werden durch eine Personalordnung geregelt, die von der Gesellschaft unter Beachtung der nachstehenden Bestimmungen zu erlassen ist.

(2) Die auf dem Gebiete des Arbeits-, Fürsorge- und Versicherungsrechts allgemein geltenden Gesetze und Verordnungen gelten, soweit sie nicht diesem Gesetz oder der Gesellschaftssatzung widersprechen, auch für die Beamten, Angestellten und Arbeiter der Gesellschaft.

(3) Durch ein besonderes Reichsgesetz (Reichsbahn-Personalgesetz), das gleichzeitig mit diesem Gesetz in Kraft treten soll, sind die bisherigen gesetzlichen Vorschriften über die Rechts- und Dienstverhältnisse der Bediensteten mit den Bestimmungen dieses Gesetzes in Übereinstimmung zu bringen.

(4) Bis zum Inkrafttreten der Personalordnung bleiben für die Bediensteten die für das Unternehmen „Deutsche Reichsbahn" geltenden Bestimmungen und Dienstvorschriften maßgebend, soweit nicht die Bestimmungen dieses Gesetzes entgegenstehen.

§ 20. Wahrung erworbener Rechte.

(1) Die im Dienste des Unternehmens „Deutsche Reichsbahn" stehenden Reichsbeamten werden mit Ausnahme der Beamten für den Dienst der Aufsichtsbehörde mit

dem Übergange des Betriebsrechts auf die Gesellschaft Reichsbahnbeamte. Ihnen werden
an Diensteinkommen, Wartegeld, Ruhegehalt und Hinterbliebenenversorgung die Ansprüche gewährleistet, die sie als Reichsbeamte hatten; dies gilt auch für die Fortge-
währung des gesamten Diensteinkommens bei Krankheit und Erholungsurlaub.

(2) Beamte, denen ein Rücktrittsrecht zum Unternehmen „Deutsche Reichsbahn"
zusteht, können dieses Recht der Gesellschaft gegenüber ausüben.

(3) Die Gesellschaft übernimmt die im Dienste des Unternehmens „Deutsche Reichsbahn" stehenden Angestellten und Arbeiter mit den beiderseitigen Rechten und Verpflichtungen.

§ 21. Landsmannschaftlicher Charakter.

Die Beamten, Angestellten und Arbeiter der Gesellschaft sollen in der Regel in
ihrem Dienstbezirke Landesangehörige sein. Sie sind auf ihren Wunsch in ihren Heimat-
gebieten zu verwenden, soweit dies möglich ist und nicht Rücksichten auf ihre Ausbildung
oder Erfordernisse des Dienstes entgegenstehen.

§ 22. Personalordnung.

(1) Die von der Gesellschaft zu erlassende Personalordnung soll unter Beachtung
der Bestimmungen dieses Gesetzes insbesondere regeln:

a) die Vorschriften über die Einstellung und die Laufbahn der Reichsbahnbeamten,

b) die Dienstbezeichnungen der Reichsbahnbeamten,

c) das Diensteinkommen, das Wartegeld und alle übrigen Dienstbezüge der Reichsbahnbeamten sowie das Ruhegehalt und die Hinterbliebenenversorgung,

d) die Arbeitszeit (Dienst- und Ruhezeiten) der Reichsbahnbeamten,

e) die Beschäftigungsbedingungen sowie die Besoldungs- und Lohnverhältnisse der
Angestellten und Arbeiter, soweit sie nicht vereinbart werden,

f) die Einstellungs- und Anstellungsbedingungen der Versorgungsanwärter.

(2) Die Gesellschaft kann die jeweils für Reichsbahnbeamte geltenden Dienstvorschriften über die Arbeitszeit auf die Angestellten und Arbeiter übertragen.

(3) Die Personalordnung hat die Rechts- und Dienstverhältnisse der Reichsbahnbeamten unter Berücksichtigung der besonderen Verhältnisse der Gesellschaft in Anlehnung an die für Reichsbeamte geltenden Vorschriften zu regeln.

§ 23. Pflichten der Reichsbahnbeamten.

(1) Der Reichsbahnbeamte ist verpflichtet, das öffentliche Interesse und das Interesse der Gesellschaft zu wahren.

(2) Ein Reichsbahnbeamter, der die ihm obliegenden Pflichten verletzt, wird unter sinn-
gemäßer Anwendung des Dienststrafrechts der Reichsbeamten zur Rechenschaft gezogen.
Als Oberste Reichsbehörde gilt der Generaldirektor, der seine Befugnisse auf andere
Stellen der Gesellschaft übertragen kann.

(3) Der Generaldirektor ist der höchste Vorgesetzte aller Reichsbahnbediensteten.

§ 24. Versetzung auf andere Dienstposten und Versetzung in den einstweiligen Ruhestand.

Die Gesellschaft kann Reichsbahnbeamte auf Dienstposten von geringerer Bewertung versetzen, wenn das dienstliche Bedürfnis es erfordert. Der Reichsbahnbeamte kann
unter Bewilligung von Wartegeld einstweilen in den Ruhestand versetzt werden.

§ 25. Versorgungsanwärter.

Bei künftig notwendiger Einstellung von Reichsbahnbeamten und -angestellten hat
die Gesellschaft für fünfzehn vom Hundert der freien Plätze Versorgungsanwärtern des
Heeres, der Marine und der Polizei den Vorrang einzuräumen.

§ 26. Festsetzung der Dienstbezüge.

(1) Die Gesellschaft hat die Dienstbezüge der Reichsbahnbeamten mit Ausnahme
der leitenden Beamten unter Berücksichtigung der Verhältnisse der Reichsbeamten festzusetzen.

(2) Im Falle einer Erhöhung der Dienstbezüge von Klassen der Reichsbahnbeamten
mit Ausnahme der leitenden Beamten hat die Gesellschaft ihre Absichten vor der Durchführung der Reichsregierung mitzuteilen. Die Reichsregierung kann innerhalb zwanzig
Tagen gegen die Absichten Einspruch erheben oder ihre Änderung verlangen, wenn sie
geeignet sind, infolge der Rückwirkung auf die Verhältnisse der Reichsbeamten eine ernst-
liche Belastung des Reichs herbeizuführen. Bei Meinungsverschiedenheiten zwischen der
Reichsregierung und der Gesellschaft kann diese das besondere Gericht (§ 44) anrufen;
bis zur Entscheidung des Gerichts bleiben die bisherigen Dienstbezüge bestehen.

(3) Durch diese Vorschrift wird das Recht der Gesellschaft nicht berührt, in besonderen Fällen Vergütungen zu gewähren, solange diese nicht fünf vom Hundert des gesamten Aufwandes für die Dienstbezüge der Beamten übersteigen.

(4) Die Gesellschaft bestimmt die Dienstbezüge der leitenden Beamten selbständig;
der Kreis dieser Beamten wird vom Verwaltungsrate festgesetzt.

§ 27. Einheit des Unternehmens.

Bei organisatorischen Maßnahmen der Gesellschaft muß der Charakter des Unternehmens als einer einheitlichen Verkehrsanstalt, insbesondere auf dem Gebiete der Tarife und Finanzen, gewahrt werden.

§ 28. Gerichtsstand.

Der allgemeine Gerichtsstand der Deutschen Reichsbahn-Gesellschaft wird durch den Sitz der Stelle bestimmt, die nach der Geschäftsordnung berufen ist, die Gesellschaft in dem Rechtsstreit zu vertreten.

§ 29. Rechnungsführung.

Die Rechnung der Gesellschaft ist nach kaufmännischen Grundsätzen so zu führen daß die Finanzlage des Unternehmens jederzeit mit Sicherheit festgestellt werden kann·

§ 30. Bilanz, Gewinn- und Verlustrechnung.

(1) Die Bilanz und die Gewinn- und Verlustrechnung der Gesellschaft sollen innerhalb einer Frist von sechs Monaten nach Ablauf eines jeden Geschäftsjahres veröffentlicht werden.

(2) Die Reichsregieruug hat das Recht, jederzeit die Bilanz und die Gewinn- und Verlustrechnung der Gesellschaft nachprüfen zu lassen, in alle Buchungen für die Bilanz und die Gewinn- und Verlustrechnung Einsicht zu nehmen, die sich bei der Hauptverwaltung befinden, und sich alle erforderlichen Auskünfte erteilen zu lassen. Jedoch dürfen hierdurch der Gesellschaft keine besonderen Kosten entstehen.

(3) Die Reichshaushaltsordnung findet auf die Gesellschaft keine Anwendung.

§ 31. Aufsichtsrecht der Reichsregierung.

Der Reichsregierung bleibt gegenüber der Gesellschaft vorbehalten:

1. die Aufsicht darüber, daß die Reichseisenbahnen samt allen Anlagen und Betriebsmitteln in betriebssicherem Zustand erhalten werden und daß der Betrieb zufriedenstellend geführt wird (vgl. § 9 Abs. 1);

2. die Genehmigung

a) zur dauernden Einstellung des Betriebs einer Reichsbahnstrecke oder eines wichtigen Bahnhofs,

b) zu allgemeinen grundlegenden Neuerungen oder Änderungen technischer Anlagen, insbesondere die Genehmigung zur Ausdehnung oder Einschränkung der elektrischen Zugförderung und zu Systemänderungen im Sicherungswesen. Die konstruktive Durchbildung ist ausschließlich Sache der Gesellschaft;

3. die Genehmigung zum Erwerb anderer Unternehmungen oder zur Beteiligung an anderen Unternehmungen, die nicht dem Betriebszweck der Reichsbahn dienen;

4. die Mitwirkung bei Aufstellung der Tarife nach Maßgabe des § 33;

5. die Mitwirkung bei Aufstellung der regelmäßigen Fahrpläne des Personenverkehrs nach Maßgabe des § 35;

6. die Genehmigung zur Abschaffung einer bestehenden Personenwagenklasse;

7. die Überwachung der Vorkehrungen zur Sicherung eines Notbetriebs.

§ 32. Auskunftsrecht der Reichsregierung.

Die Reichsregierung kann von der Gesellschaft jede Auskunft finanzieller Art und innerhalb ihres Aufsichtsrechts jede Auskunft administrativer und technischer Art verlangen. Dabei dürfen jedoch der Gesellschaft keine überflüssigen Kosten verursacht werden.

§ 33. Tarife.

(1) Die Gesellschaft hat vom Tage ihrer Errichtung an die zu diesem Zeitpunkt geltenden Tarife anzuwenden. In der Folgezeit können diese Tarife nach den folgenden Bestimmungen geändert werden. Die in Staatsverträgen enthaltenen Bestimmungen über Tarife sind von der Gesellschaft einzuhalten.

(2) Änderungen der Ausführungsbestimmungen zur Eisenbahn-Verkehrsordnung, Änderungen der Normaltarife einschließlich der allgemeinen Tarifvorschriften, der Gütereinteilung und der Nebengebühren sowie Einführung, Änderung und Aufhebung von internationalen Tarifen und von Ausnahmetarifen sowie aller sonstigen Tarifvergünstigungen bedürfen der Genehmigung der Reichsregierung.

(3) Die Genehmigung gilt als erteilt, wenn der Gesellschaft nicht innerhalb von zwanzig Tagen auf ihren Antrag von dem für die Aufsicht über die Eisenbahnen zuständigen Reichsminister Antwort zugeht. In allen Fällen wird die Reichsregierung der Gesellschaft auf die von dieser vorgelegten Tarifvorschläge die abschließende Entscheidung in möglichst kurzer Frist erteilen. Die bisherigen Tarife bleiben in Kraft, bis die Reichsregierung entschieden hat, oder bei Meinungsverschiedenheiten zwischen der Reichsregierung und der Gesellschaft über diese Entscheidung bis zur Entscheidung des besonderen Gerichts oder des Schiedsrichters gemäß §§ 44 und 45.

(4) Die Reichsregierung kann auf die vorherige Genehmigung von Tarifmaßnahmen verzichten, die von geringerem öffentlichen Interesse sind. Auch in diesem Falle sind die Tarifänderungen unverzüglich der Reichsregierung anzuzeigen.

(5) Die Reichsregierung kann ferner Ermäßigungen der Personen- oder Gütertarife und sonstige Änderungen der Tarifbestimmungen verlangen, die sie im Interesse der deutschen Volkswirtschaft für notwendig erachtet. Bei Meinungsverschiedenheiten zwischen der Reichsregierung und der Gesellschaft entscheidet das besondere Gericht oder der Schiedsrichter nach den Bestimmungen der §§ 44 und 45.

§ 34. Rücksichtnahme auf den Zinsen- und Tilgungsdienst.

Die Aufsicht über den Betrieb und die Tarife der Gesellschaft auf Grund dieses Gesetzes ist von Reichsregierung so auszuüben, daß die Gesellschaft dadurch nicht gehindert wird, die Einnahmen zu erzielen, die für den Zinsen- und Tilgungsdienst der Schuldverschreibungen sowie für die Vorzugsdividende und die Einziehung der Vorzugsaktien erforderlich sind.

§ 35. Fahrpläne.

(1) Die Gesellschaft hat der Reichsregierung die Entwürfe der Jahres- und Halbjahresfahrpläne des Personenverkehrs mitzuteilen. Die Entwürfe der Fahrpläne internationaler Züge sind vor deren internationaler Beratung mitzuteilen.

(2) Die Gesellschaft soll die ihr gemachten Änderungsvorschläge der Reichsregierung möglichst berücksichtigen.

§ 36. Verhandlungen mit ausländischen Regierungen.

Die Gesellschaft darf Verhandlungen mit ausländischen Regierungen nur mit vorheriger Zustimmung der Reichsregierung einleiten. Die endgültige Genehmigung zu Vereinbarungen mit ausländischen Regierungen bleibt der Reichsregierung vorbehalten.

§ 37. Bauten.

(1) Der Bau neuer Reichsbahnstrecken, der Erwerb bestehender Eisenbahnstrecken und die Umwandlung einer von der Gesellschaft betriebenen Nebenbahn in eine Hauptbahn und umgekehrt sind nur mit Zustimmung der Reichsregierung zulässig.

(2) Die Pläne für den Bau neuer und die Veränderung bestehender Reichseisenbahnanlagen, soweit darüber zwischen der Gesellschaft und einer Landespolizeibehörde Meinungsverschiedenheiten bestehen, sowie die Pläne für neue Reichsbahnstrecken sind von der Reichsregierung endgültig festzustellen. In diesen Fällen hat die Gesellschaft die Pläne — soweit nach Artikel 94 Abs. 1 der Reichsverfassung erforderlich, mit dem Gutachten der Landesbehörde — dem für die Aufsicht über die Eisenbahnen zuständigen Reichsminister zur Feststellung vorzulegen.

(3) Die Baupläne werden von der Gesellschaft selbständig festgestellt, soweit nicht ihre Feststellung nach Abs. 2 der Reichsregierung vorbehalten ist.

(4) In allen Fällen gilt die Feststellung der Baupläne, soweit Enteignung erforderlich wird, als eine vorläufige.

(5) Die Gesellschaft hat dafür einzustehen, daß ihre Bauten allen Anforderungen der Sicherheit und Ordnung genügen. Behördliche Abnahmen finden nicht statt.

§ 38. Enteignung.

(1) Die Gesellschaft hat zur Erfüllung ihrer Aufgabe das Enteignungsrecht.

(2) Die Zulässigkeit der Enteignung im Einzelfalle wird auf Antrag der Gesellschaft durch den Reichspräsidenten endgültig festgestellt. Die endgültige Entscheidung über die Zulässigkeit der Inanspruchnahme fremder Grundstücke zur Ausführung von Vorarbeiten trifft der für die Aufsicht über die Eisenbahnen zuständige Reichsminister nach Anhörung der zuständigen Landespolizeibehörde. Die endgültige Entscheidung über die Art der Durchführung und den Umfang der Enteignung trifft, soweit sie nicht in einem Verwaltungsstreitverfahren ergeht, der für die Aufsicht über die Eisenbahnen zuständige Reichsminister nach Anhörung der Landespolizeibehörde. Im übrigen gelten die Enteignungsgesetze der Länder.

(3) Die Enteignung von Teilen des Reichseisenbahnvermögens und von Grundstücken der Gesellschaft ist nur nach vorheriger Genehmigung der Reichsregierung zulässig.

§ 39. Eisenbahn- und Wegerecht.

Wenn an einer Kreuzung der Reichsbahn mit einem öffentlichen Verkehrsweg infolge Vermehrung des Verkehrs oder sonstiger Veränderung der Verhältnisse die Anlagen der Reichsbahn oder des Verkehrswegs oder beider geändert werden müssen, so sind die Kosten von der Gesellschaft allein zu tragen, wenn die Veränderung allein durch den Reichsbahnverkehr veranlaßt war, allein vom Wegebaupflichtigen, wenn sie allein durch den Wegeverkehr veranlaßt war. Die Kosten sind zwischen beiden angemessen zu verteilen, wenn die Veränderung sowohl durch den Reichsbahn-, als auch durch den Wegeverkehr veranlaßt war. Bei Streit über die Verteilung der Kosten wird die endgültige Entscheidung, soweit sie nicht in einem Verwaltungsstreitverfahren ergeht, von dem für die Aufsicht über die Eisenbahnen zuständigen Reichsminister getroffen.

§ 40. Aufsicht über Privatbahnen.

Die Reichsregierung kann einzelnen Stellen der Gesellschaft, namentlich den Reichsbahndirektionen, Geschäfte der Reichsaufsicht über nicht von der Gesellschaft betriebene Eisenbahnen (Artikel 95 der Reichsverfassung) übertragen. Die Aufsicht ist nach den Weisungen der Reichsregierung auf deren Rechnung zu führen. Reichsbahnangestellte, die mit solchen Aufsichtsgeschäften betraut werden, sind für diese Amtsgeschäfte besonders in Pflicht zu nehmen.

§ 41. Ablauf des Betriebsrechts.

(1) Mit dem Ablauf des Betriebsrechts hat die Gesellschaft der Reichsregierung unentgeltlich die Reichseisenbahnen samt allem Zubehör und den zur ordnungsmäßigen Betriebführung nötigen Betriebsvorräten sowie mit allen Nebenbetrieben lastenfrei in ordnungsmäßigem Zustand zu übergeben und alle Beteiligungen an anderen Unternehmungen auf das Reich zu übertragen. Mit der Übergabe gehen alle aus der laufenden Betriebführung sich ergebenden Rechte und Verbindlichkeiten auf das Reich über.

(2) Nach Ablauf des Betriebsrechts tritt das Reich in alle von der Gesellschaft abgeschlossenen laufenden Verträge an deren Stelle ein.

§ 42. Liquidation.

Nach Ablauf des Betriebsrechts hat die Gesellschaft unverzüglich ihre Liquidation durchzuführen. Das Vermögen der Gesellschaft, das nach Berichtigung aller Schulden verbleibt, soweit sie nicht vom Reiche übernommen werden, fällt dem Reiche zu.

§ 43. Staatsvertrag.

(1) Die Gesellschaft übernimmt die Rechte und Pflichten des Reichs, die sich aus den Bestimmungen des Staatsvertrags über den Übergang der Staatseisenbahnen auf das Reich, des Schlußprotokolls dazu sowie des Reichsgesetzes vom 30. April 1920 (Reichsgesetzbl. S. 773) ergeben, jedoch mit Ausnahme der Bestimmungen der §§ 3 bis 7, 17, 20, 25, 33, 37 und 43 des Staatsvertrags und des Schlußprotokolls zu § 22 Ziffer 2 und 3, zu § 24 Ziffer 2 und 3 letzter Satz, zu § 36 Ziffer 2 und zu § 37.

(2) Streitigkeiten über die Auslegung oder Anwendung des Abs. 1 und der danach für die Gesellschaft geltenden Bestimmungen sind, wenn die Gesellschaft an dem Streite beteiligt ist, ausschließlich vor den in den §§ 44 und 45 genannten Stellen auszutragen. Die Länder führen den Streit nur durch Vermittlung des Reichs.

§ 44. Besonderes Gericht.

(1) Streitfälle zwischen der Reichsregierung und der Gesellschaft über die Auslegung der Bestimmungen dieses Gesetzes und der Gesellschaftssatzung, über Maßnahmen auf Grund des Gesetzes oder der Satzung oder über sonstige ähnliche Fragen sind der Entscheidung eines besonderen Gerichts zu unterbreiten.

(2) Das Gericht wird beim Reichsgerichte gebildet. Es besteht aus einem Vorsitzenden und zwei Beisitzern. Der Vorsitzende und gleichzeitig ein Stellvertreter für den Fall der Behinderung des Vorsitzenden werden vom Reichsgerichtspräsidenten für fünf Jahre bestellt. Beide müssen deutsche Richter von besonderer Erfahrung sein. Ihre Wiederbestellung ist zulässig. Die Beisitzer werden jeweils für jeden Streitfall vom Reichsgerichtspräsidenten bestellt, und zwar der eine Beisitzer auf Vorschlag der Reichsregierung, der zweite Beisitzer auf Vorschlag der Gesellschaft. Im übrigen gelten für das Gericht die Vorschriften der §§ 19 Satz 2 und 3, 20 bis 22, 24 bis 26, 28 Abs. 1, 29 Abs. 1 und Abs 2 Satz 1 und § 30 des Gesetzes über den Staatsgerichtshof (Reichsgesetzbl. 1921 S. 905) sinngemäß. Die näheren Bestimmungen über das Verfahren werden durch eine Geschäftsordnung geregelt, die vom Reichsgerichtspräsidenten erlassen und im Reichsgesetzblatte veröffentlicht wird.

(3) Glaubt die Reichsregierung oder die Gesellschaft, daß bei Durchführung der Entscheidung des Gerichts der Zinsen- und Tilgungsdienst der Reparationsschuldverschreibungen gefährdet wird, so kann jeder der beiden Teile binnen einer Frist von einem Monat seit Verkündung der Entscheidung den Schiedsrichter (§ 45) anrufen.

(4) Die Reichsregierung und die Gesellschaft können ferner den Schiedsrichter (§ 45) anrufen, wenn binnen eines Jahres, bei Tariffragen binnen drei Monaten seit Eingang des ersten Antrags beim Gericht dessen Entscheidung nicht verkündet ist, und wenn sich daraus eine Gefährdung des Dienstes der Reparationsschuldverschreibungen ergibt. Nach Anrufung des Schiedsrichters ist das Verfahren vor dem Gericht einzustellen.

§ 45. Schiedsrichter.

(1) Streitfälle zwischen der Reparationskommission oder einer in ihr vertretenen Regierung oder dem Treuhänder oder dem zur Wahrung der Rechte der Schuldverschreibungsgläubiger bestellten Eisenbahnkommissar einerseits und der Reichsregierung

und der Gesellschaft oder einer dieser beiden anderseits oder zwischen der Reichsregierung und der Gesellschaft, in diesem Falle jedoch nur unter den im § 44 bestimmten Voraussetzungen, über die Auslegung der Bestimmungen dieses Gesetzes und der Gesellschaftssatzung, über Maßnahmen auf Grund des Gesetzes oder der Satzung oder über sonstige ähnliche Fragen sind bis zur vollständigen Tilgung der Reparationsschuldverschreibungen durch einen Schiedsrichter zu entscheiden.

(2) Der Schiedsrichter ist von dem jeweiligen Präsidenten des Ständigen Internationalen Gerichtshofs zu ernennen und soll, falls eine der beteiligten Parteien es wünscht, neutrale Staatsangehörigkeit besitzen. Seine Entscheidung ist endgültig und unanfechtbar.

<h3 style="text-align:center">§ 46. Goldmark.</h3>

Alle Zahlungen, die an den Agenten für Reparationszahlungen auf Grund dieses Gesetzes und der Gesellschaftssatzung zu leisten sind, sind in Goldmark oder deren Gegenwert in deutscher Währung zu leisten. Als Goldmark im Sinne dieser Bestimmung gilt der Preis von $^1|_{2790}$ Kilogramm Feingold. Dieser Preis ist auf Grund der Londoner Goldpreise am dritten Börsentage vor der Fälligkeit der einzelnen Leistungen festzustellen. Der Umrechnung in die deutsche Währung ist der Mittelkurs der letzten amtlichen Berliner Notierung für Auszahlung London am dritten Börsentage vor der Fälligkeit der einzelnen Leistungen zugrunde zu legen. Bei früheren Zahlungen tritt für die Berechnung der Goldmark an Stelle des Fälligkeitstages der Tag der Zahlung.

<h3 style="text-align:center">§ 47. Übergangsbestimmungen.</h3>

(1) Dieses Gesetz tritt mit dem auf seine Verkündung folgenden Tage in Kraft.

(2) Der Übergang des Betriebsrechts auf die Gesellschaft vollzieht sich nach folgenden Vorschriften:

(3) Sobald die Reichsregierung und der Treuhänder die von ihnen auf Grund dieses Gesetzes zu ernennenden Mitglieder des Verwaltungsrats ernannt haben, teilen sie dies dem „Organisationskomitee der Deutschen Reichsbahn-Gesellschaft" mit, das die erste Sitzung des Verwaltungsrats einberuft.

(4) Der Verwaltungsrat wählt sodann seinen Präsidenten und einen oder mehrere Vizepräsidenten und ernennt den Generaldirektor der Gesellschaft, dessen Ernennung der Bestätigung durch den Reichspräsidenten zu unterbreiten ist.

(5) Dem Generaldirektor obliegt es, unter Vorbehalt der Zustimmung des Verwaltungsrats im Einvernehmen mit dem Reichsverkehrsminister alle nötigen Vorbereitungen für den Übergang des Betriebsrechts zu treffen.

(6) Der Reichsverkehrsminister und der Generaldirektor werden eine überschlägliche Feststellung des Wertes der Betriebsvorräte aller Art, der Kassenbestände und der Bankguthaben des Unternehmens „Deutsche Reichsbahn" vornehmen, soweit sie auf die Gesellschaft übergehen. Die Betriebsvorräte müssen insgesamt annähernd dem Stande entsprechen, wie er in der vom Reichsverkehrsminister dem Organisationskomitee am 8. Juli 1924 übersandten Übersicht geschätzt ist. Bei der Schätzung des Wertes der Bestände ist nach den gleichen Grundsätzen zu verfahren wie bei der Schätzung vom 8. Juli 1924. Die Übersicht vom 8. Juli 1924 enthält auch eine Schätzung aller wichtigeren Verbindlichkeiten des Unternehmens „Deutsche Reichsbahn", die von der Gesellschaft zu übernehmen sein werden.

(7) Der Reichsverkehrsminister und der Generaldirektor können sich im Falle einer Meinungsverschiedenheit an das Organisationskomitee wenden, das endgültig entscheidet.

(8) Wenn alle Vorbereitungen für den Übergang des Betriebsrechts ordnungsmäßig getroffen sind, teilen der Reichsverkehrsminister und der Generaldirektor dies gemeinschaftlich dem Organisationskomitee mit. Das Komitee zeigt darauf der Reichsregierung an, daß die Gesellschaft bereit ist, den Betrieb zu übernehmen. Der Übergang des Betriebsrechts wird damit rechtswirksam. Der Tag des Überganges ist im Reichsgesetzblatte bekanntzumachen. Mit dem gleichen Tage tritt die Verordnung über die Schaffung eines Unternehmens „Deutsche Reichsbahn" vom 12. Februar 1924 (Reichsgesetzbl. I S. 57) außer Kraft.

<h3 style="text-align:center">Satzung der Deutschen Reichsbahn-Gesellschaft (Gesellschaftssatzung).</h3>

<h3 style="text-align:center">§ 1. Firma.</h3>

(1) Die Gesellschaft führt die Firma:

„Deutsche Reichsbahn-Gesellschaft".

(2) Für ihre Rechtsverhältnisse sind das Reichsgesetz über die Deutsche Reichsbahn-Gesellschaft vom 30. August 1924 und diese Gesellschaftssatzung, die einen Bestandteil des Gesetzes bildet, maßgebend. Der Sitz der Gesellschaft ist Berlin.

(3) Das Geschäftsjahr der Gesellschaft ist das Kalenderjahr; das erste Geschäftsjahr beginnt mit dem Tage, an dem nach § 47 Abs. 8 des Gesetzes die Gesellschaft ihre Tätigkeit aufnimmt; es endigt am 31. Dezember 1925.

§ 2. Gegenstand des Unternehmens.

Gegenstand des Unternehmens ist der Betrieb der Reichseisenbahnen einschließlich der künftigen Erweiterungen sowie die Ausführung aller damit zusammenhängenden oder dadurch veranlaßten Geschäfte, wie es im Gesetze näher erläutert ist.

§ 3. Grundkapital.

Das Grundkapital· der Gesellschaft beträgt fünfzehn Milliarden Goldmark, und zwar zwei Milliarden Goldmark Vorzugsaktien und dreizehn Milliarden Goldmark Stammaktien.

§ 4. Vorzugsaktien.

(1) Die Vorzugsaktien lauten auf den Inhaber und sind frei übertragbar. Sie gewähren den Anspruch auf Kapitalrückzahlung spätestens bei Ablauf des Betriebsrechts sowie auf eine Vorzugsdividende. Ist in einem Jahre die Vorzugsdividende nicht voll gezahlt worden, so ist sie aus den Gewinnen der folgenden Jahre nachzuzahlen. Im Falle einer Gewinnverteilung auf die Stammaktien ist nach näherer Bestimmung des § 25 auf die Vorzugsaktien eine Zusatzdividende auszuschütten.

(2) Die Vorzugsaktien werden in verschiedenen Serien ausgegeben, die mit verschiedenen Rechten ausgestattet sein können. Die Gesellschaft stellt die Ausgabebedingungen und den Ausgabekurs für jede Serie nach freiem Ermessen fest, sofern nicht die Vorzugsdividende höher als sieben vom Hundert ist und sofern der Ausgabekurs mindestens den Nennwert erreicht. Die Gesellschaft muß sich dagegen mit der Reichsregierung vor der Ausgabe von Vorzugsaktien ins Einvernehmen setzen, wenn es sich etwa zur Sicherstellung der Ausgabe der Aktien als nötig herausstellen sollte, solchen Ausgabebedingungen zuzustimmen, die für die Gesellschaft ungünstiger wären.

(3) Die Vorzugsaktien jeder Serie können vom Beginn des 16. Jahres nach ihrer Ausgabe ab ganz oder zum Teil eingezogen werden. Sollten jedoch alle Reparationsschuldverschreibungen in einer kürzeren Frist getilgt oder zurückgekauft sein, so kann die Gesellschaft auch sogleich die Vorzugsaktien einziehen.

(4) Insoweit Vorzugsaktien von einzelnen Inhabern aus Gründen, die die Gesellschaft nicht zu vertreten hat, nicht eingezogen werden können, sind die erforderlichen Geldbeträge zu hinterlegen. Diese Hinterlegung hat die gleiche befreiende Wirkung für die Gesellschaft wie die Einziehung selbst.

(5) Bei Ablauf des Betriebsrechts müssen alle Vorzugsaktien eingezogen sein.

(6) Der Einlösungskurs der Vorzugsaktien zuzüglich der laufenden und der rückständigen Dividenden bestimmt sich wie folgt: Bei Einziehung vor Ablauf des 25. Jahres nach dem Übergang des Betriebsrechts an die Gesellschaft beträgt der Einlösungskurs zwanzig vom Hundert über den Nennwert, bei Einziehung vom 26. bis 35. Jahre einschließlich beträgt er zehn vom Hundert über den Nennwert. Nach dem 35. Jahre erfolgt die Einziehung zum Nennwert.

(7) Die Reichsregierung kann verlangen, daß die Gesellschaft von ihrem Rechte der Einziehung unter Beachtung der vorstehenden Bestimmungen Gebrauch macht, wenn das Reich ihr die erforderlichen Mittel zur Verfügung stellt.

§ 5. Verteilung des Erlöses aus den Vorzugsaktien.

(1) Von dem Gesamterlös aus der Ausgabe der Vorzugsaktien fließen ein Viertel dem Reiche, drei Viertel der Gesellschaft zu. Der Erlös aus einzelnen Ausgaben darf jedoch im Einvernehmen zwischen der Reichsregierung und der Gesellschaft anders verteilt werden, falls sich dadurch das Gesamtergebnis der Verteilung nicht ändert.

(2) Während der ersten zwei Jahre nach dem Übergange des Betriebsrechts soll die Gesellschaft Vorzugsaktien im Nennwert von 500 Millionen Goldmark verwerten. Die Reichsregierung kann verlangen, daß der Erlös aus dieser Ausgabe dem Reiche ganz zufließt.

§ 6. Stammaktien.

(1) Die Stammaktien werden auf den Namen des Deutschen Reichs oder auf Verlangen der Reichsregierung auf den Namen eines deutschen Landes ausgestellt.

(2) Die Stammaktien gewähren das Recht auf eine Dividende nach Maßgabe der Bestimmungen des § 25.

§ 7. Form und Inhalt der Aktien.

Die Form und den Inhalt der Aktien, Zwischenscheine und Gewinnanteilscheine sowie deren Stückelung bestimmt der Verwaltungsrat.

§ 8. Reparationsschuldverschreibungen.

(1) Die Gesellschaft gibt sofort nach ihrer Errichtung unentgeltlich an den von der Reparationskommission ernannten Treuhänder Schuldverschreibungen (Reparationsschuldverschreibungen) im Nennwerte von elf Milliarden Goldmark aus, die durch eine erststellige Hypothek gesichert sind. Diese Schuldverschreibungen sind mit fünf vom Hundert jährlich zu verzinsen und vom vierten Jahre nach dem Übergang des Betriebsrechts an mit jährlich eins vom Hundert zuzüglich der durch die Tilgung ersparten Zinsen zu tilgen.

(2) Jedoch werden für die drei ersten Jahre nach dem Übergange des Betriebsrechts die Jahresleistungen der Gesellschaft für den Schuldverschreibungsdienst folgendermaßen begrenzt:

a) für das erste Jahr auf zweihundert Millionen Goldmark,
b) für das zweite Jahr auf fünfhundertfünfundneunzig Millionen Goldmark,
c) für das dritte Jahr auf fünfhundertfünfzig Millionen Goldmark.

Vom vierten Jahre ab beträgt die Jahresleistung sechshundertsechzig Millionen Goldmark. Alle diese Zahlungen verstehen sich für das Jahr zu vollen 12 Monaten gerechnet. Sie bilden die Gesamtleistung der Gesellschaft für den Dienst der Schuldverschreibungen.

(3) Die Zahlungen sind zu gleichen Teilen zweimal jährlich, und zwar am Ende eines jeden Halbjahrs entsprechend den Anweisungen des Treuhänders zu leisten. Für den zuerst fälligen Betrag wird die Zahlung nach Verhältnis der wirklichen Dauer des Betriebs durch die Gesellschaft berechnet.

(4) Die Zahlungen erfolgen an die „Neue Bank" zugunsten des „Agenten für die Reparationszahlungen" für Rechnung des Treuhänders. Dieser bewirkt den Zinsen- und Tilgungsdienst der Schuldverschreibungen aus den Mitteln, die ihm der Agent zu diesem Zwecke überweist.

(5) Die Gesellschaft muß ihre Zahlungen gemäß § 25 aus dem Betriebsüberschuß, im Notfall unter Heranziehung aller Rücklagen, bewirken.

(6) Außerdem werden die Zahlungen von der Reichsregierung gewährleistet. Diese kann der Gesellschaft entweder die für die Zahlungen nötigen Mittel zur Verfügung stellen oder die Zahlungen unmittelbar an den „Agenten für die Reparationszahlungen" für Rechnung des Treuhänders bewirken.

(7) Schließlich kann der Treuhänder im Falle der Nichtzahlung der fälligen Zins- und Tilgungsbeträge die fälligen Zinsscheine oder die zu tilgenden Stücke dem von der Reparationskommission bestellten „Kommissar für die kontrollierten Einnahmen" vorlegen. Dieser hat sie zum Nennwert aus dem Teile der verpfändeten Einnahmen zu bezahlen, der an das Reich zurückfließt.

(8) Die Beträge, die die Reichsregierung oder der „Kommissar für die kontrollierten Einnahmen" mit Rücksicht auf die Gewährleistungen der Reichsregierung entrichtet hat, werden ihr von der Gesellschaft erstattet, nachdem die erforderlichen Mittel für die laufenden und die nächstfälligen Zinsscheine der Schuldverschreibungen und für die feste Dividende der Vorzugsaktien für das laufende Jahr sichergestellt sind.

(9) Die Schuldverschreibungen tragen die Unterschrift eines Vertreters der Gesellschaft und der Reichsschuldenverwaltung als der zuständigen Reichsbehörde.

(10) Die Form der Schuldverschreibungen sowie alle Bedingungen für die Bezahlung der Zinsscheine und für die Tilgung der Schuldverschreibungen setzt der Treuhänder mit Zustimmung der Reparationskommission fest.

(11) Die Reichsregierung und die Gesellschaft haben jederzeit das Recht, mit Ermächtigung der Reparationskommission an den Treuhänder Beträge über die obigen Zahlungen hinaus zu entrichten. Die Reparationskommission soll sich in diesem Falle beim „Übertragungskomitee" vergewissern, daß die Übertragung dieser Mehrzahlungen die Übertragung der Gesamtzahlungen des Deutschen Reichs aus seinen Reparationsverpflichtungen nicht beeinträchtigt. Alle derartigen Zahlungen sollen zunächst zur Begleichung rückständiger Zinszahlungen verwendet werden und erst hiernach — auf eine sechs Monate vorher öffentlich bekanntgegebene Ankündigung hin — zur Tilgung oder zum Rückkauf aller oder eines Teiles der jeweils noch nicht getilgten Schuldverschreibungen, und zwar zum Nennwert, dienen.

(12) Die Gesellschaft kann die Schuldverschreibungen an der Börse oder sonst aufkaufen.

(13) Soweit Reparationsschuldverschreibungen von einzelnen Inhabern aus Gründen, die die Gesellschaft nicht zu vertreten hat, nicht eingezogen werden können, sind die erforderlichen Geldbeträge zu hinterlegen. Diese Hinterlegung hat die gleiche befreiende Wirkung für die Gesellschaft wie die Tilgung selbst.

(14) Der Treuhänder übermittelt halbjährlich der Reichsschuldenverwaltung und der Gesellschaft einen Rechnungsauszug über die Verwendung der Beträge, die ihm für den Zins- und Tilgungsdienst der Schuldverschreibungen überwiesen worden sind.

(15) Die Reparationskommission kann die Schuldverschreibungen, um sie auf den Markt zu bringen, in jeder ihr geeignet erscheinenden Weise in verschiedene Serien mit verschiedenen Rechten hinsichtlich des Ranges der Hypothek, des Zinsfußes, der Kapitalrückzahlung einteilen lassen, jedoch unter der Voraussetzung, daß die gesamte Jahresbelastung der Gesellschaft oder der Reichsregierung dadurch nicht erhöht und die Dauer der Zahlungen der Gesellschaft oder der Reichsregierung nicht verlängert werden.

§ 9. Andere Schuldverschreibungen.

(1) Andere als die im § 8 genannten Schuldverschreibungen oder andere hypothekarisch gesicherte Anleihen darf die Gesellschaft nur auf Grund eines Beschlusses des Verwaltungs-

rats ausgeben, der mit einer Mehrheit von drei Viertel der abgegebenen Stimmen gefaßt ist. Für die Ausgabe müssen mindestens zwei ausländische Mitglieder gestimmt haben. Die neuen Schuldverschreibungen oder die neuen Anleihen stehen den Reparationsschuldverschreibungen im Range nach.

(2) Diese Schuldverschreibungen oder Anleihen dürfen nur bis zum Höchstbetrage von 250 Millionen Goldmark ausgegeben werden, solange nicht Vorzugsaktien im Nennwert von mindestens einer Milliarde Goldmark untergebracht worden sind.

§ 10. Organisation der Gesellschaft.

Die Organe der Gesellschaft sind der Verwaltungsrat und der Vorstand. Ihre Befugnisse bestimmen sich nach dem Gesetz und der Gesellschaftssatzung.

§ 11. Verwaltungsrat.

(1) Der Verwaltungsrat besteht aus achtzehn Mitgliedern.

(2) Die Mitglieder des Verwaltungsrats werden zur Hälfte von der Reichsregierung, zur Hälfte von dem Treuhänder als dem Vertreter der Gläubiger der Reparationsschuldverschreibungen ernannt. Von den durch den Treuhänder zu bestellenden Mitgliedern können fünf Deutsche sein. Sobald alle Reparationsschuldverschreibungen getilgt sind, fällt die Ernennung der bisher vom Treuhänder ernannten Mitglieder der Reichsregierung zu.

(3) Von den seitens der Reichsregierung zu besetzenden Sitzen sind später vier den Inhabern der Vorzugsaktien mit der Maßgabe einzuräumen, daß auf je fünfhundert Millionen Goldmark ausgegebener Vorzugsaktien ein Sitz im Verwaltungsrat entfällt. Die Vertreter der Vorzugsaktionäre müssen Deutsche sein.

(4) Die Reichsregierung hat, sobald ihr die Bestellung eines Vertreters der Vorzugsaktionäre mitgeteilt ist, ein von ihr ernanntes Mitglied zurückzuziehen. Nach Maßgabe der Einziehung der Vorzugsaktien fallen die ihren Vertretern vorbehaltenen Sitze nach den gleichen Grundsätzen, wie sie für die Einräumung maßgebend waren, an die Reichsregierung zurück.

(5) Die Bestimmungen über das Verfahren bei der Ernennung der Vertreter der Vorzugsaktionäre trifft der Verwaltungsrat.

§ 12. Voraussetzung für die Mitgliedschaft im Verwaltungsrate.

(1) Die Mitglieder des Verwaltungsrats müssen erfahrene Kenner des Wirtschaftslebens oder Eisenbahnsachverständige sein. Sie dürfen nicht Mitglied des Reichstags, eines Landtags, der Reichsregierung oder einer Landesregierung sein.

(2) Sie sind zur unbedingten Verschwiegenheit über die Angelegenheiten der Gesellschaft verpflichtet.

§ 13. Ausscheiden der Mitglieder des Verwaltungsrats.

(1) Am Ende jedes zweiten Geschäftsjahrs scheiden drei Mitglieder aus jeder der beiden Gruppen der Verwaltungsratsmitglieder aus. Die eine Gruppe bilden die von der Reichsregierung ernannten und die von den Vorzugsaktionären bestellten, die andere die vom Treuhänder ernannten Mitglieder. Die am Ende des zweiten und vierten Geschäftsjahrs ausscheidenden Mitglieder werden durch das Los bestimmt, während vom Ende des sechsten Geschäftsjahrs ab jedes Mitglied nach sechsjähriger Amtsdauer ausscheidet. Die Ausscheidenden können wiederbestellt werden.

(2) Die Mitglieder des Verwaltungsrats können jederzeit durch eine schriftliche Erklärung ihr Amt niederlegen. Verliert ein Mitglied die Fähigkeit zur Bekleidung öffentlicher Ämter oder wird über sein Vermögen das Konkursverfahren eröffnet, so verliert es ohne weiteres seine Mitgliedschaft im Verwaltungsrate.

(3) Beim Ausscheiden eines Mitglieds während seiner Amtszeit ist binnen einer Frist von drei Monaten sein Nachfolger zu bestellen. Dieser wird für die Zeit der Amtsdauer des Mitglieds ernannt, an dessen Stelle er tritt.

§ 14. Präsident des Verwaltungsrats.

(1) Der Präsident des Verwaltungsrats muß Deutscher sein. Er wird jährlich zu Beginn des Geschäftsjahrs vom Verwaltungsrate mit einer Mehrheit von drei Viertel der abgegebenen Stimmen gewählt. Wiederwahl ist zulässig Wenn die Inhaber der Vorzugsaktien im Verwaltungsrate durch drei Mitglieder vertreten sind, soll der Präsident aus diesen entnommen werden.

(2) Der Verwaltungsrat wählt jährlich mit einfacher Stimmenmehrheit einen oder zwei Vizepräsidenten, deren Wiederwahl zulässig ist.

§ 15. Aufgaben des Verwaltungsrats.

(1) Der Verwaltungsrat hat die Aufgabe, die Geschäftsführung der Gesellschaft zu überwachen und über alle wichtigen oder grundsätzlichen Fragen oder solche von allgemeiner Bedeutung zu entscheiden. Hierzu gehören insbesondere:

die Ernennung des Generaldirektors und der oberen Beamten; diese hat der Generaldirektor vorzuschlagen, die Feststellung des Voranschlags,

die Feststellung der Bilanz und der Gewinn- und Verlustrechnung,

die Gewinnverteilung,

die Anlegung der flüssigen Mittel der Gesellschaft,

die Ermächtigung zur Aufnahme von Anleihen und Krediten zu Lasten der Gesellschaft,

die Besoldungs- und Lohnordnung,

die Genehmigung aller Ausgaben auf Kapitalrechnung, wenn diese die vom Verwaltungsrate festgesetzte Begrenzung übersteigen.

(2) Soweit Angelegenheiten der Genehmigung der Reichsregierung unterliegen, sind sie auch dem Verwaltungsrate zu unterbreiten.

(3) Der Verwaltungsrat vertritt die Gesellschaft gegenüber den Mitgliedern des Vorstandes.

§ 16. Sitzungen des Verwaltungsrats.

(1) Der Verwaltungsrat tritt mindestens alle zwei Monate zu ordentlichen Sitzungen zusammen. Außerordentliche Sitzungen sind anzuberaumen, wenn mindestens sechs Mitglieder oder der Präsident des Verwaltungsrats die Einberufung schriftlich beantragen.

(2) Ist ein Mitglied bei einer Sitzung am Erscheinen verhindert, so kann es durch Einschreibebrief oder Drahtnachricht seine Befugnisse einem anderen Mitglied übertragen. Letzteres erhält dadurch auch das Stimmrecht des verhinderten Mitglieds.

(3) Zur Beschlußfassung ist die Anwesenheit von acht Mitgliedern erforderlich.

(4) Die Beschlüsse werden, sofern nicht das Gesetz oder die Satzung etwas anderes bestimmt, mit einfacher Mehrheit gefaßt. Bei Stimmengleichheit gibt die Stimme des Präsidenten den Ausschlag.

§ 17. Arbeitsausschuß.

(1) Der Verwaltungsrat kann seine Befugnisse, soweit es ihm zweckmäßig erscheint, einem Arbeitsausschuß übertragen, der aus sechs Mitgliedern, und zwar aus drei Mitgliedern jeder Gruppe (§ 13), besteht. Unter ihnen soll mindestens ein ausländisches Mitglied sein; ein weiteres Mitglied ist den Vertretern der Vorzugsaktionäre auf ihren Wunsch zu entnehmen.

(2) Der Verwaltungsrat kann aus seiner Mitte weitere Ausschüsse bilden.

(3) Der Verwaltungsrat setzt die Geschäftsordnung für sich sowie für den Arbeitsausschuß und für die weiteren Ausschüsse fest.

§ 18. Vergütungen für die Mitglieder des Verwaltungsrats.

Die Mitglieder des Verwaltungsrats erhalten freie Fahrt auf den Strecken der Gesellschaft, Ersatz von Reiseauslagen und für ihre Mühewaltung eine angemessene Vergütung, die der Verwaltungsrat festsetzt.

§ 19. Vorstand.

(1) Der Vorstand führt die Geschäfte der Gesellschaft unter der Aufsicht des Verwaltungsrats.

(2) Der Vorstand besteht aus dem Generaldirektor und einem oder mehreren Direktoren. Der Generaldirektor und die Direktoren müssen Deutsche sein. Sie dürfen dem Verwaltungsrate nicht angehören.

(3) Der Generaldirektor wird vom Verwaltungsrate auf drei Jahre mit einer Mehrheit von drei Viertel der abgegebenen Stimmen ernannt; Wiederernennung ist mit der gleichen Stimmenmehrheit zulässig. Die Direktoren werden vom Verwaltungsrat auf Vorschlag des Generaldirektors ernannt.

(4) Die Ernennung des Generaldirektors und der Direktoren bedarf der Bestätigung des Reichspräsidenten.

(5) Der Verwaltungsrat kann jederzeit mit einer Mehrheit von drei Viertel der abgegebenen Stimmen die Ernennung des Generaldirektors widerrufen. Der Anspruch des Generaldirektors auf seine vertragsmäßige Vergütung wird durch den Widerruf seiner Ernennung nicht berührt.

§ 20. Befugnisse des Vorstandes.

(1) Für die Geschäftsführung der Gesellschaft trägt der Generaldirektor die Verantwortung.

(2) Die Befugnisse des Generaldirektors und der Direktoren setzt die Geschäftsordnung der Gesellschaft fest, die der Genehmigung des Verwaltungsrats bedarf.

(3) Der Generaldirektor und die Direktoren haben bei ihrer Geschäftsführung die Sorgfalt eines ordentlichen Geschäftsmannes wahrzunehmen und haften bei Verletzung ihrer Obliegenheiten der Gesellschaft gegenüber.

(4) Der Generaldirektor hat dem Verwaltungsrat allmonatlich über die finanzielle Lage und den Stand des Unternehmens Auskunft zu erteilen.

(5) Der Generaldirektor und die Direktoren dürfen eine gleichzeitige andere Erwerbstätigkeit oder eine Nebenbeschäftigung nur mit Genehmigung des Verwaltungsrats ausüben.

§ 21. Der Eisenbahnkommissar.

(1) Zur Wahrung der Rechte aus den Reparationsschuldverschreibungen wird ein Eisenbahnkommissar bestellt. Er soll eine Persönlichkeit von anerkanntem Rufe in der Eisenbahnwelt sein. Er wird von den ausländischen Mitgliedern des Verwaltungsrats mit einfacher Mehrheit der abgegebenen Stimmen für drei Jahre gewählt. Wiederwahl ist zulässig.

(2) Die Tätigkeit des Eisenbahnkommissars hört auf, sobald die Reparationsschuldverschreibungen völlig getilgt sind. Das gleiche gilt von der Tätigkeit des Treuhänders, soweit es sich um seinen Geschäftskreis gegenüber der Gesellschaft handelt.

§ 22. Aufgaben des Eisenbahnkommissars.

(1) Der Eisenbahnkommissar kann an den Sitzungen des Verwaltungsrats, des Arbeitsausschusses und der übrigen Ausschüsse des Verwaltungsrats teilnehmen; ein Stimmrecht steht ihm nicht zu.

(2) Er ist berechtigt, im gesamten Netze der Gesellschaft alle Anlagen und Dienststellen zu besichtigen.

(3) Ihm sind alle Berichte, statistischen und finanziellen Übersichten, die Voranschläge für außerordentliche Ausgaben gleichviel, ob sie auf Kapitalrechnung oder auf Betriebsrechnung verrechnet werden, Vorschläge für Abänderung der Tarife und Ausnahmetarife sowie anderer Angelegenheiten mitzuteilen, die der Genehmigung des Generaldirektors bedürfen.

(4) Außerdem ist der Eisenbahnkommissar berechtigt, die Mitteilung anderer Berichte, Übersichten oder statistischer Angaben zu verlangen, die er für nötig hält, um sich ein unabhängiges Urteil bilden zu können.

(5) Alle Auskünfte sind ihm unverzüglich, vollständig und genau zu übermitteln.

(6) Falls irgend eine Bau-, Betriebs- oder Tarifmaßnahme wesentlich dazu beiträgt, die Rechte oder Interessen der Schuldverschreibungsgläubiger oder der Reparationskommission zu bedrohen und insbesondere die im § 8 Abs. 2 und 3 behandelten Zahlungen an den Fälligkeitsterminen zu gefährden, so hat der Eisenbahnkommissar die Frage mit dem Generaldirektor zu erörtern. Vermag er letzteren nicht zu Änderung der Richtlinien seiner Geschäftsführung zu bewegen, so muß er die Angelegenheit vor den Verwaltungsrat bringen, der endgültig entscheidet.

(7) Der Eisenbahnkommissar kann verlangen, daß der Verwaltungsrat die Bestellung des Generaldirektors wegen Verletzung der Gesellschaftssatzung oder wegen Nichtausführung der Anordnungen des Verwaltungsrats widerruft. Zur Entlassung genügt in diesem Falle die einfache Mehrheit der abgegebenen Stimmen.

(8) Der Eisenbahnkommissar und sein Personal sind zur unbedingten Verschwiegenheit über die Angelegenheiten der Gesellschaft verpflichtet.

§ 23. Personal und Kosten des Eisenbahnkommissariats.

(1) Der Eisenbahnkommissar wird in seiner Tätigkeit durch das Personal unterstützt, das er für erforderlich hält. Er übt seine Befugnisse persönlich oder durch seine von ihm bevollmächtigten Mitarbeiter aus. Die Gesellschaft stellt geeignete Räume mit Ausstattung für die Geschäftsstellen des Eisenbahnkommissars zur Verfügung. Der Eisenbahnkommissar hat für sich und sein Personal in dem ihm zweckmäßig erscheinenden Umfang Anspruch auf freie Fahrt auf den Strecken der Gesellschaft.

(2) Die Gesellschaft stellt dem Eisenbahnkommissar jährlich als Pauschbeitrag zu den Ausgaben des Eisenbahnkommissars und seines Personals einen Betrag zur Verfügung, der im Einverständnisse zwischen dem Organisationskomitee und dem Eisenbahnkommissar vorbehaltlich der Genehmigung der Reparationskommission festgesetzt wird.

§ 24. Ausnahmebefugnisse des Eisenbahnkommissars.

(1) Sollte die Gesellschaft mit der Leistung der im § 8 Abs. 2 vorgesehenen halbjährlichen Zahlungen in Verzug geraten, so kann der Eisenbahnkommissar anordnen, daß die seiner Auffassung nach nicht begründeten Ausgaben unterbleiben oder die Tarife so erhöht werden, wie er es für angemessen hält. Auch kann er einen Wechsel in der Person des Generaldirektors fordern, wobei der Verwaltungsrat seinen Wünschen nachzukommen hat.

(2) Ist der fehlende Betrag gedeckt und die Zahlung des nächsten Zinsbetrags sichergestellt, so enden die dem Eisenbahnkommissar nach dem Vorstehenden ausnahmsweise zustehenden Befugnisse.

(3) Sollte innerhalb einer Frist von sechs Monaten nach Nichtleistung der fälligen Zahlungen die Deckung des fehlenden Betrags sich weder durch die Zahlungen der Gesellschaft noch durch die anderen im § 8 vorgesehenen Zahlungen haben ermöglichen lassen, so kann der Eisenbahnkommissar im Einvernehmen mit dem Treuhänder die Maßnahmen treffen, die sie für nötig erachten. Er kann dabei die Eisenbahnen selbst in Betrieb nehmen und, soweit für die Betriebführung entbehrlich, Fahrzeuge oder andere bewegliche oder unbewegliche Sachen veräußern.

(4) Letzten Endes kann der Eisenbahnkommissar das Betriebsrecht ganz oder zum Teil verpachten. Der Durchführung dieser Maßnahme hat eine Entscheidung des im § 45 des Gesetzes vorgesehenen Schiedsrichters dahin vorauszugehen, daß die in Aussicht genommene Maßnahme nötig und geeignet ist, die Durchführung des Dienstes der Reparationsschuldverschreibungen zu sichern.

(5) Soweit der Eisenbahnkommissar den Betrieb übernimmt, ist er den gesetzlichen Bestimmungen unterworfen.

§ 25. Finanzgebarung der Gesellschaft.

(1) Die Gesellschaft hat am Schlusse jedes Geschäftsjahrs eine Bilanz und eine Gewinn- und Verlustrechnung aufzustellen.

(2) Der nach Deckung der Betriebsausgaben verbleibende Betriebsüberschuß ist wie folgt zu verwenden:

1. Zunächst sind die für den Zins- und Tilgungsdienst der Reparationsschuldverschreibungen bestimmten Zahlungen zu bewirken.

2. Sodann ist der Zins- und Tilgungsdienst der im § 9 genannten Schuldverschreibungen und Anleihen zu bestreiten.

3. Zur Deckung eines etwaigen Betriebsfehlbetrags der Gesellschaft und zur Sicherstellung der rechtzeitigen Befriedigung des Zins- und Tilgungsdienstes ihrer Schulverschreibungen ist sogleich eine Rücklage zu schaffen. Der Rücklage sind mindestens zwei vom Hundert der gesamten Betriebseinnahmen zu überweisen, bis die Rücklage den Betrag von fünfhundert Millionen Goldmark erreicht hat. Muß nach Erreichung dieser Grenze die Rücklage angegriffen werden, so sind sogleich die jährlichen Überweisungen zu ihrer Wiederauffüllung aufzunehmen.

4. Der aus dem Betriebsüberschuß nach den vorstehenden Zahlungen und Überweisungen verbleibende Reingewinn ist in folgender Reihenfolge zu verwenden:

a) Sollte in früheren Jahren die Vorzugsdividende auf die Vorzugsaktien nicht voll gezahlt worden sein, so ist sie vorweg nachzuzahlen.

b) Sodann ist die Vorzugsdividende auf die Vorzugsaktien auszuschütten.

c) Die Verwendung des verbleibenden Restbetrags bestimmt der Verwaltungsrat nach folgenden Richtlinien:

Für außerordentliche Ausgaben können Sonderrücklagen vorgesehen werden. Vom Jahre 1935 ab ist eine besondere Rücklage zur Einziehung der Vorzugsaktien anzusammeln. Diese Rücklage kann auch schon in einem früheren Zeitpunkt angeordnet werden. Eine Rücklage für die Einziehung der Stammaktien wird nicht gebildet.

Wenn der Verwaltungsrat eine Verteilung des weiteren Reingewinnes beschließt, soll dieser wie folgt verwendet werden: Ein Drittel für die Vorzugsaktien als Zusatzdividende, zwei Drittel für die Stammaktien.

Sollten jedoch die Vorzugsaktien nicht in dem vorgesehenen Gesamtbetrage von zwei Milliarden Goldmark ausgegeben sein, so kommt der auf die noch nicht begebenen Vorzugsaktien entfallende Teil den Stammaktien zugute.

Gesetz über die Personalverhältnisse bei der Deutschen Reichsbahn-Gesellschaft (Reichsbahn-Personalgesetz).
Vom 30. August 1924.

Der Reichstag hat das folgende Gesetz beschlossen, das mit Zustimmung des Reichsrats hiermit verkündet wird:

§ 1.

(1) Die Deutsche Reichsbahn-Gesellschaft übt ihre Befugnisse durch Beamte (Reichsbahnbeamte), Angestellte und Arbeiter aus.

(2) Die Ernennung zum Reichsbahnbeamten setzt den Besitz der deutschen Staatsangehörigkeit voraus. Durch Staatsverträge festgelegte Ausnahmen bleiben unberührt.

§ 2.

Soweit die Reichsbahnbeamten nicht unter dem ausdrücklichen Vorbehalte des Widerrufs oder der Kündigung angestellt werden, gelten sie als auf Lebenszeit angestellt.

§ 3.

(1) Der Reichsbahnbeamte hat seine Dienstgeschäfte unter Wahrung der Reichsverfassung und der Gesetze gewissenhaft wahrzunehmen und durch sein Verhalten in und außer dem Dienste der Achtung, die sein Beruf erfordert, sich würdig zu erweisen.

(2) Über Angelegenheiten der Gesellschaft, deren Geheimhaltung ihrer Natur nach erforderlich oder vorgeschrieben ist, hat der Reichsbahnbeamte Verschwiegenheit zu beobachten, auch nachdem das Dienstverhältnis gelöst ist. Bevor ein Reichsbahnbeamter als Sachverständiger ein außergerichtliches Gutachten abgibt, hat er dazu die Genehmigung einzuholen. Ebenso haben Reichsbahnbeamte, auch nachdem das Dienstverhältnis gelöst

ist, ihr Zeugnis über Tatsachen, auf die sich ihre Verpflichtung zur Verschwiegenheit bezieht, insoweit zu verweigern, als sie nicht von dieser Verpflichtung im Einzelfall entbunden sind.

(3) Die Ausübung eines Nebenerwerbes oder einer Nebenbeschäftigung, der Eintritt in den Vorstand, Verwaltungs- oder Aufsichtsrat einer auf Erwerb gerichteten Gesellschaft und die Annahme von Geschenken oder Belohnungen in bezug auf ihre Dienstgeschäfte ist den Reichsbahnbeamten nur mit Genehmigung gestattet.

§ 4.

Die einstweilen in den Ruhestand versetzten Reichsbahnbeamten sind bei Verlust des Wartegeldes zur Annahme eines ihnen übertragenen Reichsamts oder eines ihnen angebotenen Gesellschaftsdienstes verpflichtet, wenn das Amt oder der Dienst ihrer Berufsbildung und die Amts- oder Dienstbezeichnung sowie das Diensteinkommen der früheren Tätigkeit im Gesellschaftsdienst entsprechen.

§ 5.

(1) Die Dienststrafgerichte des Reichs sind für die Reichsbahnbeamten zuständig.

(2) Die Reichsbahnbeamten sind für die Besetzung der entscheidenden Dienststrafgerichte wie Reichsbeamte zu behandeln.

(3) Die Personalordnung bestimmt, welche Vorgesetzten für die Verhängung von Ordnungsstrafen zuständig sind.

§ 6.

Die Reichsbahnbeamten haben für ihre Vertretung gegenüber der Gesellschaft die gleichen Rechte und Pflichten, wie sie gesetzlich für die Reichsbeamten gegenüber der Reichsverwaltung gelten.

§ 7.

Die Personalordnung kann für die Feststellung und Einbringung von Fehlbeträgen für die Reichsbahnbeamten Vorschriften in Anlehnung an die §§ 134 ff. des Reichsbeamtengesetzes treffen, wobei die in der Personalordnung zu bezeichnenden Stellen der Gesellschaft die den Behörden zustehenden Befugnisse erhalten.

§ 8.

Auf die Verfolgung vermögensrechtlicher Ansprüche aus dem Reichsbahnbeamtenverhältnis sind die Bestimmungen der §§ 149 ff. des Reichsbeamtengesetzes sinngemäß anzuwenden. Als oberste Reichsbehörde gilt der Generaldirektor.

§ 9.

Auf die im unfallversicherungspflichtigen Betriebe beschäftigten Reichbahnbeamten und deren Hinterbliebene finden die Vorschriften des Unfallfürsorgegesetzes vom 18. Juni 1901 (Reichsgesetzbl. S. 211) sinngemäß Anwendung.

§ 10.

(1) Die Deutsche Reichsbahn-Gesellschaft übernimmt auf dem Gebiete der Kranken-, Unfall-, Invaliden- und Angestelltenversicherung, desgleichen hinsichtlich der Zusatzversicherungen die Aufgaben der Reichsbahnverwaltung.

(2) Die Reichsversicherungsordnung und das Angestelltenversicherungsgesetz werden wie folgt geändert:

. I. In den §§ 169, 172, 1234, 1235 der Reichsversicherungsordnung, ferner im § 11 des Angestelltenversicherungsgesetzes werden hinter dem Worte „Reichs" eingefügt die Worte „der Deutschen Reichsbahn-Gesellschaft".

II. Im § 12 Abs. 1 Ziffer 1 des Angestelltenversicherungsgesetzes werden hinter den Worten „Beamte des Reichs" eingefügt die Worte „der Deutschen Reichsbahn-Gesellschaft"; die Worte „im Reichs- oder Landesdienste" werden ersetzt durch die Worte „im Dienste des Reichs, der Deutschen Reichsbahn-Gesellschaft oder eines Landes". Im § 12 Abs. 1 Ziffer 2 des Angestelltenversicherungsgesetzes werden die Worte „Angestellte in Eisenbahn-, Post- und Telegraphenbetrieben des Reichs oder der Länder" ersetzt durch die Worte „Angestellte in Post- und Telegraphenbetrieben des Reichs sowie Angestellte der Deutschen Reichsbahn-Gesellschaft".

III. Im § 1237 der Reichsversicherungsordnung und § 14 des Angestelltenversicherungsgesetzes werden hinter dem Worte „Reiche" eingefügt die Worte „der Deutschen Reichsbahn-Gesellschaft".

IV. Hinter § 625 der Reichsversicherungsordnung wird als § 626 eingefügt die Vorschrift:

„Die Deutsche Reichsbahn-Gesellschaft ist Träger der Versicherung, wenn der Betrieb für ihre Rechnung geht oder die Tätigkeit für ihre Rechnung ausgeübt wird."

V. § 892 Abs. 2 der Reichsversicherungsordnung erhält folgende Fassung:

„Das gleiche gilt für die Deutsche Reichsbahn-Gesellschaft, für Gemeinden, Gemeindeverbände und andere öffentliche Körperschaften, die Versicherungsträger sind.

Die Ausführungsbehörden bestimmt die oberste Verwaltungsbehörde. Welche Stellen der Deutschen Reichsbahn-Gesellschaft als Ausführungsbehörden gelten, bestimmt deren Personalordnung."

§ 11.

Die nach § 1360 der Reichsversicherungsordnung bestehenden Sonderanstalten der früheren Reichsbahnverwaltung werden als Sonderanstalten der Deutschen Reichsbahn-Gesellschaft zugelassen. Ihre Rechte und Verpflichtungen ¦gehen auf die neuen Sonderanstalten über.

§ 12.

(1) Bei der Berechnung der aus der Gewährleistung im § 20 des Gesetzes über die Deutsche Reichsbahn-Gesellschaft sich ergebenden Bezüge ist der nach Reichsrecht erworbenen Dienstzeit die bei der Gesellschaft als Reichsbahnbeamter verbrachte Dienstzeit hinzuzurechnen.

(2) Angestellte und Arbeiter, denen ein Rücktrittsrecht zum Unternehmen Deutsche Reichsbahn zusteht, können dieses Recht der Gesellschaft gegenüber ausüben.

§ 13.

Die durch dieses Gesetz nicht geregelten Rechts- und Dienstverhältnisse der Bediensteten werden nach der Vorschrift im § 19 Abs. 1 des Gesetzes über die Deutsche Reichsbahn-Gesellschaft durch die Personalordnung geregelt.

Sind die deutschen Reichsbahnen bisher im Eigentum des Reiches gewesen und vom Reiche betrieben worden, also ein durchaus gemeinwirtschaftliches Unternehmen gewesen, so muß nunmehr unter dem Druck der Reparationsverpflichtungen der Staatsbetrieb aufgegeben werden. Das Reichsbahngesetz legt den Betrieb der Reichsbahnen in die Hand eines gemischtwirtschaftlichen Unternehmens, der „Deutschen Reichsbahn-Gesellschaft". Der Übergang ist bereits vollzogen. Das Betriebsrecht der neuen Gesellschaft endet am 31. Dezember 1964, vorausgesetzt, daß bis dahin sämtliche Reparationsschuldverschreibungen und sämtliche Vorzugsaktien getilgt, zurückgekauft oder eingezogen sind. Werden diese Voraussetzungen schon früher erfüllt, dann kürzt sich das Betriebsrecht entsprechend ab. Nur das Eigentum an den Bahnen ist dem Reiche verblieben. Die finanziellen Lasten, die die neue „Deutsche Reichsbahn-Gesellschaft" hat übernehmen müssen, belaufen sich auf:

1. 11 Milliarden Goldmark Reparationsschuldverschreibungen, die der Reparationskommission abzuliefern, mit $5\,^0/_0$ zu verzinsen und vom vierten Jahre ab mit $1\,^0/_0$ zu tilgen sind.

2. 2 Milliarden Vorzugsaktien. Sie lauten auf den Inhaber und berechtigen zu einer Vorzugsdividende. Der Erlös aus den Vorzugsaktien gehört zu einem Viertel dem Reich, zu drei Vierteln der Gesellschaft.

3. 13 Milliarden Stammaktien, die dem Reich gehören.

Es müssen also zukünftig von der Gesellschaft mindestens 660 Millionen Goldmark Überschüsse im Jahr erzielt werden, um allein dem Dienst für die Schuldverschreibungen zu genügen.

Die neue Gesellschaft unterliegt den Bestimmungen über Handelsgesellschaften nur soweit, als sie durch das Reichsbahngesetz oder die Gesellschaftssatzung für anwendbar erklärt werden. Es sind daher besondere Organe für die Aufsicht und Leitung vorgesehen. Diese sind:

1. Der Treuhänder für die Reparationsschuldverschreibungen. Ihm steht als Vertreter der Gläubiger das Recht zu, die Hälfte der Mitglieder für den Verwaltungsrat zu bestellen, darunter können sich fünf Deutsche befinden.

2. Der Eisenbahnkommissar. Er wird von den ausländischen Mitgliedern des Verwaltungsrates für drei Jahre gewählt. Da er die Rechte der Obligationäre aus den Reparationsschuldverschreibungen wahren soll, sind ihm weitgehende Befugnisse eingeräumt.

3. Der Verwaltungsrat. Er besteht aus 18 Mitgliedern, deren Amtszeit sechs Jahre läuft. Die Mitglieder werden je zur Hälfte vom Reich und vom Treuhänder ernannt. Sie wählen aus ihrer Mitte den Präsidenten, der

ein Deutscher sein muß. Die Beschlüsse werden mit einfacher Stimmenmehrheit gefaßt. Bei Stimmengleichheit gibt die Stimme des Präsidenten den Ausschlag, wodurch das deutsche Übergewicht im Verwaltungsrat erreicht werden kann. Aufgabe des Verwaltungsrates ist es, die Geschäftsführung der Gesellschaft zu überwachen und über alle wichtigen und grundsätzlichen Fragen zu entscheiden.

4. Der Vorstand. Er besteht aus dem Generaldirektor, dessen Amtszeit auf drei Jahre bemessen ist, und einem oder mehreren Direktoren. Sie müssen Deutsche sein und dürfen dem Verwaltungsrat nicht angehören. Der Vorstand führt die Geschäfte der Gesellschaft unter Aufsicht des Verwaltungsrates. Die Verantwortung für die Geschäftsführung trägt der Generaldirektor.

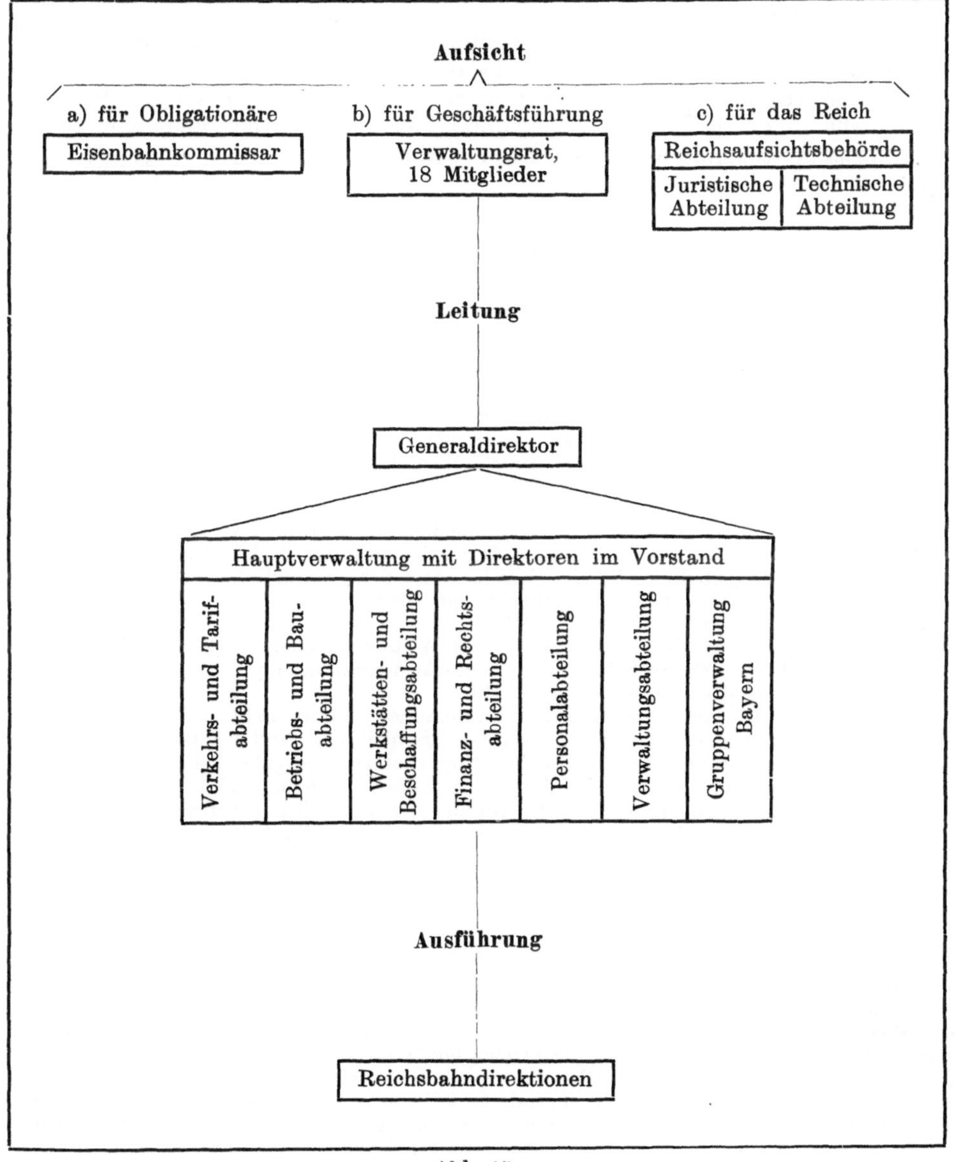

Abb. 15.

Man ersieht, daß an der Beaufsichtigung der Gesellschaft drei Instanzen beteiligt sind: der Eisenbahnkommissar zur Wahrung der Rechte aus den Reparationsschuldverschreibungen; der Verwaltungsrat zur Überwachung der Geschäftsführung; das Reich zur Wahrung seiner Hoheitsrechte, sofern sie nicht auf die Deutsche Reichsbahn-Gesellschaft übergegangen sind (vgl. §§ 5, 10, 11, 16, 31, 37, 38, 40, 44 des Reichsbahngesetzes und § 24 der Gesellschaftssatzung). Es ist daher auch die Aufsichtsabteilung bei der früheren Hauptverwaltung von dieser abgezweigt und als besondere Instanz mit zwei Abteilungen eingerichtet worden, die als Reichsbehörde entweder einem anderen Ministerium angegliedert oder mit der Aufsicht über die Wasserstraßen, den Luftverkehr und den Kraftwagenverkehr zu einem eigenen Reichsministerium zusammengefaßt werden wird.

Hiernach stellt sich der Aufbau der „Deutschen Reichsbahn-Gesellschaft" wie in Abb. 15 dar.

An der Einrichtung und Bezeichnung der Reichsbahndirektionen hat sich nichts geändert, sodaß die im Hauptteil darüber gemachten Angaben auch gegenwärtig noch zutreffen. Nur werden die Angelegenheiten der Privatbahnaufsicht nicht mehr wie bisher unter der Firma „Der Eisenbahnkommissar" behandelt, sondern unter der Firma „Reichsbahndirektion — Privatbahnaufsicht —".

D. Schriftennachweis.

1. Einzelwerke.

a) **Sax**: Die Verkehrsmittel in Volks- und Staatswirtschaft. Dritter Band: Die Eisenbahnen. Berlin 1922.

b) **Sarter**: Jahrbuch des deutschen Verkehrswesen. 1922.
Sarter-Witteck: Die Eisenbahnreform in Deutschland und Österreich. 1924.

c) **Sarter**: Die Reichseisenbahnen. Mannheim 1920.

d) **Seydel**: Die Organisation der preußischen Staatseisenbahnen bis zum Kriegsausbruch. 1919.

e) **van der Borght**: Das Verkehrswesen. Leipzig 1912.

f) **Kirchhoff**: Die deutsche Eisenbahngemeinschaft. 1911. — Vereinheitlichung des deutschen Eisenbahnwesens. 1913. — Der Bismarcksche Reichseisenbahngedanke. 1913. — Die Reichseisenbahnen 1917. — Reichsbahn oder vereinigte Staatsbahnen? 1918. — Zur Neuordnung des deutschen Verkehrswesens. 1920.

g) **Frölich**: Die Reichseisenbahn. 1920.

h) **Wienecke**: Staatsbahnorganisation und Wirtschaftsleben. 1919.

i) **Kloewekorn**: Tariferhöhung oder Selbstkostenminderung?

k) **Quaatz**: Die Reichseisenbahnen. 1919.

l) **Wehrmann**: Die Verwaltung der Eisenbahnen. Berlin 1913.

m) **Hoff-Schwabach**: Nordamerikanische Eisenbahnen. Berlin 1906.

n) **Verwaltungsordnung** der preußischen Staatsbahnen, Ausgabe 1910.

o) **Organisations-Vorschriften** der Bayerischen Staatsbahnen. 1911.

p) **Geschäftsanweisung** und Geschäftsordnung der Badischen Staatsbahnen. 1913.

q) **Fritsch**: Handbuch der Eisenbahngesetzgebung. Berlin 1912.

r) **Eger**: Eisenbahnrecht. Leipzig 1910.

s) **Röll**: Enzyklopädie des gesamten Eisenbahnwesens. 2. Aufl.

2. Zeitschriftenaufsätze.

Die Zahl der Einzelaufsätze über Organisationsfragen ist in den letzten Jahren gewaltig angewachsen. Fast alle Zeitschriften und Zeitungen haben der Neuordnung unserer Reichsbahnen ihre Aufmerksamkeit geschenkt und Beiträge zu den schwebenden Fragen geliefert, infolgedessen ist eine erschöpfende Literaturangabe nur schwer beizubringen. Der Schriftennachweis ist daher nur auf die führenden Fachschriften im Eisenbahnwesen beschränkt, und bei der verbreitetsten unter diesen, der Zeitung des Vereins deutscher Eisenbahnverwaltungen, sind bei der Fülle kleiner Aufsätze und Anregungen zu Einzelfragen, Mitteilungen und Auszügen nur die Verfasser und die Seitenzahlen angegeben.

a) Zeitung des Vereins deutscher Eisenbahnverwaltungen:

1912: 109 (Köhler) — 179 — 246 — 387 (v. Breitenbach) — 929 — 973 — 1285, 1302 — 1384 — 1413 (Wernekke).

1913: 137 — 139 — 171 — 201 (Hoff) — 345 (v. der Leyen) — 413 (Sobenki) — 477 (Raunecker) — 478, 718 (v. Mühlenfels) — 525 (Rectanus) — 973 (de Terra) — 1057 (Hansen) — 1208 — 1210 (Lange) — 1365 — 1462 — 1514.

1914: 89 (Wienecke) — 111 — 324 — 387 — 621 — 893 — 1097 (Dr. Horn) — 1363.

1915: 114, 134 (v. d. Leyen) — 196 — 233 — 671, 683 (Kuntzemüller) — 767 (Lehmann) — 811 — 950 — 1016.

1916: 76 — 1068, 1105 (Dr. O.).

1917: 505, 513 (Lorenz) — 714, 723 — 737 (Risch).

1918: 253 (v. d. Leyen) — 377 (Leschke) — 380, 391 — 437, 449, 457 (Martens) — 590 (Schroeder) — 649 (Sarter) — 739 — 789, 797, 809 (Sarter) — 817 (Felber) — 1021.

1919: 133 (Cauer) — 183, 195, 207 (v. Enderes) — 335 (Pitsch) — 539 (Jänecke) — 545 (Gehr) — 555 (Faude) — 602 — 607 (v. d. Leyen) — 669 — 713 (v. d. Leyen) — 723 (Hinkelbein) — 757, 771, 785 (Martens) — 795, 805, 979 (Lüders) — 798 (Kraus) — 807 (Kehm) — 825, 835 (Freyß) — 907 (Martens) — 917, 927 (Wernicke) — 919 (Jänecke) — 938 (Keller) — 977 — 991 (Franke) — 1015 (Marquardt) — 1035 (Vahlensieck) — 1047 (Grabski) — 1060 (Rosenfeld).

1920: 10 — 264 (Saatmann) — 587 (Siemes) — 35 (Ruckwied) — 73 (Semmelmannn) — 76, 89 (Lüders) — 92 (Lemcke) — 145, 155 (Grunzke) — 147 (Grehling) — 178 (Gaber) — 191 (Koll) — 193 — 213, 227 (Grehling) — 229, 242 — 239 (Schmelzer) — 271 (Heinrich) — 275 (Pfeiffer) — 287 (Berendes) — 295, 305 — 307 — 327 (Mestwerdt) — 353 (Schulte) — 363, 373 (Hoff) — 383, 393 (v. d. Leyen) — 403, 419 (Gadow) — 433 (Fleck) — 445 (Glimm) — 446 (May) — 473 (Busse) — 530 (Krohn) — 537 (v. Renesse) — 577 (Eimer u. Kautschke) — 607 (Kiel) — 623, 633 — 643 (Gläsel) — 693 (Kittel) — 743 (Krefter) — 773 (Brill) — 843 (Hoff) — 867 (Domsch) — 963 (Goldhardt) — 983 (Braun) — 994 (Zeis).

1921: 41 (Hoff) — 66 (Alpers) — 166 (Möller) — 239 (Hoff) — 305 (Wernekke) — 324 (Groll) — 403 (Rosenfeld) — 419 (Tecklenburg) — 481 (Gaber) — 482 (Rottleuthner) — 535 (Gall) — 556 (Braeter) — 586 (Reffler) — 736 — 791 (Holtermann) — 818 — 879 — 902 (Röhling) — 917 (Wernekke) — 942 (Riedenauer) — 960 (Bardtke) — 969 (Schulze) — 980 (Kraus).

1922: 65 (Koppin) — 109 (Wernicke) — 195, 215 (Heinrich) — 213 (Zimmermann) — 352 — 369 (Kittel) — 377 (Saller) — 682 (Pfeiffer) — 799, 816, 837 (Martens) — 925 (Schürmann).

1923: 61 (Steger) — 83 — 185 — 200 (Groener) — 213 (Gotter) — 229 (Mantey) — 245 (Kretzschmar) — 246 (Milbradt) — 265 (Weinberg) — 293 (Riedenauer) — 309 (Neuhahn) — 359, 407 — 476 (Strüfing) — 477 (Mayer) — 507 (Dähn) — 521 — 552 (Wernekke) — 567 (Bloß) — 585 (Freyß) — 737 (v. Schaewen) — 773 (Scheu) — 805 (v. Schaewen) — 837 (Haustein).

1924: 6 (Blasse) — 51 — 53 (Landsberg) — 54 (Walter) — 65 (Uhlfelder) — 89 (Mantey) — 101 (Fromm) — 105 (W. Schmidt) — 125, 209 (Amman u. Giertz) — 126 (Eckerle) — 128 (Graetsch) — 129 — 141 (Ottmann) — 145 (Weyland) — 170 (Ritter) — 171 — 181, 206 (Holtermann) — 186 (Krohn) — 221 (Friedrich).

b) Archiv für Eisenbahnwesen.

1912: v. d. Leyen: Der neueste Stand der Bundesgesetzgebung über das Eisenbahnwesen der Vereinigten Staaten von Amerika, S. 1.

Overmann: Neuere Eisenbahnpolitik in Holland, S. 40.

Auerswald: Die Expreßgesellschaften in den Vereinigten Staaten von Amerika im Jahre 1908/1909, S. 141.

Dr. Eversmann: Die Canadische Überlandbahn und ihre wirtschaftliche Bedeutung, S. 325, 570, 874 u. 1202.

Röhling: Eine Krisis in dem gewerblichen Einigungs- und Schiedsgerichtsverfahren der englischen Eisenbahnen, S. 644 u. 897.

Weißenbach: Der Abschluß der Verstaatlichung der Hauptbahnen und 10 Jahre Staatsbetrieb in der Schweiz, S. 815 u. 1127.

Overmann: Die Holländische Eisenbahngesellschaft, S. 1237.

Cohn: Die Aussichten eines Staatsbahnsystems in England, S. 1417.

von Wittek: Die österreichischen Staatsbahnen in den Jahren 1901—1910, S. 1433.

Röhling: Die Beilegung von Arbeitsstreitigkeiten zwischen den Frachtführern und ihren Bediensteten in Nordamerika nach dem Bundesgesetz vom 1. Juni 1898 (Erdman Act), S. 1450.

1913: Wehrmann: Die Einrichtung der Staatseisenbahn-Verwaltung, S. 1.
Nehse: Das englische Arbeiterversicherungsgesetz. National Insurance Act 1911,
  S. 121.
Röhling: Eine internationale Beurteilung der wirtschaftlichen Lage der Eisen-
  bahner, S. 135.
Peters: Zur Frage der Postvorrechte auf den Eisenbahnen, S. 624.
Edwards: Das Anlagekapital der nordamerikanischen Eisenbahnen und seine
  Beziehungen zum Reinertrage, S. 885 u. 1222.
Wehrmann: Stimmen aus verschiedenen Ländern über die Verstaatlichung der
  Eisenbahnen, S. 925.
v. Ritter: Die Neuordnung der italienischen Staatseisenbahnverwaltung, S. 1431.
Spieß: Das Entwicklungsmoment in den modernen Buchhaltungen unter beson-
  derer Berücksichtigung des Preußischen Eisenbahnetats, S. 1452.
— Die niederländische Staatseisenbahnbetriebsgesellschaft, S. 1491.
1914: Fäs: Die Berücksichtigung der Entwertung des stehenden Kapitals durch den
  Erneuerungsfonds bei den schweizerischen Hauptbahnen vor ihrer Verstaatlichung,
  S. 114 u. 354.
Schapper: Die finanzielle Selbstverwaltung der Staatsbahnen in Italien und der
  Schweiz, S. 307 u. 692.
Rg.: Die Gründe für und wider die gesetzliche Bestimmung der Zahl der Zug-
  begleiter in den Vereinigten Staaten von Amerika, S. 419.
1915: Krakauer: Das Problem der Neuordnung der österreichischen Staatsbahnverwal-
  tung, S. 524.
Röhling: Die Beilegung von Arbeitsstreitigkeiten im Eisenbahnbetriebe der Ver-
  einigten Staaten von Amerika, S. 575.
Rg.: Zur Frage der öffentlich-rechtlichen Regelung der Eisenbahnerlöhne in den
  Vereinigten Staaten von Amerika, S. 840.
1916: Nehse: Die bahnpolizeiliche Strafgewalt, S. 92.
Keilpflug: Der Ausgleichsfonds der preußischen Staatsbahnen. Seine Entstehung
  und seine Entwicklung, S. 841 u 1103.
1917: Haase: Die Lohnordnung der preußisch-hessischen Staatseisenbahnen vom volkswirtschaftlichen Standpunkte, S. 207.
Röhling: Der gesetzliche Achtstunden-Arbeitstag des Zugpersonals der Vereinigten
  Staaten von Amerika, ein lohntechnischer Begriff, S. 460.
Overmann: Zusammenlegung der holländischen Eisenbahnen, S. 534 u. 977.
— Neue Personalvorschriften bei der Niederländischen Staatseisenbahnbetriebsgesellschaft (SS), S. 730 u. 933.
1918: Haase: Die Preußische Ober-Rechnungskammer und die Volkswirtschaft unter
  besonderer Berücksichtigung der Staatseisenbahnverwaltung, S. 1, 252 u. 406.
— Kaufmännische Rechnungsprüfung in der Preußischen Ober-Rechnungskammer
  mit besonderer Würdigung der Staatseisenbahnverwaltung, S. 797 u. 900.
1920: Lagatz: Zur Geschichte des Reichseisenbahngedankens, S. 321 u. 616.
v. d. Leyen: Die Errichtung eines Verkehrsministeriums in Großbritannien (Gesetz
  vom 15. August 1919), S. 757.
Röhling: Die Beilegung der Arbeitsstreitigkeiten zwischen den Eisenbahngesellschaften in den Vereinigten Staaten von Amerika und ihrem Personal nach dem
  Transportation Act vom 28. Februar 1920, S. 775.
1921: v. d. Leyen: Das Bundesverkehrsgesetz der Vereinigten Staaten von Amerika nach
  der Novelle vom 28. Februar 1920, S. 1.
v. Kienitz: Technik und Rechtskunde in der Eisenbahnverwaltung, S. 279, 493, 1020.
Wernekke: Bestrebungen zur Vereinheitlichung im Eisenbahnwesen, S. 309 u. 596.
Busse: Auslese und Ausbildung des Personals für den unteren Betriebsdienst,
  S. 564.
Pischel: Gewinnbeteiligung und Kapitalbeteiligung der Arbeitnehmerschaft bei
  Verkehrsunternehmungen, S. 701.
Simmersbach: Die finanziellen Ergebnisse der schweizerischen Bundesbahnen im
  Jahre 1919 und die Elektrisierungspläne, S. 899.
— Die Neuorganisation der Schweizer Bundesbahnen, S. 1152.
Dorner: Neuregelung des Verkehrswesens in Spanien, S. 1176.
1922: List: Über die theoretische Ausbildung von Eisenbahn-Beamten und -Arbeitern,
  S. 104.
Franke: Die Finanzlage der schwedischen Eisenbahnen, nach den in Deutschland
  gemachten Erfahrungen beurteilt, S. 292.
Knauß: Die Neuordnung des französischen Eisenbahnwesens, S. 535.
1923: Mertens: Die Neuordnung der Eisenbahnen Rußlands im Jahre 1921, S. 223.
Haase: Die Neuordnung der Reichsbahnwerkstätten, S. 373, 763 u. 988.
Voigt: Organisatorische Nachkriegsprobleme der Britisch-Indischen Eisenbahnen,
  S. 444.

Wernekke: Die 4 Gruppen der englischen Eisenbahnen, S. 602.
Gotter: Das Dienstschulwesen bei der Deutschen Reichsbahn, S. 611.
Röhling: Die Arbeitszeit des Personals der französischen Eisenbahnen, S. 749.
Sauter: Die Gesetzgebung Italiens auf dem Gebiet des Eisenbahnwesens seit 1915, S. 927.
Gotter: Das Dienstvortragswesen bei der Deutschen Reichsbahn, S. 942.
— Pläne zur Umgestaltung der Eisenbahnen Belgiens, S. 984.
1924: Kunow: Zur Finanzierung von Kleinbahnen, S. 1.
Sarter: Die Umwandlung der Deutschen Reichsbahn, S. 201.
Wittek: Die Reform der Österreichischen Bundesbahnen, S. 224.

c) Verkehrstechnische Woche.

1912/13: Franz: Zur Frage der Verwaltungsingenieure, S. 30.
Sausse: Der Grundlohnakkord in den badischen Staatsbahnwerkstätten, S. 118.
— Die Stellung des Technikers im sächsischen Staatseisenbahndienst, S. 124.
— Ein Vorschlag zur Neuorganisation des höheren technischen Verwaltungsdienstes bei der preußisch-hessischen Staatseisenbahnverwaltung, S. 197.
— Übersicht der etatmäßigen Stellen für die Beamten der vom Staate verwalteten Eisenbahnen, S. 288.
— Juristen und Techniker in der Eisenbahnverwaltung, S. 326.
K.: Ist keine Änderung in der Organisation des höheren technischen Verwaltungsdienstes bei der preußisch-hessischen Staatseisenbahnverwaltung notwendig? S. 366.
Blum: Die Einrichtung der Staatseisenbahnverwaltung (Besprechung des Buches von Wehrmann und Entgegnung), S. 424, 529.
— Zum Wagenmangel, S. 457.
— Die Stellung der Hilfsarbeiter bei der Eisenbahnverwaltung, S. 477.
— Innere Kolonisation und Eisenbahnen, S. 479.
— Die Verpflichtungen der französischen Eisenbahnen gegenüber Staatsbetrieben S. 501.
Landsberg: Beitrag zur Theorie staatlicher Lohnverfahren, S. 574.
— Die Beförderungsverhältnisse der höheren Beamten der Königlich Preußischen Eisenbahn-Verwaltung, S. 709 u. 743.
— Die Vergrößerung des Geschäftsumfanges bei den preußisch-hessischen Staatseisenbahnen, S. 838.
Sausse: Das Versicherungsgesetz für Angestellte, S. 845.
Se.: Ein amerikanisches Urteil über die Preußisch-Hessischen Staatseisenbahnen, S. 849.
Risch: Zur Frage des Verwaltungsingenieurs, S. 983.
1913/14: Schwabe: Lebenslauf eines preußischen Eisenbahntechnikers, S. 212.
— Zur Neuordnung der Sächsischen Staatseisenbahnverwaltung, S. 424.
Metzel: Über Ertüchtigung, Ernährung und Nachwuchsbeschaffung des Arbeiterpersonals bei den Eisenbahnen, S. 505.
— Die Organisation des inneren Staatsbaudienstes in Bayern, S. 517.
B. S.: Zur Haftung des Betriebsunternehmers für Verschulden seiner Angestellten, S. 617.
Rh.: Konjunktur und Eisenbahnen, S. 731.
Blum: Beiträge zur Ermittlung der Selbstkosten, S. 841.
1914/15: Biedermann, Die Wirtschaftsentwicklung der preußischen Staatseisenbahnen von 1895 bis zur Gegenwart, S. 473 u. 491.
1916: Biedermann: Das Verhältnis der öffentlichen Gewalt zu den Kohlennutzungsbetrieben, S. 25.
Heisterbergk: Über Siedlungs- und Verkehrspolitik, S. 71.
Der Minister der öffentlichen Arbeiten über die Übernahme der preußischen Eisenbahnen auf das Reich, S. 117.
Helm: Über die Selbstkosten des Eisenbahnbetriebes und die durch Vereinheitlichung der Verwaltung der Eisenbahnen zu erzielenden Ersparnisse, S. 405.
1917: v. d. Leyen: Die Eisenbahnbeziehungen zwischen dem Deutschen Reich, Österreich und Ungarn, S. 25.
Winkler: Vergleichende Angaben über die Eisenbahnen in den Vereinigten Staaten von Amerika und in Deutschland, S. 85.
— Zur Frage der Verwaltungsänderung, S. 259.
Schwering: Über die Selbstkosten des Eisenbahnbetriebes und die durch Vereinheitlichung der Eisenbahnen zu erzielenden Ersparnisse, S. 273.
1918: Rgbm.: Zur Frage der Ausbildung der höheren Eisenbahnbeamten in Preußen, S. 171.

1919: Rgbm.: Zur Gründung des Verbandes höherer Eisenbahnbeamter, S. 52.
— Spezialisierung, Typisierung und Normalisierung, S. 60.
— Der Kirchhoffsche Vorschlag zur Frage der Eisenbahnen und Wasserstraßen in der Reichsverfassung, S. 75.
Rudolphi: Die höheren Eisenbahnbeamten. Ein Beitrag zur Herbeiführung eines Ausgleichs zwischen Techniker und Jurist, S. 79.
— Das Verkehrswesen im Verfassungsentwurf des Deutschen Reiches, S. 92 u. 127.
— Das Eisenbahnwesen in der Reichsverfassung, S. 212.
Verlohr: Die neuen Diensteinteilungen für das stationäre Betriebspersonal, S. 221.
— Zur Neuordnung der wirtschaftlichen Verhältnisse in der Eisenbahnverwaltung (Ein Vorschlag), S. 238.
— Die Verwaltung der Eisenbahnen Australiens, S. 241.
von Seggern: Die Ausbildung der höheren Eisenbahnbeamten, S. 311.
Mestwerdt: Wünschenswerte Änderungen in der Verwaltung der Eisenbahn-Hauptwerkstätten, S. 328.
Verlohr: Die Ämter in der Organisation der Betriebsverwaltung der künftigen Reichseisenbahnen, S. 329.
— Richtlinien für die Vorbildung zum höheren Verwaltungsdienst, S. 355.

1920: Budde: Die preußische Betriebsverwaltung (Eine Entgegnung), S. 4.
Mestwerdt: Die Leitung und Aufsicht in den Eisenbahn-Hauptwerkstätten, S. 15.
Röbe: Der Stand der Verreichlichung, S. 21.
Bräuning: Die technisch-wirtschaftliche Fortentwicklung der Eisenbahn-Hauptwerkstätten, S. 23.
Betz: Überwachung der Leistungen in den Güterwagenwerkstätten, S. 80.
Marder: Zur Verwaltungsordnung der preußischen Staatsbahnen, S. 137.
Grabski: Taylorsystem und menschliche Arbeitsleistung, S. 145.
Risch: Ein Forschungsamt für wirtschaftliche Betriebsführung und Bauweise in der Eisenbahnverwaltung, S. 158.
Jänecke: Die Eigenschaft des Betriebsbeamten als technischer Beamter, S. 165.
Mestwerdt: Änderungen in der Ausbildung der maschinentechnischen Betriebsingenieure, S. 243.
— — r.: Zur Demokratisierung der Eisenbahn, S. 259.
— Die Abgrenzung der künftigen Verwaltungsbezirke der Reichseisenbahnen, S. 275.
Promnitz: Ein Vorschlag zur Abgrenzung der Dienstbefugnisse von Werkmeister und Werkprüfer im Anschluß an die Neuordnung des Werkstättenwesens unter besonderer Berücksichtigung des Gedingeverfahrens, S. 324.
— Ist bei einer Neuordnung des Werkstättenwesens die Einrichtung einer besonderen Verwaltungsabteilung notwendig und zweckmäßig? S. 350.
Faude: Die Ausbildung für den höheren nichttechnischen Eisenbahndienst, S. 351.
Gerstenberg: Über die Gleichstellung der Techniker mit den Juristen, S. 395.
Grehling: Güterwagenausbesserung und Werkstättenorganisation, S. 399 u. 408.

1921: — Neuordnung der Reichseisenbahnen (Vorschlag der Vereistech.), S. 16.
Knuth: Deutscher Reiseverkehr und deutsche Verkehrswerbung, S. 41 u. 51.
Werner: Zerrbilder aus dem Verkehrswesen, S. 78 u. 85.
Wk.: Ausbildung im Eisenbahnwesen, S. 81.
Gaber: Milderung der Verlustwirtschaft der Reichsverkehrsbetriebe durch Personal- und Tarifreform, S. 107.
Nikolai: Die Kartei als Mittel zur Erfassung, Ordnung und Auswertung der Fortschritte im Verkehrswesen, S. 123.
Hasse: Rechts- und Wirtschaftsfragen bei Anschlußgleisen, S. 147, 157, 166 u. 176.
Heinrich: Technik und Rechtskunde in der Eisenbahnverwaltung, S. 150.
Uhlich: Bahnmeister und technische Oberbeamte, S. 163.
Wilke: Die Prämienregie als Mittel zur Personalbeschränkung im Eisenbahnbetriebe, S. 165.
Marquardt: Geisteswissenschaftler und Techniker, S. 171.
Breuer: Die Teilung der maschinentechnischen Dezernate, S. 181.
Wernekke: Gliederung des englischen Verkehrsministeriums, S. 237.
Jänecke: Ist es vorteilhaft, Ingenieure zur Leitung und Beaufsichtigung des Eisenbahnbetriebes zu wählen? S. 243.
Schulze: Die Überlastung der Betriebsamtsvorstände bei der Eisenbahnverwaltung, S. 283, 293 u. 300.
Stieler: Ist es vorteilhaft, Ingenieure zur Leitung und Beaufsichtigung des Eisenbahnbetriebes zu wählen? S. 299.
Kirchhoff: „Reichs“- oder „Privat“bahn? S. 353.
Leskow: „Reichs“bahn oder „Privat“bahn? S. 401.
Hentschel: „Entstaatlichung“ oder Interessengemeinschaft? S. 402.

1922: Müller, J.: Reichsbahnen und Personalpolitik, S. 1.
Gaede: Zur Frage des Aufbaues der Buchführung und der Verwaltung der Reichsbahn, S. 11.
Rohde: Organisation der englischen Eisenbahnen, S. 18.
Steuernagel: Reichsbahn und kaufmännischer Geist, S. 69.
Wieland u. Groener: Zur Organisation der Reichsbahn, S. 224.
Garnich: Der Streit um die Reichsbahn, S. 234.
Heinrich: Inhalt, Grenzen und Ziele der Eisenbahnbetriebswissenschaft, S. 247.
Baumann: Landeseisenbahnräte und Reichseisenbahnrat, S. 438.
Semmler: Einiges über Organisation und Geschäftsgebahren der Canadian Pacific Railway, S. 463.
Gläsel: Gruppenbereiche der englischen Eisenbahnen, S. 515.
1923: Bach: Zweck und Ziel einer „gewerkschaft-politischen" Kartei bei den Reichsbahndirektionen, S. 122.
Stremme: Die Organisation des Geologendienstes bei den Eisenbahnverwaltungen, S. 278.
Tecklenburg: Die faszistische Regierung und die Sanierung der Eisenbahnen, S. 361.
Derselbe: Vorschläge für die Durchführung der Personalabbau-Verordnung bei der deutschen Reichsbahn, S. 366.
Müller: Reichsbahn und Personalpolitik, S. 383.
1924: Büttemeier, Vorschläge für die Durchführung der Personalabbau-Verordnung bei der deutschen Reichsbahn, S. 22.
Kittel: Das Unternehmen Deutsche Reichsbahn, S. 93.
Risch: Bismarcks Reichseisenbahnplan und seine Verwirklichung in der Gegenwart, S. 94.

d) Verkehrstechnik.

1919: Kö: Ingenieure in der Verwaltung, S. 70.
Kes: Das Verkehrswesen in der Reichsverfassung, S. 78.
Dräger: Die Entwicklung der Verhältnisse bei den nebenbahnähnlichen Kleinbahnen und den im Privatbetrieb stehenden Eisenbahnen, S. 93.
E. W.: Kohlennot, Eisenbahnnot und Arbeitslosigkeit, S. 111.
— Techniker in der Staatseisenbahnverwaltung, S. 116.
1920: Kirchhoff: Die Neuordnung des Verkehrswesens, S. 1.
—el: Das Eisenbahnwesen im neuen Deutschland, S. 39.
Werneburg: Zur Rechtslage der Privatanschlußbahnen, S. 95.
— Die Stellung der Länder ohne eigenen Eisenbahnbesitz zum Übergang der Eisenbahnen auf das Reich, S. 110.
—e—: Die Verwaltung des Nahverkehrs im neuen Groß-Berlin, S. 154.
Edwards: Neue Wege zur Eisenbahnreform, S. 169.
Kirchhoff: Zur Verreichlichung der Staatsbahnen, S. 182.
— Der vorläufige Reichswirtschaftsrat, S. 241.
Röbe: 25 Jahre Eisenbahnverwaltungsordnung, S. 283.
Grunow: Schadenersatzforderungen der eisenbahnlosen Staaten gegen das Reich, S. 296.
Langen: Die Haftpflichtfrage bei den Privatanschlußbahnen, S. 340.
Wagner: Betriebs- und Hauptwerkstätten für Eisenbahnfahrzeuge. Eine Vergleichsstudie, S. 350.
Derikartz: Zur Neuordnung der Betriebsverwaltung der Eisenbahnen, S. 402.
Röbe: Die Reichseisenbahnen, S. 429.
Röbe: Deutscher Reiseverkehr und deutsche Verkehrswerbung, S. 436.
Kirchhoff: Vorschläge zur Gesundung der Reichseisenbahn, S. 488.
1921: Kes: Das Verkehrswesen im Reichswirtschaftsrat, S. 24.
Wernekke: Das Reichsverkehrsministerium, S. 35.
Weber: Das Arbeitsgesetz der eidgenössischen Verkehrsanstalten, S. 37.
Pischel: Autonome Wirtschaftsgebiete und Reichseisenbahnen, S. 50.
Dittmar: Die Gütereisenbahnen der Städte und die Reichseisenbahnen, S. 59.
— Das Anleihegesetz zur Bereitstellung von Mitteln für Kleinbahnen, S. 62.
Heimpel: Die Privateisenbahnen in Bayern, S. 101.
Pforr: Zur Umgestaltung des Kleinbahnwesens, S. 253.
Zimmermann: Die Abfindungsverweigerung. Vorschläge zur Abänderung des Reichshaftpflichtgesetzes, S. 285.
Siméon: Reichsgerichtliche Regelung der Straßenbahn- und Kleinbahnverhältnisse, S. 296.
Wentzel: Technik, Rechts- und Wirtschaftskunde in der Eisenbahnverwaltung. Ausbildung zum Dienst in der Reichseisenbahnverwaltung, S. 321.

Wernekke: Die Neuordnung des griechischen Eisenbahnwesens, S. 480.
— Das Reichsverkehrsministerium zu der Frage der Überführung der Reichs-
eisenbahn in die Privatwirtschaft, S. 536.
Hecker: Zur Entstaatlichung der Reichseisenbahn, S. 550.
1922: Kirchhoff: Zur Reform der Reichseisenbahnen, S. 58.
— Der Referentenentwurf eines Reichsbahnfinanzgesetzes, S. 77.
Edwards: Die Neuorganisation der englischen Eisenbahnen, S. 146.
Wernekke: Die Zukunft der englischen Eisenbahnen, S. 178.
Wentzel: Zur Frage der Planfeststellungsbefugnis des Reichsverkehrsministers
in Verbindung mit der Reichsfinanzreform, S. 204.
Soberski: Der wirtschaftliche Niedergang der deutschen Eisenbahnen u. die Mög-
lichkeit ihrer Gesundung, S. 325.
Wernekke: Das 1. Jahr des neuen englischen Eisenbahngesetzes, S. 523.
1923: Kirchhoff: Die große Verkehrsreform der Reichsbahn, S. 68.
Wernekke: Neue Formen für die Leitung der englischen Eisenbahnen, S. 85.
Kayser: Vorschläge zur Änderung des Kleinbahngesetzes, S. 401.
1924: Martens: Die Angriffe gegen die Akkordarbeit als Grundlage eines Akkord-
verfahrens, S. 1.

e) Zentralblatt der Bauverwaltung.

1915: Die Eisenbahnen im Kriegsbetrieb. Aus dem Großen Hauptquartier. S. 331.
1917: Hh.: 10 Jahre Fahrdienstvorschriften auf den deutschen Eisenbahnen, S. 393.
1919: Eine Denkschrift über die Bildung eines Reichsverkehrsministeriums, S. 522.
Baltzer: Die Eisenbahnverstaatlichung in Japan 1906 u. die Ergebnisse des
Staatsbahnbetriebes in den ersten 10 Jahren, S. 549.
1920: Loewel: Der Übergang der Staatseisenbahnen auf das Reich, S. 338.
1921: Neesen: Psychotechnische Eignungsprüfung bei der Eisenbahnverwaltung, S. 48.
Gerstenberg: Die Beamtenräte bei den Verwaltungen der Reichseisenbahnen,
S. 362.
Baumann: Neuordnung des Reichseisenbahnwesens, S. 586.
1923: Baltzer: Die Entwicklung der japanischen Eisenbahnen vor u. nach der Ver-
staatlichung, S. 53, 65 II, 78.

f) Zeitschrift des Vereins deutscher Ingenieure.

1919: Kaemmerer: Die Not der preußischen Staatsbahnen, S. 66.
Meyer: Das Verkehrswesen in der Reichsverfassung, S. 200.
Quaatz: Die Reichseisenbahnen, S. 584.
— Gleichstellung der Techniker u. Juristen, S. 1018.
— Das deutsche Reichsverkehrsministerium, S. 1040.
Wieland: Techniker in der Verwaltung, S. 1100.
Buschbaum: Vorschläge zur Reform des deutschen Verkehrswesens, S. 1217.
1920: von Moellendorff: Die Reichseisenbahn, S. 293.
Buxbaum: Besprechung des Buches: „Der Ingenieur in der Verwaltung", S. 361.
— Eisenbahnpolitik in Frankreich u. England, S. 583.
1921: — Vereinheitlichung der Verwaltung u. des Betriebes der englischen Eisenbahnen,
S. 228.
— Zur Neuordnung der Reichsbahnverwaltung, S. 1053.
1922: Martens: Das Gedingeverfahren in den Werkstätten der deutschen Reichsbahn,
S. 916.
Wernekke: Eisenbahnen von heute, S. 928.
Wie.: Die Notlage der Reichsbahn, S. 1066.
Kirchhoff: Die große Verkehrsreform in Ausführung der Reichsverfassung, S. 1121.
1923: Wernekke: Ein neuer Abschnitt in der Geschichte des englischen Eisenbahn-
wesens, S. 165.
1924: Schenk: Über Technikererziehung, S. 313.
Günther: Die Sanierung der österreichischen Bundesbahnen, S. 215.
Dittes: Elektrische Zugförderung auf den österreichischen Bundesbahnen, S. 233.

g) Technik und Wirtschaft.

1913: Hennig: Der Kampf um die deutsche Eisenbahngemeinschaft, S. 205.
1914: Franz: Techniker als höhere Verwaltungsbeamte, S. 135 u. 559.
v. der Leyen: Der gegenwärtige Stand der Eisenbahnfrage in England u. in den
Vereinigten Staaten von Amerika, S. 723.
1917: Franz: Vorbildung und Auslese der höheren Verwaltungsbeamten, S. 505.
Weyrauch: Die Besetzung leitender Stellen, S. 553.

1918: Franz: Vorbildung u. Auslese der höheren Verwaltungsbeamten, S. 65.

von Zwiedineck-Südenhorst: Veranlagung oder Schulung? Ein Beitrag zur Frage der Besetzung „leitender Stellen", S. 145.

Falk: Der Wagenumlauf u. seine Beschleunigung, S. 385 u. 455.

1919: Wienecke: Staatsbahnorganisation u. Wirtschaftsleben; von Aufsichtsverwaltung zu Betriebsunternehmung, S. 493 u. 576.

1920: Franz u. Heymann: Die Terminologie im Technikerproblem, S. 101.

Risch: Ein Forschungsamt für wirtschaftliche Betriebsführung u. Bauweise in der Eisenbahnverwaltung, S. 131.

Kirchhoff, Der Staatsvertrag über den Übergang der Staatseisenbahnen auf das Reich, S. 273.

— Vorschläge zur Gesundung der Reichseisenbahnen, S. 742.

Wienecke: Zum Stande der Neuregelung des Verkehrswesens, S. 791.

Franz: Technik u. Rechtskunde in der Eisenbahnverwaltung, S. 356.

Hennig: Verstaatlichung u. Sozialisierung von Verkehrsbetrieben, S. 393.

Kirchhoff: Reichseisenbahn oder Privatbahn? S. 671.

1922: Schiff: Fehlbetrag u. wirtschaftlicher Verlust bei der Reichsbahn, S. 193 u. 266.

Baumann: Eisenbahnrats- u. Wirtschaftsbezirke, S. 401.

h) Organisation, Zeitschrift für Betriebswissenschaft, Verwaltungspraxis und allgemeine Bürokunde.

Ein Auszug aus dieser Zeitschrift ist unterblieben, weil die Mehrzahl der darin erschienenen Aufsätze Organisationsfragen behandeln, die auch für die Einrichtung von Eisenbahnunternehmungen von Wert sind; ein Schriftenverzeichnis daraus würde daher zu umfangreich werden.

Sachverzeichnis.

Städtebau. Von Prof. Dr.-Ing. **Otto Blum,** Hannover, Prof. **G. Schimpff †,** Aachen, Stadtbau-Inspektor Dr.-Ing. **W. Schmidt,** Stettin. Mit 482 Textabbildungen. („Handbibliothek für Bauingenieure", II. Teil: Eisenbahnwesen und Städtebau, 1. Band.) (492 S.) 1921. Gebunden 15 Goldmark

Bahnhöfe. Von Prof. Dr.-Ing. **Otto Blum,** Hannover, Prof. Dr.-Ing. **Risch,** Braunschweig, Prof. Dr.-Ing. **Ammann,** Karlsruhe, und Regierungs- und Baurat a. D. **v. Glinski,** Chemnitz. („Handbibliothek für Bauingenieure", II. Teil: Eisenbahnwesen und Städtebau, 5. Band.) In Vorbereitung.

Städtebahnen mit besonderer Berücksichtigung des Entwurfs für eine elektrische Städtebahn zwischen Düsseldorf und Köln. Von Prof. Dr.-Ing. **Otto Blum,** Hannover. Mit 7 Textabbildungen und 1 lithographischen Tafel. (75 S.) 1909. 1 Goldmark

Die Deutschen Eisenbahnen 1910 – 1920. Herausgegeben vom **Reichsverkehrsministerium.** Mit 49 Abbildungen im Text und 1 Kartenbeilage. (414 S.) 1923. 12 Goldmark

Die Verkehrsmittel in Volks- und Staatswirtschaft. Von Prof. Dr. **Emil Sax.** Zweite, neubearbeitete Auflage.

Erster Band: **Allgemeine Verkehrslehre.** (208 S.) 1918. 8.40 Goldmark

Zweiter Band: **Land- und Wasserstraßen, Post, Telegraph, Telephon.** (542 S.) 1920. 17 Goldmark

Dritter (Schluß-) Band: **Die Eisenbahnen.** Mit Anschluß einer Abhandlung von Prof. Dr. **E. von Beckerath,** Kiel, (624 S.) 1922. 20 Goldmark

Wirtschaftliche Betrachtungen über Stadt- und Vorortbahnen. Eine Studie von Reg.-Baumeister Prof. **Gustav Schimpff,** Aachen. Mit einem Geleitwort von Reg.-Rat a. D. **Kemmann,** Berlin-Grunewald. Mit 60 Textfiguren und 3 Tafeln. (216 S.) 1913. 6.60 Goldmark

Die Eisenbahnreform in Deutschland und in Österreich. Zwei Abhandlungen. Von Dr. **Adolf Sarter,** Geh. Reg.-Rat und Ministerialrat im Reichsverkehrsministerium und Dr. **Heinrich Wittek,** österr. Eisenbahnminister a. D. (60 S.) 1924. 2 Goldmark

Die Seehafenpolitik der deutschen Eisenbahnen und die Rohstoffversorgung. Von Privatdozent Dr. **Erwin von Beckerath,** Leipzig. (287 S.) 1918. 11 Goldmark

Das Seefracht-Tarifwesen. Von Oberregierungsrat Dr. **Kurt Giese,** Hamburg. (395 S.) 1919. 16.80 Goldmark

Die Dampflokomotiven der Gegenwart. Hand- und Lehrbuch für den Lokomotivbau und -betrieb, für Eisenbahnfachleute und Studierende des Maschinenbaues. Unter Durcharbeitung umfangreicher amtlicher Versuchsergebnisse und des Schrifttums des In- und Auslandes sowie mit besonderer Berücksichtigung der Erfahrungen mit Schmidtschen Heißdampf-Lokomotiven der Preußischen Staatseisenbahnverwaltung. Von Geh. Baurat Dr.-Ing. e. h. **Robert Garbe,** Berlin. Zweite, vollständig neubearbeitete und stark vermehrte Auflage. In einem Text- und Tafelbande. Mit 722 Textabbildungen und 54 lithographischen Tafeln mit den Bauzeichnungen neuer, erprobter Heißdampflokomotiven des In- und Auslandes. (880 S.) · 1920. Gebunden 64 Goldmark

Die zeitgemäße Heißdampflokomotive. Von Geh. Baurat Dr.-Ing. e. h. **Robert Garbe,** Berlin. Zugleich eine Ergänzung der 2. Auflage des Handbuchs „Die Dampflokomotive der Gegenwart". Mit 116 Textabbildungen und 52 Zahlentafeln. (176 S.) 1924. Gebunden 14 Goldmark

Elektrische Zugförderung. Handbuch für Theorie und Anwendung der elektrischen Zugkraft auf Eisenbahnen. Von Baurat Dr.-Ing. **E. E. Seefehlner,** a. o. Professor an der Technischen Hochschule in Wien, Vorsitzender der Direktion der AEG.-Union, Elektrizitäts-Gesellschaft Wien. Mit einem Kapitel über Zahnbahnen und Drahtseilbahnen von Ing. **H. H. Peter,** Zürich. Zweite, vermehrte und verbesserte Auflage. Mit 751 Abbildungen im Text und auf einer Tafel. (670 S.) 1924. Gebunden 48 Goldmark

Die Dampflokomotive in entwicklungsgeschichtlicher Darstellung ihres Gesamtaufbaues. Von Prof. **J. Jahn,** Technische Hochschule der freien Stadt Danzig. Mit 332 Abbildungen im Text und auf 4 Tafeln. (365 S.) 1924. Gebunden 18 Goldmark

Linienführung elektrischer Bahnen. Von Oberingenieur **Karl Trautvetter,** Hilfsarbeiter im Ministerium der öffentlichen Arbeiten. (190 S.) 1920. 4.80 Goldmark

Elektrische Straßenbahnen und straßenbahnähnliche Vorort- und Überlandbahnen. Vorarbeiten, Kostenanschläge und Bauausführungen von Gleis-, Leitungs-, Kraftwerks- und sonstigen Betriebsanlagen. Von Oberingenieur **K. Trautvetter,** Beuthen, O.-S. Mit 334 Textfiguren. (243 S.) 1913. 6.50 Goldmark

Die Beleuchtung von Eisenbahn-Personenwagen mit besonderer Berücksichtigung der elektrischen Beleuchtung. Von **Dr. Max Büttner.** Dritte, vermehrte und verbesserte Auflage. Mit 120 Textabbildungen. (213 S.) 1925. Gebunden 12 Goldmark

Des Lokomotiv-Ingenieurs-Taschenbuch. Zur Erinnerung an die Fertigstellung der 20000. Lokomotive. **Henschel & Sohn, G. m. b. H.,** Cassel. (174 S.) 1923. Gebunden 5 Goldmark

Sicherungsanlagen im Eisenbahnbetriebe auf Grund gemeinsamer Vorarbeit mit Dr.-Ing. **M. Oder †**, weiland Professor an der Technischen Hochschule zu Danzig, verfaßt von Dr.-Ing. **W. Cauer**, Geh. Baurat, Professor an der Technischen Hochschule zu Berlin. Mit einem Anhang: Fernmeldeanlagen und Schranken von Dr.-Ing. **F. Gerstenberg**, Regierungsbaurat, Privatdozent an der Technischen Hochschule zu Berlin. Mit 484 Abbildungen im Text und auf 4 Tafeln. („Handbibliothek für Bauingenieure", II. Teil: Eisenbahnwesen und Städtebau, 7. Band.) (476 S.) 1922. Gebunden 15 Goldmark

Eisenbahnausrüstung der Häfen. Von Dr.-Ing. **W. Cauer**, Geh. Baurat, Professor an der Technischen Hochschule zu Berlin. Mit 51 Abbildungen. (Erweiterter Sonderabdruck aus „Verkehrstechnische Woche") (48 S.) 1921. 2.30 Goldmark

Eisenbahn-Hochbauten. Von **C. Cornelius**, Regierungs- und Baurat in Berlin. Mit 157 Textabbildungen. („Handbibliothek für Bauingenieure", II. Teil: Eisenbahnwesen und Städtebau, 6. Band.) (136 S.) 1921. Gebunden 6.40 Goldmark

Unterbau. Von Prof. **W. Hoyer**, Hannover. Mit 162 Textabbildungen. (Handbibliothek für Bauingenieure, II. Teil: Eisenbahnwesen und Städtebau, 3. Band.) (195 S.) 1923. Gebunden 8 Goldmark

Erddruck auf Stützmauern. Von Prof. **Richard Petersen**, Danzig. Mit 80 Abbildungen. (84 S.) 1924. 5.40 Goldmark; gebunden 6.30 Goldmark

Theorie und Berechnung der eisernen Brücken. Von Dr.-Ing. **Friedrich Bleich**. Mit 486 Textabbildungen. (592 S.) 1924. Gebunden 37.50 Goldmark

Der Eingelenkbogen für massive Straßenbrücken. Eine statisch-wirtschaftliche Untersuchung. Von Dipl.-Ing. Dr. sc. techn. **Ernst Burgdorfer**. Mit 51 Abbildungen im Text und 10 Tafeln. (167 S.) 1924. 7.50 Goldmark

Eisenbetonbogenbrücken für große Spannweiten. Von Prof. **H. Spangenberg**, München. (Sonderabdruck aus „Der Bauingenieur", 5. Jahrgang, 1924, Heft 15 und 16). Mit 35 Abbildungen. (17 S.) 1924. 1.50 Goldmark

Eisen im Hochbau. Ein Taschenbuch mit Zeichnungen, Zusammenstellungen, technischen Vorschriften und Angaben über die Verwendung von Eisen im Hochbau. Herausgegeben vom **Stahlwerksverband A.-G.**, Abteilung Technisches Büro, Düsseldorf. Sechste, umgearbeitete und erweiterte Auflage. (605 S.) 1924. Gebunden 9 Goldmark

Lieferwerke und Gewichtstafeln in Form- und Stabformeisen nach den Profilangaben des Taschenbuches „Eisen im Hochbau", 6. Auflage. Herausgegeben vom **Stahlwerksverband A.-G.**, Abteilung Technisches Büro, Düsseldorf. (12 S. und 8 Tafeln.) 1924. 3.60 Goldmark

Anweisungen für die Ermittlung der Fahrzeiten der Züge nach den zeichnerischen Verfahren. 1. des Oberingenieurs Unrein-München, 2. des Regierungsbaurats Dr.-Ing. Müller-Berlin, 3. des Oberregierungsbau-rats Strahl-Berlin, 4. des Regierungsbaurats Dr.-Ing. Velte-Elberfeld, 5. des Abteilungsdirektors Oberregierungsbaurats Caesar-Essen. Bearbeitet vom Geheimen Oberbaurat **Dittmann,** Oldenburg. Mit den Doppeltafeln 1—5 und 8 Abbildungen im Text. (Sonderabdruck aus dem Organ für die Fortschritte des Eisenbahnwesens, Jahrgang 1924, Heft 6.) (12 S.) 1924. 1.50 Goldmark

Der Einfluß der Zugstärke auf Leistungsfähigkeit und Arbeitsaufwand der Verschiebebahnhöfe. Ein Beitrag zur Frage wirtschaftlicher Betriebsführung. Von Dr.-Ing. **Adalbert Baumann,** Regierungsbaurat bei der Reichsbahndirektion Karlsruhe. (Sonderdruck aus dem Organ für die Fortschritte des Eisenbahnwesens, Jahrgang 1922, Heft 17—19.) Mit 1 Tafel und 28 Abbildungen im Text. (18 S.) 1923. 0.75 Goldmark

Die Eisenbahn-Sicherungsanlagen. Ein Lehr- und Nachschlagebuch zum Gebrauch in der Praxis, im Büro und bei der Vorbereitung für den technischen Eisenbahndienst, sowie für den Unterricht und die Übungen an Technischen Lehranstalten. Von **Karl Becker,** Technischer Eisenbahn-Obersekretär, Darmstadt. Mit 291 Abbildungen, einer Verschlußtafel und einem Sachregister. (242 S.) 1920.

Gebunden 6 Goldmark

Rangieranlagen und ihre Bedeutung für den Eisenbahnbetrieb unter besonderer Berücksichtigung der Beziehungen zwischen Höhenplan, Leistungsfähigkeit und Wirtschaftlichkeit. Von Dr.-Ing. **Frölich.** (86 S) 1920. 10 Goldmark

E. Schubert, Die Sicherungswerke im Eisenbahnbetriebe. Ein Lehr- und Nachschlagebuch für Eisenbahn-Betriebsbeamte und Studierende des Eisenbahnbaufaches. Fünfte, vollständig neubearbeitete Auflage von Regierungs- und Baurat **Oscar Roudolf,** Mitglied der Eisenbahndirektion Berlin.
Erster Band: Elektrische Telegraphen, Fernsprechanlagen, Läutewerke, Kontaktapparate, Blockeinrichtungen. Mit 404 Textabbildungen. (384 S.) 1921.

Gebunden 10 Goldmark

Zweiter Band: Fünfte, vollständig neubearbeitete Auflage. Mit etwa 475 Abbildungen. In Vorbereitung.

Die zweckmäßige Neigung der Eisenbahn. Von Prof. **Richard Petersen,** Danzig. Mit 14 Abbildungen. (40 S.) 1921. 1.50 Goldmark

Die Gestaltung der Bogen im Eisenbahngleise. Von Prof. **Richard Petersen,** Danzig. Mit 46 Textfiguren. (64 S.) 1920. 2.10 Goldmark

Berechnung und Konstruktion von Dampflokomotiven mit einem Anhang über elektrische Lokomotiven. Ein Nachschlagewerk für die Praxis und das Studium. Von Dipl.-Ing. **W. Bauer,** München und Dipl.-Ing. **X. Stürzer †,** Chemnitz. Zweite, neubearbeitete und erweiterte Auflage von Dipl.-Ing. **W. Bauer,** Heidelberg. Mit 428 Abbildungen im Text und auf 10 Tafeln nebst 8 Tabellentafeln. (421 S.) 1923. Gebunden 20 Goldmark